ΣBEST
シグマベスト

入試につながる

合格る数学I+A

広瀬 和之 著

文英堂

はじめに

注意！ これから上位大学を目指して「高校数学」を学ぶにあたって，次に示す 2 通りの勉強法のどちらを選ぶかにより，大切な大切な高校 3 年間，およびその後の数学ライフが大きく変わってきます．よく読んで，一旦立ち止まって考えてください．

（ヘンテコリンな）悪しき学習態度：◆	（ごく普通の）正しき学習姿勢：☆
教科書の基本事項はササっと斜め読みで済ませて，あとはひたすら問題演習・問題演習・問題演習…	教科書をちゃんと読み込み，定義を確認．それを元に定理を証明する．そして，その流れに沿って，問題演習も行う．
「問題」の「解き方」を覚えることが目的．参考書に載っている問題を全て解けるようにする．	問題を解くのは手段．目的は基本原理を理解し身に着けること．
テストでは，既に解き方を知っている問題が出ることを期待する．	解き方を知らない初見の問題でも，基本にさかのぼることにより，自然体で解く．
易しい問題はテキトーに片付けて，とにかく難しい問題をたくさん解く．そしてその解き方を覚えこむ．	易しい問題を解くときこそ，基本を大事にして正しいフォームを身に付ける．その延長線上で，難問と称されるものも自然体で解く．
細かく区切った 1 テーマを完璧に仕上げてから次へ進み，またそれを完璧に仕上げてから…と，キッチリと成果を積み重ねていく．	多少モヤモヤ感が残ってもどんどん先へ進み，ある程度広い範囲を大まかに頭に入れて問題を解いてみる．解けないならまた基本に戻る．
待ち受ける悲惨な結末	**訪れる心豊かな未来**
高校 1・2 年時，とくに定期テストは成績優秀．でも，模試になるとそれほど芳しくない．	定期テストでは，その問題が既習だったライバルに負けたりするが，模試になると周りが苦戦している中ワリと普通に得点が伸びる．
受験学年になり，浪人生参加の模試になると偏差値が急降下．○○大学実戦オープンのような本格的な模試になると，1 問も解けない．	本格的な受験勉強を始めてみると，他の人が難問だと騒いでる問題が，割と普通に，自然に解けたりする．
入試で知らない問題が出たらオシマイ．勝負は試験開始前の段階で既に決まっている．	入試で知らない問題が出ても，その場で現象を観察するうち，体に染み込んだ基本原理からアイデアが湧き上がってきて，解ける．
苦学・苦行したのに，トップレベルの大学には合格できない．	受験生活を通して**学ぶことの喜び**を知り，結果としてトップレベルの大学に合格(うか)る．
世にあふれる「数」に関する情報を訳もわからず鵜呑みにして踊らされる．	世の中のあらゆる現象を「数学」という理論体系を通して的確に判断・評価できる．

実は表の左列◆は，筆者が目にする数学学習に挫折してしまった生徒をイメージして書いたものです．毎年毎年，筆者はそうした“犠牲者”を相手に仕事をしています．
困ったことに，その◆こそが受験生の間でダントツ一番人気の勉強法です．理由はカンタン．やることが単純明快で目標を立てやすい．教わった解き方を真似るだけなので楽だし，問題集一冊“仕上げた”という達成感が得られる．そして何より即効性．目先の定期試験では，知っている問題が多く出るので高得点が取れる…．こうしてまんまと，◆という「罠」にはまってしまうのです．

大学入試で◆の方法が実を結ばないのはなぜか？それは，あなたが志望する上位大学の問題作成者が，既存の問題と既に準備された解き方の対応付けを暗記することを，「力」として評価しないからです．だって，将来仕事や研究の現場であなたが出会うのは，世界初の状況であることも多いですから（笑）．そうした学者さんが作る入試問題は，当然のことながら解法パターン暗記学習が通用しない問題となる訳です．では，そうした学者さんが求める力，言い換えるとあなたが習得を目指すべき力とは何か？手短に言うとそれは，

〔◆のなれの果て〕

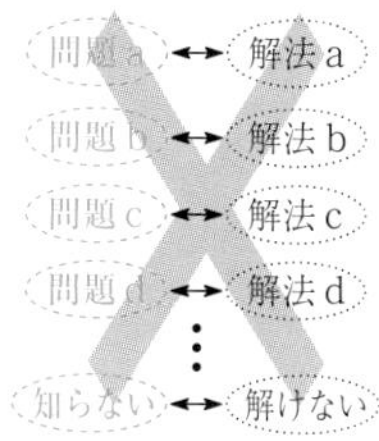

初見の問題を，訓練によって身に付けた基本にさかのぼって解決する力

です．私が推奨する表右列☆の学習姿勢では，基本を中心に置き，問題演習においても常に基本とのつながりを重視します．それが正しく実行された結果として得られる脳内構造は，右のようなイメージです．基本を**核**に据えて問題演習を行い，その効果によって基本がどんどん強固になっていく．そして，基本や問題解法が織りなすネットワークがどんどん緻密になって行く．その結果，どんな入試問題に出くわしても網のどこかに引っ掛かり，解ける．そんなイメージです．

〔☆の成果〕

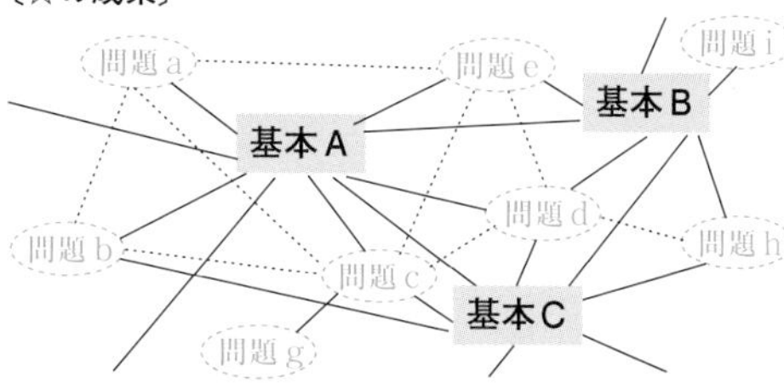

この成功をもたらす学習法☆に適した書物は，何といっても「学校教科書」です．そこには，書くのがもっとも困難な「基本」が，しっかりと載っています．ただし，教科書は次の弱点を抱えています．1つは“万人向け”に書かれているため，「高いレベルへの対応」は想定していないこと．当然，難関大学の「入試」まではカバーできません．あと1つは「初学者を対象に書かれている」ことです．上位学年の勉強をした後で戻って復習する際，そこに当然あるべき記述がないので分野を横断した総合学習ができません．そうした不備を補うため，いざ学参の出番となる訳ですが…，別の書物で学ぶ宿命として「教科書の基本」と「学参の発展・総合演習」の間に乖離が生じてしまいます．

そうした事情を受けて，☆スタイルの**学習ベース**となるべく書かれたのが本書：『合格(うか)る数学Ⅰ＋A』です．以下において，筆者が本書に込めた思いの丈を述べます：

- 基本事項を，一からみっちりと書きました．受験参考書にありがちな，教科書で基礎を学んでいるはずだからと“甘えた”申し訳程度の要約とは訳が違います．

  基本事項解説こそ本書のメインコンテンツです．
- と言いながら，**問題も充実しています**．基本確認のための単純問題から，入試でも難問とされるものまで．ただし，そうした“難問”も，実は原初の基本と見事に**つながっている**のだということを解説します．教科書レベルの基本を，トップ大学の入試問題解法へつなげる…．これが，業界で30年研鑽を積んできた筆者の得意技です（笑）．
- 「大学受験はこの一冊以外不要！」は誇大広告ですが（笑），少なくとも普段の学習から受験勉強の**ベース作り**までは，ホントに**この一冊でOKです**．

本書の1行1行に書かれた言葉，全662個の問題，そして筆者自らが描いた2192個の図・表．その全てに，正しき☆スタイルの学習を全力でサポートするという筆者の強い気持ちが込められています．
ぜひ本書とともに，**心に広がる豊かな数学の世界への第一歩を踏み出しましょう**．

もくじ

第5章 図形の性質 数学A

第6章 整数 数学A

第7章 場合の数・確率 数学A

本書の使い方

[全体の構成・進め方]

[高校数学範囲表] •当該分野 •関連が深い分野

数学I	数学II	数学III 理系
数と式	いろいろな式	いろいろな関数
2次関数	ベクトルの基礎	極限
三角比	図形と方程式	微分法
データの分析	三角関数	積分法
数学A	指数・対数関数	**数学C**
図形の性質	微分法・積分法	ベクトル
整数	**数学B**	複素数平面
場合の数・確率	数列	2次曲線
	統計的推測	

数学I：第1～4章，数学A：第5～7章の全7章です．

数学Iの4つの章を，先に学んで欲しい順に並べてあります．数学Aの3つの章についても同様です．数学Iと数学Aの順序は絶対的なものではありませんが，数学Iの第1章「数と式」だけは，あらゆる分野の土台となりますので，**必ず最初に**学習してください．また，各章の紹介ページにもこの点に関する情報がありますので参考にしてください．(「学校の進度に合わせて」というのもありますが，一応の理想的順序は上記の通りです．)

注 ある章を100％仕上げてから次へ進むという完璧主義は，高校数学の学びを息苦しくします．多少もやもやしながらでもどんどん先へ進みましょう！

[各章の構成・進め方]

章 節 項
1 1 1
　　2
　　⋮
　2 1
　　2
　　⋮
2 1 1
　　⋮

- 章の紹介ページで，その分野の学び方や他分野との関連について説明します(上の表は，6整数)．
- 1～7の各**章**は，おおむね十数個くらいの**節**：1 2…に区切り，それをさらに細分化して**項**：1 2…に分けています(右の通り)．例えば第6章8節3項であれば，6 8 3のように表します．
  各ページの上部にこれを表示し，数学の基本体系全体における**今の居場所**がわかるようになっています．巻末の索引も，この章節項番号で表示されています．
- 各節・各項ごとに，**基本事項**を一から詳しく，教科書よりも掘り下げて書きました．ただし，意図的に「厳密性」を抑えて書いた箇所もあります．(例：「取り出したカードに書かれた数」→「取り出した数」)誤解が生じない範囲で「簡潔さ」を優先し，学習の利便性を図るためです．
  なお，途中，記述に具体性を持たせるための 例 や，基本の理解度を軽く確認するための 問 などが入る場合もあります．
- そうした基本事項の流れの中で，「問題」として演習しがいのある内容を**例題**として扱います．「例題」は，「基本原理」が「問題解法」に直結することを体感する絶好の機会・場面です．ここを，解き方を暗記するのではなく**基本にさかのぼって考える**ようにすると，未来は明るいです．
- いくつか節が進んだら，その後に「演習」の節を設けます．例えば右の第3章「三角比」では，次のように演習節が配置されます：

  1～3節の内容 → 4節「演習問題A」
  5～7節の内容を[1]中心 → 8節「演習問題B」
  全節の内容 ＋ 他章と融合[2] → 9節「演習問題C」

1 三角形の基礎
2 直角三角形と三角比
3 単位円と三角比
4 演習問題A
5 三角形の計量
6 立体図形の計量
7 「図形の性質」との融合
8 演習問題B
9 演習問題C 他分野との融合

注 1)：～3の内容が含まれるケースもあります．
2)：「演習問題C」は，章によって役割が多少変化します．■

注 **演習問題**は，ある程度広い範囲を学んでから臨むこと．"1つ"勉強したらすぐそれを真似て"1つ"問題を解くというスタイルは，"丸暗記"を誘発する危険性が高いです．問題を解く際，「広い範囲」のうち**どこの基本に戻るべきか**と考えてください．

なお，例題や演習問題の 解答 は，実際の記述答案の見本となることを意識して書きました．普段から，この程度の厳密度合い・ボリューム感で「答案」を書くとよいでしょう．

- 各章内での学習は，基本的には節，項の順を追って進めましょう．基本事項を読みながら，自分でも手を動かして書いてみたり，問や例題を，その解答を参照しながら解いてみたりしながら．

[例題・演習問題への付加情報]

（例題・問題文）章・節の番号とその中での順序をアルファベットで表した**例題6 8 b**のような識別番号があります．他に，テーマ名，問題の種別，関連ある演習問題の番号が付加されます．

（演習問題・問題文）章・節の番号とその中での順序を数で表した**演習問題6 12 20**のような識別番号があります．他に，問題の種別が付加されます．テーマ名，関連ある例題の番号は伏せてあります．先入観を持たずに問題と向き合って欲しいからです．

（演習問題・別冊解答）問題文では伏せてあったテーマ名，関連ある例題の番号（もしくは章節項番号）が付加されます．

注　「例題」と「演習問題」を，キチッと1対1に対応付け過ぎないよう配慮しています．「はじめに」の◆スタイルのパターン学習へ陥ってしまうのを防ぐためです．よって，相互の関連情報は“一応”程度のものだと思ってください．

[各種マーク類]

基本事項	
原理	多くの事柄の源，核，コア．最重要！
定義	数学基本単語の定義
定理	定義から導かれる定理・公式
知識	「定理」ではないが，知っておきたい事
方法論	方法論の総括
問題種別	
根底	基本に密接．他の問題を解く上での土台・拠り所となる“ワンテーマ”問題
実戦	実戦で出る問題．根底より重層的
典型	型にはまった問題．ほぼそのまま出る
終着	この問題自体が（ほぼ）最終目的．（あまり）次へはつながらないパターンもの．
入試	定期試験より大学入試で出やすい
定期	大学入試より定期試験で出やすい
問題解答前後	
考え方	少し難しい考え方，頭の動かし方
着眼	発想の取っ掛かり，注目すべき内容
方針	具体的な方策，解答の青写真
原則	問題解法などの原則・鉄則（例外もあるのが普通）
下書き	答案を書く前の図とか，実験
解答	正規の解答．入試答案の手本となる
別解	解答とは別の解き方．有益なものしか扱わない
本解	前出の解答より優れた解答
解説	解答を詳しく説明．

補助的な事柄	
重要	特に重要な事柄
注意！	注意！警告！アブナイこと
注	幅広い意味での「注」
○ 1)	脚注番号．文中に番号を付し，後で説明
語記サポ	通じにくい用語＆記号の補助説明
暗記！	結果を記憶するべきと強調したい事柄
将来	先々の知識を踏まえたお話
余談	軽い話題・コーヒーブレイク
〔証明〕	定理・公式などの証明
補足	解説を少し付け足し
参考	メインテーマから少し逸れた内容
発展	余力のある人だけが読めばよい高度な内容
言い訳	簡潔さ最優先で厳密性を犠牲にする時など
その他諸々	
△後	△という分野を学習後に復習する場合限定の内容
既習者	既修者が復習する際にも重要なこと
暗算	暗算で見えて欲しい事柄
理系	理系（数学Ⅲ履修者）限定の内容
ハイレベル⬆	難しい内容・問題（とらわれなくてよい）
重要度⬆	（矢印の個数に応じて）重要度上げ
重要度⬇	（矢印の個数に応じて）重要度下げ
■ ■ ■	注などの項目の終了箇所の印
[→△]	参照個所の指示
[→△]	「例題」に関連のある「演習問題」，またはその逆．ガチガチな1対1対応ではない

[網掛け枠]

重要事項のまとめなどを網掛けで表しています．3種類の色を，おおむね次のように使い分けました：

定義，原理など　　原則，方法論，解法選択など　　知識，定理・公式など

[使用する数学記号など]

本書では以下の記号を用います．また，数学では下のギリシャ文字をよく用います．

$\mathbb{C}$	複素数全体の集合
$\mathbb{R}$	実数全体の集合
$\mathbb{Q}$	有理数全体の集合
$\mathbb{Z}$	整数全体の集合
$\mathbb{N}$	自然数全体の集合
$a \in A$	a が集合 A に属する
x の区間 $[a, b]$	$a \leqq x \leqq b$
x の区間 (a, b)	$a < x < b$
x の区間 $(a, b]$	$a < x \leqq b$
$\leq$, $\geq$	$\leqq$, $\geqq$ と同じ
$\max F$	F の最大値
$\min F$	F の最小値
x_{P}	点 P の x 座標

$\therefore$, $\because$	ゆえに，なぜならば
i.e.	換言すれば
$f(x) := x^2$	x^2 を $f(x)$ と命名する
$\square$	「証明終わり」
○○$/\!\!/$	○○が答え，最終結果
数列 (a_n)	(高校教科書では) $\{a_n\}$
$a \mid b$	a は b を割り切る
$a \equiv b \pmod{p}$	a, b は p で割った余りが等しい
(a, b)	a, b の最大公約数
even, odd	偶数，奇数
A, a の読み方	キャピタル A，スモール A
a'の読み方	a プライム

α	アルファ
β	ベータ
γ	ガンマ
δ	デルタ
ε	イプシロン
λ	ラムダ
π	パイ
τ	タウ
θ	シータ
φ	ファイ
ϕ	プサイ
ω	オメガ

注　中には高校教科書に載っていない記号もありますが，数学界では一般的なものばかりなので，入試でも使ってよいと筆者は考えます．ただ，その可否は採点者の趣味で決まるので，「使ってよいですか？」と聞かれても私には回答権がありません．ここでは「使った方が**断然有利**である」と言っておきます．

[本書で学んで欲しいこと]

筆者が考える，数学学習の **3 本柱**は次の通りです：

(a) **基本にさかのぼる** …「はじめに」で述べた通りです

(b) **現象そのものをあるがままに見る** … 例えば「図形」の問題なら，解こうとする前に「図形そのもの」を見る．言われてみれば当然のことなのですが，実行する受験生はごく少数です (涙)．

(c) **計算を合理的に行う** … スマートな計算がこなせると，思考の流れが途切れることなく解答の全体像が見渡せます．本書は「計算過程」も詳しく解説しています．(暗算して省いて欲しい所は薄字で書いてます．)

本書は，この 3 つが実行されるよう配慮して書かれています．

注　これらのうち，とくに(b)の習得はハードルが高いです．そんな時にはぜひ『動画解説』も参考にしてください．また，(c)の追加訓練は，ぜひ拙著：『合格(うか)る計算』で．

[本書とその先]

「はじめに」の最後に書いた通り，本書をこなせばどんな大学への受験準備もバッチリです．**基本事項の流れの中で**，「例題」および**根底**や**重要**マーク付きの「演習問題」を入念に理解して身に付けてください．それが，今後挑むあらゆる受験対策に向けての『**学習ベース**』となります．(もちろんそれ以外の「演習問題」もできるだけマスターして欲しいですが，くれぐれも“解き方を全部暗記”して「本書を“仕上げた”」などと勘違いしないこと (笑)．その問題が初見でも解けるようにすることが目的なのですから．)

ただし入試は，そこで出た問題が解けるかどうかの勝負．本書を『学習のベース』に据えつつ，初見の問題を解くという“他流試合”にも積極的に挑(いど)んでください．模試や受験大学の過去問など…．その“実戦”の結果が，あなたの「学び」が正しくなされているかどうかのチェックにもなります．

ただし，そうした“実戦”の問題は，あなたの力を伸ばすためには作られていないのが普通です．くれぐれも本書並みに真面目に取り組んではいけませんよ．体が 2 つ要ることになりますから (笑)．

勉強で大事なのは，**メリハリ**です．

本書　　　… 基礎を習得する『学習ベース』．みっちり．繰り返し．　→「ハリ」

“他流試合”… 雑多な初見問題演習．わりとテキトーに“量”をこなす．→「メリ」

語記サポ　「ハリ」：障子の紙がピンと張っている　「メリ」：障子の紙がダランとたるんでいる■

「メリハリ」を覚えて，勉強上手 = 生きる上手になりましょう．

第 1 章

数と式

将来入試では

単独での出題はほとんどなく，共通テストで少しあるかもしれない程度です．ただし…

概要

「数」と「式」に関してもっとも基礎的なことを学びます．「計算」・「論理」の両面において，**高校数学全体の土台**となる重要な分野です．

注　高校数学における最初の章ですから，そこでよく使う「記号」や「言い回し」をどんどん覚えていきましょうね！

学習ポイント

学ぶ内容は大まかに分けると次の 3 つです：

1. 展開・因数分解などの式計算
2. 数の種類とその演算
3. 集合・命題・条件について

1．2．(1～8) については，高校数学を学んでいく上で今日から役立つ**土台 1 =「計算力」**を養成する場です．最初からみっちり鍛錬を積んでください！（5だけは，小難しいと感じた内容は「後でわかればいいや」と先送りで OK．）

それに対して 3．(9)：「集合・命題・条件」は，最初は「なんでこんなこと勉強するの？」という印象を持たれがちです．しかし，何か月後か何年後，先へ・上へと進んで困難な局面に遭遇した時，ここで学んだ**土台 2 =「論理」**が威力を発揮し，初めてその深み・重要性が身に染みてきます（笑）．

早い時期に一通り目を通しては欲しいですが，決して一度で完璧に理解・マスターしようとしないでください！たぶん無理だと思いますし（笑）．今後，様々な他の分野を勉強しながら，論理的な面でモヤモヤを感じたときなどに，本章の9に戻り，“辞書”のように参照・活用してください．何か助けが得られる可能性が大です．そしてその繰り返しを通して，9自体も徐々にわかってくる．それが程よい付き合い方です．（「図形」に関する5章も，同じような役割を演じます）．

この章の内容

［高校数学範囲表］ ●当該分野 ●関連が深い分野

数学Ⅰ	数学Ⅱ	数学Ⅲ 理系
数と式	いろいろな式	いろいろな関数
２次関数	ベクトルの基礎	極限
三角比	図形と方程式	微分法
データの分析	三角関数	積分法
数学A	指数・対数関数	**数学C**
図形の性質	微分法・積分法	ベクトル
整数	**数学B**	複素数平面
場合の数・確率	数列	２次曲線
	統計的推測	

1 整式

1 単項式

5, x, x^2, $-3x^2$ などのように，数または文字を掛け合わせたものを**単項式**といい，掛け合わせた文字の個数を**次数**，それ以外の部分を**係数**といいます．

例：$-3\,x^2$ ●●● x の 2 次式
係数 -3，次数は 2

ただし，2 種類以上の文字があるときは，どの文字に注目するかにより，次のように見方が変化します．

$5ax^2$
- a, x を文字とみる → $5\cdot ax^2$（係数 5，次数は 3）●●●「a, x の 3 次式」という
- x を文字とみる → $5a\cdot x^2$（係数 $5a$，次数は 2）●●●「x の 2 次式」という

注 5, -3 などの定数の次数は「0」とします．（定数 0 の次数は定めません．）

語記サポ 「・」は，積を表す記号です．「$5ax^2$」，「$5\cdot ax^2$」，「$5\times ax^2$」は，全て同じものです．「係数」と「文字」の分かれ目を強調したいときに，「・」や「×」を入れたりします．

2 多項式

単項式を足したり引いたりして得られる式，例えば

$5x^2-3x+2$

のようなものを多項式といい，これを構成する各単項式：$5x^2$, $-3x$, 2 を項といいます．

例えば多項式

$\underline{x^2}-x+5+\underline{2x^2}$

において，x の次数の等しい項：x^2 と $2x^2$ を**同類項**といいます．同類項をまとめて整理した式：

$\underline{3x^2}-x+5$ …① ●●● x の 2 次式

において，最高次数の項：$3x^2$ の次数 2 を，この多項式の**次数**といいます．

①のように，文字 x の次数が降下していく向きに並んだ順序を，x の**降**（こう）**べきの順**といいます．末尾にある文字を含まない項を**定数項**といいます．

逆に，右のように文字 x の次数が上昇していく向きに並んだ順序を，x の**昇**（しょう）**べきの順**といいます．

- $3x^2-x+5$ ●●● 降べきの順
- $5-x+3x^2$ ●●● 昇べきの順

語記サポ 「べき」とは，正確に述べると「冪（べき）指数」といい，「指数」と呼ぶこともあります．要は次数のことです．

将来 数学Ⅱ「指数・対数」において，例えば $3^0=1$, $3^{-2}=\dfrac{1}{3^2}$ とすることを学びます．右の数の並びを見ればなんとなく納得できますね．覚えてしまいましょう．

+1　+1　+1　+1
… 3^{-2}　3^{-1}　3^{0}　3^{1}　3^{2} …
… $\dfrac{1}{9}$　$\dfrac{1}{3}$　1　3　9 …
×3　×3　×3　×3

3 整式，多項式

「単項式」と「多項式」を総称して**整式**といいます．高校教科書では，“いちおう” このように定められています．これが，「多項式」という単語の狭い意味での（**狭義の**）定義です．

ところが，大学以降では単項式も含めて「多項式」と呼ぶのが普通です．これが，「多項式」という単語の広い意味での（**広義の**）定義です．

参考 $\dfrac{1}{x}\,(=x^{-1})$ とか $\sqrt{x}$ は，整式（多項式）ではありません．■

大学関係者が作る「入試問題」においては，「多項式」は「整式」の同義語として用いられます．（学校の定期テストでは，担当教師の意向に従うこと．）

定義 「整式」と「多項式」は，入試ではふつう同義語．

整式 ＝ **多項式（広義）** $\begin{cases} \text{単項式} & -3x^2 \\ \textbf{多項式（狭義）} & 3x^2 - x + 5 \end{cases}$

注 「多項式」という単語が，狭義，広義のどちらの意味であるかは，文脈によって判断します．

例 1：「$\dfrac{x^2+xy+y^2}{y^2}$ の分子は**多項式**，分母は単項式」→狭義．単項式と対比している．

例 2：「…を満たす 3 次の**多項式** $f(x)$ を求めよ．」→広義．$f(x)=2x^3$ である可能性もある．

4 単項式の積

指数法則：❶ $a^m a^n = a^{m+n}$, ❷ $(a^m)^n = a^{mn}$, ❸ $(ab)^m = a^m b^m$（m, n は自然数）を用いて，各文字ごとに次数を計算していきます．

参考 これらの法則は，2 将来の「x^{-2}」などについても成立します．

例 1：$(-2x^2)^3 = -2^3 \cdot x^6 = -8x^6$.

「符号は－」→「$(x^2)^3 = x^6$」→「係数の絶対値は $2^3=8$」の順に考えて書く．

例 2：$(-x^2y)^2 \cdot xy = x^4y^2 \cdot xy = x^5y^3$.

「符号は＋」→「x は 5 次」→「y は 3 次」の順に考えて書く．

注 例 1 を逆に辿（たど）り，$-8x^6 = (-2x^2)^3$ と変形することが，後に因数分解で活きてきます．

5 多項式の和，差

同類項どうしをまとめて整理します．降べきの順に整理するのが一般的です．

例：$(2x^2+3x+1)+(x^3-2x^2+4) = x^3+3x+5$.

右のように，同類項が縦に揃うように並べるとわかりやすいですが，まさかホントにこんなことを書いたりしてるヒマはありません（笑）．

$$\begin{array}{rrrrr} & & 2x^2 & +3x & +1 \\ +) & x^3 & -2x^2 & \square & +4 \\ \hline & x^3 & \square & +3x & +5 \end{array}$$

注意！ "抜けている項"，つまり係数が 0 である項（右の□）には気を付けましょう．

例題 1 1 a 整式の整理 根底 実戦 定期

[→演習問題 1 4 1]

(1) 単項式 $(-3ax^2)^2(2a^2x)^3$ を整理せよ．

(2) 多項式 $\{x^3-2x^2+(a+1)x+2\}-(x^3-3x^2+x-a)$ を，x の降べきの順に整理せよ．

解答 (1) 与式 $= 9a^2x^4 \cdot 8a^6x^3 = 72a^8x^7$.//

解説 実際には，「符号は＋」→「a は 8 次，x は 7 次」→「係数の絶対値は 72」の順に考えます．

(2) 与式 $= x^2+ax+(a+2)$.//

解説 次数の等しい同類項ごとに，その係数を計算しています．

注 x の 3 次式どうしの差ですが，3 次の同類項が消え，結果は 2 次式になりました．

重要 等号「＝」には，2 つの意味があります．

❶ 「数値」として等しい

例 $1+1=2$

❷ 「式」として等しい

例 $x+1+2x+3=3x+4$

上の例題も含め，本節で使っている「＝」は，ほとんどが❷：「式」の方です．

2 展開 既習者

本節で述べる**展開の仕組み**を理解しているか否かで，アナタの数学人生はまるで別のものになります！

1 演算法則

整式（多項式）の加法（減法），乗法[1]は，次の法則をもとに行われます（下記において A, B, C は整式）：

	加法	乗法
交換法則	$A+B=B+A$	$AB=BA$
結合法則	$(A+B)+C=A+(B+C)$	$(AB)C=A(BC)$
分配法則	$A(B+C)=AB+AC\cdots$ ❶ $(A+B)C=AC+BC\cdots$ ❷	

前節4，5では，上記のうち交換法則と結合法則をほとんど意識せずに用いていました．本節では，分配法則を左辺→右辺の向きに用いて整式を変形することを考えます．

例 1：$a(2x+3)=2ax+3a$．……❶を用いた

例 2：$(2x+3)\cdot x^2=2x^3+3x^2$．……❷を用いた

このように，整式を積の形から和や差の形へ変形することを**展開**といいます．展開する元の式において積を作っている各式を**因数**といい，展開された式を**展開式**と呼んだりします．

展開する

例 2：$(2x+3)\cdot x^2=2x^3+3x^2$

因数　　　展開式

上の例 1 例 2のように「単項式 × 多項式」を展開する際には，分配法則❶または❷を 1 回使うだけでした（多項式の項が 3 個以上になっても同様）．次項以降では，「多項式 × 多項式」の展開についても考えます．

将来 [1] 加法（減法），乗法以外に，数学Ⅱでは，「整式の除法」についても学びます．

2 展開の仕組み 重要度↑↑↑

多項式の因数どうしの積：$(a+b)(x+y)$ は，分配法則により次のように展開されます：

$$(a+b)(x+y)=a(x+y)+b(x+y)$$ ……$(x+y)$ を“カタマリ”とみて❷を用いた

$$=ax+ay+bx+by.$$ ……❶を 2 回用いた

注 $(a+b)$ を“カタマリ”とみて，❶→❷の順に使っても同じ結果が得られます．■

しかし，実際に展開する際には，このように分配法則❶，❷を意識することはなく，次のような“感覚”に従って行います：

$(a+b)$ から項 a を，$(x+y)$ から項 x を選んで作る積→ア

$(a+b)$ から項 a を，$(x+y)$ から項 y を選んで作る積→イ

$(a+b)$ から項 b を，$(x+y)$ から項 x を選んで作る積→ウ

$(a+b)$ から項 b を，$(x+y)$ から項 y を選んで作る積→エ

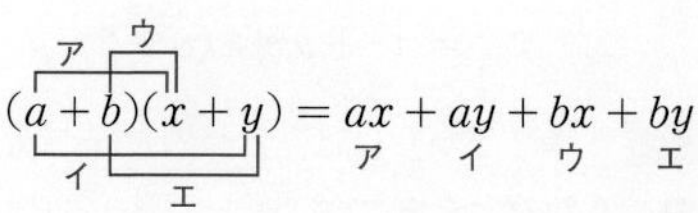

「**展開する**」という作業は，要約すると次の通りです：

因数 $(a+b)$，$(x+y)$ から項を1 個ずつ抜き出して作る積を，全ての抜き出し方について加える．

例題 1 2 a 展開の仕組み 重要度↑ 根底 実戦

[→演習問題 1 4 4]

(1) $(x+1)(2x^2-5x+4)$ の展開式における x の係数は何か？

(2) $(x+1)(2x^2-5x+4)$ を展開せよ.

(3) $(x-a)(x-b)$ を展開して, x の降べきに整理せよ.

(4) $(x-a)(x-b)(x-c)$ を展開して, x の降べきに整理せよ.

方針 とにかく,「抜き出して掛ける」感覚で！

解答 (1) $(x+1)(2x^2-5x+4)$

積が x の 1 次式になる抜き出し方を考えて

x の係数 $=4-5=-1.$ //

(2) 展開式の x 以外の項についても(1)と同様に考えて

$(x+1)(2x^2-5x+4)=2x^3\underline{-3}x^2-x+4.$ //

赤線は x^2 の項になる抜き出し方

(3) $(x-a)(x-b)=x^2-(a+b)x+ab.$ //

赤線は x^2 の項になる抜き出し方

(4) $(x-a)(x-b)(x-c)$ （x^3 の項／x^2 の項の 1 つ）

$=x^3-(a+b+c)x^2+(ab+bc+ca)x$

$-abc.$ //

解説 (2) 最高次の項と定数項は, 抜き出し方がそれぞれ 1 通りずつしかないのでカンタンですね. (3), (4)も同様です.

$(x+1)(2x^2-5x+4)$

注意！ この程度の展開において

$(x+1)(2x^2-5x+4)=\sout{2x^3-5x^2+4x+2x^2-5x+4}$

などと紙に書いてから同類項をまとめていたのでは, 前述した『展開の仕組み』に対する感覚が磨かれていかないので, 今後の数学人生において足を引っ張り続けます. **絶対にお止めなさい！**

(3) 展開してできる x の 1 次の項 : $-ax$, $-bx$ は, 最初からまとめて $-(a+b)x$ と書くこと！

(4) 掛け合わせる因数が, これまでの 2 個から 3 個に増えましたが, 考え方は同じです.

x^2 の項は, 解答中に線で示した $-ax^2$ 以外に, $-bx^2$, $-cx^2$ もあります. これらを, 初めからまとめて $-(a+b+c)x^2$ と書くこと.

また, x の項 : abx, bcx, cax についても同様です.

$(x-a)(x-b)(x-c)$ （定数項／x の項の 1 つ）

重要 **本項で述べた『展開の仕組み』を活かして展開すれば, アタナの数学人生は豊かになります！**（そうしないと地獄…）

展開の仕組み 原理 重要度↑ 既習者

展開式とは, 各因数から項を 1 個ずつ抜き出して作る積を, 全ての抜き出し方について加えたものである.

$(a+b)(x+y)=ax+ay+bx+by$
（ア イ ウ エ）

将来 **正の約数の総和** [→6 11 5]

この感覚が身に付いていれば, 例えば

$360=2^3\cdot3^2\cdot5$ の正の約数の総和が $(1+2+2^2+2^3)(1+3+3^2)(1+5)$ （$2\cdot3^2\cdot5$／$2^3\cdot3$）

となることがスッと理解できます！

3 展開の公式

前項の『展開の仕組み』を理解していれば，次の公式が成り立つことがスラっとわかるはずです．

注 以下の公式類は，後に3 5において，「因数分解の公式」といっしょにまとめます．

2 項展開

❶ $(a+b)^2=a^2+2ab+b^2$　　❶′ $(a-b)^2=a^2-2ab+b^2$

❷ $(a+b)^3=a^3+3a^2b+3ab^2+b^3$　　❷′ $(a-b)^3=a^3-3a^2b+3ab^2-b^3$

数学Ⅱ後 ❸ $(a+b)^n=\sum_{k=0}^{n}{}_n\mathrm{C}_k a^{n-k}b^k$（$n$ は任意の自然数）…二項定理

3 項展開

❹ $(a+b+c)^2=a^2+b^2+c^2+2ab+2bc+2ca$

和と差の積

❺ $(a+b)(a-b)=a^2-b^2$

上の各式が成り立つことは，例えば「2 乗：$(a+b)^2$」という言わば略記法を，$(a+b)(a+b)$ のように具体的に書き並べて表示し，“抜き出し方”を考えてみれば納得がいくはずです．

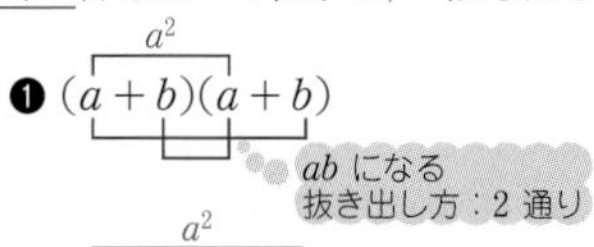

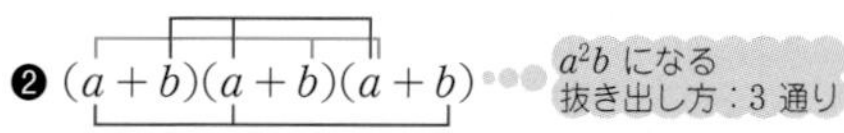

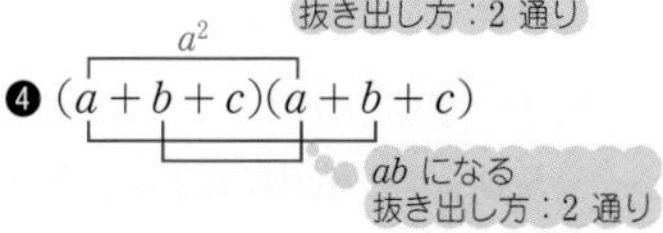

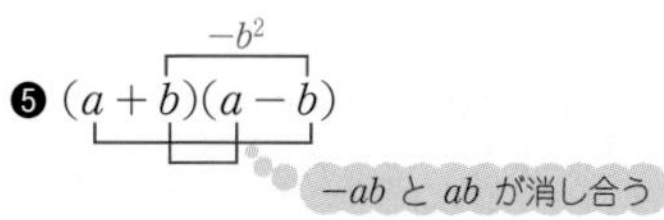

上記のうち，❷において a^2b の係数が「3」になる理由についてより詳しく解説します．3 つの因数を左から順に㋐，㋑，㋒とします．これらから a または b を 1 個ずつ抜き出して積：a^2b を作る際，

$(a+b)(a+b)(a+b)$
　㋐　　㋑　　㋒

　㋐，㋑，㋒のうちどの 1 つの因数だけから b を選ぶか

を考えると，「3 通り」の抜き出し方があるのがわかりますね．この「3」が，展開式における a^2b の係数となる訳です．

将来　この考え方が備わっていれば，数学Ⅱで学ぶ❸：二項定理もごく自然に頭に入ります．

注意！ 前述した『展開の仕組み』を無視して，

❷を $(a+b)^3=(a+b)(a+b)^2=(a+b)(a^2+2ab+b^2)=\cdots$,

❹を $(a+b+c)^2=\{(a+b)+c\}^2=(a+b)^2+2(a+b)c+c^2=\cdots$

のように段階を踏んで演算法則を丁寧に使って導いていたらダメ！これらの公式の成り立ちが直接頭に入ってこないので，公式を丸暗記し，さらに成り立ちがわからなくなるという悪循環に陥ります．

補足 ❶′，❷′ は，❶，❷の「b」を「$(-b)$」で置き換えれば，瞬時に得られますね．

$$\begin{aligned}(a-b)^2&=\{a+(-b)\}^2\\&=a^2+2a(-b)+(-b)^2\\&=a^2-2ab+b^2\end{aligned}$$

$$\begin{aligned}(a-b)^3&=\{a+(-b)\}^3\\&=a^3+3a^2(-b)+3a(-b)^2+(-b)^3\\&=a^3-3a^2b+3ab^2-b^3\end{aligned}$$

例題 1 2 b 展開公式 根底 実戦

[→演習問題 1 4 5]

次の各式を展開せよ．

(1) $(2x+y)^2$　(2) $\left(x-\dfrac{3}{2}\right)^2$　(3) $(x-2a)^3$（x の降べきに整理せよ）

(4) $(a-b+c)^2$　(5) $(x+3y)(x-3y)$　(6) $(3x+1)(2x-5)$

方針 前記公式にガチガチに当てはめるというより，公式を，その成り立ちを頭の中で再現しながら使うという感覚が望ましいです．

解答 (1) $(2x+y)^2 = \overset{2\text{乗}}{(2x)^2} + \overset{2\text{倍の積}}{2\cdot 2x\cdot y} + \overset{2\text{乗}}{y^2}$

$= 4x^2+4xy+y^2.$ //

(2) $\left(x-\dfrac{3}{2}\right)^2 = \overset{2\text{乗}}{x^2} - \overset{2\text{倍の積}}{2\cdot\dfrac{3}{2}x} + \overset{2\text{乗}}{\left(\dfrac{3}{2}\right)^2}$

$= x^2-3x+\dfrac{9}{4}.$ //

(3) $(x-2a)^3$

$= x^3-3\cdot x^2\cdot 2a+3\cdot x(2a)^2-(2a)^3$

$= x^3-6ax^2+12a^2x-8a^3.$ //

(4) $(a-b+c)^2$

$= \overset{2\text{乗グループ}}{a^2+b^2+c^2}\overset{2\text{倍の積グループ}}{-2ab-2bc+2ca}.$ //

(5) $(x+3y)(x-3y) = \overset{2\text{乗}}{x^2} - \overset{2\text{乗}}{(3y)^2}$

$= x^2-9y^2.$ //

(6) $(3x+1)(2x-5)$

$= 6x^2+\underline{(-15+2)x}-5$

$= 6x^2\underline{-13x}-5.$ //

解説 (1)，(2)の「$\underline{2}$ 項の $\underline{2}$ 乗」は，他に比べて**断然使用頻度が高いです**．よって，途中式を紙に書かず，「2 乗，2 倍の積，2 乗」と呟（つぶや）きながら一気に結果を書くようにしてください．

(3) 2 行目の薄字も，なるべく暗算で済ませたいです．例えばその 2 番目の項については，1 4 で述べたように，

「符号は－」→「a は 1 次，x は 2 次」→「係数の絶対値は $3\cdot 2=6$」

の順に考えて書きます．

注 重要度↑ 等式：

$$(x+a)(x+b)=x^2+(a+b)x+ab,$$
$$(ax+b)(cx+d)=acx^2+(ad+bc)x+bd$$

も「展開公式」扱いする立場もあり，その場合，上の(6)は，2 行目の“公式”を使って展開したことになるのですが…，正直，前述した「展開の仕組み」を理解している人の場合，「公式」を使っているという感覚はなく，例えば解答の赤線で示した「x の項になる抜き出し方」を考えながら展開するはずです．そもそも，前記の「公式」も，それが成り立つ理由を理解していると，「公式として覚えて使っている」のか，それとも「その場で“抜き出す感覚”で展開している」のか，どちらの立場で計算しているのか，自分自身よくわからなくなります．どっちだってかまわないのです．(笑)

4 対称式

2 文字の対称式

a^2+b^2 や a^2b+ab^2 のように，2 文字 a, b の整式で，a, b を互換[1]しても変わらない式，つまり a, b が対等に現れるものを 2 文字 a, b の**対称式**といいます．今後，「方程式」などの分野においてよく現れます．

a^2+b^2 元の式
$=b^2+a^2$ 互換した式
a^2b+ab^2 元の式
$=b^2a+ba^2$ 互換した式

語記サポ [1] 互換：入れ替えること．■

2 文字 a, b の対称式のうち，

和：$a+b$（1 次），積：ab（2 次）

の 2 つを**基本対称式**といい，次のことが知られています：

知識　2 文字 a, b の対称式は，必ず基本対称式：$a+b,\ ab$ だけで表すことが可能である．

言い訳　この事実のキチンとした証明は…めっちゃ難しいです（笑）．また，高校段階では証明する必要性も薄く，「表せる」ことを知っているだけで大丈夫です．

前項の公式：

❶ $(a+b)^2=a^2+2ab+b^2$

❷ $(a+b)^3=a^3+3a^2b+3ab^2+b^3$

を用いて，実際に対称式を基本対称式のみで表してみましょう．

問 1　次の各式を，$a+b,\ ab$ のみで表せ．

(1) a^2+b^2　　(2) a^3+b^3

解答 (1) ❶より

$$a^2+b^2=(a+b)^2-2ab. /\!/$$

(2) ❷より

$$a^3+b^3=(a+b)^3-3ab(a+b). /\!/$$

3 文字の対称式

$a^2+b^2+c^2$ や $ab+bc+ca$ のように，3 文字 a, b, c の整式で，a, b, c のどの 2 文字を互換しても変わらない式，つまり a, b, c が対等に現れるものを 3 文字 a, b, c の**対称式**といいます．

$a^2+b^2+c^2$ …① 元の式
$=b^2+a^2+c^2$ ①の a, b を互換した式
$=a^2+c^2+b^2$ ①の b, c を互換した式
$=c^2+b^2+a^2$ ①の c, a を互換した式

3 文字 a, b, c の対称式のうち，

和：$a+b+c$（1 次），積の和：$ab+bc+ca$（2 次），積：abc（3 次）

の 3 つを**基本対称式**といい，次のことが知られています：

知識　3 文字 a, b, c の対称式は，必ず基本対称式：
$a+b+c,\ ab+bc+ca,\ abc$ だけで表すことが可能である．

前項の公式：

❹ $(a+b+c)^2=a^2+b^2+c^2+2ab+2bc+2ca$

を用いるなどして，実際に対称式を基本対称式のみで表してみましょう．

問 2 次の各式を，$a+b+c$, $ab+bc+ca$, abc のみで表せ．

(1) $a^2+b^2+c^2$

(2) $(b+c)(c+a)(a+b)$

解答 (1) ❹より

$$a^2+b^2+c^2$$
$$=(a+b+c)^2-2(ab+bc+ca).$$ //

(2) $A=a+b+c$ とおくと

与式

$$=(A-a)(A-b)(A-c)$$ [1)]

$$=A^3-(a+b+c)A^2+(ab+bc+ca)A-abc$$
$$=(ab+bc+ca)(a+b+c)-abc.$$ //

解説 [1)]：3 つの因数を $A=a+b+c$ で表す方法論は，やや斬新に感じるかもしれませんね．でも，「$a+b+c$ で表したい」のですから自然な発想といえなくもないです．

その後の展開は，例題 1 2 a (4)と全く同じですね．

参考 **問 1** および **問 2** (1)の結果は，今後ほとんど公式に近い感覚で使います：

対称式の公式 **定理**

ⓐ $a^2+b^2=(a+b)^2-2ab$ ムリヤリ和の 2 乗を作って余分を引く

ⓑ $a^3+b^3=(a+b)^3-3ab(a+b)$ ムリヤリ和の 3 乗を作って余分を引く

ⓒ $a^2+b^2+c^2=(a+b+c)^2-2(ab+bc+ca)$ ムリヤリ和の 2 乗を作って余分を引く

ⓓ $a^3+b^3+c^3-3abc=(a+b+c)(a^2+b^2+c^2-ab-bc-ca)$

注 ⓓは，右辺をガシガシ展開すれば示せますが，それではあまりに味気ないので（笑），後に因数分解の問題として扱います．[→例題 1 3 g (6)]

補足 ⓓは，$3abc$ を移項し，右辺をさらにⓒを用いて変形すれば，$a^3+b^3+c^3$ を基本対称式のみで表す等式になります．

例題 1 2 C 基本対称式で表す 根底 実戦

[→演習問題 1 4 8]

(1) $(x-y)^2$ を $x+y$, xy のみで表せ．

(2) $x^2y^2+y^2z^2+z^2x^2$ を $x+y+z$, $xy+yz+zx$, xyz のみで表せ．

方針 (1) ムリヤリ和：$x+y$ を作ります．

(2) xy, yz, zx を"カタマリ"とみなします．

解答 (1) $\underbrace{(x-y)^2}_{x^2-2xy+y^2}=\underbrace{(x+y)^2}_{x^2+2xy+y^2}-4xy.$ //

(2) $x^2y^2+y^2z^2+z^2x^2$

$$=(xy)^2+(yz)^2+(zx)^2$$
$$=(xy+yz+zx)^2$$
$$-2(xy\cdot yz+yz\cdot zx+zx\cdot xy)$$
$$=(xy+yz+zx)^2-2xyz(x+y+z).$$ //

解説 (1) 頭の動きは以下の通りです：

元の式：「差の 2 乗」を「和」で表すため，とりあえず「和の 2 乗」を作ってみる．

両者を暗算でサクッと展開してみると，「積 xy」の係数が違う．

それを微調整して完了．

言い訳 (2)の最後で，$xy\cdot yz+yz\cdot zx+zx\cdot xy$ を共通因数 xyz でくくって因数分解しています．因数分解は次節のテーマですが，中学程度ということでお許しを（笑）．

3 因数分解

「展開」は，分配法則を用いればいつでも機械的に行うことができます．それに対して「因数分解」は，展開する前の形に復元する演算ですから，上手く工夫しないとできません．よって**因数分解は，今後数学全般で重要となる試行錯誤 =trial and error の絶好の訓練の場となります．**時間を掛けてでもみ〜っちり鍛えましょう！

1 因数分解とは

「展開する」と逆向きの変形，つまり整式を 2 個以上の因数の積として表すことを，「**因数分解する**」といいます．また，因数分解された式を，元の式の**因数分解**といいます．

展開する →
← 因数分解する

例：$x^2\,(2x+3) = 2x^3 + 3x^2$ 左辺は，右辺の「因数分解」

（x^2, $(2x+3)$：因数　$2x^3+3x^2$：展開式）

次の大原則を，しっかり頭に叩（たた）き込んでおいてください：

原理 重要度↑　「因数分解する」とは，「展開する」前の，「元の積の形」を復元することである．

つまり，「展開」と「因数分解」は表裏一体ですから，切り離さずセットで学ぶことが大切です．このことを**大前提**として，次項以降で因数分解の様々な手法を学んでいきましょう．

2 共通因数でくくる

1 例の因数分解を実際に行うには次のようにします．

$$2x^3 + 3x^2 = x^2 \cdot 2x + x^2 \cdot 3$$
$$= x^2(2x+3).\,/\!/$$

左辺にある 2 つの項：$2x^3$, $3x^2$ が**共通因数** x^2 をもつことを見抜き，それをくくり出します．2 1 の分配法則を，展開するときとは逆に

$A(B+C) = AB + AC$

右辺→左辺

の向きに使っています．特に意識するほどのことでもないですが．

例題 1 3 a　因数分解・共通因数でくくる　根底 実戦

次の各式を因数分解せよ．

(1) $x^2yz + 2xy^2z - 3xyz^2$　　(2) $a(p-q) + b(q-p)$

方針 共通因数を見つけたら，途中式を書かずに一気に答えを書きましょう．

解答 (1) $x^2yz + 2xy^2z - 3xyz^2$

$= xyz(x+2y-3z).\,/\!/$

(2) $a(p-q) + b(q-p)$

$= a(p-q) - b(p-q)$

$= (a-b)(p-q).\,/\!/$

解説 (1)では単項式の共通因数 xyz，(2)では多項式の共通因数 $p-q$ を発見し，それをくくり出しました．

3　2次式：$x^2+\cdots$ の因数分解

中学で次のような因数分解を学びました．

例 1　$x^2+5x-6=(x-1)(x+6)$.//

これを，公式：

$$(x+a)(x+b)=x^2+(a+b)x+ab$$

を右辺 → 左辺の向きに使うという感覚でやると，この先弊害が生まれます！そこで，正しい姿勢を詳しく解説します．

1°　因数分解した式，つまり展開する前の元の"型"を紙に書いて用意．符号はとりあえず「－」にしておく．もし「＋」だったら後で縦線を書き足せば済むので．

$$x^2+5x-6 \overset{?}{=} (x-\quad)(x-\quad)$$

（因数分解 → ／ ← 展開）

2°　右辺を展開したときの定数項が，左辺の -6 と一致するよう，空白部分に候補を入れてみる．ただし，もし紙に書くとしてもごく薄い字で．符号はまだ決めない．

$$x^2+5x-6 \overset{?}{=} (x-{}^{1}_{2})(x-{}^{6}_{3})$$

（定数項／展開）

3°　定数項が「-6」なので，「－」の片方を「＋」に変えることになる．左辺の x の係数「5」がけっこうデカいので，差の大きい「1 と 6」の方を選択．どっちの「－」を「＋」にすると「$+5$」と一致するかと考え…

$$x^2+5x-6 \overset{?}{=} (x-1)(x-6)$$

（x の項／展開／どっちが＋?）

4°　「6」の方を「＋」にする．**必ず**右辺を展開して，左辺と一致するかを確認！！

$$x^2+5x-6=(x-1)(x+6)$$

（x の項／展開してチェック！）

とにかく，因数分解の公式を利用するのではなく，終始一貫して**何を展開したらそうなるか**と逆算する気持ちが要（かなめ）です．

例題 1 3 b　因数分解・2次式（その1）　根底 実戦

[→演習問題 1 4 9]

次の各式を因数分解せよ．

(1)　x^2+5x+6　　　(2)　x^2-x-12

方針　「何を展開したらそうなるか」の気持ちを忘れずに！

解答　(1)　$x^2+5x+6=(x+\quad)(x+\quad)$

$=(x+2)(x+3)$.//

(2)　$x^2-x-12=(x-\quad)(x-\quad)$　（積が -12）

$=(x-3)(x-4)$　…どっちが＋?

$=(x+3)(x-4)$.//　（x の項）

解説　(1)では，左辺の係数が全て「＋」ですから，答えの形を初めから「＋」で作って大丈夫です．(2)では，左辺の x 係数が「-1」なので，空白部分に入れる定数として差の小さい「3 と 4」を選びました．（差の大きな「1 と 12」や「2 と 6」だと無理っぽいですね．）

4　2次式：$ax^2+\cdots$ の因数分解

次に，中学で学んでいない x^2 の係数が 1 以外のケースです．

例 2　$3x^2-7x+2$ を因数分解せよ．

ここでも，$(ax+b)(cx+d)=acx^2+(ad+bc)x+bd$ を公式として使うのではなく，例 1 と同様，「何を展開すればそうなるか？」の気持ちでいきましょう．

まず最初に，例題 1 2 a 解説 で述べた，「最高次数の項と定数項は抜き出し方が 1 通りしかない」ことに注目します．

$3x^2-7x+2 \overset{?}{=} (\ x-\ \ )(\ x-\ \ )$　（x^2 の係数 3，定数項 2，← 展開）　型を作り，x^2 と定数の項に注目して…

$3x^2-7x+2 \overset{?}{=} (1\cdot x-{}^{1}_{2})(3x-{}^{2}_{1})$　（x の項，← 展開）　候補（上段 or 下段）をイメージし，x の項に注目

$3x^2-7x+2=(x-2)(3x-1)$　（x の項，← 展開してチェック！）　下段を選び，最後に符号も吟味

注意！　このタイプの問題に対して，いったん右のような“タスキ掛け”を書いた後で答えの式を書くという手法は，入試実戦では手間が掛かり過ぎて使い物になりません！■

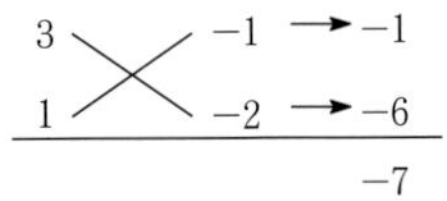

では，前述と同じ方針で次の例題を解いてみましょう．

例題 1 3 C　因数分解・2次式（その2）　根底 実戦　［→演習問題 1 4 9］

次の各式を因数分解せよ．

(1)　$2x^2+x-10$　　(2)　$4x^2-16x-9$

解答　(1)　$2x^2+x-10 \overset{?}{=} (\ x-\ \ )(\ x-\ \ )$　（x^2 の係数 2，定数項 -10，← 展開）

$2x^2+x-10 \overset{?}{=} (1\cdot x-{}^{1}_{2})(2x-{}^{10}_{5})$　（x の項，← 展開）

$2x^2+x-10=(x-2)(2x+5)$．//　符号も吟味　（x の項，← 展開してチェック！）

(2)　$4x^2-16x-9 \overset{?}{=} (\ x-\ \ )(\ x-\ \ )$　（x^2 の係数 4，定数項 -9，← 展開）

$4x^2-16x-9 \overset{?}{=} (1\cdot x-{}^{1}_{3})(4x-{}^{9}_{3})$　（x の項，← 展開）

or $(2x-{}^{1}_{3})(2x-{}^{9}_{3})$　（x の項）　4 通りの候補

$4x^2-16x-9=(2x+1)(2x-9)$．//　符号も吟味　（x の項，← 展開してチェック！）

解説　このように，x^2 の係数が 1 でない 2 次式の因数分解は，けっこうタイヘンです．筆者も，いまだに少し手間取ることがありますし，間違えそうになることもあります（苦笑）．でも，「展開してチェックする」ことを怠らなければ大丈夫です．

また，いざとなったら 2 次方程式の解の公式を利用して因数分解する手もあります．［→ 2 7 4］

本項：「2 次式の因数分解」を通して，因数分解一般においてもっとも大切な次の姿勢を確認してください：

原則 重要度↑ 「因数分解する」とは，「展開する」前の，元の積の形に戻すことだから，「何を展開したらそうなるか？」と，逆算する気持ちで！

5 公式の利用

2 3で紹介した「展開の公式」は，逆向きに使えば「因数分解の公式」ともなります．そこに，少し公式を追加してまとめておきます．

展開・因数分解の公式 定理

2 項展開

❶ $(a+b)^2=a^2+2ab+b^2$　　❶′ $(a-b)^2=a^2-2ab+b^2$

❷ $(a+b)^3=a^3+3a^2b+3ab^2+b^3$　　❷′ $(a-b)^3=a^3-3a^2b+3ab^2-b^3$

将来 ❸ $(a+b)^n=\sum_{k=0}^{n}{}_n\mathrm{C}_k a^{n-k}b^k$ (n は任意の自然数)　　二項定理

3 項展開

❹ $(a+b+c)^2=a^2+b^2+c^2+2ab+2bc+2ca$

累乗の差

❺ $a^2-b^2=(a-b)(a+b)$

❻ $a^3-b^3=(a-b)(a^2+ab+b^2)$　　❻′ $a^3+b^3=(a+b)(a^2-ab+b^2)$

❼ $a^n-b^n=(a-b)(a^{n-1}+a^{n-2}b+\cdots+b^{n-1})$ (n は任意の自然数)

解説 ❶～❼は，全て「左辺：短い式 = 右辺：長い式」の順に並べています．よって，基本的には「左辺→右辺」の向きの変形に使うのが“自然”です．つまり，❶～❹は「展開」に，❺以降は「因数分解」に使うのが普通です．しかし，逆向きに使うケースもあります．

〔**証明**〕 ❻は，右辺を展開することで示せます．

$$\begin{aligned}(a-b)(a^2+ab+b^2)&=(a^3+a^2b+ab^2)\\&\quad-(a^2b+ab^2+b^3)\\&=a^3-b^3.\end{aligned}$$

❼もまったく同様に導けます．教科書には載っていませんが，**入試では必須**の公式です！

補足 ❶′，❷′，❻′ は，❶，❷，❻の「b」を「$(-b)$」で置き換えれば，瞬時に得られますね．

数学Ⅱ後 これらの等式は，全て両辺が式として等しいことを表しています．言い換えると，文字 $a, b, \cdots$ にどんな数値を代入しても両辺は等しい値になります．このような等式のことを**恒等式**[1]といいます．

語記サポ [1]：「恒」=「つねに」

補足 ❶，❷の右辺は，「対称式」を扱う際には次の順序で並べた方が合理的といえます：

$\underbrace{a^2+b^2}_{\text{2 乗の和}}+2ab$　$\underbrace{a^3+b^3}_{\text{3 乗の和}}+3a^2b+3ab^2$

語記サポ ❶，❶′，❹の左辺のような $(\quad)^2$ 型の式を「完全平方式」といいます．[→2 2 4]

例題 13d 因数分解・公式利用 根底 実戦

[→演習問題149]

次の各式を因数分解せよ．

(1) a^2-9b^2　(2) $8x^3-27$　(3) $9x^2-3x+\frac{1}{4}$　(4) $8a^3+12a^2b+6ab^2+b^3$

着眼 (1)は「2 乗 −2 乗」，(2)は「3 乗 −3 乗」の形をしていることが見通せますから，素直に❺，❻を「因数分解の公式」として使います．

それに対し，(3)は先頭・末尾の項がそれぞれ $(3x)^2$, $\left(\frac{1}{2}\right)^2$ という「2 乗」の形，(4)は先頭・末尾の項がそれぞれ $(2a)^3$, b^3 という「3 乗」の形なので，「なんとなく 2 項展開の右辺っぽい？」という予感がする程度（笑）．そこで，結果を予想し，公式❶′，❷で展開→チェック．

解答 (1) $a^2-9b^2=a^2-(3b)^2$ …①

$=(a+3b)(a-3b)$.//

注 ①のように，$(3b)$ を 1 つの **"カタマリ"とみる**という発想法はよく使います．

(2) $8x^3-27=(2x)^3-3^3$

$=(2x-3)\{(2x)^2+2x\cdot3+3^2\}$

$=(2x-3)(4x^2+6x+9)$.//

(3) $\left(3x-\frac{1}{2}\right)^2=(3x)^2-2\cdot3x\cdot\frac{1}{2}+\left(\frac{1}{2}\right)^2$

$=9x^2-3x+\frac{1}{4}$. ドンピシャ！

$\therefore$ 与式 $=\left(3x-\frac{1}{2}\right)^2$.//

(4) $(2a+b)^3=(2a)^3+3\cdot(2a)^2\cdot b+3\cdot2a\cdot b^2+b^3$

$=8a^3+12a^2b+6ab^2+b^3$.

$\therefore$ 与式 $=(2a+b)^3$.// ドンピシャ！

解説 このように，主に「因数分解の公式」である❺〜を使うものと，主に「展開の公式」である〜❹を使うタイプとでは，**頭の動きが全く異なるのです！**

6 1文字に注目する

複数の文字を含んだ整式は，どれか 1 つの文字に注目して整理すると因数分解が出来ることがあります．その際，どの文字に注目するかは，**次数**と**係数**を見て決めます．

例題 13e 因数分解・1文字に注目 根底 実戦

次の各式を因数分解せよ．

(1) $ap+bq-aq-bp$　(2) $x^3+x^2y-2x^2-4y$　(3) $x^2+xy-2y^2+3x+3y+2$

着眼 (1) どの文字についても 1 次で，どの文字も"対等"．ここでは「a」に注目しますが，他の文字でもかまいません．

(2) x については 3 次，y については 1 次です．どちらに注目する方が有利でしょう？

(3) x, y どちらについても 2 次ですが，「x^2」と「$-2y^2$」を見比べて…

補足 このような 2 文字 x, y の多項式を書くときは，右のように「2 次→1 次→定数」，「アルファベット順」に従うのが普通です．

$\underbrace{x^2+xy-2y^2}_{x\to y\text{ の順}}\ \underbrace{+3x+3y}_{x\to y\text{ の順}}\ +2$ （2 次 / 1 次 / 定数）

解答 (1) $ap+bq-aq-bp=a(p-q)+bq-bp$ …① （a でくくれる部分をくくる）

$=a(p-q)+b(q-p)$ …② （残りの部分は b でくくれる）

$=(a-b)(p-q)$.// （（符号に注意して）共通因数 $p-q$ でくくれた）

(2) $x^3 + x^2\underline{y} - 2x^2 - 4\underline{y} = (x^2-4)\underline{y} + x^2(x-2)$ 低次の y について整理

x の 3 次式 y の 1 次式

$= (x+2)(x-2)y + x^2(x-2)$ 共通因数 $x-2$ を発見！

$= (x-2)\{(x+2)y + x^2\}$

$= (x-2)(x^2+xy+2y).$ //

(3) $\underline{\underline{x^2}} + \underline{x}y - 2y^2 + 3\underline{x} + 3y + 2 = x^2 + (y+3)x - \overbrace{(2y^2-3y-2)}^{(2y+1)(y-2)}$ …③ x の整式とみたときの"定数項"を積の形に

x の 2 次式, y の 2 次式. 係数は x^2 の方が y^2 よりカンタン

$= \left(x - \begin{matrix}2y+1\\y-2\end{matrix}\right)\left(x - \begin{matrix}y-2\\2y+1\end{matrix}\right)$ …④ 積が $(2y+1)(y-2)$ となる候補 2 通り 符号はまだ考えない（x の項）

$= (x+2y+1)(x-y+2).$ // 符号も吟味

解説 (1) ②式は, **例題 1 3 a** (2)の問題の式そのものでしたね (笑).

(2) 2 文字以上を含む式の因数分解では, **低次の文字について整理する**のが原則です.

(3) ③のように x の降べきに整理した後, x についての定数項 : $-2y^2+3y+2$ を, 数値の時と同様に積の形へ分解します. ④のように 2 通りの分解を考え, x の係数も考えて符号を吟味します.

重要 (3)では, 次のように 2 次の項のみ先に因数分解する方法も有力です. [→演習問題 1 4 10]

$\underline{x^2+xy-2y^2} + 3x + 3y + 2 = \underline{(x+2y)(x-y)} + 3x + 3y + 2$ 2 次の項のみ因数分解

$= \left(\boxed{x+2y} + \begin{matrix}1\\2\end{matrix}\right)\left(\boxed{x-y} + \begin{matrix}2\\1\end{matrix}\right)$ 積が 2 となる候補 2 通り（1 次の項）

$= (x+2y+1)(x-y+2).$ // 符号は予想通り「+」で OK

原則 **低次の文字に注目**して整理する. (同じ次数なら, 最高次の項の係数がカンタンな方.)

7 一部を因数分解

前記例題(1)①では, 与式のうち $ap - aq$ だけをとりあえず因数分解しています. このように, 一部だけを因数分解することが, 式全体の因数分解につながるケースも多々あります.

例題 1 3 f 一部のみ因数分解 根底 実戦 [→演習問題 1 4 13]

次の各式を因数分解せよ.

(1) $x^3 + x^2 + x + 1$　　(2) $a^2 - b^2 + c^2 - 2ac$

着眼 (1) 前の 2 項に注目すると, 共通因数が見えてきます.

(2)「$-2ac$」を a^2 や c^2 とセットにすると因数分解できますね.

解答 (1) $\underline{x^3+x^2} + x + 1$

$= x^2(x+1) + (x+1)$

$= (x^2+1)(x+1).$ //

(2) $\underline{a^2} - b^2 \underline{+c^2-2ac}$

$= (a-c)^2 - b^2$ 赤線部を因数分解

$= (a-c+b)(a-c-b)$

$= (a+b-c)(a-b-c).$ //

解説 (1), (2)とも, ちょっと気付きにくい発想かもしれません. 訓練&試行錯誤あるのみです.

注 (2)は, 1 文字 b の整式とみて, まず"定数項"のみを因数分解したとみなすこともできます. 「一部のみ因数分解」と「1 文字に注目」は, あまり厳格に区別しなくて OK です.

8 因数分解・総合

それでは，これまで学んできた1つ1つの手法をベースに，それらの手法の選択や，それらを複合的に使う入り組んだ問題などに挑戦してみましょう．本節の冒頭で述べたように，因数分解は「試行錯誤」に対するとても良い訓練となります．

用いる手法をまとめると次の通りです．ただし，これをガチガチに意識している間は，あまり上手に因数分解できませんが（笑）．

因数分解の手法 方法論

原理 ❶展開する前の形に復元する気持ちで［→1］ 2 次式の因数分解はコレ

❷共通因数でくくる［→2］

❸公式を利用する［→5］

❹（低次の）1 文字に注目する［→6］

❺まず一部のみ因数分解する［→7］

❻対称式を利用する 次の例題(6)で

将来❼方程式の解を利用［→2 7 4，**数学Ⅱ因数定理**］

例題 1 3 g 因数分解・総合 重要度↑ 根底 実戦

次の各式を因数分解せよ．

(1) x^4-9x^2+20　(2) $3x^3y-2x^2y^2-5xy^3$　(3) $1-9x+27x^2-27x^3$

(4) $x^3+x^2y-3x^2-2xy+y^2$　(5) x^6-1　(6) $a^3+b^3+c^3-3abc$

着眼 (1) $x^4=(x^2)^2$ ですから，“カタマリ” x^2 の 2 次式だとみることができます．

(2) まずは共通因数でくくります．

(3) 先頭・末尾の項がそれぞれ 1^3, $-(3x)^3$ なので，「なんとなく $(\bigcirc-\triangle)^3$ の 2 項展開の右辺っぽい？」という雰囲気(笑)．そこで，結果を予想し，展開してチェックします．

(4) x の 3 次式，y の 2 次式ですね．

(5) x^6 を $(x^2)^3$ とみるか，それとも $(x^3)^2$ とみるか？

(6) これは知らないと無理でしょう．a^3+b^3 の部分を，2 文字 a, b の対称式とみて変形します．

注 以下の解答中に付した番号❶，❷，…は，上記因数分解の手法の番号です．

解答 (1) $\underset{(x^2)^2}{x^4}-\underset{4+5}{9}x^2+\underset{4\cdot5}{20}$ 　x^2を“カタマリ”とみる

$=(x^2-4)(x^2-5)$ 　展開して上になるものは？❶

$=(x+2)(x-2)(x+\sqrt{5})(x-\sqrt{5})$.//

注 もし，「有理数係数の範囲で因数分解せよ」という指示であれば，無理数「$\sqrt{5}$」は使えません．（有理数，無理数については［→5 1］）

よって答えは $(x+2)(x-2)(x^2-5)$ となります．[1]

(2) $3x^3y-2x^2y^2-5xy^3$ 　共通因数でくくる❷

$=xy(3x^2-2xy-5y^2)$ 　x の 2 次式とみる❹

（x の項：$y \cdot 3x$，$5y \cdot x$）

$=xy(x-\underset{5y}{y})(3x-\underset{y}{5y})$ 　展開して上になるものは？❶

$=xy(x+y)(3x-5y)$.// 　符号も吟味

(3) 結果を予想

$(1-3x)^3 = 1^3 - 3\cdot 1^2\cdot 3x + 3\cdot 1\cdot (3x)^2 - (3x)^3$ 展開してチェック❶

$= 1 - 9x + 27x^2 - 27x^3.$ 一応公式を使用した❸

$\therefore$ 与式 $= (1-3x)^3.$ //

(4) $x^3 + x^2\underline{y} - 3x^2 - 2x\underline{y} + \underline{\underline{y^2}}$ 低次の 1 文字 y に注目❹

$= \underline{\underline{y^2}} + (x^2-2x)\underline{y} + x^3 - 3x^2$ y の降べきに整理

y の項

$= (y - \genfrac{}{}{0pt}{}{x^2}{x})(y - \genfrac{}{}{0pt}{}{x-3}{x^2-3x})$ 積が x^3-3x^2 となる候補 y の係数が x^2-2x となるものは？❶

$= (y+x)(y+x^2-3x)$ 符号を + に変える

$= (x+y)(x^2-3x+y).$ // 答えは次数，アルファベット順に整頓

(5) $x^6 - 1 = (x^3)^2 - 1^2$ 2 乗 −2 乗の公式❸

$= (x^3-1^3)(x^3+1^3)$ 3 乗 −3 乗，3 乗 +3 乗の公式❸

$= (x-1)(x^2+x+1)\cdot(x+1)(x^2-x+1).$ //

(6) $\underline{a^3+b^3}+c^3-3abc$ 下線部の対称式を変形❻ [→2 4 ⓑ]

$= \underline{(a+b)^3} - 3ab(a+b)\underline{+c^3} - 3abc$ 下線**部分**を因数分解❺，3 乗 +3 乗の公式❸

$= (\underline{a+b+c})\{(a+b)^2-(a+b)c+c^2\} - 3ab(\underline{a+b+c})$ 下線部の共通因数でくくる❷

$= (a+b+c)\{(a+b)^2-(a+b)c+c^2-3ab\}$

$= (a+b+c)(a^2+b^2+c^2-ab-bc-ca).$ // 次数順に整頓した

(1) **注**[1)]：これは，$\sqrt{\quad}$ を含んだ係数に関する話です．$x-1 = (\sqrt{x}+1)(\sqrt{x}-1)$ のような $\sqrt{\quad}$ を含んだ文字式(整式ではない)は，「因数分解」の問題においては通常使いません．でも，将来このような等式を作って利用する問題もあります．

(5) **別解** 次のようにもできます：

$x^6 - 1 = (x^2)^3 - 1^3$ 3 乗 −3 乗の公式❸

$= (x^2-1)\left(\underline{x^4+x^2+1}\right)$ 赤下線部は x^2 の 2 次式

$= (x^2-1)(x^4+2x^2+1-x^2)$ …①

$= (x^2-1)\left\{\underline{(x^2+1)^2-x^2}\right\}$ 2 乗 −2 乗の公式❸

$= (x^2-1)(x^2+1+x)(x^2+1-x)$

$= (x-1)(x+1)(x^2+x+1)(x^2-x+1).$ //

①のように x^2 を足して完全平方式 $(x^2+1)^2$ を作って 2 乗 −2 乗の形にまとめ上げる変形は，アクロバティックですね(笑)．知らないと無理でしょう．

さらに，次の方法もあります．

$x^6 - 1 = (x-1)\left(\underline{x^5+x^4+x^3}+x^2+x+1\right)$ n 乗 − n 乗 の公式❸

$= (x-1)\{x^3(x^2+x+1)+(x^2+x+1)\}$ 上の下線**部分**を因数分解❺

$= (x-1)(x^2+x+1)(x^3+1)$ 共通因数でくくった❷

$= (x-1)(x^2+x+1)\cdot(x+1)(x^2-x+1).$ // 3 乗 +3 乗の公式❸

(6) 将来 この結果は，入試レベルでは“公式”として使うことが多いです．[→2 4 ⓓ]

4 演習問題A

141 根底 実戦

(1) 文字 x, y についての単項式 $(axy^2)^2(-2a^2x)^3$ を整理し，その次数及び係数を答えよ．

(2) 多項式 $(x^3+2x^2+3ax+4)+2x(x^2-x-2a)$ を，x の降べきの順に整理せよ．

142 根底 実戦

次の各式を整理せよ．

(1) $-(3xy)^2(-x^2y)^3$　(2) $(2\sqrt{2}a)^3\left(-\dfrac{a}{2}\right)^4$　(3) $\dfrac{1}{5}\left(\dfrac{x}{25}\right)^2(-5x)^3\cdot\dfrac{x}{5}$

(4) $(-a^2)^3(-a^3)^2$　(5) $\dfrac{a}{b}\left(\dfrac{b}{c}\right)^2\left(\dfrac{c}{a}\right)^3$

143 根底 実戦

次の各式を整理せよ．

(1) $2(x+y)+3(y+z)+5(z+x)$　(2) $\dfrac{1}{2}(x^2-x+2)-\dfrac{3}{2}(x^2-4x+2)$

(3) $2\{a-2(-a^2+2)\}+3(1+a+a^2)$

144 根底 実戦 重要

(1) $(x^3+4x-1)(2x^2+3x+2)$ の展開式における x^5, x^2 の係数を求めよ．

(2) $(x-1)(x-2)(x-3)(x-4)$ の展開式における x^3 の係数および定数項を求めよ．

(3) $(x+2y+3z)(3x+y+2z)(2x+3y+z)$ の展開式における xyz の係数を求めよ．

145 根底 実戦 重要

次の各式を展開して整理せよ．

(1) $(3x+1)(x-5)$　(2) $(x+3)(y-1)$　(3) $(x^2+2x-3)(2x^2-x+4)$

(4) $(x+1)(x+2)(x-3)$　(5) $(x-2)^2(2x^2+3x+2)$

146 根底 実戦 定期

次の各式を展開して整理せよ．

(1) $(a+3b)^2$　(2) $\left(2-\dfrac{x}{2}\right)^2$　(3) $\left(x+\dfrac{1}{x}\right)^2$　(4) $(3k-1)^3$

(5) $(x^2+2)^3$　(6) $(x+2y+3z)^2$　(7) $(x+y-2)^2$　(8) $(x^2+2x-3)^2$

(9) $(2a+3b)^2-3(a+2b)^2$　(10) $(x+5)(x-5)$　(11) $(a-2b)(a+2b)$

(12) $(x-1)(x^2+x+1)$　(13) $(x+3y)(x^2-3xy+9y^2)$　(14) $(b+c)(c+a)(a+b)$

147 根底 実戦 定期

次の各式を展開して整理せよ．

(1) $(a+b-c)(a-b-c)$　(2) $(a+2b)^2+(a-2b)^2$

(3) $(a+2b)^2(a-2b)^2$　(4) $(x-1)(x+2)(x+3)(x+6)$

(5) $(1-a)(1+a)(1+a^2)(1+a^4)$　(6) $\left(x+\sqrt{x^2+x}\right)^3\left(x-\sqrt{x^2+x}\right)^3$

 → 2・13

(7) $(a+b+c)^2+(-a+b+c)^2+(a-b+c)^2+(a+b-c)^2$

(8) $(x^2+2x+2)(x^2-2x+2)$ (9) $\{(x+1)^2+y^2\}\{(x-1)^2+y^2\}$

1 4 8 根底 実戦 典型

(1) $u=x+y,\ v=xy$ とおくとき，次の各式を $u,\ v$ のみで表せ．

(i) $x^3+x^2y+xy^2+y^3$ (ii) x^4+y^4

(2) $x^3+\dfrac{1}{x^3}$ を $x+\dfrac{1}{x}$ のみで表せ．

(3) $p=x+y+z,\ q=xy+yz+zx,\ r=xyz$ とおくとき，次の各式を $p,\ q,\ r$ のみで表せ．

(i) $x^2y+x^2z+y^2x+y^2z+z^2x+z^2y$ (ii) $\dfrac{x}{y}+\dfrac{x}{z}+\dfrac{y}{x}+\dfrac{y}{z}+\dfrac{z}{x}+\dfrac{z}{y}$

1 4 9 根底 実戦

次の各式を因数分解せよ．

(1) $ab^2c^3+bc^2a^3+ca^2b^3$ (2) $(k+1)(k+2)(k+3)-k(k+1)(k+2)$ (3) x^2-2x-8

(4) $3x^2+8x+4$ (5) $9x^2+3x-2$ (6) $-2t^2-t+1$ (7) $a^3+4a^2b+4ab^2$

(8) $x^2-n^2y^2$ (9) x^3+125 (10) $t^3-6t^2+12t-8$ (11) x^6+x^3-2 (12) n^5-n

1 4 10 根底 実戦

次の各式を因数分解せよ．

(1) $4x^2+6xy-4y^2$ (2) $x^2-4y^2-3x+6y$

(3) $2x^2+3xy+y^2-x+y-6$ (4) $3x^2-xy-2y^2-5x-5y-2$

1 4 11 根底 実戦 定期

次の各式を因数分解せよ．

(1) $xy-3x+2y-6$ (2) $a^2+b^2-c^2-2ab$ (3) $a^2+2ab+b^2+6a+6b+9$

(4) $x^3+y^3-3xy+1$ (5) $(x+1)(x+2)(x+3)(x+4)-8$

(6) $1-\dfrac{1}{2}p(1-p)-\dfrac{1}{2}p^2(1-p)^2$ (7) x^4+x^2+1 (8) x^4+64

1 4 12 根底 実戦 重要

次の各式を因数分解せよ．

(1) $(ac+bd)^2+(ad-bc)^2$ (2) $(a^2+b^2)(c^2+d^2)-(ac+bd)^2$

(3) $a^2(b+c)+b^2(c+a)+c^2(a+b)+2abc$ (4) $a^2(b+c)+b^2(c+a)+c^2(a+b)+3abc$

1 4 13 根底 実戦

次の各式を因数分解せよ．

(1) $x^2-y^2+z^2+2xz+2y-1$ (2) $a^3-b^3-3a^2+3a-1$

(3) $x^4+2x^3+2x^2+2x+1$ (4) $2x^3+(a+6)x^2+(3a-6)x-3a$

1 4 14 根底 実戦 典型 重要

(1) $x,\ y,\ z>0$ とする．$x+y+z+2\sqrt{xy}+2\sqrt{yz}+2\sqrt{zx}$ を $(\quad)^2$ の形にせよ．

(2) $a-b=\sqrt{2},\ b-c=\sqrt{3}$ のとき，$a^2+b^2+c^2-ab-bc-ca$ の値を求めよ．

5 実数

1 数の種類

整数は，その符号に注目して次のように 3 種類に分類されます．

$$\underbrace{\cdots,\ -3,\ -2,\ -1}_{\text{負の整数}},\ \underbrace{0}_{\text{ゼロ}},\ \underbrace{1,\ 2,\ 3,\ \cdots}_{\text{正の整数（自然数 1)）}}$$

有理数 2) とは，整数どうしの比：$\dfrac{a}{b}$ 3) (a, b は整数) の形で表すことができる数のことをいいます．

$$\frac{2}{3},\ -\frac{5}{2}\left(=\frac{-5}{2}=\frac{5}{-2}\,{}^{4)}\right),\ 3\left(=\frac{3}{1}\,{}^{5)}\right)$$

は，全て有理数です．

注 1)：「**自然数**」とは，高校数学・大学入試では「正の整数」を指します．(大学以降では，「0」も自然数に含める立場もあります．)

2)：「有比数」(比を有する数) と命名したらヨカッタのにね (笑).

3)：$\dfrac{a}{b}$ のことを，英語圏では「a over b」と読みます．よって，文字で分数を表す際のアルファベット配列は，**分子→分母**の順にするのが数学界の慣習です．

4)：負の有理数は，$\dfrac{-3}{5}$ のように符号「−」を分子に付けて表すことが多いです．

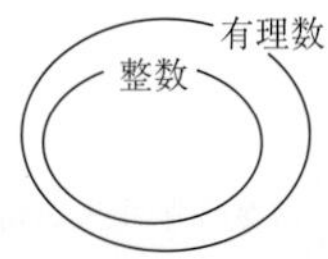

5)：一般に，整数 m は，「$\dfrac{m}{1}$」のように表そうと思えば表せるので，有理数でもあります．■

いくつかの有理数を小数で表してみましょう．

例 (1) $\dfrac{1}{2}=0.5$　(2) $\dfrac{7}{5}=1.4$ ……有限小数

(3) $-\dfrac{1}{3}=-0.333\cdots=-0.\dot{3}$　(4) $\dfrac{5}{37}=0.135135135\cdots=0.\dot{1}3\dot{5}$ ……無限小数

(1)，(2)の右辺は小数部分が途中で終わる**有限小数**です．

一方(3)，(4)は小数部分がどこまでも続く**無限小数**です．また，(3)では「3」，(4)では「135」という同じ列が繰り返されますね．無限小数のうちこのようなもののことを**循環小数**といいます．循環小数において，繰り返される最短の列を**循環節**といい，その最初と最後の数の上に，ドット：「˙」を付けて表します．(3)では「$\dot{3}$」，(4)では「$\dot{1}3\dot{5}$」が循環節です．

一般に，整数以外の有理数は，有限小数または循環小数として表せることが知られています．

注意！　「整数」とか「有理数」という単語は数そのものの種類なのに対して，「無限小数」などの方は数の表し方の種類です．これが様々な誤解の源になりますから気を付けてください．■

整数も含めた有理数は，数直線上の点と対応付けることができます．

それ以外にも，例えば

$$\sqrt{2}=1.41421356\cdots \quad \cdots①$$ （循環しない無限小数）

なども数直線上の点と対応付けられます．このように数直線上の点と対応付けられる数，要するに「大きさ」をもつ数を**実数**といいます．

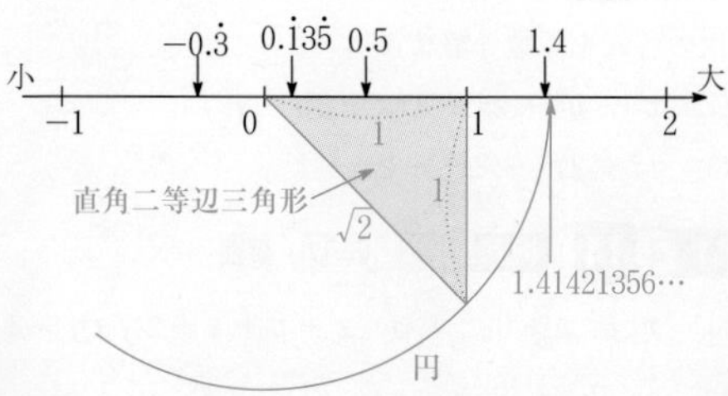

実数のうち有理数でないものを**無理数**といいます．例えば $\sqrt{2}$ は無理数であることが知られています[→証明は例題19m]．無理数は，①のように循環しない無限小数で表されることが知られています．[→697]

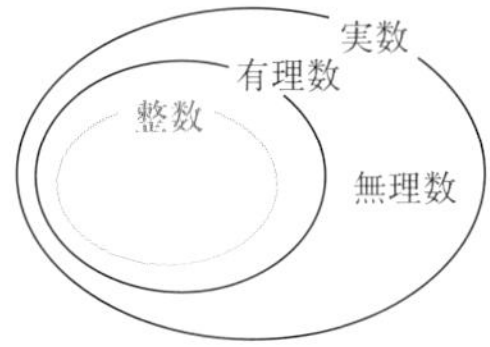

補足　「数直線」とは，(符号も考えた) 長さを測る“ものさし”のようなものだと思っておいてください[→4]．つまり，実数とは (符号も考えた) 長さを表す数です．

言い訳　「実数とはなんぞや」を厳密に突き詰めたいなら…，大学の数学科へどうぞ (笑).

将来　数学Ⅱでは，実数よりさらに広い範囲の数である「複素数」について学びます．

例題 15a 分数→小数　根底 実戦　[→演習問題181]

次の有理数を，小数で表せ．

(1) $\dfrac{7}{20}$　　(2) $\dfrac{7}{22}$

方針　割り算の筆算を実行してください．

解答　(1) $\dfrac{7}{20} = 0.35$ .// （有限小数）

(2) $\dfrac{7}{22} = 0.3\overbrace{181818}^{\text{循環する}}\cdots$

$= 0.3\dot{1}\dot{8}$ .// （循環小数）

注　(2)のように，小数部分の途中から循環が始まることもあります．

例題 15b 小数→分数　根底 実戦　[→演習問題182]

次のように小数で表された数が有理数であることを示せ．（「示せ」＝「証明せよ」）

(1) 0.12　　(2) $1.\dot{0}\dot{9}$

方針　$\dfrac{\text{整数}}{\text{整数}}$ の形に表すことを目指します．(2)は，経験がないと無理でしょう．

解答　(1) $0.12 = \dfrac{0.12}{1}$

$= \dfrac{12}{100}$.（分子，分母を100倍）

分子，分母は整数だから，題意 1) は示せた．□

(2) $a = 1.\dot{0}\dot{9}$ とおくと

$$\begin{array}{rrl} -) & a = & 1.090909\cdots, \\ & 100a = & 109.090909\cdots. \\ \hline \therefore & 99a = 108. & a = \dfrac{108}{99}. \end{array}$$

分子，分母は整数だから，題意は示せた．□

解説　(2)では，小数点以降「09」がどこまでも繰り返されるから，差をとると消える訳です．

将来　(2)に対するより厳密な解法を，理系の人は数学Ⅲの「無限級数」において学びます[→演習問題61313]．

語記サポ　1)：「題意」とは，「問題文で述べられている内容」のことで，本問では，「○○が有理数であること」ですね．このように，何を意味するかが明確であるときのみ使える用語です．

補足　(1)，(2)で得た分数表示は，もちろん $\dfrac{12}{100} = \dfrac{3}{25}$，$\dfrac{108}{99} = \dfrac{12}{11}$ と約分することができます．有理数を分数の形で表示する際，普通，このようにもうこれ以上約分できないようにして表します．この形の分数のことを**既約分数**といいます．

一般に，次のことが知られています．6 9 7 で，少し詳し目に扱います．

数の種類と小数表示 知識

	数の種類	小数表示	具体例
整数は除く	有理数	有限小数 or 循環小数	$\dfrac{1}{2}=0.5,\ \dfrac{1}{3}=0.\dot{3}$
	無理数	循環しない無限小数	$\sqrt{2}=1.41421356\cdots$

発展 $\dfrac{1}{2}$ も，無限個の 0 を用いることを許せば，$\dfrac{1}{2}=0.5000\cdots=0.5\dot{0}$ のように循環小数としても表せます．ただし，このような表現を許すかどうかは，採点する先生の意向によりますので注意してください．入試では，こうしたことが問われることはあまりありませんが．

さらに，$\dfrac{1}{2}$ は，$\dfrac{1}{2}=0.4999\cdots=0.4\dot{9}$ とも表せることが，前問(2)と同様に示せます．

このように，**有理数を小数で表す仕方は 1 つに定まるとは限りません**．■

2 集合の基礎

言い訳 「集合」については，後に 9 で詳しく学びますが，学習の便宜のため，ここでごくカンタンに用語・記号をご紹介しておきます．■

例えば

A:「2 桁の偶数の集まり」

のように，範囲がはっきりとしたものの集まりを**集合**といい，構成する個々のものを，その集合の**要素**といいます．例えば次のように言い表します：

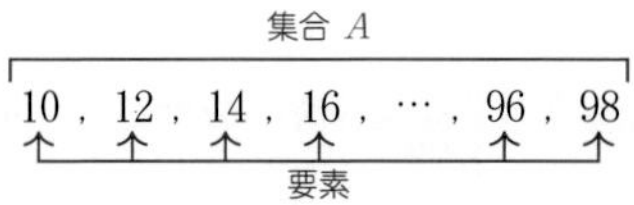

例:「78 は集合 A の要素である.」「63 は集合 A の要素ではない.」

1 で考えた「整数」，「実数」などについて，「整数全体の集合」，「実数全体の集合」などを考えましょう．これらの集合には，数学の世界では下表のような決められた記号があり，下図のような包含関係[1]になっています（$\mathbb{Z}$ は $\mathbb{Q}$ に含まれ，$\mathbb{Q}$ はさらに $\mathbb{R}$ に含まれるなど…）.

	記号	英語	記号の由来	手書き例
自然数	$\mathbb{N}$	Natural number	←同左	$\mathbb{N}$
整数	$\mathbb{Z}$	integer	Zhalen(独):「数」	$\mathbb{Z}$
有理数	$\mathbb{Q}$	rational numbers	Quotient:「商」	$\mathbb{Q}$
実数	$\mathbb{R}$	Real numbers	←同左	$\mathbb{R}$
複素数[2]	$\mathbb{C}$	Complex numbers	←同左	$\mathbb{C}$

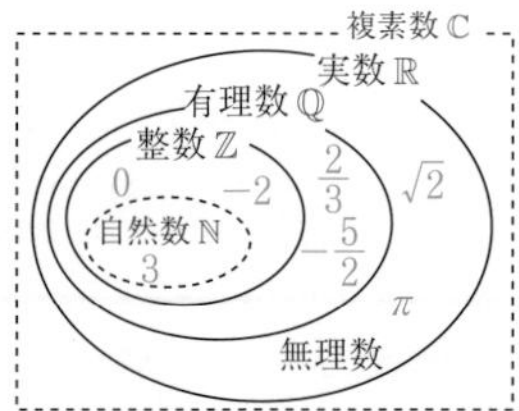

注 手書きでは，一部を二重線にするのが慣習です．■

例えば次のように言い表します：

例:「-2 は $\mathbb{Z}$ の要素である.」「$\sqrt{2}$ は $\mathbb{Q}$ の要素ではない.」

語記サポ 1)：「包含関係」とは，ある集合が別の集合に含まれることをいいます．[→9 2]

注 「無理数」は，「実数のうち有理数でない数」という余りモノのなので，無理数全体の集合には，特に記号は与えられていません．■

将来 2)：数学 I A 段階では，「実数全体の集合 $\mathbb{R}$」が数の集合としていちばん広いものです．ただし，数学 II ではそれよりさらに広い「複素数全体の集合 $\mathbb{C}$」を学びます．それよりもっと広い数の集合は登場しませんのでご安心ください．

3 数の演算 既習者

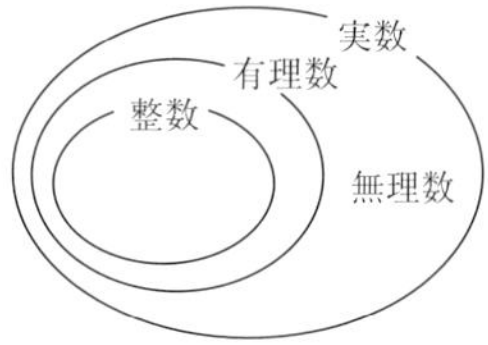

2 つの数 a, b から,

和 : $a+b$　差 : $a-b$　積 : ab　　商 :[1] $\dfrac{a}{b}$ (ただし, $b \neq 0$)

を得る計算のことを, それぞれ

加法　　減法　　乗法　　除法

といい, これらを総称して**二項演算**といいます.

解説 あくまでも「2 つ」の数による演算です. よって, ウルサ～イことを言うと

2 と 3 の 2 つの和

「$2+3+5$」は, 「$((2+3)+5)$」と解釈します.

□と 5 の 2 つの和

注 1) : 高校数学以降では, 商を「$a \div b$」と書くことは少ないです. ■

例 有理数全体の集合から取り出した 2 つの要素 : $\dfrac{1}{3}$, $\dfrac{1}{2}$ に対して二項演算を行ってみましょう. (右図の「∘」は, 二項演算のどれかを表します.)

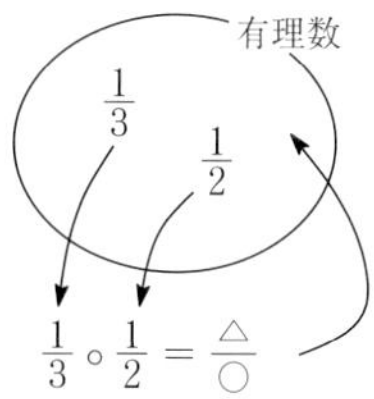

$$\frac{1}{3}+\frac{1}{2}=\frac{5}{6},\qquad \frac{1}{3}-\frac{1}{2}=\frac{-1}{6},$$

$$\frac{1}{3}\cdot\frac{1}{2}=\frac{1}{6},\qquad \frac{\frac{1}{3}}{\frac{1}{2}}=\frac{1}{3}\cdot\frac{2}{1}=\frac{2}{3}.$$

和, 差, 積, 商が全て有理数となりましたね. これは, 「$\dfrac{1}{3}$, $\dfrac{1}{2}$」を他の有理数に変えても同様です [→例題 1 9 e].

このように, ある集合から 2 つの要素を取り出して行った二項演算の結果 (つまり計算した答え) も元の集合の要素であるとき, その集合は, その二項演算について**閉じている**といいます. 例えば, 次のように言い表します :

「有理数は, 加法について閉じている.」

また, 有理数は, 4 種類の二項演算全てについて閉じているので, 次のようにもいいます.

「有理数は, 四則演算について閉じている.」

同様に, 実数全体の集合も, 四則演算について閉じています.

将来 「どうしてこんなアタリマエのことを長々と…」と感じる人もいるかもしれませんが, 実は今後, 数学全般にわたってものすごく重要な土台となることなのです！■

2 で考えた各集合が, 二項演算について閉じている (○) か閉じていないか (×) を表にまとめると, 下右表の通りです. 自分自身でそうなることを確認してみましょう (複素数 ℂ については, 数学Ⅱが既習の人のみ).

補足 3) : $5-3$ は自然数ですが, $3-5$ は自然数ではありませんね.

重要 2) : $\dfrac{4}{2}$ は整数ですが, $\dfrac{3}{2}$ は整数ではありませんね. 実はこのことが, 将来入試で合否を決めることの多い「整数」[→6]を征服するカギを握ることになります.

	加法	減法	乗法	除法
複素数 ℂ	○	○	○	○
実数 ℝ	○	○	○	○
有理数 ℚ	○	○	○	○
整数 ℤ	○	○	○	2) ×
自然数 ℕ	○	× 3)	○	×

4 数直線と絶対値

実数は，$\left\{\begin{array}{l}①:「\textbf{正・負}の\underline{向き}」\\ ②:「\textbf{原点 O} からの\underline{距離}」\end{array}\right.$ の 2 つを考慮して

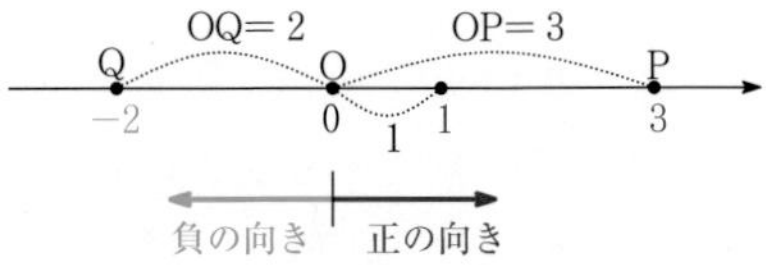

数直線上の点と対応付けられます．

語記サポ 原点：距離を測る基準点．■

例えば，右図における点と実数の対応を

P(3), Q(−2)

のように表します．

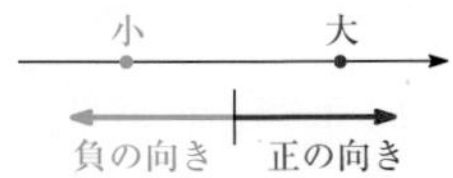

数直線上では，右(正の向き) にある点に対応する点ほど大きい実数，

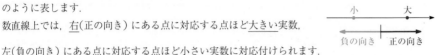

左(負の向き) にある点に対応する点ほど小さい実数に対応付けられます．

上記①の「正」つまり「+」と，「負」つまり「−」のことを総称して，**符号**といいます．また，2 つの実数の符号が等しいことを**同符号**，符号が異なることを**異符号**といいます．

例 「$\sqrt{3}-1$ の符号は正である．」 「1 と $\sqrt{3}$ は同符号である．」 「−1 と $\sqrt{3}$ は異符号である．」■

①を度外視して②のみを考えたものを，実数の絶対値といいます：

絶対値の定義 **定義**

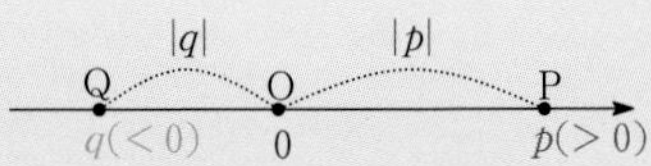

数直線上における原点 O と P(p) の距離を，

実数 p の**絶対値**といい，$|p|$ と表す． 「距離」だから，当然 0 以上

解説 つまり，「数直線上の点」と「実数」は，右のように対応付けられています．■

数直線上の点	正・負の向き	O からの距離
実数	符号	絶対値

絶対値の公式 **定理**

右の 2 例を見るとわかる通り，実数 p の絶対値を絶対値記号を用いずに表すと，p の符号に応じて次のようになる：

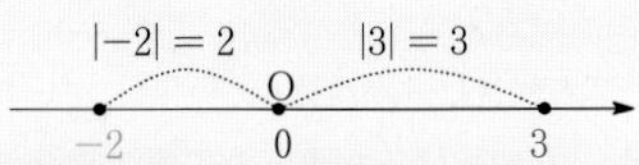

$$|p| = \begin{cases} p \ (p \geq 0 \text{ のとき}), \\ -p \ (p < 0 \text{ のとき}). \end{cases}$$

$p \leq 0$ でも OK

数直線上で，2 点 P(p)，Q(q) を結ぶ線分 PQ を，Q が原点 O に重なるよう $-q$ だけ移動すると，P は R($p-q$) に移されます．このとき，PQ=OR であり，OR= $|p-q|$ ですから，次のようになります．

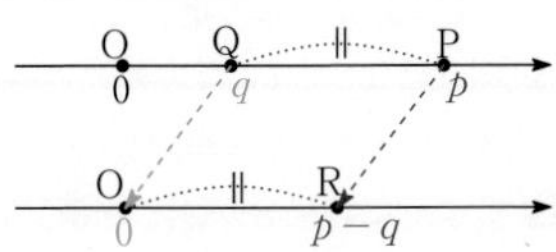

2 点間の距離 **定理**

数直線上で，2 点 P(p)，Q(q) を結ぶ線分 PQ の長さは

$$PQ = |p-q|.$$

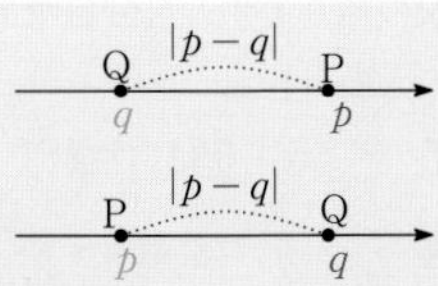

補足 **重要度↑** この結果は，p, q の符号や，p と q の大小に関わりなく成り立ちます．

語記サポ $p-q$, $|p-q|$ のことを，それぞれ p と q の差，**絶対差**といいます．ただし，絶対差のことを，誤解の生じない文脈の中では略して「差」と言ってしまうこともあります (笑)．

例題 1 5 C 絶対値 根底 実戦

[→演習問題 1 8 3]

(1) $|x| = |y|$ …① かつ $x + y = 1$ …② を満たす実数 x, y を求めよ.

(2) $0 \leq x \leq 2$ のとき, $|x| + |x-2|$ を, 絶対値記号を用いずに表せ.

(3) 重要度↑ $|x-2| = 3$ を満たす実数 x を求めよ.

方針 (1) ①は, 数直線上で原点 O から x, y に到る距離が等しいことを意味しますね.
(2)「絶対値の公式」を使います. (3) $|x-2|$ は, 数直線上での 2 と x の距離を表しています.

解答 (1) ①は,

i) $x = y$, または ii) $x = -y$.

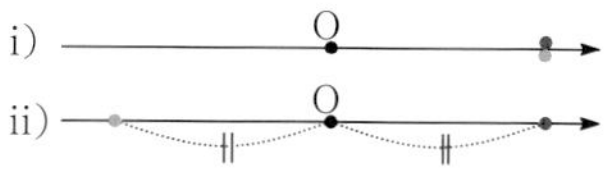

i) のとき, ②と合わせて

$$x + x = 1.\ \therefore\ (x, y) = \left(\frac{1}{2}, \frac{1}{2}\right).$$

ii) のとき, $x + y = 0$ となり, ②は成り立たない.

以上 i), ii) より, $(x, y) = \left(\frac{1}{2}, \frac{1}{2}\right)$.//

(2) $0 \leq x \leq 2$ のとき, $x \geq 0$, $x - 2 \leq 0$ だから

$$|x| + |x-2| = x + (2-x) = 2.$$//

別解 (「距離」に注目してもできます.)

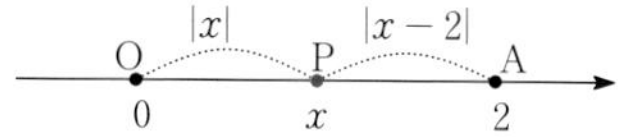

数直線上で, O(0), A(2), P(x) とすると,
$0 \leq x \leq 2$ より

与式 $=$ OP $+$ PA $=$ OA $= 2$.//

(3)

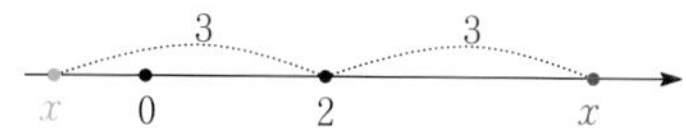

与式は, 数直線上での 2 と x の距離が 3 であることを表す. よって

$$x = 2 \pm 3 = 5, -1.$$//

解説 (1)で用いた, ①を絶対値記号を用いずに表す方法は, 今後頻繁に使います.

知識 x, y が実数のとき [1)]

$|x| = |y| \Longleftrightarrow x = \pm y.$

「⟺」:「同じこと」っていう意味 [→ 9 9]

「±」:「+」または「−」っていう意味

将来 理系 [1)]: これは,「複素数」の範囲で考えると成り立たなくなります.

参考 (2)を, $0 \leq x \leq 2$ 以外のときも考えると, 次のようになります:

$$|x| + |x-2| = \begin{cases} x + (x-2) = 2x - 2 \ (x \geq 2 \text{ のとき}), \\ x - (x-2) = 2 \ (0 \leq x \leq 2 \text{ のとき}), \\ -x - (x-2) = -2x + 2 \ (x \leq 0 \text{ のとき}). \end{cases}$$

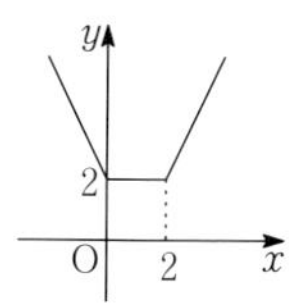

よって, $y = |x| + |x-2|$ のグラフは右のようになります.「絶対値」を含んだ関数のグラフは, このように "折れ曲がる" ケースが多いです.

コラム

区間の記号 実数 x の値の範囲を, 次のように表します: [は含む. (は含まない

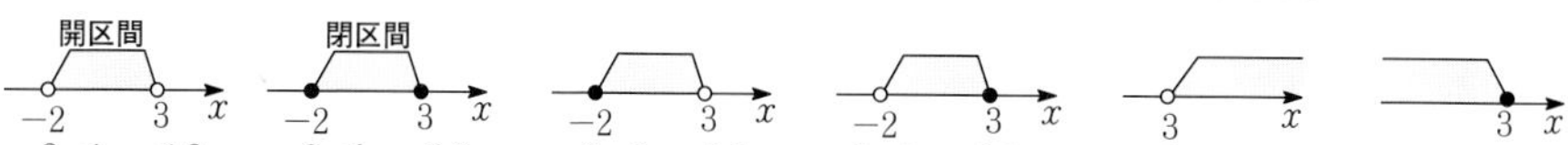

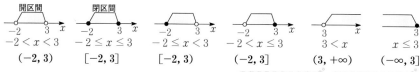

$-2 < x < 3$	$-2 \leq x \leq 3$	$-2 \leq x < 3$	$-2 < x \leq 3$	$3 < x$	$x \leq 3$
$(-2, 3)$	$[-2, 3]$	$[-2, 3)$	$(-2, 3]$	$(3, +\infty)$	$(-\infty, 3]$

$3 \leq x$ は $[3, +\infty)$　$x < 3$ は $(-\infty, 3)$

語記サポ ∞:「無限大」と読みます [→数学Ⅲ].

5 平方根

a は正の定数とします．2 乗したら a になる数，つまり方程式

$x^2=a$ …① の解のことを，a の**平方根**(へいほうこん)といい，そのうち正の方を $\sqrt{\boldsymbol{a}}$ で表します．

①は，異なる 2 つの実数解 $x=\sqrt{a}, -\sqrt{a}$ を持ちます．

$a=0$ のとき，①を満たす x は 0 だけです．$\sqrt{0}=0$ と定めます．

$a<0$ のとき，①を満たす実数 x は存在しません．[1)]

数学Ⅱ後 [1)]：例えば $x^2=-3$ の複素数の範囲での解は，$x=\pm\sqrt{3}i$ (i は虚数単位) ですね．■

以上のことから，実数の範囲で考えるときには，以下のことが成り立ちます．

平方根の性質　知識　実数「$\sqrt{a}$」があるとき…

$\sqrt{a}$ は 0 以上．ルート内の a も 0 以上．…… $\sqrt{\ }$ は 0 以上，中身も 0 以上．

$(\sqrt{a})^2=(-\sqrt{a})^2=a$. …… $\sqrt{\ }$ の定義より

よく用いる平方根の概算値として，以下のものは暗記しておきましょう．

平方根の概算値　暗記！

$\sqrt{2}=1.41421356\cdots$ 一夜一夜に 人見ごろ

$\sqrt{3}=1.7320508\cdots$ 人並みに おごれや

$\sqrt{5}=2.2360679\cdots$ 富士山麓(さんろく) オーム鳴く

$\sqrt{6}\fallingdotseq 2.44949$　似よ よくよく …… これだけは四捨五入した値．2.4494897…

$\sqrt{7}=2.64575\cdots$ 菜に 虫居ない …… 「い」は「5 つ (いつつ)」の「い」

$\sqrt{10}=3.16227\cdots$ 三色に鮒(ふな) …… π よりチョットだけ大きい

参考 $\pi=3.141592\cdots$ …… 円周率

将来 $e=2.7182818\cdots$ …… 自然対数の底　理系

参考　これらの値は，(π, e も含めて) 全て無理数であることが知られています．[→例題 1 9 m]．

問　次の値にもっとも近いものを，下の㋐～㋘から 1 つずつ選べ (上の概算値を用いてよい)．

(1) $\pi-\sqrt{10}$　　(2) $\dfrac{\sqrt{6}+\sqrt{2}}{4}$

㋐ -1.2　㋑ -1　㋒ -0.8　㋓ -0.2　㋔ 0　㋕ 0.2　㋖ 0.8　㋗ 1　㋘ 1.2

解答 (1) $\pi-\sqrt{10}=(3.141\cdots)-(3.162\cdots)$

㋓は引っ掛け …… $=-0.02\cdots$.

よって，もっとも近いのは，㋔.//

(2) $\dfrac{\sqrt{6}+\sqrt{2}}{4}=\dfrac{(2.449\cdots)+(1.414\cdots)}{4}$

$=\dfrac{3.86\cdots}{4}=0.96\cdots$.

よって，もっとも近いのは，

㋗.//

参考　数学Ⅱ加法定理後

実はコレ，$\cos 15°$ の値です．

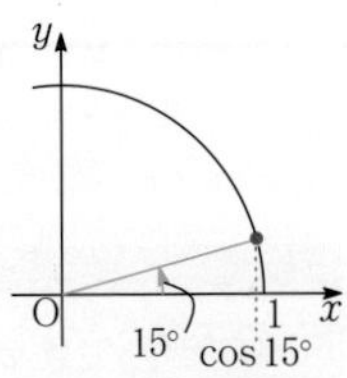

6 階乗 [→7 3 2]

自然数 n に対して，1 から n までの積を n の**階乗**といい，$\boldsymbol{n!}$ と書きます．

$n!=n(n-1)(n-2)\cdots3\cdot2\cdot1$
$\quad=1\cdot2\cdot3\cdot\cdots\cdot(n-2)(n-1)n.$ …… 並べる順序はどちらでも可

5!，7! の値は暗記

n	1	2	3	4	**5**	6	**7**
$n!$	1	2	6	24	**120**	720	**5040**

6 実数の計算

5で学んだ「数」の理論と，1〜3の文字式の変形をもとに，「数値計算」の練習をします．高校になると，小中学校までやっていた「計算ドリル」を急にやらなくなるケースが多いのですが，それでは「数学」と仲良しにはなれません！「理論」と「計算」．数学習得において，この2つは正に“両輪”です．**高校数学を学ぶ初期の段階で「計算」をマスターしておくと，今後3年間の学習効率爆上げ間違いなしです！**

補足 より多くの計算練習は，拙著「合格る計算」で！

言い訳 「実数の計算」といいながら，一部「文字式」の計算も登場します (汗).

1 よく用いる知識 暗記！

(主に) 数値の計算をする上で，知っておくとチョット便利な知識を集めました．前ページの平方根の概算値や階乗の値ともども覚えておきましょう．

11〜19 の平方 [1]

n	11	12	13	14	15	16	17	18	19
n^2	121	144	169	196	225	256	289	324	361

2, 5 などの積

$2\cdot5=10$
$4\cdot25=100$
$8\cdot125=1000$

両辺を 2 乗（$2\cdot5=10$ → $4\cdot25=100$）
両辺を 3 乗（$2\cdot5=10$ → $8\cdot125=1000$）

語記サポ 1)：「平方」＝「2 乗」．整数の 2 乗の形に書ける数のことを「平方数」といいます．

2, 3, 5, 6, 7 の累乗

2^5, 2^{10} の値は暗記！

n	1	2	3	4	**5**	6	7	8	9	**10**
2^n	2	4	8	16	**32**	64	128	256	512	**1024**

4，8 の累乗数も含まれる

n	1	2	3	4	5	6	7
3^n	3	9	27	81	243	729	2187

9 の累乗数も含まれる

n	1	2	3	4	5
5^n	5	25	125	625	3125

n	1	2	3	4	5
6^n	6	36	216	1296	7776

サイコロを繰り返し投げる問題で出会う

n	1	2	3	4
7^n	7	49	343	2401

解説 これらを全て完璧に丸暗記せよ！とまではいいませんが，ほとんど紙を使わずにパッと暗算出来るようにしましょう．また，例えば「289」を見たら「これってたしか平方数だったよな〜」,「729」に出会ったら「これってたしか 3 の累乗数だったよな〜」と思い出せるように．

倍数判定法 具体例で説明します

4 桁の整数 $a=$ 1440 が 2, 3, 4, 5, 6, 8, 9 の倍数かどうかは，次のようにしてわかります：

2… 下 1 桁：0が 2 の倍数 (偶数) → a は 2 の倍数.
4… 下 2 桁：40が 4 の倍数 → a は 4 の倍数.
8… 下 3 桁：440が 8 の倍数 → a は 8 の倍数.
5… 下 1 桁：0が 5 の倍数 → a は 5 の倍数.
3… 各桁の和：$1+4+4+0=9$ が 3 の倍数 → a は 3 の倍数.
9… 各桁の和：$1+4+4+0=9$ が 9 の倍数 → a は 9 の倍数.
6… 2 の倍数かつ 3 の倍数 (2, 3 の公倍数) → a は 6 の倍数.

言い訳 これらの判定法は，とりあえず暗記．理論背景については，[→694].

2 2桁×1桁の暗算

1桁の自然数どうしの掛け算は，$6\cdot 8 = 48$ のように掛け算九九で暗算できます．
一方．$365\cdot 15 = 5475$(高校1年生の人がこれまで生きて来たおおよその日数) となると，数が大きくて暗算は少し大変ですが，大学入試では滅多に要求されません (場合の数・確率を除いて).
上記2つの中間に位置する $23\cdot 4 = 92$ のような「2桁 (or 3桁) × 1桁」は，けっこうな頻度で現れ，しかも九九だけではできないので，暗算訓練をする価値があります．

例題 1 6 a 2桁×1桁の掛け算 根底 実戦

[→演習問題 1 8 4]

次の掛け算をせよ．

(1) 28×7　　(2) 29×8

注 ここでは，「解答」というより，思考の流れを書きますね．実際には，全てを暗算で行います．

方針 (1) 28を20と8の和に分解し，それぞれを7倍して加えます．
(2) 29ですから，30と1の差に分解した方が楽ですね．

解答 (1) $28\times 7 = (20+8)\times 7$
$= \underline{20\times 7} + \underset{\sim}{8\times 7}$
$= \underline{140} + \underset{\sim}{56} = 196.$ //

1° まず，＿＿を計算して 140 を**一時記憶**
2° 次に，〜〜を掛け算九九して 56
3° それを，一時記憶しておいた140に加える
(最後の足し算で繰り上がりがないので楽でした．)

(2) $29\times 8 = (30-1)\times 8$
$= \underline{30\times 8} - \underset{\sim}{1\times 8}$
$= \underline{240} - \underset{\sim}{8} = 232.$ //

1° まず，＿＿を計算して 240 を一時記憶
2° 次に，〜〜は 8
3° それを，一時記憶しておいた240から引く

解説 「暗算」では，ここで述べた「一時記憶」が必須となります．
計算順序は，大きな位を先にやって一時記憶するのがよいと思います．その時点で，答えのおおよその大きさを知ることが出来ますから，将来答えの概算値を見積もる際などに有利になります．
(1)は，次のように“2を移動”する手もあります：

$$28\times 7 = 14\cdot\underline{2}\times 7 = 14\times\underline{2}\cdot 7 = 14^2 = 196.\ //$$

前項の[11〜19の平方]が役立ちましたね．
(2)では，前項の[2, 5などの積]を利用して，次のようにするのも良いです：

$$29\times 8 = (25+4)\times 8 = 25\cdot 8 + 4\cdot 8 = 200 + 32 = 232.\ //$$

注 あくまでも全て暗算ですよ！

原則 掛け算の暗算は，まず大きな位から計算して一時記憶．　筆算は小さな位からやりますが…

余談 筆者は，こうした数値計算のみならず，「発想，図示，文字式の立式→計算」など全てを日常的に暗算します．ボケ予防も兼ねて (笑)．授業をする際には，基本的にその日扱う問題の全工程を暗算して答えまで辿り着ける状態にして臨みます．ところが，黒板に書くとけっこうミスるんです (笑)．

3 積への分解

前項の「掛け算」と逆に，自然数を，2 個（以上）の**約数**どうしの積に分解します．公約数を見つけるとき，分数を約分するとき，自然数を素因数分解[→633]するとき，さらには次項：「平方根の簡約化」などなど…，様々な局面で必要となります．
与えられた自然数の約数を見つける方法を整理すると，次の通りです：

自然数の積への分解 方法論

❶ 掛け算九九の答えから逆算する．　$56 = 7\cdot 8$

❷ 平方数や累乗数を記憶しておく．　$144 = 12^2,\ 1024 = 2^{10}$

❸ 全ての位が◯の倍数．　$693 =$ ③ $\cdot 231$

❹ 1 の 倍数判定法 を利用する．　$231 = 3\cdot 77$（$2+3+1=6$ が 3 の倍数）

❺ 実際にいろんな素数で割ってみる．　$143 = 11\cdot 13$　「素数」については[→63]

注　この 5 通りをガチガチに意識し過ぎないこと．その場であれこれ試行錯誤する気持ちこそ大切．

例題 16b 積への分解 根底 実戦　[→演習問題185]

(1) 676 と 663 の最大公約数を求めよ．　(2) $\dfrac{216}{504}$ を約分せよ．

方針 (1)，(2)とも，積への分解が有効ですね．

解答 (1)
$676 = 4\cdot 169$（下 2 桁:76 が 4 の倍数❹）
$= 4\cdot 13^2$．（169 は平方数❷）
$663 = 3\cdot 221$（全ての位が 3 の倍数❸）
$= 3\cdot 13\cdot 17$．（221 をいろんな素数で割ってみる[1] ❺）
よって，求める最大公約数は，13．//

(2)
$\dfrac{216}{504}$（これは 6 の累乗❷／各桁の和：$5+0+4=9$ が 9 の倍数❹）
$= \dfrac{6^3}{9\cdot 56}$（56 は掛け算九九にある❶）
$= \dfrac{3\cdot 3\cdot 3\cdot 2\cdot 2\cdot 2}{3\cdot 3\cdot 8\cdot 7} = \dfrac{3}{7}$．//

解説 (1)[1]：「いろんな素数」といっても，❹の 倍数判定法 などにより，素数 2, 3, 5 の倍数ではないことがわかっています．よって実際には，素数 7, 11, 13, … の順に試してみます．もっとも，本問では「676」の方の分解からして「13 がアヤシイ」とバレていますが（笑）．

将来　実は(1)は，68で学ぶ「互除法」を用いれば，“秒で”答えがわかります：
$676 = 663\cdot 1 + 13$．$\therefore\ (676, 663) = (663, 13) = (13\cdot 51, 13) = 13$．//

(2) 216, 504 とも，「下 2 ケタが 4 の倍数」（❹）を利用することもできます．実は両者とも 8 の倍数なのですが，「下 3 ケタが 8 の倍数」は“パッと”は見抜けないことが多いです．

余談　本書のページノンブルには，その数の積への分解（素因数分解）が書かれています．その全てが，「積への分解」の練習問題としても使えます．（一息つくときボケ〜っと眺めておくだけでも OK です．）

余談　筆者は，高速道路で渋滞に遭うと，周りじゅうの車のナンバープレートに書かれた数字を積に分解（素因数分解）することを習慣としています．イライラ解消に効果テキメンです（笑）．

4 平方根の簡約化

平方根（$\sqrt{\quad}$）の中をきるだけ簡単にする練習です．なすべきことは単純です．等式

$$\sqrt{a^2}=a,\ \sqrt{a^2b}=a\sqrt{b}\ (\text{ただし } a,\ b>0)$$

の左辺の形を作り，右辺へと変形するだけです．そのために，$\sqrt{\quad}$ 内を積の形にし，$(\quad)^2$ の形になった部分を $\sqrt{\quad}$ の前に出します．

例題 16C 平方根の簡約化 根底 実戦

[→演習問題186]

次の数を簡単にせよ（根号の中をできるだけ小さな自然数にすること）．

(1) $\sqrt{360}$ (2) $\sqrt{578}$

方針 とにかく，$\sqrt{\quad}$ 内に平方の形を作ります．

解答 (1) $\sqrt{360}=\sqrt{6^2\cdot 10}=6\sqrt{10}$.// | (2) $\sqrt{578}=\sqrt{2\cdot 289}=\sqrt{2\cdot 17^2}=17\sqrt{2}$.//

解説 この程度は，暗算で一気に片付けること！

(1) 360 を素因数分解する必要はありません．むしろ

$\sqrt{\quad}$ の中に，なるべく大きな数の平方を作る

という気持ちが肝心です．

(2) 下1桁：「8」が2の倍数なので，ルート内は2·289となります[→3❹]．あとは，1の 11〜19の平方 がモノを言います．

5 平方根の計算

平方根を含む数値（および文字式）を，次の公式などを用いて簡単にする練習です．

平方根の公式 定理 $a,\ b\geqq 0$ のとき

❶ $(\sqrt{a})^2=a$ ❷ $\sqrt{a^2}=a$

❸ $\sqrt{ab}=\sqrt{a}\sqrt{b}$ ❹ $\sqrt{\dfrac{a}{b}}=\dfrac{\sqrt{a}}{\sqrt{b}}\ (b\neq 0)$

注意！ $a<0$ だと，❷は成り立ちません．$a\geqq 0$ と限らないときは，$\sqrt{a^2}=|a|$ となります．[→8❷]

❸，❹：0以上である両辺を2乗してみれば，これらが成り立つことがわかります．

数学Ⅱ後 「複素数」を学ぶと，$a,\ b<0$ のケースもあり，そのとき❸，❹は成り立たなくなります．

例題 16d 平方根の計算 根底 実戦

[→演習問題187]

次の(1)〜(4)を計算して簡単にせよ．

(1) $\dfrac{\sqrt{18}\cdot 2\sqrt{5}}{\sqrt{10}}$ (2) $\sqrt{75}+\dfrac{\sqrt{2}\cdot\sqrt{30}}{\sqrt{5}}$

(3) $(\sqrt{5}+\sqrt{2})^2$ (4) $(3\sqrt{2}+2\sqrt{3})(3\sqrt{2}-2\sqrt{3})$

方針 (1), (2)では，まず「平方根の簡約化」を行います．
(3), (4)では，2で学んだ展開公式を利用しましょう．

解答 (1) $\dfrac{\sqrt{18}\cdot 2\sqrt{5}}{\sqrt{10}}=\dfrac{3\sqrt{2}\cdot 2\sqrt{5}}{\sqrt{10}}=6.$ //

(2) $\sqrt{75}+\dfrac{\sqrt{2}\cdot\sqrt{30}}{\sqrt{5}}$

$=5\sqrt{3}+\dfrac{\sqrt{2}\cdot\sqrt{2}\cdot\sqrt{3}\cdot\sqrt{5}}{\sqrt{5}}$

$=5\sqrt{3}+2\sqrt{3}=7\sqrt{3}.$ //

(3) $(\sqrt{5}+\sqrt{2})^2=\underline{5+2}+\underset{\sim\sim}{2\sqrt{5}\cdot\sqrt{2}}$

$=7+2\sqrt{10}.$ //

(4) $(3\sqrt{2}+2\sqrt{3})(3\sqrt{2}-2\sqrt{3})$

$=(3\sqrt{2})^2-(2\sqrt{3})^2=18-12=6.$ //

解説 (2)では，$\sqrt{30}=\sqrt{2\cdot 3\cdot 5}=\sqrt{2}\cdot\sqrt{3}\cdot\sqrt{5}$ と変形しています．
(3)では，二項展開の公式を，$(a+b)^2=\underline{a^2+b^2}+\underset{\sim\sim}{2ab}$ の順に並べて使っています．初めから

　$\sqrt{\quad}$ が消える部分と $\sqrt{\quad}$ が残る部分に "振り分けて"，

　○＋△$\sqrt{\square}$の形を作る

という意識を持って展開しているのです．
(4)の計算は，次節で活躍します．[→6❸，❸′式]

重要 (3)の解答のように，

　「展開式を紙に書く→それを見て変形」ではなく
「変形後の形を見抜く→初めから整理して紙に書く」

という意識をもつと，計算効率が上がり，同時に**先を読む力**が鍛えられるので問題解法が頭に浮かびやすくなります．このような姿勢について，筆者は日頃こう述べています：

計算の心得　**重要**

書いてから見るな．見えてから書け．

コラム

ガウス記号

今後各所で出会うことがある有名な記号に関してご紹介しておきます．

ガウス記号　日本での呼び名ですが

定義 実数 x に対して，x を超えない 最大の整数を x の**整数部分**といい，記号 $[x]$ で表す．

定理 x と $[x]$ の間には，上の定義より次の不等式が成り立つ：

$[x]$ は x を超えない　$[x]\le x<[x]+1.$　$[x]$ の次の整数は x を超える

例 $[1.7]=1.$　$[3]=3.$　$[-2.7]=-3.$ ■ 負の数については注意！

例えば $\sqrt{3}=1.732\cdots=1+0.732\cdots$ の「整数部分」である「1」は，ガウス記号を用いて $[\sqrt{3}]$ と表せます．また，「小数部分」である「0.732…」は，$\sqrt{3}-[\sqrt{3}]$ ですね．

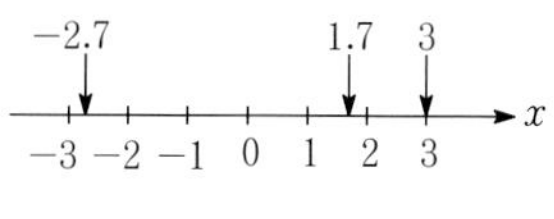

6 分母の有理化

例えば $\dfrac{1}{\sqrt{3}}$ のように，分母が $\sqrt{}$ を含んだ無理数であるとき，

$$\frac{1}{\sqrt{3}}=\frac{\sqrt{3}}{\sqrt{3}\cdot\sqrt{3}}=\frac{\sqrt{3}}{3}\ \cdots①$$

のように，$\sqrt{}$ を分子へ移し変えて分母を有理数に変えることを，**分母の有理化**といいます．

- $\sqrt{3}\fallingdotseq 1.732$ を用いて概算値を求めるときには，①の右辺の方が楽ですね：

  左辺→ $1\div 1.732$ を筆算する　　右辺→ $1.732\div 3$ を筆算する

- 一方，例えば 2 乗を計算するときは左辺の方が速いです：

  左辺→ $\left(\dfrac{1}{\sqrt{3}}\right)^2=\dfrac{1}{3}.$　　右辺→ $\left(\dfrac{\sqrt{3}}{3}\right)^2=\dfrac{3}{9}=\dfrac{1}{3}.$

という訳で，本項では①を右辺から左辺へ変える練習もします．

注 共通テストのマークシート方式は，問題の答えが根号を含むときは「分母を有理化した形で答える」という伝統にのっとって出題されることが多いです．問題の指示に従ってください．
また，学校の定期テストでもそれと同じことを求められるかもしれません．先生の意向に従ってください．

将来　大学入試一般では，①の左辺のままで「答え」とすることも多いです．■

使用するのは，主に次の等式です：

分母の有理化　$a,b>0$ のとき

❶ $\dfrac{a}{\sqrt{b}}=\dfrac{a\sqrt{b}}{\sqrt{b}\sqrt{b}}=\dfrac{a\sqrt{b}}{b}$　　❷ $\dfrac{a}{\sqrt{a}}=\dfrac{\sqrt{a}\sqrt{a}}{\sqrt{a}}=\sqrt{a}$

❸ $\dfrac{1}{\sqrt{a}+\sqrt{b}}=\dfrac{\sqrt{a}-\sqrt{b}}{(\sqrt{a}+\sqrt{b})(\sqrt{a}-\sqrt{b})}=\dfrac{\sqrt{a}-\sqrt{b}}{a-b}$

❸′ $\dfrac{1}{\sqrt{a}-\sqrt{b}}=\dfrac{\sqrt{a}+\sqrt{b}}{(\sqrt{a}-\sqrt{b})(\sqrt{a}+\sqrt{b})}=\dfrac{\sqrt{a}+\sqrt{b}}{a-b}$

原則 和には差を，差には和を掛ける

補足 ❸❸′ では，分母の計算に公式：$(x+y)(x-y)=x^2-y^2$ を使っています．また，$\sqrt{a},\sqrt{b}$ の一方が，例えば $\sqrt{9}=3$ のように $\sqrt{}$ の付かない形になっているケースもよくあります．

例題 16e 分母の有理化 根底 実戦

[→演習問題188]

(1) $\dfrac{5}{3\sqrt{2}}$ の分母を有理化せよ．　　(2) $\dfrac{6}{\sqrt{3}}$ の分母を有理化せよ．

(3) $\dfrac{\sqrt{2}}{10}$ の分子を有理化せよ．　　(4) $\dfrac{1}{3+\sqrt{5}}$ の分母を有理化せよ．

方針 (1)，(2)，(4)は，それぞれ❶，❷，❸を使用します．(3)は，(2)と分子，分母が逆さになっただけの話です．

解答 (1) $\dfrac{5}{3\sqrt{2}}=\dfrac{5\sqrt{2}}{3\sqrt{2}\cdot\sqrt{2}}=\dfrac{5\sqrt{2}}{6}$.//

(2) $\dfrac{6}{\sqrt{3}}=\dfrac{2(\sqrt{3})^2}{\sqrt{3}}=2\sqrt{3}$.//

(3) $\dfrac{\sqrt{2}}{10}=\dfrac{\sqrt{2}}{5(\sqrt{2})^2}=\dfrac{1}{5\sqrt{2}}$.//

(4) $\dfrac{1}{3+\sqrt{5}}=\dfrac{3-\sqrt{5}}{(3+\sqrt{5})(3-\sqrt{5}^{1)})}$
$=\dfrac{3-\sqrt{5}}{9-5}=\dfrac{3-\sqrt{5}}{4}$.//

解説 (2)では，分子の 6 を $2\cdot\underline{3}$ と分解した上で，さらに $\underline{3}\to(\sqrt{3})^2$ と変形をしています．これがスッと頭に浮かぶと，平方根の計算効率がグッと上がります．

(3)の分母でも同じことを行っています．

(4)[1)]：実際には，分子に「$3-\sqrt{5}$」を書き，それと同じものを掛けた分母を暗算してしまいます．

7 2重根号

例えば $x^2=2+\sqrt{3}\ (x>0)$ のとき，$x=\sqrt{2+\sqrt{3}}$ となりますね．このような，$\sqrt{\ }$ の中にまた $\sqrt{\ }$ が入っている形を **2 重根号**と言い表します．この一見複雑な形は，簡単な形へと変形できることがあります．こうした変形のことを「2 重根号を外す」と言ったりします．

言い訳 この変形は，高校では範囲外気味ですが，入試においては必須の作業です．■

ベースとなるのは次の関係式です：

2 重根号の外し方 $a>b>0$ のとき

$(\sqrt{a}+\sqrt{b})^2=(a+b)+2\sqrt{ab}$ より，$\sqrt{(a+b)+2\sqrt{ab}}=\sqrt{a}+\sqrt{b}$． **原則**

$(\sqrt{a}-\sqrt{b})^2=(a+b)-2\sqrt{ab}$ より，$\sqrt{(a+b)-2\sqrt{ab}}=\sqrt{a}-\sqrt{b}$． $\sqrt{和\pm 2\sqrt{積}}$ の形を作る！

（$\sqrt{a}$：大，$\sqrt{b}$：小）

参考 2 行目の等式は，a と b の大小が不明なら $\left|\sqrt{a}-\sqrt{b}\right|$ となります．

例題 16f 2重根号の外し方 根底 実戦

[→演習問題 189]

次の 2 重根号を外せ．

(1) $\sqrt{5+\sqrt{24}}$ (2) $\sqrt{7-\sqrt{45}}$

方針 とにかく上記の**原則**通り，内側の「$\sqrt{\ }$ の前に「2」を作ります．

解答 (1) $\sqrt{5+\sqrt{24}}=\sqrt{5+2\sqrt{6}}$
$=\sqrt{(3+2)+2\sqrt{3\cdot 2}}$
$=\sqrt{3}+\sqrt{2}$.//

(2) $\sqrt{7-\sqrt{45}}=\sqrt{\dfrac{14-2\sqrt{45}}{2}}$
$=\dfrac{\sqrt{(9+5)-2\sqrt{9\cdot 5}}}{\sqrt{2}}$ （$\sqrt{9}$）
$=\dfrac{3-\sqrt{5}}{\sqrt{2}}$.//

解説 （内側の）「$\sqrt{\ }$ の前に「2」を作るのに，(1)では「平方根の簡約化」を用いました．一方(2)ではそうはいきませんから，（外側の）$\sqrt{\ }$ 内を 2 倍し，同時に分母に 2 を作ります．

注 (2)で「平方根の簡約化」をして $\sqrt{45}=3\sqrt{5}$ と変形したら，むしろ後退したことになります．

8 絶対値と平方，根号

このタイトルにある 3 つに関する関係式として，次のものが有名です：

絶対値，平方，根号の関係 定理 a は実数とする．

❶ $(\sqrt{a})^2=(-\sqrt{a})^2=a$（ただし，$a\geq 0$）．…$\sqrt{\ }$ の平方

❷ $\sqrt{a^2}=|a|$．…平方の $\sqrt{\ }$

❸ $|a|^2=a^2$．…絶対値の平方

解説 ❷，❸は，a の符号で場合分けした次の具体例を見れば納得いくでしょう．

❷ $a=3(>0)$ のとき，両辺とも 3．　$a=-3(<0)$ のとき，両辺とも 3．

❸ $a=3(>0)$ のとき，両辺とも 9．　$a=-3(<0)$ のとき，両辺とも 9．

注意！ 将来 理系 a が複素数の場合，❸は一般には成り立ちません．

参考 ❷と「絶対値の公式」：$|p|=\begin{cases}p\ (p\geq 0\ \text{のとき}),\\-p\ (p<0\ \text{のとき}).\end{cases}$ より，次のようになります：

a は実数として，$\sqrt{a^2}=|a|=\begin{cases}a\ (a\geq 0\ \text{のとき}),\\-a\ (a<0\ \text{のとき}).\end{cases}$　$\therefore\ a=\begin{cases}\sqrt{a^2}\ (a\geq 0\ \text{のとき}),\\-\sqrt{a^2}\ (a<0\ \text{のとき}).\end{cases}$[1)]

注 1)：文字式に習熟して，この等式がピンとくるようになりましょう．コツは，具体数：$a=-3$ などを思い浮かべることです．ほら，確かに成り立っているでしょ（笑）．■

5 5 にあった次の“前提”も忘れないように！

知識 実数 $\sqrt{a}$ があるとき，$\sqrt{a}$ は 0 以上．ルート内の a も 0 以上．…$\sqrt{\ }$ は 0 以上，中身も 0 以上．

例題 1 6 g 絶対値，平方，根号の計算 根底 実戦

［→演習問題 1 8 10］

次の式を簡単にせよ．ただし，実数のみ考えるとする．

(1) $(\sqrt{a})^2+\sqrt{a^2}$　(2) $\sqrt{|a-2|^2+8a}$　(3) $x+\sqrt{x^2+6x+9}$

方針 文字や $\sqrt{\ }$ 内の符号に注意しつつ，前記 絶対値，平方，根号の関係 を使います．

解答 (1) 「$\sqrt{a}$」とあるので $a\geq 0$ だから

$(\sqrt{a})^2+\sqrt{a^2}=a+\underline{a}=2a.$ //（$a\geq 0$ より）

(2) $\sqrt{|a-2|^2+8a}=\sqrt{(a-2)^2+8a}$

$=\sqrt{a^2\underline{+}4a+4}$

$=\sqrt{(a+2)^2}=|a+2|.$ //

(3) $x+\sqrt{x^2+6x+9}$

$=x+\sqrt{(x+3)^2}$

$=x+|x+3|$

$=\begin{cases}x+(x+3)=2x+3\ (x\geq -3),\\x-(x+3)=-3\ (x\leq -3).\end{cases}$ //

解説 (1)「$\sqrt{\ }$ は 0 以上，中身も 0 以上」を忘れないように！

(2)「$(a-2)^2$」が「$(a+2)^2$」に化けるという有名な変形です．

(3) 最後に絶対値記号を外すことで，前にある「x」とまとめて簡単になりますね．なお，(2)の答えも絶対値記号を用いずに表せますが，このままの方が“簡単”だと判断しました．

9 分数，分数式の計算

言い訳 その昔，「分数式」の計算は数学Ⅰでやってました．現在では範囲外ですが，できるだけ早くサッと学んでおいた方が何かと有利なので，ここで扱います．使用する公式は…，なんのことはない．小学生が分数の計算をするとき普通に使っているものばかりです（笑）．

分数，分数式の計算（分母にある文字は当然 0 でないとする．）

分子，分母に C を掛ける

❶：$\dfrac{A}{B}=\dfrac{AC}{BC}$ 　分子，分母に同じものを掛けても，割っても，値は不変

分子，分母を C で割る

❷：$\dfrac{A}{C}+\dfrac{B}{C}=\dfrac{A+B}{C}$ 　分母が揃(そろ)えば分子どうしで足し算できる（引き算もいっしょ）

補足 ❶で，右辺から左辺への変形を**約分**といいますね．
❷が使えるよう分母を揃える変形を，**通分**といいますね．

例題 16h 分数，分数式の計算 根底 実戦

(1) $\dfrac{\dfrac{2}{3}-\dfrac{1}{2}}{1+\dfrac{1}{4}}$ を簡単にせよ．　(2) $\dfrac{x}{x+2}-\dfrac{8}{x^2-4}$ を通分して整理せよ．

方針 (1) このように，分子，分母の中にさらに分数がある**繁分数**と呼ばれる形は，分子全体＆分母全体に**同じ何かを掛けて**簡単にします．（繁雑な分数）

(2) 等式：$\dfrac{a}{b}+\dfrac{c}{d}=\dfrac{ad+bc}{bd}$ を“通分の公式”として使うのは，本問では遠回りです．

解答 (1) $\dfrac{\dfrac{2}{\boxed{3}}-\dfrac{1}{\boxed{2}}}{1+\dfrac{1}{\boxed{4}}}=\dfrac{8-6}{12+3}=\dfrac{2}{15}$ //（分子，分母を 12 倍．❶を左辺→右辺）

(2) $\dfrac{x}{x+2}-\dfrac{8}{x^2-4}$

$=\dfrac{x}{x+2}-\dfrac{8}{(x+2)(x-2)}$（この因数分解を見抜くのが大切）

$=\dfrac{x(x-2)}{(x+2)(x-2)}-\dfrac{8}{(x+2)(x-2)}$（分子，分母を $x-2$ 倍）

$=\dfrac{x(x-2)-8}{(x+2)(x-2)}$（❷を左辺→右辺）

$=\dfrac{x^2-2x-8}{(x+2)(x-2)}$

$=\dfrac{(x+2)(x-4)}{(x+2)(x-2)}=\dfrac{x-4}{x-2}$ //（❶を右辺→左辺）

解説 (1) □ の部分のことを **2 重分母**と呼んだりします．分子，分母に掛けた「12」の正体…．それはもちろん 3 つある 2 重分母の**最小公倍数**です．

(2) 2 行目に薄字で書いた因数分解，見抜けましたか？見落とすと，$\dfrac{\bigcirc}{(x+2)(x^2-4)}$ の形に通分する羽目になります．あと，最後に分子を因数分解して約分する所も，抜かりなく！

将来 (2)の答えは，さらに変形すると

$\dfrac{ⓧ-4}{ⓧ-2}=\dfrac{(x-2)-2}{x-2}=1-\dfrac{2}{ⓧ-2}$（❷を右辺→左辺）（分子は定数（0 次））（分母は 1 次）

のように，分子が分母より次数が低い形になり，2 か所にあった「ⓧ」が，1 か所に集まりましたね．このような変形を，筆者は**分子の低次化**と呼んでいます（詳しくは数学Ⅱで）．2 次関数の「平方完成」も，これと同じ効果を持ちます．[→224]

10 数値計算総合

本節の様々な数値計算の手法を，2，3で学んだ文字式に関する知識も踏まえて総合練習しましょう．

注 次々節「演習問題 B」でも同様な問題を多数扱います．

例題 1 6 i 数値計算総合（その１） 根底 実戦

[→演習問題 1 8 15]

$a=\dfrac{\sqrt{8+\sqrt{48}}}{2}$ に対して，次の各値を求めよ．

(1) $\dfrac{1}{a}$ (2) $a^2-\dfrac{1}{a^2}$ (3) $a^2+\dfrac{1}{a^2}$ (4) $a^3+\dfrac{1}{a^3}$ (5) $a^5-\dfrac{1}{a^5}$

方針 まずは，a の 2 重根号を外します．

(1) $\dfrac{1}{a}$ の分母を有理化してみると，$\dfrac{1}{a}$ は a と“よく似た形”になります．そこで，(2)以降においては，「この 2 つ」: a と $\dfrac{1}{a}$ で表すことを考えます．

(3) $a^2+\dfrac{1}{a^2}$ は，$a^2+\left(\dfrac{1}{a}\right)^2$ と書くとわかるように，「a と $\dfrac{1}{a}$ の**対称式**」です．2 文字の対称式は，それらの和と積のみで表せます[→2 4]．この式の場合，積：$a\cdot\dfrac{1}{a}=1$(定数) ですから，和：$a+\dfrac{1}{a}$ のみで表せます．(4)の $a^3+\dfrac{1}{a^3}$ についても同様です．

(5)「5 乗」はタイヘンそうですね．こんなときは，「前の結果が使えないか？」と考えてみましょう．

解答 $a=\dfrac{\sqrt{8+\sqrt{48}}}{2}$ （2 重根号）

$=\dfrac{\sqrt{8+2\sqrt{12}}}{2}$ （$6+2$，$6\cdot2$ 平方根の簡約化）

$=\dfrac{\sqrt{6}+\sqrt{2}}{2}$.

(1) $\dfrac{1}{a}=\dfrac{2}{\sqrt{6}+\sqrt{2}}\cdot\dfrac{\sqrt{6}-\sqrt{2}}{\sqrt{6}-\sqrt{2}}$ （分母の有理化）

$=\dfrac{2(\sqrt{6}-\sqrt{2})}{4}=\dfrac{\sqrt{6}-\sqrt{2}}{2}$.//

(2) $a^2-\dfrac{1}{a^2}=a^2-\left(\dfrac{1}{a}\right)^2$

$=\left(a+\dfrac{1}{a}\right)\left(a-\dfrac{1}{a}\right)$ （因数分解）

$=\sqrt{6}\cdot\sqrt{2}=2\sqrt{3}$.//

(3) $a^2+\dfrac{1}{a^2}=a^2+\left(\dfrac{1}{a}\right)^2$ （対称式）

$=\left(a+\dfrac{1}{a}\right)^2-2a\cdot\dfrac{1}{a}$

$=(\sqrt{6})^2-2\cdot1=4$.//

(4) $a^3+\dfrac{1}{a^3}=a^3+\left(\dfrac{1}{a}\right)^3$ （対称式）

$=\left(a+\dfrac{1}{a}\right)^3-3a\cdot\dfrac{1}{a}\left(a+\dfrac{1}{a}\right)$

$=(\sqrt{6})^3-3\cdot1\cdot\sqrt{6}=3\sqrt{6}$.//

(5) $a^5-\dfrac{1}{a^5}=\left(a^3+\dfrac{1}{a^3}\right)\left(a^2-\dfrac{1}{a^2}\right)+a-\dfrac{1}{a}$

（(4)，(2)を利用） $=3\sqrt{6}\cdot2\sqrt{3}+\sqrt{2}=19\sqrt{2}$.//

解説 (3)，(4) 対称式の公式[→2 4]の中にある

❶ $a^2+b^2=(a+b)^2-2ab$ （ムリヤリ和の 2 乗を作って余分を引く）

❷ $a^3+b^3=(a+b)^3-3ab(a+b)$ （ムリヤリ和の 3 乗を作って余分を引く）

において，「b」の所に $\dfrac{1}{a}$ を当てはめて使っています．

(5) $\left(a^3+\dfrac{1}{a^3}\right)\left(a^2-\dfrac{1}{a^2}\right)=\underline{a^5-\dfrac{1}{a^5}}\ \underline{-a^3\cdot\dfrac{1}{a^2}+\dfrac{1}{a^3}a^2}$ をムリヤリ作り，余分を引きました．

（下線部／波線部；与式／余分）

上の公式❶，❷を導くプロセスとよく似た考え方ですね．

例題 1 6 j 数値計算総合（その2） 根底 実戦

$a=\dfrac{2+\sqrt{5}}{2-\sqrt{5}}$ とおくとき，次の各値を求めよ．ただし，$\sqrt{5}=2.2360\cdots$ を用いてよい．

(1) $[a]$（a を超えない最大整数）

(2) $\dfrac{a}{4}$ にもっとも近い整数を n として，$\sqrt{\dfrac{a^2}{4}-2an+4n^2}$

注意！ (1) “ガウス記号” [→6 5 **後のコラム**]ですね．

(2)「超えない最大整数」と「もっとも近い整数」を混同しないように．

$\dfrac{a^2}{4}=\left(\dfrac{a}{2}\right)^2,\ 4n^2=(2n)^2$ なので，ルート内はもしや完全平方式では？と考えます．

解答 (1) $a=\dfrac{2+\sqrt{5}}{2-\sqrt{5}}\cdot\dfrac{2+\sqrt{5}}{2+\sqrt{5}}$ …分母の有理化

$=\dfrac{(2+\sqrt{5})^2}{4-5}$

$=-9-4\sqrt{5}$ …①

$=-9-4\times2.2360\cdots$

$=-9-8.944\cdots$

$=-17.944\cdots.$

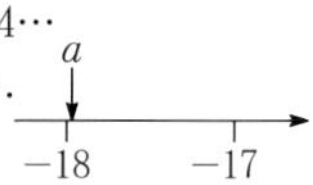

$\therefore\ [a]=-18.$ //

(2) $\sqrt{\dfrac{a^2}{4}-2an+4n^2}$

$=\sqrt{\left(\dfrac{a}{2}-2n\right)^2}$ …完全平方式

$=2\sqrt{\left(\dfrac{a}{4}-n\right)^2}$ …$\dfrac{a}{4}$ を作る

$=2\left|\dfrac{a}{4}-n\right|.$ …根号と絶対値の関係

ここで①より

$\dfrac{a}{4}=-\dfrac{9}{4}-\sqrt{5}$ …②

$=-2.25-2.2360\cdots$

$=-4.486\cdots.$

$\therefore\ n=-4.$ …③

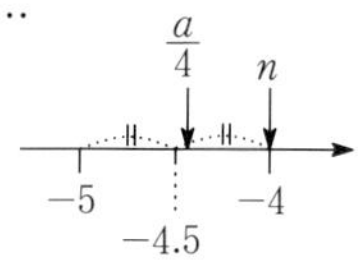

よって

与式 $=2\left|\dfrac{a}{4}-n\right|$

$=2\left(n-\dfrac{a}{4}\right)$ $\left(\because\ \dfrac{a}{4}<n\right)$

$=2\left\{(-4)-\left(-\dfrac{9}{4}-\sqrt{5}\right)\right\}$ $(\because$ ②③$)$

$=2\sqrt{5}-\dfrac{7}{2}.$ //

(1) **注意！** $a=-17.944\cdots$ の後，「$0.944\cdots$ を切り捨てて -17」としないこと！必ず数直線を描いて考えましょう．

(2) **解説** 数直線を描き，$\dfrac{a}{4}$ が -4 と -5 の“ド真ん中”：-4.5 のどちら側にあるかを考えます．

注意！ $\sqrt{\left(\dfrac{a}{4}-n\right)^2}=\dfrac{a}{4}-n$ とは限りませんよ．

参考 本問では「$\sqrt{5}=2.2360\cdots$」という表現を使いましたが，本来は

$2.2360<\sqrt{5}<2.2361$

と表して考えるのが正道です．この「不等式」が，次節のテーマです．

7 1次不等式

x の 1次式と不等号で表された不等式を満たす x の値を求めることを学びます．中学で学んだ「1次方程式」とよく似た考え方を使いますが，1つだけ異なる点がありますから注意しましょう！

1 不等式とは？

2つの実数 a, b の間の大小関係には

$$a > b,\ a = b,\ a < b$$

「a 大なり b」　「a 小なり b」

の3通りがあり，このうち1つだけが成り立ちます．ここで用いた記号：「>」や「<」を**不等号**といい，これらを用いて書かれた関係式を**不等式**といいます．不等号には，これ以外に次の2つもあります：

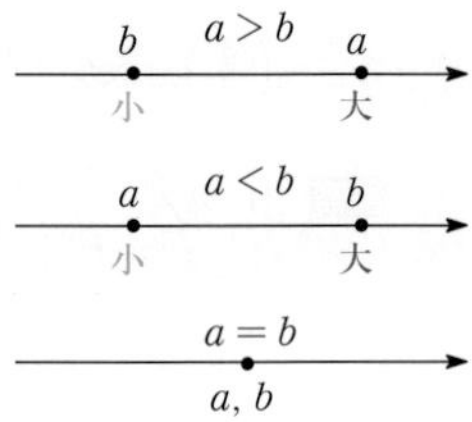

「$a \geqq b$」…「$a > b$ または $a = b$」が成り立つこと．

「$a \leqq b$」…「$a < b$ または $a = b$」が成り立つこと．

「または」に注意

注　「$a \geqq b$」や「$a \leqq b$」は，世界標準ではそれぞれ「$\boldsymbol{a \ge b}$」,「$\boldsymbol{a \le b}$」と書きます．本書では，こちらの記法を採用します．書くのが楽ですので（笑）．■

例　次の各不等式の真偽を考えてみてください：

「$2 > 1$」は，正しい．「$2 < -1$」は，正しくない．

「$2 \ge 1$」は，正しい．「$2 \le 2$」は，正しい．

＞または＝　　＜または＝

定義 既習者　不等式とは，2つの実数どうしの大小関係[1]を表す式である．

重要　3つの下線部に注意して覚えておきましょう．

注　[1]：ただし，文脈によっては，不等式は「値の範囲」を表すこともあります．［→**3** 重要］

数学Ⅱ後　「虚数」については大小関係を考えません．本章では，特に断らなくても**文字は実数とします**．

2 不等式の基本性質

不等式「$a > b$」が成り立つことを前提とすると，次の❶〜❷′が導かれます：

不等式の基本変形

$a > b$ のとき，次も成り立つ：　各 >, < をそれぞれ ≥, ≤ に変えても同様

❶：$a + k > b + k$　両辺に同じ実数を加える（右図参照）

❷：$ak > bk$（$k > 0$ のとき）　両辺に同じ正の数を掛ける

❷′：$ak < bk$（$k < 0$ のとき）　両辺に同じ負の数を掛ける

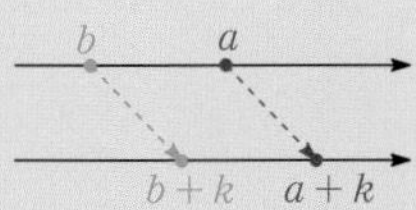

注意！　両辺に負の数を掛けると，不等号の向きが変わる！

❷, ❷′ は，次のように示されます：

$$\underset{\text{差をとる}}{ak-bk}=\underset{\text{積の形}}{(a-b)k}\begin{cases}>0\ (k>0\ \text{のとき}),\\ <0\ (k<0\ \text{のとき}).\end{cases}\quad (\because\ a-b>0)\ \cdots①$$

$$\therefore\ ak\begin{cases}>bk\ (k>0\ \text{のとき}),\\ <bk\ (k<0\ \text{のとき}).\end{cases}\quad \cdots②$$

①の両辺に bk を加えると，❶によって，②が得られます．

将来　ここで用いた ak と bk の大小関係を，「**差**をとって**積の形**にする」ことで調べる手法は，今後各方面で**大活躍**することになります．[→2 8「2 次不等式」，数学Ⅱいろいろな式]

補足　❶〜❷′ は，次のように解釈を拡大することができます：

❶で $k=-2$　→ $a-2>b-2$　両辺から同じ実数 2 を引く

❷で $k=\dfrac{1}{3}$　→ $\dfrac{a}{3}>\dfrac{b}{3}$　両辺を同じ正の数 3 で割る

❷′で $k=-\dfrac{1}{3}$　→ $-\dfrac{a}{3}<-\dfrac{b}{3}$　両辺を同じ負の数 −3 で割る

3　1 次不等式を解く

例　x の 1 次不等式：$2x-1>6$ …① について考えます．例えば $x=5$ のとき，左辺 $=9$ ですから①は成り立ちますね．このことを，「$x=5$ は不等式①の**解**である」と言い表します．

補足　$x=4$ も解です．$x=1$ は，解ではありません．確かめてみてください．■

それでは，不等式①を満たす x を全て求めてみましょう．なすべきことは単純明快：

原則　不等式の両辺に対し，同じ値を加えたり掛けたりして，「$x>$ ○○」のような形にする．

ただそれだけです．この手法は，中学で学んだ「1 次方程式」を解く過程に酷似しています．そこで，両者を対比したプロセスを示します．

〔1 次不等式〕		〔1 次方程式〕
$2x-1>6$		$2x-1=6$
$2x>7$	←両辺に 1 を加えた→	$2x=7$
$x>\dfrac{7}{2}$.//	←両辺を $2(>0)$ で割った→	$x=\dfrac{7}{2}$.//

解説　「両辺に 1 を加える」という操作は，方程式の場合と同様に**移項**といいます．

「両辺を 2 で割る」際には，気を付けることが少し違います：

「方程式」→ 2 が 0 でないことに注意

「不等式」→ 2 が正であることに注意　符号が大切

重要　答えとして書いた不等式「$x>\dfrac{7}{2}$」は，単に「x と $\dfrac{7}{2}$ の大小関係」を述べているのではなく，

「$x>\dfrac{7}{2}$ を満たす実数 x 全体の**集合**」[→9 1]

を意味しています．1 で述べたように，不等式は，文脈によっては **値の範囲**を表すこともあるのです．

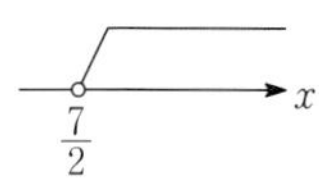

補足　このように，不等式①の**解全体の集合**を求めることを，「不等式①を**解く**」といいます．[→9 5]

例題 1 7 a　1次不等式を解く　根底 実戦

[→演習問題 1 8 17]

x の 1 次不等式(1), (2)を解け.

(1) $\dfrac{x+2}{5} \leq \dfrac{x}{2} - 1$　　(2) $ax > x + 3$ (a は実数の定数)

方針 ただひたすら, 不等式の基本変形 ❶～❷′ を用いて「$x > \sim$」とか「$x \leq \sim$」のように変形します. 未知数 x を**集約**することを強く意識してください.

解答 (1) 与式を変形すると

$2(x+2) \leq 10\left(\dfrac{x}{2} - 1\right)$　両辺に, 10(>0) を掛けた

$2x + 4 \leq 5x - 10$ …①

$14 \leq 3x$　両辺に, 10 を加え, $2x$ を引いた

$\dfrac{14}{3} \leq x$　両辺を 3(> 0) で割った.

$x \geq \dfrac{14}{3}$.//　慣習に従い, x を左辺に

(2) 与式を変形すると

$ax - x > 3$　両辺から x を引いた

$(a-1)x > 3$ …②　x の係数の符号に注意

よって

$$\begin{cases} a-1>0,\ \text{i.e. } a>1 \text{ のとき}, x>\dfrac{3}{a-1}, \\ a-1<0,\ \text{i.e. } a<1 \text{ のとき}, x<\dfrac{3}{a-1}, \\ a-1=0,\ \text{i.e. } a=1 \text{ のとき}, \text{解なし}.^{1)} \end{cases}$$ //

注 (1) ①の後, $-3x \leq -14$ のように x を左辺へ集めることにこだわる人がとても多いのですが, x の係数はなるべく正にする方がスマートです.

(1)の最後で x を左辺に書くのは…ただの慣習です. 1 つ上の式を答えにしてもマルです.

解説 (2) ②の後, 両辺を $a-1$ で割った不等式は, その符号によって不等号の向きが変わり, いわゆる「場合分け」が不可欠となります!

1) : $a = 1$ のとき, ②は「$0 \cdot x > 3$」となります. これは, いかなる実数 x についても成り立ちません. このことを, 「解なし」と短く言い表します.

補足 できるだけ暗算で片付けましょう. これが, 次項のテーマです.

4　1次不等式を暗算で

将来　入試レベルでは, (カンタンな)1 次不等式“ごとき”は暗算で解かないと話になりません!

例題 1 7 b　1次不等式の暗算　根底 実戦

[→演習問題 1 8 17]

次の 1 次不等式を暗算で解け.

(1) $x + 3 \geq 1$　(2) $2 > -\dfrac{x}{5}$　(3) $\dfrac{x}{2} + 1 < x + 4$

方針 いちおう解答過程を (薄地で) 書きますが, 全ての工程を暗算で片付けたいレベルです.

解答 (1) $x + 3 \geq 1$

$x \geq -2$.//　3 を移項して了

(2) $2 > -\dfrac{x}{5}$

$\dfrac{x}{5} > -2$　2 と $\dfrac{x}{5}$ を移項した

$x > -10$.//　両辺を 5(> 0) 倍した

(2)の 別解

$2 > -\dfrac{x}{5}$

$-10 < x$　両辺を −5(< 0) 倍した

$x > -10$.//　慣習通り x を一応左辺へ

(3) $\dfrac{x}{2}+1<x+4$ 両辺を 2 倍してもよいが…

$-3<x-\dfrac{x}{2}$ 4 と $\dfrac{x}{2}$ を移項した

$-3<\dfrac{x}{2}$ この程度の分数係数は許容範囲

$-6<x$ 両辺を 2(>0) 倍した

$x>-6.$ // 慣習通り x を一応左辺へ

(3)の **別解**

$\dfrac{x}{2}+1<x+4$ 両辺を 2 倍する前に…

$\dfrac{x}{2}<x+3$ 1 を移項した

$x<2x+6$ 両辺を 2(>0) 倍した

$-6<x$ 6 と x を移項した

$x>-6.$ // 慣習通り x を一応左辺へ

解説 (2), (3)の **別解** は，筆者が普段行わない解き方ですが，こっちの方がしっくりくるという人もいるかもしれませんので，いちおう載せておきました．

将来 こうした細かい作業が暗算でサッと片付けられることは，将来出会う長大な入試問題を攻略するための**必須の条件**です！

5 連立1次不等式

2 個 (以上の) 不等式を全て満たす x を考えるとき，この不等式のセットを**連立不等式**といいます．

注意！ 「連立方程式」は，ふつう右の①のように，2 文字 $x,\ y$ が満たす等式 2 個で構成されています．それに対して「連立不等式」の方は，右の②のように，1 文字 x が満たす不等式 2 個(以上) からなります．このように，名前は似ていますが様相はかなり異なります．騙(だま)されないように！(笑)

① $\begin{cases} 2x+y=3 \\ x-2y=1 \end{cases}$

② $\begin{cases} x+1>0 \\ x-3\leq 2 \end{cases}$

注 右の①②のように書いたときの“左ブレース”：{ は，「かつ」の意味で用いるのが普通です．

例題 17 C 連立1次不等式 根底 実戦

[→演習問題 1 8 18]

次の連立不等式を解け．[1]

(1) $\begin{cases} x+1>0 \\ 3x-1\leq x+2 \end{cases}$

(2) $-\dfrac{x+1}{3}<1-x\leq\dfrac{3}{2}x+6$

語記サポ [1]：「連立不等式を解く」とは，全ての不等式を満たす x(解) の値の範囲を求めることです．

$\overbrace{-\dfrac{x+1}{3}<1-x}^{①}$，$\underbrace{1-x\leq\dfrac{3}{2}x+6}_{②}$

方針 (1)では，「第 1 式かつ第 2 式」を満たす x を考えます．

(2)は，よくある連立不等式の略記法で，右上の「①かつ②」の意味です．

2 つの不等式を，それぞれ別々に解き，最後に共通範囲を求めます．

解答 (1) 与式を変形すると

$\begin{cases} x>-1 \\ x\leq\dfrac{3}{2} \end{cases}$ かつ

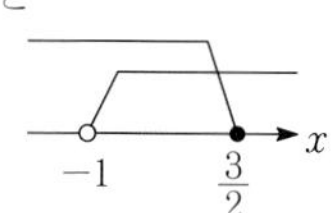

∴求める解は，$-1<x\leq\dfrac{3}{2}.$ //

(2) 与式を変形すると

$\begin{cases} -x-1<3-3x & ① \\ -5\leq\dfrac{5}{2}x & ② \end{cases}$

$\begin{cases} x<2 \\ -2\leq x \end{cases}$ かつ

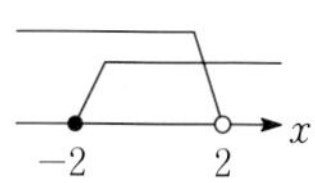

∴求める解は，$-2\leq x<2.$ //

補足 数直線上の白丸「○」は端の値を「含まない」ことを，黒丸「●」は端の値を「含む」ことを表します．業界では暗黙の了解事項です． 黒板だと白黒逆だよ～(笑)

重要　前記(2)の **方針** で述べたことは，とても大切です．

$$\overbrace{-\frac{x+1}{3}<1-x}^{①}\le\frac{3}{2}x+6 \iff \begin{cases}-\dfrac{x+1}{3}<1-x \cdots ① \\ 1-x\le\dfrac{3}{2}x+6 \cdots ②\end{cases}$$

（$1-x\le\frac{3}{2}x+6$ の部分が②）

「⟺」とは，「同じこと」の意［→ 9 9］

左側では式がズラっとつながっていますが，あくまでも隣り合う式どうしを結んだ右側の式：「①かつ②」の**略記**であると考えてください．

実は，答えの不等式も同じ略記法です：

$$-2\le x<2 \iff \begin{cases}x<2 \\ -2\le x\end{cases} \text{かつ}$$

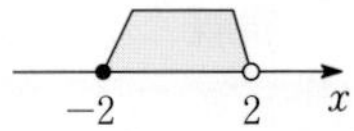

注　これを，例えばサラッと「$x\ge-2$, $x<2$」と書いてもほぼ正解ではあるのですが…，「$-2\le x<2$」と書いた方が，数直線上での x の範囲が断然想像しやすいですね（右上図）．

また，上記においてカンマ：「,」は「かつ」のつもりで書いていますが，不等式の解が「$x\le-2$, $2<x$」となるケースのカンマ：「,」は「または」の意味になります．［→次の例題(1)］

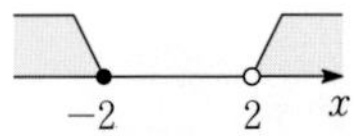

6 絶対値入りの1次不等式

絶対値を含む1次不等式を，5 4 の 絶対値の定義 絶対値の公式 を用いて解いてみましょう．

実は，例題 1 5 c (3)の1次方程式：「$|x-2|=3$」とほぼ同様な方針でいけます．

例　不等式 $|x|<3$ において，左辺は数直線上での原点 O(0) と x の距離です．それが3未満ということは，数直線上での x の範囲は右図の通り．よって，この不等式の解は，$-3<x<3$.//

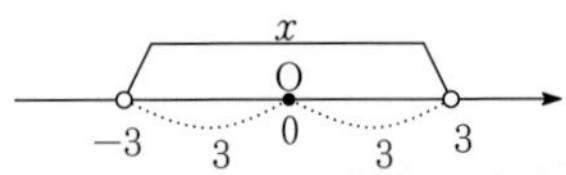

例題 1 7 d　絶対値入りの1次不等式　根底 実戦

次の不等式を解け．

(1)　$|x-5|\ge2$　　　　(2)　$|3x-2|<x$

方針　(1) 上の **例** と同様，「距離」に注目すれば一瞬です．

(2) **例** や(1)と違い，右辺にも x があるので考えづらそうに見えますが…．絶対値の定義，もしくは 絶対値の公式 を正しく使えば大丈夫です．

解答　(1)　左辺は，数直線上での5と x の距離を表す．それが2以上だから，数直線上での x の範囲は下図の通り．

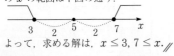

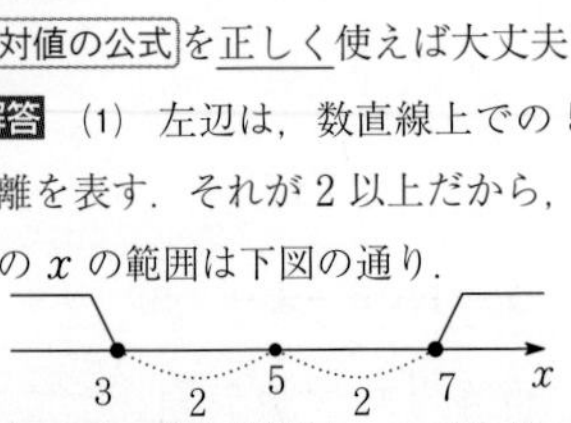

よって，求める解は，$x\le3$, $7\le x$.//

(2)　$|3x-2|\ge0$ だから，与式が成り立つには $x>0$ が必要[1]である．このとき与式は，

$-x<3x-2<x$. …①　**例** と同じ考え

$2<4x$, $2x<2$.

$\frac{1}{2}<x<1$.//（このとき $x>0$ も成立．[2]）

解説　(2)で「$x>0$」という前提条件を作った後は

$|\boxed{3x-2}|<\boxed{x}$　　i.e. 数直線上での原点と $\boxed{3x-2}$ の距離が $\boxed{x}$ 未満　　i.e. $-\boxed{x}<\boxed{3x-2}<\boxed{x}$

と変形したまでです．▭, □ という“器”の中に何があるかを気にしなければ，やってることは **例** と全く同じですね（笑）．

知識 $|a| < b$（ただし，$b > 0$）$\Longleftrightarrow -b < a < b$

語記サポ [1]：「○○が必要」とは「○○以外だと無理」っていう意味です．[→910]

注 [2]：「$x > 0$」という前提を満たす x だけを議論の対象にしたので，その前提をも満たすことをチェックしました．もっとも，①のとき $-x < x$ より $x > 0$ となるに決まってますが．

参考 絶対値入り1次不等式をグラフを用いて解く方法は，[→演習問題 18 14 (4) 参考]

7 1次不等式の応用

本節の最後に，1次不等式に関する応用問題を扱います．

例題 17e 1次不等式の実用 根底 実戦 終着 入試 [→演習問題 18 22]

駐車場A，Bがあり，それぞれ30分単位で次のような料金体系となっている：

- 駐車場A：30分ごとに210円加算
- 駐車場B：最初の3時間は一律1000円で，それ以降は30分超過するごとに240円加算

駐車場Bの方が駐車場Aより割安となる駐車時間（30分単位）を求めよ．

方針 「何時間か？」ではなく，「単位30分が何個分か？」と考えます．

解答 駐車時間が $30 \times x$ 分（x は0以上の整数）のときの料金（円）は次の通り：

A: $210 \times x$

B: $\begin{cases} 1000 \ (0 \leq x \leq 6), \\ 1000 + 240 \times (x - 6) \ (6 < x). \end{cases}$

よって，題意の条件は

$0 \leq x \leq 6$ のとき, $1000 < 210x$.

$6 < x$ のとき, $240x - 440 < 210x$.

つまり

$$\frac{100}{21} < x \leq 6, \text{ または } 6 < x < \frac{44}{3}.$$

（4.…）（14.…）

$\therefore x = 5, 6, 7, \cdots, 14.$

以上より，求める駐車時間（30分単位）は

2時間30分以上7時間以下．//

（2.5時間, 3時間, 3.5時間, …, 7時間）

解説 「3時間まで」（$0 \leq x \leq 6$）とそれ以降（$6 < x$）に範囲を分けて考えることが不可欠です．1つの不等式を機械的に解いても解決しません．

別解 このように範囲を分けて考えるのは少し手間が掛かります．そこで，グラフを用いて考えてみます．

x に対する料金を表すグラフは，次のようになります：

A：原点Oを通り傾き210の直線

B：点(6, 1000)を通り，$\begin{cases} \text{その左側は傾き0の直線} \\ \text{その右側は傾き240の直線} \end{cases}$

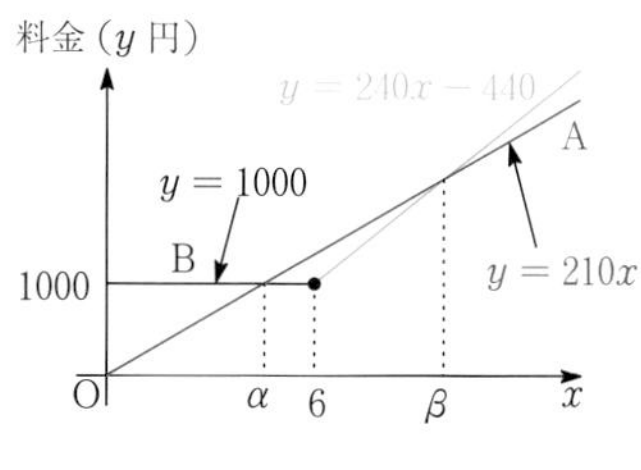

$210 \times 6 = 1260 > 1000$ より，Aのグラフは点(6, 1000)より上を通るので，グラフどうしの位置関係は右のようになります．BがAより安い，つまりBのグラフがAのグラフより下にあるような x の範囲は，$\alpha < x < \beta$ です．あとは，交点の座標を方程式を解いて求めれば答えを得ます．

注 ただし，x は0以上の整数値しかとらないことを忘れずに．

将来 このように，「不等式」を「グラフ＋方程式」へと還元する手法は，主に28「2次不等式」で扱います．

例題 17 f　1次不等式の整数解　根底 実戦　終着 入試　[→演習問題 1 8 19]

a は実数とする．x の連立不等式 $(*)\begin{cases} 3x+1>10+x, & \cdots① \\ ax+4 \leq 2x+a^2 & \cdots② \end{cases}$ について答えよ．

(1)　$(*)$ が解をもつような a の値の範囲を求めよ．

(2)　$(*)$ がちょうど 3 個の整数解をもつような a の値の範囲を求めよ．

方針　まずは①，②それぞれを解き，これらの共通な解を数直線上に表します．

注　②には文字係数 a が含まれているため，場合分けが発生します．

解答　①を解くと，$x>\dfrac{9}{2}$．　暗算で！

②を解くと，

$$(a-2)x \leq (a+2)(a-2).$$

$$\therefore \begin{cases} \text{i) } a>2 \text{ のとき, } x \leq a+2, \\ \text{ii) } a=2 \text{ のとき, } x \text{ は任意の実数,} \\ \text{iii) } a<2 \text{ のとき, } x \geq a+2. \end{cases}$$

(1)　i) のとき

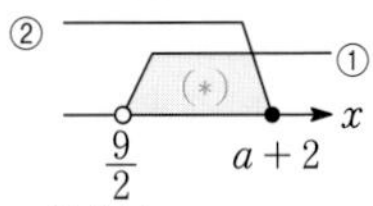

上図より，題意の条件は

$$\frac{9}{2}<a+2. \text{ i.e. } a>\frac{5}{2}. \cdots③$$

ii) のとき，$(*)$ は①と同値 [1] だから解をもつ．

iii) のとき

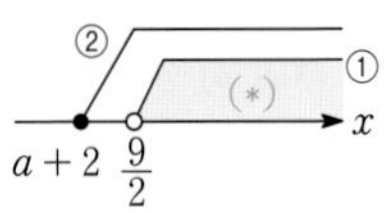

前図より，$(*)$ は解をもつ．

以上 i)〜iii) より，求める a の範囲は

$$a \leq 2,\ \frac{5}{2}<a.//$$

(2)　ii)，iii) のとき，$(*)$ は無限個の整数解をもつから不適．

そこで，i) つまり③のときを考えると，題意の条件は

$x=5, 6, 7$ が解であり，$x=8$ が解ではないこと．

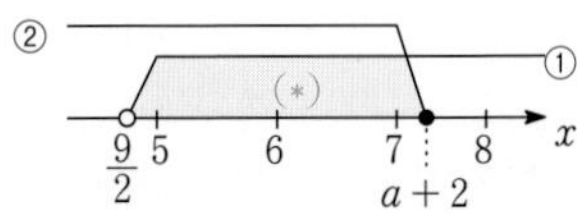

上図より，求める a の範囲は

$$7 \leq a+2<8. \text{ i.e. } 5 \leq a<6.// \cdots④$$

解説　②は，ii)：$a=2$ のとき「$0 \cdot x \leq 0$」となり，x にどんな実数を代入しても成り立ちますね．「≦」とは，「<または=」という意味ですから．

1)：「同じこと」っていう意味．[→9 9]

(1) iii) のときの数直線は，$a<2$ より $a+2<4<\dfrac{9}{2}$ を考慮して描いています．もっとも，$a+2$ と $\dfrac{9}{2}$ の大小が逆でも結果はいっしょですが．

重要　③，④では，等号の有無（「<」，「≦」のどちらか）をよく考えること！例えば④では，次のように「ちょうど = だったら適か不適か？」と考えます [→例題 1 9 g]．

$a+2=7$ のとき，$(*)$: $\dfrac{9}{2}<x \leq 7$ の整数解は $x=5, 6, 7$ の 3 つなので適．

$a+2=8$ のとき，$(*)$: $\dfrac{9}{2}<x \leq 8$ の整数解は $x=5, 6, 7, 8$ の 4 つなので不適．

8 演習問題B

181 根底 実戦 定期

次の各数を循環小数で表せ.（循環節を明示すること.）

(1) $\dfrac{5}{22}$　　(2) $\dfrac{5}{7}$

182 根底 実戦 定期

次の循環小数を，$\dfrac{\text{整数}}{\text{整数}}$ の形で表せ.

(1) $a = 0.30\dot{1}$　　(2) $b = 0.\dot{2}2\dot{0}$

183 根底 実戦

(1) a, x は実数とする. x の方程式 $|x+3| = a$ を解け.

(2) 3 つの実数 $a, -a, |a|$ の大小関係を答えよ.

(3) 実数 x の関数 $f(x) = |x+1| - |x-1|$ を，絶対値記号を用いずに表し，$y = f(x)$ のグラフを描け.

184 根底 実戦

次の計算をせよ.

(1) $78 \cdot 3$　　(2) $36 \cdot 75$

(3) 7^4　　(4) $57 \cdot 63$

185 根底 実戦

(1) 90 と 195 の最大公約数を求めよ.

(2) 836 と 1083 の最大公約数を求めよ.

(3) $\dfrac{180}{264}$ を約分せよ.

(4) $\dfrac{102}{1071}$ を約分せよ.

186 根底 実戦

次の各値を計算して簡単にせよ.

(1) $\sqrt{75}$　　(2) $\sqrt{392}$　　(3) $\sqrt{15}\sqrt{5}$

(4) $\sqrt{30}\sqrt{24}$　　(5) $\dfrac{3\sqrt{2}}{\sqrt{8}}$　　(6) $\sqrt{0.27}$

(7) $\sqrt{1-\left(\dfrac{2}{3}\right)^2}$　　(8) $\dfrac{a^2}{\sqrt{a}}$ $(a>0)$　　(9) $\sqrt{a^3-6a^2+9a}$ $(a \geq 0)$

187 根底 実戦

次を計算して簡単にせよ.

(1) $2\sqrt{5}\cdot 3\sqrt{10}$

(2) $\sqrt{3}(3\sqrt{2}+\sqrt{6})$

(3) $\dfrac{\sqrt{3}}{3}+\dfrac{4}{\sqrt{3}}$

(4) $(\sqrt{7}+\sqrt{3})(\sqrt{7}-\sqrt{3})$

(5) $(\sqrt{k}+\sqrt{k-1})(\sqrt{k}-\sqrt{k-1})\ (k\geq 1)$

(6) $(3+\sqrt{2})^2$

(7) $(2\sqrt{5}-\sqrt{2})^2$

(8) $(2+\sqrt{3})^3$

(9) $(\sqrt{7}+\sqrt{3}+\sqrt{2})(\sqrt{7}-\sqrt{3}-\sqrt{2})$

(10) $(1+\sqrt{2}+\sqrt{3})^2$

(11) $\left(3+\sqrt{1-x^2}\right)^2-\left(3-\sqrt{1-x^2}\right)^2\ (-1\leq x\leq 1)$

(12) $\dfrac{1}{\sqrt{1+k^2}}+k\cdot\dfrac{k}{\sqrt{1+k^2}}$

(13) $\dfrac{\sqrt{x+1}}{x}-\dfrac{\sqrt{x}-1}{\sqrt{x(x+1)}}\ (x>0)$

188 根底 実戦

次の各値の分母を有理化せよ. ただし, (4)(10)では分子を有理化せよ.

(1) $\dfrac{1}{\sqrt{3}}$

(2) $\dfrac{7}{\sqrt{7}}$

(3) $\dfrac{2\sqrt{5}}{\sqrt{10}}$

(4) $\dfrac{4\sqrt{3}}{6}$ (分子を有理化)

(5) $\dfrac{1}{3+\sqrt{2}}$

(6) $\dfrac{\sqrt{3}}{\sqrt{3}-\sqrt{2}}$

(7) $\dfrac{2\sqrt{3}}{3+\sqrt{3}}$

(8) $\dfrac{1}{\sqrt{k+1}+\sqrt{k}}$

(9) $\dfrac{1}{\sqrt{a^2+1}-a}$

(10) $\dfrac{\sqrt{x+1}-\sqrt{x}}{2}$ (分子を有理化)

(11) $\dfrac{1}{2+\sqrt{3}}+\dfrac{1}{2-\sqrt{3}}$

(12) $\dfrac{1}{\sqrt{2}+\sqrt{3}+\sqrt{5}}$

(13) $\dfrac{1}{\sqrt{7}-\sqrt{3}-\sqrt{2}}$

189 根底 実戦

次の二重根号を外せ.

(1) $\sqrt{5-2\sqrt{6}}$

(2) $\sqrt{6+\sqrt{20}}$

(3) $\sqrt{14+5\sqrt{3}}$

(4) $\sqrt{x+1+\sqrt{x^2+2x}}\ (x\geq 0)$

(5) $\sqrt{a-1-2\sqrt{a-2}}\ (a\geq 2)$

1 8 10 根底 実戦 定期

次の各式を計算して簡単にせよ．ただし，文字は全て実数とし，答えは絶対的記号を用いずに表せ．

(1) $\sqrt{a^2}+a$

(2) $\sqrt{x^2+4x+4}+\sqrt{x^2-4x+4}$

(3) $\dfrac{x-3}{\sqrt{(1-x)(x-3)}}\ (1<x<3)$

1 8 11 根底 実戦 重要

次の(1)，(2)について，2 つの実数の大小を比較せよ．

(1) $4\sqrt{3}$ と 7

(2) $6\sqrt{5}$ と $5\sqrt{7}$

1 8 12 根底 実戦

3 つの実数 $\dfrac{19}{6}$，$\dfrac{5\sqrt{11}-7}{3}$，π(円周率) の大小を比較せよ．ただし，$\pi=3.1415\cdots$ であることは用いてよいとする．

1 8 13 根底 実戦 典型

$x=\sqrt{a+\sqrt{a^2-1}}\ (a>1)$ のとき，$x+\dfrac{1}{x}$ を a で表せ．

1 8 14 根底 実戦 典型 重要

次の関数のグラフを描け．

(1) $y=|x|$

(2) $y=|2x-4|$

(3) $y=\left|\sqrt{x^2}-1\right|$

(4) $y=|x-1|+|x-2|$

(5) $y=|x|+|x-1|+|x-3|$

1 8 15 根底 実戦 典型

$\sqrt{13}$ の小数部分を a とする．次の各値を求めよ．

語記サポ 実数 x の「小数部分」とは，x を超えない最大整数（整数部分）を x から引いたものです．■

(1) a

(2) $\dfrac{2}{a}$

(3) $\dfrac{a}{2}+\dfrac{2}{a}$

(4) $\dfrac{a^2}{4}+\dfrac{4}{a^2}$

(5) $\dfrac{a^2}{4}-\dfrac{4}{a^2}$

→ 5・11

1 8 16 根底 実戦 入試 ハイレベル⬆

自然数 n に対して，$f_n = x^n + \dfrac{1}{x^n}$ と定める．

(1) $f_2 \cdot f_1$ を，f_3, f_1 で表せ．

(2) m, n を自然数とし，$m > n$ とする．f_{m+n} を f_m, f_n, f_{m-n} で表せ．

(3) $x = \dfrac{\sqrt{5}+1}{2}$ のとき，f_1, f_2, f_3, f_{13} の値を求めよ．

1 8 17 根底 実戦

次の不等式を解け．

(1) $2x + 1 \leqq 7$

(2) $-x + 2 > 5$

(3) $\dfrac{x}{3} - 1 > \dfrac{1}{2}$

(4) $-2 + 3x \geqq 6x - 5$

(5) $3(x-2) - 2 \leqq x + 3$

(6) $\dfrac{x+7}{2} > \dfrac{3}{4}x + 2$

(7) $0.03x + 0.2 > 0.02x + 1$

(8) $\dfrac{5\sqrt{x} + 3\sqrt{2}}{6} \leqq \dfrac{\sqrt{x}}{3} + 2\sqrt{2}$

1 8 18 根底 実戦

次の連立不等式を解け．

(1) $\begin{cases} -2x > 3 \\ 3x \geqq -5 \end{cases}$

(2) $\begin{cases} 4 - 2x > x + 1 \\ 4 + 2x > -x - 2 \end{cases}$

(3) $-3 \leqq 3x - 1 \leqq 1$

(4) $x - 1 < 5 \leqq x$

(5) $\dfrac{x+1}{3} \leqq 2 < \dfrac{x+2}{2}$

(6) $-\dfrac{x}{5} + 1 < x < \dfrac{x}{3} + 2$

1 8 19 根底 実戦

連立不等式 $\begin{cases} x - 3 \leqq 3x + 2 \\ \dfrac{x-1}{3} < a \end{cases}$ が，ちょうど 5 個の整数の解をもつような実数 a の値の範囲を求めよ．

1 8 20 根底 実戦

a は実数とする．x の不等式 $(a+2)x - 2a - 9 \geqq 0$ …① の解が $x \leqq a$ となるような a の値を求めよ．

1 8 21 根底 実戦 終着

A 氏はページ数 240 の自著をプリントオンデマンドで出版することにした．1 ページあたりの印刷経費は，カラーページが 7.5 円，モノクロページが 2.5 円である．また，1 冊につき基本印刷料金 180 円がかかる．1 冊あたりの印刷経費を消費税込みで 1000 円以内に抑えるためには，カラーページの数をどのようにするべきか．ただし，消費税率は 10 %とする．

1 8 22 根底 実戦 終着

右図のように，東西方向に真っ直ぐ走る一般道 L と高速道路 H がある．両者は南北に 1km 隔たっており，L 上の地点 B と H の入り口 D，および H の出口 E と L 上の地点 C とが L, H と直角に交わる一般道で結ばれている．

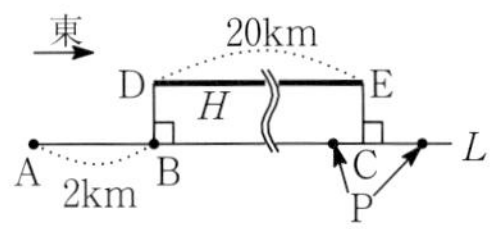

右図において，L 上の A から，L 上で B より東にある地点 P まで行くとき，高速道路を使った方が早く着くような P の範囲を求めよ．

ただし，「一般道 L」は時速 50km，「高速道路 H」は時速 100km で走行するものとし，一般道と高速道路の乗り換えに要する時間等は無視できるものとする．[1)]

1 8 23 根底 実戦 入試 ハイレベル

方程式 $[x]=3-x$ …① を解け．ただし，実数 x を超えない最大整数を“ガウス記号”：$[x]$ で表している．

1 8 24 根底 実戦 入試 ハイレベル

実数 x に対して，x を超えない最大整数を記号 $[x]$ で表す．実数 x の関数 $f(x)=[x]+\left[x-\dfrac{1}{3}\right]$ について答えよ．

(1) $k \leqq x < k+1$ (k は整数) を満たす x に対して，$f(x)$ を k で表せ．

(2) 不等式 $0 \leqq f(x) < 4$ …① を解け．

9 集合・命題・条件

集合については 5 2 でも軽く触れましたが，この節で今一度詳しく解説します．「集合」や「命題」は，地味なようで数学という学問全体を根幹から支える**縁の下の力持ち**です．だからといって…，「集合・命題を完璧にした上で他分野を学ぶべき」などというのは堅苦し過ぎ（笑）．他の様々な分野を勉強をしながら，必要に応じてここに戻ってくる．それが程よい“付き合い方”です．初学者の人は，「1 回目で全部を完璧にしなくてもいーや」という**大らかな気持ち**で臨んでください．

集合・命題の勉強法

「基本単語・記号を一通り知る」＋「各分野の普段の勉強で少しずつ」

1 集合と要素

集合とその要素 定義

範囲が明確に定まる [1]ものの集まりを**集合**といい，それを構成する 1 つ 1 つのものを**要素**という．

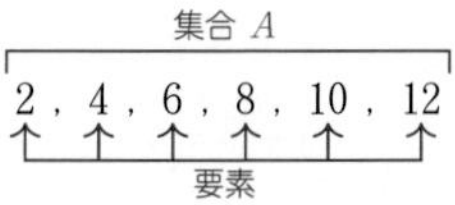

12 以下の自然数 …①

を考察対象とし，そこから作られる

「2 の倍数全体の集合 A」…② つまり偶数

を考えましょう．本項 1 ～ 4 では，①を前提として，この A などの具体例を通して集合に関する基本用語・記号などを学んでいきます．

例えば「6」は集合 A の要素であり，「7」はそうではありません．このことを

「6 は A に**属する**」　「7 は A に**属さない**」　といい，

「$\mathbf{6} \in \boldsymbol{A}$」　「$\mathbf{7} \notin \boldsymbol{A}$」　と書きます．

注 [1]：この「明確に定まる」とは，1 つ 1 つのものが，その集合に属するか，属さないかがハッキリ決まることを指します．■

この集合 A の記法として，次の 2 つがあります：

$A = \{2, 4, 6, 8, 10, 12\}$ …③ 要素の羅列

$= \{x \mid x$ は 2 の倍数，$1 \leq x \leq 12\}$ …④ 代表文字と条件 [2]

なお，集合を言葉で表現するときには，②のように「全体の」を付けるのが決まりです．

③の表し方では，$A = \{2, 4, 6, \cdots, 12\}$ のように，一部の要素を省き「…」を使って表すことも許されます．ただし，誤解の余地がないよう配慮してください．

④では，要素を文字「x」で代表して表し，「｜」の右に x が満たすべき条件を添えます．次のように表すこともできますね：

$A = \{2n \mid n$ は 6 以下の自然数$\}$ 文字は x でなくてもかまわない

注 ①で述べた**考察対象**とするもの全体のことを**全体集合**といい，「$\boldsymbol{U}$」[3] で表します．上記集合 A は，$U = \{1, 2, 3, \cdots, 12\}$ を全体集合とする集合です．

このように，全体集合 = 考察対象範囲がハッキリしている場合には，④は次のように略記できます：

$A = \{x | x$ は 2 の倍数$\}$

つまり，「x」が U の要素であるための条件を省いて書くのです．ただし，文脈の中で誤解が生じないよう配慮してくださいね．

語記サポ 2)：「条件」という用語について，詳しくは[→5]

3)：「全体集合」=「Universal set」．アルファベット大文字 U は，全体集合以外の集合の名称としては使わないこと！■

問 ①を全体集合 U として，「8 以上の数全体の集合」を，上記③および④のような形で表せ．

解答 ③の形：$\{8, 9, 10, 11, 12\}$．//

④の形：$\{x | x \geq 8\}$．// あくまで①のもとで．

注 ④の形では，「$x \geq 8$」の所を「$8 \leq x \leq 12$」や「$x > 7$」とすることもできますね．■

1 の最後に，いったん①から離れ，「集合」の様々な例を 3 つほどお見せしておきます．

例1 $U = \mathbb{R}$(実数全体)

集合 $\{x | -2 \leq x < 2\}$

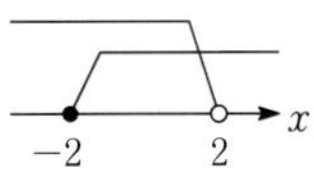

不等式の解

例2 U：「xy 平面上の点全体」

集合 $\{$点 $(x, y) | y = x + 1\}$

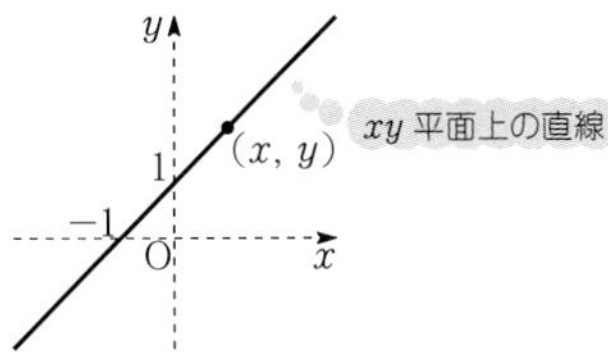

例3 U：「多角形全体」

「平行四辺形全体の集合」

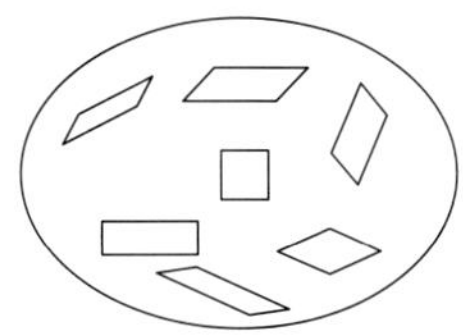

注 **例1** の集合は，丁寧に書くと $\{x | -2 \leq x < 2,\ x$ は実数$\}$ となりますが，全体集合が $\mathbb{R}$，つまり x が実数であることが前提とされているので，「x は実数」を省いて書くことが許されます．ただし，文脈の中で誤解が生じないよう配慮してください（**例2** も同様です）．

語記サポ 集合においては，要素を並べる順序の違いは考えません．

数学全般において，順序を区別しないものの集まりを表すときには中括弧「{　}」を用いるのが慣習です．

一方，順序を区別するときには小括弧「(　)」を使います．

$\{3, 6, 9\} = \{9, 3, 6\}$

$(3, 6, 9) \neq (9, 3, 6)$

余談 次の集合って何のことかわかりますか？

$\{x | x$ 月の日数 $= 31\}$

日数が 31 であるような月（month），いわゆる「大の月」を，④方式で表したものです（笑）．③のスタイルで書くと，次のようになりますね．

$\{1, 3, 5, 7, 8, 10, 12\}$ ■

2 部分集合

前項に続いて，次の前提のもとで話を続けます：

全体集合 $U=\{1, 2, 3, \cdots, 12\}$ …①

$A=\{2, 4, 6, 8, 10, 12\}$ …③

$=\{x|x$ は 2 の倍数$\}$ …④

ここで新たに，集合

$A'=\{4, 8, 12\}$ …③′

$=\{x|x$ は 4 の倍数$\}$ …④′

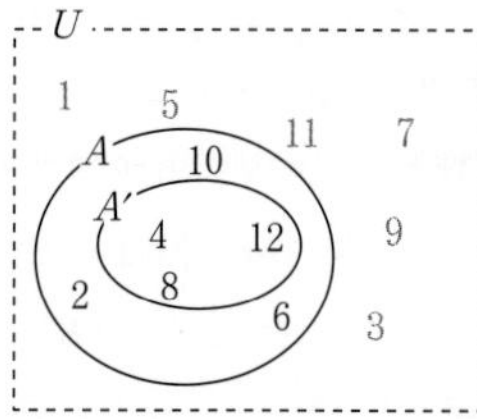

を考えましょう．③と ③′ を比べると，A' の要素である「4, 8, 12」は，全て A の要素にもなっていますね．このようなとき

「A'は A の**部分集合**である」といい，記号「$\boldsymbol{A' \subset A}$」で表します．

補足　A を主語にすると，「A は A' を包含する」といい，記号「$A \supset A'$」で表します．

注　④と ④′ を比べてみましょう．「4 の倍数」は，必ず「2 の倍数」でもあるので，やはり $A' \subset A$ であることがわかります．■

このように，2 つの集合の一方が他方の部分集合であるとき，「**包含関係**[1] がある」といいます．

語記サポ　1)：A' は A に含まれる・包まれる．A は A' を含む・包む．■

次に，集合

$A''=\{5, 10\}=\{x|x$ は 5 の倍数$\}$

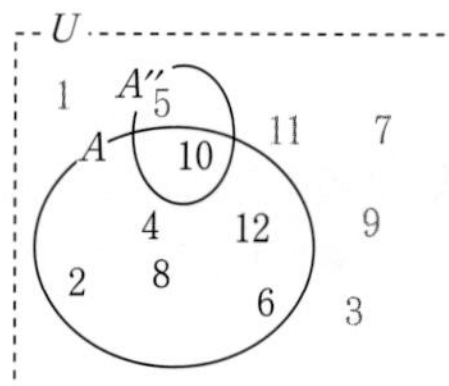

を考えると，A'' の要素である「5」は A の要素ではないので，A'' は A の部分集合ではありません．このことを

$A'' \not\subset A$ と表します．

上記の集合 A, A', A'' は，もちろん全体集合 U の部分集合です．

また，任意の集合 A は，A 自身の部分集合です．

「要素を 1 つも持たない”空っぽの”集合」を考えます．これを**空**（くう）**集合**といい，記号 $\emptyset$ で表します．空集合は，任意の集合の部分集合であると約束します．

知識

任意の集合	$\subset$ 全体集合 U	当然だね
任意の集合 A	$\subset A$	自分自身も部分集合
空集合 $\emptyset$	$\subset$ 任意の集合	ピンときにくいけど，覚えよう

3 補集合

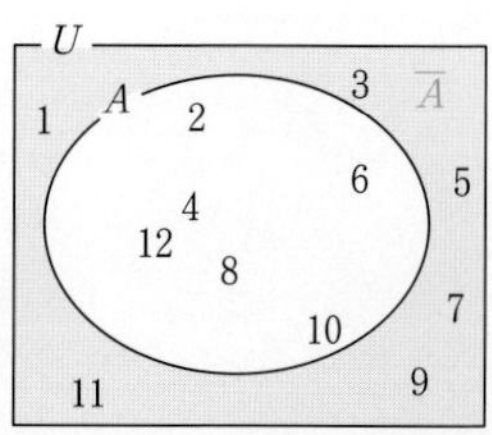

U から A の要素を除いてできる集合を，A の**補集合**といい，「$\overline{\boldsymbol{A}}$」で表します．今の例では，（「エーバー」と読む）

$\overline{A}=\{1, 3, 5, 7, 9, 11\}$ 奇数

となります．補集合には，次の性質があります：

補集合の性質　知識

$\overline{\overline{A}}=A.$　　$\overline{U}=\emptyset.$　　$\overline{\emptyset}=U.$

補集合どうしの包含関係を考えてみましょう．今の例の場合，次のようになっています：

$A=\{2, 4, 6, 8, 10, 12\}$　　$\overline{A}=\{1, 3, 5, 7, 9, 11\}$

$A'=\{4, 8, 12\}$　　$\overline{A'}=\{1, 2, 3, 5, 6, 7, 9, 10, 11\}$

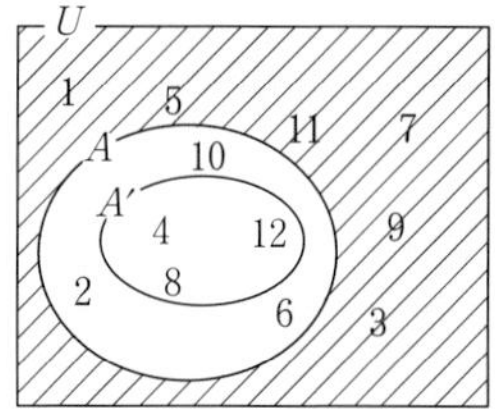

青色部：$\overline{A'}$　　斜線部：$\overline{A}$

この例からもわかる通り，一般に次が成り立ちます：

補集合の包含関係　知識

$A' \subset A$ のとき

$\overline{A'} \supset \overline{A}$ が成り立つ．

この関係は，後に「対偶」を論じる際に役立ちます．[→11]

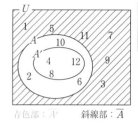

4 共通部分，和集合

全体集合を $U=\{1, 2, 3, \cdots, 12\}$ として，次の 2 つの集合を考えます：

$A=\{2, 4, 6, 8, 10, 12\}=\{x|x$ は 2 の倍数$\}$

$B=\{3, 6, 9, 12\}=\{x|x$ は 3 の倍数$\}$

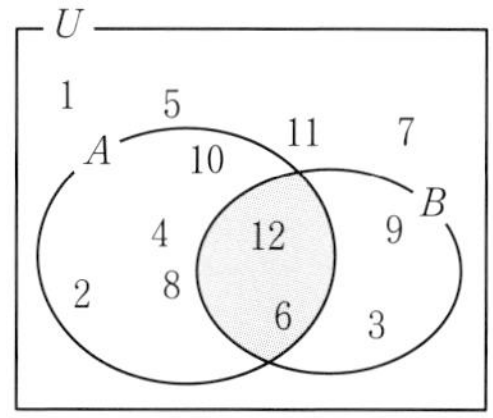

A, B の両方に属する要素全体の集合を A, B の**共通部分**または**交わり**といい，「$\boldsymbol{A \cap B}$」で表します．今の例では，

$A \cap B=\{6, 12\}$.

参考　$A=\{x|x$ は 2 の倍数$\}$, $B=\{x|x$ は 3 の倍数$\}$

ですから，$A \cap B$ は，「2 と 3 の公倍数全体の集合」ですね．

また，$\overline{A} \cap B=\{3, 9\}$ です．■

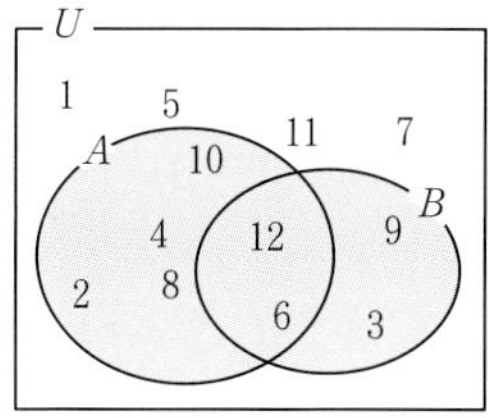

A, B の少なくとも一方に属する要素全体の集合を A, B の**和集合**または**結び**といい，「$\boldsymbol{A \cup B}$」で表します．今の例では，

$A \cup B=\{2, 3, 4, 6, 8, 9, 10, 12\}$.

注　「少なくとも一方」とは，「A のみ」「B のみ」「A，B 両方」の 3 パターンのいずれかであることを意味しています．

語記サポ　∩：帽子の形なので「キャップ」と読みます．(頭の中では「かつ」と唱えても OK)
∪：コップの形なので「カップ」と読みます．(頭の中では「または」と唱えても OK)
共通部分：ベン図で，2 つの輪の共通の部分
交わり：ベン図で，2 つの輪が重なった (交わった) 部分
和集合：ベン図で，2 つの輪を合わせた部分
結び：ベン図で，2 つの輪を結び合わせた部分
まあ，覚えましょう (笑)．■

問　$A=\{2, 4, 6, 8, 10, 12\}=\{x|x$ は 2 の倍数$\}$

$A''=\{5, 10\}=\{x|x$ は 5 の倍数$\}$

に対して，$A \cap A''$ および $A \cup A''$ を求めよ．

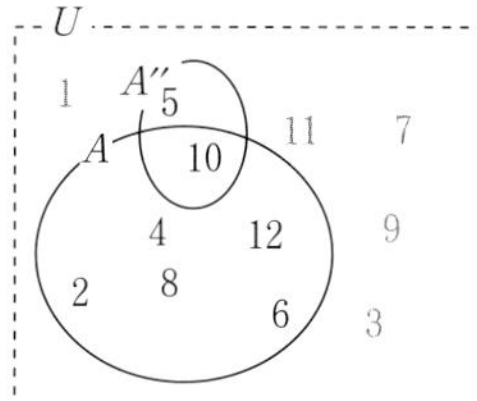

解答　$A \cap A''=\{10\}$.//

$A \cup A''=\{2, 4, 5, 6, 8, 10, 12\}$.//

集合 A とその補集合 $\overline{A}$ の共通部分（交わり）および和集合（結び）について，次が成り立ちます．

$$A \cap \overline{A} = \emptyset \qquad A \cup \overline{A} = U$$

ほぼアタリマエ（笑）

2 つの集合の関係を図示する方法として，次の 2 通りがあります．

〔ベン図〕

集合・補集合を，輪の内・外で表す．

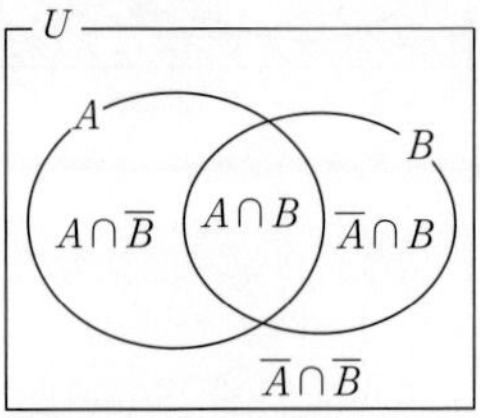

〔カルノー図〕 もしくは「カルノー表」

集合・補集合を，線の上・下，左・右で表す．

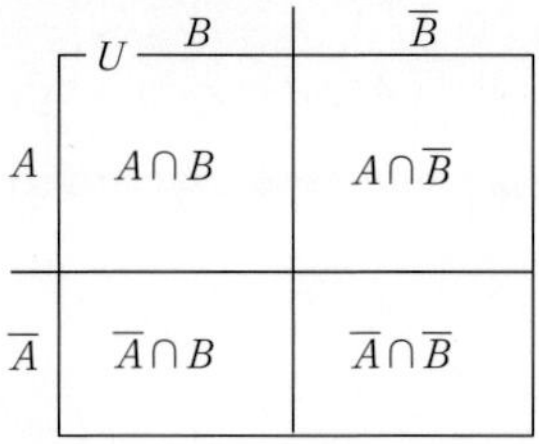

- 補集合 $\overline{A}$ も A と同等に図示できる点では，カルノー図の方が有利．
- 包含関係（包む，含まれるの関係）を考えるときには，ベン図の方がピンときやすい．

適宜使い分けましょう．

余談　「カルノー図」，実は小学校で習ってますよ（笑）．

将来　**7**：「場合の数・確率」では，カルノー図の方を多用します．

注　3 つの集合の関係となると，ベン図の方で表すことが多くなります．
今扱っている例で，集合

$$C = \{10, 11, 12\} = \{x | x \text{ は 10 以上}\}$$

を追加して考えると，右図のようになります．■

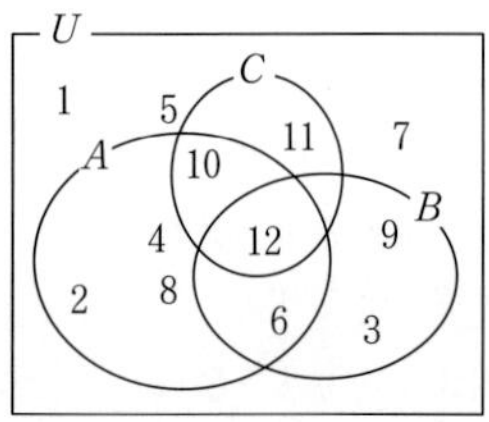

$A \cap B$, $A \cup B$ の補集合について，次が成り立ちます：

ド・モルガンの法則 定理

$$\overline{A \cap B} = \overline{A} \cup \overline{B}$$
$$\overline{A \cup B} = \overline{A} \cap \overline{B}$$

∩ と ∪ が入れ替わる

これらが成り立つことは，補集合が絡んでいますので，「カルノー図」を用いると分かりやすいです．

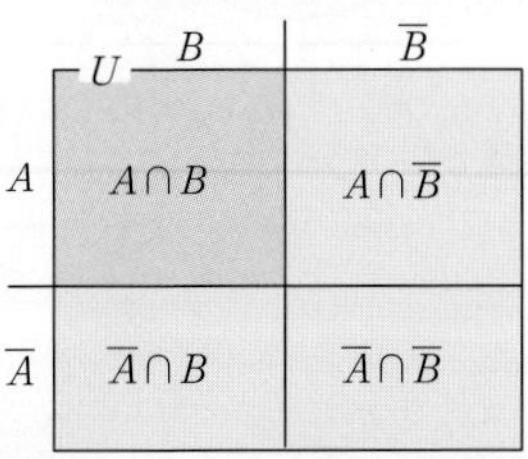

青色部：$\overline{A} \cup \overline{B}$

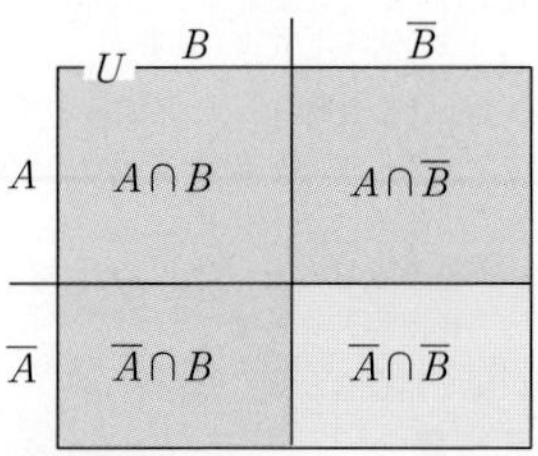

赤色部：$A \cup B$

要素の個数

言い訳　「要素の個数」については，主として71で扱いますが，いちおう公式の確認だけしておきます．■

集合は，次のように分類できます：

有限集合：要素が有限個　例　$\{x|x$ は整数かつ $0 \leq x \leq 1\}$ ⋯ 0，1 の 2 個だけ

無限集合：要素が無限個　例　$\{x|x$ は有理数かつ $0 \leq x \leq 1\}$ ⋯ $0, 1, \frac{1}{2}, \frac{1}{3}, \frac{2}{3}, \frac{1}{5}, \frac{2}{5}, \cdots$

有限集合 A に対して，その要素の個数を $\boldsymbol{n(A)}$ と表します．

語記サポ　「個数」＝「number」■

補集合の要素の個数　定理

$$n(\overline{A}) = n(U) - n(A)$$

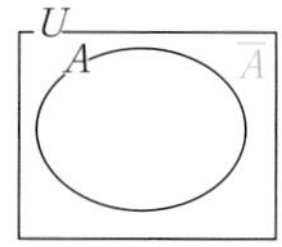

包除原理　定理

$$n(A \cup B) = n(A) + n(B) - n(A \cap B),$$
$$n(A \cup B \cup C) = n(A) + n(B) + n(C) - n(A \cap B) - n(B \cap C) - n(C \cap A) + n(A \cap B \cap C).$$

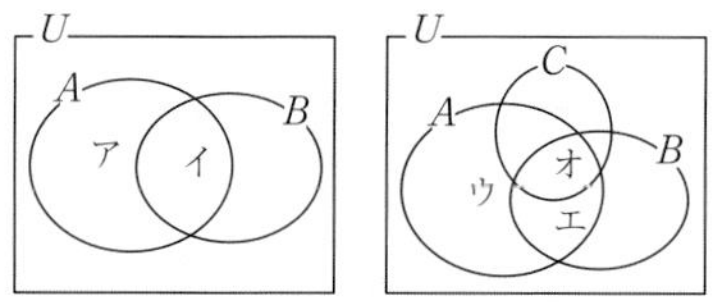

上式の右辺において，上図ア，イ，ウ，エ，オの部分の要素が過不足なく一度ずつ数えられていることを確かめてみてください．

例題 19a　要素の個数　根底 実戦　[→演習問題 1 10 4]

100 個の要素をもつ U を全体集合として，2 つの集合 A, B について次のことがわかっている．

$$n(\overline{A}) = 36,\ n(B) = 43,\ n(\overline{A} \cup B) = 70.$$

このとき，$n(A \cap B),\ n(\overline{A} \cap \overline{B})$ を求めよ．

方針　包除原理の公式に当てはめるのではなく，集合どうしの関係を図に表して個数を考えましょう．補集合も絡んでいますから，カルノー図を用いて．

解答　$n(\overline{A} \cup B) = 70$ より

$$n\left(\overline{\overline{A} \cup B}\right) = 100 - 70.$$ ⋯ 補集合の要素数

i.e. $n(A \cap \overline{B}) = 30.$ ⋯ ド・モルガンの法則

よって，各集合の要素数は次図のようになる（黒→青→赤の順に導かれる）．

U	B	$\overline{B}$	
A	$64-30$ $=34$	30	$100-36=64$
$\overline{A}$		$57-30$ $=27$	36
	43	$100-43$ $=57$	100

赤枠：$\overline{A} \cup B$

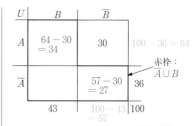

$\therefore\ n(A \cap B) = 34,\ n(\overline{A} \cap \overline{B}) = 27.$ //

参考　問われてはいませんが，カルノー図の空白部について，$n(\overline{A} \cap B) = 9$ ですね．

5 命題，条件

前項までの「集合」に続き，本項以降では，同じく**数学全般の土台**である「論理」を解説していきます．

真（正しい）であるか，**偽**(ぎ)（正しくない）であるかが明確に定まる主張を**命題**といいます．

例　$\sqrt{5} \geq 2$… 真の命題　$\sqrt{5} = 2.236\cdots$

0 は奇数である … 偽の命題　$0 = 2\cdot 0$ より，0 は 2 の倍数（偶数）です．

有理数は無理数より美しい … 命題とはいえない　主観が入り込んじゃいますね

語記サポ　「真」＝「Truth」→しばしば「T」で表します．
「偽」＝「False」→しばしば「F」で表します．■

例　「 $2x-1>6$ 」… p

のように，「文字」x を含んだ主張のことを x に関する**条件**といいます．　文字は「x」以外でも OK

上記の条件 p の文字 x に，特定な値を代入してみると，次のようになります：

(*) x に 5 を代入すると，左辺 $=9$ より，p は成り立ち真の命題となる．
　x に 1 を代入すると，左辺 $=1$ より，p は成り立たず偽の命題となる．

このように，文字 x を含んだ主張である「条件」は，x に何を代入するかで真偽が決まります．

命題，条件とは　定義　重要

「命題」：真偽が**明確に**定まる主張

「条件」：文字 x を含み，x に**何を代入するか**で真偽が決まる主張　文字は「x」以外でも OK

つまり，x の値を 1 つに**固定**して，真か偽かを判定している訳です．この考え方は，数学という学問全般においてもの凄く重要です：

重要　重要度↑↑↑

文字 x に関する「条件」→ x を**固定**→真偽が確定　「命題」となる

固定
条件 $2x-1>6$　$x=5$ → 真の命題
　　　　　　　$x=1$ → 偽の命題

注　「条件」を論じる際には，どのような範囲のものを代入するか，つまり考察対象を予め決めておきます．この範囲が，1 でも考えた**全体集合 U** です．上記の条件 p の場合，大小関係を論じる「不等式」なので，$U=\mathbb{R}$，つまり実数全体を考察対象としています．このことを明記するために，「実数 x に関する条件 p」などと言い表します．■

さて，上記の条件 p，お気付きかもしれませんが，実は 7 3「1 次不等式を解く」の 例 で考えた x の 1 次不等式そのものです（笑）．これを解いて得られた不等式の解は

$$x > \frac{7}{2} \cdots ①_{/\!/}$$

でした．ただし，そこの 重要 でも述べた通り，この不等式①は，単に大小関係を表すのではなく，x のとり得る値の範囲，さらに厳密に言うなら①を満たす実数 x 全体の集合：

$$P = \left\{ x \,\middle|\, \boxed{x > \frac{7}{2}} \right\} \cdots ②$$

を意味しています．この集合 P のことを，条件 p の**真理集合**[1] といいます．

語記サポ　[1]：「条件 p を真にするようなもの全体の集合」という意味です．この用語は，高校教科書から消えて久しいですが，**数学全般において非常に重要**ですので，本書では扱います．

参考 前記“2 通りの言い回し”の対応を明確に整理しておきます：

	$2x-1>6 \cdots p$	$P=\left\{x \,\middle|\, \boxed{x>\frac{7}{2}}\right\} \cdots$②
慣用表現	x の**不等式**	**解**
論理用語	実数 x に関する**条件**	**真理集合**

解説 つまり，「不等式を解く」とは，「条件の真理集合を求める」という行為に他ならないのです．また，不等式の「解」とは，本来②のような集合なのですが，毎度このように書くとクドいので，普段は②のうち「$\boxed{x>\frac{7}{2}}$」の部分だけを抜き出して①のように略記している訳です．（方程式についても，事情はまったく同じです．）

語記サポ 重要度⇩「命題」=「proposition」です．また，「条件」=「condition」のことを，大学以降では「命題関数」=「propositional function」というので，条件の名称としては，アルファベット（小文字）の「p, q, r」あたりがよく使われます．ただ，これらのアルファベット小文字は数量を表す普通の文字と識別しづらいので，状況次第では小括弧を付して「(p)」としたり，あるいは大文字を用いるなど工夫してください．（本書でも今後そのように表すことがあります．）■

例題 1 9 b 方程式・条件 重要度⇧ 根底 実戦

実数 x に関する方程式 $ax+b=0$ (a, b は実数の定数) …① を解け．

着眼 この問題で問われていることを，本項などで学んだ用語を使って述べると次の通りです：

『**全体集合** U を $\mathbb{R}$ として，x に関する**条件**①(方程式)の**真理集合**(解)を求めよ．』

（普段は，こんな堅苦しい言い方はしませんが（笑）．）

方針 例えば $3x+5=0$ なら，5 を移項して両辺を 3 で割ると解けますね．このように，頭の中で a, b に具体数を当てはめながら考えると，割れないケースを**場合分け**すべきことに気付くでしょう．

解答 ①を変形して

$ax=-b.$ …①′

(I) $a \neq 0$ のとき，①′ の両辺を a で割って，

$x=-\frac{b}{a}.$ //

(II) $a=0$ のとき，①′ は

[1] $0\cdot\boxed{x}=-b.$ …①″

(i) $b \neq 0$ のとき，①″ を満たす実数 x は存在しない[2]．

すなわち，①は解をもたない[3]．//

(ii) $b=0$ のとき，①″ は

$0\cdot\boxed{x}=0.$

これは，全ての実数 x について成り立つ[4]．

すなわち，①の解は任意の実数[5]．//

注 この方程式①は，「1 次方程式」とは呼べません．$a=0$ だと左辺が 1 次式ではなくなりますから．（「1 次以下の方程式」などと呼んでゴマカシます．）

解説 1)：もちろん左辺はつねに「0」なのですが，$\boxed{x}$ に数値を代入する・値を**固定**することをイメージしやすくなるよう，敢えてこのように書きました．

2)：$\boxed{x}$ の値を何に**固定**しても ①″ は成り立ちませんね．

4)：$\boxed{x}$ の値を何に**固定**しても ①″ は成り立ちますね．

3)：つまり，①の真理集合は空集合 $\emptyset$．　5)：つまり，①の真理集合は全体集合 $U=\mathbb{R}$．

6 否定，かつ・または

本節以降，4までの「集合」で用いていた例を，前項で学んだ「条件」と関連付けて説明していきます．

全体集合 $U=\{1, 2, 3, \cdots, 12\}$

条件 (a):「x は 2 の倍数である」　　その真理集合 $A=\{2, 4, 6, 8, 10, 12\}$

条件 (b):「x は 3 の倍数である」　　その真理集合 $B=\{3, 6, 9, 12\}$

条件 (a):「x は 2 の倍数である」に対して，$(\overline{a})$:「x は 2 の倍数でない」を考えます．当然ながら，この 2 条件の真偽はいかなる x についても反対になりますね．この条件 $(\overline{a})$ を (a) の**否定**といいます．

「エーバー」と読む

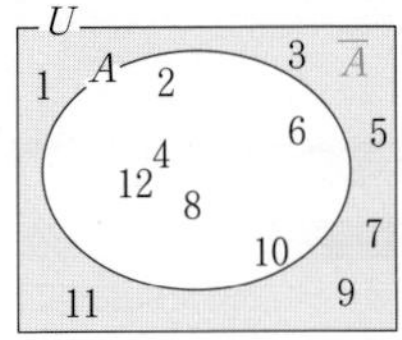

$(\overline{a})$ の真理集合は，もちろん A の補集合 $\overline{A}$ です．

全体集合 $U=\{1, 2, 3, \cdots, 12\}$

条件 (a):「x は 2 の倍数である」　　その真理集合 $A=\{2, 4, 6, 8, 10, 12\}$

否定 $(\overline{a})$:「x は 2 の倍数でない」　　その真理集合 $\overline{A}=\{1, 3, 5, 7, 9, 11\}$

問 上の条件 (b) の否定を述べ，その真理集合を求めよ．

解答 否定 $(\overline{b})$:「x は 3 の倍数でない」．//

その真理集合 $\overline{B}=\{1, 2, 4, 5, 7, 8, 10, 11\}$．//

上記 2 つの条件 (a), (b) に対して，(a), (b) の両方が真のときに限り真となる条件「(a) **かつ** (b)」，および (a), (b) の少なくとも一方が真のときに限り真となる条件「(a) **または** (b)」を考えます．それぞれの真理集合は，もちろん A, B の共通部分，和集合です．

「かつ」「または」と真理集合

条件	真となるとき	真理集合
① (a) かつ (b)	(a), (b) の両方が真のとき	$A\cap B$
② (a) または (b)	(a), (b) の少なくとも一方が真のとき	$A\cup B$

〔参考図：上の例〕

①
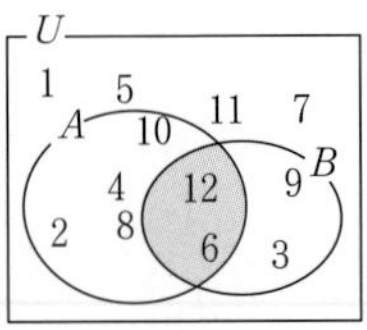

②
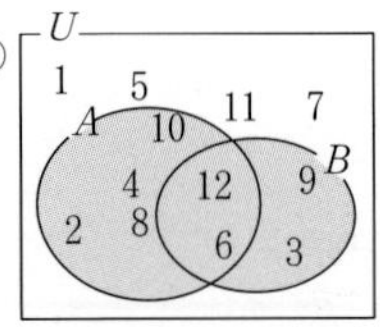

上記の真理集合の補集合は，前述した「ド・モルガンの法則」により

$\overline{A\cap B}=\overline{A}\cup\overline{B}$, $\overline{A\cup B}=\overline{A}\cap\overline{B}$

でしたね．よって，上記の条件の否定は，順に次のようになります．

「かつ」「または」と否定

条件	真となる x	真理集合
①の否定 $\overline{①}$ $(\overline{a})$ または $(\overline{b})$	$(\overline{a})$, $(\overline{b})$ の少なくとも一方を満たすもの	$\overline{A}\cup\overline{B}$
②の否定 $\overline{②}$ $(\overline{a})$ かつ $(\overline{b})$	$(\overline{a})$, $(\overline{b})$ をどちらも満たすもの	$\overline{A}\cap\overline{B}$

注 「条件」を否定すると，「かつ」と「または」が入れ替わる．

〔参考図：上の例〕

「否定」,「補集合」が絡んでくるので，カルノー図の方がわかりやすいでしょう.

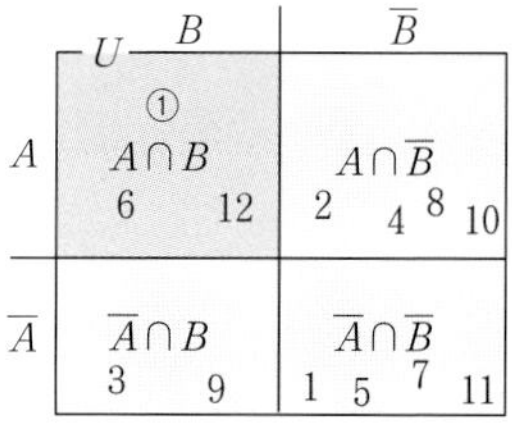

青色部：① $\overline{\overline{A}\cup\overline{B}}$

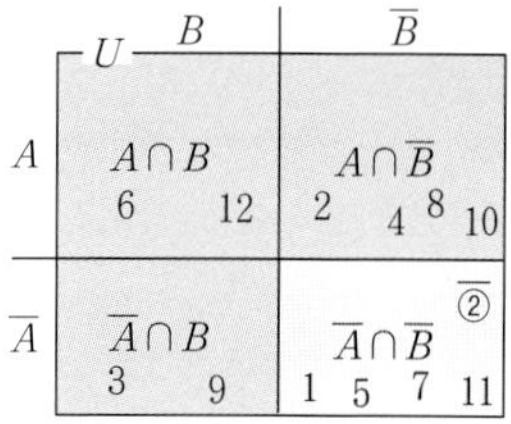

赤色部：② $A\cup B$

例題 1 9 C 「かつ」「または」と否定 根底 実戦

[→演習問題 1 10 5]

実数 x に関する条件 p:「$x>0$」, q:「$x\leq 1$」を考える．次の条件の真理集合を求め，数直線上に図示せよ.

(1) p かつ q　(2) $\overline{p}$　(3) $\overline{p}$ または $\overline{q}$

方針 真理集合を，数直線上において目で確かめながら考えましょう.

解答 条件 p, q の真理集合を，それぞれ P, Q とする.

(1) p かつ q の真理集合は

$P\cap Q=\{x|0<x\leq 1\}$.//

図示すると次の通り：

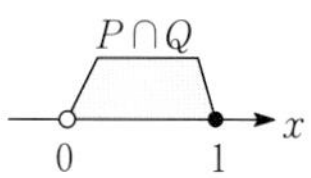

(2) $\overline{p}$ の真理集合は

$\overline{P}=\{x|x\leq 0\}$.//

図示すると次の通り：

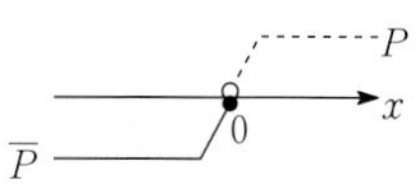

(3) $\overline{p}, \overline{q}$ の真理集合は，それぞれ

$\overline{P}=\{x|x\leq 0\}, \overline{Q}=\{x|x>1\}$.

よって，$\overline{p}$ または $\overline{q}$ の真理集合は

$\overline{P}\cup\overline{Q}=\{x|x\leq 0$ または $1<x\}$.//

図示すると次の通り：

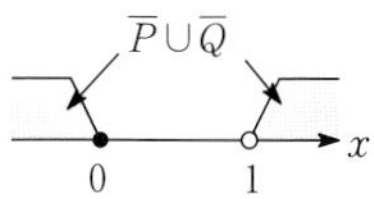

(3)の **別解** $\overline{p}$ または $\overline{q}$ の真理集合は

$\overline{P}\cup\overline{Q}=\overline{P\cap Q}$. ……ド・モルガンの法則

これと(1)の結果より，図示すると次の通り：

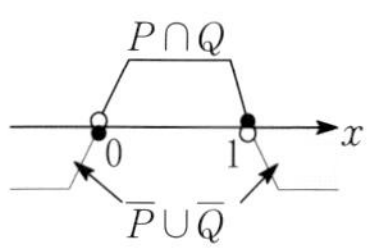

$\therefore\ \overline{P}\cup\overline{Q}=\{x|x\leq 0$ または $1<x\}$.//

解説 (1)「$0<x\leq 1$」とは，$\begin{cases}x>0 \text{ かつ} \\ x\leq 1\end{cases}$ を略記したものでしたね．[→7 5]

(2)「$>$」の否定は，「$\leq$」です．等号が付くことに注意！

(3) 最初の解答では，条件「$\overline{p}$ または $\overline{q}$」を直接求め，その真理集合を描きました.

それに対して **別解** では，「$\overline{p \text{ かつ } q}$」と「$\overline{p}$ または $\overline{q}$」は同じであることに着目し，せっかく求めてある(1)の結果を利用して先に真理集合を図示し，それを見て真理集合を式で表しました.

参考　「$x\leq 0$ または $1<x$」のことを，誤解の恐れがない場合には「カンマ」を用いてサラッと「$x\leq 0, 1<x$」のように書いてしまうことが多いです.

7 全て，ある

5で，「文字を含んだ主張を条件という」と述べました．しかしここで，次の 2 つの主張を考えてみてください．

例　p: 任意の実数 x に対して $x^2 \geqq 0$　… 真の命題

　　q: ある実数 x に対して $x^2 < 0$　… 偽の命題

2 つとも，文字 x を含んでいるにも関わらず，真偽が定まる命題になっていますね．このように，文字 x とともに「任意」，「ある」という用語を用いてできる命題もあり，前者を**全称命題**（ぜんしょう），後者を**存在命題**といいます．

言い訳　「全称命題」「存在命題」という用語は高校教科書にはありません．このような，大学で学ぶ用語を使って大人ぶるのは感心できない姿勢ですが，内容を記憶するために，敢えて名称を与えました．

語記サポ　「任意」，「ある」は，それぞれ次のような少し違った言い回しをされることもありますが，それぞれ，全てが同じことを主張しています．

〔全称命題・「任意」について〕

任意の実数 x に対して $x^2 \geqq 0$.

全ての実数 x に対して $x^2 \geqq 0$.

x が実数のときつねに $x^2 \geqq 0$.

〔存在命題・「ある」について〕

ある実数 x に対して $x^2 < 0$.

ある実数 x が存在して $x^2 < 0$.

少なくとも 1 つの実数 x に対して $x^2 < 0$.

$x^2 < 0$ を満たす実数 x が存在する.

問　次の命題の真偽を述べよ．ただし，n は整数とする．

(1) p：任意の n に対して $4n+3$ は奇数である．

(2) q：全ての n に対して $2n$ は 4 の倍数である．

(3) r：$2n$ が 4 の倍数となるような n が存在する．

(4) s：$4n+3$ が偶数となるような n が存在する．

解答　(1) $4n+3 = 2\underbrace{(2n+1)}_{\text{整数}}+1$ … ①

は，n の値によらずつねに奇数．

よって，命題 p は真．//

(2) 例えば $n=1$(整数) のとき，$2n=2$ は 4 の倍数ではない．よって，命題 q は偽．//

(3) 例えば $n=2$(整数) のとき，$2n=4$ は 4 の倍数である．よって，命題 r は真．//

(4) ①より，$4n+3$ が偶数になるような n は存在しない．よって，命題 s は偽．//

解説　(1)→(4)の順に，全称命題：真，偽，存在命題：真，偽と並べてあります．

(1) ちゃんと n の文字式を計算して，任意の n に対して奇数だとわかる形を作りました．

(2) $2n$ が 4 の倍数とならない n[1)] を見つければ，「全ての」に抵触しますから，偽だとわかりますね．

(3) $2n$ が 4 の倍数となる n を見つけさえすれば，「存在する」ことが確かめられたことになりますね．

(4) ちゃんと n の文字式を計算して，偶数になることはあり得ないことを示します．

注　上記の p と s は，互いに否定の関係，つまり，真偽が反対になるということに気が付きましたか？対比しやすく表現を変えて並べてみましょう．

p: 任意の n に対して $4n+3$ は奇数である．

s: ある n に対して $4n+3$ は偶数となる．

（否定）

実は，前出の例における命題 p, q も同じ関係でした．前項で述べた，「条件」における「かつ」「または」と合わせて，次の関係は覚えておきましょう．

否定による用語の変化 知識

条件について　「かつ」 ⟷(否定) 「または」

全称命題・存在命題について　「任意の」(全ての) ⟷(否定) 「ある」(少なくとも 1 つの)

重要　否定すると,「かつ」と「または」,「任意」と「ある」が入れ替わる.

注　1)：このような，全称命題が偽であることを示すための，条件を満たさない例のことを**反例**といいます.

言い訳　高校教科書では,「反例」は次項:「ならば入り命題」においてのみ論じられていますが，これは正確な記述ではありません.

8 「ならば」入り命題

前項の全称命題，存在命題以外にも，文字を含んだ命題として次のようなものがあります.

例　全体集合を $U=\mathbb{R}$ とします. x に関する 2 つの条件

p:「$|x| \leq 1$」, q:「$x<2$」

を用いて得られる

p ならば q …①

i.e. p が成り立つならば, 必ず q も成り立つ

という主張について考えましょう. p, q の真理集合をそれぞれ P, Q とすると, 7 6 で学んだことも用いて右のようになります.

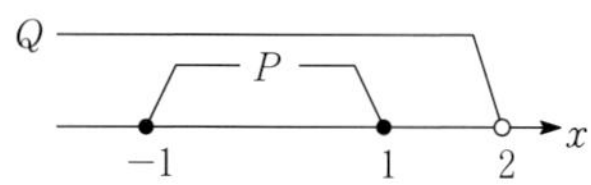

これからわかるように, P の要素が全て Q の要素にもなっています. よって①は，明確に「正しい」といえますから，真の命題です.

なお，文字「x」を「y」などに変えても，命題そのものとしては同じです. ■

①のように，2 つの条件を「ならば」でつないで得られるタイプの命題もあり,「ならば」を二重線の矢印で表して「$p \Longrightarrow q$」のように書きます. p を**仮定**, q を**結論**と呼びます. 上の**例**からわかる通り，この命題の真偽は，それぞれの真理集合どうしの包含関係によって判断されます：

「ならば」入り命題 1)

条件 p, q の真理集合をそれぞれ P, Q として

「命題：p(「仮定」) $\Longrightarrow$ q(「結論」) が真」2) は

「$P \subset Q$」3) と同じこと.

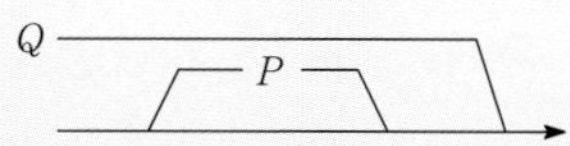

言い訳　1)：本書では便宜的にこのように呼びますが，正式名称ではありません. 大学以降では,「含意(がんい)命題」といいます.

注　2)：「$p \Longrightarrow q$ が真」のことを，単に「$p \Longrightarrow q$ である.」と言ってしまうこともあります.

注　3)：ウルサイことを言うと,「$P \subset Q$ が真」と言うべきですが，適宜省きます. ■

前記の 例 :

p:「$|x| \leq 1$」$\Longrightarrow q$:「$x < 2$」…①

では，ワザワザ両者の真理集合を考えて図示までしなくとも

「p: $-1 \leq x \leq 1$ を満たす x は, q: $x < 2$ をも満たす」
（仮定：原因）　　（結論：結果）

のように,「仮定」部分を“原因”と捉え，それを満たす x だけを考察対象とし,「結論」部分 q をも満たすという“結果”をもたらすか？と考えることでも解決しますね.

とはいえ,「ならば」入り命題の真偽判定は，真理集合どうしの包含関係によるのが基本であることは忘れないように.

「ならば」入り命題 $p \Longrightarrow q$ の真偽判定法　方法論

(主)	**真理集合どうしの包含関係**	p, q の真理集合を別個に考える
(副)	因果関係	p を満たす x だけに対して，q をも満たすかを調べる

参考　上記の 例 ①の矢印を逆向きにした命題：

$p \Longleftarrow q$ …②　①の「逆」といいます．[→11]

の真偽を考えると

$P \not\supset Q$

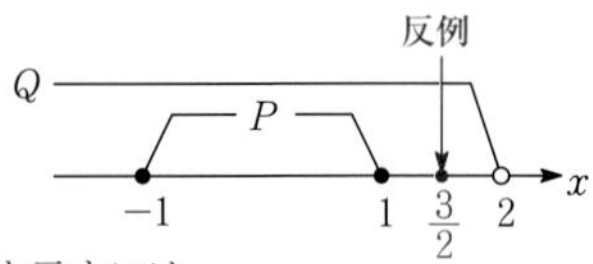

により，偽だとわかりますね．ただし，この命題が「偽」であることを示すには,

Q の要素ではあるが, P の要素ではないもの

を 1 つ見つければ OK です．このような,“ならば入り命題”が偽であることを示す例のことを，前項の全称命題のときと同様，**反例**といいます．②では，例えば $x = \frac{3}{2}$ などが反例となります.

例題 19d 「ならば」入り命題　根底 実戦

[→演習問題 1 10 6]

整数 n に関する 2 つの条件　全体集合の宣言

p:「n は 8 の倍数である」, q:「n^2 は 16 の倍数である」

を考える．次の命題の真偽を判定せよ.

(1) $p \Longrightarrow q$　　(2) $p \Longleftarrow q$

方針 (1) 真理集合を持ち出すまでもなく,“因果関係”で判断できます.

(2)「偽っぽいな」と見当が付けば，**反例**を見つけさえすれば OK です.

解答 (1) p が成り立つとき, $n = 8k$ $(k \in \mathbb{Z})$ とおけて

$n^2 = (8k)^2 = 16 \cdot 4k^2$ $(4k^2 \in \mathbb{Z})$. よって q も成り立つから, 命題 $p \Longrightarrow q$ は真. //

(2) $n = 4$ のとき, $n^2 = 16$ だから q は成り立つ．しかし，p は成り立たない.

よって，命題 $p \Longleftarrow q$ は偽. //

解説 (1)「8 の倍数である」という仮定 ＝“原因”を「$n = 8k$」と文字式で表現する手法は,「整数」を扱う上での常套手段です．[→672]

例題 19e 二項演算についての証明 根底 実戦 入試

(1) 有理数全体の集合は，加法について閉じていることを示せ．

(2) 無理数全体の集合は，乗法について閉じていないことを示せ．ただし，$\sqrt{2}$ が無理数であることは用いてよいとする．

方針 (1), (2)とも，“ならば入り命題”として書き表すことができます．

(1)は文字式を使ってちゃんと証明します．

(2)は，反例を見つければ OK です．

解答 (1) 命題 p:「a, b は有理数」$\Longrightarrow$ q:「$a+b$ は有理数」…①

が真であることを示せばよい．

p が成り立つとき，

$$a=\frac{k}{l},\ b=\frac{m}{n}\ (k, l, m, n \text{ は整数で } l, n \neq 0)$$

とおけて

$$a+b=\frac{k}{l}+\frac{m}{n}=\frac{kn+lm}{ln}.$$

この分子，分母は整数だから，q も成り立つ．よって，①は真である．□

(2) 命題 p:「a, b は無理数」$\Longrightarrow$ q:「ab は無理数」…②

が偽であることを示せばよい．$a=b=\sqrt{2}$ のとき，p は成り立つ．しかし

$$ab=(\sqrt{2})^2=2\in\mathbb{Q}$$ （有理数全体の集合）

より，q は成り立たない．よって②は，反例が見つかったので偽である．□

解説 (1)「有理数であること」は，整数の文字を使って表現できます．

(2) 一方，「無理数であること」は，文字式で表す術がありません．よって，本問と違って無理数にまつわる「証明」をする場合には，いろいろと工夫をします．[→例題19l，例題19o]

参考 $\sqrt{2}$ が無理数であることの証明は，[→例題19m]

コラム

同値記号の乱用禁止

言い訳 スペースの関係でここに置きました．次項を学んだ後でお読みください．■

同値記号「$\Longleftrightarrow$」は，基本的には同値であることを強調したいときのみ使います．取るに足らない自明な同値関係には使いません．「$\Longleftrightarrow$」使用の可否を，以下に例示します：

解答 例1 (同値性を強調したいとき…)

a は有理数

$\Longleftrightarrow$ a は有限小数 or 循環小数で表せる （○）

例2 (方程式を解く過程で…)

$2x-1=5.$

$\Longleftrightarrow 2x=6.$ （×）

$\Longleftrightarrow x=3.$ （×） こんなアタリマエな変形は，ただ式を羅列しとけば OK

例3 (何かの問題解答で，場合分けをする際…)

i) $a-1<2 \Longleftrightarrow a<3$ のとき，… （×）

もっとサラッと，次のように書く：

i) $a-1<2$ i.e. $a<3$ のとき，… （つまり）

注 × の書き方だと，「$a-1<2$ と $a<3$ とが同値であるとき」と読めてしまいます．意味不明です (笑).

9 必要条件，十分条件

前項では，$U=\mathbb{R}$ を全体集合とした x に関する 2 つの条件

p:「$|x| \leqq 1$」, q:「$x < 2$」

を用いて得られる「ならば入り命題」を考えた結果，真偽は次のようになっていました：

「仮定」　「結論」　「結論」　「仮定」

命題：$p \Longrightarrow q$ は真． $P \subset Q$.　　命題：$p \Longleftarrow q$ は偽．$P \not\supset Q$.

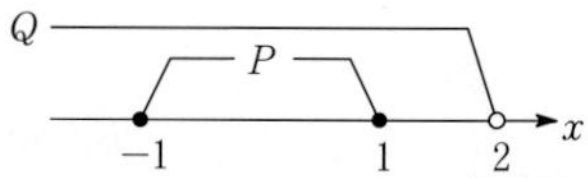

このように「ならば入り命題」$p \Longrightarrow q$ が真であるとき，次のように言い表します．とりあえず暗記！

必要条件，十分条件　**定義**

「仮定」　$(P \subset Q)$　「結論」

命題：$p \Longrightarrow q$ が真のとき，次のように言い表す：

「十分条件」　「必要条件」

「p は q の**十分条件**である．」

「q は p の**必要条件**である．」　赤下線部が主語

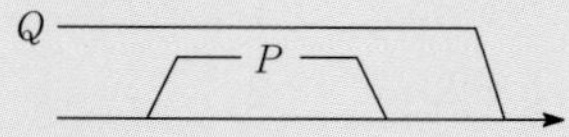

暗記！

十分 $\Longrightarrow$ 必要

言い訳　上記における「の」は，より正しく書くと「であるための」となります．

暗記！　とりあえず，「お金は**十分**ある人から**必要**な人へ流れる」という語呂合わせで覚えましょう（笑）．

注　「必要条件」，「十分条件」の**実際的な意味**については後述します．**[→10]** ■

$\begin{cases} p \Longrightarrow q \text{ が真} \\ p \Longleftarrow q \text{ が真} \end{cases}$ のとき，$\begin{cases} P \subset Q \\ P \supset Q \end{cases}$，[1] i.e. $P=Q$ となります．集合の一致

このとき，次のようにいいます：

必要十分条件　**定義**

$\begin{cases} p \Longrightarrow q \text{ が真} \\ p \Longleftarrow q \text{ が真} \end{cases}$ のとき，次のように言い表す：　$P=Q$

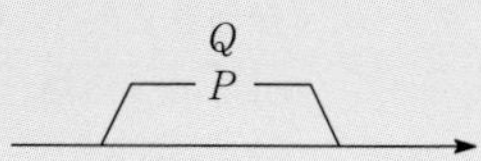

「命題：$p \overset{2)}{\Longleftrightarrow} q$ は真である．」[3]

「p は q の**必要十分条件**である．」　「q は p の必要十分条件である．」

「p と q は（互いに）**同値**[4] である．」

補足　「q であるための必要十分条件は p である」とは，2 つの条件が見た目は違うけど同じである，つまり真理集合が一致することを指します．略して「q であるための条件は p である」ということも多いです．

語記サポ　2)：この記号「$\Longleftrightarrow$」を**同値記号**といい，これを用いて主張を書き換えることを**同値変形**といいます．この記号を乱用しないよう注意すること．**[→前ページのコラム]**

4)：p, q は「値」じゃないのに「同値」と呼ぶ理由は，**[→例題 1 9 g 後の参考]**

注　1)：$\begin{cases} P \subset Q \\ P \supset Q \end{cases}$ の両方を示すことは，$P=Q$，つまり 2 つの集合が一致することを示すための常套手段です．**[→6 14 5「互除法の原理」]**

3)：「命題：$p \Longleftrightarrow q$ は真である．」を，単に「$p \Longleftrightarrow q$ である．」で済ますことが多いです．

例題 1 9 f 必要，十分判定 根底 実戦 終着 入試

[→演習問題 1 10 9]

実数 x, y について述べた次の文章の空欄に当てはまるものを，下の選択肢⓪〜③の中から 1 つずつ選べ.

(1) p: $|x-3| \leqq 1$ であることは，q: $|x| > 1$ であるための ア .

(2) p: $(x-1)(y-1)=0$ であることは，q:「$x=1$ または $y=1$」であるための イ .

(3) p: $|x|+|y|>0$ であることは，q: $x>0$ であるための ウ .

⓪ 必要条件であるが十分条件ではない　① 十分条件であるが必要条件ではない

② 必要十分条件である　③ 必要条件でも十分条件でもない

方針 まず，「十分 $\Longrightarrow$ 必要」と書いておきましょう.

(1) 8 で学んだことを用いて，真理集合を図示して考えましょう.

(2) p を同値変形して簡単にしてみると…

(3) p を同値変形する手もありますが，とりあえず単純な q を仮定してみます.

解答 (1) p, q の真理集合をそれぞれ P, Q とすると，次図の通り：

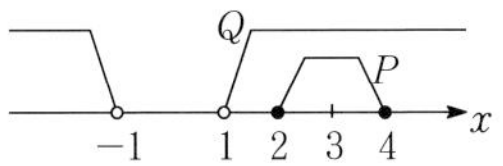

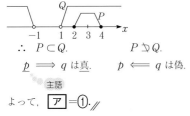

$\therefore$ $P \subset Q$.　　$P \not\supset Q$.

$\underline{p} \Longrightarrow q$ は真.　　$p \Longleftarrow q$ は偽.

主語

よって，ア $=$ ①.//

(2) p を同値変形すると，

「$x-1=0$ または $y-1=0$」.

$\therefore p \Longleftrightarrow q$.　ホントは「$p \Longleftrightarrow q$ は真」と書く

よって，イ $=$ ②.//

(3) q が成り立つとき，

$x>0$, $|y| \geqq 0$ より p も成り立つ.

次に，$x=0$, $y=1$ のときを考えると

$|x|+|y|=1$

より p は成り立つが，q は成り立たない.

$\therefore$ $p \Longrightarrow q$ は偽. $\underline{p} \Longleftarrow q$ は真.

主語

よって，ウ $=$ ⓪.//

注意！ 本問は，旧センター試験で頻出だったことと，「必要」「十分」という用語の定義確認のため "いちおう" 扱いましたが，用語の本当の意味[→**次項**]とは乖離(かいり)した問題です．あまりやり過ぎないでくださいね(笑).

「必要・十分判定問題」の解答手順 **原則**

0° まず，紙に「**十** $\Longrightarrow$ **必**」と書いておく.　「お金は十分ある人から必要とする人へ流れる」と丸暗記(笑)

1° 2 つの条件 p, q をそれぞれ出来るだけ**簡単かつ具体的**に同値変形しておく.

2° $p \Longrightarrow q$，$p \Longleftarrow q$ がそれぞれ成り立つか否かを判断する.

その際，できれば p, q それぞれの**真理集合** P, Q どうしの**包含関係**(数直線に図示など)を活用.

3° $p \Longrightarrow q$，$p \Longleftarrow q$ のうち真であるものについて，文章の「**主語**」(「は」や「が」が付いた方)が矢印の根本・先のどちら側であるかを見る.

4° 4 つの選択肢から正しく選ぶ.

5° 正しい場所にマークする.　作業工程数が多いため，正答率は下がる.

参考 前問の(2)(3)は，次のよく用いる同値変形に関連しています：

「かつ」「または」に関する同値変形

$$xy=0 \iff 「x=0 \text{ または } y=0」$$

$$|x|+|y|=0 \iff 「x=0 \text{ かつ } y=0」$$

同様に，$x^2+y^2=0 \iff 「x=0 \text{ かつ } y=0」$（$x$, y が実数のとき）

例題 1 9 g 固定して真偽判定 重要度⇧⇧⇧ 根底 実戦

[→演習問題 1 10 10]

p:「$x>a$」が q:「$x>1$」であるための必要条件となるような実数 a の値の範囲を求めよ．

重要 派手に⇧が並んでいますね（笑）．数学全体を支える超重要問題です．

解答 （テストでマルをもらうための解答よりも，うんと詳しく解説します．）

主語 「p が q の必要条件」とは，（十分 ⟹ 必要）

$p \Longleftarrow q$ が真，

i.e. $P \supset Q$ ということ．

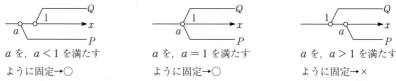

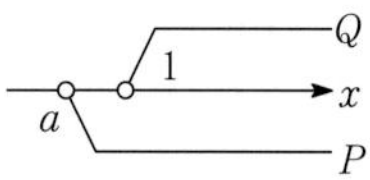

a を，$a<1$ を満たすように固定→○

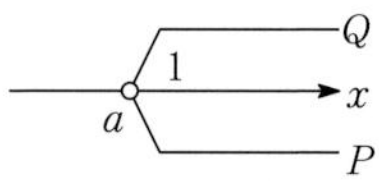

a を，$a=1$ を満たすように固定→○

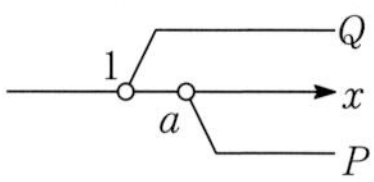

a を，$a>1$ を満たすように固定→×

よって，求める a の値の範囲は，$a \leqq 1$.//

解説 5 で述べたように，「条件」の文字に特定な値を代入（固定）して真・偽どちらの命題になるかを考えています．

テストの 解答 では，一番左の図だけ描き，$a=1$ のときも○であることを頭の中で処理して納得すればOKだと思われます．

重要 5 の 重要 でも述べたように，ここで用いた**固定して真偽判定**という考え方は**「数学」という学問全般の基盤となる重要なものです．**

将来 もっとも，その重要性が体感されるのは，1年以上先でしょうが（笑）．

参考 高校教科書では，「同値」という用語を「必要十分条件」と同義として，「条件」どうしの関係を表すものとしていますが，「命題」どうしの関係を表すのにも使います．

例 $「2<\sqrt{5}<3」\iff「4<5<9」$ ■

これは，前後2つの命題の**真偽が一致する**という意味です．大学以降では，「真」「偽」のいずれであるかを「真理値」なるもので表します．

2つの命題の「真偽が一致する」とき，「真理値が同じ」となるので「同値」と呼ぶ訳です．でもまあ，くれぐれも神経質になり過ぎないように（笑）．

注意！ 例題 1 9 f ・例題 1 9 g では，「必要」「十分」という言葉の表面的な定義に従って問題を解きました．次項で，「必要」「十分」の実際的な意味について述べます．

10 必要，十分の実際 既習者

前項では，「必要」とか「十分」と言う際に2つの条件 p, q を全く対等に扱っています．しかし，数学において普段用いる「必要」「十分」の**本当の**意味は，それとは全く異なります．ここで述べる「必要」「十分」の実際的な使い方をマスターし，数学全体と“仲良し”になってください．

例題 1 9 h 必要，十分の実際 重要度↑ 根底 実戦 [→演習問題 1 10 12]

x は実数とする．次の(1)，(2)の不等式をそれぞれ解け．

(1) $|3x-2|<x$　　(2) $|3x-2|>x$

注 問題を解くこと自体より，その過程で現れる「必要」「十分」という用語に注目してください．

解答 (1) 与式が成り立つためには，$x>0$ が**必要**[1]で，このとき与式は

$-x<3x-2<x$. …①

$\frac{1}{2}<x<1$.（これは $x>0$ をも満たす.）

よって，求める解は $\frac{1}{2}<x<1$.//

(2) 与式が成り立つために，$x<0$ なら**十分**.[2]

$x\geq 0$ のときは，与式は

$3x-2<-x,\ x<3x-2$. …②

$(0\leq)x<\frac{1}{2},\ 1<x$.

これと $x<0$ を合わせて，求める解は

$x<\frac{1}{2},\ 1<x$.//

重要 (1)の「必要」，(2)の「十分」という用語は，いずれも**大目標**である「与式」（不等式）に対して述べられています．

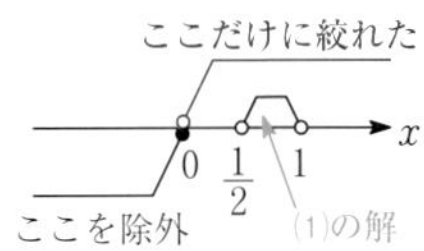

解説 1)：**大目標**が成り立つためには $x>0$ が「不可欠」「必要」と述べています．これにより，答えの候補を絞り込み，①を得ました．

「必要」＝「**以外はダメ**」と同時翻訳しましょう．

（他にもダメなものがあるかも）

2)：$x<0$ なら「足りてる」「十分」と述べています．解であることが判明した部分：「$x<0$」を確保し，以降はそれ以外の「$x\geq 0$」のみ考えて②を得ました．

（他にも OK なのがあるかも）

「十分」＝「**そいつはOK**」と同時翻訳しましょう．

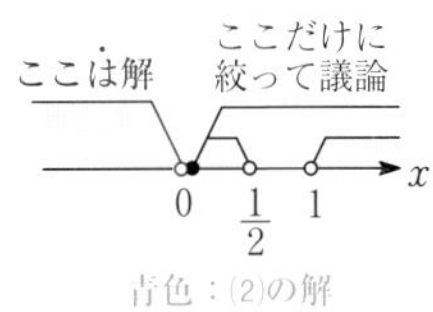

将来 本問は，グラフを用いて解くと簡明です．[→演習問題 1 8 22]

参考 上記**解説**において，図中赤色部分が必要条件，十分条件を表しています．これと**大目標**，つまり不等式の解（真理集合）との包含関係を調べると，次のようになっています：

(1) 〔**必要条件**〕

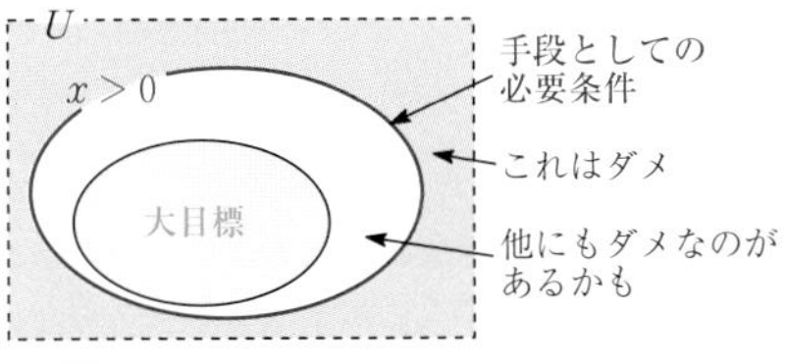

大目標を含む範囲に絞り込み，そこだけを調べる．

(2) 〔**十分条件**〕

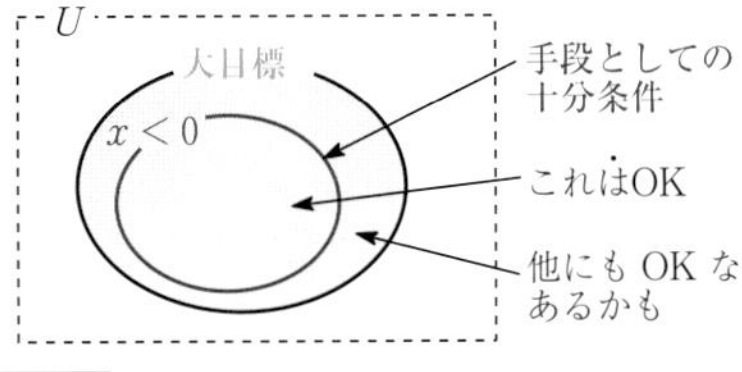

大目標の一部を確保し，それ以外だけを調べる．

注 上の例題(1)の「必要条件で候補を絞る」という攻め方の典型例が，次の例題です．

例題 1 9 i 全ての→いくつかの 根底 実戦 入試

[→演習問題 1 10 13]

任意の整数 n に対して $f(n)=an+b$ が整数となる … ①
ための，実数 a, b に関する条件を求めよ．

着眼 $f(n)=an+b$ とおき，$n\in\mathbb{Z}$ のもとで述べます．本問の主張である①において，a, b を次のように**固定**してみましょう：

例 1 $a=1, b=1$ と**固定**すると，①は

任意の n に対して $f(n)=n+1\in\mathbb{Z}$

という全称命題で，真．

例 2 $a=\dfrac{1}{2}, b=0$ と**固定**すると，①は

任意の n に対して $f(n)=\dfrac{1}{2}n\in\mathbb{Z}$

という全称命題で，偽．

つまり①は，**固定**された a, b の値に応じて真偽が定まる，「a, b に関する条件」です．

方針 この「条件」を，同値変形して簡単にできればよいのですが…，「任意の」という言葉がそれを阻みます．そんなとき，次のような手法が有効なことがあります．

解答 ①であるためには

$f(0)=b,\ f(1)=a+b\in\mathbb{Z}$ …②

が**必要**である．また，$a=(a+b)-b$ より

② $\iff a, b\in\mathbb{Z}$．…②′[1]

∴①であるためには②′が**必要．** ① ⟹ ②′

逆に ②′ のとき，①はたしかに成り立つから，②′ は①のために**十分**でもある． ① ⟸ ②′

以上より，求める a, b に関する条件は

②′：a, b がともに整数であること．//

解説 **解答** の“左半分”，“右半分”では，それぞれ次のように考えています：

①：任意の n に対して $f(n)\in\mathbb{Z}$ ←大目標
○⇓
②：$n=0, 1$ に対して $f(n)\in\mathbb{Z}$ ←手段
i.e. ②′：$a, b\in\mathbb{Z}$

◦“左半分”：**必要性で絞る**

①という大目標が成り立つためには，とりあえず② i.e. ②′[2] が不可欠・必要ですね．こんなとき

①（大目標）に対して，②′（手段）が必要である

といいます．

大目標①を満たす候補を，その必要条件 ②′ という手段により，かなり絞り込むことができました．

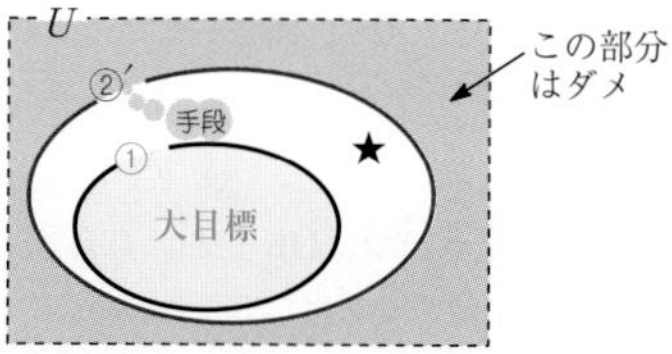

◦“右半分”：**十分性の確認**

しかし，②′ を満たす a, b の中には①を満たさないもの（図の★）があるかもしれません．そこで，大目標①が成り立つために，②′ だけで足りるか・十分かを調べます．本問では，容易に十分でもあることが確認できます．

② i.e. ②′ に絞って逆向きを考えると…

①：任意の n に対して $f(n)\in\mathbb{Z}$ ←大目標
○⇓　⇑○
②′：$a, b\in\mathbb{Z}$

以上により，①に対して，手段としての必要条件であった ②′ は，十分条件でもあることがわかり，晴れて ②′ は①のための必要十分条件だといえたのです．

重要　ここで用いた「必要」「十分」という用語は，いずれも**大目標**である①に対する相対関係として使っていることを強調しておきます．

補足　解答 の“左半分”で用いた n の値：「0，1」は，「計算が楽そうだから」という理由で選んだものです．また，「どうして 0，1 の 2 個なのか」と問われたら，ただ一言，試行錯誤です（笑）．
また，②′ $\Longrightarrow$ ① が真であることは，整数全体の集合が，乗法および加法について閉じていることによって保障されます．[→5 3]

語記サポ [1]：②と ②′ が同値であるという重要事項を強調するため，同値記号「$\Longleftrightarrow$」を用いました．
[2]：②と ②′ が同値であることは既に述べられており，強調したくはありません．ここは，サラッと「②，言い換えると ②′」のように書きます．
上記 2 件については[→9 8 コラム]．

前記 2 つの例題で説明した「必要」「十分」の意味は，手っ取り早く言うと以下の通りです：

「必要」「十分」の意味　重要 既習者

大目標に対して，
- 「○○が必要」：○○**以外はダメ**．○○が全部 OK かは不明．
- 「○○が十分」：○○**は**OK．○○以外にもあるかも．

11 逆，裏，対偶

$p \Longrightarrow q$ …①

に対して，「**逆**」「**裏**」「**対偶**」と呼ばれる次のような命題を考えます：

①：$p \Longrightarrow q$　　　　①の逆：$p \Longleftarrow q$ …②　仮定と結論を入れ替え

①の裏：$\overline{p} \Longrightarrow \overline{q}$ …③　両者を否定　　①の対偶：$\overline{p} \Longleftarrow \overline{q}$ …④　否定して入れ替え

注　例えば「①の逆である②」の逆は①ですね．つまり，①と②は互いに逆の関係になっています．裏，対偶についても同様です．

問　次の空欄に当てはまる用語を，「逆」「裏」「対偶」の中から選んで答えよ．

(1)　ある命題 $p \Longrightarrow q$ …① の裏の逆は，①の □ である．

(2)　ある命題 $p \Longrightarrow q$ …① の逆は，①の □ の対偶である．

解答

(1)　**対偶**．①の裏において，仮定と結論を入れ替えると，①の対偶になりますね．

(2)　**裏**．①の逆において，“否定して入れ替え”を行うと①の裏になりますね．

注　(2)からわかる通り，①と④だけでなく，②と③も互いに対偶の関係になっている訳です．■

重要　**対偶の真偽は，元の命題の真偽と一致する．**

条件 p, q の真理集合をそれぞれ P, Q とすると，9 3 で述べた包含関係により，次のようになります：

$P \subset Q$　←同じこと→　$\overline{P} \supset \overline{Q}$

命題：$p \Longrightarrow q$ が真　←同じこと→　その対偶：$\overline{p} \Longleftarrow \overline{q}$ が真

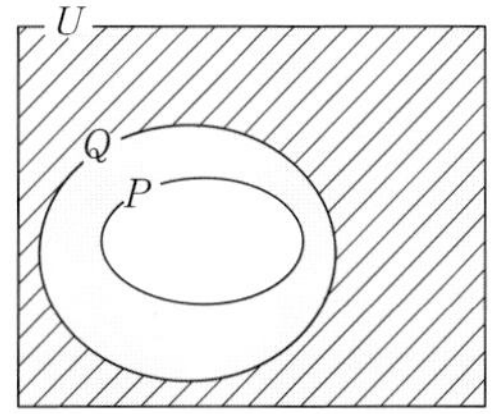

青色部：$\overline{P}$　　斜線部：$\overline{Q}$

例題 1 9 j 逆，裏，対偶 根底 実戦

[→演習問題 1 10 7]

x, y は実数とする．命題

p:「$x+y$ は無理数」$\Longrightarrow q$:「x, y の少なくとも一方は無理数」…① について考える．

(1) ①の逆，裏，対偶を作れ．

(2) ①，および①の逆，裏，対偶の 4 つの命題それぞれについて真偽を調べよ．

方針 (1) 裏や対偶を作る際には，「否定」を作ることになります．「無理数」「少なくとも一方」を否定すると，どう変わるか…

(2) 4 つの中には，示しやすいものと示しにくいものがあります．

解答 (1)

〔①の逆〕p:「$x+y$ は無理数」$\Longleftarrow q$:「x, y の少なくとも一方は無理数」…②

〔①の裏〕$\overline{p}$:「$x+y$ は有理数」$\Longrightarrow \overline{q}$:「$x, y$ がいずれも有理数」…③

〔①の対偶〕$\overline{p}$:「$x+y$ は有理数」$\Longleftarrow \overline{q}$:「$x, y$ がいずれも有理数」…④ //

(2) 〔①の対偶〕④は，真である．// 有理数は加法について閉じている

よって，④の対偶である①も真である．// 対偶どうしは真偽が一致する

次に，〔①の裏〕③について．a をある無理数として $x=a, y=-a$ のとき，$x+y=0 \in \mathbb{Q}$ だから $\overline{p}$ は成り立つ．しかし，$\overline{q}$ は成り立たない．よって，③は偽である．// 反例を挙げた

よって，③の対偶である②も偽である．// 対偶どうしは真偽が一致する

注 より詳しく書くと，次のようになります：

「x, y の少なくとも一方は無理数」とは,「x が無理数 または y が無理数」

「x, y がいずれも有理数」とは,「x が有理数 かつ y が有理数」

解説 (2)の真偽判定において，扱いにくい“曖昧語”か，扱いやすい“明瞭語”かを分ける 3 つの要因があります：

	扱いにくい	扱いやすい
(ア)	無理数	有理数
(イ)	少なくとも一方は	いずれも（かつ）
(ウ)	“製品”$\Longrightarrow$“部品”	“部品”$\Longrightarrow$“製品”

(ア)：「有理数である」という肯定的な記述は表現しやすいですが,「無理数である」，つまり「有理数でない」という否定的な主張は扱いづらいです．

(イ)：「少なくとも一方は」（または）は曖昧,「いずれも」（かつ）は明瞭ですね．

(ウ)：仮定部に x, y という“部品”（構成要素）があり，結論部に $x+y$ という“製品”（構築物）がある方が，論理的に考えやすいですね．■

元の命題①と，その対偶④を比べてみましょう：

〔①〕p:「$x+y$ は無理数」 $\Longrightarrow$ q:「x, y の少なくとも一方は無理数」

仮定に“製品” 結論に“部品” 扱いにくい

〔①の対偶④〕$\overline{p}$:「$x+y$ は有理数」 $\Longleftarrow$ $\overline{q}$:「x, y がいずれも有理数」

結論に“製品” 仮定に“部品” 扱いやすい

(ア)(イ)(ウ)の全ての点で①は不利，④が有利となっており，④は，有理数どうしの和が有理数であることから瞬間で真だとわかります．

一方，②と③は一長一短であり，③は(ア)と(イ)の面では有利ですが，(ウ)の面では不利です．矢印が，“製品”$\Longrightarrow$“部品”の向きなので，“因果関係”[→8]を用いた「真であることの証明」は難しそう．そこで,「反例を見つけて偽だと示す」という作戦をとりました．

前の例題の①では，対偶を利用して(ウ)の“向き”を考えやすく直すことにより証明に成功しました．この「“向き”の変え方」の練習をあと 1 題やっておきましょう．

例題 1 9 k ⟹ の向きを変える 根底 実戦 入試

[→演習問題 1 10 8]

(1) n は整数とする．命題 p:「n^2は 3 の倍数」$\Longrightarrow q$:「n は 3 の倍数」…① を証明せよ．

(2) a, b は実数とする．命題

r:「$\dfrac{a+b}{2}$, $\dfrac{a-b}{2}$ はいずれも整数」$\Longrightarrow s$:「a, b はいずれも整数」…② を証明せよ．

方針 (1) “製品” ⟹ “部品” の向きを “製品” ⟸ “部品” の向きに変えるため，前問の①と同様対偶を考えます．その際「3 の倍数でない」という否定的な表現が現れますが…

(2) これも “製品” ⟹ “部品” の向きになってしまっています．だからといって対偶を考えると「整数でない」という否定的な表現が現れて処理不能となります．そこで…

解答 (1) ①の対偶：

$\overline{p}$:「n^2は 3 の倍数でない」

$\Longleftarrow \overline{q}$:「n は 3 の倍数でない」…①′

を示す．$\overline{q}$ のとき，$n=3k\pm1$ (k はある整数) とおけて

3 で割った余りは 1

$$n^2=(3k\pm1)^2=3\underbrace{(3k^2\pm2k)}_{\text{整数}}+1$$

より，$\overline{p}$ が成り立つ．

よって，①′ つまり①が示せた．□

(2) $k=\dfrac{a+b}{2}$, $l=\dfrac{a-b}{2}$ 1) とおくと，

$a=k+l, b=k-l$. 2)

よって，②は次と同値である：

r:「k, l はいずれも整数」

$\Longrightarrow s$:「$k+l, k-l$ はいずれも整数」…②′

②′ は成り立つから，②も示せた．□

解説 (1) 対偶を作ると「3 の倍数でない」という否定表現が現れましたが，「3 で割った余りが 1 or 2」(それぞれ $3k+1$, $3k-1$ と表せる) と明快に捉え直せるので，問題なく証明できました．

(2) 1)2)：“製品” に対して**名前** k, l を与え，それを**逆に解く**ことにより，“部品” と “製品” が見事に入れ替わりましたね．対偶を利用しようとして否定すると上手くいかないとき，この「“製品” に名前を与えて逆に解く」方式が，しばしば有効です．

なお，「名前を付ける」の代わりに，次のように「カタマリで表す」ことで片付けることも可能です：

$$a=\frac{a+b}{2}+\frac{a-b}{2},\ b=\frac{a+b}{2}-\frac{a-b}{2}.$$ 書くのが面倒ですが…

これは，既に**例題 1 9 i** の **解答** 中，「$a=(a+b)-b$」の部分で使っていました．

“製品” ⟹ “部品” の向きの変え方 方法論

1. 対偶をとる
2. “製品” に名前を与えて逆に解く

注 もちろん，真理集合どうしの包含関係で解決する場合には，それで OK ですよ．

12 背理法 既習者

「無理数である」＝「有理数でない」とか，「少なくとも 1 つが」＝「どれかわからないけど 1 個以上が」のような扱いにくい“曖昧語”を含んだ命題の証明法を学びます．

例題 1 9 1 背理法 根底 実戦

[→演習問題 1 10 16]

a は実数とし，$\sqrt{2}$ が無理数であることは用いてよいとする．このとき，次の命題を証明せよ．

$a, a+\sqrt{2}$ の少なくとも一方は無理数である．…①

着眼 「少なくとも一方」「無理数」と，絵にかいたように“曖昧語”が並んでおり（笑），このままでは扱いづらいですね．そこで…

“曖昧語”だらけの「結論」

解答 「$a, a+\sqrt{2}$ の少なくとも一方は 無理数である．」 …① を示す．

1° **仮に**，①が成り立たない …②とする．　①を否定したウソの「仮定」が…

2° このとき，$a, a+\sqrt{2}$ はいずれも 有理数．　“明瞭語”に変わってくれたおかげで…

3° よって，等式 $(a+\sqrt{2})-a=\sqrt{2}$ において，左辺は有理数．　有理数の性質が使えた！

4° ところがこれは，右辺の $\sqrt{2}$ が無理数であることと**矛盾**する．　問題文の仮定に相反する

5° よって，②は成り立たない．　矛盾が発生した理由は，②がウソだったからだと判断

6° つまり，①は成り立つ．□　②がウソ $\Longleftrightarrow$ ①がホント

解説 手順を振り返ると次の通りです：

1°　証明したい①を否定したウソの仮定②を立てる

2°～4°　それをもとに「矛盾」「不合理」を導く．

5°, 6°　その原因は，②が偽だったからだと判断する（つまり，①が真）．

このようにして，直接には証明しにくい命題を証明する方法を，**背理法**といいます．

背理法を用いる際には，ウソの仮定をする前に「仮に」or「仮定すると」と書き，それを「矛盾」or「不合理」という言葉で受けるのが“作法”です．

補足 3° では，2° で「$a, a+\sqrt{2}$ はいずれも 有理数」という仮定を得たので，それを活かすべく「有理数 − 有理数」の形を作り，有理数全体の集合 $\mathbb{Q}$ が減法について閉じていることを利用しました．

注 ①において，「全ての実数 a に対して」が省略されています．つまり，①は実は全称命題です．

背理法 **原則**

もしくは「不合理」とか「○○に反する」とか

背理法は，「仮に」で初めて，「矛盾」で締める．

例題 1 9 m 「$\sqrt{2}$ は無理数」の証明 根底 実戦 典型 定期 [→演習問題 1 10 17]

正の実数 $\sqrt{2}$ が無理数であることを示せ.

方針 前問と同様,「無理数である」, つまり「有理数でない」ことを示すため, 背理法を用いる超有名問題です.

解答 背理法を用いる.

仮に $\sqrt{2}$ が無理数でない, つまり

$\sqrt{2}$ は有理数である …①

としたら…(この続きとして, 以下に 2 通りの解法を載せます.)

【解答 1】

$\sqrt{2}=\dfrac{m}{n}$ (m, n は自然数) …②

とおけて

$2n^2=m^2$. …②′

②′ の両辺の素因数分解における素因数 2 の個数は

左辺 : 奇数, 右辺 : 偶数. …③

例えば $n=2^a$… なら…と考えてみよ

これは**不合理**. よって①は偽. つまり, $\sqrt{2}$ は無理数である. □

【解答 2】

共通素因数なし

$\sqrt{2}=\dfrac{m}{n}$ (m, n は自然数で互いに素 …④)

とおけて

$2n^2=m^2$. …⑤

よって, m^2 は偶数だから m も偶数. …⑥

そこで $m=2k$ (k は自然数) とおくと, ⑤より

$2n^2=(2k)^2$. ∴ $n^2=2k^2$.

よって, n^2 は偶数だから n も偶数. …⑦

⑥かつ⑦は, ④に**反する**. よって①は偽. つまり, $\sqrt{2}$ は無理数である. □

言い訳 本問では,「整数」に関する性質をいろいろと先取りして使っています. よって, 詳細な理解は 6 を学んだ後でかまいませんから, とりあえず背理法を使う典型例としてサラッと見ておいてください.

解説 “ウソの仮定”から得られた「有理数である」という情報を, 前問では「有理数全体の集合 ℚ が減法について閉じていること」につなげたのに対し, 本問では有理数の定義 :「整数どうしの比で表せる」を用いました.

こうした状況で, 数学が苦手な人は「どういう時にどっちを使うんですか？」と質問したがります. 得意な人はそんなことは気にせず「やってみよ. ダメなら他方へ」という柔軟な気持ちで接します. このスタンスの違いは, 今後の学力伸長に大きな差異をもたらします！！

補足 【解答 1】②にある $\sqrt{}$ や分数表記は, 整数を扱う際には基本的に使用しません. そこで, ②′ のように変形するのが常套手段となります.

③を不合理と判断する際, 素因数分解の一意性[→6 3 2]を用いています.

語記サポ 【解答 2】で用いた「互いに素」という用語は, 2 つの自然数に共通な素因数がないという意味です. 6 5 において詳しく学びます.

注 ⑥⑦では, 厳密には「2 が素数であること」を用いています. [→6 3 5 ❷′]

例題 1 9 n 背理法と対偶証明 根底 実戦

[→演習問題 1 10 15]

a, b は整数とする．命題

p:「a^2+b^2を 4 で割った余りが 2 でない」$\Longrightarrow q$:「a, b の少なくとも一方は偶数」…①

を証明せよ．

着眼 ならば入り命題であり，例題 1 9 j の①と同様，結論部に「少なくとも一方は」が入っていることと，“製品” $\Longrightarrow$ “部品” の向きになっていることがいずれも扱いにくい要因となっています．ですから当然その問題と同様に対偶を示すのが良い手ですね．ですが，それを背理法でも示せることをお見せするのが本問の狙いです．

解答 （対偶を示す）

①の対偶：

$\overline{p}$:「a^2+b^2を 4 で割った余りが 2 である」$\Longleftarrow \overline{q}$:「$a, b$ はいずれも奇数」…①′

を示す．$\overline{q}$ のとき，$a=2k+1, b=2l+1$ (k, l はある整数) とおけて

$$a^2+b^2=(2k+1)^2+(2l+1)^2$$
$$=4k^2+4k+1+4l^2+4l+1=4(k^2+k+l^2+l)+2.$$

よって $\overline{p}$ が成り立つ．したがって，①′ つまり①が示せた．□

別解 （背理法）

p:「a^2+b^2を 4 で割った余りが 2 でない」

を前提として，**仮に** q が成り立たない，つまり

$\overline{q}$:「a, b はいずれも奇数」

が成り立つとしたら，

$a=2k+1, b=2l+1$ (k, l はある整数)

とおけて

$$a^2+b^2=(2k+1)^2+(2l+1)^2$$
$$=4(k^2+k+l^2+l)+2.$$

これは p と矛盾する．よって，$\overline{q}$ は偽．つまり①が示せた．□

解説 命題 $p \Longrightarrow q$ …① の 2 通りの示し方：(1)，(2)を比べてみましょう．

(1)	対偶を示す	①の対偶：$\overline{p} \Longleftarrow \overline{q}$ を示す．
(2)	背理法	p を前提として，ウソの仮定 $\overline{q}$ を立て，矛盾を導く．

p かつ $\overline{q}$ を仮定

共通しているのは，どちらも「$\overline{q}$」を出発点として議論を進める点です．よってどちらも，条件 q に “曖昧語” が含まれているときや，q の方に “部品” が入っているときに有効だといえます．

重要 前問と同じです．「どういう時にどっちを使うんですか？」じゃなく，「やってみよ．ダメなら他方へ」の精神ですよ！多くの場合，どっちでも大差ないですし (笑)．

将来 本問の計算過程を見るとわかるように，a の偶奇 (2で割った余り) により，a^2 を4で割った余りが決まります．[→例題 6 11 j]

例題 1 9 o 有理数，無理数と背理法 根底 実戦 典型

[→演習問題 1 10 18]

a, b は有理数とし，$\sqrt{2}$ が無理数であることは使ってもよいとする．

$a+b\sqrt{2}=0$ …① のとき [1)]，$a=b=0$ であることを示せ．

方針 これも，背理法を用いる超有名問題です．

解答 まず，$b=0$ を背理法で示す． これさえ示せば $a=0$ も芋づる式に示せる[2)]

①のもとで[3)]，**仮に** $b \neq 0$ としたら，

$$\sqrt{2}=-\frac{a}{b} \quad \cdots ②$$

となる．ところが，左辺は無理数で右辺は有理数だから，②は**不合理**である．

よって，$b \neq 0$ は成り立たない．つまり，$b=0$．これと①より $a=0$．□

解説 [1)]:「のとき」とは「ならば」と同じ意味ですから，前項でやった「対偶を示す」という方針も浮かんできそうですが…，①が「$\neq 0$」と変わるので，やりづらくなりますね．

[3)]:そこで，背理法を用います．その際には，①を「前提条件」と考え，「結論部分の否定」を仮定します．

[2)]:ただし，$b=0$ が示せたら，$a=0$ も①から自動的に示せます．なので，「$b \neq 0$」という（ウソの）仮定をした訳です．

注 以上のような方針選択は，初見で自然に出来るものではありません．今後のため，ぜひ覚えておいて欲しい有名な手順です．

注 「$b=0$」という“明瞭語”を証明するのに背理法を用いることを奇異に感じるかもしれませんね．しかし，実は「$b=0$」は「b の逆数が存在しない」という“曖昧語”と同値です．だから，背理法がピタッとハマるのです．

将来 このような，ウソの仮定「0 でない」をもとに両辺を割って（逆数を掛けて）矛盾を導くタイプの背理法は，数学Ⅱ「実数と虚数」や，数学 C「ベクトル・分解の一意性」でも使われます．

コラム

鳩の巣原理（別名：「部屋割り論法」，「ディリクレの原理」）

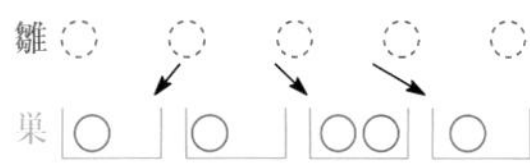

『鳩の巣 4 個に鳩の雛 5 羽が入っているとき，少なくとも 1 つの巣には雛が 2 羽以上“同居”する．』

〔証明〕 **仮に**，全ての巣の雛が 1 羽以下だとしたら，雛の総数は $1 \cdot 4=4$ 羽以下．これは不合理．□

こうした考え方を**鳩の巣原理**といいます．要は，n 個の箱（巣）に $n+1$ 個（以上）のボール（雛）を入れると，必ず“同居”が起こるということで，言われてしまえばアタリマエですね．ただ，これが上手くハマって絶大なる効果を発揮することが…たまにあります（笑）．例えば次のような結論が得られます．（箱（巣）に当たるものを青，ボール（雛）に当たるものを赤で表します．）

例1 8 個の整数の中には，7 で割った余り[1)] が等しいものが存在する．

例2 3 つの数 p, q, r が 2 次方程式の解[2)] であるとき，p, q, r の中には等しいものが存在する．

例3 0 以上 4 未満である 5 個の実数の中には，絶対差[→5 4]が 1 未満である 2 数が存在する．

〔証明〕 区間 $[0, 4)$[3)] を，右の 4 つの長さが 1 の区間に分けると，そのいずれかの区間に 2 数が“同居”する．その 2 数の絶対差は 1 未満．□

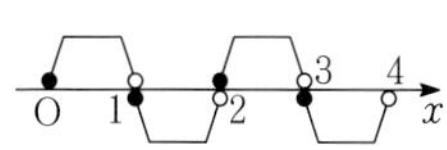

解説 [1)]:7 で割った余りは，0, 1, 2, 3, 4, 5, 6 の 7 種類ですね．

[2)]:2 次方程式の異なる解の個数は，最大でも 2 個です．

[3)]:区間の記号については，[→5 4 **コラム**]．

注 **例3** だけは，**自ら“部屋割り”を行う**ことにより解決しています．

1 9 12

最後に，背理法から導かれる「**転換法**」という証明法を扱います．

例題 1 9 p 転換法 ハイレベル⬆ 根底 実戦 入試

[→演習問題 1 10 20]

n は整数とする．n を 5 で割った余りを $r(n)$ で表すとして，以下の問いに答えよ．

(1) $r(n^2)$ がとり得る値を全て求めよ．

(2) $r(n^2)=1$ であるとき，$r(n)$ を求めよ．

方針 (1) n を 5 で割った余りで場合分けし，$n^2=5\times\square+\bigcirc$ の形に変形します．「整数」において「余り」を扱う際の常套(じょうとう)手段です．[→ 6 7 2]

(2) (1)の結果を正しく利用すると，答えは瞬時に得られます．その利用法が，本問のタイトルである「転換法」です．

解答 (1) 以下において，k はある整数とする．

i) $r(n)=0$ のとき，$n=5k$ とおけて

$$n^2=(5k)^2=5\cdot 5k^2.$$

$\therefore r(n^2)=0$．

ii) $r(n)=1, 4$ のとき，$n=5k\pm 1$ とおけて

$$n^2=(5k\pm 1)^2=5\cdot(5k^2\pm 2k)+1.$$

$\therefore r(n^2)=1$．

iii) $r(n)=2, 3$ のとき，$n=5k\pm 2$ とおけて

$$n^2=(5k\pm 2)^2=5\cdot(5k^2\pm 4k)+4.$$

$\therefore r(n^2)=4$．

以上より，$r(n^2)$ のとり得る値は，0, 1, 4.//

(2) (1)の結果より，$r(n)$ に対して定まる[1] $r(n^2)$ は，次表のようになる．

対応の向き ($r(n)$ → $r(n^2)$)

	$r(n)$	$r(n^2)$
i)	0	0
ii)	1, 4	1
iii)	2, 3	4

$r(n^2)=1$ …① のときを考える．

仮に $r(n)=0$ だとしたら，(1)の i) より $r(n^2)=0$ となり，①に**反する**．

仮に $r(n)=2, 3$ だとしたら，(1)の iii) より $r(n^2)=4$ となり，①に**反する**．

したがって，$r(n)=1, 4$.//

解説 (1)「5 で割った余りが 4」であることを「$5k-1$」と表すことにより，「余りが 1」と合わせて「$5k\pm 1$」という複号による表現が利用できるので，処理が簡便になりましたね．（**例題 1 9 k** (1)でも使っていた手法です．）

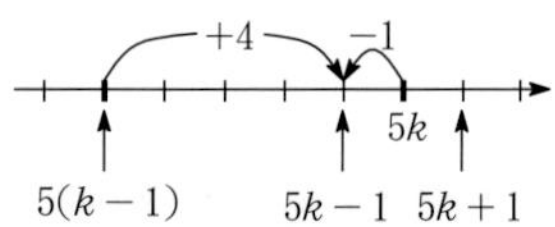

(2) **解答** にある表を見ると，グレーになっている ii) を見て，「答えは $r(n)=1, 4$」といえそうな気がします．

1)：しかし，(1)で考えた論理の流れは $r(n)\to r(n^2)$ の向きであったのに対し，(2)で問われているのは，あくまでも逆向きの $r(n)\leftarrow r(n^2)$ の流れであり，それに関する議論はなされていません．

(1)で考えた向き ($r(n)$ → $r(n^2)$)

	$r(n)$	$r(n^2)$
i)	0	0
ii)	1, 4	1
iii)	2, 3	4

(2)で問われている向き ($r(n^2)$ → $r(n)$)

(1)　仮定 $\Longrightarrow$ 結論

$r(n)=\square$　　$r(n^2)=\square$

(2)　結論 $\Longleftarrow$ 仮定

つまり，(2)は「考えにくい向き」なのです．それを解消するために，次のように背理法を用いました．

p: $r(n^2)=1 \Longrightarrow q$: $r(n)=1, 4$ …①

を示すために，

p: $r(n^2)=1$ かつ q: $r(n) \neq 1, 4$ …②

というウソの「仮定」を立てます．

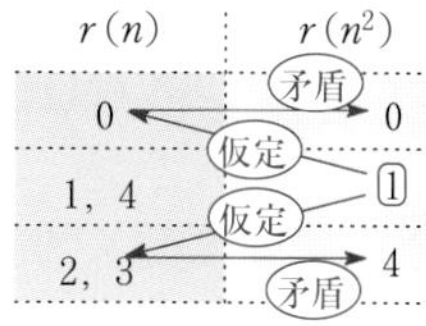

すると，$r(n)$ は 1, 4 以外の値をとることになり，表の左側が $r(n)$ のとり得る値の**全ての場合を尽している**ので，必ず対応する $r(n^2)$ の値が表の右側にあります．

そして，表の右側の各々には**重複がない**ので，必ず p: $r(n^2)=1$ 以外の値となり，「仮定」に含まれる p に矛盾します．

これで，②が成り立たないことがわかり，①が示されました．

もちろん，同様にして

$r(n^2)=0 \Longrightarrow r(n)=0$

$r(n^2)=4 \Longrightarrow r(n)=2, 3$

も示せます．

発展 ハイレベル↑ この例題のように，“右向き”の論証を行っただけで，“左向き”の結論も得る証明法のことを**転換法**といいます．これが使える前提条件は，次の通りです：

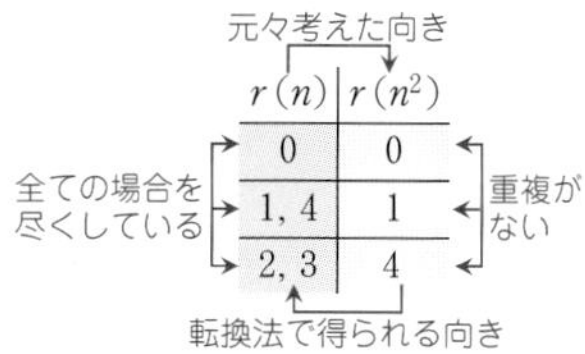

元々考えた向き
r(n)
r(n²)
0
0
全ての場合を尽くしている
1, 4
1
重複がない
2, 3
4
転換法で得られる向き

左側：全ての場合を尽している．

右側：重複がない．

参考 6「整数」を学んだ後なら，本問の(2)は次のように解決します：

$r(n^2)\equiv 1 \pmod 5$ となるための条件は

$$5 \mid n^2-1=(n+1)(n-1).$$

i.e. $5 \mid n+1$ or $n-1$ ($\because$ 5 は素数).

よって，k をある整数として次のように表せる：

$$n+1=5k, \text{ or } n-1=5k.$$

i.e. $n=5k-1$ or $5k+1$.

$\therefore r(n)=1, 4.$ //

参考 「逆」の証明において，「転換法」と並んでよく使われる証明法として「**同一法**」があります．5 1 5「三平方の定理の逆」および5 8 1「チェバの定理の逆」の証明で使っています．

コラム

“棚上げ”の重要性

いかがでしたでしょう？本節9「集合・論理」，よく理解できましたか？ほとんどの人が「う〜〜〜ん」と唸(うな)ったことでしょう（笑）．それでかまいません．本節は，章の冒頭でも述べたように「数学」という学問全体における“縁の下の力持ち”であり，他分野の勉強を通して，初めてその有効性が実感でき，9の理解も深まります．よって，初めて本節を学ぶ段階では，いちおう用語と記号を頭に入れておきさえすればとりあえずは OK です．

高校（さらには大学）の数学ともなると，相手も手強くなってきます．「わからないこと」はいったんそのままほっぽっておく．「わからないこと」はとりあえず**棚上げ**・先送りする．このように，「**わからないというストレスへの耐性**」を持つことが，数学と仲良しになるための“秘訣(ひけつ)”です．

10 演習問題C

1 10 1 根底 実戦

集合 $A=\{1, 2, 3\}$ の部分集合を全て書き出せ.

1 10 2 根底 実戦

全体集合 $U=\left\{x \middle| x\text{ は 20 以下の自然数}\right\}$ の 2 つの部分集合

$A=\left\{x \middle| x\text{ を 3 で割った余りは }1\right\}$,

$B=\left\{x \middle| x\text{ は素数}\right\}$

を考える. 集合 $A \cap B$, $A \cup B$, $\overline{A} \cap B$ を求めよ.

1 10 3 根底 実戦

実数全体を全体集合 U とし, その 2 つの部分集合

$A=\{x \mid -1 \leqq x<2\}$,

$B=\{x \mid 1 \leqq x<4\}$

を考える. 集合 $A \cap B$, $A \cup B$, $\overline{A} \cap B$, $A \cup \overline{B}$ を求めよ.

1 10 4 根底 実戦

全体集合 $U=\left\{x \middle| x\text{ は 10 以下の自然数}\right\}$ の 2 つの部分集合 A, B について

$A \cap B=\{1, 2, 3\}$,

$A \cup B=\{1, 2, 3, 4, 5, 6\}$,

$\overline{A} \cap B=\{6\}$

が成り立つとき, 集合 A, B を求めよ.

1 10 5 根底 実戦

次の条件もしくは命題の否定を書け.

(1) 整数 n に関する条件 :「n は偶数」

(2) 実数 x に関する条件 :「$x>1$」

(3) 実数 x に関する条件 :「$x \geqq 1$ かつ $x \leqq 3$」

(4) 実数 a, b に関する条件 :「a, b のどちらか一方は有理数」

(5) 命題 :「任意の実数 x に対して $x^2 \geqq 0$」

 → 2・43

1 10 6 根底 実戦

次の(1)(2)において，命題 $p \Longrightarrow q$ の真偽を判定せよ．

(1) x は実数とする．

p：「$|x| < 1$」

q：「$|2x| < x + 3$」

(2) n は自然数とする．

p：「n は 5 以上の素数である」

q：「n を 6 で割った余りは 1 または 5 である」

1 10 7 根底 実戦

次の(1)(2)において，命題 $p \Longrightarrow q$ の逆，裏，対偶を書け．また，これら 4 つの命題の真偽を判定せよ．

(1) x, y は実数とする．

p：$x + y > 2$

q：$x > 1$ または $y > 1$

(2) a は実数とする．

p：任意の実数 x に対して $|x| + a \geq 0$

q：$a \geq 0$

1 10 8 根底 実戦 重要

(1) x は実数とする．$|x| + |x - 1| + |x - 2| < 3$ ならば，$x < 2$ であることを示せ．

(2) k, l は実数とする．$2k + l$, $k + 2l$ がどちらも 3 の倍数であるならば，k, l はどちらも整数であることを示せ．

1 10 9 根底 実戦 終着

次の各文章の □ に当てはまるものを，下の⓪～③の中から 1 つずつ選べ．

(1) a, b は実数とする．$ab = 0$ であることは，$a = b = 0$ であるための □．

(2) $a > 0$ で x は実数とする．$x = \sqrt{a}$ であることは，$x^2 = a$ であるための □．

(3) a, b は実数で $b \neq 0$ とする．a, b がどちらも整数であることは，$\dfrac{a}{b}$ が整数であるための □．

(4) Q[1] は四辺形とする．Q の 2 本の対角線がそれぞれの中点で交わることは，Q が平行四辺形であるための □．

⓪ 必要十分条件である

① 必要条件であるが十分条件ではない

② 十分条件であるが必要条件ではない

③ 必要条件でも十分条件でもない

語記サポ [1]：「四辺形」＝「quadrilateral」

1 10 10 根底 実戦 重要

a は実数とする．実数の集合

$$A=\{x \mid |x-a|<1\},\ B=\{x \mid x<2a\}$$

が，$A \cap B=\emptyset$ を満たすような a の値の範囲を求めよ．

1 10 11 根底 実戦

文字は全て実数とする．

次の条件(1)〜(6)について，それと同値である条件を下の⓪〜⑤の中から 1 つずつ選べ．

(1) $a^2+b^2=0$

(2) $|a|+|b|=0$

(3) $ab=0$

(4) $ab>0$

(5) $(ab)^2+(cd)^2=0$

(6) $(a^2+b^2)(c^2+d^2)=0$

〔選択肢〕

⓪ $a=0$ かつ $b=0$

① $a=0$ または $b=0$

② $(a=0$ かつ $b=0)$ または $(c=0$ かつ $d=0)$

③ $(a=0$ または $b=0)$ かつ $(c=0$ または $d=0)$

④ $(a>0$ かつ $b>0)$ または $(a<0$ かつ $b<0)$

⑤ $(a>0$ かつ $b<0)$ または $(a<0$ かつ $b>0)$

1 10 12 根底 実戦 重要

次の文中の □ に，「必要」「十分」のうち適切なものを 1 つ入れよ．

(1) $\sqrt{x-1}>x-3$ であるためには，$1 \leq x<3$ であることが [1] □ である．

(2) $\sqrt{x-1} \leq x-3$ であるためには，$x \geq 3$ であることが □ である．

(3) $f(x)$ は実数を係数とする x の整式とする．任意の整数 n に対して $f(n)$ が 3 の倍数となるためには，$f(0),\ f(1),\ f(2)$ が全て 3 の倍数であることが □ である．

(4) $x,\ y$ は実数とする．$x+y$ が有理数であるためには，$x,\ y$ がどちらも有理数であることが □ である．

1 10 13 根底 実戦 典型 ハイレベル↑

任意の[1] 整数 n に対して $f(n) = a\cdot\dfrac{n(n-1)}{2} + bn + c$ が整数となる …①

ための実数 a, b, c に関する条件[2] を求めよ.

1 10 14 根底 実戦 入試 ハイレベル↑

x の関数 $f(x) = |x - 3a| + 2a - 1$ (a は実数) について考える.

(1) $a = 1$ のとき, 関数 $y = f(x)$ のグラフを描け.

(2) 全ての実数 x に対して $f(x) \geqq 0$ となるような a の範囲を求めよ.

(3) $f(x) < -\dfrac{1}{2}$ を満たす実数 x が存在するような a の範囲を求めよ.

(4) 全ての整数 x に対して $f(x) \geqq 0$ となるような a の範囲を求めよ.

1 10 15 根底 実戦 典型

実数 x, y に関する 2 つの条件 p:「$x + y$, $x - y$ の少なくとも一方は無理数である」, q:「x, y の少なくとも一方は無理数である」を用いて作られた命題「$p \Longrightarrow q$」を証明せよ.

1 10 16 根底 実戦 入試

次の各命題の真偽を述べよ. また, 真であるものについてはそのことを証明し, 偽であるものについては反例を 1 つあげよ.

ただし, x, y は実数とし, $\sqrt{2}$ が無理数であることは用いてよいとする.

(1) x が有理数で y が無理数ならば, $x + y$ は無理数である.

(2) x が 0 以外の有理数で y が無理数ならば, xy は無理数である.

(3) x, y がともに無理数ならば xy は無理数である.

(4) x, y がともに無理数ならば, $x + y$ は無理数である.

(5) $x + y$ が無理数ならば, x, y はともに無理数である.

1 10 17 根底 実戦 典型

(1) $\sqrt{6}$ は無理数であることを示せ.

(2) $\dfrac{\sqrt{2}}{\sqrt{3}}$ は無理数であることを示せ.

(3) $\sqrt{2} + \sqrt{3}$ は無理数であることを示せ.

1 10 18 根底 実戦 典型

a, b, c は有理数とする．また，$\sqrt{2}, \sqrt{3}, \sqrt{5}, \sqrt{6}, \sqrt{10}, \sqrt{15}$ は無理数であることを用いてよいとする．

(1) $a\sqrt{2}+b\sqrt{3}=0$ …① ならば，$a=b=0$ となることを証明せよ．

(2) $a\sqrt{2}+b\sqrt{3}+c\sqrt{5}=0$ …② ならば，$a=b=c=0$ となることを証明せよ．

1 10 19 根底 実戦 典型

(1) a, b, a', b' は有理数とし，$\sqrt{2}$ が無理数であることは使ってもよいとする．
$a+b\sqrt{2}=a'+b'\sqrt{2}$ …① のとき，$a=a'$ かつ $b=b'$ であることを示せ．

(2) $(a+b\sqrt{2})^3=10a+14b\sqrt{2}$ …② を満たす正の有理数 a, b を求めよ．

1 10 20 根底 実戦 ハイレベル↑

a, b を実数とするとき，次の同値性を証明せよ．

$ab=0 \iff a=0$ または $b=0$.

$ab>0 \iff a, b$ は同符号.

$ab<0 \iff a, b$ は異符号.

1 10 21 根底 実戦

1 辺の長さが 3 である正方形の内部または周上にある 10 個の点の中には，距離が $\sqrt{2}$ 以下である 2 点が存在することを示せ．

第 2 章
2次関数

概要

中学で学んだ「2 次関数のグラフ」＝「放物線」をさらに掘り下げ，どんな 2 次関数のグラフでも描けるよう知識を拡張して行きます．そして，そのグラフを最大・最小など様々な方面へ応用して行きます．
本章で学んだ「関数」に対する様々なアプローチの仕方は，今後様々な関数を学習する上での指針を与えてくれます．**考え方**まで踏み込んで**深く**学びましょう．
注　タイトルは「2 次関数」ですが，一部，2 次以外の関数も扱います．

学習ポイント

1. 2 次関数の「式」と，その「グラフ」である放物線[1)]の関係を自在に操れるようにする．
2. それを利用するなどして，「最大・最小」,「2 次方程式」,「2 次不等式」を考察する．

注[1)]：とりわけ，放物線の「軸」の位置を瞬時に把握できることが肝要です．

将来入試では

とても基礎的，原始的な分野であり，本章単独での出題は（共通テスト以外では）多くないでしょう（第 1 章ほどではないですが．）.
こうした基礎的・原始的な分野は，受験勉強をしていく上で，“あたりまえでちっぽけなこと”として見過ごされがちです．実際，ここがスマートにこなせるか否かの差は，高校 1・2 年時の定期試験・模擬試験のような“ママゴトレベル”(失礼）の問題では顕在化しないこともしばしばです．しかし，あたりまえでちっぽけであるからこそ，幅広い範囲で登場し，凄まじい頻度で使用します．よって，スマートか否かの違いが，積もり積もって莫大（ばくだい）な学習成果の差となり，将来上位大学入試レベルの問題に立ち至った時，結果を大きく左右します．
経験を通して断言します．2 次関数をスマートに扱える受験生など，ほっとんどいませんっ（笑）．本書の教えを，完っ璧にマスターしなさいっ（鼻息）！

この章の内容

［高校数学範囲表］ ●当該分野 ●関連が深い分野

数学Ⅰ	数学Ⅱ	数学Ⅲ 理系
数と式	いろいろな式	いろいろな関数
2次関数	ベクトルの基礎	極限
三角比	図形と方程式	微分法
データの分析	三角関数	積分法
数学A	指数・対数関数	**数学C**
図形の性質	微分法・積分法	ベクトル
整数	**数学B**	複素数平面
場合の数・確率	数列	2次曲線
	統計的推測	

1 関数

関数，およびそのグラフに関しては，既に中学で学び，**例題1 5 c**，**例題1 7 e**でも少し扱いましたが，今一度その基礎を見直しておきましょう．

1 「関数」とは

例　A 君は自宅から東へ 2m/秒の速さで歩いていくとします．自宅を出発してから x 秒後に，A 君が自宅から y メートル東にいるとすると，0 以上の数 x(秒) の各値に対して，y(m) は，右表のように対応します．また，このような x(秒) と y(m) の間の関係を式で表すと，次のようになります：

$y = 2x$. …①

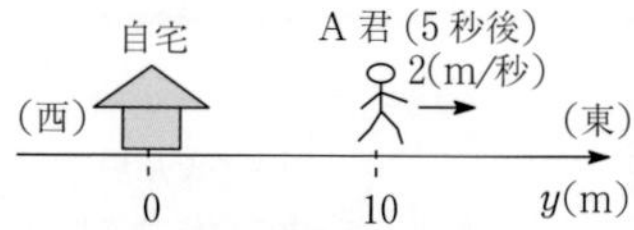

x	0	1	2	3	4	5	…
y	0	2	4	6	8	10	…

一つに定まる

この 例 のように，

> **定義**　x の値を決めると y の値が一つに定まるとき，
> 「y は x の**関数**である」といいます．

補足　整数以外の x の値 (例えば 1.6) などについても，①は成り立ちます．

参考　①において，y を表した右辺が x の 1 次式なので，この関数を「1 次関数」といいます．「2 次関数」(次節以降で扱います)，「3 次関数」などについても同様です．

①を，右辺を

$f(x) = 2x$ …②

とおくことによって，$y = f(x)$ のように表すこともあります．こうすると

「$x = 3$ のときの y の値」を，「$f(3)$」と簡明に表すことができて便利です．

また，②のことを「関数 $f(x)$」と言ったりします．

2 定義域（ていぎいき），値域（ちいき）

この例では A 君が自宅を出発したとき以降だけを考えるので，x の値としては $x \geq 0$ のみを対象とします．このような x のとり得る値の範囲のことを，この関数の**定義域**といい，①，②に対してしばしば次のように併記されます．

$y = 2x\ (x \geq 0)$ …①′　　$f(x) = 2x\ (x \geq 0)$ …②′

また，それに応じて定まる y のとり得る値の範囲 (この例では $y \geq 0$) のことを，この関数の**値域**といいます．

語記サポ　ここで用いた「とり得る値の範囲」のことを，短く「**変域**」と言ったりもします．

注　定義域が限定されておらず実数全体であるような場合には，それをわざわざ明言しないことが多いです．

発展　関数は，①のように「数式」で表すものばかりとは限りません．例えば，自然数 n に対して，「2^n の桁数」を $f(n)$ とおきます．n の値を決めると，$f(n)$ の値は一つに定まります(例：$2^5 = 32$ より $f(5) = 2$)．よって，$f(n)$ は n の関数です (定義域は自然数全体の集合)．

3 関数のグラフ

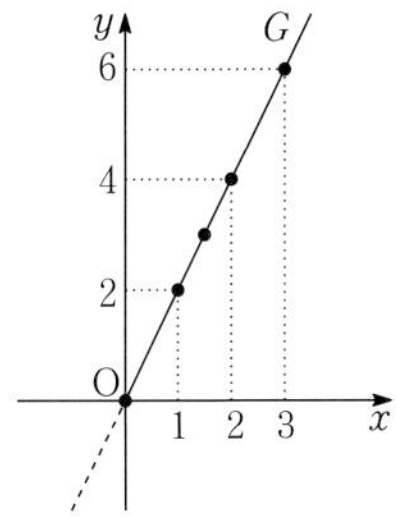

関数 ①′ のグラフとは，xy 平面上で，①′ の関係を満たす点 (x, y)：

点 $(0, 0), (1, 2), (1.5, 3), (2, 4), (3, 6), \cdots$

を全て集めたものです．1 次関数の場合，グラフ G は右のように直線（の一部）となります．

定義 グラフとは，条件を満たす全ての点(x, y) の集合

グラフを用いると，x に対して y がどのように対応するかが一目でわかるので，とても便利ですね．

語記サポ 「グラフ」のことを「曲線」[1]，「図形」，「軌跡」と呼んだりもします．また，「**関数** $y = f(x)$ のグラフは G である」とき，「曲線 G の**方程式**は $y = f(x)$ である」とも言い表します．

注 [1]：数学界では，「直線」も「曲線」の一種とみなされます．

例題 2 1 a 関数とは？ 重要度↑ 根底 実戦 [→演習問題 2 6 1]

(1) 「実数 x を超えない最大の整数」は x の関数か？

(2) 「実数 x にもっとも近い整数」は x の関数か？

(3) 「自然数 n の正の約数の個数」は n の関数か？

着眼 考えることはただ 1 つ：x や n に対して 1 つに定まるか否か．それだけです．

解答 (1) 関数である．// (2) 関数ではない．// (3) 関数である．//

解説 (1) これを $f(x)$ とおくと，例えば $f(3.7) = 3$, $f(3) = 3$, $f(-3.7) = -4$ ですね．この $f(x)$ を $[\boldsymbol{x}]$ と書くことが多く，これを「**ガウス記号**」と呼びます[→**例題 1 6 d 後のコラム**]．$y=[x]$ のグラフは右図の通り[2] です（$-2 \leq x < 4$ の範囲のみ）．

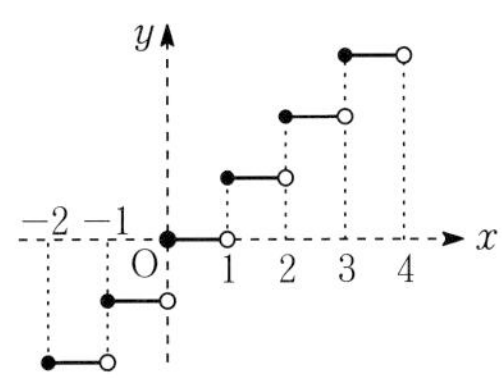

（黒丸は含む点，白丸は除く点）

(2) $x = 2.5$ にもっとも近い整数は 2, 3 と 2 つあります．1 つには決まりません．

(3) これを $g(n)$ とおくと，例えば $g(5) = 2$, $g(6) = 4$ です．

将来 [2]：このようにグラフが途切れる関数のことを，不連続な関数といいます．[→**数学Ⅲ**]

例題 2 1 b 関数のグラフ 根底 実戦

関数 $y = |x|$ のグラフを描け．

方針 「絶対値」の扱い方としては，**定義**：「数直線上における原点 O からの距離」と，**公式**：「符号で場合分け」がありました[→ 1 5 4]．ここでは，後者を用いてみます．

解答 $y = \begin{cases} x \ (x \geq 0), \\ -x \ (x < 0). \end{cases}$ よって，右図を得る．

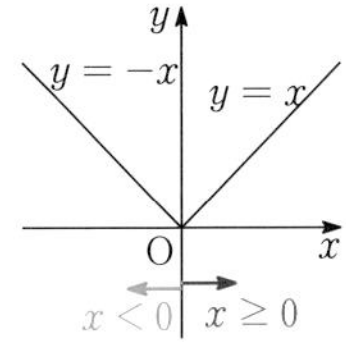

参考 このように，絶対値を含む関数は，x の範囲ごとに異なる式で表され，グラフが“継ぎはぎ”状になって“カックンと折れ曲がる”ことが多いです．

2 2次関数とそのグラフ

1 $y = x^2$

それでは本題の 2 次関数です．

$y = x^2$ …①

という関係が成り立つとき，右辺は x の 2 次式なので，「y は x の 2 次関数である」といいます．

x の値に対する y の値は，右のようになります．[1]

x	-3	-2	-1	0	1	2	3
y	9	4	1	0	1	4	9

（$x=-2$ と $x=2$ の y の値：等しい）

一般に，$x = \pm t\ (t > 0)$ のとき，y の値はいずれも t^2 となります．つまり，言い方を変えると，

☆ x が 0 から $\pm t$ だけ変化したとき，
y は**いずれの場合も** 0 から t^2 だけ変化します．

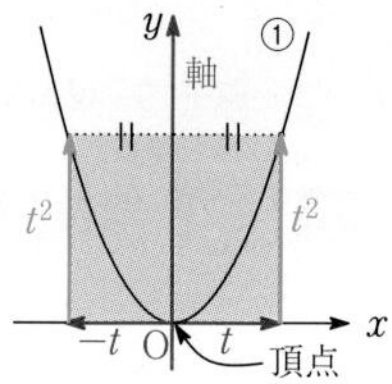

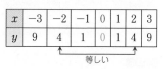

よって，2 次関数①のグラフは，右のように y 軸に関して対称になります．

2 次関数のグラフはこのような形をしており，**放物線**と呼ばれます．グラフの対称軸（①では y 軸）のことを，放物線の**軸**，軸と放物線の交点を**頂点**といいます．

語記サポ 空中に放り投げられた物体が描く軌跡は，2 次関数のグラフと同じ形になることを，物理学で学びます（空気抵抗がないと仮定した場合の話ですが）．これが，「放物線」という名前の由来です．

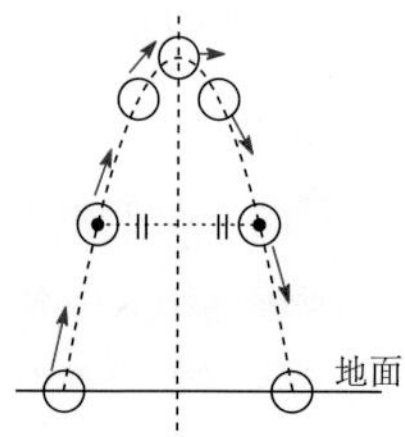

注 [1]：x が増加するのにともない，$x \leqq 0$ の範囲では y は**減少**し，$x \geqq 0$ の範囲では y は**増加**します．

2 $y = ax^2$

2 次関数

$y = ax^2$（a は 0 でない定数）…②

においては，①と同様に

☆ x が 0 から $\pm t$ だけ変化したとき，
y は**いずれの場合も** 0 から at^2 だけ変化します．

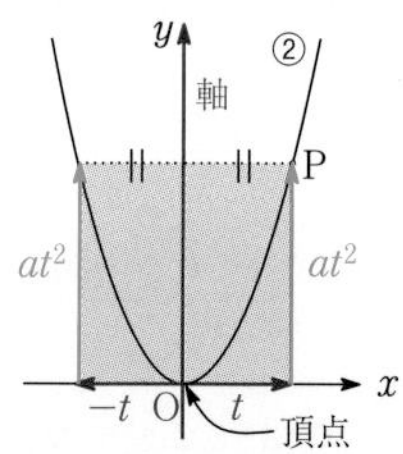

よって，②のグラフは右図のようになります．

ある x 座標における y の値を考えると，②が①の a 倍です．よって②のグラフは，a の各値に応じて次のようになります．

例

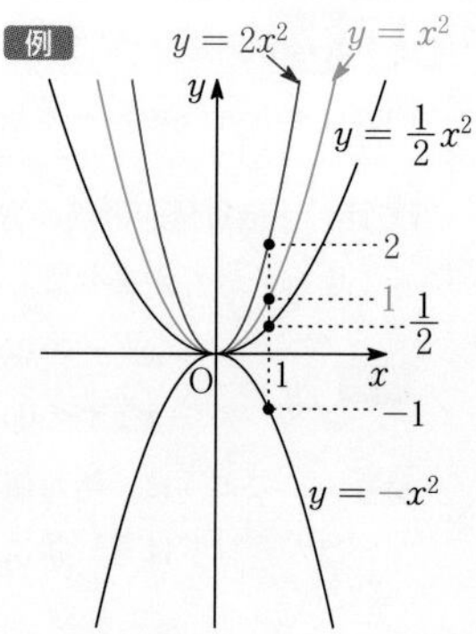

a の符号	
正	負
下に凸 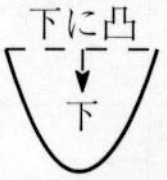	上に凸 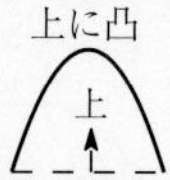
グラフの凹凸	

a の絶対値 $\lvert a\rvert$	
大	小
増減が急 	増減が緩やか 
増減の緩急	

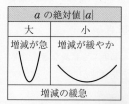

3 $y=a(x-p)^2+q$

2 次関数 $y=(x-3)^2+1$ … ③ においては,

☆ x が 3 から $\pm t$ だけ変化したとき,
y は**いずれの場合も** 1 から t^2 だけ変化します.

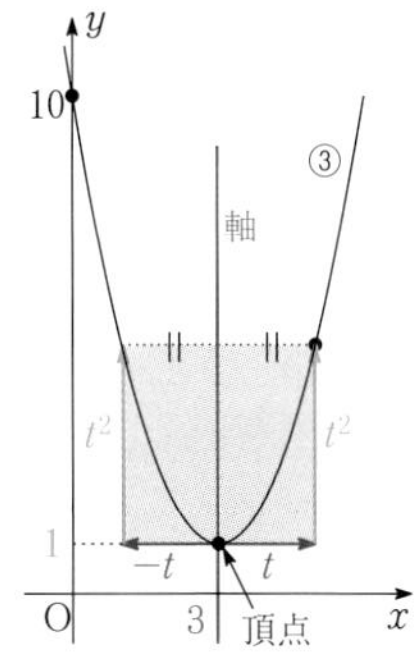

x	0	1	2	3	4	5	6
$x-3$	-3	-2	-1	0	1	2	3
$(x-3)^2$	9	4	1	0	1	4	9
y	10	5	2	1	2	5	10

（$x=1$ と $x=5$ の y の値：等しい）

よって，2 次関数③のグラフは右のように，軸：直線 $x=3$，頂点：$(3, 1)$ の放物線となります．

ここまで述べてきたことの総括です：

2 次関数の値の変化　原理　既習者

2 次関数

$$y=a(x-p)^2+q \ (a, p, q \text{ は定数で } a \neq 0) \quad \cdots ④$$

においては,

☆ x が p から $\pm t$ だけ変化したとき,
y は**いずれの場合も** q から at^2 だけ変化する.

よって，2 次関数④のグラフは 右のように，
軸：直線 $x=p$，頂点：$A(p, q)$ の放物線.

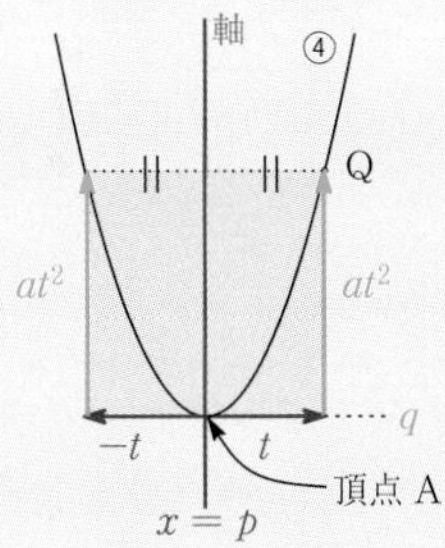

上記「☆」の考え方は，①～④まで，全て同じですね．

このように，**x の変化に呼応して y がどのように変化するかを考える**ことは、「関数」を理解する上でとても重要です．数学Ⅱ，数学Ⅲへもつながっていき，**あなたの数学人生を左右します！**

重要 ②，④のグラフにおいて，色の付いた長方形は合同です．すなわち，「②における頂点 O に対する P の位置関係」と，「④における頂点 A に対する Q の位置関係」は全く同じです．つまり，

知識 2 次関数④のグラフの「凹凸」および「緩急」は，x^2 の係数 a だけで決まります．

コラム

関数そのものを見る

$f(x)=\dfrac{1}{x^2+1}$ とし，関数 $y=f(x)$ のグラフ C について考えましょう．本来数学Ⅲの素材ですが，**x の変化に呼応した y の変化を考えれば**，グラフの様子は把握できます．

例えば $f(-1)=f(1)=\dfrac{1}{2}$ ですから，$f(x)$ も分母の 2 次関数と同様に y 軸対称なグラフをもちます．そこで $x \geqq 0$ に限定して考えると，x が増加すると，分母は正で増加するのでその逆数 $f(x)$ は減少します．ただし，$f(x)$ はつねに正なので，C の概形は右のようになります．

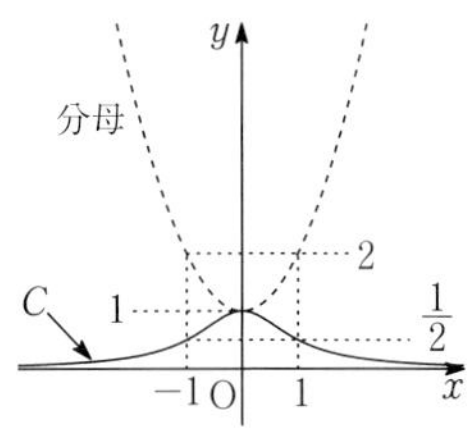

注 実は，数学Ⅲを習ってもこうした考察が出来ない人が多く，とてもとても残念です．

4 $y = ax^2 + bx + c$

前項の③と違い,

$$y = \underline{x}^2 - 6\underline{x} + 10 \cdots ⑤$$

は,右辺において x が 2 か所に散らばっているため,x の変化に応じた全体の変化がわかりません.したがって,⑤のグラフを書くためにするべきこと,それは

> **原則　平方完成**[1] により,右辺の x を **1 か所に集約**すること.

語記サポ 1):平方:2 乗のこと.$(x-3)^2$ のような形の式のことを**完全平方式**といい,完全平方式を作る式変形のことを**平方完成**といいます.■

具体的には,次のように変形します:

$$y = x^2 - \underline{6}x + 10 \quad \text{（+10 は,当面の間無視する）}$$

（$\underline{6}$ の半分 → 3）

$$= (x-3)^2 + \cdots \quad \text{（展開した際に } x^2-6x \text{ が現れる完全平方式を作る）}$$

$$= \underbrace{(x-3)^2}_{x^2-6x+3^2} - 3^2 + 10 \quad \text{（余分な } 3^2 \text{ を引く）}$$

$$= (x-3)^2 + 1. \quad \text{（できれば上の 1 行も省いて一気にこの式を書きたい）}$$

（↑ x が集約された!）

という訳で,実は⑤と③は同じ 2 次関数だったんです (笑).これで,⑤のグラフも描けたことになりますね.

注　グラフが x 軸,y 軸と交わる点を,それぞれ「x 切片」「y 切片」といいます.
⑤のグラフ[→3]の「y 切片」の座標は,⑤の右辺で $x=0$ としたときの値,つまり定数項の「10」となります.

次に,x^2 の係数が「1」以外の場合の平方完成です.

$$y = 2x^2 - 10x + 5 \cdots ⑥ \quad \text{（+5 は,当面の間無視する）}$$

$$= 2\{x^2 - \underline{5}x\} + \cdots \quad \text{（} x^2 \text{ の係数 2 でくくり,\{ \} の中だけに注目）}$$

（$\underline{5}$ の半分）

$$= 2\left\{\underbrace{\left(x-\frac{5}{2}\right)^2}_{x^2-5x+\left(\frac{5}{2}\right)^2} - \left(\frac{5}{2}\right)^2\right\} + \cdots \quad \text{（展開した際に } x^2-5x \text{ が現れる完全平方式を作り,余分な } \left(\frac{5}{2}\right)^2 \text{ を引く）}$$

$$= 2\left(x-\frac{5}{2}\right)^2 - 2\cdot\left(\frac{5}{2}\right)^2 + 5 \quad \text{（上の \{ \} を展開して } 2\cdot\left(\frac{5}{2}\right)^2 \text{ を引く）}$$

$$= 2\left(x-\frac{5}{2}\right)^2 - \frac{15}{2} \quad \text{（できれば上の 1 行も省いて一気にこの式を書きたい）}$$

（↑ x が集約された!）

将来　「x を 1 か所に集約する」という変形は,2 次関数以外でも頻繁に行われます.例えば分数関数 (数学Ⅲ) においても,右のような変形が行われます.
これは,1 6 9 で少し触れた「分子の低次化」ですね.例題 2 10 f で,こうした分数関数のグラフを描く練習も少しだけやります.

$$y = \frac{2\underline{x}+7}{\underline{x}+3} \quad \text{（} x \text{ が 2 か所）}$$

$$= \frac{2(x+3)+1}{x+3}$$

$$= 2 + \frac{1}{\underline{x}+3}. \quad \text{（} x \text{ が集約された!）}$$

例題 2 2 a 平方完成 根底 実戦 [→演習問題 2 6 4]

$y=-3x^2-5x+2$ を平方完成せよ．

方針 前記と同様，できるだけ暗算で片付けるよう訓練しましょう！

解答 $y=-3x^2-5x+2$ ……+2 は，当面の間無視する

$=-3\left\{x^2+\frac{5}{3}x\right\}+\cdots$ ……x^2 の係数 −3 でくくり，{ } の中だけに注目

（$\frac{5}{3}$ の半分）

$=-3\left\{\left(x+\frac{5}{6}\right)^2-\left(\frac{5}{6}\right)^2\right\}+\cdots$ ……展開したら $x^2+\frac{5}{3}x$ が現れる平方式を作り，余分な $\left(\frac{5}{6}\right)^2$ を引く

（$x^2+\frac{5}{3}x+\left(\frac{5}{6}\right)^2$）

$=-3\left(x+\frac{5}{6}\right)^2+3\cdot\left(\frac{5}{6}\right)^2+2$ ……上の { } を展開して $3\cdot\left(\frac{5}{6}\right)^2$ を足す

$=-3\left(x+\frac{5}{6}\right)^2+\frac{49}{12}$．// ……もし可能なら，上の 1 行も省いて一気にこの式を

（x が集約された！）

注 「普段の学習」では，出来る限り暗算でできる範囲を増やす努力をしてください．そうすると，将来において長大な問題の流れ = 全体像が把握できるようになりますから．その上で，「テスト」になったら，ミスをしないようある程度慎重にね．

5 $y=a(x-\alpha)(x-\beta)$

因数分解されている 2 次関数

$$y=\frac{1}{2}(x-1)(x-5)\ \cdots ⑦$$

のグラフは，x が 2 か所に散らばっていてもこのまま描けます！

$y=0$ となる x の値，つまりグラフの x 切片の座標は，

$$\frac{1}{2}(x-1)(x-5)=0 \text{ より } x=1, 5.$$

これと放物線のもつ対称性より，右図のようになります．

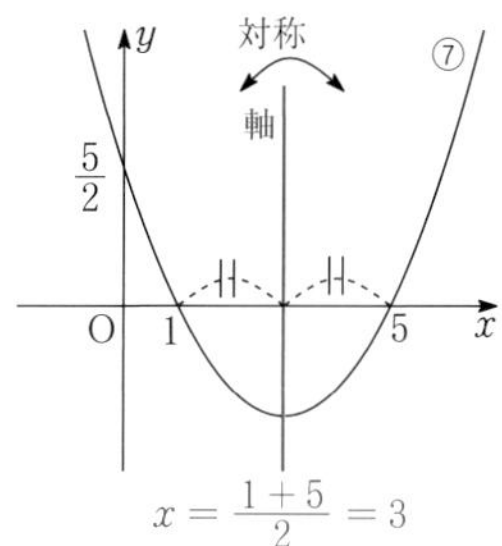

注意！ 「1」と「5」の真ん中（中点といいます）の座標は，両者の平均として求まりますね．■

一般化すると，

放物線：$y=a(x-\alpha)(x-\beta)\cdots$ ⑧ の軸は，$x=\dfrac{\alpha+\beta}{2}$．

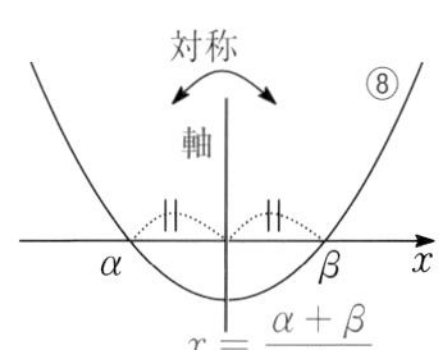

注 右辺を「展開 → 平方完成」と変形するのは，激しく遠回りです！

6 軸の求め方

言い訳　軸が $x=p$ のとき，p のことを「軸の x 座標」ないし「軸の座標」と呼んでしまうことにします．

放物線の軸の x 座標は，今後様々な問題の**鍵**を握ります．2でこれまで見てきた通り，2 次関数の表し方として次の 3 つが代表的であり，放物線の軸の座標は**どの形からでも瞬時に**得られます！

2 次関数の 3 表現と軸　方法論　重要度↑　既習者　$a \neq 0$ とします

❶「平方完成形」

$$y=a(x-p)^2+q \quad \to \text{軸}：x=p$$

❷「切片形」

$$y=a(x-\alpha)(x-\beta) \to \text{軸}：x=\frac{\alpha+\beta}{2}$$

❸「一般形」

$$y=ax^2+bx+c$$

$$=a\left(x+\frac{b}{2a}\right)^2\cdots \quad \to \text{軸}：x=-\frac{b}{2a}$$

平方完成の過程を**途中まで思い浮かべて**

例題 2 2 b 放物線の軸　重要度↑　根底 実戦

[→演習問題 2 6 5]

次の(1)〜(3)の放物線について，軸の x 座標をそれぞれ求めよ．

(1) $y=-(x+2)^2-5$

(2) $y=\frac{1}{2}(x+3)(x-2)+1$

(3) $y=2x^2+3x-1$

方針　全て，暗算で答えを一気に求めましょう．

解答　(1) -2 //　(2) $\frac{-3+2}{2}=-\frac{1}{2}$ //　(3) $y=2\left(x+\frac{3}{4}\right)^2\cdots$ より，$-\frac{3}{4}$ //

解説　(2) 5で考えた「グラフと x 軸 ($y=0$) の交点」の代わりに，「グラフと $y=1$ の交点」を考えればよいだけですね．

将来　「軸の位置を求める」作業は，凄まじい頻度で現れます．ここが“スラスラ”こなせるか否かは，**数学人生を左右します**．

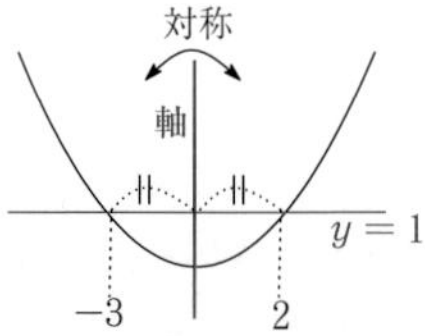

重要　❸：「一般形」から，グラフに関して次の 3 つの情報が瞬時に見抜けるようにしましょう！

「一般形」から得られる情報　知識　重要度↑　既習者

$$y=ax^2+bx+c$$

「凹凸」，「緩急」→ a　　y 軸との交点 → c　　軸：$-\frac{b}{2a}$（a，b から）

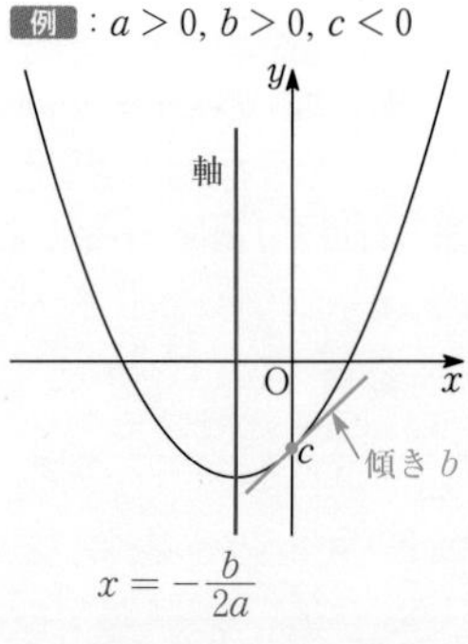

注　「b」には，「a」や「c」と違って単独での意味はありません．数学 I の段階では…

将来　数学II微分法後　$f(x)=ax^2+bx+c$ とおくと，その導関数は $f'(x)=2ax+b$ だから $f'(0)=b$．つまり，「b」は放物線 $y=f(x)$ の y 切片における接線の傾きを表します．これが，「b」単独での図形的意味です．

例題 2 2 c $y = ax^2 + bx + c$ から得る情報 重要度↑ 根底 実戦 [→演習問題 2 6 7]

放物線 $y = -3x^2 + 2x + 1$ …① について，凹凸，y 切片の符号，軸の x 座標を求めよ．

方針 全て，①式のままで解答してください．

解答 凹凸：x^2の係数 $= -3 < 0$ より上に凸．//

定数項 $= 1 > 0$ より y 切片は正．//

軸の x 座標：$y = -3\left(x - \frac{1}{3}\right)^2 \cdots$ より，$\frac{1}{3}$．//

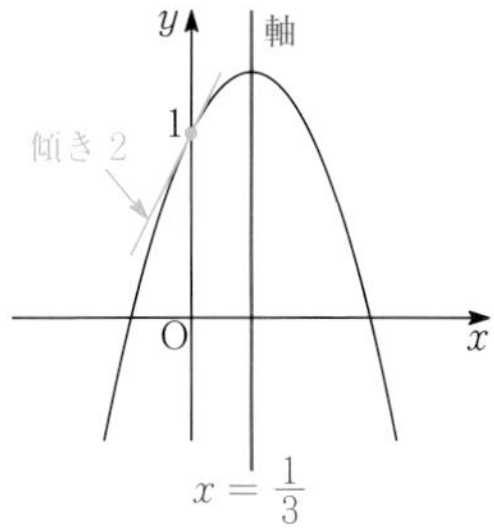

重要 入試レベルの問題では，グラフに関する諸情報を①式のままで**瞬時に把握**することが勝負を決めることが多々あります！

[→例題 2 3 a (2)]

将来 数学Ⅱ微分法後 $f'(0) = 2$ は，y 切片における接線の傾きを表します．

7 2次関数のグラフ総合

ここまで学んだことを総動員して，グラフをいくつか描いてみましょう．6 2 次関数の 3 表現と軸 にある 3 通りの表現を上手に使い分けます．

例題 2 2 d 2次関数のグラフ 根底 実戦 [→演習問題 2 6 6]

次の 2 次関数のグラフを描け．

(1) $y = -(x+3)^2 + 1$ …①, $y = 2(x+3)^2 + 1$ …②（同じ座標平面上に描け）

(2) $y = x^2 + (1-x)^2$

(3) $y = 2x(3-x)$

方針 凹凸と軸さえわかればグラフは描けます．

解答 (1) グラフの頂点はいずれも点 $(-3, 1)$ であり，x^2 の係数を考慮して，次図を得る．

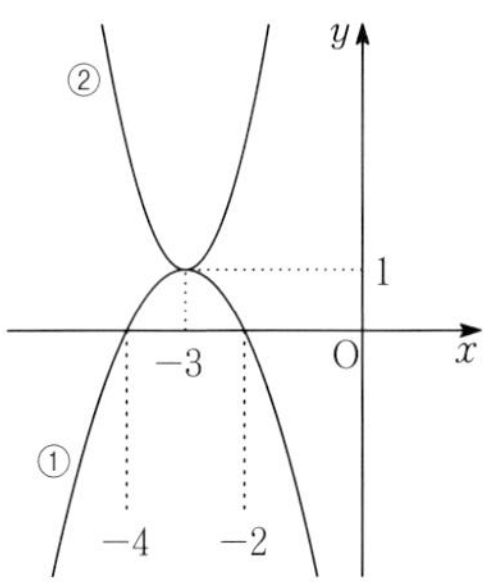

(2) $y = 2x^2 - 2x + 1$

$= 2\left(x - \frac{1}{2}\right)^2 + \frac{1}{2}$．

よって右図を得る．

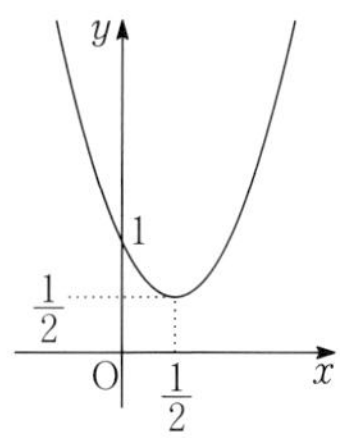

(3) グラフは，x 切片が $x = 0, 3$ であり，上に凸．よって，右図を得る．

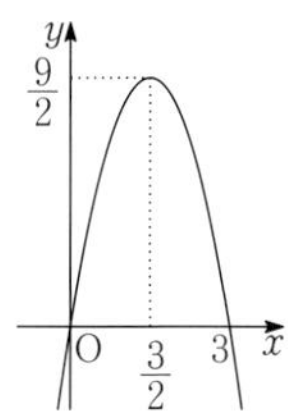

解説 (1) x^2 の係数：$-1, 2$ の符号と絶対値を考えてください．

(2) いったん展開して「一般形」に整理します．いちおう平方完成しましたが，一般形のままでも軸：$x = \frac{1}{2}$ はわかり，$\frac{1}{2}$ を x に代入して頂点の y 座標も得られます．

(3) 展開→一般形→平方完成は時間の無駄！この「切片形」のままグラフを描いてください．

3 最大値・最小値

語記サポ　関数 $f(x)$ の最大値，最小値を，それぞれ $\max f(x)$，$\min f(x)$ と表します．
また，x のとり得る値の範囲のことを**定義域**というのでしたね．■

2 次関数 $f(x) := a(x-p)^2 + q$（$a > 0$，つまり下に凸）の値は，x が軸：p に近いほど小さく，x が p から遠いほど大きくなります．これをもとに，$f(x)$ の最大値・最小値を考えてみましょう．

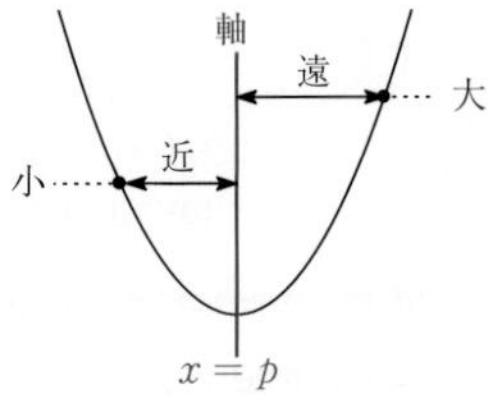

注　$a < 0$ の場合は，以下の話は逆になりますよ．

1 x に制限なし

例 1：$f(x) = 2(x-1)^2 + 5$

x の範囲に言及がない，ということは，「x は全ての実数値をとり得る」という前提のもとで考えます．よって，

最小値：$\min f(x) = f(1) = \mathbf{5}$,

最大値：なし．　いくらでも大きくなる

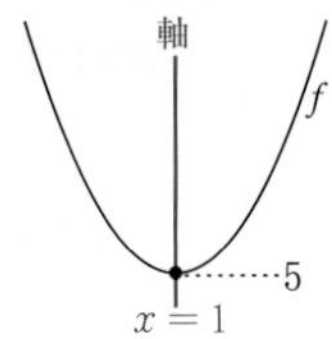

注　座標軸は，最大値・最小値には関係ありませんので描いていません．

2 x に制限あり　既習者

例 2：$f(x) = (x-2)^2 - 3$（$0 \leq x \leq 3$）

今度は，x の範囲：定義域が限定されており，右図のようになります．
よって

最小値：$\min f(x) = f(2) = \mathbf{-3}$,

最大値：$\max f(x) = f(0) = \mathbf{1}$.

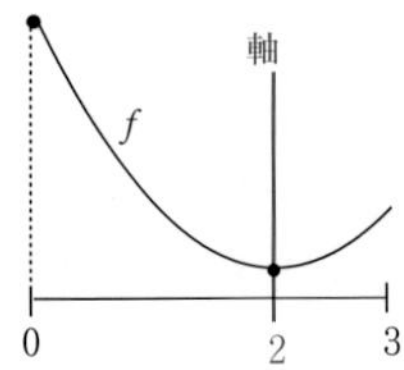

注　図中の ├─┤（0～3）は，定義域を視覚化するための線であり，けっして x 軸（直線 $y = 0$）を表してはいません．

重要　（ここは，短く話すためにあえて大雑把な言い方をしますね．）

○　最小値は，軸が定義域内にあるので，頂点で得られます．

○　最大値は，定義域の左端：0 の方が右端：3 より軸：2 から遠いので，左端で得られます．別の言い方をすると

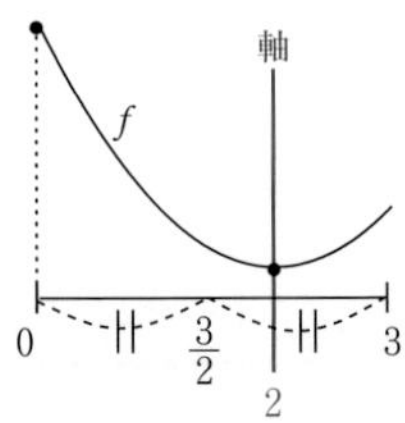

定義域の中央：$x = \dfrac{0+3}{2} = \dfrac{3}{2}$ より，軸：$x = 2$ が右寄り

であることから，最大値は左端になる訳です．

上記 2 点から，2 次関数の最大・最小に関して，次のことが言えます．

2 次関数の最大・最小の着眼点　方法論　重要度↑

（凹凸が既知であることを前提として…）

★　**定義域**に対する**軸**の位置関係のみが重要！

❶ 定義域内にあるか否か？

❷ 定義域の中央に対して左右どっち側か？

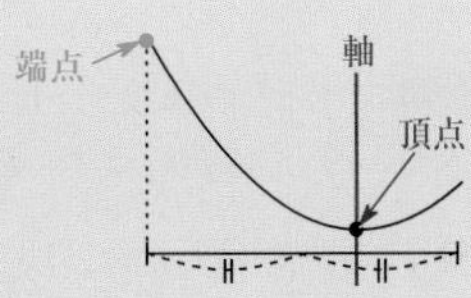

という訳で，2 6 に記された「軸の求め方」が重要となるのです．

注意！　『「下に凸」で「内」で「右寄り」のときは最大が○○で最小が△△で，…』というふうに細かく8 通りに分けてまとめてある書物は…見栄えがして親切そうに映るかもしれませんが…そのような **“パターン分け”して結果を覚え込もうという姿勢は，確実に数学の学力伸長を妨げます．** 前記★だけをシンプルに頭に置くこと！

例題 23a　2次関数の最大，最小　重要度↑　根底 実戦　[→演習問題268]

次の 2 次関数について，最大値，最小値を求めよ．

(1) $f(x) = 2x^2 - 6x + 2\ (0 \leq x \leq 2)$

(2) $g(x) = -3x^2 - 7x + 19\ (-1 \leq x \leq 1)$

着眼　まず，グラフの凹凸と軸の x 座標を暗算でサクッと求めましょう．

(1) グラフは下に凸．軸の x 座標は $\frac{3}{2}$ とわかり，これは定義域に含まれますから，平方完成して頂点の y 座標を求める意味があります．

(2) グラフは上に凸．軸の x 座標は $-\frac{7}{6}$ とわかり，これは定義域に含まれませんから，平方完成して頂点の y 座標を求める意味はありません！

解答

(1) $f(x) = 2\left(x - \frac{3}{2}\right)^2 + 2 - \frac{9}{2}$

$\qquad = 2\left(x - \frac{3}{2}\right)^2 - \frac{5}{2}$

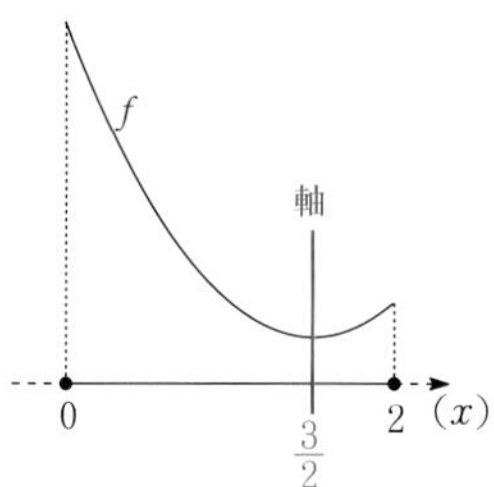

よって上図のようになるから

$\max f(x) = f(0) = 2.$ //

$\min f(x) = -\frac{5}{2}.$ //

(2) $g(x) = -3\left(x + \frac{7}{6}\right)^2 \cdots$ より

放物線 $y = g(x)$ の軸は $x = -\frac{7}{6}$.

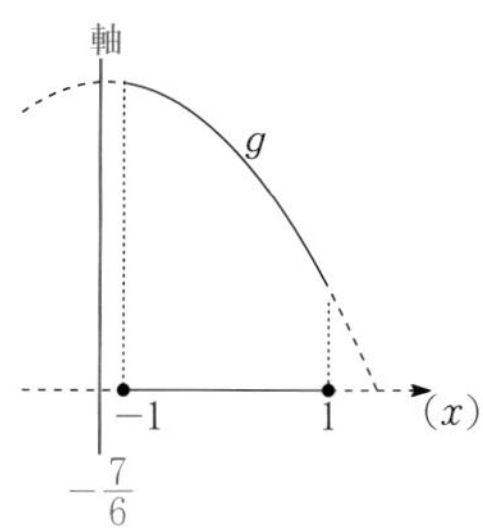

よって上図のようになるから

$\max g(x) = g(-1) = 23.$ //

$\min g(x) = g(1) = 9.$ //

注意！　座標軸なぞ，最大・最小には何の関係もございません！

最大値・最小値になり得るもの　知識

端点と頂点 の y 座標のみ.

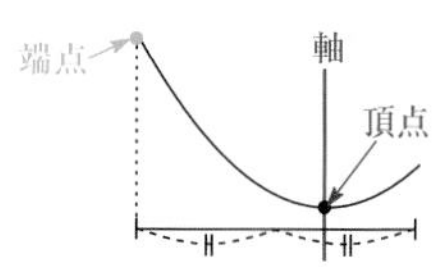

注　頂点は，  なら最小値の候補，  なら最大値の候補です．

例題 2 3 b　2次関数の最大，最小（文字係数入り）　重要度↑

根底 実戦 [→演習問題 2 6 10]

a は実数とする．x の 2 次関数 $f(x)=x^2+ax+a^2+a\ (0\leq x\leq 1)$ について答えよ．

(1)　$f(x)$ の最大値を求めよ．　　(2)　$f(x)$ の最小値を求めよ．

(3)　(2)で求めた $f(x)$ の最小値を a の関数とみて $g(a)$ とおく．$g(a)$ の最小値を求めよ．

方針　前々ページの★の通りです．$f(x)$ のグラフは下に凸なので，あとは定義域と軸の位置関係のみに着目．軸の位置が a の値によって変わるので，場合分けして考えることになります．

(1) 軸から遠い端点で最大です．（★❷）　(2) 軸が定義域内にあるか否か？（★❶）

(3) (2)で得た結果を，a の範囲ごとに分けて考えます．

解答　$f(x)=\left(x+\dfrac{a}{2}\right)^2+\dfrac{3}{4}a^2+a$

より，放物線 $C: y=f(x)$ の軸は $x=-\dfrac{a}{2}$.

(1)

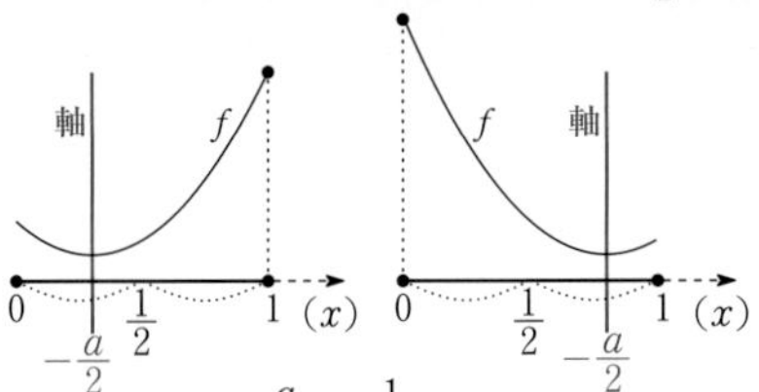

上図のように，$-\dfrac{a}{2}$ と $\dfrac{1}{2}$ の大小で場合分けして

$$\max f(x)=\begin{cases} f(1) & \left(-\dfrac{a}{2}\leq\dfrac{1}{2}\text{ のとき}\right)\\ f(0) & \left(\dfrac{1}{2}<-\dfrac{a}{2}\text{ のとき}\right)\end{cases}$$

$$=\begin{cases} a^2+2a+1 & (-1\leq a\text{ のとき})\\ a^2+a & (a<-1\text{ のとき}).\end{cases}\ /\!/$$

(2)

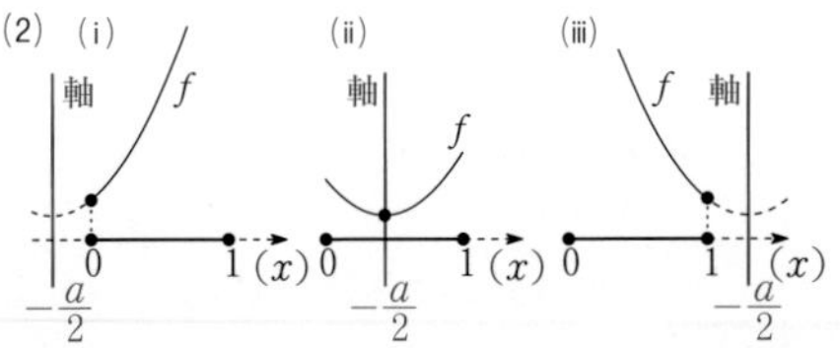

図のように，$-\dfrac{a}{2}$ と 0, 1 の大小で場合分けして

$$\min f(x)=\begin{cases} f(0) & \left(-\dfrac{a}{2}\leq 0\text{ のとき}\right)\cdots\text{(i)}\\ f\left(-\dfrac{a}{2}\right) & \left(0<-\dfrac{a}{2}<1\text{ のとき}\right)\cdots\text{(ii)}\\ f(1) & \left(1\leq-\dfrac{a}{2}\text{ のとき}\right).\cdots\text{(iii)}\end{cases}$$

$$=\begin{cases} a^2+a & (0\leq a\text{ のとき})\\ \dfrac{3}{4}a^2+a & (-2<a<0\text{ のとき})\\ a^2+2a+1 & (a\leq -2\text{ のとき}).\end{cases}\ /\!/$$

(3)　(2)より，$g(a)$ は，

$$\begin{cases} \text{(i)}\ a(a+1)\ (0\leq a)\\ \text{(ii)}\ \dfrac{3}{4}\left(a+\dfrac{2}{3}\right)^2-\dfrac{1}{3}\ (-2<a<0)\\ \text{(iii)}\ (a+1)^2\ (a\leq -2).\end{cases}$$

(i), (iii)のとき $g(a)\geq 0$．よって，(ii)のときを考えて

$$\min g(a)=g\left(-\dfrac{2}{3}\right)=-\dfrac{1}{3}.\ /\!/$$

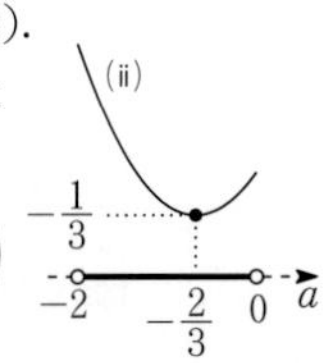

解説　(1)と(2)を比べるとわかるように，「最大値」と「最小値」では，場合分けの分岐点が異なりますから，別個に求めるのが正道です．★❶，❷のどちらが適切か，**その場で図を描いて考えること！**細かくパターン分けしてやり方を暗記するのは最悪です．

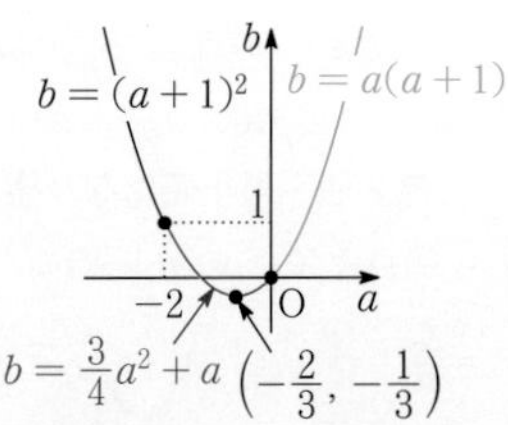

参考　関数 $b=g(a)$ のグラフは，右のように 3 つの放物線を“継ぎ足した”曲線となります．これを見ると，(3)の結果が一目瞭然ですね．

発展　「文字 a」は，「(2)では定数」→「(3)では変数」と変化しましたね．高校数学では，今後こうしたことが増えてきます．結局この問題の(2), (3)は，x, a を変数とする **2 変数関数**の最小値を求めたことになります．[→演習問題 2 12 4]

例題 2 3 C　2次関数の最大（定義域が変化）　根底 実戦　[→演習問題 2 6 10]

t は実数とする．x の関数 $f(x)=-2x^2+4x+2\ (t\leq x\leq t+1)$ の最小値，最大値をそれぞれ t の関数とみて $m(t),\ M(t)$ とおく．

(1)　関数 $u=m(t),\ u=M(t)$ のグラフを，同じ座標平面上に描け．

(2)　$m(t)$ と $M(t)$ が異符号となるような t の値の範囲を求めよ．

方針　前問 **解説** で述べた通り，「最小値」と「最大値」は別個に求めること．

解答　(1)　$f(x)=-2(x-1)^2+4$ より，放物線 $y=f(x)$ の軸は，$x=1$ である．

● 最小値 $m(t)$ について．

定義域の中央：$x=t+\dfrac{1}{2}$ と 1 との大小で場合分けする．

この線分が定義域

「●」で最小となる

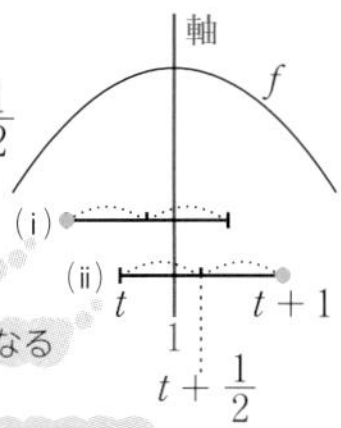

$f(x)$ に定数 t を代入

$$m(t)=\begin{cases} f(t)\ \left(t+\dfrac{1}{2}\leq 1 \text{ のとき}\right)\cdots\text{(i)} \\ f(t+1)\ \left(1<t+\dfrac{1}{2} \text{ のとき}\right)\cdots\text{(ii)} \end{cases}$$

$$=\begin{cases} -2(t-1)^2+4\ \left(t\leq \dfrac{1}{2}\right) \\ -2t^2+4\ \left(\dfrac{1}{2}<t\right). \end{cases}$$

● 最大値 $M(t)$ について．

「●」で最大となる

定義域の端：$x=t,\ t+1$ と 1 との大小によって場合分けする．

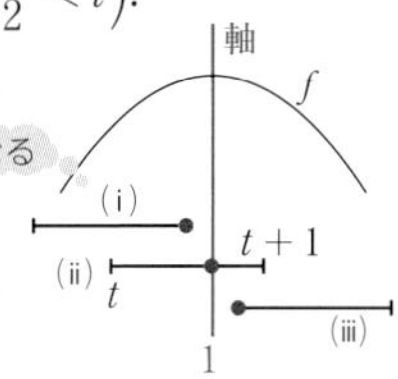

$$M(t)=\begin{cases} f(t+1)\ (t+1\leq 1 \text{ のとき})\cdots\text{(i)} \\ f(1)\ (t<1<t+1 \text{ のとき})\cdots\text{(ii)} \\ f(t)\ (1\leq t \text{ のとき})\cdots\text{(iii)} \end{cases}$$

$$=\begin{cases} -2t^2+4\ (t\leq 0 \text{ のとき}) \\ 4\ (0<t<1 \text{ のとき}) \\ -2(t-1)^2+4\ (1\leq t \text{ のとき}). \end{cases}$$

以上より，求めるグラフは右の通り：

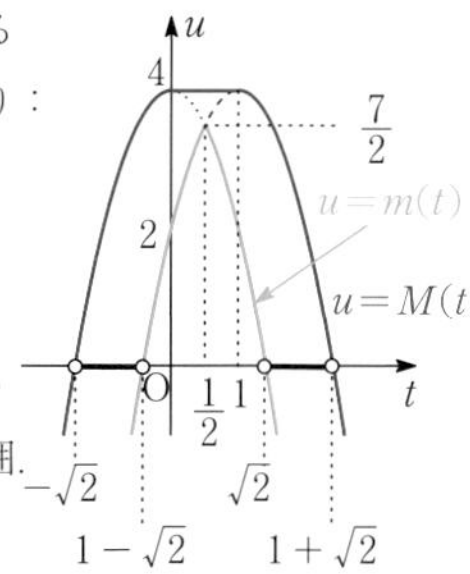

(2)　求めるものは，$m(t)<0<M(t)$ を満たす t の範囲．これは図中の太線部であり，

$$-\sqrt{2}<t<1-\sqrt{2},\ \sqrt{2}<t<1+\sqrt{2}.$$ //

解説　t の場合分けを図示する際，前問では「軸」の動きに応じてグラフを複数パターン描きましたが，本問ではグラフは1つだけにして，「定義域」の動きに応じてそれを表す線分を複数パターン描きました．大事なことは「定義域と軸の相対的な位置関係」ですから，両問とも，どちらの手法を用いても OK です．前者は一目でわかりやすく，後者は描くのが楽です．

発展　(1)のグラフは次のようにも描けます．前々ページで述べた通り，「最小値」や「最大値」になり得るのは，端点と頂点のみです．そこで，これら最小，最大の**候補**のグラフを全て描き，それらの大小を比較することで $m(t),\ M(t)$ のグラフが描けます．

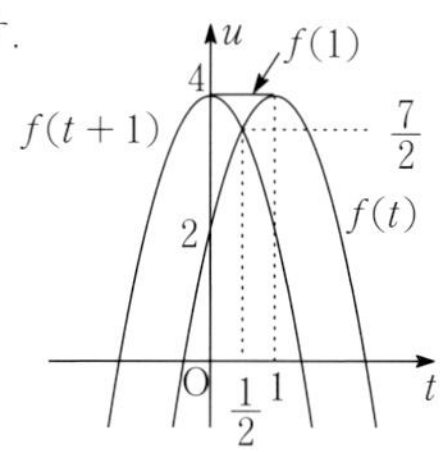

● 最小値の候補：端点 $f(t),\ f(t+1)$ →これらのうち小さい方を選ぶ．

● 最大値の候補：$\begin{cases}\text{端点 } f(t),\ f(t+1) \text{ および} \\ \text{頂点 } f(1)=4\ (0\leq t\leq 1 \text{ のときのみ})\end{cases}$ →これらのうち最大のものを選ぶ．

ほら，ちゃんと(1)の答のグラフになるでしょ！

言い訳　(2)の「不等式」は 8 の内容ですが…．グラフをもとに考えればわかりますね（笑）．

例題 2 3 d 2次関数の最小値，逆問題 根底 実戦

[→演習問題 2 6 12]

a は実数とする．x の 2 次関数 $f(x) = ax^2 - 2x + \dfrac{4}{a} + 2\ (-1 \leqq x \leqq 1)$ の最小値が 6 であるような a の値を求めよ．

補足 「2 次関数」とあり，分数：$\dfrac{4}{a}$ も現れますから，a は当然 0 ではないという前提で考えます．

方針 「2 次関数の最小値」ですから，前問と同様に定義域と軸の位置関係で場合分けになりそうですね．さらに本問では，x^2 の係数が文字 a ですから，その符号によってグラフの凹凸についても場合分けを要しますから，とてもタイヘンそうです．なんとか場合分けの労を省く工夫をしたいですね．

解答 $f(x) = a\left(x - \dfrac{1}{a}\right)^2 + \dfrac{3}{a} + 2.$

$\min f(x) = 6$ であり，$x = 0$ は定義域 $-1 \leqq x \leqq 1$ に属するから

$$f(0) = \frac{4}{a} + 2 \geqq 6.$$

$$\frac{1}{a} \geqq 1.\ \therefore\ 0 < a \leqq 1.\ \cdots①$$

$a>0$ より $y=f(x)$ のグラフは下に凸であり，

軸：$x = \dfrac{1}{a} \geqq 1$

だから，右図のようになる：

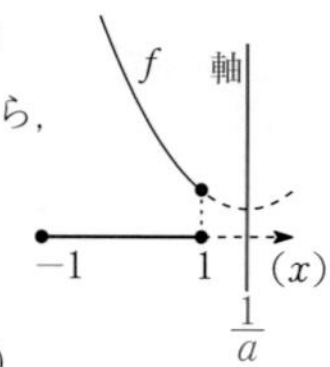

よって，最小値は $f(1)$ だから，題意の条件は

$$f(1) = a + \frac{4}{a} = 6.$$

$$a^2 - 6a + 4 = 0\ (a \neq 0).$$

これと①より

$$a = 3 - \sqrt{5}. /\!/$$

解説 「最小値が 6」ということは，「定義域内の全ての x に対して $f(x) \geqq 6$」となります．そのうち計算が 1 番楽な $f(0)$，つまり定数項に注目すれば，$a > 0$ つまりグラフは下に凸であることが見抜けたという訳です．普段から様々な計算を暗算で行うと，こうした**情報収集能力**が格段にアップしますよ！

重要 ここで使用した方法論は，以前 1 9 10 で紹介した「必要条件で絞る」という手法そのものです．「最小値が 6」という **大目標** が成り立つためには，とりあえず「$a > 0$」や「$\dfrac{1}{a} \geqq 1$」が不可欠・必要なので，考察対象となる a が絞り込まれます．そのおかげで，凹凸，定義域と軸のいずれについても場合分けが不要となったのです！

「最小値が 6」← **大目標**

○⇓ ?⇑

$a > 0,\ \dfrac{1}{a} \geqq 1$ ← 手段：必要条件

注 入試問題には，時間・労力のかかり過ぎる面倒な場合分けは避けて作成される傾向があります．実際に，本問のように上手くやればたいして面倒な場合分けにはならないことがほとんどです．

注意！ このように，その場の状況に応じて臨機応変に対処できるようにするためにも，問題解法を細かくパターン分けして覚え込む勉強スタイルは，絶対にやめましょう．

言い訳 解答 の最後で，a の 2 次方程式を解の公式で解きました．このあと 7 2 で詳しく見ていきますが，いちおう中学で学習済みの人が多いと想定しました．

例題 2 3 e　2次関数の値域（置換）　根底 実戦　終着 定期

[→演習問題 2 6 14]

(1)　$f(x)=x^4-3x^2+3\ (-2<x<1)$ のとり得る値の範囲を求めよ．

(2)　$g(x)=x^4+2x^3+3x^2+2x+1$（x は実数）のとり得る値の範囲を求めよ．また，$g(x)$ が最小となるときの x の値を求めよ．（$u=x^2+x$ と置換せよ．）

着眼　(1)「x^2」を“カタマリ”t とみなせば，t の 2 次関数ですね．

(2) 今度は「x^2+x」を“カタマリ”u とみなすことが誘導されていますね．u で表すには…？

解答　(1)　$t=x^2$ とおくと

$f(x)=(x^2)^2-3\cdot(x^2)+3$

$=t^2-3t+3\ (=F(t)$ とおく$)$．…①

また，右図より，t の変域は

$0\leq t<4$．…②

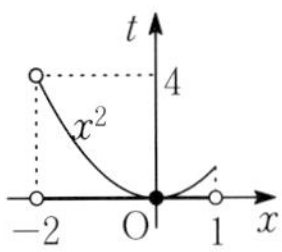

①より

$F(t)=\left(t-\dfrac{3}{2}\right)^2+\dfrac{3}{4}$．

これと②より右図を得る．

よって求める変域は

$\dfrac{3}{4}\leq f(x)<7$．//

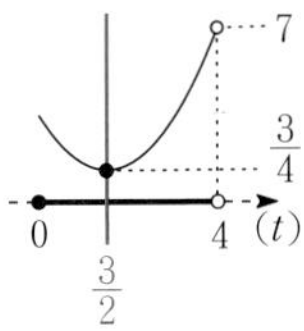

(2)　$u=x^2+x$ とおくと

$u^2=(x^2+x)^2=x^4+2x^3+x^2$．

$\therefore\ g(x)=u^2+2x^2+2x+1$

$=u^2+2u+1$

$=(u+1)^2\ (=G(u)$ とおく$)$．…③

$u=x(x+1)$ だから，

右図より u の変域は

$u\geq-\dfrac{1}{4}$．

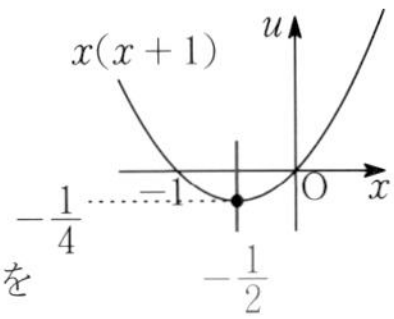

これと③より右下図を得る．

よって求める変域は

$g(x)\geq\dfrac{9}{16}$．//

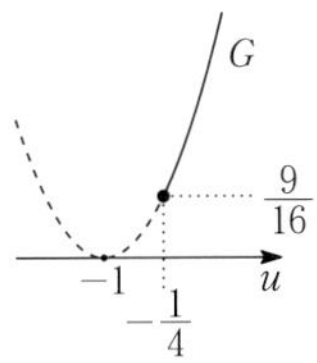

また，$g(x)=G(u)$ が最小となるのは

$u=-\dfrac{1}{4}$ のとき．このとき上の図より，

$x=-\dfrac{1}{2}$．//

解説　本問のように，旧い変数（x）を「置換」（変数の置き換え）して新しい変数（t や u）の関数に書き換える際には，次の 2 つの準備が要ることを肝に銘じてください：

1°　関数を新しい変数（t や u）で**表す**．

2°　新しい変数（t や u）の**定義域**を求める．

「表す」ことだけでなく「定義域」のチェックも怠るなかれ！

4 グラフの移動

1 平行移動

注 2の説明を読めば，2 次関数の仕組み・グラフは充分理解できたはずです．つまり，本節で学ぶ「平行移動」は「2 次関数のグラフ」を習得する上では不要です．「平行移動」そのものが問われることもあるので"いちおう"やりますが，理解しにくい内容なので，今はとりあえず定理丸暗記で片付けてもかまいません (笑)．(数学Ⅱ「図形と方程式」でしっかり学びます．)

大雑把に言うと，ある図形を"スライド"することを「平行移動」といいます．「曲線」，「グラフ」とは，ある条件式を満たす点の集合である [→1 3] ことに留意してより詳しく述べると次の通りです．

定義 **平行移動**とは，曲線上の各点に対して同じ移動を施(ほどこ)すこと．

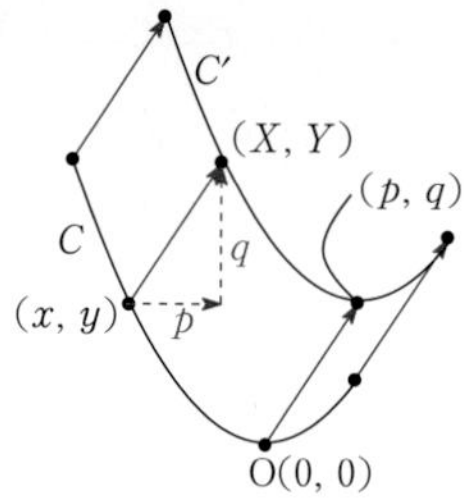

2 つの放物線 $C\colon y=ax^2\ (a\neq 0)$，$C'$ の間に次の関係があるとし，C 上の任意の点を (x,y)，それと対応する C' 上の点を (X,Y) とします．

点 $(x,y)\cdots C:\ y=ax^2\ \cdots①$

↓ $\begin{cases} x \text{ 方向に } p \\ y \text{ 方向に } q \end{cases}$ だけ平行移動 1)

点 $(X,Y)\cdots C'$：どんな関係式？

これをもとにして，C' 上の点 (X,Y) が満たす関係式，つまり C' の**方程式**を求めましょう．

まず，2 点の関係は次の通りです：

$$\begin{cases} X=x+p, \\ Y=y+q. \end{cases}\cdots② \quad \text{i.e.} \quad \begin{cases} x=X-p, \\ y=Y-q. \end{cases}\cdots②'$$

(x,y) と (X,Y) の関係を"素直に"表すと②となります．(x,y) は C 上の点ですから①を満たします．そこで②を x,y について解いて②′とし，①へ代入すると，

$$Y-q=a(X-p)^2.$$

これが，C' の方程式です．あとは，業界の慣習に従って「X,Y」を「x,y」に書き換え，結果をまとめると，次の通りです．

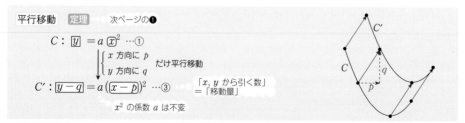

平行移動 **定理** 次ページの❶

$C:\ \boxed{y}=a\boxed{x}^2\ \cdots①$

↓ $\begin{cases} x \text{ 方向に } p \\ y \text{ 方向に } q \end{cases}$ だけ平行移動

$C':\ \boxed{y-q}=a\left(\boxed{x-p}\right)^2\ \cdots③$ 「x,y から引く数」＝「移動量」

x^2 の係数 a は不変

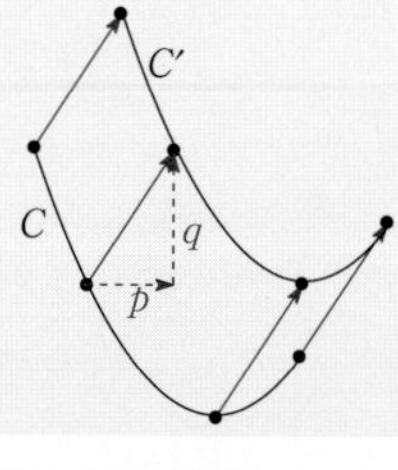

要するに，$\boxed{}$ の中身を x から $x-p$ に，$\boxed{}$ の中身を y から $y-q$ に変えれば OK です．「−」であることに注意してください！

注 この関係は，放物線以外の曲線全般 $\boxed{y}=f\left(\boxed{x}\right)$ などについても成り立ちます．

語記サポ 1) ベクトル後：「ベクトル $\begin{pmatrix} p \\ q \end{pmatrix}$ だけ平行移動」と簡潔に言い表せます．

注　ただし，2 次関数のグラフである放物線に限れば，上記の考え方は不要であり，C を平行移動して得られる放物線 C' の方程式は，次のようにして求めることもできます．

○　C と C' は，「凹凸」と“緩急”が同じ放物線 → x^2 の係数はどちらも a.

○　C の頂点：原点 O $(0, 0)$ → C' の頂点：(p, q).

これで，C' の方程式が③となることがわかりましたね．(下記❷)

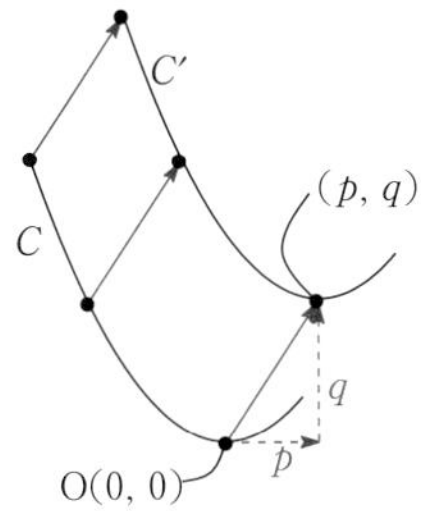

平行移動の扱い　方法論

放物線の平行移動を扱う際には，以下の 2 通りがあります．

❶　前記 定理 を用いて「放物線の**方程式**」を求める．　「方程式」方式

❷　「**頂点**の座標」のみ考える．　「頂点」方式

どちらが有利かは，ケースバイケースです．

例題 2 4 a 放物線の平行移動　根底 実戦

[→演習問題 2 6 17]

次の曲線の方程式を求めよ．

(1)　$C : y = -x^2 + 3x - 1$ を，x 軸方向へ 2，y 軸方向へ 1 だけ平行移動した曲線 C'

(2)　$D : y = 3(x+1)^2 + 5$ を，x 軸方向へ 3，y 軸方向へ -1 だけ平行移動した曲線 D'

方針　(1) 頂点の座標を求めると分数が現れてメンドウそう→❶「方程式」方式で．

(2) 頂点の座標がわかっている→❷「頂点」方式で．

解答　(1)　$C : \boxed{y} = -ⓧ^2 + 3ⓧ - 1$ において，

ⓧ を $\boxed{x-2}$ で $\boxed{y}$ を $\boxed{y-1}$ で置き換えて

$C' : \boxed{y-1} = -(\boxed{x-2})^2 + 3(\boxed{x-2}) - 1$,

i.e. $y = -x^2 + 7x - 10$. //

(2)　$D : y = \underline{3}(x+1)^2 + 5$ より，頂点の座標は次のようになる．

$$D : \begin{cases} x = -1 \\ y = 5 \end{cases} \to D' : \begin{cases} x = -1 + 3 = 2 \\ y = 5 + (-1) = 4 \end{cases}$$

$\therefore\ D' : y = \underline{3}(x-2)^2 + 4$. //

注　(1)の「方程式」方式では「 $-$ 」，(2)の「頂点」方式では「 $+$ 」です！

解説　(2) x^2 の係数「$\underline{3}$」は，平行移動を行っても変化しません．

2 対称移動

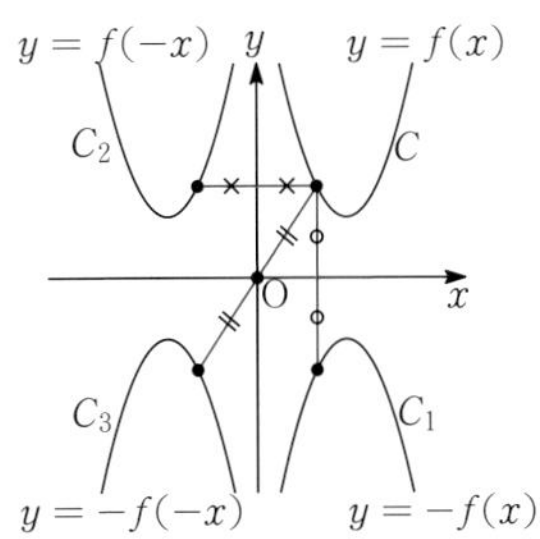

「平行移動」と同様に，「対称移動」で得られる曲線の方程式も求まります．例えば $C : y = f(x)$ …④ を x 軸に関して対称移動した曲線 C_1 があり，C 上の任意の点を (x, y)，それと対応する C_1 上の点を (X, Y) とすると

$$\begin{cases} X = x, \\ Y = -y. \end{cases} \quad \text{i.e.} \quad \begin{cases} x = X, \\ y = -Y. \end{cases}$$

これを④へ代入すると，$-Y = f(X)$.　i.e. $Y = -f(X)$.

あとは，平行移動と同様に X, Y を x, y と書き換えるだけです．C を y 軸，原点 O に関して対称移動した曲線 C_2, C_3 についても同様で，図中に記した方程式を得ます．

5 2次関数の決定

これまでは，主に「2 次関数の式→グラフ」の向きに考えてきましたが，本節では逆にグラフに関する情報から 2 次関数の式を求めるタイプの問題を練習します．2 6 でまとめた 2 次関数の 3 表現 を上手に使い分けましょう．

2 次関数の 3 表現

❶「平方完成形」

$y=a(x-p)^2+q$

❷「切片形」

$y=a(x-\alpha)(x-\beta)$

❸「一般形」

$y=ax^2+bx+c$

例題 2 5 a 2次関数の決定 根底 実戦 定期 [→演習問題 2 6 18]

次のようなグラフをもつ 2 次関数をそれぞれ求めよ．

(1) 3 点 $(-1,1)$, $(1,4)$, $(3,-1)$ を通る．

(2) 3 点 $(1,0)$, $(2,0)$, $(0,3)$ を通る．

(3) 放物線 $y=-4x^2+3x-2$ を平行移動したもので，直線 $y=1$ に接し点 $(2,-8)$ を通る．

(4) $x=3$ において最小値をとり，点 $A(5,2)$ を通り，A と頂点の距離が $2\sqrt{2}$ である．

方針 与えられた情報を表現するには，❶〜❸のどの形が最適かを選択します．

解答 (1) 求める 2 次関数を

$y=ax^2+bx+c$ とおくと

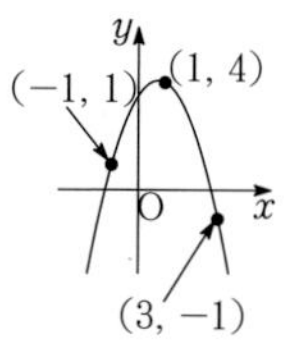

$1=a-b+c$, …①

$4=a+b+c$, …②

$-1=9a+3b+c$. …③

② − ① より，$2b=3$. ∴ $b=\frac{3}{2}$.

これと①，③より

$a+c=\frac{5}{2}$, $9a+c=-\frac{11}{2}$.

∴ $8a=-8$. ∴ $a=-1$, $c=\frac{7}{2}$.

以上より，求めるものは

$y=-x^2+\frac{3}{2}x+\frac{7}{2}$.//

(2) 求める 2 次関数は，グラフが x 軸上の 2 点 $(1,0)$, $(2,0)$ を通ることから

$y=a(x-1)(x-2)$

とおけて，点 $(0,3)$ を通るから

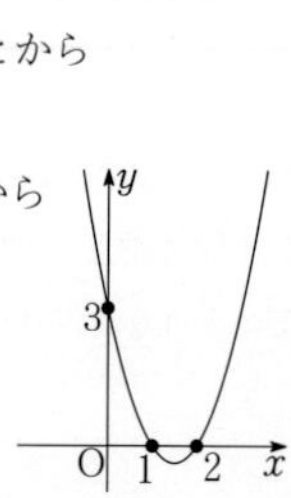

$3=a\cdot(-1)(-2)$.

∴ $a=\frac{3}{2}$.

以上より，求めるものは

$y=\frac{3}{2}(x-1)(x-2)$.//

(3) 2 次関数のグラフの平行移動において x^2 の係数は不変．

また，グラフの頂点の y 座標は 1 だから，求める 2 次関数は

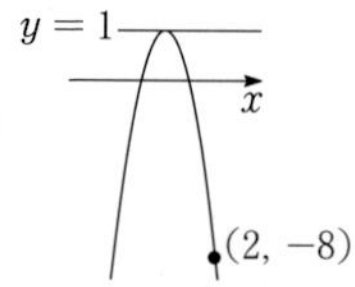

$y=-4(x-p)^2+1$

とおけて，点 $(2,-8)$ を通るから

$-8=-4(2-p)^2+1$.

$(2-p)^2=\frac{9}{4}$. $p-2=\pm\frac{3}{2}$.

$p=\frac{7}{2}$, $\frac{1}{2}$.

以上より，求めるものは

$y=-4\left(x-\frac{7}{2}\right)^2+1$, $y=-4\left(x-\frac{1}{2}\right)^2+1$.//

(4) グラフの軸は $x=3$ だから，求める 2 次関数は

$y=a(x-3)^2+q$ $(a>0)$

とおけて，点 $A(5,2)$ を通るから

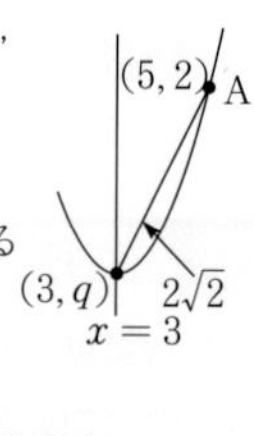

$2=a\cdot4+q$. …④

$A(5,2)$ と頂点 $(3,q)$ の距離を考えて

$(5-3)^2+(2-q)^2=\left(2\sqrt{2}\right)^2$.

$(q-2)^2=4$. $q=2\pm2=4, 0$.

これと④，および $a>0$ より，$q=0$, $a=\frac{1}{2}$.

以上より，求めるものは

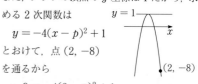

$y=\frac{1}{2}(x-3)^2$.//

解説 (1) 単に通過する点がわかっているだけで，頂点や切片に関する情報はありませんので，❸「一般形」を使いました．未知数が a, b, c の 3 個，等式も 3 個ですから，決定できます．
(2) x 切片，y 切片ともにわかっていますが，x 切片に注目して❷「切片形」でおけば，あとは「1 点 $(0, 3)$」を通ることから決定できますね．
(3) 元の方程式のうち使用するのは「平行移動」において不変である x^2 の係数だけです．「$y=1$ に接し」とは，「頂点の y 座標が 1」という意味ですから，❶「平方完成形」を使います．
(4) 定義域は，明記されていないので「実数全体」です．よって，「$x=3$ で最小」より，「軸の x 座標が 3」ですね．❶「平方完成形」を使いましょう．また，最小値をもつことよりグラフは下に凸ですから，「$a>0$」に限定されます．

例題 2 5 b 放物線の移動 根底 実戦 入試

[→演習問題 2 6 17]

$f(x)=2x^2-2(a+1)x+b$ (a, b は実数) とおく．放物線 $C: y=f(x)$ を y 軸に関して対称移動した曲線を C_1，C_1 を直線 $y=b$ に関して対称移動した曲線を C_2，C_2 を x 軸方向に 2，y 軸方向に -3 だけ平行移動した曲線を C_3 とする．C と C_3 が x 軸に関して対称であるとき，a, b の値を求めよ．

方針 様々な移動が行われていてタイヘンそうですが，4 1 平行移動の扱い のうち，❶「方程式」，❷「頂点」のどちらで攻めるかを選択します．「直線 $y=b$ に関して対称移動」については「方程式に関する公式」が準備されていませんから，❷で行ってみましょう．

解答

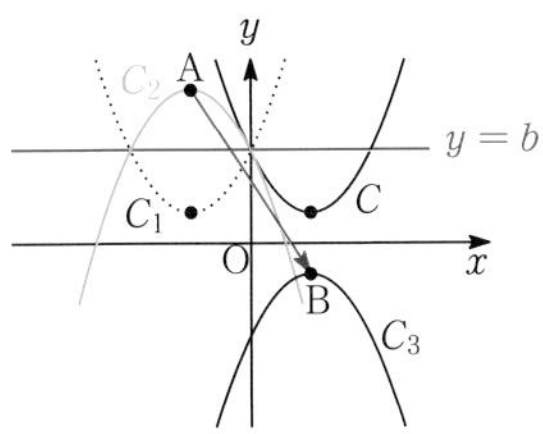

$$f(x)=2\left(x-\frac{a+1}{2}\right)^2+\underbrace{b-\frac{(a+1)^2}{2}}_{q\text{ とおく}}.$$

よって C の頂点は $\left(\frac{a+1}{2}, q\right)$．

C_1 の頂点は $\left(-\frac{a+1}{2}, q\right)$．

C_2 の頂点は $\left(-\frac{a+1}{2}, q'\right)$ とおけて

$$\frac{q+q'}{2}=b.$$

$$\therefore q'=2b-q.$$

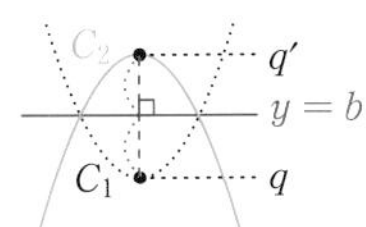

C_2 の頂点は $A\left(-\frac{a+1}{2}, b+\frac{(a+1)^2}{2}\right)$．

C と C_3 は x 軸対称だから，

C_3 の頂点は $B\left(\frac{a+1}{2}, -b+\frac{(a+1)^2}{2}\right)$．

A から B への移動を考えて

$$\begin{cases}\frac{a+1}{2}-\left(-\frac{a+1}{2}\right)=2, \\ \left\{-b+\frac{(a+1)^2}{2}\right\}-\left\{b+\frac{(a+1)^2}{2}\right\}=-3.\end{cases}$$

(s から t への移動量は $t-s$)

$$\begin{cases}a+1=2, \\ -2b=-3.\end{cases} \quad \begin{cases}a=1, \\ b=\frac{3}{2}.\end{cases}$$ //

発展 ハイレベル↑ 4 1 平行移動の扱い ❶「方程式」でもできなくはないです．4 2 の公式により

C_1: $y=2x^2+2(a+1)x+b$, C_3: $y=-2x^2+2(a+1)x-b$.

C_2 は少し難しいですが，C_1 と比べて，凹凸は逆で軸と y 切片が同じですから

C_2: $y=-2x^2-2(a+1)x+b$. (軸については[→2 6 ❸])

あとはこれを平行移動した方程式を求め，C_3 と比べます (ここがやはり面倒です)．

6 演習問題A

261 根底 実戦 重要

(1) 「正の実数 x の平方根」は x の関数か？

(2) 実数 x に対し，x を超えない最大整数を $[x]$ と定める．

$$y=\begin{cases}0\ \left(0\leq x-[x]<\dfrac{1}{2}\text{ のとき}\right),\\ 1\ \left(\dfrac{1}{2}\leq x-[x]<1\text{ のとき}\right)\end{cases}$$ とすると，y は x の関数か？

(3) n は自然数とする．1 から n までの整数のうち n と互いに素[1] であるものの個数は，n の関数か？

語記サポ [1]：2 つの整数 a, b の最大公約数が 1，つまり共通な素因数をもたないことをいいます．

262 根底 実戦

(1) 関数 $f(x)=3-\dfrac{x}{2}\ (-2\leq x<3)$ の値域を求めよ．

(2) 関数 $g(x)=\dfrac{1}{x}\ (1\leq x\leq 2)$ の値域を求めよ．

(3) 関数 $h(x)=x^2\ (-3<x<2)$ の値域を求めよ．

263 根底 実戦

右図の曲線 C' は，次の 2 次関数①～⑤のうちどれのグラフか？

① $y=x^2$　② $y=2x^2$　③ $y=\dfrac{3}{4}x^2$

④ $y=-2x^2$　⑤ $y=-\dfrac{3}{4}x^2$

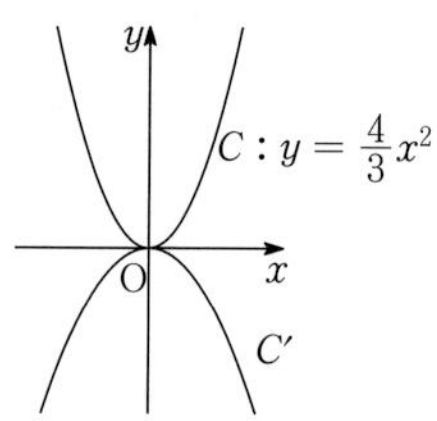

264 根底 実戦

次の 2 次関数を平方完成せよ．

(1) $y=x^2+3x-1$　(2) $y=3x^2-x+2$　(3) $y=-2x^2+6x+3$

265 根底 実戦 重要

次の 2 次関数のグラフについて，軸の x 座標を求めよ．

(1) $y=2(x+3)^2+13$　(2) $y=3x^2+7x+19$

(3) $y=-2(x+3)(x+6)$　(4) $y=-2(x+3)(x+6)+x$

266 根底 実戦 定期

次の 2 次関数のグラフを描け.

(1) $y=\frac{1}{3}x^2$, $y=-\frac{1}{2}x^2$ (同一座標平面上に描け)

(2) $y=-(x+1)^2+3$ (3) $y=2x^2-2x+1$ (4) $y=-\frac{1}{3}(x+3)(x-2)$

267 根底 実戦 重要

a は正の定数とする. 放物線 $C: y=ax^2+3ax-3a-1$ について, 凹凸, y 切片の符号, 軸の x 座標を求めよ.

268 根底 実戦 定期

次の 2 次関数の最大値, 最小値を求めよ. (存在しない場合は「なし」と答えよ.)

(1) $f(x)=-x^2+4x+1$ (2) $f(x)=-2x^2$ $(-1\leq x\leq 2)$

(3) $f(x)=3x^2+3x+1$ $(-2\leq x\leq 1)$ (4) $f(x)=-7x^2+15x+13$ $(0\leq x\leq 1)$

(5) $f(x)=-x^2+3x$ $(0\leq x\leq 3)$ (6) $f(x)=x^2+ax+a^2$ $(-a\leq x\leq a)$ (a は正の定数)

269 根底 実戦

(1) $f(x)=4x^2-5x-3$ $(-1\leq x\leq 2)$ の最大値を求めよ.

(2) a は正の定数とする. $f(x)=-3x^2+3ax+1$ $(-1\leq x\leq a+1)$ の最大値, 最小値を求めよ.

2610 根底 実戦 重要

a は正の実数とする. $f(x)=-x^2+(3-2a)x+3a-\frac{1}{4}$ $(-a\leq x\leq a)$ の最大値, 最小値を求めよ.

2611 根底 実戦 入試

a は実数とする. $f(x)=x^2-2ax+a$ $(0\leq x\leq 2)$ の最小値を $m(a)$ とするとき, ab 平面上に関数 $b=m(a)$ のグラフを描け.

2612 根底 実戦

x の 2 次関数 $f(x)=2x^2+ax+3$ $(0\leq x\leq 1)$ の最大値が 3, 最小値が 0 となるような実数 a の値を求めよ.

2 6 13 根底 実戦 入試 ハイレベル↑

(1) x の関数 $f(x)=|x^2-a(x+1)|$ (a は $0<a<\frac{1}{2}$ を満たす定数) がある．x を $0\leqq x\leqq 1$ で動かすときの $f(x)$ の最大値を求めよ．

(2) 1 で求めた最大値を $m(a)$ とおく．a を $0<a<\frac{1}{2}$ で動かすとき，$m(a)$ が最小となる a の値を求めよ．

2 6 14 根底 実戦 入試

$f(x)=x\sqrt{1-x^2}$ の最大値を求めよ．

2 6 15 根底 実戦 典型

$f(x)=x^2-5x+9-\frac{5}{x}+\frac{1}{x^2}$ $(x>0)$ の最小値を求めよ．

2 6 16 根底 実戦 重要

2 つの実数変数 x, y の関数 $F=x^2+y^2-2x$ について，以下の問いに答えよ．

(1) $x+2y=6$ $(x\geqq 0, y\geqq 0)$ …① のとき，F のとり得る値の範囲を求めよ．

(2) $x^2+2y^2=6$ …② のとき，F のとり得る値の範囲を求めよ．

2 6 17 根底 実戦

放物線 $y=-2x^2+px+q$ (p, q は実数) を C とする．次の(1)，(2)の条件を満たす p, q をそれぞれ求めよ．

(1) C を x 軸方向へ p，y 軸方向へ q だけ平行移動した放物線を C_1 とし，C_1 を y 軸に関して対称移動した放物線を $C_1{}'$ とするとき，$C_1{}'$ が 2 点 A(0, 2)，B(−1, 5) を通る．

(2) C を x 軸に関して対称移動した放物線を C_2 とし，C_2 を x 軸方向へ p，y 軸方向へ $2q$ だけ平行移動した放物線を $C_2{}'$ とするとき，$C_2{}'$ と C が点 D(3, −4) に関して対称である．

2 6 18 根底 実戦 定期

次の(1)〜(3)について，xy 平面上の放物線 $C: y=f(x)$ が条件を満たすような $f(x)$ をそれぞれ求めよ．

(1) C は，頂点が $(3, 1)$ で y 切片が $(0, 4)$ である．

(2) C は，点 $(-1, 1)$, $(1, 7)$, $(2, 7)$, を通る．

(3) C は放物線 $y=-3x^2$ を平行移動したものであり，座標軸との 3 つの交点が正三角形の 3 頂点をなす．

2 6 19 根底 実戦

平面上に，点 A を中心とする円 C_1 と，点 B を中心とする円 C_2 がある．これら 2 円は互いに外接し，AB= 1 とする．C_1, C_2 の面積の和を S とするとき，S のとり得る値の範囲を求めよ．

2 6 20 根底 実戦 入試

長さ一定の紐を切って 2 つの部分に分け，それぞれの部分で正方形と円を作る．2 つの図形の面積の和が最大となるときの，2 つの部分の長さの比を求めよ．

2 6 21 根底 実戦 入試

右図のように，半径が 1 で面積が c (c は正の定数) であるおうぎ形がある．線分 OA 上の 2 点 P，Q が右図のように PQ=QA を満たしながら動くとき，O を中心として P を通る円と Q を通る円を描いてできる斜線部分の面積 S の最大値を c で表せ．

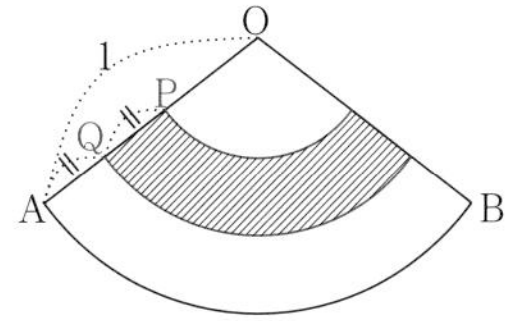

2 6 22 根底 実戦 入試 5 6 後 ハイレベル⬆

平面上に，1 辺の長さが $2\sqrt{3}$ で G を重心とする正三角形 T_0 と，G を中心として T_0 を 180° 回転した正三角形 T_1 がある．また，正三角形 T_2 は，G を中心として T_1 と相似の位置にあり，相似比は $1 : x$ (x は正) であるとする．

条件 (*)：「T_0に含まれ T_2に含まれない部分と
T_2に含まれ T_0に含まれない部分が両方ともある」

のもとで，T_0 と T_2 の片方だけに含まれる部分の面積を S とする．S の最小値，およびそのときの x の値を求めよ．

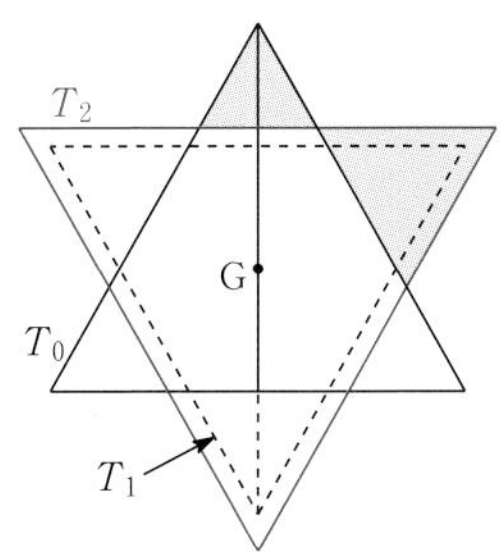

2 6 23 根底 実戦 入試 ハイレベル⬆

表面積 S が一定である直円錐 C について，体積 V の最大値を求めよ．

2 6 24 根底 実戦 入試 終着

単価が 1000 円 (消費税込み) である商品 C がある．一定期間において，C を x 円値上げすると売り上げ個数が ax % (a は正の定数) 減少することがわかっている．ただし，$0 \leq x < \dfrac{100}{a}$ とする．一定期間における C の売上総額を最大化するには，何円値上げするべきか．

語記サポ 商品 =commodity

7 2次方程式

1 方程式の解とは？

文字 x に関する条件[→195]で，等号で書かれたものを，x の**方程式**といいます．

x の2次の方程式

$$f(x) := x^2 + x - 6 = 0 \cdots ①$$

について考えます．

☆ $x = 2$ のときの左辺の値は，$f(2) = 4 + 2 - 6 = 0$．よって，$x = 2$ は①の解である．
$x = 1$ のときの左辺の値は，$f(1) = 1 + 1 - 6 \neq 0$．よって，$x = 1$ は①の解ではない．

このように，x に代入したとき等号を成り立たせる値を，その方程式の**解**といいます．

参考 19「集合・論理」で学んだ用語を用いると，次のように言い表せます：
x に関する条件①の真理集合を S として，「2」は S の要素であり，「1」は S の要素ではない．■

次に，方程式①は，左辺を因数分解すると

$(x - 2)(x + 3) = 0$ となるから，「積=0」の形

★ $x - 2 = 0$ または $x + 3 = 0$．

$\therefore$ ①の解は，$x = 2, -3$．

語記サポ このように，方程式の**全ての**解を求めることを，その方程式を**解く**といいます．■

☆で考えた解：$x = 2$ は，方程式①の1つの解であるに過ぎません．一方，★のように左辺を因数分解すると，①の全ての解が得られます．

以上をまとめると，「方程式の解」に対して，次の2つの見方があることがわかります：

> **方程式の解** 原理 既習者
>
> x の2次の方程式 $f(x) := ax^2 + bx + c = 0 \cdots ②$ について…
>
> **❶ 数値代入**
>
> $f(\alpha) = 0$ のとき，α は②の **1 つの解**である．（上記☆）
> （$=$：数値として等しい）
>
> **❷ 因数分解**
>
> $f(x) = a(x - \alpha)(x - \beta)$ と式変形できるとき，②の**すべての解**は「α, β」である．（上記★）
> （a：x^2 の係数は a，$=$：式として一致）

今後，「方程式の解」について考えるときは，つねにこの2つを念頭に置くようにしましょう．

注 等号「=」には，2つの意味があり[→115 重要]，上記において次の意味で使っています：

❶「数値」として等しい

❷「式」として等しい

例題 27a 2次方程式の基本 重要度↑ 根底 実戦 [→演習問題 2111]

方程式 $2x^2 + x - 1 = 0 \cdots (*)$ について答えよ．

(1) $x = 1$ は $(*)$ の解か？　　(2) $(*)$ を解け．

方針 (1) $x=1$ は (∗) の1つの解か？と問われています．→❶：「数値代入」

(2) (∗) の全ての解を求めよと要求されています．→❷：「因数分解」

解答 (1) $x=1$ のとき，

「値」としての「＝」

左辺 $=2+1-1\neq 0$.

よって，$x=1$ は (∗) の1つの解ではない．//

(2) (∗) を変形すると

(∗) の左辺と「式」として一致

$(x+1)(2x-1)=0$

よって，(∗) の全ての解は，$x=-1,\ \frac{1}{2}$．//

解説 答案において，必ずしも「1つの解」，「全ての解」と述べなければならない訳ではありませんが，自身の意識の中では常にこの区別が付いていることが望ましいです．

2 2次方程式の解の公式

2次方程式 $x^2=k^2$（k は実数の定数）…① を変形すると

$$x^2-k^2=0$$

$$(x-k)(x+k)=0$$ 「積=0」の形

よって，1❷により，$x=\pm k$ が①の全ての解です．

次に，2次方程式 $x^2-6x+7=0$ …② について考えます．①と違って，x が2か所にあるので，左辺を平方完成して x を集約しましょう．

$$(\boxed{x-3})^2=2$$ 右辺は$(\sqrt{2})^2$

これで①と同じ形になったので，②の全ての解は

$\boxed{x-3}=\pm\sqrt{2}$ より　$x=3\pm\sqrt{2}$.

これと同じ流れで，実数係数の2次方程式の解の公式が次のようにして得られます（今後，実数係数であることを断らないこともあります）．

$ax^2+bx+c=0\ (a\neq 0)$ …③

を前記と同様に変形すると，

$$x^2+\frac{b}{a}x+\frac{c}{a}=0.$$ $a\neq 0$

$$\left(x+\frac{b}{2a}\right)^2=\left(\frac{b}{2a}\right)^2-\frac{c}{a}$$

$$\left(x+\frac{b}{2a}\right)^2=\frac{\boxed{b^2-4ac}}{4a^2}. \quad \cdots④$$

$\boxed{b^2-4ac}\geq 0$ のとき，

この符号が重要！→3

$$\left(x+\frac{b}{2a}\right)^2=\left(\frac{\sqrt{\boxed{b^2-4ac}}}{2a}\right)^2.$$

$$x+\frac{b}{2a}=\pm\frac{\sqrt{\boxed{b^2-4ac}}}{2a}.$$

∴③の全ての解は，

$$x=\frac{-b\pm\sqrt{\boxed{b^2-4ac}}}{2a}. \quad \cdots⑤$$

③において $b=2b'$ と書いたとき，⑤は

$$x=\frac{-2b'\pm\sqrt{(2b')^2-4ac}}{2a}$$
$$=\frac{-2b'\pm 2\sqrt{b'^2-ac}}{2a}$$
$$=\frac{-b'\pm\sqrt{b'^2-ac}}{a}$$

となり，⑤よりも簡便化されます．

注 この証明は，自分でもやってみましょう．

（次ページへ続く）

以上で，次の**解の公式**が得られました．

2 次方程式の解の公式 定理 係数は実数

❶ $ax^2+bx+c=0$ の全ての解は，$x=\dfrac{-b\pm\sqrt{\boxed{b^2-4ac}}}{2a}$.

❷ $ax^2+2b'x+c=0$ の全ての解は，$x=\dfrac{-b'\pm\sqrt{\boxed{b'^2-ac}}}{a}$.

❶にはあった分母の「2」とルート内の「4」がなくなっている

今後，"b' の公式" と呼ぶことにします

例題 2 7 b 解の公式 根底 実戦

[→演習問題 2 11 2]

次の 2 次方程式を解け．

(1) $3x^2+5x-1=0$ (2) $x^2-6x+3=0$

着眼 (1)，(2)とも，左辺をキレイに因数分解することはできなさそうなので，解の公式を用います．左辺における x の項の係数に注目すると，(1)では奇数なので公式❶を，(2)では偶数なので公式❷を適用します．((1): $a=3, b=5, c=-1$ (2): $a=1, b'=-3, c=3$ ですね．)

解答 (1) $x=\dfrac{-5\pm\sqrt{5^2-4\cdot3\cdot(-1)}}{2\cdot3}=\dfrac{-5\pm\sqrt{37}}{6}$.//

(2) $x=\dfrac{-(-3)\pm\sqrt{(-3)^2-1\cdot3}}{1}=3\pm\sqrt{6}$.//

注 薄字部分は暗算で片付けること．特に，(2)における「分母の 1」は書かないで済ますべし！

3 判別式

前項で，実数係数の 2 次方程式 $ax^2+bx+c=0$ …③ を変形して得られた

$$\left(x+\frac{b}{2a}\right)^2=\frac{\boxed{b^2-4ac}}{4a^2}\ \cdots④$$

分母は正

に注目しましょう．ここに現れた「$\boxed{b^2-4ac}$」は，「解の公式⑤のルート内」であり，方程式③の「判別式」と呼ばれます．「解の公式」は，判別式が 0 以上であることを前提に導いたものでした．

それでは，判別式の符号に応じて④，つまり③の解がどのようになるかを比べてみましょう．

i) 判別式 >0 のとき，④は

$\left(x+\dfrac{b}{2a}\right)^2=$ 正の実数

$x=-\dfrac{b}{2a}\pm\sqrt{\text{正の実数}}$

異なる 2 つの実数解．[1)]

ii) 判別式 $=0$ のとき，④は

$\left(x+\dfrac{b}{2a}\right)^2=0$

$x=-\dfrac{b}{2a}\pm\sqrt{0}=-\dfrac{b}{2a}$

i) の 2 解が重なった．**重解**という．[2)]

iii) 判別式 <0 のとき，④は

$\left(x+\dfrac{b}{2a}\right)^2=$ 負の実数

実数解は存在しない．[3)]

語記サポ 1)：今後，「実数解」のことを短く「実解」と呼んでしまうことがあります．

注 2)：この場合も，「2 つの実数解をもつ」といいます．**[→次項]**

将来 3)：数学Ⅱ「いろいろな式」で，$i^2=-1$ を満たす「虚数単位 i」なるものを導入すると，「iii) のとき，③は異なる 2 つの虚数解をもつ」となります．また，このケースでも解の公式⑤はそのまま使えるようになっています．

判別式 **定義**

実数係数の 2 次方程式 $ax^2+bx+c=0$ …③ の解の公式：

$$x=\frac{-b\pm\sqrt{\boxed{b^2-4ac}}}{2a}$$ の ルート内 のことを**判別式**という． ここだけしっかり覚える！

判別式の符号により，③の解の在り方が判別できる．

（正→異なる 2 実解，0 →実数の重解 $\frac{-b}{2a}$，負→実数解なし） ここを丸暗記するな！

注 上記カッコ内をガチガチに暗記しないこと．「判別式とは解の公式のルート内」．これさえわかっていれば，その場で“2 秒”考えれば思い出せます．（笑）

語記サポ 判別式 (discriminant) は，しばしば「D」と表します．

将来 ただし，将来は他のものを「D」という名称で書くこともあります（数学Ⅱの領域など）から，入試答案において「判別式」を断りなく「D」と書くことは慎みましょう．

補足 2 の公式❷：“b' の公式” のルート内は，判別式 D の値の 4 分の 1 ですから，$\frac{\text{判別式}}{4}$ もしくは $\frac{D}{4}$ と書きます．

将来 **注** 解の公式は，係数が実数であるときのみ使えます．また，判別式の符号による解の虚実の判定も同様です．

例題 2 7 C 判別式による解の判別 根底 実戦

[→演習問題 2 11 3]

2 次方程式 $x^2-3x+a=0$（a は実数の定数）…① について答えよ．

(1) ①が重解をもつような a の値を求めよ．

(2) ①が 2 つの実数解をもつような a の値の範囲を求めよ．

(3) ①が異なる 2 つの実数解をもつような a の値の範囲を求めよ．

(4) ①が実数解をもたないような a の値の範囲を求めよ．

方針 全問，判別式の符号を考えます．その際，「判別式」とは，「解の公式のルート内」であることをしっかり意識して．

解答 ①の判別式を D とおくと，$D=9-4a$．

(1) $D=9-4a=0$ より，$a=\frac{9}{4}$．//

(2) **注** 「重解」の場合も 2 つの実数解と数えます．[1] ■

$D=9-4a\geqq 0$ より，$a\leqq\frac{9}{4}$．//

(3) **注** 「重解」の場合，異なる実数解の個数は「1」です．■

$D=9-4a>$ より，$a<\frac{9}{4}$．//

(4) $D=9-4a<0$ より，$a>\frac{9}{4}$．//

注 [1]：釈然としない人が多いでしょうが，とりあえず「そういうものだ」と覚えてください（笑）．次項で詳しく解説します．

4 解と因数分解

1 で見たように，2 次方程式 $ax^2+bx+c=0$ …① の左辺が

左辺 $=a(x-\alpha)(x-\beta)$

と因数分解できるとき，① の 2 つの解は $x=\alpha,\ \beta$ です．

逆に言うと，2 次方程式①の 2 つの解がわかれば，それを用いて左辺を因数分解することができます．つまり，次の関係が成り立ちます：

2 次方程式の解と因数分解 原理

★ 2 次方程式 $ax^2+bx+c=0$ …① について

①の 2 つの解が $x=\alpha,\ \beta$

$\Longleftrightarrow$ 左辺 $=a(x-\alpha)(x-\beta)$ と因数分解できる

例題 2 7 d 解と因数分解 重要度↑ 根底 実戦

[→演習問題 2 11 5]

次の 2 次式を因数分解せよ．

(1) $f(x)=x^2-2x-2$　(2) $g(x)=2x^2-3x-3$　(3) $h(x)=-3x^2+6x-3$

方針 (1), (2)は解の公式を利用します．(3)ではその必要はありませんね．

解答 (1) 方程式 $f(x)=0$ の 2 解は $x=1\pm\sqrt{3}$ だから

$f(x)=1\cdot\left\{x-\left(1+\sqrt{3}\right)\right\}\left\{x-\left(1-\sqrt{3}\right)\right\}$ …… x^2 の係数は，たとえ「1」でも書く！

$=\left(x-1-\sqrt{3}\right)\left(x-1+\sqrt{3}\right)$.//

(2) 方程式 $g(x)=0$ の 2 解は $x=\dfrac{3\pm\sqrt{33}}{4}$ だから

$$g(x)=2\left(x-\frac{3+\sqrt{33}}{4}\right)\left(x-\frac{3-\sqrt{33}}{4}\right).$$ // …… x^2 の係数 2 を忘れずに！

(3) $h(x)=-3\cdot(x^2-2x+1)=-3(x-1)^2$.//

参考 方程式「左辺 $=0$」の判別式は，(1)：正，(2)：正，(3)：0 です．

重要 (3)で，2 次方程式 $h(x)=0$ を考え，上記★と対比してみましょう：

★：　$a(x-\alpha)(x-\beta)=0$ → 2 つの解 $x=\alpha,\ \beta$ をもつ

(3)：$-3(x-1)(x-1)=0$ → 2 つの解 $x=1,\ 1$ をもつ

このように，左辺の因数分解が同一な 2 つの因数「$(x-1)$」，「$(x-1)$」となる場合にも，上の★に倣って「2 つの解は 1，1 である」という 1) ことにします．こう定めれば，$\alpha=\beta$ のケースも含めて，つねに 2) 上記★の原理が成り立つのでありがたいですね．

語記サポ (3)のように，左辺に同一な 2 つの因数があって，$(x-\alpha)^2=0$ のように平方式が現れるとき，α をこの方程式の**重解**と呼びます．この方程式の「2 つの解」は $\alpha,\ \alpha$ です．

注意！ 1)：学校教科書のこの点に関する記述は，数学Ⅰ段階では不正確であり，数学Ⅱに行ってから正されることがあります．気を付けましょう．

言い訳 解を求めるまでもなく因数分解できる(3)は，この話を持ち出すために入れました（笑）．

将来 2)：数学Ⅱで「虚数解」について学べば，実数解がないときも含めてつねに★は成り立ちます．

5 解と係数の関係

1 方程式の解❷：「全ての解」，つまり前項の★から，次の関係が得られます：

解と係数の関係（2 次方程式） 定理

2 次方程式 $ax^2+bx+c=0$ …① について

①の 2 つの解が $x=\alpha,\ \beta$

$\overset{\bigstar}{\Longleftrightarrow}\ ax^2+bx+c=a(x-\alpha)(x-\beta).$ 式として等しい

両辺の係数を比較して 解の基本対称式

$$\begin{cases} x\cdots b=-a\cdot(\alpha+\beta), \\ \text{定数項}\cdots c=a\cdot\alpha\beta. \end{cases} \quad \therefore \begin{cases} \alpha+\beta=-\dfrac{b}{a}, \\ \alpha\beta=\dfrac{c}{a}. \end{cases}$$

注意！ 最後の結果だけ丸暗記して学力を下げている人のなんと多いことか！大切なのは，あくまでも★を付した同値関係：「解と因数分解」です．

将来 数学Ⅱでは，3 次方程式についてもこれと同様な解と係数の関係を学びます．

例題 2 7 e 解と係数の関係 根底 実戦

[→演習問題 2 11 7]

(1) $a,\ b$ は定数で $b\neq 0$ とする．方程式 $x^2+ax+b=0$ …① の 2 つの解を $\alpha,\ \beta\ (\neq 0)$ とするとき，$\dfrac{1}{\alpha},\ \dfrac{1}{\beta}$ を 2 つの解とする方程式を 1 つ求めよ．

(2) $a,\ b$ は定数とする．方程式 $x^2+(x-a)(x-b)=0$…㋐ の 2 つの解を $\alpha,\ \beta$ とするとき，方程式 $x^2-2(x-\alpha)(x-\beta)=0$…㋑ の 2 つの解を求めよ． (1)，(2)は独立した問題

方針 (1)「2 つの（全ての）解」をしっかりと表現します．

着眼 (2) $(x-a)(x-b)$，$-2(x-\alpha)(x-\beta)$ という「因数分解」された形が目につきますね．

解答 (1) $\alpha,\ \beta$ は①の 2 解だから

$\underline{1}\cdot x^2+ax+b=\underline{1}\cdot(x-\alpha)(x-\beta).$[1)]

$\alpha+\beta=-\dfrac{a}{1}=-a,\ \alpha\beta=\dfrac{b}{1}=b.$ …②

求める方程式は，$\dfrac{1}{\alpha},\ \dfrac{1}{\beta}$ を 2 解とするので

$\left(x-\dfrac{1}{\alpha}\right)\left(x-\dfrac{1}{\beta}\right)=0.$ 2 つの解→因数分解

この左辺において，②より

x の係数 $=-\left(\dfrac{1}{\alpha}+\dfrac{1}{\beta}\right)=-\dfrac{\alpha+\beta}{\alpha\beta}=\dfrac{a}{b}.$

定数項 $=\dfrac{1}{\alpha}\cdot\dfrac{1}{\beta}=\dfrac{1}{b}.$

よって求める方程式は

$x^2+\dfrac{a}{b}x+\dfrac{1}{b}=0$. i.e. $bx^2+ax+1=0$.//

(2) ㋐の 2 解が $\alpha,\ \beta$ だから

$x^2+(x-a)(x-b)=\underline{2}(x-\alpha)(x-\beta).$

$\therefore x^2-\underline{2}(x-\alpha)(x-\beta)=-(x-a)(x-b).$

よって，㋑は，$-(x-a)(x-b)=0$ となり，その 2 つの解は，$a,\ b$.//

解説 1)：(1)では，②のように「解と係数の関係」の結果を使いましたが，それでも**必ず**「因数分解」というプロセスを思い浮かべること！

(2)は，そのプロセスだけで解決です．結果の方を用いると激しく遠回り（笑）．

6 解とグラフ

例題 1 7 e「1 次不等式の実用」では，不等式の解を，関数のグラフを用いて視覚的にとらえることを利用しました．それと同様の手法を，方程式の実数解に対して適用してみましょう．

放物線 $y = ax^2 + bx + c$ と x 軸（直線 $y = \underline{0}$）が共有点をもつ時，その x 座標は 2 次方程式 $ax^2 + bx + c = \underline{0}$ の実数解と一致します．

共有点と解 **原理**

放物線：$y = ax^2 + bx + c$ と x 軸（直線 $y = \underline{0}$）の共有点の x 座標 $\longleftrightarrow$ 2 次方程式 $ax^2 + bx + c = \underline{0}$ の実数解

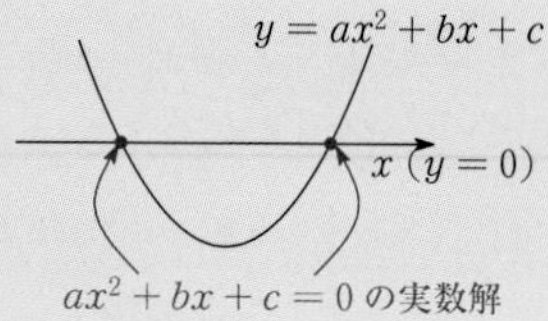

以下で，2 次方程式の判別式 D の符号に応じて，$y =$ 左辺 のグラフがどうなるかを見ていきます．前項で考えた「解と左辺の因数分解」も参考として書いておきます．

(i) $2x^2 - 6x + 1 = 0$

$\dfrac{D}{4} = 9 - 2 = 7 > 0$．解は $x = \dfrac{3 \pm \sqrt{7}}{2}$（異なる 2 実解）．（"$b'$ の公式" より）

左辺 $= \underset{\uparrow}{2}\left(x - \dfrac{3 + \sqrt{7}}{2}\right)\left(x - \dfrac{3 - \sqrt{7}}{2}\right)$．[1)]

└ 2 が付くことに注意！

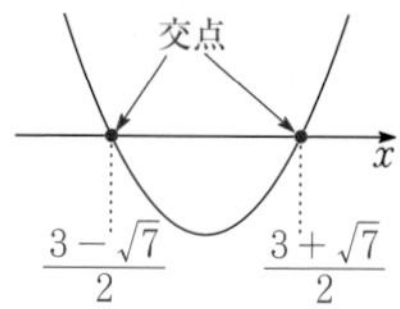

$y =$ 左辺 のグラフは，x 軸と異なる 2 点で**交わる**．この共有点を**交点**[2)]という．

(ii) $4x^2 - 12x + 9 = 0$

$\dfrac{D}{4} = 36 - 36 = 0$．解は $x = \dfrac{6 \pm \sqrt{0}}{4} = \dfrac{3}{2}$（重解）．

左辺 $= 4\left(x - \dfrac{3}{2}\right)\left(x - \dfrac{3}{2}\right)$ （4 が付く！）

$= (2x - 3)^2$．

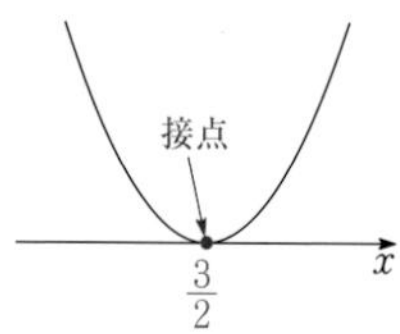

$y =$ 左辺 のグラフは，x 軸と 1 点で**接する**[3)]．この共有点を**接点**[4)]という．

(iii) $x^2 - 2x + 2 = 0$

$\dfrac{D}{4} = 1 - 2 = -1 < 0$．実数解はない．

左辺 $= (x - 1)^2 + 1$． （実数^2 − 実数^2 の形にはできない）

これは，実数係数では[5)]因数分解できない．

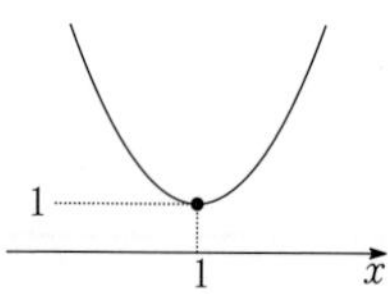

$y =$ 左辺 のグラフは，x 軸と共有点をもたない．

解説 1)：これは，2 6 ❷：「切片形」そのものですね．

語記サポ 2)4)：「交点」と「接点」を総称して「**共有点**」と呼びます．

3)：「接する」とは，数学Ⅰ段階では「ギリギリ 1 点で触れる」様子を表していると思っておけば OK です．本当の意味は，**[→数学Ⅱ微分法]**

注 (ii)では，「方程式が**重解**をもつ」，「グラフと x 軸が**接する**」の 2 つの現象が起きています．今後においても，この 2 つはしばしば同時に起こります **[→例題 2 7 f (2)]**．数学Ⅱ「微分法」で，さらに詳しく重解 $\longleftrightarrow$ 接するという関係について学びます．

将来 5)：数学Ⅱにおいて，ケース(iii)でも複素数係数でなら因数分解でき，前ページの★のように言えることを学びます．

例題 2 7 f　解とグラフ　重要度↑　根底 実戦

[→演習問題 2 11 8]

a は実数の定数とする．x の関数 $f(x)=ax^2+(a+1)x+a$ を考え，関数 $y=f(x)$ のグラフを C とする．次の条件を満たす a の値をそれぞれ求めよ．

(1)　C が x 軸と異なる 2 点で交わる．

(2)　C と x 軸がちょうど 1 つの点を共有する．(共有点の x 座標も答えよ．)

(3)　C と x 軸が接しており，なおかつ C が y 軸の正の部分と交わる．

(4)　C と x 軸が，$x>1$, $x<1$ において 1 回ずつ交わる．

注意！　$f(x)$ は一見すると 2 次関数ですが…，$a=0$ の可能性もあり，その時は 1 次関数です．

方針　関数 $f(x)$ を平方完成する手もありますが，分数計算が少し面倒なので，「方程式の**解**」の話にすり替え，**判別式**などを用いて考えていきます．

解答　$a=0$ のとき，$f(x)=x$. …①

$a \neq 0$ のとき，x の方程式 $f(x)=0$ …② の判別式は

$D=(a+1)^2-4a\cdot a$　○^{2} − △^{2} の形

$=(3a+1)(-a+1)$.　積の形→符号が分かる

(1)　題意の条件は，②が異なる 2 実解をもつこと，つまり

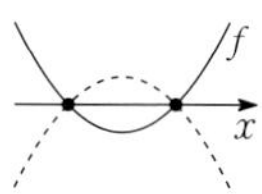

$a \neq 0$, かつ $D>0$.

これは，右図より

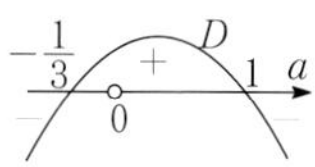

$-\dfrac{1}{3}<a<1$, $a \neq 0$.//

(2)　$a=0$ のとき，①より題意は成り立つ．

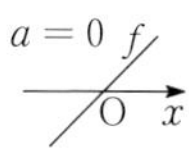

$a \neq 0$ のとき，題意の条件は，②が重解をもつこと，すなわち

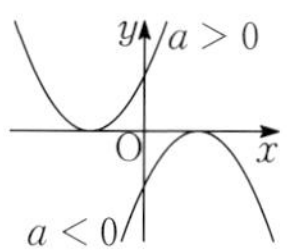

$D=0$. i.e. $a=-\dfrac{1}{3}$, 1.

このとき

$x=\dfrac{-(a+1)\pm\sqrt{0}}{2a}$.　解の公式において判別式が 0

以上より，求める a とそれに対応する x の値は

$(a,x)=(0,0)$, $\left(-\dfrac{1}{3},1\right)$, $(1,-1)$.//

(3)　(2)の 2 つの図からわかる通り，題意を満たす a は，(2)で求めた a のうち正のもの．よって，求める a は $a=1$.//

(4)　題意の条件が成り立つのは，$a \neq 0$ のもとで，次図のようになるとき．

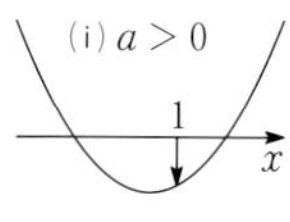

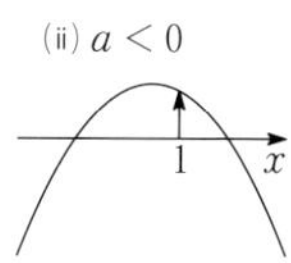

(i)のとき，題意の条件は

$a>0$, かつ $f(1)=3a+1<0$.

これを満たす a はない．

(ii)のとき，題意の条件は

$a<0$, かつ $f(1)=3a+1>0$.

以上より，求める a の範囲は

$-\dfrac{1}{3}<a<0$.//

解説　(1) 判別式を用いると，a の符号による場合分けは不要です．

(2)「共有点が 1 つ」を「解が 1 つ」と言い換えてはダメ．「重解」も「2 つの解」と言いますから．

(3) (2)のうち，$a=0$ のとき C は直線であり，x 軸と 1 点で**交わります**．接してはいません．

(4) これは，解の大きさがテーマですので，判別式では処理できません．

言い訳　(1)で，「$D>0$」を満たす a の範囲は，グラフの縦座標が正，つまりグラフが横軸 (a 軸) の上方にある部分ですね．本来は，次節：「2 次不等式」の内容ですが…

(2)の 2 番目の図は，凹凸のみ考慮して描いたもので，頂点が y 軸のどちら側にあるかまでは考えていません．結果として正しく描けていたのは偶然です (笑)．

8 2次不等式

注意！ 2 次不等式 $ax^2+bx+c<0$ などを解く方法として，「式変形」と「グラフを利用」の 2 通りがあります．現行の教科書では，後者しか学びませんが，これが**高校生全体の学力低下の原因**となっています．**必ず**両方ともマスターしてください！

1 因数分解による解き方 「式」による

2 次不等式 $x^2-5x+6<0$ …① の左辺を因数分解すると

$(x-2)(x-3)<0.$ 「積 vs 0」の形

左辺にある 2 つの個々の因数 $x-2$, $x-3$ の，x の増加にともなう符号変化を考えると，左辺全体の符号は右の表のようになります．この表から，①の解は $2<x<3.$ //

x が増加する向き

x	…	2	…	3	…
$x-2$	−	0	+	+	+
$x-3$	−	−	−	0	+
$f(x)$	+	0	−	0	+

注 実際に解くときには，この表をマジメに作るのは面倒なので，右図のように数直線上に左辺全体の符号を表して片付けてしまいます．

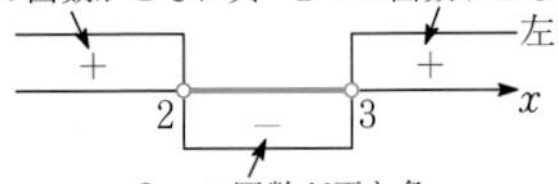

語記サポ 2 次不等式①の解を求めることを，「①を解く」といいます．

2 グラフ+方程式による解き方 「関数」による

2 次不等式 $3x^2-2x-2<0$ …② を，$y=$ 左辺 のグラフ C を用いて解いてみましょう．

$3>0$ より**グラフ** C は下に凸．

方程式：左辺 $=0$ の実数解，つまり C と x 軸の交点の x 座標は，$x=\dfrac{1\pm\sqrt{7}}{3}$.

以上より，左辺の符号は右図の通り．②の解は，放物線 C が x 軸より下側にある x の範囲を考えて，$\dfrac{1-\sqrt{7}}{3}<x<\dfrac{1+\sqrt{7}}{3}$. //

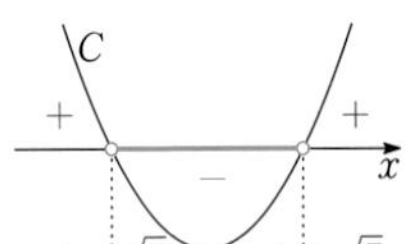

3 2通りの方法 既習者

不等式①は，2 と同様に $y=(x-2)(x-3)$ のグラフを利用して解くこともできます．

逆に不等式②を，7 4 のように左辺を因数分解して 1 と同様に解くことも一応は可能です．

このように，2 次不等式には常に 2 通りの解き方があります．

2 次不等式 $ax^2+bx+c<0$ の解き方 方法論 「>」や「≦」などでも同様

❶ **[式による]** $(x-2)(x-3)<0$ のように，左辺を因数分解して「積 vs 0」の形にし，左辺にある各因数の**符号**から，左辺全体の**符号**を考える．

❷ **[関数による]** $y=$ 左辺の **グラフ**と，**方程式**：左辺 $=0$ の実数解を利用する．

解説 2 次不等式の解き方としては，どちらかというと解法❷の方が簡便かもしれません．

将来 しかし，ここで解法❶もマスターしておくと，数学Ⅱ以降で有利になります．
両者を使いこなせるようになると，あまり違いを感じなくなります．実際，両者で使用した図：1 解法❶の数直線と 2 解法❷のグラフを比べると，「符号」に関してはほぼ同じ情報を表していますね．実は，関数のグラフを描く際にも，「個々の因数の**符号**から左辺全体のを**符号**を考える」という視点を利用することが，将来は頻発します！

例題 28a 2次不等式を解く 重要度↑ 根底 実戦

[→演習問題 2 11 9]

次の 2 次不等式を解け.

(1) $x^2 < 8$ (2) $2x^2 - 5x - 3 \geq 0$ (3) $-3x^2 + 4x + 5 \geq 0$ (4) $x^2 + 6x + 9 \leq 0$

方針 (1) 因数分解すると, $\sqrt{8} = 2\sqrt{2}$ が現れて書くのがメンドウなので, ❷で解きます.

(2) キレイに因数分解できそう. 前記❶, ❷の 2 通りの方式で解いてみます.

(3) キレイな因数分解は無理そうなので, ❷. 両辺を -1 倍して x^2 の係数を正にすると楽.

(4) 左辺は完全平方式になりますね. ❶, ❷のどちらでも解答できます.

解答

(1) 与式は $x^2 - 8 < 0$. 方程式：左辺 $= 0$ を解くと

$x = \pm 2\sqrt{2}$.

よって, 求める解は

$-2\sqrt{2} < x < 2\sqrt{2}$.//

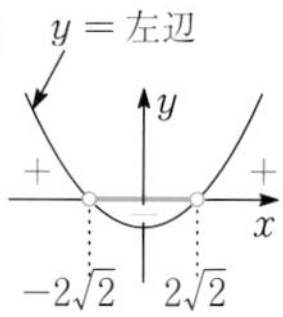

(2) 与式を変形すると, $(2x+1)(x-3) \geq 0$.

[解法❶]

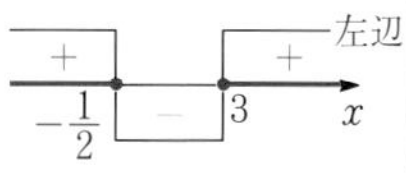

[解法❷]

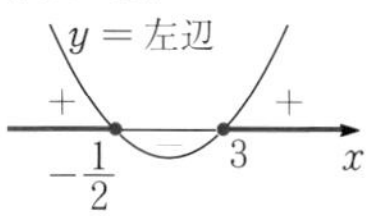

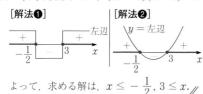

よって, 求める解は, $x \leq -\frac{1}{2},\ 3 \leq x$.//

(3) 与式の両辺を -1 倍して

$3x^2 - 4x - 5 \leq 0$.

方程式：左辺 $= 0$ を解くと

$x = \frac{2 \pm \sqrt{19}}{3}$.

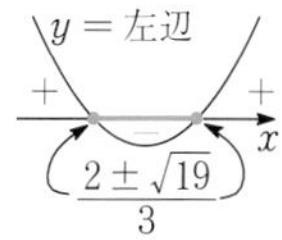

よって, 求める解は

$\frac{2 - \sqrt{19}}{3} \leq x \leq \frac{2 + \sqrt{19}}{3}$.//

(4) 与式を変形すると

$(x+3)^2 \leq 0$.[1)]

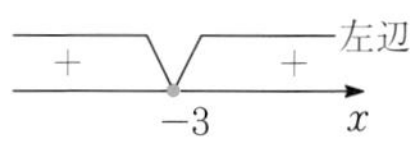

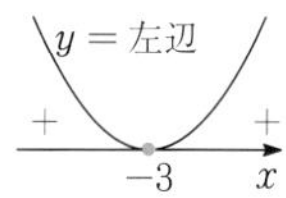

よって, 求める解は, $x = -3$.//

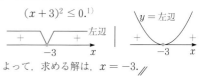

解説 (1)「$x^2 < a$ (a は正の定数)」の解は「$-\sqrt{a} < x < \sqrt{a}$」. これは, ほとんど記憶！

(2) ここで用いた 2 つの手法が, 全ての不等式のベースになります. 良く理解してマスターしましょう. (実際の試験では, どちらか片方のみを答案に書けば OK)

(3) 両辺を -1 倍すると, 不等号の向きが逆転することに注意しましょう. もちろん,「 $\geq$ 」のままでも解答できます. その際には, グラフが上に凸となり, 結局は同じ答えが得られます.

(4)[1)]：左辺は完全平方式ですから常に 0 以上です. よって,「 ≤ 0」つまり「< 0 または $=0$」となる x は,「$x = -3$」ただ 1 つですね.

注 この **解答** ではグラフなどをしっかり描いていますが, やがては頭の中にイメージするだけでサッと片付けられるよう訓練してください.

重要 分数不等式：$\frac{2x+1}{x-3} \geq 0$ を解いてみましょう. お気付きの通り, (2)の左辺を因数分解した $(2x+1)(x-3) \geq 0$ とそっくりです. よって, 解法❶の考え方：「各部の符号から全体の符号がわかる」で臨めば, (2)と同じ解が得られますね. ただし, 分母≠0 なので, $x \leq -\frac{1}{2},\ 3 < x$ となります.

注意！ 重要度↑本問を見てもわかる通り, 2 次不等式の解は問題ごとに様々な形で現れます. だからといって「x^2 の係数の符号」「判別式の符号」「>」「<」「 ≧ 」「 ≦ 」によって細かく分類して解を一覧表にして覚えるのは愚の骨頂！前記 2 通りの方法を**理解し, その場で**考えるべし.

[$a > 0$ のとき]	$D > 0$	$D = 0$	$D < 0$
$f(x) > 0$	$x < \alpha,\ \beta < x$	$x \neq \alpha$	任意の実数
$f(x) \geq 0$	$x \leq \alpha,\ \beta \leq x$	任意の実数	任意の実数
$f(x) < 0$	$\alpha < x < \beta$	解なし	解なし
$f(x) \leq 0$	$\alpha \leq x \leq \beta$	$x = \alpha$	解なし

[$a < 0$ のとき]	$D > 0$	$D = 0$	$D < 0$
$f(x) > 0$	$\alpha < x < \beta$	解なし	解なし
$f(x) \geq 0$	$\alpha \leq x \leq \beta$	$x = \alpha$	解なし
$f(x) < 0$	$x < \alpha,\ \beta < x$	$x \neq \alpha$	任意の実数
$f(x) \leq 0$	$x \leq \alpha,\ \beta \leq x$	任意の実数	任意の実数

例題 28b 2次不等式の係数決定 根底 実戦 入試

2 次不等式 $ax^2-(2a+4)x+4a\geq 0$ (a は 0 以外の実数) …① について答えよ.

(1) ①の解が $p\leq x\leq q$ (p, q は実数で $p<q$) の形に表せるような a の値の範囲を求めよ.

(2) ①が解が「全ての実数」となるような a の値の範囲を求めよ.

(3) ①が解がただ 1 つの実数となるような a の値を求めよ.

方針 左辺はキレイに「因数分解」出来なさそう. そこで,「グラフ&方程式」方式でいきます.

解答 ①の左辺を $f(x)$ とおき, $y=f(x)$ のグラフを C, 方程式 $f(x)=0$ を②, ②の判別式を D とおく.

(1) 題意の条件は

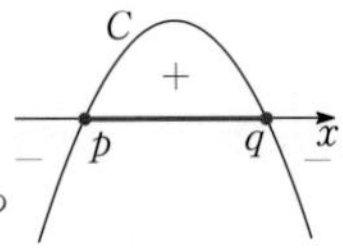

$\begin{cases} C\text{ が上に凸, かつ} \\ \text{②が異なる 2 実解をもつ} \end{cases}$

$\begin{cases} a<0, \quad \cdots\text{③かつ} \\ D/4=(a+2)^2-\underbrace{4a^2}_{(2a)^2}>0. \quad \cdots\text{④} \end{cases}$

④を, ③のもとで解くと

$(3a+2)(-a+2)>0.$

$3a+2>0.$ ($\because$ ③より $-a+2>0$)[1]

これと③より, 求める a の範囲は

$-\dfrac{2}{3}<a<0.$ //

(2) 題意の条件は

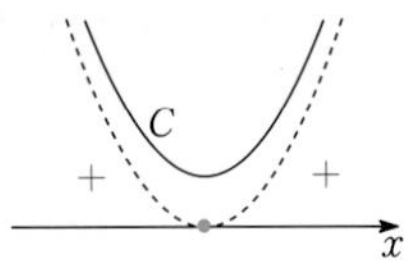

$\begin{cases} C\text{ が下に凸, かつ} \\ \text{②が実数解をもたない or 重解をもつ} \end{cases}$

$\begin{cases} a>0, \quad \cdots\text{⑤かつ} \\ D/4=(3a+2)(-a+2)\leq 0. \quad \cdots\text{⑥} \end{cases}$

⑥を, ⑤のもとで解くと

$-a+2\leq 0.$ ($\because$ ⑤より $3a+2>0$)[2]

これと⑤より, 求める a の範囲は

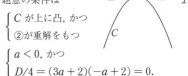

$a\geq 2.$ //

(3) 題意の条件は

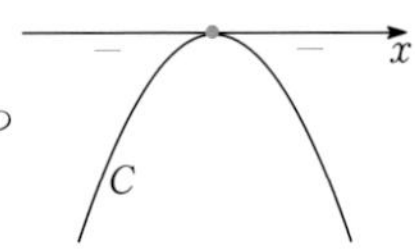

$\begin{cases} C\text{ が上に凸, かつ} \\ \text{②が重解をもつ} \end{cases}$

$\begin{cases} a<0, \text{ かつ} \\ D/4=(3a+2)(-a+2)=0. \end{cases}$

よって求める a の値は

$a=-\dfrac{2}{3}.$ //

解説 〔(1)参考図〕

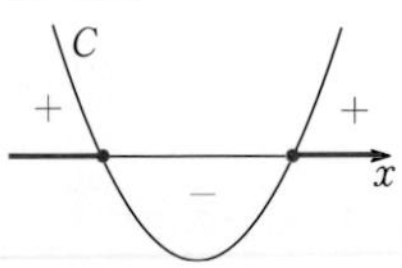

〔(2)参考図〕

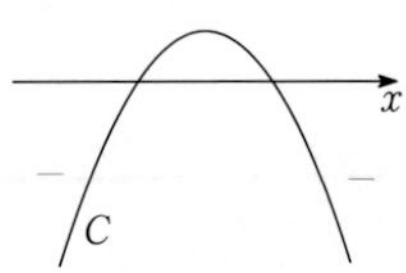

〔(3)参考図〕

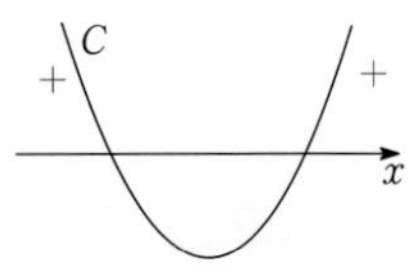

(1) もし $a>0$ だと, 〔(1)**参考図**〕のように, 不等式 $f(x)\geq 0$ の解は「$p\leq x\leq q$」という有限な範囲とはなり得ませんね.

(2) もし $a<0$ だと, 〔(2)**参考図**〕のように, $f(x)$ が負になる x の値ができてしまいますね.

(3) もし $a>0$ だと, 〔(3)**参考図**〕のように, $f(x)\geq 0$ となる x の範囲ができてしまいますね.

重要 1)2): このように,「$a<0$」や「$a>0$」という前提条件を念頭に置いて考えると, a の 1 次不等式へ帰着されます[→**演習問題** 2 11 10].

例題 2 8 C　絶対不等式（その1）　根底 実戦　入試　[→演習問題 2 11 13]

x の2次不等式 $x^2-2ax+a+1>0$ が，$0 \leqq x \leqq 2$ のときつねに成り立つような実数 a の値の範囲を求めよ．

方針　まずは左辺がキレイに因数分解できないことを確認．与式の左辺が「つねに正」ということは，すなわち「最小値ですら正」ということですね．よって，定義域と軸の位置関係を考えましょう．

解答　与式の左辺を $f(x)$ とおくと

$$f(x)=(x-a)^2-a^2+a+1$$

より，放物線 $y=f(x)$ の軸は $x=a$．そこで，a と 0, 2 の大小に注目して場合分けする．

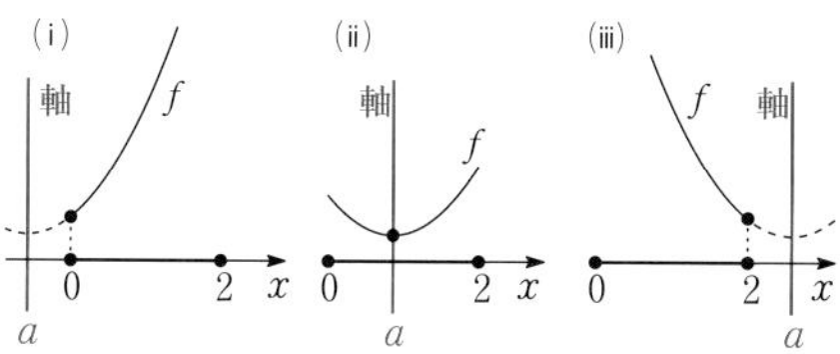

題意の条件を (*) とする．

(i)　$a \leqq 0$ のとき，(*) は

$f(0)=a+1>0$. $\therefore$ $-1<a \leqq 0$.

(ii)　$0<a<2$ のとき，(*) は

$f(a)=-a^2+a+1>0$.

$a^2-a-1<0$.

$\therefore 0<a<\dfrac{1+\sqrt{5}}{2}$.

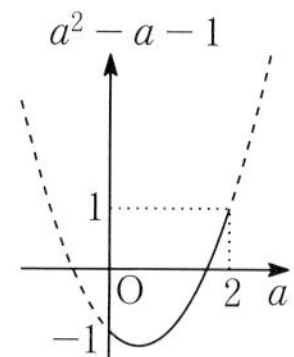

(iii)　$2 \leqq a$ のとき，(*) は

$f(2)=-3a+5>0$.

$2 \leqq a$ のときこれは不成立．

以上(i)〜(iii)より，求める範囲は

$$-1<a<\frac{1+\sqrt{5}}{2}.〃$$

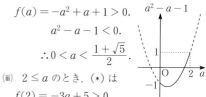

解説　● このような「つねに成り立つ不等式」のことを，俗に“絶対不等式”と呼んだりします．**方針** で述べた通り，実質的には「最小値」に関する問題です．

● x の範囲が「$0<x<2$」となると，いわゆる“端点”が抜けてしまい「最小値」が存在しなくなることがあります．しかし，「最小値」を“ギリギリ下の限界の値”（**下限**といいます）にすり替えれば，まったく同様に解けます **[→次の例題]**．

● 「最小値」をテーマとした **例題 2 3 b** と比べて，場合分けの仕方はそっくりですが，$f(x)$ と「0」との大小関係が問われている本問では $y=0$ のグラフ：「x 軸」は重要ですから，実線でしっかり描きました．

参考　● その **例題 2 3 b 参考** と同じように $\min f(x)$ を a の関数 $g(a)$ とみてグラフを描くと右の通りです．これを見ると，「$f(x)$ の最小値ですら正」となる a の範囲が一目でわかりますね．

〔$b=g(a)$〕

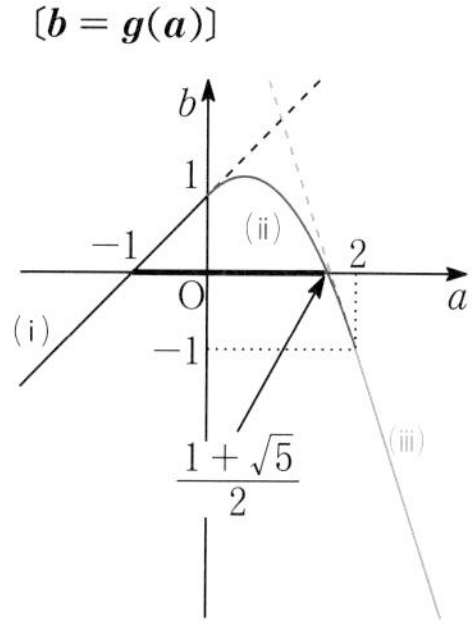

参考　与式を $x^2+1>2a\left(x-\dfrac{1}{2}\right)$ と変形し，放物線 $y=x^2+1$ と直線 $y=2a\left(x-\dfrac{1}{2}\right)$ の上下関係を視覚的にとらえて解答することもできます **[→例題 2 10 c]**．

第2章　2次関数

例題 2 8 d 絶対不等式（その2） 根底 実戦 入試

[→演習問題 2 11 16]

2 次不等式 $-3x^2-(a+1)x+a^2+2>0$ が，$-1<x<1$ のときつねに成り立つような実数 a の値の範囲を求めよ．

方針 まずは左辺がキレイに因数分解できないことを確認．

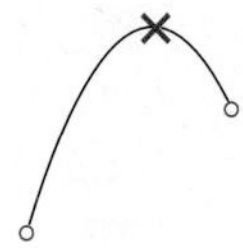

前問と同様，「つねに正」を，「“ギリギリ下の限界の値”（下限）ですら正[1]」と読み替えます．よって，最小値を考えるときと同じ方針でいきます．
ただし，$y=$ 左辺 のグラフが上に凸ですから，頂点の y 座標は最大値の候補でしかなく，「下限」になり得るのは「端点」のみですね．そこで…

解答 与式の左辺を $f(x)$ とおくと，放物線 $y=f(x)$ の軸は $x=-\dfrac{a+1}{6}$．これと定義域の中央：$x=0$ との大小に注目して場合分けする．

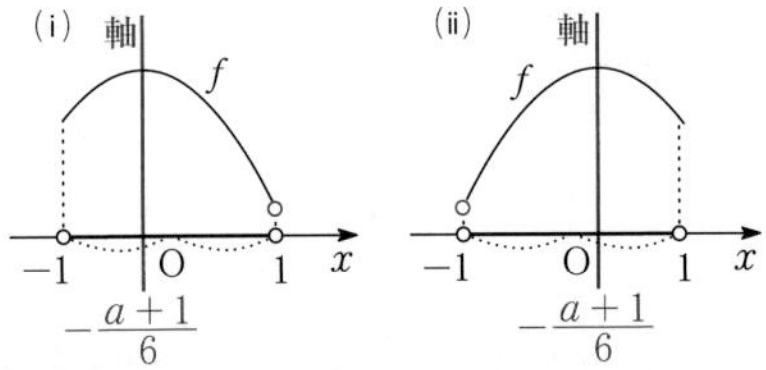

題意の条件を (*) とする．

(i) $-\dfrac{a+1}{6}<0$ i.e. $a>-1$ のとき，(*) は

$$f(1)=a^2-a-2=(a+1)(a-2)\geq 0.$$
$$a-2\geq 0\ (\because\ a+1>0).$$

よって，(i)での a の範囲は，$a\geq 2$.

(ii) $0\leq -\dfrac{a+1}{6}$ i.e. $a\leq -1$ のとき，(*) は

$$f(-1)=a^2+a=a(a+1)\geq 0.\ \cdots ①$$

$a\leq -1$ のとき，これはつねに成立．

よって，(ii)での a の範囲は，$a\leq -1$.

以上(i)，(ii)より，求める a の範囲は

$$a\leq -1,\ 2\leq a.$$ //

言い訳 [1]：正しくは「0 以上」となりますが，最初からそこまで精密に考えなくていいですよ．

解説 前記解答のように a の範囲ごとに分けて考えるのがマジメな解答ですが，

「下限ですら 0 以上」を「下限の**候補**が全て 0 以上」とすり替えて [→例題 2 3 a の後]

次のように解くこともできます：

本解 与式の左辺を $f(x)$ とおくと，放物線 $y=f(x)$ は上に凸．よって題意の条件は

$$\begin{cases} f(1)=a^2-a-2=(a+1)(a-2)\geq 0 \text{ かつ} \\ f(-1)=a^2+a=a(a+1)\geq 0. \end{cases}$$

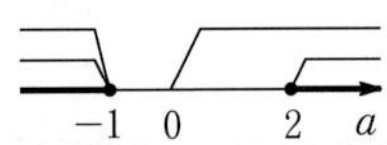

よって，求める a の範囲は

$a\leq -1,\ 2\leq a.$ // アッサリ解決（笑）

解説 ● 次の同値関係を，右図を見ながら確認してください．

「$-1<x<1$ においてつねに正」$\Longleftrightarrow$「$f(1)\geq 0$ かつ $f(-1)\geq 0$」

「$\Longrightarrow$」「$\Longleftarrow$」を別個に考えてください．凹凸がポイントです．

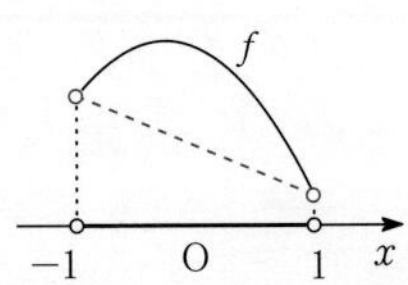

● 例えば①などで，「>」ではなく「 ≥ 」が正しいことは，「$f(-1)=0$」のとき題意は成り立つか否か？と考えれば理解できます．

参考 前問での「最小値」の**候補**は，$f(0)$, $f(2)$，および $f(a)$（ただし $0\leq a\leq 2$ のときのみ）です．このように，**候補**自体が a の範囲ごとに変化してしまうので，本問 **本解** の手法の有効性は少し薄れます．

例題 28e　2次不等式の整数解　根底 実戦　終着 入試　[→演習問題2 11 11]

a は実数の定数とする．2 次不等式 $2x^2+(6-a)x-a^2+3a<0$ …① について答えよ．

(1)　①が整数の解をもたないような a の値を求めよ．

(2)　①がちょうど 2 個の整数解をもつような a の値の範囲を求めよ．

注意！　何も考えずイキナリ「左辺を $f(x)$ とおくと…」などとしないように！まずは，因数分解してキレイに解けないか？と探ってみてください．いつでも，必ず！

定数項が $-a^2+3a=a(3-a)$ と積に分解できますから…

方針　a の値に応じて不等式の解が変化していきます．この「変化」を視覚的に捉える方法を用いると，とても明快に解答できます．

解答　①を変形すると

$(2x+a)(x-a+3)<0.$

そこで，$-\dfrac{a}{2}$ と $a-3$ の大小を調べる．

$(a-3)-\left(-\dfrac{a}{2}\right)=\dfrac{3}{2}(a-2).$　この符号で大小が判明

よって①の解は

$$(*)\begin{cases}-\dfrac{a}{2}<x<a-3\ (a>2 \text{のとき})\\ \text{解なし}\qquad (a=2 \text{のとき})\\ a-3<x<-\dfrac{a}{2}\ (a<2 \text{のとき})\end{cases}$$

この解は，次図のように表される（例として，$a=6,-1$ のときを太線で描いた）：

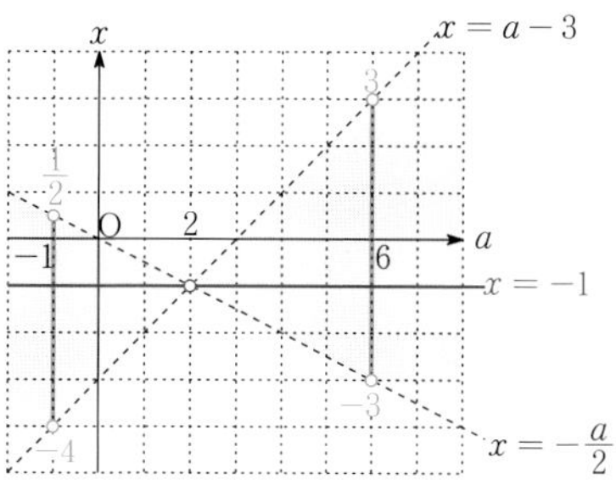

(1)　$a\neq2$ のとき，前図より①はつねに整数解 $x=-1$ をもつ．

$a=2$ のとき，(*) より①は整数解をもたない．

よって，求める値は $a=2$.//

(2)　図より結果はほぼ見えています

各 a に対する①の整数解の個数を $N(a)$ とおく．

(i) $a>2$ のとき，$N(a)$ は a の増加関数．

また，次表のようになる：

a	3	…	4	…	5
$a-3$	0	…	1	…	
$-\dfrac{a}{2}$	$-\dfrac{3}{2}$	…	-2	…	
整数解	-1	$-1, 0$	$-1, 0$	$-2, -1, 0, 1$	

(ii) $a<2$ のとき，$N(a)$ は a の減少関数．

また，次表のようになる：

a	-1	…	0	…	1
$a-3$		…	-3	…	-2
$-\dfrac{a}{2}$		…	0	…	$-\dfrac{1}{2}$
整数解		$-3, -2, -1, 0$	$-2, -1$	$-2, -1$	-1

以上(i)，(ii)より，求める範囲は，

$0\leq a<1,\ 3<a\leq4.$//

言い訳　(2)ではいちおう表など用いて“説明”を書きましたが，グラフを見ながら正しい結果を得ていればマルだと思われます．

補足　図に描いた 2 本の太線部は，普段は右図のように横方向に表しているものを縦方向に描き直したものです．

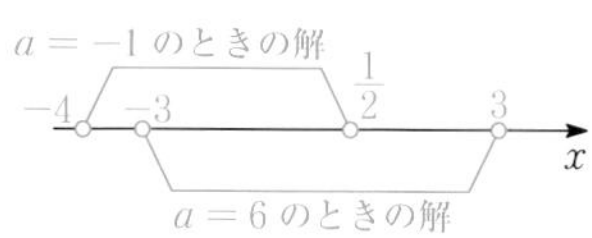

9 2次方程式の解の配置 既習者 重要

1 解の配置

例えば，2 次方程式の実数解の大きさに関する条件：

★ x の 2 次方程式 $f(x) := x^2 - ax + 2a = 0$ (a は実数) …①
　が区間 $I : x > 1$ に異なる 2 つの実数解をもつ

を満たすような実数 a の値の範囲を求めてみましょう．左辺はキレイには因数分解できず，解を公式で求め，a の不等式 $\dfrac{a \pm \sqrt{a^2 - 8a}}{2} > 1$ を解くのもタイヘンそうです．

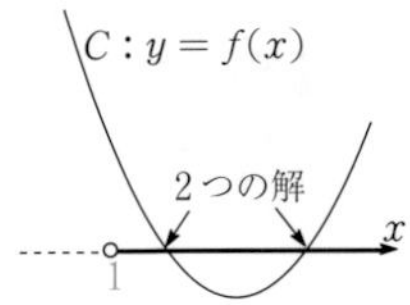

そこでグラフの利用です．76 で見たように，①の実数解 x とは，$f(x)$ が 0 となる x の実数値，つまり，放物線 $C : y = f(x)$ と x 軸の共有点の x 座標ですね．よって，★が成り立つための条件は，C(下に凸) が右図のようになることです．では，「右図のように」を具体的に立式しましょう．

ここでは，「$x > 1$」という解の範囲が重要ですから，まず，その区間の**端**における点 P$(1, f(1))$(下左図) に注目して，条件：「$f(1) > 0$ …②」を作ります．仮に $f(1) \leq 0$ だと下右図のようになり，★は成り立ちませんからこの条件は必要ですね．

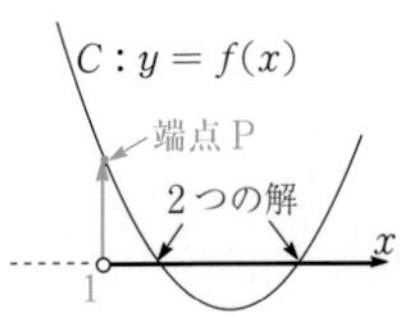

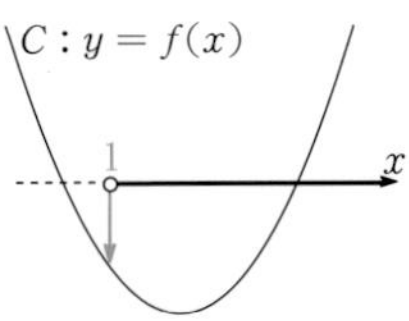

しかし，条件②だけでは★が成り立つとは限りません．$f(1) > 0$ であっても，下左図 C (ア), C (イ) のようなケースも考えられます．そこで，放物線において重要な役割を演じる点：頂点 Q に注目します (下中央図)．下左図にある C (ア)：「頂点が $x = 1$ より左」や C (イ)：「頂点が x 軸の上方」というケースを排除するために，「Q が下右図の赤色の範囲にある」という条件を追加しましょう．

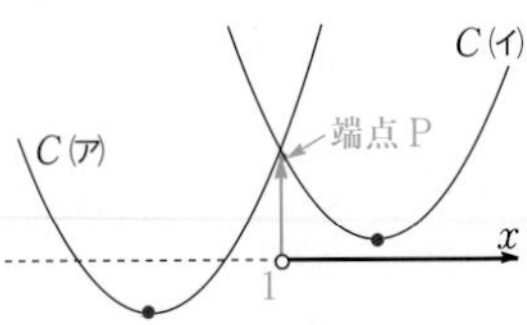

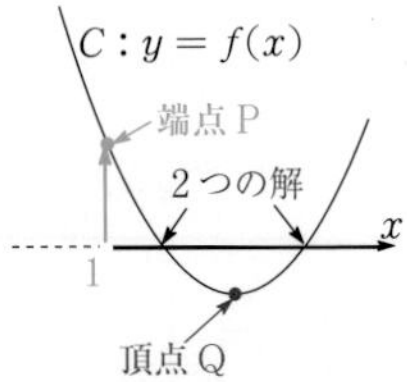

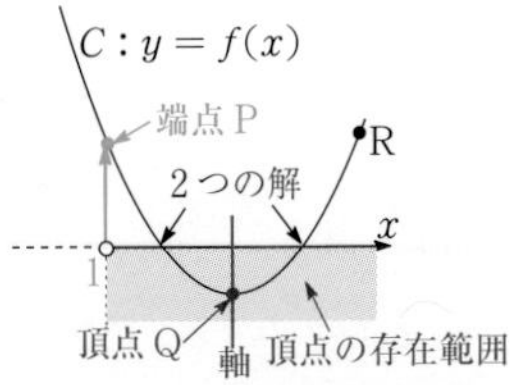

このように端点 P と頂点 Q の位置に関する条件を押さえれば，たしかに★が成り立つことが確認できます．C 上で x が充分大きい所に y 座標が正である点 R をとると，放物線 C と x 軸は，P と Q の間，Q と R の間で 1 度ずつ交わりますね！

以上で，★が成り立つための必要十分条件が得られました．式で表すと，以下の通りです：

$$\begin{cases} f(1) = 1 + a > 0, & \cdots② \\ \text{軸} : x = \dfrac{a}{2} > 1, & \cdots③ \\ \text{判別式} : a^2 - 8a = a(a-8) > 0.^{1)} & \cdots④ \end{cases}$$

②：端点 P
③：頂点 Q の横座標
④：頂点 Q の縦座標の代わり

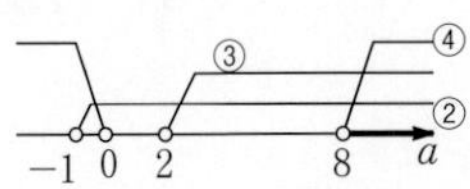

②，③，④より，★が成り立つような a の範囲は，$\boldsymbol{a > 8}$ だとわかりました！

解説 1)：頂点 Q の y 座標が負であるとき，C が下に凸であることから，C と x 軸は異なる 2 点で交わり，方程式 $f(x)=0$ は（x の範囲を度外視すれば）異なる 2 実解をもちます．よって，判別式の符号は正[2] です．

このように，「頂点 Q の y 座標」に関する条件は，「判別式の符号」で代用することができます．もちろん，$f(x)$ を平方完成して，$f(x)=\left(x-\dfrac{a}{2}\right)^2-\dfrac{a^2}{4}+2a$ とし，頂点 Q の y 座標を直接用いて，$-\dfrac{a^2}{4}+2a\leq 0$ としてもかまいませんが，本問では分数係数が現れてしまうので，判別式で代用した方が簡便でしょう．

注意！ 2)：このように「頂点 Q の y 座標」と「判別式」の符号が反対になることもありますから，慎重に考えましょう．

注 この議論は，②や④を見るとわかるように，「解」（x 座標）と「1」の大小比較（左右の位置関係）が捉えづらいので，「端点」や「頂点」の y 座標と「0」の大小比較（上下の位置関係）にすり替えている訳です．

語記サポ このように，2 次方程式の実数解の大きさを，放物線と x 軸の共有点が x 軸上のどこに配置されているかによって議論することを，「**解の配置**」と呼びます（「解の分離」と呼ぶ人もいます）．

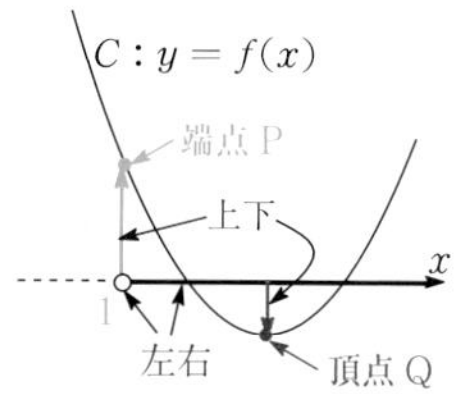

解の配置 **原則**

2 次方程式 $f(x)=0$ に関する「解の配置」では，グラフの凹凸を把握した上で

端点と**頂点**に注目する． 「端点」，「頂点」の片方のみで済んでしまうこともある

注意！ グラフを用いた「解の配置」を考える "前に"，左辺がキレイに因数分解できないかと考えよ！

例題 2 9 a 解の配置（オーソドックス） 重要度↑ 根底 実戦 [→演習問題 2 11 19]

x の 2 次方程式 $x^2+(2-2a)x+2a^2-3=0$（a は実数）…① が $-1\leq x\leq 1$ に 2 つの実数解をもつような a の値の範囲を求めよ．

注 まず，与式の左辺がキレイに因数分解できないかを確認！

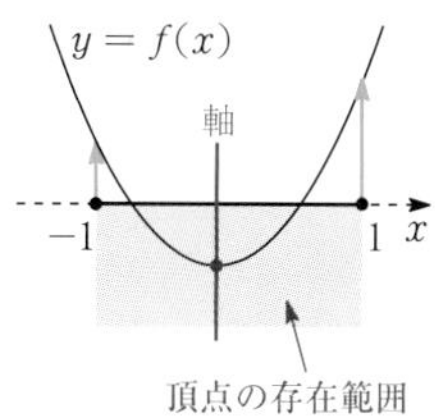

解答 与式の左辺を $f(x)$ とおくと，放物線 $y=f(x)$ は右図のようになる．よって題意の条件は

$$\begin{cases} f(1)=2a^2-2a=2a(a-1)\geq 0, & \cdots ② \text{ 端点} \\ f(-1)=2a^2+2a-4=2(a-1)(a+2)\geq 0, & \cdots ③ \text{ 端点} \\ \text{軸}：-1\leq a-1\leq 1,\ \text{i.e. } 0\leq a\leq 2, & \cdots ④ \text{ 頂点の横座標} \\ \text{判別式}/4=(1-a)^2-(2a^2-3)=-a^2-2a+4\geq 0^{1)}. & \cdots ⑤ \text{ 頂点の縦座標の代わり} \end{cases}$$

⑤を解くと（右のグラフ参照）

$$a^2+2a-4\leq 0,$$

$$\text{i.e. } -1-\sqrt{5}\leq a\leq -1+\sqrt{5}.$$

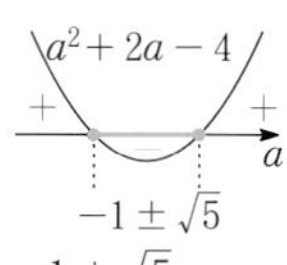

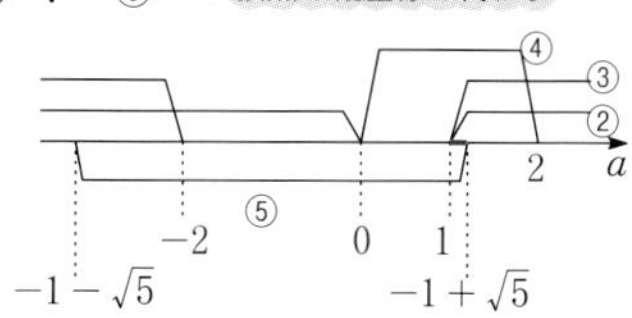

以上より，求める a の範囲は，$1\leq a\leq -1+\sqrt{5}$.//

解説 上の数直線で，題意を満たす a は，②〜⑤を表す 4 本の線が重なっている部分（赤色）です．

余談 おおよそ，$1\leq a\leq 1.2$ です．めっちゃ狭い範囲です（笑）．

注 1)：前記の **例**：「異なる 2 つの実数解」と違い，単に「2 つの実数解」ですから，「重解」の場合も含まれます．よって，「>」ではなく「≥」となります．[→7 4]

例題 2 9 b 解の配置（変化形） 根底 実戦

[→演習問題 2 11 19]

(1) x の 2 次方程式 $-3x^2+(a^2-a)x+a+1=0$（a は実数）が $x<1$, $1<x$ の範囲に 1 つずつ実数解をもつような a の値の範囲を求めよ．

(2) x の 2 次方程式 $x^2-2x-a^2+2a=0$（a は実数）が $x<2$ の範囲に異なる 2 つの実数解をもつような a の値の範囲を求めよ．

注意！ どの問も，まず最初に左辺がキレイに因数分解できないか考えてみること！

方針 (1) とりあえず，区間の端である $f(1)$ について考えてみると…

(2) 定数項が $-a(a-2)$ で，$-a+(a-2)=-2$ ですから…

解答 (1) 与式の左辺を $f(x)$ とおくと，$y=f(x)$ のグラフは右図のようになる．よって題意の条件は

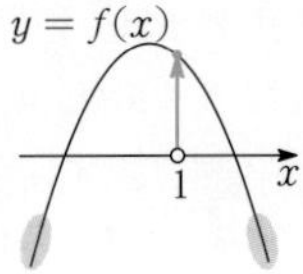

$f(1)=a^2-2>0$. i.e. $a<-\sqrt{2}, \sqrt{2}<a$.//

(2) 与式を変形すると

$(x-a)(x+a-2)=0$. ∴ $x=a, 2-a$.

よって題意の条件は　「異なる」に注意

$a<2, 2-a<2, a\neq 2-a$.

i.e. $0<a<2, a\neq 1$.//　「$0<a<1, 1<a<2$」でも可

解説 (1) 図の赤色部分を見れば，端点に関する条件：「$f(1)>0$」だけで解の配置が確定していることがわかります．このように，「頂点」についての条件が不要となることもよくあります．

言い訳 (2) 本問のように解がキレイに求まるタイプは，ふつう「解の配置」には分類されませんが，「まずは因数分解」という注意を喚起するため，敢えてここに置きました．

例題 2 9 c 解の配置（ただ 1 つの解） 根底 実戦 定期

[→演習問題 2 11 20]

x の 2 次方程式 $x^2-(a+1)x+2a=0$（a は実数）…① について答えよ．

(1) $-1<x<1$ において，①がただ 1 つの解[1] をもつような a の値の範囲を求めよ．

(2) $-1\leq x\leq 1$ において，①を満たす x の値[2] が 1 つだけあるような a の値の範囲を求めよ．

注意！ まず最初に左辺がキレイに因数分解できないか考えてみること！

方針 「1 つの解」についての条件しかないので，“他の解”について考えてみましょう．

注 [1)2)]：「重解」も「2 つの解」と数えますから，(1)では重解は不可．(2)では重解も可です．[3)]

解答 与式の左辺を $f(x)$ とおくと

$f(1)=a$, $f(-1)=3a+2$.

(1) 題意の条件は，①の 1 つの解が $-1<x<1$ の範囲にあり，他の解 β がそれ以外の範囲の実数解であることであり，次の 4 つのケースがある：

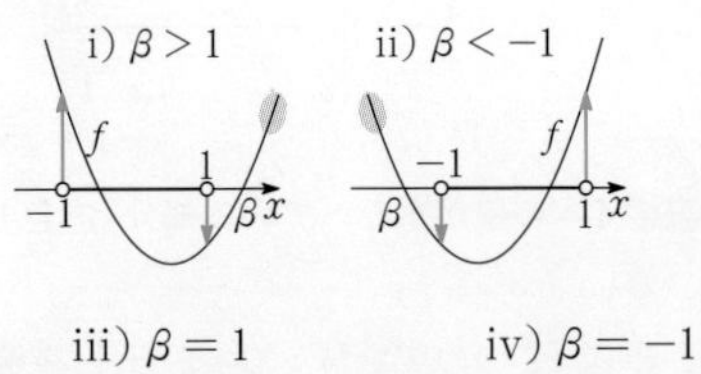

i) となる条件は，$f(1)<0<f(-1)$.

i.e. $a<0<3a+2$. $-\dfrac{2}{3}<a<0$.

ii) となる条件は，$f(-1)<0<f(1)$.

i.e. $3a+2<0<a$. これを満たす a はない．

iii) のとき，$f(1)=a=0$ が必要．このとき①は

$x(x-1)=0$. $x=0, 1$. これは適する．

iv) のとき，$f(-1)=0$ より $a=-\dfrac{2}{3}$ が必要．このとき①は

$x^2-\dfrac{1}{3}x-\dfrac{4}{3}=0$. $(x+1)\left(x-\dfrac{4}{3}\right)=0$.

$x=-1, \dfrac{4}{3}$. これは不適．　次ページへ続く

以上より，求める a の範囲は，

$$-\frac{2}{3}<a\leqq 0.\text{//}$$

(2) (1)の 4 つのケースのうち，(2)の条件を満たすのは i)，ii)，iv) である．それ以外に考えられるのは，①が $-1\leqq x\leqq 1$ の範囲に重解をもつとき（右図）．

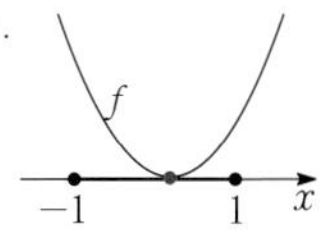

このようになる条件は，$f(x)=0$ の判別式を D として

$$\begin{cases} D=(a+1)^2-8a=a^2-6a+1=0, \\ \text{軸}：-1\leqq \dfrac{a+1}{2}\leqq 1,\ \text{i.e. } -3\leqq a\leqq 1. \end{cases}$$

$\therefore\ a=3-2\sqrt{2}.$

これと(1)の i)，ii)，iv) より，求める a の値は

$$-\frac{2}{3}\leqq a<0,\ a=3-2\sqrt{2}.\text{//}$$

注意！ (1) iii) や iv) のように「1 つの解」が区間の端であるとき，他の解については**解答**のように実際に方程式を解いてみて初めてわかります．それに対して i)，ii) のように端ではない解については，$f(\pm 1)$ の符号だけで全ての解の配置が確定しました．

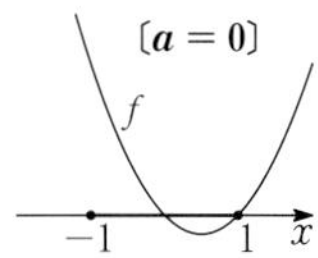

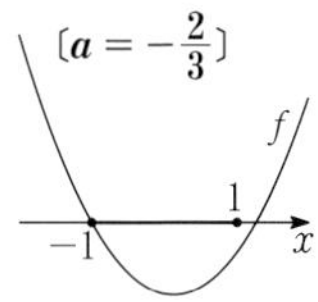

この比較からわかるように，区間の端の解を扱う際には，細心の注意を払う必要があるのです．

解説 (1)「1 つの解」についての条件しかないので，「他の解」がどこにあるか[4)] に注目してみました．しかし，上記の事情を踏まえると **“端” の解を区別して扱わざるを得ない**ため，4 通りに場合分けする羽目になってしまいましたね．

つまり……，**「ただ 1 つの解」というタイプの解の配置は，とても難しいのです！**（そして，入試では滅多に出ません（笑）．）

言い訳 [4)]：「滅多に出ない問題」なので，敢えてこの場合分けの大変さを実感してもらう方針をとりました．「入試で出る」次問では，もっと有利な方針をお教えします．

注 (1)で，i) と ii) をまとめて

$f(1)$ と $f(-1)$ が異符号，すなわち，$f(1)\cdot f(-1)<0$ …② 積が負

とする方法がよく知られていますが，**筆者はこれを推奨しません**．このような「よく考えもしないで楽に解く」道を選ぶ生徒は…

- (1)で，②だけ書いて iii)，iv) のケースを忘れる→ $a=0$ が抜けてしまう．
- (2)で，②を短絡的に「$f(1)\cdot f(-1)\leqq 0$」に変える→ $a=0$ まで含まれてしまう．

こうしたミスを平気でやらかします（苦笑）．

重要 「解の配置」に関して，細かくパターン分けして解法を覚えようとする人がいます．しかし，これまで扱ってきた問題だけを見ても，用いる手法は各問題ごとに千差万別ですね．“パターン処理” は，実戦（入試）では全く通用しません．

凹凸を把握して端点，頂点 片方だけで OK なときもある

このように，シンプルに覚えて，あとは…状況に応じてその場で悪戦苦闘するしかないのです！安心してください．ライバルたちも，皆苦手ですから（笑）．

参考 例題 2 10 C は，本問と深く関係しています．

注 [3)]：この件はデリケートなことなので，ホントは問題文に明記する方が良いと考えます．（明記されない場合の練習をしました（笑）．）

例題 2 9 d 解の配置（少なくとも1つの） 重要度↑

根底 実戦 入試 [→演習問題 2 11 21]

(1) x の 2 次方程式 $x^2+ax+a^2-3=0$（a は実数）が，$x \geq 0$ の範囲に少なくとも 1 つの実数解をもつような a の値の範囲を求めよ．

(2) x の 2 次方程式 $-2x^2-(a^2+a)x+a^2+1=0$（a は実数）が，$0 \leq x \leq 1$ の範囲に少なくとも 1 つの実数解をもつような a の値の範囲を求めよ．

注意！ どの問も，まず最初に左辺がキレイに因数分解できないか考えてみること！

注意！ 前問で見たように，「ただ 1 つの解」は難しいので，「$x \geq 0$ に 2 つの解」「$x \geq 0$ に 1 つの解」と場合分けするのは…**最悪**です（笑）．

方針 (1)「$x \geq 0$ に少なくとも 1 つの解がある」とは，大雑把にいうと，その区間のグラフの“いちばん上”と“いちばん下”が x 軸を“またいでいる”ことです．つまり，2 次関数の最大・最小 1) を考えるようなものですから，**「定義域と軸の位置関係」で場合分け** 2) するのが良策です．

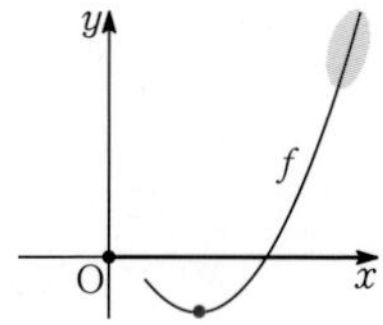

言い訳 1)：ホントは，最大値や最小値がないこともありますが（汗）．あくまでも大雑把な説明です．

解答 (1) 与式の左辺を $f(x)$ とおくと

$f(0)=a^2-3$, とりあえず準備

放物線 $y=f(x)$ の軸は, $x=-\dfrac{a}{2}$.

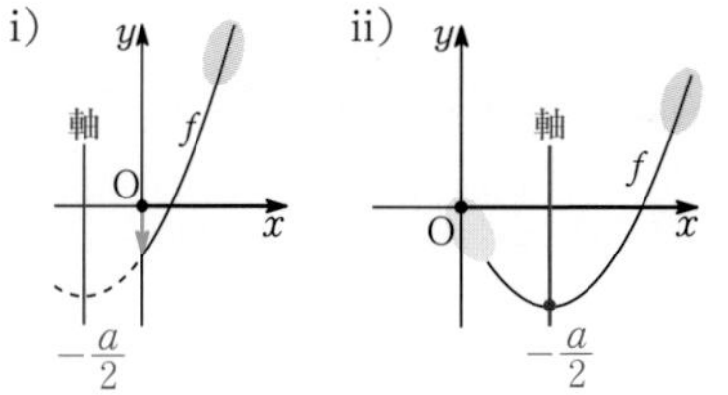

i) $-\dfrac{a}{2} \leq 0$, i.e. $a \geq 0$ のとき，題意の条件は

$f(0)=a^2-3 \leq 0$. $\therefore\ 0 \leq a \leq \sqrt{3}$.

ii) $-\dfrac{a}{2} > 0$, i.e. $a < 0$ のとき，題意の条件は

判別式$=a^2-4(a^2-3)=12-3a^2 \geq 0$.

$\therefore -2 \leq a < 0$.

以上 i), ii) より，求める a の範囲は

$-2 \leq a \leq \sqrt{3}$.//

(2) 与式の左辺を $f(x)$ とおくと，

$f(0)=a^2+1>0$, 貴重な情報！

$f(1)=-a-1$.

$y=f(x)$ のグラフは上に凸だから，題意の条件は

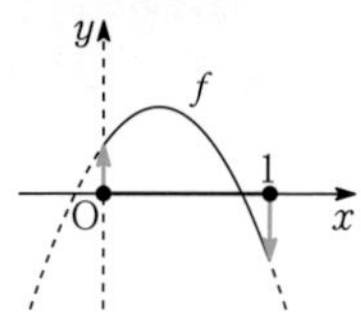

$f(1)=-a-1 \leq 0$.

i.e. $a \geq -1$.//

解説 (1) i) のとき，$x \geq 0$ において $f(x)$ は増加します．これと図の赤楕円部からわかるように，端点 $f(0)$ の符号だけで OK です．

ii) のとき，軸の右側において $f(x)$ は増加します．これと図の赤楕円部からわかるように，頂点の y 座標が 0 以下であるとき軸の右側に共有点が**存在する**ことが確定します．よって，軸の左側：青楕円部の続きが x 軸とどこで交わるかはどうでもよいのです．「少なくとも 1 つ」タイプの解の配置を，「1 つのときと 2 つのときに場合分けして」とやるのがいかに非効率的な解法であるかがわかりますね（笑）．

注 2)：いつでも必ずこのように場合分け，なんてパターン思考に陥らないこと！[→本問(2)および演習問題 2 11 23]

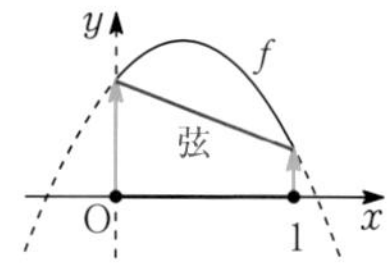

解説 (2) 放物線 $C: y = f(x)$ は上に凸ですから，グラフ上の異なる 2 点を結ぶ線分[3] に対して，C は上側にあります．また，$f(0)$ の符号は正と確定していますから，$f(1)$ の符号**だけ**で，$-1 \leq x \leq 1$ の範囲に解があるかどうかが確定しますね．

語記サポ [3]：「弦」と呼びます．

注意！ 定期試験では，本問の(1)が次のような（遠回りな）誘導付きで出る可能性があります：

(ア) $x \geq 0$ の範囲に 2 つの実数解をもつような a の値の範囲を求めよ．

(イ) $x \geq 0$ の範囲にただ 1 つの実数解をもつような a の値の範囲を求めよ．　これが難しい

(ウ) $x \geq 0$ の範囲に少なくとも 1 つの実数解をもつような a の値の範囲を求めよ．

これは，(ウ)に対する誤った姿勢を植え付ける悪問ですので，定期試験が終わったら…忘れ去りましょう（笑）．

2 「解」の総まとめ

7 1で書いた「解」に対する 2 通りの見方に，本節の「解の配置」も追加してまとめます．

「解」の扱い方　**原理** **既習者**

1. 「**式**」で攻める

x の 2 次の方程式 $f(x) := ax^2 + bx + c = 0$ …① について…

❶ **数値代入**

$f(\alpha) = 0$ のとき，α は①の **1 つの解**である．　この「=」は「数値として等しい」という意味

❷ **因数分解**　この「=」は「式として一致する」という意味

$f(x) = a(x - \alpha)(x - \beta)$ と式変形できるとき，① の**すべての解**は「α, β」である．

2. 「**グラフ**」で攻める（解の配置）

グラフの凹凸を把握した上で，**端点**と**頂点**[1] に注目する．

注 1. ❶❷，2. のどれを用いるかは状況次第です．いつでもこれら全てを念頭に置いて，相応しい手法を選択するよう心掛けてください．

なお，8 3で見たように，2 次不等式に対しても，「式変形（因数分解）」と「関数（グラフ）利用」の 2 つの攻め方がありましたね．

補足 [1]：判別式と頂点の y 座標の符号の関係は，グラフを用いる方法以外に，

$$ax^2 + bx + c = a\left(x + \frac{b}{2a}\right)^2 \underbrace{- \frac{\boxed{b^2 - 4ac}}{4a}}_{\text{頂点の } y \text{ 座標}}$$

（$b^2 - 4ac$：判別式）

を用いて考えることもできます．

10 放物線の応用

「放物線」＝「2 次関数のグラフ」に関するちょっとした応用問題特集です．これまで学んだ基礎が理解されていれば，自然と解答できるはずです．

1 放物線と座標軸など

例題 2 10 a 係数などの符号 根底 実戦 定期

[→演習問題 2 11 18]

x の 2 次関数 $f(x)=ax^2+bx+c$ について考える．$y=f(x)$ のグラフ C が右図のようになっているとき，以下の問いに答えよ．

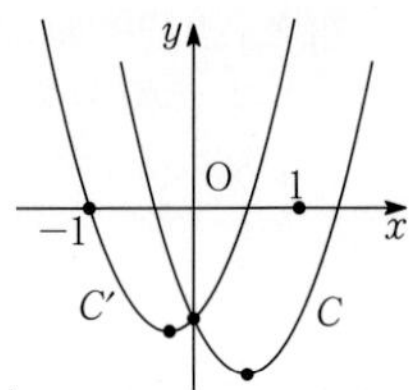

(1) $a, b, c, a+b+c, a-b+c, b^2-4ac$ の符号をそれぞれ答えよ．

(2) $f(x)$ の係数 a, b, c のうち 1 つだけ値を変えた 2 次関数 $y=g(x)$ のグラフ C' が右図のようになった．値を変えた文字はどれか？
また，C と C' の頂点どうしを結んだ直線の傾き m を $f(1)$ を用いて表せ．

方針 (1) グラフ C から様々な情報を読み取ります．
(2) (1)の“結果”だけでなく，その“過程”で考えたあるものに着目します．

解答 (1) グラフCより，次の符号がわかる：

C は下に凸だから，$a\underline{>0}$．

これと C の軸：$x=-\dfrac{b}{2a}>0$ より，$b\underline{<0}$．

C の y 切片を見て，$c=f(0)\underline{<0}$．

$a+b+c=f(1)\underline{<0}$．

$a-b+c=f(-1)\underline{>0}$．

2 次方程式 $f(x)=0$ は異なる 2 実解をもつから

$b^2-4ac=$ 判別式$\underline{>0}$．

(2) $g(x)=a'x^2+b'x+c'$ とおく．

C'の y 切片を見て，$c'=c$．

C'の凹凸を見て，a'は a と同符号で正．

これと C'の軸：$x=-\dfrac{b'}{2a'}<0$ より，$b'>0$．

これと$b<0$より，1つだけ変えた係数は，$\underline{b}$．

したがって，$g(x)=ax^2+b'x+c$ とおけて，

$g(-1)=a-b'+c=0$. i.e. $b'=a+c$.

$\therefore\ g(x)=ax^2+(a+c)x+c$ …①

$=a\left(x+\dfrac{a+c}{2a}\right)^2+c-\dfrac{(a+c)^2}{4a}$．

よって，C' の頂点 P′ は

$\left(-\dfrac{a+c}{2a},\ c-\dfrac{(a+c)^2}{4a}\right)$．

一方

$f(x)=ax^2+bx+c$

$=a\left(x+\dfrac{b}{2a}\right)^2+c-\dfrac{b^2}{4a}$．

よって，C の頂点 P は $\left(-\dfrac{b}{2a},\ c-\dfrac{b^2}{4a}\right)$．

P から P′ への移動量 1) は

x 方向 $=-\dfrac{a+c}{2a}+\dfrac{b}{2a}=\dfrac{b-a-c}{2a}$．

y 方向 $=-\dfrac{(a+c)^2}{4a}+\dfrac{b^2}{4a}$

$=\dfrac{b-a-c}{2a}\cdot\dfrac{a+b+c}{2}$．

$\therefore\ m=\dfrac{a+b+c}{2}=\dfrac{f(1)}{2}$．//

解説 C と C' の軸について，その符号を比べることがポイントでした．

将来 数学Ⅱ微分法後 2 6 で述べたように，$b=f'(0)$ はグラフの y 切片における接線の傾きを表します．この知識があれば，係数 b が変化したことが直接わかります．

1)：ベクトルを学んでいれば，ここは「$\overrightarrow{PP'}$ の x, y 成分」と簡潔に言い表せます．

別解 係数 a が不変なので，C' は C を平行移動したもので，その「移動量」は，まさに上記「$\overrightarrow{PP'}$ の x, y 成分」そのものです．これに注目し，1) 以降は次のようにも解答できます：

C を x, y 方向へそれぞれ p, q だけ平行移動して C' が得られたとすると C' の方程式は

$$y-q=a(x-p)^2+b(x-p)+c.$$

これを $y=\cdots$ と変形して①と係数比較すると

$$x\cdots -2ap+b=a+c.$$

定数項 $\cdots ap^2-bp+c+q=c.$

$$\therefore\ p=\frac{b-a-c}{2a}.$$

$$q=p(b-ap)=p\left(b-\frac{b-a-c}{2}\right).$$

この p, q は，P から P′ への x, y 方向の移動量でもあるから

$$m=\frac{q}{p}=b-\frac{b-a-c}{2}=\frac{a+b+c}{2}=\frac{f(1)}{2}.\ /\!/$$

例題 2 10 b 放物線と三角形 根底 実戦

xy 平面上に放物線 $C: y=-2x^2+(a+3)x-2a$ (a は実数) がある．

(1) C の頂点 P の座標を求めよ．

(2) C が x 軸と異なる 2 点 Q，R で交わるような a の値の範囲を求めよ．

(3) (1)の P と(2)の Q，R が正三角形を作るような a の値を求めよ．

解答 (1) 与式の右辺を $f(x)$ とおくと

$$f(x)=-2\left(x-\frac{a+3}{4}\right)^2+\frac{(a+3)^2}{8}-2a$$

$$=-2\left(x-\frac{a+3}{4}\right)^2+\frac{a^2-10a+9}{8}.$$

$$\therefore\ \mathrm{P}\left(\frac{a+3}{4},\ \frac{a^2-10a+9}{8}\right).\ /\!/ \cdots①$$

(2) 放物線 C は上に凸だから，題意の条件は

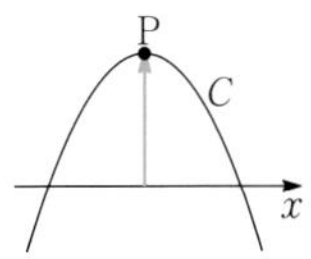

$$y_{\mathrm{P}}=\frac{a^2-10a+9}{8}>0.$$

$$(a-1)(a-9)>0.\ \therefore\ a<1,\ 9<a.\ /\!/$$

(3) (2)の条件のもとで考える．C と x 軸の交点の x 座標は，方程式 $f(x)=0$，つまり

$$2x^2-(a+3)x+2a=0\ \cdots②$$

の 2 解である．よって Q，R の x 座標は

$$x=\frac{a+3\pm\sqrt{D}}{4}.\ \cdots③$$

ここに，$D=(a+3)^2-16a$

$$=a^2-10a+9.\ \cdots④$$

P から x 軸に垂線 PH を下ろすと，H は線分 QR の中点であり，三角形 PQR が正三角形であるための条件は

$$\mathrm{PH}=\sqrt{3}\mathrm{QH}.\ \cdots⑤$$

ここで，①より $\mathrm{PH}=\dfrac{D}{8}.$

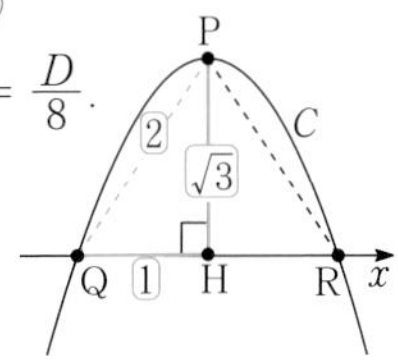

③より $\mathrm{QH}=\dfrac{\sqrt{D}}{4}.$

よって⑤は

$$\frac{D}{8}=\sqrt{3}\cdot\frac{\sqrt{D}}{4}.\quad D=2\sqrt{3}\sqrt{D}.$$

$D>0$ だから，$D=12.$

$$a^2-10a+9=12.\quad a^2-10a-3=0.$$

$$\therefore a=5\pm2\sqrt{7}.\ /\!/$$

解説 (2)は，もちろん②の判別式を用いて解答することもできます．①と④を比べれば，「頂点 P の y 座標」と「判別式」が同符号であることがわかりますね．

参考 (3)は，「2 次関数」の原初：2 3 ☆へ遡り，(2)の y_{P} を用いれば，次の通りアッサリです．

$f(x)$ の x^2 の係数は $\underline{-2}$ なので，右図のように，x 座標が軸から p だけ変化すると，y 座標は $\underline{-2}p^2$ だけ変化します．よって

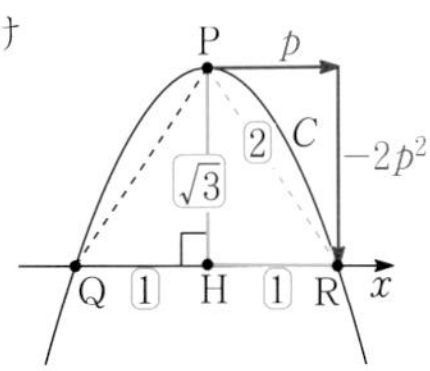

$$\mathrm{HR}=p,\ \mathrm{PH}=2p^2.\ \text{これらと}\ \mathrm{PH}=\sqrt{3}\cdot\mathrm{HR}\ \text{より}$$

$$2p^2=\sqrt{3}\cdot p.\quad p=\frac{\sqrt{3}}{2}.\quad \therefore\ \mathrm{PH}=2p^2=\frac{3}{2}.$$

これと $\mathrm{PH}=y_{\mathrm{P}}=\dfrac{a^2-10a+9}{8}$ より，**解答**と同じ結果を得ます．

2 放物線と他のグラフ

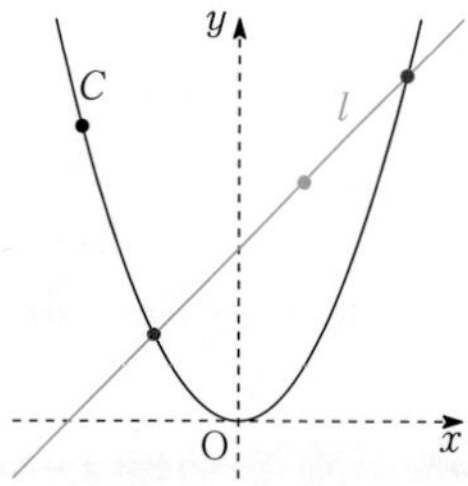

xy 平面上に,

　放物線 $C : y = x^2$ …①と

　　直線 $l : y = x + 2$ …②

があるとします. このとき, 等式①を満たす「点 (x, y)」は C 上の点(図の黒点)を表し, ②を満たす「点 (x, y)」は l 上の点(図の青点)を表します. つまり, ①と②とでは, 同じ文字「(x, y)」であっても別のモノを表している訳です. これが, 数学業界での慣習なんです.

では, C, l の共有点(図の赤点)の座標を求めてみましょう. 目標とするのは, 2 つの等式①, ②をともに満たす(x, y) です. そこで, ①, ②の (x, y) を共通なモノだとみなします. その旨を宣言するために,

　「①, ②を**連立**する」

と述べます. その瞬間, ①, ②の x, y は同じモノを表し[1], 左辺どうしが等しいので右辺どうしも等しく(右を参照),

$y = x^2$ …①
共通な y ↕ ↕ 共通な x
$y = x + 2$ …②

　$x^2 = x + 2$ ●●● 両辺にある「x」どうしも共通

が得られます. これを解くと

　$x^2 - x - 2 = 0$. $(x+1)(x-2) = 0$. ∴ $x = -1, 2$.

あとは, ①, ②のいずれかを用いて対応する y を求めます. 以上で, C と l の共有点の座標 : $(-1, 1), (2, 4)$ が求まりました.

語記サポ 1) つまり, 「連立方程式①かつ②」の実数解を求める訳です. (大雑把な言い方をすると)「連立」とは「共通」の同義語です. ■

共有点と方程式の実解

「2 曲線の**共有点**」　　　　「方程式の**実数解**」

★ $\begin{cases} y = f(x), \\ y = g(x) \end{cases}$ の共有点の x 座標 ＝ 方程式 $f(x) = g(x)$, i.e. $f(x) - g(x) = 0$ の実数解

例題 2 10 C 放物線と直線　根底 実戦 入試

[→演習問題 2 11 25]

xy 平面上に, 放物線 $C : y = x^2 - x$ …① と直線 $l : y = a(x-2)$ (a は実数) …② がある. 以下の問いに答えよ.

(1) C と l が共有点をもつような a の値の範囲を求めよ.

(2) C と l が $-1 < x < 1$ の範囲にただ 1 つの交点(接点は除く)をもつような a の値の範囲を求めよ.

(3) C と l が $-1 \leq x \leq 1$ の範囲にただ 1 つの共有点(接点も含む)をもつような a の値の範囲を求めよ.

解答 (1) ①，②を連立して y を消去すると

$$x^2-x=a(x-2).$$

$$x^2-(a+1)x+2a=0.\ \cdots③$$

題意の条件は，これが実数解をもつこと，すなわち

$$\text{判別式}=(a+1)^2-8a$$
$$=a^2-6a+1\geqq 0.$$
$$\text{i.e. } a\leqq 3-2\sqrt{2},\ 3+2\sqrt{2}\leqq a.$$ //

(2) $(x,y)=(2,0)$ のとき，②は a の値によらず成り立つ．よって，直線 l は，点 A$(2,0)$ を通る傾き a の直線である．

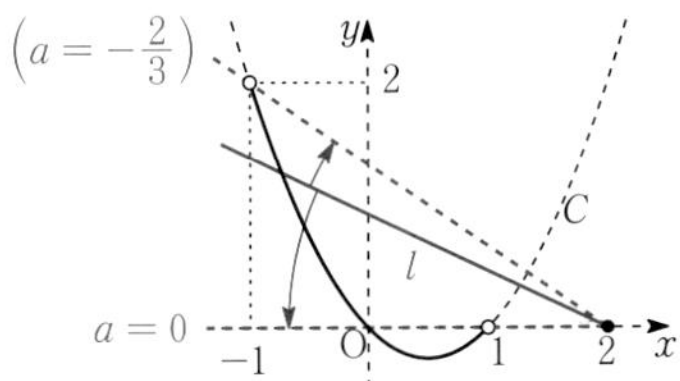

上図より，題意の条件は

$$-\frac{2}{3}<a\leqq 0.$$ //

(3)

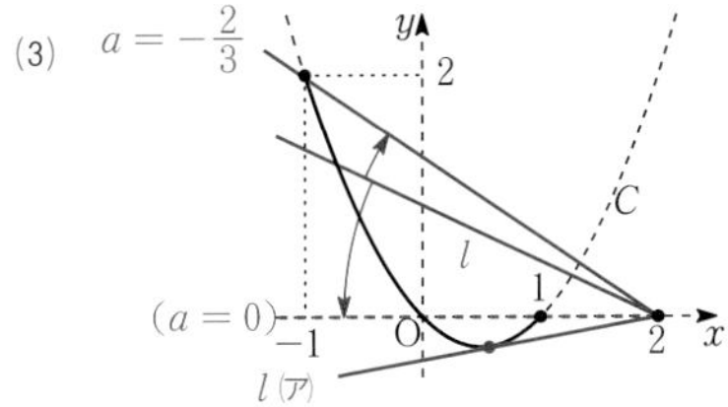

l(ア)のとき，③は重解をもつから，[1]

$$\text{判別式}=a^2-6a+1=0.$$

$$\therefore\ a=3\pm 2\sqrt{2}.$$ (以下，複号同順)

このとき③の解は

$$x=\frac{a+1\pm\sqrt{0}}{2}=2\pm\sqrt{2}.$$

l(ア)のとき，接点の x 座標は 1 未満だから

$$x=2-\sqrt{2}.$$

$$\therefore\ a=3-2\sqrt{2}.$$

これと上図より，求める a の範囲は

$$-\frac{2}{3}\leqq a<0,\ a=3-2\sqrt{2}.$$ //

解説 (1) 前述の★にのっとって

「C と l が共有点をもつ」→「方程式③が実数解をもつ」…④

とすり替えて解きました．

(2) 直線 l を定点 $(2,0)$ を中心として回転させながら，図の黒太線部：曲線 C $(-1<x<1)$ との共有点を考えます．

(3) 同様に，図の黒太線部：曲線 C $(-1\leqq x\leqq 1)$ との共有点を考えます．(2)との違いは，C の端の点も含めることと，接点も考えることです．

重要 方程式③は，実は**例題 2 9 C** の方程式①と同じものです．つまり(2)(3)は，④とは逆に

「C と l の共有点」←「方程式③の実数解」

とすり替えて得られた**例題 2 9 C** の **別解** だと見ることもできます！

ただし，[1] のように，**解答**の一部においては「方程式③」を用いています．

注意！ **例題 2 9 C** の **解答** も必ずマスターすること！例えば $x^2-(a+1)x+2a^2=0$ のように，「a^2」を含んでいたら，本問のようには解けませんから．

3 絶対値付きの2次関数

2 次関数の全体または一部に絶対値記号の付いた関数のグラフを描いてみましょう.

例題 2 10 d 2次関数と絶対値 根底 実戦

[→演習問題 2 11 26]

次の関数のグラフを描け.

(1) $y = |x^2 - 2x|$ …①　　(2) $y = x|x-2|$ …②

方針 考え方はただ 1 つ. 絶対値についての定理[→ 1 5 4]:

$$\left|\square\right| = \begin{cases} \square & (\square \geqq 0 \text{ のとき}) \\ -\square & (\square \leqq 0 \text{ のとき}) \end{cases}$$

を正確に用いることです. 要約すると, 次の通りです.

「絶対値内が正ならそのまま. 負なら符号反対」. 0ならどっちでも可

解答

(1) $y = |x^2 - 2x|$

$= |x(x-2)|$

$= \begin{cases} x(x-2) & (x \leqq 0,\ 2 \leqq x), & \cdots③ \\ -x(x-2) & (0 \leqq x \leqq 2). & \cdots④ \end{cases}$

よって, ①のグラフは次の通り:

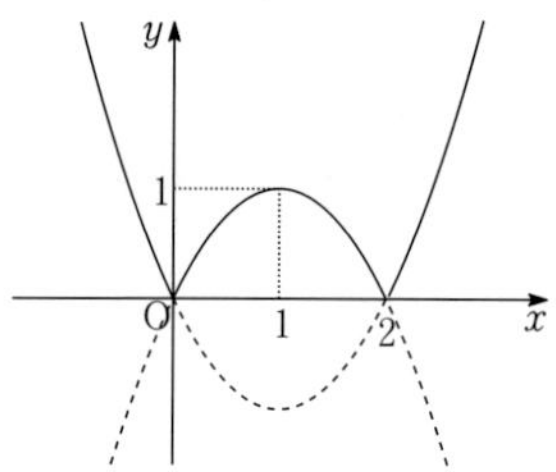

(2) $y = x|x-2|$

$= \begin{cases} x(x-2) & (2 \leqq x), \\ -x(x-2) & (x \leqq 2). \end{cases}$

よって, ②のグラフは次の通り:

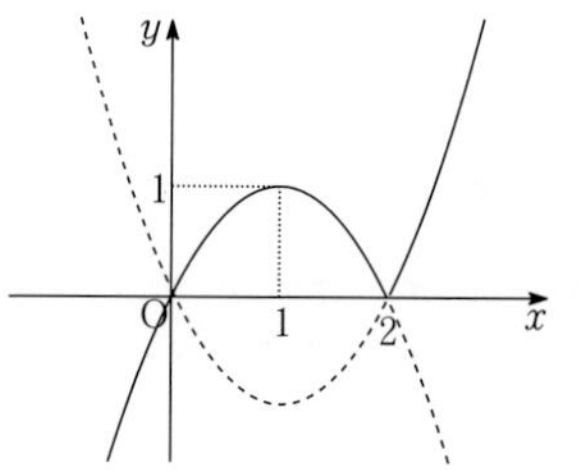

解説 (1)で③④を得る際, 絶対値記号内である $f(x) := x^2 - 2x$ の符号を調べるために, $y = f(x)$ のグラフを x 切片に注目して右図のように描くとよいですね.

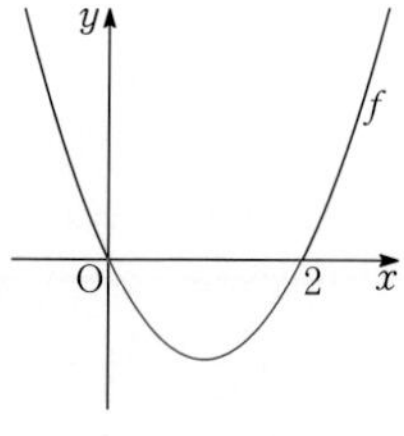

そして, ③④を得た後, ①のグラフを描く際には, グラフの y 座標が正の部分 (黒色) はそのままにし, y 座標が負の部分 (赤色) はその符号を反対にしたもの, つまり x 軸に関して対称に折り返したものを描けば OK です.

つまり, 右上の $y = f(x)$ のグラフを描くことは, 正に "一石二鳥" です.

注意! ただし, 上記の手順を踏む際, 必ず「正だからそのまま. 負だから折り返す」と, **符号を考えること**! それを怠り, 「x 軸の上側はそのまま, 下側は折り返す」と丸暗記し, (2)でも(1)と同じグラフを描く生徒が後を絶ちません (苦笑).

例題 2 10 e 絶対値付きの方程式 根底 実戦 入試 [→演習問題 2 11 27]

x の方程式

$$x^2 - x - 3|x-1| - k = 0 \ (k \text{ は実数}) \cdots ①$$

の異なる実数解の個数 N を，k の値に応じて求めよ．

方針 もちろんキレイに因数分解して解くことはできませんから，グラフを用います．ただし，その際に **"定数分離"** などと称される方法を用います．

解答 与式を変形すると

$$x^2 - x - 3|x-1| = k. \cdots ①'$$

左辺を $f(x)$ とおくと，N は曲線 $C: y = f(x)$ と直線 $l: y = k$ の共有点の個数である．

$$f(x) = x(x-1) - 3|x-1|$$
$$= \begin{cases} x(x-1) - 3(x-1) & (x-1 \geq 0 \text{ のとき}) \\ x(x-1) + 3(x-1) & (x-1 \leq 0 \text{ のとき}) \end{cases}$$
$$= \begin{cases} (x-3)(x-1) & (x \geq 1 \text{ のとき}) \\ (x+3)(x-1) & (x \leq 1 \text{ のとき}). \end{cases} \cdots ②$$

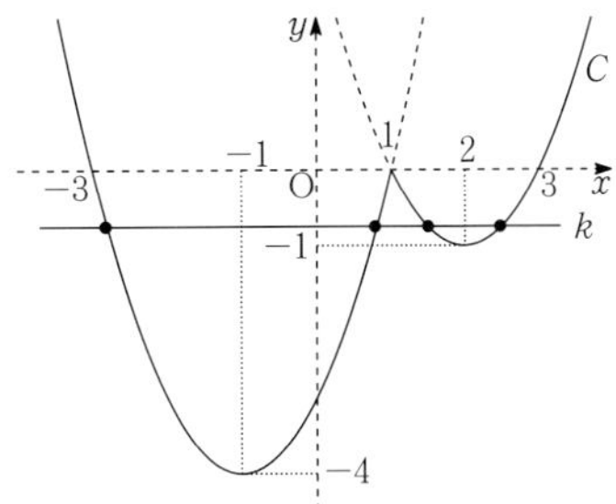

よって C は右図のようになり，$l: y = k$ を上下に動かして考えると，求める N は次表のようになる．（右図は $-1 < k < 0$ のときの例）

k	…	-4	…	-1	…	0	…[1]
N	0	1	2	3	4	3	2

//

解説 本問では，次のすり替えが行われていますね：

方程式① → 方程式①′ → { 曲線 $y = f(x)$ と / 直線 $y = k$ の } 共有点

①′ のように，方程式を「x の関数 = 文字定数」[2] の形にして，

y = 左辺のグラフ → 曲線・固定

y = 右辺のグラフ → 直線・上下に移動

のように考えると状況がつかみやすくなることが多いです．将来あちこちで出会います！

語記サポ [2]：このような形にすることを，**"定数分離"** と呼んだりします．

補足 ②は，いわゆる「切片形」です．そのままでグラフは描けます．[→2 5]

注 [1]：この表において，実数 k の値は左から右へ向けて，「小→大」の順に並んでいます．これは，数直線と同様であり，数学の世界では慣習とされています．

4 分数関数

本項は，数学Ⅲで理系生のみが学ぶ内容なのですが，中学の「反比例」と，4 1 の「平行移動」をミックスするだけのこと．以前は高校 1 年でやっていました．文系上位生も，やるべし！

例題 2 10 f 分数関数のグラフ 根底 実戦

x の分数関数 $f(x)=\dfrac{3x+5}{x+1}$ について答えよ．

(1) $y=f(x)$ のグラフ C を描け．　(2) 不等式 $f(x)\leq 2$ の解を求めよ．

注 分数関数の場合，問題文で特に明言されていなくても，分母：$x+1\neq 0$ が**前提**となります．

方針 2 4 将来で述べた「変数 x の集約」を行います．

解答 $x\neq -1$ のもとで考える．

(1) $f(x)=\dfrac{3(x+1)+2}{x+1}=3+\dfrac{2}{x+1}$. …①

$\therefore\ C:\boxed{y-3}=\dfrac{2}{\boxed{x+1}}$.

よって C は，曲線 $\boxed{y}=\dfrac{2}{\boxed{x}}$ を $\begin{cases} x \text{ 方向へ } -1 \\ y \text{ 方向へ } 3 \end{cases}$ だけ平行移動して得られるから，次図のようになる：

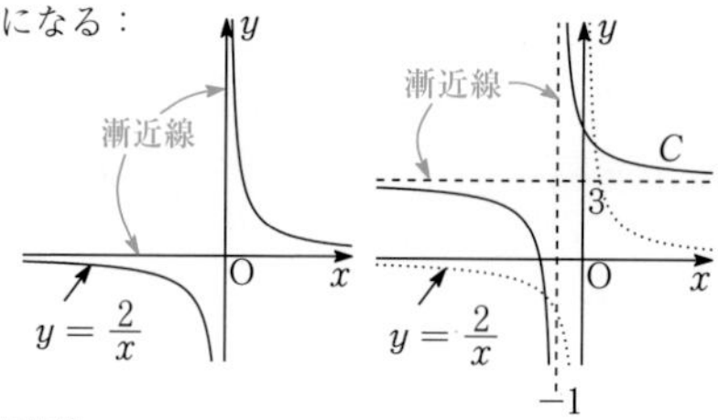

解説 前図左の曲線は，x 軸や y 軸に近づいていきますね．このとき，x 軸や y 軸のことをこの曲線の**漸近線**(ぜん)といいます．この漸近線を所定の量だけ平行移動したらどうなるかを考えて，前図右の曲線 C が得られます．■

(2) $f(x)\leq 2$ となる x の範囲は，右図の α を用いて

$\alpha\leq x<-1$.

そこで，α を求める．

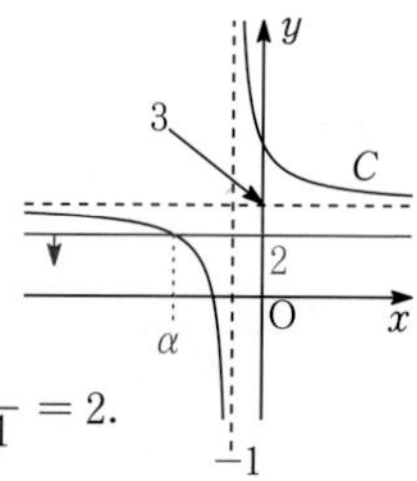

$f(x)=3+\dfrac{2}{x+1}=2$.

$\dfrac{2}{x+1}=-1$.

$2=-(x+1)\ (x\neq -1)$.

$\therefore \alpha=-3\ (\neq -1)$.

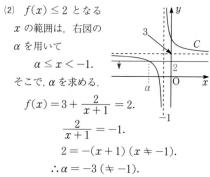

以上より，求める解は，$-3\leq x<-1$.//

解説 ①で行った「分子の低次化」という変形は，数学Ⅱで「整式の除法」を習得した後でさらに本格的に学びます．

注 4 1 で学んだ「平行移動」に関する右の定理は，そこの**注**にある通り，放物線以外の曲線全般 $\boxed{y}=f(\boxed{x})$ においても成り立ちます．要は，$\boxed{}$，$\boxed{}$ の中で x や y から引いた数が「平行移動量」となります．

$C:\boxed{y}=a\boxed{x}^2$

↓ $\begin{cases} x \text{ 方向に } p \\ y \text{ 方向に } q \end{cases}$ だけ平行移動

$C':\boxed{y-q}=a(\boxed{x-p})^2$ ●●「x, y から引く数」＝「移動量」

注 (2)の「分数不等式」は，例題 2 8 a 後の重要で述べた通り，2 次不等式の解法❶の考え方：「各部の符号から全体の符号がわかる」を用いても解くことができます．

別解 (2) ①を用いて与式を変形すると

$3+\dfrac{2}{x+1}\leq 2$.

$1+\dfrac{2}{x+1}\leq 0$. ●●右辺を 0 にする

$\dfrac{x+3}{x+1}\leq 0$. ●●左辺を**通分**して商の形にする

$\therefore\ -3\leq x<-1$.// ●●分子，分母の**符号**から左辺全体の**符号**を考える ●●分母 $\neq 0$ に注意

11 演習問題B

2 11 1 根底 実戦 重要

a は実数とする．x の 2 次方程式 $3x^2+2ax-a=0$ …① について答えよ．

(1) $x=2$ が①の解となるような a の値を求めよ．

(2) (1)のとき，①の全ての解を求めよ．

2 11 2 根底 実戦

次の 2 次方程式を解け．

(1) $x^2+3x-10=0$

(2) $1-x-2x^2=0$

(3) $2x^2+3x-4=0$

(4) $(x-2)(x-3)=12$

(5) $-2x+4=x^2$

(6) $2x^2+(2a-1)x-a=0$

(7) $4x^2-5x-21=0$

(8) $5x^2-2\sqrt{5}x-3=0$

2 11 3 根底 実戦 定期

a は実数とする．x の方程式 $ax^2+2(a+1)x+4a=0$ …① について答えよ．

(1) ①が実数解をもつような a の値の範囲を求めよ．

(2) ①が異なる 2 つの実数解をもつような a の値の範囲を求めよ．

2 11 4 根底 実戦 入試

整数 n に関する次の 2 つの条件を考える．

p:「x の方程式 $x^2+2nx+16n=0$ が異なる 2 つの実数解をもたない．」

q:「$\sqrt{n}$ は 5 未満の整数である．」

このとき，p は q であるための [ア]．[ア] に当てはまるものを次の⓪～③のうちから一つ選べ．

⓪ 必要十分条件である

① 必要条件であるが十分条件ではない

② 十分条件であるが必要条件ではない

③ 必要条件でも十分条件でもない

2 11 5 根底 実戦

次の各式を因数分解せよ．ただし，平方根を用いてもよいとする．

(1) x^2-6x+3

(2) $5x^2+3x-7$

2 11 6 根底 実戦 定期

方程式 $x^2+ax+b=0$ (a, b は実数) …① の 2 つの解が a, b であるとき，a, b の値を求めよ．

2 11 7 根底 実戦 定期 典型

$\alpha=\dfrac{\sqrt{5}+1}{2}$ とするとき，次の値を 2 つの解とする 2 次方程式を 1 つ作れ．

(1) $\alpha, \dfrac{1}{\alpha}$

(2) $\alpha^2, \dfrac{1}{\alpha^2}$

2 11 8 根底 実戦

a は実数の定数とする．x の関数 $f(x)=ax^2-2x+2a-1$ を考え，$y=f(x)$ のグラフを C とする．次の条件が成り立つための a に関する条件をそれぞれ求めよ．

(1) C が x 軸の正の部分と接する．

(2) $f(x)<0$ を満たす実数 x が存在する．

2 11 9 根底 実戦 重要

次の 2 次不等式を解け．

(1) $(x-1)(x-2)\leq 0$

(2) $x^2+5x-6>0$

(3) $-4x^2-4x+3\leq 0$

(4) $3-x^2>0$

(5) $2x^2-3x-1\leq 0$

(6) $-x^2+6x+3<0$

(7) $(x+3)(x-1)\leq x$

(8) $3x^2+2x+1>0$

(9) $-x^2+2\sqrt{3}x-3\geq 0$

(10) $x\leq\sqrt{x}+2$

2 11 10 根底 実戦 重要

(1) $x>0$ とする．不等式 $3+5x-2x^2\geq 0$ を解け．

(2) $x\geq 1$ とする．不等式 $3x^2-7x+1<0$ を解け．

2 11 11 根底 実戦

a は正の実数とする．x の 2 次不等式 $9x^2+3ax-2a^2<0$ …① について答えよ．

(1) $a=2$ のとき，①を満たす整数 x を全て求めよ．

(2) ①の整数解が，(1)で求めた整数のみとなるような a の値の範囲を求めよ．

(3) ①がちょうど 5 個の整数解をもつための a に関する条件を求めよ．

 → 2・71

2 11 12 根底 実戦 入試

不等式 $x^2 - ax + a^2 + a - 1 < 0$ …① が少なくとも 1 つの整数解をもつような実数 a の値の範囲を求めよ.

2 11 13 根底 実戦

$f(x) = -2x^2 + 2ax - a - 1$ とおく. $f(x) < 0$ が $0 < x < 1$ においてつねに成り立つ[1]ような実数 a の値の範囲を求めよ.

2 11 14 根底 実戦 入試

$f(x) = (a+1)x^2 - 2x - a + \dfrac{3}{2}$ とおく. $f(x) \geqq 0$ が $0 \leqq x \leqq 2$ においてつねに成り立つための実数 a に関する条件を求めよ.

2 11 15 根底 実戦 入試 典型 重要

$f(x) = (a+b)x + a - b$ とおく. $f(x) \geqq 0$ が $0 \leqq x \leqq 1$ においてつねに成り立つための実数 a, b に関する条件を求めよ.

2 11 16 根底 実戦 入試

$f(x) = x^2 - 2ax + a - 2$ とおく. $f(x) < 0$ が $0 \leqq x \leqq 1$ においてつねに成り立つような実数 a の値の範囲を求めよ.

2 11 17 根底 実戦 入試 重要

次の不等式を解け.

(1) $\dfrac{1}{x-2} \geqq 1$　　　(2) $x \leqq \dfrac{x+4}{x+1}$

2 11 18 根底 実戦 定期 典型

x の 2 次関数 $f(x) = ax^2 + 2bx + c$ について考える. $y = f(x)$ のグラフ C が右図のようになっている. また, C と直線 $l : y = -2x + 2$ が第 1 象限で接しているとする. このとき, $a, b, a-b, c, a-2b+c, b^2-ac, b+1, a+b+1$ の符号をそれぞれ答えよ.

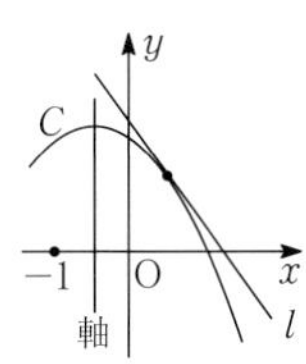

2 11 19 根底 実戦 定期

x の 2 次方程式 $x^2-(a+1)x-a^2+1=0$ (a は実数) …① の解が次のようになるための a に関する条件を求めよ.

(1) 2 つの解がいずれも $0 \leqq x \leqq 2$ の範囲にある.

(2) $x \leqq 0$ と $2 \leqq x$ の範囲に 1 個ずつ解がある.

2 11 20 根底 実戦 定期

x の 2 次方程式 $x^2-3ax+a^2+1=0$ (a は実数) を満たす x が, $0 \leqq x \leqq 2$ の範囲にただ 1 つだけあるような a の範囲を求めよ.

2 11 21 根底 実戦 入試

x の 2 次方程式 $x^2-(a+1)x-a^2+1=0$ (a は実数) …① が, $0 \leqq x \leqq 2$ の範囲に少なくとも 1 つの解をもつための a に関する条件を求めよ.

2 11 22 根底 実戦 入試 重要

方程式

$$-2x^2+(4a+6)x+a^2-a+1=0 \quad \cdots ①$$

が $a \leqq x \leqq a+2$ …② の範囲に少なくとも 1 つの解をもつような実数 a の値の範囲を求めよ.

2 11 23 根底 実戦 入試

x の 2 次方程式 $f(x) := x^2-ax+a^2-3=0$ (a は実数) …① が $-1 \leqq x \leqq 1$ の範囲に少なくとも 1 つの解をもつような a の値の範囲をめよ.

2 11 24 根底 実戦 入試

$t>0$ とする. 方程式

$$x^2+\frac{1}{2t}x-t^2-\frac{1}{2}=0 \quad \cdots ①$$

が $-\frac{3}{2}$ 以下の解を少なくとも 1 つもつような t の範囲を求めよ.

2 11 25 根底 実戦

2 つの放物線 $C_1 : y=-2x^2$ および C_2 がある. C_2 は放物線 $y=x^2$ を平行移動したものであり, C_1 と接する [1)] とする. このとき, 原点 O, C_2 の頂点 P, C_1 と C_2 の接点 Q の位置関係を調べよ [2)].

2 11 26 根底 実戦 定期

次の関数のグラフを描け.

(1) $y=|x^2-3|$　(2) $y=|x|(1-x)$　(3) $y=x+2|x(x+3)|$

2 11 27 根底 実戦 入試

曲線 $C:y=|x^2-2x|+x$ …① と直線 $l:y=ax$ (a は実数) …② について答えよ.

(1) C と l が異なる3点を共有するような a の値の範囲を求めよ.

(2) (1)のとき, 3つの共有点を x 座標が小さい方から順に P, Q, R とする. PQ = QR が成り立つような a の値を求めよ.

2 11 28 根底 実戦 入試

$f(x)=-x^2+|x-a|$ (a は実数) とおく. 任意の実数 a に対して, 曲線 $C:y=f(x)$ と異なる2点で接する直線が存在することを示し, その直線の方程式を求めよ. [1)]

2 11 29 根底 実戦 入試

放物線 $C:y=4x^2+(4a-2)x+3a^2-a$ (a は実数) と直線 $l:y=2x$ について答えよ.

(1) C と l が異なる2点で交わるような a の値の範囲を求めよ.

(2) (1)のとき, C が l から切り取る線分 PQ の長さの最大値を求めよ.

2 11 30 根底 実戦 入試

OA = 3, OB = 5, AB = $\sqrt{30}$ の三角形 OAB を底面とする直三角柱 T がある. T の辺上に右図のように点 P, Q をとって正三角形 OPQ を作るとき, AP および BQ の長さを求めよ.

ただし, T はじゅうぶんな高さ [1)] をもつとする.

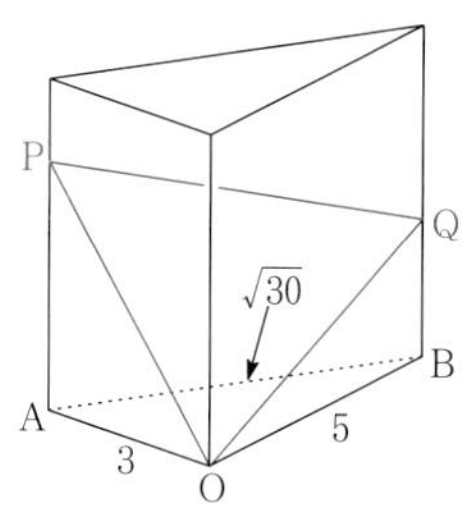

2 11 31 根底 実戦 典型 重要

(1) x についての2つの方程式

$$3x^2+2x+a=0 \qquad 5x^2+2x+2a+3=0$$

が共通解をもつような a の値を求めよ.

(2) x についての2つの方程式

$$x^2+kx+k-2=0 \qquad 2x^2+(k+1)x-2=0$$

がただ1つの共通解をもつような k の値を求めよ.

2 11 32 根底 実戦 重要

a は正で x は実数とする.

「$x>a \Longrightarrow x^2>a$」…(*)

が成り立つような a の値の範囲を求めよ.

 → 5・29

12 演習問題C 将来の発展的内容

2 12 1 根底実戦 典型 重要

(1) $x+y=1$ (x, y は実数) のとき，xy のとり得る値の範囲 I を求めよ．

(2) $xy=1$ (x, y は実数) のとき，$x+y$ のとり得る値の範囲 I' を求めよ．

2 12 2 根底実戦 入試典型 重要

実数 x, y が $x^2+xy+2y^2=1$ …① を満たすとき，x のとり得る値の範囲を I とする．

(1) 定数 1 は変域 I に属するか？

(2) I を求めよ．

2 12 3 根底実戦 入試 重要

実数 x, y が $x^2+xy+2y^2 \leq 1$ …① を満たすとき，$x+2y$ のとり得る値の範囲を I とする．

(1) 定数 1 は変域 I に属するか？

(2) I を求めよ．

2 12 4 根底実戦 入試典型 重要

実数 x, y の 2 変数関数

$$F=x^2-2xy+3y^2-8y+11$$

$$(0 \leq x \leq 3,\ 0 \leq y \leq 3\ \cdots ①)$$

の最小値を求めよ．

2 12 5 根底実戦 典型 重要

実数 x, y が $3x^2-10xy+3y^2 \leq 0$ …① を満たすとき，$\dfrac{y}{x}$ のとり得る値の範囲を求めよ．

2 12 6 根底実戦 定期典型

$x^2+2xy-3y^2+x-5y+k$ が x, y の 1 次式どうしの積に因数分解できるような k の値を求めよ．

2 12 7 根底実戦 入試 ハイレベル↑

x の方程式 $x^2-2ax+2a^2-1=0$ (a は実数) …① について答えよ．

(1) ①が異なる 2 つの実数解をもつような a の値の範囲を求めよ．

(2) ①の実数解 x のとり得る値の範囲を求めよ．

(3) ①が異なる 2 つの実数解をもつとき，大きい方の実数解 α のとり得る値の範囲を求めよ．

2 12 8 根底実戦 数学Ⅱ図形と方程式後

a は正の定数とする．2 つの放物線 $C: y=x^2$ と $C_a: y=ax^2$ は，相似であることを示せ．また，C と C_a の相似比を求めよ．

→ 2・73

第 3 章

三角比（図形と計量）

概要

中学で図形を学んだときには，長さは長さ，角は角と別々に扱うことがほとんどでした．それに対して本章で学ぶ三角比：sin，cos，tan（サイン，コサイン，タンジェント）には，三角形の辺の**長さ**の比と**角**との間に成り立つ**関係**を表す機能があります．三角比をマスターすれば，「図形」に関する「計量」をより本格的に行うことができるようになり，図形全般に対するアプローチの仕方が格段に広がります．

学習ポイント

1. 「直角三角形」「単位円」による三角比の 2 通りの定義を理解し，活用する．
2. 正弦定理，余弦定理，面積公式を証明し，三角形にまつわる問題に活用する．

注　本章3は，5「図形の性質」と密接な関係をもちます．どちらかというと「5の知識→3で活用」となる部分が多いので，5→3の順に学ぶのが理想的ですが…実は5全体を仕上げるのは骨が折れます．そこで，中学の内容確認が中心である5 [1]〜[5]をザックリとだけ確認した上で本章を学び，その後時間と相談しながら再び5をやるというのが現実的かと思います．

言い訳　学校教科書での章名は「図形と計量」となっていますが，本書では圧倒的に中心的役割を担う「三角比」を採用しました．それにともない，「計量」といえども図形の特性がメインで三角比の出番がないものは，**内容のつながりを重視**して5の方で扱います．　定期試験では少〜し気を付けてね

注　こうした事情を少し頭に入れておいてください．3と5の境界はかなり曖昧なんです．

将来入試では

図形に関するもっとも根本的な量である「長さ」と「角」を結びつける三角比は，「図形」に関する問題を攻める上での基本ツールの 1 つとなります．そこに，5「図形の性質」や数学Ⅱ以降で学ぶ様々な内容を加味して，幅広い図形問題が出題されることになります．

注　本章[3]で学ぶ「単位円による三角比の定義」は，数学Ⅱ「三角関数」においてそれを包含してさらに広い視点から学び直します．よって，この内容を復習する際には，後者のみやれば OK です．

この章の内容

[1] 三角形の基礎
[2] 直角三角形と三角比
[3] 単位円と三角比
[4] 演習問題A
[5] 三角形の計量
[6] 立体図形の計量
[7] 5「図形の性質」との融合
[8] 演習問題B
[9] 演習問題C 他分野との融合

［高校数学範囲表］　●当該分野　●関連が深い分野

数学Ⅰ	数学Ⅱ	数学Ⅲ 理系
数と式	いろいろな式	いろいろな関数
2次関数	ベクトルの基礎	極限
三角比	図形と方程式	微分法
データの分析	三角関数	積分法
数学A	指数・対数関数	**数学C**
図形の性質	微分法・積分法	ベクトル
整数	**数学B**	複素数平面
場合の数・確率	数列	2次曲線
	統計的推測	

1 三角形の基礎

本章で新たに学ぶ「三角比」以前の,「三角形」という図形そのものに関する基礎知識を軽く確認しておきましょう. より詳しく説明してある**5**の抜粋です.

注 三角形 ABC において, 特に断らなくても頂点 A, B, C の内角をそれぞれ A, B, C で, それぞれの対辺の長さを a, b, c で表すことがよくあります. ただし, 絶対という訳ではありませんから, その場の指示に従ってくださいね.

語記サポ このように, 辺の長さは小文字「a」で表します. また,「点」の名前はローマン体大文字「A」,「角」の大きさはイタリック体 (斜体) 大文字「A」で書き分ける慣習がありますが, 生徒さんが手書きする場合には, そこまで神経を使わなくて大丈夫です (笑).

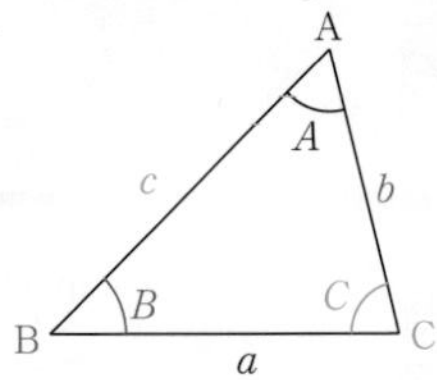

「三角形 ABC」のことを, 簡単に「△ABC」と書くことがあります. また,「三角形 ABC の面積」のことも「△ABC」で表します. どちらの意味かは文脈で判断してください.

1 三角形の決定条件 (合同条件) 原理

三角形を**決定**する方法として, 右図の 3 通りがあります. 赤色で示した部分で決まります.

語記サポ 「夾(きょう)」:「その間の」

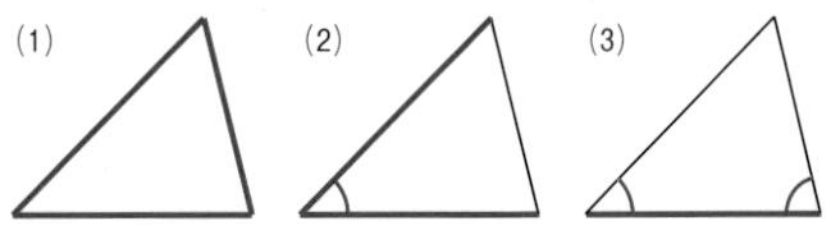

〔3 辺の長さ〕 〔2 辺夾角〕 〔2 角夾辺〕

重要 図形に関する問題を考察する際, **決定されている三角形**がある場合には図をピシッと正確に描くことができ, 自信を持って進めることができます. 逆にそれがない場合にはハッキリしない図しか描けないので, モヤモヤしながら解いていくことになります.

2 3辺の長さの関係

2 辺の和は他の 1 辺より長いですね. このことから, 実数 a, b, c が三角形の 3 辺の長さをなすための条件は, 次のようになります:

$$\underbrace{|b-c|}_{\text{2 辺の差}} < a < \underbrace{b+c}_{\text{2 辺の和}}.$$

(b や c を中辺に置いても同様)

(このとき $a, b, c > 0$ も導かれる)

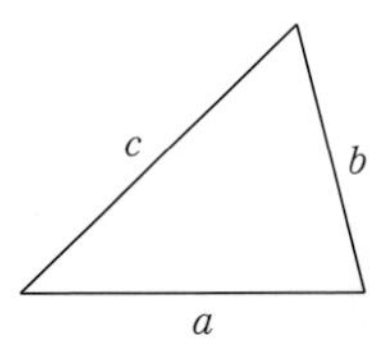

3 3つの内角の関係

三角形の 3 つの内角 $A, B, C(>0)$ の和は

$$A+B+C=180°.$$

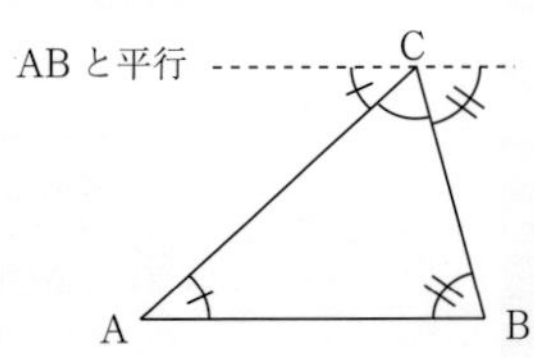

4 向かい合う辺と角の大小

辺の長短とその対角の大小に関して, 次が成り立ちます.

$$a < b \iff A < B.$$

(辺の長短) (角の大小) ── 一致する

(「<」を「=」に変えても同様)

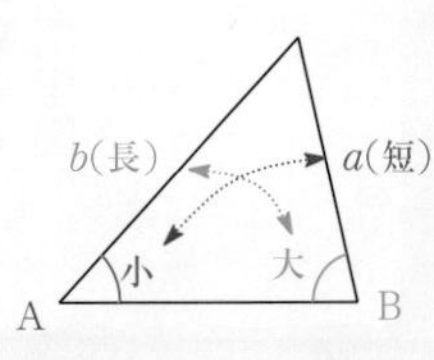

2 直角三角形と三角比

1 直角三角形による三角比の定義 原理

直角三角形において，1 つの鋭角 θ を決めれば，2 角が決まるので辺の長さの**比**が確定します．次の 3 つの比を総称して**三角比**(さんかくひ)といいます：　θ：「シータ」と読みます

直角三角形と三角比 **定義**

- 「サイン」　$\sin\theta = \dfrac{y}{r}$（対辺／斜辺）　θ の**正弦**(せいげん)
- 「コサイン」　$\cos\theta = \dfrac{x}{r}$（隣辺／斜辺）　θ の**余弦**(よげん)
- 「タンジェント」　$\tan\theta = \dfrac{y}{x}$（対辺／隣辺）　θ の**正接**(せいせつ)

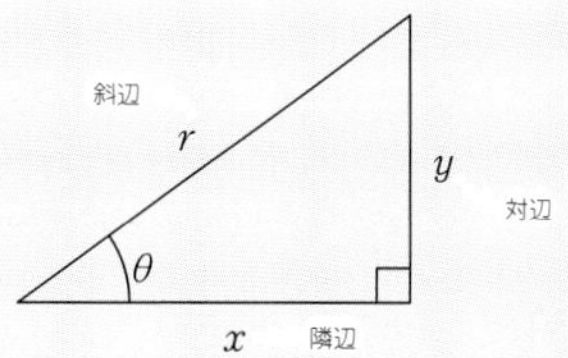

注　xを「底辺」，yを「高さ」と覚えてはいけません．三角形が描かれる向きはコロコロ変わりますから！「斜辺」以外の 2 辺は，角 θ の隣か相対するかで区別しましょう．（“隣辺(りんへん)”というのは，正式な名称ではないですが，記憶の助けとするために活用してください．）

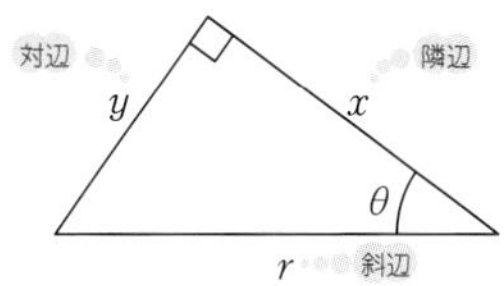

問　右図おいて，$\cos\theta$, $\sin\theta$, $\tan\theta$ の各値を求めよ．

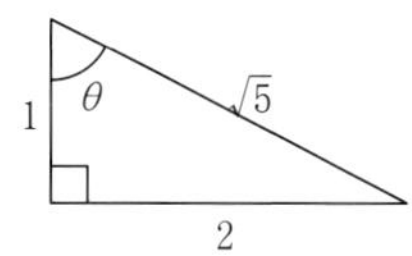

着眼　「斜辺」，「隣辺」，「対辺」のうち，どれが分母でどれが分子か？と考えてください．

解答

$$\cos\theta = \frac{1}{\sqrt{5}}, \quad \sin\theta = \frac{2}{\sqrt{5}}, \quad \tan\theta = \frac{2}{1} = 2. /\!/$$

（隣辺／斜辺，対辺／斜辺，対辺／隣辺）

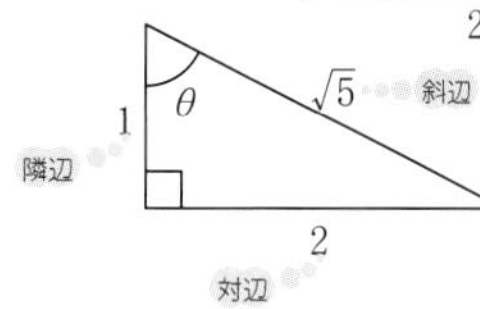

2 “有名角”に対する三角比の値（直角三角形）

右の直角三角形より，45°, 30°, 60° といった“有名角”に対する三角比の値を求めることができます．

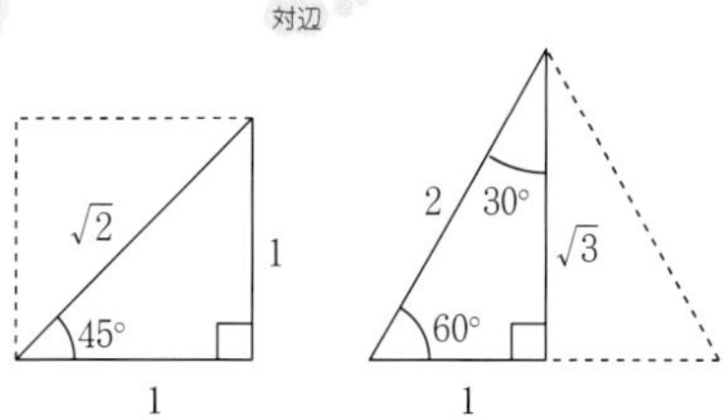

例

$$\begin{cases} \sin 45^\circ = \dfrac{1}{\sqrt{2}}, \quad \tan 45^\circ = 1, \\ \cos 60^\circ = \dfrac{1}{2}, \quad \sin 60^\circ = \dfrac{\sqrt{3}}{2}, \quad \tan 30^\circ = \dfrac{1}{\sqrt{3}}. \end{cases}$$

これらの値は，図を見て理解した上で，次のように暗記してしまいましょう．

“有名角”の三角比（直角三角形）　暗記！

	sin, cos	tan
45°	どちらも $\dfrac{1}{\sqrt{2}}$	1
30°, 60°	大きい方：$\dfrac{\sqrt{3}}{2}$（約 0.87），小さい方：$\dfrac{1}{2}$（0.5）	大きい方：$\sqrt{3}$（約 1.73），小さい方：$\dfrac{1}{\sqrt{3}}$（約 0.58）

3では，「急な傾き」「緩やかな傾き」に変わります

重要　**“有名角”**に対応するこれらの三角比の値：$\dfrac{\sqrt{3}}{2}$, $\dfrac{1}{2}$ や $\sqrt{3}$, 1, $\dfrac{1}{\sqrt{3}}$ のことを，本書では**“有名値”**と呼ぶことにします．今後頻繁に現れますので，完全に暗記！してください．

3 三角比の表

有名角以外の角に対する三角比の値を求めるのは難しいことが多いのですが，0°, 1°, 2°, …, 90° に対する sin，cos，tan の概算値（小数第 5 位で四捨五入）を載せた「三角比の表」が巻末にあります．その一部である右下の表を利用してみましょう．

	sin	cos	tan
10°	0.1736	0.9848	0.1763
11°	0.1908	0.9816	0.1944
12°	0.2079	0.9781	0.2126
13°	0.2250	0.9744	0.2309
14°	0.2419	0.9703	0.2493

【角 → 三角比】

表の赤色部分より「$\tan 12° \fallingdotseq 0.2126$」であることがわかります．

【三角比 → 角】

逆に，$\sin\theta = 0.2$ であるような鋭角 θ は，表の青色部分より「11° と 12°の間にある」ことがわかります．

4 三角比の利用　既習者

例えば下の左の式は，下の中央および右のように使うこともよくあります：

$\cos\theta = \dfrac{x}{r}$	$x = r\cos\theta$	$r = \dfrac{x}{\cos\theta}$
$\cos\theta$ は隣辺 ÷ 斜辺	隣辺 x は，斜辺 r に $\cos\theta$ を掛ける	斜辺 r は，隣辺 x を $\cos\theta$ で割る

sin，tan についても同様に考えて，次図のようになることを確認してください：

sin，cos，tan の使い方　知識　重要度↑（$\cos\theta$ を cos などと略記しています）．

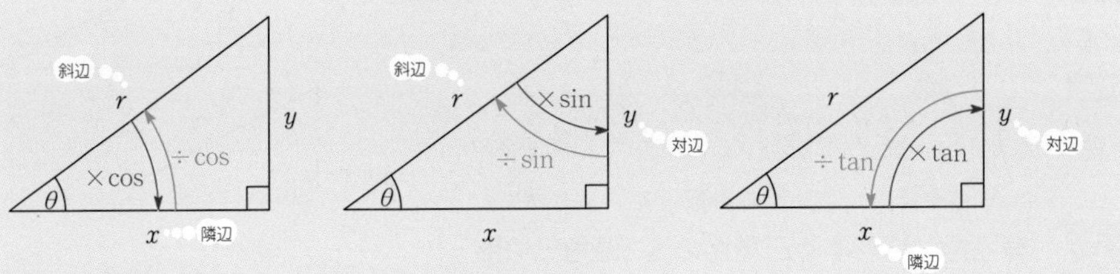

例題 32a 三角比の利用　重要度↑　根底 実戦

[→演習問題343]

右の長さ x, y を θ で表せ．

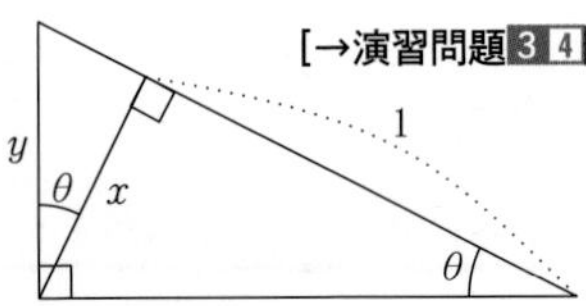

着眼　下図で色の付いた直角三角形に注目します．

解答

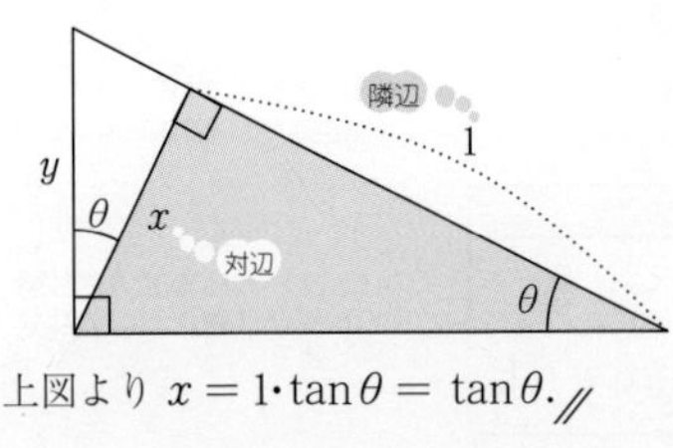

まず，上図より $x = 1 \cdot \tan\theta = \tan\theta$. //

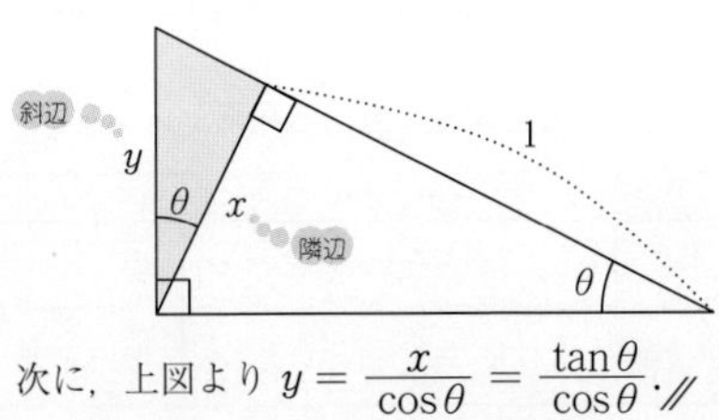

次に，上図より $y = \dfrac{x}{\cos\theta} = \dfrac{\tan\theta}{\cos\theta}$. //

将来　入試の図形問題において，この作業がスラスラできることは大前提です．ところが実際には…ここがアヤシイ受験生だらけ（苦笑）．

参考　この図形は，528 有名な相似三角形の 1 番目のものです．

5 測量への応用

例 右図のように，地面からの高さが 2.13m の地点から電信柱を見たところ，電信柱の上端，下端は，それぞれ水平面から 22°，12° の向きにあったとします．

語記サポ これらの角を順に仰角（ぎょうかく），俯角（ふかく）といいます．■

このとき電信柱の高さを求めましょう．

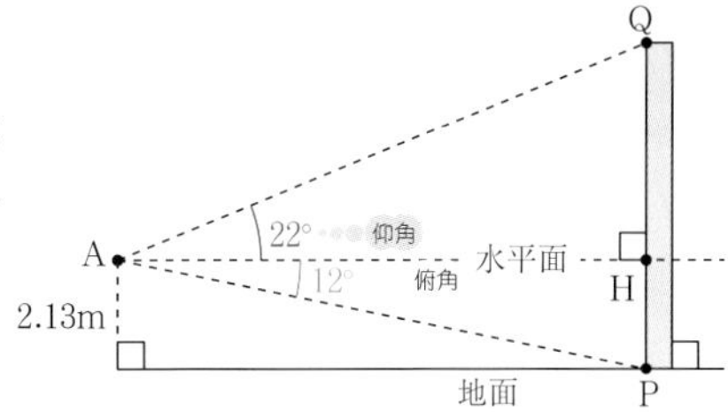

角度	正接（tan）
11°	0.1944
12°	0.2126
13°	0.2309
⋮	⋮
21°	0.3839
22°	0.4040
23°	0.4245

直角三角形 AHP に注目して，$AH=\dfrac{PH}{\tan 12^\circ}$．

直角三角形 AHQ に注目して，$QH=AH\cdot\tan 22^\circ$．

$$\therefore QH=\frac{PH}{\tan 12^\circ}\cdot\tan 22^\circ.$$

PH ＝ A の高さ ＝ 2.13m．右表より $\tan 12^\circ=0.213$，$\tan 22^\circ=0.404$

（小数第 4 位で四捨五入した）として計算すると

$$QH=\frac{2.13}{0.213}\times 0.404=4.04.$$

∴ 電信柱の高さ ＝ PQ ＝ 2.13 ＋ 4.04 ＝ 6.17(m).//

例題 3 2 b 三角比と測量 根底 実戦

[→演習問題 3 4 5]

高さの等しい 2 本の柱の天辺どうしを長さ 10m のロープで結び，その途中の点 P を地面で押さえてロープをピンと張ったところ，P から一方の天辺 A を見た仰角は θ であり，ロープは点 P において直角をなしたとする．

(1) 柱の高さを x m とするとき，x を θ で表せ．

(2) $\theta=37^\circ$ のとき，柱の高さは何 m か？

巻末の三角比の表にある数値を，小数第 2 位で四捨五入して用いよ．

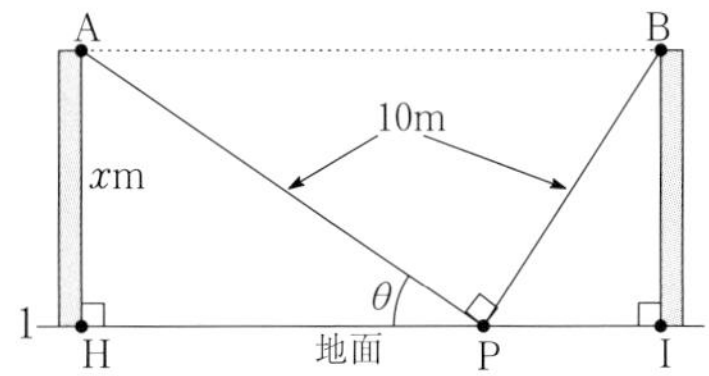

方針 直角三角形に注目し，斜辺・隣辺・対辺の関係を三角比で表します．

解答 (1) 下図のように角 θ', α をとる．

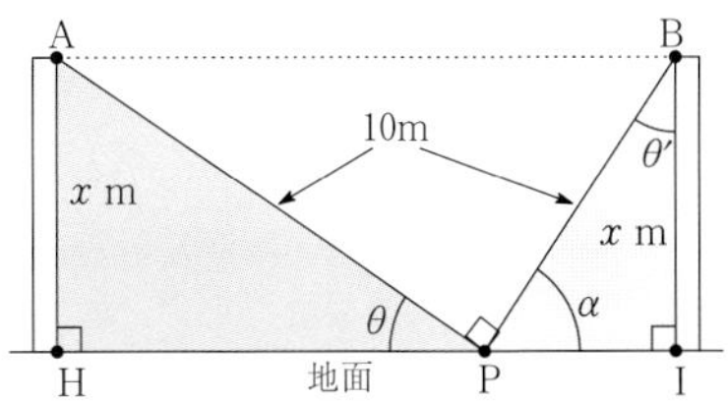

$\theta+\alpha=90^\circ$（P のまわりの角に注目），

$\theta'+\alpha=90^\circ$（△BIP に注目）．

$\therefore \theta'=\theta$.

そこで，△AHP および △PIB に注目して

$$AP=\frac{x}{\sin\theta},\ BP=\frac{x}{\cos\theta}.^{1)}$$

これと AP ＋ BP ＝ 10 より

$$\frac{x}{\sin\theta}+\frac{x}{\cos\theta}=10.$$

$$(\cos\theta+\sin\theta)x=10\sin\theta\cdot\cos\theta.$$

$$\therefore x=\frac{10\sin\theta\cdot\cos\theta}{\sin\theta+\cos\theta}$$

(2) $\sin 37^\circ=0.6018$，$\cos 37^\circ=0.7986$ より，

$\sin 37^\circ=0.6$，$\cos 37^\circ=0.8$ としてよい．

よって，求める高さは 3.42…m

$$x=\frac{10\times0.6\times0.8}{0.6+0.8}=\frac{48}{14}=\frac{24}{7}.//$$

解説 1)：このように，x を sin や cos で**割って**斜辺をサッと求められるようにしましょう．

参考 この図形は，5 2 8 有名な相似三角形 の 2 番目のものです．

3 単位円と三角比

1 単位円による三角比の定義 原理

座標平面上の，原点 O を中心とする半径 1 の円を**単位円**といいます．

2では，直角三角形の内角となり得る $0° < \theta < 90°$ の範囲の θ に対する三角比を考えましたが，ここでは単位円を用いて θ の範囲を $0° \leqq \theta \leqq 180°$ に広げた三角比を考えます．

[1] 単位円周上の点 $\mathrm{P}(x, y)$ を，原点 O のまわりに点 $(1, 0)$ から左回り↺に角 θ だけ回転移動した位置にとります．この角 θ のことを点 P の**偏角**（へんかく）[2] といいます． 例題331h 後のコラム参照

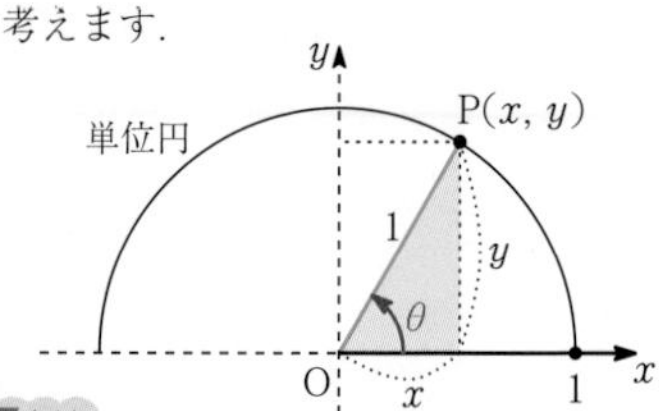

$0° < \theta < 90°$ のとき，右図赤色の直角三角形に注目して，

$$\cos\theta = \frac{x}{1} = x,\ \sin\theta = \frac{y}{1} = y,\ \tan\theta = \frac{y}{x}\ \cdots①$$ 21より

となります．この①を，そのまま $0° \leqq \theta \leqq 180°$ における角 θ の三角比の定義とします：

単位円による三角比の定義 定義

単位円周上で，偏角 $\theta\,(0° \leqq \theta \leqq 180°)$ に対応する点を P とすると

点 **P** の座標 が $(\cos\theta,\ \sin\theta)$

$x = \cos\theta$　　$y = \sin\theta$　　つまり $\tan\theta = \dfrac{\sin\theta}{\cos\theta}$

直線 OP の**傾き**が $\tan\theta\ (\theta \neq 90°)$[3]

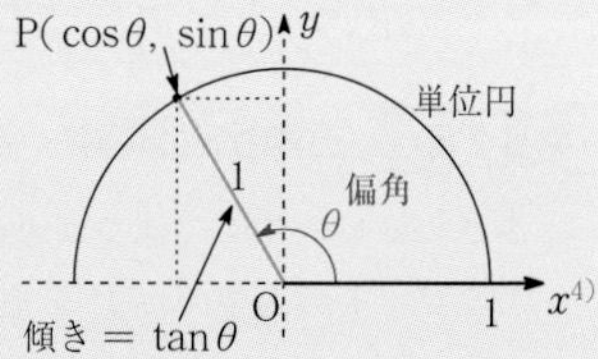

単位円による三角比の定義では，次の順に定まることを強く意識しましょう．

原理 偏角 θ → 単位円周上の点 **P** → その座標が $(\cos\theta,\ \sin\theta)$　直線 OP の傾きが $\tan\theta$

言い訳 [1] 重要度↓：学校教科書では，まずは半径 r の円を用いて定義していますが，例えば右のように半径 2 の円周上の点 Q を用いて $\cos\theta = \dfrac{2x}{2} = x$ と定義しても①と何ら変わりありませんね．そこで，本書では最初から半径 1 の単位円を用いました．**今後の学習で，単位円以外を使うことは一切ありません．**

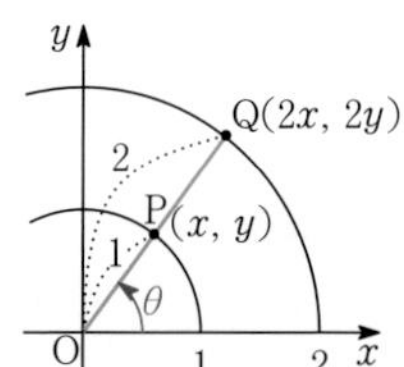

重要 **言い訳** [2]：本来は数学Ⅲ「複素平面」「極座標」で使う用語ですが，**非常に重要な概念であり，簡潔な呼称があると断然有利です．本書では今後もこう呼びます**．正式には「x 軸の正の部分と OP のなす角」ですが…，疲れますね (笑).

注 [3]：P が y 軸上 $(\theta = 90°)$ のとき，直線 OP は傾きをもたず，$\tan\theta$ は値をもちません．

[4]：今「角 θ」と書いている所を，将来的には「角 x」と書くこともあり，「横軸」を「x 軸」としていると誤解の源となります．そこで，本書では今後，座標軸に「x」「y」と書かずに済まし，単に「横座標」・「縦座標」と呼ぶこともあります．

2 三角比の符号

偏角 θ が $0°, 90°, 180°$ のときは，単位円周上の点 $\mathrm{P}(\cos\theta,\ \sin\theta)$ は座標軸上にあり，三角比の値は容易に求まります．例えば次図の点 P_3 を参照すれば，「$\cos 90° = 0$」だとわかりますね．

また，P が第 1 象限，第 2 象限にあるときを考えると，偏角 θ に対する三角比の符号は，次表のようになります．確認しておきましょう．

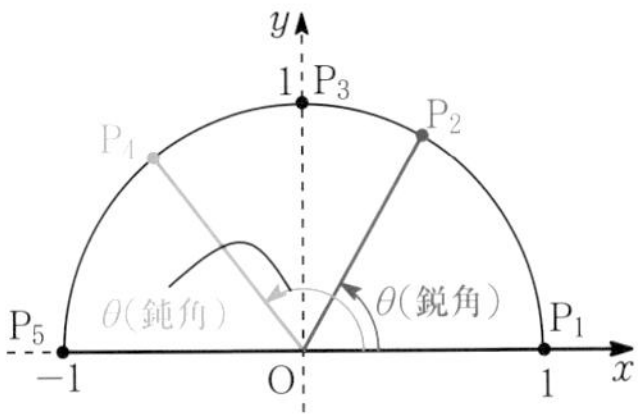

	鋭角		鈍角		
θ	0°	…	90°	…	180°	
参照する点 P	P_1	P_2	P_3	P_4	P_5	
$\sin\theta$	0	+	1	+	0	常に 0 以上
$\cos\theta$	1	+	0	−	−1	符号を変える
$\tan\theta$	0	+	なし	−	0	

3 “有名角”に対する三角比の値（単位円）

“有名角”：45° や 30°, 60°(鋭角) に対する三角比の値は，“有名値”として既に得られています[→2 2]．これをもとにすれば，1の定義に従って**偏角** 120°, 135°, 150°(鈍角) に対する三角比の値も求まります．(これらの角・値も，今後は“有名角”・“有名値”として扱います．)

例 偏角 120° に対応する単位円周上の点 P は，“有名角”である偏角 60° に対応する点 Q と y 軸に関して対称です．そこで，次のように考えます：

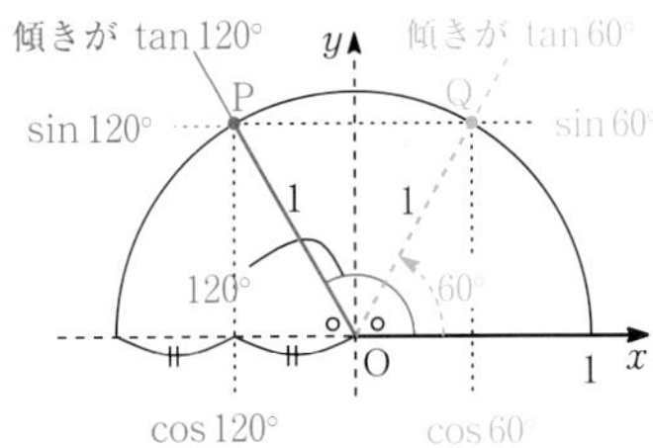

“有名角”に対する三角比 **方法論**

絶対値 → 2 2 の表を暗記

符号 → 単位円周上の点の位置を見て判断

$$\sin 120^\circ = \underbrace{\frac{\sqrt{3}}{2}}_{\text{大きい方}},\ \cos 120^\circ = -\underbrace{\frac{1}{2}}_{\text{小さい方}},\ \tan 120^\circ = -\underbrace{\sqrt{3}}_{\text{急な傾き}}.$$

重要 このように，「大きい方」と「小さい方」が登場する“有名角”は，「cos, sin のうち小さい方の絶対値は $\frac{1}{2}$」を踏まえて図示すること！よって，例えば上図の点 P は横座標が $-\frac{1}{2}$ となることを意識して描きます．つまり，「$\cos 120^\circ = -\frac{1}{2}$」は，点 P を描く前に求まってるんです (笑).

例題 3 3 a 鈍角の三角比 根底 実戦

[→演習問題 3 4 7]

(1) 150° に対する三角比の値を求めよ． (2) 135° に対する三角比の値を求めよ．

着眼 (1) 偏角 150° に対応する単位円周上の点 P は，有名角：偏角 30° に対応する点 Q と y 軸対称．
(2) 偏角 135° に対応する単位円周上の点 P は，有名角：偏角 45° に対応する点 Q と y 軸対称．

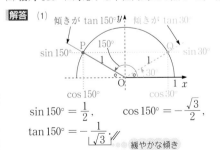

解答 (1)

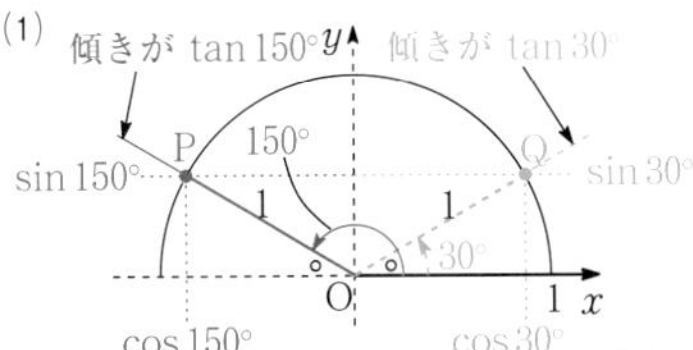

$\sin 150^\circ = \frac{1}{2}$, $\cos 150^\circ = -\frac{\sqrt{3}}{2}$,

$\tan 150^\circ = -\underbrace{\frac{1}{\sqrt{3}}}_{\text{緩やかな傾き}}$. //

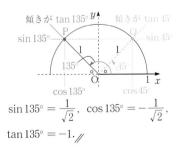

(2)

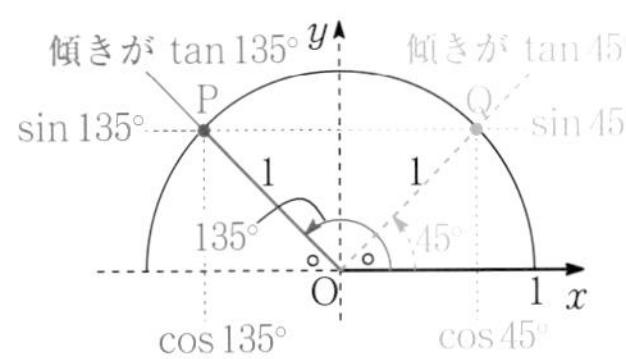

$\sin 135^\circ = \frac{1}{\sqrt{2}}$, $\cos 135^\circ = -\frac{1}{\sqrt{2}}$,

$\tan 135^\circ = -1$. //

解説 実際には，図の破線部分 (鋭角) は描きません．将来的には，全てを思い浮かべるだけで済ませられるよう訓練します．

重要 45°, 135° については，**座標軸のなす角を二等分**する向きに OP や OQ を描きます．

例題 3 3 b 三角関数の値域　根底 実戦

[→演習問題 3 4 8]

θ が $60^\circ \leq \theta \leq 135^\circ$ の範囲で変化するとき，三角比 $\sin\theta$, $\cos\theta$, $\tan\theta$ のとり得る値の範囲を求めよ．ただし，$\tan\theta$ については $\theta = 90^\circ$ を除いて考えるとする．

方針　これまでと違い，偏角 θ のとる値が「単一の値」ではなく，「幅のある区間」となりました．しかし，ベースとなる考え方は変わりません．

単位円周上の点 $P(\cos\theta, \sin\theta)$ の存在範囲を図示．

その上で，sin は縦座標，cos は横座標，tan は傾きを考えましょう．

解答　単位円周上の点 $P(\cos\theta, \sin\theta)$ の存在範囲は，次図の太線部：

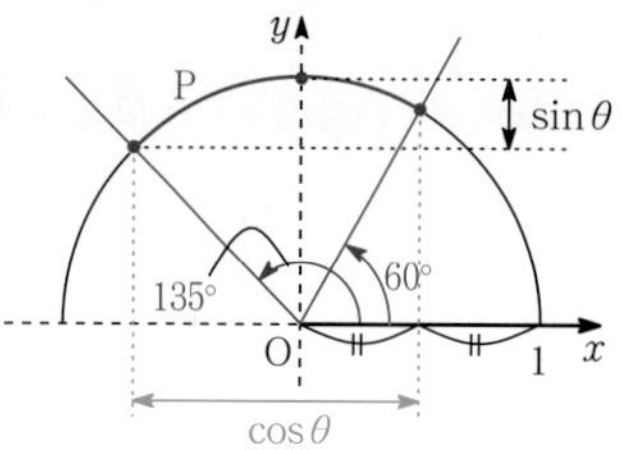

したがって，

$$\frac{1}{\sqrt{2}} \leq \sin\theta \leq 1,$$

$$-\frac{1}{\sqrt{2}} \leq \cos\theta \leq \frac{1}{2},$$

$$\tan\theta \leq -1, \sqrt{3} \leq \tan\theta. /\!/$$

注　cos の値域の端の値は，θ の範囲（定義域）の端の値に対応しましたが，sin の方はそうではありませんね．

注意！　三角比の値の範囲を考える際，右のように扇形部分を斜線で塗り潰したりする人がいますが，**絶対に止めてください！**本問の答えを見てもわかる通り，sin や cos の値域は，あくまでも単位円周上の**点**の範囲から求まるのですから．

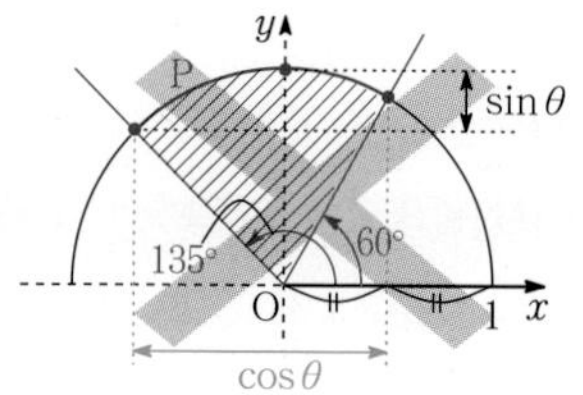

考え方　sin，cos は，縦，横の片方のみを見ればよいのでわかりやすいですが，直線 OP の**傾き**を表す tan は，縦と横の「比」を考えなければならないので難しいです．説明を加えておきます．

〔図中(ア)の前後〕

θ	60° →(増加) (ア)のとき →(増加) 90°に近づく
$\tan\theta$	$\sqrt{3}$ (約 1.73) →(増加) 5 くらい →(増加) どこまでも大きくなる

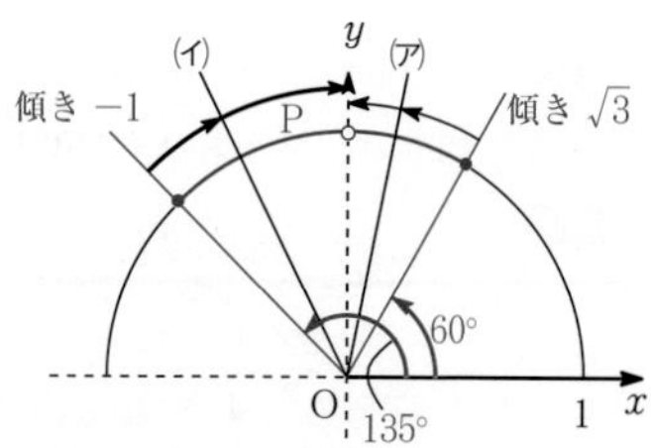

〔図中(イ)の前後〕

θ	135° →(減少) (イ)のとき →(減少) 90°に近づく
$\tan\theta$	-1 →(減少) -2 くらい →(減少) どこまでも小さくなる

補足　tan の値を考える方法は他にもあります．[→例題 3 3 f]

4 180° − θ などの三角比

図形問題を解いていると，しばしば $180°-\theta$ とか $90°-\theta$ といった角が現れます（右図）．こうした角を「θ」に変えることができるとスッキリ表せて助かりますね．

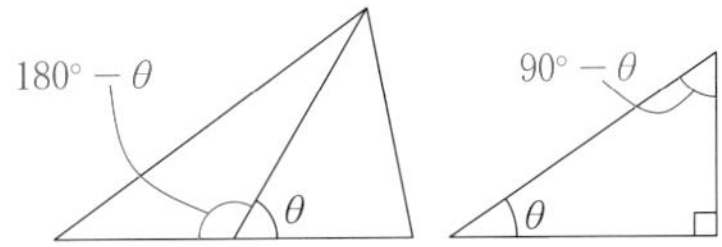

〔図 1〕

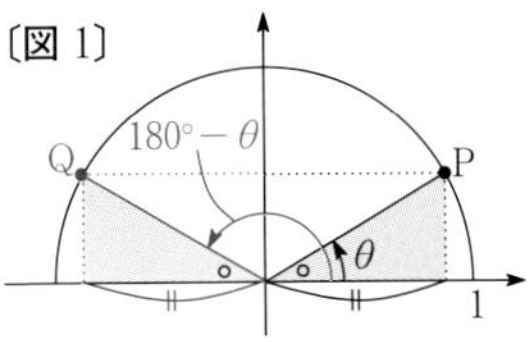

$\mathrm{P}(\cos\theta,\ \sin\theta)$
$\mathrm{Q}(\cos(180°-\theta),\ \sin(180°-\theta))$

〔図 2〕

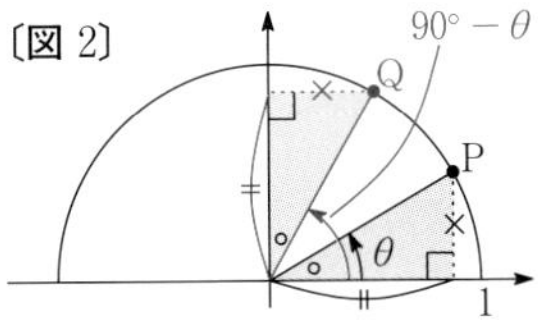

$\mathrm{P}(\cos\theta,\ \sin\theta)$
$\mathrm{Q}(\cos(90°-\theta),\ \sin(90°-\theta))$

〔図 3〕

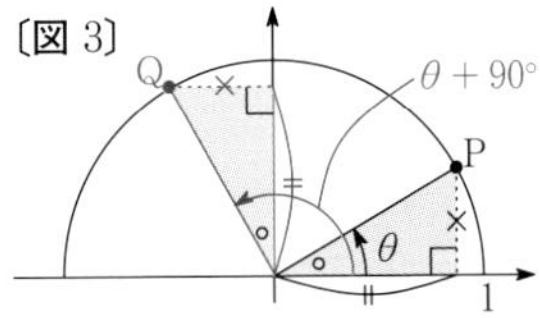

$\mathrm{P}(\cos\theta,\ \sin\theta)$
$\mathrm{Q}(\cos(\theta+90°),\ \sin(\theta+90°))$

上の〔図 1〕〜〔図 3〕で，色の付いた合同な三角形に注目すると，次の公式が成り立つことが想起[1]できます．例えば〔図 3〕を見ながら次のように考えます：

$\cos(\theta+90°)$ は Q の横座標．

これは，「絶対値」は P の縦座標と同じ（×印）で，「符号」は負．

P の縦座標は $\sin\theta$ で，符号は正．

$\therefore \cos(\theta+90°)=-\sin\theta$．

注 tan に関しては，$\tan○=\dfrac{\sin○}{\cos○}$ であることから導かれます．

180° − θ などの三角比 定理

$\cos(180°-\theta)=-\cos\theta$　　$\cos(90°-\theta)=\sin\theta$　　$\cos(\theta+90°)=-\sin\theta$

$\sin(180°-\theta)=\sin\theta$　　$\sin(90°-\theta)=\cos\theta$　　$\sin(\theta+90°)=\cos\theta$

$\tan(180°-\theta)=-\tan\theta$　　$\tan(90°-\theta)=\dfrac{1}{\tan\theta}$　　$\tan(\theta+90°)=-\dfrac{1}{\tan\theta}$

（$90°-\theta$ の3式：暗記！）

解説 [1]：〔図 1〕〜〔図 3〕は，あくまでもこれらの公式を思い出すために使います．そこで，図が描きやすいよう，いつでも θ が 30° くらいのつもりで描いて OK です．

補足 「90°」が現れるときに限って cos，sin が入れ替わります（tan は逆数になります）．

注 上記公式のうち，「$90°-\theta$」については，次の理由により完全に暗記することをお勧めします．

1° マイナス「−」が付かないので覚えやすく…

2° cos と sin が入れ替わると覚えれば済む．

3° 図形問題などでよく現れ（右図），使用頻度が高い．

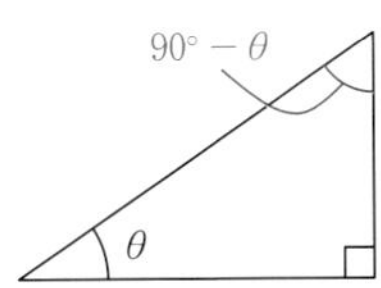

実は 2° により，この公式は「$\cos\theta=\sin(90°-\theta)$」のように，

cos を sin へ，あるいは sin を cos へと変える目的で使われることもあります．

問 $\cos\theta=\dfrac{1}{3}$ のとき，$\cos(180°-\theta)$ の値を求めよ．

解答 $\cos(180°-\theta)=-\cos\theta=-\dfrac{1}{3}$．//

注 本問の θ は約 70° くらいですが，公式想起のために描く図は，いつでも θ が 30° のつもりで OK です．この **問** と同じように，上の枠内の公式の左辺を右辺へ正しく変えられるようにしましょう．

5 三角方程式・不等式

三角比に関する方程式や不等式を扱います．これは，3の逆です．つまり，与えられた $\cos\theta$ や $\sin\theta$ などの値から，偏角 θ を逆算して求めます．よって，行う作業も3と逆向きになります．

方法論 重要度↑　偏角 θ $\xrightarrow{3}$ 単位円周上の点 $P(\cos\theta,\ \sin\theta)$ $\xrightarrow{3}$ $\cos\theta$ や $\sin\theta$ の値など（逆向きは 5）

重要　いずれの向きにおいても，真ん中にある **$P(\cos\theta,\ \sin\theta)$** が決め手です！

例題 3 3 C 三角方程式 重要度↑ 根底 実戦

[→演習問題 3 4 16]

次の方程式の解を，$0^\circ \leq \theta \leq 180^\circ$ の範囲で求めよ．

(1) $\cos\theta = \dfrac{1}{2}$　(2) $\sin\theta = \dfrac{\sqrt{3}}{2}$　(3) $\cos\theta = -\dfrac{1}{\sqrt{2}}$

(4) $\sin\theta = 0$　(5) $\tan\theta = -\dfrac{1}{\sqrt{3}}$

方針 **とにもかくにも，単位円周上の点 $P(\cos\theta,\ \sin\theta)$ がどこにあるか**を考えます．以上！

解答 単位円周上の，偏角 θ に対応する点を $P(\cos\theta,\ \sin\theta)$ とする．

(1) P の横座標：$\cos\theta$ が $\dfrac{1}{2}$．これは“有名値”で符号は正だから，P の位置は次図．

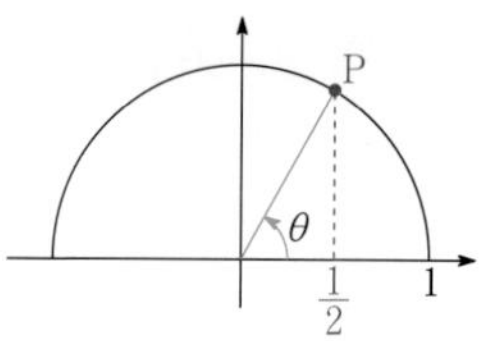

θ は“有名角”であり，$\theta = 60^\circ$．//

(2) P の縦座標：$\sin\theta$ が $\dfrac{\sqrt{3}}{2} \fallingdotseq 0.87$．これは“有名値”であり，その“相棒”である横座標の絶対値は $\dfrac{1}{2}$．よって，P の位置として次図の 2 か所がある．

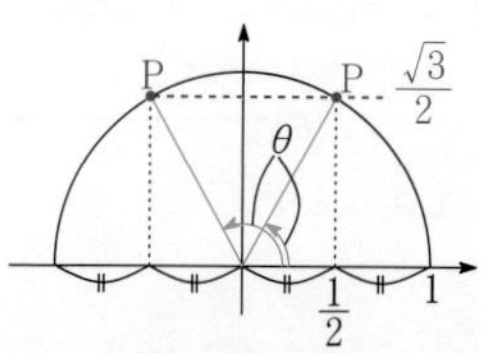

θ は“有名角”であり，$\theta = 60^\circ,\ 120^\circ$．//

(3) P の横座標：$\cos\theta$ が $-\dfrac{1}{\sqrt{2}} \fallingdotseq -0.7$．これは“有名値”で OP が座標軸のなす角を 2 等分し，符号は負．よって，P の位置は次図．

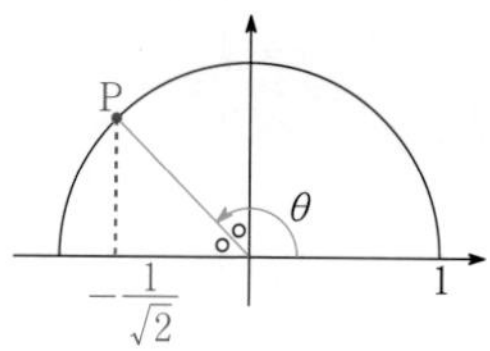

θ は“有名角”であり $\theta = 135^\circ$．//

(4) P の縦座標：$\sin\theta$ が 0 だから，P の位置は右図．

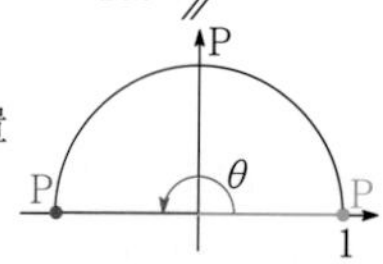

$\therefore\ \theta = 0^\circ,\ 180^\circ$．//

(5) 直線 OP の傾きが $-\dfrac{1}{\sqrt{3}}$．これは“有名値”（緩やかな傾き）で符号は負だから，P の位置は次図．

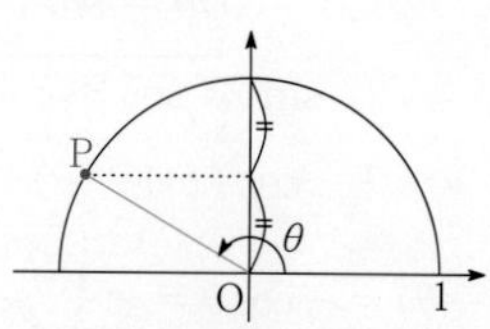

θ は“有名角”であり，$\theta = 150^\circ$．//

重要 たとえ問題に sin しかなくても，点 $P(\cos\theta,\ \sin\theta)$ を考えます．そうすれば，レベルアップに対応できます．[→例題 3 3 e]

注 実際の試験では，前記 **解答** のような説明文は不要でしょう．

次に，「三角不等式」です． 三角関数の不等式．5 4 3 とは別物です．

例題 3 3 d 三角不等式 重要度↑ 根底 実戦

[→演習問題 3 4 17]

次の不等式の解を，$0^\circ \leq \theta \leq 180^\circ$ の範囲で求めよ．

(1) $\sin\theta \geq \dfrac{1}{2}$ (2) $\cos\theta < -\dfrac{1}{\sqrt{2}}$ (3) $\sin\theta < \cos\alpha$（α は $0^\circ < \alpha < 90^\circ$ を満たす定角）

注意！ 例題 3 3 b でも述べたように，扇形部分を斜線で塗り潰したりしないこと．あくまでも単位円周上の**点**の範囲を図示してください．

方針 (3) 定数である右辺も，左辺と同じ「sin」に**統一**した方が考えやすいですね．

解答 単位円周上の，偏角 θ に対応する点を $P(\cos\theta,\ \sin\theta)$ とする．

(1) P の縦座標：$\sin\theta$ が $\dfrac{1}{2}$ 以上だから，P の存在範囲は次図の太線部：

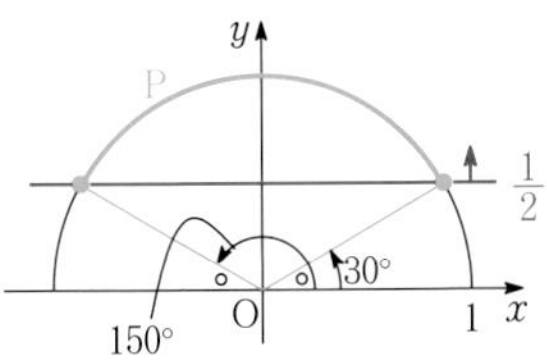

$\dfrac{1}{2}$ は“有名値”だから，θ の変域の端の値は“有名角”であり

$30^\circ \leq \theta \leq 150^\circ$.//

(2) P の横座標 ： $\cos\theta$ が $-\dfrac{1}{\sqrt{2}}$ 未満だから，P の存在範囲は次図の太線部：

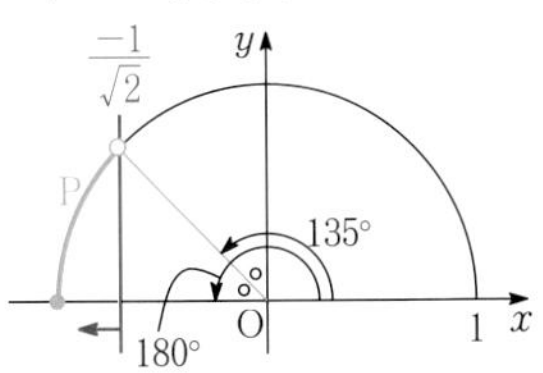

$-\dfrac{1}{\sqrt{2}}$ は“有名値”だから，θ の変域の端の値は“有名角”であり

$135^\circ < \theta \leq 180^\circ$.//

(3) 与式を変形すると

$\sin\theta < \sin(90^\circ - \alpha)$. …① [→ 4]

$90^\circ - \alpha$ は $0^\circ < 90^\circ - \alpha < 90^\circ$ を満たす定角だから，P の存在範囲は次図．

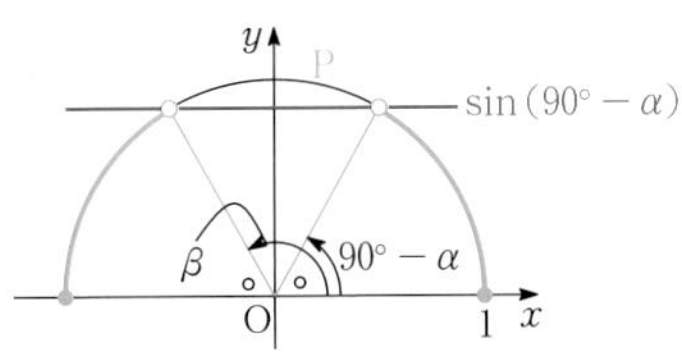

上図において 図中 2 つの角「∘」に注目

$\beta = 180^\circ - (90^\circ - \alpha) = 90^\circ + \alpha$.

よって，求める解は α を用いて OK

$0^\circ \leq \theta < 90^\circ - \alpha,\ 90^\circ + \alpha < \theta \leq 180^\circ$.//

解説 P の範囲を図示して概要を把握したら，あとは端の点に対応する“有名角”を思い出すだけ．

注 (1)(2)は，前問と同様，実際の試験では上記 **解答** のような説明文は不要でしょう．

参考 (3)における「α」のような文字のことを「与えられた定数」といい，答えの記述に使ってかまいません．

前記 2 つの例題は，sin のみ，もしくは cos のみを考えましたが，次の例題では cos，sin を同時に考えます．「tan」も事実上その“仲間”ですので，その後で続けて扱います．

例題 3 3 e cos，sin 混在型三角方程式・不等式 重要度↑ 根底 実戦 入試

[→演習問題 3 4 18]

次の方程式，不等式の解を，$0^\circ \leq \theta \leq 180^\circ$ の範囲で求めよ．

(1) $\sin\theta = \cos\theta + 1$ (2) $2\sin\theta\cos\theta > \sqrt{3}\cos\theta$

方針 cos，sin が混在していますが，これまで通り単位円周上の**点**がどこにあるかを考えるまでです．前 2 問をちゃんとこのように考えてきた人には難しくありません．

解答 単位円周上の，偏角 θ に対応する点を $\mathrm{P}(\cos\theta, \sin\theta)$ とする．

(1) 与式は，単位円周上の点 P が，直線 $y = x + 1$ 上にもあることを表す．よって，P の位置として次図の 2 か所がある．

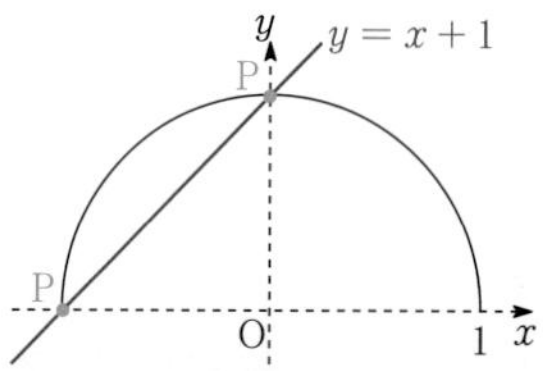

$\therefore\ \theta = 90^\circ, 180^\circ.$ //

(2) 与式を変形すると

$$\cos\theta\left(\sin\theta - \frac{\sqrt{3}}{2}\right) > 0.$$[1)]

i.e. $\begin{cases}\cos\theta > 0 \\ \sin\theta > \dfrac{\sqrt{3}}{2}\end{cases}$ or $\begin{cases}\cos\theta < 0 \\ \sin\theta < \dfrac{\sqrt{3}}{2}\end{cases}$.

よって，P の存在範囲は次図の太線部：

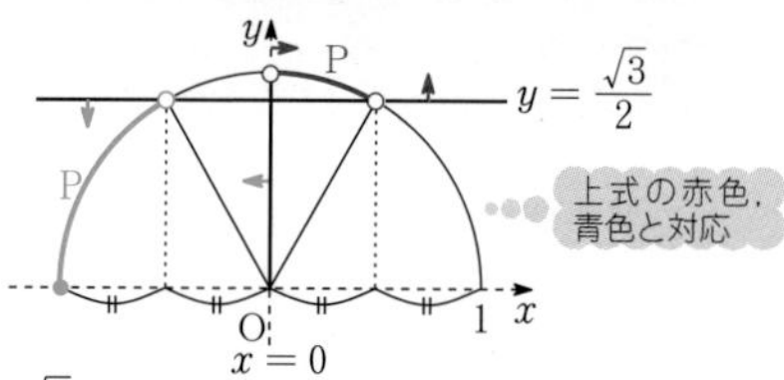

$\dfrac{\sqrt{3}}{2}$ は“有名値”だから，θ の変域の端の値は“有名角”であり

$60^\circ < \theta < 90^\circ,\ 120^\circ < \theta \leq 180^\circ.$ //

解説 P の位置を図示して概要を把握→端の点に対応する“有名角”を思い出す．これまでと同じ (笑).

原則 1)：不等式において，このような「積とゼロの大小比較」の形にし，個々の部分の**符号**から積全体の**符号**を考えるのは常套手段でしたね．[→ 2 8 1]

例題 3 3 f tan の不等式 根底 実戦

[→演習問題 3 4 17]

不等式 $-1 \leq \tan\theta \leq \sqrt{3}$ の解を，$0^\circ \leq \theta \leq 180^\circ$ の範囲で求めよ．

方針 tan ＝ 傾き を視覚的に表す方法をご紹介します．右図のように，OP と直線 $x = 1$ の交点を $\mathrm{Q}(1, m)$ とすると

$$\tan\theta = \text{OP の傾き} = \text{OQ の傾き} = \frac{m}{1} = m.$$

つまり，点 Q の縦座標 m が $\tan\theta$ の値です．これを用いて解答してみましょう．

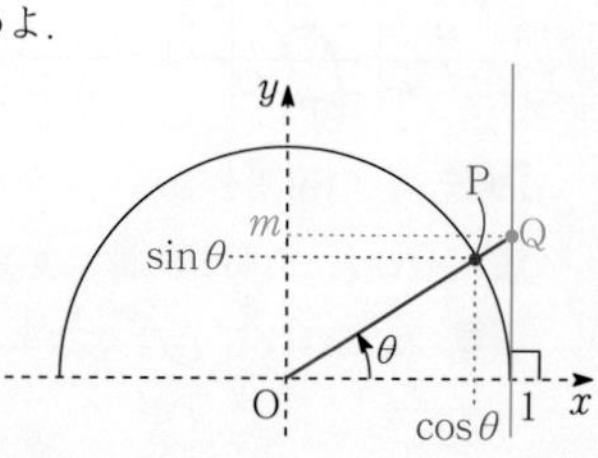

解答

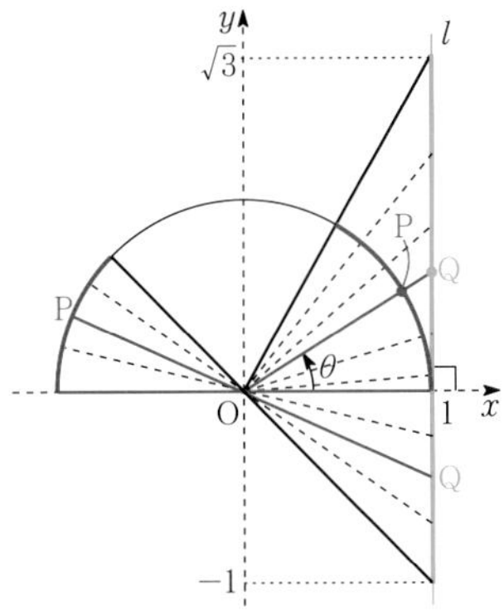

単位円周上の，偏角 θ に対応する点を P とし，OP と直線 $l: x=1$ の交点を Q とする．このとき，Q の y 座標が $\tan\theta$ の値だから，与式より，点 Q の存在範囲は左図 l 上の太線部．

これに対応する点 P の存在範囲は，単位円周上の太線部．

$-1, \sqrt{3}$ は "有名値" だから，θ の変域の端の値は "有名角" であり，求める解は

$0^\circ \leq \theta \leq 60^\circ,\ 135^\circ \leq \theta \leq 180^\circ$.//

解説　「$0^\circ \leq \theta \leq 60^\circ$」の方はともかく，「$135^\circ \leq \theta \leq 180^\circ$」の方がわかりづらいですね．OP と l の交点が Q ですから，逆に OQ と単位円周の交点が P です．これを用いれば，単位円周上の点 P の存在範囲がわかります．

tan は sin，cos 単独よりも複雑なので，**時間が掛かる**ものです．しっかり**時間を掛けて**考えましょう．

注　例題 3 3 C (5)程度なら，上記直線 l を利用するまでもなく片付きますね．

6 相互関係

本項では，$\cos\theta$, $\sin\theta$, $\tan\theta$ の間に成り立つ関係式を扱います．これを用いると，例えば $\cos\theta$ の値がわかっているとき，$\sin\theta$ や $\tan\theta$ の値も求めることができます．

点 $P(\cos\theta,\ \sin\theta)$ は単位円周上にあるので $OP^2 = 1^2$．よって

$(\cos\theta)^2 + (\sin\theta)^2 = 1$. …①

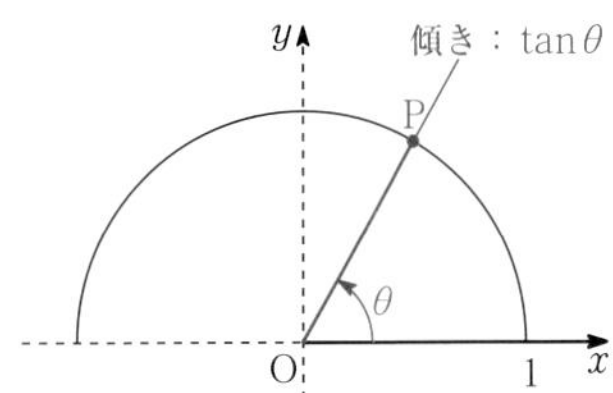

語記サポ　「$(\cos\theta)^2$」のことを「$\cos^2\theta$」と書いてもよいことになっています．$\sin^2\theta$, $\tan^2\theta$ についても同様です．■

また，3 1 で述べたように，$\tan\theta$ は直線 OP の傾きであり

$$\tan\theta = \frac{\sin\theta}{\cos\theta}. \cdots②$$

これ以降，記述を楽にするため，$\cos\theta$ を c，$\sin\theta$ を s と略記 1) して他の公式を導いていきます．

注　1)：答案中で使う場合には，必ず断った上で略記すること．あと，「$\cos\theta$」と「$\cos 2\theta$」を両方 c と書いたりしたら絶対ダメ！■

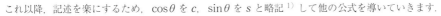

解答　①の両辺を c^2 で割ると

$$\frac{c^2}{c^2} + \frac{s^2}{c^2} = \frac{1}{c^2}.$$

$$\text{i.e. } 1 + (\tan\theta)^2 = \frac{1}{c^2}.$$

①の両辺を s^2 で割ると

$$\frac{c^2}{s^2} + \frac{s^2}{s^2} = \frac{1}{s^2}.$$

$$\text{i.e. } \frac{1}{(\tan\theta)^2} + 1 = \frac{1}{s^2}.$$

また，c と s の和や差を 2 乗すると，①も用いて

$(c \pm s)^2 = c^2 + s^2 \pm 2cs = 1 \pm 2cs$. (複号同順) 暗算で導け

以上をまとめておきます：

三角比の相互関係 定理

❶: $\cos^2\theta+\sin^2\theta=1.$　❷: $\tan\theta=\dfrac{\sin\theta}{\cos\theta}.$

❸: $1+\tan^2\theta=\dfrac{1}{\cos^2\theta}.$ ❶ ÷ c^2 →❷利用

❸′: $\dfrac{1}{\tan^2\theta}+1=\dfrac{1}{\sin^2\theta}.$ ❶ ÷ s^2 →❷利用

❹: $(\cos\theta\pm\sin\theta)^2=1\pm2\cos\theta\sin\theta.$ 和（差）と積の関係

展開→❶利用　（複号同順）

注 赤字で書いた導き方とともに頭に入れること！

補足 ❸は，数学Ⅲの微積分でよく使います．

❸は $\cos\theta\neq0$ が前提です．

❸′は，$\sin\theta\neq0$ が前提であり，$\tan\theta$ が値をもつことから $\cos\theta\neq0$ も前提です．■

それではこれらの相互関係公式を使って，1 つの三角比の値から他の三角比の値を求める練習をしましょう．

注意！ 「公式」だけに頼るのではなく，三角比の定義に用いる**直角三角形**や**単位円**を活用することも忘れずに．

例題 3 3 g　1つの三角比→他の三角比　根底 実戦

[→演習問題 3 4 12]

次の値を求めよ．ただし，$0^\circ\leq\theta\leq180^\circ$ とする．

(1) $\cos\theta=\dfrac{4}{5}$ のときの $\sin\theta$, $\tan\theta$　(2) $\sin\theta=\dfrac{1}{3}$ のときの $\cos\theta$

(3) $\tan\theta=-2$ のときの $\cos\theta$, $\sin\theta$

着眼 ここに登場した三角比の値：$\dfrac{4}{5}$, $\dfrac{1}{3}$, -2 は“有名値”ではないので，角 θ そのものは有名角として求まりません．しかし，三角比の値は，上記の相互関係公式などによって求めることができます．

注 θ は鈍角の可能性もありますから，必ず単位円を（少なくとも頭の中では）描いて，「符号」にも注意を払いましょう．

解答 1（相互関係公式利用）

単位円周上の，偏角 θ に対応する点を $P(\cos\theta, \sin\theta)$ とする．

(1)

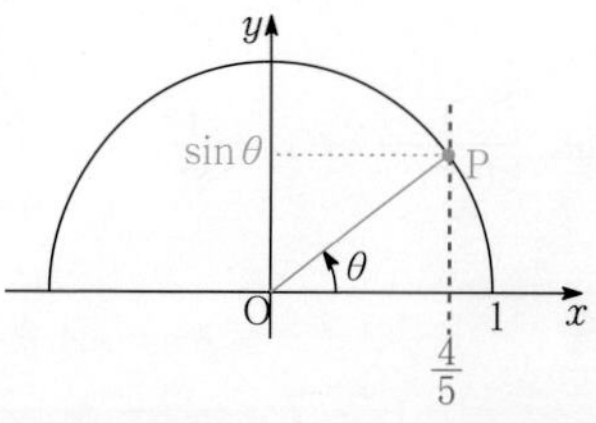

$\sin^2\theta=1-\cos^2\theta$ 公式❶より

$=1^2-\left(\dfrac{4}{5}\right)^2=\dfrac{9}{5}\cdot\dfrac{1}{5}.$ 和と差の積

2 乗 −2 乗

$0^\circ\leq\theta\leq180^\circ$ より $\sin\theta\geq0$ だから

$\sin\theta=+\sqrt{\dfrac{9}{5}\cdot\dfrac{1}{5}}=\dfrac{3}{5}.$ //

$\therefore\ \tan\theta=\dfrac{\frac{3}{5}}{\frac{4}{5}}=\dfrac{3}{4}.$ // 公式❷より

(2)

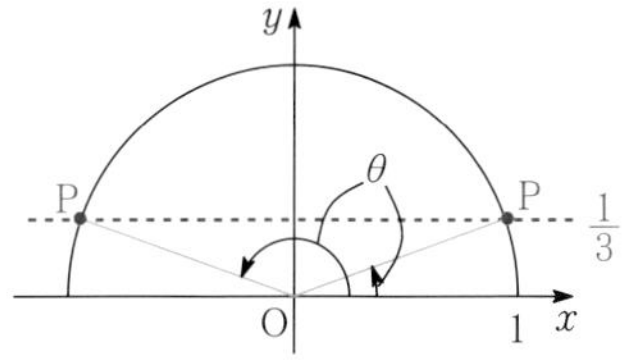

$$\cos^2\theta = 1 - \sin^2\theta$$ 公式❶より

$$= 1^2 - \left(\frac{1}{3}\right)^2$$ 2 乗 −2 乗は…

$$= \frac{4}{3}\cdot\frac{2}{3}.$$ 和と差の積

$$\therefore\ \cos\theta = \pm\sqrt{\frac{4}{3}\cdot\frac{2}{3}} = \pm\frac{2\sqrt{2}}{3}.//$$

（複号同順）

(3)

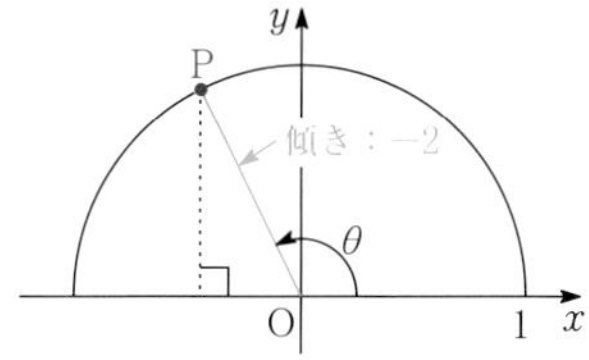

$$\frac{1}{\cos^2\theta} = 1 + \tan^2\theta$$ 公式❸より

$$= 1 + 4 = 5.$$

上図より $90^\circ < \theta < 180^\circ$ だから

$$\cos\theta = -\frac{1}{\sqrt{5}}.//$$

$$\therefore\ \sin\theta = \cos\theta\cdot\tan\theta$$ 公式❷より

$$= -\frac{1}{\sqrt{5}}\cdot(-2) = \frac{2}{\sqrt{5}}.//$$

補足 (1) $\tan\theta$だけを求めるなら，公式❸を用います．

(3) $\tan\theta$ から直接 $\sin\theta$ を求めるなら，公式 ❸′ を用います．

解答2（直角三角形利用）

(1)

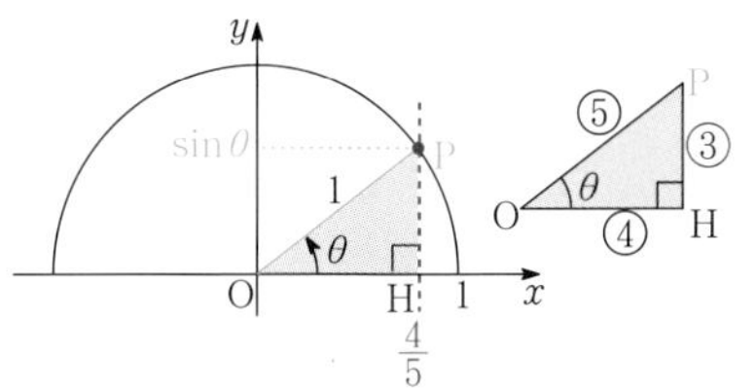

θ は，上図の直角三角形 OPH の内角である．

OP : OH = 5 : 4 より

OP : OH : PH = 5 : 4 : 3.

$$\sin\theta = \frac{3}{5},\ \tan\theta = \frac{3}{4}.//$$

(2)

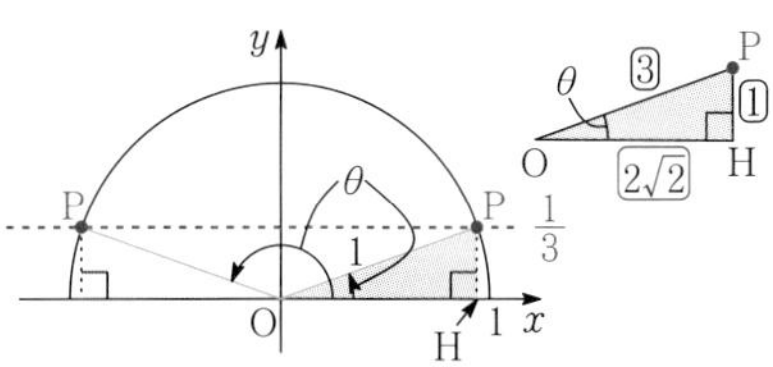

第 1 象限の点 P について．

θ は，上図の直角三角形 OPH の内角である．

OP : PH = 3 : 1 より

OP : PH : OH = 3 : 1 : $2\sqrt{2}$.

$$\therefore\ \cos\theta = \frac{2\sqrt{2}}{3}.$$

第 2 象限の点 P について．

$\cos\theta$ の絶対値は上記と等しく，符号は負．

以上より，$\cos\theta = \pm\dfrac{2\sqrt{2}}{3}.//$

(3)

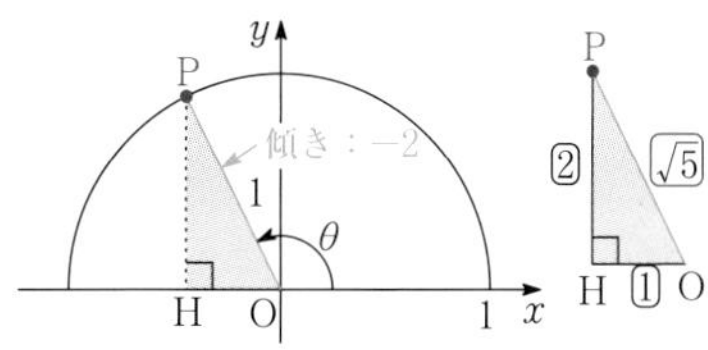

上図の直角三角形 OPH に着目して

OH : PH = 1 : 2 より

OH : PH : OP = 1 : 2 : $\sqrt{5}$.

これと OP = 1 より OH, PH の長さがわかる．単位円を見て符号も考えると

$$\cos\theta = -\frac{1}{\sqrt{5}},\ \sin\theta = \frac{2}{\sqrt{5}}.//$$

注 **解答2**：「直角三角形利用」をマスターすると，**解答1**：「相互関係公式利用」より速いです！ただし，公式を使うしかない問題もあります（次問）．

例題 3 3 h 相互関係公式 根底 実戦

[→演習問題 3 4 14]

$0° < \theta < 180°$, $\theta \neq 90°$ として，以下の問いに答えよ．

(1) $\tan\theta + \dfrac{1}{\tan\theta}$ を，$\cos\theta$, $\sin\theta$ で表せ．

(2) $\tan\theta + \dfrac{1}{\tan\theta} = -3$ …① のとき，$\cos\theta - \sin\theta$ の値を求めよ．

方針 (1) $\tan\theta$ を $\cos\theta$, $\sin\theta$ で表します．

(2) 単位円周上の点 $P(\cos\theta, \sin\theta)$ の位置も考えましょう．

解答

(1) $\cos\theta$ を c，$\sin\theta$ を s と略記する．

$$\tan\theta + \frac{1}{\tan\theta} = \frac{s}{c} + \frac{c}{s} \quad \text{公式❷より}$$
$$= \frac{ss + cc}{cs} \quad \text{公式❶より}$$
$$= \frac{1}{\cos\theta\sin\theta} .//$$

(2) ①のとき，(1)より

$$\frac{1}{cs} = -3. \therefore cs = -\frac{1}{3}. \cdots ②$$

$$\therefore (c - s)^2 = 1 - 2cs = \frac{5}{3}.$$

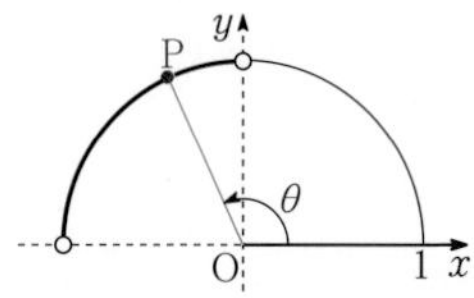

②より $cs < 0$. これと $0° < \theta < 180°$ より $c < 0, s > 0. \therefore c - s < 0$.

$$\therefore c - s = -\sqrt{\frac{5}{3}} .//$$

参考 (2)は，(1)を利用せず，①から $\tan\theta$ を求めてそれをもとに $\cos\theta$, $\sin\theta$ を算出して解答することも可能ではありますが…，とてもタイヘンです (笑).

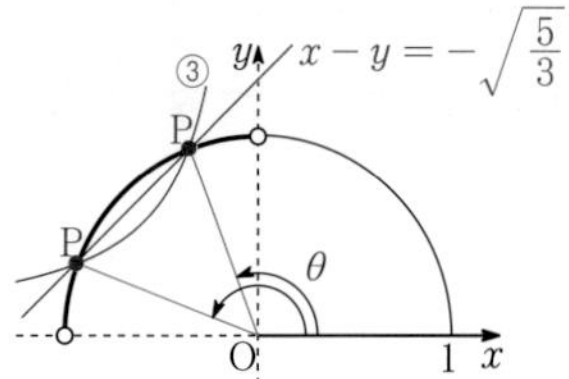

数学Ⅲ後 ハイレベル↑

②式より，単位円周上の点 $P(\cos\theta, \sin\theta)$ は双曲線 $xy = -\dfrac{1}{3}$ …③ 上にもあり，P の位置として右図の 2 か所が考えられることがわかります．しかしこれら 2 点は，いずれも直線 $x - y =$ 一定 上にあり，$\cos\theta - \sin\theta$ の値は 1 つに定まるという訳です．

コラム

2 種類の「角」

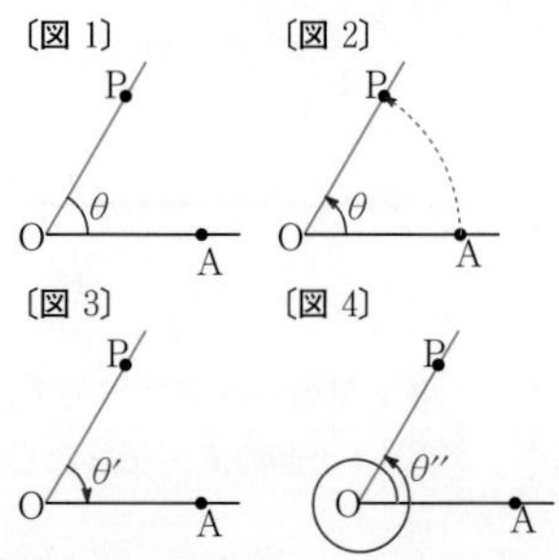

中学まで学んできた「角」とは，右の〔**図 1**〕の θ のように 2 つの半直線 OA，OP の間の "広がりの**大きさ**" を表し，「∠AOP」のように書きました．

それに対して，3 1「単位円による三角比の定義」冒頭で登場した「角 θ」は，〔**図 2**〕のように点 O のまわりの**回転移動量**を表し，数学Ⅱ以降では「**一般角**」と呼ばれます．

〔**図 1**〕〔**図 2**〕の θ はどちらも同じ値（約 60°）ですが，上記2 種類の角のうちどちらと考えているかを，角に矢印を付すか否かで表現しています．

「一般角」では，回転の向きによって↺を正の角，↻を負の角と定めます．例えば〔**図 3**〕〔**図 4**〕中にある一般角は，θ' が約 $-60°$，θ'' が約 $360° + 60° = +420°$ です．

学校教科書の単位円による定義では，数学Ⅰ「三角比」段階では「大きさ」の角を用い，数学Ⅱ「三角関数」で「一般角」へ移行しますが，入試を意識する本書では，最初から「一般角」を採用しました．

4 演習問題A

3 4 1 根底 実戦

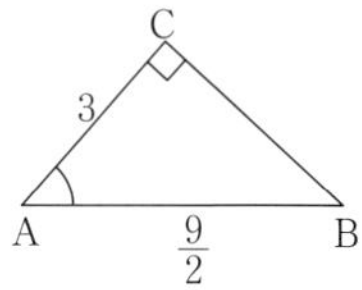

右図の直角三角形において，角 A の三角比 $\sin A$, $\cos A$, $\tan A$ の値を求めよ．

3 4 2 根底 実戦

三角比の表（巻末）を用いて，次の問いに答えよ．

(1) 右図(1)において，角 A(単位：°) を求めよ．
（例えば「31°～32°」のように答えればよい．）

(2) 右図(2)において，辺 AB, BC の長さを求めよ．

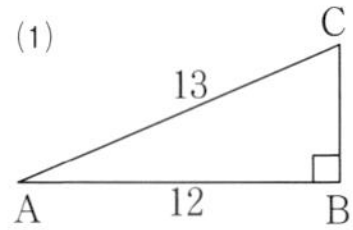

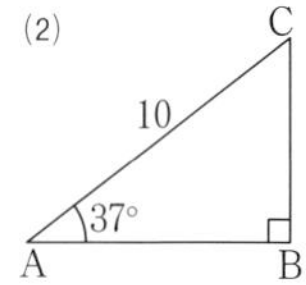

3 4 3 根底 実戦 重要

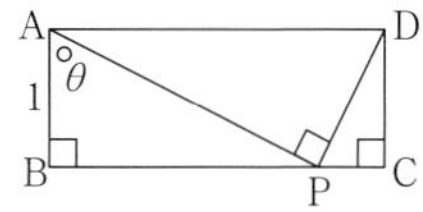

長方形 ABCD の辺 BC 上に点 P があり，$AB = 1$, $\angle APD = 90°$, $\angle PAB = \theta$ とする．このとき，AD, PC の長さを θ で表せ．

3 4 4 根底 実戦

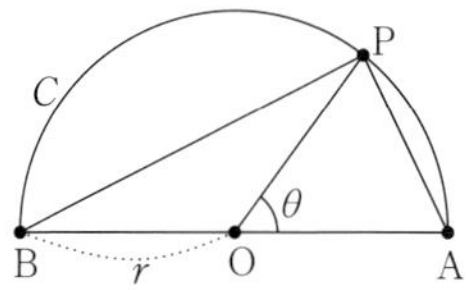

右図のように，中心 O，半径 r で線分 AB を直径とする半円周 C 上に，$\angle AOP = \theta$ $(0° < \theta < 180°)$ となる点 P をとる．C と線分 AP, BP で囲まれる 2 つの部分について，面積の和 S を求めよ．

3 4 5 根底 実戦 定期

地面に対して垂直に立った塔 T の上端を P とする．K さんが，ある地点において P の仰角を測ったところ 31° であった．K さんが，そこから地面を歩いて塔に向けてまっすぐ 10m 近づいた地点で再び P の仰角を測ると 35° となった．塔の高さ（単位：m）を求めよ．ただし，地面から K さんの視点までの高さは 160cm であるとする．また，巻末の三角比の表の値を，小数第 3 位で四捨五入して用いよ．

3 4 6 根底 実戦

地球上の「視点」から見た太陽の「視直径」θ を求めよ（下図参照）．ただし，太陽は直径 140 万 km の球体であると仮定し，視点から太陽の中心までの距離は 1 億 4960 万 km とする．また，右表を用いてよく，答えは小数第 2 位で四捨五入せよ．

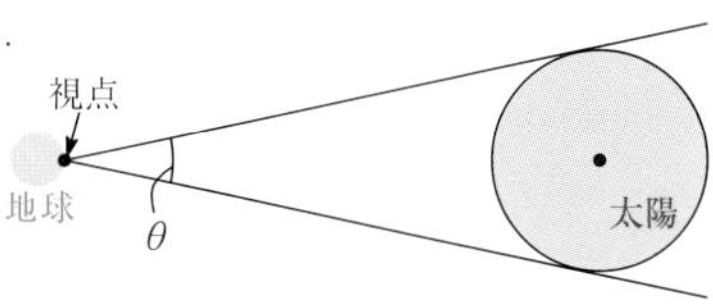

角度	sin	cos	tan
0.20	0.003491	0.999994	0.003491
0.21	0.003665	0.999993	0.003665
0.22	0.003840	0.999993	0.003840
0.23	0.004014	0.999992	0.004014
0.24	0.004189	0.999991	0.004189
0.25	0.004363	0.999990	0.004363
0.26	0.004538	0.999990	0.004538
0.27	0.004712	0.999989	0.004712
0.28	0.004887	0.999988	0.004887
0.29	0.005061	0.999987	0.005061
0.30	0.005236	0.999986	0.005236

3 4 7 根底 実戦

次の値を求めよ．

(1) $\sin 60°$　　(2) $\cos 135°$　　(3) $\tan 150°$

3 4 8 根底実戦 定期

変数 x が $45° < x < 120°$ の範囲で動くとき，関数 $\cos x$, $\sin x$, $\tan x$ の値域をそれぞれ求めよ．ただし，$\tan x$ においては $x \neq 90°$ とする．

3 4 9 根底実戦

a は $0° < a \leqq 180°$ を満たす定数とする．θ の関数 $\sin\theta\ (0° < \theta < a)$ の値域を求めよ．

3 4 10 根底実戦 定期

次の(1)(2)を簡単にせよ．

(1) $\tan\theta\sin(\theta + 90°) - \tan(\theta + 90°)\sin\theta$

(2) $\sin(180° - \theta)\cos(90° - \theta) - \sin(90° - \theta)\cos(180° - \theta)$

3 4 11 根底実戦

3 つの実数 $\cos 37°$, $\sin 52°$, $\sin 129°$ の大小を比べよ．

3 4 12 根底実戦 重要

$0° \leqq \theta \leqq 180°$ として，次の値を求めよ．

(1) $\cos\theta = \dfrac{2}{\sqrt{7}}$ のとき，$\sin\theta$, $\tan\theta$　　(2) $\sin\theta = \dfrac{\sqrt{2}}{\sqrt{5}}$ のとき，$\cos\theta$, $\tan\theta$

3 4 13 根底実戦

次の(1)～(3)を簡単にせよ．

(1) $(\sin\theta + 2\cos\theta)^2 + (2\sin\theta - \cos\theta)^2$　　(2) $\dfrac{\sin\theta}{1 - \cos\theta} + \dfrac{\sin\theta}{1 + \cos\theta}$

(3) $\dfrac{\sin\theta}{1 - \cos\theta} + \dfrac{1 + \cos\theta}{\sin\theta}$

3 4 14 根底実戦

次の(1)～(3)を $\tan\theta$ のみで表せ．ただし，$0° < \theta < 180°$, $\theta \neq 90°$ とする．

(1) $\dfrac{1}{1 + \sin\theta} + \dfrac{1}{1 - \sin\theta}$　　(2) $\sin\theta\cos\theta$

(3) $\dfrac{\sin^2\theta + \sin\theta\cos\theta}{1 + \cos^2\theta}$

3 4 15 根底実戦

$0° \leqq \theta \leqq 180°$ とする．$\sin\theta - \cos\theta = \dfrac{4}{3}$ …① のとき，$\sin^3\theta - \cos^3\theta$ の値を求めよ．

3 4 16 根底実戦

次の方程式を解け．ただし，$0° \leqq \theta \leqq 180°$ とする．

(1) $\sin\theta = \dfrac{1}{2}$　　(2) $\cos\theta = -\dfrac{\sqrt{3}}{2}$　　(3) $\cos\theta = \dfrac{1}{\sqrt{2}}$

(4) $\tan\theta = -1$　　(5) $\sin\theta = 1$

3 4 17 根底 実戦

次の不等式を解け．ただし，$0^\circ \leqq \theta \leqq 180^\circ$ とする．

(1) $\cos\theta \geqq -\dfrac{1}{2}$　(2) $\sin\theta < \dfrac{\sqrt{3}}{2}$　(3) $|\cos\theta| < \dfrac{1}{\sqrt{2}}$　(4) $-\dfrac{1}{\sqrt{3}} \leqq \tan\theta \leqq \sqrt{3}$

3 4 18 根底 実戦 入試 重要

次の方程式・不等式を解け．

(1) $\cos\theta + \sin\theta = \sqrt{2}$ …①

(2) $4\cos\theta\sin\theta - 2\sqrt{2}\cos\theta + 2\sin\theta \leqq \sqrt{2}$ …②

3 4 19 根底 実戦 入試 重要

a は $0^\circ < a < 90^\circ$ …① を満たす定数とする．θ に関する次の方程式・不等式を，$0^\circ \leqq \theta \leqq 180^\circ$ の範囲で解け．

(1) $\cos\theta = \cos a$

(2) $\sin\theta > \cos a$

3 4 20 根底 実戦 定期

θ の関数

$$f(\theta) = \cos^2\theta + 3\sin^2\theta + 2\cos\theta - 2 \ (0^\circ < \theta < 180^\circ)$$

のとり得る値の範囲を求めよ．

3 4 21 根底 実戦 入試

α は $0^\circ < \alpha < 180^\circ$ を満たす定角とする．関数 $f(\theta) = \sin^2\theta - \cos\theta \ (0^\circ \leqq \theta \leqq \alpha)$ の最大値を求めよ．

3 4 22 根底 実戦 入試

(1) $0^\circ \leqq \theta \leqq 180^\circ$ とする．方程式 $\sin^2\theta + 2\cos\theta\sin\theta + 3\cos^2\theta = 1$ …① を解け．

(2) $0^\circ < \theta < 90^\circ$ とする．$1 + \tan^2\theta = \dfrac{1}{\cos^2\theta}$ を証明せよ．また，方程式 $5\sin^2\theta + \sqrt{3}\sin\theta\cos\theta = 2$ …② を解け．

3 4 23 根底 実戦 入試 重要

k は実数とする．θ の方程式 $\sin\theta + \cos^2\theta - k = 0 \ (0^\circ \leqq \theta \leqq 180^\circ)$ …① について考える．

(1) $k = 1$ のとき，①の解 θ を全て求めよ．

(2) ①の解の個数 N を，k の値に応じて求めよ．

3 4 24 根底 実戦 入試

(1) 1 辺の長さが 1 である正五角形の対角線を引いた右図を利用して，$\cos 36^\circ$ の値を求めよ．

(2) m, n は 0 以上の整数とする．θ の方程式 $3 - 4\sin^2\theta = 2m\cos\theta + n$ …① が $0^\circ < \theta < 90^\circ$ の範囲に解をもつような組 (m, n) を求め，それに応じた θ の値を求めよ．

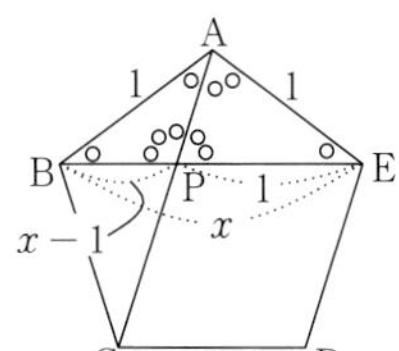

○1 つが 36°

5 三角形の計量

これまで学んできた三角比を，三角形の辺や角を計量するために利用します．新しく習得すべきことは，主に正弦定理・余弦定理・面積公式の 3 つです．

注 三角形の辺の長さや内角の大きさの一般的な表し方については，[→1冒頭]

1 正弦定理の証明

三角形の内角の正弦（sin のこと）を用いて，角の大きさと対辺の長さなどの関係を表す定理です．

正弦定理 定理

三角形 ABC の外接円の半径を R とすると

向かい合う辺と角 $\dfrac{a}{\sin A} = 2R.$ …… b と B，c と C についても同様

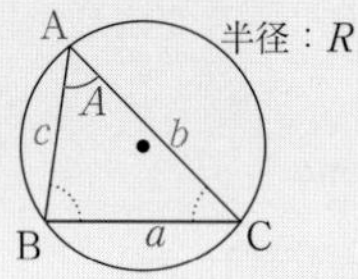

〔証明〕 角 A と 90° の大小によって場合分けし，円周角と中心角の関係などを用います．[→5 10 2]

〔0° < A < 90° のとき〕

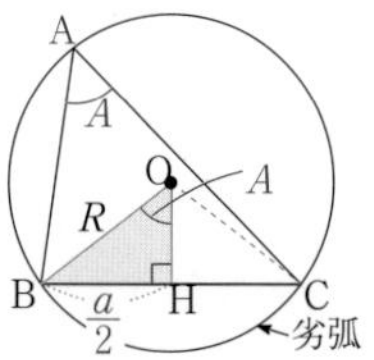

劣弧 BC に対して，A は円周角，∠BOC は中心角．

$\therefore\ \angle \mathrm{BOH} = \dfrac{2A}{2} = A.$

直角三角形 OBH に注目して

$\dfrac{a}{2} = R\sin A.$

〔A = 90° のとき〕

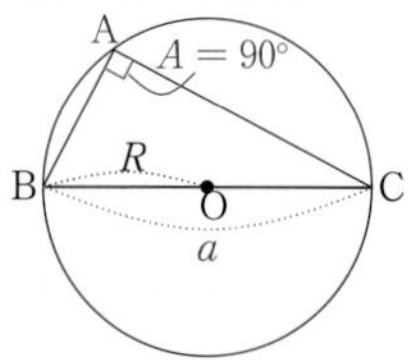

線分 BC は外接円の直径だから

$a = 2R$

$= 2R\sin A.$

$(\because\ \sin 90° = 1)$

〔90° < A < 180° のとき〕

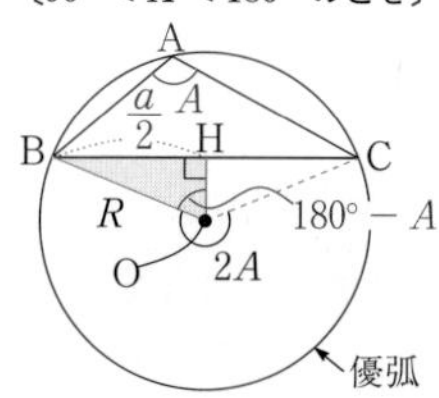

優弧 BC に対する円周角，中心角を考えて

$\angle \mathrm{BOH} = \dfrac{360° - 2A}{2} = 180° - A.$

直角三角形 OBH に注目して

$\dfrac{a}{2} = R\sin(180° - A) = R\sin A.$

いずれも場合も，両辺を $\sin A$ で割るなどして，「正弦定理」を得る．□

2 正弦定理の利用 既習者

「正弦定理」は，書物においてしばしば右のように書かれます．しかし，これだと正弦定理の実際の使用方法がわかりにくいですね．次のように覚えましょう：

$$\frac{a}{\sin A} = \frac{b}{\sin B} = \frac{c}{\sin C} = 2R. \quad \cdots①$$

R は外接円の半径

正弦定理の用法 方法論

❶ 向かい合う 2 組の辺・角

右図赤色 $\dfrac{b}{\sin B} = \dfrac{c}{\sin C}$ 右図青色 …… 両辺とも "$2R$"

❷ 向かい合う 1 組の辺・角と "R"

右図赤色 $\dfrac{a}{\sin A} = 2R.$ …… 「R」は外接円の半径

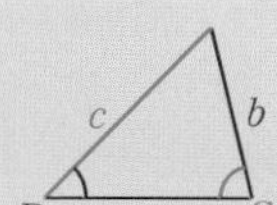

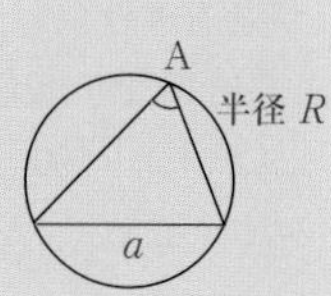

注　もっとも注目すべきは❶です．これは，「2 辺 2 角」，つまり合わせて 4 個の辺・角の関係です．三角形に関する計量問題で「外接円の半径」が問われた場合，❷を使用する可能性が高いです．

補足　❶❷以外に，①の赤下線部を利用して「3 正弦比 =3 辺比」とする用法もあります[→例題3 5 k]．入試での使用頻度は極めて低いですが (笑).

例題 3 5 a　正弦定理の利用　根底 実戦

[→演習問題3 8 1]

(1)　三角形 ABC において，AB= 2，$B = 15°$, $C = 135°$ のとき，辺 BC の長さを求めよ．

(2)　三角形 ABC において，AB= $\sqrt{3}$，BC= $\sqrt{2}$, $A = 45°$ のとき，角 C を求めよ．

(3)　1 辺の長さが 3 である正三角形の外接円の半径 R を求めよ．

方針　(1)(2)は，前述の用法❶，(3)は❷の練習です．

着眼　(1)「2 角とその間ではない辺」に関する条件が与えられていますが，2 角が決まれば自動的に残りの角も決まりますから，実は三角形 ABC はちゃんと**決定されています**．

(2)「2 辺とその間ではない角」に関する条件しかないので，△ABC は**決定されていません**．

解答　(1)

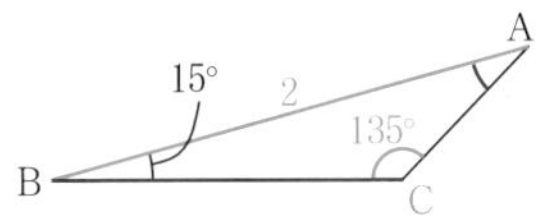

$A = 180° - 135° - 15° = 30°$．よって，△ABC において [1] 正弦定理を用いると

上図赤色 $\dfrac{BC}{\sin 30°} = \dfrac{2}{\sin 135°}$． 上図青色

$\therefore$ $BC = \dfrac{1}{2}\cdot 2\cdot\sqrt{2} = \sqrt{2}$.//

(2)　△ABC において正弦定理を用いると

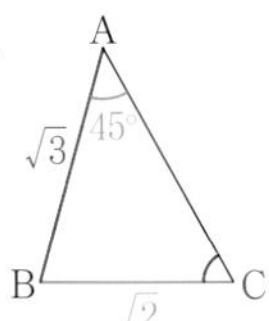

$\dfrac{\sqrt{3}}{\sin C} = \dfrac{\sqrt{2}}{\sin 45°}$．
右図赤色　右図青色

$\therefore$ $\sin C = \dfrac{\sqrt{3}}{2}$．

$\therefore$ $C = 60°, 120°$.//

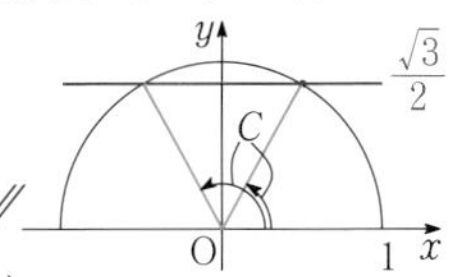

(3)　正三角形の内角は 60° だから，正弦定理より

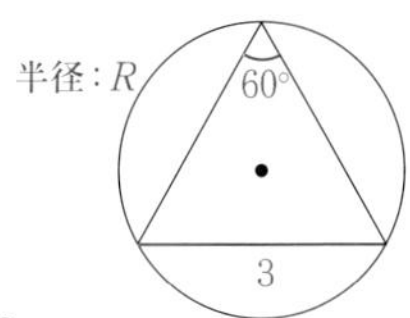

$\dfrac{3}{\sin 60°} = 2R$.

$$R = \frac{1}{2}\cdot\frac{3}{\sin 60°}$$
$$= \frac{3}{2}\cdot\frac{2}{\sqrt{3}} = \sqrt{3}.//$$

注　1)：解答において「どの三角形に注目するか」が明示してあると，採点官が喜びます．もっとも，本問では「△ABC」しかないので不要ともいえますが (笑).

解説　(2) **着眼**で述べたように，題意の条件だけでは △ABC は決定されておらず，右のように 2 つのケース (実線と破線) があり得ます．上記**解答**においては，とりあえず"実線の方"を想定しながら図を描いていた訳です．

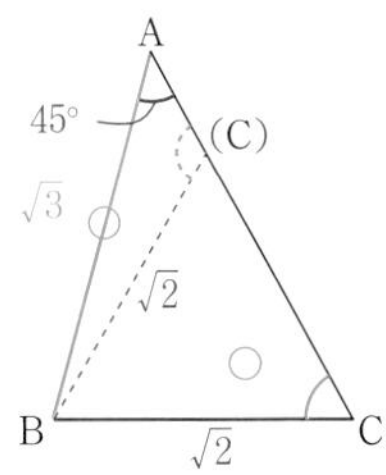

注　sin 30°, sin 135°, sin 60° などの値は，単位円を頭の中にサッと思い描いて求められるようになっていますか？

補足　(3)では，薄字部分を書かずにイキナリ「R =～～」と書けるようにしましょう．

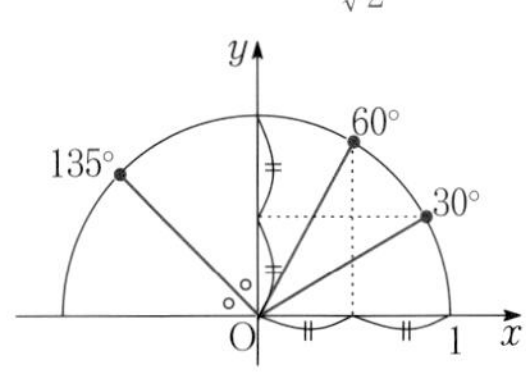

3 余弦定理の証明

三角形の内角の余弦（cos のこと）を用いて，角の大きさと辺の長さの関係を表す定理です．

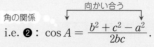

余弦定理 定理

向かい合う　　3 辺と 1 角の関係　　向かい合う

❶：$a^2 = b^2 + c^2 - 2\cdot bc\cos A$.　　i.e. ❷：$\cos A = \dfrac{b^2 + c^2 - a^2}{2bc}$.

三平方の定理の形　　$\overrightarrow{AC}\cdot\overrightarrow{AB}$[1)]

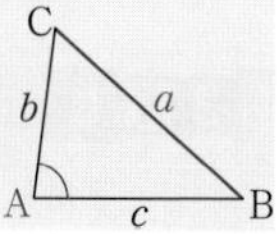

〔**証明**〕 三角形 ABC に対して[2)] 右図のように座標を設定する．B$(c, 0)$，C$(b\cos A, b\sin A)$ の距離を 2 通りに表して

$$a^2 = (c - b\cos A)^2 + (0 - b\sin A)^2.$$

$$a^2 = c^2 - 2bc\cos A + b^2(\cos^2 A + \sin^2 A).$$

よって，❶を得る．これを $\cos A$ について解くと，❷を得る．□

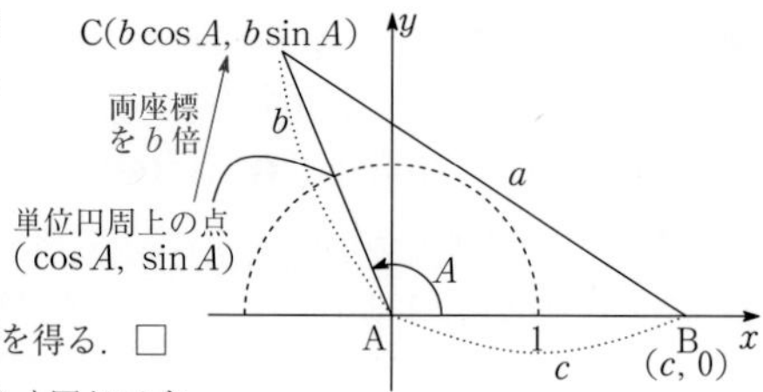

解説 この証明は，A が鋭角でも直角でも鈍角でも全く同じです．

この等式は，$A = 90^\circ$（$\cos A = 0$）のとき，「$-2\cdot bc\cos A$」の項がなくなり，「三平方の定理」そのものとなります．つまり余弦定理は，「三平方の定理」を角が直角でないときにも成り立つように拡張したものだといえます．

注 [2)]：このように，「図形」を“主役”とみなし，“手段”としての「座標」を計算が楽になるように設定するという気持ちが重要です．**[→数学Ⅱ図形と方程式]**

ベクトル後[1)]：この部分は，ベクトルの内積 $\overrightarrow{AC}\cdot\overrightarrow{AB}$ そのものですね．「内積の成分公式」は，このことを元にして証明されます．

4 余弦定理の利用

正弦定理の用法は主に 2 つありましたが，余弦定理の用法はただ 1 通り：「3 辺と 1 角の関係」のみです．これと，正弦定理の用法❶を対比して覚えておきましょう：

正弦定理，余弦定理の用法比較 既習者

[正弦定理]：「2 辺 2 角」

赤色 $\dfrac{b}{\sin B} = \dfrac{c}{\sin C}$ 青色

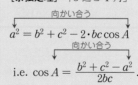

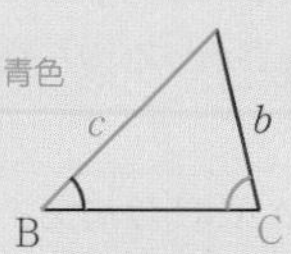

[余弦定理]：「3 辺と 1 角」

向かい合う

$a^2 = b^2 + c^2 - 2\cdot bc\cos A$

向かい合う

i.e. $\cos A = \dfrac{b^2 + c^2 - a^2}{2bc}$.

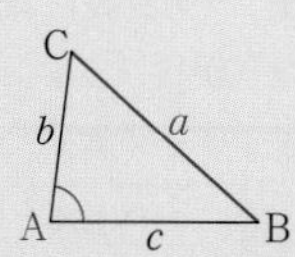

大雑把に言うと，「正弦定理」では「角」，「余弦定理」では「辺」がたくさん現れます．

例題 3 5 b 余弦定理の利用 根底 実戦

[→演習問題 3 8 1]

(1) 三角形 ABC において，$\mathrm{BC} = 5$, $\mathrm{CA} = 3$, $C = 120^\circ$ のとき，辺 AB の長さを求めよ．

(2) 三角形 ABC において，$\mathrm{AB} = 21$, $\mathrm{BC} = 15$, $\mathrm{CA} = 24$ のとき，角 C を求めよ．

(3) 三角形 ABC において，$\mathrm{BC} = 2\sqrt{3}$, $\mathrm{CA} = 6$, $A = 30^\circ$ のとき，辺 AB の長さを求めよ．

着眼 (1)〜(3)の全てにおいて，「わかっている辺や角」と，「求めたい辺や角」を合わせると「3 辺 1 角」になっています．よって，「余弦定理」の出番です．

(1)は「2 辺夾角」，(2)は「3 辺」によって △ABC は**決定されています**．それに対して(3)で与えられた条件は，「2 辺とその間ではない角」に関するものですから，△ABC は**決定されていません**．

(2)では，3 辺の長さがいずれも 3 で割り切れますね．これを利用して計算量を減らしましょう．

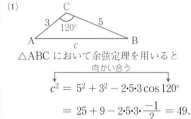

解答

(1)

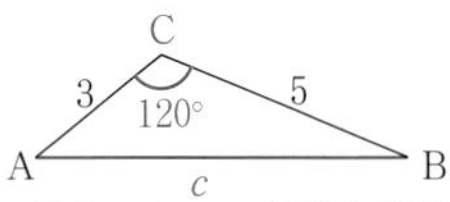

△ABC において余弦定理を用いると

向かい合う

$$c^2 = 5^2 + 3^2 - 2\cdot5\cdot3\cos120^\circ$$
$$= 25 + 9 - 2\cdot5\cdot3\cdot\frac{-1}{2} = 49.$$

$\therefore$ AB $= c = 7.$ //

(2) AB : BC : CA

$= 21 : 15 : 24$

$= 7 : 5 : 8.$[1)]

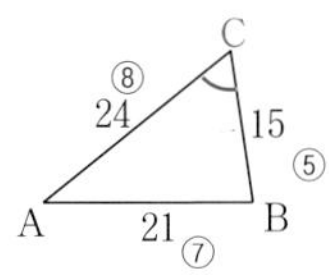

よって，△ABC において余弦定理を用いると

向かい合う

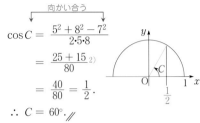

$$\cos C = \frac{5^2 + 8^2 - 7^2}{2\cdot5\cdot8}$$
$$= \frac{25 + 15}{80}\ ^{2)}$$
$$= \frac{40}{80} = \frac{1}{2}.$$

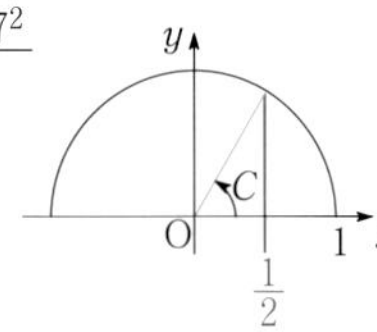

$\therefore$ $C = 60^\circ.$ //

(3) **注** 30° と向かい合う辺である $2\sqrt{3}$ から書き始めます．■

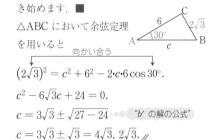

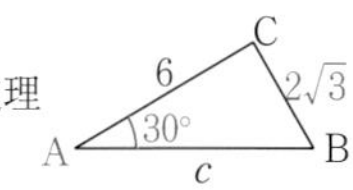

△ABC において余弦定理を用いると

向かい合う

$$(2\sqrt{3})^2 = c^2 + 6^2 - 2\cdot c\cdot6\cos30^\circ.$$
$$c^2 - 6\sqrt{3}c + 24 = 0.$$
$$c = 3\sqrt{3} \pm \sqrt{27 - 24}$$ ……"b′ の解の公式"
$$c = 3\sqrt{3} \pm \sqrt{3} = 4\sqrt{3},\ 2\sqrt{3}.$$ //

解説 [1)]：辺の長さをそのまま使うと，次のようになります：

$$\cos C = \frac{15^2 + 24^2 - 21^2}{2\cdot15\cdot24}$$
$$= \frac{(3\cdot5)^2 + (3\cdot8)^2 - (3\cdot7)^2}{2\cdot(3\cdot5)\cdot(3\cdot8)} = \frac{5^2 + 8^2 - 7^2}{2\cdot5\cdot8}.$$ ……「3」が全て約分で消える！

これからわかるように，「三辺の長さ」ではなく「三辺の比」を用いることにより，計算の負担が軽減されます．((3)でも，$2\sqrt{3} : 6 = 1 : \sqrt{3}$ という比を用いる手もあります．)

注 [2)]：$8^2 - 7^2 = (8 + 7)(8 - 7) = 15\cdot1$ と計算しています．

解説 (3) AC と 30° をなす直線を l として，与えられた条件を満たすような頂点 B は，C からの距離が $2\sqrt{3}$ であるような l 上の点，つまり，C を中心とする半径 $2\sqrt{3}$ の円と l の交点です．そのような点 B の位置として，右図のような 2 か所が考えられますね．

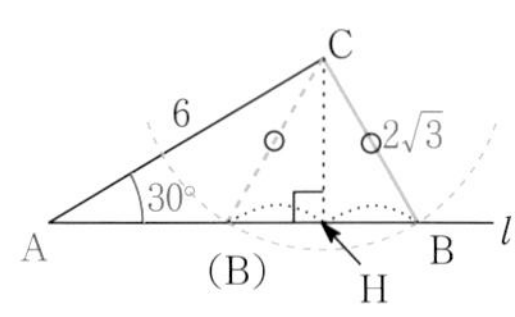

余談 3 辺比がキレイな整数比でありしかも“有名角”を内角にもつ三角形として，本問で登場した「**名古屋**」(7 : 5 : 8)，「**七五三**」(7 : 5 : 3) が有名です．いずれも，「7」と向かい合う角が有名角になります．

〔名古屋〕

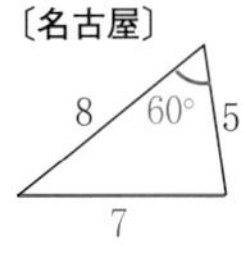

〔七五三〕

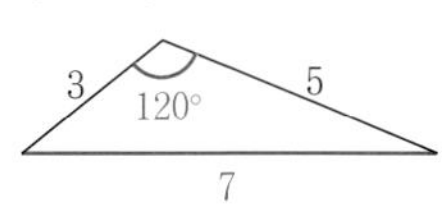

5 余弦定理と角・辺

3 ❷の余弦定理：$\cos A = \dfrac{b^2 + c^2 - a^2}{2bc}$ $(a, b, c > 0)$ を用いると，分母：$2bc > 0$ より「内角 A と $90°$ の大小」と「3 辺 a, b, c」の間に次の関係が成り立つことがわかります：

$A < 90° \iff a^2 < b^2 + c^2.$
$A = 90° \iff a^2 = b^2 + c^2.$
$A > 90° \iff a^2 > b^2 + c^2.$

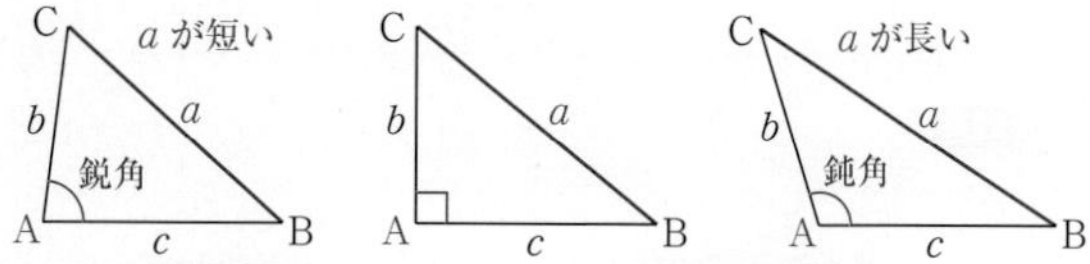

参考 同じく余弦定理❷から，「三角不等式」[→5 4 3]が導けます．[→演習問題 3 8 8]．

例題 3 5 C 鋭角三角形となるための条件 根底 実戦 [→演習問題 3 8 11]

(1) 3 辺の長さが 85, 105, 135 である三角形は，鋭角三角形，直角三角形，鈍角三角形のいずれであるかを調べよ．

(2) 3 辺の長さが $x-1, x, x+2$ と表される三角形が存在するような x の値の範囲を求めよ．また，その三角形が鈍角三角形となるような x の値の範囲を求めよ．

方針 (1)および(2)の後半は，鈍角または直角になる可能性がある角，つまり「最大角」＝「最大辺の対角」のみ考えれば OK です．[→1 4]

解答

(1) 3 辺比は 17 : 21 : 27．90° 以上になり得るのは最大の比：27 の対角 θ のみであり，

$\cos\theta = \dfrac{17^2 + 21^2 - 27^2}{2 \cdot 17 \cdot 21}$ 1)．余弦定理

分子 $= 289 - 48 \cdot 6 = 289 - 288 = 1$ 2) > 0．

よって $\cos\theta > 0$ だから $\theta < 90°$．したがって，この三角形は鋭角三角形である．//

(2) $x-1, x, x+2$ を 3 辺の長さとする三角形が存在するための条件は

$|(x-1) - x| < x + 2 < (x-1) + x$．3)

$1 < x + 2 < 2x - 1$．4)

$-1 < x$ かつ $3 < x$．

すなわち，求める範囲は，$x > 3$．// …①

次に，この三角形が鈍角三角形となるための条件 (∗) を①のもとで考える．

鈍角となり得る内角は，最大辺 $x+2$ の対角のみである．よって (∗) は，

$(x-1)^2 + x^2 < (x+2)^2$．5)

$x^2 - 6x - 3 < 0$．

これと①より，求める x の範囲は

$3 < x < 3 + 2\sqrt{3}$．//

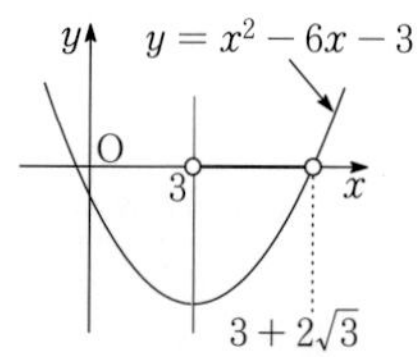

解説 1)：余弦定理まで持ち出して解答しましたが，上記の「関係」を定理のように使ってしまってもかまわない気がします．(2)の 5) の式では，実際そのようにしました．

2)：余談 なんと，$\cos\theta = \dfrac{1}{714}$, $\theta = 89.919\cdots°$ です．肉眼では直角に見えるでしょう (笑)．

3)：三角形の 3 辺の長さに関する性質は，[→1 2]．

なお,「各辺は正だから $x > 1$」という前提条件を設けてしまえば，右側の不等式：「$x + 2 < (x-1) + x$」のみで OK です．[→5 4 2 注]

4)：2 つの 1 次不等式に分けて考えてくださいね．[→例題 1 7 C 重要]

5)：不等号の向きを正確に．自信がなかったら，(1)と同様余弦定理に戻って考えましょう．

6 面積公式（2辺夾角）

三角形の面積公式としては，「[1] $\frac{1}{2}$・底辺・高さ」があります．これは，下図のように「長方形」→「平行四辺形」→「三角形」の順に導かれるのでしたね．

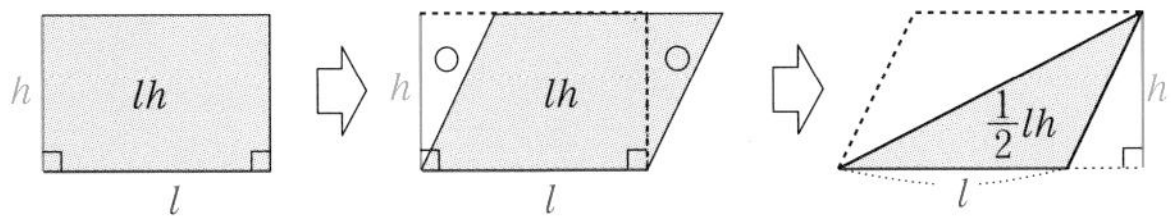

注 1)：「$\frac{1}{2}\cdot$」は，式の前に書くこと！ 後ろに「$\times\frac{1}{2}$」と書くと，小学生みたいです（笑）．

これをもとにすると，「2 辺とその間の角」（2 辺夾角）から面積を求める公式が，右図のように余弦定理の証明と全く同じ座標設定から即座に得られます．

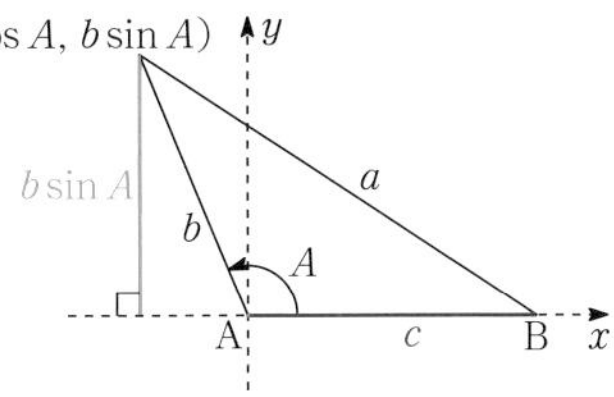

$$\triangle ABC = \frac{1}{2}\cdot \underbrace{c}_{底辺} \cdot \underbrace{b\sin A}_{高さ} = \frac{1}{2}\underbrace{bc}_{2辺}\sin \underbrace{A}_{夾角}$$

注 この証明は，A が鋭角でも直角でも鈍角でも全く同じです．

例題 3 5 d 面積公式（2辺夾角） 根底 実戦

［→演習問題 3 8 1］

(1) $AB=\sqrt{5}$, $BC=3$, $CA=2\sqrt{2}$, $C=45°$ である三角形 ABC の面積を求めよ．

(2) 1 辺の長さが 2 である正三角形の面積を求めよ．

(3) $AB=5$, $BC=\sqrt{10}$, $CA=3$ である $\triangle ABC$ の面積を求めよ．

着眼 ちゃんと図を描いて，2 辺と夾角を用いて解答してください．

解答

(1) $\triangle ABC = \frac{1}{2}\cdot 3\cdot 2\sqrt{2}\cdot \sin 45°$

$= 3\sqrt{2}\cdot\frac{1}{\sqrt{2}} = 3.$ //

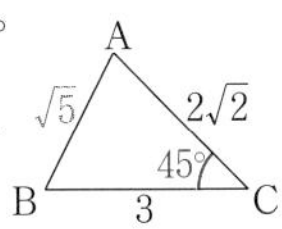

(2) 求める面積は

$\frac{1}{2}\cdot 2\cdot 2\cdot \sin 60°$

$=$[1] $\frac{\sqrt{3}}{4}\cdot 2^2 = \sqrt{3}.$ //

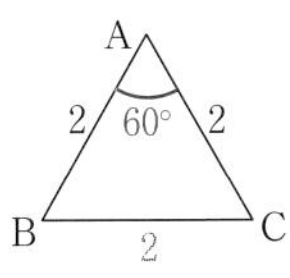

(3) 余弦定理より ◦◦◦ 3 辺と 1 角

$\cos A = \frac{25+9-10}{2\cdot 5\cdot 3}$

$= \frac{4}{5}.$

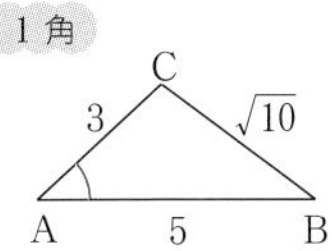

よって A は右図の角 [2] だから，

$\sin A = \frac{3}{5}$．よって求める面積は

$\frac{1}{2}\cdot 5\cdot 3\cdot\frac{3}{5} = \frac{9}{2}.$ //

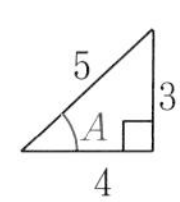

言い訳 (1)では，「$BC=3$, $CA=2\sqrt{2}$, $C=45°$」（2 辺夾角）だけで三角形 ABC は**決定されます**．「$AB=\sqrt{5}$」は不要な情報です．使うべき情報だけを使う練習としての出題です．

解説 1)：一般に，正三角形の面積は $\frac{\sqrt{3}}{4}\cdot(1\text{ 辺})^2$ です．半ば“公式”として覚えちゃいましょう．

(3)の流れは頭に入れておきましょう：

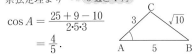

「3 辺」$\xrightarrow[\text{余弦定理}]{}$「$\cos A$」$\xrightarrow[\text{相互関係 3)}]{}$「$\sin A$」$\xrightarrow[\text{上記の面積公式}]{}$ 面積 ◦◦◦ 角 B や角 C でも可

状況次第では，もっと近道があります［→例題 3 5 e (1)］．

2)3)：cos から sin を求めるには，相互関係より直角三角形が楽でしたね．［→例題 3 3 g］

7 面積公式 (様々な手法) 既習者

四角形でも六角形でも，対角線を引くことにより三角形に分割できます．つまり，多角形の面積は，**三角形に帰着**して求められる訳です．そこで，三角形の面積を与えられた状況に応じて様々な手法を駆使して手際よく求められるようにしておきましょう．

三角形の面積 定理

❶ 底辺，高さ

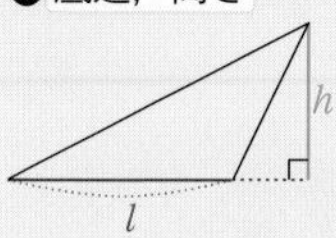

$\dfrac{1}{2}\cdot l\cdot h$（$l$：底辺，$h$：高さ）

❷ 2 辺夾角

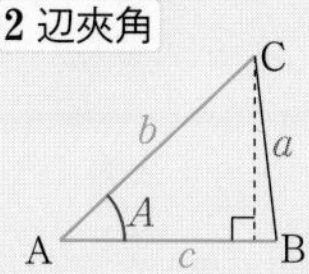

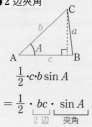

$\dfrac{1}{2}\cdot c\cdot b\sin A$

$=\dfrac{1}{2}\cdot bc\cdot \sin A$（$bc$：2 辺，$\sin A$：夾角）

❸ 内接円の半径

[→ 5 6 2]

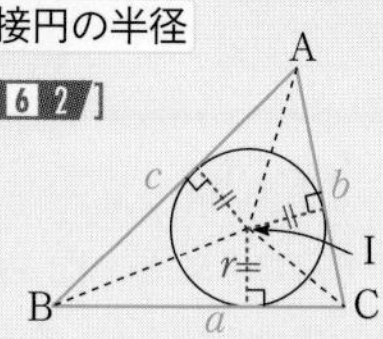

$\dfrac{1}{2}ar+\dfrac{1}{2}br+\dfrac{1}{2}cr$

$=\dfrac{1}{2}(a+b+c)r$（$a+b+c$：3 辺の和，r：半径）

❹ ヘロンの公式

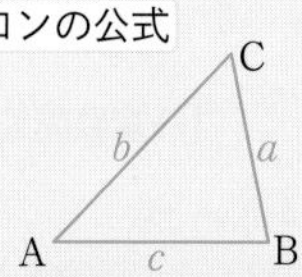

$s=\dfrac{a+b+c}{2}$ とおくと，

$\sqrt{s(s-a)(s-b)(s-c)}$

注 3 辺の長さだけで求まる．

他の公式と違い，「$\dfrac{1}{2}$」がない！

❺ ベクトルの内積利用

ベクトル後

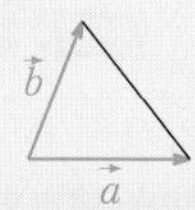

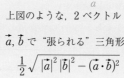

上図のような，2 ベクトル $\vec{a}, \vec{b}$ で "張られる" 三角形

$\dfrac{1}{2}\sqrt{|\vec{a}|^2|\vec{b}|^2-(\vec{a}\cdot\vec{b})^2}$

❻ ベクトルの成分利用

ベクトル後

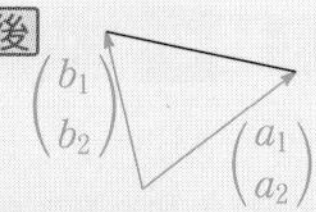

xy 平面上で，2 ベクトル $\vec{a}, \vec{b}$ で "張られる" 三角形

$\dfrac{1}{2}|a_1b_2-a_2b_1|$　$\begin{pmatrix}a_1\\a_2\end{pmatrix}\times\begin{pmatrix}b_1\\b_2\end{pmatrix}$ "タスキ掛け"

〔証明〕 ❹：「ヘロンの公式」

$(\triangle\mathrm{ABC})^2$

$=\dfrac{1}{4}b^2c^2\sin^2 A$ (∵ ❷)

$=\dfrac{1}{4}b^2c^2(1-\cos^2 A)$ (∵ $\cos^2 A+\sin^2 A=1$)

$=\dfrac{1}{4}(bc+bc\cos A)(bc-bc\cos A)$　余弦定理❷

$=\dfrac{1}{4}\left(bc+\dfrac{b^2+c^2-a^2}{2}\right)\left(bc-\dfrac{b^2+c^2-a^2}{2}\right)$

$=\dfrac{(b^2+c^2+2bc)-a^2}{4}\cdot\dfrac{a^2-(b^2+c^2-2bc)}{4}$

$=\dfrac{(b+c)^2-a^2}{4}\cdot\dfrac{a^2-(b-c)^2}{4}$

$=\dfrac{b+c+a}{2}\cdot\dfrac{b+c-a}{2}\cdot\dfrac{a+b-c}{2}\cdot\dfrac{a-b+c}{2}$

$=s(s-a)(s-b)(s-c)$.

よって，❹が示せた．□

言い訳 ❺，❻は，本来は数学 C 範囲ですが，本書では学習の利便性を重視して，「合格る数学Ⅱ B 編」に入れています．文系生の方も，学んでおくと断然有利です．

参考 上の全ての公式は，2 倍すれば「平行四辺形」の面積公式となります．

例えば右図の平行四辺形の面積は，$5\cdot 3\sin 120^\circ=\dfrac{15}{2}\sqrt{3}$ です．

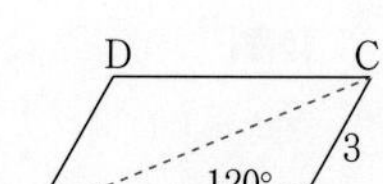

「$2\times\dfrac{1}{2}\cdot 5\cdot 3\sin 120^\circ$」なんて書くのはやめましょうね．もともと「三角形」の面積公式は，「平行四辺形」の面積を**もとにして**，それを 2 で割って得られたのですから (笑)．

例題 35e 面積諸公式 根底 実戦

三角形 ABC において，$a=7,\ b=8,\ c=3$ であるとき，以下の問いに答えよ．

(1) 三角形 ABC の面積 S を求めよ．

(2) 三角形 ABC の内接円の半径 r を求めよ．

(3) 三角形 ABC の外接円の半径 R を求めよ．

着眼 三角形 ABC は，「3 辺の長さ」によって**決定されています**．まずは，しっかり正確な図を描いてください．

方針 (1)は，前問(3)と同様に次の流れで解答することも，いちおう可能です：

「3 辺」 $\xrightarrow{\text{余弦定理}}$ 「$\cos A$」 $\xrightarrow{\text{相互関係}}$ 「$\sin A$」 $\xrightarrow{\text{面積公式❷}}$ 面積 S …… 角 B や角 C でも可

ですが，ここではもっと近道でいきます．

(2) “r” とくれば，面積公式❸が使われることが多いです．

(3) “R” とくれば，正弦定理の用法❷［→2］が使われることが多いです．

解答 (1) ヘロンの公式より，

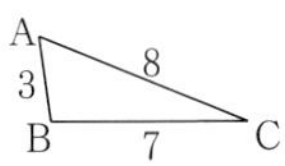

$$s=\frac{7+8+3}{2}=9$$

とおくと

$$S=\sqrt{s(s-a)(s-b)(s-c)}$$
$$=\sqrt{9\cdot2\cdot1\cdot6}=6\sqrt{3}.\ /\!/$$

(2) $$S=\frac{1}{2}\cdot(7+8+3)\cdot r=sr.$$

$$\therefore\ r=\frac{S}{s}=\frac{6\sqrt{3}}{9}=\frac{2}{\sqrt{3}}.\ /\!/$$

(3) 正弦定理より，$\dfrac{a}{\sin A}=2R.$

これと $S=\dfrac{1}{2}bc\sin A$ より

$$S=\frac{1}{2}bc\cdot\frac{a}{2R}=\frac{abc}{4R}.\ ^{1)}$$

$$\therefore\ R=\frac{abc}{4S}$$
$$=\frac{7\cdot8\cdot3}{4\cdot6\sqrt{3}}$$
$$=\frac{7}{\sqrt{3}}.\ /\!/$$

解説 (1) 3 辺の長さが与えられていますから，ヘロンの公式を使えば面積が直接得られます．

(2) 面積公式❸は，ヘロンの公式における「s」を用いれば $S=sr$ と書ける訳ですね．

(3) 1)：正弦定理の用法❷：$\dfrac{a}{\sin A}=2R$ と面積公式❷：$S=\dfrac{1}{2}bc\sin A$ は，いずれも「$\sin A$」を含んでいます．よって，これを消去することで，面積 S と $a,\ b,\ c,\ R$ の直接の関係が得られる訳です．

ただし，この等式：$S=\dfrac{abc}{4R}$ は，公式として使用してよいものではない気がしますし…，そもそも滅多に出会いません（笑）．上記の導くプロセスのみ記憶の片隅に残しておけば充分です．

なお，解答では「角 A」を使っていますが，もちろん角 B や角 C を用いても同じ結論を得ます．

余談 この三角形は，3 辺比がキレイな整数比であり，同時に角 A が有名角 60° となります（余弦定理からわかります）．こうしたタイプの三角形として，既に例題35bで紹介した「**名古屋**」(7：5：8)・「**七五三**」(7：5：3) に，本問の「**悩み**」(7：8：3) も追加しておきます（全て「7」の対角が有名角）．

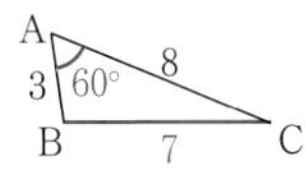

8 三角形の計量・総合

本節で学んできた「正弦定理」「余弦定理」「面積公式」，さらには中学で学んだ図形そのものに関する知識を用いて，様々な設問に答える総合練習をします．（5の内容もチョット使います．）

例題 35f 三角形の計量総合 重要度↑ 根底 実戦 [→演習問題381]

△ABC において，AB = 8, AC = 5, $A = 60°$ のとき，次のものを順に求めよ．

(1) △ABC の面積　(2) 辺 BC の長さ a　(3) △ABC の外接円の半径 R

(4) △ABC の内接円の半径 r　(5) $\sin C$　(6) $\cos C$

着眼 △ABC は，「2 辺夾角」によって**決定されています**．しっかり正確に図示！

方針 設問の流れに従って，イモヅル式に求めていきます．

解答

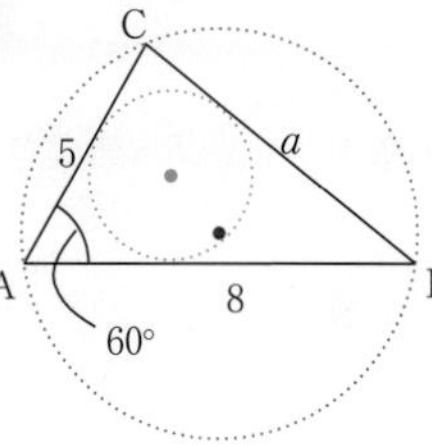

(1) $\triangle ABC = \frac{1}{2}\cdot 8\cdot 5\cdot \sin 60°$ 面積公式❷

$= \frac{1}{2}\cdot 8\cdot 5\cdot \frac{\sqrt{3}}{2} = 10\sqrt{3}.$ //

(2) △ABC において余弦定理を用いると

向かい合う

$a^2 = 8^2 + 5^2 - 2\cdot 8\cdot 5\cdot \cos 60°$

$= 64 + 25 - 40 = 49.$

$\therefore\ a = 7.$ //

(3) △ABC において正弦定理を用いると，(2)より

向かい合う $\frac{7}{\sin 60°} = 2R.$ 正弦定理用法❷

$R = \frac{1}{2}\cdot\frac{7}{\sin 60°} = \frac{7}{\sqrt{3}}.$ //

(4) (1)，(2)より，△ABC の面積を 2 通りに表して

$\frac{1}{2}\cdot(8+5+7)r = 10\sqrt{3}.$

$\therefore r = \sqrt{3}.$ //

(5) △ABC において正弦定理を用いると

向かい合う $\frac{8}{\sin C} = 2\cdot\frac{7}{\sqrt{3}}.$ 正弦定理用法❷

$\therefore \sin C = \frac{4}{7}\sqrt{3}.$ //

(6) △ABC において余弦定理を用いると

向かい合う

$\cos C = \frac{5^2 + 7^2 - 8^2}{2\cdot 5\cdot 7}$ 余弦定理❷

$= \frac{25-15}{2\cdot 5\cdot 7} = \frac{1}{7}.$ //

解説 (1) 先に(2)を解答すれば，3 辺の長さが揃うので，ヘロンの公式を用いて面積を求めることもできます．

(2) 結果を見ると思い出しますね．この三角形は，例の“名古屋”です．ですが，答案中でそれを用いて，余弦定理による計算もせずに解答することは断じて許されませんよ！（笑）

(5) 正弦定理の用法❶を用いて，右のように解答することもできます：

正弦定理用法❶

$\frac{8}{\sin C} = \frac{7}{\sin 60°}.$

$\sin C = \frac{8}{7}\cdot\frac{\sqrt{3}}{2} = \frac{4}{7}\sqrt{3}.$ //

ここで使用した条件は，「三角形の決定条件」ではありません．なので，

$\sin C = \frac{4}{7}\sqrt{3}$ から，角 C が鋭角か鈍角かを決定することはできません．（〔図 1〕）

〔図 1〕

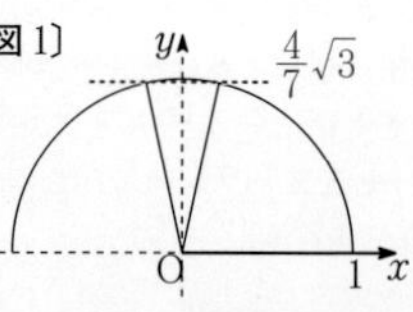

〔図 2〕

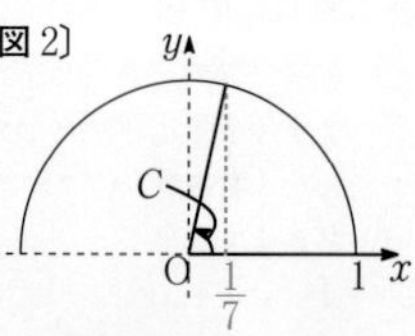

(6) それに対して，ここでは，「3 辺の長さ」という三角形の**決定条件**から，$\cos C = \frac{1}{7}$ を求めました．よって，角 C も 1 つに定まります（〔図 2〕）． 「三角比の表」より，$C = 81.\cdots°$

例題 35g 面積の利用 根底 実戦 典型 定期

[→演習問題383]

(1) 右の〔図 1〕において，垂線 AH の長さを求めよ．

(2) 右の〔図 2〕において，角の二等分線 AP の長さを求めよ．

〔図 1〕

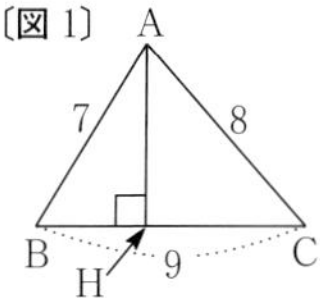

〔図 2〕

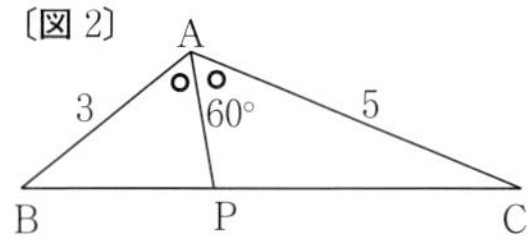

着眼 (1) AH は △ABC の「高さ」とみることができますから，「面積」が利用できます．
(2) これも，AP を辺としてもつ三角形の面積を利用します．

解答

(1) ヘロンの公式を用いる．

$\dfrac{9+8+7}{2}=12$ だから，

$\triangle ABC=\sqrt{12\cdot3\cdot4\cdot5}=12\sqrt{5}.$

△ABC の面積を 2 通りに表して

$\dfrac{1}{2}\cdot9\cdot AH=12\sqrt{5}.$

$\therefore AH=\dfrac{8}{3}\sqrt{5}.$ //

(2) 三角形の面積に注目して

$\triangle ABC=\triangle ABP+\triangle ACP.$

$x=AP$ とおくと

$\dfrac{1}{2}\cdot3\cdot5\cdot\sin120^\circ$

$=\dfrac{1}{2}\cdot3\cdot x\cdot\sin60^\circ+\dfrac{1}{2}\cdot5\cdot x\cdot\sin60^\circ.$

ここで，$\sin120^\circ=\sin60^\circ=\dfrac{\sqrt{3}}{2}$ だから

$3\cdot5=3\cdot x+5\cdot x.\ \therefore\ AP=x=\dfrac{15}{8}.$ //

解説 (1)は 2 つの直角三角形 ABH，ACH で三平方の定理を用い，AH と BH に関する連立方程式を立ててもできなくはありませんが，この面積利用の手法も必ずマスターしましょう．
(2)は，「余弦定理で BC」→「角の二等分線の性質から BP」→「△ABP で余弦定理」の流れでもできなくはありませんが…，この面積利用の手が断然早いです．
本問(1)(2)の手法は，“技巧的” といえます．特に(2)は初見ではまず思いつかない手法ですので，学んで，覚えましょう．

余談 (2)の三角形は，前出の「七五三」です（笑）．[→例題35b 余談]

例題 35h 中線定理 根底 実戦 典型 定期

[→演習問題3813]

右図において，等式 $a^2+b^2=2(l^2+m^2)$ が成り立つことを示せ．

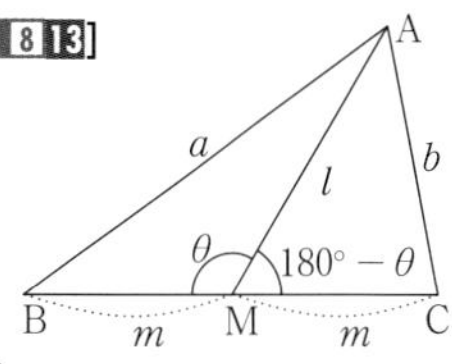

着眼 証明すべき式に「長さの 2 乗」が現れている．左右の三角形に共通な角 θ がある．この 2 つが発想の源です．

解答 左右の三角形で余弦定理を用いて，

$a^2=l^2+m^2-2lm\cos\theta.$ …①

$b^2=l^2+m^2-2lm\cos(180^\circ-\theta)$

$=l^2+m^2+2lm\cos\theta.$ …②

これらを辺々加えると

$a^2+b^2=2(l^2+m^2).$ □

参考 ①②は，前問の**解説**(1)で述べた「連立方程式」と実質的に同じものです．

解説 ここで用いた「共通な辺や角が現れる 2 つの三角形について余弦定理を**連立**する」という手法は，今後も活躍する機会が多いです．

注 三角形において，頂点とその対辺の中点を結ぶ線分を**中線**といいます．本問の結果は（パップスの）**中線定理**と呼ばれますが，試験で使って良いか否かは状況次第でしょう．

例題 35i 円に内接する四角形 重要度↑ 根底 実戦 典型 入試 [→演習問題3815]

円 K に内接する四角形 ABCD があり，$\mathrm{AB}=6$, $\mathrm{BC}=5$, $\mathrm{CD}=5$, $\mathrm{DA}=4$ とする．$\angle\mathrm{ABC}$ を θ とおくとき，次のものを順に求めよ．

(1) $\cos\theta$ と対角線 AC の長さ x　　(2) 四角形 ABCD の面積 S

(3) 円 K の半径 R　　(4) 対角線 AC, BD の交点を P として, BP : PD

注 (4)だけは，57後．

着眼 **決定された三角形がない**ので，初めから図を正確に描くことは不可能ですね．可能な範囲で"それらしく"描けば OK です．

方針 (1)「対角線 AC」が問われていますから，当然それを引き，**三角形**を作ります．

解答

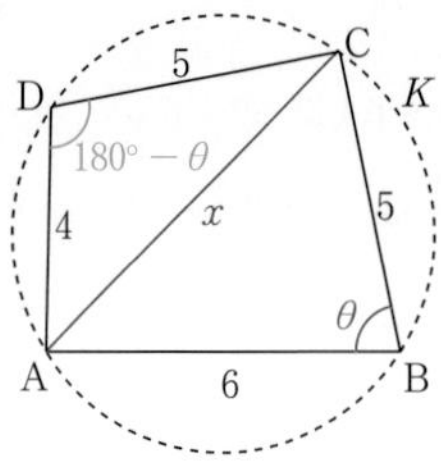

(1) △BAC, △DAC において余弦定理を用いる．四角形 ABCD は円に内接するから

$\angle\mathrm{CDA}=180^\circ-\theta.$

向かい合う

$$\therefore\begin{cases}x^2=6^2+5^2-2\cdot6\cdot5\cos\theta,\\ x^2=4^2+5^2-2\cdot4\cdot5\cos(180^\circ-\theta).\end{cases}$$

$$\begin{cases}x^2=61-60\cos\theta,\\ x^2=41+40\cos\theta.^{1)}\ \cdots①\end{cases}$$

$\therefore 61-60\cos\theta=41+40\cos\theta.$

$100\cos\theta=20.\ \cos\theta=\dfrac{1}{5}.$ // $\cdots②$

これと①より

$x^2=41+40\cdot\dfrac{1}{5}=49.$

$x=7.$ // $\cdots③$

(2) ②より，角 θ は右図の鋭角だから

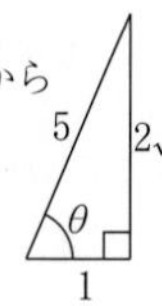

$\sin\theta=\dfrac{2\sqrt{6}}{5}.\ \cdots④$

$\therefore\ S=\triangle\mathrm{BAC}+\triangle\mathrm{DAC}$

$=\dfrac{1}{2}\cdot6\cdot5\cdot\sin\theta+\dfrac{1}{2}\cdot4\cdot5\cdot\sin(180^\circ-\theta)^{2)}$

$=25\sin\theta=25\cdot\dfrac{2\sqrt{6}}{5}=10\sqrt{6}.$ //

(3) △BAC において正弦定理を用いると，③④より

向かい合う $\dfrac{7}{\sin\theta}=2R.$ 正弦定理用法❷

$R=\dfrac{1}{2}\cdot\dfrac{7}{\sin\theta}=\dfrac{7}{2}\cdot\dfrac{5}{2\sqrt{6}}=\dfrac{35}{4\sqrt{6}}.$ //

(4)

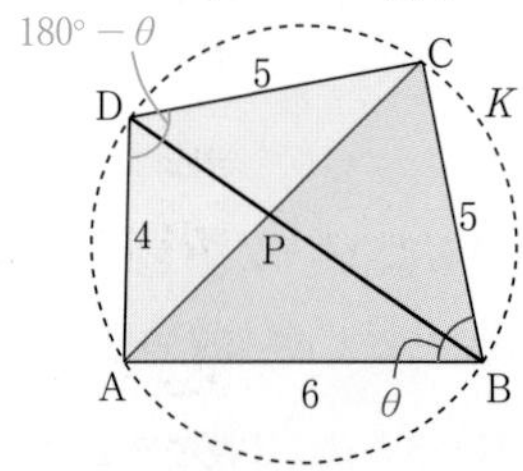

$\mathrm{BP}:\mathrm{PD}=\triangle\mathrm{BAC}:\triangle\mathrm{DAC}^{3)}$

$=\dfrac{1}{2}\cdot6\cdot5\cdot\sin\theta:\dfrac{1}{2}\cdot4\cdot5\cdot\sin(180^\circ-\theta)$

$=6\cdot5:4\cdot5=3:2.$ //

解説 (1) 前問に続き，「共通な辺や角が現れる 2 つの三角形について余弦定理を**連立**する」手法が活躍しましたね．

1)2)：cos, sin の角を，「$180^\circ-\theta$」から「θ」に変える公式は大丈夫ですか？[→34]

(2) (1)で △BAC・△DAC の 3 辺の長さが求まったので，ヘロンの公式を使ってもいいですね．

3)：ここで用いた「面積比」→「線分比」の流れは盲点となりがち．[→57]

例題 35j 三角形の形状決定 根底 実戦 終着 定期 [→演習問題389]

△ABC において，頂点 A，B，C の対辺の長さをそれぞれ a, b, c で表す．次の等式が成り立つとき，△ABC はどのような三角形であるか[1]をそれぞれ答えよ．

(1) $a\cos A = b\cos B$　(2) $\sin A\cos B = \sin B\cos A$　(3) $a\cos A + b\cos B = c\cos C$

着眼 与えられた等式から，三角形の形状を決定する問題．これまでとは逆向きの問い方です．

方針 正弦定理や余弦定理を用いて「辺のみ」もしくは「角のみ」[2]の関係にして整理します．

解答 (1) 余弦定理を用いて与式を変形すると

$$a\cdot\frac{b^2+c^2-a^2}{2bc} = b\cdot\frac{c^2+a^2-b^2}{2ca}.$$

両辺を $2abc$ 倍して

$$a^2\cdot(b^2+c^2-a^2) = b^2\cdot(c^2+a^2-b^2).$$
$$(a^2-b^2)c^2-(a^4-b^4)=0.$$　低次の c について整理
$$(a^2-b^2)\{c^2-(a^2+b^2)\}=0.$$

$\therefore a=b$ または $c^2=a^2+b^2$.

よって，△ABC は

$a=b$ の二等辺三角形，または

$C=90°$の直角三角形．//

(2) 正弦定理，余弦定理を用いて与式を変形すると，外接円の半径を R として

$$\frac{a}{2R}\cdot\frac{c^2+a^2-b^2}{2ca} = \frac{b}{2R}\cdot\frac{b^2+c^2-a^2}{2bc}.$$

両辺を $4Rc$ 倍して

$$c^2+a^2-b^2 = b^2+c^2-a^2.$$
$$\therefore a^2=b^2.$$

よって △ABC は，$a=b$ の二等辺三角形．//

数学Ⅱ三角関数後　加法定理を用いて，$\sin(A-B)=0$[3] と変形しても解答できます．

(3) 余弦定理を用いて与式を変形すると

$$a\cdot\frac{b^2+c^2-a^2}{2bc} + b\cdot\frac{c^2+a^2-b^2}{2ca} = c\cdot\frac{a^2+b^2-c^2}{2ab}.$$

両辺を $2abc$ 倍して

$$a^2\cdot(b^2+c^2-a^2)+b^2\cdot(c^2+a^2-b^2) = c^2\cdot(a^2+b^2-c^2).$$
$$c^4-(a^4-2a^2b^2+b^4)=0.$$　c について整理
$$c^4-(a^2-b^2)^2=0.$$
$$(c^2+a^2-b^2)\cdot(c^2-a^2+b^2)=0.$$

$\therefore b^2=a^2+c^2$ または $a^2=b^2+c^2$.

よって，△ABC は

$A=90°$または $B=90°$の直角三角形．//

解説 [1]：問い方が曖昧ですが，何かしら“呼び名”のある三角形が“答え”になります（笑）．

将来 [2]：数学Ⅰ「三角比」の段階では，ほとんど「辺のみ」に揃えます．数学Ⅱ「三角関数」で「加法定理」などを学ぶと，[3]のような「角のみ」という方針もよく用います．

例題 35k 3正弦比＝3辺比 根底 実戦 典型 終着 定期 [→演習問題382]

$\sin A : \sin B : \sin C = 7:8:3$ である三角形 ABC において，角 A を求めよ．

注 52 正弦定理の用法❶❷以外の使い方です．軽い“ネタ”程度の問題．定期試験では出やすいかも（笑）．

解答 正弦定理より

$$\frac{a}{\sin A} = \frac{b}{\sin B} = \frac{c}{\sin C}.$$　分子と分母の比は等しい

$\therefore a:b:c = \sin A:\sin B:\sin C = 7:8:3.$

これと余弦定理より　余弦定理は「比」で使う

$$\cos A = \frac{8^2+3^2-7^2}{2\cdot 8\cdot 3} = \frac{1}{2}.$$

$\therefore A=60°.$//　前出の「悩み(783)」でした

6 立体図形の計量

立体図形の中で**三角比を用いた計量**を行います．といっても，注目すべきは平面上の三角形です！

言い訳 「計量」といっても，図形そのものの特性がメインで，三平方の定理程度しか使わず三角比の出番がないものは，**内容のつながりを重視**して5の方で扱っています．3と5の境界はけっこう曖昧なんです．

例題 3 6 a 直方体の断面 根底 実戦 典型 定期

[→演習問題 3 8 17]

右図のような直方体があり，AB = 3, BC = 2, CG = 1 である．

(1) △AFH の面積を求めよ．

(2) E から平面 AFH へ下ろした垂線 EI の長さを求めよ．

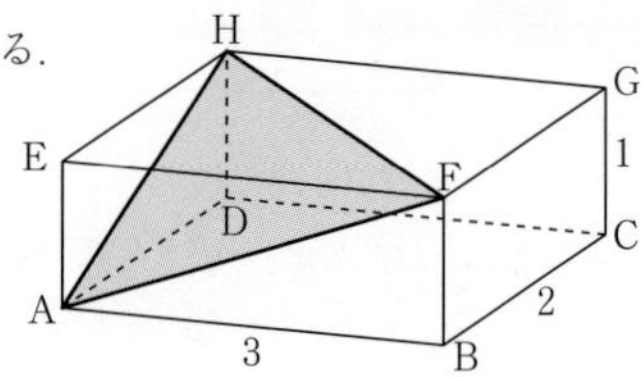

着眼 (1) △AFH の 3 辺の長さは，直方体の辺の長さから求まります．それをどのように面積につなげるか？

(2)「垂線の長さ」といえば，ある図形量が思い浮かびませんか？

解答 (1)

△FEH に注目して, FH$=\sqrt{3^2+2^2}=\sqrt{13}$.

△HEA に注目して, HA$=\sqrt{2^2+1^2}=\sqrt{5}$.

△AEF に注目して, AF$=\sqrt{1^2+3^2}=\sqrt{10}$.

方針 3 辺の長さが求まりましたが,「ヘロンの公式」は…$\sqrt{}$ があるので使いづらそう．そこで…■

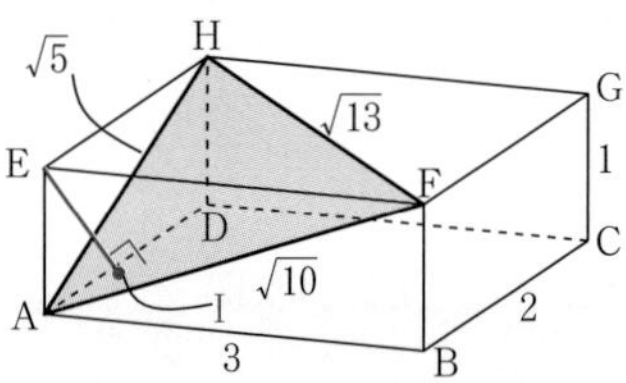

△AFH において余弦定理を用いると

$$\cos A = \frac{10+5-13}{2\cdot\sqrt{10}\cdot\sqrt{5}} = \frac{1}{5\sqrt{2}}.$$

右図[1]より，$\sin A = \dfrac{7}{5\sqrt{2}}$ だから,

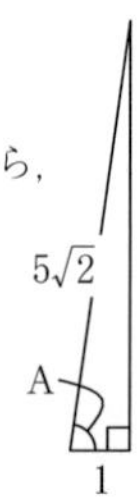

求める面積は

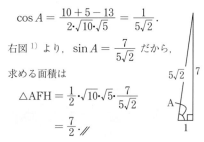

$$\triangle \mathrm{AFH} = \frac{1}{2}\cdot\sqrt{10}\cdot\sqrt{5}\cdot\frac{7}{5\sqrt{2}}$$
$$= \frac{7}{2}.\text{//}$$

(2) 四面体 EAFH の体積を 2 通りに表す[2]ことにより

$$\frac{1}{3}\cdot\triangle \mathrm{AFH}\cdot\mathrm{EI} = \frac{1}{3}\cdot\triangle \mathrm{EFH}\cdot\mathrm{AE}.$$

これと(1)より

$$\frac{7}{2}\cdot\mathrm{EI} = \frac{1}{2}\cdot 3\cdot 2\times 1.$$

$$\therefore \mathrm{EI} = \frac{6}{7}.\text{//}$$

解説 (1) 三角形の 3 辺の長さから面積を求めるにあたって，**例題 3 5 e**(1)では「ヘロンの公式」を用いました．それに対して本問では，**例題 3 5 d**(3)と同様に次の流れを使いました：

「3 辺」 —余弦定理→ 「cos A」 —相互関係→ 「sin A」 —面積公式❷→ 面積

両者の使い分けは…，後の計算過程を想像してみて楽そうな方を選択します．

[1]：cos から sin を求める際には，このように直角三角形を使うと速いです．[→**例題 3 3 g**]

[2]：「垂線の長さ」に対するこの手法は，面積を 2 通りに表した**例題 3 5 g**(1)とそっくりですね．

将来 「ベクトル」を学ぶと，もっと近道で解答できます．

例題 36b 立体と三角比 根底 実戦 入試

[→演習問題393]

右図のように，平面 OAB とそれに垂直な線分 OC があり，$OC=1$, $\angle BOA=120°$ である．また，A, B から C を見た仰角をそれぞれ定角 α, β として，以下の問いに答えよ．

(1) $\triangle OAB$ の面積を α, β で表せ．

(2) 直線 AB 上の点 P から C を見た仰角を θ とする．θ が最大となるときの $\tan\theta$ を α, β で表せ．

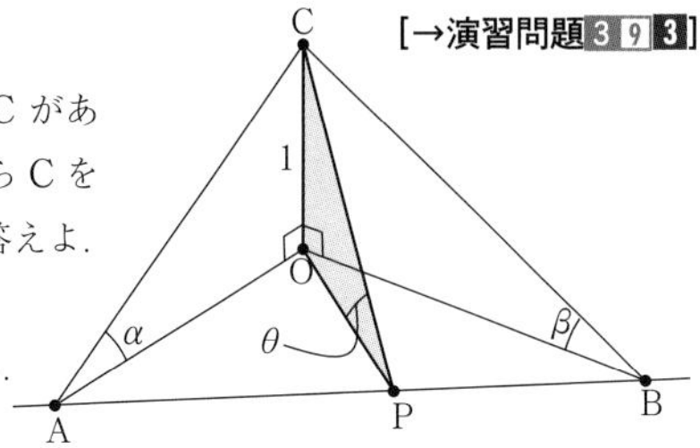

着眼 立体ではありますが，その一部である「平面上の三角形」に着目する意識をもちましょう．

解答 (1) $\triangle OAC$, $\triangle OBC$ に注目して

[1] $a:=OA=\dfrac{1}{\tan\alpha}$, $b:=OB=\dfrac{1}{\tan\beta}$.

$$\therefore\ \triangle OAB=\frac{1}{2}ab\sin120° \quad \cdots①$$

$$=\frac{\sqrt{3}}{4}\cdot\frac{1}{\tan\alpha\cdot\tan\beta}.\ //$$

(2) θ は鋭角だから，

「θ が最大」$\Longleftrightarrow$「$\tan\theta$ が最大」.[2]

また，$\triangle OPC$ に注目して

$$\tan\theta=\frac{1}{OP}. \quad \cdots②$$

これらにより，θ が最大となるのは OP が最小[3]，つまり $OP\perp AB$ のときである．以下，この条件を満たす P を考える．

$\triangle OAB$ の面積を 2 通りに表して

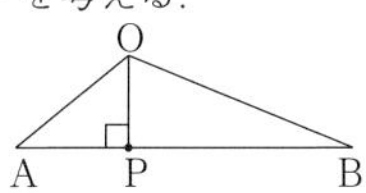

$$\frac{1}{2}\cdot AB\cdot OP=\frac{\sqrt{3}}{4}ab\ (\because\ ①).$$[4]

これと②より

$$\tan\theta=\frac{2}{\sqrt{3}}\cdot\frac{1}{ab}\cdot AB. \quad \cdots③$$

ここで，$\triangle OAB$ に注目して[5]

$$AB^2=a^2+b^2-2ab\cos120°$$
$$=a^2+b^2+ab.$$

これと③より，求める値は

$$\tan\theta$$
$$=\frac{2}{\sqrt{3}}\cdot\frac{1}{ab}\cdot\sqrt{a^2+b^2+ab}$$
$$=\frac{2}{\sqrt{3}}\sqrt{\frac{1}{b^2}+\frac{1}{a^2}+\frac{1}{ab}}$$
$$=\frac{2}{\sqrt{3}}\sqrt{\tan^2\alpha+\tan^2\beta+\tan\alpha\cdot\tan\beta}.$$[6] //

1 行上から順序を入れ替え

解説 [1]：「$\dfrac{1}{\tan\alpha}$」のような面倒な式を今後何度も書きそうだと察知し，カンタンな文字で置換して書き表しました．想像してみてください．**解答**で「a」とある所を全てを「$\dfrac{1}{\tan\alpha}$」と書いた場合の姿を (笑).

[2]：この「同値性」は**例題33b 考え方**と同じように考えればわかります．この“言い換え”は，とても重要です．こんなときこそ，同値記号「$\Longleftrightarrow$」を用います[→例題19e 後のコラム].

[3]：一定の高さの“塔”OC を地面から見上げるとき，塔の“根っこ”である O に近づくほど仰角が大きくなる…直観的にアタリマエですが，いちおうちゃんと示しました．

[4]：この手法はやったばかりですね (笑)．[→例題35g(1)]

[5]：続けて「余弦定理を用いると」と書くのをサボりました．問題全体のボリュームが重目なので (笑)．「入試答案作成」とは，そのように行うものです．

[6]：問題文において，2 つの定角 α と β は“対等”な立場ですね．よってこの最終結果も，α と β に関して**対称**[→124]な形になるのが当然です．

言い訳 α, β は「仰角」ですから，当然鋭角です．問題文では特に明言しませんでしたが．

7 5「図形の性質」との融合

本書では，複数分野が融合した問題は通常「演習 C」で扱っていますが，入試で頻出（共通テストでも出題の可能性あり）の「三角比：メイン」＋「図形の性質：補助」のタイプを本章で紹介しておきます．

例題 3 7 a 円と四角形 重要度↑ 根底 実戦 入試

[→演習問題 3 9 5]

右図のように，円に内接する四角形 ABCD において，$AB=5$, $BC=3$, $\angle ABC=60°$ とする．2 本の対角線 AC, BD の交点を P とすると，$AP:PC=10:9$ である．また，2 直線 BA，CD の交点を Q とする．

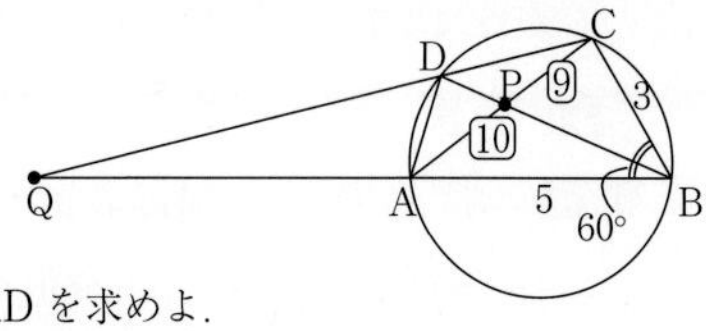

(1) AC を求めよ．　(2) $BP\cdot PD$ を求めよ．　(3) AD を求めよ．

(4) △QAD と四角形 ABCD の面積比を求めよ．　(5) QA, QD を求めよ．

着眼 △ABC が 2 辺夾角により**決定**されています．つまり，「四角形」というのはよくある騙しの問題文．正しい解釈は，「△ABC の外接円上に，点 D がある」です！

解答 (1) △ABC において余弦定理を用いて

$$AC^2=5^2+3^2-2\cdot5\cdot3\cdot\cos60°$$
$$=34-15=19.$$

$\therefore\ AC=\sqrt{19}.$ //

(2) 方べきの定理 [1] より

$$BP\cdot PD=PA\cdot PC$$
$$=\frac{10}{19}\sqrt{19}\cdot\frac{9}{19}\sqrt{19}=\frac{90}{19}.$$ //

(3) **着眼** 問われているのは AD だけですが，どうみても DA と DC は対等な立場です．

$\theta=\angle DAB$ とおくと，A，B，C，D は共円だから，$\angle DCB=180°-\theta$ [2]．よって

$AP:PC$

[3] $=\triangle ABD:\triangle CBD$

$$=\frac{1}{2}\cdot5\cdot AD\cdot\sin\theta:\frac{1}{2}\cdot3\cdot CD\cdot\sin(180°-\theta).$$

$\therefore\ 5\cdot AD:3\cdot CD=10:9.$

$5\cdot9\cdot AD=3\cdot10\cdot CD.$

$\therefore\ DA:DC=2:3.$

そこで，$DA=2k$, $DC=3k$ とおき，△DAC において余弦定理を用いる．A，B，C，D は共円だから，$\angle CDA=180°-60°=120°$．よって

$$19=4k^2+9k^2-2\cdot2k\cdot3k\cdot\cos120°.$$

$\therefore k=1.$　$AD=2k=2.$ //（$DC=3.$）

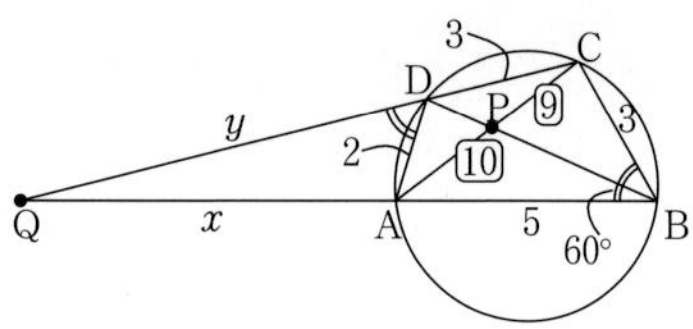

(4) △QAD ∽ △QCB [4] …① であり，相似比は $AD:CB=2:3$．よって

$$\triangle QAD:\triangle QCB=2^2:3^2=4:9$$ [5]．

$\therefore$ △QAD : 四角形 ABCD $=4:(9-4)=4:5.$ //

(5) $x=QA$, $y=QD$ とおくと，①より

$$x:(y+3)=y:(x+5)=2:3.$$ [6]

$$\begin{cases}3x=2y+6\\3y=2x+10.\end{cases}\quad\therefore\begin{cases}QA=x=\dfrac{38}{5}\\QD=y=\dfrac{42}{5}.\end{cases}$$ //

解説 [1]：「方べきの定理」の**結論** [→5 10 6]　[2]：「内接四角形の性質」[→5 10 3]

[3]：「線分比と面積比の関係」[→5 7 2]　[5]：「相似比と面積比の関係」[→5 7 1 ❹]

[4][6]：「方べきの定理」の**証明過程** [→5 10 6] で用いる相似三角形に注目しています．[1] の「方べきの定理」の**結論**には，$AD=2$ や $CB=3$ は登場しません！

言い訳 5「図形の性質」の方がメインだったかもしれませんね（笑）．

参考　「線分比 BP : PD」が問われた場合，(3)と同様に面積比を利用してもできますが，CB＝CD より AC は $\angle$DAB を二等分するので，

BP : PD＝AB : AD＝5 : 2[→**5 3 3**「**角の二等分線の性質**」]

と求まります．この**長さの等しい別の弦→等しい円周角**の流れは，盲点になりがちです．[→**5 10 2 注2**]

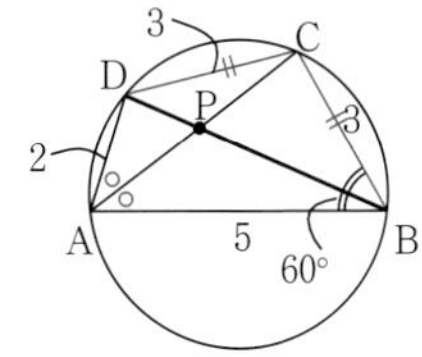

第3章 三角比（図形と計量）

例題 3 7 b　四面体と三角比　根底 実戦　入試　[→演習問題 3 8 16]

四面体 ABCD があり，次のことがわかっている：

$DA = DB = DC = \sqrt{14},\ AB = 2,\ BC = \sqrt{6},\ \angle CAB = 60°.$

(1)　三角形 ABC について，外接円の半径 R，および面積を求めよ．

(2)　四面体 ABCD の体積を求めよ．

(3)　平面 ABC と平面 ABD のなす角を θ とする．$\cos\theta$ の値を求めよ．

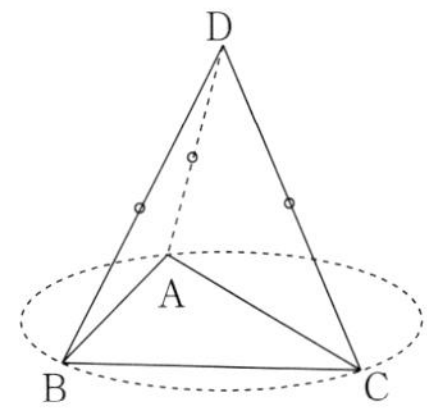

方針　(1) 平面 ABC 上の話だけですね．

(2) 高さ DO をどのように求めるかを考えます．「母線の長さが等しい」がポイントです．

(3)「平面どうしのなす角」とは？

解答　(1)　$\triangle$ABC において正弦定理を用いると

$$\frac{\sqrt{6}}{\sin 60°} = 2R.$$

$$\therefore\ R = \frac{1}{2}\cdot\sqrt{6}\cdot\frac{2}{\sqrt{3}} = \sqrt{2}. /\!/$$

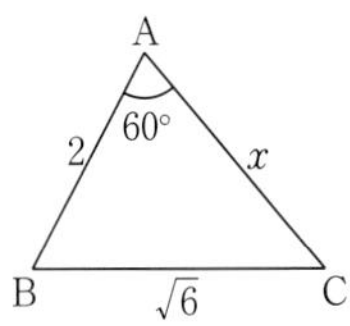

x＝CA とおき，$\triangle$ABC において余弦定理を用いると

$$6 = 4 + x^2 - 2\cdot 2x\cdot\cos 60°.$$

$$x^2 - 2x - 2 = 0.$$

$$\therefore CA = x = 1+\sqrt{3}\ (\because\ x>0).$$

したがって

$$\triangle ABC = \frac{1}{2}\cdot 2\cdot\left(1+\sqrt{3}\right)\sin 60° = \frac{\sqrt{3}+3}{2}. /\!/ \cdots ①$$

(2)　D から平面 ABC へ垂線 DO を下ろすと，DA＝DB＝DC より，O は $\triangle$ABC の外心[1]．

$\triangle$OCD に注目すると

$$OD = \sqrt{DC^2 - R^2} = \sqrt{14-2} = 2\sqrt{3}. \cdots ②$$

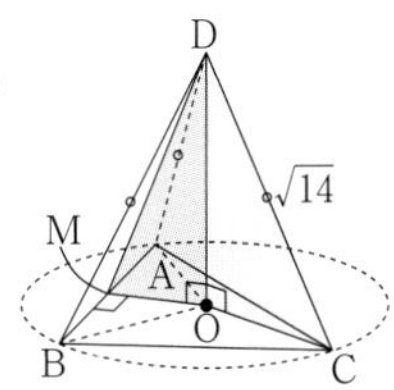

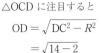

これと①より，求める体積は

$$\frac{1}{3}\cdot\frac{\sqrt{3}+3}{2}\cdot 2\sqrt{3} = 1+\sqrt{3}. /\!/$$

(3)　AB の中点を M とすると，

DA＝DB より，DM $\perp$ AB.

OA＝OB より，OM $\perp$ AB.

$\therefore$ 題意の角 $\theta = \angle$DMO.[2]

$\triangle$OAB は，$OA = OB = \sqrt{2}$，AB＝2 より直角二等辺三角形であり，OM＝1.

これと②より，右図を得る．

$$DM = \sqrt{12+1} = \sqrt{13}.$$

$$\therefore\ \cos\theta = \frac{1}{\sqrt{13}}. /\!/$$

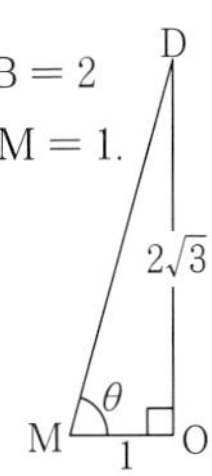

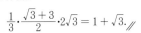

注　1)：母線が等しければ垂線の足 O が底面の $\triangle$ABC の外心であることは，証明抜きに使ってもよいかなと思います．本問では，そこの比重が特に高い訳ではありませんし．[→**5 14 2**]

2)：「平面どうしのなす角」[→**5 13 2**]

8 演習問題B

381 根底 実戦 定期 重要

三角形 ABC において，$AB = 6$, $\angle A = 75°$, $\angle B = 45°$ とする．次の(1)~(4)をそれぞれ求めよ．

(1) 外接円の半径 R　　(2) CA，BC

(3) 面積 S　　(4) 内接円の半径 r

382 根底 実戦 定期

三角形 ABC において，$(\sin B + \sin C) : (\sin C + \sin A) : (\sin A + \sin B) = 7 : 6 : 5$ …① が成り立ち，内接円の半径 $= \sqrt{5}$ …② であるとする．

(1) $\cos C$ の値を求めよ．

(2) 三角形 ABC の外接円の半径 R を求めよ．

383 根底 実戦 入試

三角形 ABC があり，3 頂点 A，B，C から対辺へ引いた垂線の長さがそれぞれ $\sqrt{15}, 2\sqrt{5}, 2\sqrt{3}$ である．

(1) $\sin A$ の値を求めよ．

(2) A, B, C の対辺の長さ a, b, c を求めよ．

384 根底 実戦

1 辺の長さが l で，その両端の内角が α, β である三角形の面積 S を，l および α, β を用いて表せ．

385 根底 実戦 入試

平面上で，点 O を中心とする半径 1 の円 C と，C の外部にある定点 A を通る直線 l がある．C と l が異なる 2 点 P，Q で交わるとき，三角形 OPQ の面積の最大値を求めよ．

386 根底 実戦 入試 重要

右図のような三角形 ABC がある．辺 AC の長さを求めよ．

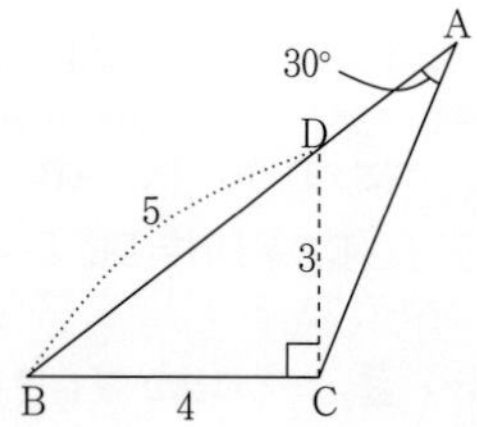

387 根底 実戦

△ABC において $A = 120°$，BC=4 であり，面積が $\sqrt{3}$ であるとする．AB，AC の長さを求めよ．

3 8 8 根底 実戦

3 辺の長さが正の実数 a, b, c である三角形において不等式 $|b-c| < a < b+c$ が成り立つことを，余弦定理を用いて示せ．

3 8 9 根底 実戦 定期

次の条件を満たす三角形 ABC の形状をそれぞれ答えよ．

(1) $a^2 = b^2 + c^2 + bc$ …①

(2) $2\cos A \sin B + \sin A - \sin B - \sin C = 0$

言い訳 特に断りがない場合，頂点 A，B，C の対辺の長さが a, b, c だと考えます．

3 8 10 根底 実戦

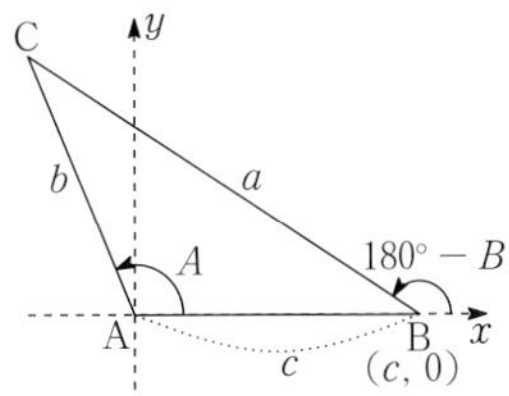

三角形 ABC において，「第一余弦定理」と呼ばれる等式

$c = b\cos A + a\cos B$ …① を示したい．

(1) ①を，右図を利用して示せ．

(2) ①に対して，既に学んだ「余弦定理」のことを「第二余弦定理」と呼ぶ．第二余弦定理を用いて①を示せ．

3 8 11 根底 実戦 入試

3 つの実数 a, b, c が，1 より大きな実数 x を用いて

$$a = 2x+1,\ b = x^2-1,\ c = x^2+x+1$$

と表されている．

(1) a, b, c は三角形の 3 辺の長さをなすことを示せ．

(2) (1)の三角形の最大角を求めよ．

3 8 12 根底 実戦 入試

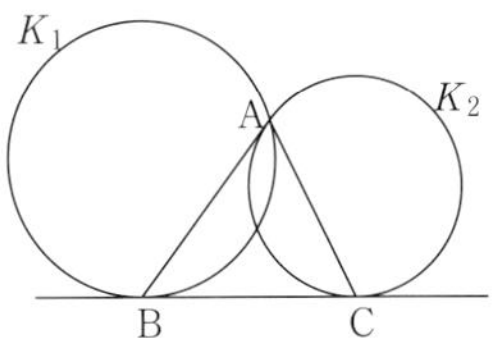

右図の三角形 ABC に対して，A を通る 2 つの円 K_1, K_2 があり，それぞれ点 B，C において直線 BC と接している．K_1, K_2 の半径をそれぞれ r_1, r_2 とするとき，△ABC の外接円の半径 R を r_1, r_2 で表せ．

3 8 13 根底 実戦 入試典型 重要

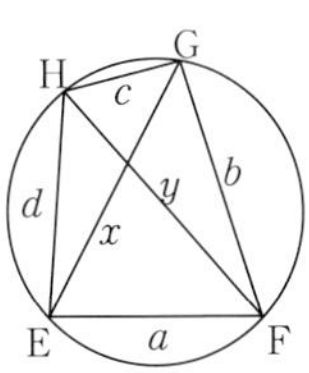

(1) 円に内接する四角形 EFGH があり，右図のように辺および対角線の長さをとる．

$B = ab+cd,\ C = ac+bd,\ D = ad+bc$ [1] とおいて，x^2 を B, C, D で表せ．

また，$xy = ac+bd$（トレミーの定理）を証明せよ．

(2) 右図のように，3 辺の長さが 5, 6, 7 である 三角形 ABC の外接円の弧 BC 上に点 P がある．このとき，$5\mathrm{PA} = 6\mathrm{PB} + 7\mathrm{PC}$ が成り立つことを示せ．

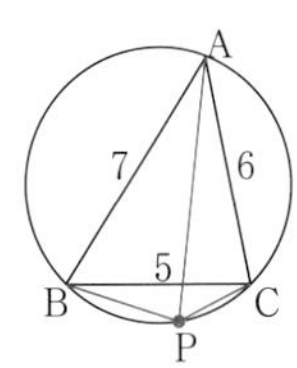

3 8 14 根底 実戦 入試

正三角形 ABC の外接円を K とする．K の弧 BC(両端を除く) 上の点 P を次の条件を満たすようにとる．

P は直線 BC に関して A と反対側にある．

$BP + CP = 1$.

このとき，K の半径 R のとり得る値の範囲を求めよ．

3 8 15 根底 実戦 入試

円に内接する四角形 ABCD において，$AB = 5$, $CD = 3$, $DA + BC = 4$ とする．$x = DA$ とおくとき以下の問いに答えよ．

(1) $\cos A$ を x で表せ．

(2) x が変化するときの四角形 ABCD の面積 S の最大値を求めよ．

3 8 16 根底 実戦 入試 5後

右図のような四面体 OABC がある (AB 以外の辺の長さは全て 1 である)．O から平面 ABC へ垂線 OH を下ろすとき，線分 CH の長さを $\theta = \angle BCA$ で表せ．

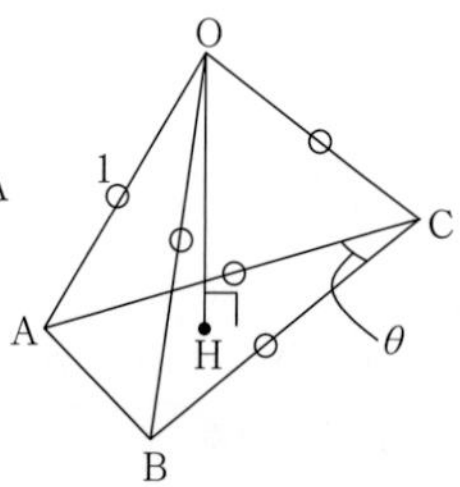

3 8 17 根底 実戦 典型

四面体 OABC があり，OA，OB，OC はどの 2 つも直交し，$OA = OB = OC = 4$ とする．CO の中点を P，CA を $1:3$ に内分する点を Q，CB を $3:1$ に内分する点を R とするとき，C から平面 PQR へ下ろした垂線 CH の長さを求めよ．

3 8 18 根底 実戦 入試

球面 S に内接する四面体 T-ABC があり，その体積は $\sqrt{15}$ である．また，$BC = 2$, $CA = 3$, $AB = 4$ であり，平面 ABC を底面とみたとき A，B，C から頂点 T を見た仰角が全て等しいとする．S の半径 R を求めよ．

9 演習問題C 他分野との融合

391 根底 実戦 5後

右図の直角二等辺三角形と角の二等分線を用いて，$\tan 22.5^\circ$ の値を求めよ．

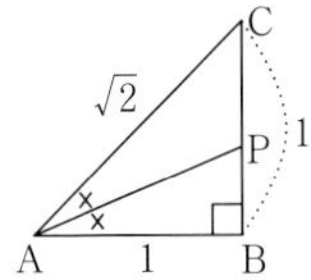

392 根底 実戦 5後

平面上に，点 O を中心とする半径 1 の円 C と，C の外部の点 A がある．A から C へ引いた 2 本の接線と C の接点を P，Q とし，$\angle$AOP を θ ($0^\circ < \theta < 90^\circ$) とおく．

(1) $\triangle$OAP の内接円の半径 r を θ で表せ．

(2) 四角形 OQAP の内接円の半径 R を θ で表せ．

(3) (1)，(2)の半径どうしの比が $r : R = \sqrt{2} : \left(\sqrt{2}+1\right)$ であるとき，θ を求めよ．

393 根底 実戦 入試 5後

横幅 l，高さ h の長方形状の壁 PP′Q′Q と，高さ H の塔が地面に垂直に立っている．地面上の点 A から塔を見ると，塔と地面の接地点 O は東から北へ角 α ($0^\circ < \alpha < 90^\circ$) 回転した向きにあり，塔の先端 T は壁の頂点 P と重なって見えた．また，A から真東へ移動した点 B から見ると，O は東から北へ角 β ($90^\circ < \beta < 180^\circ$) 回転した向きにあり，T は壁のもう 1 つ頂点 Q と重なって見え，T の仰角は θ であった．

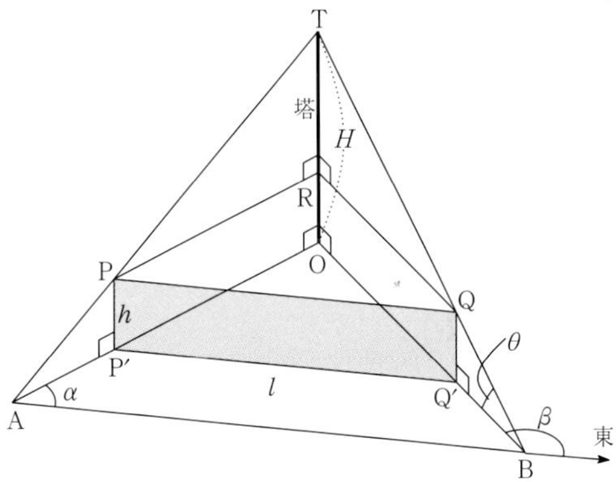

(1) PQ // AB を証明せよ．

(2) H を $l, h, \alpha, \beta, \theta$ を用いて表せ．

394 根底 実戦 典型 定期 5後

1 辺の長さが 3 である正三角形 ABC の外接円 K を底面とし，高さが 3 である直円錐の側面を S とする．この直円錐の頂点を O とし，線分 OC の中点を M とする．A から M へ到る S 上の経路のうち，線分 OB 上の 1 点 P を通るものの最小値を求めよ．

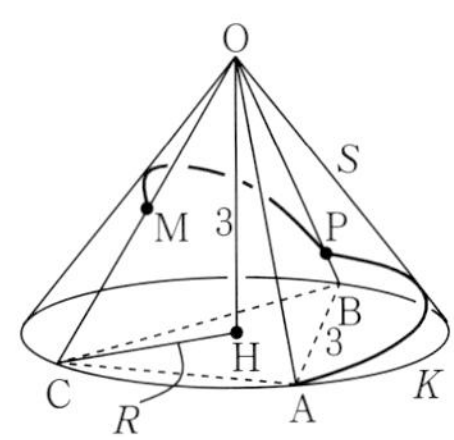

395 根底実戦 入試 5後

円 O に内接する四角形 ABCD において，$AB = BC = \sqrt{7}$，$CD = 2\sqrt{3}$，$AC = \sqrt{21}$ とする．

(1) $\angle ABC$，円 O の半径 r，および DA を求めよ．

(2) 2 直線 CA，BD の交点を P とする．$AP \cdot PC$，および OP を求めよ．

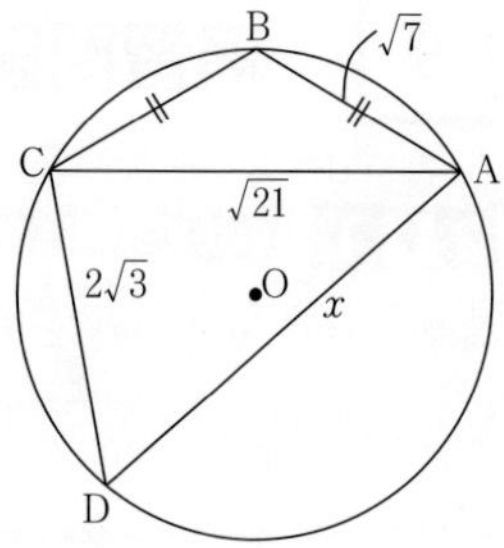

396 根底実戦 入試 数学Ⅱ後

$AB = AC = 2$, $BC = \sqrt{2}$ である △ABC において，辺 AB，AC 上に点 P，Q をとる．線分 PQ が △ABC の面積を 2 等分するとき，PQ の長さの最小値を求めよ．

397 根底実戦 数学Ⅱ三角関数後 重要

三角形 ABC があり，$AB = 6$, $BC = 7$, $CA = 5$ とする．線分 CA 上に，$\angle ABP = 30^\circ$ を満たす点 P をとるとき，AP および BP の長さを求めよ．

398 根底実戦 入試 5数学Ⅱ後 ハイレベル

$\angle A = 60^\circ$, $\angle B < 60^\circ$ の △ABC があり，その外接円，内接円の半径はそれぞれ 6, 2 である．また，内接円と辺 BC，CA，AB の接点をそれぞれ P，Q，R とする．

(1) BC，AQ の長さを求めよ．

(2) $\tan \dfrac{B}{2}$ を求めよ．

(3) 2 直線 AP，BQ の交点を S とする．線分比 AS : SP を求めよ．

第 4 章
データの分析

概要

近年になって実用面での有用性から（？）高校数学に導入された「データの分析」は，“実社会への応用”としての側面が強く，数学の学問体系の本流からは切り離された“脇道”分野です．したがって，本章を学んでいなくても，全く問題なく数学Ⅰ A Ⅱ B Ⅲ C のほとんどの単元が学習可能です（唯一の例外は数学 B「統計的推測」）．逆に言うと，他の分野を学習しながら自然に出会うということが少なく，入試でも頻出ではないため，どうしても“疎遠”になりがちなので注意が要ります．

また，本来，数学 B「数列」という数学の本流分野をマスターした後で学んだ方が断然習得しやすいという事情があります．なので本書では，少～しだけ「数列」の内容を先取りして紹介しながら進めますね．戦略としては，高校 1 年段階では定期テスト向けの勉強だけしてサラ～ッと通過し（笑），受験学年時に数学 B「統計的推測」と合わせてしっかり復習するという手もあります．

補足　数学 C「ベクトル」（本シリーズでは数学Ⅱ＋ B でも少し扱います）も学んでいるとより理想的です．

言い訳　応用数学である「データの分析」は，純粋な数学と比べて用語の定義・使い方などに曖昧さがあり，それが許容されることをご承知おきください．

学習ポイント

1. 「平均値」，「標準偏差」などの基本用語の定義と意味を，実例を通して理解し，覚える．
2. それに基づいて，測定値の和の計算などを着実に行う．その際，数学 B「数列」で学ぶ「Σ記号」が使えると**断然有利！**
3. ヒストグラムや散布図を見て，視覚的・直観的にデータの特性を把握できるよう練習を積む．

将来入試では

共通テスト数学Ⅰ・A では間違いなく出題されるでしょう．そこでは，日常の素材を用いて実社会へ応用する問題が多いと思われます．一方 2 次・私大試験では（大学の系統によりますが）頻出ではありません．出るとすれば多くの場合，数列のΣ計算との融合問題として出題されると思われます．

この章の内容

［高校数学範囲表］ •当該分野 •関連が深い分野

数学Ⅰ	数学Ⅱ	数学Ⅲ 理系
数と式	いろいろな式	いろいろな関数
2次関数	ベクトルの基礎	極限
三角比	図形と方程式	微分法
データの分析	三角関数	積分法
数学A	指数・対数関数	**数学C**
図形の性質	微分法・積分法	ベクトル
整数	**数学B**	複素数平面
場合の数・確率	数列	2次曲線
	統計的推測	

1 データと代表値

1 データとは

例えばクラスのある班で 100 点満点のテストを行った結果，生徒 5 人の得点が右の通りだったとします．この試験における「テストの得点」のように，調査の対象としている性質を数値で表したものを**変量**といい，ふつう「x」などの文字で表します．そして，(*) のような変量の**測定値**あるいは**観測値**[1] の集まりを**データ** (data) といいます．

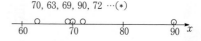

70, 63, 69, 90, 72 …(*)

また，あるデータにおける測定値の個数を，そのデータの**大きさ**[2] といいます．(上の例では，データの大きさは 5 です．)

この例でいうと，「班の 5 人」という集団の「テストの得点」という変量に関する傾向・特徴を調べることが，「データの分析」の目的です．

注 1)：この 2 つの用語は，状況に応じてしっくりくる方を使えば OK です．

2)：「大きさ」という表現は，「測定値の大きさ」という意味で使うことも多いですから気を付けてください．むしろ「測定値の個数」と呼んだ方が意味がハッキリします．■

語記サポ 変量の測定値の集まりである**データ**=「data」 に対して，変量の個々の測定値を「datum(デイタム)」といいますが，日本ではこの単語は用いられません．よって今後は「変量 x の**測定値** (**観測値**)」のように呼びます．
世間では，「測定値の個数が少ない」の意味で「データが少ない」と言ったりする表現も散見されます．この場合，本来は「datum= 測定値が少ない」と言いたい訳ですね (笑)．「データ」という単語は，このように乱用されることを記憶に留めておいてください．■

この後，上の得点のデータ (*) を例として用い，【データの分析】に関する基本事項を解説していきます．

問 ある地点で 1 週間の最高気温を観測したところ，次の通りであった (単位は℃)．

28.7　26.0　29.1　30.5　31.1　27.2　26.4

次の文章の各 □ の中に当てはまる語句または数値を答えよ．

このデータにおける変量は [ア] であり，その大きさは [イ] である．

解答 [ア]：最高気温　[イ]：7

2 代表値 (average)

あるデータの中心的位置を 1 つの数値によって表すとき，この数値をそのデータの**代表値**といいます．
代表値には，次の 3 つがあります．

(1) 平均値 (mean(ミーン)) 平らに均一化
(2) 中央値 (median(メジアン)) 中央順位
(3) 最頻値 (mode(モード)) 最も頻度が高い

注 これら 3 つは，順に[2]，[3]，[4 2]で説明します．■

語記サポ 統計学の世界では，「average」=「代表値」，「平均値」=「mean」です．しかし，世間一般では「average」を「平均」の意味で使ってしまうケースが (表計算ソフトを含めて) 多いので注意！■

2 平均値

1 平均値とは

変量 x に関するデータにおいて，測定値の総和を個数で割ったものを，そのデータの（あるいは変量 x の）**平均値**（mean）といいます．

[1]のデータ 70, 63, 69, 90, 72 …(*) の場合，平均値は次のように求まります：

$$\text{平均値} = \frac{\text{総和}}{\text{個数}} = \frac{70+63+69+90+72}{5} = \frac{364}{5} = 72.8(\text{点}).$$

一般に，変量 x の平均値を記号 $\overline{x}$（「エックスバー」と読む）で表すことが多いです．

平均値 **定義**

変量 x の測定値が $x_1, x_2, x_3, \cdots, x_n$ であるデータにおいて，x の平均値は

$$\overline{x} = \frac{x_1+x_2+x_3+\cdots+x_n}{n}. \quad \cdots\ \text{平均値} = \frac{\text{総和}}{\text{個数}} \qquad \overline{x} = \frac{1}{n}\sum_{k=1}^{n} x_k.^{1)}\ \text{既習者}$$

$$\text{i.e. } x_1+x_2+x_3+\cdots+x_n = n\cdot\overline{x}. \quad \cdots\ \text{総和} = \text{個数} \times \text{平均値} \qquad \sum_{k=1}^{n} x_k = n\cdot\overline{x}.$$

注 1)：この記号「Σ」は「和」を表す記号で，「シグマ記号」と呼ばれます．$\sum_{\boxed{k}=1}^{n} x_{\boxed{k}}$ は，「$\boxed{k}$」という"器"の中に 1 から n までの整数を入れたものの**総和**を表し，例えば右の①のように使います．
沢山の数の総和を頻繁に扱う「データの分析」において，Σ による表記は**断然有利**です．本来は数学 B「数列」で学ぶ記号ですが，抵抗感のない人は今から覚えて使いましょう．本章のこれ以降においても，上記と同様，Σ を使う表現も併記します．
なお，Σ 記号には，右の②③のように，

$$\sum_{\boxed{k}=1}^{4} \frac{1}{2\boxed{k}} = \frac{1}{2}+\frac{1}{4}+\frac{1}{6}+\frac{1}{8}. \cdots①$$

$$\begin{aligned}\sum_{k=1}^{3}(x_k+y_k) &= (x_1+y_1)+(x_2+y_2)+(x_3+y_3)\\ &= (x_1+x_2+x_3)+(y_1+y_2+y_3)\\ &= \sum_{k=1}^{3}x_k + \sum_{k=1}^{3}y_k. \cdots②\end{aligned}$$

$$\begin{aligned}\sum_{k=1}^{3} a\cdot x_k &= a\cdot x_1 + a\cdot x_2 + a\cdot x_3 \quad \cdots\ a\text{ は定数}\\ &= a\cdot(x_1+x_2+x_3)\\ &= a\sum_{k=1}^{3}x_k. \cdots③\end{aligned}$$

「和は分解できる」「定数倍は前に出せる」 という性質があります．

例題 4 2 a 平均値 根底 実戦

[→演習問題 4 6 1]

(1) データ：11, 8, 15, 13, 9, 7 の平均値を求めよ．

(2) データ：2, 5, 10, 8, 7, 4, a, 7 の平均値が 6.5 であるとき，測定値 a はいくらか．

方針 (1) 総和を求めて個数で割ります．

(2) 平均値 $= \dfrac{\text{総和}}{\text{個数}}$，i.e. 総和 ＝ 平均値 × 個数 です．総和を求めれば，a も求まりますね．■

解答

(1) $$\text{平均値} = \frac{11+8+15+13+9+7}{6}\ (\cdots\text{総和}/\cdots\text{個数}) = \frac{63}{6} = 10.5. /\!/$$

(2) このデータにおける測定値の総和を 2 通りに表すことにより

$$2+5+10+8+7+4+a+7 = 6.5\times 8.$$
$$a+43 = 52. \therefore a = 52-43 = 9. /\!/$$

2 仮平均(かり)

平均値は,「仮平均」を利用すると求めやすくなることがありましたね(中学で学びました).

例題 4 2 b 仮平均の利用 根底 実戦 [→演習問題 4 6 1]

変量 x のデータが, 例題 4 2 a (1)の 11, 8, 15, 13, 9, 7 であるとき, x の平均値を, 10 を仮平均とすることによって求めよ.

着眼 このデータの測定値は「10」を上回ったり下回ったりしています. そこで, この「10」からの(符号も含めた)値の"ズレ": $x-10$ を利用し, 平均値を効率よく求めましょう.

解答 まず, $x-10$ の平均値は, 右表より

$$\frac{1-2+5+3-1-3}{6}=\frac{3}{6}=0.5.$$

測定値 x	11	8	15	13	9	7
$x-10$	+1	−2	+5	+3	−1	−3

"ズレ"

よって, このデータの平均値は, $10+0.5=10.5$. //

知識 平均値 = 仮平均 + "ズレ" の平均値

注 この等式が成り立つ理由については, 9 5 において精密に考察します. ■

補足 仮平均の選び方には絶対的な決まりはありませんが, "ズレ" が計算しやすいように, 本問の「10」のような"切りのいい"値を仮平均とするのが有利だと思われます. ■

3 平均値の意味

平らに均一化

単純な例を用いて説明します. 5, 5, 8 という測定値からなるデータにおいて

$$平均値=\frac{5+5+8}{3}=6.\ \text{i.e.}\ 総和=5+5+8=6\cdot 3\ \cdots ①$$

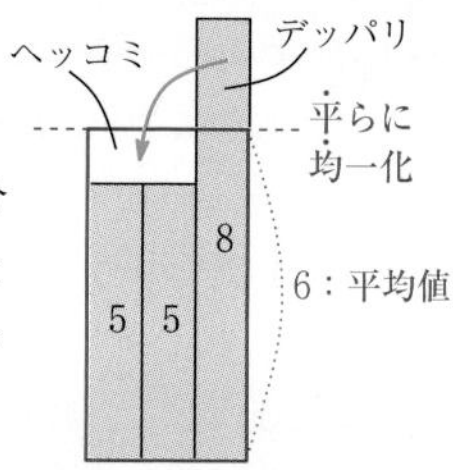

が成り立ちます. ①式は, 右図においてグレー部分の面積(総和)と赤枠部分の面積(平均値×個数)が等しいことを表していますね. つまり「平均値」とは, 凸凹のあるデータを, 大きな測定値の"デッパリ"を小さな測定値の"ヘッコミ"に移して平らに均一化した値だとみることができます.

"回転力"の釣り合い ハイレベル↑

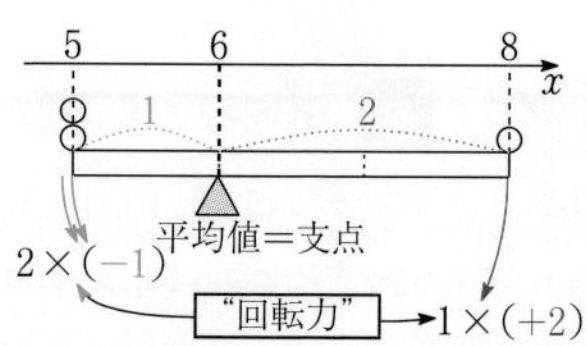

中学の理科で学んだ「てこの釣り合い」を用いた意味付けもできます. 右図のように, 重さの無視できる板を数直線に沿って置き, x の各測定値の位置に重りを乗せ, 平均値 6 の位置に支点を置きます. 支点のまわりの回転力(モーメント)は

回転力 = 重さ × 支点からの距離

でしたね. よって, 右回りを正の向き[1]とした"回転力"の合計は

$$2_{個}\times(-1)+1_{個}\times(+2)=0$$

となり, 見事に**釣り合います**. つまり「平均値」とは, 各測定値の位置に重りを乗せたときに釣り合う支点の位置(物理でいう**重心**)です.

平均値 = 支点 = **重心**

注 1): 物理学では, ふつう左回りを正としますが, ここでは平均値より大きな測定値が正の回転力をもつように設定しています. ■

言い訳 この考え方は，経験を積んで徐々にピンとくるようになれば OK です．■

問 50 90 90 90 からなるデータの平均値を，右図を参考にして求めよ．(結果だけ述べればよい．)

方針 釣り合う支点を求めます．「50」,「90」の位置にある重りの個数が 1 : 3 なので，支点からの距離が逆に 3 : 1 となるようにします．■

解答 (答) : 80 //

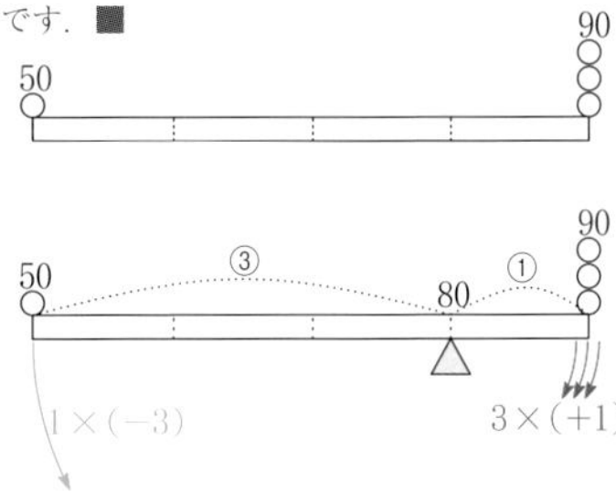

4 外れ値

1のデータ (*) において,「90 点」という測定値だけが他とかけ離れています．このようにデータの中で突出した値のことを**外れ値**[1] といいます．

外れ値を除いた 4 つの平均値は

$$\frac{70+63+69\qquad+72}{4}=\frac{274}{4}=68.5(\text{点})$$

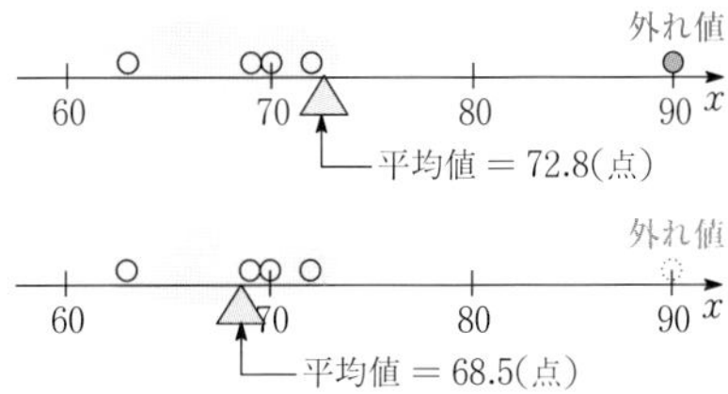

となり，①の平均値 72.8 に比べて 4.3 点も下がります．

この例からわかるように，外れ値があると平均値はそれに大きく影響されやすく，集団全体を代表する中心的値とは言いにくくなります．実際，(*) のうち 90 点以外の 4 つは全て平均値を下回ります．

参考 外れ値 :「90」の位置にある“重り”は，支点からの距離が長いため大きな“回転力”をもち，他の 4 個分の回転力と釣り合ってしまうのです．■

語記サポ [1] :「外れ値」という用語にはカッチリと決まった定義はなく，データを扱う人が諸々の状況を考慮して決めます．■

例題 4 2 C 外れ値 根底 実戦 [→演習問題 4 6 3]

ある班で 100 点満点のテストを行い，受験者 5 人の平均点を算出した．後日，テスト日に病欠して後から受験した A 君の得点を追加したところ，A 君が満点を取ったために平均点が 9 点も上昇した．最初に算出した 5 人の平均点を求めよ．

方針 なすべきことは単純．

$$\text{平均値}=\frac{\text{総和}}{\text{個数}},\ \text{i.e. 総和}=\text{平均値}\times\text{個数}$$

という関係式を用いて，題意の条件を定式化することです．「5 人の平均点」が“未知”なので…■

解答 5 人の平均点を x とすると，題意の条件は

$$\frac{x\cdot 5+100}{6}=x+9.\ \therefore\ x=46.//$$

余談 特に「数学」という教科においては，A 君のように「高得点の外れ値」を叩き出して平均点を爆上げする生徒がいたりします．迷惑な話ですね (笑)．■

参考 重要度⇩ 数学の世界には，じつは様々な“平均”があります．上記の平均値は「相加平均」と呼ばれるものです．それ以外に「相乗平均」[→**数学Ⅱ**] とか「調和平均」などがあります．■

3 中央値

1 中央値とは

「中央値」においては，データに属する測定値の順位に注目します．そこで，1のデータ (*) を，測定値が小さい順に並べ直すと次のようになります．

$\overbrace{63,\ 69}^{2個},\ \underline{70},\ \overbrace{72,\ 90}^{2個}$ …(*)′

大きさ[1] が 5 であるデータ (*)′ において順位が中央の値，つまり小さい方から (大きい[2] 方からでも)3 番目にくる値：70 を，データ (*) の**中央値** (median) といいます．

(*) では大きさ 5 が奇数なので「順位が中央の値」が 1 つだけありましたが，大きさが偶数の場合には順位が中央であるものが 2 つあります．

例：$\overbrace{58,\ 63,\ \underline{69}}^{3個},\ \overbrace{\underline{70},\ 72,\ 90}^{3個}$

この時はその 2 つの平均値：$\dfrac{69+70}{2}=69.5$ を中央値と定めます．

中央値　定義：中央順位の測定値

下位データ　2 個　　2 個　上位データ

データが奇数個 → $\overbrace{63,\ 69}^{2個},\ \underline{70},\ \overbrace{72,\ 90}^{2個}$

↑ 中央値

下位データ　3 個　　3 個　上位データ

データが偶数個 → $\overbrace{58,\ 63,\ \underline{69}}^{3個},\ \overbrace{\underline{70},\ 72,\ 90}^{3個}$

↑ この 2 つの平均が中央値

補足　変量 x のデータの中央値を，記号 $\tilde{x}$ (「エックスチルダ」と読む) で表すことがあります．■

参考　上記において ⌈　⌉ で表した部分を，左側：「下位データ」　右側：「上位データ」と呼ぶことがあります．5 2 の「四分位数」において重要となります．■

注　1) の「大きさ」は，「測定値の個数」．一方，2) の「大きい」は，測定値が大きいということ．両者はまったく別の意味です．■

例題 4 3 a　中央値　根底 実戦　[→演習問題 4 6 4]

次の各データの中央値を求めよ．

(1)　84, 75, 65, 80, 65, 46, 75　　(2)　8, 5, 8, 6, 4, 7, 2, 9

着眼　データの大きさ (測定値の個数) が，(1)では 7(奇数)，(2)では 8(偶数) です．■

解答　(1)　このデータを値が小さい順に並べ直すと

46, 65, 65, $\overbrace{\underline{75}, 75}^{3)}$, 80, 84

よって中央値は 75 .//

(2)　このデータを値が小さい順に並べ直すと

2, 4, 5, $\underline{6, 7}$, 8, 8, 9

よって中央値は $\dfrac{6+7}{2}=6.5$ .//

注　3)：このように等しい観測値があっても気にしないこと．「中央値」は，あくまでも赤下線を付した「75」だけで決まります．■

補足　「小さい順に並べ直す」という作業を確実に行うには，例えば次のようにします．■

- 　　　元のデータ：8, 5, 8, 6, 4, 7, ~~2~~, 9　　最小の「2」を消し
  並べ直したデータ：2　　その「2」を 1 番目に書く
- 　　　元のデータ：8, 5, 8, 6, ~~4~~, 7, ~~2~~, 9　　残りで最小の「4」を消し
  並べ直したデータ：2, 4　　その「4」を 2 番目に書く
- （以下同様に続ける…）

2 平均値と中央値の比較

これら 2 つの代表値の特徴を簡単に比べておきます．

代表値名	用いる測定値	外れ値の影響
平均値	全ての測定値	受ける
中央値	中央順位の測定値のみ	受けない

例（*）

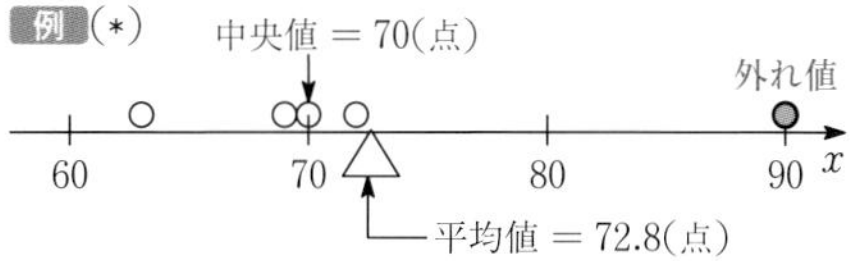

注　他から大きく隔たった「外れ値」があるとき，全ての測定値から計算する「平均値」は影響を受けますが，「中央値」は中央順位の値だけで決まるので影響を受けません．■

言い訳　1の（*）のような大きさがたったの「5」に過ぎないデータの場合，生データをそのまま見ればよく，「代表値」のありがたみなどありません（笑）．「代表値」は，データの大きさが大きく，個々の測定値の傾向を見渡すことが困難な時にこそ価値が生じます．今は，単純で計算が楽な例を用いて代表値の意味や求め方を理解する“練習”をしているのです．■

例題 4 3 b 平均値と中央値　根底 実戦　[→演習問題 4 6 5]

0 以上 10 以下の整数を測定値とするデータを考える．データ：5, 6, 6, 8, 9 に測定値 a を追加してできる大きさ 6 のデータ（*）について答えよ．

(1)　（*）の中央値となり得る値を全て答えよ．

(2)　（*）において，平均値が中央値より小さくなるような a の値を全て答えよ．

方針　中央順位の測定値についての様々なケースを考えます．■

解答　(1)　（*）の大きさは 6 なので，中央値 $\tilde{x}$ は小さい方から 3 番目と 4 番目の測定値の平均である．

(i)　$a \geq 8$ のとき，(*): 5, 6, 6, 8, ○, ○．

$\therefore\ \tilde{x} = \dfrac{6+8}{2} = 7$．

(ii)　$a = 7$ のとき，(*): 5, 6, 6, 7, 8, 9．

$\therefore\ \tilde{x} = \dfrac{6+7}{2} = 6.5$．

(iii)　$a \leq 6$ のとき，(*): ○, ○, 6, 6, 8, 9．

$\therefore\ \tilde{x} = \dfrac{6+6}{2} = 6$．

つまり，$\tilde{x}$ のとり得る値は，6, 6.5, 7．//

(2)　（*）の平均値は，$\overline{x} = \dfrac{34+a}{6}$．

(i)のとき，$\overline{x} \geq \dfrac{34+8}{6} = 7 = \tilde{x}$．（不適）

(ii)のとき，$\overline{x} = \dfrac{34+7}{6} = \dfrac{41}{6} = 6.8\cdots > \tilde{x}$．

（不適）

(iii)のとき，題意の条件は，

$\overline{x} = \dfrac{34+a}{6} < 6$. i.e. $a < 2$.

以上より，求めるものは，$a = 0, 1$．//

解説　a の値が変わると，「平均値」は当然変化します．しかし「中央値」については，例えば(2)(i)で「$a \geq 8$ のとき」とあるように，a が変わっても一定であるケースがあります．■

4 度数分布

言い訳 学校教科書では「度数分布」を最初に扱いますが，本書では，「平均値」などの用語の定義・意味を明確に理解してもらうことを優先し，この位置に配しました．■

1 度数分布表とヒストグラム

これまでは，代表値の意味を学びやすいよう配慮し，測定値の個数が比較的少ない（大きさが小さい）データを扱ってきました．

しかし，例えば50人のクラスで10点満点のテストを行ったときの右のような得点データとなると，データ全体を見渡すのが大変です．

8, 6, 9, 3, 10, 7, ………, 5
50 個もある！

このような時は，各測定値が現れる回数（**度数**）をまとめた**度数分布表**，およびそれを棒グラフにした**ヒストグラム**を用いると，データの特徴が掴（つか）みやすくなります．（中学 1 年で学びましたね．）

例 1 〔度数分布表〕

得点（点）	度数（人）	1)累積度数（人）
0	2	2
1	3	5
2	5	10
3	7	17
4	6	23
5	9	32
6	6	38
7	4	42
8	3	45
9	1	46
10	4	50

〔ヒストグラム〕

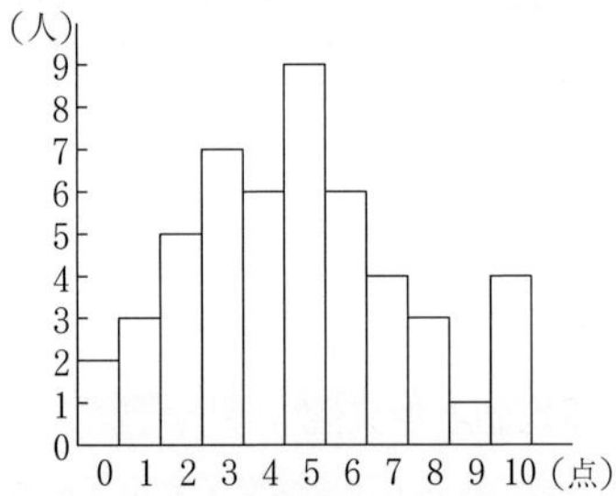

これらを見ると，どの得点に何人の生徒がいるか，つまり**データの分布**が一目瞭然です．

注 1)：その測定値以下の度数の合計を**累積度数**といいます．
また，データの大きさに対する度数の割合を相対度数といいます．■

2 最頻値

データにおいて，最も度数の多い（頻出する）測定値を**最頻値**（ひん）といいます．**例** 1のデータの最頻値は，度数が最大の 9 人である「5 点」ですね．

語記サポ 別名：mode(モード)．流行 ＝ 最も多い■

3 平均値，中央値

例 1のデータについて，最頻値以外の代表値を考えてみましょう．まず，平均値は

$$\frac{\text{総和}}{\text{個数}}=\frac{1}{50}(0\cdot2+1\cdot3+2\cdot5+3\cdot7+4\cdot6+5\cdot9+6\cdot6+7\cdot4+8\cdot3+9\cdot1+10\cdot4)$$

$$=\frac{1}{50}(0+3+10+21+24+45+36+28+24+9+40)$$

$$=\frac{240}{50}=4.8\,(\text{点}).$$

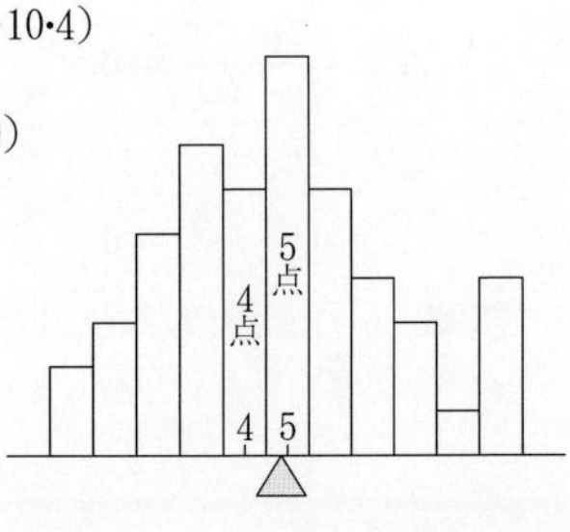

参考 ハイレベル↑ ヒストグラムを，棒状の重りを乗せたものだとイメージすると，確かに「4.8 点」辺りに釣り合いの中心 ＝ 重心がありそうだと直観的に感じ取れますね．[→2 3]■

次に，中央値を考えます．データの大きさ =50 が偶数なので，小さい方から 25 番目と 26 番目を参照することになります．「累積度数」を見るとわかるように，これらはどちらも「5 点」ですから

測定値	…	4	5	5	5	…	5	6	…
順位	…	23	24	25	26	…	32	33	…

中央順位

$$\text{中央値} = \frac{5+5}{2} = 5(\text{点}).$$

5 点と 5 点の平均値は 5 点に決まってる（笑）

参考　「中央値 ＝ 中央順位の測定値」ですから，ヒストグラムにおいて，大雑把に言うとその左右の面積が等しくなります．**例** 1 のデータでは，4 点までの累積度数が 23 ですから，中央順位の 25，26 番目は 5 点のグループのうちかなり左寄りですね．よって，おおよそ図の赤線の左右の面積が等しくなります．■

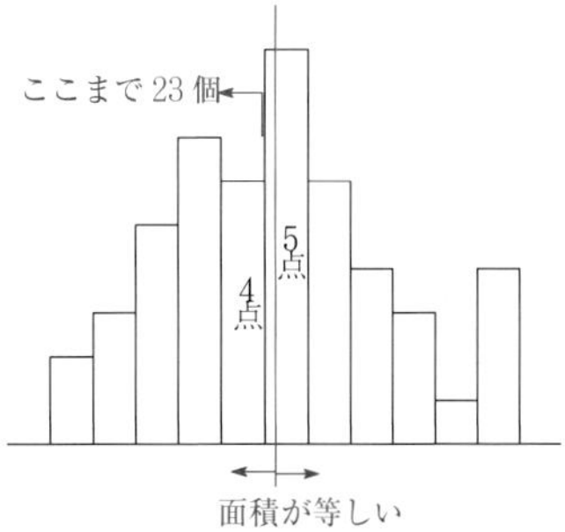

例題 4 4 a　度数分布と代表値　根底 実戦　定期　[→演習問題 4 6 7]

ある水泳教室の生徒 20 人に対して，教室に入った時の年齢を調べたところ，右のデータを得た．

5 8 6 0 3 4 6 6 7 6
0 7 7 5 5 8 6 0 4 6

(1)　このデータのヒストグラムを作れ．

(2)　このデータの最頻値，中央値，平均値を求めよ．

方針　まず，上記の説明に倣（なら）って，年齢，度数，累積度数を度数分布表にまとめましょう．「正」という漢字を一画ずつ書きながら数えていきます．■

解答　(1)

〔度数分布表〕

年齢（歳）	度数（人）	累積度数（人）
0	3[1]	3
1	0	3
2	0	3
3	1	4
4	2	6
5	3	9
6	6	15
7	3	18
8	2	20

〔ヒストグラム〕

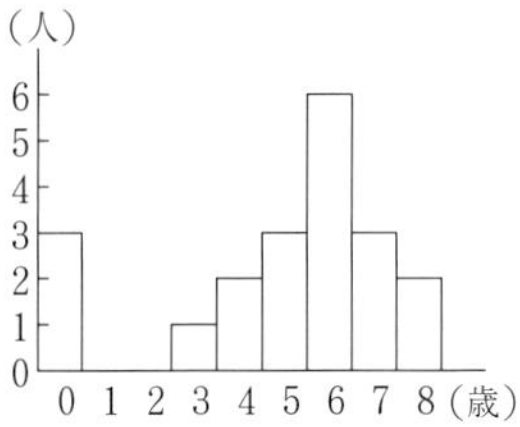

(2)　◦最頻値は[2] 6 歳．//

◦中央値については，データの大きさ =20 が偶数なので，小さい方から 10 番目と 11 番目を参照する．累積度数を見るとわかる通り，これらはどちらも「6 歳」だから，中央値は

$$\frac{6+6}{2} = 6\text{ 歳}.$$ //

◦平均値は

$$\frac{\text{総和}}{\text{個数}} = \frac{1}{20}(3+8+15+36+21+16)$$

$$= \frac{99}{20} = 4.95(\text{歳}).$$ //[3]

注　このデータは筆者がでっち上げたものですが…

[1]：いわゆる母子水泳ですね．

[2]：小学校に入って恥をかかないようにという親心？

[3]：最頻値 ＝ 中央値 ＝ 6 歳に比べてずいぶん小さいですね．「0 歳 3 人」という“外れ値”の影響です．■

第4章　データの分析

注 例えば右のようなデータの場合，最頻値は「3 点」と「5 点」の2つです．
このように，あるデータに対して，
平均値，中央値は 1 つに定まりますが，
最頻値は 2 つ以上あるケースもあります．■

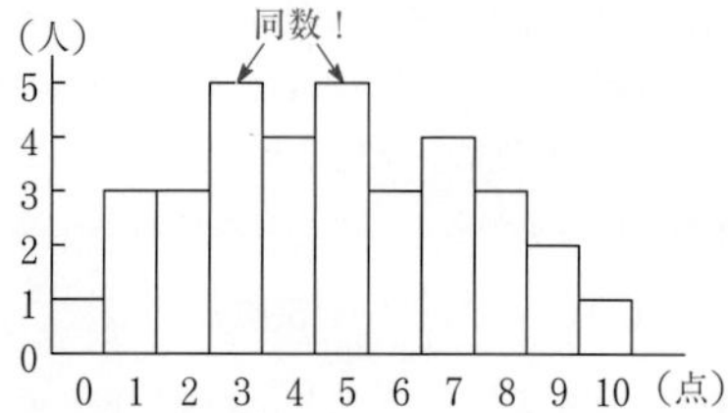

4 階級

ここまで扱ってきた変量は，テストの得点のように … 6 7 8 … という飛び飛びの値しかとりませんでした．一方，身長 (cm) のように 156 156.1 156.11 156.111 … のように連続的な値をとり得る変量もあります．前者を**離散**(りさん)**変量**，後者を**連続変量**といいます．(離散変数，連続変数ともいいます．)

連続変数についての度数分布表やヒストグラムを作る際には，変量のとり得る無限個の値を，有限個のグループに束ねることが不可欠です．このグループのことを**階級**といいます．それ以外の用語については，次の 例 の中で説明します．

補足 離散変数であっても，例えば 100 点満点のテストの得点ともなると，とり得る値の種類が多過ぎて大変ですね．このようなときにも，例えば「5 点刻み」の階級に分けるなどして処理します．■

例 ある会社の従業員 50 人の通勤時間 (分) に関する調査をしたいとき，例えば 20 分刻み 1) の階級に分けて整理し，次の度数分布表やヒストグラムを利用することができます．

階級 (分) 以上～未満	階級値 2)	度数	累積度数
20～40	30	3	3
40～60	50	12	15
60～80	70	16	31
80～100	90	10	41
100～120	110	7	48
120～140	130	2	50

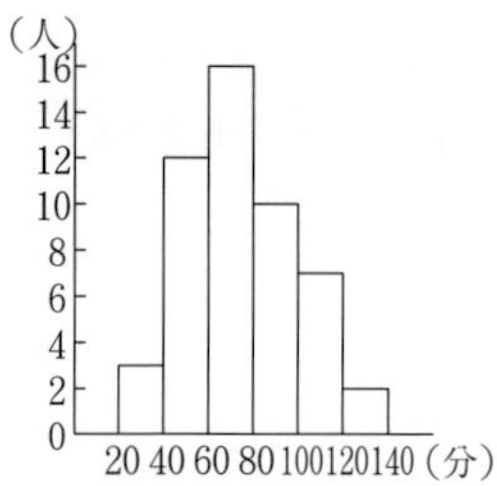

注 1)：これを**階級の幅**といいます．各階級における変量のとる値の幅です．
2)：各階級の真ん中の値．階級を代表する値とされ，その階級に属する全ての測定値がその値をとると便宜的にみなすことにより，平均値の計算などが簡便になります．■

注意！ もちろん，“真の”平均値とは少しズレるのが普通ですが．■

例題 4 4 b 階級 根底 実戦

[→演習問題 4 6 8]

我が国の年齢別人口 (単位：万人) について，以下の度数分布表を得た．ただし，度数は万人の位で四捨五入してある．
この度数分布表をもとに，このデータの最頻値，中央値を求めよ．
(e-Stat：政府統計の総合窓口：「年齢 (5 歳階級)，男女別人口 (2020 年 2 月確定値」より筆者が万人の位で四捨五入)

年齢 以上～未満	度数	累積度数
0～10	980	980
10～20	1110	2090
20～30	1270	3360
30～40	1410	4770
40～50	1830	6600
50～60	1650	8250
60～70	1580	9830
70～80	1620	11450
80～90	910	12360
90～100	230	12590
100 ～	10	12600

方針 最頻値→度数を見る．中央値→累積度数を見る．■

解答 度数がもっとも大きいのは 40〜50 の階級だから，求める最頻値は，その階級値：45.//
次に，中央値を求める．$\frac{12600}{2}=6300$ より，小さい方から 6300 番目あたりが入る階級に注目する．「累積度数」の列を見ると，それは 40〜50 の階級だから，求める中央値は，その階級値[3]：45.//
注 [3]：「この度数分布表をもとに」とあるので 40〜50 の階級の階級値を答えました．本当の中央値については，40〜50 の階級のどこかにあるとしか言えません．

5 ヒストグラムと代表値の比較

ヒストグラムで表した 4 つの例（全て大きさは 20）を通して，3 つの代表値の特性を比較しましょう．

例 1　「英語テストの得点分布」

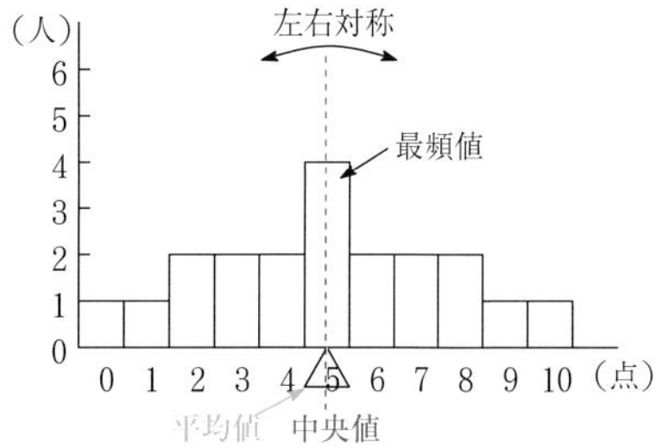

分布が左右対称な“山型”の場合，3 つの代表値：平均値，中央値，最頻値は一致（全てが 5）．

例 2　「1 週間の読書時間」

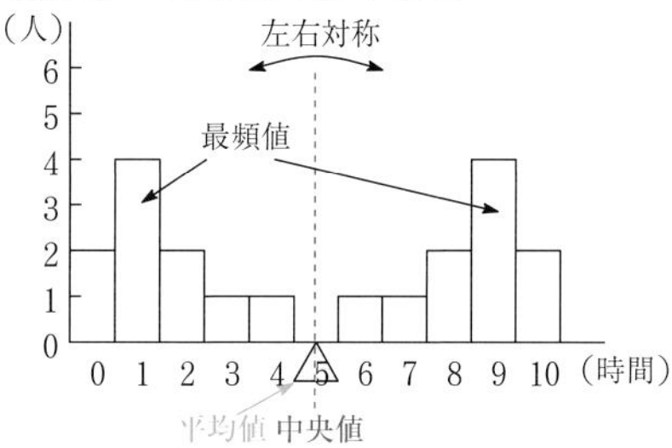

これも分布は左右対称なので，平均値は真ん中の 5．中央値も $\frac{4+6}{2}=5$ だが，測定値の中に 5 はない．左，右 2 つに**二極分化**しており，最頻値は 2 つ（1 と 9）ある．

例 3　「数学難問テストの得点分布」

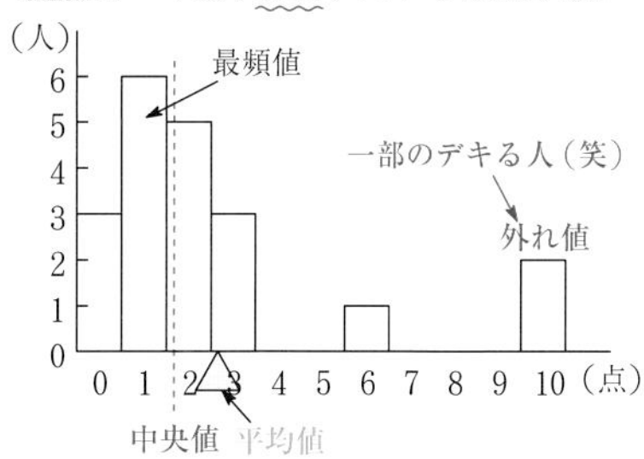

測定値の多くが 0 点〜3 点に固まっている．そこから遠く離れた外れ値：10 点（度数=2）の影響で平均値が大きくなり（2.55 点），大多数の測定値が平均点を下回る．

例 4　「国語テストの得点分布」

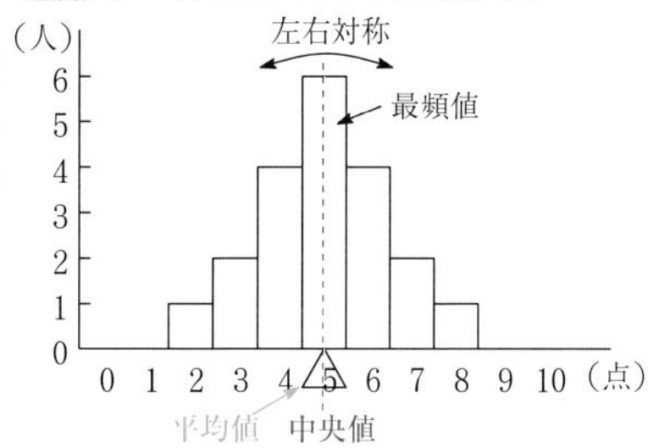

例 1 と同様左右対称な山型分布で，平均値=中央値=最頻値=5．**例 1** よりデータが 5 点付近に集中し，“散らばり”が小さい．この“散らばり”の度合いが次節以降のテーマ．

上記の各 **例** を比較しながら，3 種類の代表値の特徴をまとめておきます．

代表値名	意味	算出に用いる測定値	外れ値の影響	その他
平均値	平らに均一化	全て	受ける	今後，分散などで使う
中央値	中央順位	1 つ or 2 つ	受けない	今後，箱ひげ図で使う
最頻値	最も頻度が高い	一部	受けない	2 つ以上あるケースもある

5 五数要約

前記 例 1「英語テスト」と 例 4「国語テスト」の得点分布は，どちらも平均値＝中央値＝最頻値＝5 ですが，例 1 の方が得点が“バラけている”感じがしますね．本節では，こうした分布の“散らばり”度合いを，「**順位**」に注目して表すことを考えます．

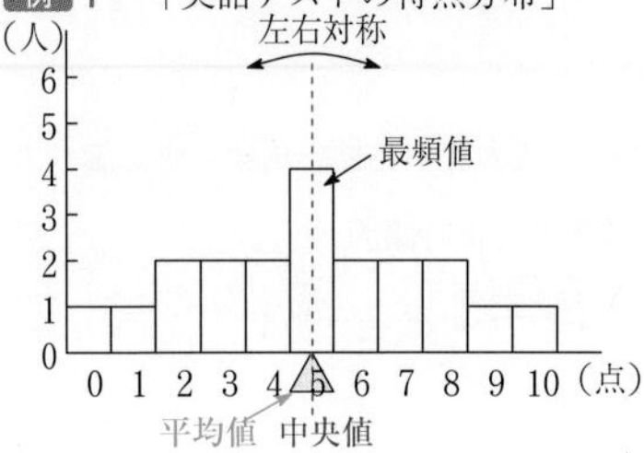

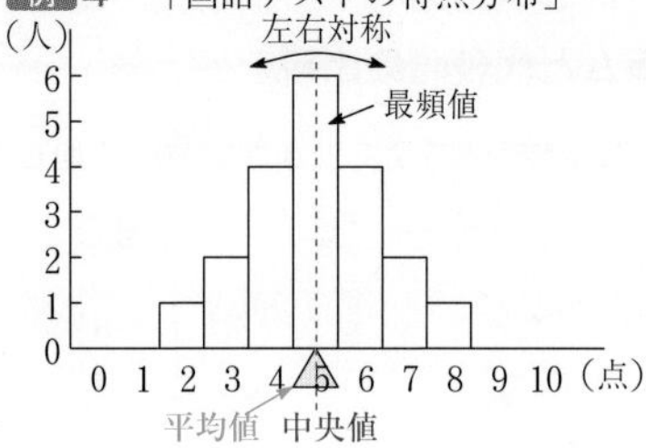

1 範囲

前記データで，測定値の最小値，最大値は右のようになっています．これらの差のことをデータの**範囲**といいます．これは，測定値のとり得る値の幅を表し，データの散らばり度合いを測るための 1 つの尺度と考えられます．実際，散らばりの大きい 例 1 の方が「範囲」は大きな値になっていますね．

両者の差→範囲

	最小値	最大値	**範囲**
例 1	0	10	10
例 4	2	8	6

語記サポ：変量 x の最小値を「$\min \boldsymbol{x}$」，最大値を「$\max \boldsymbol{x}$」と表します．■

2 四分位数

しかし，例えば大きさが 10 である右のデータ(ア)と(イ)を比べると，(ア)の方が散らばりが大きそうですが，どちらも「範囲＝10」ですね．このように，「範囲」は最小値と最大値だけで決まってしまうため，それ以外の測定値の分布がどうなっているかまではわかりません．

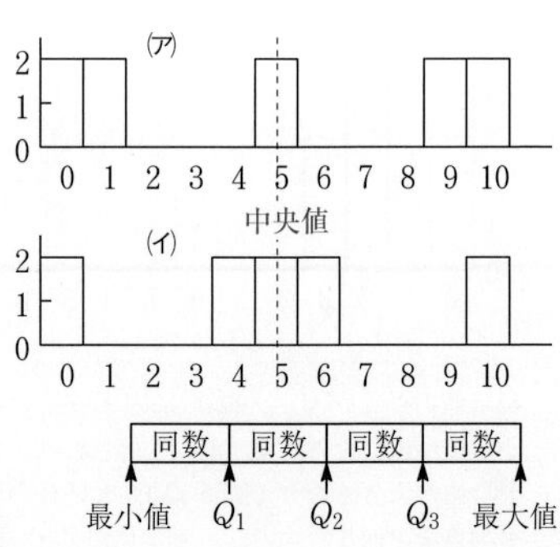

そこで，データの分布をより詳細に把握するため，右下図のようにデータ全体を順位に沿ってほぼ同数の 4 つに分け 1)，これらの“境目” 2) の測定値を考えます．これらの値を，順に第 1 四分位数，第 2 四分位数，第 3 四分位数といい，それぞれを普通 Q_1, Q_2, Q_3 3) と表します．また，これらを総称して**四分位数**といいます．

注 1)2)：簡潔さを優先した大雑把な言い表し方です．■

語記サポ 3)：四分位数＝Quartile ■

1)2) をキチンと説明します．まず，「Q_2」とは，お察しの通り「中央値」そのものです．そして，その定義[→3 1]の中で述べた「下位データ」の中央値を Q_1，「上位データ」の中央値を Q_3 とします．

下位データ ⟵ ⟶ 上位データ

例 1	0	1	2	2	3	3	4	4	5	5	5	5	6	6	7	7	8	8	9	10
例 4	2	3	3	4	4	4	4	5	5	5	5	5	5	6	6	6	6	7	7	8

最小値　下位の中央　中央　上位の中央　最大値

前記は，例 1 例 4 の全測定値を小さいものから順に並べたものです．これを見ながら，各四分位数を求めると，次のようになります：

	第 1 四分位数 (Q_1)	第 2 四分位数 (Q_2)（中央値）	第 3 四分位数 (Q_3)
参照する測定値	下位の中央 2 つ	中央 2 つ	上位の中央 2 つ
例 1	$\frac{3+3}{2}=3$	$\frac{5+5}{2}=5$	$\frac{7+7}{2}=7$
例 4	$\frac{4+4}{2}=4$	同上	$\frac{6+6}{2}=6$

例 1 の方が，例 4 に比べて Q_1 および Q_3 の Q_2 からの隔たりが大きく，データの散らばり度合いが大きいことがわかりますね．

問 前記のデータ(ア)，(イ)について，第 2 四分位数 (Q_2) および第 1 四分位数 (Q_1)，第 3 四分位数 (Q_3) を求めよ．

解答 データの大きさ ＝ 10(偶数) だから，下位データ 5 個，上位データ 5 個の中央値を求める．

右図からわかるように，求める値は

下位データ ⟵ ⟶ 上位データ

(ア)	0	0	1	1	5	5	9	9	10	10
(イ)	0	0	4	4	5	5	6	6	10	10

下位の中央　中央　上位の中央

(ア)：$Q_2=\frac{5+5}{2}=5,\ Q_1=1,\ Q_3=9.$ //

(イ)：$Q_2=5\qquad,\ Q_1=4,\ Q_3=6.$ //

解説 データの大きさが偶数なので，Q_2 は中央の 2 つの平均として求まります．一方，下位データ，上位データの大きさは奇数なので，Q_1, Q_3 はそれぞれの中央の値 1 つだけで求まります．■

参考 (ア)の方が，(イ)に比べて Q_1 および Q_3 の中央値 ($Q_2=5$) からの隔たりが大きく，データの散らばり度合いが大きいことがわかりますね．■

それでは四分位数についてまとめておきます：

四分位数 **定義**

データ全体を順位に沿ってほぼ同数の 4 つに分けたときの“境目”の測定値を**四分位数**という．より正確には，

第 2 四分位数 (Q_2) ＝ 中央値，

第 1 四分位数 (Q_1) ＝ 下位データの中央値，

第 3 四分位数 (Q_3) ＝ 上位データの中央値．

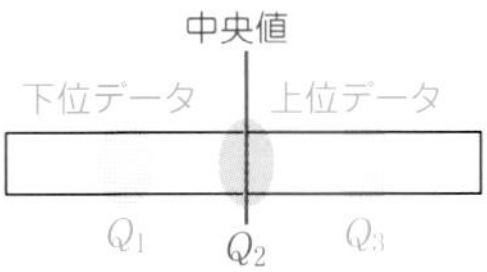

注 「中央値」，「下位データ」，「上位データ」については [→3 1] ■

注意！ 四分位数を求める具体的な細かい計算の仕方は，データの大きさを 4 で割った余りによって分類できます．しかし，それらを 1 つ 1 つ覚えようとしてはいけません！「中央値」の求め方をマスターすれば，あとはそれを下位データ，上位データに対しても適用するだけですから．■

3 五数要約・箱ひげ図

最小値 ($\min x$), 最大値 ($\max x$), および四分位数 Q_1, Q_2, Q_3 の 5 数を用いてデータの分布・散らばりを把握することを**五数要約**といい，表にまとめることが多いです．(以下，変量を「x」で表すことにします．)

言い訳　「五数要約」という用語は高校教科書には載っていませんが，知っておくと「5 つの値でデータを要約する」という考え方の記憶に役立ちます．■

例 1　「英語テストの得点分布」

$\min x$	Q_1	Q_2	Q_3	$\max x$
0	3	5	7	10

←五数要約→

例 4　「国語テストの得点分布」

$\min x$	Q_1	Q_2	Q_3	$\max x$
2	4	5	6	8

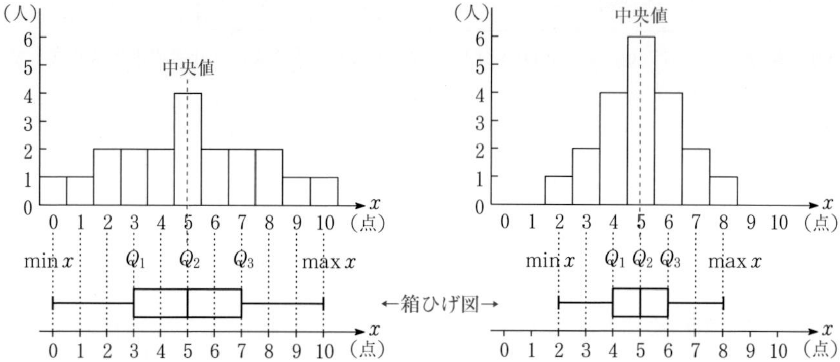

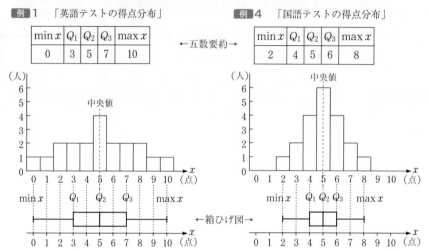

五数要約は，上のような**箱ひげ図**によって視覚化することができます．

変量の大きさを表す x 軸に沿って，左・右の "箱" と左・右の "ひげ" を，各部の "端" が「五数」の値を表すように配置します．このとき，箱ひげ図の 4 つの部分は，データ全体を順位に沿ってほぼ同数の 4 つに分けた組の 1 つ 1 つを表しています．

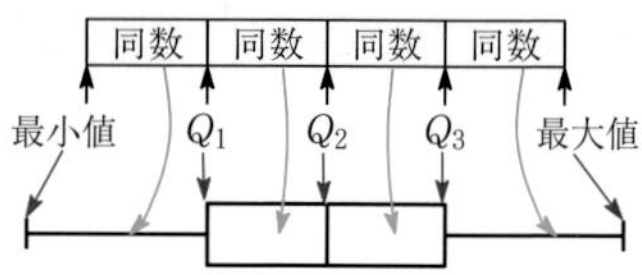

左・右の "ひげ" と左・右の箱の各々が，データ全体を順位に沿って同数の 4 つに分けた組を表しています．

上図では，ヒストグラムとの対応関係も示しています．「五数要約」,「箱ひげ図」を見れば，ヒストグラムに表されているデータの様子が，「完全に」とはいかないまでもある程度は想像できる感じがしますね．

それでは，いくつかの用語とともにまとめておきます：

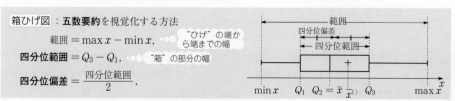

箱ひげ図 ：**五数要約**を視覚化する方法

範囲 $= \max x - \min x$,　"ひげ" の端から端までの幅

四分位範囲 $= Q_3 - Q_1$,　"箱" の部分の幅

四分位偏差 $= \dfrac{\text{四分位範囲}}{2}$.

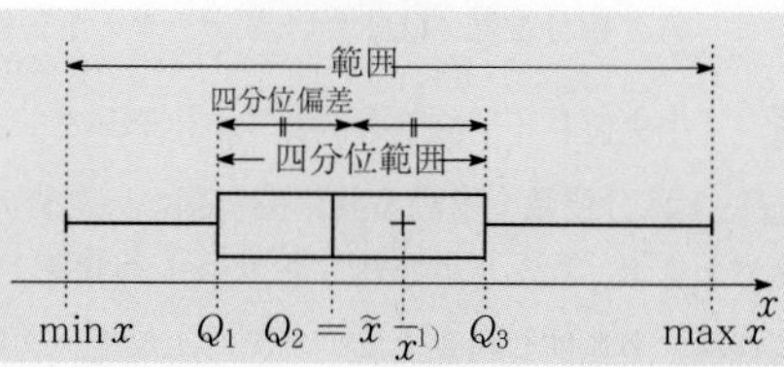

注　1)：箱ひげ図に，「五数」の他に「平均値」を「＋」印で書き入れることもあります．■

例題 45a 五数要約・箱ひげ図 根底 実戦 定期

[→演習問題 469]

ある職場の社員 25 人に対して，ここ 1 か月で使用したキャッシュレス決済方法（クレジットカード，電子マネー，QR コード決済など）の個数 x を調べたところ，右のデータを得た．このデータに関して，次の問いに答えよ．

5 0 4 3 0 4 0 2 4
3 4 3 1 2 3 5 2 5
0 1 3 2 3 3 2

(1) 度数分布表（累積度数入り）とヒストグラムを作れ．

(2) 五数要約を表にまとめよ．また，最頻値，平均値を求めよ．

(3) 箱ひげ図を作れ（平均値も書き入れよ）．また，範囲，四分位範囲，四分位偏差を求めよ．

方針 まず，x の値：0, 1, 2, 3, 4, 5 の度数を正確に数えます．その際，例えば「3̸」のように測定値を 1 個消し，漢字：「正」の 1 画を書き足すようにします．■

解答

(1)

x	度数（人）	累積度数
0	4	4
1	2	6
2	5	11
3	7	18
4	4	22
5	3	25

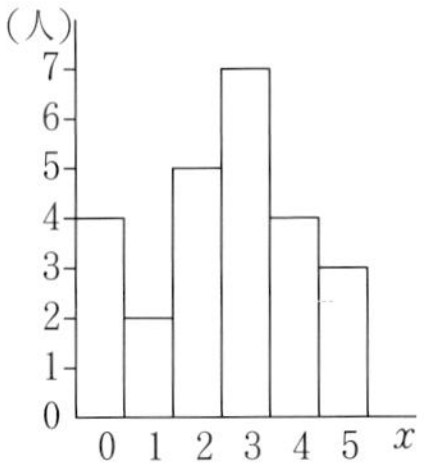

(2) 大きさ ＝ 25 のデータは，次のように分けられる：

下位データ［12 個］（6 個｜6 個）○ 上位データ［12 個］（6 個｜6 個）

よって，各四分位数は次の通り：

Q_2：小さい方から 13 番目ゆえ，3.

Q_1：小さい方から 6, 7 番目を参照して

$$Q_1 = \frac{1+2}{2} = 1.5 .$$

Q_3：大きい方から 6, 7 番目を参照して

$$Q_3 = \frac{4+4}{2} = 4 .$$

よって，五数要約は次表の通り：

最小値 $\min x$	0
第 1 四分位数 Q_1	1.5
中央値 Q_2	3
第 3 四分位数 Q_3	4
最大値 $\max x$	5

また，最頻値は 3 であり，平均値は

$$\bar{x} = \frac{1}{25}(2+10+21+16+15)$$

$$= \frac{64}{25} = \frac{256}{100} = 2.56 .//$$

(3)

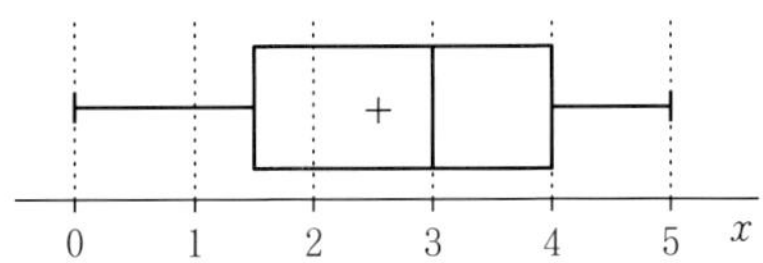

範囲 $= \max x - \min x = 5 - 0 = 5$,

四分位範囲 $= Q_3 - Q_1 = 4 - 1.5 = 2.5$,

四分位偏差 $= \dfrac{\text{四分位範囲}}{2} = 1.25 .//$

解説 (2) データの大きさ：25 が奇数なので，中央値 (Q_2) は 1 つの測定値だけで決まりますが，下位データ，上位データの大きさ：12 は偶数なので，Q_1, Q_3 は，2 つの測定値を参照します．Q_1 は，小さい方から 6 番目（＝1）と 7 番目（＝2）の平均です．Q_3 は，「小さい方から 19, 20 番目」と考えても OK です．■

例題 4 5 b 代表値・五数要約 根底 実戦 入試

[→演習問題 4 6 11]

右の度数分布表は，全国 47 都道府県に対して「人口 100 万人当たりの図書館数 x」を調査し，小数第 1 位まで求めたデータに関するものである．

(e-Stat：政府統計の総合窓口：「統計でみる都道府県のすがた 2021 G/文化・スポーツ」をもとに筆者が集計．)

階級	度数	累積度数
0～ 9.9	1	1
10～19.9	4	5
20～29.9	20	25
30～39.9	13	38
40～49.9	3	41
50～59.9	4	45
60～69.9	2	47

(1) このデータに関する下の①～③の記述は，次のⓐ～ⓒの選択肢のうちどれに当てはまるか？

〔選択肢〕 ⓐ：正しい　ⓑ：正しくない　ⓒ：正しいか正しくないかわからない

① 全都道府県の半数以上において，x は 30 を下回る．

② このデータの四分位範囲は 10 より大きい．

③ x の最大値は，第 1 四分位数の 2 倍以下である．

(2) このデータの箱ひげ図として正しいものを，次の㋐～㋓から選べ．

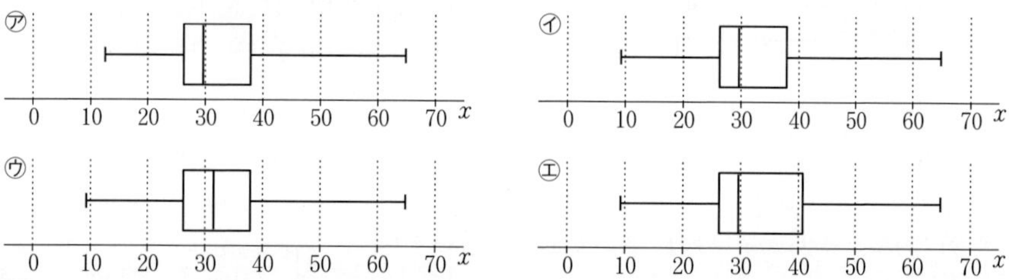

方針 問われている設問を見ると，五数要約に関する情報を整理すべきだとわかりますね．■

解答 大きさ $=47$ のデータは，次のように分けられる：

大きさ $=47$ のデータ

下位データ　　上位データ

[23 個] ○ [23 個]

[11 個]○[11 個]　[11 個]○[11 個]

よって，五数要約に関してわかることは次表 (*) の通り（「順位」は小さい方からのもの）

(*)

	順位	値
最小値 $\min x$	1 番目	0～ 9.9
第 1 四分位数 Q_1	12 番目	20～29.9
中央値 Q_2	24 番目	20～29.9
第 3 四分位数 Q_3	36 番目	30～39.9
最大値 $\max x$	47 番目	60～69.9

(1) ① 中央値：小さい方から 24 番目が 30 未満だから，適する選択肢はⓐ.//

② 四分位範囲 Q_3-Q_1 について考える．Q_1, Q_3 について (*) からわかることは

$$20 \leq Q_1 < 30 \leq Q_3 < 40.$$

よって，例えば

$$Q_1=22,\ Q_3=39 \text{ なら } Q_3-Q_1=17>10.$$

$$Q_1=29,\ Q_3=31 \text{ なら } Q_3-Q_1=2<10.$$

よって，適する選択肢はⓒ.//

③ $\max x$ と第 1 四分位数 Q_1 について考える．これらについて，(*) より

$$Q_1<30,\ 60 \leq \max x.$$

$$\therefore 2Q_1 < 60 \leq \max x.$$

よって，適する選択肢はⓑ.//

(2) 表 (*) の全条件を満たす箱ひげ図は，㋑.//

解説 (1) あくまでも，度数分布表および表 (*) からわかる情報だけをもとに考えます．①では中央値，②では Q_1, Q_3，③では Q_1, $\max x$ に関する情報を抽出します．

(2) ㋐：ひげの左端：$\min x$ が誤り．㋒：箱の中間の線：中央値 Q_2 が誤り．㋓：箱の右端：Q_3 が誤り．■

(2) **参考** e-Stat のデータによる実際の五数要約は右の通りです．また，箱ひげ図㋑も，この数値をもとにして描かれています．■

最小値	9.3
第 1 四分位数	26.2
中央値	29.6
第 3 四分位数	37.9
最大値	64.9

注意！ これをもとにすると，$Q_3 - Q_1 = 37.9 - 26.2 = 11.7 > 10$ となり，(1)②：「このデータの四分位範囲は 10 より大きい」は「正しい」とわかります．しかし，設問(1)においては，あくまでも度数分布表および表 (*) からわかる情報だけをもとに考えなければなりませんよ．■

余談 最小は神奈川県，最大および次に大きいのは山梨県と長野県（お隣りさん）です．■

それでは，これまでに学んできた統計用語の意味が正しく理解されているかをチェックしてみましょう．

例題 4 5 C 正誤判定 根底 実戦 入試

[→演習問題 4 6 12]

データに関する次の記述の正誤を判定せよ．

(1) 身長 (単位：cm) に関するデータを，幅が 5 である階級に分けてヒストグラムに表したところ，完全に左右対称な形になった．このとき，平均値と中央値は一致する．

(2) 任意のデータにおいて，第 1 四分位数 ≤ 平均値 ≤ 第 3 四分位数 が成り立つ．

(3) 大きさが奇数であるデータから，中央値に等しい観測値を 1 つ除いても，データの第 1 四分位数，第 3 四分位数は変化しない．

(4) 中央値未満の測定値の個数は，データの大きさの半分未満である．

解答 **解説**

(1) (誤)．1 つの階級の中で測定値がどのように分布しているかまではわかりませんので，平均値と中央値が一致するとは限りません．

注 4 5 の 例 1 などでは，階級を用いていないので平均値と中央値は完全に一致します．■

(2) (誤)．「外れ値」があってそのようにならないこともあります．例えば

$x = 1, 2, 3, 4, 5, 6, 49$ ←外れ値

というデータでは

$Q_1 = 2, Q_3 = 6, \bar{x} = \frac{70}{7} = 10$ です．

(3) (正)．元のデータである

[下位データ]○[上位データ]

から，中央値である○を除いても，「下位データ」および「上位データ」は変化しません．よって，それらの中央値である Q_1, Q_3 も不変です．

(4) (誤)．

大きさが奇数：[下位データ]○[上位データ]

のとき，中央値未満の測定値は下位データの中にのみあり，その個数は全体の半分未満です．

しかし，

大きさが偶数：[下位データ][上位データ]

であり，例えば下位データの最大値が a，上位データの最小値が $a+1$ のとき，中央値は

$$\frac{a+a+1}{2} = a + \frac{1}{2}.$$

よって，下位データの全測定値が中央値未満であり，その個数はデータの大きさのちょうど半分です．

6 演習問題A

4 6 1 根底 実戦

中学 2 年生の男子 8 人の体重 x(kg) を調べたところ，次のデータを得た（小数第 1 位で四捨五入）：

58, 47, 45, 52, 61, 43, 55, 43 …①

(1) データ①の平均値を求めよ．

(2) データ①に 2 人分の測定値 a, b(kg) を追加して計 10 人分のデータ②を得た．②の平均値が 52(kg) であるとき，2 つの測定値 a, b の平均値を求めよ．

4 6 2 根底 実戦

あるテストの得点を調べたところ，A 組 43 人の平均点は 62 点，B 組 46 人の平均点は 68 点だった．この 2 組を合わせた 89 人全体の平均点と 65 点の大小を答えよ．（結果のみ答えればよい．）

4 6 3 根底 実戦 入試

10 個の測定値からなるデータ (*) がある．測定値を小さい方から順に並べると

1, 1, 2, 2, 2, 3, 3, 3, 4, x

であるとする．ちょうど 8 個の測定値が (*) の平均値を下回るような x の範囲を求めよ．

4 6 4 根底 実戦

次のデータの中央値をそれぞれ求めよ．

(1) 2, 3, 4, 5, 5, 7, 7, 8, 9

(2) 83, 56, 75, 78, 66, 81, 54, 87, 67, 92

4 6 5 根底 実戦

大きさが 9 である正の測定値からなるデータ：1, 1, 2, 3, 5, 6, 7, 7, x がある（測定値は小さい順に並んでいるとは限らない）．このデータの平均値と中央値が一致するような測定値 x を全て求めよ．

466 根底実戦 入試 ハイレベル↑

6 人の生徒が 1 か月間に読んだ本の冊数 x(0 以上の整数) を調査したところ，最小値は 2，中央値は 6，最大値は 8 であった．このとき x の平均値 $\overline{x}$ の最大値，最小値について考えよう．x の測定値を

$$x_1, x_2, x_3, \cdots, x_6 \ (x_1 \leq x_2 \leq x_3 \leq \cdots \leq x_6 \ \cdots①)$$

として，以下の問いに答えよ．

(1) x_4 を x_3 を用いて表せ．

(2) x_3 のとり得る値を全て求めよ．

(3) $\overline{x}$ の最大値，最小値を求めよ．

467 根底実戦

14 人の生徒に対して英熟語の小テスト (10 点満点) を実施した結果，右の得点データを得た：

4	8	9	7	1	10	7
2	8	2	5	10	8	10

(1) このデータの平均値を求めよ．

(2) このデータの度数分布表を作れ (累積度数も書き入れること)．さらに，それをヒストグラムに表し，最頻値，中央値を求めよ．

468 根底実戦 重要

中学 1 年生の女子 16 人の身長 x(cm) を調べたところ，次のデータを得た (小数第 2 位で四捨五入)：

154.2 156.0 145.1 151.9 146.3 156.6 146.2 163.5
153.0 151.7 147.8 142.4 153.8 164.2 143.6 157.5

幅が 5cm である階級：140cm 以上 145cm 未満，145cm 以上 150cm 未満，…に分けた度数分布表を作れ (累積度数も書き入れること)．さらに，それをヒストグラムに表し，最頻値を求めよ．

469 根底実戦

東京都議会議員の区部における全 23 区の定員数は以下の通りである：

1 1 2 4 2 2 3 4 4 3 7 8
2 3 6 3 3 2 5 7 6 4 5

(出典：東京都選挙管理委員会事務局「東京都議会議員の定数及び選挙区 (区部)」より)

(1) このデータの度数分布表 (累積度数も書き入れること) を作り，それをヒストグラムに表せ．また，最頻値を求めよ．

(2) このデータの「五数要約」の表を作り，それを箱ひげ図に表せ．また，範囲，四分位範囲，四分位偏差を求めよ．

4 6 10 根底 実戦

1 年間に日本全国へ接近した台風の数 x について，1996 年～2020 年の 25 年間分のデータをヒストグラムに表すと次のようになった：

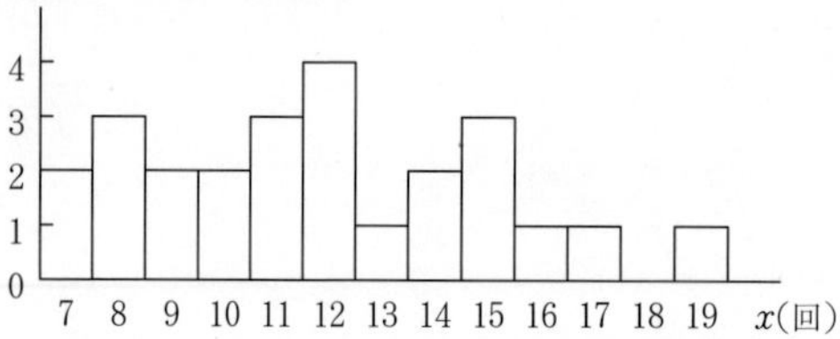

(出典：気象庁 「台風の接近数」・「全国への接近数」より)

(1) このデータの度数分布表を作れ (累積度数も書き入れよ).

(2) このデータの「五数要約」の表を作り，それを箱ひげ図に表せ.

4 6 11 根底 実戦 入試

全国 47 都道府県を対象として，それぞれの中にある地方自治体の個数 x に関するデータを集計したところ，右の箱ひげ図を得た.

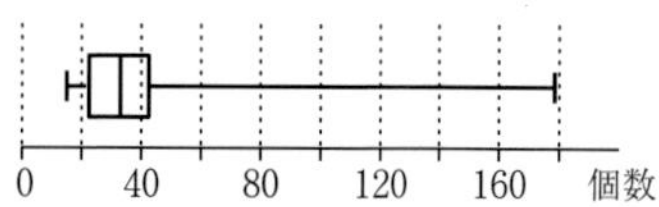

(1) 箱ひげ図に対して矛盾しないヒストグラムを，下の⓪～③の中から選べ. ただし，ヒストグラムでは幅が 20 の階級：「0 以上 20 未満」「20 以上 40 未満」…「160 以上 180 未満」に分けている.

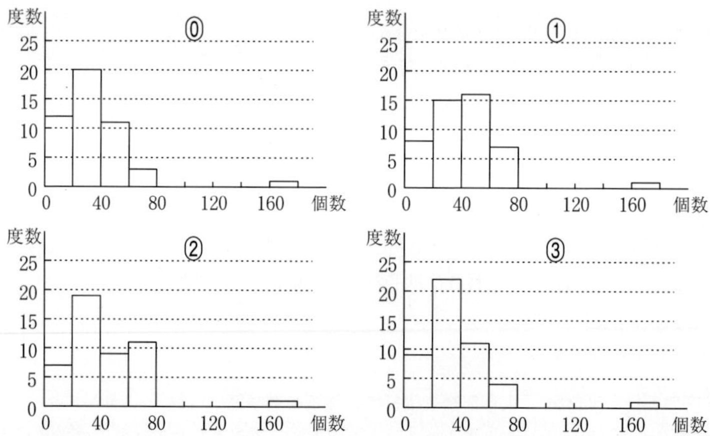

(2) (1)で答えたヒストグラム**だけ**をもとに，次の正誤を判定せよ.

(a) 中央値は，度数最大[1] の階級に入っていると断定できる.

(b) 36 個以上の観測値が最大値の 4 分の 1 未満であると断定できる.

(c) 範囲は，四分位範囲の 5 倍以上であると断定できる.

(出典：～J-LIS 地方公共団体情報システム機構「都道府県別市区町村数一覧」(平成 30 年 10 月 1 日現在) より～)

4 6 12 根底 実戦 入試

次の各文の正誤を判定せよ.

(1) 任意のデータに対して, 3 つの代表値:平均値, 中央値, 最頻値はどれも 1 つに定まる.

(2) 測定値を階級に分けたとき, 度数が最小である階級のなかに中央値が含まれることはない.

(3) 大きさが偶数であるデータにおいて, 中央値と等しい測定値は 1 個以上ある.

(4) あるデータにおいて, 最大値が 93, 最小値が 35 のとき, 四分位偏差は 30 未満である.

4 6 13 根底 実戦 入試

データに関する次の記述の正誤を判定せよ.

(1) 46 個の測定値からなるデータに, その中央値と等しい測定値を 1 つ追加しても, 第 1 四分位数に変化はない.

(2) 21 個の測定値からなるデータから, その最小値と等しい測定値を削除しても, 第 3 四分位数に変化はない.

(3) 35 個の測定値からなるデータから, 第 1 四分位数以上第 3 四分位数以下の値を削除する. このとき, 削除後の測定値の個数は 16 以下になる. また, データの範囲は不変である.

7 偏差・分散

5では，分布の“散らばり”度合いを，「順位」に注目し，「中央値」など“切りのいい順位”の測定値だけを使って表現しました．本節では，それとは別の“散らばり”度合いの測り方として，全ての測定値を用い，「平均値」をもとに算出される「分散」という数値を利用する方法を学びます．

1 偏差

変数 x の測定値からその平均値 $\overline{x}$ を引いて得られる $x-\overline{x}$ を，その測定値の**偏差**といいます．これは，各測定値の平均値からの（符号も考えた）“ズレ” 1) を表します．

例えば，「長さ」を表す変量 x(単位：m) に関する右のデータにおいて，平均値は $\overline{x}=\frac{総和}{個数}=\frac{20}{5}=4$ であり，偏差は $x-\overline{x}=x-4$ です．

番号	測定値 x(m)	偏差 $x-\overline{x}$
1	1	−3
2	4	0
3	8	+4
4	5	+1
5	2	−2
計	20	0 2)

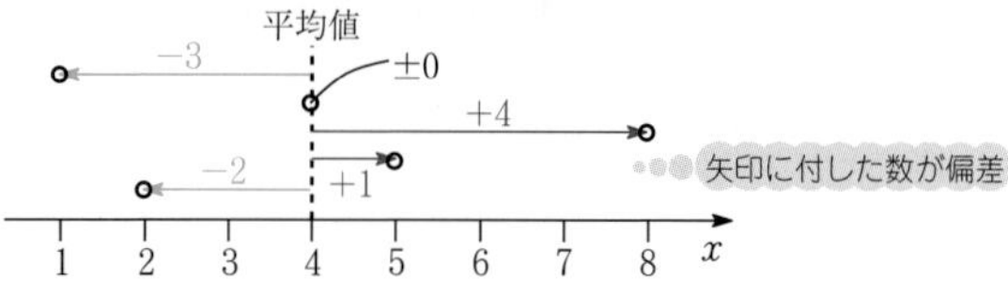

注 1)：2 2「仮平均」でも使った表現ですね．　2)：偏差の総和は必ず 0 です．[→7] ■

2 分散

平均値からの“ズレ”である偏差を用いてデータの散らばり度合いを表すことを考えます．ただし，単純に偏差を平均したのでは「+ の偏差」と「− の偏差」が消し合って 0 になってしまうので，散らばり度合いを測ることができません．

そこで，偏差を 2 乗した**偏差平方**を考えます．これは，偏差の正負に関わらず，平均値からの隔たりが大きいほど大きな値をとりますから，「偏差平方の平均値」によって，変量 x のデータの散らばり度合いを表すことができます．この値を変量 x の**分散**といい，記号：$s_x{}^2$ で表します．1のデータの場合，次の通りです．

番号	測定値 x(m)	偏差 $x-\overline{x}$	偏差平方 $(x-\overline{x})^2$
1	1	−3	9
2	4	0	0
3	8	+4	16
4	5	+1	1
5	2	−2	4
計	20	0	30

$$\begin{aligned} s_x{}^2 &= \text{偏差平方の平均値} \\ &= \frac{\text{偏差平方の和}}{\text{個数}} \\ &= \frac{(-3)^2+0^2+(+4)^2+(+1)^2+(-2)^2}{5} \\ &= \frac{9+0+16+1+4}{5}=\frac{30}{5}=6\,. \quad \cdots① \end{aligned}$$

分散 **定義** 変量 x の測定値が $x_1, x_2, x_3, \cdots, x_n$ であるとき，x の分散 $s_x{}^2$ は

$$\begin{aligned} s_x{}^2 &= \text{偏差平方の平均値} \\ &= \frac{\text{偏差平方の和}}{\text{個数}} \\ &= \frac{(x_1-\overline{x})^2+(x_2-\overline{x})^2+\cdots+(x_n-\overline{x})^2}{n}. \end{aligned}$$

〔Σ記号を用いて〕 既習者

$$s_x{}^2=\frac{1}{n}\sum_{k=1}^{n}(x_k-\overline{x})^2.$$

3 標準偏差

例えば1の変量 x の単位[1]は「m」ですが，①式で求めたその分散 $s_x{}^2$(偏差平方の平均値) の単位は m^2(平方メートル) になってしまいます．

そこで，分散の（正の）平方根を考えます．この値は，元の変量 x と同じ単位をもち，標準的な（平均的な[2]）データの散らばり（偏差）の度合いを表したものと考えられるので，標準偏差と呼ばれ，記号「s_x」[3]で表されます．この例では，$s_x=\sqrt{6}=2.449\cdots$. です．

標準偏差 **定義** 変量 x について，

標準偏差：$s_x=\sqrt{\text{分散}}$. （分散の平方根 変量と同じ単位）　分散：$s_x{}^2=$ 偏差平方の平均値.

注意！ [2]：だからといって，くれぐれも「偏差の平均」だと誤解しないように！■（「0」です！）

語記サポ [3]：標準偏差 =standard deviation ■

注 [1]：「単位」に関してもう 1 つ注意．変量 x の単位を「m」から例えば「cm」に変えたものを z とすると，$z=100x$ となり，z に関する各値は，x と比べて，平均値，偏差，標準偏差は100倍，分散は 100^2 倍になります[→**詳しくは**9]．よって，異なる単位の変量において，分散や標準偏差の大小によって散らばり度合いを比較することはできません．■

例題 47a 分散，標準偏差 根底 実戦 [→演習問題4111]

ある地域の 1 月第 1 週，第 2 週における各日の最低気温を表す変量をそれぞれ x, y(単位：℃，小数第 1 位で四捨五入) として，右のデータを得た．ただし，$a<b$ とする．

x(℃)：6　3　−1　−3　2　4　3

y(℃)：4　a　1　−2　5　b　3

(1) 変量 x の平均値 $\overline{x}$，標準偏差 s_x を求めよ．

(2) 変量 x と y は，平均値，標準偏差がどちらも等しいとする．y の観測値 a, b を求めよ．

方針 (1)「標準偏差 s_x を求めよ」とありますが，実際に目指すのは「分散 $s_x{}^2$」です．
(2)「平均値」と「分散」→「観測値の**総和**」と「偏差平方の**総和**」に注目です．■

解答 (1) $\overline{x}=\dfrac{6+3-1-3+2+4+3}{7}$

$=\dfrac{14}{7}=2.$ //

（偏差平方の和）

$s_x{}^2=\dfrac{4^2+1^2+(-3)^2+(-5)^2+0^2+2^2+1^2}{7}$

$=\dfrac{16+1+9+25+4+1}{7}=\dfrac{56}{7}=8.$

$s_x=\sqrt{8}=2\sqrt{2}.$ //

(2) 観測値の総和に注目して（左辺が y，右辺が x）

$4+a+1-2+5+b+3=14.$

$\therefore a+b=3.$ …①

偏差平方の総和に注目する．$\overline{y}=\overline{x}$ だから

$2^2+(a-2)^2+(-1)^2+(-4)^2+3^2$
$+(b-2)^2+1^2=56.$

$(a-2)^2+(b-2)^2=25.$ …②

①，②より a を消去すると

$(1-b)^2+(b-2)^2=25.$

$b^2-3b-10=0.$ $(b+2)(b-5)=0.$

これと①，および $a<b$ より

$(a, b)=(-2, 5).$ //

解説 「観測値の**総和**」「個数」「平均値」の関係，および「偏差平方の**総和**」「個数」「分散」の関係を使いこなせるようにしましょう．■

注 a, b の連立方程式①②は，a と b の対称式として処理してもよいですね．[→例題27e]■

第4章 データの分析

4 分散，標準偏差と“散らばり”

5で，例1「英語テスト」と例4「国語テスト」の散らばり度合いを比較しました．そこでは，「**順位**」に注目して四分位数などによる五数要約を用いましたが，本項では分散・標準偏差の値によって比べてみましょう．この 2 例に対して，実際に分散を計算してみると，次のようになります．

例1

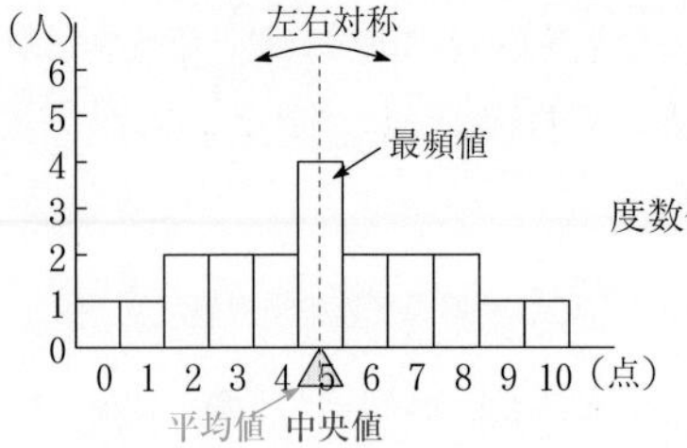

度数合計 ＝ 20

得点	偏差	度数
0	−5	1
1	−4	1
2	−3	2
3	−2	2
4	−1	2
5	0	4
6	1	2
7	2	2
8	3	2
9	4	1
10	5	1

$$分散 = \frac{1}{20}\cdot 2\left(5^2\cdot 1 + 4^2\cdot 1 + 3^2\cdot 2 + 2^2\cdot 2 + 1^2\cdot 2\right)$$

$$= \frac{138}{20} = 6.9\ .$$

例4

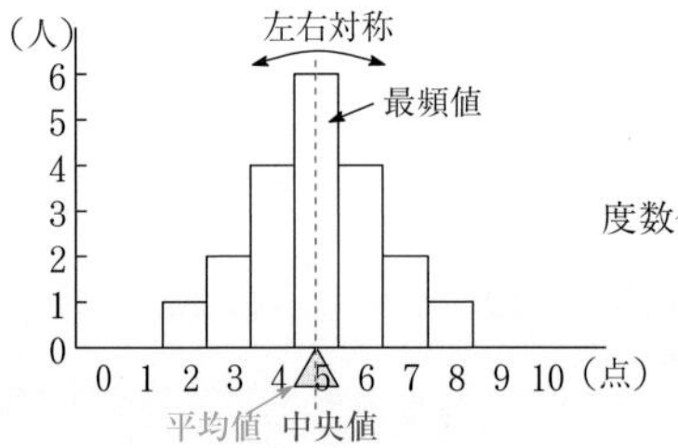

度数合計 ＝ 20

得点	偏差	度数
0	−5	0
1	−4	0
2	−3	1
3	−2	2
4	−1	4
5	0	6
6	1	4
7	2	2
8	3	1
9	4	0
10	5	0

$$分散 = \frac{1}{20}\cdot 2\left(3^2\cdot 1 + 2^2\cdot 2 + 1^2\cdot 4\right)$$

$$= \frac{42}{20} = 2.1\ .$$

ヒストグラムの様子から予想された通り，散らばり度合いを表す分散の値は，たしかに例1の方が大きいことがわかりましたね．

原則 散らばりの大きいデータほど，分散の値は大きいと考えられる．

5 分散，標準偏差の特性

次に，1，2で考えたデータの分散について考えてみます．

このデータにおいて，「測定値 8」はそれほど目立った外れ値ではないですが，その偏差：「+4」は 2 乗すると「16」という突出して大きな値となるため，分散に対する影響が大きいです．実際，これを除いた 4 個の測定値について考えると

番号	測定値 x(m)	偏差 $x-\overline{x}$	偏差平方 $(x-\overline{x})^2$
1	1	−3	9
2	4	0	0
3	**8**	**+4**	**16**
4	5	+1	1
5	2	−2	4
計	20	0	30

$$平均値 = \frac{1+4+5+2}{4} = 3,$$

$$分散 = \frac{(-2)^2+(+1)^2+(+2)^2+(-1)^2}{4} = \frac{10}{4} = 2.5$$

となり，元の分散 6 に比べてかなり小さくなります．

これからわかるように，データに外れ値があった場合，分散はそれによって大きく影響を受けます．

データの散らばり度合いの調べ方として，5では「五数要約」，本節7では「分散」を学びました．ここで，両者を大雑把に比較してまとめておきましょう．

	関連代表値	注目対象	算出に用いる測定値	外れ値の影響	その他
五数要約	中央値 1)	順位	一部	受けない	箱ひげ図で視覚化できる
分散	平均値 2)	偏差	全て	受ける	「相関係数」[→8 5]で用いる

注 1)2)：これにより，五数要約は「中央値」と，分散は「平均値」と近い特性をもちます[→**4 5 最後の表**]．■

6 分散の公式

分散の求め方としては，定義に基いて求める以外に，次の公式を用いる方法もあります．

分散の公式 定理

$$s_x{}^2 = \overline{x^2} - (\overline{x})^2. \quad \text{(2 乗の平均)} - \text{(平均の 2 乗)}$$

〔**証明**〕 変量 x が 3 つの測定値：x_1, x_2, x_3 をとるときを考えると下左の通りです．より一般的に，変数 x が n 個の測定値：$x_1, x_2, x_3, \cdots, x_n$ をとる場合の証明は，下右のように Σ 記号数学B後を用いて行います．(2 1 にある「Σの性質」を使います．) ■

$$\begin{aligned} s_x{}^2 &= \frac{(x_1-\overline{x})^2+(x_2-\overline{x})^2+(x_3-\overline{x})^2}{3} \\ &= \frac{x_1{}^2+x_2{}^2+x_3{}^2-2\overline{x}(x_1+x_2+x_3)+3(\overline{x})^2}{3} \\ &= \frac{x_1{}^2+x_2{}^2+x_3{}^2}{3} - 2\overline{x}\cdot\frac{x_1+x_2+x_3}{3} + (\overline{x})^2 \\ &= \overline{x^2}-2(\overline{x})^2+(\overline{x})^2 \\ &= \overline{x^2}-(\overline{x})^2. \square \end{aligned}$$

$$\begin{aligned} s_x{}^2 &= \frac{1}{n}\sum_{k=1}^{n}(x_k-\overline{x})^2 \\ &= \frac{1}{n}\sum_{k=1}^{n}\{x_k{}^2-2\overline{x}x_k+(\overline{x})^2\} \\ &= \frac{1}{n}\sum_{k=1}^{n}x_k{}^2-2\overline{x}\cdot\frac{1}{n}\sum_{k=1}^{n}x_k+\frac{1}{n}\cdot n(\overline{x})^2 \\ &= \overline{x^2}-2(\overline{x})^2+(\overline{x})^2 \\ &= \overline{x^2}-(\overline{x})^2. \square \end{aligned}$$

例題 4 7 b 分散の公式 根底 実戦

[→演習問題 4 11 1]

変量 x に関するデータ：1　0　−2　2　−1　4 の標準偏差 s_x を求めよ．

方針 もちろん，目指すのは「分散」$s_x{}^2$ です．そのためにまず平均値を求めると…値が整数でないので，分散をその定義によって求めるのは面倒．そこで，分散の公式の出番です．■

解答

$$\overline{x} = \frac{1+0-2+2-1+4}{6} = \frac{2}{3}.$$

$$\overline{x^2} = \frac{1+0+4+4+1+16}{6} = \frac{26}{6} = \frac{13}{3}.$$

$$\therefore\ s_x{}^2 = \overline{x^2}-(\overline{x})^2 = \frac{13}{3}-\left(\frac{2}{3}\right)^2 = \frac{35}{9}.$$

$$\therefore\ s_x = \sqrt{\frac{35}{9}} = \frac{\sqrt{35}}{3}. /\!/$$

参考 分散を「定義」に従って求めてみると，以下のように分数計算が面倒です：

$$s_x{}^2 = \frac{1}{6}\left\{\left(1-\frac{2}{3}\right)^2+\left(0-\frac{2}{3}\right)^2+\left(-2-\frac{2}{3}\right)^2+\left(2-\frac{2}{3}\right)^2+\left(-1-\frac{2}{3}\right)^2+\left(4-\frac{2}{3}\right)^2\right\}$$

$$= \frac{1}{6}\left(\frac{1}{9}+\frac{4}{9}+\frac{64}{9}+\frac{16}{9}+\frac{25}{9}+\frac{100}{9}\right) = \frac{210}{6\cdot 9} = \frac{35}{9}. ■$$

分散を求める 2 つの方法:「定義」と「公式」を比較しておきましょう.

分散の 2 通りの求め方 方法論

定義:$s_x{}^2=\dfrac{(x_1-\overline{x})^2+(x_2-\overline{x})^2+\cdots+(x_n-\overline{x})^2}{n}$. → 平均値 $\overline{x}$ を何度も使う

公式:$s_x{}^2=\overline{x^2}-(\overline{x})^2$. → 平均値 $\overline{x}$ を1 度だけ使う

注 「定義」,「公式」のどちらでいくにせよ「平均値」を求めることは必須ですが, 赤下線で示した部分が重要な相違点です. 前記例題のように平均値 $\overline{x}$ がキレイな整数値でない場合,「定義」ではつらいですね. また, 次の例題で扱うような, データに測定値を加えたり, あるいはデータどうしを統合したりして平均値が変化してしまう状況になると,「定義」ではつらくなります.
一方,「公式」を使う際には全測定値を 2 乗しなくてはなりませんから, 測定値の絶対値が大きくなると大変です. 前記例題では, 公式が使いやす〜いようにと, 測定値の絶対値を小さ目にしておいたのです (笑). ■

次の例題も, 分散の 2 通りの求め方:「定義」「公式」の選択に関連のある問題です.

例題 4 7 C データの統合と分散 重要度↑ 根底 実戦 入試 [→演習問題 4 11 4]

グループ A の 20 人とグループ B の 10 人に対して英語のテストを行い, それぞれのグループの得点データを集計したところ, 標準偏差はグループ A が 20 点, グループ B が 10 点であった. (1), (2)それぞれのケースにおいて, この 2 つのグループを統合した 30 人全体についての標準偏差を求めよ.

(1) グループ A, B の平均値がどちらも 70 点のとき

(2) グループ A, B の平均値がそれぞれ 50 点, 80 点のとき

注 例によって「標準偏差」はダミー. 実際に考えるのは「分散」です. ■

着眼 (1) A, B の平均値がどちらも 70 点なので, A と B を統合した全体の平均値も 70 点のまま不変です. よって, 各測定値の「偏差平方」: $(x-\overline{x})^2$ も統合の前・後で不変ですから, 分散の「定義」でイケます.
(2) 今度は, 統合の前・後で平均値が変化します. よって, 各測定値の「偏差平方」: $(x-\overline{x})^2$ における「$\overline{x}$」も変化してしまいますから, 平均値 $\overline{x}$ を何度も使う「定義」では無理. よって, 分散の「公式」: 2 乗の平均 − 平均の 2 乗 の方で攻めます.
よって, 必然的に測定値の和と測定値の平方和に注目します. ■

解答 (1) 統合前において,

A の分散 $=20^2=400$,

B の分散 $=10^2=100$.

次に, 2 グループを統合した後の 30 人全体について考える. 平均値は統合前と同じ 70 点[1] だから, 各人について偏差平方は元のままである. よって,

$$\text{分散}=\frac{\text{偏差平方の和}}{\text{個数}}=\frac{20\cdot400+10\cdot100}{30}=300.$$

標準偏差 $=\sqrt{300}=10\sqrt{3}$. // 17.32…

解答 (2) 統合前の A, B について，測定値の和をそれぞれ S_1, S_2 とし，測定値の平方和をそれぞれ T_1, T_2 とする．

$S_1 = 20\cdot50,\ S_2 = 10\cdot80.$

また，分散の公式より

$$400 = \frac{T_1}{20} - 50^2,\ 100 = \frac{T_2}{10} - 80^2.$$

i.e. $T_1 = 20\cdot2900,\ T_2 = 10\cdot6500.$

次に，2 グループを統合した後の 30 人全体について考える．測定値の和を S，測定値の平方和を T とすると

$S = S_1 + S_2,\ T = T_1 + T_2.$ …①

$$\therefore\ 平均値 = \frac{S}{30} = \frac{S_1+S_2}{30} = \frac{20\cdot50 + 10\cdot80}{30} = 60.$$

$$分散 = \underbrace{\frac{T}{30}}_{2乗の平均} - \underbrace{60^2}_{平均の2乗} = \frac{T_1+T_2}{30} - 60^2 = \frac{20\cdot2900 + 10\cdot6500}{30} - 60^2 = \frac{123000}{30} - 3600 = 500.$$

標準偏差 $= \sqrt{500} = 10\sqrt{5}.$ // 22.36…

参考 1)：感覚的に当然ですよね．一応，統合後の平均値を“算出”しておくと

$$平均値 = \frac{総和}{個数} = \frac{20\cdot70 + 10\cdot70}{30} = 70.$$ ■

重要 (2)の鍵を握っているのは，一見アタリマエな①式です．2 つのグループ A，B を統合する際，「測定値の和」や「測定値の平方和」については，統合後の値は統合前の値を単純に加えることで得られます．一方，「平均値」や「分散」（偏差平方の平均値）だとそうはいきませんね．このように，**加えてよい量と，加えてはいけない量を区別する**ことが大切です．

なお，(1)では「偏差平方の和」も加えて OK でしたが，それはあくまでも「平均値」が不変だからであり，(2)では許されません！■

参考 (2)で，統合後の全体の「平均値」は，当然のことながら A，B それぞれの平均値の中間の値になります．ところが統合後の「分散」は，2 つのグループ間の得点差が大きいため，統合前の各グループの分散より大きくなりました．■

7 偏差と平均値の意味 ハイレベル↑

$x_1, x_2, \cdots, x_n$ というデータにおいて，偏差の和は

$$(x_1 - \overline{x}) + (x_2 - \overline{x}) + \cdots + (x_n - \overline{x}) = (x_1 + x_2 + \cdots + x_n) - n\overline{x} = 0.$$

$$\sum_{k=1}^{n}(x_k - \overline{x}) = \sum_{k=1}^{n} x_k - n\cdot\overline{x} = 0.$$

つまり，**偏差の総和は必ず 0 です．**

これは，2 3 で述べた平均値の意味：「回転力が釣り合う支点」とつながっています．そこで用いた単純な例（右図）における個々の重りに注目して，次のようになります．

平均値からの“ズレ”を表す「偏差」は，支点のまわりの「“回転力”」と，「符号」も含めて一致する．

∴平均値を支点とした“回転力”の和 = 偏差の和 = 0.

モーメント

例 データ：5, 5, 8.

平均値 = 6.

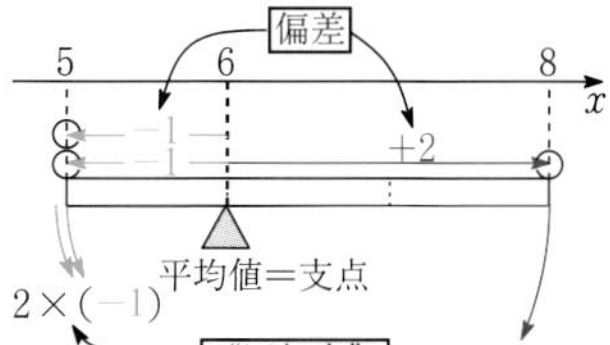

8 データの相関

1 散布図

10 人の生徒①～⑩を対象に数学の「計算問題テスト」と「応用問題テスト」を 10 点満点で実施したところ，それぞれの得点を変量 x, y として下左表のような得点データを得ました．（なお，ここでは見やすくするために x の値が小さい生徒から順に並べています．）

このとき，生徒①～⑩の各々に対して座標平面上に**点** (x, y) をとると[1]と下右図のように 10 個の点からなる図が得られます．（例えば③の生徒なら点 (4, 3)）．

語記サポ [1]：このことを，今後「点を**プロット**する」と言い表すことにします．■

この図を見ると，点の配置はおおよそ右上がりになっており，計算テストの点 x が大きいと応用テストの点 y も大きい傾向があることがわかりますね．このような図を**散布図**といい，2 つの変量の関係性を視覚的・直観的に把握するのに役立ちます．

生徒番号	計算 x(点)	応用 y(点)
①	3	2
②	4	1
③	4	3
④	5	6
⑤	6	2
⑥	6	5
⑦	7	8
⑧	7	4
⑨	8	10
⑩	10	9

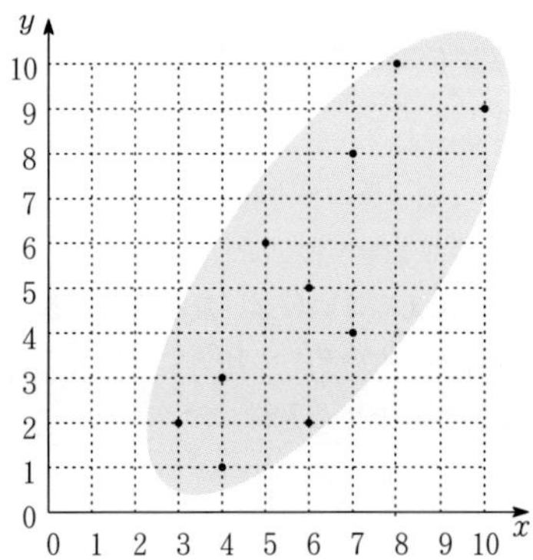

余談　この散布図を見ると，「計算」ができるほど，「応用」も得点できる傾向が直観的に見て取れますね．5 では，このことを「相関係数」という数値・指標によって示します．■

例題 4 8 a 散布図　根底 実戦　[→演習問題 4 11 5]

5 つの飲食店①～⑤を対象としてグルメサイト A，B が☆ 1 つ～☆ 5 つの 5 段階評価を行った．それぞれの☆の数を変量 x, y として右表のような得点データを得た．このデータの散布図を作れ．

番号	x	y
①	3	2
②	4	4
③	5	3
④	3	1
⑤	5	5

方針　xy 平面上に，①～⑤に対応する 5 つの点 (x, y) をプロットします．■

解答

右図の通り．//

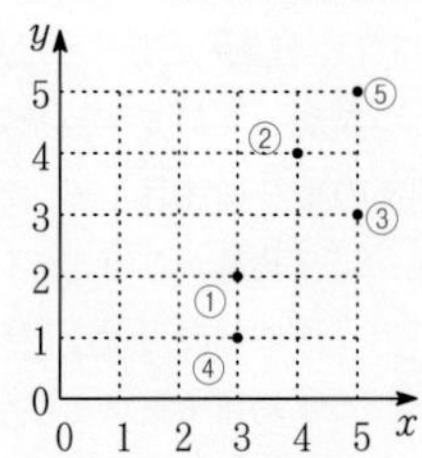

補足　各点の近くに対応する飲食店番号を書き入れてあります．■

余談　なんとなくですが…サイト A はお店に配慮した“無難な”評価．サイト B は本音の“辛辣な”評価という感じがしますね（笑）．■

2 相関関係

1 の散布図では，x の値が大きいと y の値も大きい傾向がありました．このような関係性を，次のように言い表します．

関係性・傾向	点の分布	言い表し方	下の散布図例
x が大きいと y も大きい	右上がりに並ぶ	**正の相関関係**がある [1)]	㋐，㋑
x が大きいと y は小さい	右下がりに並ぶ	**負の相関関係**がある	㋒，㋓
上記いずれでもない	同左	**相関関係がない**	㋔

語記サポ 1)：カンタンに「正の相関がある」と言うこともあります．

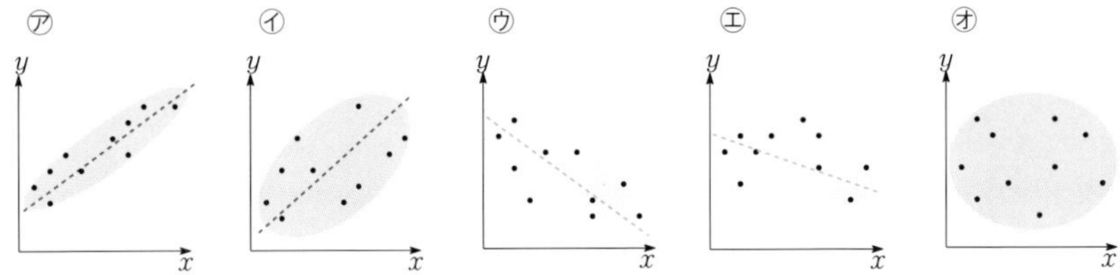

注 ㋑に比べて，㋐の方が右上がりの直線の近くに点が集まっていますね．このようなとき，「㋐は㋑より強い正の相関関係がある」と言い表します．同様に，「㋒は㋓より強い負の相関関係がある」と言い表します．

第4章 データの分析

3 相関表

例題 4 8 a では，グルメサイト A，B が 5 つの飲食店を「☆ 1 つ」〜「☆ 5 つ」の 5 段階で評価して散布図に表しましたが，同じことを飲食店 50 店に対して行うと，両サイトの評価がともに等しい店が複数存在することになり，散布図上で同じ場所に 2 個以上の点が重なってしまい，データの状況を捉えづらくなります．また，**4 4** のように「階級」に分けてデータを整理したときも，このような現象が起こりやすくなってしまいます．このようなときは，右のような**相関表**が有効です．

		Aサイトの☆				
		1	2	3	4	5
Bサイトの☆	5				1	3
	4			3	7	3
	3		1	6	9	1
	2		3	4	4	2
	1		2	1		

例えば表中の「9」は，A サイトで☆ 4 つ，B サイトで☆ 3 つの店が 9 店あることを表します．

注 この相関表では，数字が右上がりに配置されています．これは，両サイトの評価に正の相関関係があることを表しています．

例 下左のデータは，小学校 6 年の男子児童 12 人を対象とした身長 x(cm) と 50 メートル走のタイム y(秒) に関するものです．これを，下右のような相関表にまとめてみました．

	①	②	③	④	⑤	⑥
x	142.2	145.7	150.3	127.8	138.1	159.2
y	8.12	8.66	6.98	8.03	9.30	8.59
	⑦	⑧	⑨	⑩	⑪	⑫
x	132.7	154.0	160.1	138.4	129.5	148.7
y	9.03	8.55	7.63	10.23	9.01	8.85

	6秒台	7秒台	8秒台	9秒台	10秒台
160〜169.9		一 1			
150〜159.9	一 1		丅 2		
140〜149.9			下 3		
130〜139.9				丅 2	一 1
120〜129.9			一 1	一 1	

なすべき作業は単純です．①〜⑫の各々について，相関表の該当するマスに「正」の字の 1 画を書き入れ，全部終えたら数字に書き直します．　負の相関関係がありますね

4 共分散

1～3では，変量 x, y の相関関係を，散布図や相関表によって直観的に読み取りましたが，本項では相関関係を数量的に表すことを考えます．

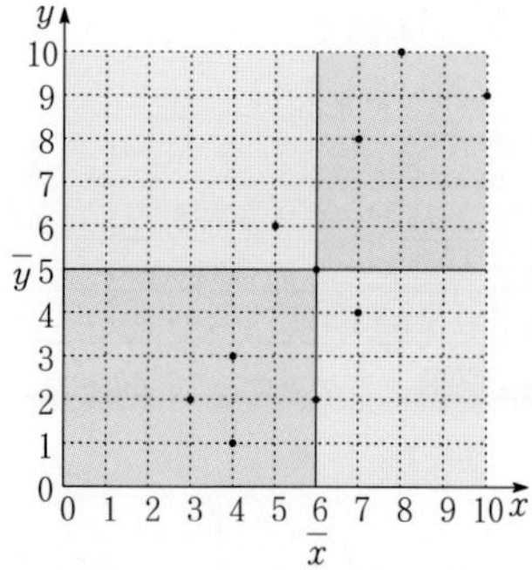

1のデータの散布図を，x の平均値 $\overline{x}$ より左か右か，y の平均値 $\overline{y}$ より上か下かによって右図のように 4 つの部分に分けます．このデータの場合正の相関があって点が右上がりに配置されているので，右図の赤色部分に多くの点があります．これらの点に関しては x の偏差 $x-\overline{x}$ と y の偏差 $y-\overline{y}$ が同符号ですから，

偏差の積：$(x-\overline{x})(y-\overline{y})$ 以下，「偏差積」とも呼びます

は正となります（青色部分にある点については負です）．よって，正の相関があるこのデータにおいては，偏差積を集計すると正の値が負の値より優位となるはずです（逆に，負の相関があるなら負の値が優位）．そこで，この偏差積を用いて x, y の相関の強さを測ることを考え，次の「共分散」という値を定義します：

共分散 **定義**

右のように対応する 2 つの変量 x, y の「偏差積の平均値」を**共分散**といい，$\boldsymbol{s_{xy}}$ で表す．すなわち，

x	x_1	x_2	x_3	$\cdots$	x_n
y	y_1	y_2	y_3	$\cdots$	y_n

$$s_{xy}=\frac{1}{n}\left\{(x_1-\overline{x})(y_1-\overline{y})+(x_2-\overline{x})(y_2-\overline{y})+\cdots+(x_n-\overline{x})(y_n-\overline{y})\right\}.$$

$$s_{xy}=\frac{1}{n}\sum_{k=1}^{n}(x_k-\overline{x})(y_k-\overline{y}).$$ 既習者

ベクトル後 上式の｛　　｝部分（Σ部分）は，内積の成分計算とそっくりですね．［→演習問題 4 12 4］

1のデータの場合，平均値は $\overline{x}=6, \overline{y}=5$ であり，偏差および偏差積は右表のようになります．よって，共分散は

$$s_{xy}=\frac{1}{10}(9+8+4-1+0+0+3-1+10+16)$$
$$=\frac{48}{10}=4.8\,.$$

生徒番号	計算 x(点)	応用 y(点)	x 偏差 $x-\overline{x}$	y 偏差 $y-\overline{y}$	偏差積
①	3	2	−3	−3	9
②	4	1	−2	−4	8
③	4	3	−2	−2	4
④	5	6	−1	1	−1
⑤	6	2	0	−3	0
⑥	6	5	0	0	0
⑦	7	8	1	3	3
⑧	7	4	1	−1	−1
⑨	8	10	2	5	10
⑩	10	9	4	4	16

この共分散の値は確かに正ですね．偏差積の値としては，「正」が「負」より優位であること，すなわち x と y の間に正の相関があることが，数量的に裏付けられました．

注 ただし，共分散には次のような問題点があります．

例えば，計算テストの得点 x を 10倍して「100 点満点，10 点刻み」に変えて得られる新たな変量 $z(=10x)$ の平均値，偏差は，x と比べて 10倍となり，共分散 s_{zy} も s_{xy} の 10倍になります．「共分散」の値は，変量を測る際の「尺度」・「単位」によって変わってしまう[1]のです．これと同じことは，例えば「長さ」のデータにおいて，単位を「m」から「cm」に変えても起こります．よって「共分散」は，2つの変量の相関が「正」か「負」かの判断材料とはなりますが，「相関の**強さ**」を測る指標とはなり得ないのです．

注 [1]：7 3 注で，「標準偏差」においても同じことが起こることを見ましたね．次項では，これを利用して上記[1]のような共分散の欠点を補正します．

なお，[1]のような法則のより一般的な議論について，9「変量の変換」で扱います．

5 相関係数

前項注で述べたように，x, y の「共分散」は，変量を測る際の「尺度」･「単位」による影響を受けてしまいます．この不都合を取り除くため，x, y の「共分散」をそれぞれの「標準偏差」で割ったものを考えます．これを**相関係数**といい，記号 $\boldsymbol{r_{xy}}$ で表します．

相関係数　2 つの変量 x, y の相関の正・負，および相関の強さを表す指標．

定義　$r_{xy} = \dfrac{s_{xy}}{s_x s_y}$．（分子：共分散，分母：標準偏差の積）

解説　前項の注のように x を 10 倍した変量 $z(=10x)$ を考え，2 つの相関係数

$$r_{xy} = \frac{s_{xy}}{s_x s_y}, \quad r_{zy} = \frac{s_{zy}}{s_z s_y}$$

を比較しましょう．分子の共分散は s_{zy} が s_{xy} の10 倍ですが，分母の標準偏差も s_z が s_x の10 倍です．よって，相関係数 r_{zy} の値は r_{xy} と同じになりますね！
このように，「相関係数」は変量の「尺度」･「単位」による**影響を受けない**ので，2 つの変量の相関の強さを測る指標となる訳です．

参考　例えば x, y の単位が「m」(メートル) なら，相関係数の定義式における単位は，分子：m^2，分母：m･m です．よって，相関係数自体は単位を持たず，単位に影響されない値なのです．

補足　分母の標準偏差：s_x が 0，つまり，変量 x の全ての測定値が等しいときには，相関係数は値をもちません．x の値が一定ですから，「相関」を考えること自体が無意味ですね ($s_y = 0$ でも同様)．

例題 4 8 b 相関係数　重要度↑　根底 実戦

[→演習問題 4 11 6]

1 のデータにおいて，x と y の相関係数 r_{xy} を求めよ．ただし，平均値は $\overline{x} = 6, \overline{y} = 5$ と求まっており，右表を参考にしてよいとする．

生徒番号	計算 x(点)	応用 y(点)	x 偏差 $x-\overline{x}$	y 偏差 $y-\overline{y}$	偏差積
①	3	2	−3	−3	9
②	4	1	−2	−4	8
③	4	3	−2	−2	4
④	5	6	−1	1	−1
⑤	6	2	0	−3	0
⑥	6	5	0	0	0
⑦	7	8	1	3	3
⑧	7	4	1	−1	−1
⑨	8	10	2	5	10
⑩	10	9	4	4	16

方針　$r_{xy} = \dfrac{s_{xy}}{s_x s_y}$ ですから，分母の標準偏差：s_x, s_y および分子の共分散 s_{xy} を求めます．

解答　偏差は右表のようになるから，

$$s_x{}^2 = \frac{1}{10}(9+4+4+1+0+0+1+1+4+16)$$
$$= \frac{40}{10} = 4. \quad \therefore \ s_x = \sqrt{4} = 2.$$
$$s_y{}^2 = \frac{1}{10}(9+16+4+1+9+0+9+1+25+16)$$
$$= \frac{90}{10} = 9. \quad \therefore \ s_y = \sqrt{9} = 3.$$
$$s_{xy} = \frac{1}{10}(9+8+4-1+0+0+3-1+10+16) = \frac{48}{10} = 4.8 .$$
$$\therefore \ r_{xy} = \frac{4.8}{2\cdot 3} = 0.8 . /\!/$$

解説　ここで求まった相関係数：$r_{xy} = 0.8$ という数値から，x, y の間にかなり強い正の相関があると判断できることを，次ページで解説します．

余談　**1** のデータは筆者が勝手に作ったものですが，一般に，「計算力」と「応用力」の間には**強い正の相関があること**を，筆者は長い経験を通して確信しています！

2 で見た散布図例のデータに対して相関係数を求めると，概算値は次のようになります．

㋐：$r_{xy}=+0.9$　㋑：$r_{xy}=+0.5$　㋒：$r_{xy}=-0.7$　㋓：$r_{xy}=-0.3$　㋔：$r_{xy}=0$

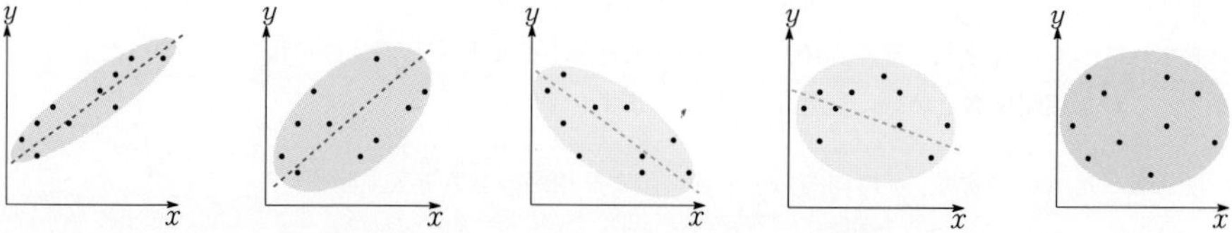

		㋐	㋑	㋒	㋓	㋔
相関関係	正・負	正の相関		負の相関		相関なし
	強さ	㋑より強い	㋐より弱い	㋓より強い	㋒より弱い	
相関係数	正・負	正の値		負の値		0
	絶対値	㋑より大	㋐より小	㋓より大	㋒より小	

補足　相関係数の値は，$-1 \leq r_{xy} \leq 1$ の範囲にある[1] ことが知られています．

r_{xy} が +1 に近いほど正の相関が強く，−1 に近いほど負の相関が強いと言えます．また，次のことも知られています：[2]

散布図上の点が全て右上がりの直線上に並ぶ ⟺ $r_{xy}=+1$.

散布図上の点が全て右下がりの直線上に並ぶ ⟺ $r_{xy}=-1$.

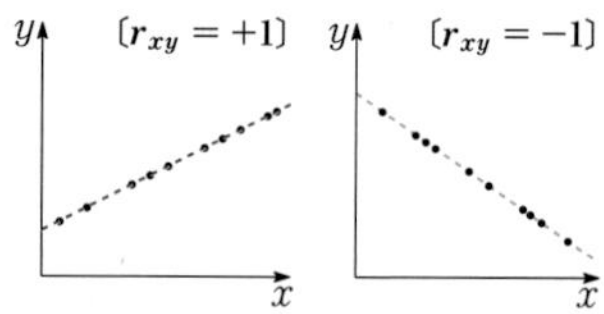

発展　ベクトル後[1)2)]：証明は[→演習問題 4 12 4]．そこでは，「相関係数」と「cos」の関係にもふれます．

補足　相関係数の定義式を見直してみましょう．

$$r_{xy}=\frac{s_{xy}}{s_x s_y}=\frac{\frac{1}{n}(\text{偏差積の和})}{\sqrt{\frac{1}{n}(x\text{ 偏差平方の和})}\sqrt{\frac{1}{n}(y\text{ 偏差平方の和})}}$$

共分散

標準偏差の積

$$=\frac{\text{偏差積の和}}{\sqrt{x\text{ 偏差平方の和}}\sqrt{y\text{ 偏差平方の和}}}.$$

このように，分子・分母の $\frac{1}{n}$ は約分で消えますから，「偏差積の和」，「x 偏差平方の和」，「y 偏差平方の和」の 3 つから相関係数を計算することもできます．[→演習問題 4 12 4]

例題 4 8 C　散布図 → 相関係数　根底 実戦

[→演習問題 4 11 7]

(1)〜(4)の散布図のデータについて，2 つの変量 x, y の相関係数 r_{xy} をそれぞれ計算せよ．
ただし，どれもデータの大きさは 5 であり，重なっている点はないとする．

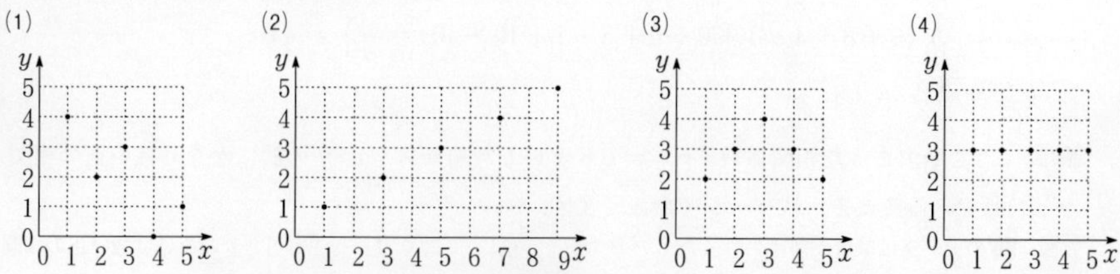

方針 データを表にまとめて，平均値を求め，それを用いて偏差も表に書き入れましょう．（偏差積は，表に書かずに直接計算してしまっています．）

解答

(1) $\overline{x}=\dfrac{1+2+3+4+5}{5}=3,\ \overline{y}=\dfrac{4+2+3+0+1}{5}=2$ より，

x	y	$x-\overline{x}$	$y-\overline{y}$
1	4	-2	2
2	2	-1	0
3	3	0	1
4	0	1	-2
5	1	2	-1

$$s_x{}^2=\frac{1}{5}(4+1+0+1+4)=2.\qquad s_x=\sqrt{2}.$$

$$s_y{}^2=\frac{1}{5}(4+0+1+4+1)=2.\qquad s_y=\sqrt{2}.$$

$$s_{xy}=\frac{1}{5}(-4+0+0-2-2)=-1.6.$$

$$\therefore\ r_{xy}=\frac{-1.6}{\sqrt{2}\cdot\sqrt{2}}=-0.8\ .\!/\!/$$

(2) $\overline{x}=\dfrac{1+3+5+7+9}{5}=5,\ \overline{y}=\dfrac{1+2+3+4+5}{5}=3$ より，

x	y	$x-\overline{x}$	$y-\overline{y}$
1	1	-4	-2
3	2	-2	-1
5	3	0	0
7	4	2	1
9	5	4	2

$$s_x{}^2=\frac{1}{5}(16+4+0+4+16)=8.\qquad s_x=2\sqrt{2}.$$

$$s_y{}^2=\frac{1}{5}(4+1+0+1+4)=2.\qquad s_y=\sqrt{2}.$$

$$s_{xy}=\frac{1}{5}(8+2+0+2+8)=4.$$

$$\therefore\ r_{xy}=\frac{4}{2\sqrt{2}\cdot\sqrt{2}}=1\ .\!/\!/$$

(3) $\overline{x}=\dfrac{1+2+3+4+5}{5}=3,\ \overline{y}=\dfrac{2+3+4+3+2}{5}=2.8$ より，

x	y	$x-\overline{x}$	$y-\overline{y}$
1	2	-2	-0.8
2	3	-1	0.2
3	4	0	1.2
4	3	1	0.2
5	2	2	-0.8

$$s_{xy}=\frac{1}{5}(1.6-0.2+0+0.2-1.6)=0.$$

$$\therefore\ r_{xy}=\frac{0}{s_xs_y}=0\ .\!/\!/$$

(4) y の測定値が全て等しいので，y の分散 $s_y{}^2=0$.

よって，相関係数 r_{xy} は存在しない．//

解説

(1) 散布図を見ただけでも，負の相関があることはわかりますね．

(2) 問題文を「計算せよ」としたので一応マジメに計算してますが…，散布図で，全ての点が右上がりの直線上に並びますから，計算するまでもなく，相関係数 $=+1$ とわかりますね．
(右下がりの直線上に並ぶときは，相関係数 $=-1$ です．)

(3) 相関係数は 0 ですが，散布図上で点はきれいな形にならんでおり，x と y が“無関係”という訳でもなさそうですね．「相関係数」とは，あくまでも，散布図上で点がどのくらい直線の近くに集中しているかを表す指標であり，たとえ相関係数が「0」でも，2 つの変量の間には何らかの関係性がある可能性はあります．

言い訳 (4)については，「計算せよ」という問題文は不適切でしたね．「存在しない」という結論がバレないよう，こんな書き方にしました（汗）.

6 共分散の公式

分散と同様，共分散についても，定義に基いて求める以外に次の公式を用いて計算する方法もあります．

共分散の公式 定理

右のように対応する変量 x, y の共分散について，

$$s_{xy}=\overline{xy}-\overline{x}\cdot\overline{y}.$$ 積の平均値 − 平均値の積

x	x_1	x_2	x_3	$\cdots$	x_n
y	y_1	y_2	y_3	$\cdots$	y_n

上の公式は，例えばデータの大きさが $n=3$ のときを考えると下の㋐のようにして示せます．より一般的な，任意の自然数 n に対する証明は，下の㋑のように Σ 記号を用いて行います．

〔㋐：$n=3$〕

$$\begin{aligned}s_{xy}&=\frac{1}{3}\{(x_1-\overline{x})(y_1-\overline{y})+(x_2-\overline{x})(y_2-\overline{y})+(x_3-\overline{x})(y_3-\overline{y})\}\\&=\frac{1}{3}\{(x_1y_1+x_2y_2+x_3y_3)-\overline{x}(y_1+y_2+y_3)-\overline{y}(x_1+x_2+x_3)+3\overline{x}\cdot\overline{y}\}\\&=\frac{x_1y_1+x_2y_2+x_3y_3}{3}-\overline{x}\cdot\frac{y_1+y_2+y_3}{3}-\overline{y}\cdot\frac{x_1+x_2+x_3}{3}+\overline{x}\cdot\overline{y}\\&=\overline{xy}-\overline{x}\cdot\overline{y}-\overline{y}\cdot\overline{x}+\overline{x}\cdot\overline{y}.\\&=\overline{xy}-\overline{x}\cdot\overline{y}.\square\end{aligned}$$

〔㋑：**任意の自然数 n**〕 $\sum_{k=1}^{n}$ を $\sum$ と略記すると

$$\begin{aligned}s_{xy}&=\frac{1}{n}\sum(x_k-\overline{x})(y_k-\overline{y})\\&=\frac{1}{n}\sum(x_ky_k-\overline{x}y_k-\overline{y}x_k+\overline{x}\cdot\overline{y})\\&=\frac{1}{n}\sum x_ky_k-\overline{x}\cdot\frac{1}{n}\sum y_k-\overline{y}\cdot\frac{1}{n}\sum x_k+\frac{1}{n}\cdot n\overline{x}\cdot\overline{y}\\&=\overline{xy}-\overline{x}\cdot\overline{y}-\overline{y}\cdot\overline{x}+\overline{x}\cdot\overline{y}\\&=\overline{xy}-\overline{x}\cdot\overline{y}.\square\end{aligned}$$

参考 $y=x$，つまり x, y が同一変量であるという特殊な場合を考えると，等式 $s_{xy}=\overline{xy}-\overline{x}\cdot\overline{y}$ は，

左辺 $=x$ の偏差どうしの積の平均値 $=x$ の偏差平方の平均値 $=$ 分散：${s_x}^2$，

右辺 $=\overline{x\cdot x}-(\overline{x})\cdot(\overline{x})=\overline{x^2}-(\overline{x})^2$

となり，この等式は「分散の公式」と一致します．■

共分散の 2 通りの求め方 方法論

定義：$s_{xy}=\dfrac{1}{n}\{(x_1-\overline{x})(y_1-\overline{y})+(x_2-\overline{x})(y_2-\overline{y})+\cdots+(x_n-\overline{x})(y_n-\overline{y})\}.$

→平均値 $\overline{x}, \overline{y}$ を<u>何度も</u>使う

公式：$s_{xy}=\overline{xy}-\overline{x}\,\overline{y}.$

→平均値 $\overline{x}, \overline{y}$ を<u>1 度だけ</u>使う

注 「定義」,「公式」のどちらが有利かの判断は，分散の場合と同じです．平均値 $\overline{x}, \overline{y}$ がキレイな整数値でない場合や，データどうしを統合したりして平均値が変化してしまう状況だと，「定義」ではつらいです．

一方,「公式」を使う際には全測定値の積を計算しなくてはなりませんから，測定値の絶対値が大きくなると大変です．そのあたりを念頭に置いて，適宜使い分けです．■

例題 4 8 d 共分散の公式 根底 実戦

[→演習問題 4 11 11]

右表のデータについて，2つの変量 x, y の相関係数を求めよ.

x	1	2	3	5	5
y	4	1	3	3	1

方針 まず x, y の平均値を求めてみると，整数ではないので偏差の計算が面倒．そこで，分散，共分散の公式を用います.

解答

$$\overline{x}=\frac{1+2+3+5+5}{5}=\frac{16}{5}.$$

$$\overline{x^2}=\frac{1+4+9+25+25}{5}=\frac{64}{5}.$$

$$\therefore\ s_x{}^2=\overline{x^2}-(\overline{x})^2=\frac{64}{5}-\left(\frac{16}{5}\right)^2=\frac{64}{5^2}.$$

$$\overline{y}=\frac{4+1+3+3+1}{5}=\frac{12}{5}.$$

$$\overline{y^2}=\frac{16+1+9+9+1}{5}=\frac{36}{5}.$$

$$\therefore\ s_y{}^2=\overline{y^2}-(\overline{y})^2=\frac{36}{5}-\left(\frac{12}{5}\right)^2=\frac{36}{5^2}.$$

$$\overline{xy}=\frac{4+2+9+15+5}{5}=\frac{35}{5}{}^{1)}=7.$$

$$\therefore\ s_{xy}=\overline{xy}-\overline{x}\cdot\overline{y}=\frac{35}{5}-\frac{16}{5}\cdot\frac{12}{5}=\frac{-17}{5^2}.$$

$$\therefore\ r_{xy}=\frac{\frac{-17}{5^2}}{\sqrt{\frac{64}{5^2}}\cdot\sqrt{\frac{36}{5^2}}}$$

$$=-\frac{17}{8\cdot 6}=-\frac{17}{48}.\ /\!/$$

約 −0.354．弱い負の相関

解説 最後の式で，分母と分子にある「5^2」がキレイに消えますね．経験を積めば，1) のように各値を分母に「5」を残したまま書けばよいことが予見できるようになります.

例題 4 8 e 測定値の削除と共分散 ハイレベル↑ 根底 実戦 入試

[→演習問題 4 11 9]

右表のような変量 x, y に関するデータがあり，平均値と共分散について，次のことがわかっている：

$$\overline{x}=5,\ \overline{y}=4,\ s_{xy}=6.$$

	①	②	③	④	⑤
x	x_1	x_2	x_3	x_4	9
y	y_1	y_2	y_3	y_4	8

このデータから⑤を取り除いた①～④からなるデータにおける共分散 s_{xy}' を求めよ.

方針 ①～④の個々の測定値はわかっていませんし，例題 4 7 c (2)と同様，⑤を「取り除く」ときに平均値が変化してしまいますから，共分散の「定義」は使いづらそうですね．そこで，共分散の「公式」を利用します.

解答 ⑤を取り除く前のデータにおいて

$$x_1+x_2+x_3+x_4+9=5\cdot\overline{x}=25,\ \cdots①$$

$$y_1+y_2+y_3+y_4+8=5\cdot\overline{y}=20.\ \cdots②$$

また，$s_{xy}=\overline{xy}-\overline{x}\cdot\overline{y}$ より

$\overline{xy}=s_{xy}+\overline{x}\cdot\overline{y}=6+5\cdot 4=26$ だから

$$x_1y_1+x_2y_2+x_3y_3+x_4y_4+9\cdot 8=26\cdot 5=130.\ \cdots③$$

次に，⑤を取り除いた後のデータにおいて

$$x_1+x_2+x_3+x_4=16,\ (\because\ ①)$$

$$y_1+y_2+y_3+y_4=12,\ (\because\ ②)$$

$$x_1y_1+x_2y_2+x_3y_3+x_4y_4=58.\ (\because\ ③)$$

$\therefore$ x の平均値 $=\frac{16}{4}=4$, y の平均値 $=\frac{12}{4}=3$,

xy の平均値 $=\frac{58}{4}=\frac{29}{2}$.

$$\therefore\ s_{xy}'=\frac{29}{2}-4\cdot 3=2.5.\ /\!/$$

解説 例題 4 7 c 「データの統合」と同様です．x, y の「平均値」や偏差積の「平均値」である共分散ではなく，x, y および偏差積の「**総和**」に注目した①～③式がポイントです．⑤削除後へすんなり移行できますね.

9 変量の変換

例えば「摂氏」で表された温度 x°C を，「華氏」に単位変更した温度が z°F であるとき，2 つの変量の間には次の関係が成り立ちます：

$$z=\frac{9}{5}x+32\ \left(x=\frac{5}{9}(z-32)\right)$$

このように，変量 x に対して，単位変更などにより x の 1 次式で表される別の変量 z が得られたとき，平均値や分散などが，x から z に移行する際どのように変化するかを調べましょう．

注 以下においては，特に断らなくても変量 x と z の間には次の関係があるとします：

$\boldsymbol{z=ax+b}$ (a, b は定数で $a\neq 0$)

また，以下の各等式の導出にあたって，高 1 生向けに大きさが 3 である簡単なデータ：$x=x_1, x_2, x_3$ を使って "説明" すると同時に，大きさが任意の自然数 n である一般のデータ：$x=x_1, x_2, x_3, \cdots, x_n$ についての Σ 記号（数学B後）を用いた『証明』も併記します．その際，$\sum_{k=1}^{n}$ を $\sum$ と略記します．（もちろん，$x=x_1, x_2, x_3, \cdots, x_n$ には，それぞれ $z=z_1, z_2, z_3, \cdots, z_n$ が対応するとします．）

注 『証明』は，数学 B で数列を学んだ後で理解すれば OK です．

1 平均値の変化

$$\begin{aligned}\overline{z}&=\frac{z_1+z_2+z_3}{3}\\&=\frac{(ax_1+b)+(ax_2+b)+(ax_3+b)}{3}\\&=a\cdot\frac{x_1+x_2+x_3}{3}+\frac{3b}{3}=a\overline{x}+b.\end{aligned}$$

$$\begin{aligned}\overline{z}&=\frac{1}{n}\sum(ax_k+b)\\&=\frac{1}{n}\left(a\sum x_k+\sum b\right)\\&=a\cdot\frac{1}{n}\sum x_k+\frac{1}{n}\cdot nb=a\overline{x}+b.\end{aligned}$$

解説 とても覚えやすいですね．

$z=ax+b$ のとき， ……z は，x を a 倍して b を加えたもの

$\overline{z}=a\overline{x}+b.$ ……$\overline{z}$ は，$\overline{x}$ を a 倍して b を加えたもの

2 分散，標準偏差の変化

まず，偏差がどう変わるかを考えます．

$z_1-\overline{z}=(ax_1\underline{+b})-(a\overline{x}\underline{+b})=a(x_1-\overline{x})$. …① ……$z_2, z_3, \cdots$ についても同様

「$\underline{+b}$」は，z の各測定値と z の平均値 $\overline{z}$ の両方にあるので，これらの差をとった偏差においては打消し合ってしまい影響力をもちません．

$$\begin{aligned}{s_z}^2&=\frac{(z_1-\overline{z})^2+(z_2-\overline{z})^2+(z_3-\overline{z})^2}{3}\\&=\frac{a^2(x_1-\overline{x})^2+a^2(x_2-\overline{x})^2+a^2(x_3-\overline{x})^2}{3}\\&=a^2\cdot\frac{(x_1-\overline{x})^2+(x_2-\overline{x})^2+(x_3-\overline{x})^2}{3}\\&=a^2{s_x}^2.\end{aligned}$$

$s_z=\sqrt{{s_z}^2}=\sqrt{a^2{s_x}^2}=|a|\,s_x$. ……絶対値に注意！

$$\begin{aligned}{s_z}^2&=\frac{1}{n}\sum(z_k-\overline{z})^2\\&=\frac{1}{n}\sum a^2(x_k-\overline{x})^2\\&=a^2\cdot\frac{1}{n}\sum(x_k-\overline{x})^2\\&=a^2{s_x}^2.\end{aligned}$$

3 共分散，相関係数の変化

x	x_1	x_2	$\cdots$
y	y_1	y_2	$\cdots$
z	z_1	z_2	$\cdots$

変量 x, y, z が右表のように対応しているとします．変量 z, y の共分散 s_{zy} を，変量 x, y の共分散 s_{xy} を用いて表してみましょう．2 ①より

$$\begin{aligned} s_{zy} &= \frac{(z_1-\overline{z})(y_1-\overline{y})+(z_2-\overline{z})(y_2-\overline{y})+(z_3-\overline{z})(y_3-\overline{y})}{3} \\ &= \frac{a(x_1-\overline{x})(y_1-\overline{y})+a(x_2-\overline{x})(y_2-\overline{y})+a(x_3-\overline{x})(y_3-\overline{y})}{3} \\ &= a\cdot\frac{(x_1-\overline{x})(y_1-\overline{y})+(x_2-\overline{x})(y_2-\overline{y})+(x_3-\overline{x})(y_3-\overline{y})}{3} \\ &= as_{xy}. \end{aligned}$$

$$\begin{aligned} s_{zy} &= \frac{1}{n}\Sigma(z_k-\overline{z})(y_k-\overline{y}) \\ &= \frac{1}{n}\Sigma a(x_k-\overline{x})(y_k-\overline{y}) \\ &= a\cdot\frac{1}{n}\Sigma(x_k-\overline{x})(y_k-\overline{y}) \\ &= as_{xy}. \end{aligned}$$

次に，z と y の相関係数 r_{zy} を x と y の相関係数 r_{xy} を用いて表しましょう．ここまでの結果を利用すれば，“一瞬”です：

$$\begin{aligned} r_{zy} &= \frac{s_{zy}}{s_z s_y} \\ &= \frac{as_{xy}}{|a|\, s_x\cdot s_y} \quad \cdots\ a \neq 0 \text{ が前提} \\ &= \frac{a}{|a|}r_{xy} = \begin{cases} r_{xy}\ (a>0), \\ -r_{xy}\ (a<0). \end{cases} \quad \cdots\ a \text{ が負のときは符号が反対！！} \end{aligned}$$

解説 「相関係数」は，変数変換を行っても値が変化しないようにしたものでしたね[→8 5 冒頭]．そのことが見事に裏付けられました！

注意！ ただし，a が負の場合，符号が反対になります．x が増加すると z は減少するので，散布図上の点の配置において「右上がり」と「右下がり」が入れ替わりますから当然ですね．気を付けて！

4 変量の変換・まとめ

これまでの結果をまとめると，次のようになります．

変量変換にともなう平均値などの変化 定理

$z = ax + b$ (a, b は定数で $a \neq 0$) のとき，次表の上下が等しい：

平均値	分散	標準偏差	共分散	相関係数
$\overline{z}$	${s_z}^2$	s_z	s_{zy}	r_{zy}
$a\overline{x}+b$	$a^2{s_x}^2$	$\lvert a\rvert\, s_x$	as_{xy}	$\pm r_{xy}$

注 $r_{zy} = \begin{cases} r_{xy}\ (a>0 \text{ のとき}) \\ -r_{xy}\ (a<0 \text{ のとき}) \end{cases}$

注 これらを試験において「公式」として使用してよいか，それとも導く過程を書くべきかは，ケースバイケースでしょう．

例題 4 9 a 変量の変換 根底 実戦 [→演習問題 4 11 12]

東京都で 8 月の 31 日間，日中最高気温を摂氏で測定した変量 x(°C) の平均値，標準偏差は，$\overline{x} = 32.5$，$s_x = 2$ であった．この気温を華氏に変えた変量を y°F とするとき，y の平均値，標準偏差を求めよ．なお，x(°C) と y(°F) の間には，関係式 $y = \frac{9}{5}x + 32$ が成り立つ．

解答 平均値：$\overline{y} = \frac{9}{5}\overline{x} + 32 = \frac{9}{5}\cdot 32.5 + 32 = 90.5$ .//

標準偏差：$s_y = \left|\frac{9}{5}\right| s_x = \frac{9}{5}\cdot 2 = 3.6$ .//

5 変量の変換・応用

【仮平均】

変量 x の平均値 $\overline{x}$ を，仮平均を a を用いて求める手法（[→2 2]）を振り返ります.

x の a からの“ズレ”: $z(=x-a)$ を考えると

$$\overline{z}=\overline{x-a}=\overline{x}-a.\ \text{i.e.}\ \overline{x}=\overline{z}+a.$$

よって，“ズレ”: z の平均値を求め，それに仮平均 a を加えることによって，x の平均値を求めることができる訳です.

【標準化】

変量 x からその平均値を引いた偏差 $x-\overline{x}$ を変量とみると，その平均値は 0 です[→7 1]．それをさらに標準偏差 s_x で割った変数

$$z=\frac{x-\overline{x}}{s_x}=\boxed{\frac{1}{s_x}}\cdot(x-\overline{x})$$

を考えると,

$$\overline{z}=0,\ s_z=\left|\boxed{\frac{1}{s_x}}\right|\cdot s_x=\frac{1}{s_x}\cdot s_x=1\ (\because\ s_x>0).$$

このように，平均値 0，標準偏差 1 の変量を，**標準化**（基準化）された変量といい，データを分析する際によく用いられます.

【偏差値】

上記の標準化された変量 z に対して，変量

$$Z=10z+50$$

を考えると

$$\overline{Z}=10\overline{z}+50=50,\ s_Z=10s_z=10\cdot1=10.$$

模試などの得点を，上記のように平均値 50，標準偏差 10 となるように変換した変量 Z が，受験生お馴染(なじ)みの**偏差値**です.

受験者全体の出来具合や，得点のバラつき具合も考慮した上でテストの結果を評価することを意図した，1つの良く出来た指標です．（もちろん，万能かつ唯一無二という訳ではありません．）

例題 4 9 b 得点と偏差値（その1） 根底 実戦

[→演習問題 4 11 13]

5 人がテストを受けた結果，得点は次の通りであった.

64　70　66　97　78

このテストの得点を変量 x として，以下の問いに答えよ.

(1) x の平均値，標準偏差を求めよ.

(2) 66 点，97 点の人の偏差値をそれぞれ求めよ（割り切れないときは，小数第 2 位を四捨五入して答えよ).

方針 (1) 仮平均を使うと少し楽です.

(2) 本問では，「素点」→「標準化」→「偏差値」の順に考えていきましょう.

語記サポ 素点(そてん)：テストの得点そのもの.

解答 (1) 仮平均として「70」を用いると

$$\bar{x} = 70 + \frac{-6+0-4+27+8}{5}$$

$$= 70 + \frac{25}{5} = 75. /\!/$$

よって右表のようになるから

x	$x-\bar{x}$
64	−11
70	−5
66	−9
97	22
78	3

$$s_x{}^2 = \frac{121+25+81+484+9}{5}$$

$$= \frac{720}{5} = 144.$$

$$s_x = \sqrt{144} = 12. /\!/$$

(2) まず，x を標準化した変量

$$z = \frac{x-\bar{x}}{s_x} = \frac{x-75}{12}$$

を考えると

$$x = 66 \text{ 点} \to z = \frac{66-75}{12} = -\frac{3}{4},$$

$$x = 97 \text{ 点} \to z = \frac{97-75}{12} = \frac{11}{6}.$$

偏差値を表す変量を Z とすると，
$Z = 10z + 50$ だから，

○ $x = 66$ 点 $\to z = \dfrac{-3}{4}$

$\to Z = 10 \cdot \dfrac{-3}{4} + 50 = 42.5$. $/\!/$

○ $x = 97$ 点 $\to z = \dfrac{11}{6}$

$\to Z = 10 \cdot \dfrac{11}{6} + 50 = 68.33\cdots$.(答)：68.3. $/\!/$

解説 z の具体的な値を求めず，x から直接 Z を求める関係式を作ることも可能です．[→次問]

言い訳 たった 5 人しか受けてない試験で「偏差値」を求めても意味ないですが（笑）．仕組みを理解していただくために敢えてこのような問を置きました．

例題 4 9 C 得点と偏差値（その2） 根底 実戦

[→演習問題 4 11 13]

(1) ある模試における得点 x の平均値が m で標準偏差が s であるとき，それに対応する偏差値 Z を m, s, x を用いて表せ．

(2) 平均点 45 点，標準偏差 10 点の国語模試で，100 点満点の偏差値を求めよ．

(3) 平均点 55 点，標準偏差 20 点の数学模試で，偏差値が 70 となる得点を求めよ．

方針 「標準化」された変量を介して，「素点」と「偏差値」の直接の関係式を作ります．

解答 (1) 変量 x を標準化した変量を z とすると

$$z = \frac{x-m}{s},\ Z = 10z + 50.$$

$$\therefore\ Z = 10z + 50$$

$$= 10 \cdot \frac{x-m}{s} + 50. /\!/ \quad \cdots①$$

(2) 求める偏差値は，①において $m = 45$, $s = 10$, $x = 100$ として

$$Z = 10 \cdot \frac{100-45}{10} + 50$$

$$= 55 + 50 = 105. /\!/$$

(3) ①を変形すると

$$x = \frac{s}{10}(Z-50) + m. \quad \cdots②$$

求める得点は，②において $m = 55$, $s = 20$, $Z = 70$ として

$$x = \frac{20}{10}(70-50) + 55$$

$$= 40 + 55 = 95(\text{点}). /\!/$$

余談 国語は難しかったようで，低得点に集中して得点差が付きにくかったようです．そんな中で満点取ると，なんと偏差値が 100 を超えたりするんですね（笑）．
数学は易し目で得点差が付いたようです．すると 95 点取ってやっと偏差値 70 ですから，数学が得意な生徒でもあまり高い偏差値は叩き出せないのです．
一般に，試験は多少易し目に作った方が，得点差が付いて実力判定機能を発揮することが多いです．

10 仮説検定の考え方

本節は，この第 4 章の基本体系から少し外れた“コラム”，“トピック”的な内容です．あまり肩肘を張らずに“お話”程度にお付き合いください．また，7「確率」の**演習問題 7 12 3** の内容を使いますが，そこが未習であったりしたら，本節は飛ばして後回しにしても**全く問題ありません**．

例　運動会で，ある学年の生徒 100 人が参加して徒競走が行われ，各競走では 1 レーンから 4 レーンまでの 4 人が走りました．結果を集計すると，行われた全 25 競走のうち 18 競走において内側の 1 レーンまたは 2 レーンを走った生徒が 1 位となったとします．この結果を見て，内側 1・2 レーンは，外側 3・4 レーンより有利（1 位となりやすい）だと判断できるでしょうか？

	1 位の数	計
内レーン	18	25
外レーン	7	

注　ただし，特定のレーンに走力の高い生徒が集中しないよう配慮したとします．[1] ■

A:「内レーンは外レーンより有利である」と主張したい [2]

という立場を取ることにします．この**目標**を達成するために，主張 A と相反する

$\overline{\mathrm{A}}$:「内レーンと外レーンで有利不利はない」という仮説を立て，

これが誤りだと主張することを目指します [3]．なんだか「背理法」[→1 9 12] による証明と似てますね [4]．実は，そこから目指すこともそっくりです．「背理法」において**目標**を否定した仮定をもとに不合理を導いたのと同様，「仮説検定」では，**目標**と相反する仮説のもとでは稀有（けう）[5] な事象が実現したことを示します．

語記サポ [5]：平たく言えば，「滅多に起こりえない」ということ．■

具体的に説明します．仮説 $\overline{\mathrm{A}}$ のもとでは，各競走において「内レーンが 1 位」，「外レーンが 1 位」という 2 つの事象は等確率です．よって，「内レーンが 1 位」が起きる回数を x として，

$$x=k,\ \text{i.e. } 25\text{ 競走}\begin{cases}\text{内レーンが 1 位：} k \text{ 回}\\ \text{外レーンが 1 位：} 25-k \text{ 回}\end{cases}\ \text{となる確率は，}\ \frac{{}_{25}\mathrm{C}_k}{2^{25}}.$$

すなわち，$x=0, 1, 2, \cdots, 25$ の確率は以下のようになります．（小数第 2 位で四捨五入）

x	0	1	…	4	5	6	7	8	9	10	11	12	13	14	15	16	17	18	19	20	21	…
確率（%）	0.0	0.0	…	0.0	0.2	0.5	1.4	3.2	6.1	9.7	13.3	15.5	15.5	13.3	9.7	6.1	3.2	1.4	0.5	0.2	0.0	…
累計	0.0	0.0	…	0.0	0.2	0.7	2.2	5.4	11.5	21.2	34.5	50.0	65.5	78.8	88.5	94.6	97.8	99.3	99.8	100.0	…	

四捨五入の関係で，足し算が合いませんが

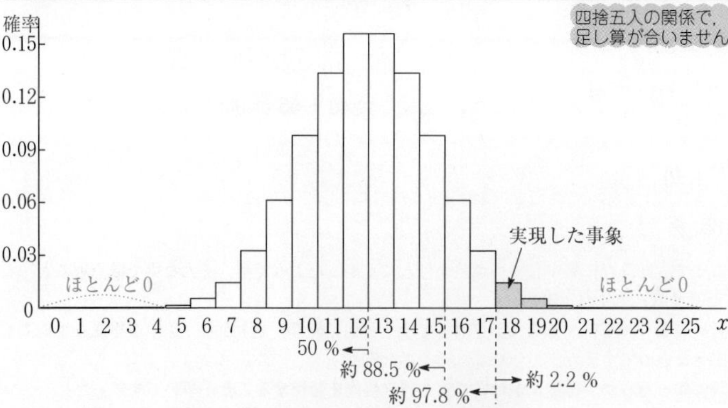

この表とヒストグラムからわかるように，x が 18 回以上となる確率はたったの 2.2 %[6] くらいしかありません．これほどまでに稀有な事象が起こったのは，前提としていた仮説 $\overline{\mathrm{A}}$ が誤りであるからだと判断します[7]．これで，A：「内レーンは外レーンより有利である」と主張することができました．[8]

語記サポ 3)：$\overline{\mathrm{A}}$ は，ウソだと示したい，つまり無に帰(き)したい仮説なので，**帰無(きむ)仮説**といいます．

7)：このことを，帰無仮説 $\overline{\mathrm{A}}$ を**棄却**するといいます．

8)：このことを，A を**採択**するといいます．A は，帰無仮説 $\overline{\mathrm{A}}$ と逆の主張であるので，**対立仮説**と呼ばれます．

解説 4)：この仮説検定と背理法の使用例［→**例題 1 9 m**］を比較してみましょう．

	背理法	仮説検定
❶ 示したいこと	$\sqrt{2}$ は無理数である	内レーンが有利である
❷ 上記に相反(あいはん)する仮定	$\sqrt{2}$ は有理数である	内・外レーンに有利不利の差 はない
❸ 目標	❷のもとに不合理を導く	❷のもとでは稀有であるはずの事象が現実に起こったことを示す

注意！ **重要度↑** 「背理法」における❸の「不合理」は**絶対的な**「偽」なので，❶が**絶対的な**「真」であることが**厳密に**証明されたことになります．

それに対して，「仮説検定」における❸の「稀有な事象」は，❶によってもたらされたように思えるものの，単に偶然起こっただけなのかもしれません．よって❶は，**正しい可能性が高い**と言えたに過ぎず，ひょっとするとウソなのかもしれません！[9]

つまり，「背理法」と「仮説検定」では示された内容の**信憑(しんぴょう)性**に差があるのです！

9)：このように，実はウソである A を採択してしまう過ちのことを，**第 1 種の誤り**といいます．

これとはまったく逆に，A：「内レーンが有利」が正しいにもかかわらず，例えば内レーンが 1 位の回数 x がたまたま 15 回しかなかったために，採択すべきだった A を捨ててしまう過ちを，**第 2 種の誤り**といいます．

6)：ここでは「たったの 2.2 %くらい」と述べましたが，「稀有」とみなされる確率の数値が一律に決まっている訳ではありません．一般的には「5 %」とか「1 %」[10] を使うことが多いです．

10)：この確率に対応する変量 x の値の範囲を**棄却域**といいます．棄却域の決め方次第で，第 1 種および第 2 種の誤りが起きたり起きなかったりします．

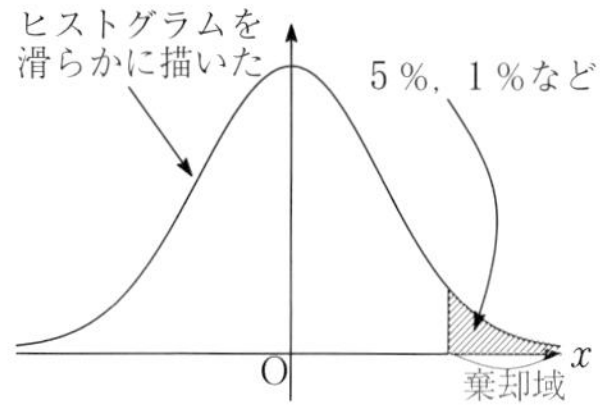

1)：一応そういう前提のもとで考えたのですが，ホントに「偏りがないか」を明確に判断することは難しいですね．「内レーン 18 勝」という事象が，内レーンに走力の高い生徒が集中したために起きたという可能性も，完全には拭い去れません．

2)：説明を単純化するためにこのように書きましたが，実際には「○○を主張したい」という“希望”を持たず，何が正しいかを公正な目で客観的に判断しようという気持ちが大切です．

重要 という訳で，「統計」，「仮説検定」で示された主張は，それが実は誤りである危険性をはらんでいます．A が正しいか正しくないかは，まさに「神のみぞ知る」なのです (笑)．データから導かれた主張を鵜呑(うの)みにせず，謙虚な姿勢で慎重に判断しようとする姿勢が大切です．

以上，「仮説検定」に関して，高校数学 I 範囲を超えた用語までご紹介しながら，大まかに解説しました．

11 演習問題B

4 11 1 根底 実戦

次の各データの標準偏差を求めよ.

(1) 1, 3, 4, 5, 5, 6

(2) 20, 22, 23, 23, 23, 24, 24, 25

(3) −3, −1, 0, 2, 2, 3, 3, 3, 3

4 11 2 根底 実戦 重要

2 つの変量 x, y に関する次のデータがある：

x : 2, 4, 5, 5, 5　y : 3, 5, 6, a, b

x と y の平均値どうし，分散どうしがともに一致するような実数 a, b の組を求めよ.

4 11 3 根底 実戦

大きさ 9 のデータ $(*)$: $x_1, x_2, x_3, \cdots, x_9$ の平均値を m，分散を V とする.
また，$(*)$ に測定値 x_{10} を追加して得られる大きさ 10 のデータ $(*)'$ を考え，その平均値を m'，分散を V' とする.

(1) m' を m と x_{10} で表せ.

(2) $x_{10} = m$ のとき，V' を V で表せ.

4 11 4 根底 実戦 入試典型 重要

40 人のクラスで 2 次関数のテストを行った. クラス全体の平均点は 50 点で，標準偏差は 25 点であった.
その 40 人全体を，事前に平方完成の計算練習をしなかった 30 人のグループ A と，計算練習をした 10 人のグループ B に分けたところ，グループ A では平均点は 40 点，標準偏差は 20 点であった. さて，グループ B の平均点，標準偏差はそれぞれ何点か？

4 11 5 根底 実戦

10 人の生徒①～⑩を対象として国語と英語のテストを行った結果，国語の得点 x と英語の得点 y について，右のデータを得た：このデータを散布図に表せ. また，そこからどのような情報が得られるか[1] を答えよ.

生徒	①	②	③	④	⑤	⑥	⑦	⑧	⑨	⑩
x	4	5	5	6	7	7	7	8	8	9
y	3	5	6	4	5	6	8	7	8	10

4 11 6 根底 実戦 重要

2月1日〜2月5日の5日間について，各日の最高気温 x(℃) とある世帯の消費電力量 y(kWh) を調査したところ，右のデータを得た (いずれも，小数第1位で四捨五入).
このデータにおいて，x と y の相関係数 r_{xy} を求めよ.

月日	最高気温 x(℃)	消費電力量 y (kWh)
2月1日	3	8
2月2日	4	7
2月3日	8	5
2月4日	6	4
2月5日	4	6

4 11 7 根底 実戦

下の(1)〜(6)の散布図が表すデータについて，2つの変量 x, y の相関係数 r_{xy} にもっとも近いものを，次の⓪〜⑦のうちから1つずつ選べ.

⓪ -1　① -0.8　② -0.3　③ 0
④ 0.3　⑤ 0.8　⑥ 1　⑦ 値がない

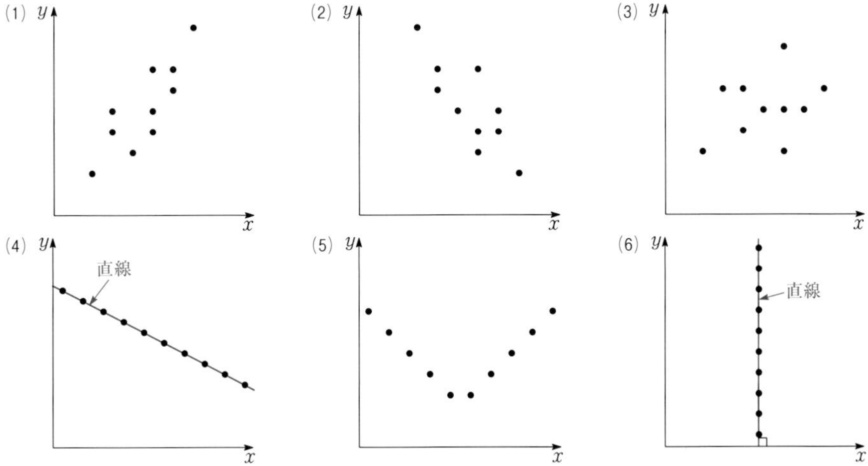

4 11 8 根底 実戦 入試

次の各文の正誤を判定せよ.

(1) 100人の中学生を対象として身長，体重を測定して得た変量をそれぞれ x(単位：cm)，y(単位：kg) とし，両者の標準偏差を比べてみると $s_x > s_y$ であった. このことから，身長の方が体重より個人差が激しいと判断できる.

(2) 標準偏差は必ず正である.

(3) 相関係数が値をもつとき，その値は必ず -1 以上 1 以下である.

(4) 散布図において傾き1の直線の近くに点が集まるデータより，傾き2の直線の近くに点が集まるデータの方が相関係数は大きい.

(5) 2つの変量の組 (x, y) があり，両者の和が一定であるとき，x, y の標準偏差どうしは等しい.

4 11 9 根底 実戦 入試 重要 ハイレベル↑

あるクラスの 20 人の英語と数学のテスト (5 点満点) の得点をまとめたところ，右の相関表のようになった．英語，数学の得点をそれぞれ変量 x, y とする．

		英語の得点 x					
		0	1	2	3	4	5
数学の得点 y	5						1
	4						1
	3			1	2	1	
	2			1	1	3	1
	1		2	2	3		
	0		1				

(1) x と y には正・負いずれの相関関係があるか？

(2) 変量 x, y の平均値をそれぞれ求めよ．

(3) 変量 x の「五数要約」の表を作れ．

(4) 変量 y の分散を求めよ．

(5) 2 人の生徒の数学テストで採点ミスが見つかった．英語が 3 点である生徒の数学の得点は，正しくは 1 点が 2 人，2 点が 3 人，3 点が 1 人であった．得点修正後，y の平均値，分散，および x と y の相関係数は，修正前と比べてどのように変化するか？

4 11 10 根底 実戦 入試

あるクラスの男子 20 人を対象として，過去 10 日間で英文法の勉強をした日数と英単語の勉強をした日数を調べ，それぞれの日数を変量 x, y として散布図を作ると右のようになった．ただし，大きな点で表した 2 つの点 $(x, y) = (3, 2), (5, 8)$ については，どちらも 2 人の生徒の観測値が重なっている．

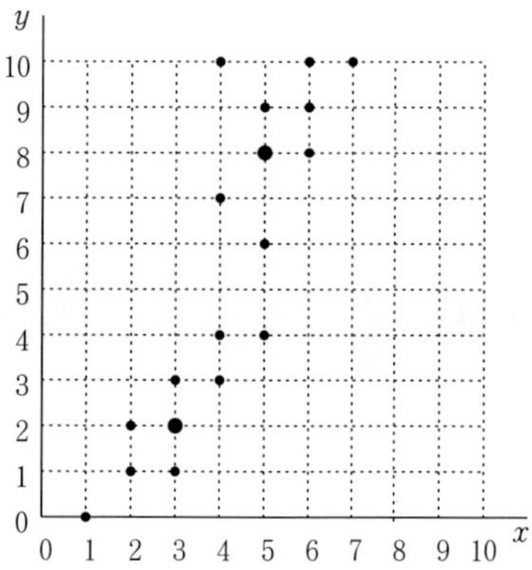

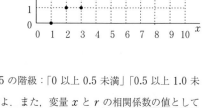

(1) x と y の相関係数の値としてもっとも近いものを次の中から選べ．

⓪ -1　① -0.85　② -0.15
③ 0.15　④ 0.85　⑤ 1

(2) 変量 y について，度数分布表，「五数要約」の表，およびヒストグラムと箱ひげ図を作れ．

(3) y と x の比をとった変量 $r = \dfrac{y}{x}$ について，幅が 0.5 の階級：「0 以上 0.5 未満」「0.5 以上 1.0 未満」…「2.5 以上 3 未満」に分けた度数分布表を完成せよ．また，変量 x と r の相関係数の値としてもっとも近いものを次の中から 1 つ選べ．

⓪ -1　① -0.6　② -0.1　③ 0.1　④ 0.6　⑤ 1

(4) y と x の差をとった変量 $d = y - x$ と変量 x の相関係数の値としてもっとも近いものを，(3)の選択肢の中から 1 つ選べ．

4 11 11 根底実戦 入試

変量 x, y について右表のようなデータを得た．
x と y の相関係数 r_{xy} が最大となるような実数 a の値を定めよ．
ただし，ここでは[1] 共分散に関する等式：$s_{xy} = \overline{xy} - \overline{x}\,\overline{y}$ …① が成り立つことを用いてよいとする（$\overline{x}, \overline{y}, \overline{xy}$ はそれぞれ x, y, xy の平均値）．

k	1	2	3	4	5
x_k	8	2	4	6	5
y_k	5	3	1	7	a

4 11 12 根底実戦

あるデータにおける変量 x は，平均値が 60 で標準偏差が 12 であるとする．この x をもとにして，変量 y を $y = ax + b$ (a, b は定数で $a \neq 0$) によって定める．y の平均値が 100 で標準偏差が 16 となるように定数 a, b を定めよ．

4 11 13 根底実戦 典型

ある模擬試験において，数学の得点 x の平均点は 55 点，標準偏差は 20 点だった．得点 x に対応する偏差値を y とする．ただし「偏差値」とは，得点を平均値 50，標準偏差 10 となるように変換したものであり，x と y の間には関係式 $y = ax + b$ (a, b はある定数で $a > 0$) が成り立つ．

(1) 得点 80 点は，偏差値に換算するといくらか？

(2) 偏差値が 70 となる得点は何点か？

(3) 2 人の生徒 A，B がこの模擬試験を受けた結果，偏差値では A が B を 15 だけ上回った．A，B2 人の得点差を求めよ．

4 11 14 根底実戦 入試 重要

20 歳〜69 歳の各年齢から 1 人ずつを選んだ 50 人を対象として，6 月の 30 日間のうちテレビを 1 時間以上視聴した日数（「視聴日数」と呼ぶことにする）を調査した．各人の年齢を変量 x，視聴日数を変量 y として集計すると右のようになった：

	x	y
平均値	44.5[1]	18
標準偏差	14.4	8.7
共分散	84.7	

(1) x と y の相関係数を，小数第 3 位で四捨五入して求めよ．

(2) 50 人それぞれの，6 月の 30 日間におけるテレビを 1 時間以上視聴しなかった日数のパーセンテージを変量 Y とする．Y の平均値と標準偏差を求めよ．また，x と Y の相関係数を，(1)をもとに求めよ．

12 演習問題C 他分野との融合

4 12 1 根底 実戦 数列後 ハイレベル↑

データ (*): $x_1, x_2, x_3, \cdots, x_n$ (n および各測定値は定数) の平均値を m, 分散を V とする. また, (*) に x_{n+1} を追加して得られる大きさ $n+1$ のデータを (*)′ とする. (*)′ の分散 V' が最小となる x_{n+1} の値は m である [1] ことを示せ. また, V' の最小値を V, n を用いて表せ.

4 12 2 根底 実戦 入試典型 数列後 重要

n は自然数の定数とする. n 個の定数 $x_1, x_2, x_3, \cdots, x_n$ からなるデータ①がある. 実数 a の関数 $f(a) = \dfrac{1}{n}\sum\limits_{k=1}^{n}(x_k - a)^2$ が最小となる a の値は, データ①の平均値であり, $f(a)$ の最小値はデータ①の分散であることを示せ.

4 12 3 根底 実戦 入試典型 数列後 重要

n は自然数の定数とする. $2n+1$ 個の定数 $x_1, x_2, x_3, \cdots, x_{2n+1}$ からなるデータ①があり, $x_1 < x_2 < x_3 < \cdots < x_{2n+1}$ を満たす. 実数 b の関数 $g(b) =$ [1] $\dfrac{1}{2n+1}\sum\limits_{k=1}^{2n+1}|x_k - b|$ が最小となる実数 b の値は, データ①の中央値であることを示せ.

4 12 4 根底 実戦 入試 ベクトル・数列後

あるデータにおいて, 2 つの変量 x, y が 3 個の値の組 $(x_1, y_1), (x_2, y_2), (x_3, y_3)$ をとるとする (x, y の標準偏差は 0 でないとする).

x, y の偏差を成分とするベクトル $\vec{a} = \begin{pmatrix} x_1 - \overline{x} \\ x_2 - \overline{x} \\ x_3 - \overline{x} \end{pmatrix}$, $\vec{b} = \begin{pmatrix} y_1 - \overline{y} \\ y_2 - \overline{y} \\ y_3 - \overline{y} \end{pmatrix}$ を作り, それと同じ向きの単位ベクトル $\vec{e} = \dfrac{\vec{a}}{|\vec{a}|}$, $\vec{f} = \dfrac{\vec{b}}{|\vec{b}|}$ を考える.

(1) x と y の相関係数 r_{xy} を $\vec{e}, \vec{f}$ を用いて表せ.

(2) $-1 \leq r_{xy} \leq 1$ が成り立つことを示せ. また, $r_{xy} = 1, r_{xy} = -1$ となるための条件を, $\vec{e}, \vec{f}$ を用いてそれぞれ答えよ.

4 12 5 根底 実戦 入試 ベクトル・数列後 ハイレベル↑

あるデータにおいて, 2 つの変量 x, y が n 個の値の組 (x_k, y_k) $(k = 1, 2, 3, \cdots, n)$ をとるとする (x, y の標準偏差は 0 でないとする).

x と y の相関係数 r_{xy} について, $-1 \leq r_{xy} \leq 1$ が成り立つことを示せ. また, $r_{xy} = 1, r_{xy} = -1$ となるための条件を, 散布図における点 (x_k, y_k) の配置によってそれぞれ答えよ.

第 5 章

図形の性質

概要

本章の内容は，純粋に図形そのものを扱う原始的なものであり，「初等幾何」と呼ばれる分野です．特に注目すべき図形は，**平行線**・**三角形**・**円**の 3 つです．
多くの受験生の盲点となっている中学で学んだ図形分野の内容も取り込み（主に1～5まで），内容理解の流れが途切れないよう配慮しています．そのせいもあり…，内容が盛りだくさん過ぎです（汗）．そして，随所に論理的思考力を要する「証明」が現れますから，全てを，完璧に習得するには**膨大な労力**を要します．
注意！　大学受験では，中学で学んだ内容も出題範囲であるという事実を忘れないように．
言い訳　一部，中学で学んでいることを前提に，後の節の内容を前の節で用いるケースもあります．

将来入試では

この分野は，入試において単独で出ることは稀(まれ)です．ただし，共通テスト数学Ⅰ・Aでは必須であり，数学Ⅰの「三角比」と融合した形での出題もあり得ます．

学習ポイント

上記概要の「膨大な労力」という言葉にギョッとしたかもしれませんね．この際，本章の学び方をハッキリさせておきましょう．将来入試ではを考慮すれば，本章を学ぶ主目的は次の 2 点です：

1. 他分野の図形問題を解く上での**土台**を整備する．
2. **論理的思考力の鍛錬**を行う．

1. のため，本書では数学 A 範囲の 3 分野の中で最初に配置しました．**出来るだけ早い時期に一通りザっと目を通してください．** わかりにくい所は飛ばして後回しにしても OK！そして，3「三角比」や数学Ⅱ以降の図形問題をやりながら，**必要に応じて**本章を“辞書”のように参照しましょう．
2. のために，いつか時間が取れる時に**本腰を入れて**学んでください．時にはとことん考え抜くことも大切です．その中で「証明」を行う際には，何が仮定（既知）で何が結論（未知）かを明確に識別しましょう．

この章の内容

1 図形の基礎知識
2 合同・相似
3 平行線　4 三角形の性質
5 有名四角形の性質
6 三角形の五心
7 三角形の面積比
8 チェバ・メネラウスの定理
9 演習問題A　10 円の性質
11 作図　12 演習問題B
13 空間における直線・平面
14 立体図形
15 演習問題C 他分野との融合

［高校数学範囲表］ ●当該分野 ●関連が深い分野

数学Ⅰ	数学Ⅱ	数学Ⅲ 理系
数と式	いろいろな式	いろいろな関数
2次関数	ベクトルの基礎	極限
三角比	図形と方程式	微分法
データの分析	三角関数	積分法
数学A	指数・対数関数	**数学C**
図形の性質	微分法・積分法	ベクトル
整数	**数学B**	複素数平面
場合の数・確率	数列	2次曲線
	統計的推測	

1 図形の基礎知識

まず，1～5では，平面図形一般に関する細かい雑多な知識を，中学で学んだことを中心にザっと確認しておきます．

言い訳 記述を敢えて大雑把にしている個所もあります．

注 本書では今後，三角形 ABC において，特に断らなくても頂点 A，B，C の内角をそれぞれ A, B, C で，それぞれの対辺の長さを a, b, c で表すことがあります．

このように，数学では「点」の名前はローマン体大文字，「角」の大きさはイタリック体（斜体）大文字で表す慣習があります．でも，生徒さんが手書きする場合には，そこまで神経を使わなくても大丈夫です．（笑）

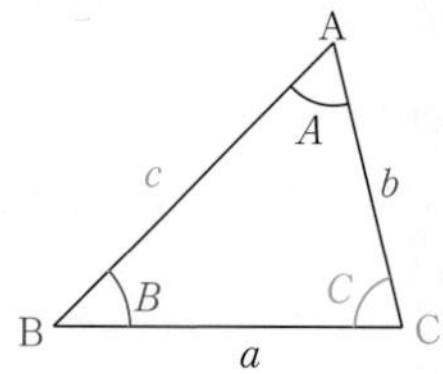

1 “線”の呼び方

右にある各種図形について確認しておきます．

- **直線** AB：両側とも無限に伸びる
- **半直線** AB：A を端点として含み，B の側にだけ無限に伸びる

  注 半直線“BA”は，別の図形
- **線分** AB：端点 A，B とその中間の部分
- A，B **の間**：線分 AB から端点 A，B を除いた部分

点 P が直線 AB 上にあること，つまり 3 点 A，B，P が同一直線上にあることを，短く「A，B，P は**共線**である」といいます．

（同様に，4 点が同一円周上にあることを，「**共円**である」といいます．）

（------ は，無限に伸びることを表す）

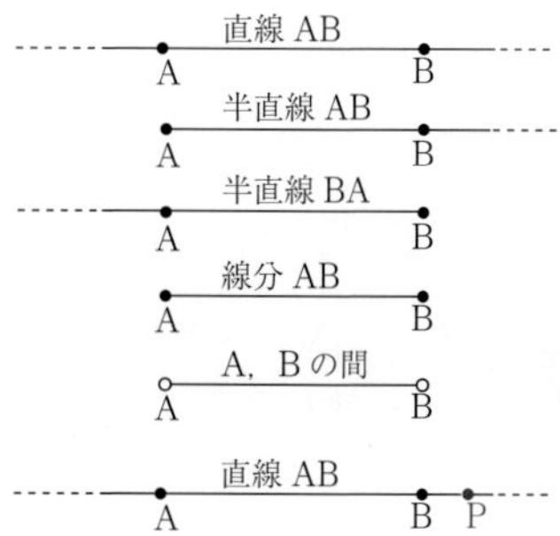

語記サポ ここにいう「上」は，英語の前置詞「on」に相当し，“接触”を意味します．「on the wall」の「on」ですね．決して「上側」＝「above」の意ではありません．

2 線分の内分，外分

m, n は正の数とします．点 P が直線 AB 上にあり，2 点からの距離の比が

$$AP : PB = m : n$$

であるとき，次のように言い表します：

P が線分 AB 上 →P は線分 AB を $m : n$ に**内分**する

P が線分 AB の外側→P は線分 AB を $m : n$ に**外分**する

注 「外分」については，$m \neq n$ のときだけを考えます．

言い訳 「比」を表す数値は，「実際の長さ」と区別がつくように，図のように○などで囲んだりする人が多いのでそれに従いました．絶対的な決まりではありませんが．

例：P は線分 AB を 3：1 に内分

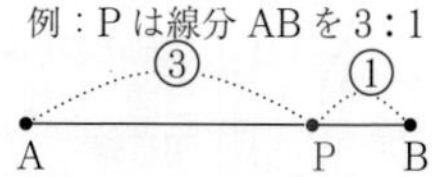

例：P は線分 AB を 3：1 に外分

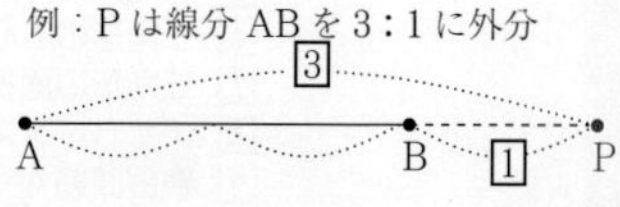

補足 P が線分 AB を 1：1 に内分するとき，P は線分 AB の**中点**であるといいます．

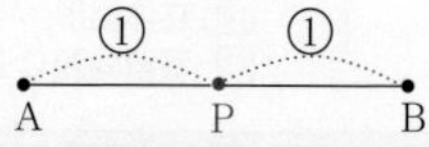

問　線分 AB を，1：4 に内分する点 P と，1：4 に外分する点 Q を図示せよ．

解説　内分点 P の方は問題ないでしょう．外分点 Q のとり方の手順を説明します．

1°　AQ：QB＝1：4 で 1＜4 だから，Q は A より左側．

2°　AQ：AB＝1：(4－1)＝1：3．そこで AB を 3 等分．
その“1 目盛り分”が AQ の長さ．

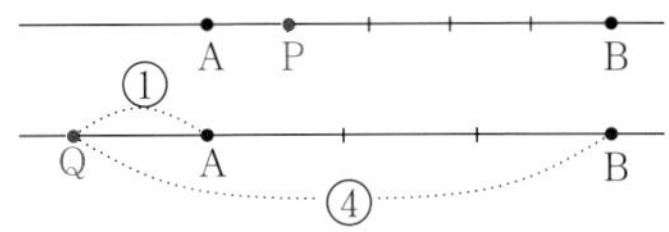

3　垂直

注　ここでは，平面上における「垂直」を扱います．空間内では，以下に述べる「垂直」と「直交」には違いが生じます．[→13 1]■

平面上の 2 直線 l, m が交わってできる角が直角 (90°) であるとき，次のように書きます：

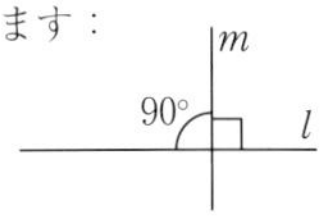

l と m は**垂直**である．　　l と m は**直交**する．

m は l の**垂線**である．　　$l \perp m$

直線 l と点 A があり，l 上に AH ⊥ l となるように点 H をとるとき，次のように言い表します：

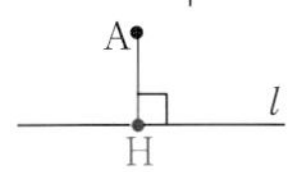

A から l に垂線 AH を引く　「引く」を「下ろす」とも言う

A から l に下ろした**垂線の足**は H である．　古めかしい言い方ですが

線分 AB の中点 M を通り AB と垂直な直線 l を，線分 AB の**垂直二等分線**といいます．

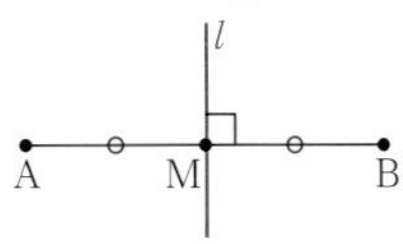

4　図形の対称性

注　ここで扱うのは，1 つの図形がもつ自己対称性です．2 1 における 2 つの図形の位置関係とは別のものです．■

〔線対称〕

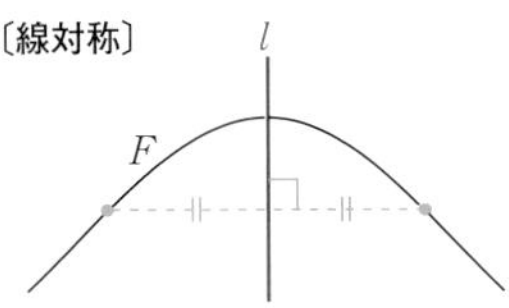

右の図形 F のように，ある直線 l を折り目として折り返すとぴったり重なる図形，つまり，l に関して対称な 2 点が“ペアで”含まれる図形は，「直線 l に関して**線対称**である」といい，l のことを**対称軸**といいます．

〔点対称〕

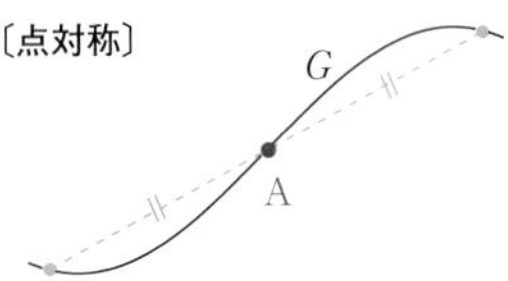

右の図形 G のように，ある点 A を中心として 180° 回転するとぴったり重なる図形，つまり，A に関して対称な 2 点が“ペアで”含まれる図形は，「点 A に関して**点対称**である」といい，A のことを**対称の中心**といいます．

問　次の図形に対して，線対称であるものについては対称軸（の 1 つ）を，点対称であるものに対しては対称の中心を書き入れよ．

(1)　平行四辺形　　(2)　正五角形　　(3)　正方形

解答

(1)

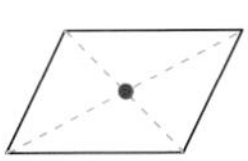

（点対称）

(2)

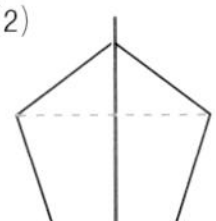

（線対称）

(3)

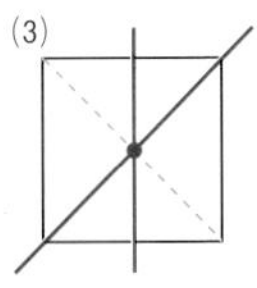

（点対称かつ線対称）

5 三平方の定理（ピタゴラスの定理）

三角形 T の 3 辺の長さ a, b, c について，次の関係が成り立ちます．

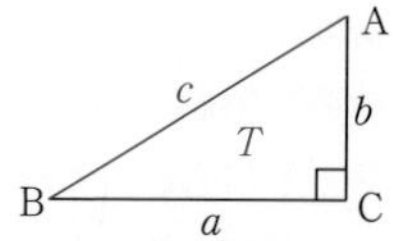

三平方の定理 定理

$$\angle C = 90^\circ \iff a^2 + b^2 = c^2.$$

「$\Longrightarrow$」の〔**証明**〕 右図のように 2 つの正方形を作る．4 つある直角三角形は全て合同である．外側の正方形の面積を 2 通りに表すことにより

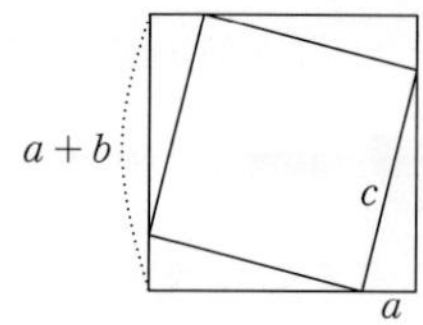

$$(a+b)^2 = c^2 + 4 \times \frac{1}{2}ab. \qquad \therefore\ a^2 + b^2 = c^2.\ \cdots①$$

「$\Longleftarrow$」の〔**証明**〕 ①が成り立つとし，$\angle C = 90^\circ$を示す．斜辺が x で他の 2 辺が a, b である直角三角形 T' を考えると，「$\Longrightarrow$」より

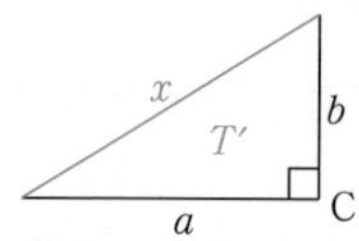

$$a^2 + b^2 = x^2.$$

これと①より，$c = x$．よって

$T \equiv T'$（3 辺相等）．よって，T も直角三角形であり，$\angle C = 90^\circ$．□

注 「$\Longrightarrow$」の「逆」[→1 9 11] である「$\Longleftarrow$」の証明を行う際，上記のように **“架空のモノ”** T' を持ち出し，「$\Longrightarrow$」を使ってそれが **“実際のモノ”** T と同一であることを示す方法論を，**同一法**と呼びます．

参考 「余弦定理」を用いれば，「$\Longleftarrow$」も簡単に示され，さらに内角が鋭角，鈍角であるための必要十分条件も得られます．[→3 5 5]

6 有名直角三角形

暗記！ 次の直角三角形は，実用上頻繁に出くわすので，記憶しておきましょう．

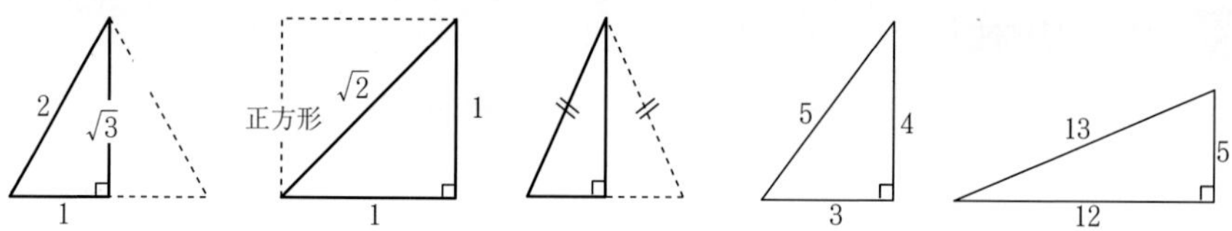

正三角形の半分　直角二等辺三角形　二等辺三角形の半分　3 辺が整数比

問 右図(1)(2)の直角三角形において，長さ x をそれぞれ求めよ．

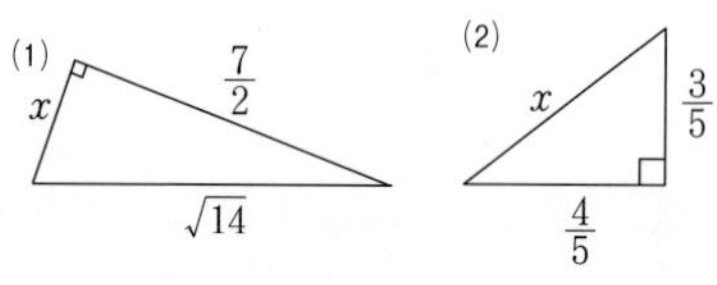

方針 三平方の定理は，辺の長さそのものではなく，比に対して使うのが効率的です！

解答 (1) 3 辺の比を

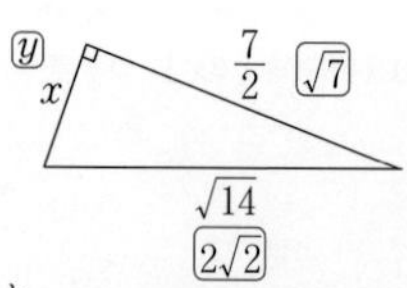

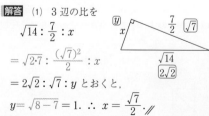

$$\sqrt{14} : \frac{7}{2} : x$$

$$= \sqrt{2 \cdot 7} : \frac{(\sqrt{7})^2}{2} : x$$

$= 2\sqrt{2} : \sqrt{7} : y$ とおくと，

$y = \sqrt{8-7} = 1$. $\therefore\ x = \dfrac{\sqrt{7}}{2}$.//

(2) 3 辺の比を

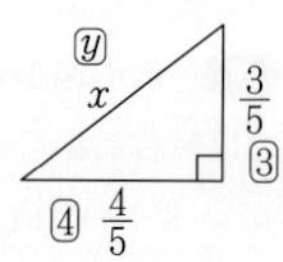

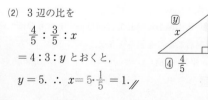

$$\frac{4}{5} : \frac{3}{5} : x$$

$= 4 : 3 : y$ とおくと，

$y = 5$. $\therefore\ x = 5 \cdot \dfrac{1}{5} = 1$.//

解説 比である y を実際の長さ x に変えるには，例えば(1)では実際の長さ $\dfrac{7}{2}$ が比である $\sqrt{7}$ の何倍かを考え，これを $y = 1$ に掛けます．

2 合同・相似

1 図形の移動

平面上の図形 F を，線分の長さや角の大きさを変えずに**移動**して図形 F' を得る方法として，次の 3 つが代表的です．

平行移動
F 上の全ての点を，一定の向きに一定の距離だけ移動する．

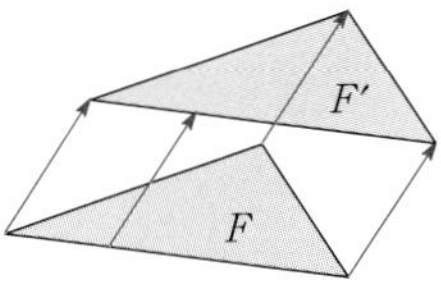

将来　つまり，「移動」を表す**ベクトル**が全て等しいということ．

回転移動
F 上の全ての点を，ある定点 O のまわりに一定の角 θ だけ回転する．

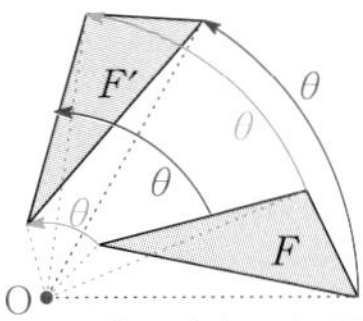

O：**回転の中心**，θ：**回転角**

注　$\theta = 180°$ の場合，F と F' は点 O に関して**点対称**．

対称移動
図形上の全ての点を，ある定直線 l に関して対称[1]な点に移動する．

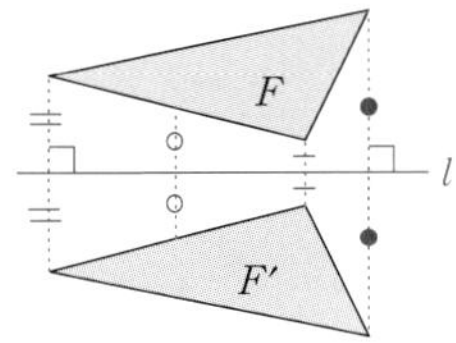

l：**対称軸**

語記サポ　1)：ここで用いた「○○に関して対称」という言い回しを覚えましょう．

2 図形の合同

2 つの図形 F, F' があり，F に対し，上記 3 種類の移動を（繰り返し）行うと F' にぴったり重ねることができるとします．このように，F, F' が形も大きさも同じとき，F と F' は**合同**であるといい，次のように表します：

$F \equiv F'$ ……世界標準は「$\cong$」

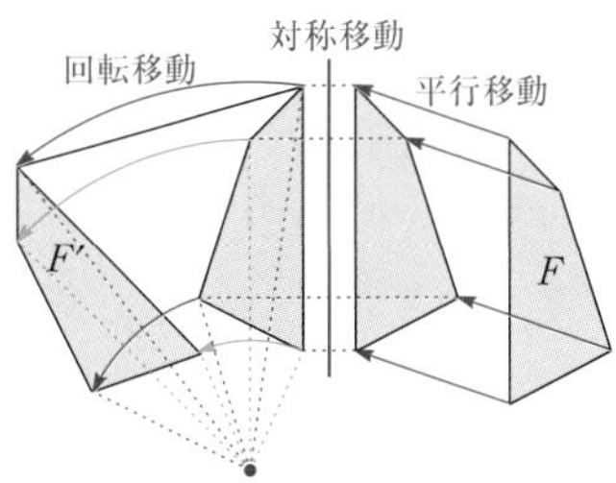

3 三角形の決定条件（合同条件）

三角形を**決定**する方法として，次の 3 通りがあります．すなわち，❶，❷，❸のどれかの条件が与えられれば，他の辺や角も決まります．

三角形の決定条件（合同条件）　原理

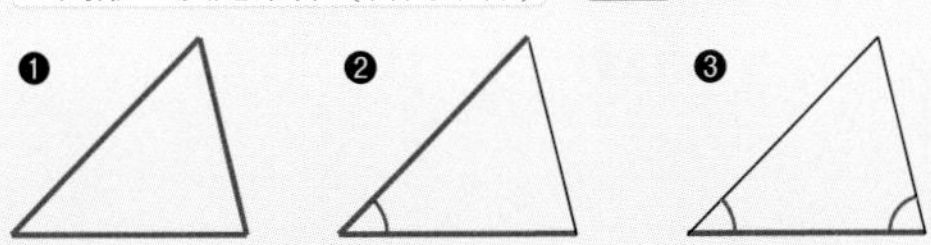

❶〔3 辺の長さ〕　❷〔2 辺夾角〕　❸〔2 角夾辺〕

重要　2 つの三角形が**合同**であるための条件は，それらが同じ“決定条件”を満たしていることです．すなわち，左記の「決定条件」は，同時に「合同条件」でもあります．

語記サポ　「夾」:「その間の」

補足　❸は，実はどの 2 角でも OK です．2 角が決まれば，内角の和が 180° であることから，残りの角も自ずと決まりますので．

注　直角三角形の場合，2 辺の長さが決まれば三平方の定理により他の辺の長さも決まります．よって上記❷と異なり，「**2 辺とその間でない直角**」によっても三角形は決定されます．

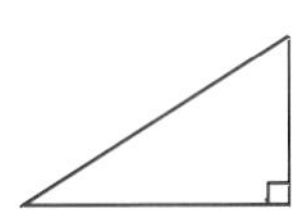

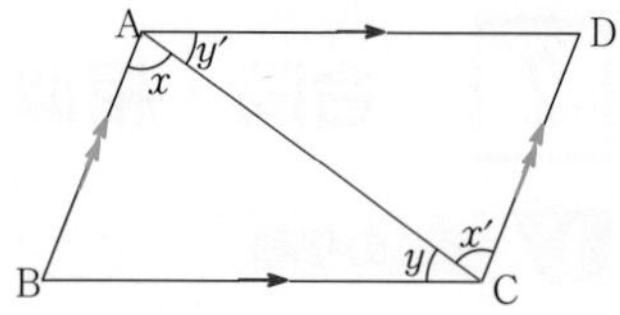

例 平行四辺形の向かい合う辺どうしの長さは等しいことを示しましょう.

注 (これ以降も含めて) 同じ向きの矢印で「平行」を表します. ■

右図のように角をとると, △ABC と △CDA において

AB // DC より, $x = x'$. 錯角どうし

AD // BC より, $y = y'$. 同上

辺 AC は共通.

以上より, △ABC ≡ △CDA (2 角夾辺相等). 前記合同条件の❸

$\therefore$ AB = CD, BC = DA. □

重要 このように, 角を「x」などと図示しておくと,「視認」「記述」がともに楽になります.「∠CAB」のような表現だけにこだわるのは, 損です.

参考 平行線の性質は3において, 平行四辺形の性質は5 2においてまとめて扱います.

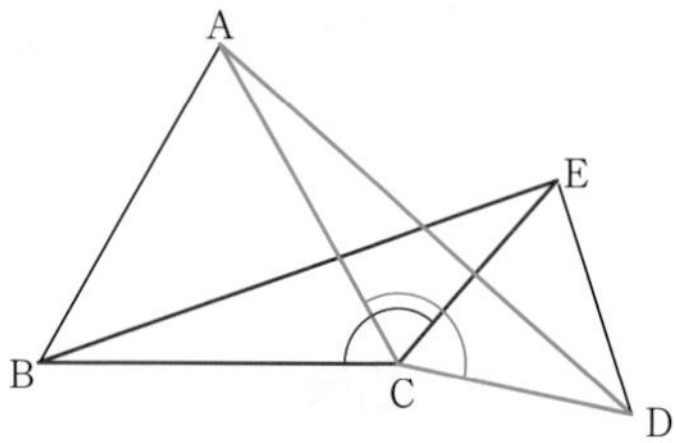

問 右図において, 2 つの三角形 ABC, CDE はいずれも正三角形であるとする. △BCE ≡ △ACD であることを示せ.

解答 正三角形 ABC, CDE の 1 辺の長さをそれぞれ x, y とおくと, △BCE, △ACD において

BC = AC $(= x)$, CE = CD $(= y)$.

∠BCE = ∠ACD (= 60° + ∠ACE).

$\therefore$ △BCE ≡ △ACD (2 辺夾角相等). □ 前記合同条件の❷

参考 △BCE は, △ACD を, 点 C を中心として 60°[1] だけ回転移動した図形ですね.

数学Ⅱ後 [1]: 回転の向きまで考えると, この回転角は「+60°」ですね.

問 三角形 ABC において, AB = 2, AC = $\sqrt{2}$, ∠ABC = 30° であるとする. この三角形 ABC の頂点 C を図示せよ.

注 2 辺 AB, AC と, その間ではない角が与えられています. これは三角形の決定条件ではないので, 図形が 1 つに決まらない可能性があります.

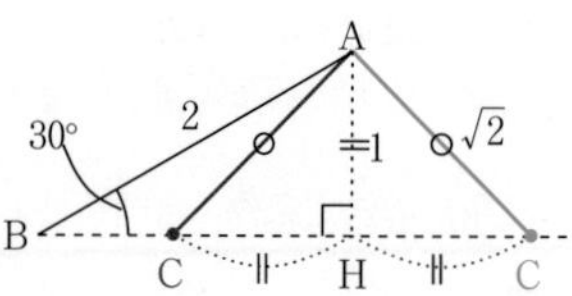

解答 A から直線 BC へ垂線 AH を下ろす. このとき, △ ABH に注目して, AH = 1. よって, AC = $\sqrt{2}$ のとき, △ AHC は直角二等辺三角形となるので, 右のようになる. //

注 △ ABH, △ AHC は, いずれも有名直角三角形ですね [→1 6].

4 二等辺三角形

三角形の 2 辺とその対角について, 次が成り立ちます:

二等辺三角形の性質 定理

$\underset{\text{二等辺三角形}}{\underline{a = b}} \iff \underset{\text{底角が等しい}}{\underline{A = B}}.$

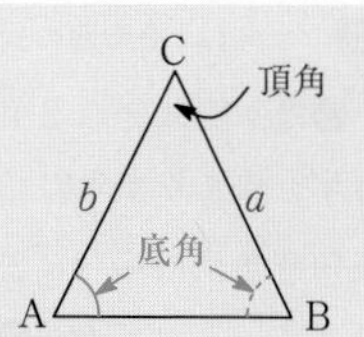

語記サポ 二等辺三角形の底角以外の角を**頂角**といいます.

〔証明〕 右図のように点 P をとり，△CAP と △CBP に注目すると，「∘」の角が等しく，辺 CP は共通です．よって，次の同値関係が成り立ちます．

$\triangle CAP \equiv \triangle CBP \iff a = b.$ 2 辺夾角相等

$\triangle CAP \equiv \triangle CBP \iff \theta = \theta' \iff A = B.$ 2 角夾辺相等

$\therefore\ a = b \iff A = B.$

〔証明図〕

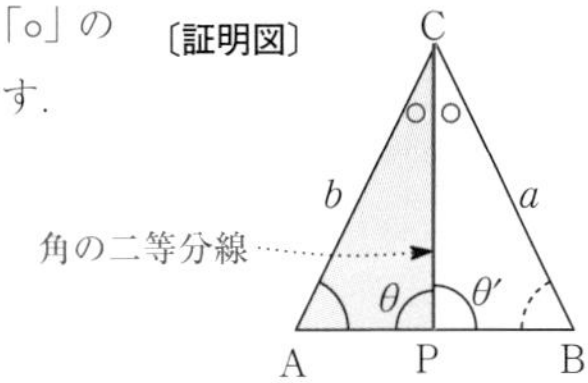

5 相似の位置

平面上に定点 O と図形 F がある．F 上の任意の点 P に対して，点 P′ を

$\begin{cases} \text{P}'\text{は半直線 OP 上,} \\ \text{OP}' = k\cdot\text{OP} \end{cases}$ ベクトル後 $\overrightarrow{OP'} = k\overrightarrow{OP}$

を満たすようにとり，この点 P′ が作る図形を F' とするとき，

F と F'は点 O を**中心**として**相似の位置**にあり，

相似比は 1 : k である

といいます．また，このようにして F に F' を対応付ける変換を**中心相似変換**，もしくは**伸縮写像**といいます．

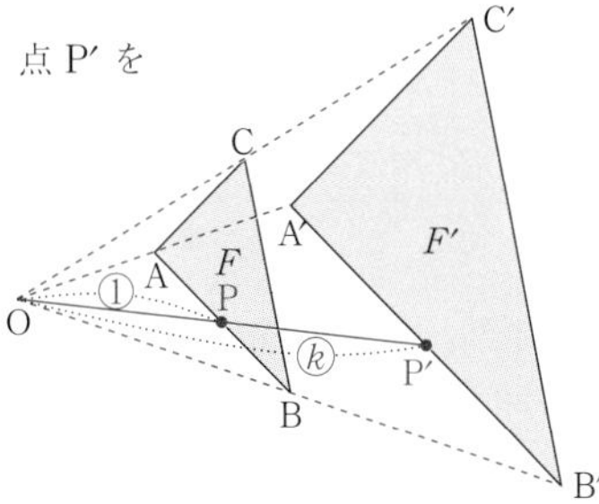

相似と比　上図において，対応する図形の長さどうし，例えば線分 AB と線分 A′B′ の比は，相似比と同じく 1 : k です．三角形の周の長さについても同様です．
対応する図形の面積どうし，例えば △ABC と △A′B′C′ の比は，底辺と高さの比がどちらも 1 : k であることから，$1^2 : k^2$ となります．

相似と比 定理

長さの比 … 相似比 1 : k.

面積の比 … 相似比の 2 乗 $1^2 : k^2$.

注 相似な**立体**どうしの体積比は，相似比の 3 乗となります．[→14 2]

例題 5 2 a 相似の位置 根底 実戦 [→演習問題 5 9 2]

xy 平面上に，図のような長方形 F がある．原点 O を中心として F と相似の位置にある図形 F' を図示せよ．ただし，F と F' の相似比は 1 : 3 とする．

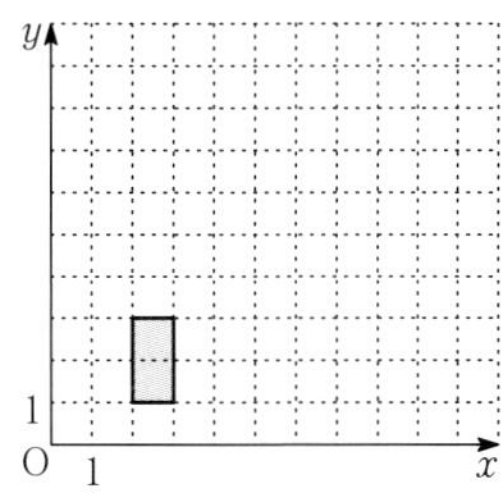

方針 F の 4 頂点と対応する F' の 4 頂点を決めれば OK です．

解答 右図の通りである：

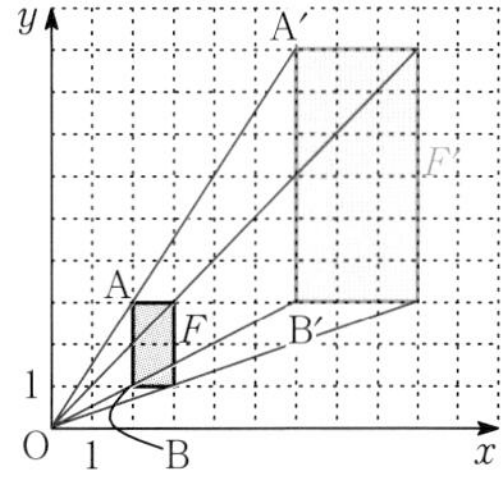

参考 F と F' の対応する辺の長さの比は，例えば

AB : A′B′ = 2 : 6 = 1 : 3. 相似比と同じ

面積比は

$1\cdot2 : 3\cdot6 = 1 : 9 = 1^2 : 3^2.$

これは，確かに相似比 1 : 3 の 2 乗と一致します．

6 相似

2つの図形 F, F' があり，F に対して 5 の伸縮写像や 1 のような移動を（繰り返し）行って F' にぴったり重ねることができるとき，つまり F, F' が同じ<u>形状</u>をしているとき，F と F' は**相似**であるといい，「$F \backsim F'$」と表します． 世界標準は「～」

語記サポ　記号「∽」は，「相似」＝「<u>S</u>imilar」の頭文字「S」を横に倒したものです．

7 三角形の相似条件

2つの三角形が相似となるための条件は，次の❶～❸のいずれかが成り立つことです．

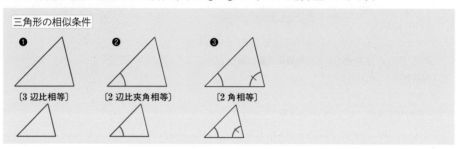

三角形の相似条件

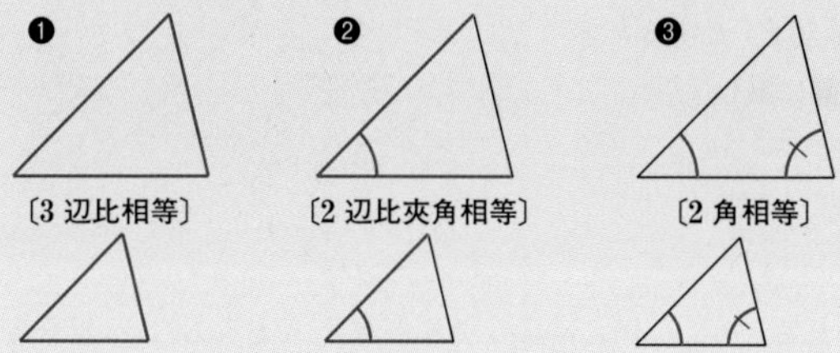

注　相似な三角形においては，対応する角は全て等しいです．また，対応する辺どうしの比はすべて等しく，この比のことを**相似比**といいます．これは，5 の意味での「相似比」と一致します．

問　右図は，三角形 ABC に対して 2 つの直角二等辺三角形 ABP，ACQ を“貼り付けた”図形である．
$\triangle ABQ \backsim \triangle APC$ であることを示せ．

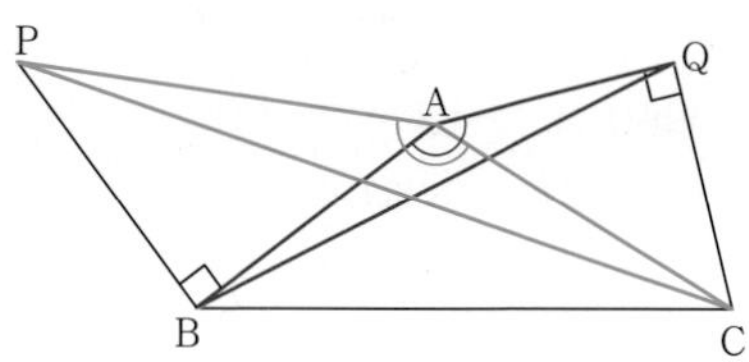

解答　$\triangle ABQ$, $\triangle APC$ において

$AB : AP = AQ : AC \left(= 1 : \sqrt{2}\right)$． …①

$\angle QAB = \angle CAP$ （$= \angle CAB + 45°$）．

$\therefore$ $\triangle ABQ \backsim \triangle APC$ （2 辺比夾角相等）．□ 前記相似条件の❷

補足　①にある括弧は，次のようなニュアンスで使われます：

「$AB : AP$ と $AQ : AC$ は等しいよ．なぜならどちらも $1 : \sqrt{2}$ だから．」

8 有名な相似三角形

〔3 つの直角三角形〕

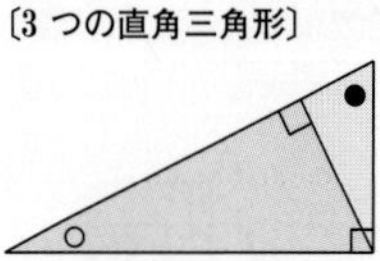

赤色と全体は ○ を共有
青色と全体は ● を共有
よって，赤色，青色，全体は全て相似．

〔長方形を折り返し〕

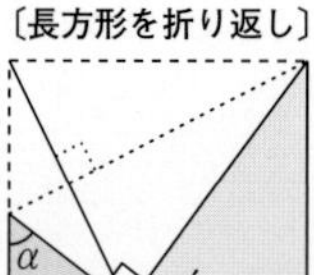

赤色三角形に注目して

$90° + \alpha = 90° + \alpha'$．

$\therefore \alpha = \alpha'$． [→4 1]

よって，赤色と青色は相似．

〔正三角形を折り返し〕

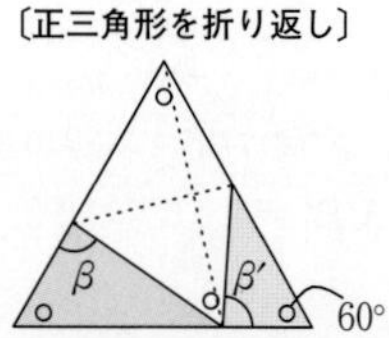

赤色三角形に注目して

$60° + \beta = 60° + \beta'$．

$\therefore \beta = \beta'$． [→4 1 問]

よって，赤色と青色は相似．

語記サポ　「折り返し」とは，折れ目の直線に関する**対称移動**[→2 1]のことですね．

例題 5 2 b　正五角形の対角線　根底 実戦　[→演習問題 5 9 3]

1 辺の長さが 1 である正五角形 ABCDE の 2 本の対角線 BE，AC の交点を P とする．

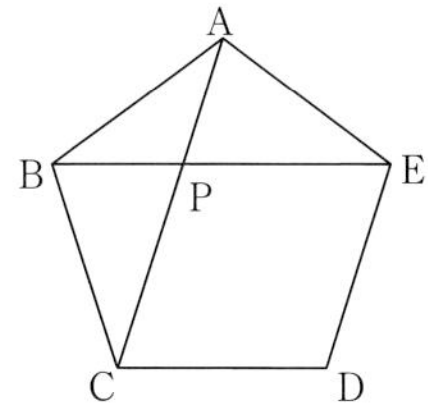

(1)　△ABE の 3 つの内角を求めよ．

(2)　△PAB ∽ △ABE を示せ．

(3)　対角線 BE の長さを求めよ．

着眼　あちこちに二等辺三角形が出来ているのが見抜けますか？

解答　(1)　△ABE において，

$\angle A =$ 正五角形の 1 つの内角 1)

$$= \frac{180^\circ \times (5-2)}{5} = 36^\circ \cdot 3 = 108^\circ. /\!/$$

これと AB = AE より

$$\angle B = \angle E = \frac{180^\circ - 108^\circ}{2} = 36^\circ. /\!/$$

(2)　$a = 36^\circ$ ($5a = 180^\circ$) とおく．2)

△ABE ≡ △BCA だから，△PAB において

$\angle A = \angle B = a.$

∴ △PAB∽△ABE.

(2 角相等) □

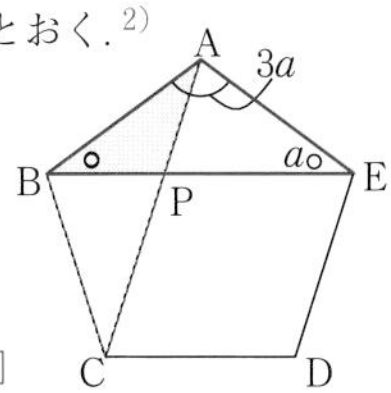

(3)　△EAP において

$\angle E = a,$

$\angle A = 3a - a = 2a.$

$\therefore \angle P = 5a - 3a = 2a.$

$\therefore \angle P = \angle A.$

よって，EP = EA = 1.

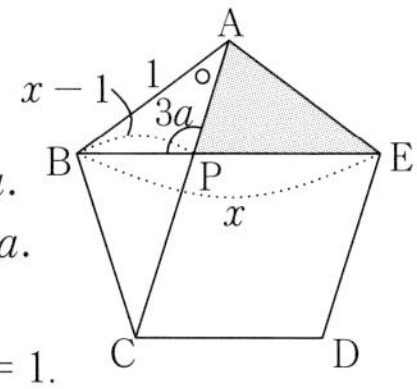

そこで，$x =$ BE とおいて(2)の相似に注目すると

$(x-1) : 1 = 1 : x.$ 3)

$x(x-1) = 1.$ $x^2 - x - 1 = 0.$

$$\therefore x = \frac{1+\sqrt{5}}{2}. /\!/ \ (\because\ x > 0)$$

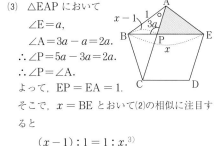

解説　1)：正多角形の内角の和について，詳しくは[→4 1 7].

2)：繰り返し現れそうな値には，このように文字で"名前"を付けておくと記述が楽です．

3)：ここでは，次の順序で並べています：

$(x-1)$:	1	=	1	:	x
青の短	青の長		赤の短		赤の長 …①

もう 1 つの並べ方として，次の仕方があります：

$(x-1)$:	1	=	1	:	x
青の短	赤の短		青の長		赤の長 …②

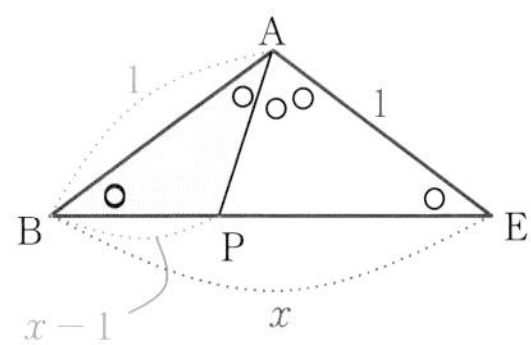

赤の短と青の長がどちらも 1 なので違いが分かりにくいですが (笑).

②では，△PAB→△ABE→△PAB→△ABE と行ったり来たりしています．それに対して①では，△PAB を注視して短→長，△ABE を注視して短→長の順に書くので，視点の動きが少なくて負担が少ないですね．筆者は①が好みです．

いずれにせよ，三角形の各辺に「長い方」などと個性付けして対応関係を明確に把握することが大切です．

3 平行線

1 平行線と角

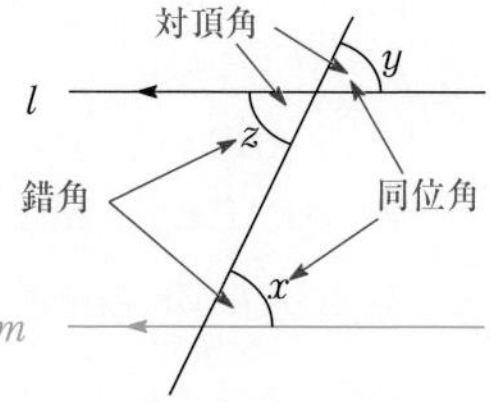

右図において，次の関係が成り立ちます：

$l \parallel m \Longleftrightarrow x = y$（同位角が等しい）

$l \parallel m \Longleftrightarrow x = z$（錯角が等しい）

対頂角どうしである y と z は必ず等しい

問

右図において，2 直線 l, l' は平行である．このとき角 x を求めよ．

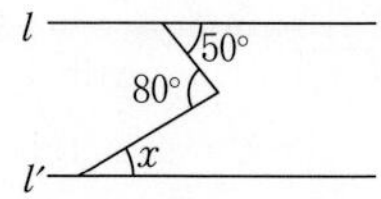

方針　「80°」が活かせる三角形ができるように補助線を引きます．

解答

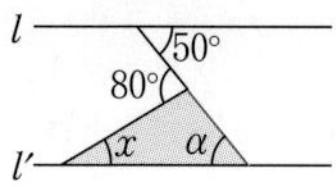

右図において，$l \parallel l'$ より

$\alpha = 50°$.

色の付いた三角形に注目して

$x + 50° = 80°$. $\therefore$ $x = 30°$. //

[→4 1]

別解

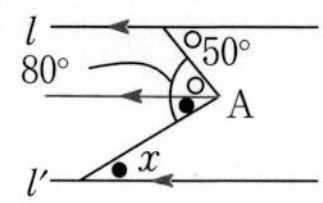

右図のように l と平行な直線を引いても解答できます．

点 A の所の角に注目して

$x + 50° = 80°$. $\therefore$ $x = 30°$. //

言い訳　中学生の問題ですけどね．いちおうやっときました (笑).

2 平行線と線分比

下右図のように，相異なる A，B，C が共線で，A，D，E も共線であるとします．

△ABD と △ACE において，角 A は共通ですから，角の関係「∠ABD = ∠ACE」つまり「BD ∥ CE」と，線分比の関係「AB : AC = AD : AE」は，どちらも「△ABD ∽ △ACE」と同値です．よって，次の関係を得ます．

平行線と線分比（その1） 定理 既習者

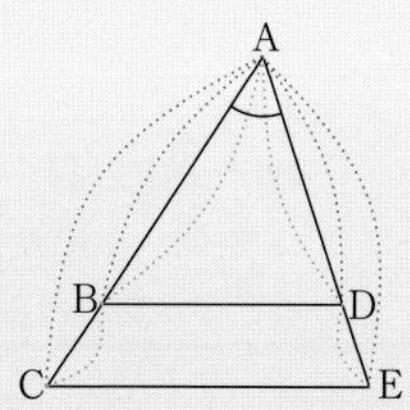

右図において

BD ∥ CE

⟺ AB : AC = AD : AE　赤点線．辺どうしの比

⟺ AB : BC = AD : DE　青点線．線分どうしの比

注　BD ∥ CE のとき，△ABD ∽ △ACE より，AB : AC = AD : AE = BD : CE も成り立ちます．

補足　最終行の「⟺」がピンとこないという人は，例としての具体数を思い浮かべてみてください：

例　AB : AC = AD : AE = 3 : 4 のとき，

AB : BC = AD : DE = 3 : 1 となる．

これならスッと納得いきますね．

言い訳　重要度⇩⇩ 本章で扱っている「初等幾何学」を精緻に構築していく際には，本項で後述する「中点連結定理」，この「平行線と線分比」の関係から「三角形の相似条件」の定理を導きます．しかし，ここでは中学教科書の記述にのっとって敢えて逆順の説明をしています．高校までの数学では，このように厳密性を犠牲にして，学習の便宜のために受け入れやすい記述をすることがしばしばあります．もちろん，学ぶ側の生徒さんが気を揉む必要はありません (笑). ■

次に，前図において，線分 AE を BD 方向に平行移動して右図のような 3 点 A′, D′, E′ を得たとしましょう（3 本の赤実線は全て平行です）.

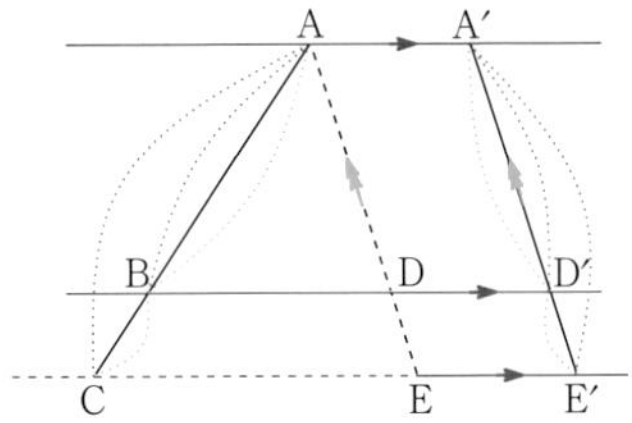

四角形 ADD′A′ などは平行四辺形ですから

$$AD = A'D',\ AE = A'E',\ DE = D'E'$$

が成り立ちます[→2 3 例]．これと前述したことにより，次の結果を得ます：

平行線と線分比（その 2） 定理 既習者

右図において，次が成り立つ：

$$AA' \mathbin{/\!/} BD' \mathbin{/\!/} CE'$$
$$\iff AB : AC = A'D' : A'E' \quad \text{赤点線}$$
$$\iff AB : BC = A'D' : D'E' \quad \text{青点線}$$

平行線は
比を保存する

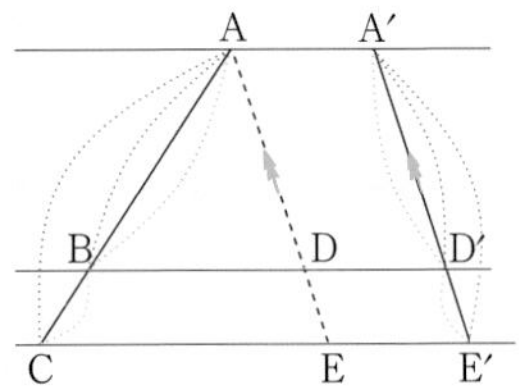

問 1 xy 平面において，直線 $y = -\dfrac{2}{3}x + 3$ 上に 3 点 $A\left(-\dfrac{3}{2}, 4\right)$, $B\left(\dfrac{3}{2}, 2\right)$, $C(3, 1)$ がある．線分比 AB : BC を求めよ．

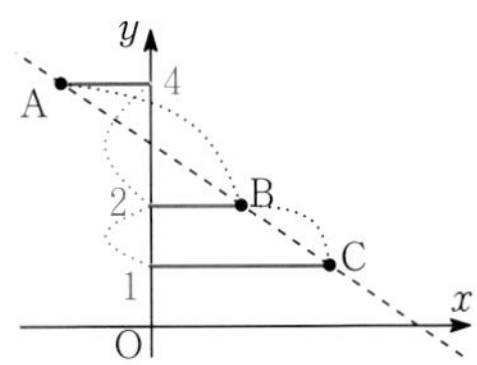

方針 上記 平行線と線分比（その 2） を用いれば，x, y のうち片方だけを考えればよいことがわかります．x 座標の方には分数が含まれていてメンドウそうですから，y 座標だけを考えます．

解答 $AB : BC = (4 - 2) : (2 - 1) = 2 : 1.$ //

解説 図中の赤実線は，全て x 軸と平行ですね．

問 2 右図のように平行線があるとき，長さ x, y を求めよ．

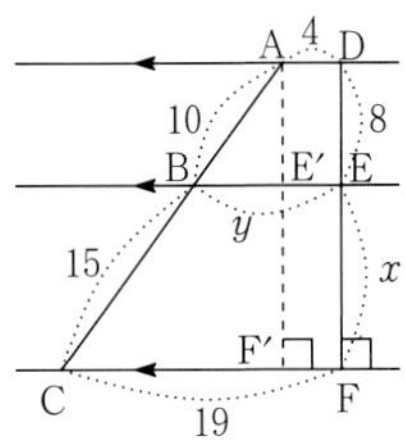

方針 平行線と線分比 以外に，三角形の相似も使います．

解答 平行線の性質を用いる．$10 : 15 = 2 : 3$ だから

$$2 : 3 = 8 : x. \qquad \therefore x = 8 \cdot \frac{3}{2} = 12.$$ //

次に，$\triangle ABE' \backsim \triangle ACF'$ と $CF' = 19 - 4 = 15$ より

$$BE' : 15 = 2 : (2 + 3). \qquad \therefore BE' = 15 \cdot \frac{2}{5} = 6. \qquad \therefore y = 6 + 4 = 10.$$ //

平行線と線分比（その 1） で述べた内容の特殊なケースとして，次が有名です：

中点連結定理 定理

三角形 ABC において，辺 AB，AC の中点をそれぞれ M，N とすると

$$MN \mathbin{/\!/} BC,\ MN = \frac{1}{2}BC.$$

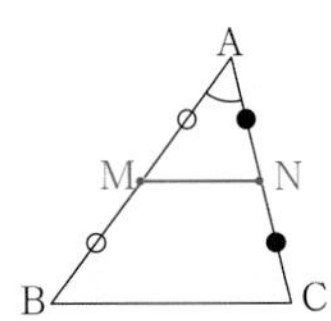

〔証明〕 $\triangle ABC \backsim \triangle AMN$（∵ 二辺比夾角相等）であり，相似比は $AB : AM = 2 : 1$ であることから即座に導かれますね．

言い訳 重要度⇩⇩ 単なる特殊例に過ぎないものに対して，このように大袈裟（おおげさ）な「名前」までついているのは，平行線と線分比（その 1） の 言い訳 で述べた“オトナの事情”における重要性によります．まあ，実用上けっこう使いますので，覚えておいても損はない程度です（笑）.

3 角の二等分線の性質

角の二等分線の性質 定理

〔内角の二等分線〕

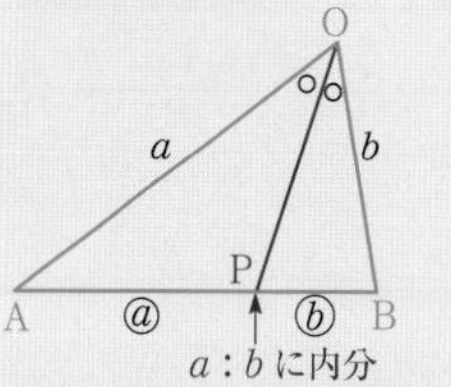

OP が内角 O を二等分
⟺ P が AB を $a:b$ に内分

〔外角の二等分線〕

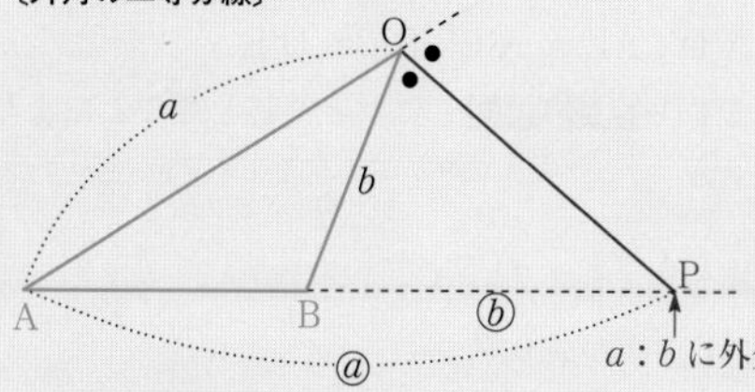

OP が外角 O を二等分
⟺ P が AB を $a:b$ に外分

解説 「内角の二等分線」は内分.「外角の二等分線」は外分. 覚えやすいですね.

〔証明〕 「内角の二等分線」の方を, 下左図をもとに「⟹」「⟸」同時に証明します. 外角の方も, 下右図を用いてまったく同様に示せます.

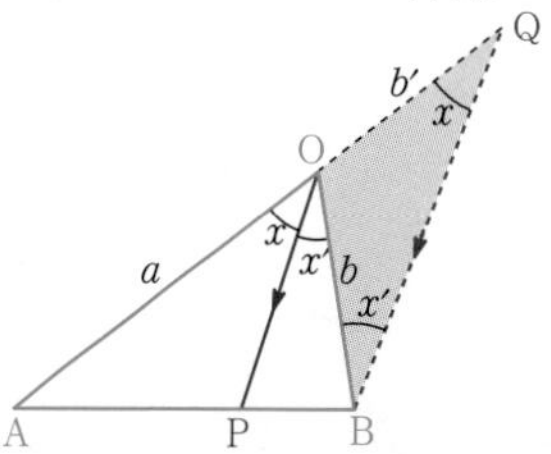

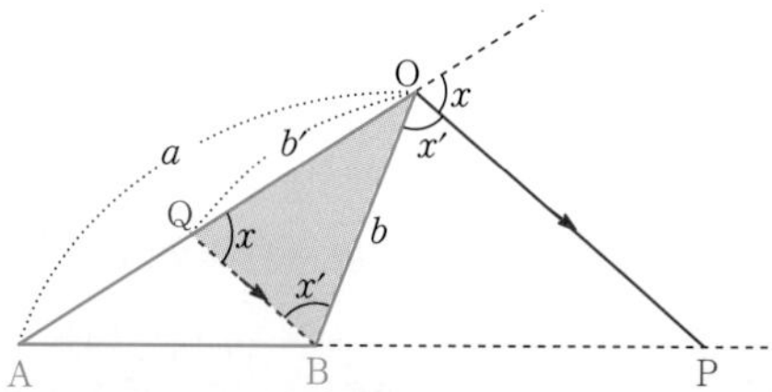

上図のように, 直線 AB 上に点 P をとり, OP の平行線 BQ を引くと, 1 より図のように角 x(同位角どうし) および x'(錯角どうし) がとれます. また, 図のように線分の長さ a, b, b' をとると, 2 より

$AP : PB = a : b'$. …① 平行線は比を保存する

以上を前提として考えると,

$$x = x' \iff b = b'$$ △OBQ に注目

$$\iff AP : PB = a : b \ (\because ①).$$

i.e. OP が内角 O を二等分 $\iff AP : PB = a : b$. □

補足 「外角の二等分線」の方の証明は, 上記「内角 O」の所を「角 O の外角」に変えるだけです.

問 三角形 ABC があり, $AB = 7$, $BC = 6$, $CA = 5$ とする. 内角 A の二等分線と辺 BC の交点を P, 角 C の外角の二等分線と直線 AP の交点を Q とする.

(1) 線分 CP の長さを求めよ.　　(2) AP : PQ を求めよ.

解答 (1) 三角形 ABC の内角 A に対して角の二等分線の性質を用いて

$BP : PC = 7 : 5$. ∴ $CP = 6\cdot\dfrac{5}{5+7} = \dfrac{5}{2}$. //

(2) 三角形 CAP の外角 C に対して角の二等分線の性質を用いて

$AQ : PQ = 5 : \dfrac{5}{2} = 2 : 1$. ∴ $AP : PQ = 1 : 1$. //

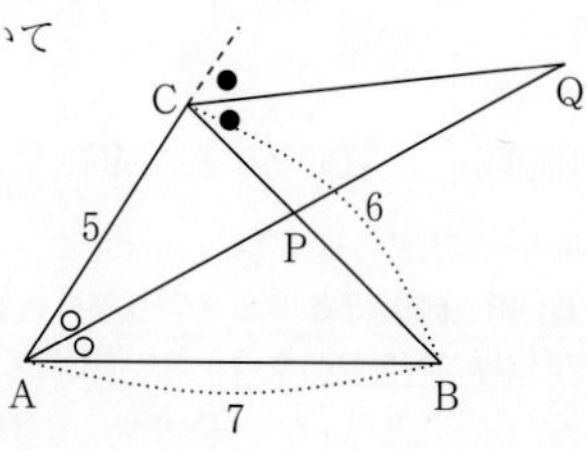

参考 Q は, 三角形 ABC の**傍心**と呼ばれる点です. [→6 5]

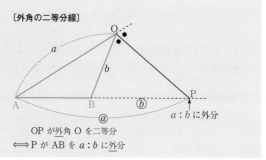

例題 5 3 a 角の二等分線と平行 根底 実戦

[→演習問題 5 9 6]

△ABC において，辺 BC の中点を M とする．∠AMB, ∠AMC の二等分線 MP，MQ を図のように引く．このとき，PQ ∥ BC を示せ．

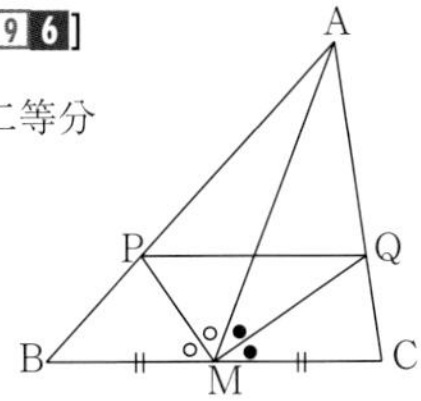

方針 角の二等分線の性質を，どの三角形に対して適用するかを明確に．

解答 △AMB，△AMC において角の二等分線の性質を用いると

AP : PB = MA : MB,

AQ : QC = MA : MC.

これと MB = MC より

AP : PB = AQ : QC.

∴ PQ ∥ BC. □

解説 最後の所では，2 の 平行線と線分比（その１） を用いました．

例題 5 3 b 角の二等分線と四角形 根底 実戦

[→演習問題 5 9 12]

四角形 ABCD において，∠A，∠C の二等分線が対角線 BD と交わる点が一致するとする．また，∠B の二等分線と対角線 AC の交点を Q とする．このとき，DQ は ∠D を二等分することを示せ．

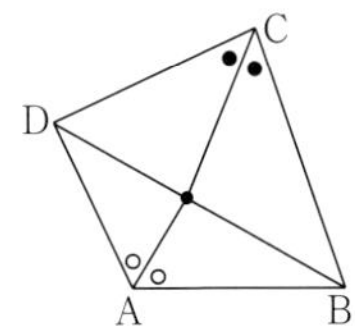

方針 角の二等分線の性質を，どの三角形に対して適用するかを明確に．

解答 右図のように交点 P と長さ a~d をとる．△ABD，△CBD において角の二等分線の性質を用いると

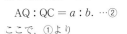

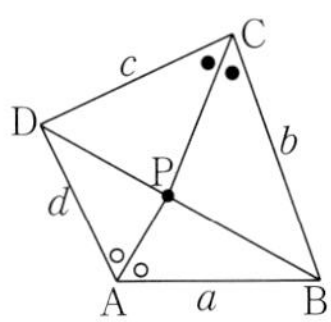

(BP : PD =) $a : d = b : c$. …①

△BAC において角の二等分線の性質を用いると

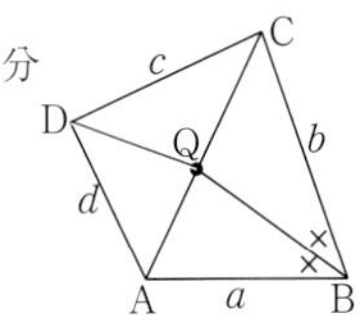

AQ : QC = $a : b$. …②

ここで，①より

$ac = bd$. ∴ $a : b = d : c$. …③

これと②より，AQ : QC = $d : c$.

よって，DQ は ∠D を二等分する．□ [1)]

解説 ①，②では，前述の 角の二等分線の性質 を「⟹」の向きに使いました．最後の [1)] だけは，「⟸」の向きに使っています．

補足 比例式①を，③へと"読み替える"ことがポイントです：

$a : d = b : c$ …①

⟺ $ac = bd$

⟺ $a : b = d : c$. …③ ●●● b と d が入れ替わった

このように，「比例式」には見た目が異なる 2 通りの書き方があることを覚えておいてください．

[→例題 5 2 b 解説]

第5章 図形の性質

4 三角形の性質

1 三角形の内角の和

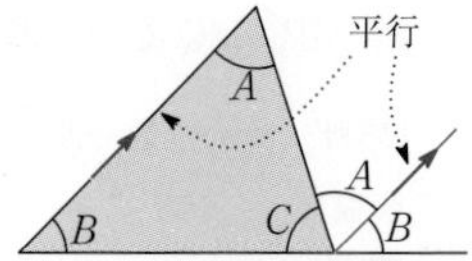

右図のように補助線（赤実線）を引くと，平行線における同位角，錯角の性質より，任意の三角形の内角の和は

$A+B+C=180°$.

この関係は，次のように使うと手早いことがよくあります：

$\underbrace{A+B}_{\text{内角 2 個の和}}=\underbrace{C'}_{\text{残りの外角}}$. $C'=180°-C$

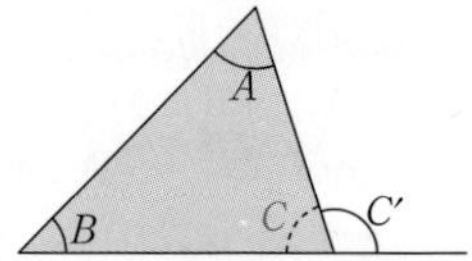

注　3 つの実数 A, B, C が三角形の 3 つの内角を表すための条件は

$$\begin{cases} A+B+C=180°, \\ A, B, C>0° \end{cases}$$

です.

注　このとき $A, B, C<180°$ は自ずと成り立ちます.

問　右図は，正三角形 ABC を直線 PQ を“折り目”として折り返したものであり，点 A は辺 BC 上の点 A′ に移されたとする．図中の角 x, y が等しいことを示せ.

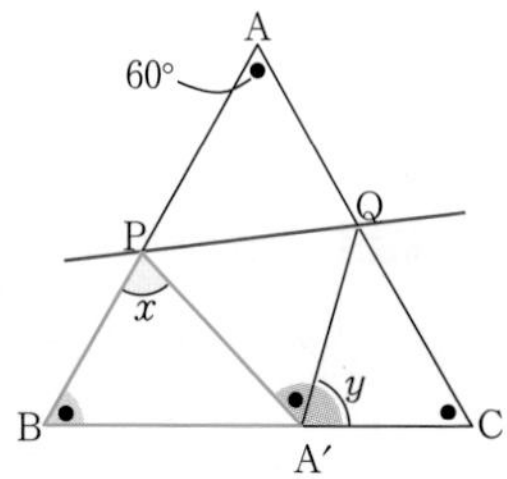

解答　三角形 BA′P に注目すると

$\underbrace{60°+x}_{\text{内角 2 個の和}}=\underbrace{60°+y}_{\text{残りの外角}}$.　∴ $x=y$. □

参考　この結果により

△PBA′ ∽ △A′CQ（∵ 2 角相等）

であることがわかります. ■

注　この素材は，2 8「有名な相似三角形」でも扱いました.

n 角形の角

〔図 1〕のように，n 角形をある 1 頂点を通る対角線により三角形に分割して考えると，その内角の和は

$180°\times(n-2)$. もちろん $n \geq 3$

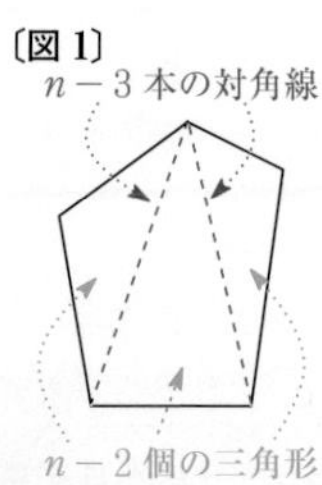

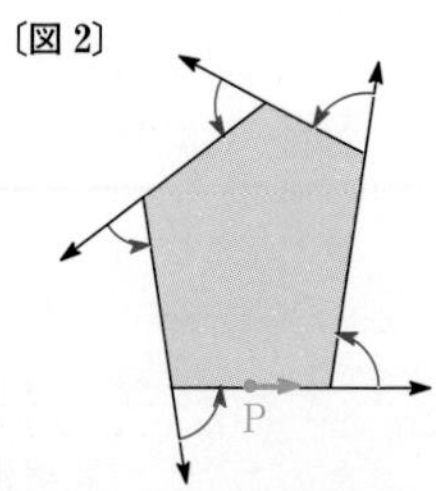

正 n 角形の 1 つの内角は，これを n で割って得られます.

例　正五角形の 1 つの内角の大きさは

$\dfrac{180°\times(5-2)}{5}=108°$.

また，n 角形の外角の和は，右の〔図 2〕において，点 P からスタートして n 角形の周を 1 周するときの「→」の向きの変化の合計を考えて，**360°**. これは，n に関係なく一定です.

2 3辺の長さの関係

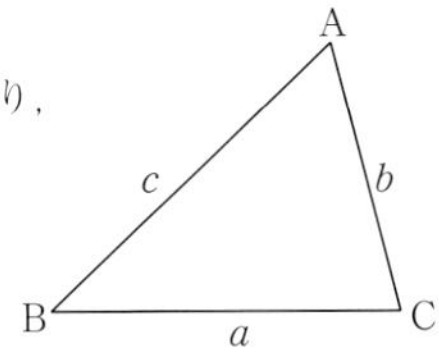

右図の三角形において，C から B に到る最短経路の長さは $CB = a$ であり，$CA + AB = b + c$ はそれに比べて遠回りですね．よって

$a < b + c$ …① ••• 1 辺は，他の 2 辺の和より小さい

が成り立ちます．同様に考えて，次の 3 つの不等式を得ます．

$$\begin{cases} a < b + c & \cdots① \\ b < c + a & \cdots② \\ c < a + b & \cdots③ \end{cases}$$ a を主体としてまとめると，$$\begin{cases} a < b + c & \cdots① \\ b - c < a & \cdots②' \\ c - b < a & \cdots③' \end{cases}$$

②′, ③′ を絶対値記号を用いてまとめることにより，次の定理を得ます：

三角形の 3 辺 定理

実数 a, b, c が三角形の 3 辺の長さをなすための条件は

$$\underbrace{|b - c|}_{2\text{ 辺の差 }^{1)}} < a < \underbrace{b + c}_{2\text{ 辺の和}}. \cdots④$$ b や c を中辺に置いても同様

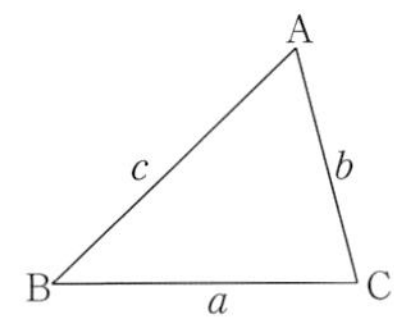

語記サポ 1)：厳密には「絶対差」ですが，この文脈では誤解は無さそう…．[→154]

解説 上記では，$a, b, c > 0$ のもとで，

a, b, c が三角形の 3 辺の長さをなす $\Longrightarrow$ ④

の向きにしか考えていませんでしたが，④にまとめる前の①～③を見れば，「逆」:「$\Longleftarrow$」も成り立つことがわかります．

補足 $|b - c| \geq 0$ ですから，④から $a > 0$ も導かれます．また，元の①，②，③は a, b, c に関して対称ですから，$b, c > 0$ も導かれ，そもそも a, b, c が「長さ」を表すことも保証されます．つまり④は，「$a > 0, b > 0, c > 0$, ①, ②, ③」という計 6 個の不等式を 1 行にまとめて得られた

「実数 a, b, c が三角形の 3 辺の長さをなす」ための，**完全なる必要十分条件**

なのです． ••• けっこう凄くない！？

注 3 辺のうち a が最大辺だとわかっている場合，④の左側の不等式は自ずと成り立つので，右側：「$a < b + c$」のみでよいことになります．ただし，$a, b, c > 0$ を前提としての話になります．

言い訳 ﾚﾍﾞﾙ⬆ ここで使用した不等式①などは，この後4で扱う「辺と角の関係」を元にして導くこともできますが，通常は「自明なこと」として認められるでしょう．

問 x は実数とする．3 つの実数 $x - 1, x + 1, 5 - 2x$ が，三角形の 3 辺の長さをなすような x の値の範囲を求めよ．

解答 求める条件は

$$|(x - 1) - (x + 1)| < 5 - 2x < (x - 1) + (x + 1).$$

$$2 < 5 - 2x < 2x. \cdots①$$

$$\text{i.e. } \frac{5}{4} < x < \frac{3}{2}. /\!/ \cdots②$$

解説 $x - 1$ と $x + 1$ の和や差はカンタンな式になりそうですから，前記公式の「b, c」の所に当てはめます．残りの「$5 - 2x$」を，「a」の所に入れます．

補足 ①の“左側”，“右側”を別々に解き，それぞれを②の“右側”，“左側”に書いています．

[→例題17C(2)]

3 三角不等式

実数 a, b, c が三角形の 3 辺の長さをなすとき以外に，右図の下の 3 例のように三角形が面積 0 に退化したときを考えると

(ア)のとき，$a = b + c$

(イ), (ウ)のとき，$a = |b - c|$

が成り立ちます．よって，三角形が退化したとき（ペシャンコに潰れたとき）まで含めて考えて，次の有名不等式が成り立ちます．

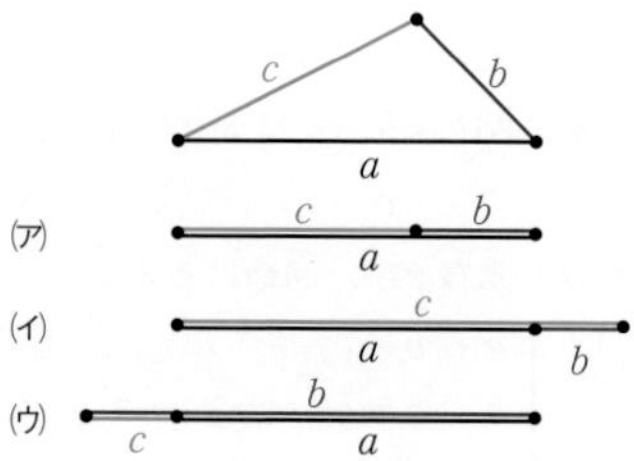

三角不等式 定理 既習者

a, b, c が三角形（退化した場合を含む）の 3 辺の長さをなすとき，

$|b - c| \leq a \leq b + c$.（等号は，三角形が退化したときのみ成立）

等号は(イ)(ウ)のときだけ　等号は(ア)のときだけ

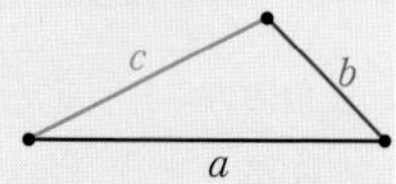

注　三角不等式は，余弦定理から導くこともできます．**[→演習問題 3 8 8]**

将来　この結果と実質的に同等な内容を，「ベクトル」「複素数」でも学びます[→**数学** C]．

問　r, d は正の定数とする．平面上に中心 O，半径 r の円周 C と定点 A があり，OA $= d$ とする．P を C 上の動点として，線分 AP の長さ L の最大値，最小値を，三角不等式を用いて求めよ．

解答　三角形 OAP(退化した場合も含む）に注目する．

○ 最大値について．

$L \leq d + r$. …① 大小関係の不等式

等号は，P $=$ P_1(右図）のとき成立する．…②

①, ②より，$\max L = d + r$.// (これは $d = r$ でも成立)

○ 最小値について．

$L \geq |d - r|$. …③ 大小関係の不等式

等号は，P $=$ P_2(右図）のとき成立する．…④

③, ④より，$\min L = |d - r|$.// (これは $d = r$ でも成立)

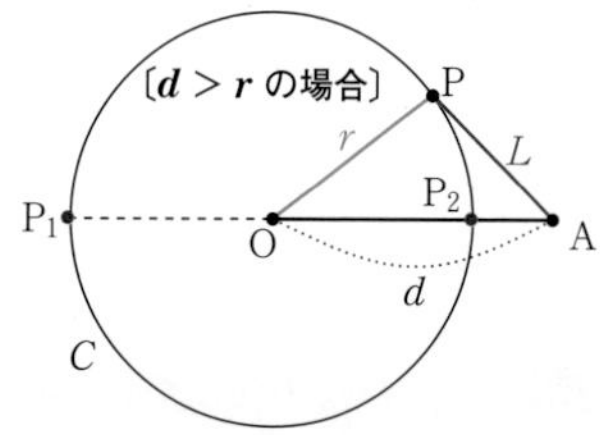

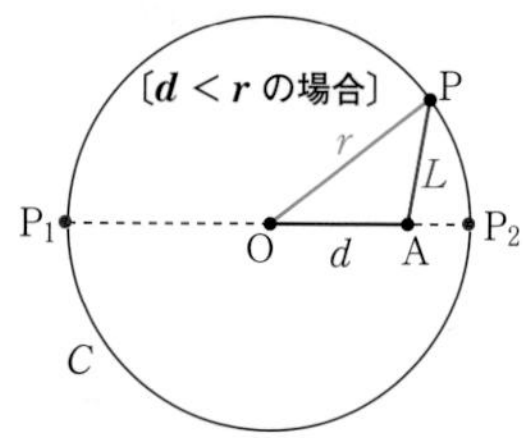

解説　このように，「三角不等式」は，三角形が退化したとき（ペシャンコに潰れたとき）まで含めて考えることで用途が広がります．3 本の線分がつながってさえいれば使えるんです．

③のように「絶対値記号」を用いれば，最小値を r, d の大小に関係なく同じ式で表せます．

補足　長さ L は，①で「**定数** $d + r$ **以下**」，②で「その定数値を**とり得る**」ことがわかりました．この 2 つから，L の最大値は定数 $d + r$ とわかります．**[→詳しくは，数学Ⅱ「いろいろな式」]**

言い訳　本問の結果は直観的に明らかなことであり，普段は上記 解答 のような議論を経ずに結論付けてよいことが多いでしょう．ここでは，「三角不等式」の応用例として取り上げてみたまでです．

参考　**[→演習問題 5 9 7, 例題 5 14 b]** で，三角不等式と少し関連のある「**折線の最短経路**」を扱います．

語記サポ　「半径」＝「radius」，「距離」＝「distance」，「長さ」＝「Length」の頭文字を使用．

4 辺の長短と角の大小

右図の三角形の辺，角について，次が成り立ちます．

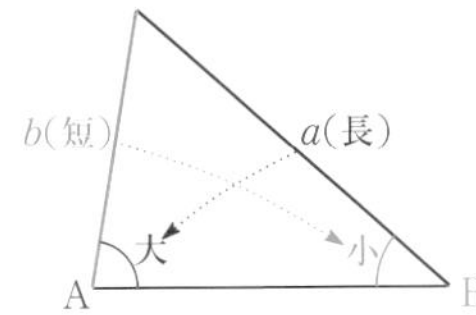

$a > b \Longrightarrow A > B$

〔証明〕 $a > b$ のとき，右下図のように二等辺三角形 CAD を作り，角 x, y をとると

$A = x + y.$ …①

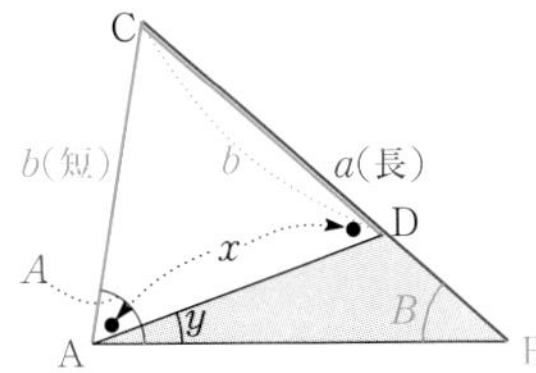

また，三角形 ABD に注目すると

$\underbrace{B + y}_{\text{内角 2 個の和}} = \underbrace{x}_{\text{残りの外角}}.$ 　　$\therefore\ B = x - y.$ …②

①，②より，$A > B$. □

上記では，「辺→角」の順に考えましたが，「辺←角」という逆向きについても考えてみましょう．

そのための準備として，「$a > b$」以外の状況も考えます．当然，a と b の大小を入れ替えれた $a < b \Longrightarrow A < B$ も成り立ちます．また，2 4「二等辺三角形」で示したように，$a = b \Longrightarrow A = B$ も成り立ちます．よって，右の **(∗)** がわかりました．

(∗)

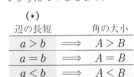

辺の長短		角の大小
$a > b$	$\Longrightarrow$	$A > B$
$a = b$	$\Longrightarrow$	$A = B$
$a < b$	$\Longrightarrow$	$A < B$

「どこかで聞いたな」と思い出しましたか？そう．**例題 1 9 p** の**転換法**(背理法の一種) が使える状況です．

例えば「$A > B$」のときを考え，仮に「$a > b$ でない」としたら，「仮定部分」＝「辺の長短」が**全ての場合を尽くしている**ので「$a = b$ or $a < b$」となります．すると上記 **(∗)** より「$A = B$ or $A < B$」が成り立つことになり，「結論部分」＝「角の大小」に**重複がない**おかげで「$A > B$」と矛盾しますね．

元々考えた向き

辺の長短	角の大小
$a > b$	$A > B$
$a = b$	$A = B$
$a < b$	$A < B$

全ての場合を尽くしている　重複がない

転換法で得られる向き

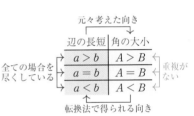

このようにして，「$A > B \Longrightarrow a > b$」などの逆向きも成り立つことがいえます．以上より，次のようにまとめることができます：

角と対辺の大小関係 定理 既習者

$$\begin{cases} a > b \Longleftrightarrow A > B. \\ a = b \Longleftrightarrow A = B. \\ a < b \Longleftrightarrow A < B. \end{cases}$$

「辺の長短」と「角の大小」は一致する

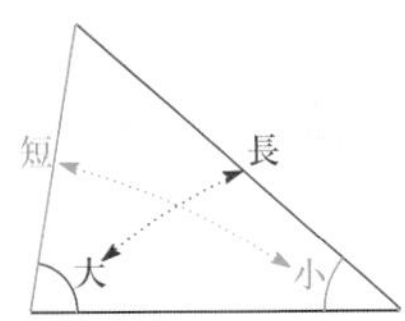

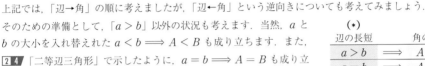

問 x は正の実数とする．$x+1, x+2, x+3$ を 3 辺の長さとする三角形は必ず存在することを示せ．また，この三角形が直角三角形となるような x の値を求めよ．

解答 $x > 0$ より $x+1, x+2, x+3 > 0$.

また，$x+3$ が最大辺であり，

他の 2 辺の和 $= (x+2) + (x+1) = 2x + 3$.

これと $x > 0$ より

$x + 3 < (x+2) + (x+1)$.

よって，題意の三角形は存在する．□

次に，直角となり得るのは最大角のみであり，それは最大辺 $x+3$ の対角．よって題意の条件は

$(x+1)^2 + (x+2)^2 = (x+3)^2$.

$x^2 = 4$. $\therefore\ x = 2.$ // 3 辺は 3, 4, 5

5 有名四角形の性質

注 例えば右図の四角形を呼び表す際には，「四角形 ABCD」とか「四角形 BADC」のように，四角形の周上を一定の向きに回る順に頂点の名前を並べます．「四角形 ABDC」などと呼んではなりません．（三角形なら，どう並べても大丈夫ですね．）

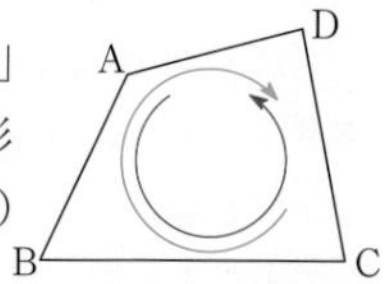

1 台形

向かい合う 1 組（以上）の辺どうしが平行である四角形を**台形**といいます．

その面積は，合同な台形を 2 つ合わせてできる平行四辺形を利用して，次のように求まります：

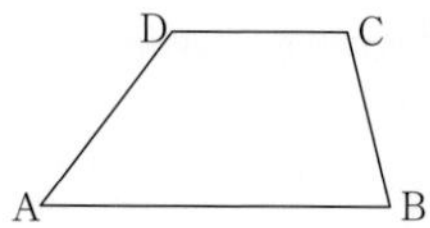

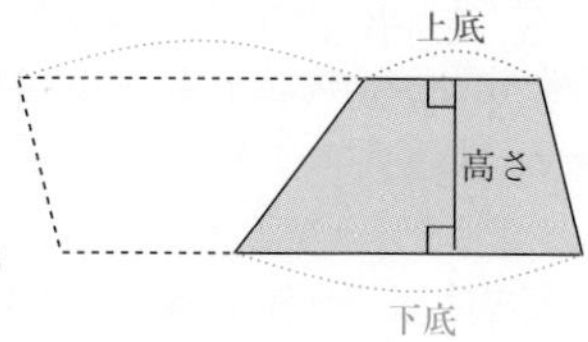

$\frac{1}{2}\cdot$(上底 ＋ 下底)$\cdot$ 高さ.

2 平行四辺形

向かい合う 2 組の辺どうしが平行である四角形を**平行四辺形**といいます．

四角形が，平行四辺形であるための条件として，次の 5 つを覚えておきましょう：

平行四辺形となる条件 既習者

❶ 2 組の対辺が平行 定義
❷ 2 組の対辺が等しい
❸ 1 組の対辺が平行かつ等しい
❹ 2 組の対角が等しい
❺ 対角線がそれぞれの中点で交わる

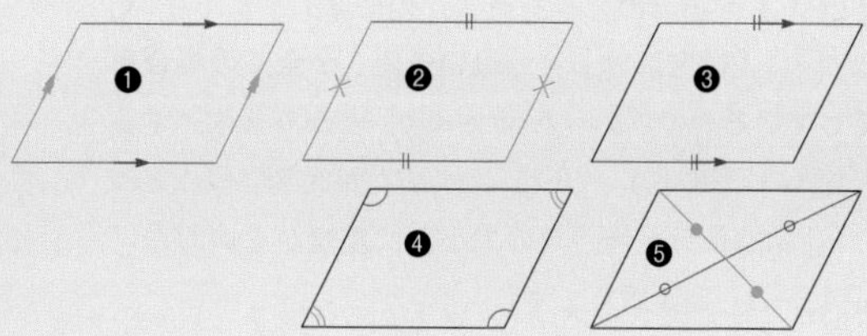

つまり，❶ ⟺ ❷, ❶ ⟺ ❸, ❶ ⟺ ❹, ❶ ⟺ ❺ です．

〔**証明**〕 中学で学んだ内容です．大雑把な方針だけ図解しておきます．

❶ ⟺ ❷, ❶ ⟺ ❸

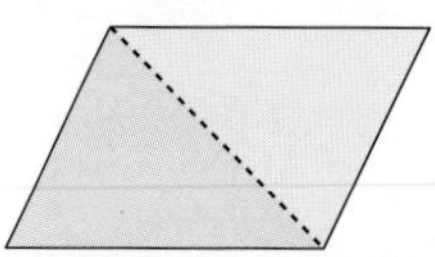

2 つの三角形の合同を利用

❶ ⟺ ❹

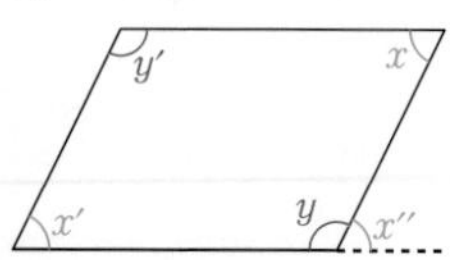

図の角の関係に注目

❶ ⟺ ❺

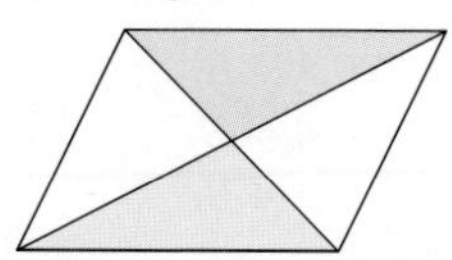

2 つの三角形の合同を利用 □

面積 平行四辺形の面積は，右図の赤線で示した長方形の面積に等しく，「底辺 × 高さ」で求まります．

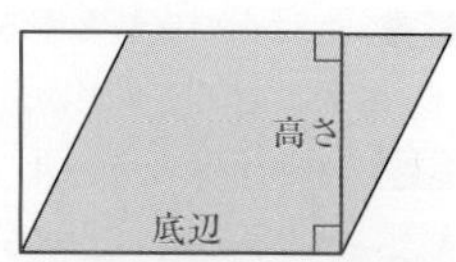

面積の二等分 ❺を用いると，平行四辺形は，対角線の交点 P に関して点対称な図形であることがわかります．また，P を通る任意の直線は，平行四辺形の面積を二等分します．

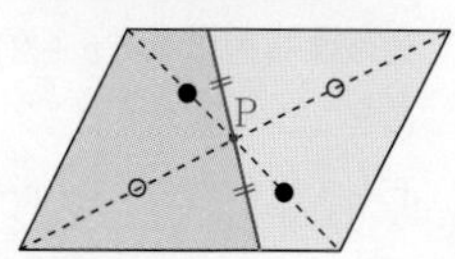

注 平行四辺形は，1 の台形のうち特殊なものとみることができます．これ以降では，平行四辺形のうち特殊なものについて述べていきます．

3 長方形

つまり 90°

4 つの角が全て等しい四角形を**長方形**といいます．2❹からわかるように，長方形は，平行四辺形のうち特殊なものです．
平行四辺形が，長方形であるための必要十分条件として，次の 3 つを覚えておきましょう．

平行四辺形が長方形となる条件　既習者

❶ 隣り合う 2 角が等しい［→2❹］
❷ どれか 1 つの角が 90°［→2❹］
❸ 2 つの対角線の長さが等しい［→2❺］

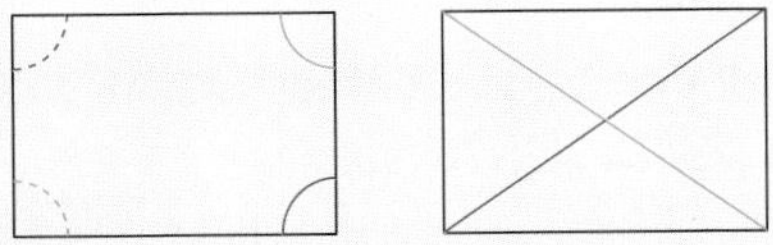

4 ひし形

4 **つの辺が全て等しい**四角形を**ひし形**といいます．2❷からわかる通り，ひし形は，平行四辺形のうち特殊なものです．
平行四辺形が，ひし形であるための必要十分条件として，次の 2 つを覚えておきましょう．

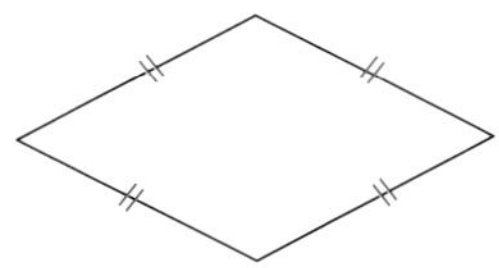

平行四辺形がひし形となる条件　既習者

❶ 隣り合う 2 辺が等しい［→2❷］
❷ 2 つの対角線が直交する［→2❺］

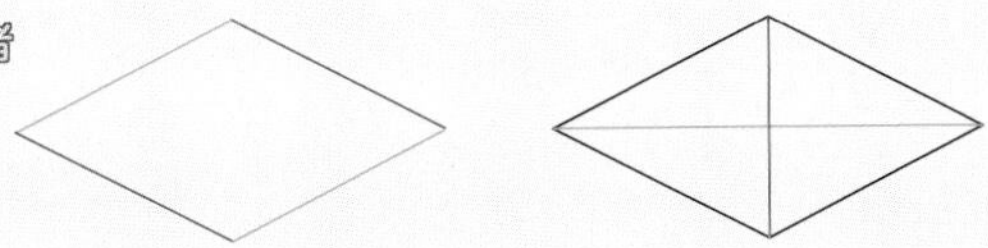

ひし形の面積

右図から，次の式で求まることがわかりますね：

$\frac{1}{2}$ × 対角線の長さの積

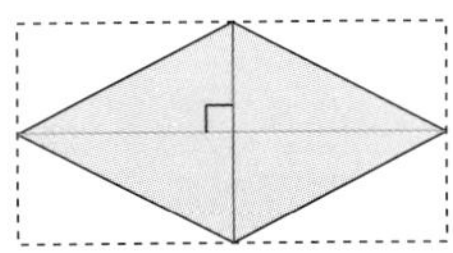

注　もちろん，平行四辺形の一種とみて求めることもできます．

5 正方形

$\left\{\begin{array}{l}\text{4 辺が等しく …①}\\ \text{4 角が等しい …②}\end{array}\right.$ 四角形を，**正方形**といいます．

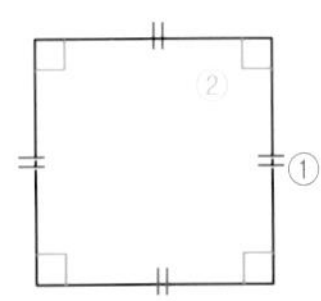

①，②は，それぞれひし形，長方形であることの定義ですから，次のようにいうことができます：

正方形となる条件

正方形とは，長方形であり，なおかつひし形でもある四角形である．

注　ここまでに述べた特殊な四角形の包含関係をまとめると，右図のようになります．

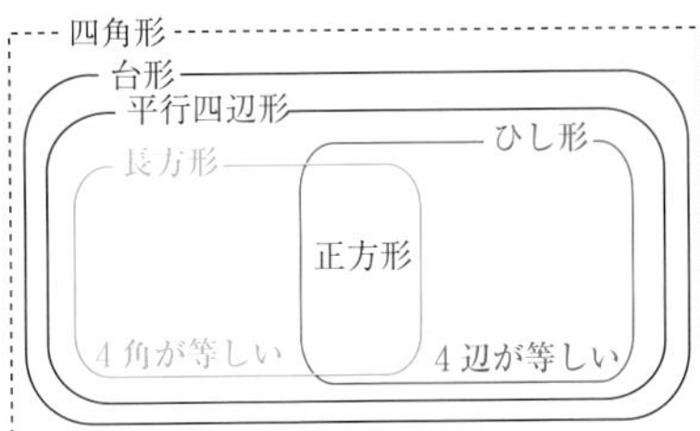

6 三角形の五心

この節からやっと高校らしい内容になります (笑).
三角形に対して定まる 5 種類の有名な点について，その定義や性質を学びます.

1 外心

三角形 PAB において，辺 AB の中点を M とすると，△ PAM と△ PBM において AM = BM かつ PM は共通. よって，次の関係が成り立ちます：

$$\text{PA} = \text{PB} \iff \triangle\text{PAM} \equiv \triangle\text{PBM}$$ 3 辺相等
$$\iff \text{PM} \perp \text{AB}.$$ 2 辺夾角相等

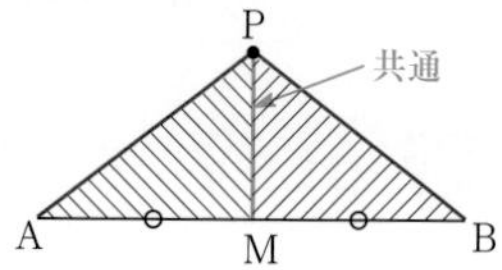

P が直線 AB 上にあるときも含め，次の関係を得ます：

垂直二等分線の性質 定理

PA = PB ⟺ P が AB の垂直二等分線上. …①
これは，P が AB 上のときも成立

問 ①を用いて，三角形 ABC の 3 辺の垂直二等分線は全て同一な点で交わることを示せ.

解答 2 辺 BC, CA の垂直二等分線の交点を O とすると，① (⟸) より

$$\begin{cases} \text{OB} = \text{OC} \\ \text{OC} = \text{OA} \end{cases} \therefore \text{OA} = \text{OB}.$$

これと① (⟹) より O は AB の垂直二等分線上にもある. □

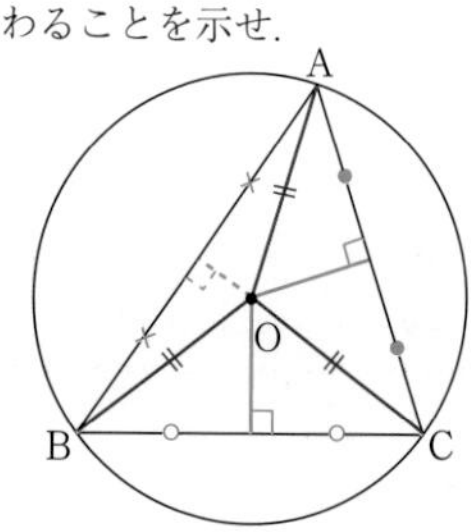

この点 O から 3 頂点 A, B, C に到る距離は等しいですから，O を中心として 3 頂点を通る円が必ず存在します. この円を三角形 ABC の**外接円**といい，中心 O を**外心**といいます. 外心 O には，次の性質があります：

外心の性質 方法論

O を三角形 ABC の外心とすると，次が成り立つ：

❶ : OA = OB = OC. 3 頂点に到る距離が等しい
❷ : O は 3 辺 AB, BC, CA の垂直二等分線上にある.

重要 外心 O は，2 つの辺の垂直二等分線の交点として決定される. [→11「作図」4]

補足 これは，直角三角形の場合にも成り立ちます (下図参照).

将来 外接円の半径 R が関与するときには，正弦定理[→3 5]を用いることも多いです.

外心の位置 知識

〔鋭角三角形〕

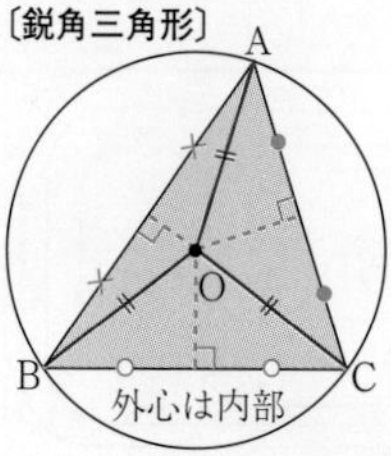

〔直角三角形〕

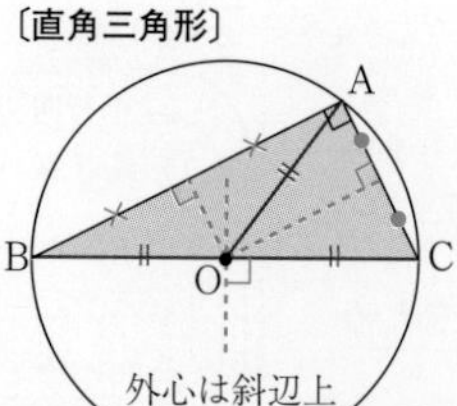

〔鈍角三角形〕

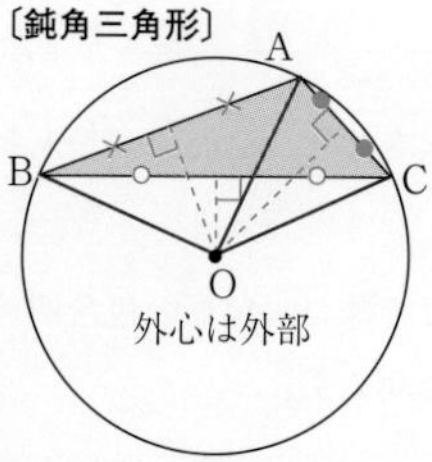

2 内心

点 P から，点 O を通る平行でない 2 つの半直線へそれぞれ垂線 PQ，PR を下ろします．△POQ と △POR において，∠OQP = ∠ORP かつ OP は共通．よって，次の関係が成り立ちます：

$PQ = PR \iff \triangle POQ \equiv \triangle POR$ ……2 辺の等しい直角三角形

$\iff \angle POQ = \angle POR.$ ……2 角夾辺相等

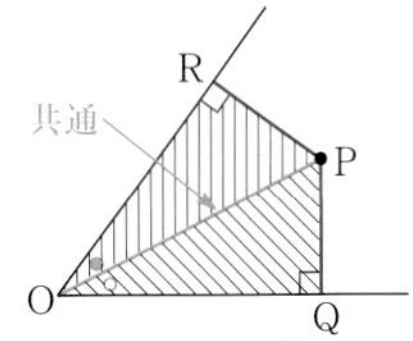

角の二等分線と垂線の長さ 定理

右図において，次が成り立つ：

$PQ = PR \iff$ P が角の二等分線上．…②

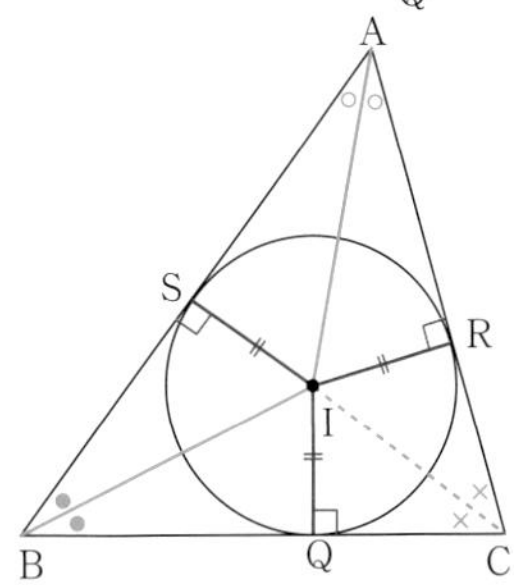

問 ②を用いて，三角形 ABC の 3 つの内角の二等分線は，全て同一な点で交わることを示せ．

解答 2 角 A，B の二等分線の交点を I とし，I から 3 辺 BC，CA，AB へそれぞれ垂線 IQ，IR，IS を下ろすと，②（$\Longleftarrow$）より

$$\begin{cases} IR = IS \\ IS = IQ \end{cases} \therefore\ IQ = IR.$$

これと②（$\Longrightarrow$）より，I は角 C の二等分線上にもある．□

この点 I から 3 直線 AB，BC，CA に到る距離は等しいですから，I を中心として 3 辺全てに接する円が必ず存在します．この円を三角形 ABC の**内接円**といい，中心 I を**内心**といいます．内心 I には，次の性質があります：

内心の性質 方法論

I を三角形 ABC の内心とすると，次が成り立つ：

❶：I から 3 辺に到る距離（垂線の長さ）が等しい．

❷：I は 3 つの内角 A, B, C の二等分線上にある．

重要 内心 I は，2 つの角の二等分線の交点として決定される．［→11「作図」5］

将来 内接円の半径 r が関与するときには，次の 2 つがよく用いられます．

内接円の半径と面積 定理

$$\triangle ABC = \frac{1}{2}ar + \frac{1}{2}br + \frac{1}{2}cr = \frac{1}{2}(a+b+c)r.$$

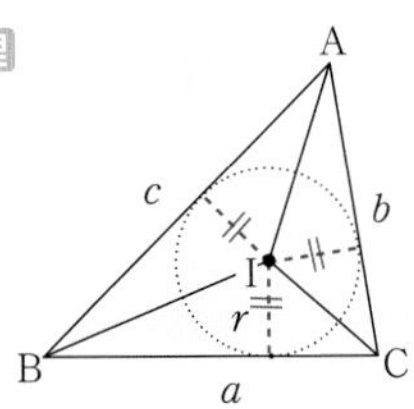

2 接線の長さ 知識

円外の 1 点から円に引いた 2 本の接線の長さは等しい．

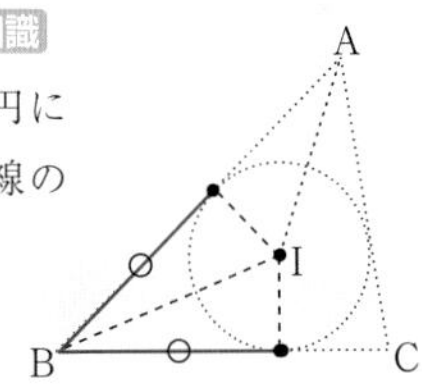

例題 5 6 a 内接円の半径 根底 実戦 定期

[→演習問題 5 9 11]

AB $= 3$, BC $= 4$, CA $= 5$ である三角形 ABC の内接円の半径を求めよ.

着眼 有名な直角三角形ですね[→1 6]. 前ページ最後の定理または知識を使えば解決します.

解答 〔**解法1**〕:「2 接線の長さ利用」

$\angle B = 90°$ だから図のように長さ a, b, r (r は内接円の半径) がとれる.

CA および AB+BC を 2 通りに表すことにより

$$a + b = 5,$$
$$a + b + 2r = 3 + 4.$$

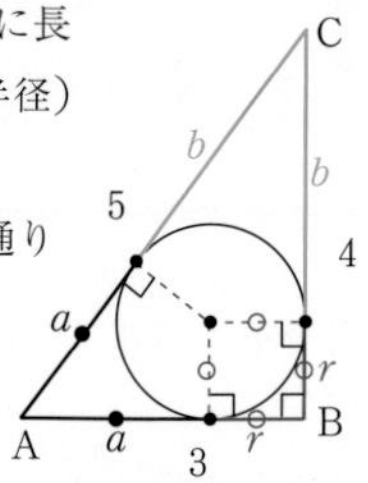

$$\therefore\ r = \frac{3+4-5}{2} = 1. /\!/$$

〔**解法2**〕:「内接円の半径と面積利用」

内接円の半径を r とおくと, 三角形 ABC の面積を 2 通りに表すことにより

$$\frac{1}{2}(3+4+5)r = \frac{1}{2}\cdot3\cdot4.$$

$$\therefore r = 1. /\!/$$

解説 直角三角形の場合は, 〔**解法1**〕の方が簡便です.

3 重心

三角形において, 頂点とその対辺の中点を結ぶ線分を**中線**といいます.

右図の三角形 ABC において, 2 つの中線 AL, BM の交点を G とします. 中点連結定理より

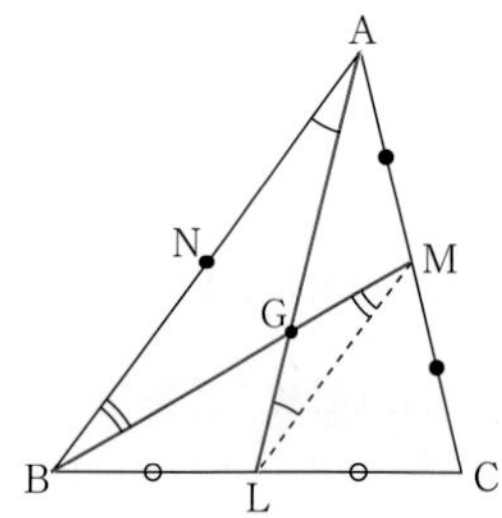

$$\begin{cases} \text{LM} /\!/ \text{AB}, & \cdots① \\ \text{LM} = \dfrac{1}{2}\text{AB}. & \cdots② \end{cases}$$

$\begin{cases} ①より\ \triangle\text{GAB} \backsim \triangle\text{GLM}, \\ ②より相似比は\ 2:1. \end{cases}$

$\therefore$G は線分 AL を 2 : 1 に内分する.

2 つの中線 AL, CN の交点も, 全く同様にして線分 AL を 2 : 1 に内分するので G に一致します. よって, 三角形の 3 つの中線は全て同一な点 G で交わります. この点 G を, 三角形 ABC の**重心**といいます.

重心の性質 方法論

G を三角形 ABC の重心とすると, 次が成り立つ:

❶ : G は 3 つの中線上にある.

❷ : G は AL などの中線を 2 : 1 に内分する.

重要 重心 G は 2 つ中線の交点として決定される. [→11 4 参考]

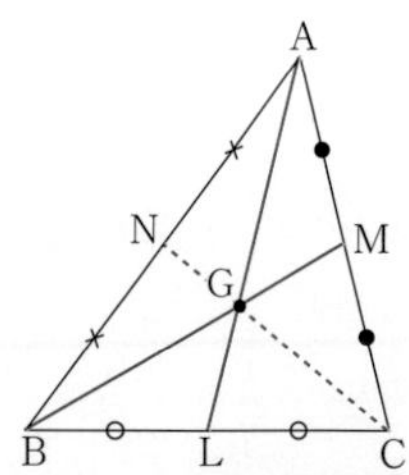

例題 5 6 b 重心の一致 根底 実戦

[→演習問題 5 9 5]

△ABC の辺 BC, CA, AB を 2 : 1 に内分する点をそれぞれ P, Q, R とし, △ABC, △PQR の重心をそれぞれ G, G′ とする.

(1) 辺 CA を 1 : 2 に内分する点を D とすると, G′ は線分 RD の中点であることを示せ.

(2) G′ と G は一致することを示せ.

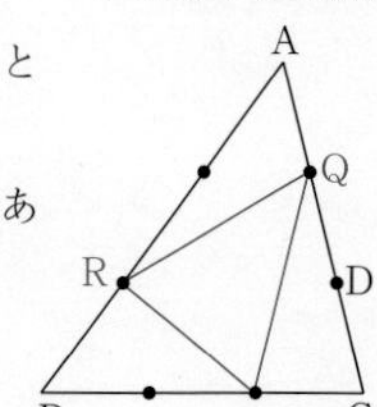

方針 前記重心の性質❶, ❷のどちらでいくかを選択します.

解答 (1) △ARD と △ABC において

角 A は共通,

AR : AB = AD : AC(= 2 : 3).

∴ △ARD ∽ △ABC. …①

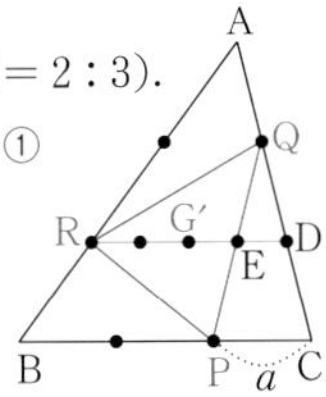

また, RD // BC. …②

また, ①の相似比は

AR : AB = 2 : 3

だから, BC = 3a ($a > 0$) とおいて

$$RD = \frac{2}{3}\cdot 3a = 2a. \quad \cdots ③$$

次に, 図のように交点 E をとると, ②より

△QED ∽ △QPC であり

相似比は, QD : QC = 1 : 2. …④

∴ $ED = \frac{1}{2}PC = \frac{a}{2}$. これと③より

$$RE = 2a - \frac{a}{2} = \frac{3}{2}a.$$

△PQR において G′ は中線 RE を 2 : 1 に内分する (④より E は QP の中点). よって

$$RG' = \frac{2}{3}\cdot RE = \frac{2}{3}\cdot\frac{3}{2}a = a.$$

これと③より, G′ は線分 RD の中点. □

(2) AG′ と BC の交点を F とすると, ②より

△ARG′ ∽ △ABF であり

相似比は, AR : AB = 2 : 3.

よって

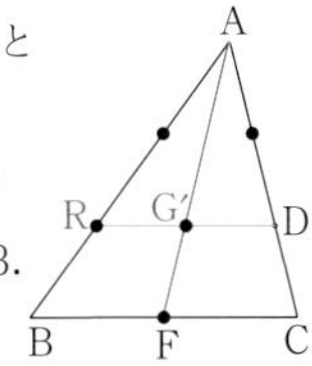

$BF = \frac{3}{2}RG' = \frac{3}{2}a$ より F は BC の中点で,

AG′ : AF = 2 : 3. i.e. AG′ : G′F = 2 : 1.

つまり G′ は△ ABC の中線 AF を 2 : 1 に内分する. よって, G′ は G と一致する. □

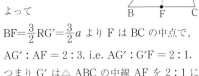

ベクトル後 **ベクトル**を学ぶと, **解答**のような工夫は不要. 機械的に証明できちゃいます (笑).

4 垂心

このアイデアは斬新！感心して"鑑賞"すれば OK

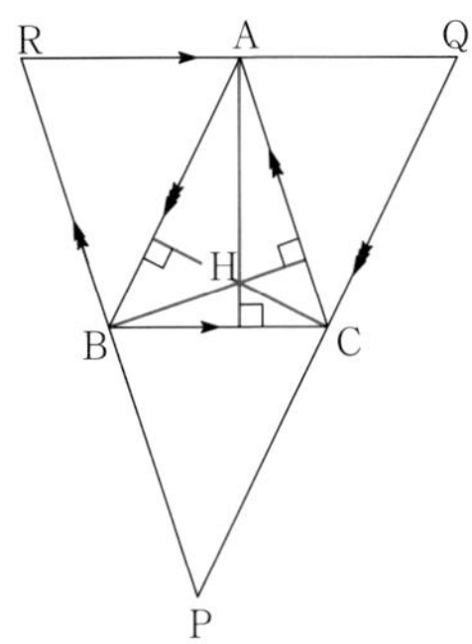

三角形 ABC に対して, その各辺に平行な線分を用いて右図のように三角形 PQR を作ります. 四角形 ABCQ, RBCA は平行四辺形ですから, AQ = BC = RA です. よって, 三角形 ABC の各頂点から対辺へ下ろす垂線は, 三角形 PQR の各辺の垂直二等分線ですね. 1「外心」で調べた通り, これら 3 直線は全て同一な点で交わります[1]. この交点 H を三角形 ABC の**垂心**といいます.

注 1) :「チェバの定理」を用いても示せます. [→**例題** 5 8 a]

垂心の性質

H を三角形 ABC の垂心とすると,

H は 3 つの垂線上にある.

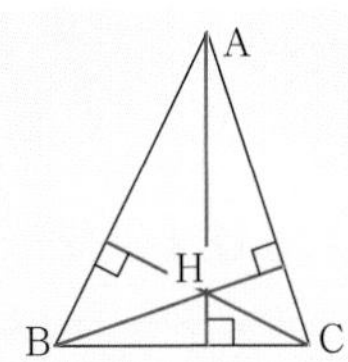

注 垂心 H は, 2 つの垂線の交点として決定される. [→11 **「作図」** 2]

垂心の位置 知識

〔鋭角三角形〕

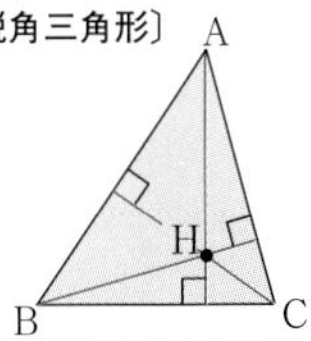

垂心は内部に

〔直角三角形〕

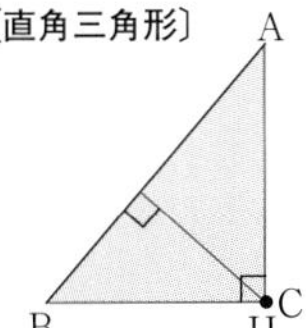

垂心は頂点

〔鈍角三角形〕

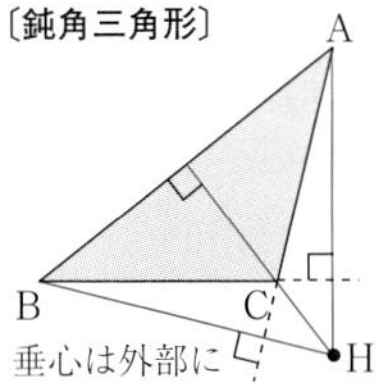

垂心は外部に

5 傍心

三角形 ABC において，内角 A の二等分線と，B および C の外角の二等分線は全て同一な点で交わります（示し方は，2「内心」と同様です）．この交点 J から 3 直線 AB， BC， CA に到る距離は等しいですから， J を中心として これら 3 直線全てに接する円が必ず存在します．この円を三角形 ABC の**傍**（ぼう）**接円**といい，この交点 J を三角形 ABC の**傍心**といいます．

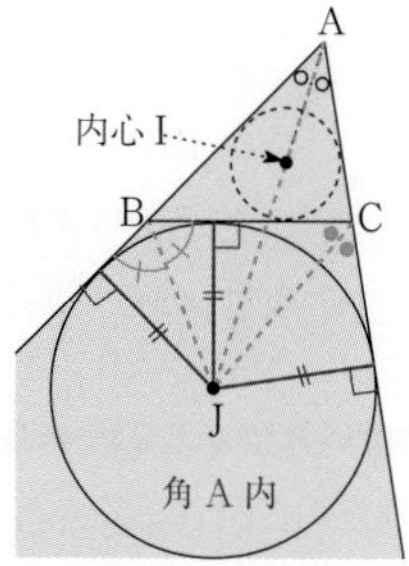

傍心の性質 方法論

J を三角形 ABC の傍心とすると，次が成り立つ：

❶：J から 3 辺をなす直線に到る距離（垂線の長さ）が等しい．

❷：J は 1 つの内角と 2 つの外角の二等分線上にある．

重要　傍心 J は，上記 3 つの角の二等分線のうち 2 つの交点として決定される．[→11「作図」5]

補足　右上図の傍心は，赤色で表した「∠A 内」にあるので，「三角形 ABC の ∠A 内の傍心」といいます．三角形 ABC の傍接円および傍心は，「∠A 内」「∠B 内」「∠C 内」に 1 つずつあります．

語記サポ　「傍」＝「かたわら」．「傍接」＝「三角形に外から接する」

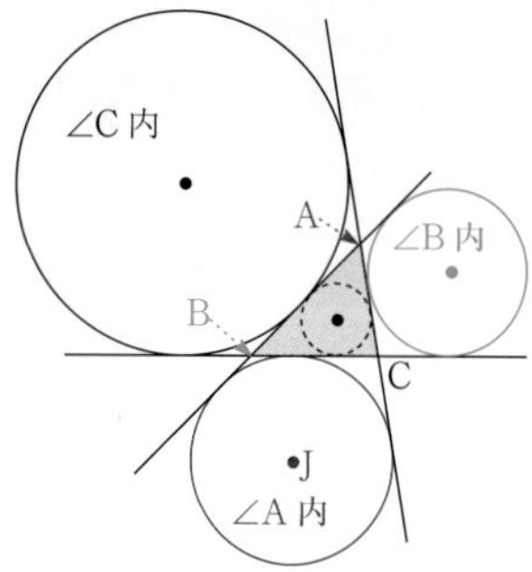

6 五心

本節で扱った「外心」「内心」「重心」「垂心」「傍心」を総称して，三角形の「**五心**」といいます．本項では，これら五心の相互の関係を問う有名問題を扱います．

例題 5 6 C 五心と正三角形　根底 実戦　[→演習問題 5 9 13]

(1)　正三角形 ABC の外心 O と重心 G は一致することを示せ．

(2)　内心 I と垂心 H が一致する三角形 ABC は，正三角形であることを示せ．

方針　五心それぞれの性質を上手く組み合わせていきます．

解答　(1)　辺 BC の中点を L とすると，直線 AL は線分 BC の垂直二等分線かつ三角形 ABC の中線である．よって，外心 O と重心 G はいずれも直線 AL にある．同様に，辺 CA の中点を M として，外心 O と重心 G はいずれも直線 BM にある．よって，外心 O と重心 G はいずれも 2 直線 AL，BM の交点であり，両者は一致する．□

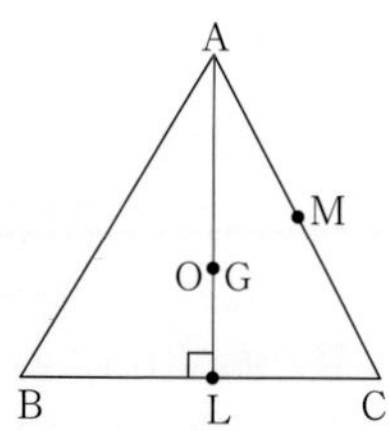

(2)　直線 AI(直線 AH) と直線 BC の交点を L とする．2 つの三角形 ALB，ALC に注目すると，

AL は共通．

H は垂心だから，∠ALB＝∠ALC(＝90°)．

I は内心だから，∠BAL＝∠CAL．

∴　△ALB≡△ALC（2 角夾辺相等）．∴ AB＝AC．

全く同様にして BC＝BA だから，三角形 ABC は正三角形である．□

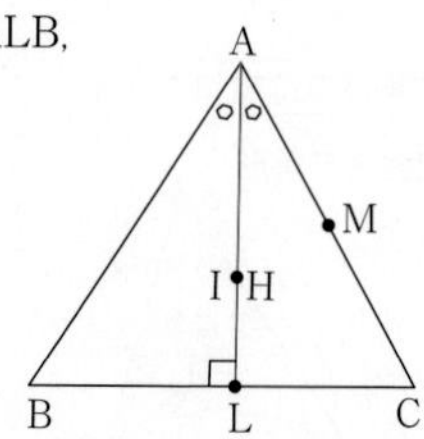

補足 実は，(2)の方の図は，少～しだけ正三角形とは形を変えて描いています．「正三角形である」ことは，これから証明したいことですから，あたかもそれが仮定されていると錯覚しないための措置です．

言い訳 内心が頂点と一致することはありません．よって，A と I を通る直線は，必ずただ 1 つに定まります．

重要 本問の(1)，(2)と同様に考えると，一般に次の関係が成り立つことが示されます：

五心と正三角形

正三角形である $\Longrightarrow$ 外心，内心，重心，垂心は全て一致する

正三角形である $\Longleftarrow$ 外心，内心，重心，垂心のうちどれか 2 つが一致する

例題 5 6 d 傍心が作る三角形 根底 実戦 入試

[→演習問題 5 9 14]

三角形 ABC の内心を I，3 つの傍心を P，Q，R とする．I は三角形 PQR の垂心であることを示せ．

方針 内心，傍心が，いずれも角の二等分線上にあることを利用します．

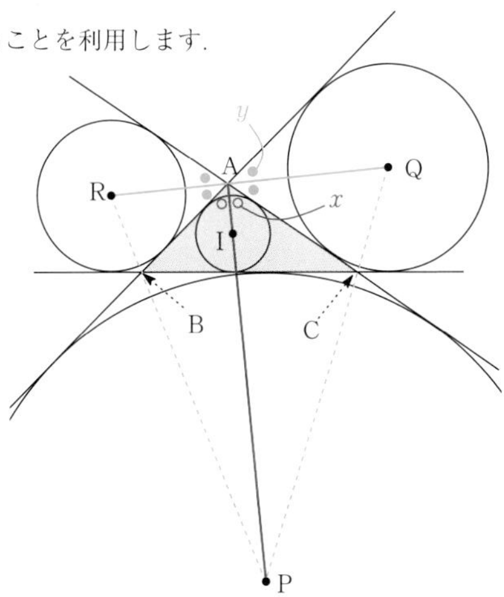

解答 右図のように傍心 P，Q，R をとると，内心 I と傍心 P はいずれも内角 A の二等分線上にある．つまり，I は直線 AP 上にある． …①

また，点 A のまわりの角に注目して，右図のように角 x, y をとると

$$2x+2y=180°.\quad \therefore\ x+y=90°.$$

$\therefore \mathrm{AP} \perp \mathrm{QR}$. …②

①，②より，内心 I は，三角形 PQR の垂線 PA 上にある．同様に，I は，三角形 PQR の垂線 QB 上にもある．

以上より，内心 I は，三角形 PQR の垂心である．□

解説

点 A のまわりの角だけに絞って議論することで，「I が垂線 PA 上」という明快な結論が得られていますね．もう 1 本の垂線については，「同様に」で片付けてよいのです．

7 三角形の面積比 既習者

「面積」そのものは数学Ⅰの「三角比」で学ぶのですが,「面積比」の方が盲点になりがちです.

1 面積比の基本 原理

“何か” を**共通**にして比べます. 次の 4 つがベースになります.

❶ **高さ**が共通

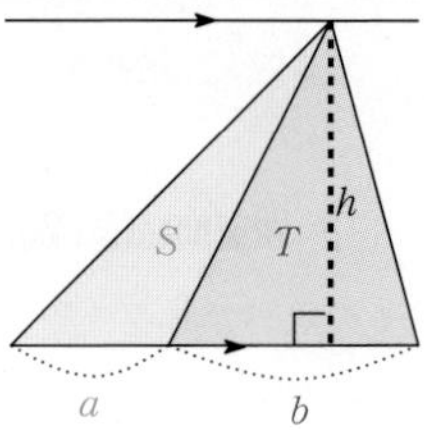

$S=\frac{1}{2}ah,\ T=\frac{1}{2}bh.$

$\therefore S:T=a:b.$ 底辺の比

語記サポ 「高さ」=「height」

❷ **底辺**が共通

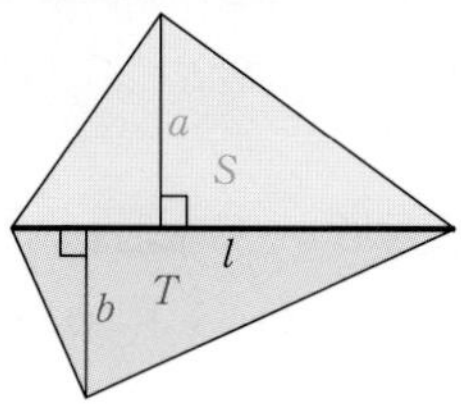

$S=\frac{1}{2}la,\ T=\frac{1}{2}lb.$

$\therefore S:T=a:b.$ 高さの比

語記サポ 「長さ」=「length」

❸ **角**が共通

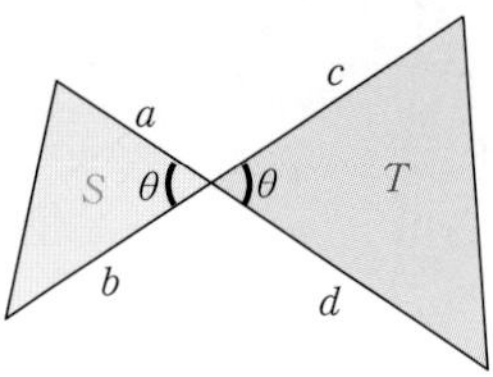

$S=\frac{1}{2}ab\sin\theta,\ T=\frac{1}{2}cd\sin\theta.$

$\therefore S:T=ab:cd.$ 2 辺の積の比

❹ **形**が共通 (相似) ややこじ付け (笑)

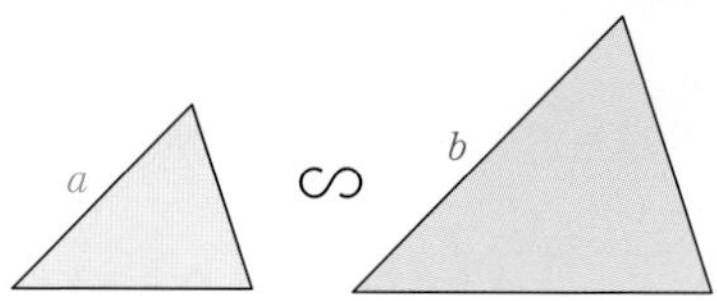

相似比が $a:b$.

$\therefore S:T=a^2:b^2.$ 相似比の 2 乗

注 ❸では,「三角比」で学ぶ公式を使用しました. [→3 5 6]

例題 5 7 a 三角形の面積比 重要度↑ 根底 実戦 [→演習問題 5 9 15]

次の(1)~(3)の面積比を求めよ.

(1)

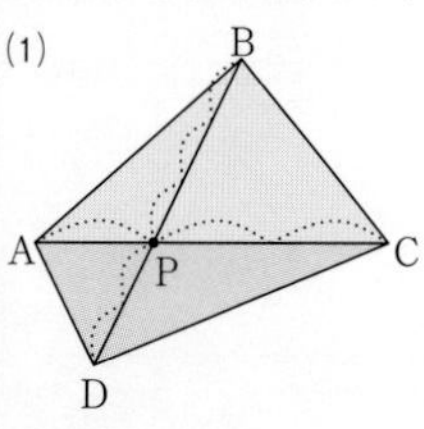

△BAC : △DAC

(2)

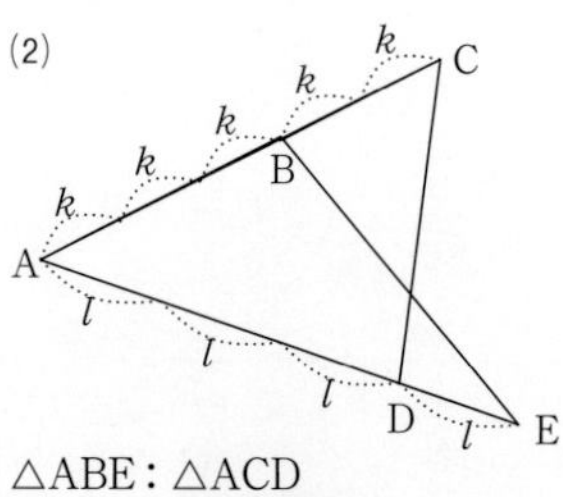

△ABE : △ACD

(3)

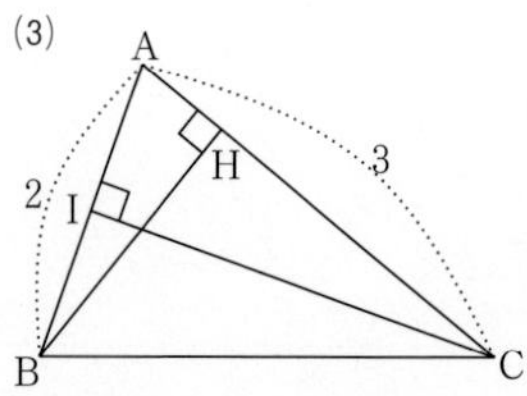

△ABH : △ACI

方針 ❶〜❹のどれかを適用します.

解答

(1)〔解１〕 BP : PD = 3 : 2 だから，直線 BD の左・右においてそれぞれ図のように面積 $3k$, $2k$ および $3l$, $2l$ をとることができる. ❶

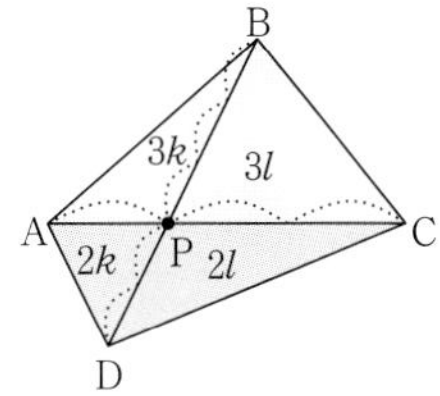

したがって

$$\triangle BAC : \triangle DAC = (3k + 3l) : (2k + 2l)$$
$$= 3(k + l) : 2(k + l) = 3 : 2.$$ //

解説 このように，「比が等しいものどうしを加えるとその比が保たれる」ことを**加比の理**といいます. めっちゃ大雑把な言い方（笑）

言い訳 AP : PC = 1 : 2 の方は…使いません．敢えて不要な情報を混ぜてみました（笑）.

(1)〔解２〕 右図のように点 H，I をとると，△BPH ∽ △DPI より，

$$BH : DI = BP : DP = 3 : 2.$$
$$\therefore \triangle BAC : \triangle DAC = 3 : 2.$$ // ❷

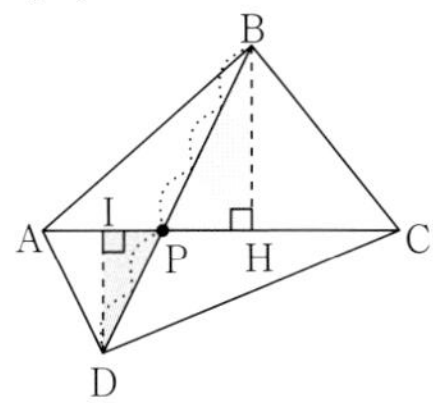

将来 この面積比は，入試レベルでは説明なしに結論だけ述べれば OK でしょう．別な言い方をすると，瞬時に結果が“見抜けるようにしておきたいものです.

解説 〔解１〕と〔解２〕のうち，自分に馴染みやすい方を選べばよいでしょう.

(2) 2 つの三角形は角 A を共有するから，

$$\triangle ABE : \triangle ACD = AB \cdot AE : AC \cdot AD$$ ❸
$$= 3k \cdot 4l : 5k \cdot 3l$$
$$= 3 \cdot 4 : 5 \cdot 3$$ [1)]
$$= 4 : 5.$$ //

注 1)：解説のため文字 k, l を用いましたが，実際に問題を解くときには最初からこれを書けるようにしたいです．要するに，2 つの三角形について，辺の長さの比を掛ければ OK です.

(3) △ABH ∽ △ACI(∵ 二角相等) だから，求める面積比は

$$\triangle ABH : \triangle ACI = AB^2 : AC^2$$ ❹
$$= 2^2 : 3^2 = 4 : 9.$$ //

注 次項では，この(1)の内容を掘り下げてみます.

2 面積比の変化形 知識

前記例題(1)のように，1「面積比の基本」からカンタンに得られ，実用面において過程を書くまでもなく瞬時に見抜きたい知識をまとめておきます（ⓐは前記例題(1)そのもの）.

ⓐ

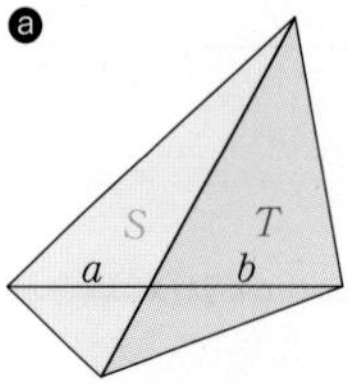

$S:T=a:b.$

ⓑ

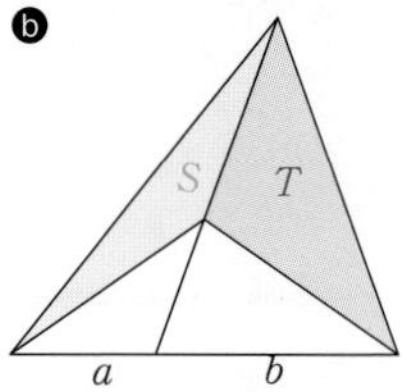

$S:T=a:b.$

ⓒ

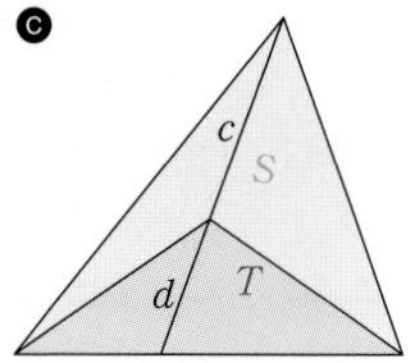

$S:T=c:d.$

〔証明〕 それぞれ，2 通りの方法で示せます．概略のみ図で示します．

〔❶より〕❶を 2 回用い，「加比の理」を利用

ⓐ

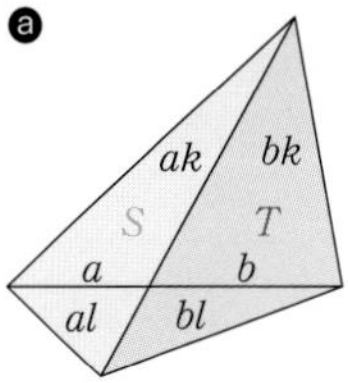

$S:T=a(k+l):b(k+l)$
$=a:b.$

ⓑ

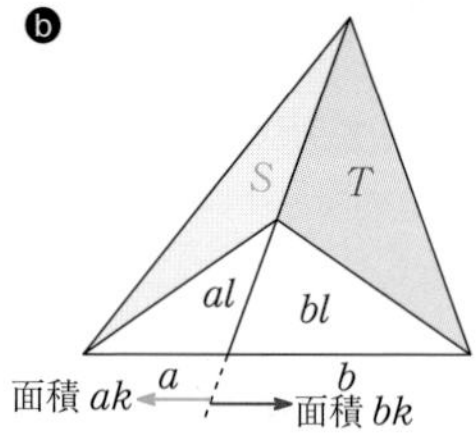

$S:T=a(k-l):b(k-l)$
$=a:b.$

ⓒ

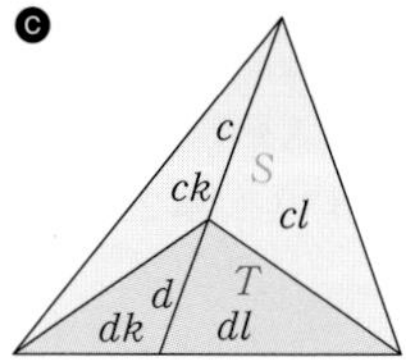

$S:T=c(k+l):d(k+l)$
$=c:d.$

補足 ⓑにおいて，ak, bk はそれぞれ線の左側全体，右側全体の面積です.

〔❷より〕赤線の相似な直角三角形に注目

ⓐ

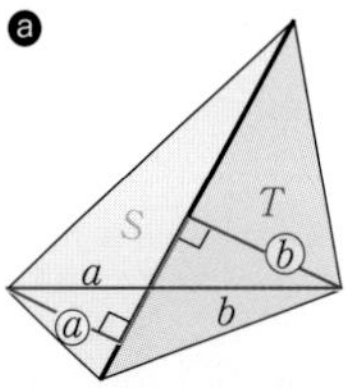

$S:T=a:b.$

ⓑ

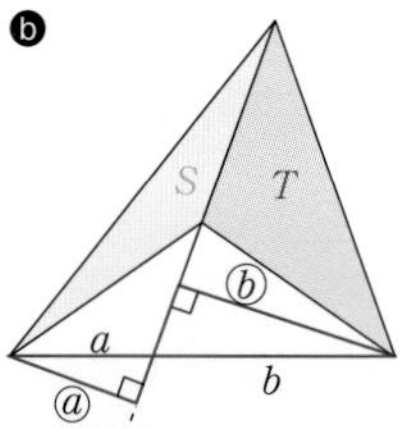

$S:T=a:b.$

ⓒ

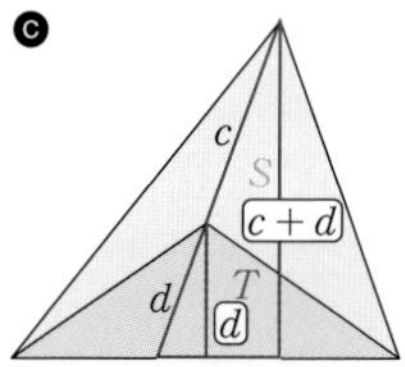

$(S+T):T=(c+d):d.$
$\therefore S:T=c:d.$

注 本項で述べた 3 種類の線分比・面積比の関係が，ここで述べた証明法のどちらかを思い浮かべながら，瞬時に見抜けるようにしておいてください.

例題 5 7 b 面積比→線分比 根底 実戦 典型

[→演習問題 5 9 16]

(1) 右図において，面積比が $\triangle ABC:\triangle ABP=3:1$ であるとき，線分比 $CP:PQ$ を求めよ.

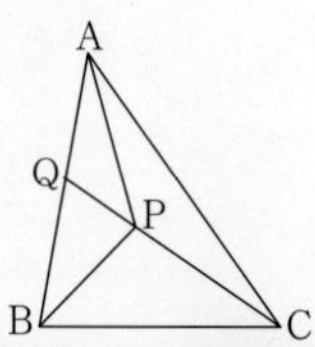

(2) 数学Ⅰ三角比後

右図において，線分比 $AP:PC$ を求めよ.

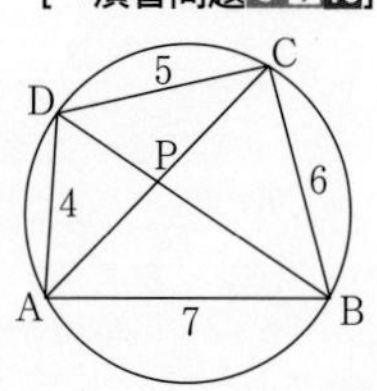

注 前問は「線分比→面積比」でしたが，本問は「面積比→線分比」という“逆向き”であり，けっこう盲点になりがちです．

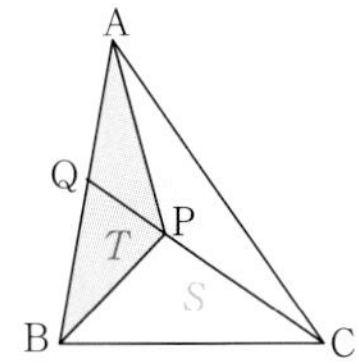

解答 (1) 右図において，色のついた部分の面積 S, T を用いて

$$\mathrm{CP}:\mathrm{PQ}=S:T$$
$$=(3-1):1=2:1.$$

(2) 右図において，色のついた部分の面積 S, T を用いて

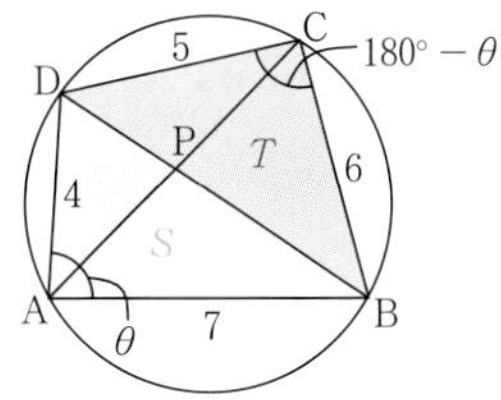

$$\mathrm{AP}:\mathrm{PC}=S:T$$
$$=\frac{1}{2}\cdot 4\cdot 7\cdot\sin\theta:\frac{1}{2}\cdot 5\cdot 6\cdot\sin(180^\circ-\theta)$$
$$=4\cdot 7:5\cdot 6 \quad \sin(180^\circ-\theta)=\sin\theta\text{ より}$$
$$=14:15.$$

解説 (2)「円に内接する四角形の性質」[→10 3]および「2 辺夾角の面積公式」[→3 5 6]を用いています．

3 五心と面積比・線分比

6で扱った三角形の五心のうちのいくつかと，面積比・線分比の有名な関係をご紹介しておきます．

将来 ベクトル[→**数学** C]において，この知識を下敷きとした処理を要求されることが多いです．

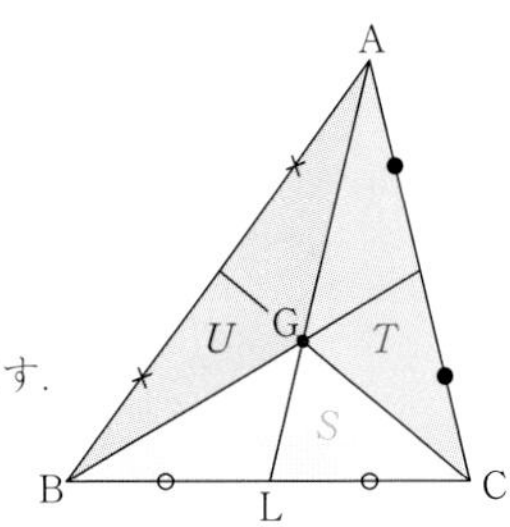

重心 右図において

$$U:T=\mathrm{BL}:\mathrm{LC}=1:1.$$
$$\text{i.e. } U=T.$$

他の面積についても同様だから

$$S=T=U.$$

つまり，頂点と重心を結ぶ 3 線分によって，三角形の面積は 3 等分されます．

参考 これを用いて，線分比に関する性質：

$$\mathrm{AG}:\mathrm{GL}=(T+U):S=2:1$$

を示すこともできますね．

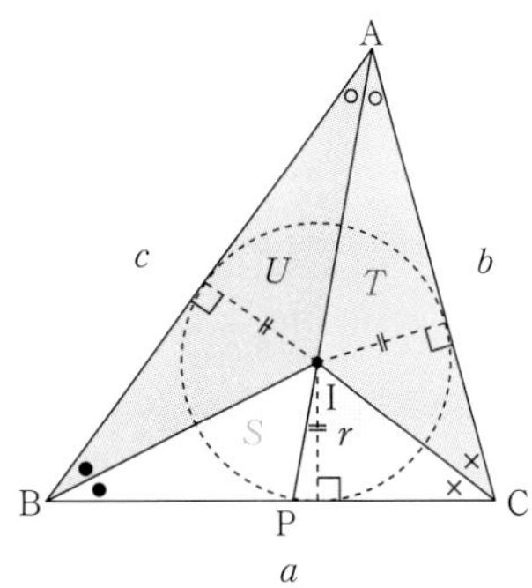

内心 右図において

$$S:T:U=\frac{1}{2}ar:\frac{1}{2}br:\frac{1}{2}cr$$
$$=a:b:c.$$
$$\therefore\ \mathrm{BP}:\mathrm{PC}=U:T=c:b.$$
$$\mathrm{AI}:\mathrm{IP}=(T+U):S=(b+c):a.$$

参考 この結果は，「角の二等分線の性質」からも得られます．

$\triangle\mathrm{ABC}$ において $\angle\mathrm{A}$ について角の二等分線の性質を用いると

$$\mathrm{BP}:\mathrm{PC}=c:b.$$

次に $\triangle\mathrm{BAP}$ において $\angle\mathrm{B}$ について角の二等分線の性質を用いると

$$\mathrm{AI}:\mathrm{IP}=\mathrm{BA}:\mathrm{BP}=c:a\cdot\frac{c}{c+b}=(b+c):a.$$

垂心 演習において，3:「三角比」と融合して扱います．[→演習問題 5 9 17]

8 チェバ・メネラウスの定理

1 チェバの定理

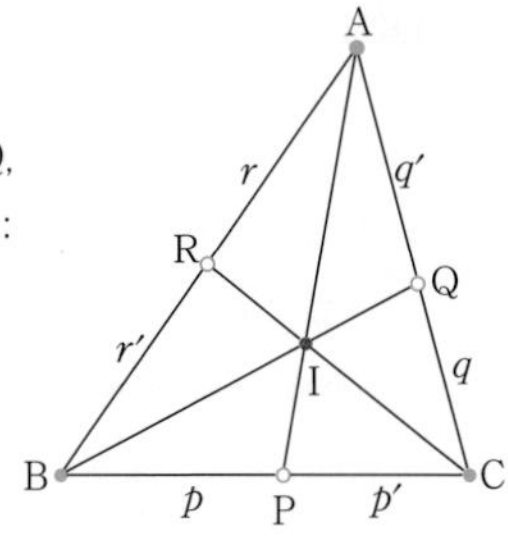

右図のように，三角形の各頂点と対辺上の点を結ぶ 3 つの線分 AP，BQ，CR が 1 点 I で交わるとき，線分の長さに関して次の等式が成り立ちます：

チェバの定理 定理

図の三角形 ABC と点 I について，次が成り立つ．

$$\frac{p}{p'}\cdot\frac{q}{q'}\cdot\frac{r}{r'}=1.$$

頂点→ ←交点 ●→○→●→○→ … と一周する順に，分子，分母，分子，分母，…に書く

〔証明〕 7 2 ⓑを用いればごくカンタンです．

$$p:p'=U:T,\ q:q'=S:U,\ r:r'=T:S.$$

$$\therefore\ \frac{p}{p'}\cdot\frac{q}{q'}\cdot\frac{r}{r'}=\frac{U}{T}\cdot\frac{S}{U}\cdot\frac{T}{S}=1.\ \square$$

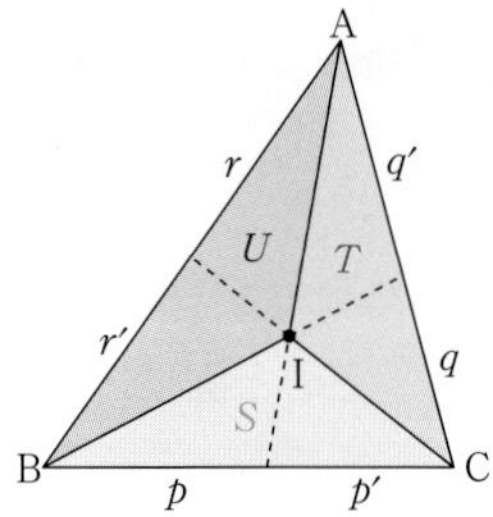

解説 「チェバの定理」については，次の 3 点をしっかり覚えましょう：

(a) 「三角形」とその内部の「点」に注目して用いる．

(b) 注目した「三角形」の **3 辺方向の比**が現れる．

(c) 三角形の周を，「頂点→交点→頂点→交点→頂点→交点→…」の順に 1 周する．

補足 上式では，「B からスタートして左回りに 1 周」しましたが，「A からスタートして右回りに 1 周」とかでもかまいません．ただし…

注意！ 必ず，分子→分母の順に書くようにしましょう．数学界では，英語圏の文法に従い，例えば「$\dfrac{a}{b}$」=「a over b」のように分子を先に読むのが慣習だからです．このルールを守らないと，採点ミスを受ける危険性が増します．

問 右図において，線分比 AQ : QC を求めよ．

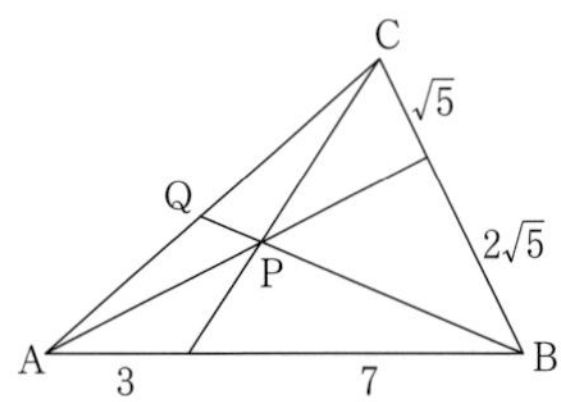

方針 辺 AB，BC 上の線分比が既知，辺 CA 上の線分比が目標．よって前記**解説**(b)より，注目すべき三角形は △ABC に決まります．(本問は単純問題なので，どうみてもそれ以外考えられませんが (笑))

解答 三角形 ABC と点 P に対して [1] チェバの定理を用いると

$$\frac{AQ}{QC}\cdot\frac{1}{2}\cdot\frac{7}{3}=1.$$

A からスタートして右回りに 1 周

$$\therefore\ \frac{AQ}{QC}=\frac{6}{7}.$$

i.e. AQ : QC = 6 : 7.//

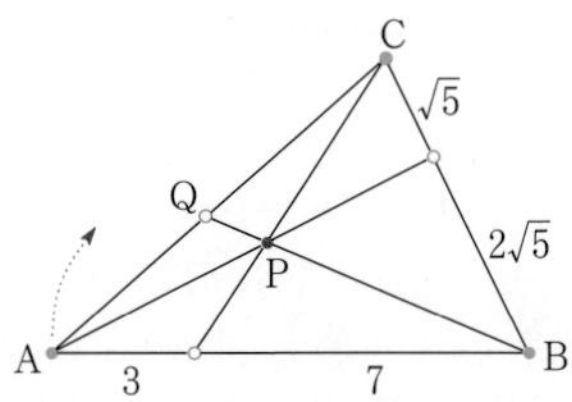

解説 「AQ : QC」とは，「AQ ÷ QC」のことです．そこで，分子が AQ，分母が QC となるよう，“右回り” に 1 周しました．別に左回りでも出来ますが (笑)．

“スタート地点” は，B や C でもかまいません．

$\sqrt{5}$ と $2\sqrt{5}$ の比を，予め「1 : 2」と求めてから式を書いています．

重要 [1]：このように，注目する「三角形」と「点」を明記するよう心掛けましょう．

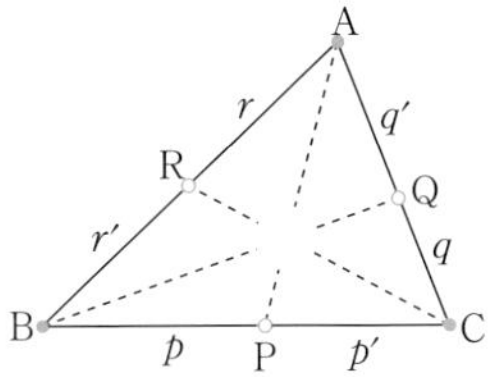

チェバの定理の逆　右図のように三角形の辺上に点 P, Q, R があるとき，$\dfrac{p}{p'}\cdot\dfrac{q}{q'}\cdot\dfrac{r}{r'}=1$ …① ならば，3 直線 AP, BQ, CR は 1 点で交わります．

〔証明〕　2 つの線分 AP, BQ の交点を I とし，直線 CI と辺 AB の交点を R′[1] とすると，チェバの定理より

$$\frac{p}{p'}\cdot\frac{q}{q'}\cdot\frac{AR'}{R'B}=1.$$

これと①より

$$\frac{AR'}{R'B}=\frac{r}{r'}.\ \text{i.e.}\ R=R'.$$

すなわち，3 線分 AP, BQ, CR(CR′ と同一) は 1 点 I で交わる．□

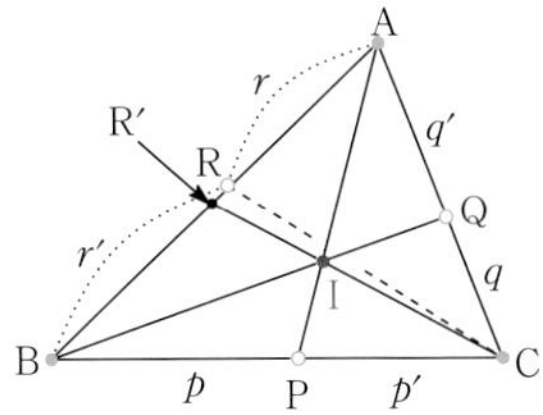

参考　1)：このように，**“架空の点”** R′ を持ち出し，「チェバの定理」を使ってそれが **“実際の点”** R と同一であることを示しました．この証明法は，「三平方の定理の逆」でも用いた**同一法**です．

この「逆」も踏まえて書くと，次のようになります．

チェバの定理とその逆　定理

三角形 ABC の辺上に右図のように P, Q, R があるとき，

「3 直線 AP, BQ, CR が 1 点で交わる」

$$\Longleftrightarrow \frac{p}{p'}\cdot\frac{q}{q'}\cdot\frac{r}{r'}=1.$$

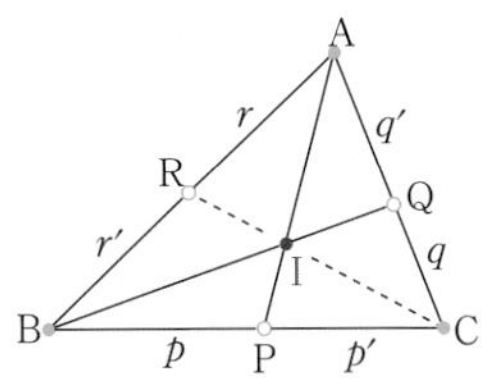

参考　チェバの定理は，3 直線が共通な点で交わるための条件を表すので，別名「**共点定理**」と呼ばれます．

例題 5 8 a　チェバの定理と垂心　根底 実戦

右図のように三角形 ABC の各辺の長さ a, b, c をとる．3 頂点からそれぞれの対辺へ垂線 AA′, BB′, CC′ を下ろすとき，以下の問いに答えよ．

(1)　$\dfrac{AB'}{AC'}=\dfrac{c}{b}$ を示せ．

(2)　この 3 本の垂線は 1 点で交わることを示せ．

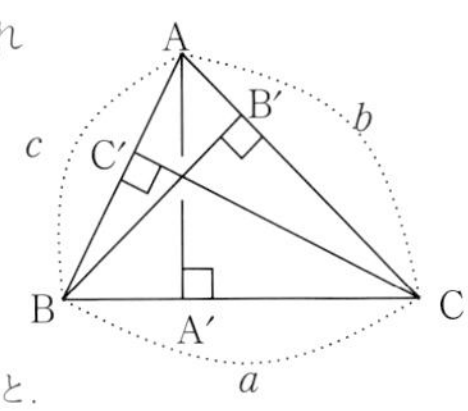

言い訳　6 4「垂心」で，既に(2)を示しましたが，ここでは(1)に従って解答すること．

着眼　AB′, AC′, c, b を辺長とする三角形に注目します．

解答　(1)　△ABB′ と △ACC′ は，角 A を共有する直角三角形だから相似である．よって

$$AB' : AC' = AB : AC.\ \text{i.e.}\ \frac{AB'}{AC'}=\frac{c}{b}.\ \square$$

(2)　(1)と同様に

$$\frac{BC'}{BA'}=\frac{a}{c},\ \frac{CA'}{CB'}=\frac{b}{a}.$$

これら 3 式を辺々掛けると

$$\frac{AB'}{AC'}\cdot\frac{BC'}{BA'}\cdot\frac{CA'}{CB'}=\frac{c}{b}\cdot\frac{a}{c}\cdot\frac{b}{a}.$$

$$\text{i.e.}\ \frac{AB'}{B'C}\cdot\frac{CA'}{A'B}\cdot\frac{BC'}{C'A}=1.$$ A から右回りに 1 周

よって，チェバの定理の逆より，3 本の垂線は 1 点で交わる．□

第5章 図形の性質

2 メネラウスの定理

右図のように，三角形の各辺を含む直線と他の 1 直線の交点をとると，線分の長さに関して次の等式が成り立ちます：

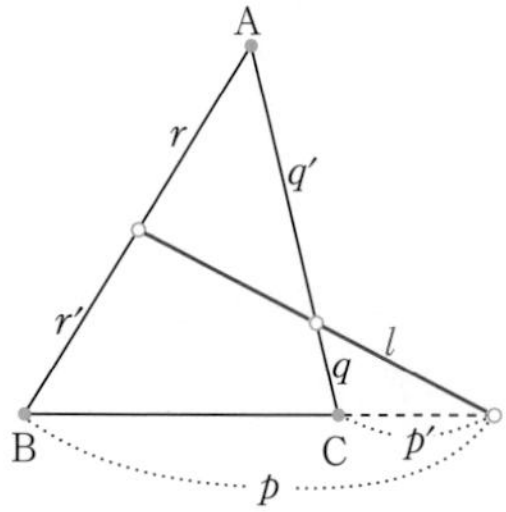

メネラウスの定理 定理

図の三角形 ABC と直線 l について，次が成り立つ．

$$\frac{p}{p'}\cdot\frac{q}{q'}\cdot\frac{r}{r'}=1.$$

頂点→ ←交点
●→○→●→○→ … と一周する順に，分子，分母，分子，分母，…に書く

〔証明〕 三角形の頂点を通り l と平行な補助線を引き，3 2 の 平行線と線分比（その1）を用いるとアッサリです．右図において

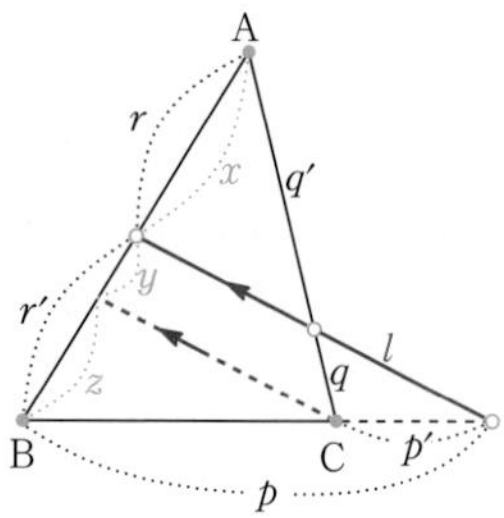

$$p:p'=(z+y):y,\ q:q'=y:x,\ r:r'=x:(y+z).$$

$$\therefore\ \frac{p}{p'}\cdot\frac{q}{q'}\cdot\frac{r}{r'}=\frac{y+z}{y}\cdot\frac{y}{x}\cdot\frac{x}{y+z}=1.\ \square$$

解説 「メネラウスの定理」は，次の 3 点をしっかり覚えましょう：

(a) 「三角形」と「1 直線」に注目して用いる．

「1 直線」は，三角形の頂点を通らない

(b) 注目した「三角形」の **3 辺方向の比**が現れる． l 上の比は現れない

(c) 三角形の周を，「頂点→交点→頂点→交点→頂点→交点→…」の順に 1 周する．

注意！ 直線 BC と l の交点は，辺 BC の外分点となります．「p」と「p'」を正しくとるように．あと，チェバの定理と同様，必ず分子→分母の順に書くこと．

注 上記では「1 直線が三角形の 2 辺および他の 1 辺の延長と交わる」ことを前提としていますが，「1 直線が三角形の 3 辺の延長と交わる」状態でも，上記(c)：「頂点→交点→頂点→交点→…の順に 1 周」は全く同様です．[→例題 5 8 b]

問 右図において，線分比 CP：PR を求めよ．

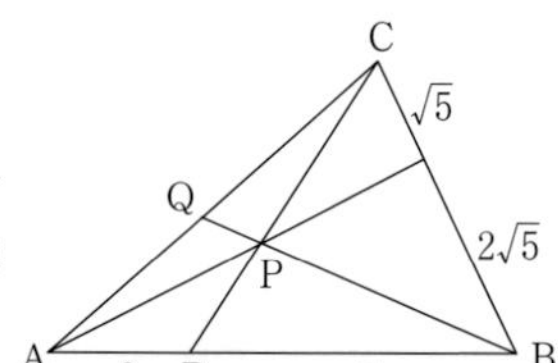

方針 直線 AB，BC 方向の線分比が既知であり，直線 CR 方向の線分比が目標ですから，前記 解説(b)より，注目すべき三角形，および 1 直線が決まります．

解答 三角形 BCR と直線 AP に対して [1] メネラウスの定理を用いると

$$\frac{\mathrm{CP}}{\mathrm{PR}}\cdot\frac{3}{10}\cdot\frac{2}{1}=1.$$

C からスタートして左回りに 1 周

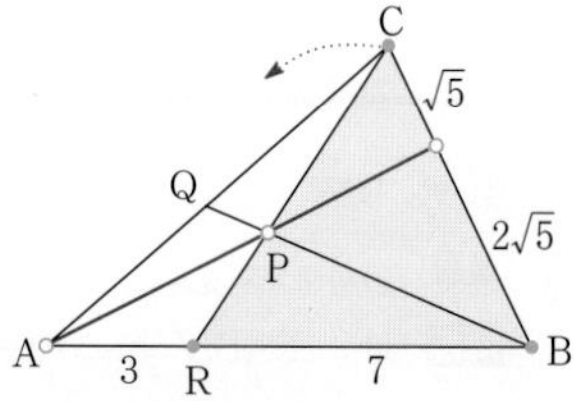

$$\therefore\ \frac{\mathrm{CP}}{\mathrm{PR}}=\frac{5}{3}.$$

i.e. CP：PR ＝ 5：3.//

参考 1 の 問 と全く同じ図形です（笑）．ただし，問うものは異なります．

注 [1]：このように，注目する「三角形」と「1 直線」を明記するよう心掛けましょう．

余談 「チェバの定理」と「メネラウスの定理」は，だいたいこうしてセットで扱われますが，その発見年代は，前者の方が 1500 年くらい後です．といっても，これほど単純で証明も容易な事実を人類の誰も発見していなかった訳はなく…アタリマエで重要性が薄いので定理として名称を与えるまでには至っていなかっただけなのだろうと筆者は想像します（笑）.

例題 58b チェバ・メネラウスの定理 根底 実戦 定期 [→演習問題5919]

右図において，BP : PC = 2 : 5, BS : SQ = 6 : 5 であるとする．このとき，線分比 AR : RB を求めよ．

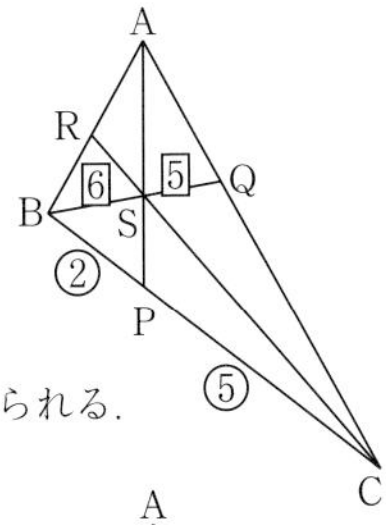

着眼 直線 BC，BQ 方向の比が既知．直線 BA 方向の比が目標…．残念．これら 3 直線は「三角形」を作らないので，チェバの定理 or メネラウスの定理 1 回だけでは出来ません．そこで，例えば次のように考えます：

- もし三角形 ABC と点 S に注目してチェバの定理が使えたら，答えは得られる．
- そのために，直線 AC 方向の比が欲しい．
- 直線 BC，BQ 方向の比が既知，直線 AC 方向の比が目標
  …これならできる！

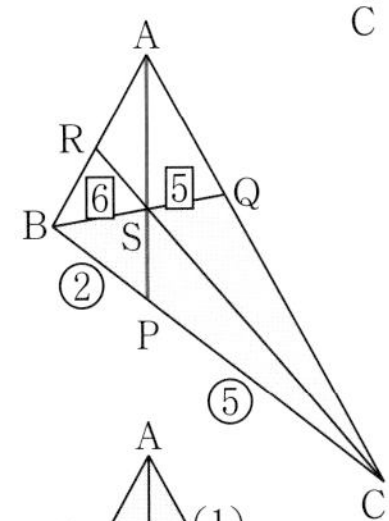

解答 三角形 BCQ と直線 AP に注目してメネラウスの定理を用いると

$$\frac{2}{5}\cdot\frac{CA}{AQ}\cdot\frac{5}{6}=1.$$ B からスタートして左回りに 1 周

$$\therefore \frac{CA}{AQ}=\frac{3}{1}.\ \therefore\ CQ : QA=(3-1) : 1=2 : 1.$$

そこで，三角形 ABC と点 S に注目してチェバの定理を用いると

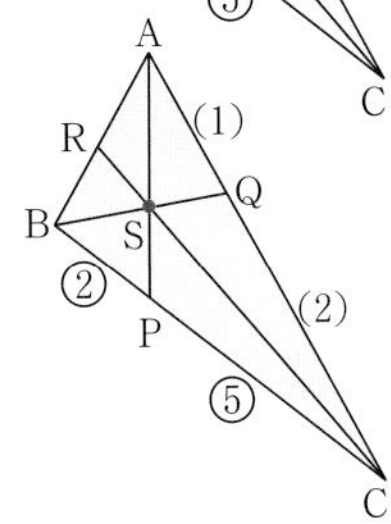

$$\frac{AR}{RB}\cdot\frac{2}{5}\cdot\frac{2}{1}=1.$$ A からスタートして左回りに 1 周

$$\therefore \frac{AR}{RB}=\frac{5}{4}.\ \text{i.e. } AR : RB=5 : 4.$$ //

注 実際の試験では，「チェバ・メネラウスの定理が使える」と判断を下すこと自体も 1 つのハードルです．これを見抜く際にも，前述の(b)：「注目する三角形の 3 辺方向の比が現れる」という視点が重要な役割を演じます．

別解 **方針** **解答**では「メネラウス→チェバ」の順に使いましたが，次のように「メネラウス→メネラウス」としても出来ます．

注 これまでメネラウスの定理は「1 直線が三角形の 2 辺および他の 1 辺の延長と交わる」状態で使ってきましたが，以下における最初の方のメネラウスの定理では，「1 直線が三角形の 3 辺の延長と交わる」状態で使います．使い方は全く同様で，とにかく「頂点→交点→頂点→交点→頂点→交点→…」の順に 1 周します．■

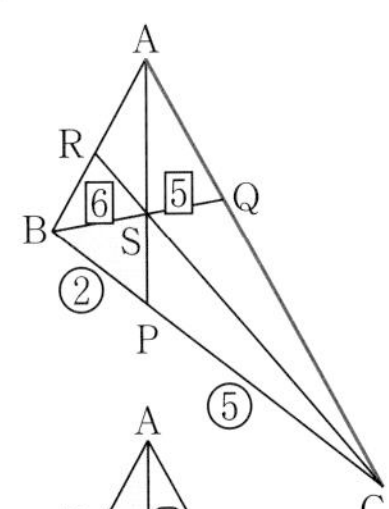

三角形 BPS と直線 AC に注目してメネラウスの定理を用いると

$$\frac{7}{5}\cdot\frac{PA}{AS}\cdot\frac{5}{11}=1.$$ B からスタートして左回りに 1 周

$$\therefore \frac{PA}{AS}=\frac{11}{7}.\ \therefore\ AS : SP=7 : 4.$$

そこで，三角形 ABP と直接 CR に注目してメネラウスの定理を用いると

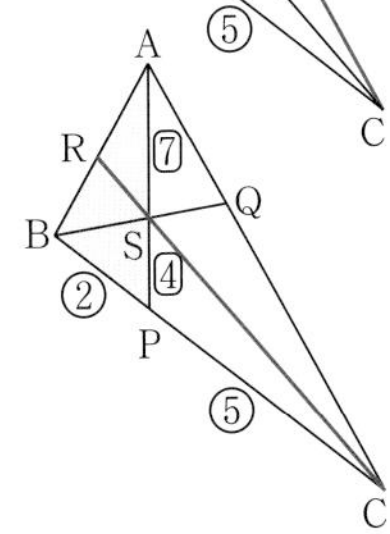

$$\frac{AR}{RB}\cdot\frac{7}{5}\cdot\frac{4}{7}=1.$$ A からスタートして左回りに 1 周

$$\therefore \frac{AR}{RB}=\frac{5}{4}.\ \text{i.e. } AR : RB=5 : 4.$$ //

補足 「1 直線が三角形の 3 辺の延長と交わる」状態でのメネラウスの定理の証明も，「1 直線が三角形の 2 辺および他の 1 辺の延長と交わる」状態とまったく同様です．

メネラウスの定理の逆　右図のように三角形の辺またはその延長線上に点 P, Q, R があるとき，$\frac{p}{p'}\cdot\frac{q}{q'}\cdot\frac{r}{r'}=1$ ならば，3 点 P, Q, R は共線となります．

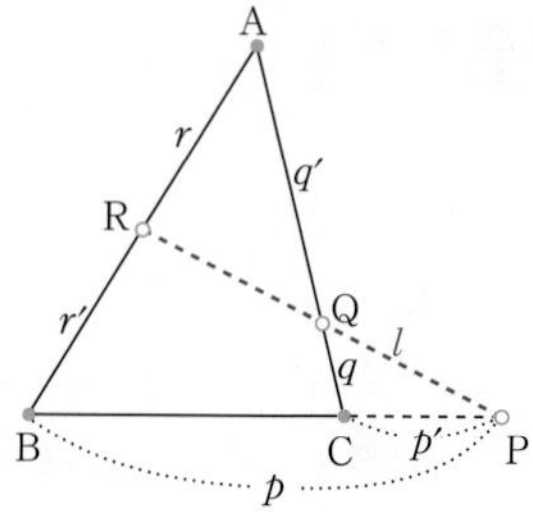

〔証明〕（略解）チェバの定理の逆と全く同様です．2 点 P, Q を結ぶ直線と AB の交点を「R′」とし，メネラウスの定理を用いて R と R′ が同一な点であることを同一法によって導きます．

この「逆」も踏まえて書くと，次のようになります．

メネラウスの定理とその逆　定理

三角形 ABC の辺またはその延長線上に上図のように P, Q, R があるとき

「3 点 P, Q, R が共線である」$\iff \frac{p}{p'}\cdot\frac{q}{q'}\cdot\frac{r}{r'}=1.$

参考　メネラウスの定理は，3 つの点が共通な直線上にあるための条件を表すので，別名「**共線定理**」と呼ばれます．

例題 5 8 C　メネラウスの定理の逆　根底 実戦　入試

[→演習問題 5 9 22]

右図のように，三角形 ABC の内接円と各辺の接点を結んだ三角形 STU を考え，両者の辺の延長どうしの交点を P, Q, R とする．

$a=\mathrm{AT}=\mathrm{AU}$, $b=\mathrm{BU}=\mathrm{BS}$, $c=\mathrm{CS}=\mathrm{CT}$ とおいて，以下の問いに答えよ．

(1)　BP : PC を a, b, c を用いて表せ．

(2)　3 点 P, Q, R は同一直線上にあることを示せ．

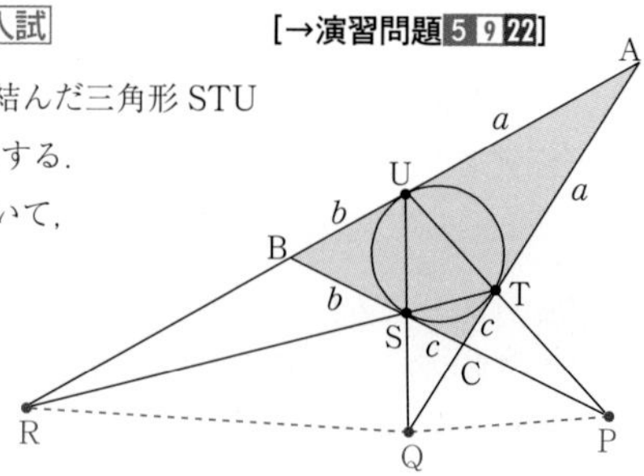

方針　(1) メネラウスの定理が使えそうですね．

(2) メネラウスの定理の逆を使います．そのために，(1)をどう結び付けるか…？

解答　(1)　△ABC と直線 UT についてメネラウスの定理を用いると

$$\frac{a}{b}\cdot\frac{\mathrm{BP}}{\mathrm{PC}}\cdot\frac{c}{a}=1.\therefore\ \mathrm{BP}:\mathrm{PC}=b:c.//$$

(2)　(1)と同様[1]にして

$$\mathrm{CQ}:\mathrm{QA}=c:a,\ \mathrm{AR}:\mathrm{RB}=a:b.$$

これらと(1)より，△ABC に注目して

$$\frac{\mathrm{BP}}{\mathrm{PC}}\cdot\frac{\mathrm{CQ}}{\mathrm{QA}}\cdot\frac{\mathrm{AR}}{\mathrm{RB}}=\frac{b}{c}\cdot\frac{c}{a}\cdot\frac{a}{b}=1.$$

よって，メネラウスの定理の逆より，3 点 P, Q, R は共線である．□

解説　(1)で用いた「メネラウスの定理」は，△ABC の 2 辺および 1 辺の延長との交点を考えるタイプ．(2)で用いた「メネラウスの定理の逆」は，△ABC の 3 辺の延長との交点を考えるタイプです．

注　本問(2)では，3 点 P, Q, R は共線であることをこれから示しますから，共線である状態からワザと少しだけズラして描いてあります．自分で図を描く場合にも，必ずそうしてください．

補足　1)：「同様に」に自信がなければ，(1)と同じことをあと 2 回やるまでです．特に手間はかかりません．

言い訳　(1)では，答えが b, c のみで表せるにも関わらず，「a, b, c を用いて表せ」としました．答えに a が現れないことがバレないようにするために（笑）．入試でも，しょっちゅうあることです．

9 演習問題A

5 9 1 根底 実戦 重要

右図の直角三角形について，辺の長さ x を求めよ．

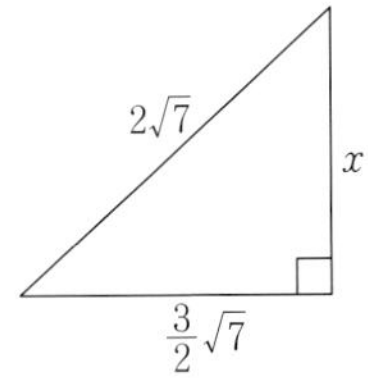

5 9 2 根底 実戦

xy 平面上に，右図のような「L」字型をした図形 L がある．以下の問いに答えよ（全て，結果のみ答えればよい）．

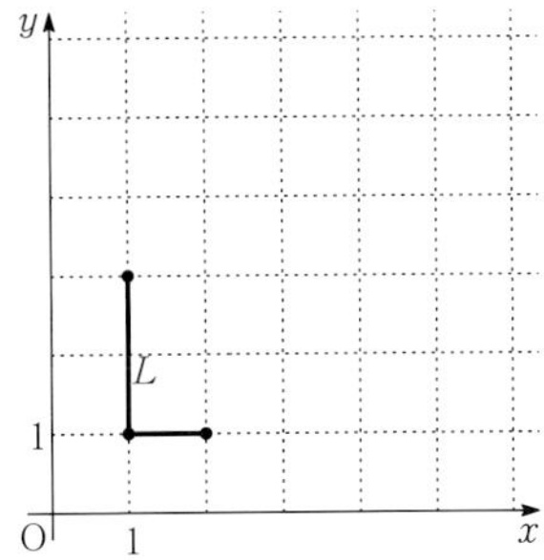

(1) 次の条件を満たす図形 L_1 を図示せよ．

条件：$\begin{cases} L \text{ と } L_1 \text{ は原点 O を中心として相似の位置にある．} \\ L \text{ と } L_1 \text{ の相似比は } 1:2 \text{ である．} \end{cases}$

(2) 次の条件を満たす図形 L_2 を図示せよ．

条件：$\begin{cases} L_1 \text{ と } L_2 \text{ は点 A}(3, 2) \text{ を中心として相似の位置にある．} \\ L_1 \text{ と } L_2 \text{ の相似比は } 3:1 \text{ である．} \end{cases}$

(3) L と(2)の L_2 は点 $\mathrm{B}(a, b)$ を中心として相似であり，相似比は $1:k$ である．実数 a, b, k の値を答えよ．

5 9 3 根底 実戦 定期

(1) 「B 判」と呼ばれる紙サイズの縦横比は，下図左のように例えば B4 サイズの長方形 ABCD を 2 等分すると，それと相似な B5 サイズの長方形 BNMA になる [1] ように決められている．これをもとに，「B 判」における短い辺と長い辺の長さの比を求めよ．

(2) 長方形 ABCD から下図右のように正方形 ABQP を取り除くと，元と相似な長方形 QCDP ができるとする．このような長方形の短い辺と長い辺の長さの比を求めよ．

(1)

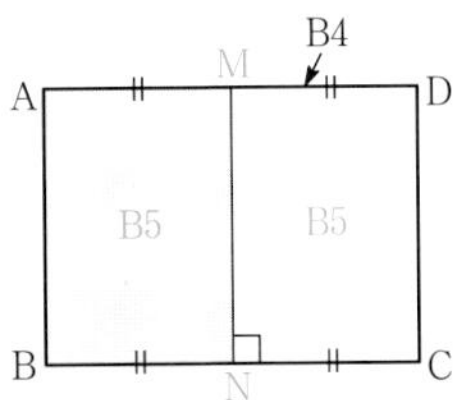

(2)

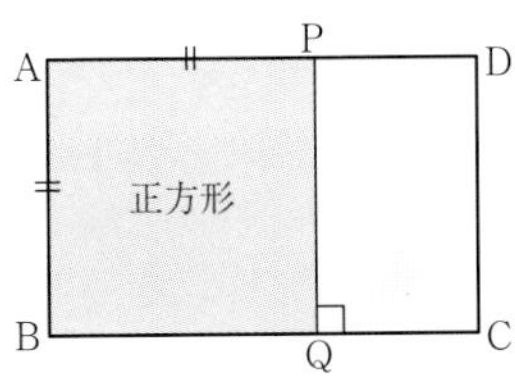

5 9 4 根底 実戦 定期 重要

右図のように，2 辺の長さが $1, \sqrt{2}$ である長方形の紙 ABCD を，線分 PD を折り目として折り返したところ，頂点 A が辺 BC 上の点 Q と重なった．BP，BQ の長さを求めよ．

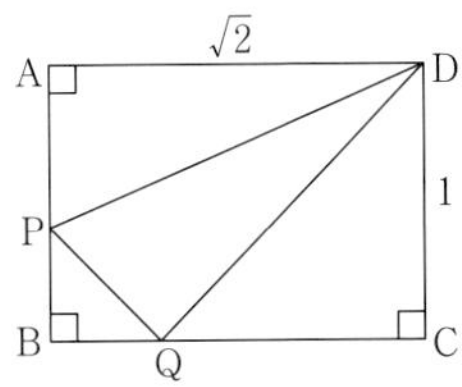

595 根底 実戦 定期

(1) 右図(1)において，AB // CD // EF とする．線分 BD の長さを求めよ．また，AC : CE を求めよ．

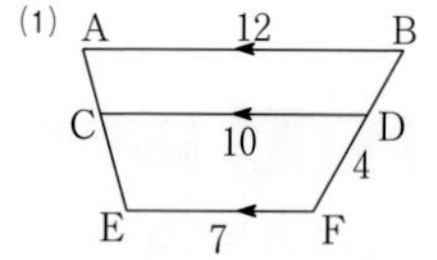

(2) 右図(2)において，AC // BD // PQ とする．線分 PQ の長さを求めよ．

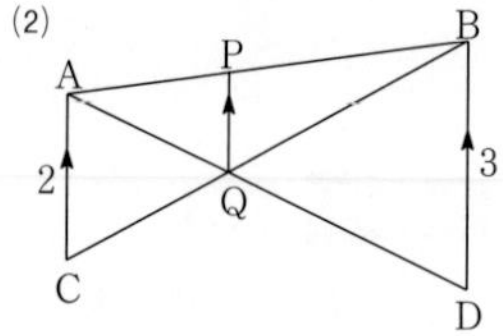

596 根底 実戦 典型

xy 平面上に 4 つの定点 O(0, 0), A(3, 0), B(1, 0), C(−3, 0) がある．x 軸上にない点 P を OP : AP = 1 : 2 …① を満たすようにとるとき，∠BPC を求めよ．

597 根底 実戦 典型 重要

(1) 平面上で，下図左のように定直線 l に関して同じ側に 2 定点 A，B がある．l 上の動点 P に対して定まる折れ線の長さ $L := \mathrm{AP} + \mathrm{PB}$ の最小値を求めよ．

(2) xy 平面上に，下図右のような直角二等辺三角形 OAB がある．辺 AB の中点 C と，辺 OA 上の動点 P，辺 OB 上の動点 Q を結んでできる三角形の周の長さ $L := \mathrm{CP} + \mathrm{PQ} + \mathrm{QC}$ の最小値を求めよ．

言い訳 (1)と(2)は独立な問題ですので，点の名称などに同じ文字を使用しています．

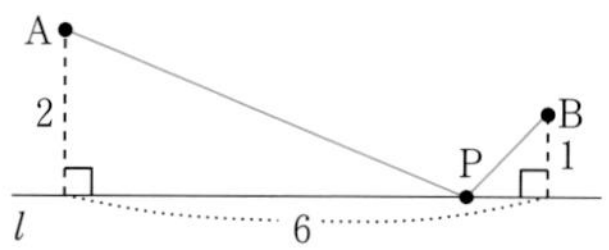

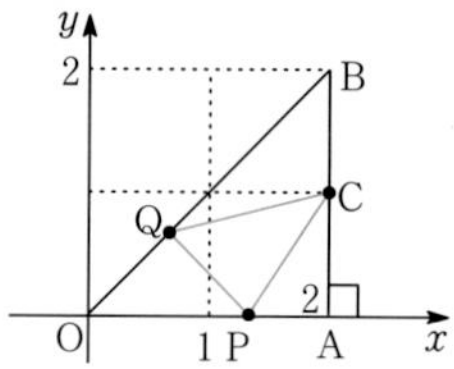

598 根底 実戦 典型 入試 ハイレベル⬆

xy 平面上に，定点 A(4, 1) と中心 B(0, 2)，半径 1 の円 C がある．点 P が C 上を動き，点 Q が x 軸上を動くとき，折れ線の長さ $L = \mathrm{AQ} + \mathrm{QP}$ の最小値を求めよ．

599 根底 実戦

四面体 ABCD があり，4 辺 AB，BC，CD，DA の中点をそれぞれ K，L，M，N とする．

(1) このとき四角形 KLMN は平行四辺形であることを示せ．

(2) AC ⊥ BD のとき，KLMN はどのような四角形か．

(3) AC = BD のとき，KLMN はどのような四角形か．

(4) AC ⊥ BD かつ AC = BD のとき，KLMN はどのような四角形か．

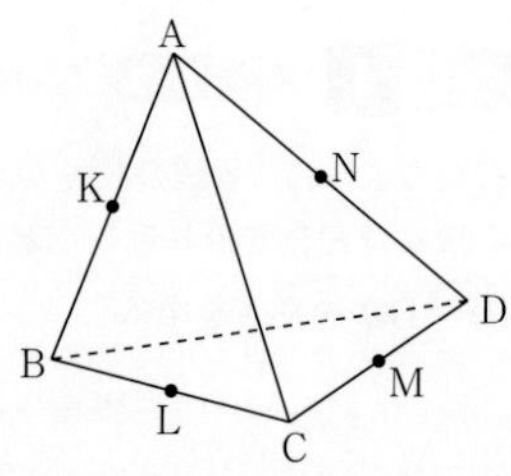

5 9 10 根底 実戦 定期

右図のように，ある円が四角形 ABCD に内接している．辺 CD の長さを求めよ．

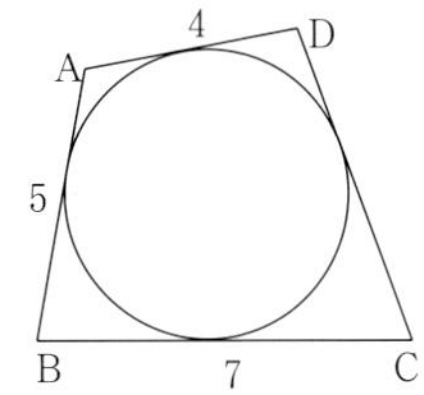

5 9 11 根底 実戦 典型

$\angle C=90^\circ$ の直角三角形 ABC において，$a=BC$, $b=CA$, $c=AB$ とする．$\triangle ABC$ の内接円の半径 r を，a, b, c を用いて表したい．

(1) $\triangle ABC$ の面積に注目して，r を a, b, c で表せ．

(2) 頂点から接点に到る距離に注目して，r を a, b, c で表せ．

(3) (1)(2)で得た結果どうしが等しいことを示せ．

5 9 12 根底 実戦

三角形 ABC において，角 B，C の外角の 2 等分線の交点を J とする．このとき，J は内角 A の二等分線上にあることを示せ．

5 9 13 根底 実戦

(1) 外心 O と垂心 H が一致する三角形 ABC は，正三角形であることを示せ．

(2) 外心 O と内心 I が一致する三角形 ABC は，正三角形であることを示せ．

5 9 14 根底 実戦

鋭角三角形 ABC の垂心を H とする．$\triangle HBC$ に対して，点 A はどのような点か．

5 9 15 根底 実戦 典型

右図において，BQ : QC = 3 : 2，AP : PQ = 2 : 1 とする．次の面積比を求めよ．

(1) $\triangle PAB : \triangle PAC$

(2) 四角形 ABPC : $\triangle PBC$

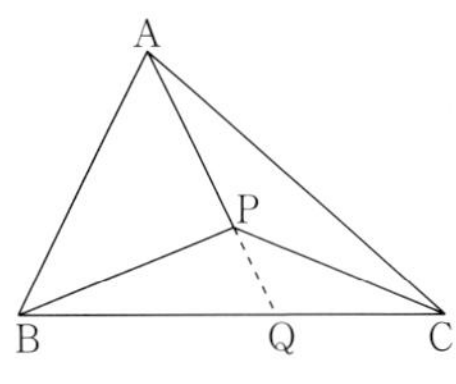

5 9 16 根底 実戦 典型 重要

$\triangle ABC$ の内部に点 P をとり，AP と BC の交点を Q とする．$\triangle PBC$，$\triangle PCA$，$\triangle PAB$ の面積をそれぞれ α, β, γ とおき，これらを用いて線分比 BQ : QC および AP : PQ を表せ（結果のみ書けばよい）．

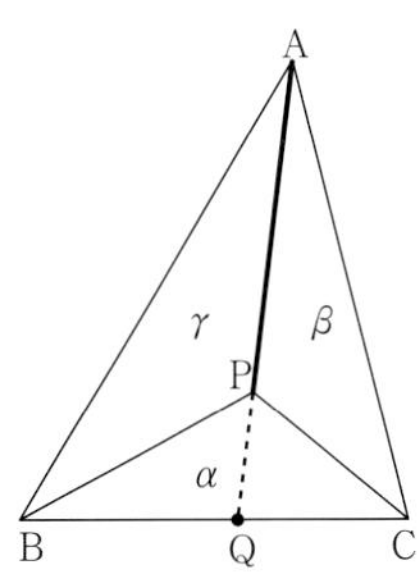

5 9 17 根底 実戦 三角比後

右図において，H は鋭角三角形 ABC の垂心である．△HBC，△HCA，△HAB の面積比を，内角 A, B, C を用いて表せ．

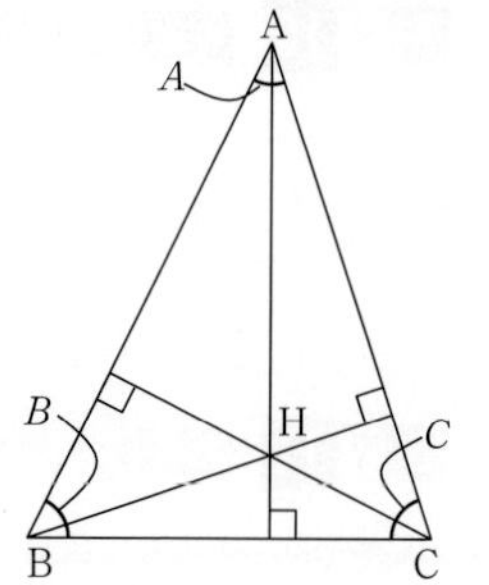

5 9 18 根底 実戦 重要

右図において，AD : DB = 2 : 1, DE // BC, △ABG : △ACG = 1 : 3 とする．次の面積比を求めよ．

(1) △ADE : 四角形 DBCE　　(2) 四角形 ABGC : △GBC

(3) △EGC : △FCG　　(4) △BGD : △HGE

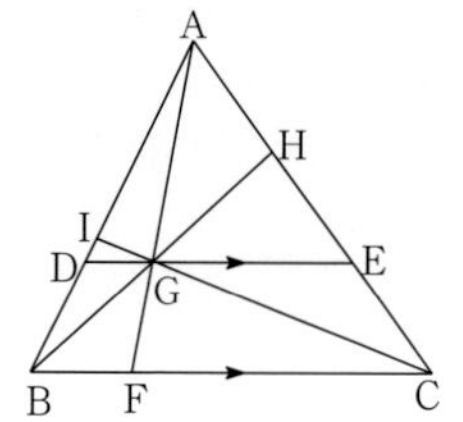

5 9 19 根底 実戦 定期

右図のように，3 つの線分 AP，BQ，CR が △ABC の内部の点 O で交わっており，AR : RB = 1 : 2, BP : PC = 3 : 2 とする．

(1) OA : OP を求めよ．

(2) QA : QC を求めよ．

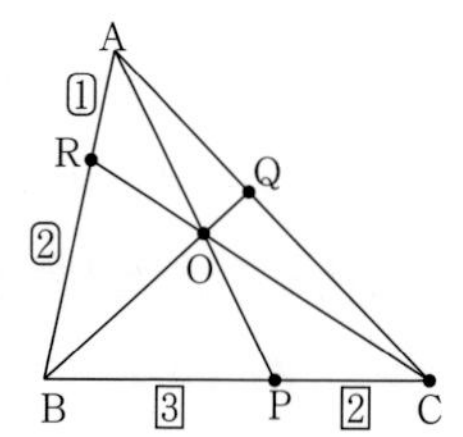

5 9 20 根底 実戦 定期

右図のように，3 つの線分 AP，BQ，CR が △ABC の内部の点 O で交わっており，BO : OQ = 7 : 2, CO : OR = 2 : 1 とする．OA : OP を求めよ．

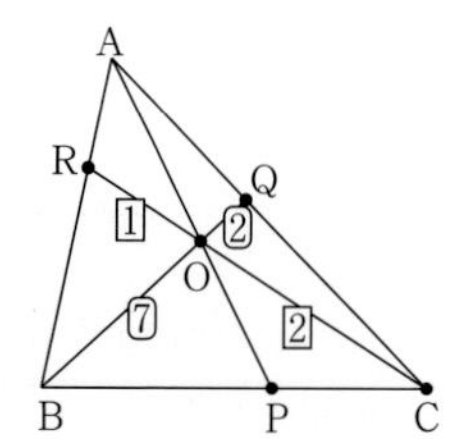

5 9 21 根底 実戦

右図のように，△ABC の辺上に点 P，Q，R があり，3 直線 AP，BQ，CR が 1 点 S で交わっている．図のように長さ b, b', c, c', p, p' をとると，

$\dfrac{b}{b'}+\dfrac{c}{c'}=\dfrac{p}{p'}$ が成り立つことを示せ．

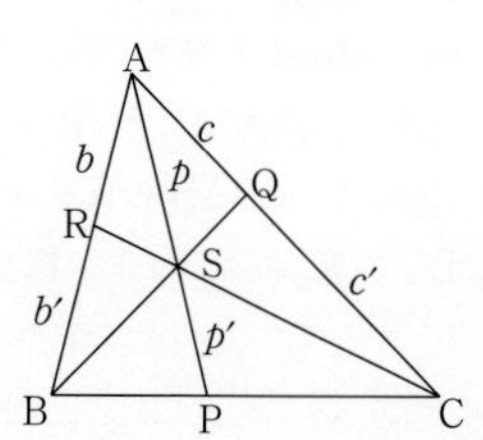

5 9 22 根底 実戦

右図のように，3 つの線分 AP，BQ，CR が △ABC の内部の点 O で交わっている．直線 BC 上の線分 BC の外側に，BP•CS = BS•PC を満たす点 S をとると，S は直線 RQ 上にあることを示せ．

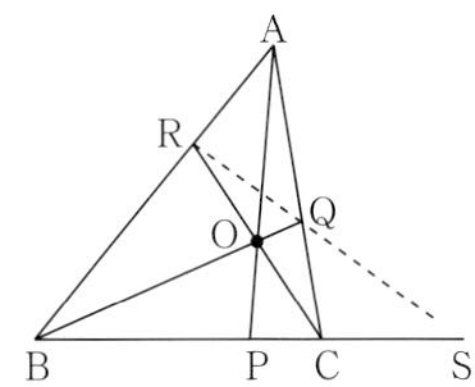

5 9 23 根底 実戦 ハイレベル↑

平面上の任意の鋭角を，折り紙を用いて 3 等分する方法を考えよう．紙の上に 2 つの半直線 OX，OY が描かれており，∠XOY < 90° とする．直線 OX に対して Y と同じ側に ∠AOX = 90° となる点 A をとり，線分 OA の中点を M，M から半直線 OX と同じ向きに伸びる半直線を l とする．

この紙を適当な直線 m を折り目として折り返し，O が 半直線 l 上に移り，なおかつ A が半直線 OY 上に移るようにする．このとき，O が移った l 上の点を P とすれば，$\angle XOP = \frac{1}{3}\angle XOY$ が成り立つことを示せ．

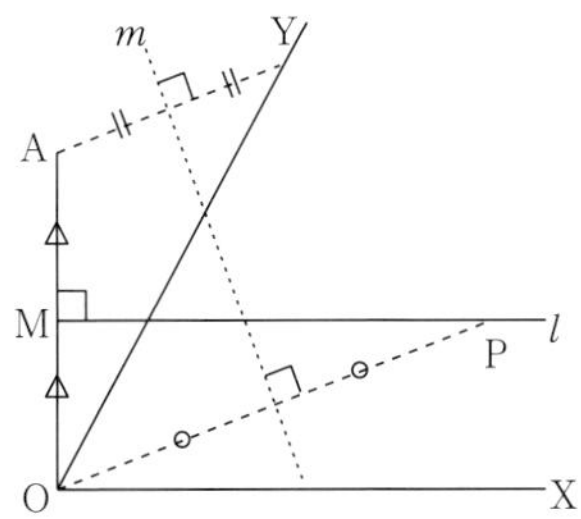

5 9 24 根底 実戦 ハイレベル↑

平面上で，3 点 A，B，C がこの順に反時計回りに鋭角三角形 ABC を作っている．いま，この三角形の外部に，3 つの二等辺三角形 △PBC，△QCA，△RAB を作る．それぞれの頂角は ∠CPB= ∠AQC= ∠BRA=120° とする．

△RBP を R を中心に反時計回りに 120° 回転 [1] した三角形，および △QCP を Q を中心に時計回りに 120° 回転 [2] した三角形を利用することにより，△PQR は正三角形であることを証明せよ．

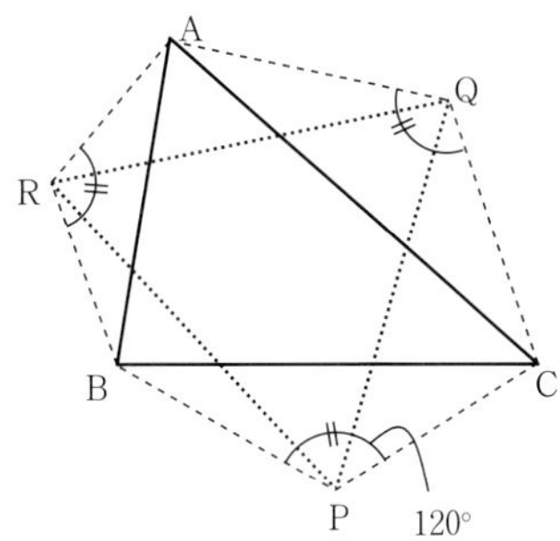

10 円の性質

1 円とは

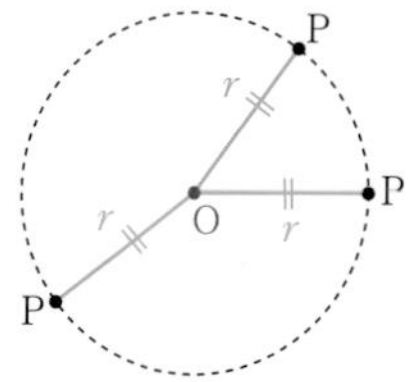

平面上で[1]，定点 O からの距離が r（正の定数）である点 P の集合を**円周**，あるいは単に円[2] といいます．また，O を**中心**，r を**半径**といいます．

語記サポ　O を中心とする円を，単に「**円** O」と呼ぶ習慣があります．

重要　「円周」について議論する際には，円そのものという曲がったものより，線分 OP などの真っ直ぐなものに注目することが多いです．そこで，右図では円周を破線で描いています．筆者は，円を素材とした問題を考える際にはしばしばこのように描きます．

注　[1]：この「平面上」を「空間内」に変えると，「円周」が「球面」に変わります．

「円」は，次のものによって**決定**されます：

平面上→「中心」と「半径」の 2 つ

空間内→「平面」と「中心」と「半径」の 3 つ

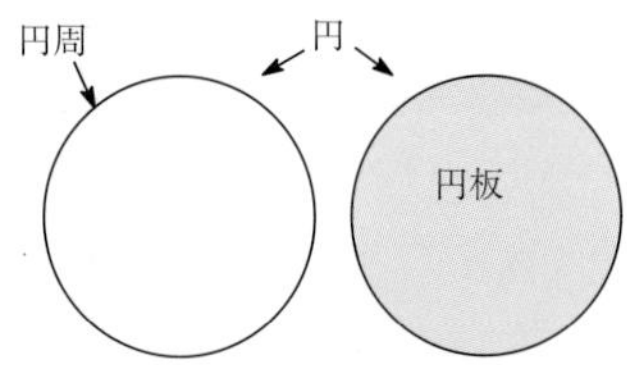

語記サポ　[2]：用語の使い方を確認しておきましょう．

「円周」：周のみ　　「円板」：周と内部

「円」：上記 2 つのいずれか．文脈で判断する．[3]

注　[3]：例えば「円の面積」と言った場合，「円周」という幅の無い「線」だと面積は 0 に決まってますから，「円板」の方の意味だと解釈します．

円の周長，面積　半径 r の円について，周長 $= 2\pi r$．　面積 $= \pi r^2$．

2 中心角・円周角

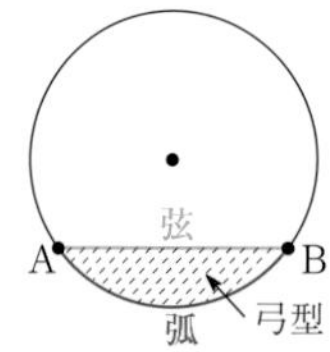

円周の一部，例えば点 A から点 B までの部分を「**弧** AB」といい，$\overset{\frown}{AB}$ と表します．その両端を結んだ線分を「**弦** AB」といい，弧と弦で囲まれる部分を「弓型」と呼んだりします．

注1　ただし，「弧 AB」という表現には，右図のように赤色部分と青色部分の 2 通りの意味が考えられますから，どちらを指すかをハッキリさせたいです．

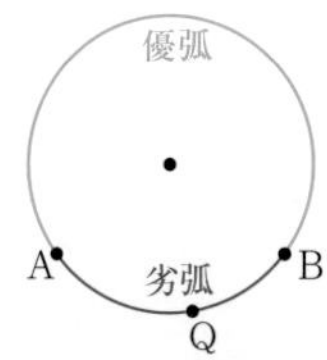

AB が直径でないときには，短い方の弧を**劣弧** AB，長い方を**優弧** AB と呼んで区別することができます．入試問題文では使われない言い方ですが，便利なので一応覚えておきましょう．（特に指定がない場合には，劣弧の方を指すことが多い気がします．）

あるいは，「弧 AQB」と呼んで図の赤色の方を指す方法もあります．■

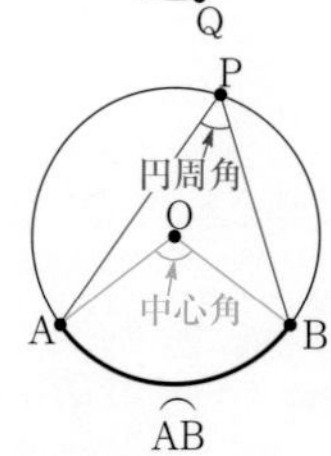

右図の円 O において，太線の $\overset{\frown}{AB}$ に対して定まる角として，次の 2 つが有名です：

その両端と中心O を結んでできる**中心角**

その両端と，$\overset{\frown}{AB}$ を除く円周上の点 P を結んでできる**円周角**

語記サポ　円周角 ∠APB は，P の位置から見た 2 点 A，B の向きの違いを表すので，「P から 2 点 A，B を**見込む**角」と言い表されたりします．■

右図において，二等辺三角形 OAP, OBP の 2 つの底角と頂角の外角に注目すると，太線の$\overset{\frown}{AB}$の円周角，中心角は，右のようになります．
よって，次の関係が成り立ちます．（P が OA 上のときなども同様です．）

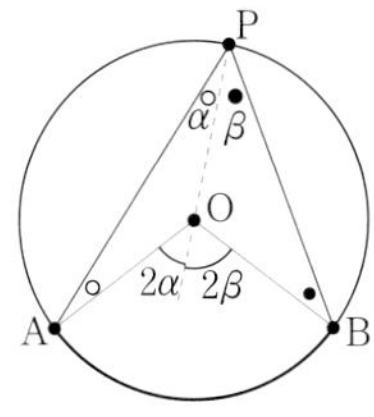

円周角 $=\alpha+\beta$,
中心角 $=2\alpha+2\beta$.

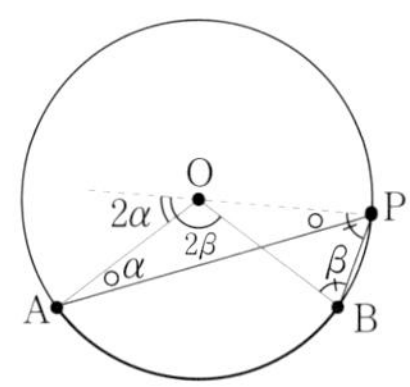

円周角 $=\beta-\alpha$,
中心角 $=2\beta-2\alpha$.

円周角と中心角 知識
円 O において，P が$\overset{\frown}{AB}$を除く周上の点であるならば，

円周角は，P の位置によらず一定であり，
その大きさは$\overset{\frown}{AB}$の中心角の半分である．

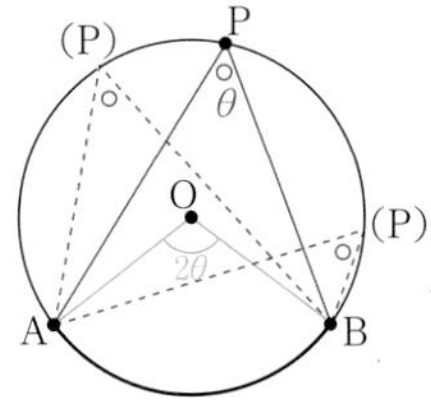

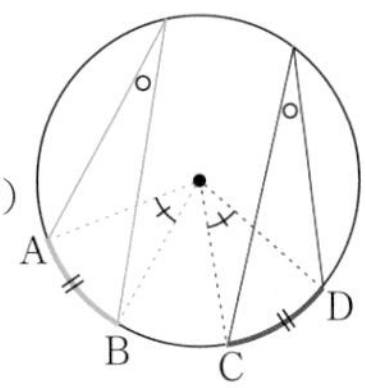

注2 同一の弧に対する円周角が一定（上図左）であると同時に，上図右のように，「**長さの等しい別の弧に対する円周角どうしも一致します**．

言い訳 重要度↓ 本来は，このように P の位置によらず定まることがわかって，初めて「$\overset{\frown}{AB}$ に対する円周角」という表現が許される訳ですが….

補足 上では劣弧に対する円周角，中心角を図示していましたが，優弧に対しても同様です．

例題 5 10 a 円周角と中心角 根底 実戦 定期

[→演習問題 5 12 1]

右図の(1), (2)において，角 x(および y) をそれぞれ求めよ．ただし，点 O は円の中心である．

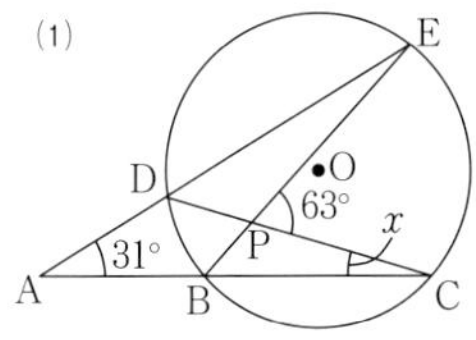

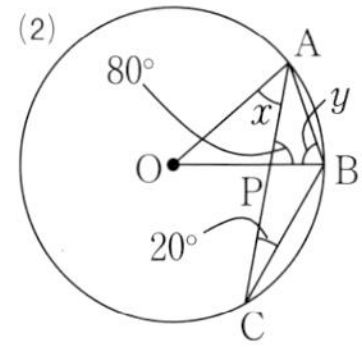

着眼 「同一の弧に対する円周角は一定」，「その大きさは中心角の半分」の 2 つを使用．

解答 (1)

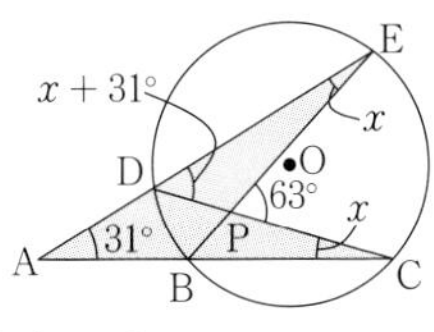

$\triangle$DPE において，

$\angle D = x + 31°$ ($\triangle$ACD に注目して).
$\angle E = x$ (弧 BD の円周角).
$\therefore x + (x + 31°) = 63°$. 内角足したら残りの外角
$x = 16°$.//

(2) 弧 AB に対する円周角，中心角の関係から

$\angle AOB = 2 \cdot 20° = 40°$.
$\triangle$OPA に注目して
$40° + x = 80°$.
$\therefore x = 40°$.// 内角足したら残りの外角

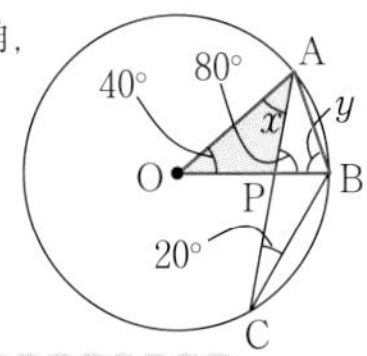

また，二等辺三角形 $\triangle$OAB に注目して

$$y = \frac{180° - 40°}{2} = 70°.//$$

解説 (1)「円周角」だけでなく，「三角形の内角」にも注目しました．

参考 (2) $\triangle$OPA は，$\angle O = \angle A = 40°$ の二等辺三角形になっています．

第5章 図形の性質

3 円に内接する四角形

円に内接[1]する四角形について，2の関係から即座に次の性質が得られます．〔図1〕において

$2\alpha+2\beta=360°$. $\therefore\ \alpha+\beta=180°$.

よって，〔図2〕において

$\alpha=\alpha'\ (=180°-\beta)$.

〔図1〕

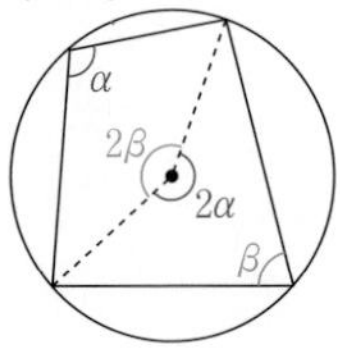

〔図2〕

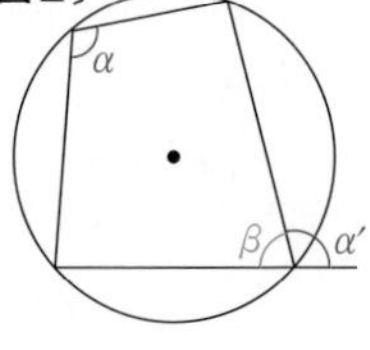

注 1)：円は四角形の外接円ですね．円と四角形の関係を，正しく把握すること！

例題 5 10 b 円に内接する四角形と角 根底 実戦 定期

右図の(1)，(2)において，角 x をそれぞれ求めよ．ただし，(2)においては AB=DE とする．

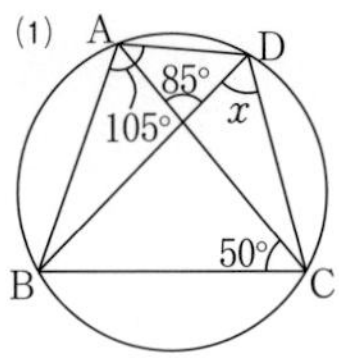

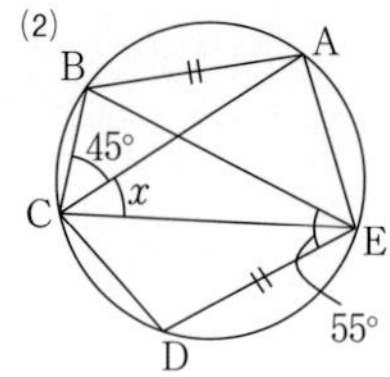

方針 円に内接する四角形，円周角，三角形の内角の和に注目します．

(2)の条件「AB=DE」はどう活かすか？

解答 (1) 四角形 ABCD において，$\angle A+\angle C=180°$ だから，右図において

$105°+(50°+y)=180°$.

$\therefore\ y=25°$.

△CPD に注目して

$25°+x=85°$. 内角足したら残りの外角

$\therefore x=60°$.//

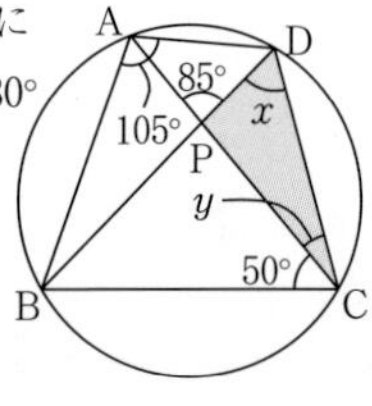

(2) 四角形 BCDE は円に内接する．

$\therefore\ \angle BCD=180°-55°$

$=125°$.

AB=DE，i.e. $\overset{\frown}{AB}=\overset{\frown}{DE}$ より，

$y=45°$.[1]

∠BCD に注目して

$x=125°-45°-45°=35°$.//

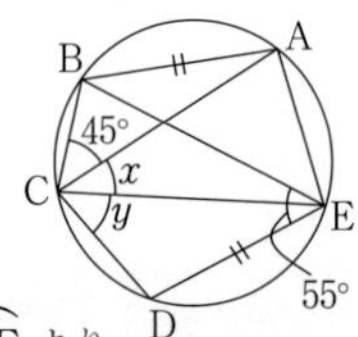

注 1)：同一の弧に対する円周角が一定であることは見抜けるのに，長さの等しい別々の弧に対する円周角が等しいことは見落とす人が案外多いです．[→2 注2]

例題 5 10 c 円に内接する四角形と平行 根底 実戦 定期

[→演習問題 5 12 2]

右図のように，2 円の交点 P，Q を通る直線と 2 円の交点 A，B，C，D をとる．このとき，AC // BD を示せ．

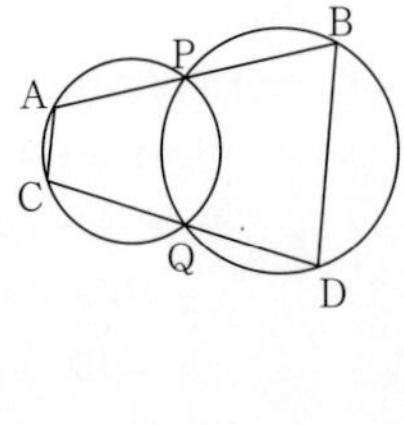

方針 各点が円周上にあることを活かすべく補助線を引きます．

解答 右図のように角をとると

四角形 ACQP は円に内接するから，$\alpha=\beta$.

四角形 PQDB は円に内接するから，$\beta=\gamma$.

$\therefore\alpha=\gamma$.

よって，AC と BD は同位角が等しいから平行である．□

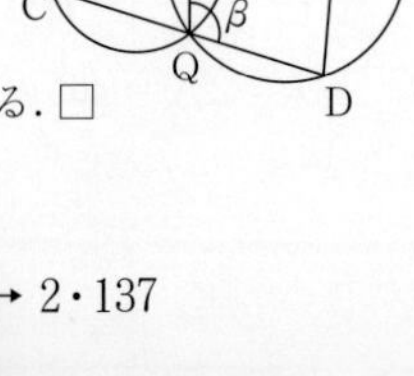

4 共円条件

2, 3では,「○○が円周上 ⟹ △△」という性質を書きましたが, 実はこの逆も成り立つことを説明します.

まず, 2の逆を示す準備を行いましょう. 中心角が 2θ である円 O の弧 AB と, 直線 AB に関してそれとは反対側にある点 P を考察対象とします. P が円 O の周上にないときをも考え, 色のついた三角形に着目します.

i) P が円の内部にあるとき

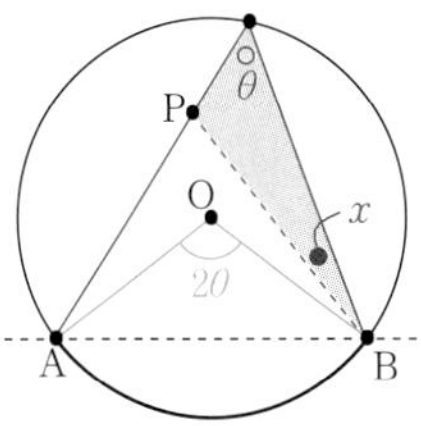

$\angle APB = \theta + x.$

$\therefore\ \angle APB > \theta.$

ii) P が円周上にあるとき

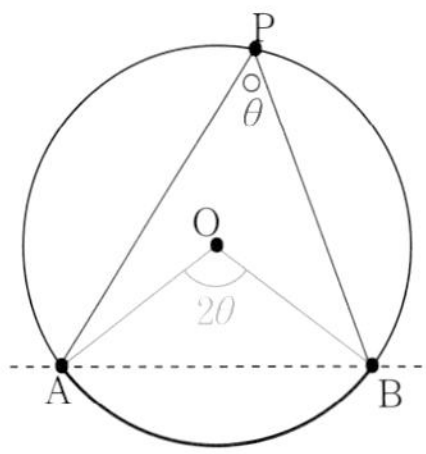

$\angle APB = \theta.$ 円周角. 中心角の半分

iii) P が円の外部にあるとき

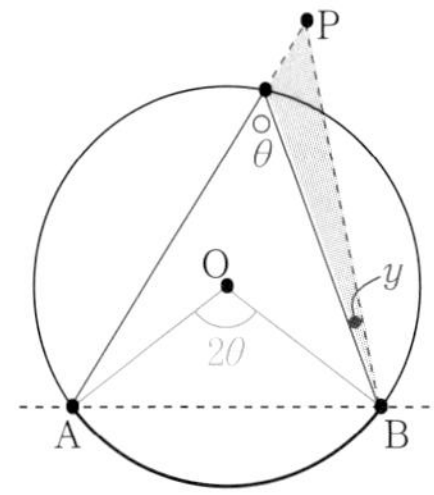

$\angle APB + y = \theta.$

$\therefore\ \angle APB < \theta.$

ハイレベル↑ i)~iii) の「仮定」は, P の位置として考えられる全ての場合を尽くしています. また,「結論」として得られた ∠APB と θ の大小関係には重複がないので, 次のように「転換法」[→例題119p]が使えます:

元々考えた向き

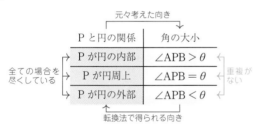

P と円の関係	角の大小
P が円の内部	$\angle APB > \theta$
P が円周上	$\angle APB = \theta$
P が円の外部	$\angle APB < \theta$

全ての場合を尽くしている　重複がない

転換法で得られる向き

これで, 2の逆もいえたことになりますね:

弧 AB と点 P が直線 AB に関して反対側にあることを前提として,

P が右図の円 O の周上にある

$\Longleftrightarrow \angle APB = \theta.$ 円周角. 中心角の半分

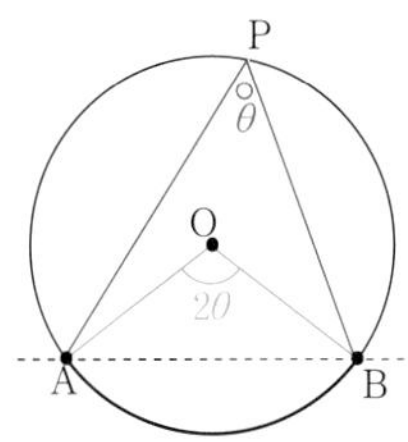

3の逆も,「転換法」により同様に示すことができます. 以上により, 4 つの点が共円であるための必要十分条件として, 次ページの 2 つが得られたことになります:

同一円周上

共円条件　方法論　重要度⬆　既習者

❶〔見込む角の一致〕

P，Q が直線 AB に関して**同じ側にある**ことを前提として…

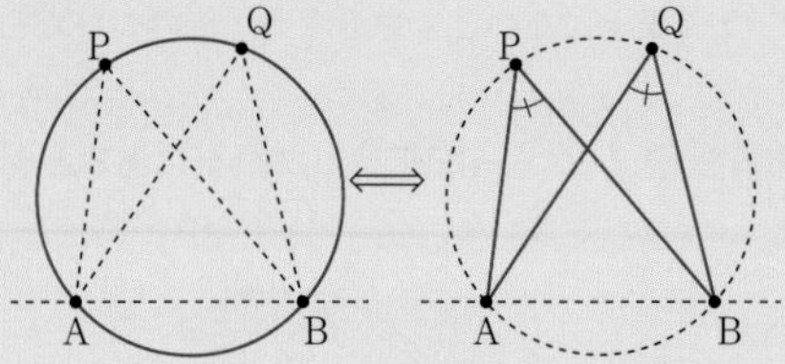

A, B, P, Q が共円 $\Longleftrightarrow$ $\angle\mathrm{APB}=\angle\mathrm{AQB}$.[1]

❷〔内接四角形〕

四角形 ABCD の向かい合う内角（およびその外角）に関し，図において…

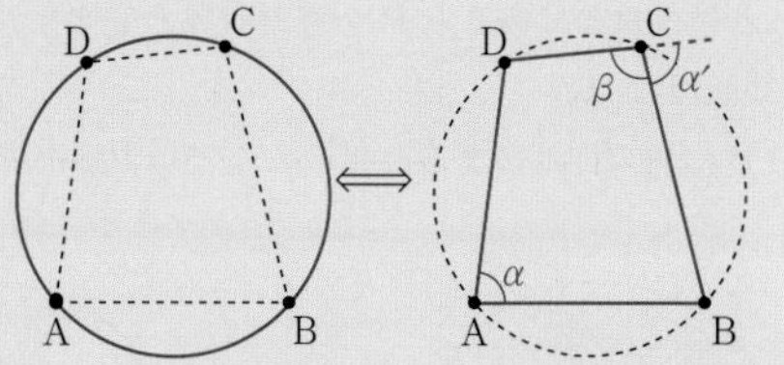

A, B, C, D が共円 $\Longleftrightarrow$ $\alpha+\beta=180^\circ$ $(\alpha=\alpha')$

補足 [1]：P，Q から，A，B を見込む角どうしが等しいということですね.

解説 ハイレベル⬆ ❶の「$\Longleftarrow$」について説明します．三角形 ABP の外接円 C における弧 AB の中心角を 2θ とおくと，$\angle\mathrm{APB}=\angle\mathrm{AQB}$ ならば，$\angle\mathrm{AQB}=\theta$．よって，前記の同値関係によって Q も円 C 上にあるといえます.

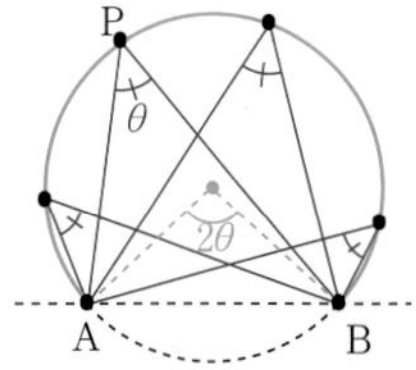

参考 この❶の考えをもっと沢山の点に適用してみましょう．直線 AB に関して同じ側にある点 P を考えると，$\angle\mathrm{APB}=\theta$ を満たす点 P の集合[2] は，右図のように中心角 2θ の $\overset{\frown}{\mathrm{AB}}$を含む円周のうち$\overset{\frown}{\mathrm{AB}}$を除いた部分となることがわかります.

特に $\angle\mathrm{APB}=90^\circ$ を満たす点 P の軌跡は，右図のような半円となります．このことから，直角三角形において斜辺の中点 M から 3 頂点へ到る距離は等しいことがわかります.

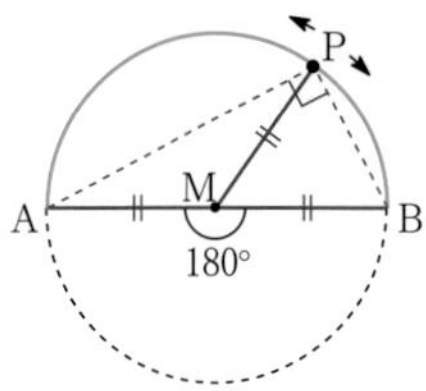

語記サポ [2]：このような，ある条件を満たす点が描く図形を「軌跡」といいます．［→数学Ⅱ図形と方程式］

例題 5 10 d 共円条件総合　根底 実戦

[→演習問題 5 12 6]

右図において，4 点 A，B，C，D が同一円周上にあり，AB // QP である．このとき，4 点 D，C，P，Q は同一円周上にあることを示せ.

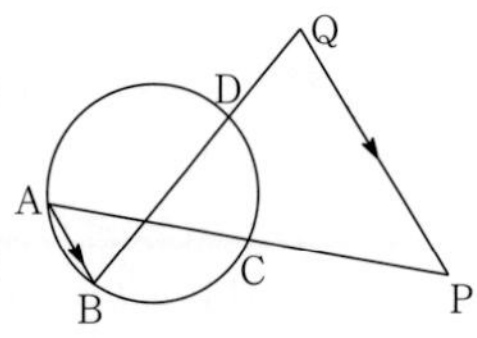

方針 「A，B，C，D が共円」を利用するため，そして「D，C，P，Q が共円」を証明するため，適切な補助線を引きます.

解答 右図のように角をとると

4 点 A，B，C，D は共円だから，$\alpha=\beta$.　「❶ $\Longrightarrow$」を用いた

AB // QP だから，$\alpha=\gamma$.　錯角どうし

$\therefore$ 四角形 DCPQ において，$\beta=\gamma$.

$\therefore$ 4 点 D, C, P, Q は共円. □　「❷ $\Longleftarrow$」を用いた

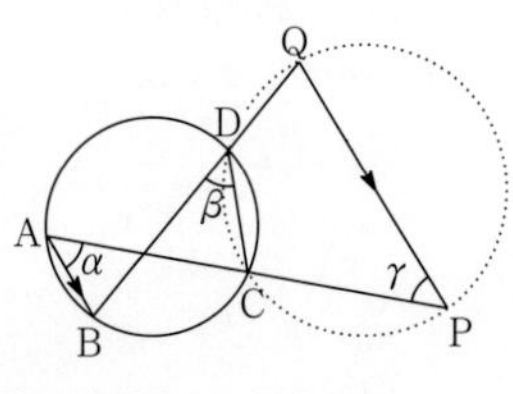

注 上述の共円条件❶，❷どちらを，どちら向きに使っているかを明確に意識してください.

例題 5 10 e 内心の描く図形　根底 実戦　入試

三角形 ABC の内心を I とするとき，以下の問いに答えよ．

(1) ∠BIC を，∠A を用いて表せ．

(2) BC = 1 とする．平面上で，点 A が BC を 1 辺とする正三角形 A_0BC の外接円上を動くとき，点 I の描く図形 F を図示せよ．また，F の長さを求めよ．ただし，A は直線 BC に関して常に A_0 と同じ側にあるとする．

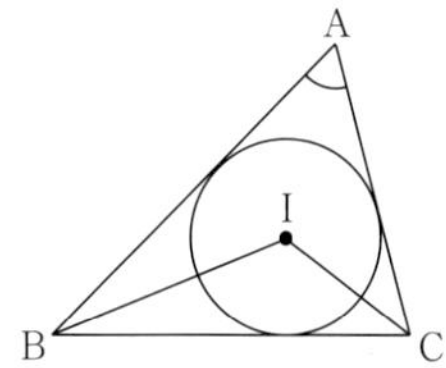

方針 (1) I が内心であることの表現法は 2 通りありましたね[→6 2 内心の性質]．ここでは，BI や CI が引かれているので，「角の二等分線上」の方を選択します．

(2) A を円弧 BA_0C 上で動かしてみれば，共円条件❶参考の考えが使えることが見抜けるでしょう．

解答 (1) $\angle B = 2\beta$, $\angle C = 2\gamma$ とおくと，

△ABC の内角の和に注目して

$2\beta + 2\gamma + \angle A = 180°$.

$\therefore \beta + \gamma = 90° - \dfrac{1}{2}\angle A$.

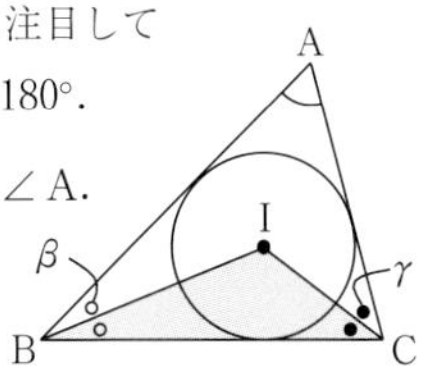

△IBC の内角の和に注目して

$$\begin{aligned}\angle BIC &= 180° - (\beta + \gamma)\\ &= 180° - \left(90° - \frac{1}{2}\angle A\right)\\ &= 90° + \frac{1}{2}\angle A. /\!/\end{aligned}$$

(2) 点 A, I が直線 BC に関して常に A_0 と同じ側にあるという前提のもとで考える．

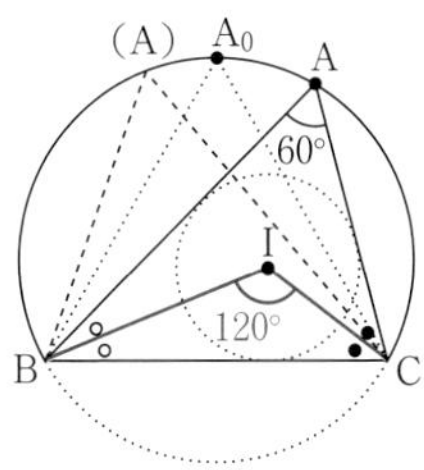

点 A が満たすべき条件は

$\angle A = 60°$.[1)]

よって(1)より，点 I が満たすべき条件は

$\angle BIC = 120°$.[2)]

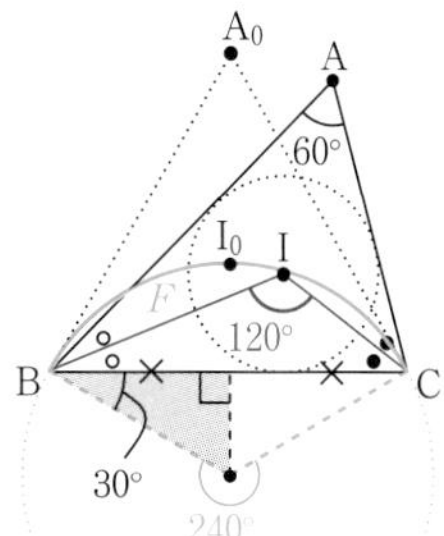

したがって，I の描く図形 F は，BC を弦とし正三角形 A_0BC の内心 I_0 を通る円弧（両端を除く）であり，上図の通り：

また，その円弧の半径は，色の付いた三角形に注目して

$$\frac{1}{2}\cdot\frac{2}{\sqrt{3}} = \frac{1}{\sqrt{3}}.$$

よって F の長さは

$$\frac{1}{3} \times 2\pi\cdot\frac{1}{\sqrt{3}} = \frac{2\sqrt{3}}{9}\pi. /\!/$$

解説 [1)2)]：(2)全体を通して，次のように同値変形が行われています：

「A が円弧 BA_0C 上」

⟺「∠A = 60°」 共円条件❶より

⟺「∠BIC = 120°」 (1)より

⟺「I が円弧 BI_0C 上」 共円条件❶より

注 ただし，「同じ側」という前提条件があることを忘れないようにしましょう．

第5章 図形の性質

5 接弦定理

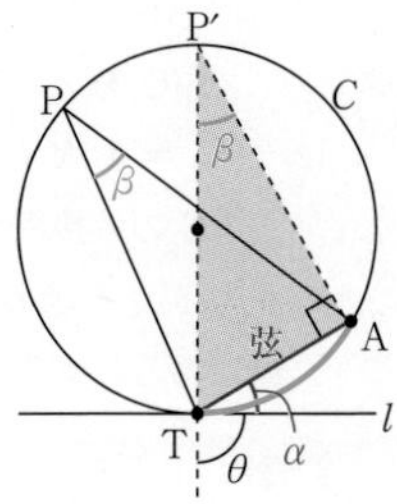

円 C の弦 TA を考え，T を通る直線 l [1] と弦 TA のなす角を α とします．また，角 α の内部 [2] にある弧 TA に対する円周角を β とします．

語記サポ [2]「角の内部」：6 5「傍心」でも使った表現です．

注 [1]：l は接線とは限りませんよ．

右図において，△TAP′ に注目すると

$\beta+90^\circ=\alpha+\theta.$ 内角足したら残りの外角

よって，次の関係が成り立ちます：

$$\alpha=\beta$$
$$\Longleftrightarrow \theta=90^\circ$$
$\Longleftrightarrow l$ と C は T において接する．

結果をまとめると次の通りです：

接弦定理 定理 既習者

直線 l が円 C 上の点 T を通ることを前提として，

l と C が T で<u>接</u>する

$\Longleftrightarrow l$ と<u>弦</u>が作る角 $\alpha=$ その角の内部の弧に対する円周角 β．

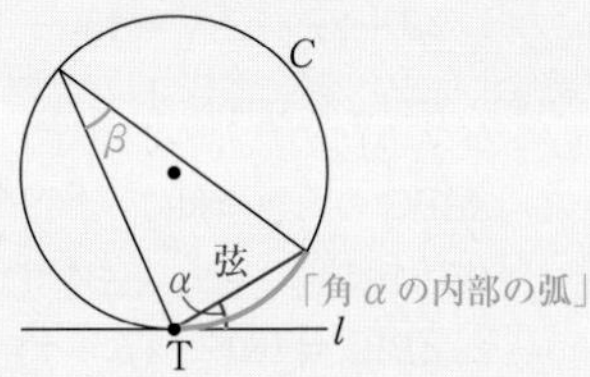

語記サポ：赤下線が，定理の名前の由来です．

参考 角 α が鈍角のときでも，接弦定理は成り立ちます．

右図のように鋭角 α' と角 β' をとると，

$\alpha+\alpha'=180^\circ$.（T のまわりの角に注目）

$\beta+\beta'=180^\circ$.（円に内接する四角形に注目）

$\therefore \alpha=\beta \Longleftrightarrow \alpha'=\beta'$.

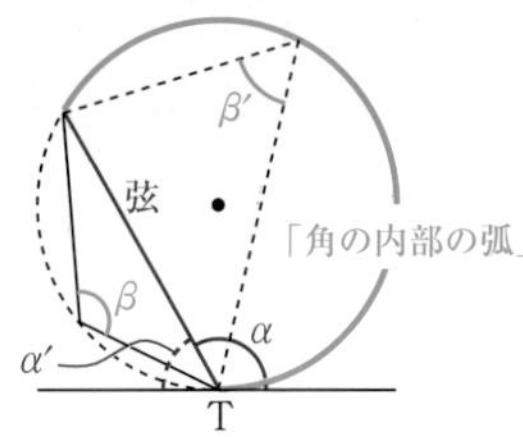

これと鋭角 α' についての接弦定理より，鈍角 α についても同様な結果が得られることがわかりました．□

例題 5 10 f 接弦定理と角 根底 実戦 定期

[→演習問題 5 12 1]

次の(1)~(3)において，太線は全て円と接している．それぞれの角 x を求めよ．ただし，点 O は円の中心である．

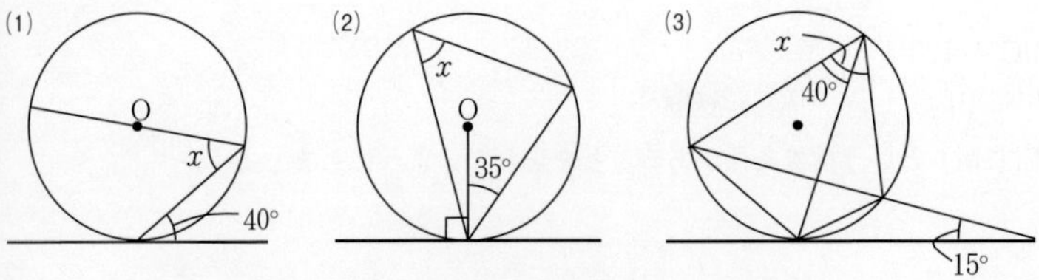

注 どの問も，何か“一手間”掛けて初めて接弦定理が使えます．

解答 (1) 右図において，接弦定理より $y=40°$.
よって，三角形の内角の和に注目して，

$x=180°-90°-40°=50°$. //

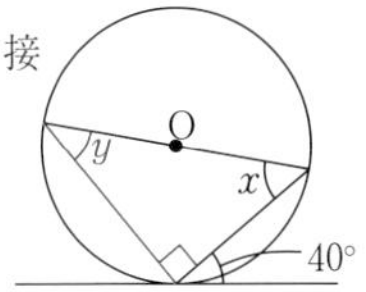

(2) 右図において，

$y=90°-35°=55°$.

これと接弦定理より

$x=y=55°$. //

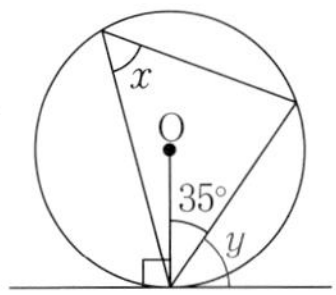

(3)

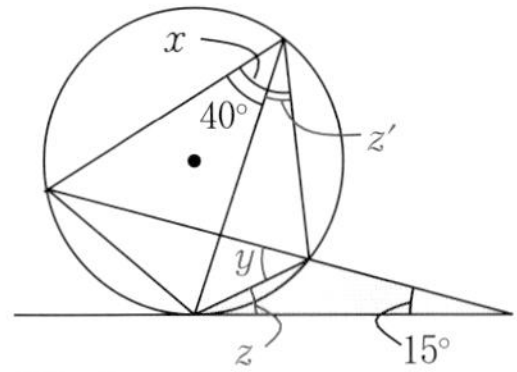

上図において，

$y=40°$. 同一な弧に対する円周角

よって，色の付いた三角形に注目して，

$z+15°=y$. 内角足したら残りの外角

$\therefore z=y-15°=25°$.

これと接弦定理より，

$z'=z=25°$.

$\therefore x=z'+40°=65°$. //

例題 5 10 g 接弦定理と垂直 根底 実戦

右図のように，点 A で互いに外接する 2 円があり，定直線に対してそれぞれ点 B，C において同じ側から接している．A を通る直線と 2 円の交点 D，E を図のようにとるとき，BD⊥CE を示せ．

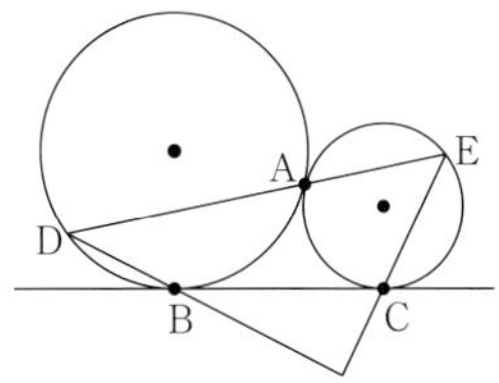

方針 3 点 A，B，C が「接点」であることを活かすために，適切な補助線（下図の赤線）を書き入れます．そして下図の ∠F を内角とする △DEF に着目します．

解答

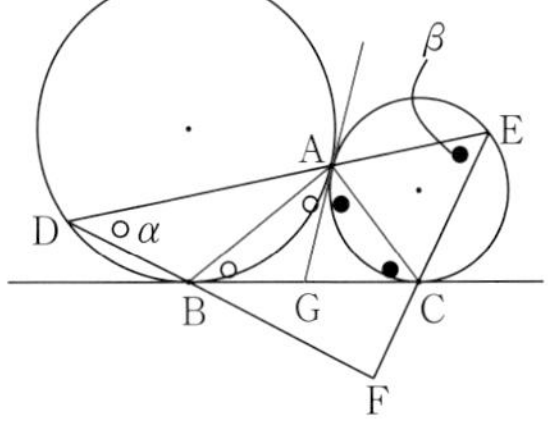

接弦定理より，上図のように角 α, β がとれる．

△ABC に注目すると

$2\alpha+2\beta=180°$.

$\therefore \alpha+\beta=90°$.

図のように交点 F をとり，△DEF に注目すると

$\angle F=180°-(\alpha+\beta)$

$=180°-90°=90°$.

よって，BD⊥CE が示せた．□

解説 左側の円に関する接弦定理は，

$\angle GAB=\angle ADB$, $\angle GBA=\angle ADB$

の 2 通りの使い方がありますが，△GAB は二等辺三角形であり，$\angle GAB=\angle GBA$ ですから，どちらを使っても同じです．

注 ∠F を内角とする他の三角形 BCF に注目し，右図の角 θ, φ に関する接弦定理を使っても解答できます．

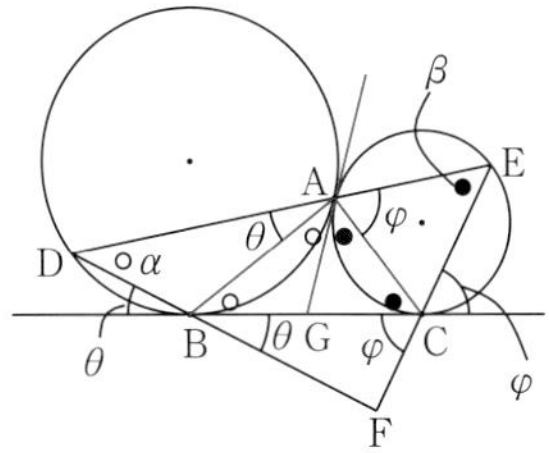

6 方べきの定理

4 から，線分の長さに関する次の有名な関係が導かれます：

2 つの線分 AB，CD(両端を除く) が 1 点 P で交わることを前提として…

[図1]

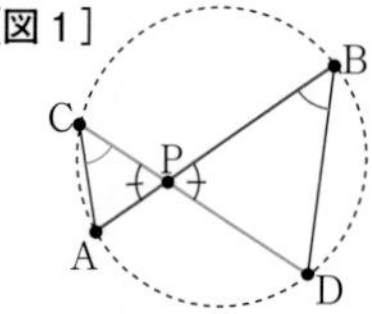

4 点 A，B，C，D が共円

$\iff \angle PCA = \angle PBD$ ••• 4 共円条件❶より

$\iff \triangle PCA \backsim \triangle PBD$ (∵ 角 P どうしは等しい)

$\iff PA : PC = PD : PB$ (∵ 角 P どうしは等しい)

$\iff PA \cdot PB = PC \cdot PD$.

[図2]

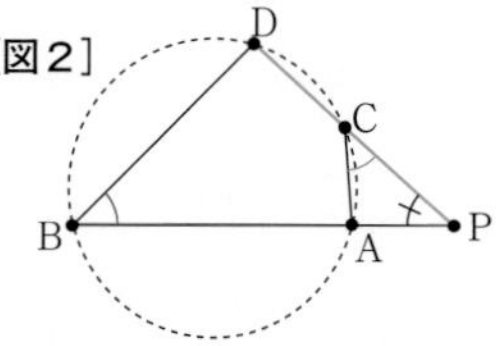

「2 つの線分 AB，CD が 1 点 P で交わる」を，「2 つの線分 AB，CD の延長線が 1 点 P で交わる」に変えても，上記の同値性は全てそのまま成り立ちます．用いる共円条件が，❶から❷に変わるだけです．

また，5 より，次の関係も成り立ちます：

[図3]

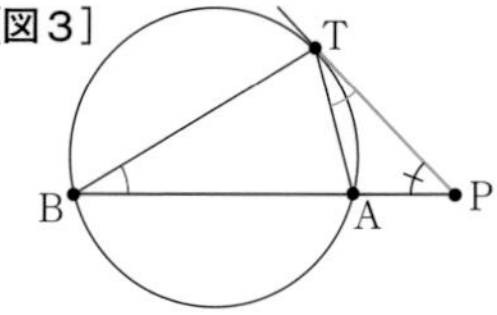

直線 PT が T において円と接する

$\iff \angle PTA = \angle PBT$ ••• 5 接弦定理より

$\iff \triangle PTA \backsim \triangle PBT$ (∵ 角 P どうしは等しい)

$\iff PA : PT = PT : PB$ (∵ 角 P どうしは等しい)

$\iff PA \cdot PB = PT^2$.

結果を簡略化してまとめると，次の通りです：

方べきの定理 定理

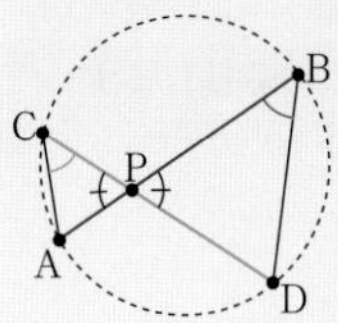

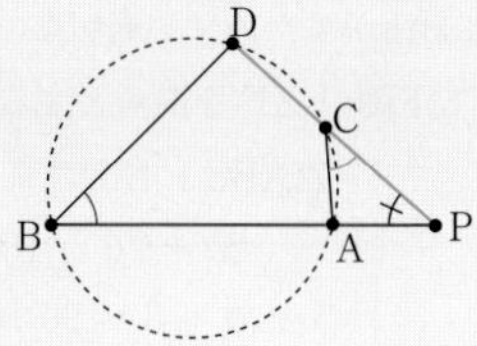

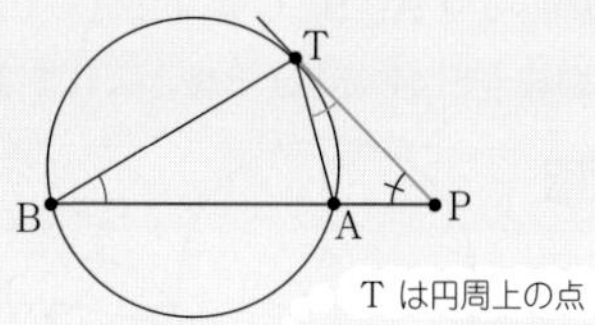

4 点 A，B，C，D が共円
$\iff PA \cdot PB = PC \cdot PD$.

直線 PT が Tにおいて円と接する
$\iff PA \cdot PB = PT^2$.[1]

解説 等式の両辺に現れる線分は，全て交点 P を一方の端点とします．

語記サポ [1]：ここが「PT^2」という累乗の形になることが，「方べき」という用語の由来です（「べき」とは累乗のこと）．[→演習問題 5 12 15]

重要 定理の結果だけでなく，その証明過程で用いられる「三角形の相似」もセットで覚えましょう．そうしないと困ることになる問題が多々あります．[→例題 3 7 a]

例題 5 10 h 方べきの定理・長さを求める 根底 実戦 定期

[→演習問題 5 12 12]

次の(1)～(3)について，長さ x をそれぞれ求めよ．ただし，(2)では $x > \frac{7}{2}$ とする．

(1)

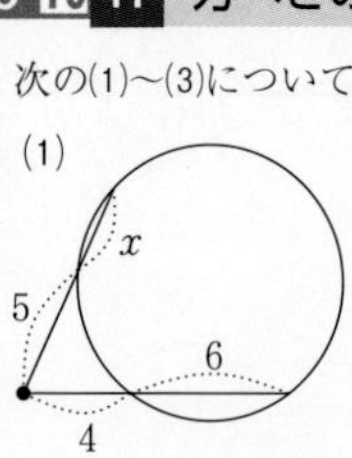

(2)

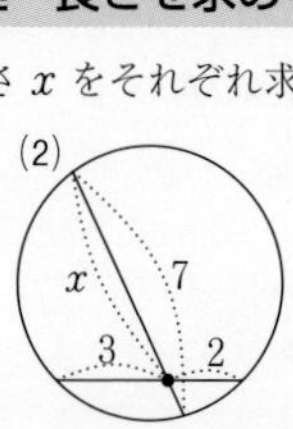

(3)

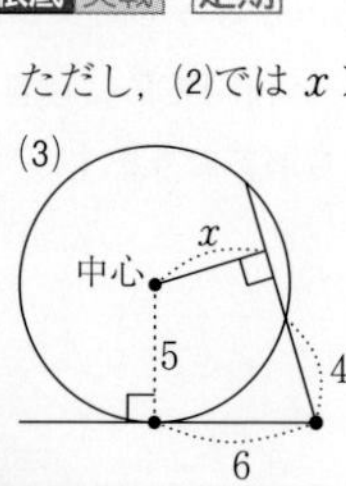

方針　方べきの定理に現れる長さは，全て 2 直線の交点からの距離です．

解答　(1)　方べきの定理より

$$5\cdot(5+x)=4\cdot(4+6).$$

$$x=3.\mathbin{/\!\!/}$$

(2)　方べきの定理より

$$x(7-x)=3\cdot2.$$

$$x^2-7x+6=0.$$

$$(x-1)(x-6)=0.^{1)}$$

これと $x>\dfrac{7}{2}$ より

$$x=6.\mathbin{/\!\!/}$$

(3)　右図のように y をとると方べきの定理より

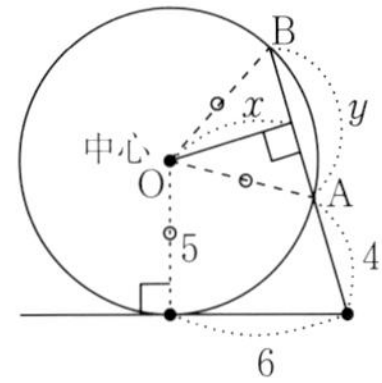

$$4(4+y)=6^2.$$

$$\therefore\ y=5.$$

これは円の半径と等しいから，右図において △OAB は正三角形である．よって，

$$x=5\cdot\frac{\sqrt{3}}{2}=\frac{5}{2}\sqrt{3}.\mathbin{/\!\!/}$$

補足　(2)[1]：$x=1$ と $x=6$ の違いは，単に「上側」，「下側」のどちらが 1 でどちらが 6 かという点だけです．

(3) 問われている x は「中心と直線の距離」ですが，これは「切り取る線分の長さ」[→**例題 5 10 j**] から得られます．そこで，y に注目し，方べきの定理を用いました．

例題 5 10 i　方べきの定理を用いた証明　ハイレベル↑　根底 実戦　入試　[→演習問題 5 12 13]

3 つの円 K_1, K_2, K_3 が右図のように交わっている．このとき，2 円の交点を結ぶ 3 本の直線は 1 点で交わることを示せ．

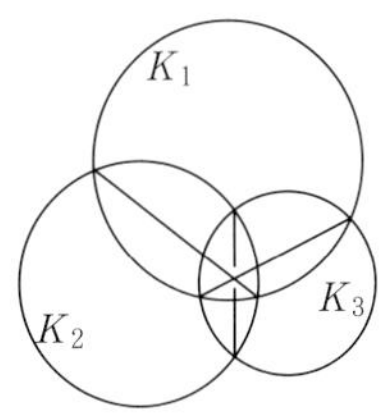

語記サポ　2 円 K_1, K_2 の交点を結ぶ線分 AA′ のことを，K_1, K_2 の**共通弦**といいます．

方針　2 つの共通弦の交点 P を定めれば，いかにも「方べきの定理」を使いたい形ができます．問題は 3 つ目の共通弦です…

解答　K_1 と K_2 の交点を A，A′，K_1 と K_3 の交点を B，B′ とし，2 直線 AA′，BB′ の交点を P とする．

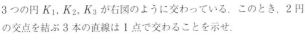

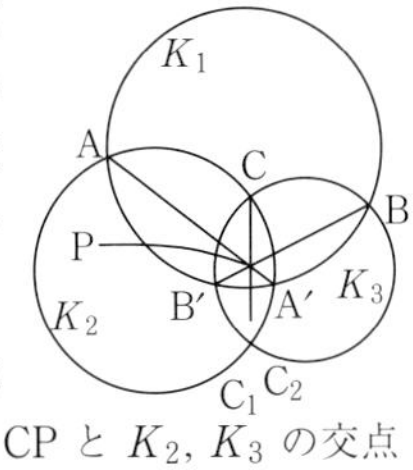

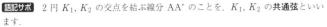

また，K_2 と K_3 の交点の片方を C とし，直線 CP と K_2, K_3 の交点をそれぞれ C_1, C_2 とする．

円 K_1 において方べきの定理を用いると

$$AP\cdot PA'=BP\cdot PB'.$$

円 K_2, K_3 において方べきの定理を用いると

$$AP\cdot PA'=CP\cdot PC_1,$$

$$BP\cdot PB'=CP\cdot PC_2.$$

これら 3 式より

$$CP\cdot PC_1=CP\cdot PC_2.\ \therefore\ PC_1=PC_2.\ \cdots①$$

C_1 と C_2 は，いずれも半直線 CP 上の点だから①より同一な点であり，これは 2 円 K_2, K_3 の交点である．これを C′ とすると，3 直線 AA′，BB′，CC′ は，1 点 P で交わる．□

解説　**"架空の点"** C_1, C_2 を持ち出し，これが **"実際の 2 円の交点"** C′ と同一であることを示しました．**同一法**の考え方そのものですね．[→1 5]

7 円と直線の位置関係

C の中心と直線 l との距離（垂線の足までの距離）を d として，円 C と直線 l の位置関係は，**距離 d と半径 r の大小関係**によって，下図の 3 通りに分かれる．

〔交わる〕

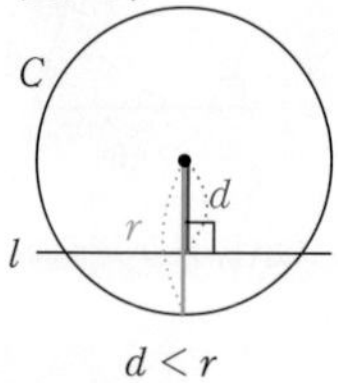

〔接する〕

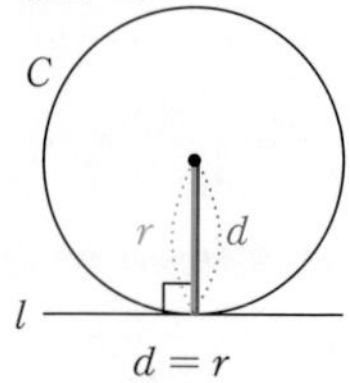

〔共有点なし〕

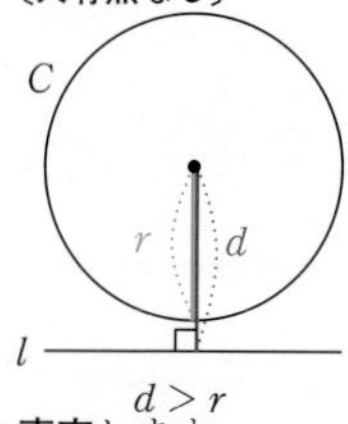

重要 **〔接する〕**とき，中心と接点を結ぶ半径は l と**直交**します．

円に関連して得られる直角三角形として，次の 3 つが代表的です（r, d は上記と同様）．

〔交わるとき〕

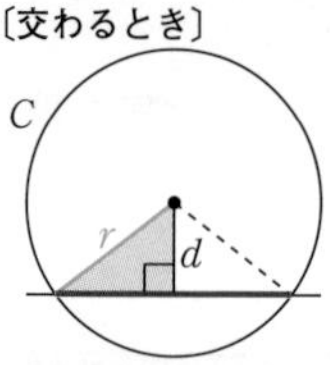

〔接するとき〕

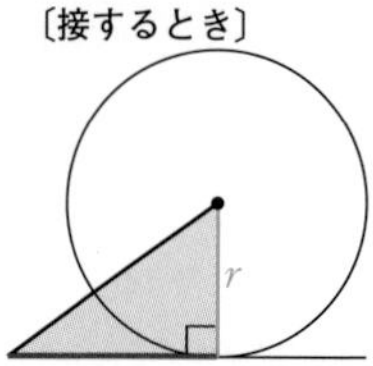

〔直径〕

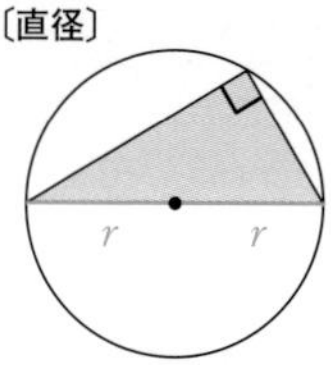

語記サポ **〔交わるとき〕**の赤線分を，「C が l から**切り取る部分**」と呼びます．
〔接するとき〕の赤線分の長さを，「**接線の長さ**」といいます．

例題 5 10 j 円が切り取る線分 根底 実戦

1 辺の長さが 1 である正六角形 H [1] がある．その外接円の中心を O とし，O を中心とする半径 $\dfrac{9}{10}$ の円周を C とする．H の周のうち，C の内部にある部分の長さを求めよ．

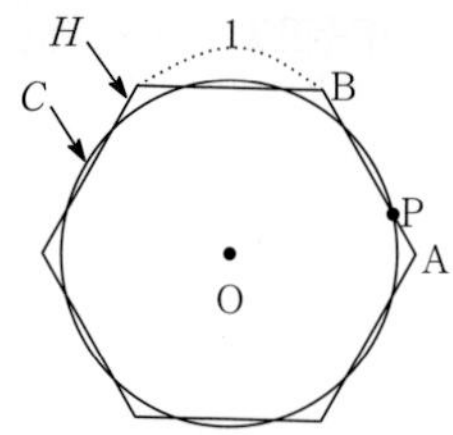

語記サポ 1)：「六角形」＝「hexagon」

方針 正六角形の辺のうち 1 つだけについて考えればよいので，その部分**だけを抽出**して大きく正確に図示しましょう．二等辺三角形が現れるので，補助線として垂線を引き，直角三角形を作ります．

解答 右図のように，辺 AB の中点を M とし，辺 AB と C の交点 P をとる．△OPM の 3 辺比は

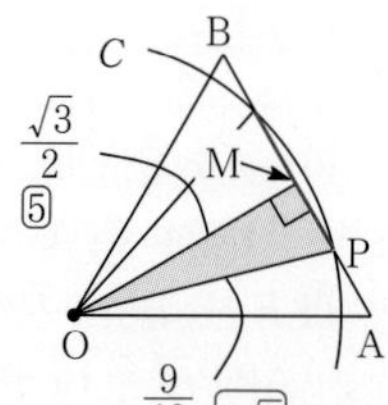

$$\frac{9}{10} : \frac{\sqrt{3}}{2} : \mathrm{PM} = 3\sqrt{3} : 5 : x \text{ とおけて,}$$

$$x = \sqrt{27-25} = \sqrt{2}.$$ 三平方の定理は「比」で使う

$$\therefore \mathrm{PM} = \sqrt{2}\cdot\frac{\sqrt{3}}{10}\,^{2)} = \frac{\sqrt{6}}{10}.$$

よって求める長さは，$6\times 2\cdot\dfrac{\sqrt{6}}{10} = \dfrac{6\sqrt{6}}{5}$．//

解説 2)：PM の「比」は $\boxed{\sqrt{2}}$．そして OM に注目すると，「実寸（じっすん）」$\dfrac{\sqrt{3}}{2}$ は「比」⑤ の $\dfrac{\sqrt{3}}{10}$ 倍．よって，PM の「実寸」はこのようになります．

参考 円以外の曲線 C についても，直線 l が曲線と 2 度交わってできる線分のことを，「C が l から切り取る部分」，もしくは「l が C によって切り取られる部分」と言い表します．

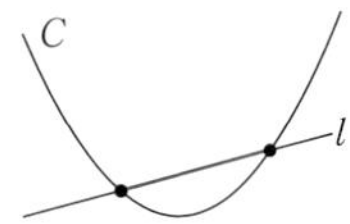

8 円と円の位置関係

中心 A，半径 r_1 の円 C_1 と，中心 B，半径 r_2 の円 C_2 の位置関係は，**中心間距離** AB の，**半径** r_1, r_2 の和や差との大小によって，次のように分けられます．

注 下の図は，$r_1 > r_2$ のときを想定して描いてあります．

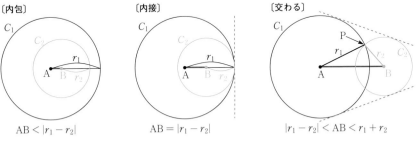

〔内包〕

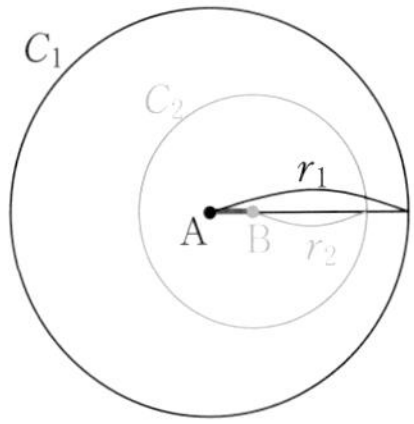

$\text{AB} < |r_1 - r_2|$

〔内接〕

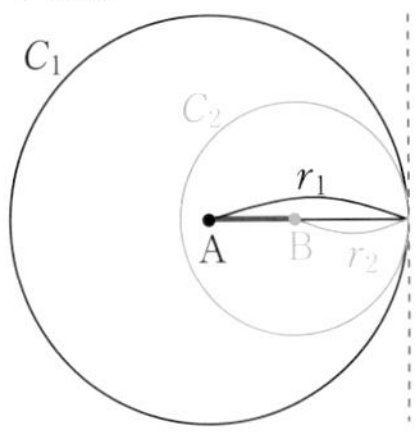

$\text{AB} = |r_1 - r_2|$

〔交わる〕

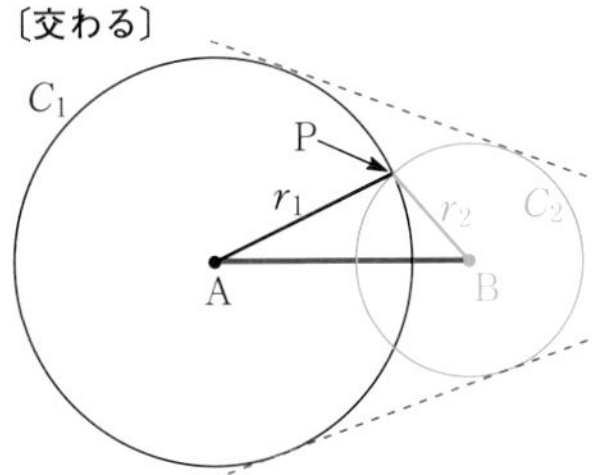

$|r_1 - r_2| < \text{AB} < r_1 + r_2$

〔外接〕

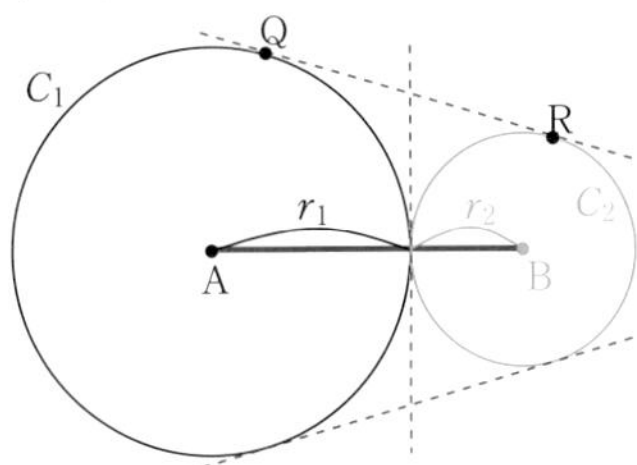

$\text{AB} = r_1 + r_2$

〔C_2 が C_1 の外部〕

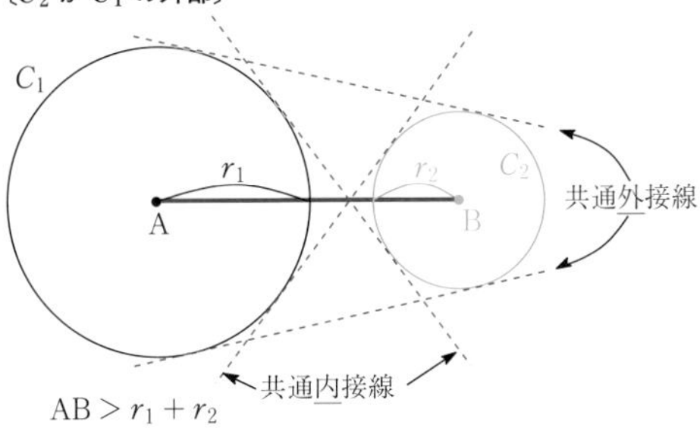

$\text{AB} > r_1 + r_2$

解説 2 円が「交わる」とは，中心 A，B と交点（の 1 つ）P を頂点とする三角形ができることに他なりません．よって，その条件は4 2の「三角形の 3 辺をなす条件」（1 辺が他の 2 辺の差と和の間の値）と同じ形になる訳です．

注 上記を公式として暗記する訳ではありません．その場の状況に応じて，図を描いて考えることが大切です．

参考 2 円の共通接線を，赤破線で描き入れてあります．

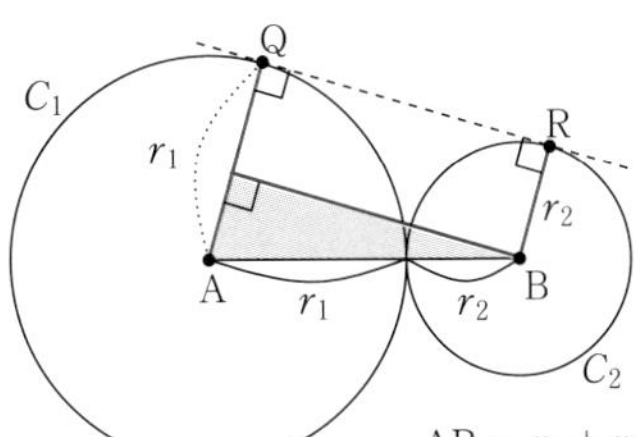

$\text{AB} = r_1 + r_2$

問 上記〔外接〕の場合の共通接線において，2 つの接点を結ぶ線分 QR の長さを r_1, r_2 で表せ．

解答 右図の色の付いた三角形において三平方の定理を用いて

$$\text{QR}^2 = (r_1 + r_2)^2 -^{1)} (r_1 - r_2)^2 = 4r_1r_2.$$

$$\therefore\ \text{QR} = 2\sqrt{r_1r_2}. /\!/$$

言い訳 1)：上の図に合わせて $r_1 > r_2$ を前提として書きました．大小が逆かもしれない場合には，$|r_1 - r_2|^2$ とします．でも，結局は「$(r_1 - r_2)^2$」となりますね（笑）．

第5章 図形の性質

11 作図

1 作図とは

作図とは，定規とコンパスだけを用いて平面図形を描くことをいいます．
具体的には，次の 2 つの操作だけを行うことができます：

❶ **定規**→与えられた 2 点を通る直線を引く．

❷ **コンパス**→中心と半径が与えられた円周を描く．

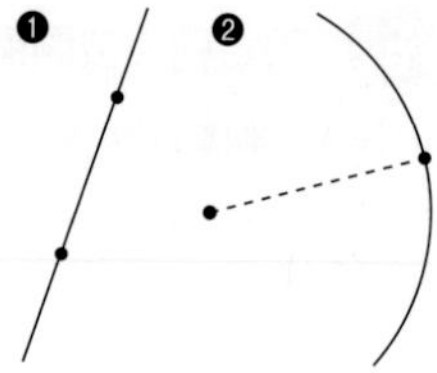

以下では，代表的な作図の仕方を列記します．

注 作図でいう「定規」には，「長さを測る」という機能はありません！

2 垂線

これ以下の各項で，図中に記された数字①，②，③，… は，作図の順序を表し，一番大きな数字が最終結果です．また，注目している多角形に色を付けてあります．

[直線 l 上の点 A において垂線を立てる]

① ❷：「中心 A，半径任意」→ l との交点 B，C

② ❷：「中心 B，半径任意 (BA よりは大)」

③ ❷：「中心 C，半径は②と同じ」→②と③の交点 D

④ ❶：「2 点 D，A」→これが答え

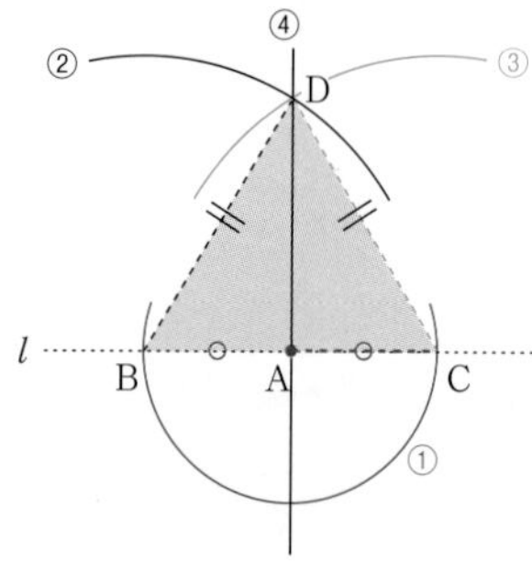

着眼 三角形 DBC は二等辺三角形．

重要 実際に描くのは目に見える円周という曲線ですが，考え方を支えているのは半径という目に見えない線分です．

注 ②と③は，もちろん逆順でもかまいません．

[点 A から直線 l へ垂線を下ろす]

① ❷：「中心 A，半径任意 (l と交わる)」→ l との交点 B，C

② ❷：「中心 B，半径は①と同じ」

③ ❷：「中心 C，半径は②と同じ」→②と③の交点 D

④ ❶：「2 点 A，D」→ l との交点が垂線の足 H

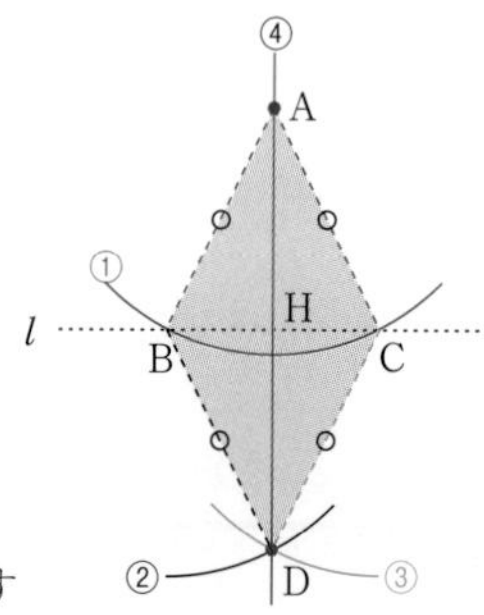

着眼 四角形 ABDC はひし形．

注 ②③は逆順でも可．また，その半径は①と同じでなくても作図できますが，①と同じにしておくと，いちいちコンパスをいじらなくて済むので楽です．

3 平行線

2 の 2 つの操作を組合わせると，平行線が作図できます．

[A を通り l と平行な直線]

① A から l に垂線 AH を下ろす

② 直線 AH 上の点 A において垂線を立てる

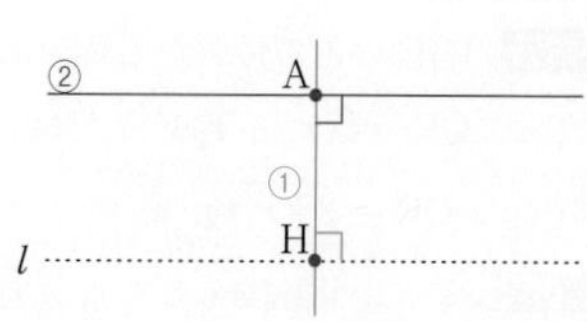

注 実際にコンパスと定規を使う手順は，前項を参照しながら自身で考えること．

4 垂直二等分線

[線分 AB の垂直二等分線]

① ❷:「中心 A，半径任意（AB の半分よりは大)」

② ❷:「中心 B，半径は①と同じ」→①との交点 C，D　①②は逆順でも可

③ ❶:「2 点 C，D」→これが答え

着眼　四角形 ADBC はひし形.

参考　③と l との交点が線分 AB の中点 M です.

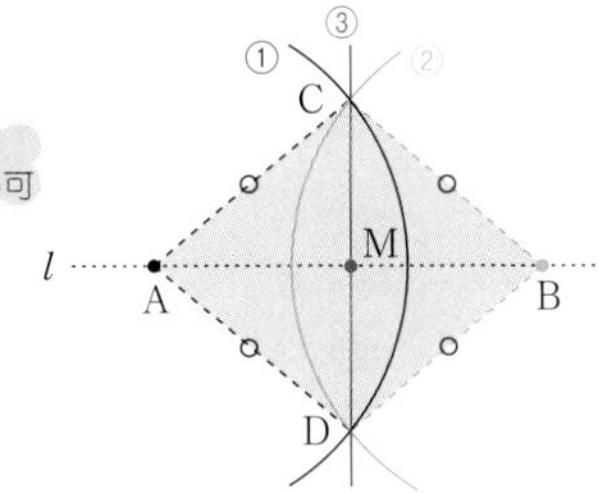

5 角の二等分線

[∠AOB の二等分線]

① ❷:「中心 O，半径任意」→ OA，OB との交点 C，D

② ❷:「中心 C，半径は①と同じ」

③ ❷:「中心 D，半径は②と同じ」→②との交点 E

④ ❶:「2 点 O，E」

着眼　四角形 OCED はひし形.

注　②③は逆順でも可．その半径は①と同じでなくても作図は可能.

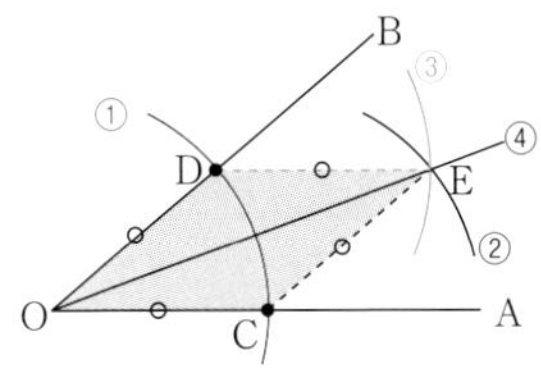

6 内分点，外分点

[線分 AB を 2：1 に内分する点 P]

① ❶:「直線 AB 上にない任意の点と A」→この直線を l とする

② ❷:「中心 A，半径任意」→ l との交点 C

③ ❷:「中心 C，半径は②と同じ」→ l との交点 D

④ ❷:「中心 D，半径は③と同じ」→ l との交点 E → AD：DE ＝ 2：1

⑤ ❶:「2 点 E，B」

⑥ D を通り EB に平行な直線を，3 の方法で引く → AB との交点が P

着眼　平行線が比を保存することを利用しました. [→3 2]

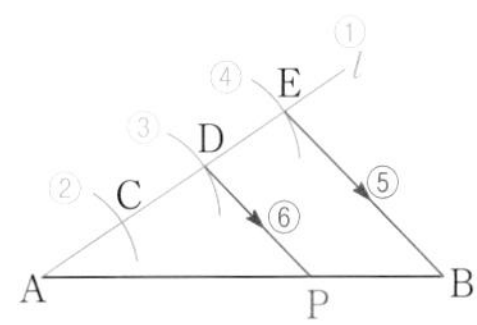

7 三角形の五心

ここまでの手法を用いれば，全てが作図可能です.

〔外心 O〕

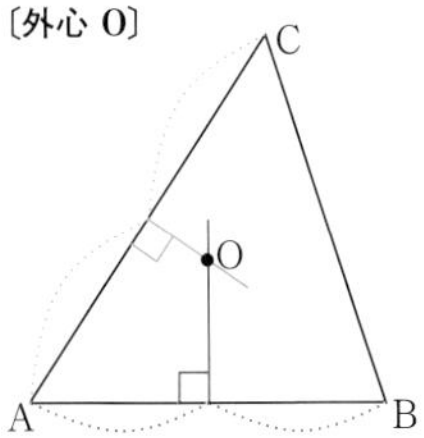

垂直二等分線（4）を 2 つ引き，その交点

〔内心 I〕

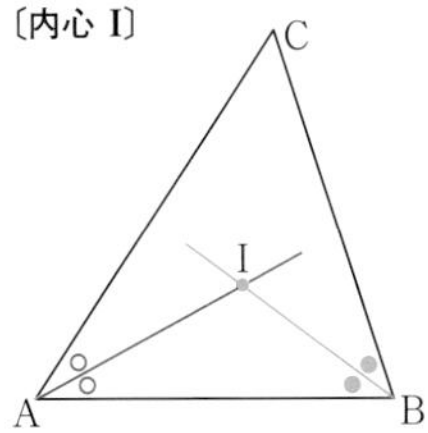

角の二等分線（5）を 2 つ引き，その交点

〔重心 G〕

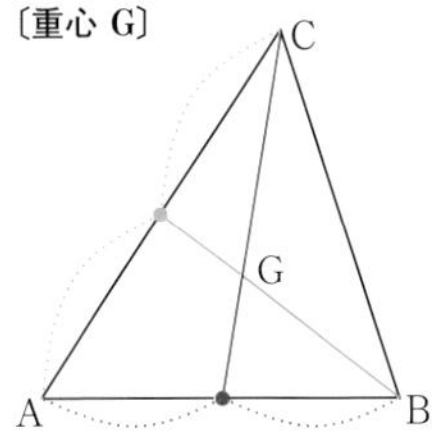

4（垂直二等分線）を用いて中点を 2 つとり，中線を 2 つ引いてそれらの交点

…(次ページへ続く)…

第5章 図形の性質

〔垂心 H〕

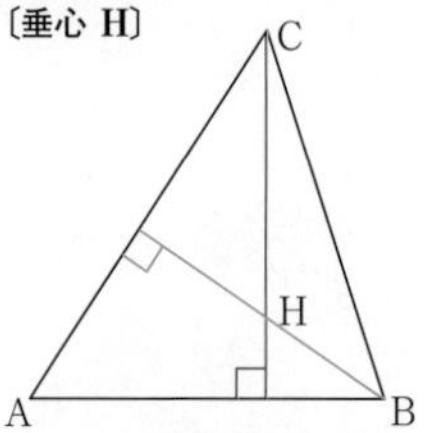

垂線を下ろす（2）を 2 回行い，その交点

〔傍心 J〕

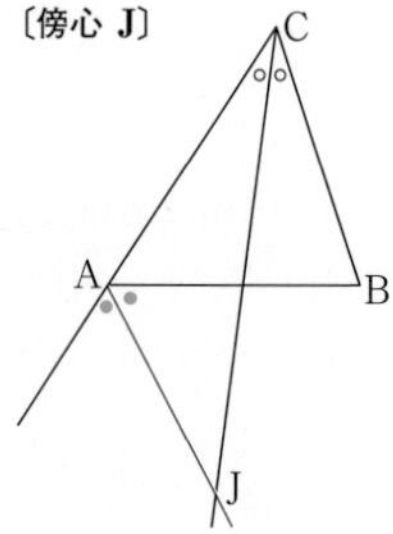

内角と外角の二等分線（5）を 2 つ引き，その交点

8 応用

ここまでで学んできた手法を使って，いくつかの作図をしてみましょう．

例題 5 11 a 作図の応用（その 1） 根底 実戦 定期 [→演習問題 5 12 19]

次の各図形を作図せよ．

(1)

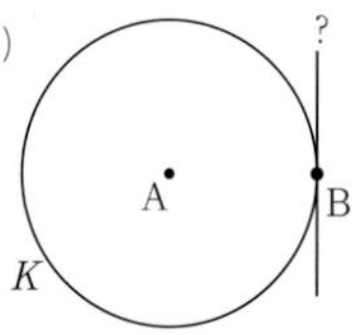

A を中心とする円 K 上の点 B における K の接線．

(2)

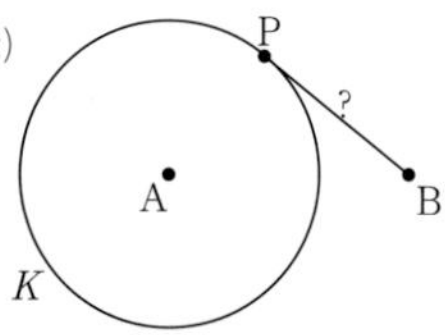

A を中心とする円 K へ，K の外部の点 B から引いた接線．

(3)

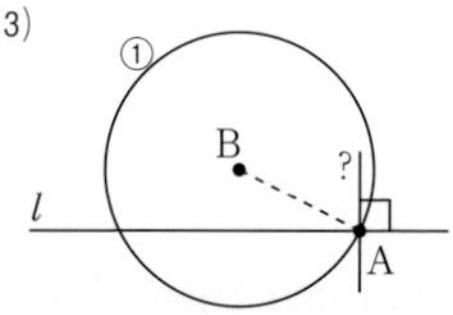

l 上の点 A を通る l の垂線．手順①として，適当な点 B をとり，図のように円が描かれている．この続きを考えよ．

方針 それぞれの図形的特性を把握し，それを表現するのに好適な作図手法を選択します．

解答 (1) 接線は AB と直交．直線 AB 上の点 B において垂線を立てる．

① ❶：「2 点 A，B」
② ❷：「中心 B，半径任意」→ AB との交点 C，D
③ ❷：「中心 C，半径任意（CB よりは大）」
④ ❷：「中心 D，半径は③と同じ」→③と④の交点 E
⑤ ❶：「2 点 E，B」→これが答え

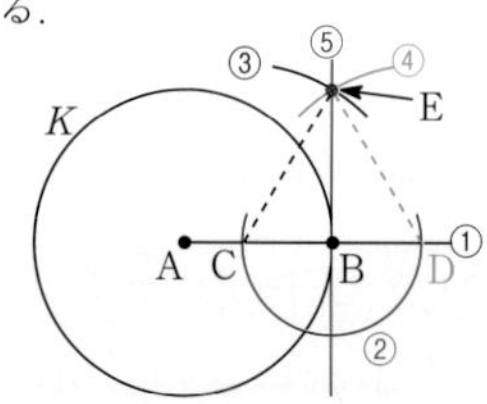

(2) 接点 P は，AB を直径とする円 K' 上にある．円 K' を描くため，その中心である線分 AB の中点を作図する．

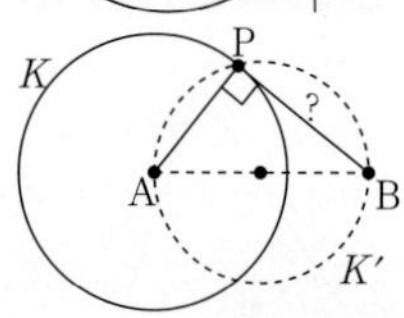

① ❶：「2 点 A，B」
② ❷：「中心 A，半径任意（AB の半分よりは大）」
③ ❷：「中心 B，半径は②と同じ」→②と③の交点 C，D
④ ❶：「2 点 C，D」→①との交点 E
⑤ ❷：「中心 E，半径 EA の円 K'」→ K との交点 P
⑥ ❶：「2 点 B，P」→これが答え

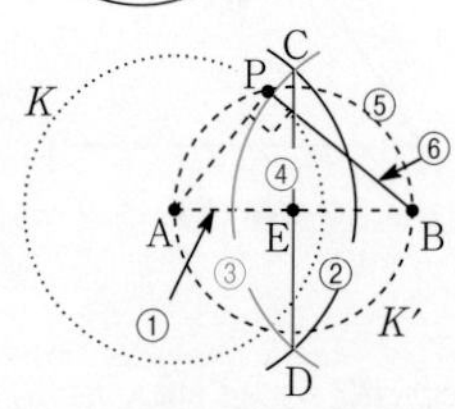

(3) 円①の直径を利用する.

① ❷:「l 上にない任意の点 B が中心, 半径 BA」→ l との交点 C

② ❶:「2 点 C, B」→①との交点 D

③ ❶:「2 点 D, A」→これが答え

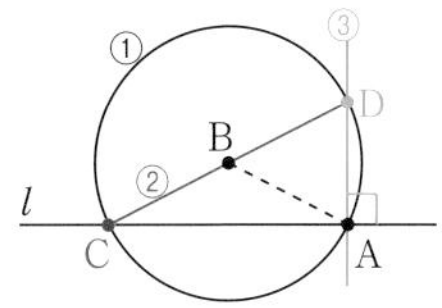

着眼 CD は①の直径だから, 三角形 CDA は CD を斜辺とする直角三角形.

注 2 の方法より“手数(てかず)”が少ないですね.

例題 5 11 b 作図の応用(その2) 根底 実戦 定期

[→演習問題 5 12 21]

右図において, A を中心とする半径 3 の円と, B を中心とする半径 2 の円の共通内接線(の 1 つ)を l とする. l と線分 AB の交点 P を作図せよ.

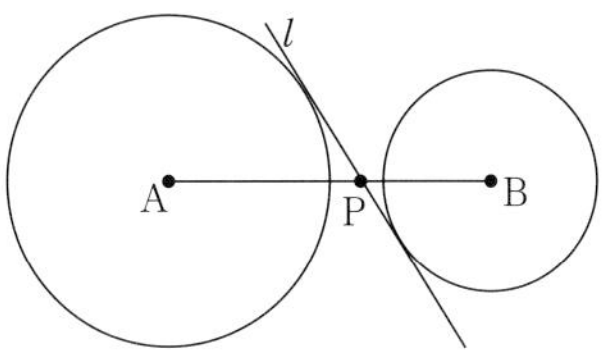

着眼 右図において, 色の付いた三角形どうしは相似であり, 相似比は 3 : 2 です. よって, P は線分 AB を 3 : 2 に内分します. よって, 6 の手法が使えますね.
これまでに比べて, 掻(か)い摘んで説明します. でないと長〜くなりますので.

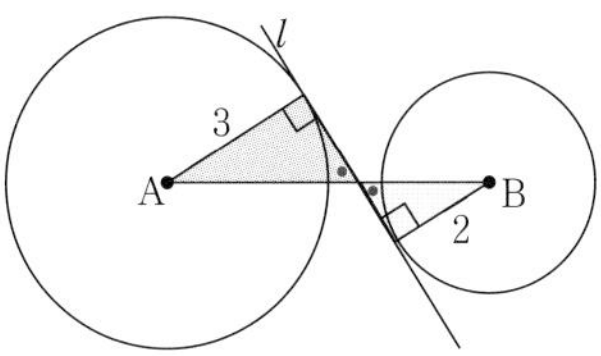

解答

① A を通り AB と平行でない直線を引き, コンパスを使って同じ長さを 5 回とる. →図のように点 C, D をとる.

② ❶:「2 点 D, B」

③ C から BD へ垂線を下ろす

④ ③に対して, C において垂線を立てる(これが DB と平行)→ AB との交点が P

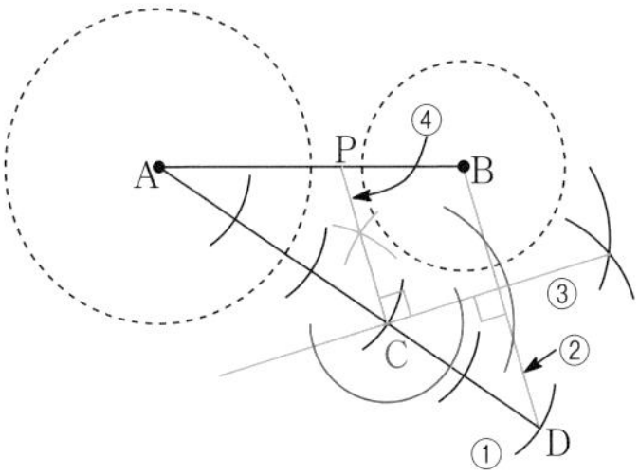

参考 この点 P から, 前問(2)のようにしてどちらか一方の円へ接線を引けば, それが 2 円の共通内接線です.

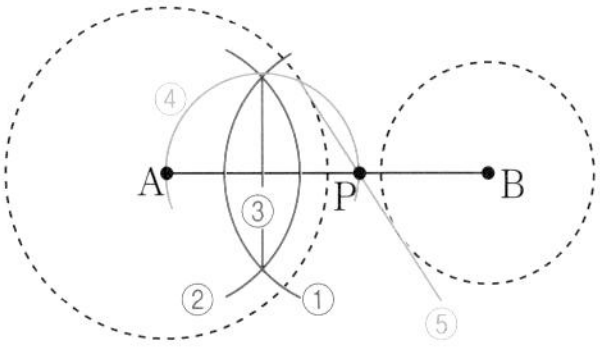

12 演習問題B

5 12 1 根底 実戦 定期

(1) 右図において，∠AOC を求めよ．

(2) 右図において，A，B において円は直線と接しており，P，Q は 2 円の交点，R，S は円と直線の交点である．∠RQS を求めよ．

(1)

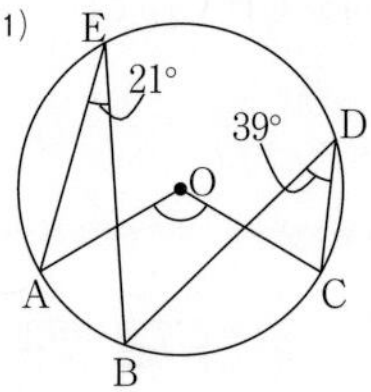

(2)

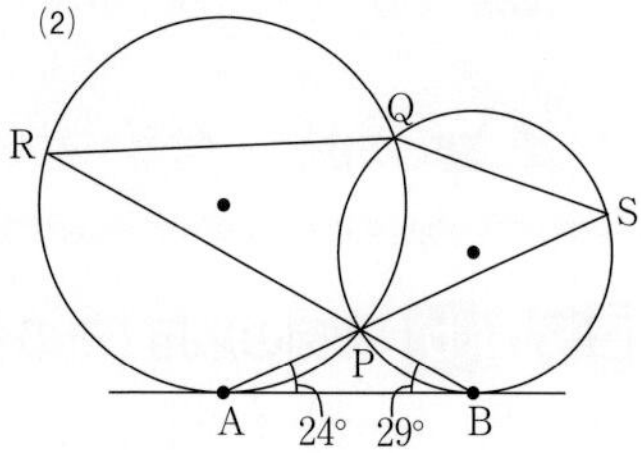

5 12 2 根底 実戦 重要

円に内接し，1 組の対辺の長さが等しい四角形は，等脚台形 [1] であることを示せ．

語記サポ [1]：平行な辺どうしを結ぶ 2 辺の長さが等しい台形のこと．

5 12 3 根底 実戦 典型 三角比後 重要

右図において，線分比 AP：PC を求めよ．

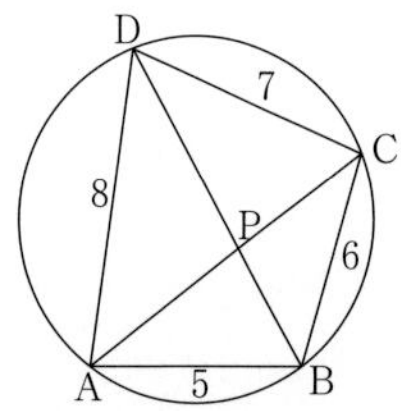

5 12 4 根底 実戦 定期

右図において，AE は ∠BAC を二等分している．AB·AC = AD·AE を示せ．

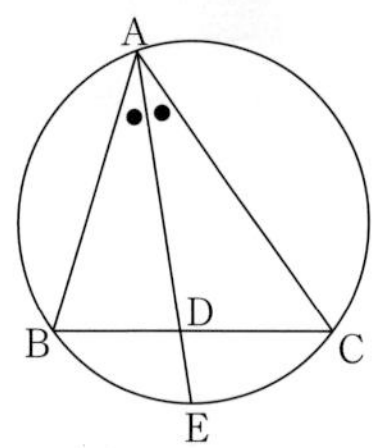

5 12 5 根底 実戦 典型

右図のように円に内接する四角形 ABCD があり，対角線 BD 上に ∠DAC = ∠BAP を満たす点 P をとる．

(1) △DAC，△BAC と相似である三角形を，1 つずつ答えよ．

(2) トレミーの定理：AB·CD + BC·DA = AC·BD を証明せよ．

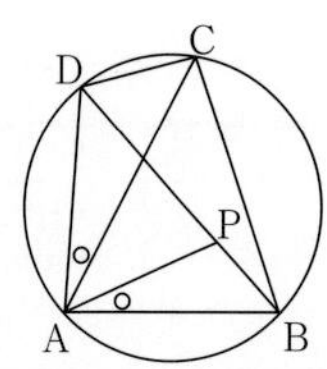

5 12 6 根底 実戦 重要

三角形 ABC において，右図のように 2 本の垂線を引いた．$\alpha = \beta$ を示せ．

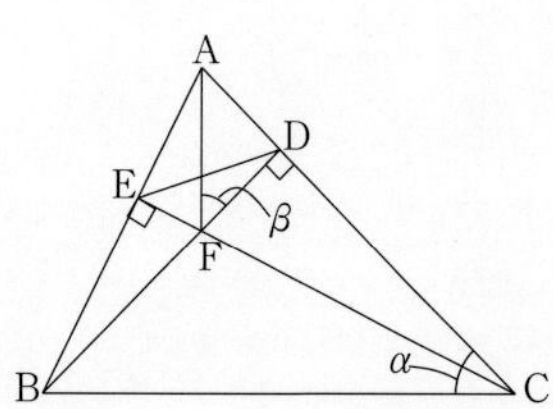

5 12 7 根底 実戦 典型 重要

右図のように，三角形 ABC の外接円の弧 BC 上の点 P から，直線 BC, CA, AB へそれぞれ垂線 PH, PI, PJ を下ろす．

(1) 4 点 A, I, P, J は同一円周上にあることを示せ．

(2) 3 点 H, I, J は同一直線上にあることを示せ．

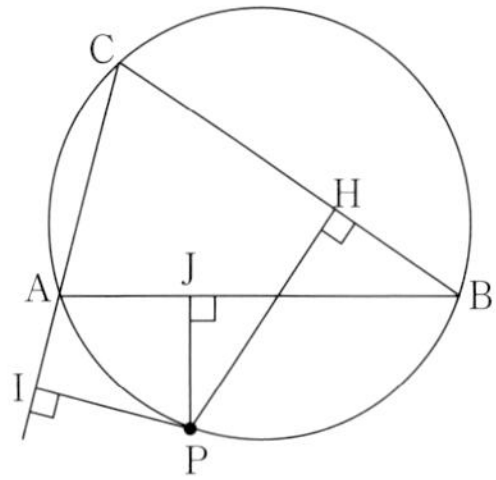

5 12 8 根底 実戦 典型 重要

右図のように，点 P から直線 BC, CA, AB へそれぞれ垂線 PH, PI, PJ を下ろす．3 点 H, I, J が同一直線上にあるとき，点 P は三角形 ABC の外接円の周上にあることを示せ．

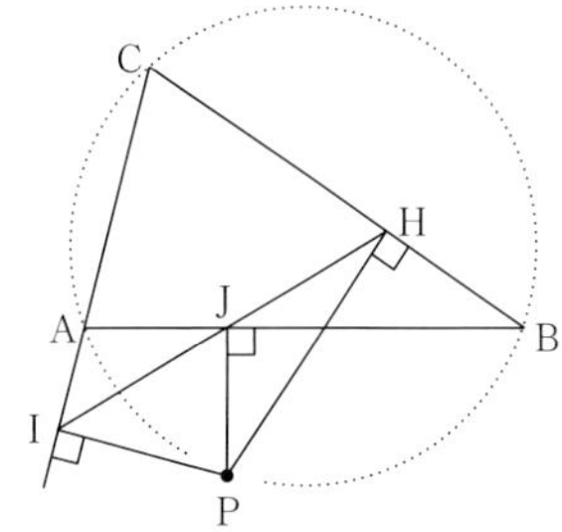

5 12 9 根底 実戦

右図のように，鋭角三角形 ABC があり，その外心を O, 垂心を H とする．このとき，∠BAH = ∠CAO が成り立つことを示せ．

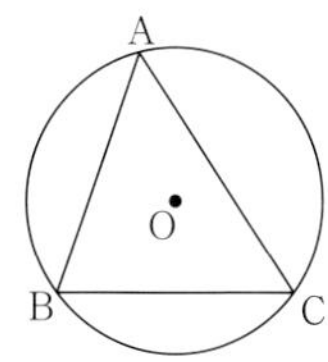

5 12 10 根底 実戦

右図のように，鋭角三角形 ABC があり，辺 BC の長さを a, 外接円 K の半径を r とする．また，外心を O, 垂心を H とする．

(1) 直線 CO と K の交点のうち C でない方を P とする．AH // PB を示せ．

(2) 線分 AH の長さを a, r を用いて表せ．

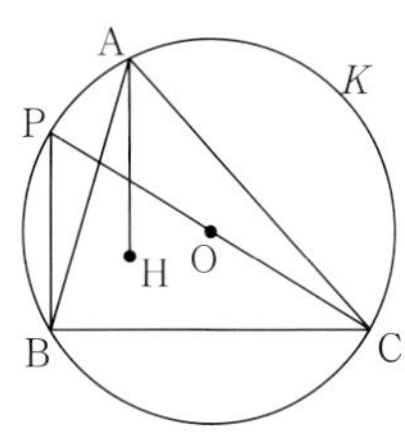

5 12 11 根底 実戦 典型 ハイレベル⬆

右図のように，鋭角三角形 ABC があり，その外心，垂心，重心をそれぞれ O, H, G とする．

(1) 直線 BO と K の交点のうち B でない方を P とする．AH = PC を示せ．

(2) G は線分 OH を 1：2 に内分することを示せ．

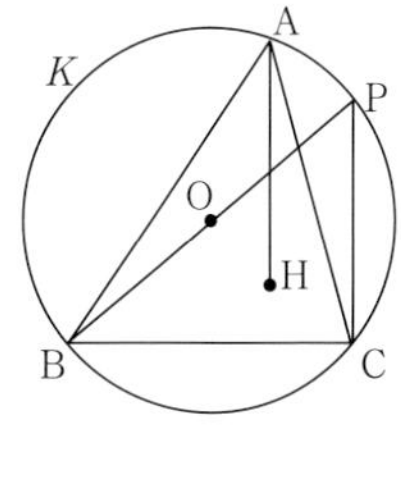

5 12 12 根底 実戦 定期

右図において，円 K_1 上の 4 点 A，B，C，D を結ぶ線分 AB，CD の交点が E である．また，円 K_2 は点 D において直線 CD と接しており，2 点 A，F で直線 AB と交わる．$\mathrm{EB}=2$, $\mathrm{EC}=4$, $\mathrm{EF}=3$ のとき，ED と FA を求めよ．

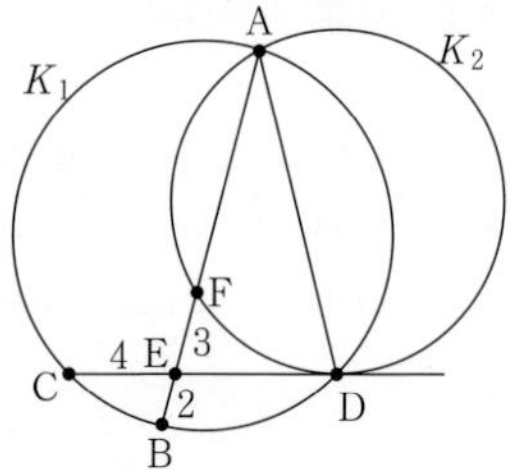

5 12 13 根底 実戦

右図のように，2 円が異なる 2 点 A，B で交わっている．線分 AB の延長線上に点 P をとり，そこから 2 円に引いた接線の接点を Q，R とするとき，$\mathrm{PQ}=\mathrm{PR}$ が成り立つことを示せ．

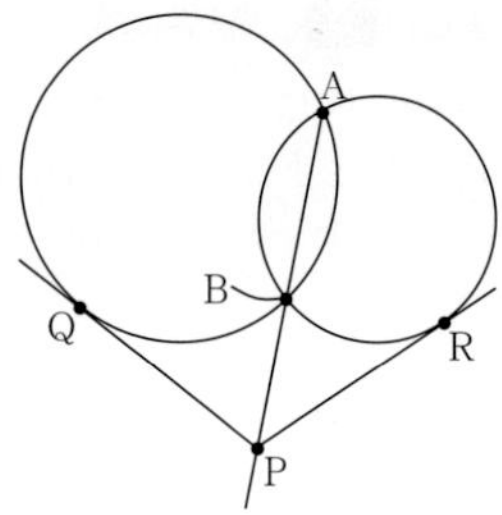

5 12 14 根底 実戦

四角形 ABCD が円 K_1 に内接しており，各辺の延長が右図のように点 E，F で交わっている．三角形 CDE の外接円 K_2 と直線 EF が図のように G で交わっている．

(1) $\mathrm{FA}\cdot\mathrm{FB}=\mathrm{EF}\cdot\mathrm{FG}$ を示せ．

(2) 4 点 A，F，G，D は同一円周上にあることを示せ．

(3) $\mathrm{EA}\cdot\mathrm{ED}+\mathrm{FA}\cdot\mathrm{FB}=\mathrm{EF}^2$ を示せ．

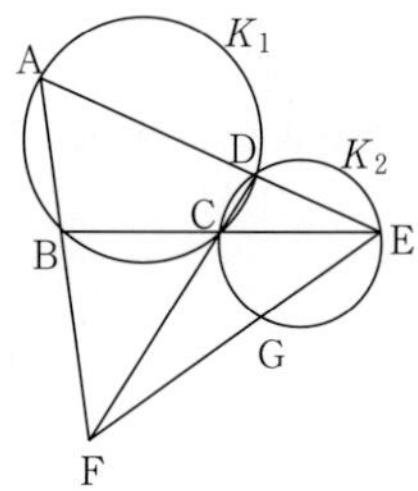

5 12 15 根底 実戦 重要

O を中心とする半径 r の円と点 P を通る直線が 2 点 A，B で交わっている．$d=\mathrm{OP}$ とおいて，次の(1)(2)の各場合において $\mathrm{PA}\cdot\mathrm{PB}$ を r, d で表せ．

(1) 円の外部に点 P があるとき．

(2) 円の内部に点 P があるとき．

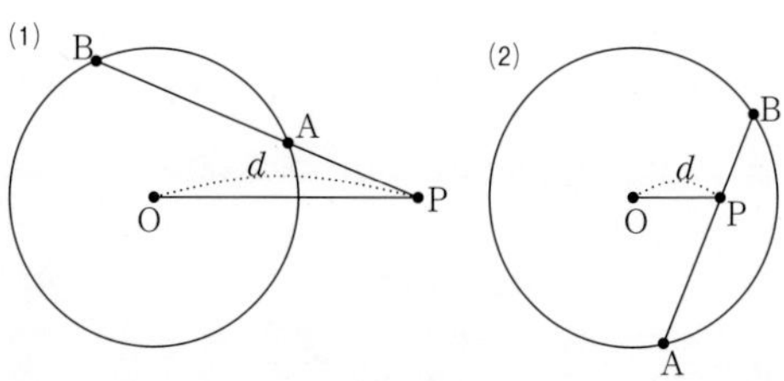

5 12 16 根底 実戦

円 K_1 と，O を中心とする半径 1 の円 K_2 があり，2 点 A，B で交わっている．また，線分 AB の延長線上の点 P を通る直線が，点 C において K_1 と接している．このとき，$\mathrm{PC}^2=\mathrm{PO}^2-1$ が成り立つことを示せ．

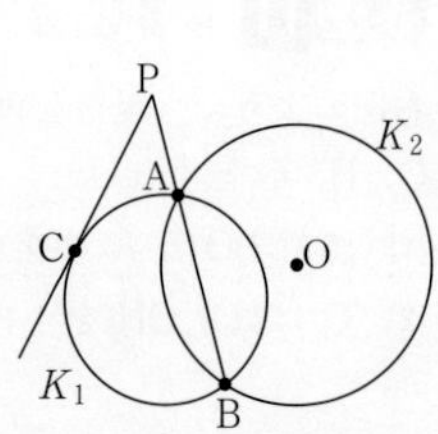

5 12 17 根底 実戦 ハイレベル↑

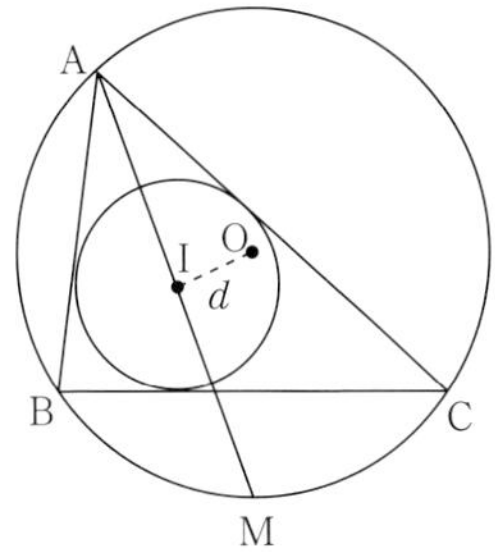

右図のように，三角形 ABC の外接円と内接円があり，それぞれの半径を R, r とする．また，外心を O，内心を I とし，これら 2 点間の距離を $d\,(>0$[1)]$)$ とおく．直線 AI と外接円の交点のうち A でない方を M[2)] として，以下の問いに答えよ．

(1) $\mathrm{AI}\cdot\mathrm{IM}=R^2-d^2$ を示せ．

(2) $\mathrm{MB}=\mathrm{MI}$ を示せ．

(3) $d^2=R^2-2Rr$ を示せ．

5 12 18 根底 実戦 典型 重要

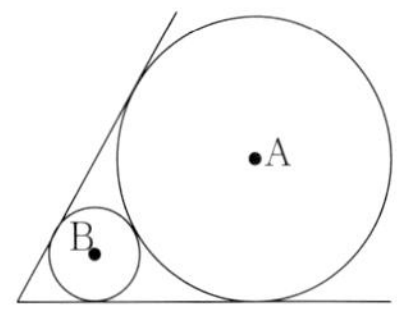

(1) なす角が 60° である 2 直線に対して，A を中心とする半径 a の円と B を中心とする半径 b の円がどちらも接しており，しかも 2 円は互いに外接している．b を a で表せ．

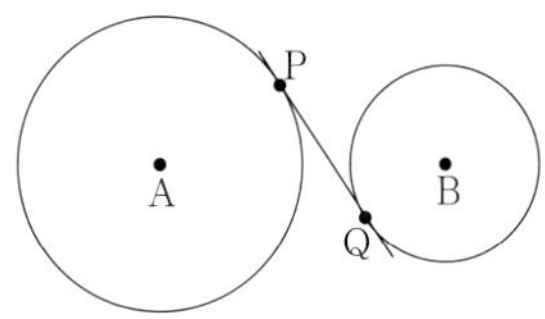

(2) A を中心とする半径 3 の円と，B を中心とする半径 2 の円があり，中心間距離は AB＝6 とする．これら 2 円と共通内接線の接点を P，Q として，線分 PQ の長さを求めよ．

5 12 19 根底 実戦

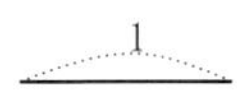

平面上に長さ 1 の線分が与えられている．この線分と定規・コンパスを用いて，次の(1)〜(4)の長さの線分を作図せよ．

(1) 3　　(2) $\dfrac{1}{3}$　　(3) $\sqrt{5}$　　(4) $\dfrac{1+\sqrt{5}}{2}$

5 12 20 根底 実戦

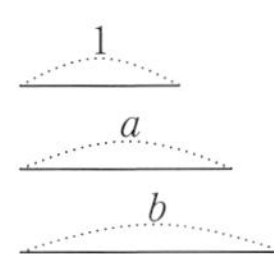

平面上に長さ $1, a, b\ (0<a<b)$ の線分が与えられている．この線分と定規・コンパスを用いて，次の(1)〜(5)の長さの線分を作図せよ．

(1) $a+b$　(2) $b-a$　(3) ab　(4) $\dfrac{a}{b}$　(5) $\sqrt{ab}$

ただし，必要に応じて参考図を利用せよ．

〔参考図 1〕

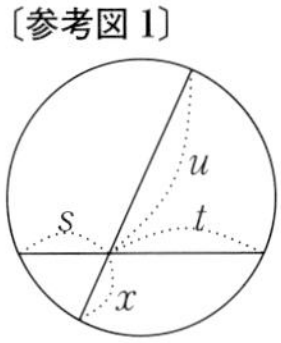

〔参考図 2〕

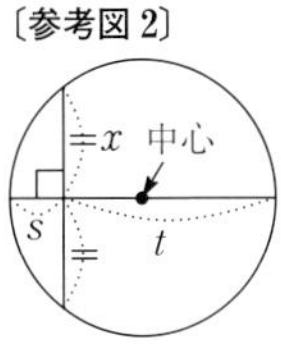

5 12 21 根底 実戦 典型

平面上に，中心が A で半径が a の円と，中心が B で半径が b の円が与えられている．これらの 2 本の共通外接線の交点を作図せよ．ただし，$0<a<b$ とする．

13 空間における直線・平面

1 2直線の位置関係 原理

空間内における異なる 2 直線の位置関係には下図の 3 種類があり，左の 2 つ，右の 2 つにそれぞれ共通点があります．今後学ぶ様々なことの基礎となるので，しっかり目に焼き付けてください．

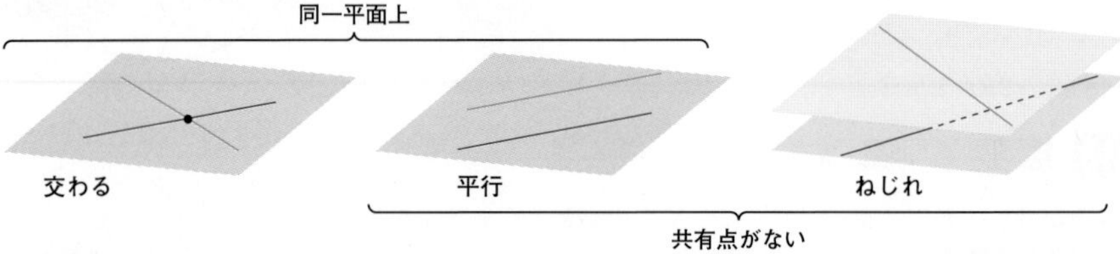

言い訳 「直線」は無限に伸び，「平面」は無限に広がる図形ですが，上図のように，その一部を切り取った「線分」，「長方形」を図示することが多いです．「長方形」と言いましたが，斜めから見た様子を紙に描くと，歪(ゆが)んで平行四辺形状になります．

語記サポ 一番右のケースを，「2 直線は**ねじれ**の位置にある」と言い表します．

補足 ねじれの位置にある 2 直線を手書きで図示する場合には，“立体交差”している様子を醸しだすため，“向こう側”の線を“チョン切って”表すと良いです．

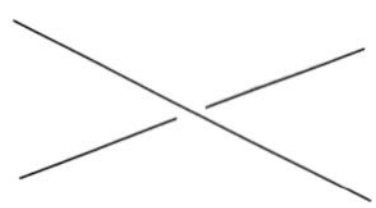

2 直線のなす角

2 直線 l, m が交わるときには，l と m が作る角のうち 90° 以下の方 (右図では θ' ではなく θ の方) を，2 直線 l, m の**なす角**といいます．

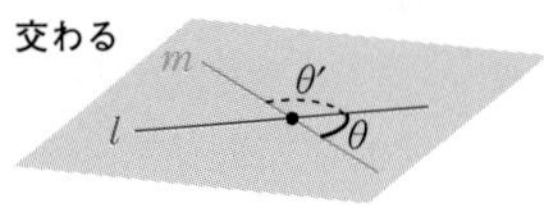

2 直線 l, m がねじれの位置にあるときには，一方 (右図では m) を平行移動して，l と交わる直線 (右図の m') を引き，上記と同じように測ります．

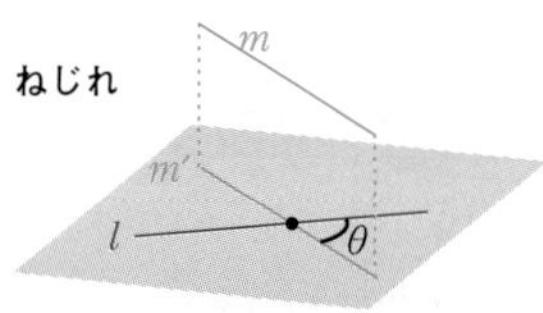

なす角が $\theta = 90°$ であるとき，l と m は**垂直**であるといい，なおかつ交わるとき，これらは**直交**するといいます．

平行であるときは，2 直線のなす角は 0° です．

語記サポ 2 直線 l, m が平行であることを $l /\!/ m$，垂直であることを $l \perp m$ と表します．(以下において，平面どうしや平面と直線についても同じ記法を用います．)

2 2平面の位置関係 原理

空間内における異なる 2 平面の位置関係には，右図の 2 種類があります．

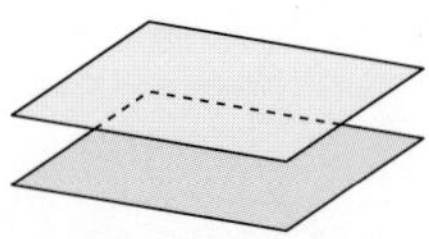

平行 (共有点がない)

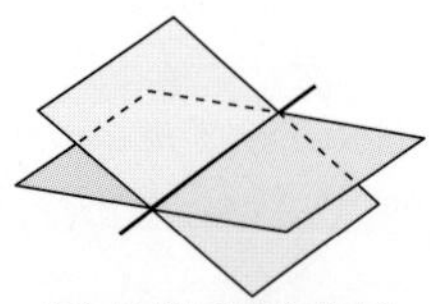

交わる (1 直線を共有)

2 平面のなす角

2 平面 α，β の交線 l と垂直な直線 a, b を右図のように引くとき，2 直線 a, b のなす角 θ (90°以下) を，2 平面 α，β の**なす角**といいます．

$\theta = 90°$ のとき，α と β は**垂直**である，または**直交**するといいます．

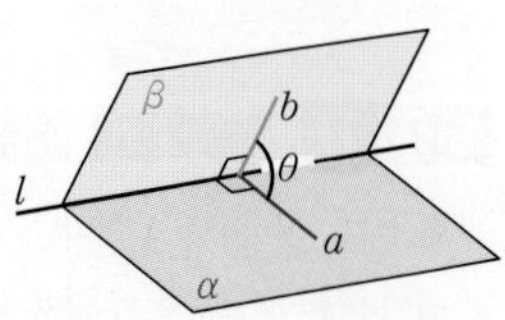

3 直線と平面の位置関係 原理

空間内における直線と平面の位置関係には，下図の 3 種類があります．

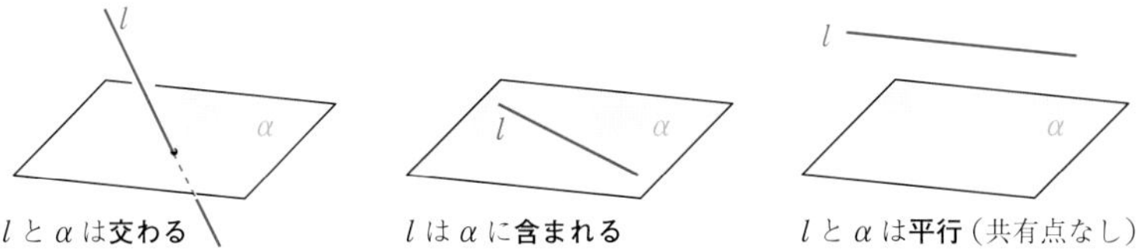

l と α は**交わる**　　l は α に**含まれる**　　l と α は**平行**（共有点なし）

直線と平面の直交

下図の同値関係が成り立ちます．直線 n と平面 α が**垂直**である（下図❶）とは，直線 n と平面 α 上の全ての直線が**垂直**（下図 ❶′）であることをいいます．また，このようになるための必要十分条件は，n と α 上の 2 直線が垂直（下図❷．ただし $m_1 \not\parallel m_2$）であることです．

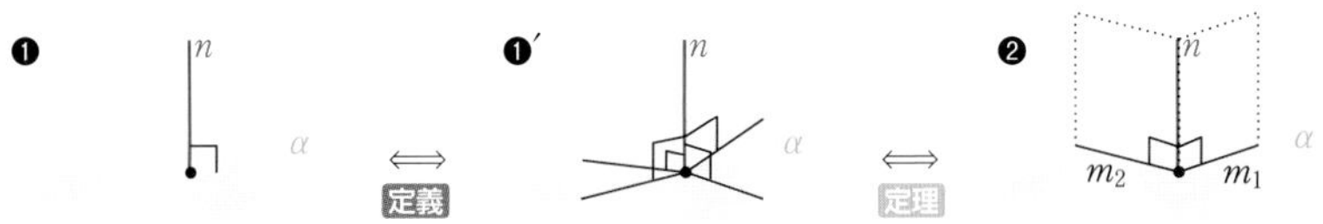

n と α が**垂直**　　n と α 上の全直線が垂直　　n と α 上の 2 直線が垂直

つまり，上図右において

$$n \perp \alpha \iff \begin{cases} n \perp m_1 \\ n \perp m_2 \end{cases} \text{（ただし，} m_1 \not\parallel m_2\text{）.}$$

また，このような直線 n を，平面 α の**法線** [1] といいます．

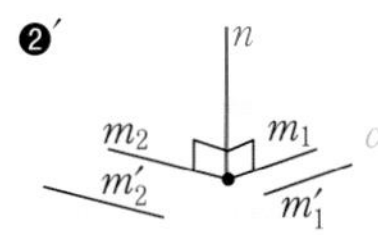

注　右図のように，n が，自身と交わらない 2 直線 m_1', m_2' と垂直なときも，$n \perp \alpha$ となります．

語記サポ　1)：「法線」＝「normal」

ベクトル後　❷ ⟹ ❶′（i.e. ❶）は，次のようにして示します：

❷のとき，m_1, m_2 と平行なベクトルをそれぞれ $\vec{a}, \vec{b}$ $(\vec{a} \not\parallel \vec{b})$ とすると，これらは $\vec{n}$ と垂直だから，

$\vec{n}\cdot\vec{a} = \vec{n}\cdot\vec{b} = 0.$ …①

平面 α 上の任意のベクトル $\vec{p}$ は，$\vec{p} = s\vec{a} + t\vec{b}$ と表せて

$$\begin{aligned} \vec{n}\cdot\vec{p} &= \vec{n}\cdot(s\vec{a} + t\vec{b}) \\ &= s\vec{n}\cdot\vec{a} + t\vec{n}\cdot\vec{b} = 0 \ (\because\ ①). \end{aligned}$$

よって，$\vec{n}$ は α 上の任意のベクトル $\vec{p}$ と垂直．□

直線と平面のなす角

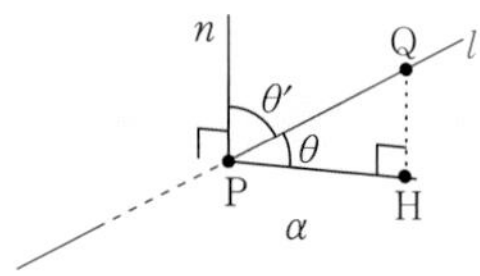

直線 l と平面 α の交点を P，l 上の点 Q から α へ下ろした垂線の足を H とするとき，∠QPH を l と α の**なす角**といいます．

注　α の法線を n として，2 直線 l, n のなす角を θ'（$\leq 90^\circ$）とすると，$\theta = 90^\circ - \theta'$ です．

問 右図の直方体 ABCD-EFGH[1] について，条件を満たす辺や面を全て答えよ．（結果のみ答えればよい．[2]）

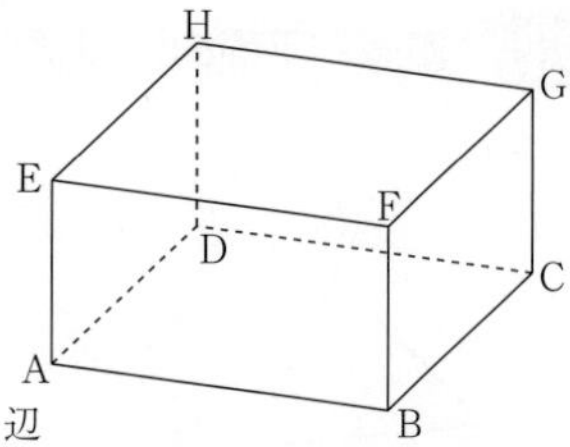

語記サポ [1]：直方体などを，このようにハイフン「-」を使って表すときは，例えば「-」の前の 2 番目：B と「-」の後の 2 番目：F が上下に辺で結ばれることを意味します．■

(1) 辺 AB と平行な辺　(2) 辺 AB と直交する辺
(3) 辺 AB と垂直な辺　(4) 辺 AB とねじれの位置にある辺
(5) 辺 AB を含む面　(6) 辺 AB と平行な面　(7) 辺 AB と垂直な面
(8) 平面 ABCD と平行な辺　(9) 平面 ABCD と垂直な辺　(10) 平面 ABCD と平行な面
(11) 平面 ABCD と垂直な面

解答

(1) DC，HG，EF　(2) AD，AE，BC，BF
(3) AD，AE，BC，BF，EH，HD，FG，GC　(4) EH，HD，FG，GC
(5) ABCD，ABFE　(6) DCGH，EFGH　(7) ADHE，BCGF
(8) EF，FG，GH，HE　(9) AE，BF，CG，DH　(10) EFGH
(11) ABFE，BCGF，CDHG，DAEH

注 [2]：本問の狙いは，空間内での直線，平面の位置関係を**直観的に見抜く**ことができるかをチェックすることです．本問のような関係に対するより**精密な論証**は，［→例題 5 13 C］．

三垂線の定理 ハイレベル⬆

右図において，点 B, C および直線 l は平面 α 上にあるとします．
❷ ⟹ ❶ や ❶ ⟹ ❶′ を使うと，次のような複雑な関係が導かれます．
（全て，▢が定理の仮定で，▢が結論です．）

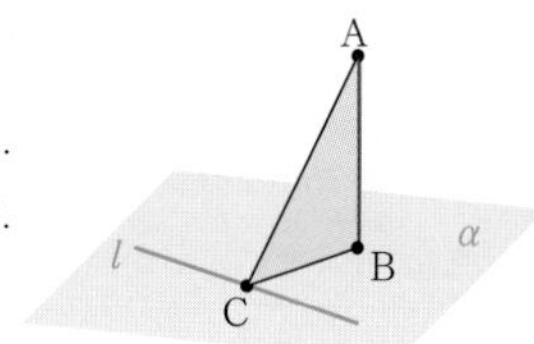

(1)　❷ ⇒ ❶　❶ ⇒ ❶′　❷ ⇒ ❶

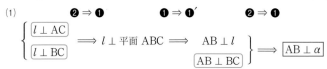

$$\left\{\begin{array}{l}\boxed{l \perp \text{AC}}\\ \boxed{l \perp \text{BC}}\end{array}\right. \Longrightarrow l \perp \text{平面 ABC} \Longrightarrow \left.\begin{array}{c}\text{AB} \perp l\\ \boxed{\text{AB} \perp \text{BC}}\end{array}\right\} \Longrightarrow \boxed{\text{AB} \perp \alpha}$$

(2)　❶ ⇒ ❶′　❷ ⇒ ❶　❶ ⇒ ❶′

$$\boxed{\text{AB} \perp \alpha} \Longrightarrow \left.\begin{array}{c} l \perp \text{AB}\\ \boxed{l \perp \text{BC}}\end{array}\right\} \Longrightarrow l \perp \text{平面 ABC} \Longrightarrow \boxed{l \perp \text{AC}}$$

注 (2)は，仮定 $\boxed{l \perp \text{BC}}$ と結論 $\boxed{l \perp \text{AC}}$ を入れ替えても全く同様に成り立ちます．

解説 これらを「定理」として記憶するのは難しいでしょう．筆者も，人生で覚えたことがありません（笑）．滅多に使わないものですから，なんとな～く直観で結論を見抜き，状況次第で必要に応じて論証を試みるというスタンスでよいと思います．
大切なのは，「❷ ⟹ ❶」と「❶ ⟹ ❶′」という原理に立ち返って**その場で**考えられることです．

数学Cベクトル後

xyz 空間において，点 A から xy 平面に下ろした垂線の足を H，さらに H から x 軸に下ろした垂線の足を I とすると，上記(2)により，直線 AI と x 軸は垂直となりますね．

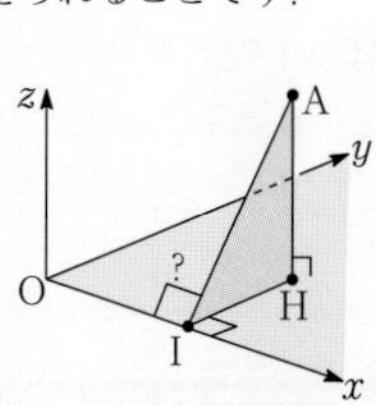

4 直線，平面の決定 知識

直線の決定

次の 2 通りがあります：

ベクトル後 〔1 点と方向ベクトル〕の方は，ベクトルを学んだ人限定の内容です．

平面の決定

空間内の「平面」を決定する方法として，次図のものが考えられます：

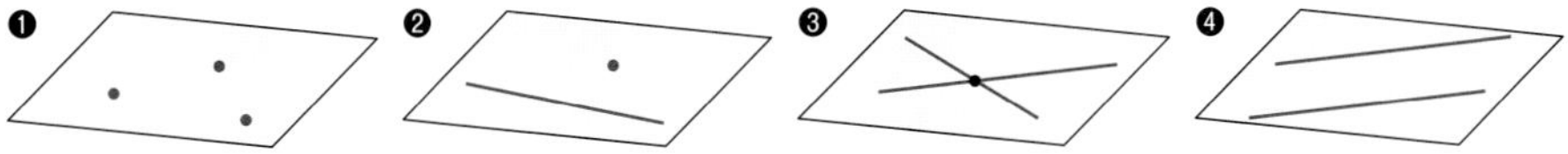

共線でない 3 点　1 直線とその上にない 1 点　交わる 2 直線　平行な 2 直線

数学Cベクトル後

平面を，通過する 1 点と「ベクトル」で決定する方法には，右図の 2 通りがあります．

❺：平行でない 2 つの方向ベクトルは，無数の方向が考えられます．

❻：1 つの法線ベクトルは，方向が一意的です！

よって，「2 平面のなす角」も，それぞれの法線ベクトルどうしのなす角を利用すると明快に求まります．■

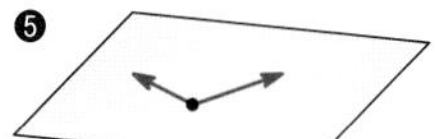

1 点と，平行でない 2 つの方向ベクトル

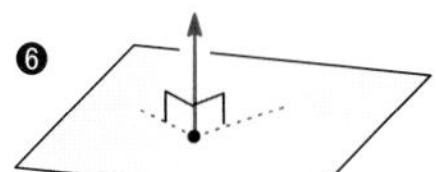

1 点と法線ベクトル

5 応用

本節でここまで学んできた直線と平面に関する内容の確認をしましょう．

例題 5 13 a　2直線の位置関係　根底 実戦 典型　[→演習問題 5 15 1]

右図のように，平面 α が直方体 ABCD-EFGH の 2 つの面 ABFE，DCGH と交わっており，それぞれの交わりを l, m とする．このとき，$l \parallel m$ であることを示せ．

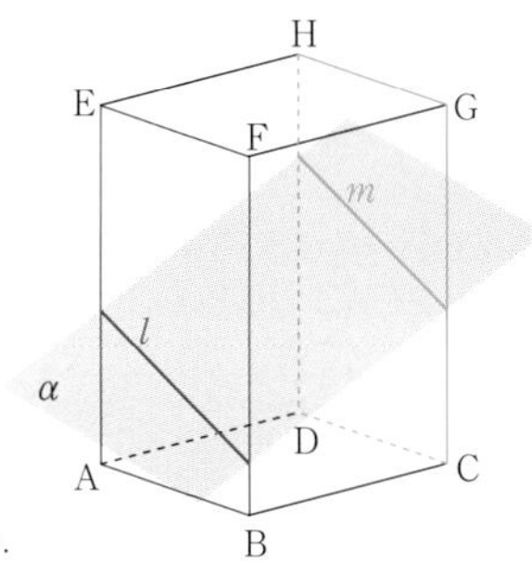

着眼　異なる 2 直線の位置関係には，「交わる」「平行」「ねじれ」の 3 種類がありました．このうち「平行」とはいかなる状況であるかがわかっていれば，何を示すべきかも決まってきます．

解答

1°　2 つの平面 ABFE，DCGH は平行であり，共有点をもたない．
　そして l は前者に，m は後者に含まれるから，2 直線 l, m は共有点をもたない．

2°　l, m は同一平面上(α 上) にある．

3°　1°, 2° より，$l \parallel m$. □

重要　1 の位置関係の分類を見ると，次のようにいえることがわかります：

「2 直線が平行である」とは，{「同一平面上」，かつ「共有点がない」こと．

例題 5 13 b 立体，なす角 根底 実戦

[→演習問題 5 15 9]

右図の正四角錐[1]O-ABCD において，OA $=\sqrt{3}$, AB $=2$ とする.

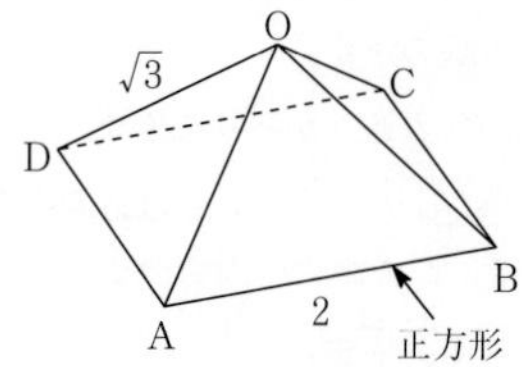

(1) 2 直線 OB, OD のなす角の半分を α とし，2 直線 OA, CD のなす角を β とするとき，α と β の関係を調べよ.

(2) 隣り合う 2 つの側面のなす角 θ を求めよ.

語記サポ 1)：[→14 2 正多角錐]

着眼 「なす角」の定義が理解できていれば，なすべきことは自ずとわかります.

解答 (1) O から底面に垂線 OH を下ろすと，H は正方形 ABCD の外心，すなわち対角線の交点である.

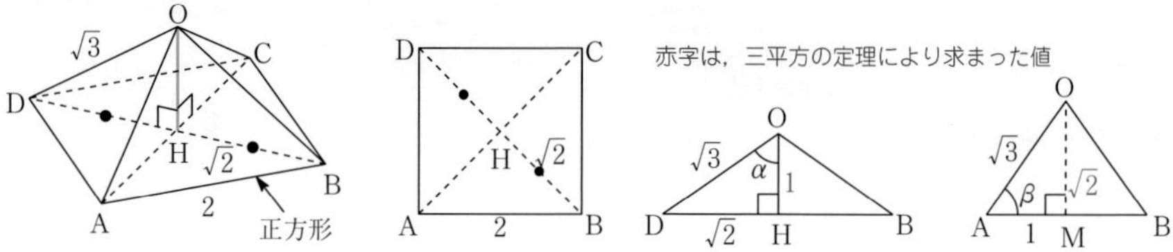

断面 OBD 上で考えて，角 α は直角三角形 ODH の図のような内角.

次に，DC は平行移動して AB に重ねられるから，$\beta=\angle\mathrm{OAB}$. そこで面 OAB 上で考えて，角 β は直角三角形 OAM(M は AB の中点) の図のような内角.

$\triangle\mathrm{DOH}\equiv\triangle\mathrm{OAM}$ だから，求める関係は，$\alpha=\beta$.//

解説 (1) OB と OD は同一平面上→そのまま平面 OBD 上で.

OA と CD はねじれの位置→ CD を平行移動して AB に移し，平面 OAB 上で. ■

(2)

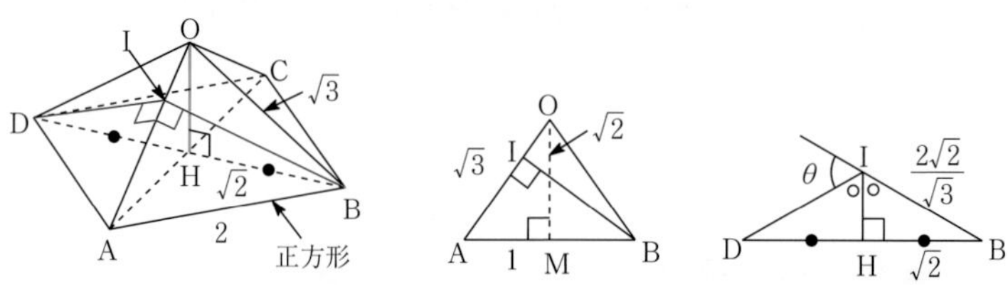

B, D から OA に下ろした垂線の足を I とすると [2]，2 直線 BI, DI のなす角が求める θ である.

△OAB の面積を 2 通りに表すことにより

$$\frac{1}{2}\cdot\sqrt{3}\cdot\mathrm{BI}=\frac{1}{2}\cdot2\cdot\sqrt{2}.\qquad\therefore\ \mathrm{BI}=\frac{2\sqrt{2}}{\sqrt{3}}.$$

△IBD は二等辺三角形だから，△IHB は直角三角形であり，

$$\mathrm{BI}:\mathrm{BH}=\frac{2\sqrt{2}}{\sqrt{3}}:\sqrt{2}=2:\sqrt{3}.$$

$$\therefore\ \angle\mathrm{BIH}=60^\circ.\qquad \angle\mathrm{BID}=2\cdot60^\circ=120^\circ\ (>90^\circ).$$ [3]

$$\therefore\ \theta=180^\circ-120^\circ=60^\circ.$$//

補足 2)：△OAD ≡ △OAB より，2 本の垂線の足は一致します.

注 3)：直線どうし，平面どうしのなす角は，90° 以下で考えます.

例題 5 13 C 立方体における垂直 根底 実戦 [→演習問題 5 15 10]

立方体 ABCD-EFGH において，AB と AD など交わる 2 辺は全て垂直である．このことを用いて，対角線 AG と平面 BDE が垂直であることを次の(1), (2)を利用して示せ．

(1) BD⊥AE を示せ．　(2) AG⊥BD を示せ．

(3) AG⊥ 平面 BDE を示せ．

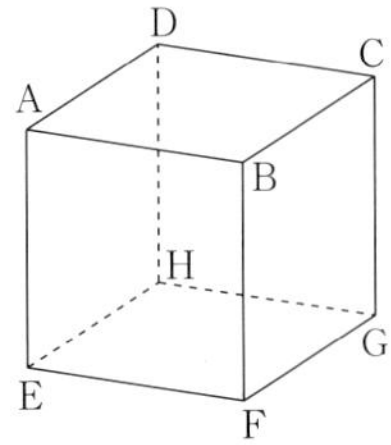

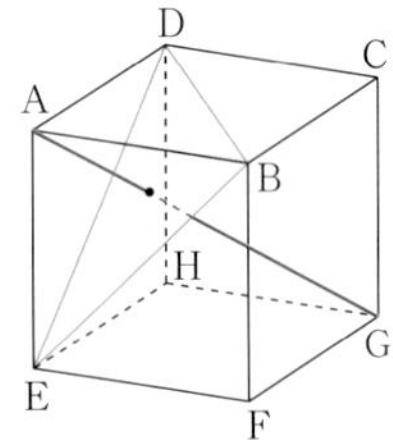

方針 直線と平面の垂直がテーマですから，特に 3 の❶，❶′，❷の関係を的確に用いることが肝要です．

(2)では，(3)を目標として，平面 BDE 上の辺 BD を持ち出しています．

その(2)を示す際，(1)で考えた AE と(2)で登場した AG をどう結び付けるかと考えます．

解答 (1) BD を含む平面 ABCD を考える．

$\begin{cases} AE \perp AB \\ AE \perp AD. \end{cases}$

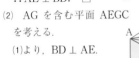

$\therefore$ AE ⊥ 平面 ABCD.[1]

$\therefore$ AE ⊥ BD.[2] □

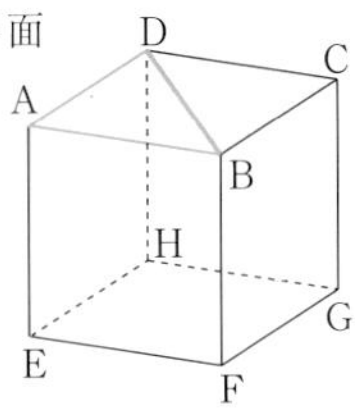

(2) AG を含む平面 AEGC を考える．

(1)より，BD ⊥ AE.

正方形 ABCD の対角線どうしは直交するから，

BD⊥ AC.

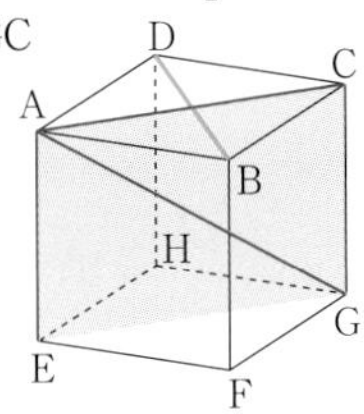

これらより，BD ⊥ 平面 AEGC.[1] …①

よって，BD ⊥ AG.[2] □

(3) 平面 BDE 上の 2 辺 BD，BE を考える．

(2)より，AG ⊥ BD.

また，①と同様に

BE ⊥ 平面 AFGD

だから，AG ⊥ BE.[2]

これらより，

AG ⊥ 平面 BDE.[1] □

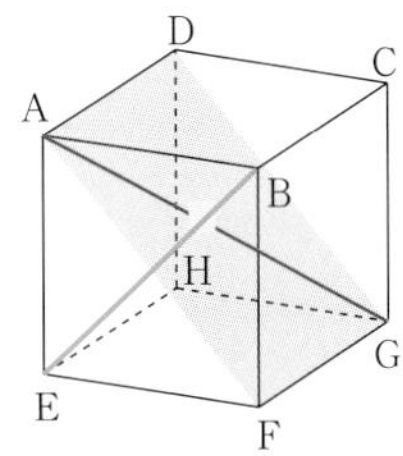

解説 [1]：3 の「❷ ⟹ ❶」を用いています．

[2]：3 の「❶ ⟹ ❶′」を用いています．

補足 (2)の①は，“真上”から見た様子（右図）から直観的に見抜けるようにしたいです．

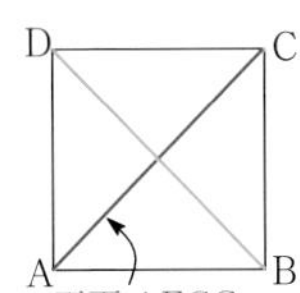

数学Cベクトル後 右のような座標空間において

$$\overrightarrow{AG}\cdot\overrightarrow{EB}=\begin{pmatrix}1\\1\\-1\end{pmatrix}\cdot\begin{pmatrix}1\\0\\1\end{pmatrix}=0,\ \overrightarrow{AG}\cdot\overrightarrow{ED}=\begin{pmatrix}1\\1\\-1\end{pmatrix}\cdot\begin{pmatrix}0\\1\\1\end{pmatrix}=0.$$

よって，$\overrightarrow{AG}\perp\overrightarrow{EB}$, $\overrightarrow{AG}\perp\overrightarrow{ED}$ だから，AG ⊥ 平面 BDE. □

たったこれだけで片付きます（笑）.

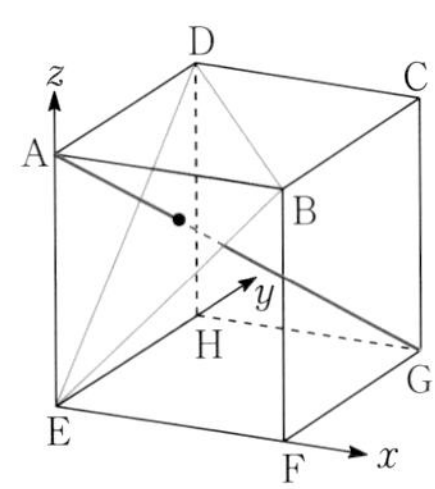

言い訳 大学入試の現場で**解答**のような議論を行うことは稀です．あくまでも**思考の鍛錬**だと割り切り，難しいからといって悲観したりしないでくださいね．

14 立体図形

1 柱

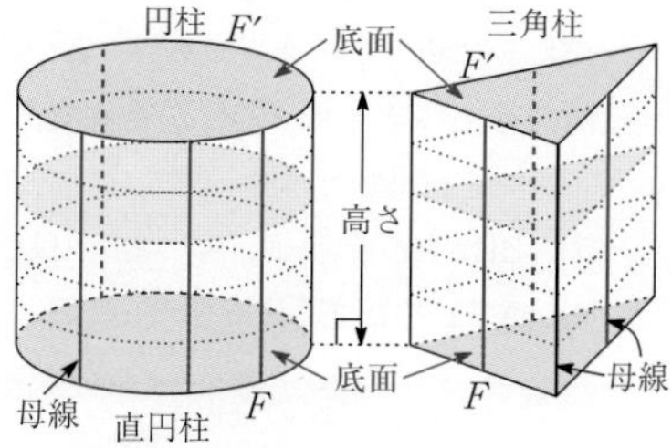

ある平面上の図形 F(円周や三角形など) を平行移動[1] して F' をとり，両者の対応する点どうしを線分[2] で結んでいくことにより，「柱（ちゅう）」と総称される立体ができます．F がどんな図形であるかに応じて，「円柱」「三角柱」などと呼びます．F, F' を含む面を**底面**，他の面を**側面**といいます．

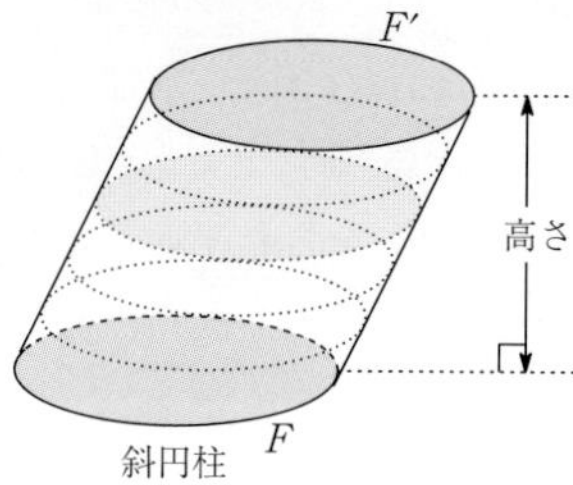

「柱」の体積　定理

柱の体積 ＝ 底面積 × 高さ（底面積と高さが垂直）

(「高さ」: F, F' を含む平面どうしの垂直距離)

注 [1]：この「方向」を，底面と垂直にとることが多いです．そのような立体を，特に「直円柱」などと称します．
一方，垂直でない場合には「斜円柱」のように呼びます．
体積の求め方はどちらも同じですが，「垂直」という関係性に注意してください．
[2]：この線分のことを**母線**といいます．

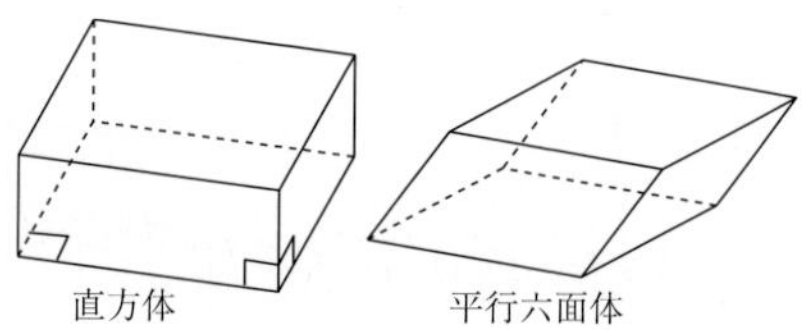

参考　底面が長方形である直四角柱が**直方体**であり，全ての面が長方形です．特に，全ての面が正方形であるものが立方体です．
底面が平行四辺形である四角柱を**平行六面体**といい，全ての面が平行四辺形です．

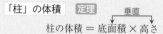

参考　底面が正 n 角形である直 n 角柱のことを，正 n 角柱といいます．

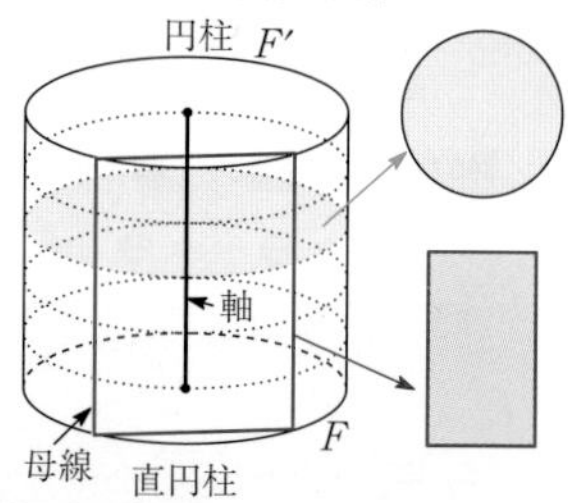

直円柱の断面

語記サポ　「断面」＝「平面との交わり（共通部分）」■

底面と平行な断面（右図の青色）→ F と合同

底面と垂直[3] な断面（右図の赤色）→長方形

注 [3]：円柱の場合，「軸に平行」とも言えます．

直円柱の展開図

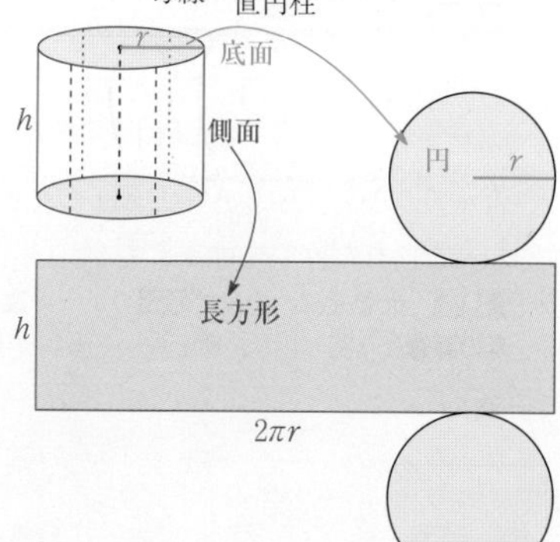

右図のように，底円[4] の半径 r，母線の長さ（高さ）h の直円柱の展開図は右図の通りです：

語記サポ [4]：円柱や円錐において，底面である円のことを（俗に）「底円」と呼んだりします．
円柱の「底面」は上下に 2 つあります．このうち“上側”にある方を（俗に）「上面」と呼んだりします．

2 錐

ある平面上の図形 F とその平面上にない点 O をとり，O と F 上の各点を線分で結んでいく 1) ことにより，「錐(すい)」と総称される立体ができます．F がどんな図形であるかに応じて，「円錐」「三角錐」などと呼びます．
F を含む面を**底面**，他の面を**側面**といい，O を**頂点**といいます．

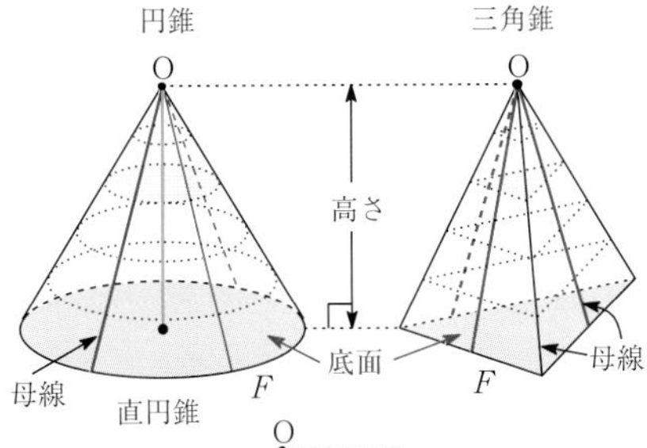

「錐」の体積 定理

$$\text{錐の体積} = {}^{2)}\frac{1}{3} \times \text{底面積} \times \text{高さ}$$

（底面積と高さは「垂直」）

（「高さ」: F を含む平面と点 O の垂直距離）

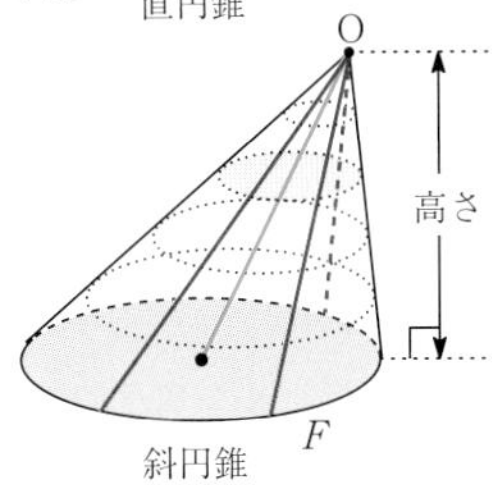

注 1) : この線分のことを**母線**といいます．

言い訳 重要度↓ 前項の「柱」も，このように**母線**を動かすことで出来る図形として定義するのが正しいのですが，取っつきやすさを重視してあのように書きました (笑).

参考 2) :「$\frac{1}{3}$」が付く理由は，[→**数学Ⅲ「積分法」(理系生のみ)**].

補足 円錐の場合，底面 (**底円**という) の中心の"真上"に O があるものを直円錐，そうでないものを斜円錐といいます．体積の求め方はどちらも同じですが，「垂直」に注意しましょう．

錐の断面と相似

右図のように，三角錐 O-ABC を底面と平行な平面で切った断面を △A′B′C′ とします．このとき

$$\begin{cases} \triangle\text{ABC} \text{ と } \triangle\text{A}'\text{B}'\text{C}' \\ \text{三角錐 O} - \text{ABC と三角錐 O} - \text{A}'\text{B}'\text{C}' \end{cases}$$

は，いずれも点 O を中心として**相似の位置**にあり，相似比は a : b です．よって，次の関係が成り立ちます：

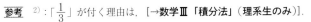

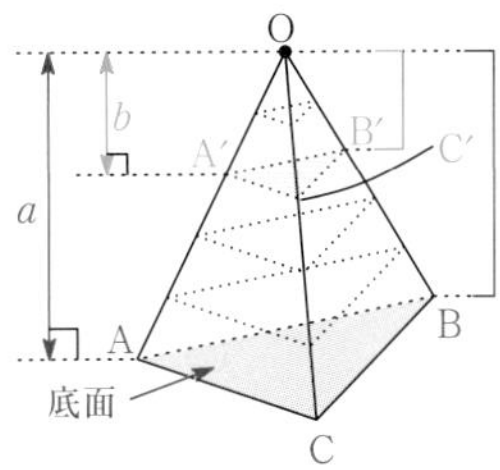

相似と比 定理

長さの比 … AB : A′B′ = $a : b$.　　相似比

面積の比 … △ABC : △A′B′C′ = $a^2 : b^2$.　　相似比の 2 乗

体積の比 … O-ABC : O-A′B′C′ = $a^3 : b^3$.　　相似比の 3 乗

言い訳 ここでは，「△ABC」などは面積を，「O-ABC」などは体積を表しています．

重要 相似な立体どうしの体積比は，相似比の 3 乗となります．

補足 この結果を利用すれば，断面 F' の下側 (「錐台」といいます) の体積も考えることができますね．

正多角錐 底面が正 n 角形であり，その外接円の中心の"真上"に頂点があるもののことを，正 n 角錐といいます．
正 n 角錐においては，頂点 O から底面の各頂点に到る n 本の母線の長さは全て等しいです．(その理由は，次の 母線が等しい多角錐 と同様．)

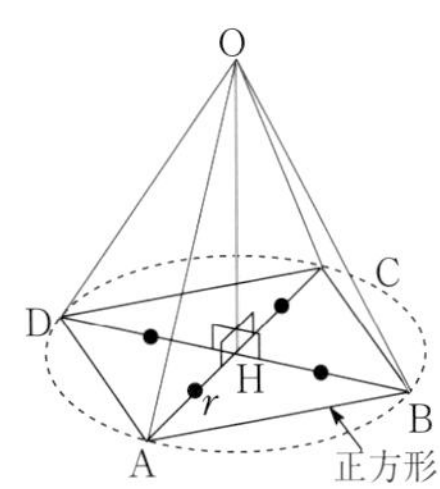

母線が等しい多角錐

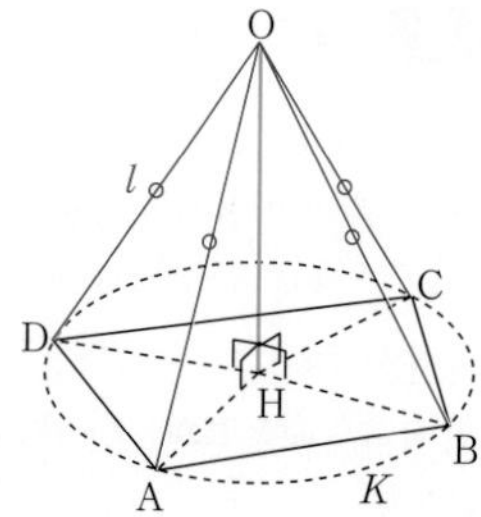

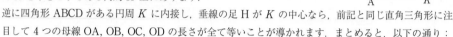

例えば右図のように，4 つの母線 OA, OB, OC, OD の長さが全て等しい（この値を l とおく）四角錐について考えましょう．頂点 O から底面に下ろした垂線の足を H とし，△OHA において三平方の定理を用いると

$$\mathrm{HA}=\sqrt{l^2-\mathrm{OH}^2}.$$

HB, HC, HD の長さもこれと同じになるので，4 点 A, B, C, D は全て H を中心とするある円周 K 上にあります．

逆に四角形 ABCD がある円周 K に内接し，垂線の足 H が K の中心なら，前記と同じ直角三角形に注目して 4 つの母線 OA, OB, OC, OD の長さが全て等いことが導かれます．まとめると，以下の通り：

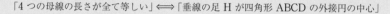

「4 つの母線の長さが全て等しい」$\Longleftrightarrow$「垂線の足 H が四角形 ABCD の外接円の中心」

参考　この関係は，三角錐や五角錐などにおいても同様です．

注　四面体 OABC が正四面体であるとき，底面の三角形 ABC は正三角形なので外心は重心と一致します[→例題 5 6 c]．よって，垂線の足 H は三角形 ABC の重心と一致します．

3 直円錐

「錐」の中で，高い頻度で現れる「直円錐」に関して，独立した項を設けて解説します．

直円錐の断面

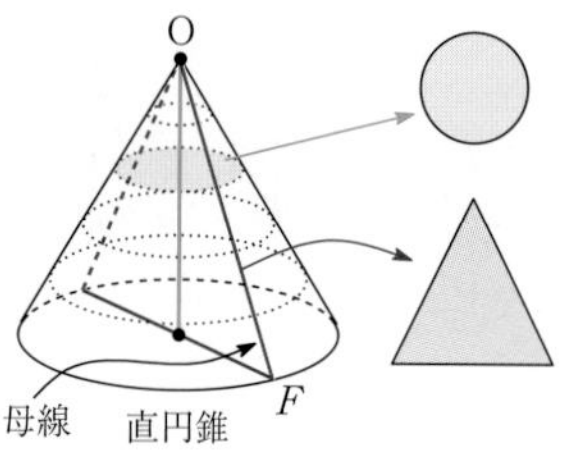

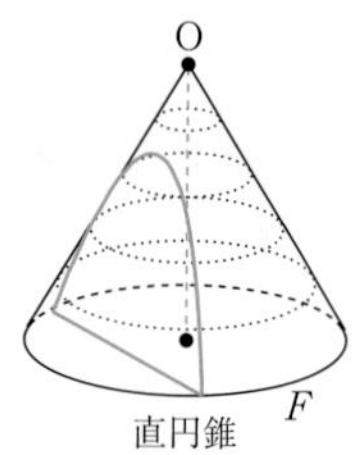

- 軸に垂直な断面（上図青色）：
頂点 O を中心として底面 F と相似の位置[→2 5]
- 軸を含む断面：二等辺三角形

軸と平行な断面：「放物線」が現れることが知られています．**[→数学 C「2 次曲線」]**

直円錐の展開図

右図のように，頂点 O，母線の長さ l，底円の半径 r の直円錐を考えます．側面の展開図は，O を中心とする円の一部である「おうぎ形」です．これと半径 l の円全体の弧の長さの比は $\dfrac{2\pi r}{2\pi l}$ なので，次のようになります：

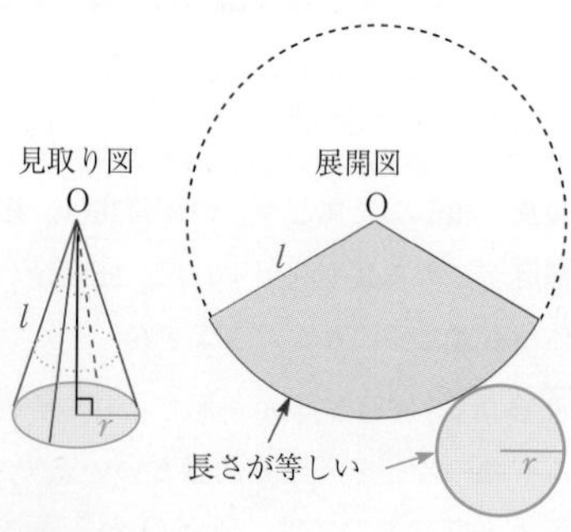

直円錐側面展開図　定理　（底円半径／母線）

側面展開図のおうぎ形は，半径 l の円全体の $\boldsymbol{\dfrac{r}{l}}$．

側面の面積は，$\pi l^2\cdot\dfrac{r}{l}=\boldsymbol{\pi lr}$.　（円周率×母線×底円半径）

これらの結果は完全に記憶し，公式として使いましょう[→演習問題 2 6 23]．

例題 5 14 a 直円錐側面上の最短経路 根底 実戦 典型 終着 定期 [→演習問題 3 9 4]

長さ 2 の線分 AB を直径とする円を底面とし，O を頂点とする直円錐の側面を S とする．A を出発して曲面 S 上を通る経路について考える．

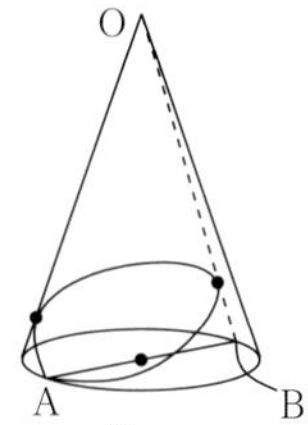

(1) 直円錐の高さが $2\sqrt{2}$ のときを考える．A を出発して線分 OB 上の 1 点を通り A に戻る最短経路の長さを求めよ．
また，A を出発して B に到る最短経路の長さを求めよ．

(2) 直円錐の高さが $\dfrac{\sqrt{5}}{2}$ のときを考える．A を出発して線分 OB 上の 1 点を通り A に戻る最短経路の長さを求めよ．

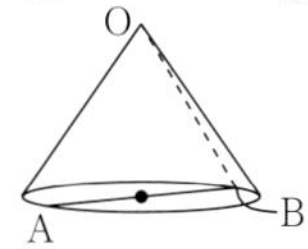

方針 曲面上の長さのまま扱う術はありません．よって，**展開図**という平面上の問題へとすり替えます．

解答 (1)

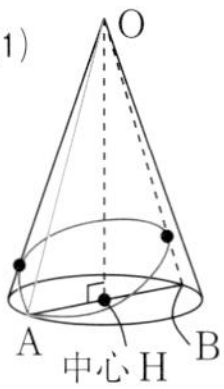

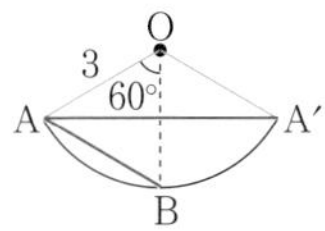

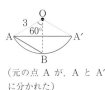

(元の点 A が，A と A′ に分かれた)

上図左において，△OAH に注目して

$OA=\sqrt{8+1}=3.$

S を母線 OA で切った展開図であるおうぎ形は，

中心角 $=\dfrac{1}{3}\cdot 360°=120°$ より上図右の通り．

A に戻る最短経路の長さは，展開図において

$AA'=2\times 3\cdot\dfrac{\sqrt{3}}{2}=3\sqrt{3}.$ //

また，B に到る最短経路の長さは，展開図において

$AB=3.$ (∵ △OAB は正三角形) //

(2) (1)と同様にして，$OA=\sqrt{\dfrac{5}{4}+1}=\dfrac{3}{2}.$

よって，S を母線 OA で切った展開図であるおうぎ形は，

中心角 $=\dfrac{1}{\frac{3}{2}}\cdot 360°=240°$

より右図の通り．

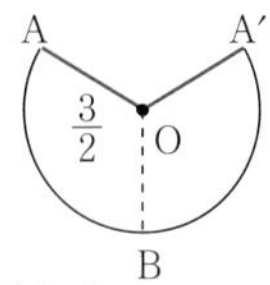

よって，A に戻る最短経路の長さは

$AO+OA'=2\times\dfrac{3}{2}=3.$ //

参考 (2)での最短経路とは，A と O の“往復”に過ぎません (笑)．

例題 5 14 b 折線の最短経路 根底 実戦 [→演習問題 5 9 7]

言い訳 実を言うと，本問は**演習問題 5 9 7**(1)と全く同じ問題です．「例題」として目に留まる所に配置したかったのですが，「平面図形」の基本体系の中に埋め込む場所が見つからず，テーマが近いのでここに置くことになりました (汗)．より詳細な解説が，前記演習問題にあります．

平面上で，右図のように定直線 l に関して同じ側に 2 定点 A，B がある．l 上の動点 P に対して定まる折れ線の長さ $L:=AP+PB$ の最小値を求めよ．

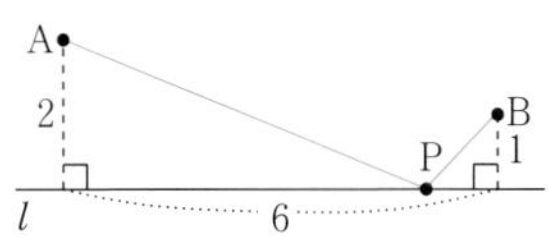

着眼 初見では無理な問題ですが，中学で学んだ有名なテクニックがあります．

解答 l に関して B と対称な点を B′ とする．

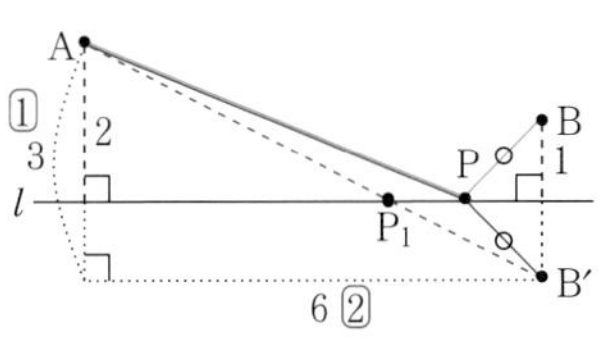

$L=AP+PB$

$=AP+PB'\geqq AB'$ (定数). …①

①の等号は，$P=P_1$ (P_1 は左図) のとき成立する．

$\therefore\ \min L=AB'=3\sqrt{2^2+1^2}=3\sqrt{5}.$ //

三平方の定理は「比」で使う

4 正四面体

「錐」の中で，高い頻度で現れる「正四面体」に関して，独立した項を設けて解説します．

逆に，この「正四面体」に対して用いる手法は，他の様々な立体へも応用できます．

正四面体は，「正三角錐」のうちさらに特別な立体で，全ての面が正三角形であるものをいいます．また，「正多面体」[→6]のうちの 1 つでもあります．

1 辺の長さが a である正四面体 A-BCD[1] について，その「高さ」などを考えていきます．2の最後の所で述べたように，頂点 A から底面 BCD に下ろした「垂線」の足は，底面の外心であり，底面は正三角形なので，それは重心 G と一致します[→例題 5 6 c]．正四面体を論じる際には，この「垂線」AG と底面の中線を含む断面が重要です．

注 1)：ハイフンを入れることにより，「A を頂点，三角形 BCD を底面とみる」という意志表示をしています．■

上記断面は，辺 BC の中点を M として $\mathrm{MA}=\mathrm{MD}\left(=\frac{\sqrt{3}}{2}a\right)$ の二等辺三角形 MAD であり，重心 G は中線 DM を 2 : 1 に内分するので，下右図のようになります．

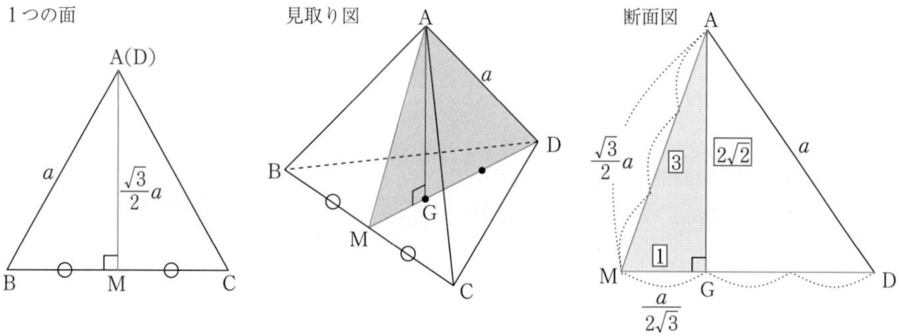

正四面体の高さ，体積

直角三角形 AMG に注目すると，三平方の定理により 3 辺比は図の「□」のようになります．よって

$$\text{高さ AG}=2\sqrt{2}\cdot\frac{a}{2\sqrt{3}}=\boldsymbol{\frac{\sqrt{6}}{3}a}.\ \cdots①$$

また，底面である正三角形 BCD の面積は

$$\triangle\mathrm{BCD}\overset{2)}{=}\frac{1}{2}\cdot a\cdot a\cdot\sin 60^\circ=\frac{\sqrt{3}}{4}a^2.$$

よって，1 辺の長さが a である正四面体 A-BCD の体積 V は

$$V=\frac{1}{3}\cdot\frac{\sqrt{3}}{4}a^2\cdot\frac{\sqrt{6}}{3}a=\boldsymbol{\frac{\sqrt{2}}{12}a^3}.\ \cdots②$$

注 ①②の結果は記憶しておきたいですが，大学入試では，「公式」として使用することより，導く“過程”の方が重んじられることが多い“気がします”．高校入試では公式として使うんですが(笑)．

2)：3 5 6 の面積公式を用いています．もちろん，三平方の定理だけでも求まります．

断面 **MAD** と辺 **BC** の関係

直線 BC ⊥ 平面 MAD を示します.

正三角形 ABC に注目すると, MA は中線だから, BC ⊥ MA.

平面 DBC 上で同様に考えて, BC ⊥ MD.

∴ BC ⊥ 平面 MAD. □ BC⊥AD も言える. [→13 3]

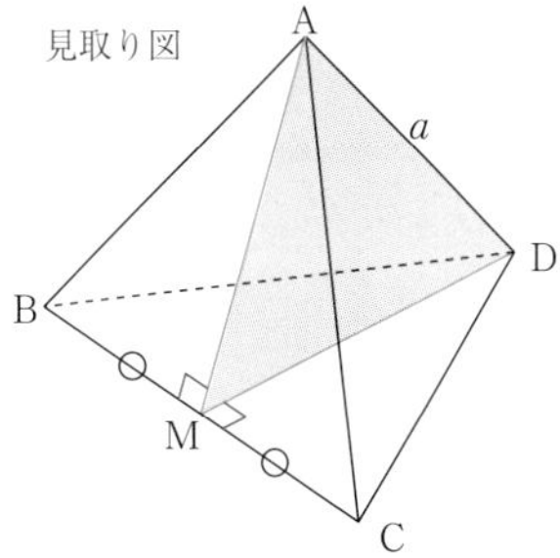

これを利用して体積 V を求めることもできます. 四面体 ABCD を2つの四面体 B-MAD, C-MAD に分けて考えることにより

$$\begin{aligned} V &= \frac{1}{3}\cdot\triangle\mathrm{MAD}\cdot\mathrm{MB} + \frac{1}{3}\cdot\triangle\mathrm{MAD}\cdot\mathrm{MC} \\ &= \frac{1}{3}\cdot\triangle\mathrm{MAD}\cdot(\mathrm{MB}+\mathrm{MC}) \\ &= \frac{1}{3}\cdot\underbrace{\triangle\mathrm{MAD}}_{\text{共通底面}}\cdot\underbrace{\mathrm{BC}}_{\text{高さの和}}. \end{aligned}$$

ここで, 二等辺三角形 MAD の面積は, 右図（赤枠は「比」）より

$$\frac{1}{2}\cdot a\cdot\sqrt{2}\cdot\frac{a}{2} = \frac{\sqrt{2}}{4}a^2.$$

$$\therefore V = \frac{1}{3}\cdot\frac{\sqrt{2}}{4}a^2\cdot a = \frac{\sqrt{2}}{12}a^3.$$

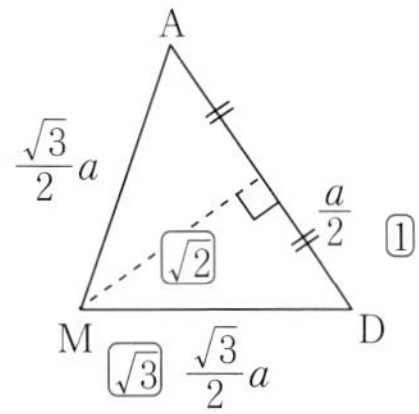

参考　正四面体の体積は,「等面四面体」として求めることもできます. [→演習問題5 15 11]

内接球・外接球

正四面体 ABCD の内接球 S_1(各面と接する), 外接球 S_2(各頂点を通る) の中心は, 対称性よりいずれも上記の垂線 AG 上にあります. また, △ABC の重心を H とすると, 同様に DH 上にもあります. よって両者は一致し, その点 O は 2 直線 AG, DH の交点です.

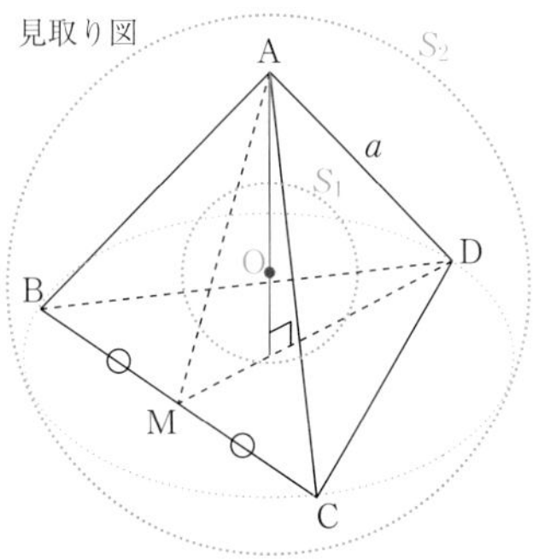

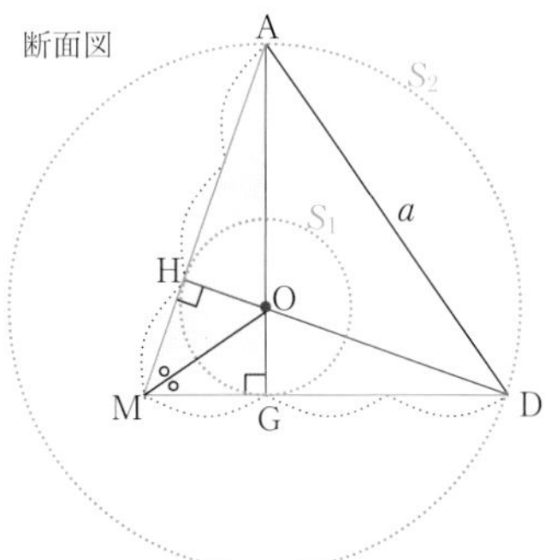

断面図の △MAG において MO は ∠M を二等分します. よって, 角の二等分線の性質より

$$\mathrm{AO} : \mathrm{OG} = \mathrm{MA} : \mathrm{MG} = 3 : 1.$$

これと前ページ①より

$$\text{内接球 } S_1 \text{の半径} = \mathrm{OG} = \frac{1}{4}\mathrm{AG} = \frac{1}{4}\cdot\frac{\sqrt{6}}{3}a = \frac{\sqrt{6}}{12}a,$$

$$\text{外接球 } S_2 \text{の半径} = \mathrm{OA} = \frac{3}{4}\mathrm{AG} = \frac{3}{4}\cdot\frac{\sqrt{6}}{3}a = \frac{\sqrt{6}}{4}a.$$

参考　内接球の半径は, 体積を利用して求めることもできます. [→演習問題5 15 7]

第5章 図形の性質

5 球

空間内で[1]，定点 O からの距離が r（正の定数）である点 P の集合を**球面**，あるいは単に球といいます．また，O を**中心**，r を**半径**といいます．

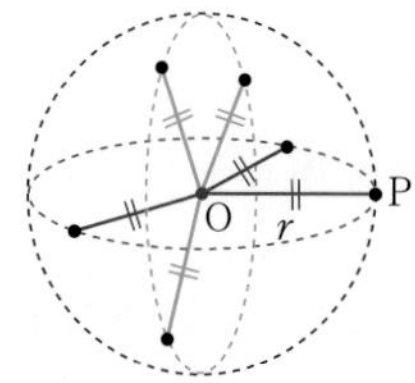

重要　「円周」で述べたのと同様，「球面」について議論する際には，球そのものという曲がったものより，線分 OP などの真っ直ぐなものに注目することが多いです．

注　1)：この「空間内」を「平面上」に変えると，「球面」が「円周」に変わります．

球の断面

球の断面は，必ず円になります．球面と平面 α の交わりの上にある任意の点を P とし，中心 O から α へ垂線 OH を下ろすと，直角三角形 OHP に注目して

$$\mathrm{HP} = \sqrt{r^2 - \mathrm{OH}^2}$$

となります．この値は P の位置によらず一定ですから，点 P の集合は，平面 α 上で点 H を中心とする半径 $\sqrt{r^2 - \mathrm{OH}^2}$ の円周となりますね．

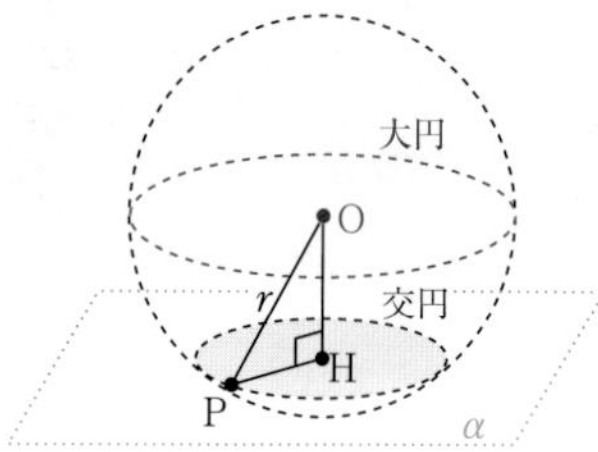

この円を**交円**といいます．また，特に球の中心を通る交円は，半径が交円のうちもっとも大きく球面の半径 r と等しいので，**大円**といいます．

球と平面の位置関係

上右図における中心 O と α の距離 OH と半径 r の大小により，「交わる」「接する」「共有点なし」の 3 種類に分かれます．これは，「**円と直線**の位置関係」[→10 7]と全く同様です．さらに，「**球と直線**の位置関係」についても同様です．

球と球の位置関係

「**円と円**の位置関係」[→10 8]と同様に，中心間距離と半径どうしの和，差との大小によって分類されます．

球の体積，表面積

半径 r の球について

$$\text{体積} = \frac{4}{3}\pi r^3. \qquad \text{表面積} = 4\pi r^2.$$

言い訳　体積の公式は，数学Ⅲ「積分法」から示されます．表面積の方は…様々なゴマカシ方が知られていますが（笑），結局は公式として認めて使うしかありません．

コラム

空間図形の攻め方

空間図形を扱う際には，次の 2 種類の図を描いて臨みます：

空間図形　方法論

- 見取図 → 立体の全体像を大まかに把握
- 断面図 ないし投影図→ 部分的に長さ・角を正確に計量

6 正多面体

各面が平面である立体を多面体といい，“凹み”がないものを凸多面体といいます．

各面が全て合同な正多角形であり，各頂点に集まる面の数が全て等しい凸多面体を**正多面体**といい，次の 5 種類だけあることが知られています．

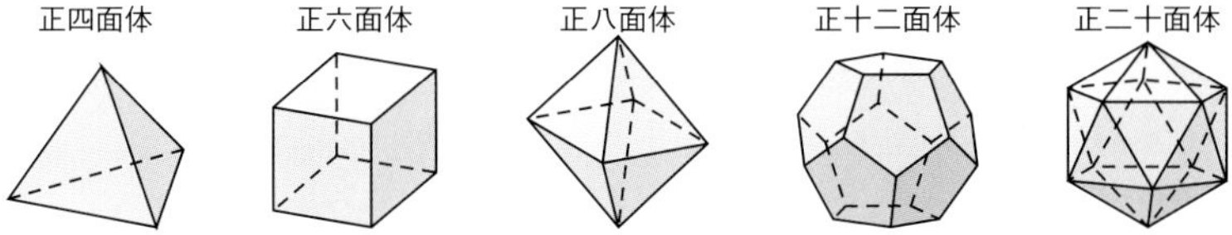

	面の数 f	各面の辺（頂点）の数 n	各頂点に集まる面の数 m	辺の数 e	頂点の数 v
正四面体	4	3	3	6	4
正六面体	6	4	3	12	8
正八面体	8	3	4	12	6
正十二面体	12	5	3	30	20
正二十面体	20	3	5	30	12

語記サポ
「面」＝「face」
「辺」＝「edge」
「頂点」＝「vertex」

面数 f と n, m を用いて e, v を表すことができます．

解答 辺数 e

f 個の面が各々 n 本ずつの辺をもちます．

この単純な総計は fn 本．

ただし，e 本の辺は，それぞれ 2 個ずつの面に共有されています．よって

$$f \cdot n = e \cdot 2. \qquad \therefore \quad e = \frac{fn}{2}.$$

頂点数 v

f 個の面が各々 n 個ずつの頂点をもちます．

この単純な総計は fn 個．

ただし，v 個の頂点は，それぞれ m 個ずつの面に共有されています．よって

$$f \cdot n = v \cdot m. \qquad \therefore \quad v = \frac{fn}{m}.$$

f, e, v の関係

全ての凸多面体について，次の等式が成り立ちます：

「オイラーの多面体定理」：$\underbrace{v + f}_{\text{点\&面}} - \underbrace{e}_{\text{辺}} = 2.$

〔正六面体を例とした“説明”〕 ハイレベル 厳密な「証明」ではないです（汗；）

これ以降，$v + f$(点&面) と e(辺) の「差」に注目します．

① 底面だけ描かれています（描いた面を，青色の対角線を引いて表しています）．点と辺は同数ですから，面 1 個分だけ $v + f$(点&面) が e(辺) を上回っています．

② 左の面を追加しました．追加された点（2 個）より辺（3 本）の方が 1 つ多いですが，面も 1 個追加されるので，$v + f$(点&面) と e(辺) の「差」は変化なしです．

③ ②と同様に，右，前，後ろの面も追加します．どの面を追加するときにも，「差」に変化はありません．これで，点と辺は全て揃いました．上の面だけが埋まっていません．

④ 最後に上の面を追加します．「差」はその分 1 個広がって，2 となります．これで，上の等式が成り立つことがわかりました．

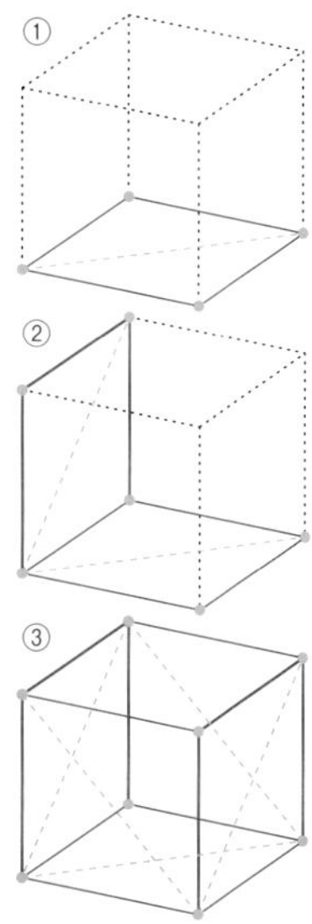

例題 5 14 C 正四面体の“切り落とし” 根底 実戦

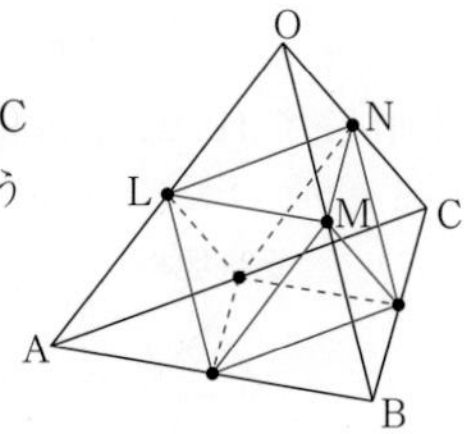

正四面体 OABC の 6 辺の中点を結んでできる立体 F を考える.

(1) 正四面体 OABC から, 正四面体 OLMN を取り除いて立体 LMNABC を作る. このとき, 頂点の個数 v, 面の個数 f, 辺の個数 e がどのように増減するかをそれぞれ答えよ.

(2) 立体 F の名称を述べよ (答えのみでよい).

(3) 正四面体 OABC の体積を V として, 立体 F の体積を V で表せ.

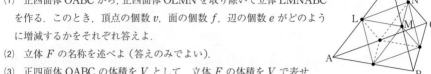

方針 (1) 消失した点・面・辺と, 新たに出現した点・面・辺を数えます.

(3) F を直接考えるのではなく, 取り除いた (切り落とした) 部分の体積を考えましょう.

解答 (1) v, f, e は, 次のように変化する：

	消失	出現	増減
v(頂点)	O	L, M, N	+2
f(面)		LMN	+1
e(辺)	1)	LM, MN, NL	+3

(2) 正八面体.//

(3) 四面体 O-LMN と 四面体 O-ABC は O を中心として相似であり, 相似比は 1 : 2.

$\therefore$ 四面体 O-LMN の体積 $=\left(\frac{1}{2}\right)^3 V=\frac{1}{8}V$.

四面体 O-ABC から取り除かれる他の 3 つの四面体についても同様だから, 正八面体 F の体積は

$$V-4\times\frac{1}{8}V=\frac{1}{2}V.$$ //

参考 (1) 結局, $v+f-e$ の値は,

$2+1-3=0$

より増減なしで一定に保たれています.

注 1) : 例えば「OL が消失」とかやらないように！線分 OL は元の辺 OA の一部であり, 他の部分 LA は残りますから, 消失した辺はありません. (面についても同様です.)

コラム

空間座標

「数直線」では, 点は 1 つの実数を用いて「点 3」のように表されます. 「xy 平面」では, 点は 2 つの実数を用いて「点 (3, 2)」のように表されます. この例では, 「3」が横の位置を, 「2」が縦の位置を表します.

これらと同じように, 空間内の点を実数と対応付けることを考えましょう. 「横」を表す x 軸, 「縦」を表す y 軸に, 「高さ」を表す z 軸 (xy 平面と垂直) を追加して, 右下図のような「xyz 空間」を作ります. すると, 空間内の点が, 3 つの実数を用いて「点 (3, 2, 1)」のように表されます.

〔数直線〕

〔xy 平面〕

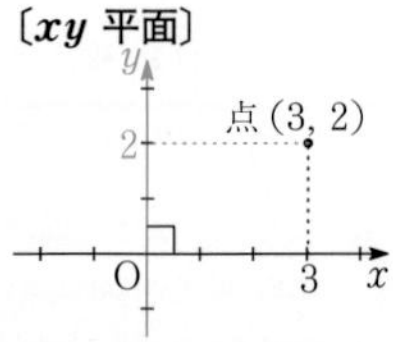

補足 x 軸と y 軸を含む平面を「xy 平面」と呼びます. これは, z 座標が 0 である点の集まりですから, その方程式は「$z=0$」です. 「yz 平面」, 「zx 平面」も同様です.

参考 右図において, x 軸上の点 A の座標は (3, 0, 0) です. また, xy 平面上の点 B の座標は (3, 2, 0) です.

注 「空間座標」を詳しく学ぶのは数学 C「ベクトル」においてですが, 本章の演習問題の中でいくつか登場します.

〔xyz 空間〕

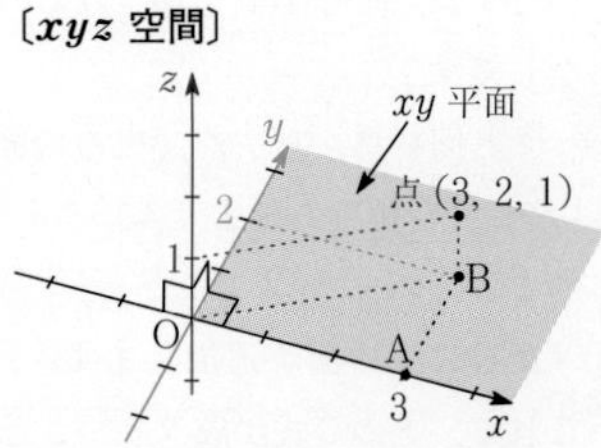

15 演習問題C 他分野との融合

5 15 1 根底 実戦

空間内の異なる 3 直線 l, m, n および平面 α について述べた次の(1)～(3)の真偽を判定せよ（結果のみ答えればよい）.

(1) $l /\!/ m,\ m /\!/ n$ ならば $l /\!/ n$ である.

(2) $l \perp m,\ m \perp n$ ならば $l /\!/ n$ である.

(3) $l \perp \alpha,\ m \perp \alpha$ ならば $l /\!/ m$ である.

5 15 2 根底 実戦 典型

底円の半径が 1 で母線の長さが 3 である直円錐の内接球，外接球の半径を求めよ.

5 15 3 根底 実戦 典型

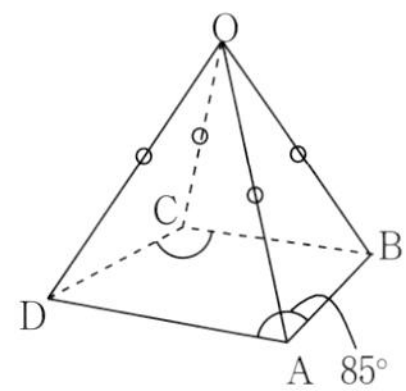

四角錐 O-ABCD があり，4 つの母線 OA，OB，OC，OD の長さは全て等しいとする．四角形 ABCD において $\angle \mathrm{A} = 85^\circ$ のとき，$\angle \mathrm{C}$ を求めよ.

5 15 4 根底 実戦 重要

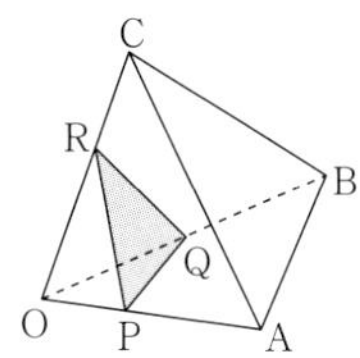

右図において，2 つの四面体 OABC と OPQR の体積比を，次の(1)(2)についてそれぞれ求めよ.

(1) 平面 PQR// 平面 ABC のとき，体積比を OP，OA で表せ.

(2) 体積比を OP，OQ，OR，OA，OB，OC で表せ.

5 15 5 根底 実戦 重要

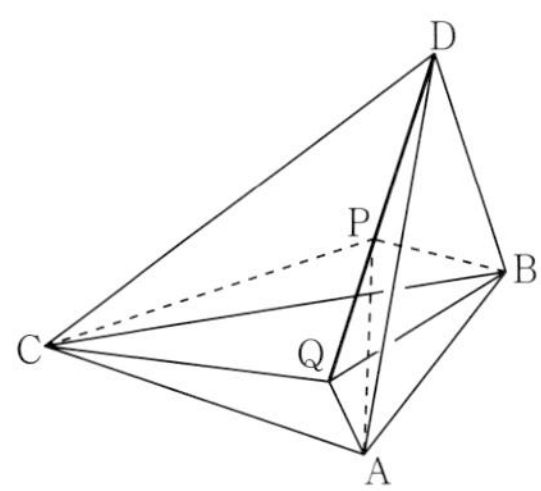

四面体 ABCD があり，その内部の点 P に対して，DP と平面 ABC の交点を Q とする．以下，例えば頂点 D，底面 ABC の四面体 D-ABC の体積を，〔D-ABC〕のように表すとして，解答せよ.

(1) 面積比 △QBC：△QCA：△QAB＝4：3：2 のとき，体積比〔P-DBC〕：〔P-DCA〕：〔P-DAB〕を求めよ.

(2) a＝〔P-DBC〕, b＝〔P-DCA〕, c＝〔P-DAB〕, d＝〔P-ABC〕とおくとき，線分比 DP：PQ を求めよ.

5 15 6 根底実戦 定期

xy 平面上に，右図のような直角三角形の板[1]がある（点線どうしの間隔は全て 1 とする）．この図形を y 軸のまわりに 1 回転してできる回転体[2]の体積 V を求めよ．

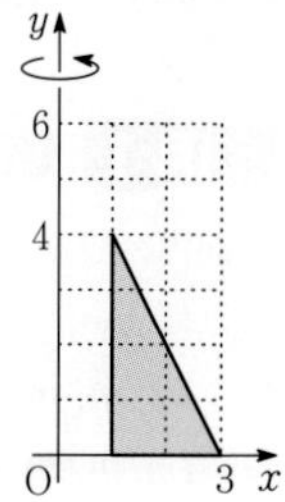

語記サポ 1)：「板」というのは，「周のみでなく，内部も詰まった図形」というニュアンスです．
2)：ある平面図形 F を，定直線 l のまわりに 1 回転（360° 回転）して得られる図形を**回転体**といい，l のことを回転軸といいます．

注 これ以降，問題文の表現に「空間座標」［→**5 14 6 最後のコラム**］を用いたものも登場しますが，要するに点の位置を「横・縦・高さ」の 3 つの数で表しただけのことです．先々頻繁に出会うことになるものですから，今のうちから慣れておくのが得策です．■

5 15 7 根底実戦 典型 三角比後

xyz 空間に，4 点 O(0, 0, 0)，A(1, 0, 0)，B(0, 2, 0)，C(0, 0, 3) を頂点とする四面体 T がある．

(1) △ABC の面積を求めよ．

(2) T の内接球の半径 r を求めよ．

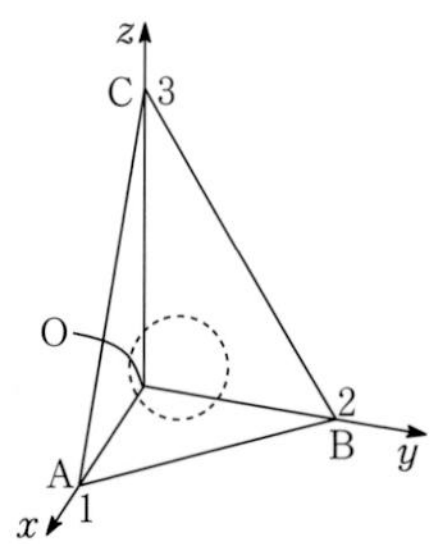

5 15 8 根底実戦 典型

xyz 空間に 4 点 O(0, 0, 0)，A(1, 0, 0)，B(0, 1, 0)，C(0, 0, 1) がある．OA，OB，OC を 3 辺としてもつ立方体を F[1] とする．

また，座標軸上に 3 つの動点 P(t, 0, 0)，Q(0, t, 0)，R(0, 0, t) がある．ただし，$1 < t < 2$ とする．

△PQR のうち，F の内部にある部分の面積 S の最大値を求めよ．

語記サポ 1)：立方体 =cube ですが，「点 C」という名前が既に使われているので，図形 =figure の頭文字を使いました．

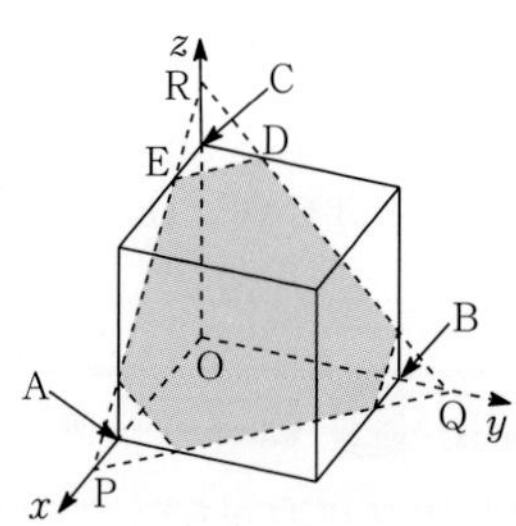

5 15 9 根底実戦 三角比後 重要

右のような正八面体において，隣りあう 2 つの面どうしのなす角を θ ($0° < \theta < 90°$) とするとき，$\cos\theta$ を求めよ．

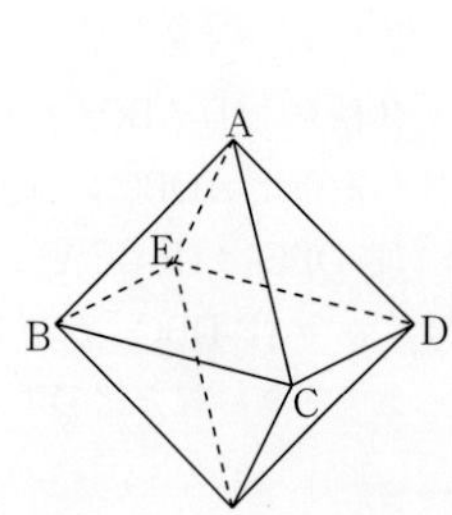

5 15 10 根底 実戦 ハイレベル↑

四面体 ABCD について答えよ.

(1) AB ⊥ CD とする. 頂点 A から底面 BCD へ垂線 AH を下ろすと, BH ⊥ CD となることを示せ.

(2) AB ⊥ CD, AC ⊥ BD であるならば, AD ⊥ BC となることを示せ.

5 15 11 根底 実戦 典型 終着 ハイレベル↑

4 つの面が全て合同な三角形である四面体のことを**等面四面体**という. 以下の問いに答えよ.

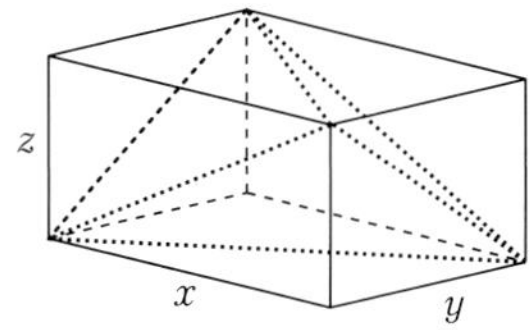

(1) 3 辺の長さが x, y, z である直方体において, 6 面の対角線を右図のように結んでできる四面体は等面四面体であることを示せ.

(2) 3 辺の長さが a, b, c の鋭角三角形を各面とする等面四面体は, (1)のように直方体の対角線によって作り得る [1] ことを示せ.

(3) 3 辺の長さが $\sqrt{3}, \sqrt{5}, \sqrt{7}$ の三角形を各面とする等面四面体の体積を求めよ.

5 15 12 根底 実戦 典型 入試

座標空間内の xy 平面上に, 原点 O を中心とする半径 1 の円 C がある. 定点 A(2, 0, 1) と C 上を動く点 P の距離を d とおく.

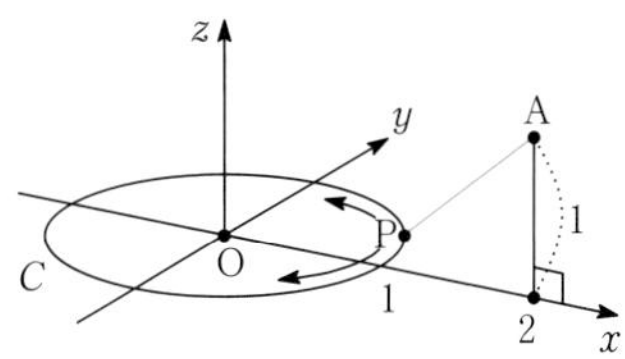

(1) A から xy 平面に垂線 AH を下ろす. H の座標を求めよ.

(2) d の最大値, 最小値を求めよ.

5 15 13 根底 実戦 典型 入試

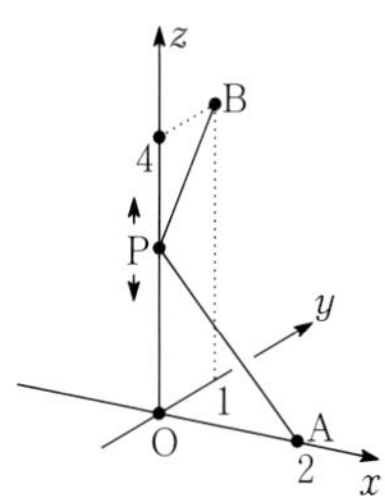

xyz 空間内に, 2 つの定点 A(2, 0, 0), B(0, 1, 4) がある. これらと z 軸上を動く点 P を結んでできる折れ線の長さ : $L = \mathrm{AP} + \mathrm{PB}$ の最小値を求めよ.

5 15 14 根底実戦 入試

右図のように，座標空間に原点 O を中心とする半径 $r(>0)$ の球 E[1] がある．E と xz 平面の交円上に，$A(r, 0, 0)$ と $\angle AOP = 45°$ を満たす点 P がある．また，E と yz 平面の交円上に，$B(0, r, 0)$ と $\angle BOQ = 45°$ を満たす点 Q がある（P，Q の z 座標はいずれも正とする）．

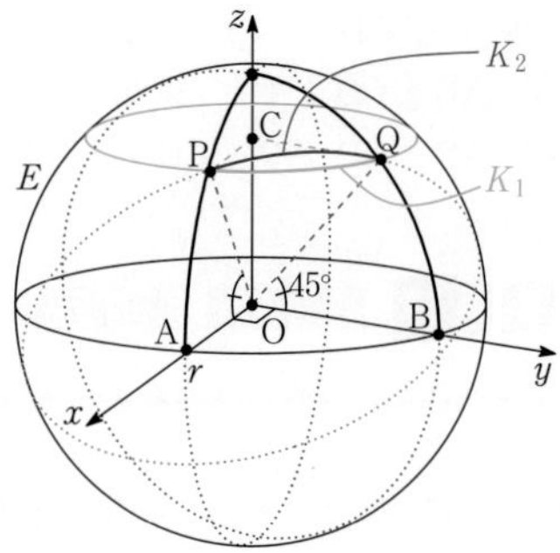

z 軸上の点で z 座標が P，Q と等しい点を C として，C を中心とする円上の劣弧 PQ を K_1 とする．また，O を中心とする円上の劣弧 PQ を K_2 とする．K_1, K_2 の長さをそれぞれ L_1, L_2 とするとき，これら 2 つの大小を比べよ．

語記サポ [1]：地球 =earth をイメージしてます．

5 15 15 根底実戦 入試

(1) xyz 空間内に，右図のように x 軸を軸とする直円柱 C_1 があり，底面の半径は 1，高さは 4 である．xy 平面と平行な平面 $\alpha : z = t\ (0 < t < 1)$ による C_1 の切り口[1]である長方形 R_1 の面積を t で表せ．

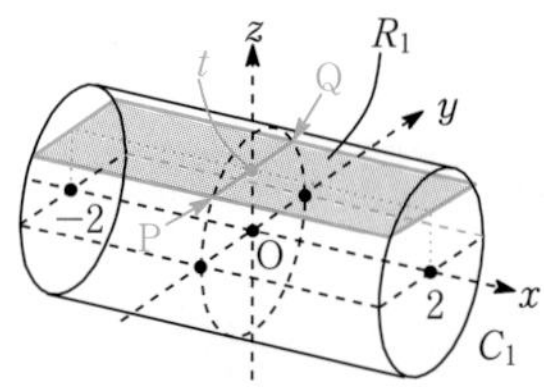

(2) xyz 空間内に，右図のように点 $(0, 0, 1)$ を通って y 軸と平行な軸をもつ直円柱 C_2 があり，底面の半径は 1，高さは 4 である．(1)の平面 α による C_2 の切り口である長方形 R_2 の面積を，$u = 1 - t$ とおいて u で表せ．

(3) (1)の C_1 と(2)の C_2 の交わり（共通部分）を F とし，(1)の平面 α による F の切り口の面積を S とする．t が $0 < t < 1$ の範囲で変化するときの S の最大値を求めよ．

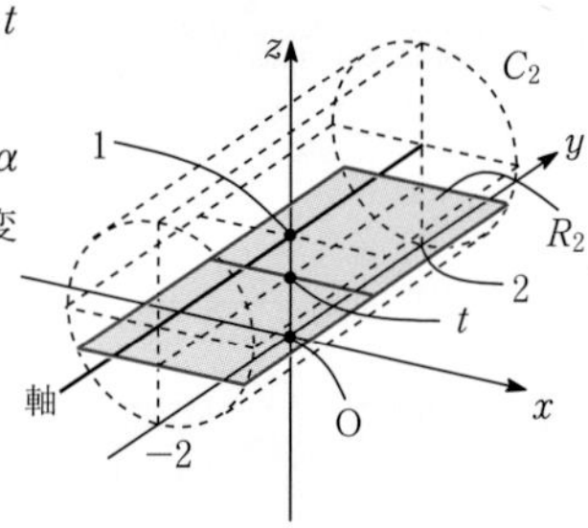

語記サポ 円柱 =cylinder，長方形 =rectangle

切り口：交わって得られる共通部分のこと．

第 6 章

整数

注　学校教科書の数学 A での章名は「数学と人間の活動」[1] となっていますが，本書はその主たる内容であり入試で対象となる「整数」に絞って書かれています．[1] は，15で “オマケ程度” に扱います．

概要

本章で扱う内容は，「整数」という数の特性だけをテーマとしたひじょうに原始的なものです．そして，整数に関する基本体系は実に美しく出来ているので，最良の攻略法は次の通りです：

　　ありのままの整数の特性をシンプルに学ぶ．

学習ポイント

本章で学ぶ内容をギュッと凝縮すると，次の 2 つにまとまります：

1.　余り・約数・素数など，整数固有の見方
2.　大きさを限定する

この 2 つについて，前述した正統的な学び方を積み重ねれば，少なくとも入試の合否判定に機能するレベルの問題は**自ずと解けます**．

それから，整数という単元の際立った特徴として，「前提となる知識量が少ない」，「計算の負担が比較的軽い」という 2 つがあげられます．よって，他の分野と切り離して習得することが比較的容易だといえます．数学を，基礎に忠実に体系的に学ぶ正しいスタイルを会得する絶好の機会となります．

将来入試では

数学 A「数学と人間の活動」は，共通テストでは扱われない模様です．

ただし，「整数」は上位大学の 2 次・私大入試では頻出で，満点・零点に二極分化しやすいため，**入試の合否を決める花形分野**です．また，数字 B「数列」などとの融合問題も多く，分野を横断した訓練を要します［→13 **「演習問題 C」**］．

この章の内容

［高校数学範囲表］　● 当該分野　● 関連が深い分野

数学Ⅰ	数学Ⅱ	数学Ⅲ 理系
数と式	いろいろな式	いろいろな関数
2次関数	ベクトルの基礎	極限
三角比	図形と方程式	微分法
データの分析	三角関数	積分法
数学A	指数・対数関数	**数学C**
図形の性質	微分法・積分法	ベクトル
整数	**数学B**	複素数平面
場合の数・確率	数列	2次曲線
	統計的推測	

1 整数の特性

最初に結論を言ってしまいます.「整数」の**特性**, それを受けての**攻め方**は, 大別すると次の2つだけです. そこに注目することが, 問題が解けることに直結します!

❶ “余り”を用いた独自の除法

→「**余り**」及びそこから派生する「約数・倍数」「素数」「互いに素」という整数固有の概念に注目

❷ 有限区間には有限個しか要素をもたない

→**大きさ**を限定

1 整数・基本体系の概要

本章で学ぶ「整数」の基本体系は, 要約すると下図の通り. たったこれだけが,「整数」の(ほぼ)全てです. 正しく学べば, ちゃんと習得可能です!時々, この図を振り返ってみてください.

整数・基本体系マップ　原理　既習者

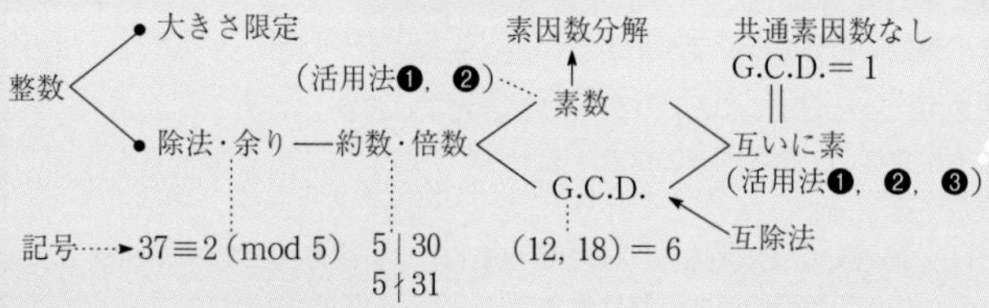

2 整数と有理数の比較

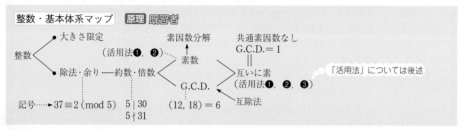

1 5 2で学んだとおり, 私たちが知る様々な数の集合どうしの間には, 右図のような包含関係がありました.

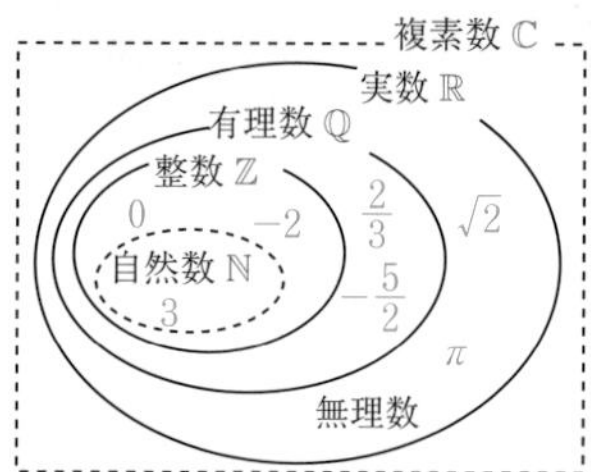

重要　整数(ℤ)の特性は, それより一つ広い集合である有理数(ℚ)と比較することによって浮かび上がってきます.

3 有限区間での個数

例えば, 不等式 $0 \leq x \leq 1$…① を満たす x について考えると

有理数 x …0, $\frac{1}{2}$, $\frac{3}{5}$, $\frac{7}{8}$, …, 1 など**無限個**ある.

整数 x …0, 1 の2個のみ(**有限個**).

有限区間にある整数　原理

有限区間に属する整数は有限個しかない.

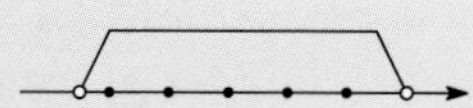

重要　**大きさを限定**できれば, そこにある有限個の整数のみを総当たりで調べればよい訳です.

問　2次不等式 $(2x+7)(x-5) \leq 0$ の整数解の個数を求めよ.

解答　与式を解くと

$$\underbrace{-\frac{7}{2}}_{-3.5} \leq x \leq 5.$$ 大きさを限定

これを満たす整数 x は

$$x = -3, -2, \cdots, 5.$$

よって求める個数は, $5-(-4)=9$.//

注　連続整数の個数については[→11 1]

4 「余り」を考えた独自の「除法」

1 5 3 で学んだとおり，有理数の集合 $\mathbb{Q}$，整数の集合 $\mathbb{Z}$ における二項演算の結果は，次のようになります（二項演算について閉じていることを「○」，閉じていないことを「×」で表しています）.

	有理数 $\mathbb{Q}$ の二項演算	整数 $\mathbb{Z}$ の二項演算
加法	$\frac{5}{2}+\frac{3}{7}=\frac{41}{14}$ ：有理数 ○	$5+3=8$ ：整数 ○
減法	$\frac{5}{2}-\frac{3}{7}=\frac{29}{14}$ ：有理数 ○	$5-3=2$ ：整数 ○
乗法	$\frac{5}{2}\times\frac{3}{7}=\frac{15}{14}$ ：有理数 ○	$5\times3=15$ ：整数 ○
除法	[1] $\frac{5}{2}\div\frac{3}{7}=\frac{35}{6}$ ：有理数 ○	$5\div3=\frac{5}{3}$ ：**整数でない！** ×

注 $\mathbb{R}$(実数）や $\mathbb{C}$(複素数）も，四則演算全てに関して閉じています.

補足 [1]：高校数学以降では，除法の結果は「$a\div b$」ではなく「$\frac{a}{b}$」と書くのが普通ですが.

このように，2 つの整数に対して除法（“割り算”）を行うと，その結果は整数ではなくなってしまいます．そこで，集合 $\mathbb{Z}$(整数）の中だけで除法を完結させるために，**余り**という整数固有の概念を用いた，整数独自の“割り算”を考えます．詳しくは[→7].

整数の除法 **原理**

任意の整数 a, b（ただし $b>0$）に対し

$$a=bq+r \quad (0\leq r<b) \cdots ①$$

a を「割られる数」，b を「割る数」といいます

をみたす整数の組 (q, r) がただ 1 つ存在する．このような q, r を，a を b で割ったときの**商**，**余り**とそれぞれ称する.

解答 例1 43 を 5 で割る.

$43=5\times8+3.$

$\therefore$ 43 を 5 で割った商は 8, 余りは 3.[1] //

例2 −20 を 3 で割る.

$-20=3\times(-7)+1.$

$\therefore$ −20 を 3 で割った商は −7, 余りは 1. //

注 「余り」は必ず 0 以上で「割る数」より小さいのがルールです.

「余り」は，「整数」固有の概念であり，それに注目することによって**有益な情報**がもたらされることが多々あります．[→7]

商は，負の整数やゼロになることもあります.

注 [1]：厳密には，「$0\leq3<5$ だから」と述べた方がよいですが，一目で確認できる程度のことなので，省きました（以下同様).

注意！ 整数の除法は“割り算”とも呼ばれ，伝統的に「割ったときの」という表現を用いますが，決して「÷」とか「$\frac{\triangle}{\bigcirc}$」という分数は登場しません！

また，小学生が用いる「27 ÷ 6 = 4…3」のような表現も，極力慎みましょう.

参考 ①をみたす整数の組 (q, r) がただ 1 つ存在することの厳密な証明は，[→14 1]

将来 数学Ⅱでは，同じ「整」の字を含んだ「整式」の除法を学びます．そこでも，「整数」の除法と同様に「余り」という概念を考えます．よって，「整数」と「整式」を融合した問題もよくあります.

2 約数・倍数

1 約数，倍数とは

本節では，前ページ①：$a = bq + r$ の**余り r から派生**[1] して，$r = 0$，つまり $a = bq$ が成り立つときを考えます．例えば，$40 = 5 \cdot 8$ なので，「40 は 5 の倍数」，「5 は 40 の約数」というのでしたね．

言い訳 [1]：**余り**を中心的概念として扱うための措置です．教科書では余りより約数が先ですが．

約数，倍数 **定義**

整数 [2]a, b に対して

$a = bq$ …②を満たす整数 q が存在する（自然数以外もあり）（例：$40 = 5 \cdot 8$）

とき，次のように言い表す：

a は b の**倍数**である．（40 は 5 の倍数）　b は a の**約数**である．（5 は 40 の約数）

a は b で**割り切れる**．（40 は 5 で割り切れる）　b は a を**割り切る**．（5 は 40 を割り切る）（「整除する」ともいう）

このような関係を，**整除記号**：「$\boldsymbol{b \mid a}$」で表す．（$5 \mid 40$）

また，このような関係が成り立たないことを，「$\boldsymbol{b \nmid a}$」で表す．（$5 \nmid 43$）

語記サポ このように，「言葉」による言い回しは 4 種類もありますが，「整除記号」による表現は一定するので，状況を明確に把握・表現できます．また，書くのがとても楽ですね（笑）．「整数」を学ぶ上で，

整除記号を使う人は，使わない人に対して，圧倒的優位に立てます．

例えば「 $5 \mid 40$ 」は，「5 は割り切るぞ 40 を」と呟きながら，つまり，第 3 文型（SVO）の英文：「Five divides forty.」をイメージしながら使います．

言い訳 残念ながら，整除記号は学校教科書には載っていませんが，数学一般では広く使われているので入試では問題ないでしょう．心配性の人は，答案の冒頭で一言：「b が a を割り切ることを $b \mid a$ と書く」と**断って**使うまでのことです．

注 [2]：「整数の除法」①式における「割る数」b は自然数に限りましたが，ここでは **b が 0 や負の整数である場合も考えます．**（もちろん a や q が負であるケースもあります．）

例1 $18 = (-3) \cdot (-6)$ より，-3 は 18 の**約数**です．（$-3 \mid 18$）

例2 $-15 = 5 \cdot (-3)$ より，-15 は 5 の**倍数**です．（$5 \mid -15$）

例3 $\underline{0} = n \cdot 0$ より，$\underline{0}$ は任意の整数 n の倍数．　$n = \underline{1} \cdot n$ より，$\underline{1}$ は任意の整数 n の約数．

問 a, b がどちらも 3 の倍数であるとき，$5a - 2b$ も 3 の倍数であることを示せ．

解答 $3 \mid a,\ 3 \mid b$ より [1]

$a = 3k,\ b = 3l$（k, l は整数）[2]

とおけて，

$$5a - 2b = 5 \cdot 3k - 2 \cdot 3l = 3 \cdot \underbrace{(5k - 2l)}_{\text{整数}^{3)}}.$$

よって，$3 \mid 5a - 2b$．□

解説 [1][2]：「倍数である」という**言葉**を，**記号**で書いたり**文字式**で表したりする練習をしましょう．

[3]：「3 の倍数」とは，「3 の整数倍」のことです．よって，この [3] を明示するべきです．

将来 ただし，長大な問題の一部として [3] の内容を扱う際には，“自明なこと” として省いても許されたりします．さらに，本問の結果自体が “自明” とみなされ，

$3 \mid a,\ 3 \mid b$ より，$3 \mid 5a - 2b$．

で済ませてしまうこともあります．

2 約数，倍数を求める

前項で述べた約束に従って，約数，倍数を具体的に求めてみましょう．

②の例：$40 = \underline{5}\cdot 8$ において，「$\underline{5}$ は 40 の約数」でしたが，$40 = \underline{8}\cdot 5$ でもありますから，「$\underline{8}$ も 40 の約数」です．アタリマエですね（笑）．つまり，40 を $5\cdot 8$ のように整数どうしの積に分解できたなら，40 の約数として 5 と 8 が同時に**ペアで**得られたことになります．

問 (1) 12 の約数を全て求めよ．　(2) 3 の倍数のうち絶対値が 10 以下であるものを全て答えよ．

方針 (1) 積が 12 となる整数をペアで探します．　(2) 倍数は，正の整数だけじゃないですよ！

解答 (1) 求める約数は，次表の各数である：

1	2	3	−1	−2	−3
12	6	4	−12	−6	−4

.//

まず正のペア（1, 2, 3 / 12, 6, 4）　双方に「−」を付す（−1, −2, −3 / −12, −6, −4）

(2) 求める倍数は，次の通り：

$-9, -6, -3, 0, 3, 6, 9.$//

3 倍数判定法

与えられた自然数が 2，3，4，5，8，9 の倍数であるか否か（つまり，約数にもつか否か）を判定する方法は，今後各所で頻繁に用いますので，ここで簡単にまとめておきます．詳しくは[→9 4]

例 ここでは，4 桁の整数を用いて説明します（4 桁以外でも同様です）．

2 の倍数？ $6834 = \underbrace{10}_{2\cdot 5}\cdot 683 + \underbrace{4}_{2\cdot 2}$ より，$2 \mid 683\underline{4}.$

5 の倍数？ $6835 = \underbrace{10}_{5\cdot 2}\cdot 683 + \underbrace{5}_{5\cdot 1}$ より，$5 \mid 683\underline{5}.$ …下 1 桁に注目

4 の倍数？ $6836 = \underbrace{100}_{4\cdot 25}\cdot 68 + \underbrace{36}_{4\cdot 9}$ より，$4 \mid 68\underline{36}.$ …下 2 桁に注目

8 の倍数？ $6832 = \underbrace{1000}_{8\cdot 125}\cdot 6 + \underbrace{832}_{8\cdot 104}$ より，$8 \mid 6\underline{832}.$ …下 3 桁に注目

3 の倍数？ $6834 = (3\text{ の倍数}) + \underbrace{6+8+3+4}_{21=3\cdot 7}$ より，$3 \mid 6834.$

9 の倍数？ $6831 = (9\text{ の倍数}) + \underbrace{6+8+3+1}_{18=9\cdot 2}$ より，$9 \mid 6831.$ …各位の和に注目

解説 最後の 2 つでは，$6\cdot 1000 = 6\cdot(999+1) = \underbrace{6\cdot 999 + 6}_{3,\,9\text{ の倍数}}$ などを用いています．

補足 「6834」は，2 と 3 の公倍数ですから，$6(=2\cdot 3)$ の倍数だとわかりますね．
「7」の倍数か否かについては，実際に割ってみるのが普通です[→次項❺]．

4 約数の見つけ方

自然数の約数を，筆者は次のようにして見つけています．（3 3「素因数分解」で使用します．）

自然数の積への分解法 方法論

〔分解方法〕	（例）
❶ 掛け算九九の逆算	$56 = 7\cdot 8$
❷ 平方数，累乗数を記憶	$169 = 13^2$, $729 = 3^6$ [→1 6 1]
❸ 全ての位に共通な約数	$848 = 4\cdot 212$
❹ 前項の「倍数判定法」	765 → 7 + 6 + 5 = 18 は 9 の倍数だから，765 は 9 の倍数.
❺ 実際に素数で割ってみる	$91 = 7\cdot 13$

 $\to 5\cdot 63 \to 3^2\cdot 5\cdot 7$

3 素数

1 素数とは

ちょうど 2 つの正の約数をもつ自然数，すなわち，1 と自分自身以外に正の約数をもたない自然数から 1 を除いたものを，**素数**といいます．素数を小さい方から順に並べると，次のとおりです：

$2, 3, 5, 7, 11, 13, 17, 19, 23, \cdots$

語記サポ 「素数」＝「prime numbers」なので，素数は文字「p」（あるいは q, r あたり）で表すことが多いです．■

1 でも素数でもない正整数は，2 個以上の素数どうしの積として表せます（例：$6 = 2\cdot3$, $9 = 3\cdot3$）．このような自然数を**合成数**といいます．全ての自然数は，右のように分類されます．

自然数の種類	正の約数	例
1	1 個	$1(=1\cdot1)$
素数	2 個	$5(=1\cdot5)$
合成数	3 個以上	$6(=1\cdot6=2\cdot3)$

$$\text{素数}\begin{cases} 2 & \text{：偶数} \\ 3, 5, 7, 11, \cdots & \text{：奇素数} \end{cases}$$

参考 素数のうち偶数であるものは「2」のみです．それ以外の素数は全て奇数であり，**奇素数**と呼びます．このように，「2」と「奇素数」を区別して扱うことで問題解法の糸口が見いだせることが，ときどきあります[→**演習問題 6 13 4**]．

問 (1) 素数 p の約数を全て書け． (2) 30 以下の素数を全て書け．

方針 (2) 2 以外の素数は奇素数ですから，奇数：$3, 5, 7, 9, \cdots$ を思い浮かべながら，1 やその数自身以外に約数がないかどうか考えながら探していきます．

解答 (1) 求める約数は，

$1, p, -1, -p.$ // 負の約数も忘れずに！

(2) 求める素数は，

$2, 3, 5, 7, 11, 13, 17, 19, 23, 29.$ //

2 素因数分解

素数である約数のことを**素因数**といいます．例えば $60 = 2^2\cdot3\cdot5$ より，「5 は 60 の素因数である」，「60 は素因数 3 をもつ」と言い表します．

1 以外の自然数を素数だけの積の形で表すことを**素因数分解**といい，次の定理が成り立ちます：

素因数分解の一意性 **原理** （「初等整数論の基本定理」と呼ばれます）

1 を除く任意の正整数 n は，異なる**素数** p, q, r, $\cdots$ と正整数 $\alpha, \beta, \gamma, \cdots$ を用いて

$n = p^\alpha q^\beta r^\gamma \cdots$ （例：$60 = 2^2\cdot3\cdot5$）

の形に（現れる素数の順序を除いて）ただ一通りに 表せる．（「一意」という）

重要 **これをベースにすると，整数に関する様々な現象をクリアーに見渡すことができます！**

言い訳 重要度↓ これは定理ですから，本来は証明を要します．しかし，高校生はこの事実を自明なことと認めることが許されており，入試でもそれを前提として採点されると“思われます”．本書もそれに倣い，「素因数分解の一意性」を原理とする立場で書かれています．

「証明」は，大学以降の整数論では先に 5 ❷を導き，それを用いるのが普通ですが，直接示すことも可能です．念のためその証明を[→14 2]に書きますが，かなり難解ですので，スルーしてもぜんぜんかまいませーん（笑）．

3 素因数分解の仕方

2 以上の自然数を素因数分解する方法を考えます．教科書に載っているような，例えば「240」を「素数 2 で割ってまた 2 で割ってまた 2 で割って…」という方法は，**トロくて使い物になりません！**

$240 = 24 \cdot 10 = 8 \cdot 3 \cdot 2 \cdot 5 = 2^4 \cdot 3 \cdot 5$

のように，ある程度大きな自然数の積に分解し，それをさらに積に分解するという方針でいきましょう．その際，2 4「約数の見つけ方」が活躍します．

問 次の各自然数を素因数分解せよ．

(1) 63 (2) 361 (3) 363 (4) 364 (5) 365 (6) 3600 (7) 1001

解答 (1) $63 = 9 \cdot 7 = 3^2 \cdot 7.$ // 掛け算九九の逆ヨミ

(2) $361 = 19^2.$ // 平方数：$19^2 = 361$ は暗記

(3) $363 = 3 \cdot 121$ 各位がすべて 3 の倍数

$= 3 \cdot 11^2.$ // 平方数：$11^2 = 121$ は暗記

(4) $364 = 4 \cdot 91$ 下二桁が 4 の倍数

$= 2^2 \cdot 7 \cdot 13.$ // 91 を 7 で割ってみる

(5) $365 = 5 \cdot 73.$ // 一の位が 5 の倍数

(6) $3600 = 60^2$ 平方数だと見抜く

$= (2^2 \cdot 3 \cdot 5)^2$ 60 を素因数分解

$= 2^4 \cdot 3^2 \cdot 5^2.$ //

(7) $1001 = 7 \cdot 143$ 素数 7 で割ってみる

$= 7 \cdot 11 \cdot 13.$ // 次に素数 11 で割ってみる

注 (2) 囲碁の碁盤のマス目の数です． (4) 1 セットのトランプに書かれた数の合計です．

(6) 平方数の素因数分解は，全ての素因数が偶数次数です．[→**次項**]

(7)「倍数判定法」により素数 2，3，5 では割り切れないので，7 で割ってみます．等式：$\mathbf{1001 = 7 \cdot 11 \cdot 13}$ は有名なので，暗記しておきましょう！[→**演習問題 6 6 2**]

4 平方数の素因数分解

ある自然数を 2 乗して得られる整数：1, 4, 9, 16, 25, … のことを**平方数**といいます．例えば $a = 2^3 \cdot 3 \cdot 5^2$ のとき，平方数 a^2 の素因数分解は，$a^2 = (2^3 \cdot 3 \cdot 5^2)^2 = 2^6 \cdot 3^2 \cdot 5^4$．この例からわかる通り，次の関係が成り立ちます：

上の例題(6)と同様

「平方数である」⟺「全ての素因数の個数（指数）が偶数」

同様に，「立方数（ある自然数を 3 乗した整数）である」⟺「全ての素因数の個数が 3 の倍数」です．

例題 6 3 a 平方数の素因数分解 根底 実戦 定期 [→演習問題 6 6 8]

n は 100 以下の自然数とする．$\sqrt{360n}$ が自然数となるような n を全て求めよ．

解答 題意の条件は，k を自然数として

$\sqrt{360n} = k$, i.e. $360n = k^2$

と表せること，すなわち，

$360n = 2^3 \cdot 3^2 \cdot 5 \cdot n$ が平方数.[1)]

i.e. $n = 2 \cdot 5 \cdot l^2 = 10l^2$（$l$ は自然数）と表せる．

$10l^2 \leq 100$, i.e. $l^2 \leq 10$

を満たす l は，$l = 1, 2, 3.$

以上より，求める n は

$n = 10 \cdot 1^2,\ 10 \cdot 2^2,\ 10 \cdot 3^2$

$= 10, 40, 90.$ //

解説 1)：つまり，全ての素因数は偶数個となります．「$2^3 \cdot 3^2 \cdot 5$」の部分では素因数 2, 5 が奇数個ですから，n は，それらを 1 個ずつもち，$n = 2 \cdot 5 \times \underbrace{素数^{偶数} \cdot 素数^{偶数} \cdot 素数^{偶数} \cdot \cdots}_{平方数}$ の形になります．

5 素数であることの活用

自然数 p が素数であることがわかっているとき，その活用法として，次の 2 つをよく使います．「p」が「5」だと思って理解してください．

素数であることの活用法 方法論

以下において，a, b は整数とし，p は素数とします．

❶ $ab=p \Longrightarrow \{a, b\}=\{1, p\}, \{-1, -p\}$.　{　} なので，順序の入れ替えがあります
積が素数に等しい

❷ $p \mid ab \Longrightarrow p \mid a$ or $p \mid b$.
素数が積を割り切る

❷′ $p \mid a^2 \Longrightarrow p \mid a$.

解説 ❶ a, b は素数 p の約数ですから，当然こうなります．

❷ この命題の対偶は，

$$p \nmid a \text{ かつ } p \nmid b \Longrightarrow p \nmid ab$$

です．a, b がどちらも素因数 p をもたないなら，積 ab も素因数 p をもたないので，この対偶は成り立ちます．よって，❷も成り立ちます．

p が合成数だとこうはなりません：

反例：「$6 \mid 4 \cdot 9$」であるが，「$6 \mid 4$ or $6 \mid 9$」ではない．（$6 = 2\cdot3$, $4 = 2^2$, $9 = 3^2$）

❷′ は❷から即座に導かれます：

$$p \mid a^2 (= a \cdot a) \Longrightarrow p \mid a \text{ or } p \mid a, \text{ i.e. } p \mid a.$$

例題 6 3 b 素数の活用 根底 実戦

[→演習問題 6 6 9]

(1) $ab=17$ を満たす整数 a, b の組 (a, b) をすべて求めよ．

(2) $(n+2)(n+4)$ （n は整数）が 7 で割り切れるとき，n を 7 で割った余りは 3 または 5 であることを示せ．

方針 (1)では❶を，(2)では❷を使います．

解答 (1) 17 は素数だから，求める組は

$$(a, b)=(1, 17), (17, 1), (-1, -17), (-17, -1).$$ //

(2) 7 は素数だから

$7 \mid (n+2)(n+4)$ より

$7 \mid n+2$ または $7 \mid n+4$.

$7 \mid n+2$ のとき，k をある整数として

$n+2=7k$, i.e. $n=7k-2=7(k-1)+5$.

$7 \mid n+4$ のとき，同様に

$n+4=7k$, i.e. $n=7k-4=7(k-1)+3$.

以上より，n を 7 で割った余りは

3 または 5. □

参考 (1) 素数 17 の約数は全部で 4 個ありますから，(a, b) も 4 組あります．

(2) n を 7 で割った余りで場合分けしてもできます[→7 2]．しかし，7 通りの余りを考えることになり，少し面倒ですね．

言い訳 「整数の除法・余り」は7のテーマですが，1 4で軽く触れたので，ここで扱いました．

6 素数であるための条件

与えられた自然数 n が素数であるか否かを考えます.

例題 6 3 C 素数であるための条件 根底 実戦 [→演習問題 6 6 10]

(1) 397 は素数か？　　(2) n^2-1 が素数となるような自然数 n を求めよ.

方針 (1) 397 には, 残念ながら「倍数判定法」は適用できませんね. そこで, 各素数で割り切れるかどうかを, 小さい素数から順に調べていきます. 問題は, どの素数まで調べるかです.

(2) n^2-1 は因数分解して積の形にできますね. それが素数だということは…

解答

(1) $397=ab$ (a, b は自然数で $2\leq a\leq b$) のように積に分解されるとすれば

$a^2\leq ab=397$ より $a\leq\sqrt{397}$ に限る.

大きさを限定

そこで, $\sqrt{397}(<20)$ 以下の素数が 397 の約数になっているか否かを調べればよい. そこで, 20 未満の素数:

$2, 3, 5, 7, 11, 13, 17, 19$

について調べると, すべて 397 の約数ではないことがわかる. したがって, 397 は素数である. □

(2) $n^2-1=(n-1)(n+1)$ は, $n\geq 3$ のとき, 2 以上の自然数どうしの積となり, 素数ではない.

$n=1, 2$ については

$$n^2-1=\begin{cases}0 \ (n=1),\\ 3 \ (n=2).\end{cases}$$

以上より, 求める n は, 2.//

解説 (1) 本問からわかるように, 一般に自然数 n が素数で割り切れるか否かを調べる際には, **$\sqrt{n}$ 以下の素数のみ**考えれば OK です.

(2) 積の形: $(n+1)(n-1)$ を見たら,「これは素数になりそうにないな」と直観できます. あとは, 例外的な状況を見つけるだけです.

参考 「素数」とは, 1 と自分自身以外に約数をもたない自然数 (「1」は除く) です. 否定表現を含んでいるので, 何かが素数であることを示す際には**背理法**を用いることがよくあります. [→演習問題 6 12 39]

7 素因数分解と約数

例えば, $72=8\cdot 9=2^3\cdot 3^2$ と素因数分解すれば, 72 の正の約数は, 2 つの素因数 2, 3 の指数をそれぞれ選んで

$$2^a\cdot 3^b\begin{pmatrix}a=0, 1, 2, 3\\ b=0, 1, 2\end{pmatrix}\text{の形,}\quad \text{i.e.}\begin{cases}1\cdot 1,\ 1\cdot 3,\ 1\cdot 3^2,\\ 2\cdot 1,\ 2\cdot 3,\ 2\cdot 3^2,\\ 2^2\cdot 1,\ 2^2\cdot 3,\ 2^2\cdot 3^2,\\ 2^3\cdot 1,\ 2^3\cdot 3,\ 2^3\cdot 3^2\end{cases}$$

$4\cdot 3=12$ 個

と表せます ($2^0=3^0=1$ でしたね[→1 1 2 将来]). これを利用して, 与えられた自然数の正の約数の「個数」や「総和」を求める問題を, 11「整数の典型問題」5 で扱います.

コラム

整数を表す文字

アルファベット小文字の a, b, c, d および $i, j, k, l, m, n, p, q, r$ あたりを使用することが多い気がします. ゼッタイにという訳ではありませんが.

4 公約数・公倍数

1 公約数・公倍数とは

2つ（以上）の整数 a, b (, …) に共通な約数，倍数を，それぞれ a, b(, …) の**公約数**，**公倍数**といいます．

例　2つの自然数 12，30 について，次のことがいえます：

$\begin{cases} 12 = \underline{3}\cdot 4 \\ 30 = \underline{3}\cdot 10 \end{cases}$ より，$\underline{3}$ は 12 と 30 の公約数．　｜　$\begin{cases} 12\cdot 10 = \underline{120} \\ 30\cdot 4 = \underline{120} \end{cases}$ より，$\underline{120}$ は 12 と 30 の公倍数．

2 最大公約数・最小公倍数

2つの整数 a, b の公約数のうち最大のものを**最大公約数**，公倍数のうち正で最小のものを**最小公倍数**といいます．　12 と 8 の最小公倍数は，24

語記サポ　「最大公約数」＝「greatest common divisor」→「G.C.D.」と略して書く．

「最小公倍数」＝「least common multiple」　→「L.C.M.」と略して書く．

a, b の最大公約数は，次の記号で表します．今後頻繁に使うので，覚えておくと楽です：

(a, b)，もしくは **gcd(a, b)**　　（例）：$(12, 8) = 4$, $\gcd(12, 8) = 4$

注　これらの記号は高校教科書にないので，扱いについては整除記号「|」と同様です．また，「(a, b)」の方は「座標」などにも使われるので，紛らわしければ「gcd(a, b)」の方を使いましょう．■

例　24 と 30 について考えましょう．

$\begin{cases} 24 = \boxed{6}\cdot\underline{4} \\ 30 = \boxed{6}\cdot\underline{5} \end{cases}$ （$\underline{4}$ と $\underline{5}$ には共通素因数がない 1)）…①

上式より，$\boxed{6}$ は 24 と 30 の公約数です．そして$\underline{4}$と$\underline{5}$には共通素因数がない 1) ので，$\boxed{6}$ が 24 と 30 の最大公約数です．

次に，$\boxed{6}\cdot\underline{4}\cdot\underline{5}(=120)$ は 24 と 30 の公倍数です．そして，この中にある素因数を 1 つでも取り除くと公倍数ではなくなりますね 2)．よって，120 が 24 と 30 の最小公倍数です．

注　1)：このことを「互いに素」といいます．次節5のテーマとなります．

言い訳　2)：少し曖昧さが残りますが，いったん"棚上げ"．後でしっかり述べます．[→5 4]■

一般に次のことが知られています．

公約数・公倍数と最大公約数・最小公倍数　知識

❶ 公約数は，最大公約数の約数．

❷ 公倍数は最小公倍数の倍数．

よって，上の 例 においては次のようになります．

最大公約数は $\boxed{6}$.　　公約数はその約数：$\pm1, \pm2, \pm3, \pm6$.

最小公倍数は $\boxed{6}\cdot\underline{4}\cdot\underline{5} = 120$. 公倍数はその倍数：$\cdots, -240, -120, 0, 120, 240, \cdots$.

注　この事実の「証明」は，❷[→5 4]，❶[→14 3]．けっこう難しいですから，とりあえず暗記！

3 最大公約数・最小公倍数の求め方

例題 6 4 a 最大公約数，最小公倍数の求め方 根底 実戦 [→演習問題 6 6 6]

24 と 60 について，最大公約数（G.C.D.）と最小公倍数（L.C.M.）を求めよ．

方針 これまで学んできたことも利用し，3 通りの方法で求めてみます．

解答 1 （具体的に書き出してみる）

○ G.C.D. について．

24 の約数は，大きい方から順に

24, 12, …

このうち 60 の約数でもある最大のものは 12.

よって，G.C.D. は 12.//

○ L.C.M. について．

60 の正の倍数は，小さい方から順に

60, 120, …

このうち 24 の倍数でもある最小のものは 120.

よって，L.C.M. は 120.//

解答 2 （前項①式の形を作る）

$$\begin{cases} 24 = 12\cdot 2, \\ 60 = 12\cdot 5 \end{cases} \quad (2 \text{ と } 5 \text{ は互いに素}).$$

$$\therefore \begin{cases} \text{G.C.D.} = 12, \\ \text{L.C.M.} = 12\cdot 2\cdot 5 = 120. // \end{cases}$$

解答 3 （素因数分解を利用）

$$24 = 2^3 \cdot 3,$$
$$60 = 2^2 \cdot 3 \cdot 5.$$

$$\therefore\ \text{G.C.D.} = 2^2\cdot 3^{1)} = 12$$

各素因数の最小指数を選ぶ

$$\text{L.C.M.} = 2^3\cdot 3\cdot 5^{2)} = 120.$$

各素因数の最大指数を選ぶ

解説 解答 1 は，本問のように数が小さ目な場合限定です．ただ，使える時には手早いです．

解答 2 も，最大公約数 =12 がスパッと見抜けて初めて可能となる方法ですね．

解答 3 の**素因数分解**による方法が，もっとも**普遍性のある**ものだといえます．

1) は確かに公約数であり，他の素因数を追加すると公約数ではなくなりますね．

2) は確かに公倍数であり，ここにあるどの素因数を取り除いても公倍数ではなくなりますね．

注 最大公約数を求める方法として，これら以外に「互除法」があります．[→8] ■

例題 6 4 b 素因数分解と G.C.D.，L.C.M. 根底 実戦 [→演習問題 6 6 6]

3 つの整数 252, 315, 882 について，最大公約数と最小公倍数を求めよ．

方針 けっこう大き目な自然数 3 つが相手ですので，前問の 解答 1，解答 2 では厳しそう….

解答 3：素因数分解方式でいきます．

解答

$$252 = 9\cdot 28 = 3^2\cdot 4\cdot 7 = 2^2\cdot 3^2\cdot 7$$
$$315 = 5\cdot 63 = 5\cdot 9\cdot 7 = 3^2\cdot 5\cdot 7$$
$$882 = 9\cdot 98 = 3^2\cdot 2\cdot 49 = 2\cdot 3^2\cdot 7^2$$

G.C.D. は各素因数の最小指数を集めて

$3^2\cdot 7 = 63.$//

L.C.M. は各素因数の最大指数を集めて

$2^2\cdot 3^2\cdot 5\cdot 7^2 = 8820.$//

解説 素因数分解を行う際，倍数判定法を用いてなるべく大き目な約数を見つけています．

5 互いに素

整数に関する基本概念として，これまで「大きさ」「除法」「約数・倍数」「素数」「公約数・公倍数」と見てきましたが，本節の「互いに素」が最後です．しかも，最も勝負を左右します！

1 互いに素とは

2つ[1]の整数 a, b が1以外に[2]正の公約数をもたないとき，a と b は**互いに素**であるといいます．次の3つは，**全て同じこと**を言い表しています：

「互いに素」とは？　定義　重要度↑　既習者

- 互いに素である．
- **共通素因数**[3] **をもたない**．
- 最大公約数 $(a, b)=1$.

例　$10(=2\cdot5)$ と $9(=3^2)$ は，共通素因数がないので互いに素です．このように，どちらも素数でない2整数が互いに素であることもあります．

注　[2]：「1」は任意の整数の約数[→2 1 例3]なので，必ず公約数にもなってしまいます．

[3]：そこで，「素因数」という言葉を用います．「1」が自動的に除外されるので簡潔に言い表せますね．「素因数」という用語は，本来は正の整数に対して用いる用語ですが，許容範囲内でしょう．

[1]：3つ以上の整数についても，全整数に共通な素因数がないこと，つまり，全整数の最大公約数が1であるときに，これらは互いに素であるといいます．

問　20以下の自然数の中で，20と互いに素であるものを全て答えよ．

解答　$20=2^2\cdot5$ だから，素因数2, 5をどちらももたないものを選んで，求める自然数は

1, 3, 7, 9, 11, 13, 17, 19. //

1	~~2~~	3	~~4~~	~~5~~	~~6~~	7	~~8~~	9	~~10~~
11	~~12~~	13	~~14~~	~~15~~	~~16~~	17	~~18~~	19	~~20~~

2 互いに素の活用法

a, b が互いに素であることを活かす方法として，次の3つをよく使います：

互いに素の活用法　方法論

2つの整数 a, b が互いに素であるとき，以下が成り立つ．（文字は全て整数．p, q は相違なる素数．）

❶ $ax=by \Longrightarrow b \mid x$.　（$a \mid y$ も成り立つ）

❶′ $b \mid ax \Longrightarrow b \mid x$.

❷ 「$a \mid n$ かつ $b \mid n$」$\Longrightarrow ab \mid n$.　（$\Longleftarrow$ も成り立つが，自明）

❸ $ab=p^\alpha\cdot q^\beta\cdot\cdots \Longrightarrow$ 素因数 p は，α 個全てが a, b の片方に含まれる．$q, \cdots$ も同様．

❸′ ab が平方数 $\Longrightarrow a, b$ はいずれも平方数

解説　全て具体例で"説明"します（文字を使うなどして一般的に書けば「証明」になります）．

❶：$9x=10y \Longrightarrow 10 \mid x$ を示します． 具体例：$a=9=3^2$, $b=10=2{\cdot}5$

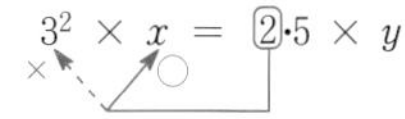

$3^2\times x=2{\cdot}5\times y$ のとき，右辺にある「素因数 2」は左辺にもあります．しかし，3^2 と $2{\cdot}5$ は互いに素であり，「素因数 2」は，「3^2」には含まれないので，「x」の方に含まれます．

右辺にある「素因数 5」についても同様です．よって，$2{\cdot}5$ に含まれる素因数全てが x に含まれるので，$2{\cdot}5 \mid x$ となります．□

このように，特定の素因数がどこにあるかという **“素因数の所在”** を考える姿勢をもつと，「整数」に関する現象が面白いように見渡せるようになります！

❶′：$10 \mid 9x \Longrightarrow 10 \mid x$ も，主張していることは全く同じことです．❶，❶′ のいずれの形でもサッと使えるようにしておきましょう．

注 ❶❶′ は，b が素因数をもたないとき，つまり **$b=\pm1$ のときも含めて**成り立ちます．■

❷：「$9 \mid n$ かつ $10 \mid n$」$\Longrightarrow 90 \mid n$ を示します． 具体例：$a=9=3^2$, $b=10=2{\cdot}5$

- ◦ $9 \mid n$ より，n は 3^2 を約数としてもつ．
- ◦ $10 \mid n$ より，n は $2{\cdot}5$ を約数としてもつ．
- ◦ 上記 3^2 と $2{\cdot}5$ は互いに素，つまり共通素因数はない．
- ◦ 以上より，$3^2{\cdot}2{\cdot}5 \mid n$.

❷を用いて❶を導くこともできます．$9x=10y(=n$ とおく$)$ のとき，$9 \mid n$, $10 \mid n$ より $9{\cdot}10 \mid n$. よって，k をある整数として

$$9x=9{\cdot}10k. \qquad \therefore\ x=10k. \qquad \text{i.e. } 10 \mid x.\ \square$$

❸：例えば $ab=2^3{\cdot}5^4$ のとき，$\begin{cases} a=2^2{\cdot}5, \\ b=2\cdot5^3 \end{cases}$ （×）のように，3 個の素因数 2，4 個の素因数 5 が a と b に分かれて“所在”する訳にはいきませんね．

❸′：例えば $ab=n^2$ で，n の素因数分解を $n=2^3{\cdot}3{\cdot}5^2$ とすると

$$ab=(2^3{\cdot}3{\cdot}5^2)^2=2^6{\cdot}3^2{\cdot}5^4.$$ 全ての素因数が偶数個［→3 4］

これと❸より，例えば $\begin{cases} a=\ 2^6{\cdot}3^2=(2^3{\cdot}3)^2, \\ b=\ 5^4=(5^2)^2 \end{cases}$ のように，a, b いずれについても，全ての素因数が偶数個なので平方数となります．

例題 6 5 a 平方数の約数 根底 実戦 ［→演習問題 6 6 12］

n は整数とする．10 が n^2 の約数ならば，10 は n の約数であることを示せ．

注 $10(=2{\cdot}5)$ は合成数ですから，3 5「素数であることの活用法」❷′ を“マネして”，

$10 \mid n^2 \Longrightarrow 10 \mid n$ （×）とすることは許されません！

解答 $10=2{\cdot}5$ だから，$10 \mid n^2$ より，

$2 \mid n^2$. 2 は素数[1] だから, $2 \mid n$.

同様にして $5 \mid n$ であり，2 と 5 は互いに素だから，

[2]$(2{\cdot}5=)10 \mid n$. □

解説 [1]：合成数 10 を 2 つの素数 2 と 5 に分解して初めて 3 5 ❷′ が使えました．

[2]：異なる素数である 2 と 5 はもちろん互いに素ですから，本項❷も使えて解決に到りました．

例題 6 5 b 互いに素の活用 根底 実戦

[→演習問題 6 6 12]

以下において，文字は全て整数とする．

(1) $35a=8b$ $(0 \leq a < 100,\ 0 \leq b < 100)$ を満たす整数の組 $(a,\ b)$ を全て求めよ．

(2) $N=n(n+1)(n+2)(n+3)$ は 12 の倍数であることを示せ．

(3) x と y が互いに素で，$xy=8000$ $(1 < x \leq y)$ が成り立つとき，組 $(x,\ y)$ を求めよ．

着眼 前々ページの❶～❸′において文字「$a,\ b$」で表していた所が，別の文字になっていますよ(笑)．

方針 (1), (2), (3)において，それぞれ❶，❷，❸を使います．

解答 (1) $35 \mid 8b$ であり，$35(=5\cdot7)$ と $8(=2^3)$ は互いに素．よって

$35 \mid b$.

これと $0 \leq b < 100$ より，$b=0,\ 35,\ 70$．このときそれぞれに対応して

$35a=0,\ 8\cdot35,\ 8\cdot70$.

以上より

$(a,\ b)=(0,\ 0),\ (8,\ 35),\ (16,\ 70)$.//

(このとき $0 \leq a < 100$ も成り立つ．)

(2) $12=3\cdot4$ と分解して考える．$n,\ n+1,\ n+2$ のうち 1 つは 3 の倍数だから，$3 \mid N$．…①

$n,\ n+1,\ n+2,\ n+3$ のうち 1 つは 4 の倍数だから，$4 \mid N$．…②

①，②，および 3 と $4(=2^2)$ が互いに素であることにより，

$(3\cdot4=)12 \mid N$．…③ □

(3) $xy=2^6\cdot5^3$.

x と y は互いに素だから，6 個ある素因数 2 は $x,\ y$ の一方のみに含まれる（3 個ある素因数 5 についても同様）．これと $1 < x \leq y$ より

$(x,\ y)=(2^6,\ 5^3)=(64,\ 125)$.//

解説 (1)「$8 \mid a$」から攻めることもできますが，結果として $a=0,\ 8,\ 16,\ \cdots$ と候補が多くて大変ですね．このように，「2 通りの道筋」が見えた時は，**次の一手**を先読みして「どちらが得か」を判断できるようになりましょう．徐々にでかまいませんから．

(2) 例えば $n=5$ のとき

$n(n+1)(n+2)=5\cdot\underline{6}\cdot7$ は 3 の倍数,

$n(n+1)(n+2)(n+3)=5\cdot6\cdot7\cdot\underline{8}$ は 4 の倍数

となっていますね．連続整数の積の性質に関して，詳しくは[→7 6]．

要するに，互いに素である 2 整数「3 と 4」は，切り離して考えてよいということです．今後，各所で威力を発揮します．

(3) $8000=20^3$ は「**立方数**」（自然数を 3 乗した数）であり，その素因数分解は

$8000=2^6\cdot5^3$

であり，全ての素因数の個数が 3 の倍数です．これと❸より，$x,\ y$ の各々についても，素因数分解における全素因数の個数が 3 の倍数となるので立方数となります．

つまり，❸′は，「平方数」とある所を「立方数」などに変えても同様に成り立ちます．❸の仕組みをよく理解し，柔軟に使いこなしましょう．

3 互いに素であるための条件

前項は，互いに素であることが既知であるときにそれを活用する方法を考えましが，本節では，互いに素かどうかが未知である状況を扱います．1 で述べた互いに素の定義を確認した上で臨んでください．

例題 6 5 c 互いに素であるための条件 根底 実戦

n は整数とする．n^2+n-6 と n^2-2n が互いに素となるような n を求めよ．

着眼 n の文字式である両者が（キレイに）因数分解できることが見抜けますか？

解答

$$n^2+n-6=(n+3)(n-2),$$
$$n^2-2n=n(n-2).$$

（$n-2$ が共通因数[1]）

この両者に共通素因数[2] がないことから

$n-2=\pm1$, i.e. $n=3, 1$ が必要．[3]

$n=3$ のとき，両者は 6, 3 となり，共通素因数 3 をもつ．

$n=1$ のとき，両者は $-4, -1$ となり，共通素因数[4] をもたない．

以上より，求める n は

$n=1$. //

解説 1)2)：文字式における共通因数 $n-2$(式) は，例えば $n=8$ のとき $6(=2\cdot3)$(整数) となり，整数である両者は共通素因数をもってしまいます．

3)：「必要」＝「以外はダメ」という意味でしたね[→1 9 10]．$n=3, 1$ に絞った上で，それぞれが適するか（十分でもあるか）を調べたのが，それ以降の右列部分です．

4)：「素因数」という用語は，ウルサイことを言うと「正の整数」に対して用いる用語ですが，ウルサイことはなしにしましょう（笑）．学校教科書でも使われている表現ですので．

次は「証明」です．「互いに素である」とは，「共通素因数がない」という否定表現を含んだ主張です．よってそのことを証明する際には，「背理法」を用いることが多いです．

例題 6 5 d 互いに素であることの証明 根底 実戦 入試

[→演習問題 6 6 13]

任意の整数 k に対して，$2k+1$ と $2k-1$ は互いに素であることを示せ．

方針 「互いに素である」＝「共通素因数がない」という否定表現の証明ですから，鉄則どおり「背理法」で示します．

解答 背理法を用いる．

仮に $2k+1$ と $2k-1$ が共通素因数 p をもつとしたら

$$\begin{cases} 2k+1=pa, \\ 2k-1=pb \end{cases} \quad (a, b\in\mathbb{Z})$$

と表せる．辺々差をとると

$$2=p(a-b). \qquad \therefore\ p\mid 2.$$

p は素数だから $p=2$ となるが，このとき

$$2k+1=2a$$

となり，$\begin{cases} 2\nmid 左辺 \\ 2\mid 右辺 \end{cases}$ だから不合理である．

したがって，$2k+1$ と $2k-1$ は共通素因数 p をもたない．つまり $2k+1$ と $2k-1$ は互いに素である．□

参考 本問に対するより簡明な解法は，[→例題 6 8 b 参考]．

4 最大公約数と最小公倍数の関係

この節にあるのは場違いに見えるでしょうが（汗；）

4 2 で“棚上げ”にした内容を，「互いに素」という概念を用いて解説します．

最大公約数と最小公倍数の関係 知識

自然数 a, b の最大公約数を G とすると，　10, 15 の最大公約数は，5

$$\begin{cases} a = Ga', \\ b = Gb' \end{cases} \quad (a' \text{と } b' \text{は**互いに素**}[1] \text{な自然数}) \cdots ①$$

$10 = 5\cdot 2$, $15 = 5\cdot 3$

と表せて，a, b の最小公倍数を L とすると

$$L = Ga'b'. \cdots ②$$

$L = 5\cdot 2\cdot 3 = 30$

参考　①，②より，$GL = G\cdot Ga'b' = Ga'\cdot Gb'$ だから

$$GL = ab. \cdots ③$$

$5\cdot 30 = 10\cdot 15$

〔証明〕 ハイレベル↑ ①については納得いきますね．一方②は…，4 2 言い訳 においても曖昧なままにしていました．これを証明します．（③は言わば“オマケ”．①と②から即座に得られています．）

①のとき，a と b の任意の公倍数 m(ただし正) は

$$\begin{cases} m = ai = Ga'i \\ m = bj = Gb'j \end{cases} \quad (i, j \text{ は正の整数})$$

と 2 通りに表せる．このとき

$Ga'i = Gb'j$ より $a'i = b'j$.[2]

a' と b' は互いに素だから，2 ❶より，$b' \mid i$.

よって，$i = b'k$ (k は正の整数) と表せて

$$m = ai = Ga'\cdot b'k = Ga'b'\cdot k. \cdots ④$$

$$\therefore m \geq Ga'b'\cdot 1 = Ga'b'. \cdots ⑤$$

$Ga'b'$ は，①より a, b の公倍数であり，⑤よりそのうち最小のものである．よって，a, b の最小公倍数 L は，$L = Ga'b'$. □

注　[2] の後の議論は，例題 6 5 b (1)と全く同じです．[1] の「互いに素」という条件が効いていますね．

参考　④より $m = L\cdot k$ ですから，4 2 ❷：「公倍数は最小公倍数の倍数」も示せましたね（同❶については [→14 3]）．

例題 6 5 e G.C.D. および L.C.M. と互いに素

根底 実戦　[→演習問題 6 6 14]

G.C.D. = 15, L.C.M. = 1080 となるような自然数 a, b ($a \geq b$) の組を全て求めよ．

方針　上記「関係」の①，②を用います．その際，「互いに素」という条件設定を忘れずに！

解答　G.C.D. = 15 より

$$\begin{cases} a = 15\cdot a', \\ b = 15\cdot b' \end{cases} \cdots ①$$

(a', b' は互いに素な自然数で，$a' \geq b'$) …②

とおけて，L.C.M. = 1080 より

$$15\cdot a'\cdot b' = 1080. \quad \therefore a'\cdot b' = 72 = 2^3\cdot 3^2.$$

これと②より

$$(a', b') = (2^3\cdot 3^2, 1), (3^2, 2^3)[3] = (72, 1), (9, 8).$$

これと①より

$$(a, b) = (1080, 15), (135, 120). /\!/$$

注　[3]：$a'\cdot b' = 72$ において，「72」の約数は多数あって大変ですが，2 ❸（および符号が正であること）を使ったおかげで，たったの 2 通りで済んでいますね．

6 演習問題A

661 根底 実戦 定期

360 の正の[1] 約数を全て書け.

662 根底 実戦 定期

4 桁の十進整数 $n = 202a_{(10)}$ (a は 1 の位の数) が, 1, 2, 3, …, 13 の倍数になるような a の値をそれぞれ求めよ.

663 根底 実戦

(1) 5678 を 9 で割った余りを求めよ.

(2) −5678 を 9 で割った余りを求めよ.

664 根底 実戦

文字は全て整数とする. n が, a の倍数でありなおかつ b の約数であるとき, a は b の約数であることを証明せよ.

665 根底 実戦 重要

次の自然数を素因数分解せよ.

(1) 30030

(2) 6084

(3) 14580

666 根底 実戦

次の 2 数の最大公約数および最小公倍数をそれぞれ求めよ.

(1) 36, 90

(2) 1100, 1320

(3) 1260, 1890, 4950

667 根底 実戦

次の数を既約分数（これ以上約分できない分数）にせよ.

(1) $\dfrac{108}{1296}$

(2) $\dfrac{660}{1386}$

668 根底 実戦

$\sqrt{\dfrac{10800}{n}}$ が自然数となるような自然数 n の個数を求めよ.

669 根底 実戦

(1) p, q は素数とする. pq の約数を全て書け.

(2) x^3+3x^2+2x（x は整数）が 5 の倍数であるとき, x を 5 で割った余りを求めよ.

6610 根底 実戦 入試 重要

(1) 5 以上の素数を 6 で割った余りのとり得る値を全て求めよ.

(2) 差が 2 である 2 つの素数の組を「双子素数」という. 5 以上の双子素数の間の自然数を 6 で割った余りを求めよ.

6611 根底 実戦

20 以下の自然数の中で, 72 と互いに素であるものを全て書け.

6612 根底 実戦 重要

(1) サイコロ 1 個を投げて出た目を a とする. $10a$ が 3 の倍数となるような目 a を求めよ.

(2) n は整数とする. $n(n+1)$ が 10 の倍数となるような n を全て求めよ.

(3) 整数 x と y は互いに素であるとする. xy が 9 の倍数ならば, x または y が 9 の倍数であることを示せ.

6 6 13 根底 実戦 重要

n は整数とする．n^2 と $2n+1$ は互いに素であることを示せ．

6 6 14 根底 実戦 典型

2 つの自然数 m, n があり，最小公倍数は 1200 で $mn = 14400$ である．このような自然数 m, n の組を全て求めよ．

7 整数の除法・余り

整数の除法については 1 4 でも軽くふれましたが，本節では，そこで登場する**余り**という整数固有の概念に注目し，様々な情報を得る方法論を掘り下げていきます．

1 整数の除法

整数の除法 原理

任意の整数 a, b（ただし $b>0$）に対し

$a=bq+r \quad (0 \leq r < b)$ …① a を「割られる数」，b を「割る数」といいます

をみたす整数の組 (q, r) がただ 1 つ存在する．このような q, r を，a を b で割ったときの**商**，**余り**とそれぞれ称する．

問 次の割り算における商と余りをそれぞれ求めよ．（n は整数とする．）

(1) 2 を 5 で割る　(2) -2 を 5 で割る　(3) -20 を 5 で割る

(4) n を 1 で割る　(5) n を $n\,(\geq 1)$ で割る　(6) $3n+8$ を $n+2\,(n \geq 1)$ で割る

解答 (1) $2=\underline{5}\times 0+2.$

∴ 2 を 5 で割った商は 0，余りは 2.//

注 厳密には，「$0 \leq 2 < 5$ だから」と述べた方がよいですが，一目で確認できる程度のことなので，省きました（以下同様）．

(2) $-2=\underline{5}\times(-1)+3.$

∴ -2 を 5 で割った商は -1，余りは 3.//

(3) $-20=\underline{5}\times(-4)+0.$

∴ -20 を 5 で割った商は -4，余りは 0.//

注 もちろん，「+0」は書かなくてかまいません．

補足 このように余りが 0 のとき，「-20 は 5 で割り切れる」，「5 は -20 を割り切る」，「-20 は 5 の倍数である」，「5 は -20 の約数である」といいます．

(4) $n=\underline{1}\times n+0.$

∴ n を 1 で割った商は n，余りは 0.//

注 全ての整数 n について，1 で割った余りは 0 です．つまり

1 は，全ての整数 n の約数．

全ての整数 n は，1 の倍数．

(5) $n=\underline{n}\times 1+0.$

∴ n を $n(\geq 1)$ で割った商は 1，余りは 0.//

注 全ての整数 n について，$n(\neq 0)$ で割った余りは 0 です．つまり

全ての整数 n は，n 自身の約数．

全ての整数 n は，n 自身の倍数．

(6) $3n+8=\underline{(n+2)}\times 3+2.$

ここで，$0 \leq 2 < \underline{n+2}$（∵ $n+2 \geq 3$）だから，

$3n+8$ を $\underline{n+2}(n \geq 1)$ で割った商は 3，余りは 2.//

2 余りの表現

例えば，整数 n を「3 で割った余りが 1 であること」は，商を k として

$n=3k+\underline{1}$ もちろん，「k」以外の文字で「$3l+1$」などとしても OK

と表せます．この表現を用いると，整数に関する様々な情報を引き出すことができます．

注 ここで用いた「k」は，特定な整数を意味するのではなく，「何かある不特定な整数」というニュアンスをもっていますから，「…と表せる」とか「…とおける」という言い回しをしてください．

問 整数 a, b を 5 で割った余りがそれぞれ 1, 2 であるとき，以下の(1)～(6)を 5 で割った余りをそれぞれ答えよ．

(1) $a+b$　(2) $a-b$　(3) $2a$　(4) $2a+3b$　(5) ab　(6) b^3

解答 k, l をある整数として，（別の文字だよ）

$a=5k+\underline{1},\ b=5l+\underline{2}$ と表せる．

(1) $a+b=(5k+\underline{1})+(5l+\underline{2})$

$=5(\underbrace{k+l}_{\text{整数}})+\underline{3}.$[1)]

よって，求める余りは，3.//

(2) $a-b=(5k+\underline{1})-(5l+\underline{2})$

$=5(k-l)\underline{-1}$[2)]

$=5(k-l-1)+4.$

よって，求める余りは，4.//

(3) $2a=2(5k+\underline{1})$

$=5\cdot2k+\underline{2}.$

よって，求める余りは，2.//

(4) $2a+3b=2(5k+\underline{1})+3(5l+\underline{2})$

$=5(2k+3l)+\underline{8}$

$=5(2k+3l+1)+3.$

よって，求める余りは，3.//

(5) $ab=(5k+\underline{1})(5l+\underline{2})$

$=5k\cdot5l+5k\cdot2+5l\cdot1+\underline{2}$

$=5(5kl+2k+l)+\underline{2}.$

よって，求める余りは，2.//

(6) $b^3=(5l+\underline{2})^3$

$=(5l)^3+3\cdot(5l)^2\cdot2+3\cdot5l\cdot2^2+\underline{2^3}$

$=5(25l^3+30l^2+12l+1)+3.$

よって，求める余りは，3.//

解説 どの問題を見ても，結局は赤下線を付した「余り」の部分のみ計算すれば結果が得られていることがわかりますね．それに比べると，「$5k$」や「$5l$」の部分は結果にほとんど影響力をもちません．[3)]

注 1) 本来は，「$k+l$ は整数」と明言すべきですが，ここでは自明なこととしていちいち書かないで済ませました．

2) 5 で割った余りは 0, 1, 2, 3, 4 のいずれかです．「-1」は「余り」ではありませんので，$\underline{-1}$ に「5」を加え，$5(k-l)$ から「5」を引いて次行の式を作りました．

注意！ 3) だからといって，**3** で述べる「合同式」を用いて余りの部分しか書かないという態度は**危険**です．例えば，$b^a=(5l+\underline{2})^{5k+\underline{1}}$ を 5 で割った余りは，$\underline{2}^{\underline{1}}=2$（×）とはなりませんね．（例えば $k=1, l=0$ のとき，$b^a=2^6=64$ より余りは 4 です．）

このような，「指数」の形をした整数の余りについては，[→**演習問題 6 13 3**]．

くれぐれも，「$5k$ や $5l$ は無視して余りだけ計算すればいいや」と油断するなかれ．事件に見舞われますよ！[→**例題 6 7 a**]

あくまでも，「余り」の表現の基本はこの**解答**にあるような「文字式による計算」です．最低でも，頭の中では「$5k$」や「$5l$」の部分も**思い描きながら**計算を実行してください．

3 余りの一致・合同式

例えば，32 と 17 は，5 で割った余りが一致します（どちらも余りは 2）．両者の差：32 − 17 を作ると，右のように共通の余り：2 が消えて，5 で割り切れます．

$$\begin{array}{r} 32 = 5\cdot6+2 \\ -)\ 17 = 5\cdot3+2 \\ \hline 32-17 = 5\cdot(6-3) = 5\cdot3 \end{array}$$

このように，2 つの整数について，「余りが一致すること」は，「差をとると割り切れる」と言い換えることができます．このことに注目しつつ，次のように記号を導入します：

余りの一致・合同式 原理 既習者

自然数 n と整数 a, b について，次の同値関係が成り立つ：

a, b を n で割った余りが等しい　…①　合同式の"意味"

[1] $\iff n \mid a-b$　…②　合同式の**定義**

差をとると n で割り切れる

②が成り立つことを，

「a と b は n を**法**として**合同**である」といい，

合同式: $\boldsymbol{a \equiv b \pmod{n}}$ で表す．　「エーごうどうビー モッドエヌ」などと読む

重要 [1]：この同値性は極めて重要です．ほとんど自明ですけどね．きちんとした証明は，[→14 4]．

補足 「$n \nmid a-b$」，つまり「a, b を n で割った余りが等しくないこと」は，$\boldsymbol{a \not\equiv b \pmod{n}}$ と表します．

注 合同式の「定義」はあくまでも②ですが，①：「余りが等しい」という"意味"を表現するために使うことが多いです．

例

使用例	表したいこと
$17 \equiv 2 \pmod 3$．	→ 17 を 3 で割った余りは 2 である [1]
$29 \equiv 15 \pmod 7$．	→ 29 と 15 は 7 で割った余りが等しい
$31 \not\equiv 18 \pmod 5$．	→ 31 と 18 は 5 で割った余りが異なる

注 [1]：「17 を 3 で割った余りは 2 である」という主張をサラッと楽して言いたいとき，このように合同式で書いてしまうこともあります．■

問 (1) $773 \equiv 66 \pmod 7$ は成り立つか？

(2) 773 と 734 は 13 で割った余りが等しいか？

方針 (1) 2 数それぞれを 7 で割った余りがどちらも「3」であることが容易にわかりますね．

(2) (1)と違い，それぞれを 13 で割った余りを求めるのがやや面倒ですね．そこで

「余りが等しい」$\iff$「差が割り切れる」

という同値関係を利用します．

解答 (1) $773 = 7\cdot110+3,$

$66 = 7\cdot9+3$

より，773 と 66 は 7 で割った余りが等しい．

よって，$773 \equiv 66 \pmod 7$ は成り立つ．//

(2) $773-734 = 39 = 13\cdot3.$　差をとる

$\therefore\ 13 \mid 773-734.$

よって，773 と 734 は 13 で割った余りが等しい．//

解説 (1) 合同であることの定義は「差をとると割り切れる」ですが，「余りが等しい」とわかった段階で証明できたことにして問題ないと思います．

(2) 同様に,「差をとると割り切れる」, つまり「合同」だとわかった段階で,「余りが等しい」と証明できたことにしてよいでしょう.

補足 「偶数」=「2 の倍数」=「2 で割った余りが 0 の整数」,「奇数」=「2 で割った余りが 1 の整数」ですね. 2 つの整数について, 2 で割った余りが等しいことを「**偶奇**(ぐうき)**が一致**」(または奇偶が一致), 等しくないことを「**偶奇が不一致**」といいます.

問 2 つの整数 a, b について, 偶奇が一致すること, 偶奇が一致しないことを, それぞれ合同式および整除記号「|」で表せ.

解答 偶奇が一致 … $a \equiv b \pmod 2$ $\quad 2 \mid a-b.$ //

偶奇が不一致 … $a \not\equiv b \pmod 2$ $\quad 2 \nmid a-b.$ //

4 「文字式」か「合同式」か?

2 の 問 を見ると, 合同式に関して次の "公式" が成り立つことがわかります. (以下において, 文字は全て整数とします.)

$$\begin{cases} a \equiv r, \\ b \equiv s \end{cases} \Longrightarrow \begin{cases} a+b \equiv r+s, \\ a-b \equiv r-s, \\ ab \equiv rs. \end{cases} \quad \cdots③$$

$$a \equiv b \Longrightarrow a^n \equiv b^n \ (n \text{ は自然数}). \cdots④$$

言い訳 ④については, 2 の 問 (6)では $n=3$ のときしか考えていないので,「証明」になっていないのはもちろんのこと, "説明" としてすら心もとないですが (笑). ■

これらを「公式」のように使用し, 2 の 問 を全て合同式だけで解答することもできます. 例えば, 2 問 の(5)を, k, l による文字式を用いたものと合同式によるものを併記すると, 次の通りです:

解答 〔文字式〕

$a=5k+1, b=5l+2$ (k, l はある整数) とおけて

$$\begin{aligned} ab &= (5k+\underline{1})(5l+\underline{2}) \\ &= 5k \cdot 5l + 5k \cdot 2 + 5l \cdot 1 + \underline{2} \\ &= 5(5kl+2k+l)+\underline{2}. \end{aligned}$$

よって, 求める余りは, 2. //

〔合同式〕

5 を法とする合同式を用いると, [1)]

$a \equiv 1, b \equiv 2$ より

$$\begin{aligned} ab &\equiv 1 \cdot 2 \\ &= 2. \end{aligned}$$

よって, 求める余りは, 2. //

このように, 合同式を用いた方が断然簡潔に記述できます. ただし…

注意! **重要度↑** 前出の③, ④を公式として暗記し, 上の〔**合同式**〕による解法を用いると, 貴重な情報を見落としたりすることが多々あります. 次の例題がそのサンプルです.

注 [1)]: 合同式は, 本来使う度に毎度毎度 $a \equiv 1 \pmod 5$, $b \equiv 2 \pmod 5$, $ab \equiv 1 \cdot 2 \pmod 5$ と書くのが正しいのですが, このように「(mod 5)」を何度も書いたのでは, "簡明さ" という合同式のせっかくのメリットが薄れてしまいます. そこで筆者は, 合同式を用いる際, 冒頭において「n を法として」とか「mod n で考える」などの宣言をしてしまい, それ以降は省くというスタイルをしばしばとります. とにかく, 読む人 (採点官) からみて, 合同式の「法」が明確であることが肝要です.

例題 6 7 a 文字式による表現 根底 実戦

[→演習問題 6 12 2]

奇数の平方を 8 で割った余りは 1 であることを示せ.

方針 「奇数である」つまり「2 で割った余りが 1 である」ことを，文字式で表します.

解答 任意の奇数は，ある整数 k を用いて $2k+1$ と表せて，

$$(2k+1)^2 = 4k^2+4k+1$$
$$= 4k(k+1)+1. \cdots ①$$

ここで，$4=2^2$ と，$k, k+1$ の片方が 2 の倍数[1)]であることにより，$8 \mid 4k(k+1)$.

これと①より，奇数 $2k+1$ の平方を 8 で割った余りは 1 である. □

注 本問を合同式だけでやろうとしてみると…

a を 2 で割った余りは 1 だから，mod 2 で考える. a を任意の奇数とすると

$a \equiv 1$. ∴ $a^2 \equiv 1^2 = 1$.

これを，8 で割った余りは…？？？？？あれ？？？？？（笑）. mod $\underline{8}$ で考えて，$a \equiv 1, 3, 5, 7$ という a が奇数になる 4 つの場合に分けて考えれば一応できますが…，面倒です.

1)：連続 2 整数の積：$k(k+1)$ が 2 の倍数となる件に関しては，[→6].

重要 この例題からもわかるように，前項の"公式"③や④を，それが導かれる文字式による計算をスッ飛ばして丸暗記し，**合同式だけを書いて「頭脳」の負担を減らそうとすると，確実に整数が苦手になります！**合同式は，「余りが等しい」という日本語を書かずに済まして「手」の負担を軽くするためだけに使うべきものです.

例えば前項の 問 (6)の解答を，合同式も使って書いてみます：

$$b^3 = (5l+\underline{2})^3$$
$$= (5l)^3 + 3\cdot(5l)^2\cdot 2 + 3\cdot 5l\cdot 2^2 + \underline{2^3} \cdots ⑤$$
$$= 5(25l^3+30l^2+12l)+8 \cdots ⑥$$
$$\equiv 8 \equiv 3 \pmod 5. \cdots ⑦$$ よって，求める余りは，3.//

解説 ⑤において，赤下線部以外の項は全て 5 の倍数であり余りには関係ないとわかります. そこで，頭の中に⑥のようなイメージを描きながら，手では⑦式を書いて楽をします. これが，「合同式」の現実的な使い方だと考えます.

注 そもそも，上記証明自体がその問いの主要テーマである単純問題では，「≡」を使わず文字式をマジメに書かないと減点する採点者もいるかも…

5 剰余類

任意の整数を，例えば 3 で割ったときの商と余りのうち，商は無視して余りだけに注目し，余りが等しい整数からなる集合，つまり 3 を法として互いに合同である整数の集合を作ることにより，整数全体を次のような 3 つの集合に分類することができます：

$\{3k \mid k \in \mathbb{Z}\} = \{\cdots, -3, \underline{0}, 3, 6, \cdots\}$ 余りが 0

$\{3k+1 \mid k \in \mathbb{Z}\} = \{\cdots, -2, 1, 4, 7, \cdots\}$ 余りが 1

[2)] $\{3k+2 \mid k \in \mathbb{Z}\} = \{\cdots, -1, 2, 5, 8, \cdots\}$ 余りが 2

上記 3 つの集合の各々を，3 を**法**とする**剰余類**といいます.

参考 2の問で用いた「$5k+1$」という表し方は，5を法として余りが1である剰余類の任意の要素を表していた訳ですね．■

一般に，整数全体は a を法として

$$\{ak\},\ \{ak+1\},\ \{ak+2\},\ \cdots,\ \{ak+(a-1)\}$$

の a 個の剰余類（集合）に分けられます．（上記の「$k\in\mathbb{Z}$」の部分を省略して書いています．以下同様．）

注 [2]：$\{3k+2\}$ は $\{3k-1\}$ と表すこともできます（右表参照）．後者の方が扱いやすいこともあります（次の例題など）ので，どちらの表現も使いこなせるようにしましょう．

k	$\cdots$	-1	0	1	2	3	$\cdots$
$3k+2$	$\cdots$	-1	2	5	8	11	$\cdots$
$3k-1$	$\cdots$	-4	-1	2	5	8	$\cdots$

（$3k-1=3(k-1)+2$ を3で割った余りは，たしかに2ですね．）

例1　2を法とする剰余類：

$\{2k\}=\{\cdots,-4,-2,0,2,4,\cdots\}$　偶数

$\{2k+1\}=\{\cdots,-3,-1,1,3,5,\cdots\}$　奇数．$\{2k-1\}$ でもよい

例2　5を法とする剰余類：

$\{5k\}=\{\cdots,-5,0,5,10,\cdots\}$　5の倍数

$\{5k+1\}=\{\cdots,-4,1,6,11,\cdots\}$

$\{5k+2\}=\{\cdots,-3,2,7,12,\cdots\}$

$\{5k+3\}=\{\cdots,-2,3,8,13,\cdots\}$　$\{5k-2\}$ でもよい．$\because\ 5k-2=5(k-1)+3.$

$\{5k+4\}=\{\cdots,-1,4,9,14,\cdots\}$　$\{5k-1\}$ でもよい．$\because\ 5k-1=5(k-1)+4.$

例題 6 7 b　平方剰余　根底 実戦

[→演習問題 6 12 29]

平方数を5で割った余りのとり得る値を全て求めよ．

方針 5で割った余りを調べたいので，任意の整数を5を法とする5つの剰余類に分けて文字式で表し，それぞれの場合についてその平方（2乗）を計算していきます．

注 その際，「2乗する」ことを見越して，「$5k+3,\ 5k+4$」ではなく，「$5k-2,\ 5k-1$」とした方が有利であることが…やってみるとわかります（笑）．

解答 全ての整数は，k をある整数として

$5k,\ 5k\pm1,\ 5k\pm2$（以下，複号同順）

「−」は余り4　「−」は余り3

のいずれかで表せて，これらの平方は，

$(5k)^2=5\cdot5k^2,$

$(5k\pm1)^2=(5k)^2\pm2\cdot5k\cdot1+(\pm1)^2$
$=5\cdot(5k^2\pm2k)+1,$

$(5k\pm2)^2=(5k)^2\pm2\cdot5k\cdot2+(\pm2)^2$
$=5\cdot(5k^2\pm4k)+4.$

よって，求める値は，0, 1, 4.//

重要 本問において，次のことがわかりました：

平方数の余りは，元の余りより種類が減る！ [1]

元の余り	0	1	2	3	4	5種類
平方数の余り	0	1	4	4	1	3種類！

解説 元の余りが「1, 4」と異なっているのに，2乗すると同じ余り「1」になってしまう理由が，「$5k+1,\ 5k+4$」ではなく「$5k\pm1$」と表して行った計算の赤下線部を見るとよくわかりますね．2乗すると，「±」が関係なくなっちゃう訳です．

注 [1]：「2で割った余り」だけは例外です！[→例題 6 11 j]

6 剰余系

例えば 3 を法とする 3 つの剰余類：

$\{\cdots, -3, 0, 3, 6, \cdots\}, \{\cdots, -2, 1, 4, 7, \cdots\}, \{\cdots, -1, 2, 5, 8, \cdots\}$

から，要素を 1 つずつ取り出して得られる 3 個の要素からなる集合 $\{0, 1, 2\}$ などを，3 を法とする**剰余系**といいます．

例 次の集合は，どれも 3 を法とする剰余系です（a は整数の定数とします）．

$\{1, 2, 3\}, \{3, 4, 5\}, \{6, 10, -1\}, \{3a, 3a+1, 3a+2\}, \{3a-1, 3a, 3a+1\}$

余り：1 2 0　0 1 2　0 1 2　0 1 2　2 0 1

重要 剰余系は，余りの全種類を**網羅**しています．

3 以外の法に関しても同様です．例えば次の集合は 10 を法とする剰余系の 1 つです：

$\{0, 11, 22, 33, \cdots, 99\}$

余り：0 1 2 3 … 9

問 (1) $2 \mid n(n+1)$ を示せ．　(2) $3 \mid n(n+1)(n+2)$ を示せ．

解答 (1) n と $n+1$ は偶奇が不一致だから，これら一方は偶数．よって，積 $n(n+1)$ も偶数．□

(2) $n, n+1, n+2$ を 3 で割った余りはすべて相異なる [1] から，どれか 1 つだけが 3 の倍数．よってこれらの積 $n(n+1)(n+2)$ は 3 の倍数．□

注 [1]：つまり，$\{n, n+1, n+2\}$ は 3 を法とする剰余系であり，その中には 3 で割った余りが 0 であるもの，つまり 3 の倍数が含まれます．よって，3 つの要素全ての積は 3 の倍数となる訳です．(1)についても同様です．■

一般的に述べると，以下のようになります：

連続整数の積 知識

任意の整数 n から始まる k 個の**連続整数の積**：

$n(n+1)(n+2)\cdots(n+k-1)$ は，必ず k の倍数となる．

注 なぜなら，集合 $\{n, n+1, n+2, \cdots, n+k-1\}$ は k を法とする**剰余系**なので，要素の中に k の倍数を含むからである．

注 この事実は，状況次第では試験で証明なしに用いてもよいと思われます．ただし，「連続 k 整数の積だから」とか，「k 個のうち 1 つが k の倍数だから」とか断った上で使いましょう．

参考 上記の**注**の部分も重要です．例えば $n(n+11)$ は「連続 2 整数の積」ではありませんが，$2 \nmid (n+11)-n(=11)$ より $\{n, n+11\}$ は 2 を法とする剰余系です．よって $n(n+11)$ は 2 の倍数であることが読み取れます．

同様に，$n(n+2)(n+4)$ は「連続 3 整数の積」ではありませんが，$n, n+2, n+4$ のどの 2 つの差も 3 で割り切れないので $\{n, n+2, n+4\}$ は 3 を法とする剰余系です．よって $n(n+2)(n+4)$ は 3 の倍数です．

参考 ハイレベル↑ 実は，「a 個の連続整数の積は，$a!$ の倍数である」ことが知られています．（$a!$：階乗） [→演習問題 6 12 6]

注 ただし，これは定理として使ってよいものではないと思われます．

問 5 を法とする剰余系 A がある．このとき，A の各要素を 3 倍してできる集合 A' もまた 5 を法とする剰余系であることを示せ．

解答 集合 A の各要素，およびその 3 倍は，次のようになる．(k はある整数．複号同順．)

A の要素	対応する A' の要素
$5k$	$3\cdot5k=5\cdot3k\equiv0$ (mod 5 以下同様)
$5k\pm1$	$3\cdot(5k\pm1)=5\cdot3k\pm3\equiv\pm3\equiv3,2$
$5k\pm2$	$3\cdot(5k\pm2)=5\cdot3k\pm6\equiv\pm1\equiv1,4$

A' の要素は，5 で割った余り：0, 1, 2, 3, 4 を全て網羅する．すなわち，A' も 5 を法とする剰余系である．□

注 この話題は，[→11 11]においてさらに本格的に扱います．

それでは，本節の締めとして次の例題を考えてみましょう．**大変重要な問題です！**

例題 6 7 C 余りが等しいことの証明 重要度↑ 根底 実戦 典型 入試 [→演習問題 6 12 4]

任意の整数 n に対して n^5 と n を 30 で割った余りは等しいことを示せ．

着眼 つまり，$n^5\equiv n$ (mod 30) を示せということですね．
「余りが等しい」$\Longleftrightarrow$「差をとると割り切れる」という同値関係を忘れずに．

解答 $30\mid n^5-n$ …① を示せばよい．

$$\begin{aligned}N&:=n^5-n\\&=n(n^4-1)\\&=n(n^2-1)(n^2+1)\quad\text{因数分解}\\&=(n-1)n(n+1)(n^2+1).\ \cdots②\end{aligned}$$

また，$30=2\cdot3\cdot5$. …③ 素因数分解

そこで，2, 3, 5 が N を割り切ることを示す．

∘ $n(n+1)$ は連続 2 整数の積だから
$2\mid n(n+1)$. これと②より $2\mid N$. …④

∘ $(n-1)n(n+1)$ は連続 3 整数の積だから
$3\mid(n-1)n(n+1)$. これと②より $3\mid N$. …⑤

∘ k をある整数として

$n=5k$ のとき，$5\mid n$.

$n=5k+1$ のとき，$5\mid n-1$.

$n=5k-1$ のとき，$5\mid n+1$.

$n=5k\pm2$ のとき，

$$\begin{aligned}n^2+1&=(5k\pm2)^2+1\\&=(5k)^2\pm20k+4+1\\&\equiv0\ (\mathrm{mod}\ 5).\quad\text{5 で割り切れる}\end{aligned}$$

これらと②より，任意の n に対して
$5\mid N$. …⑥

④，⑤，⑥より，[1]
$2\cdot3\cdot5\mid N$.

これと③より，①が示せた．□

解説 ①の後，右辺の「因数分解」，左辺の「素因数分解」がどちらも有効でしたね．

補足 [1]：「$2\mid N$, $3\mid N$, $5\mid N$」から「$2\cdot3\cdot5\mid N$」を得るには，2, 3, 5 のどの 2 つも互いに素であることを用いています[→5 2 ❷]．ただ，ここでは 2, 3, 5 が相異なる素数ですので，「互いに素」に言及しなくても大丈夫だと思います．

別解 次のようなアクロバティックな方法もあります．②の続きとして…

$$\begin{aligned}n^5-n&=(n-1)n(n+1)\left(\underline{n^2-4}+5\right)\\&=\underline{(n-2)}(n-1)n(n+1)\underline{(n+2)}+5(n-1)n(n+1).\quad\text{連続 5 整数の積 + 5 の整数倍}\\&\therefore\ 5\mid n^5-n.\end{aligned}$$

鮮やかですね．ただし，こういう適用範囲の狭い解法を有難がる人は…伸びません (笑)．

8 互除法

1 互除法の原理

78 を 30 で割った余りが 18 であることを表す等式：

$$\underbrace{78}_{6\cdot 13} = \underbrace{30}_{6\cdot 5}\cdot 2 + \underbrace{18}_{6\cdot 3}$$

（78 と 30：G.C.D. = 6，30 と 18：G.C.D. = 6）

において，「78 と 30 の最大公約数」，「30 と 18 の最大公約数」はいずれも「6」ですね．
一般に，次の関係が成り立ちます：

互除法の原理　**原理**（文字は全て整数とする）

$a = b\cdot q + r$ …①のとき，

$(a, b) = (b, r)$. ●●● 最大公約数が等しい

注　これは，「r」が「余り」でない，つまり $0 \leqq r < b$ でないときも成り立つ．

実はほとんどアタリマエなことに過ぎないので，大雑把な“説明”だけしておきます．（ちゃんとした〔証明〕は，[→14 5]）

a と b の公約数全体の集合を A，b と r の公約数全体の集合を B とし，

$A = B$，すなわち，$\begin{cases} A \subset B \text{ かつ} \\ B \subset A \end{cases}$ 　●●● A が B の部分集合／●●● B が A の部分集合

を示します．

$d \mid b$, $d \mid r$ ならば，①より $d \mid a$．よって d は a, b の公約数．つまり，$B \subset A$.

$d \mid a$, $d \mid b$ ならば，①を変形した $r = a - bq$ より $d \mid r$．よって d は b, r の公約数．つまり，$A \subset B$.

以上より，$A = B$．よって，それぞれの最大要素である最大公約数どうしも一致する．□

注　重要 この説明において，「$0 \leqq r < b$」という条件は**全く不要**ですね．

問　8646 と 4322 の最大公約数を求めよ．

解答　$8646 = 4322\cdot 2 + 2$

$\therefore (8646, 4322) = (4322, 2) = 2.$ //

2 互除法

2 つの自然数の最大公約数を，前項の「互除法の原理」を繰り返し用いて求める方法を，**ユークリッドの互除法**，または単に**互除法**といいます．

言い訳　繰り返し用いる手法の名前である「互除法」と区別するために，互除法の“各工程”で用いる関係のことを，「互除法の原理」と呼んでいます．これは，正式名称として決まっているものではありませんが，本書では今後もこの呼び名を採用します．

なお，「繰り返し」と言いましたが，たまたま互除法の原理 1 回だけで終了するケースもあり得ます．

例題 6 8 a 互除法 根底 実戦

[→演習問題 6 12 8]

次の 2 数の最大公約数を求めよ.

(1) 1207 と 204　　(2) 1891 と 901

方針 "一応", 余り「0」が現れるまで互除法の原理を繰り返すのが, "体裁上" の [1] 約束です.

解答 (1) $1207 = 204 \cdot 5 + 187.$　$\therefore (1207, 204) = (204, 187).$ …①

$204 = 187 \cdot 1 + 17.$　$\therefore (204, 187) = (187, 17).$ …②

$187 = 17 \cdot 11 + 0.$　$\therefore (187, 17) = (17, 0) = 17.$ …③

以上より, 求める最大公約数は, $(1207, 204) = 17.$ //

(2) $1891 = 901 \cdot 2 + 89.$　$\therefore (1891, 901) = (901, 89).$

$901 = 89 \cdot 10 + 11.$　$\therefore (901, 89) = (89, 11).$ …④

$89 = 11 \cdot 8 + 1.$　$\therefore (89, 11) = (11, 1).$ …⑤

$11 = 1 \cdot 11 + 0.$　$\therefore (11, 1) = (1, 0) = 1.$ …⑥

以上より, 求める最大公約数は, $(1891, 901) = 1.$ //

解説 [1]:(1)は, ②の時点で答えは 17 だとわかりますね. 同様に, (2)は④ないし⑤の時点でわかります. ③や⑥は, あくまでも "体裁上" 書いてみたまでです.

補足 (1):③において,「0」は任意の整数を約数とするので, $(17, 0) = 17$ となります. 一般に, 任意の自然数 n に対して $(n, 0) = n$ となりますから, 余りに「0」が現れれば, 最大公約数が完全に求まったことになります.

(2):最大公約数が 1 ということは, つまり 2 数が互いに素ということです. 余りに「1」が現れるときは必ずこうなりますね. 逆に, (1)のように余りに「1」が現れないまま「0」に辿り着いた場合には, 最大公約数は「1」より大, つまり 2 数は互いに素ではないとわかります.

参考 2 数の素因数分解は, 次の通りです:

(1) $\begin{cases} 1207 = 17 \cdot 71, \\ 204 = 2^2 \cdot 3 \cdot 17. \end{cases}$　(2) $\begin{cases} 1891 = 31 \cdot 61, \\ 901 = 17 \cdot 53. \end{cases}$

注 (1)の①において, 余りの 187 が割る数:204 にかなり近いですね. このような時には, 次のようにすると "一手" 早く片付きます.

別解 (1) $1207 = 204 \cdot 6 - 17.$　$\therefore (1207, 204) = (204, 17).$　（$(204, -17)$ に等しい）

$204 = 17 \cdot 12 + 0.$　$\therefore (204, 17) = (17, 0) = 17.$

よって, 求める最大公約数は, $(1207, 204) = 17.$ //

解説 1 で行った「互除法の原理」の〔証明〕において,「r の大きさ」は一切関与していません. ということは, $a = bq + r$ という形態の等式さえ成り立っていれば, **r の大きさを気にすることなく互除法の原理は使えるのです.** [→次項]

3 互除法と文字式

前節最後の**解説**で述べたことにより，「文字式」に対しても互除法の原理を適用することが可能となります．

例題 6 8 b 文字式と互除法の原理　根底 実戦　入試　[→演習問題 6 12 9]

n は整数とする．整数 $6n+7$ と整数 $2n+1$ は互いに素であることを示せ．

着眼　「互いに素である」＝「G.C.D.＝1」[1] ですから，最大公約数を考えるのも自然な方針の 1 つ．そこで，互除法を利用してみます．

解答　$6n+7=(2n+1)\cdot 3+4.$ …①

よって，互除法の原理より

$$(6n+7,\ 2n+1)=(2n+1,\ 2^2)\ \cdots②$$
$$=1.\ (\because\ 2n+1 \text{ は奇数})\ \cdots③$$

つまり，$6n+7$ と $2n+1$ は互いに素である．□

解説　①式は，整数 $6n+7$ を整数 $2n+1$ で割るようなイメージ[2] で書いています．しかし，例えば $n=1$ のとき，$2n+1=3<4$ ですから，「4」は余りではありません．また，$n=-1$ のとき，$2n+1=-1$ は負なので，整数の除法における「割る数」とすることはできません．ですが，前項最後の**解説**で述べた通り，「$a=bq+r$」の形の等式さえ成り立てば，互除法の原理は使えます．よって，②が得られます．

将来　2)：①では，実は数学Ⅱで学ぶ「整式の除法」を行っています．これを本格的に用いる問題は，[→演習問題 6 6 13]

補足　③は，奇数 $2n+1$ が素因数 2 をもたないことから得られます．「互いに素」，「最大公約数が 1」，「共通素因数なし」．この 3 つは，つねに頭の中で一体化していなければなりません．

参考　1)：例題 6 5 d「任意の整数 k に対して，$2k+1$ と $2k-1$ は互いに素であることを示せ．」では，「互いに素である」＝「共通素因数なし」に注目して背理法を用いましたが，「最大公約数が 1」の方に注目すると本問と同様互除法の原理を用いて次のように示せます：

$$2k+1=(2k-1)\cdot 1+2.$$

よって，互除法の原理より

$$(2k+1,\ 2k-1)=(2k-1,\ 2)=1.$$

こっちの方が圧倒的にカンタンですね．

注　とはいえ，「互いに素であること」を背理法で示すのはスタンダードな方法の 1 つです．そちらもしっかりマスターしておいてくださいね．

これよりずっと単純な例として，連続する 2 整数 n と $n+1$ について考えてみましょう．

$$n+1=n\cdot 1+1$$

だから，互除法の原理より

$(n+1,\ n)=(n,\ 1)=1.$　i.e. $n+1$ と n は互いに素．●●● 記憶するに値する結果

連続する 2 整数 n と $n+1$ は互いに素．

9 N 進法

1 N 進法とは

例えば 4 桁の整数「5617」とは

$$5\cdot 10^3 + 6\cdot 10^2 + 1\cdot 10 + 7\cdot 1$$

を簡潔に表したものです．このように，0 以上の任意の整数を，「10」を基（もと）にして，整数

$$\cdots + d_3\cdot 10^3 + d_2\cdot 10^2 + d_1\cdot 10 + d_0\cdot 1 \ (\cdots,\ d_3, d_2, d_1, d_0 は 0\sim 9 の整数)$$

を考え，それを単純化して，

$$\cdots d_3d_2d_1d_0$$

と表すのが [1]10 **進法**です．

これと同様に，「10」の代わりに 2 以上の整数「N」を基 [2] にし，各桁を表す数：$\cdots$, d_3, d_2, d_1, d_0[3] として $0\sim N-1$ の整数を用いるのが「**N 進法**」です．

N 進法で表された整数のことを「**N 進整数**」といいます．また，10 進法，2 進法，5 進法などを総称して，**位取り記数法**といいます．

語記サポ [2]：N 進法における N のことを**底**または**基数**といいます．

[3]：「桁」＝「digit」

言い訳 [1]：この基数「10」自体が，10 進法を使ってしまっています（笑）．少しキモチワルイので，筆者はしばしば漢数字を用いて「十進法」という表記を併用します．■

N 進法を用いていることを明示するために，

$$\cdots d_3d_2d_1d_{0(N)}$$

のように右下に「$_{(N)}$」を付けます．ただし，10 進法においてはふつう省略します．

注 この省略によって「$d_3d_2d_1d_0$」が「積：$d_3\times d_2\times d_1\times d_0$」を表していると誤解されないよう気を付けましょう．そのためには，「十進整数$d_3d_2d_1d_0$」のように言葉を添えたりします．■

問 次の数を 10 進法で表せ．

(1) $2043_{(5)}$ ……5 進法　　(2) $10110_{(2)}$ ……2 進法

解答 (1) $2043_{(5)}$

$= 2\cdot 5^3 + 0\cdot 5^2 + 4\cdot 5 + 3\cdot 1$

$= 250 + 20 + 3 = 273.$ // ……ここは 10 進法

(2) $10110_{(2)}$

$= 1\cdot 2^4 + 0\cdot 2^3 + 1\cdot 2^2 + 1\cdot 2 + 0\cdot 1$

$= 16 + 4 + 2 = 22.$ // ……ここは 10 進法

注 N 進法を用いる際，桁数をはっきりさせたいとき，例えば 7 進法でちょうど 4 桁の整数を表したいときは

$$d_3d_2d_1d_{0(7)} \ (d_3 \neq 0)$$

のように最高位（首位）が 0 ではないことを明示します．

逆に，桁数が未知であるときなどに，4 桁以下の整数全てを表すためにあえて「$d_3 \neq 0$」を書かないでおき，例えば「$0413_{(5)}$」のような整数も許容して表すこともあります．

2 N 進法の特性（その１）：大きさ

3 進法で表された 5 桁の最大整数 A は

$$\begin{aligned} A &= 22222_{(3)} \\ &= 2\cdot3^4 + 2\cdot3^3 + 2\cdot3^2 + 2\cdot3 + 2\cdot1 \\ &= 2(81 + 27 + 9 + 3 + 1) \quad \cdots\ 2\cdot\frac{3^5-1}{3-1}\ \text{(右から左への順に加えた)}^{1)} \\ &= 242 = 3^5 - 1. \quad \cdots\ 3^5 = 243 \end{aligned}$$

数学B数列後 1)：「等比数列の和の公式」を用いています．既習の人は，ぜひこちらで理解してください．■

これと，次の整数 $A+1 = 3^5$ を 3 進法で表して比較してみます．

$$\begin{aligned} A &= \ \ 22222_{(3)} \quad \cdots\ \text{5 桁の最大整数} \\ A+1 &= 100000_{(3)} \quad \cdots\ \text{6 桁の最小整数} \end{aligned}$$

つまり，「5 桁の最大整数」の次(1 だけ大きい) が「6 桁の最小整数」という訳です (これは，3 進法以外でも同様です).

大雑把に言うと，N 進整数においては，「下の位」の数はいくら頑張っても「上の位」より小さいということです．よって，2 つの N 進整数の大小を比べるには，**上の位**から順に比べていけばよいことがわかります．

例　$100000_{(3)}$ … 6 桁の最小整数 $> 22222_{(3)}$ … 5 桁の最大整数　　$\underline{3}0101_{(5)} > \underline{2}4434_{(5)}$.　　$527\underline{6}01_{(8)} > 527\underline{5}76_{(8)}$.

注　普段，私たちはこのことを“あたりまえ”だと信じ切って十進法を使っている訳です (笑).

3 N 進法の特性（その２）：余り

5 進法で表された整数 $B = 31042_{(5)}$ を 5 で割った余りについて考えます．

$$\begin{aligned} B &= 3\cdot5^4 + 1\cdot5^3 + 0\cdot5^2 + 4\cdot5 + 2\cdot1 \\ &= 5(3\cdot5^3 + 1\cdot5^2 + 4) + \underline{2} \end{aligned}$$

より，B を 5 で割った余りは，**一番下の位**の数である「2」ですね．

同様に

$$\begin{aligned} B &= 5^2(3\cdot5^2 + 1\cdot5) + \underline{4\cdot5 + 2\cdot1} \\ &= 5^2 \times \text{整数} + \underline{42_{(5)}} \end{aligned}$$

より，B を 5^2 で割った余りは，**下 2 桁**の「$42_{(5)}$」です．

重要　これと前項で述べたことをまとめると，次の通りです：

N 進法の注目点　方法論

「大きさ」→ **上の位**に注目

「余り」→ **下の位**に注目

大きさ→ $d_4d_3d_2d_1d_{0(N)}$ ←余り

注　「大きさ」と「余り」．この 2 つは，「整数」における注目点そのものですね．[→1]

4 倍数判定法

前項の考え方を用いて，既に 2 3 において具体例で示した「倍数判定法」をちゃんと説明します．

私たちが普段使っている「十進法」で表された自然数 $A = \cdots d_3d_2d_1d_0$ が 2, 3, 4, 5, 8, 9 の倍数であるか否か（これらを約数にもつか否か）は，次のようにして判定すると簡便です．

① 2，5，4，8 について

$$A = \cdots + d_3 \cdot 10^3 + d_2 \cdot 10^2 + d_1 \cdot 10 + d_0 \cdot 1$$
$$= \underbrace{10}_{2\cdot 5}(\cdots + d_3 \cdot 10^2 + d_2 \cdot 10 + d_1 \cdot 1) + d_0.$$
$$\therefore \begin{cases} A \equiv d_0 \pmod 2 \text{ より}, 2 \mid A \iff 2 \mid d_0. \\ A \equiv d_0 \pmod 5 \text{ より}, 5 \mid A \iff 5 \mid d_0. \end{cases}$$
下一桁のみ

$$A = \underbrace{10^2}_{4\cdot 25}(\cdots + d_3 \cdot 10 + d_2 \cdot 1) + \underbrace{d_1 \cdot 10 + d_0 \cdot 1}_{d_1d_0}.$$
$$\therefore 4 \mid A \iff 4 \mid d_1d_0$$
下二桁のみ

$$A = \underbrace{10^3}_{8\cdot 125}(\cdots + d_3) + \underbrace{d_2 \cdot 10^2 + d_1 \cdot 10 + d_0 \cdot 1}_{d_2d_1d_0}.$$
$$\therefore 8 \mid A \iff 8 \mid d_2d_1d_0$$
下三桁のみ

② 3，9 について

$$A = \cdots + d_3 \cdot (999 + 1) + d_2 \cdot (99 + 1) + d_1 \cdot (9 + 1) + d_0 \cdot 1$$
$$= \underbrace{9}_{3\cdot 3}(\cdots + d_3 \cdot 111 + d_2 \cdot 11 + d_1 \cdot 1) + \underbrace{(\cdots + d_3 + d_2 + d_1 + d_0)}_{\text{各位の和}}.$$
$$\therefore \begin{cases} 3 \mid A \iff 3 \mid \cdots + d_3 + d_2 + d_1 + d_0, \\ 9 \mid A \iff 9 \mid \cdots + d_3 + d_2 + d_1 + d_0. \end{cases}$$
各位の和

結果をまとめると以下のとおりです．数学全般で頻繁に使いますので，完全に暗記してください．

倍数か否かの判定法 方法論

十進法で表された自然数 $A = \cdots d_3d_2d_1d_0$ が 2, 3, 4, 5, 8, 9 の倍数であるか否かは，以下のように判定できる：

$$A \equiv d_0 \pmod 2 \text{ より}, 2 \mid A \iff 2 \mid d_0.$$
$$A \equiv d_0 \pmod 5 \text{ より}, 5 \mid A \iff 5 \mid d_0.$$
下 1 桁に注目

$$A \equiv d_1d_0 \pmod 4 \text{ より}, 4 \mid A \iff 4 \mid d_1d_0.$$
下 2 桁に注目

$$A \equiv d_2d_1d_0 \pmod 8 \text{ より}, 8 \mid A \iff 8 \mid d_2d_1d_0.$$
下 3 桁に注目

$$A \equiv \cdots + d_2 + d_1 + d_0 \pmod 3 \text{ より}, 3 \mid A \iff 3 \mid \cdots + d_2 + d_1 + d_0.$$
$$A \equiv \cdots + d_2 + d_1 + d_0 \pmod 9 \text{ より}, 9 \mid A \iff 9 \mid \cdots + d_2 + d_1 + d_0.$$
各位の和に注目

注 6(= 2·3) の倍数か否かは，「2 の倍数かつ 3 の倍数」であるかどうかを考えればよいですね．

参考 一桁の自然数のうち，「7」だけ抜けていますね．これについても判定法が無い訳ではないのですが…，やや面倒で実用性が薄いんです．

なお，「7」と十進法の関係をテーマにした問題を例題 6 11 hで扱います．

5 底(基数)の書き換え

私たちは，普段から「十進法」を使い慣れていますから，基本的には「十進法」と「他の進法」の間で変換作業を行います．1の問で，既に「2 進整数，5 進整数→十進整数」の書き換えはやりました．この項では，逆向きの「十進整数→ 2 進整数」などの書き換えを練習します．

問 10 進法で表された整数 $a = 100$ を 2 進法で表せ．

解答1 **方針** 大きさに注目し，**上の位**から順に決めていきます．

2 の累乗数：

n	0	1	2	3	4	5	6	…
2^n	1	2	4	8	16	32	64	…

を思い浮かべ，$a = 100$ からできるだけ**大きな** 2 の累乗数を順に取り去っていきます．

$$\begin{aligned} a &= 100 \\ &= 64 + 36 \\ &= 64 + 32 + 4 \\ &= 1 \cdot 2^6 + 1 \cdot 2^5 + 1 \cdot 2^2 \\ &= 1100100_{(2)}. /\!/ \end{aligned}$$

解答2 **方針** 余りに注目し，**下の位**から順に決めていきます．まず，一般論をちゃんと解説しておきます．2 進法において，**末尾の位**が 2 で割った余りであることに注目して…

$$\begin{aligned} M_0 &= \cdots d_3 d_2 d_1 d_{0(2)} \\ &= \cdots + d_3 \cdot 2^3 + d_2 \cdot 2^2 + d_1 \cdot 2^1 + d_0 \cdot 1 \end{aligned}$$

を 2 で割る（除法を行う）と

$$M_0 = 2\underbrace{(\cdots + d_3 \cdot 2^2 + d_2 \cdot 2^1 + d_1 \cdot 1)}_{\text{商}:M_1} + \underbrace{d_0}_{\text{余り}}.$$

$\therefore d_0$ は M_0 を 2 で割った余り．

商：M_1 をさらに 2 で割ると

$$\begin{aligned} M_1 &= \cdots + d_3 \cdot 2^2 + d_2 \cdot 2^1 + d_1 \cdot 1 \\ &= 2\underbrace{(\cdots + d_3 \cdot 2^1 + d_2 \cdot 1)}_{\text{商}:M_2} + \underbrace{d_1}_{\text{余り}}. \end{aligned}$$

$\therefore d_1$ は M_1 を 2 で割った余り．

商：M_2 をさらに 2 で割ると…（以下同様）

このような 2 進法による考え方を理解した上で，実際の作業においては 10 進法表記の計算で「2 で割る（除法を行う）」を繰り返します．（以下の解答では，$M_0, M_1, \cdots$ を上記と同じ意味で用います．）

$M_0 := 100 = 2 \cdot 50 + 0$ より，$d_0 = 0$, $M_1 = 50$.
$M_1 = 50 = 2 \cdot 25 + 0$ より，$d_1 = 0$, $M_2 = 25$.
$M_2 = 25 = 2 \cdot 12 + 1$ より，$d_2 = 1$, $M_3 = 12$.
$M_3 = 12 = 2 \cdot 6 + 0$ より，$d_3 = 0$, $M_4 = 6$.
$M_4 = 6 = 2 \cdot 3 + 0$ より，$d_4 = 0$, $M_5 = 3$.
$M_5 = 3 = 2 \cdot 1 + 1$ より，$d_5 = 1$, $M_6 = \underbrace{1}_{d_6}$.

$\therefore\ a = M_0 = 1100100_{(2)}. /\!/$

実際の解答では，前記の作業を次のように簡便に記して済ませます：

2	) 100		余り
2	) 50	…	$0 = d_0$
2	) 25	…	$0 = d_1$
2	) 12	…	$1 = d_2$
2	) 6	…	$0 = d_3$
2	) 3	…	$0 = d_4$
	$d_6 = 1$	…	$1 = d_5$

注 右列の簡便な表記は，あくまでも左列の**考え方を理解した上で**用いるように心掛けましょう．2 進法の**仕組みを理解する絶好の場**なのですから！

言い訳 左列最後の d_6 の所は，次を書き足す方が分かりやすいですね：

$M_6 = 1 = 2 \cdot 0 + 1$ より，$d_6 = 1$.

でもまあ，通常はメンドウなので省きます（笑）.

補足 この問で用いた 2 通りの方法は，もちろん 2 進法以外にも適用できます．**[→次の例題]**

例題 6 9 a 5進法→3進法 根底 実戦

[→演習問題 6 12 10]

5 進法で表された整数 $n=3210_{(5)}$ を 3 進法で表せ.

方針 まずは, n をいったん使い慣れた 10 進法で表します.

解答 n を 10 進法表記に書き換えると

$$\begin{aligned} n &= 3210_{(5)} \\ &= 3\cdot5^3+2\cdot5^2+1\cdot5^1+0\cdot1 \\ &= 3\cdot125+2\cdot25+1\cdot5+0 \\ &= 375+50+5=430. \end{aligned}$$

これは 10 進法

(これ以降は, 前の 問 と同様な 2 通りの解法で)

解答1 3 の累乗数, およびその 2 倍は次表の通り.

3 進法の各位は 2 以下

n	0	1	2	3	4	5	…
3^n	1	3	9	27	81	243	…
$2\cdot3^n$	2	6	18	54	162	[1]	…

これを用いて

$$\begin{aligned} n &= 430 \\ &= 243+187 \\ &= 243+162+25 \\ &= 243+162+18+7 \\ &= 243+162+18+6+1 \\ &= 1\cdot3^5+2\cdot3^4+2\cdot3^2+2\cdot3^1+1\cdot1 \\ &= 120221_{(3)}. /\!/ \end{aligned}$$

解答2 430 に対して, 3 で割る除法を繰り返すと, 次のようになる.

$$\begin{array}{rl} 3\,\underline{)\,430} & \text{余り} \\ 3\,\underline{)\,143} & \cdots\ 1=d_0 \\ 3\,\underline{)\ \ 47} & \cdots\ 2=d_1 \\ 3\,\underline{)\ \ 15} & \cdots\ 2=d_2 \\ 3\,\underline{)\ \ \ 5} & \cdots\ 0=d_3 \\ d_5=1 & \cdots\ 2=d_4 \end{array}$$

$\therefore\ n=430=120221_{(3)}. /\!/$

注 [1]: ここは「486」で, $n=430$ を超えてしまいますから, 書いても無駄ですね.

解説 本問における 解答1, 解答2 の解答スピードは, どっこいどっこいかなと思います. どちらかというと, 解答2 の方が普遍性のある解法ではありますが.

参考 本問および前の 問 で用いた 2 つの考え方により, 自然数を N 進法で表す方法がただ 1 通りだけ存在することが保証されます. (ちゃんとした証明は, [→14 6])

6 N 進整数の演算

私たちが普段使い慣れている 10 進法以外の記数法による計算を少しだけ見ておきましょう. 何しろ不慣れですから, スラスラできなくて当然ですし, それでかまいません. 入試では滅多に出ませんし (笑). 一番単純な「2 進法」の, もっとも素朴な「足し算」をやってみましょう. 10 進法の足し算「107 + 45」と, それを 2 進法に書き換えた足し算「$1101011_{(2)}+101101_{(2)}$」とを併記してみます. 両者の主な違いは, 繰上がりの仕方です.

〔10 進法〕

$7+3=10$ のように繰り上がるのが基本です.

$$\begin{array}{rr} & 1\ \ \ \ \leftarrow\text{繰り上がり} \\ & 107 \\ +) & 45 \\ \hline & 152 \end{array}$$

解説 一番下の位の足し算は, $7+5=12$

〔2 進法〕

$1+1=10_{(2)}$ と繰り上がるのが基本です.

$$\begin{array}{rr} & 11\ \ 1111\ \ \ \ \leftarrow\text{繰り上がり} \\ & 1101011 \\ +) & 101101 \\ \hline & 10011000 \end{array}$$

もちろん 2 進数「(2)」は省いた

解説 一番下の位の足し算は, $1+1=10_{(2)}$

7 N 進小数

例えば小数「72.503」とは

$$7\cdot10^1+2\cdot1+5\cdot\frac{1}{10}+0\cdot\frac{1}{10^2}+3\cdot\frac{1}{10^3}$$

を簡潔に表したものです．このように，十進整数と同様な仕組みで表された小数を「十進小数」といいます．「N 進小数」についても同様です．

1 5 1でもふれた通り，次のことが知られています：

> **有理数，無理数の小数表現** 知識
>
> a を実数として，
>
> ❶ a が有理数 $\Longleftrightarrow$ a は有限小数 or 循環小数で表される　例　$\frac{1}{4}=0.25,\ \frac{1}{11}=0.090909\cdots$
>
> ❶′ a が無理数 $\Longleftrightarrow$ a は循環しない無限小数で表される　例　$\sqrt{2}=1.41421356\cdots$

言い訳　これらを厳密に「証明」するのは一苦労です．後で 2 つの例を通して“説明”します．■

循環小数において，繰り返される最短の列を**循環節**といい，その最初と最後の数の上に，ドット：「˙」を付します．例えば，

$$\frac{1}{3}=0.333\cdots=0.\dot{3}\qquad\frac{2}{27}=0.074074074\cdots=0.\dot{0}7\dot{4}\ \text{です．}$$

試しに，分数 $\frac{1}{p}$ $(p=3,7,11,13,17)$[1] について循環節の長さを調べてみると，次のようになります:

$$\frac{1}{3}=0.\underline{33}\,33\cdots=0.\dot{3}$$
$$\frac{1}{7}=0.\underline{142857}\,142857\,142857\cdots=0.\dot{1}4285\dot{7}$$
$$\frac{1}{11}=0.\underline{0909090909}\,09\cdots=0.\dot{0}\dot{9}$$
$$\frac{1}{13}=0.\underline{076923\,076923}\,076923\cdots=0.\dot{0}7692\dot{3}$$
$$\frac{1}{17}=0.\underline{\dot{0}58823529411764\dot{7}}$$

p	$p-1$	循環節の長さ
3	2	1
7	6	6
11	10	2
13	12	6
17	16	16

この結果をみると，循環節の長さが必ず $p-1$(上の赤下線の長さ) の約数になっています[2]．実は，このことは全ての素数 p について成り立つことが知られています (証明は難)．

注　[1]：$p=2,5$ だと有限小数となるので除きました．もっとも，1 5 1 発展において述べたように，$\frac{1}{2}=0.5=0.5000\cdots=0.5\dot{0}$ とみれば，これは循環節の長さが 1 である循環小数です．よって，[2] はちゃんと成り立っています．

例 1：循環小数→分数

循環小数 $a=0.121212\cdots$ を $\frac{\text{整数}}{\text{整数}}$ の形で表すには，次のようにします．

解答

$$\begin{array}{rrcll} -) & a &=& 0.121212\cdots & \cdots① \\ & 100a &=& 12.121212\cdots & \cdots② \\ \hline ②-①\cdots & 99a &=& 12. & \end{array}$$

よって，$a=\frac{12}{99}=\frac{4}{33}$.// ・・・これは有理数

注　①，②の「…」の部分は，無限に続くので互いに等しく，差をとると消えてなくなる訳です．

将来　理系 数学Ⅲ後　ただし，理系の方は「無限級数」の考え方にもとづいて求める方がより正確です．
[→演習問題6 13 13]

補足　有限小数で表された数が有理数であることは，この後の例題6 9 b からわかります．

例2：分数→循環小数

逆に，$\dfrac{整数}{整数}$ の形で表された有理数が（有限小数 or）循環小数で表される訳を"説明"します．

例えば $\dfrac{3}{7}$ を十進小数で表すために割り算の筆算を行うと，次のようになります．

```
       0 . 4  2  8  5  7  1  4  …
  7 ) 3  0
      2  8
         ②  0   …30 を 7 で割った余りが②
         1  4
            ⑥  0   …20 を 7 で割った余りが⑥
            5  6
               ④  0   …60 を 7 で割った余りが④
               3  5
                  ⑤  0   …40 を 7 で割った余りが⑤
                  4  9
                     ①  0   …50 を 7 で割った余りが①
                         7
                        ③  0   …10 を 7 で割った余りが③
                        2  8
                           ②  0   …30 を 7 で割った余りが再び②
                               ⋮
```

$$\therefore\ \frac{3}{7}=0.\dot{4}2857\dot{1}.$$

解説 この筆算では，7 で割ることを繰り返しています．そして，割り切れない（余りに 0 が現れない）ので，7 で割った余りは 1, 2, 3, 4, 5, 6 の 6 種類しか現れません．よって，7 回目までには**必ず同じ余りが現れ**[1]，それ以降の筆算は振り出しに戻って同じ余りが循環するという訳です．

補足 もちろん，"割り切れる"場合には，有限小数として表せることになります．

参考 [1]：いわゆる「鳩の巣原理」ですね．[→例題 1 9 o 後のコラム]

例題 6 9 b 無理数と無限小数 根底 実戦 入試 [→演習問題 6 12 14]

x は $0<x<1$ を満たす実数とする．

x が無理数ならば，x を小数で表したとき必ず無限小数となることを示せ．

方針 「無理数」＝「有理数でない実数」，「無限小数」＝「有限でない小数」という扱いにくい内容を，扱いやすいものに変える方法がありましたね．[→例題 1 9 k (1)]

解答 題意の命題の**対偶**：

(*)：「x が有限小数で表せる $\Longrightarrow$ x は有理数」

を示せばよい．

x が十進法[2] の有限小数

$$x=0.d_1d_2d_3\cdots d_n$$

で表されるとき，

$$x=\frac{d_1}{10}+\frac{d_2}{10^2}+\cdots+\frac{d_n}{10^n}$$
$$=\frac{d_1\cdot 10^{n-1}+d_2\cdot 10^{n-2}+\cdots+d_n}{10^n}.$$

この右辺の分子，分母はいずれも整数だから，x は有理数である．よって，(*) が示せたので，題意も成り立つ．□

補足 [2]：特に指定がないときは，十進小数で考えるのが慣習です．もっとも，本問で行った証明は底が 10 以外でもまったく同様ですが．

注 本問では，「循環」に関しては一切考察していません．

重要 この例題の対偶と 例1 により，❶「$\Longleftarrow$」が，例2 により❶「$\Longrightarrow$」が，それぞれ"説明"できました．そして，❶「$\Longrightarrow$」，「$\Longleftarrow$」それぞれの**対偶**を考えると，❶′ も成り立つことがわかります．

10 不定方程式

x, y に関する方程式で，未知数が複数個あるのに条件が 1 つしかない「不定方程式」を，x, y が整数であるという付帯条件のもとで解きます．比較的やるべきことが決まっており，整数に関する知識の確認になるので，整数に関する問題演習の中で真っ先に手を付けたいものです．

1 基本形

この後様々な不定方程式を解いていきますが，それらの多くが本項の「3 つ」をアレンジして作られます．ですから当然，ここで学んだ解法，考え方が適用できることが多いです．

用いる考え方のベース：それは 1 1 で述べた「整数」に関するもっとも根本的な 2 つの原理そのもの：❶「余り（**約数**・倍数など）に注目」と❷「**大きさ**を限定」です．

例題 6 10 a 不定方程式（基本形） 重要度↑ 根底 実戦

次の(1)〜(3)の等式を満たす整数の組 (x, y) をそれぞれ求めよ．

(1) $5x = 4y$　　(2) $xy = 4$　　(3) $x^2 + y^2 = 5$

着眼 本問は，どれも次の図形上にある**格子点**（両座標とも整数である点）を求めるという意味をもちます．(3)：「円」の方程式は数学Ⅱ範囲ですが，原点 O と点 (x, y) の距離が $\sqrt{5}$（一定）より，即座に得られますね．

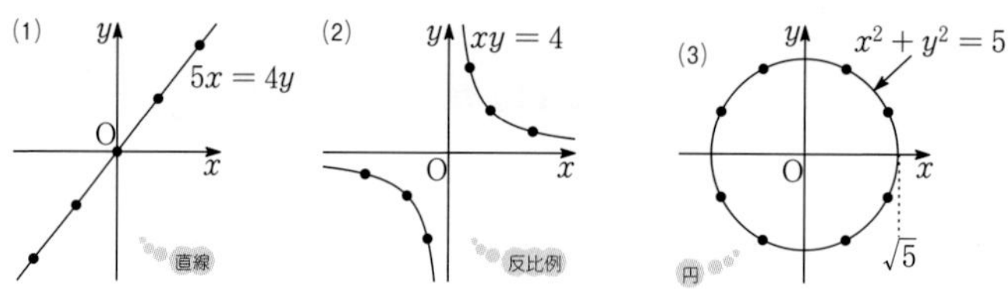

この視覚的なイメージがあると，学んだことが定着し，応用しやすくなります．

解答 (1) 5 と $4(= 2^2)$ は互いに素だから，$4 \mid x$．よって $x = 4k$ $(k \in \mathbb{Z})$ と表せる．これを与式に代入すると

$$5 \cdot 4k = 4y \quad \text{i.e. } 5k = y.$$

$$\therefore (x, y) = (4k, 5k) \ (k \in \mathbb{Z}).//$$

(2) 2 整数 x, y はいずれも 4 の約数だから

$$(x, y) = (\pm1, \pm4), (\pm2, \pm2), (\pm4, \pm1)$$

（複号同順）[1]．//

(3) $x \in \mathbb{Z} \subset \mathbb{R}$ より（x は整数で，それは実数に含まれる）

$$x^2 = 5 - y^2 \geq 0, \text{ i.e. } y^2 \leq 5$$（大きさ限定）

が必要．よって，$y^2 = 0, 1, 4$ に絞られる．

与式から対応する x の整数値を求めて，

$$(x, y) = (\pm2, \pm1), (\pm1, \pm2)$$（複号任意）[2]．//

語記サポ [1][2]：「同順」は，複号の上どうし・下どうしの 2 セット．「任意」は，上と上・上と下・下と上・下と下の 4 セット．

解説 (1) 1 次式．互いに素の活用法❶が決め手．格子点は原点 O を“起点”として等間隔．

(2) 2 次式．「約数」が決め手．

(3) 2 次式．x, y の「大きさ」が限定可能．

これ以降，本問で学んだ 3 つの基本形：(1)「**1 次**」，(2)「**2 次（約数）**」，(3)「**2 次（大きさ限定）**」に分けて，徐々に発展させていきましょう．

2 1次型不定方程式

前問(1)タイプを少しずつレベルアップしていきます.

例題 6 10 b 1次型不定方程式（その1） 根底 実戦 定期 [→演習問題 6 12 15]

不定方程式 $5x-4y=3$ を満たす整数の解 (x, y) をすべて求めよ.

方針 前問(1)と違い，定数項「3」がジャマをして「互いに素」の活用法❶を直接使うことができません．こんなときは，「解を1つ見つける」と覚えてください.

$\begin{cases} 5x \text{ の値}: 5, 10, \underline{15}, \cdots \\ 4y \text{ の値}: 4, 8, \underline{12}, \cdots \end{cases}$ を思い浮かべると…見つかりましたね！

解答 $5\cdot3-4\cdot3=3.$[1] （(3, 3) は1つの解）

これと与式で辺々差をとると

$$5(x-3)-4(y-3)=0.$$

i.e. $5(x-3)=4(y-3).$[2]

5 と $4(=2^2)$ は互いに素だから，$4 \mid x-3$.

よって，k をある整数として

$$(x-3, y-3)=(4k, 5k)\ (k\in\mathbb{Z}).$$

$\therefore (x, y)=(3+4k, 3+5k)\ (k\in\mathbb{Z}).$ // …①

解説 最初に見つけた解 $(x, y)=(3, 3)$ を，この方程式の**特殊解**といいます．これに対し，最終結果①は**一般解**と呼ばれます.

特殊解を見つけた式[1]のように，与式と似た形を作り，それと与式で辺々差をとることでジャマなモノ（定数項）を消す．このアイデアは，数学全般でよく使われます.

こうして[2]を得れば，あとは前問(1)と同様に「互いに素」の活用法❶で解決ですね.

この一般解 $(x, y)=(3+4k, 3+5k)\ (k\in\mathbb{Z})$ は，座標平面上の格子点と対応付けると，特殊解 $(x, y)=(3, 3)$ を“起点”として $\begin{cases} x \text{ は4ずつ} \\ y \text{ は5ずつ} \end{cases}$ ズレていき，前問(1)と同様格子点が等間隔に並びます．ただし，本問では直線が原点を通らず，“起点”が原点以外になっています.

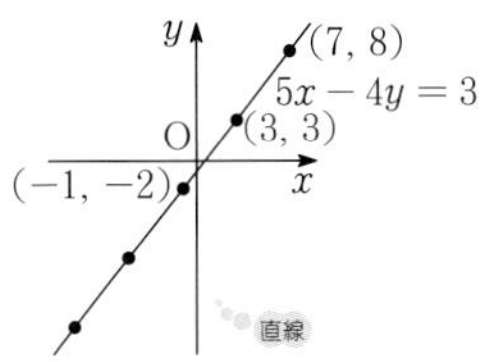

補足 「特殊解」として，例えば $(x, y)=(-1, -2)$ とかを用いても OK です（他にもいろいろ）．この流れで解くと，一般解は

$$(x, y)=(-1+4k, -2+5k)\ (k\in\mathbb{Z})$$

となり，①と異なるように見えます．しかし，「k」に様々な整数値を代入してみると，どちらも

$$(x, y)=\cdots, (-5, -7), (-1, -2), (3, 3), (7, 8), \cdots$$

という同じ解を表現していることがわかります.

ここで，1次型不定方程式の解法をまとめておきます：

1次型不定方程式の解答手順 方法論

1° 特殊解を1つ見つける.

見つけにくいなら，右辺を「1」にしたり，互除法を利用したりする． この後の例題で

2° 与式と，特殊解を代入した式とで辺々差をとる.

3° 「互いに素」の活用法❶を用いる.

例題 6 10 c　1次型不定方程式（その2）　根底 実戦

[→演習問題 6 12 18]

不定方程式 $9x+13y=119$ を満たす自然数の解 (x, y) をすべて求めよ.

方針　前問と比べると特殊解が見つけにくそうですね. こんなときは, 右辺の定数「119」を「1」に変えた方程式 : $9x+13y=1$ の特殊解を見つけて利用することを覚えてください.

注　「自然数」ですから, x, y の符号も考えますが…, それは最後の最後で.

解答　$9\cdot3+13\cdot(-2)=1.$

両辺を 119 倍すると

$$9\cdot357+13\cdot(-238)=119.$$

与式と辺々差をとると

$$9(x-357)+13(y+238)=0,$$

i.e. $9(357-x)=13(y+238).$

$9(=3^2)$ と 13 は互いに素だから, $13\mid357-x$.

よって, k をある整数として

$$(357-x,\ y+238)=(13k,\ 9k).$$

$\therefore (x, y)=(357-13k,\ 9k-238).$ …①

このとき, x, y が正であるための条件は

$$357-13k>0,\ 9k-238>0.$$

i.e. $\underbrace{\dfrac{238}{9}}_{26.\cdots}<k<\underbrace{\dfrac{357}{13}}_{27.\cdots}.$

$\therefore k=27.$

以上より, 求める自然数の解は

$$(x, y)=(357-13\cdot27,\ 9\cdot27-238)$$
$$=(6, 5).\ /\!/$$

これを特殊解として直接見つけることも不可能ではないですが…

注　例えば「$9x+13y=22$」の場合, 右辺を「1」に変えるまでもなく特殊解 : $(x, y)=(1, 1)$ がほぼ一瞬で見つかります (笑). 要はケースバイケースです.

注　最終目標は「自然数の解」ですが, 手段としての特殊解は負でも OK ですよ.

参考　答えの解は, 直線 $9x+13y=119$ 上の格子点のうち, 第1象限にあるものを表しています.

例題 6 10 d　1次型不定方程式（その3）　根底 実戦　典型 定期

[→演習問題 6 12 15]

不定方程式 $49x+17y=1$ を満たす整数の解 (x, y) を1つ見つけよ.

方針　右辺は「1」ですが, 本問では係数が大きくて特殊解の発見が難しそう. そんなときは, 「**互除法**を利用する」と**覚えてください**.

注　最良の解法は次ページの 本解 です. ここでは, ひとまず世間一般で行われている方法を.

解答

$$49=17\cdot2+\underline{\underline{15}},\ \cdots①$$
$$17=\underline{\underline{15}}\cdot1+\underline{2},\ \cdots②$$
$$15=\underline{2}\cdot7+1.\ \cdots③$$

これらを用いると

$$1=15-\underline{2}\cdot7\ (\because ③)$$
$$=15-(17-15)\cdot7\ (\because ②)$$
$$=\underline{\underline{15}}\cdot8-17\cdot7$$
$$=(49-17\cdot2)\cdot8-17\cdot7\ (\because ①)$$
$$=49\cdot8-17\cdot23.$$

i.e. $49\cdot8+17\cdot(-23)=1.$ … ④

よって, 求める1つの解は

$$(x, y)=(8, -23).\ /\!/$$

解説　$49(=7^2)$ と 17 は互いに素なので, 互除法を行えば, その過程において両者の最大公約数 =「1」が**必ず**現れます. この「1」から出発して等式①②③を逆順に辿ると, 与式の右辺 :「1」を, 左辺の x, y の係数 :「49」と「17」で表すことができるのです.

注 8 1 注で述べたように，等式 $a = bq + r$ をもとに「互除法の原理」を適用する際，「r」は負でも OK でした．そもそも本問の目標は G.C.D. ではなく，解答①〜③のような等式を作って「1」が現れるようにすることです．この事情を考慮すると，次のように作業を簡便化できます．

本解 $49 = 17\cdot3 - \underline{2}$, …⑤

$17 = \underline{2}\cdot8 + 1$. …⑥

これらを用いると

$1 = 17 - \underline{2}\cdot8$ (∵ ⑥)

$= 17 + (49 - 17\cdot3)\cdot8$ (∵ ⑤)

$= 49\cdot8 - 17\cdot23$.

i.e. $49\cdot8 + 17\cdot(-23) = 1$. …④′

よって求める 1 つの解は

$(x, y) = (8, -23)$.//

解説 前記解答に比べ，一手間省けてますね．

注 もちろん，「特殊解」は $(8, -23)$ 以外にも，例えば $(-9, 26)$ など無数にあります．

参考 ここで求めた特殊解を利用して，前問までと同様に一般解を求めることができます．

参考 不定方程式 $49x + 17y = a$ (a は任意の整数) においては，④や ④′ の両辺を a 倍した等式 $49\cdot8a + 17\cdot(-23a) = a$ により，特殊解 $(x, y) = (8a, -23a)$ が得られます．

発展 本問を通して，x, y の係数どうしが互いに素である 1 次型不定方程式は，**必ず**整数解をもつことの“説明”がつきますね．このことのカッチリした「証明」は，[→例題 6 11 1 発展]

例題 6 10 e 1次型不定方程式（特殊タイプ） 根底 実戦

[→演習問題 6 12 15]

次の不定方程式の整数解 (x, y) をそれぞれ求めよ．

(1) $57x + 38y = 361$　(2) $9x - 6y = 151$　(3) $5x + 9y = 10$

注 本問では，(1)(2)(3)に対して別個に着眼 解答などを与えます．

(1) **着眼** $361 = 19^2$ は覚えていましたか？

解答 与式の両辺を 19 で割ると

$3x + 2y = 19$.

これと等式 $3\cdot3 + 2\cdot5 = 19$ とで辺々差をとると

$3(x - 3) + 2(y - 5) = 0$,

i.e. $3(x - 3) = 2(5 - y)$.

3 と 2 は互いに素だから，$2 \mid x - 3$.

よって，k をある整数として

$(x - 3, 5 - y) = (2k, 3k)$.

$\therefore (x, y) = (3 + 2k, 5 - 3k)$ $(k \in \mathbb{Z})$.//

(2) **着眼** 左辺の係数「9, 6」を見ると，(1)と同様両辺を割りたくなりますが…

解答 x, y が整数のとき，左辺$=3(3x-2y)$ より $3 \mid$ 左辺.

各位の和

一方，$1 + 5 + 1 = 7$ より $3 \nmid$ 右辺.

よって，与式の整数解 (x, y) は存在しない．//

言い訳 実際の入試では，答えが「解なし」という問題は，ほぼ出ませんが（笑）．

注 (1)，(2)を見ればわかるように，**整数解をもつ** 1 次型不定方程式は，必ず x, y の係数どうしが互いに素である形に帰着されます．

(3) **着眼** x, y の係数どうしは互いに素ですが，x の係数 5 と右辺の定数項 10 を見ると…

解答 与式を変形すると

$5(2 - x) = 9y$.

5 と $9(= 3^2)$ は互いに素だから，$9 \mid 2 - x$.

よって，k をある整数として

$(2 - x, y) = (9k, 5k)$ $(k \in \mathbb{Z})$.

$\therefore (x, y) = (2 - 9k, 5k)$ $(k \in \mathbb{Z})$.//

解説 もちろん，特殊解 $(2, 0)$ を見つけても解けますが．実用上，このタイプは頻繁に現れます．

3 2次型不定方程式

例題 6 10 a (2)タイプを少しずつレベルアップしていきます.

例題 6 10 f 2次型不定方程式・約数（その1） 根底 実戦 定期 [→演習問題 6 12 17]

次の方程式を満たす整数の解 (x, y) をすべて求めよ.

(1) $xy-2x-3y=0$ (x, y は正)　　(2) $2xy-x-3y=1$

着眼 (1) 左辺を見て,「アレを展開したとき現れる形だ」と見抜けますか？
(2)「xy」の係数を, (1)と同じく「1」にすれば, 同様に変形できますね.

解答 (1) 与式を変形して

$(x-3)(y-2)=6.$[1)]

よって, 整数 $x-3, y-2$ は 6 の約数.

また,

$x, y \geqq 1$ より $x-3 \geqq -2, y-2 \geqq -1.$[2)]

以上より, 次表を得る.

$x-3$	1	2	3	6
$y-2$	6	3	2	1
x	4	5	6	9
y	8	5	4	3

//

(2) 与式を変形して

$xy-\frac{1}{2}x-\frac{3}{2}y=\frac{1}{2}.$[3)]

$\left(x-\frac{3}{2}\right)\left(y-\frac{1}{2}\right)=\frac{1}{2}+\frac{3}{4}.$[4)]

$(2x-3)(2y-1)=5.$

よって, 整数 $2x-3, 2y-1$ は 5 の約数だから, 次表を得る.

$2x-3$	1	5	−1	−5
$2y-1$	5	1	−5	−1
x	2	4	1	−1
y	3	1	−2	0

//

解説 (1) 与式を [1)] のような「(未知整数)・(未知整数) = (既知整数) …(*)」の形にすることで, **約数**という整数固有の概念が使えました. 積の形

重要 ここでいう「既知整数」とは, より正確に言うなら「**約数が特定できる**」という意味です. 本問の考え方は, そんなときのみ有効です：

右辺が 5, 6, p, pq^2 (p, q は相異なる素数) など → 有効

右辺が x, $2x$ (x は未知整数) など → 無効

補足 この [1)] への変形は, 1 文字 x(y でも可) に注目して, 右のようにすればできますが,「与式の左辺って, [1)] の左辺の形を展開するとよく現れる式だよな〜」という経験に基づいて, 一気にズバッと片付けたいです.

$x(y-2)-3y=0.$

$x(y-2)-3(y-2)=6.$ 両辺に 6 を加え, 共通因数 $y-2$ を作った

$(x-3)(y-2)=6.$

注 [1)] の右辺：6 の約数は, 正・負合わせると, 1, 2, 3, 6, −1, −2, −3, −6 と 8 個もあってタイヘンです. そこで, [2)] のように**大きさを限定**することでさらに候補を絞り込んでいます.

補足 不定方程式の解は複数個あるのが普通です. **解答**のように,「表」を用いるなどして効率的に書き表しましょう.

(2) **解説** [3)]：与式の両辺を 2 で割り, いったん xy の係数を「1」にすれば, (1)と同様にして左辺を積の形へと変形できますね.

注 [4)]：ただし, 分数を含んだ式のままでは「約数」という概念は使えないので, 両辺を 4 倍して上記 (*) 型にします.

補足 4つの解のうちの1つ，例えば計算の楽そうな $(x, y)=(-1, 0)$ を与式の左辺へ代入し，その値が確かに右辺の1になるかどうかを検算しておきましょう．

例題 6 10 g 2次型不定方程式・約数（その2） 根底 実戦 定期 [→演習問題 6 12 16]

次の方程式を満たす整数の解 (x, y) をすべて求めよ．

(1) $x^2-4y^2=13$　　(2) $x^2+5xy+4y^2=18\ (x, y>0)$

方針 現れる2次の項として，前問の「xy」とは別に「x^2」「y^2」がありますが，目指す形

(未知整数)・(未知整数) = (既知整数) …(*)

は同じです．前問と違い，両辺に同じ定数を加える“微調整”が不要なので，むしろ簡単かも．

解答 (1) 与式の左辺を因数分解すると

$(x+2y)(x-2y)=13.$

よって，整数 $x+2y, x-2y$ は 13 の約数．

また，$x, y \geq 0$[1)]のときを考えると

$x+2y \geq x-2y,\ x+2y \geq 0.$

$\therefore (x+2y, x-2y)=(13, 1).$

i.e. $(x, y)=(7, 3).$

$x, y \geq 0$ 以外のときも考えて

$(x, y)=(\pm 7, \pm 3)$（複号任意）.//

(2) 与式の左辺を因数分解すると

$(x+y)(x+4y)=18.$

よって，整数 $x+4y, x+y$ は $18=2\cdot 3^2$ の約数であり，

$x, y>0$ より $x+4y>x+y>0.$

また，

$(x+4y)-(x+y)=3y$ より

$x+4y \equiv x+y \pmod 3.$ …④

以上より

$(x+4y, x+y)=(6, 3).$

$\therefore (x, y)=(2, 1).$//

解説 (1)[1)]：(*) 型の式を得た後，x^2，y^2 という「2乗の項」しかないことに注目し，ひとまず x, y がともに0以上である解のみ求め，後でそこにマイナス符号を付け足すことで全ての解を得る作戦をとりました．これにより，2整数 $x+2y, x-2y$ の大小関係および符号に関する条件が得られ，候補を絞り込むことができました．

(2)では，さらに2整数の「**差**が3の倍数」→「3で割った余りが等しい」という条件をも利用しています．これにより，18の中に2個ある素因数3は，2整数に1個ずつ含まれることがわかり，候補がぐっと絞れました．

なお，2整数の**差**をとることは，両者の**大小関係**を調べることにも役立ちますね（本問程度では不要ですが）．

理系 数学C後 (1)の方程式は，xy 平面上で右図のような双曲線を表しており，求めた (x, y) はこの曲線上の格子点を表しています．例題 6 10 a (2)の「反比例のグラフ」も双曲線なのでしたね．（実は，(2)の方程式も双曲線を表しています．）

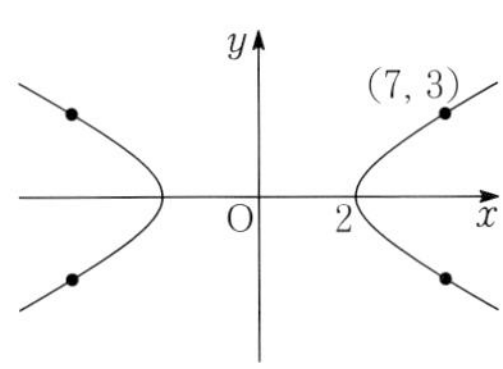

次に，例題6 10 a(3)タイプです．

例題 6 10 h　2次型不定方程式・大きさ（その1）　根底 実戦　定期

次の方程式を満たす整数解 (x, y) をすべて求めよ．

$$x^2+4y^2=16$$

方針　前問までと違い，左辺の 2 次式を因数分解して基本形：

（未知整数）·（未知整数）＝（既知整数）

の形にして**約数**を利用することはできませんが，例題6 10 a(3)と同様，「実数の平方は 0 以上」であることを利用し，「整数」のもう一つの攻め方である**大きさ**限定が使えます．

解答　与式を変形すると

$x^2=16-4y^2$. …①

$x\in\mathbb{Z}\subset\mathbb{R}$[1] だから，$x^2\geq 0$. よって

$16-4y^2\geq 0$ i.e. $y^2\leq 4$

が必要．よって

$y^2=0, 1, 4$

に絞られ，①も用いると次表を得る：

y^2	0	1	4
x^2	16	12	0
x	±4	なし	0

以上より，求める解は

$(x, y)=(\pm4, 0), (0, \pm2).$ //

解説　整数 x, y は実数でもあるので，その平方（2 乗）は 0 以上です．これに注目して y の**大きさ**を限定するのがポイントです．

語記サポ　1)：ここで述べたいことを言葉にすると，以下の通りです：「x は整数であり，整数は実数の一種だから，x は実数である．」

注　もちろん，$4y^2\geq 0$ を利用して，x の大きさの方を限定することもできます．

$(4y^2=)16-x^2\geq 0$　i.e. $x^2\leq 16$.

$\therefore x^2=0, 1, 4, 9, 16.$

y^2 の候補を「3 個」に絞った前記**解答**に比べ，こちらでは x^2 の候補が「5 個」もあるので不利ですね．与式において，y^2 には係数 4 がついているので，y^2 の値が少し増えただけで，左辺全体の値が大きく変化します．よって，y の候補はごく限られた値だけになる訳です．

理系 数学C後　本問は，右図の楕円（だえん）上にある格子点を求めるという意味をもちます．この図をもとに考えると，前記**注**のようになることが見通せますね．

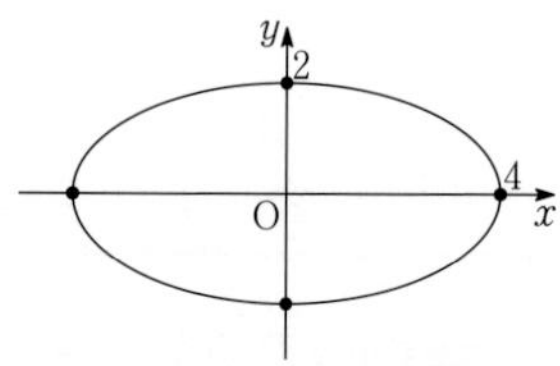

例題 6 10 i　2次型不定方程式・大きさ（その2）　根底 実戦　定期

[→演習問題6 12 16]

方程式 $x^2+2xy+4y^2=16$ を満たす整数解 (x, y) をすべて求めよ．

着眼　前々問(2)とよく似た式ですが…，あれ？左辺が（キレイには）因数分解できませんね．よって，**約数**が使えないので，**大きさ**を限定することを考えます．そのために，前問と同様な**平方**の形を作りましょう．

解答1 与式を変形すると

$$(x+y)^2+3y^2=16.$$ [1]

i.e. $(x+y)^2=16-3y^2$. …①

$x, y\in\mathbb{Z}$ より $x+y\in\mathbb{R}$ だから，$(x+y)^2\geq 0$.

$\therefore 16-3y^2\geq 0$ i.e. $y^2\leq\dfrac{16}{3}(=5.\cdots)$ [2]

が必要．これと①より右表を得る：

y^2	0	1	4
$(x+y)^2$	16	~~13~~	4

さらに，$(x+y)^2$ は平方数だから [3]，次表を得る：

y	0	2	-2
$x+y$	±4	±2	±2

以上より，求める解は

$(x, y)=(\pm4, 0), (0, 2), (-4, 2),$
$=(4, -2), (0, -2).$ //

補足 [3]：この前の表において，$(x+y)^2$ は平方数です．よって，それと等しくなる可能性がある値は 1, 4, 9, 16, … に限りますから，「13」は除外して考えました．

解説 [2]：これで，y の**大きさが限定**され，有限個の整数を全て調べるという方法論が使えます．

[1]：この**解答1**では，完全平方式 $(x+y)^2$ を作り，「$x+y$ が実数」よりその平方は必ず 0 以上であることを用いて大きさを限定しました．

それに対して，「x が実数」を用いて大きさを限定するのが次の**解答2**です：

解答2 与式を x について整理すると

$$x^2+2y\cdot x+(4y^2-16)=0.$$

$\therefore x=-y\pm\sqrt{D/4}$. …②

ここに，

[4] $D/4=y^2-(4y^2-16)=16-3y^2$.

$x\in\mathbb{Z}\subset\mathbb{R}$ より

$D/4\geq 0$ i.e. $y^2\leq\dfrac{16}{3}(=5.\cdots)$. [5]

が必要．よって次表を得る：

y^2	0	1	4
$D/4$	16	~~13~~	4

さらに，$D/4$ は平方数 [6] だから，②より次表を得る：

y	0	2	-2
x	$-0\pm\sqrt{16}$	$-2\pm\sqrt{4}$	$2\pm\sqrt{4}$

以上より，求める解は

$(x, y)=(\pm4, 0), (0, 2), (-4, 2),$
$=(4, -2), (0, -2).$ //

解説 [4]：この D は，もちろんその上の方程式の判別式です．

[5]：とにかく，y の**大きさを限定**！あとは全部調べてもどうにかなります (笑).

[6]：この理由をちゃんと述べると，以下のようになります：

『②より $D/4=(x+y)^2$ だから，$D/4$ は平方数である.』

けっきょく，**解答1**と同じですね (笑).

注 y の方が実数である条件から x の大きさを限定すると，次のようになります：

y の 2 次方程式：$4y^2+2x\cdot y+(x^2-16)=0$ において

判別式$/4=x^2-4(x^2-16)=64-3x^2\geq 0$ より $x^2\leq\dfrac{64}{3}(=21.\cdots)$.

y に比べ，x の方が候補多くて大変ですね．与式において，y^2 には係数 4 がついているので，y^2 の増加に対して左辺全体が大きく増加します．よって，y の候補の方が少数に絞り込める訳です．

ハイレベル↑ 理系 数学C後 実は，本問の方程式も楕円を表しています．ただし，右図のように長軸，短軸が座標軸に対して傾いています．

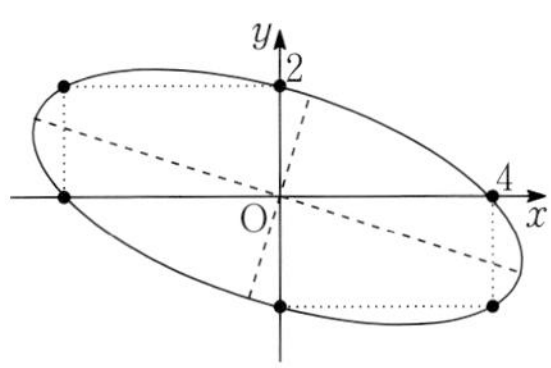

2 次型不定方程式も一通り紹介しましたので，最後に総合問題を 1 つ．

例題 6 10 j　2 次型不定方程式・総合　根底 実戦　入試

[→演習問題 6 12 16]

次の方程式を満たす整数解 (x, y) をすべて求めよ．

(1)　$3x^2-3xy+y^2-8x+4y+4=0$　　(2)　$x^2+xy-2y^2+4x+5y-2=0$

着眼　(1)，(2)とも 2 次型不定方程式ですね．**約数**，**大きさ**限定のどちらでいくか…．その判断がつかないなら，とりあえず片方やってみて，ダメなら方針転換するまでです．このように，とりあえずやってみて様子を見るという姿勢は，数学においてとても大切です．と言いながら…，与式左辺の **2 次の部分**に注目すると，

(1) $3x^2-3xy+y^2$ → キレイには因数分解できない． → 大きさ限定？

(2) $x^2+xy-2y^2$ → キレイに因数分解できる．　→ 約数を利用？

このように，おおよそ見当はつきます (笑)．

(1) 前問 解答 1 と同様「2 乗＋2 乗」の形を作ることもできますが…，x や y の項もあって面倒．そこで，前問 解答 2 の方針でいきます．ただし，x^2 の方に係数「3」が付いているので…

(2)「2 次の項」に注目したこともあり，そこだけ先に因数分解する方式でいきます[→例題 1 3 e 重要]．

解答　(1)　与式を y について整理して

$$y^2+(4-3x)\cdot y+(3x^2-8x+4)=0.$$

$$\therefore y=\frac{3x-4\pm\sqrt{D}}{2}, \quad \cdots①$$

ここに，$D=(3x-4)^2-4(3x^2-8x+4)$

$$=-3x^2+8x=3x\left(\frac{8}{3}-x\right).$$

ここで，$y\in\mathbb{Z}\subset\mathbb{R}$ だから，$D\geq 0$．よって

$$3x\left(\frac{8}{3}-x\right)\geq 0 \text{ i.e. } 0\leq x\leq\frac{8}{3}.$$

が必要．よって，$x=0, 1, 2$ に限られ，①より次表を得る：

x	0	1	2
y	$\frac{-4\pm\sqrt{0}}{2}$	$\frac{-1\pm\sqrt{5}}{2}$	$\frac{2\pm\sqrt{4}}{2}$

y も整数だから，求める解は

$$(x, y)=(0, -2), (2, 2), (2, 0).$$ //

(2)　与式を変形すると

$$(x+2y)(x-y)+4x+5y-2=0.$$

2 次の項のみ因数分解

この左辺が

$$(x+2y+a)(x-y+b)-c$$ [1]

$(a, b, c$ は定数$)$

となるための条件は

$$\begin{cases} x \text{ の係数} \cdots a+b=4 \\ y \text{ の係数} \cdots -a+2b=5 \\ \text{定数項} \cdots ab-c=-2 \end{cases} \text{ i.e. } \begin{cases} b=3 \\ a=1 \\ c=5. \end{cases}$$

よって与式は

$$(x+2y+1)(x-y+3)=5.$$ [2]

したがって，整数 $x+2y+1$, $x-y+3$ は 5 の約数だから，次表を得る．

$x+2y+1$	1	5	−1	−5
$x-y+3$	5	1	−5	−1
差：$3y-2$	−4	4	4	−4
y	~~$-\frac{2}{3}$~~	2	2	~~$-\frac{2}{3}$~~ [3]

x, y は整数だから，求める解は

$$(x, y)=(0, 2), (-6, 2).$$ //

解説　(1) 前問に，x, y の 1 次の項が追加されましたが…ほとんど難易度差は感じませんね．

(2) [1]：不定方程式を解くために行う因数分解は，単に「因数分解せよ」という問い[→例題 1 3 e (3)]と違い，このように定数項 c を補った上で行わなければなりません．ここが 1 つの関門です．

[2]：この等式を得る別の方法を 2 つ述べます．

解答 〔方法 1〕与式を x について整理して

$x^2+(y+4)x-2y^2+5y-2=0$. …②

$\left(x+\frac{1}{2}y+2\right)^2-\left(\frac{1}{2}y+2\right)^2-2y^2+5y=2$.

$\left(x+\frac{1}{2}y+2\right)^2-\left(\frac{9}{4}y^2-3y\right)=6$.[4)]

$\left(x+\frac{1}{2}y+2\right)^2-\left\{\frac{9}{4}\left(y-\frac{2}{3}\right)^2-1\right\}=6$.

$\left(x+\frac{1}{2}y+2\right)^2-\left(\frac{3}{2}y-1\right)^2=5$.[5)]

$(x+2y+1)(x-y+3)=5$.

この変形の手順は次の通りです：

②： x について整理

[4)]： x について平方完成

[5)]： y の 2 次式部分も平方完成し，2 乗－2 乗の形を作る

注 ②において，"定数項"：$-2y^2+5y-2$ を積に分解してもダメです．前ページ [1)] についての**解説**で述べた通り，定数項を補った上で因数分解しなくてはなりませんから．

〔方法 2〕[2)] の式を作る方法として，もっとも "機械的" なものが，次の「1 文字について解く」という手法です．

与式を整理した②を x について解くと

$$x=\frac{-(y+4)\pm\sqrt{D}}{2}, \quad \cdots③$$

ここに，$D=(y+4)^2+4(2y^2-5y+2)$

$=9y^2-12y+24$.[6)]

③を変形すると

$(2x+y+4)^2=9y^2-12y+24\ (=D)$.

$(2x+y+4)^2-(9y^2-12y)=24$.

$(2x+y+4)^2-(3y-2)^2=24-4$.

$(2x+4y+2)(2x-2y+6)=20$.

$(x+2y+1)(x-y+3)=5$.

重要 (1)の①式と(2)の③式は，いずれも 2 次方程式の解の公式を用いて不定方程式を 1 文字について解いたものですね．つまり，この **1 文字について解く**という手法は，2 次型不定方程式において幅広く使える方法論だといえます．

前者においては，「$\sqrt{\quad}$ 内 = 判別式 ≥ 0」より**大きさ**を限定できました．しかし後者では，[6)] を見るとわかるようにそれができません．

そこで後者では，③でいったん現れた「分数式」や「$\sqrt{\quad}$」という「整数」の体系の中にはない表記を消す方向へと変形し，「**約数**」が利用できる等式を目指します．

補足 [3)]：表中，y の値として $-\frac{2}{3}$ という非整数値も現れてしまいましたね．このような無駄 (?) は，次のように事前に回避できます：

例題 6 10 g (2)でも行ったように，2 つの因数の差は $(x+2y+1)-(x-y+3)=3y-2$．これを 3 で割った余りは $\underline{1}$ なので，表の $3y-2$ の行において

$-4=3\cdot(-2)+\underset{\sim}{2}$ は不適，　　$4=3\cdot1+\underline{1}$ は適

とわかります．もっとも，本問程度なら，4 組の約数全てに対して y を求めた方が早いですが (笑)．

では，2 次型不定方程式の解法をまとめておきます：

2 次型不定方程式の解法 **方法論**

- **約数**を利用

(未知整数)･(未知整数) = (既知整数) …(*) の形を作る．

- **大きさ**を限定

平方の形を作る or 1 文字の実数条件を利用

注 どちらのタイプでも，**1 文字について解いてみる**ことは有効．

4 その他の不定方程式

例題 6 10 k 不定方程式・対称性 根底 実戦 典型 [→演習問題 6 12 20]

等式 $\dfrac{1}{a}+\dfrac{1}{b}+\dfrac{1}{c}=1$ を満たす自然数の組 (a, b, c) をすべて求めよ.

着眼 前問までと比べ，等式は1個のままで未知数は3個に増えて大変そう．でも，この不定方程式の左辺は a, b, c について対称[→1 2 4]ですね．これを利用しましょう．
例えば条件を満たす組(＝順列)(a, b, c) の1つ：$(2, 3, 6)$ が求まれば，同時に $(2, 6, 3)$, $(3, 2, 6)$ なども求まったことになりますが，これらは組合せとしてはどれも $\{2, 3, 6\}$ ですから，区別して求めるのは効率が悪いですね．そこで，ひとまず a, b, c の大小関係を指定して考えましょう．このような「対称性を利用した効率化」が本問の突破口となります．

解答 まず，$1 \leqq a \leqq b \leqq c$ …① を満たすもののみ考える．このとき

$$1 \geqq \frac{1}{a} \geqq \frac{1}{b} \geqq \frac{1}{c}. \quad \cdots②$$

$$\therefore \frac{1}{a}+\frac{1}{b}+\frac{1}{c} \leqq \frac{1}{a}+\frac{1}{a}+\frac{1}{a}. \quad \cdots③$$

これと与式より

大きさ限定

$$1 \leqq \frac{3}{a},\ \text{i.e.}\ (1 \leqq)a \leqq 3\ (\because\ ①).$$

$\therefore a=1, 2, 3$ が必要.

i) $a=1$ のとき，与式は $\dfrac{1}{b}+\dfrac{1}{c}=0$ となり，これを満たす自然数の組 (b, c) はない．

ii) $a=2$ のとき，与式は

$$\frac{1}{b}+\frac{1}{c}=\frac{1}{2}. \quad \cdots④$$

ここで，②より

$$\frac{1}{b}+\frac{1}{c} \leqq \frac{1}{b}+\frac{1}{b}. \quad \cdots⑤$$

これと④より

大きさ限定

$$\frac{1}{2} \leqq \frac{2}{b},\ \text{i.e.}\ (2 \leqq)b \leqq 4\ (\because\ b \geqq a=2).$$

$\therefore b=2, 3, 4$ に限る.

$b=2$ のとき，④は $\dfrac{1}{2}+\dfrac{1}{c}=\dfrac{1}{2}$.

これは不成立.

$b=3$ のとき，④は $\dfrac{1}{3}+\dfrac{1}{c}=\dfrac{1}{2}$.

よって，$c=6$.

$b=4$ のとき，④は $\dfrac{1}{4}+\dfrac{1}{c}=\dfrac{1}{2}$.

よって，$c=4$.

(これらは，いずれも①をも満たす．)

iii) $a=3$ のとき，与式は

$$\frac{1}{b}+\frac{1}{c}=\frac{2}{3}. \quad \cdots⑥$$

ここで，②より

$$\frac{1}{b}+\frac{1}{c} \leqq \frac{1}{b}+\frac{1}{b}. \quad \cdots⑦$$

これと⑥より

$$\frac{2}{3} \leqq \frac{2}{b},\ \text{i.e.}\ (3 \leqq)\ b \leqq 3\ (\because\ b \geqq a=3).$$

$\therefore b=3$ に限る.

このとき，⑥は $\dfrac{1}{3}+\dfrac{1}{c}=\dfrac{2}{3}$. よって，$c=3$.

(これは，①をも満たす．)

以上より，①のもとでは

$$(a, b, c)=(2, 3, 6), (2, 4, 4), (3, 3, 3).$$

①以外も考えて，求める組 (a, b, c) は

$(2, 3, 6), (2, 6, 3), (3, 2, 6),$
$(3, 6, 2), (6, 2, 3), (6, 3, 2),$
$(2, 4, 4), (4, 2, 4), (4, 4, 2), (3, 3, 3).$ //

解説 「対称性による効率化」から得た不等式①からもたらされる不等式③(および⑤，⑦)によって，a(もしくは b)の**大きさ**を限定したことが本問の決め手でした．
③では，与式の左辺を，「a だけの式」によって評価しています．「これは，3文字の中で最小の自然数 a は，その大きさを限定しやすいのではないか？」という“読み”に裏打ちされている…とはいえ，試行錯誤をしながら見つけていく方針です(⑤，⑦も同様です)．

補足 不等式③において，与式の左辺を小さい側からも評価すると

$$\underset{\sim\sim}{\frac{1}{a}} < \frac{1}{a}+\frac{1}{b}+\frac{1}{c} \leq \frac{1}{a}+\frac{1}{a}+\frac{1}{a}.$$

これと与式より

$$\underset{\sim\sim}{\frac{1}{a}} < 1 \leqq \frac{3}{a},\ \text{i.e.}\ \underset{\sim\sim}{1 <} a \leq 3. \quad \therefore\ a=2,3\ \text{が必要.}$$

こうすれば，上記**解答**の場合 i) を初めから排除できます．解答時間に大差はないですが．

注 a の大きさを限定した後は，前問までと同様「1 つの等式・2 つの未知数」です．よって，前記**解答**のii) 以降は，次のように「約数を利用」の方針でもできます．

別解 ii) $a=2$ のとき，与式は

$$\frac{1}{b}+\frac{1}{c}=\frac{1}{2}.$$
$$2c+2b=bc.$$
$$bc-2b-2c=0.$$
$$(b-2)(c-2)=4.$$

よって，整数 $b-2, c-2$ は 4 の約数であり，①と $a=2$ より

$$0 \leq b-2 \leq c-2.$$
$$\therefore (b-2, c-2)=(1,4), (2,2).$$
$$\text{i.e.}\ (b,c)=(3,6), (4,4).$$

iii) $a=3$ のとき，与式は

$$\frac{1}{b}+\frac{1}{c}=\frac{2}{3}.$$
$$3c+3b=2bc.$$
$$bc-\frac{3}{2}b-\frac{3}{2}c=0.$$
$$\left(b-\frac{3}{2}\right)\left(c-\frac{3}{2}\right)=\frac{9}{4}.$$
$$(2b-3)(2c-3)=9.$$

よって，整数 $2b-3, 2c-3$ は 9 の約数であり，①と $a=3$ より

$$3 \leq 2b-3 \leq 2c-3.$$
$$\therefore (2b-3, 2c-3)=(3,3).$$
$$\text{i.e.}\ (b,c)=(3,3).$$

(以下同様…)

注 この**別解**は，例題 6 10 f と全く同じでしたね．このように，**約数**という整数固有の概念で攻める場合には，分母を払って分数式を消してください．

一方，前記**解答**のように**大きさ**で絞り込む場合には，分数式のまま処理することもあります．

参考 本問は，初めから分母を払った形：$bc+ca+ab=abc$ …⑧ で出題されることもあります．もちろん，この両辺を abc で割って本問に帰着し，前述の通りに解くのも良い手です．⑧に比べ，その方が文字 a, b, c がそれぞれ **1 か所に集約**されており，不等式を作りやすいので．

⑧のままで解答すると，次のような流れになります．

まず，

$$1 \leq a \leq b \leq c \ \cdots①$$

を満たすもののみ考える．このとき

$$1 \leq ab \leq ac \leq bc. \ \cdots⑨$$
$$\therefore bc+ca+ab \leq bc+bc+bc.$$

これと⑧より

$$abc \leq 3bc.$$
$$(1 \leq)a \leq 3\ (\because\ bc>0).$$
$$\therefore a=1,2,3\ \text{に限る.}$$

(以下は同様)

11 整数の典型問題

整数に関する典型問題で，前節の「不定方程式」以外のものを一通り扱います．
言い訳　1～3は，その後へ向けての準備程度の内容です．

1 連続整数の個数

連続する整数の個数は，①を起点として数えるのが基本です．

例1　1から10までの整数　…　10個．

例2　4から10までの整数　…　$10-3=7$個．

10個
①, 2, 3, 4, 5, 6, 7, 8, 9, 10
3個　?個

解説　例1は大事な約束事です．

例2は，「1～10の10個」から「1～3の3個」を引くことで求まります．つまり，

連続整数の個数＝(終わりの番号)－(初めの番号－1)

となります．

注　例2は，例1と比べて始まりの数が$4-①=3$だけズレているので，例1の答え10から3を引くのだと考えることもできます．この「始まりの数の①からのズレ」という考えに基づけば，次の個数もわかりますね．

例3　-3から10までの整数　…　$10-(-4)=14$個．

例4　-13から-3までの整数　…　$-3-(-14)=11$個．

けっきょく，どんな場合でも同じ方法で求まります：

連続整数の個数　知識　既習者

整数$a, a+1, a+2, \cdots, b$の個数は，$b-(a-1)$．　(終わりの番号)－(初めの番号－1)

2 倍数の個数

1から100までにある3の倍数の個数は，整数の除法を利用して

$100=3\cdot\underline{33}+1$ …①　より，$\underline{33}$個

と求まります．

このように割り算の商が答えとなる理由を解説します．

1～100の自然数を

$(1, 2, \underline{3}), (4, 5, \underline{6}), \cdots, (97, 98, \underline{99}), 100$

のように3個ずつ組にしていくと，各組の**末尾の数だけ**[1)]が3の倍数ですね．そして，組にならない“余りモノ”の100は3の倍数ではありません[2)]．よって，「組」の個数，つまり100を3で割るときの商が答えとなる訳です．

注　1)2)：このようになるのは，あくまでも「1からの個数」を考えているからだということを忘れないように．

例題 6 11 a 倍数の個数 根底 実戦

105 から 205 までに 7 の倍数は何個あるか.

方針 「1 からの個数」を考えるのが基本です.

解答 1 から 205 までにある 7 の倍数の個数は,

$205 = 7 \cdot 29 + 2$ より, 29 個.

1 から 104[1] までにある 7 の倍数の個数は,

$104 = 7 \cdot 14 + 6$ より, 14 個.

以上より, 求める個数は, $29 - 14 = 15$. //

注 [1]:その前で求めた「29 個」から除くものを考えますから,「105」ではなく「104」となります. これは, 1 / 例 2の考え方とよく似ていますね. ■

7 の倍数であることを文字式で表す次のような方法もあります.

別解 7 の倍数は, 整数 k を用いて $7k$ と表せる. このうち

$105 \leq 7k \leq 205$

を満たす k は

$15 \leq k \leq 29.\cdots$ より

$k = 15, 16, 17, \cdots, 29.$

求める個数は, このような k の個数に等しく

$29 - 14 = 15.$ //

解説 最後は 1 の手法に帰着しましたね.

3 ガウス記号 [→ 1 6 5 後のコラム]

ガウス記号 日本での呼び名ですが

実数 x に対して, x を超えない最大の整数を x の整数部分といい, 記号 $[x]$ で表します.

例 $[3.7] = 3.$ $[\sqrt{2}] = 1.$ $\left[-\frac{5}{2}\right] = -3.$ $[2] = 2.$ ■

この記号を用いて, 整数の除法における商と余りを表すことができます.

整数 a を自然数 b で割った商, 余りをそれぞれ q, r とおくと

$$a = bq + r\ (0 \leq r < b). \cdots ①$$

$$\therefore\ \frac{a}{b} = \overbrace{q}^{\text{整数部分}} + \underbrace{\frac{r}{b}}_{\text{小数部分}} \left(0 \leq \frac{r}{b} < 1\right). \cdots ②$$

②より, 商 $q = \left[\frac{a}{b}\right]$, ①より, 余り $r = a - b\left[\frac{a}{b}\right]$. //

将来 このことが, 次節の問題で役立ちます.

倍数の個数 知識

1 から a(自然数) までにある b の倍数の個数は, a を b で割った時の商に等しい.

この個数は, ガウス記号を用いると $\left[\frac{a}{b}\right]$ と表せる.

注 あくまでも 1 からの場合の話ですよ!

参考 $[x]$ とは, 実数 x を超えない 最大の整数です. このことは, しばしば次のように不等式に "翻訳" されます:

$[x]$ は x を超えない　$[x] \leq x < [x] + 1.$　$[x]$ の次の整数は x を超える

上の文と, 下線どうし, 波線どうしが対応しているのがわかりますか?

4 階乗と素因数

自然数 n に対して，1 から n までの積を n の階乗といい，$n!$ と書きます．[→7 3 2]

$$n! = n(n-1)(n-2)\cdots3\cdot2\cdot1$$
$$= 1\cdot2\cdot3\cdot\cdots\cdot(n-2)(n-1)n.$$

並べる順序はどちらでも可

例　「16! がもつ素因数 2 の個数 N を求めよ．」

注　本項の究極の目的は，これを一般化した「$n!$ がもつ素因数 p の個数」を求めることです．

1, 2, 3, …, 16 の各々がもつ素因数 2 を「∘」などのマークで表すと，次の通りです：

1	2	3	4	5	6	7	8	9	10	11	12	13	14	15	16
	∘		∘		∘		∘		∘		∘		∘		∘
			•				•				•				•
							□								□
															■

1, 2, 3, …, 16 の各々がもつ素因数 2 の個数を求め，それらを加えると

$$N = 1+2+1+3+1+2+1+4 = 15.$$

「0 個」は省きました

これで答えは得られたのですが，この方法では「16」が例えば「1000」とかに変わったらお手上げですね．そこで，次のような別の方法を考えます：

上に図示した素因数 2 の総数を，∘，•，□，■ 毎に数える．

1°　素因数 2 を 1 個以上もつものは

$$2 \text{ の倍数} \cdots \frac{16}{2} = 8(\text{個}).$$

「∘」の個数

（素因数 2 をちょうど 1 個もつものはこれで完了）

2°　素因数 2 を 2 個以上もつものは

$$2^2 \text{の倍数} \cdots \frac{16}{2^2} = 4(\text{個}).$$

「•」の個数

（素因数 2 をちょうど 2 個もつものはこれで完了）

3°　素因数 2 を 3 個以上もつものは

$$2^3 \text{の倍数} \cdots \frac{16}{2^3} = 2(\text{個}).$$

「□」の個数

（素因数 2 をちょうど 3 個もつものはこれで完了）

4°　素因数 2 を 4 個以上もつものは

$$2^4 \text{の倍数} \cdots \frac{16}{2^4} = 1(\text{個}).$$

「■」の個数

（素因数 2 をちょうど 4 個もつものはこれで完了）

これらを加えて

$$N = 8+4+2+1 = 15.$$

これなら，「16」が「1000」になっても大丈夫そうですね！

解説　1〜16 の中には，$2^5(=32)$ の倍数はありません．よって，$2^4(=16)$ の倍数まで数えれば OK ですね．このように，「**いったい 2 の何乗の倍数まで数えればよいか？**」が 1 つのポイントです．

例えば 1〜16 の中にある $2^3(=8)$ の倍数（□）の個数は，16 を 8 で割ったときの「商」と一致するのでしたね[→2]．この「商」は，本来「$16 = 8\cdot\underline{2}$」と変形して $\underline{2}$ と求めるのが正統的ですが，16 は 8 で割り切れるので，“簡便性”を優先し，「$\frac{16}{8} = \underline{2}$」のように「分数」を使って片付けちゃいました．本問では，「16」が $2, 2^2, 2^3, 2^4$ の全てで割り切れるので，

$$N = \frac{16}{2} + \frac{16}{2^2} + \frac{16}{2^3} + \frac{16}{2^4}$$

のように簡潔な式で表せました．もちろん，割り切れない場合もありますが，**「商」を求める**という方針は変わりません．**[→次の例題]**

注　「整数」の「余り」「約数・倍数」等を考えるときには，**「分数」という表現手段は極力使わないのが基本**であることは忘れないでくださいね！

注 次の各表現は，全て同じことを言い表しています：

- 「16! がもつ素因数 2 の個数」
- 「16! の素因数分解における素因数 2 の個数」 これがいちばんマジメな表現
- 「16! が 2 で割り切れる回数」
- 「$16! = 2^a \cdot (2b+1)$[1] ($a, b \in \mathbb{Z}$ で $a \geq 0$) と表したときの a」

[1] の形にはよく出会います．奇数 $2b+1$ には素因数 2 はありませんから，a が素因数 2 の個数ですね．

例題 6 11 b 階乗と素因数 根底 実戦

[→演習問題 6 12 21]

360! が 3 で割り切れる回数 N を求めよ．

注 前述の通り，「360! がもつ素因数 3 の個数」と同じです．

着眼 前記 例 で見た通り，次の 2 つがポイントです：

1. 3 の何乗の倍数まで数えるか？
2. 割り切れないときの「商」の表現

解答 $3^5 = 243 < 360 < 729 = 3^6$ だから，1〜360 にある $3, 3^2, 3^3, 3^4, 3^5$ の倍数[2] の個数を考える．

3 の倍数 $\cdots \dfrac{360}{3} = 120$(個)．

3^2の倍数 $\cdots \dfrac{360}{3^2} = 40$(個)．

$3^3(=27)$ の倍数

$\cdots 360 = 27 \cdot 13 + 9$ より 13(個)．

$3^4(=81)$ の倍数

$\cdots 360 = 81 \cdot 4 + 36$ より 4(個)．

$3^5(=243)$ の倍数

$\cdots 360 = 243 \cdot 1 + 117$ より 1(個)．

これらを加えて

$N = 120 + 40 + 13 + 4 + 1 = 178.$ //

解説 [2]：**着眼** 1. はこれでクリアーですね．

2. に関して．上記 **解答** では割り切れるとき（左列）と割り切れないとき（右列）とで書きっぷりを変えています．もちろんこれで OK なのですが，問題がさらに本格化すると，いちいち表現法を使い分けるのも面倒になります．そこで，**3** で見た「商をガウス記号で表す」ことを利用しましょう．

$$N = \left[\frac{360}{3}\right] + \left[\frac{360}{3^2}\right] + \left[\frac{360}{3^3}\right] + \left[\frac{360}{3^4}\right] + \left[\frac{360}{3^5}\right]$$

これなら，割り切れるか否かに関係なく書き表せるので，2. についても心配要らずですね．

重要 この例題を参考にすると，任意の整数 n，任意の素数 p に対して，「$n!$ の素因数分解における素因数 p の個数 N」は，次のように表せることがわかります：

$p^m \leq n < p^{m+1}$ を満たす 0 以上の整数 m を用いて 上記ポイント 1. ：p^m 乗の倍数まで考える

$$N = \left[\frac{n}{p}\right] + \left[\frac{n}{p^2}\right] + \left[\frac{n}{p^3}\right] + \cdots + \left[\frac{n}{p^m}\right].$$ 上記ポイント 2. ：ガウス記号を活用

注意！ これを「公式」として暗記してセコく使って問題解こうなんてしないでね．ちゃんとその場で前ページの ○，●，□，■のような素因数の配置を思い浮かべながら考えて立式してください．

将来 これと **3** 参考 の不等式を利用すると，理系生向けの典型問題が一丁上がりとなります（笑）．[→演習問題 6 13 12]

5 約数の個数・和

例 $200=2^3\cdot5^2$ の正の約数は，$2^a\cdot5^b$ の形で表され，a, b のとりうる値は，それぞれ

$$\begin{cases} a=0, 1, 2, 3 \\ b=0, 1, 2 \end{cases}$$ のいずれかです．「素因数分解の一意性」より

2 ＼ 5	1	5	5^2
1	1	5	25
2	2	10	50
2^2	4	20	100
2^3	8	40	200

正の約数 $2^a\cdot5^b \longleftrightarrow$ 組 (a, b)（一対一対応）

ですから，200 の正の約数（左）の個数は，組 (a, b)（右）の個数と等しく

$(3+1)(2+1)=12$(個).

解説 素因数 2 の個数の選び方が $3+1$ 通り．その各々に対する素因数 5 の個数の選び方が $2+1$ 通りずつあるので，これらを掛け合わせれば OK です［→ 7 2 6 **「積の法則」**］．この考え方は，素因数が上の 2 種類から 3 種類以上に増えても同様ですね．■

次に，正の約数の総和は

$$1\cdot1+1\cdot5+1\cdot5^2$$
$$+2\cdot1+2\cdot5+2\cdot5^2$$
$$+2^2\cdot1+2^2\cdot5+2^2\cdot5^2$$
$$+2^3\cdot1+2^3\cdot5+2^3\cdot5^2$$

（この式中の各約数は，上表と同じ位置に配置）

これを整理すると

$$1\cdot(1+5+5^2)$$
$$+2\cdot(1+5+5^2)$$
$$+2^2\cdot(1+5+5^2)$$
$$+2^3\cdot(1+5+5^2)$$

（各行ごとに並べた）

$$=(1+2+2^2+2^3)(1+5+5^2). \quad \cdots①$$

（$2\cdot5^2$，$2^3\cdot5$）

解説 上の赤線で例示した「展開の仕組み」［→ 1 2 2 ］を理解していれば，途中式を書かなくても直接①式が理解できますね．素因数が上の 2 種類から 3 種類以上に増えても同様です．

約数の個数・和 定理

$p^\alpha q^\beta r^\gamma\cdots$ と素因数分解された自然数に対して，

正の約数の個数 $=(\alpha+1)(\beta+1)(\gamma+1)\cdots$.

正の約数の総和 $=(1+p+p^2+\cdots+p^\alpha)(1+q+q^2+\cdots+q^\beta)(1+r+r^2+\cdots+r^\gamma)\cdots$.

注 これらは定理として認められているものとして，次問では証明抜きに使用します．

数学B数列後 総和の式の各因数は，等比数列の和の公式より，$\dfrac{p^{\alpha+1}-1}{p-1}$ などと表せます．

言い訳 アルファベット（26 個しかない）が足りなくなるケースは無視して書いてます（笑）．

注 本項で考えるのは，正の約数のみです．もし負の約数も考えると，「個数」は 2 倍となり，「和」はプラスとマイナスが消し合うので…「0」に決まってますね（笑）．

例題 6 11 C 約数の個数・和 根底 実戦

［→演習問題 6 12 23］

600 の正の約数の個数 N，および正の約数の総和 S をそれぞれ求めよ．

解答 600 を素因数分解すると

$600=2\cdot3\cdot10^2=2^3\cdot3\cdot5^2$.

$\therefore\ N=(3+1)(1+1)(2+1)=4\cdot2\cdot3=24.$ //

$S=(1+2+2^2+2^3)(1+3)(1+5+5^2)$
$=15\cdot4\cdot31$
$=60\cdot31=1860.$ //

注 これで正解ですが，くれぐれも上述の**考え方の理解**に重きを置くこと！

例題 6 11 d 約数の個数・和（逆問題） 根底 実戦 入試 [→演習問題 6 12 40]

2 以上の整数 m の正の約数の個数，総和をそれぞれ $N(m)$, $S(m)$ とする．

(1) $N(m)$ が奇数であるとき，m は平方数であることを示せ．

(2) $S(m)$ が奇数であるとき，m は $2^x(2y+1)^2$ (x, y は 0 以上の整数) と表せることを示せ．

着眼 正の約数の個数，総和に関する情報をもとに，m がどんな自然数であるかを考えるという，前問と逆向きの問題です．鍵を握るのは，けっきょく**素因数分解**です．

(2)「$2y+1$」とは「奇数」を意味します．よって，特に「素因数 2」に注目します．

解答 (1) $p, q, r, \cdots$ を異なる素数とし，$a, b, c, \cdots$ を自然数として，$m = p^a \cdot q^b \cdot r^c \cdots\cdots$ と素因数分解されているとすると，

$N(m) = (a+1)(b+1)(c+1)\cdots\cdots$.

これが奇数だから

$a+1, b+1, c+1, \cdots$ は全て奇数，

i.e. $a, b, c, \cdots$ は全て偶数．…①

よって，自然数 $a', b', c', \cdots$ を用いて

$a = 2a', b = 2b', c = 2c', \cdots$ とおけて

$m = p^{2a'} \cdot q^{2b'} \cdot r^{2c'} \cdots\cdots$[1] $= (p^{a'} \cdot q^{b'} \cdot r^{c'} \cdots)^2$.

よって，m は平方数である．□

(2) $q, r, \cdots$ を相異なる奇素数，a を 0 以上[2]の整数，$b, c, \cdots$ を自然数として

$m = 2^a \cdot q^b \cdot r^c \cdots\cdots$

と素因数分解されているとすると，

$S(m) = \underline{(1+2+2^2+\cdots+2^a)}$ A とおく
$\times \underline{(1+q+q^2+\cdots+q^b)}$ B とおく
$\times \underline{(1+r+r^2+\cdots+r^c)}$ C とおく $\times \cdots$.

「$A = 1+2$ の倍数」は奇数．これと $S(m)$ が奇数であることより

$B, C, \cdots$ は全て奇数．

$B, C, \cdots$ の各項 $1, q, q^2$ などは全て奇数ゆえ，

$B, C, \cdots$ の項数[3] $b+1, c+1, \cdots$ は全て奇数．

i.e. $b, c, \cdots$ は全て偶数．

$\therefore b = 2b', c = 2c', \cdots$ ($b', c' \in \mathbb{N}$) とおけて

$m = 2^a \cdot q^{2b'} \cdot r^{2c'} \cdots\cdots = 2^a \cdot (q^{b'} \cdot r^{c'} \cdots)^2$.

ここに，a は 0 以上の整数であり，（ ）内は奇数の自然数だから $2y+1$ ($y = 0, 1, 2, \cdots$) と表せる．よって，題意が示せた．□

注 1)：「平方数 ⟷ 全ての素因数が偶数個」でしたね[→3 4]．

2)：m が素因数 2 をもたないケースも想定に入れるため，「正」ではなく「0 以上」としています．

解説 (2)「$2^x(2y+1)^2$ と表せる」とは，「素因数 2 を除いた奇数部分は平方数」と言ってるだけでした（笑）．[→例題 6 11 b 直前の注「$2^a \cdot (2b+1)$」]

3)：このように，「奇数からなる和の偶奇は，その個数の偶奇で決まる」という考え方はけっこうよく使います．[→例題 6 11 e]

言い訳 (2) では，m が奇数の素因数 $q, r, \cdots$ を一切もたないこともあり得ます．その場合には，「$B, C, \cdots$」の所は“何もなくなる”訳ですが… これらの値が全て「1」になったと解釈すれば，**解答**で書いたことは，全てそのまま成り立ちます．

また，26 個しかないアルファベットが足りなくなったりしないという前提で書いてます（笑）．このような不備を避けるには，素因数分解を $p_1^{a_1} p_2^{a_2} p_3^{a_3} \cdots$ のように書きますが…，面倒くさいですね．

6 方程式の有理数解

例題 6 11 e 方程式の有理数解 根底 実戦 入試

[→演習問題 6 12 24]

a, b, c を整数とする．x の 2 次方程式 $ax^2+bx+c=0$ …① について次の問いに答えよ．

(1) ①が有理数解 $\dfrac{m}{n}$ (m, n は互いに素な整数) をもつとき，m は c の約数であり，n は a の約数であることを示せ．

(2) a, b, c を奇数とする．x の 2 次方程式①は有理数の解をもたないことを示せ．

方針 (1)「m, n は互いに素な整数」をどう活かすかを考えます．
(2)「もたない」という否定表現の証明といえば…

解答 (1) $\dfrac{m}{n}$ が①の 1 つの解であるとき

$$a\left(\frac{m}{n}\right)^2+b\cdot\frac{m}{n}+c=0.$$ [1)]

$$am^2+bmn+cn^2=0. \quad \cdots②$$

$$\therefore \begin{cases} m\cdot(-am-bn)=cn^2, & \cdots③ \\ n\cdot(-bm-cn)=am^2. & \cdots④ \end{cases}$$

m と n は互いに素だから

③より $m \mid c$, [2)]

④より $n \mid a$. □

(2) 背理法を用いる．

仮に有理数 $\dfrac{m}{n}$ (m,n は互いに素な整数) が①の 1 つの解であるとしたら，(1)の結果と c, a が奇数であることより，m,n も奇数である．

また，(1)と同様に②が成り立ち，その左辺は，

[3)] $\begin{cases} \text{各項は奇数 (∵ } b \text{ も奇数)} \\ \text{項数は 3: 奇数} \end{cases}$ より奇数である．

一方，等式②の右辺：0 は偶数 [4)]．これは不合理である．よって，①は有理数の解をもたない．□

解説 1)：m, n が整数であること，そして互いに素 (つまり約数などの概念) を活かしたいのですから，整数の体系の中にない「分数」という表記を消すのが正道です．
②の後，m に関する情報を得るため，m でくくれる部分を m でくくったのが③です．同様に，n に関する情報は n でくくった④から得られます．

2)：③において，「互いに素の活用法❶」[→5 2]を用いました．m の中にある素因数の所在をちゃんと考えましょうね．

3)：「各項の偶奇と項数の偶奇から，全体の偶奇がわかる」ことに関しては，前問の 3) でも述べた通りです．

4)：$0=2\cdot 0$ より，0 は 2 の倍数 (つまり偶数) です．

本問と同様にして，一般に次のことが導かれます：

整数係数方程式の有理数解 知識

係数が全て整数である n 次方程式 $ax^n+\cdots+b=0$ …(*) が有理数解をもつとき[5)]，その解は (n は自然数)

$$\frac{\text{定数項 } b \text{ の約数}}{\text{最高次係数 } a \text{ の約数}}$$ 以外にはない．(負の約数も考える)

注意! 試験では，これを “定理” として使って良いという状況はないと思われます．

注 5)：上の結論は，(*) が必ず有理数解をもつことを保証している訳ではありません！

将来 数学Ⅱで学ぶ「高次方程式」(3 次以上) を解くときに，とても重宝します．

7 連立合同式

例題 6 11 f 連立合同式 根底 実戦 終着 入試

[→演習問題 6 12 30]

1 辺の長さが 1cm であるの正方形のタイルが a 枚ある．これを右のように長方形の枠に隙間なく並べることを考える（この図では長方形の縦の長さが 4cm の例を描いている）．次の問いに答えよ．

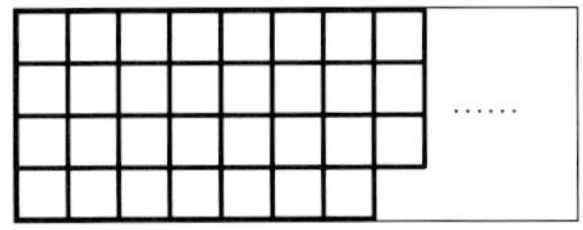

(1) ある長方形の枠（縦の長さが 5cm）に並べたらタイルが 2 枚残った．また，別の長方形の枠（縦の長さが 6cm）に並べたらタイルが 10 枚残った．このとき a を 30 で割った余りを求めよ．

(2) (1)の条件に加えて，縦の長さが 7cm のある長方形の枠に並べたらタイルが 4 枚足りないことがわかった．このとき a を 210 で割った余りを求めよ．

着眼 (1) 要するに，「余り」に関する情報が与えられているのがわかりましたか？

(2)「4 枚足りない」ということは，$n = 7b - 4 = 7(b-1) + 3\ (b \in \mathbb{Z})$ と表せますね．

解答 (1) 条件より，$a \equiv 2 \pmod 5$.

また，$10 = 6 \cdot 1 + 4$ だから，$a \equiv 4 \pmod 6$.

よって a は，ある整数 m, n を用いて

$a = 5m + 2,\ a = 6n + 4$

と表せる．このとき

$$5m + 2 = 6n + 4.$$

i.e. $5m = 6n + 2.$[1)]

これと $5 \cdot 4 = 6 \cdot 3 + 2$ とで辺々差をとると

$5(m-4) = 6(n-3)$.

5 と 6 は互いに素だから，k をある整数として

$$(m-4,\ n-3) = (6k,\ 5k).$$

$$\text{i.e. } (m,\ n) = (6k+4,\ 5k+3).$$

$$\therefore\ a = 5m + 2 = 5(6k+4) + 2 = 30k + 22. \cdots ①$$

よって，求める余りは，22.//

(2) 条件より，$a \equiv -4 \equiv 3 \pmod 7$.

これと①より，a は，ある整数 k, l を用いて

$a = 30k + 22,\ a = 7l + 3$

と表せる．このとき

$30k + 22 = 7l + 3.$

$30k + 19 = 7l.$

これと $30 \cdot 1 + 19 = 7 \cdot 7$ とで辺々差をとると

$30(k-1) = 7(l-7)$.

30 と 7 は互いに素だから，i をある整数として

$$(k-1,\ l-7) = (7i,\ 30i).$$

$$\text{i.e. } (k,\ l) = (7i+1,\ 30i+7).$$

$$\therefore\ a = 30k + 22 = 30(7i+1) + 22 = 210i + 52.$$

よって，求める余りは，52.//

参考 (1)の条件は，合同式を用いて $\begin{cases} a \equiv 2 \pmod 5 \\ a \equiv 4 \pmod 6 \end{cases}$ と書けるので，このタイプの問題は「連立合同式」もしくは「連立合同方程式」と呼ばれます．

注 1)：「連立合同式」は，けっきょく 1 次型不定方程式を解くことに帰着されます．m, n の係数どうしが互いに素なので，これは必ず解をもちます[→例題 6 10 d 発展].

余談 本問のような“日常”の素材を用いた“文章題”が「共通テスト数学」（特にⅠ・A）では出題されがちですが，「数学」としてやるべき仕事は，この**解答**のように**抽象化**して表すことです．

発展 重要度↓ 連立合同式に関する超高校級の理論として，「中国の剰余定理」なるものがあります．

8 N 進法

例題 6 11 g N 進法と文字式 根底 実戦 入試

[→演習問題 6 12 26]

自然数 n は，7 進法で表すと 3 桁の数 $abc_{(7)}$ となり，8 進法で表すと 3 桁の数 $bca_{(8)}$ となる．このような n を 10 進法で答えよ．

方針 N 進法の構造理解に基づいて n を a, b, c の文字式で表します．
ただし，a, b, c は各桁の数ですから，大きさが制限されています．

解答 整数 a, b, c は 7 進法における各位の数であり，a, b は最高位の数ゆえ 0 ではないから

$1 \leq a \leq 6,\ 1 \leq b \leq 6,\ 0 \leq c \leq 6$ …①

のもとで考える．
題意の条件より

$n = a \cdot 7^2 + b \cdot 7 + c.$ …②

$n = b \cdot 8^2 + c \cdot 8 + a.$

したがって

$49a + 7b + c = 64b + 8c + a.$

$48a = 57b + 7c.$ [1)]

$3(16a - 19b) = 7c.$ …③

3 と 7 は互いに素だから，$3 \mid c$．これと①より

$c = 0, 3, 6$ が必要．

i) $c = 0$ のとき，③より，$16a = 19b.$ [2)]
16 と 19 は互いに素だから，$19 \mid a$．しかし，①よりこれを満たす a はない．

ii) $c = 3$ のとき，③より，$16a = 19b + 7.$ [3)]
①より両辺のとり得る値は

$$\begin{cases} \text{左辺} = 16, 32, 48, 64, 80, 96. \\ \text{右辺} = 26, 45, 64, 83, 102, 121. \end{cases}$$

両辺に共通な値は 64 のみだから，

$(a, b) = (4, 3).$

iii) $c = 6$ のとき，③より，

$16a = 19b + 14$ …④.

①より両辺のとり得る値は

$$\begin{cases} \text{左辺} = 16, 32, 48, 64, 80, 96. \\ \text{右辺} = 33, 52, 71, 90, 109, 128. \end{cases}$$

両辺に共通な値はないから，④を満たす (a, b) はない．

以上 i)〜iii) より，$(a, b, c) = (4, 3, 3)$．これと②より

$n = 4 \cdot 49 + 3 \cdot 7 + 3 = 220.$ //

解説 N 進法の構造理解に基づいて「文字式」で表してしまえば，一種の「不定方程式」に帰着しましたね．

[1)]：この等式を見て，48 と 57 に共通素因数 3 があることが見抜けますね $(4+8=12,\ 5+7=12$ がいずれも 3 の倍数ですから)．すると，ごく自然に③式が得られます．この変形は，例題 6 10 e (3) で行った変形とそっくりです．③は，「**互いに素**の活用法❶」が使える典型的な形ですね．これは，[2)] についても同様です．

[3)]：これは，典型的な 1 次型不定方程式ですが…マジメに解かないでくださいね．①で**大きさ**が限定されていますから，全部調べればあっという間に解決です．

上記 2 つを見てもわかる通り，とにかく「整数」といえば，「**余り・約数**など」or「**大きさ**」が 2 本柱です．

例題 6 11 h 十進法と7の倍数 根底 実戦 入試

[→演習問題 6 12 28]

(1) 10 進法で表された 6 桁の自然数 $m = abcabc$(a, b, c は各桁の数) は，7 の倍数であることを示せ.

(2) 10 進法で表された 9 桁の自然数 $N = abcdefghi$ と，10 進法で表された 3 桁の自然数 $n_1 = abc, n_2 = def, n_3 = ghi$ を考える．ただし，$a, b, c, \cdots, i$ は各桁の数とする．N と $n_1 - n_2 + n_3$ は，7 で割った余りが等しいことを示せ.

着眼 3 桁ずつの“カタマリ”に関して問われていますね．これをどのように式で表すか…

(2)「余りが等しい」といえば…

解答

(1)
$$m = a\cdot10^5 + b\cdot10^4 + c\cdot10^3 + a\cdot10^2 + b\cdot10 + c\cdot1$$
$$= 10^3(a\cdot10^2 + b\cdot10 + c\cdot1) + a\cdot10^2 + b\cdot10 + c\cdot1$$
$$= 1001 \times (a\cdot10^2 + b\cdot10 + c\cdot1)^{1)}$$
$$= 7\cdot11\cdot13 \times abc.$$

（abc は十進整数を表す）

よって，$7 \mid m$. □

(2)
$$N = 1000^2 \times abc + 1000 \times def + ghi.$$
$$n_1 - n_2 + n_3 = abc - def + ghi.$$

辺々差をとると
$$N - (n_1 - n_2 + n_3)$$
$$= (1000^2 - 1) \times abc + (1000 + 1) \times def$$
$$= 1001\cdot999 \times abc + 1001 \times def.$$

$1001 = 7\cdot11\cdot13$ より $7 \mid 1001$ だから
$$7 \mid N - (n_1 - n_2 + n_3).$$
$$\text{i.e. } N \equiv n_1 - n_2 + n_3 \pmod 7. \ \square$$

解説 1)：こんなに詳しく書かず，次のように済ませてもかまわないでしょう：
$$m = abcabc$$
$$= 1000 \times abc + abc$$
$$= 1001 \times abc = 7\cdot11\cdot13 \times abc.$$

要するに，上の 3 桁：$abc000$ は下の 3 桁：abc の 10^3 倍ですから，$m = abcabc$ は下の 3 桁：abc の $10^3 + 1 = 1001$ 倍です．そして，$1001 = 7\cdot11\cdot13$ と素因数分解されるので，m は 7 の倍数となる訳です．この「1001」の素因数分解はとても有名です．[→3 3 / 問 (7)]でも扱いました.

(2)「余りが等しい」の証明ですから，「差をとって割り切れる」かどうかを調べます．すると，ごく自然にまたまた「1001」が現れます.

参考 (2)の結果を“実用”してみましょう.

例えば $N = 547\,305\,325$ のとき，本問のように 3 桁ずつに区切って考えると
$$n_1 - n_2 + n_3 = 547 - 305 + 325 = 567 = 7\cdot81.$$

これは 7 で割り切れるので，(2)の結果より N も 7 で割り切れることがわかります．実際，$547305325 = 7\cdot78186475$ となっています.

この考えは，10 桁以上の十進整数においてもまったく同様に使えます．十進整数を下の位から 3 桁ずつに区切り，下の 3 桁から順に符号を「+ → − → + → − → …」と交互に変えながら加え，それを 7 で割り切れるかどうかを調べれば，「元の数」が 7 の倍数か否かがわかるということです (11，13 の倍数かどうかについても同様).

ただし，9 4 で述べた「2，5，4，8，3，9，6」に関する「倍数判定法」に比べると…格段に面倒くさいですね．「元の数」を直接 7 で割ってみる方が早く，実用性は皆無です (笑).

9 平方剰余

平方数の余りに関する考察をします．事前に，**例題 6 7 b** を軽く見直しておいてください．

例題 6 11 i 平方剰余（その1） 根底 実戦 典型 入試 [→演習問題 6 12 31]

整数 a, b, c が $a^2+b^2=c^2$ …① を満たすとき，a, b のうち少なくとも一方は 3 の倍数であることを示せ．

方針 「少なくとも一方は」という曖昧さを含んだ命題の証明なので，**背理法**を用います．

解答 k をある整数として [1]

$n=3k$ のとき，$n^2=3 \cdot 3k^2$．

$n=3k \pm 1$ のとき，（$3k-1$ は 3 で割った余りが 2）

$n^2=(3k\pm1)^2=3\cdot(3k^2\pm2k)+1$（複号同順）．

以下，3 を法とする合同式を用いる．

整数 n の各余りに対応する n^2 の余りは右表のようになる．よって，

$n \equiv$	0	1	2
$n^2 \equiv$	0	1	1

任意の整数 n に対して，$n^2 \equiv 0$ or 1．…②

仮に，「$3 \mid a$ または $3 \mid b$」…③ ではない，

つまり，「$3 \nmid a$ かつ $3 \nmid b$」…④ であるとしたら，前表より

$$a^2 \equiv b^2 \equiv 1.$$

これと①より，$c^2 \equiv 1+1=2$.[2]

これは②に反する．よって，④ではない．つまり，③が成り立つ．□

解説 表からわかる通り，3 で割った余りは，n については 3 種類，平方数 n^2 については 2 種類のみです．この「平方剰余は種類が少ない」という事実が，次の 2 か所で効いています：

- 仮定④のもとでは，a や b を 3 で割った余りは 1 or 2 の 2 種類．しかし，a^2 や b^2 を 3 で割った余りは「1」だけに決まる．
- [2] で得られた「$c^2 \equiv 2$」が，平方数の余りとして“不可能”なので，「不合理」が得られた．

注 [2]：ここでは，“頭の中で”右のような計算をしています（文字は全て整数）：ただ，自明な結論だとみて計算過程を書きませんでした．

$a^2=3x+1,\ b^2=3y+1$. これと①より

$c^2=(3x+1)+(3y+1)=3(x+y)+2\equiv 2$.

[1]：この後の文字 k を用いた計算も，上記と同様**頭の中で**文字式を暗算して済ませてしまうこともあり得ます．ただし，あくまでも**この部分の重要性が薄いという状況下**においてのみ許されます．それを守らないと痛い目にあいますよ！**[→次問]**

参考 等式①：$a^2+b^2=c^2$（「三平方の定理」＝「ピタゴラスの定理」の形）を満たす自然数の組 (a, b, c) を「ピタゴラス数」といいます．有名なピタゴラス数である $(a, b, c)=(3, 4, 5)$, $(5, 12, 13)$ を見ると，たしかに a, b の一方は 3 の倍数になっていますね．

例題 6 11 j 平方剰余（その2） 根底 実戦 典型 入試 [→演習問題 6 12 31]

$a^2+b^2=c^2$ …① を満たす整数 a, b, c について答えよ．

(1) a, b のうち少なくとも一方は 2 の倍数であることを示せ．

(2) a, b のうち少なくとも一方は 4 の倍数であることを示せ．

方針 (1) 前問とほぼ同じ問題に見えますが…，やってみると，決定的な違いが….

(2) これも背理法…とするのは短絡的．(1)の結果を利用することを考えましょう．

解答 (1) k をある整数として

$n=2k$ のとき, $n^2=4k^2$.

$n=2k+1$ のとき,

$n^2=(2k+1)^2=4\cdot(k^2+k)+1$.

そこで, 以下において 4 を法とする合同式を用いる.

整数 n の偶奇に対応する n^2 の余りは右表のようになる. よって,

n	even	odd
$n^2\equiv$	0	1

任意の整数 n に対して, $n^2\equiv 0$ or 1. …②

仮に,「$2\mid a$ または $2\mid b$」…③ ではない, つまり,「$2\nmid a$ かつ $2\nmid b$」…④ であるとしたら, 前表より

$$a^2\equiv b^2\equiv 1.$$

これと①より, $c^2\equiv 1+1=2$.

これは②に反する. よって, ④ではない. つまり, ③が成り立つ. □

(2) (1)より, 次の 2 つの場合に限られる.

i) a, b とも偶数

ii) a, b の一方は偶数で他方は奇数

i) のとき, ①より c も偶数. よって

$a=2k, b=2l, c=2m$

(k, l, m はある整数. 以下同様)

とおけて, ①より

$4k^2+4l^2=4m^2$. i.e. $k^2+l^2=m^2$.

これと(1)より k, l の少なくとも一方は偶数だから, $a(=2k), b(=2l)$ の少なくとも一方は 4 の倍数.

ii) のとき c は奇数ゆえ, 一般性を失うことなく

$a=2k, b=2l+1, c=2m+1$

とおけて, ①より（a, b の偶奇が逆でも同様）

$(2k)^2+(2l+1)^2=(2m+1)^2$.

$4k^2=(2m+1)^2-(2l+1)^2$. …⑤

$k^2=m^2+m-l^2-l$.

$k^2=m(m+1)-l(l+1)$.

右辺の 2 項は, いずれも連続 2 整数の積だから偶数である. よって

$2\mid k^2$. ∴ $2\mid k$.（2 は素数だから）

よって, $a(=2k)$ は 4 の倍数.

以上より, i), ii) いずれの場合でも, a, b の少なくとも一方は 4 の倍数である. □

注意! **重要** (1)では偶奇, つまり「2」で割った余りについて問われています. そこで, 試しに「2」を法とする合同式だけでの解答を試みると…

mod 2 で考えると, n を整数として $n\equiv 0$(even) のとき $n^2\equiv 0$. $n\equiv 1$(odd) のとき $n^2\equiv 1$.

よって, 任意の整数 n に対して

$n^2\equiv 0$ or 1.（mod 2 だと平方剰余も2 種類のまま）

仮に,「a : odd かつ b : odd」だとしたら,

$$a^2\equiv b^2\equiv 1.$$

これと①より, $c^2\equiv 1+1=2\equiv 0$.

……あれっ？？？……

残念ながら, 矛盾・不合理は発生していません. 平方数 c^2 の余りとして,「0」は可能な値ですから.

そもそも「2 で割った余り」は, 右表のようになり, **平方数の余りが, 元の余りから種類が減らない**という例外的なものなのです. これでは「平方数」がもつ特性を活かすことができませんね.

元の余り	0	1	2 種類
平方数の余り	0	1	2 種類

別解 ⑤の後, 次のように「積の形」にするのも自然です :

$4k^2=(2m+1+2l+1)(2m-2l)$.

$k^2=(m+l+1)(m-l)$.

ここで, 2 つの因数の差をとると

$(m+l+1)-(m-l)=2l+1$: odd

∴ $m+l+1, m-l$ の偶奇は不一致.

i.e. 一方は偶数だから, $2\mid k^2$. ∴ $2\mid k$.

10 整数値多項式

例題 6 11 k 整数値多項式 根底 実戦 入試

[→演習問題 6 12 32]

a, b, c は実数で $a \neq 0$ とする．$f(x) = ax^2 + bx + c$ とし，a, b, c に関する 2 つの条件

(A)：「全ての整数 n に対して $f(n)$ は整数である」

(B)：「$f(-1), f(0), f(1)$ は全て整数である」

を考える．(B) は，(A) であるための必要十分条件であることを示せ．

着眼 「大目標」が (A)，「手段」として (B) があるというカンジですね[→ 1 9 10]．
$(A) \Longrightarrow (B)$ は当然成り立ちますから，実質的には「$(B) \Longrightarrow (A)$ を示せ」という問題です．これは，2 次の多項式 $f(x)$ が，たった 3 つの整数 x に対して整数値をとれば，全ての整数 x に対して整数値をとるということであり，けっこう凄い内容ですね！

解答 $-1, 0, 1 \in \mathbb{Z}$ より，$(A) \Longrightarrow (B)$ は成り立つ．以下，$(B) \Longrightarrow (A)$ を示す．
(B) を仮定すると

$$f(-1) = a - b + c,$$
$$f(0) = c,$$
$$f(1) = a + b + c$$

は全て整数だから，

$$c,$$
$$p := (a+b+c) - c = a + b,\ ^{1)}$$
$$q := (a-b+c) - c = a - b$$

も全て整数．

そこで，実数 a, b を整数 p, q で表す [2] と

$$a = \frac{p+q}{2},\ b = \frac{p-q}{2}.$$

よって，n を任意の整数として

$$f(n) = \frac{p+q}{2}n^2 + \frac{p-q}{2}n + c\ ^{3)}$$
$$= p\cdot\frac{n(n+1)}{2} + q\cdot\frac{(n-1)n}{2} + c. \cdots ①$$

$n(n+1)$，$(n-1)n$ は，連続 2 整数の積ゆえ偶数だから，①の 3 項は全て整数．よって，(A) は成り立つ．
以上で，$(A) \Longleftrightarrow (B)$ が示せた．□

解説 [1]：「整数である」という情報をもつできるだけシンプルな式を作るため，$(a \pm b + c) - c$ という整数どうしの差の形を作り，それらを今後活用するため，「p, q」と“名前”を与えました．

[2]：このように，情報の薄い実数 a, b を，濃い情報をもつ整数 p, q で表すのが常套手段です

[3]：このままでは整数であるかどうかが不明です．その原因は分母にある「2」ですから，n の偶奇で場合分けするという方針もあり得ます．
しかし，ちょっと見方を変えて，「n」について整理されていた式を「p, q」を主体として整理し直すと，見事「連続 2 整数の積」が現れて解決しましたね．

参考 本問で扱ったような，全ての整数 n に対して $f(n)$ が整数となるような多項式 $f(x)$ のことを（大学以降では）**整数値多項式**と呼びます．

発展 重要度↓ 本問で得られた結果を一般化した，次の事実が知られています：

j 次の多項式 $f(x)$ が，ある連続する $j+1$ 個の整数 $m, m+1, m+2, \cdots, m+j$ に対して整数値をとるならば，$f(x)$ は整数値多項式である．

11 剰余系の再構成 ハイレベル↑

注 「剰余系」の定義は大丈夫ですか？[→7 6]

例 8 を法として考えます．$k=0, 1, 2, \cdots, 7$ という剰余系の要素をそれぞれ 5 倍してみると，余りは右のようになります：

k	0	1	2	3	4	5	6	7
$5k=$	0	5	10	15	20	25	30	35
$5k\equiv$	0	5	2	7	4	1	6	3

ご覧の通り，「k」に続いて「$5k$」も再び剰余系を構成していますね（順序は“シャッフル”されていますが）．このような「剰余系の再構成」が本項のテーマです．

注 「5 倍」を「6 倍」に変えると右のようになります．「$6k$」は剰余系を構成しませんね．「5」と「6」の違い，それは実は「8 と互いに素であるか否か」なのです．

k	0	1	2	3	4	5	6	7
$6k=$	0	6	12	18	24	30	36	42
$6k\equiv$	0	6	4	2	0	6	4	2

例題 6 11 1 剰余系の再構成 ハイレベル↑ 根底 実戦 典型 入試 [→演習問題 6 12 33]

a, b, k, l は整数とする．また，a と b は互いに素であり，$a\geq 2$ とする．

(1) $k\not\equiv l \pmod a$ ならば $bk\not\equiv bl \pmod a$ であることを示せ．

(2) bk を a で割った余りを r_k とする．r_k $(k=0, 1, 2, \cdots, a-1)$ は，$0, 1, 2, \cdots, a-1$ の全ての値をとることを示せ．

着眼 上の **例** の「mod 8」が「mod a」へ，「5 倍」が「b 倍」へと一般化されています．

方針 (1) 仮定側，結論側の双方に「$\not\equiv$」，つまり「合同でない」という否定的表現があり，このまま証明するのは難しそう．そこで，**対偶**を利用して「肯定的」なことがらにすり替えます．

解答 a を法とする合同式を用いる．

(1) 題意の命題の対偶：

$$bk\equiv bl \Rightarrow k\equiv l$$

を示せばよい．

$bk\equiv bl$, i.e. $a\mid b(k-l)$ [1)]

と，a と b が互いに素であることより [2)]

$a\mid k-l$, i.e. $k\equiv l$. [3)]

よって，題意も示せた．□

(2) 一般に，整数を a で割った余りは

$0, 1, 2, \cdots, a-1$（a 種類）のいずれか．…①

また，a 個の整数 $k=0, 1, 2, \cdots, a-1$ は，a で割った余りが全て相異なる．これと(1)より，それぞれを b 倍した bk $(k=0, 1, 2, \cdots, a-1)$ を a で割って得られる a 個の余り：r_k $(k=0, 1, 2, \cdots, a-1)$ も全て相異なる．

これと①より，r_k $(k=0, 1, 2, \cdots, a-1)$ は，$0, 1, 2, \cdots, a-1$ の全ての値をとる．□

解説 要するに，a を法とする剰余系があるとき，各要素を b 倍（ただし a と b は互いに素）することで剰余系が再構成されることが一般的に示された訳です．

1)3)：「余りが等しい」と「差をとって割り切れる」の言い換え．定番ですね．

2)：「互いに素の活用法❶」です．これもお馴染み．

注 「$0, 1, 2, \cdots, a-1$ の全ての値をとる」は，「剰余系をなす」と短く翻訳するとスッと頭に入ってきます．

発展 (2)の結論より，$bk\equiv 1 \pmod a$ を満たす k が，$0\sim a-1$ の中に存在します．この「k」に対して，ある整数 i を用いて右のように表せます．

$$bk=ai+1$$
$$\text{i.e. } a(-i)+b\cdot k=1$$

つまり，1 次型不定方程式 $ax+by=1$（a, b は互いに素）が，解 $(-i, k)$ をもつことが示せました．

12 演習問題B

6 12 1 根底 実戦

n は自然数とする．[1] 自然数 $3n+6$ を自然数 $n+1$ で割った余りを求めよ．

6 12 2 根底 実戦 定期

整数 a, b を 3 で割った余りがそれぞれ 1, 2 であるとき，以下の(1)〜(5)の整数を 3 で割った余りをそれぞれ答えよ．

(1) $2a$　　(2) $2a-2b$　　(3) $2a+3b$

(4) $5ab$　　(5) b^4

6 12 3 根底 実戦

連続 3 整数をそれぞれ 3 乗して加えた整数は 9 の倍数であることを示せ．

6 12 4 根底 実戦

a, b, c は整数とする．$a^3+b^3+c^3$ と $a+b+c$ は 6 で割った余りが等しいことを示せ．

6 12 5 根底 実戦

n が整数のとき，$\dfrac{1}{6}n(n+1)(2n+1)$ は整数であることを示せ．

6 12 6 根底 実戦

連続する 5 個の整数の積は 5! の倍数であることを証明せよ．

6 12 7 根底 実戦 重要

n は整数とする．5 つの整数の積：$n(n+2)(n+4)(n+6)(n+8)$ は 5 の倍数であることを示せ．

6 12 8 根底 実戦 定期

次の 2 数の最大公約数を求めよ．

(1) 1254 と 363　　(2) 1783 と 902　　(3) 4147 と 1353

6 12 9 根底 実戦

6 桁の 6 進整数 $m = abcdef_{(6)}$ と 7 桁の 6 進整数 $n = abcdefg_{(6)}$ があり，m は n の約数ではないとする．

(1) g のとり得る値を全て求めよ．

(2) m と n の最大公約数のとり得る値を全て求めよ．

6 12 10 根底 実戦 定期

(1) 3 進整数 $n = 1220112_{(3)}$ を，十進整数に書き直せ．

(2) (1)の n を，7 進整数に書き直せ．

6 12 11 根底 実戦 定期

次の 3 進整数どうしの計算をせよ．

(1) $1122011_{(3)} + 202121_{(3)}$　　(2) $2101_{(3)} \times 22_{(3)}$

6 12 12 根底 実戦 定期

次の分数を，十進小数として表せ．

(1) $\dfrac{17}{40}$　　(2) $\dfrac{17}{27}$

6 12 13 根底 実戦 定期

次の循環小数を既約分数で表せ．

(1) $a = 0.1\dot{0}\dot{9}$　　(2) $b = 1.\dot{1}4285\dot{7}$

6 12 14 根底 実戦 入試 ハイレベル

正の有理数 $\dfrac{a}{b}$ $(a, b$ は互いに素な自然数で $a < b)$ を十進小数で表したとき有限小数で表せるための必要十分条件は，分母の b が 2，5 以外の素因数をもたないことである．これを証明せよ．

6 12 15 根底 実戦 典型

次の方程式の整数解 (x, y) を求めよ．

(1) $15x + 12y = 9$　　(2) $6x = 17y + 12$　　(3) $19x - 55y = 7$

6 12 16 根底 実戦 典型

次の方程式を満たす整数解 (x, y) をすべて求めよ.

(1) $x^2 - xy + y^2 - 3x - 4 = 0\ (x, y > 0)$

(2) $4x^2 - 4xy - 3y^2 + 2x - 3y - 24 = 0$

6 12 17 根底 実戦 重要

p は 2 以外の素数とする. 自然数 x, y に関する不定方程式

$$(x+p)(y+1) = 2py$$

の解 (x, y) を p で表せ.

6 12 18 根底 実戦 典型

a, b, n は自然数で, a と b は互いに素であるとする. x, y の方程式

$$ax + by = n \quad \cdots ①$$

の 1 つの整数解を $(x, y) = (x_0, y_0)$ とする [1]. 以下の問いに答えよ.

(1) $n > ab$ のとき, ①を満たす自然数解 [2] (x, y) が少なくとも 1 つ存在することを示せ.

(2) $n < ab + a + b$ のとき, ①を満たす自然数解 (x, y) は高々 1 つ [3] しかないことを示せ.

6 12 19 根底 実戦

$6x + 10y + 15z = 150$ …① を満たす自然数の組 (x, y, z) を全て求めよ.

6 12 20 根底 実戦 入試

$\dfrac{1}{x} + \dfrac{1}{y} + \dfrac{1}{z} - \dfrac{1}{xyz}$ が整数となるような自然数 x, y, z を求めよ.

6 12 21 根底 実戦 典型

1000! を十進法で表すと, 末尾には 0 が何個連続して並ぶか.

6 12 22 根底 実戦 組合せ ${}_n\mathrm{C}_r$ 後

(1) 自然数 n に対して, $n! = 2^a(2b+1)$ (a, b は 0 以上の整数) と表したときの a を $f(n)$ とおく. $f(100)$ を求めよ.

(2) 組合せの個数 (二項係数) ${}_{100}\mathrm{C}_k = 2^a(2b+1)$ (a, b は 0 以上の整数) と表したときの a を $g(k)$ とおく. $g(63)$ を求めよ. また, ${}_{100}\mathrm{C}_k$ が奇数となるような k を 1 つ答えよ. ただし, $k = 1, 2, \cdots, 99$ とする.

6 12 23 根底 実戦 典型

$n = 108p^2$ (p は素数) の正の約数の個数 N，およびそれらの総和 S を求めよ．

6 12 24 根底 実戦 典型 入試

$f(x) = x^3 + ax^2 + bx + 4$ (a, b は整数) とおく．方程式 $f(x) = 0$ …① について答えよ．

(1) ①が有理数解をもつとき，それは整数解であることを示せ．

(2) ①が有理数解をもつような自然数の組 (a, b) で，$a \leq 5$ を満たすものの個数を求めよ．

6 12 25 根底 実戦

a は整数とする．a^2 を 20 で割った余りが 9 となるような a を全て求めよ．

6 12 26 根底 実戦

4 桁の 8 進整数 $n = abba_{(8)}$ について答えよ．

(1) n は 9 の倍数であることを示せ．

(2) n が 81 の倍数となるような (a, b) を全て求めよ．

6 12 27 根底 実戦

n 桁 $(1 \leq n \leq 8)$ の自然数 A で，全ての位が同じ数で 12 の倍数であるものを全て求めよ．

6 12 28 根底 実戦

6 進法で表された 4 桁の自然数 $N = abcd_{(6)}$ に対して，

$$S = a + b + c + d,\ T = -a + b - c + d$$

を考える．

(1) N を 5 で割った余りを，S を 5 で割った余り s で表せ．

(2) N を 7 で割った余りを，T を 7 で割った余り t で表せ．

(3) N を 5, 6, 7 で割った余りがそれぞれ 1, 2, 3 であるような n を 6 進整数で表せ．

6 12 29 根底 実戦

平方数を 9 で割った余りのとり得る値を全て求めよ．

6 12 30 根底 実戦

n は整数とする．n^2 は，6 で割ると余りが 3 であり，5 で割ると余りが 1 であるという．このような条件を満たす 1 以上 100 以下の n の個数を求めよ．

6 12 31 根底 実戦 典型

整数 a, b, c, d が $a^2+b^2+c^2=d^2$ …① を満たすとする．a, b, c, d のうち，偶数であるものの個数は偶数であることを示せ．

6 12 32 根底 実戦 典型 入試 重要

整数 a, b, c に対して，x の 2 次式 $f(x)=ax^2+bx+c$ を考える．$f(0), f(1), f(2)$ のどれもが 3 の倍数でないならば，方程式 $f(x)=0$ は整数の解をもたないことを示せ．

6 12 33 根底 実戦 典型

整数 n に対して，n を 17 で割った余りを $r(n)$ で表す．

(1) i, j は整数とする．$r(100i)=r(100j)$ ならば，$r(i)=r(j)$ が成り立つことを示せ．

(2) 下 2 桁がともに 0 である自然数の中に，17 で割った余りが 1 であるものが存在することを示せ．

6 12 34 根底 実戦 入試

n は自然数とする．$n, n+4, n+8$ が全て素数となるような n を求めよ．

6 12 35 根底 実戦 入試

$m^2=2^n+4$ を満たす自然数の組 (m, n) を求めよ．

6 12 36 根底 実戦

x, y は $x<y$ を満たす自然数とする．$\dfrac{3x+2}{y}$ が整数であるとき，これは 2 以下であることを示せ．

6 12 37 根底 実戦 典型 重要

次の(1)(2)の分数式が整数値をとるような自然数 n を全て求めよ．

(1) $f(n)=\dfrac{n+15}{n^2+3}$

(2) 数学Ⅱいろいろな式後 $g(n)=\dfrac{3n^2+4n+5}{n+2}$

6 12 38 根底 実戦 入試 重要

連続する 2 つの自然数の積は平方数（自然数の 2 乗で表せる数）とはなり得ないことを示せ．

6 12 39 根底 実戦 典型 入試 重要

n は 2 以上の整数とする.

(1) 2^n-1 が素数であるとき, n も素数であることを示せ.

(2) 2^n+1 が素数であるとき, $n=2^k$ (k は自然数) と表せることを示せ.

6 12 40 根底 実戦 典型 入試

自然数 n の中で, n の正の約数の総和 $S(n)$ から n を引いたものが n 自身に等しいもの, つまり $S(n)-n=n$ を満たす n のことを**完全数**という.

p, q を相異なる素数として, 次の形に表せる完全数 n を全て求めよ.

(1) $n=pq$ (2) $n=p^2q$

6 12 41 根底 実戦 入試 ハイレベル

自然数 n の正の約数の総和を $S(n)$ とする.

(1) $n\geqq 2$ とし, n の正の約数のうち n より小さいものの 1 つを d とする. $S(n)=d+n$ が成り立つとき, n はどのような数か. また, そのときの d の値を求めよ.

(2) 2 以上の整数 a と正の奇数 b に対して, $n=2^{a-1}b$ と定める. $S(n)=2n$ が成り立つとき, b は素数であることを示し, b を a で表せ.

なお, 任意の実数 x と自然数 m に対して, 等式

$x^m-1=(x-1)(x^{m-1}+x^{m-2}+\cdots+x+1)$ …① が成り立つことを用いてよい.

6 12 42 根底 実戦 典型 入試

1 から自然数 n までの整数の中で, n と互いに素であるものの個数を $\varphi(n)$ と表す. p, q は相異なる素数, a, b は自然数とする.

(1) $\varphi(p^a)$ を求めよ.

(2) $\varphi(p^aq^b)$ を求めよ.

6 12 43 根底 実戦 入試 組合せ ${}_n\mathrm{C}_r$ 後 ハイレベル

文字は全て 0 以上の整数とする.

(1) 自然数 k に対して, $k=2^xy$ (y は奇数) と表せるときの x を $f(k)$ とおく. $f(k)\leqq 3$ のとき, $f(80-k)$ を x で表せ.

(2) ${}_{79}\mathrm{C}_n$ が偶数となるような最小の自然数 n を求めよ.

注 2015 東大・理類を筆者が改編. 解答も筆者による.

13 演習問題C 他分野との融合

6 13 1 根底 実戦 対数後

$\log_{10} 7$ は無理数であることを示せ.

6 13 2 根底 実戦 典型 入試 数列後 ハイレベル↑

a から始まる k 個 $(k \geqq 2)$ の連続自然数の和を S とおく.

(1) $S = 2^{x-1}(2y+1)$ (x, y は自然数) と表せることを示せ.

(2) ハイレベル↑ 1 から 1000 までの自然数のうち, S のとり得る値の個数を求めよ.

6 13 3 根底 実戦 数列後 重要

n は自然数とする. 2^n を 3 で割った余りを求めよ.

6 13 4 根底 実戦 入試 いろいろな式後

p と $f(p) = p^{p-1} + 3p - 1$ がどちらも素数となるような p を全て求めよ.

6 13 5 根底 実戦 入試 数列後

$a_n = 2^{5n-4} + 2^{3n}$ $(n = 1, 2, 3, \cdots)$ とおく.

(1) $a_1, a_2, a_3, a_4, \cdots$ 全ての最大公約数を求めよ.

(2) $a_1, a_3, a_5, a_7, \cdots$ 全ての最大公約数を求めよ.

6 13 6 根底 実戦 入試 いろいろな式後

$f(n) = 2^{5n} + 5n^2$ (n は自然数) を 3 で割った余りを求めよ.

6 13 7 根底 実戦 入試 数列後

$2^n = n^2 + 7$ を満たす自然数 n を求めよ.

6 13 8 根底 実戦 典型 入試 数列後 重要

整数からなる数列 (a_n) $(n = 1, 2, 3, \cdots)$ が, 漸化式

$a_{n+2} = a_{n+1} + a_n$ $(n = 1, 2, 3, \cdots)$ …①

を満たしている.

(1) $a_1 = 1, a_2 = 1$ …② のとき, a_{2000} を 4 で割った余りを求めよ.

(2) $a_1 = 0, a_2 = 2$ …③ のとき, a_n を 4 で割った余りを求めよ.

6 13 9 根底実戦 典型入試 数列後

自然数からなる数列 (a_n) が

$$a_1=4,\ a_2=6\ \cdots①$$

$$a_{n+2}=3a_{n+1}+a_n\ (n=1,\ 2,\ 3,\ \cdots)\ \cdots②$$

によって定義されている．各自然数 n に対して a_n と a_{n+1} の最大公約数を求めよ．

6 13 10 根底実戦 典型入試 数列後 重要

p は素数とする．

(1) 二項係数 ${}_p\mathrm{C}_k\ (k=1,\ 2,\ \cdots,\ p-1)$ は全て p の倍数であることを示せ．

(2) 全ての自然数 n に対して，n^p と n は p で割った余りが等しいことを示せ．

(3) n と p が互いに素であるとき，n^{p-1} を p で割った余りは 1 であることを示せ．

6 13 11 根底実戦 典型入試 数列後

0 以上の整数 n に対して，整数 $f(n)$ が次の条件①～③により定義されている．

$$f(0)=0.\ \cdots①$$

$$n=1,\ 3,\ 5,\ \cdots \text{ のとき, } f(n)=f\left(\frac{n-1}{2}\right)+1.\ \cdots②$$

$$n=2,\ 4,\ 6,\ \cdots \text{ のとき, } f(n)=f\left(\frac{n}{2}\right).\ \cdots③$$

(1) 2 以上の整数 n が 2 進法で $n=a_ka_{k-1}a_{k-2}\cdots a_1a_{0(2)}$ と表されているとき，

$$f(n)=f\left(a_ka_{k-1}a_{k-2}\cdots a_{1(2)}\right)+a_0$$

が成り立つことを示せ．

(2) $0\leq n\leq 1000$ のとき，$f(n)$ の最大値を求めよ．また，そのようになる n のうち最大のものを求めよ．

6 13 12 根底実戦 数列後

自然数 n に対して，$n!$ が 2^k で割り切れるような最大の整数 k を $f(n)$ とする．

(1) 任意の自然数 n に対して $f(n)<n$ が成り立つことを示せ．

(2) 理系 極限 $\displaystyle\lim_{n\to\infty}\frac{f(n)}{n}$ を求めよ．ただし，$\displaystyle\lim_{n\to\infty}\frac{\log_2 n}{n}=0$ であることを用いてもよい．

6 13 13 根底実戦 典型 極限後 理系

次の循環小数を，$\dfrac{\text{整数}}{\text{整数}}$ の形で表せ．

(1) $a=0.555\cdots=0.\dot{5}$

(2) $b=0.121212\cdots=0.\dot{1}\dot{2}$

14 諸々(もろもろ)の証明 重要度↓ "付録" だと思ってください

本章でここまで述べてきた事柄の中で，ちゃんと示してこなかった部分について，本節でまとめて証明します．
どれもかなり難しいので，一度で全てを完璧に理解できなくても全然問題ありません．
ちょっと背伸びして大人への階段を上りたくなった時にでも（笑）鑑賞してみてください．

注 文字は，特に断らない場合でも整数とします．

1 商と余り [→1 4]

整数の除法 **原理**

任意の整数 a, b（ただし $b>0$）に対し，$a=bq+r \quad (0 \leq r < b)$ …① をみたす整数の組 (q, r) がただ1つ存在する．このような q, r を，a を b で割ったときの**商**，**余り**とそれぞれ称する．

1° q, r の存在証明

実数全体を，区間 区間の記号は［→1 5 4 コラム］

$[k, k+1)\ (k=\cdots, -1, 0, 1, 2, \cdots)$

に分割すると，実数 $\frac{a}{b}$ はこのうちいずれか1つだけに属する．すなわち

$$q \leq \frac{a}{b} < q+1,$$

i.e. $bq \leq a < bq+b$

をみたす $q(\in \mathbb{Z})$ がただ1つ存在する．そこで $r=a-bq(\in \mathbb{Z})$ とおけば $0 \leq r < b$ であるから

$a=bq+r\ (0 \leq r < b)$

をみたす整数 q, r の存在が示された．□

2° q, r の一意性の証明

$a=bq+r\ (0 \leq r < b)$,

$a=bq'+r'\ (0 \leq r' < b)$

とすると，辺々引いて

$$0=b(q-q')+(r-r'),$$

i.e. $r-r'=b(q'-q)$.

よって $r-r'$ は b の倍数で，$-b < r-r' < b$ であるから

$r-r'=0$ i.e. $r=r'$.

したがって $b(q-q')=0$ だから $q=q'$．□

2 素因数分解の一意性 [→3 2] 数学B数列後 ハイレベル⬆⬆

素因数分解の一意性 **原理** （「**初等整数論の基本定理**」と呼ばれます）

1を除く任意の正整数 n は，異なる**素数** $p, q, r, \cdots$ と正整数 $\alpha, \beta, \gamma, \cdots$ を用いて

$n=p^{\alpha}q^{\beta}r^{\gamma}\cdots$ の形に（現れる素数の順序を除いて）ただ一通りに表せる．

以下の証明は，「初等整数論講義」（高木貞治著）より引用．理解できなくても大丈夫（笑）．

素因数分解が可能であることについては，合成数をその約数どうしの積に次々分解していくことにより自明．

以下，数学的帰納法を用いて素因数分解の一意性を示す．

$2, 3, 4, \cdots, n$ については素因数分解の一意性が成り立つと仮定し，$n+1$ についてもそれがいえることを示す．

仮に $n+1$ が，素数 $p, q, r, \cdots, p', q', r', \cdots$ を用いて

$$(n+1=)\ pqr\cdots=p'q'r'\cdots \quad \cdots ①$$

と2通りに素因数分解されたとする．もしも $p=p'$ とすると

$$qr\cdots=q'r'\cdots$$

となり，$n+1$ より小さい正整数が 2 通りに素因数分解されたことになって仮定に反す．よって，$p \neq p'$．同様にして，次が示される．

$$\begin{cases} p \neq p', q', r', \cdots, \\ q \neq p', q', r', \cdots, \\ r \neq p', q', r', \cdots, \quad \cdots ② \\ \quad \vdots \end{cases}$$

$p > p'$ として①の両辺から $p'qr\cdots$ を引くと

$$(A :=)(p-p')qr\cdots = p'(q'r'\cdots - qr\cdots).$$

②より $p' \neq q, r, \cdots$ であるし，$p' \mid p-p'$ とすると $p' \mid p$ となるが，これは p, p' が異なる素数であることより不可能．よって，$n+1$ より小さな正整数 A が 2 通りに素因数分解されたことになって不合理．よって $n+1$ についても素因数分解は一意的．

正整数 2 の素因数分解は一意的であるから，2 以上の任意の整数について素因数分解の一意性が示された.□

3 G.C.D. と L.C.M. [→4 2]

公約数・公倍数と最大公約数・最小公倍数 定理

❶ 公約数は，最大公約数の約数.

❷ 公倍数は最小公倍数の倍数.

❷の証明は[→5 4]．ここでは❶の証明を行います．

a と b の最大公約数を G，任意の公約数を d とする．

また，d と G の最小公倍数を l とする．…㋐

このとき，$l = G$ を示す．

$d \mid a$，$G \mid a$ より，a は d と G の公倍数．

よって❷より，a は，d と G の最小公倍数 l の倍数.

b についても同様だから，$l \mid a, l \mid b$.

つまり，l は a と b の公約数だから，$l \leq G$.

一方，㋐より，$l \geq G$．よって，$l = G$.

すなわち，d と G の最小公倍数は G 自身であるから，$d \mid G$．これで❶も示せた．□

4 余りの一致と「合同」 [→7 3]

余りの一致・合同式

自然数 n と整数 a, b について，次の同値関係が成り立つ：

a, b を n で割った余りが等しい …①

$\Longleftrightarrow n \mid a-b$ …②

$$\begin{cases} a = nq + r\ (0 \leq r < n), \\ b = nq' + r'\ (0 \leq r' < n) \end{cases}$$

とすると，辺々引いて

$$a-b = n(q-q') + (r-r'). \cdots ③$$

①：$r = r'$ ならば，③より

$$a-b = n(q-q').$$

よって，②：$n \mid a-b$ が成り立つ．

逆に②：$n \mid a-b$ のとき，③を変形した

$$r-r' = (a-b) - n(q-q')$$

より，$n \mid r-r'$.

これと $-n < r-r' < n$ より $r-r' = 0$．すなわち①：$r = r'$ が成り立つ．

以上より，① $\Longleftrightarrow$ ② が示せた．□

5 互除法の原理 [→8 1]

互除法の原理 (文字は全て整数とする)

$a = b\cdot q + r$ …①のとき, $(a, b) = (b, r)$.

a と b の公約数全体の集合を A, b と r の公約数全体の集合を B とし,

$A = B$, i.e. $\begin{cases} A \subset B \text{ かつ} \\ B \subset A \end{cases}$

を示せばよい.

1° $d \in A$ のとき, $\begin{cases} a = da', \\ b = db' \end{cases}$ と表せて, ①より

$r = a - bq = da' - db'q = d(a' - b'q)$.

よって, d は r の約数でもあるから

$d \in B$. i.e. $A \subset B$.

2° $d \in B$ のとき, $\begin{cases} b = db', \\ r = dr' \end{cases}$ と表せて, ①より

$a = bq + r = db'q + dr' = d(b'q + r')$.

よって d は a の約数でもあるから

$d \in A$. i.e. $B \subset A$.

1°, 2° より, $A = B$ (集合の一致). よって, それぞれの最大要素 (最大公約数) どうしも一致する.

□

言い訳 という訳で, あまりマジメに証明する必要を感じない程度のことですね (笑).

注 重要 8 1 でも書いた通り, この証明において, 「$0 \leq r < b$」という前提は**全く関係ない**ですね.

6 N 進法による表現 [→9 5 最後の参考] 数学B数列後

0 以上 $7^n - 1$ ($n \in \mathbb{N}$) 以下の任意の整数が, 7 進法を用いて一意的に表せることを示します.

言い訳 "視認性"を重視して, 以下では「7 進法」を例にとって証明します. 「7」を「N」に書き換えれば, 立派な一般証明となります.

また, 桁数 n はいくらでも大きくとれるので, 0 以上の任意の整数に関する証明となります. ■

1° 「一意的に」の証明

n 桁以下の 7 進整数

$$A = a_{n-1}a_{n-2}\cdots a_1a_{0(7)}$$
$$= a_{n-1}\cdot 7^{n-1} + a_{n-2}\cdot 7^{n-2} + \cdots + a_1\cdot 7^1 + a_0\cdot 1,$$
$$B = b_{n-1}b_{n-2}\cdots b_1b_{0(7)}$$
$$= b_{n-1}\cdot 7^{n-1} + b_{n-2}\cdot 7^{n-2} + \cdots + b_1\cdot 7^1 + b_0\cdot 1$$

($a_0, a_1, \cdots, a_{n-1}$; $b_0, b_1, \cdots, b_{n-1}$ は, 0 以上 6 以下の整数)

において, $A = B$ ならば

$$(a_{n-1}, a_{n-2}, \cdots, a_1, a_0) = (b_{n-1}, b_{n-2}, \cdots, b_1, b_0) \cdots ①$$

となることを示す. (「大きさ」に注目, 「余り」に注目の 2 通りの方法で示す.)

解答1：「大きさ」に注目し，上の位から順に…

仮に $a_{n-1} > b_{n-1}$ だとしたら

$$A-B=(a_{n-1}-b_{n-1})\cdot 7^{n-1}+(a_{n-2}-b_{n-2})\cdot 7^{n-2}+\cdots+(a_1-b_1)\cdot 7^1+(a_0-b_0)\cdot 1$$
$$\geqq 1\cdot 7^{n-1}-6\cdot 7^{n-2}-\cdots-6\cdot 7^1-6\cdot 1 \ (n \geqq 2 \text{ のとき})$$
$$=7^{n-1}-6\cdot\frac{7^{n-1}-1}{7-1} \ (n=1 \text{ でも OK})$$
$$=1>0.$$

よって，$A>B$ となってしまうから，$a_{n-1}>b_{n-1}$ とはなり得ない．同様に $a_{n-1}<b_{n-1}$ もあり得ないから，

$$a_{n-1}=b_{n-1}.$$
$$\therefore\ a_{n-2}\cdots a_1 a_{0(7)}=b_{n-2}\cdots b_1 b_{0(7)}.$$

以下同様な作業を繰り返して，①が示される．□

解答2：「余り」に注目し，下の位から順に

$A=B$，すなわち

$$7\cdot(a_{n-1}\cdot 7^{n-2}+a_{n-2}\cdot 7^{n-3}+\cdots+a_1\cdot 1)+a_0$$
$$=7\cdot(b_{n-1}\cdot 7^{n-2}+b_{n-2}\cdot 7^{n-3}+\cdots+b_1\cdot 1)+b_0 \ (n\geqq 2 \text{ のとき})$$

ならば，両辺を 7 で割った余りに注目して

$$a_0=b_0 \ (\text{これは } n=1 \text{ でも成立}).$$

よって

$$a_{n-1}\cdot 7^{n-2}+a_{n-2}\cdot 7^{n-3}+\cdots+a_1$$
$$=b_{n-1}\cdot 7^{n-2}+b_{n-2}\cdot 7^{n-3}+\cdots+b_1$$

だから，同様にして $a_1=b_1$.

以下同様な作業を繰り返して，①が示される．□

2° 「任意の」の証明

n 桁以下の 7 進整数

$$A=a_{n-1}a_{n-2}\cdots a_1 a_{0(7)}$$
$$=a_{n-1}\cdot 7^{n-1}+a_{n-2}\cdot 7^{n-2}+\cdots+a_1\cdot 7^1+a_0\cdot 1$$

において，組 $(a_0, a_1, \cdots, a_{n-2}, a_{n-1})$ の作り方は 7^n 通りあり，1° により，これらに対応する A はすべて相異なる．よって，A は異なる 7^n 個の整数値をとる．

一方，

$$\min A=\underbrace{000\cdots 00}_{0\text{ が }n\text{ 個}}{}_{(7)}=0 \text{ から}$$

$$\max A=\underbrace{666\cdots 66}_{6\text{ が }n\text{ 個}}{}_{(7)}=6\cdot\frac{7^n-1}{7-1}=7^n-1$$

までの整数の個数は 7^n である．

したがって，A は，$\min A=0$ から $\max A=7^n-1$ までの全ての整数値をとり得る．□

15 付録：「数学と人間の活動」

学校教科書の数学 A「数学と人間の活動」は，数学の実用的な側面を紹介しながら，“素材”として整数を扱うというスタイルで書かれています．
しかし，数学を「実用」に重きを置いて学ぶと，「実社会」が抱える様々な“ノイズ”が入り込み，「本質」の理解を妨げます．また，共通テスト出題範囲外の見込みなので，入試での扱いも限定的でしょう．よって，本書は意図的に「実用」を軽視して書かれています．本節も，応用のちょっとしたサンプルを垣間見る程度の気持ちで臨めば OK です．
注　「整数」は，教科書に記述がない時代から（特に上位大学では）頻繁に出題されていました．

例 1　横と縦の比が有理数比 $\frac{19}{13}:1$ である長方形 R をできるだけ大きな正方形のタイルで敷き詰めようとしてみましょう．このような R の 1 つとして，横 19，縦 13(ともに自然数) の長方形 R' について考えます．

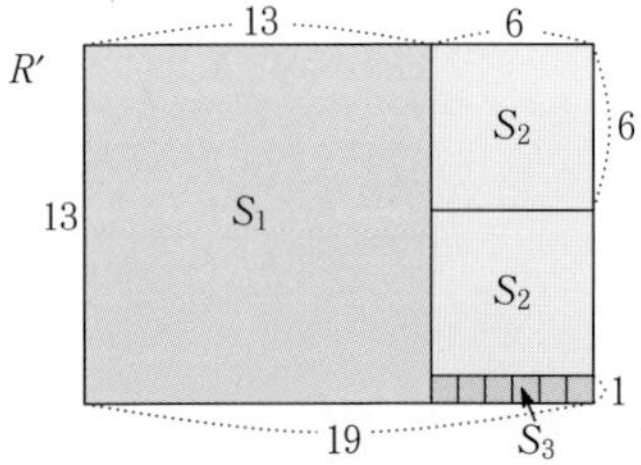

$19 = 13\cdot1 + 6$　R'に正方形 S_1を 1 枚敷く
$13 = 6\cdot2 + 1$　残りに正方形 S_2を 2 枚敷く
$6 = 1\cdot6 + \underline{0}$．残りを正方形 $S_3$6 枚で敷き<u>詰めた</u>

以上の“3 ステップ”で，R' をキレイに敷き詰めることができました．これを見るとわかるように，正方形のタイルを敷く各ステップは，互除法の各ステップと見事に対応していますね．互除法を行うと，いずれ必ず「余り $\underline{0}$」が現れるので，隙間なく敷き詰めることができる訳です．

例 2　次に，「整数」ではなく「実数」a, b に対して互除法“のようなこと”をやってみましょう．上記とは逆に，「$\underline{0}$」が現れることを前提とします．
a, b, c, d は<u>実数</u>で $a > b > c > d > 0$．l, m, n は<u>自然数</u>として，次のようになったとします：

$a = b\cdot l + c$，…①
$b = c\cdot m + d$，…②
$c = d\cdot n + \underline{0}$．…③

つまり，完全な敷き詰めができたと仮定すると

③より，$d = \frac{c}{n}$．

これと②より，$b = cm + \frac{c}{n} = \frac{mn+1}{n}c$．

i.e. $c = \frac{n}{mn+1}b$．

これと①より，$a = bl + \frac{n}{mn+1}b$．

i.e. $\frac{a}{b} = l + \frac{n}{mn+1} = \frac{lmn+l+n}{mn+1}$．

$\therefore \frac{a}{b}$ は有理数．

例 1 と **例 2** により，次の関係を得ました：

2 辺比が有理数 $\overset{*}{\Longleftrightarrow}$ 完全な敷き詰めが可能

言い訳　前記では“ステップ数”を「3」に限定していますが，それ以外の場合も同様です．■

＊の「$\Longrightarrow$」「$\Longleftarrow$」それぞれの対偶を考えると

2 辺比が無理数 $\overset{*'}{\Longleftrightarrow}$ 完全な敷き詰めは不可能

となります．「$\overset{*'}{\Longrightarrow}$」の実例をお見せしましょう．

横 $r(>1)$，縦 1 の長方形から，1 辺が 1 の正方形 S_1 を除いてできる長方形が元の長方形と相似になるとき

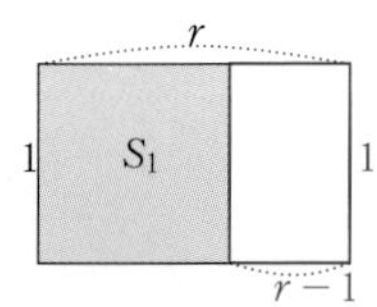

$1 : r = (r-1) : 1$．$r(r-1) = 1$．

$r^2 - r - 1 = 0$．$r = \frac{1+\sqrt{5}}{2}$．…1.6180…

この値は**黄金比**と呼ばれる古来有名な値であり，無理数です［→**演習問題 5 9 3**］．

この場合，タイルを敷く度に元と相似な長方形が現れ，全く同様な作業が無限に繰り返されます．つまり，“敷き<u>詰める</u>”ことはできません．

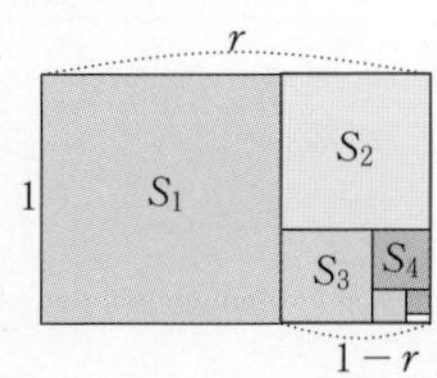

第 7 章
場合の数・確率

概要

以下に述べる通り，いろいろな意味で異彩を放つ分野です．
「個数を求める」というとても原始的な作業から始まります．「確率」も，個数の比として求まる地味な代物です（笑）．そして基本事項が薄っぺらで小学生でも知ってる程度なので，学ぶべき**核**がハッキリせず，努力の成果も実感しにくいので学習意欲が湧きづらいという傾向があります．
注 「データの分析」と同様，数学の本流からは切り離された“脇道”分野であり，本章が未習得でも他分野への影響は少ないです（数学 B「統計的推測」は例外）．よって，学習順は後回しでも平気です．

学習ポイント

このように掴みどころがない単元ですので，この分野固有の対策として次の 2 点を推奨します：
1. 長い文章で書かれた問題にある現象を**視覚化**する．
2. 演習量を積み，有名パターンを**理解した上で**暗記！

将来入試では

入試では，他分野とは違った力を試せるという事情もあり，**もの凄く頻出**です．前記の通り演習量を要する分野ですので，頻出でよかったですね（笑）．そして，「整数」と並んで満点 or 零点に分かれやすく，合否を決定づける分野です．
注 全 7 章の中で最大のページ数：90 ページを割いてもなお，「入試」を意識した演習量としては，本書だけで足りてるかどうか…．拙著：『合格る確率＋場合の数』の併用も検討してください．
注意！ 本書では基本を詳し〜く解説していますが，詳し過ぎるかも．「基本」を“読んで”ばかりいると…たいがい眠くなります（笑）．そんなときは多少生半可な理解でよいので先へ進んで問題を解いてみてください．そこで基本の欠如を感じ，改めて基本に立ち返ってみる度に，理解が深まっていくでしょう．

この章の内容

［高校数学範囲表］ ●当該分野 ●関連が深い分野

数学Ⅰ	数学Ⅱ	数学Ⅲ 理系
数と式	いろいろな式	いろいろな関数
2次関数	ベクトルの基礎	極限
三角比	図形と方程式	微分法
データの分析	三角関数	積分法
数学A	指数・対数関数	**数学C**
図形の性質	微分法・積分法	ベクトル
整数	**数学B**	複素数平面
場合の数・確率	数列	2次曲線
	統計的推測	

1 集合の要素の個数

「集合」に関しては，既に 1 9 で学んでいます．「場合の数・確率」では，「集合」に関する用語・記号を用いることが多々あります．万が一あやふやな点があれば，即座に上記個所に戻って確認すること．

1 個数とは

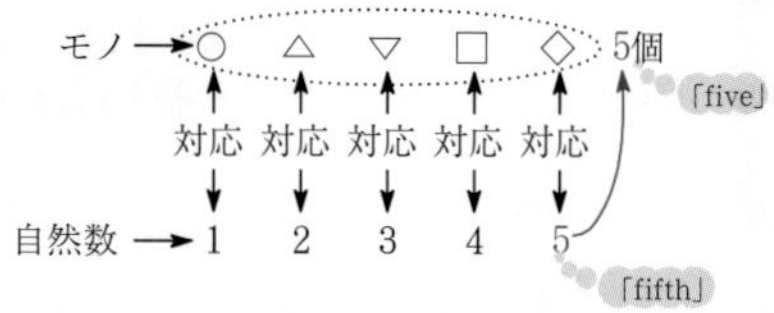

例えば○，△，▽，□，◇というモノの集まり（集合）があるとき，その「個数」は次のように決まります．

1 つ 1 つのモノ（要素）と，「1」から始まる自然数 1, 2, 3, … を右のように対応付けていきます [1]．

最後のモノと対応付いたのが「5」[2] であるとき，そこにあるモノの個数が「5」[3] となります．

注 [1]：「いち，にい，さん，…」と唱えながら指を折っていく行為そのものですね（笑）．

[2]：この「5」は，「5 番目」という順番「fifth」を表します．

[3]：この「5」は，「5 個」という個数「five」を表します．

このように，「自然数」には「順番を表す」，「個数を表す」という 2 つの機能があり，順番を「1」から始めるとき，**終わりの番号と個数は一致します**．

6 個　?個

1, 2, …, 6, 7, 8, …, 19, 20

20 個

例 連続する自然数 7, 8, 9, …, 20 の個数は　$20-6=14$.//

連続する整数の個数 知識 既習者

連続する自然数の個数 =（終わりの番号）−（初めの番号 − 1）

注 連続整数の個数について，より詳しくは[→6 11 1]

2 補集合

1 9 4 で軽く触れた有限集合（要素が有限個）の要素の個数について確認しておきます．

注 集合 A の要素の個数は $n(A)$，考察対象全体である「全体集合」は U で表します．

補集合の要素の個数 定理　$n(\overline{A})=n(U)-n(A)$

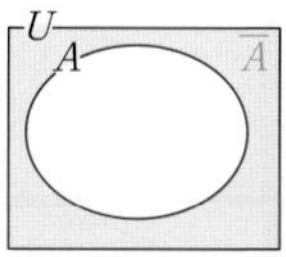

例題 7 1 a 補集合の要素の個数 根底 実戦

100 以下の自然数のうち，3 で割り切れないものの個数を求めよ．

方針 「割り切れないもの」は考えにくいので，「割り切れるもの」に注目します．

解答 $U=\{1, 2, 3, \cdots, 100\}$ の部分集合として，$A=\{x|x$ は 3 の倍数$\}$ を考えると，求める個数は $n(\overline{A})$ である．

$100=3\cdot 33+1$ より，$n(A)=33$.

$\therefore n(\overline{A})=100-33=67$.//

補足 100 を 3 で割った商：33 が $n(A)$ となる理由は理解できていますか？[→6 11 2]

注 この問題は，例題 7 2 c で再び扱います．

3 包除原理

2つの集合の和集合の要素の個数に関して，1 9 4でも述べたように，次の関係が成り立ちます：

包除原理（2個） 定理

〔図1〕

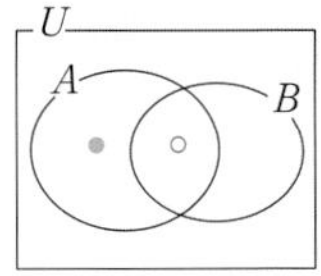

〔図2〕

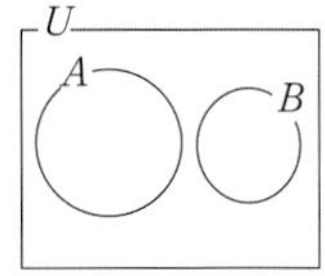

一般に，

❶: $n(A\cup B)=n(A)+n(B)-n(A\cap B)$. 右図1

特に，A, B に共通部分がないときは，

❶′: $n(A\cup B)=n(A)+n(B)$. 右図2

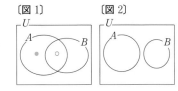

注 〔図1〕の ●，○ の要素が，❶の右辺において過不足なく一度ずつ数えられていることを，❶式の右辺を見ながら確認しておきましょう．

❶′ は，2 4 の「和の法則」そのものです．

例題 7 1 b 包除原理（集合2個） 根底 実戦 定期 [→演習問題 7 5 1]

(1) あるクラスで行われた数学のテスト（100点満点）で，80点以上の生徒が11人，60点以上80点未満の生徒が17人いた．このクラスで60点以上の生徒は何人いるか．

(2) あるクラスで行われた数学と英語のテスト（各々100点満点）で，数学が80点以上の生徒が11人，英語が80点以上の生徒が14人，数学と英語がどちらも80点以上の生徒が6人いた．このクラスで，英語と数学の少なくとも一方が80点以上である生徒は何人いるか．

方針 集合を明確に定義し，それを用いて明快な式を書いて解答しましょう．

解答 (1) クラス全員を全体集合とする集合を，数学のテストの得点に応じて次のように定める：

A：80点以上の生徒全体の集合

B：60点以上80点未満の生徒全体の集合

$n(A)=11$, $n(B)=17$.

また，$A\cap B=\emptyset$.

よって求める人数は

$n(A\cup B)=n(A)+n(B)=11+17=28.$ //

(2) クラス全員を全体集合とする集合を，数学，英語のテストの得点に応じて次のように定める：

A：数学が80点以上の生徒全体の集合

B：英語が80点以上の生徒全体の集合

$n(A)=11$, $n(B)=14$, $n(A\cap B)=6$.

よって求める人数は

$$n(A\cup B)=n(A)+n(B)-n(A\cap B)=11+14-6=19.$$ //

解説 いわゆる“ダブり”が，(1)ではなく，(2)ではあるという相違点を意識すること．

（「包除原理」は次ページへ続く．）

3 つの集合の和集合についても，同様に次の関係が成り立ちます：

包除原理（3 個） 定理

❷: $n(A\cup B\cup C)=n(A)+n(B)+n(C)$
$-n(A\cap B)-n(B\cap C)-n(C\cap A)$
$+n(A\cap B\cap C).$

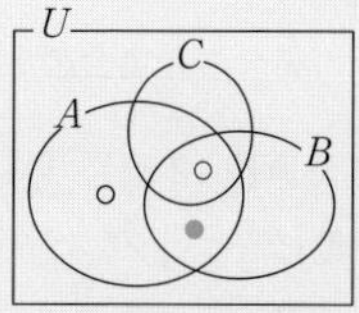

右図の ○，●，○ の要素が，❷の右辺において過不足なく一度ずつ数えられていることを確認！■

例題 7 1 C 包除原理（集合 3 個） 根底 実戦 定期 [→演習問題 7 5 2]

100 以下の自然数のうち，2, 3, 5 のいずれかの倍数であるものの個数を求めよ．

方針 前問と同様，集合を定義して簡潔に表現しましょう．

解答 $U=\{1, 2, 3, \cdots, 100\}$,

$A=\{x|x \text{ は } 2 \text{ の倍数}\}$,

$B=\{x|x \text{ は } 3 \text{ の倍数}\}$,

$C=\{x|x \text{ は } 5 \text{ の倍数}\}$

として，求める個数は

$n(A\cup B\cup C)$
$=n(A)+n(B)+n(C)$
$-n(A\cap B)-n(B\cap C)-n(C\cap A)$
$+n(A\cap B\cap C).$ …①

ここで，

$100=2\cdot50$ より $n(A)=50$,
$100=3\cdot33+1$ より $n(B)=33$,
$100=5\cdot20$ より $n(C)=20$,
$100=6\cdot16+4$[1] より $n(A\cap B)=16$,
$100=15\cdot6+10$ より $n(B\cap C)=6$,
$100=10\cdot10$ より $n(C\cap A)=10$,
$100=30\cdot3+10$[2] より $n(A\cap B\cap C)=3$.

これらと①より，求める個数は

$n(A\cup B\cup C)$
$=50+33+20-16-6-10+3=74.$ //

注 [1]：2 と 3 の公倍数は，最小公倍数である 6 の倍数ですね．
[2]：2 と 3 と 5 の公倍数は，最小公倍数である 30 の倍数ですね．

いずれも[→6 4 2]

発展 4 個以上の集合に関する包除原理の公式もあります．入試ではあまり出ませんが（笑）．興味がある人は，拙著：「合格る確率」などで調べてみてください．

4 集合の視覚化

2 つの集合の関係を図示する方法として，次の 2 通りがあります．

〔ベン図〕

集合・補集合を，輪の内・外で表す．

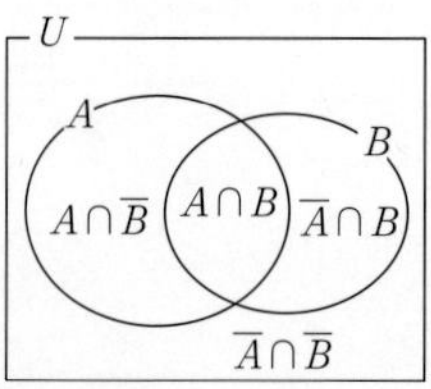

〔カルノー図〕

集合・補集合を，線の上・下，左・右で表す．

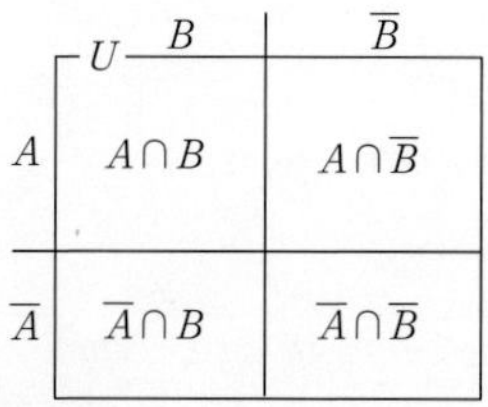

補集合 $\overline{A}$ も A と同等に図示できる点では，カルノー図の方が優れているので，「場合の数・確率」では，カルノー図の方を多用します．

ただし，「包含関係」を考えるときには，ベン図の方がわかりやすいです．また，3つの集合の関係となると，ベン図の方を用いることが多くなります．適宜使い分けましょう．

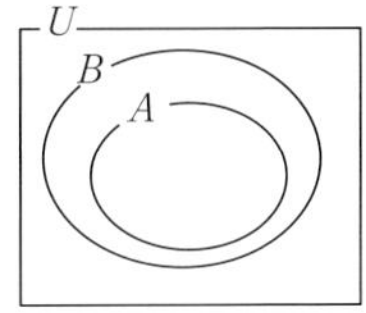

注 ベン図を用いる際には，輪の外側は見づらい形なので，直接考える集合を必ず輪の内側で表すよう工夫しましょう．[→例題7 4 j]

5 ド・モルガンの法則

$A\cap B$, $A\cup B$ の補集合について，次が成り立つのでしたね：

ド・モルガンの法則 定理

$\overline{A\cap B}=\overline{A}\cup\overline{B}$.　　$\overline{A\cup B}=\overline{A}\cap\overline{B}$.　∩ と ∪ が入れ替わる

これらが成り立つことは，補集合が絡んでいますので，「カルノー図」を用いるとわかりやすいです．

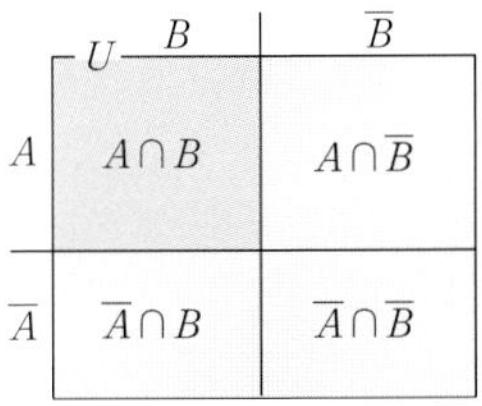

青色部：$\overline{A}\cup\overline{B}$

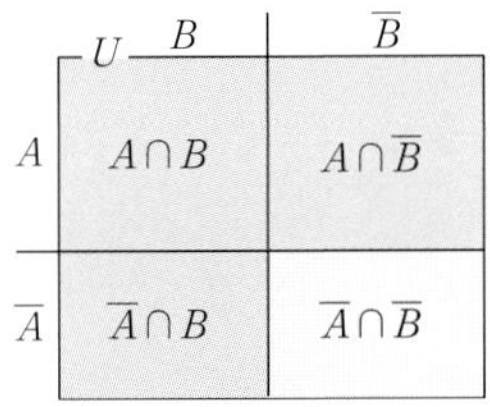

赤色部：$A\cup B$

注 これは，3つ以上の集合に関しても同様に成り立ちます：

$\overline{A\cap B\cap C}=\overline{A}\cup\overline{B}\cup\overline{C}$,　　$\overline{A\cup B\cup C}=\overline{A}\cap\overline{B}\cap\overline{C}$.

例題 7 1 d ド・モルガンの法則＋包除原理 根底 実戦 入試 [→演習問題7 5 2]

1000 以下の自然数のうち，1000 と互いに素[1)]であるものの個数を求めよ．

語記サポ 1)：共通な素因数 (2, 3, 5, 7, 11, …) をもたないという意味．[→6 5 1]

方針 「もたない」という否定表現であることと，1000 が含む素因数は 2，5 の 2 種類であること．この 2 つの事柄を上手に処理しましょう．

解答 $1000=2^3\cdot5^3$.　素因数は 2，5 のみ

そこで，集合

$U=\{1, 2, 3, \cdots, 1000\}$,

$A=\{x|x$ は 2 の倍数$\}$,

$B=\{x|x$ は 5 の倍数$\}$

を考えると，求める個数は

$n(\overline{A}\cap\overline{B})=n(\overline{A\cup B})$　ド・モルガンの法則

$=n(U)-n(A\cup B)$. …①

ここで

$1000=2\cdot500$ より $n(A)=500$,

$1000=5\cdot200$ より $n(B)=200$,

$1000=10\cdot100$ より $n(A\cap B)=100$[2)]

包除原理

$\therefore\ n(A\cup B)=n(A)+n(B)-n(A\cap B)$

$=500+200-100=600$.

これと①より，求める個数は

$n(\overline{A}\cap\overline{B})=1000-600=400$.//

注 2)：2 と 5 の公倍数は，最小公倍数である 10 の倍数ですね．

参考 一般に，任意の自然数 n に対して，n 以下の自然数で n と互いに素であるものの個数を記号「$\varphi(n)$」で表し，オイラー関数と呼びます．入試でよくテーマとなります．[→演習問題6 12 42]

2 個数の求め方

極めて素朴な作業ですが，大別して 2 通りの求め方があることを明確にしておきましょう．

1 区別するか，しないか

「個数」，「場合の数」は，異なるものの個数を考えるのが原則です．そのため，「順番」，「色」，「性別」等々，**何を区別し，何を区別しないかを**明確にすることが肝要です．

例 「1 と 2」というセットは，次のように数えます：

順序を区別する→(1, 2)，(2, 1) の 2 個 「順列」[→3 1]

順序を区別しない→{1, 2}の 1 個 「組合せ」[→3 5]

補足 このように，順序を区別する際には小括弧 (,)，区別しないときには中括弧 { , } で表すのが慣習です．例えば「集合」においては，要素の順序を区別しないので，{要素, 要素, …} のように表す訳です．**[→3 3 最後のコラム]**

注 場合の数を考えるとき，特に断りがなくても**「人(ひと)」は必ず区別する**という慣習があります．それに対して「カード」とか「ボール」とかは，問題文の指示に従って（場合によっては文脈によって）判断します．

注意！ 「異なるものを数える」という原則に反してカウントすることがあります．

2 次方程式

$$(x-3)^2=0 \text{ i.e. } (x\overset{①}{-}3)(x\overset{②}{-}3)=0$$

の解は $x=3$ という 1 つの値のみですが，2 つの因数①，②のそれぞれが 0 となるような x の値を書き並べると，「3, 3」となるので，「2 つの実数解（重解）をもつ」といいます．これは，「方程式」の分野独特の数え方として覚えておきましょう．

2 「場合の数」の求め方分類

大別すると次の 2 通りです：

- ❶：**書き出し**[→3]
- ❷：**法則利用**
  - 和の法則[→4]… 応用として “引き算” [→5]
  - 積の法則[→6]… 応用として “割り算” [→7]

解説

❶ → **全ての場合を書き出し**，1 1 のように「いち，にい，さん，…」と数え上げる．

❷ → **法則を利用**し，足し算，掛け算などの計算によって求める．

注 実際に問題を解くときには，❶の作業を通して❷の利用に気付くことも多いです．

3 書き出し

前記❶：「全て書き出す」は，個数の求め方としてもっとも原始的な方法です．“原始的” であるがゆえ，あらゆる局面でふと使われたりします．けっしてナメてかからないように．

自分なりのルールを決めて，理路整然と数えるようにしましょう．

例題 7 2 a 書き出し（その1） 根底 実戦

[→演習問題 7 5 4]

区別のない 7 個のボールを，区別のない 3 つの箱に入れる方法は何通りあるか．ただし，空の箱があってはならないとする．

方針 モノの個数が少ないこともあり，素朴に全ての場合を書き上げ，数えることで解決します．ボールも箱も区別しませんから，「7 個」を何個ずつに分けるか，その個数の内訳だけを考えます．「空箱 NG」ですから，「0 個」はダメですよ．

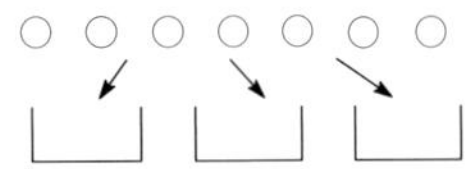

（空箱不可）

解答 3 つの箱に入るボールの個数の内訳を全て書き出すと次の通り：

$\{1, 1, 5\}, \{1, 2, 4\}, \{1, 3, 3\}, \{2, 2, 3\}$ …… { , } は順序を区別しない記号

よって求める個数は，4 通り．//

注 例えば $\{1, 1, 5\}$ と $\{1, 5, 1\}$ を区別して「2 通り」と数えてはなりません．本問では箱に区別がありませんから，「5 個が入る箱はどれか？」と考えても意味がありません．

重要 このように，同じものを重複して数えてしまう **“ダブルカウント”をしない**こと．そして，全てを**漏らさず数える**こと．この 2 つに注意しましょう．

数える際の注意点 **重要**

モレなく，ダブりなく

解説 上記の「モレなくダブりなく」を実践するためには，書き出す順序に関する自分なりのルールを決めておくことが大切です．上記 **解答** では，「なるべく左に小さな数を書く」という基本ルールに従って書き並べています．詳しく述べると次の通りです：

- 3 つの個数を {左, 中, 右} と表すとき，「左 ≦ 中 ≦ 右」を満たすものだけを書く．
- まず 3 つの数の左をいちばん小さい「1」に決める．
- 中と右の和が 6 になる 2 数を中が小さいものから順に並べる．
- $\{1, 3, 3\}$ の次を書こうとすると $\{1, 4, 2\}$ となり 中 > 右 となってしまう．
- よって「左が 1」はこれで終了．
- 次に左を「2」にする．2 以上の 2 数だけを用いて，中と右の和を 5 にする．
- $\{2, 2, 3\}$ の次を書こうとすると $\{2, 3, 2\}$ となり 中 > 右 となってしまう．
- よって「左が 2」はこれで終了．
- 次に左を「3」にすると，$\{3, 3, 3\}$ ですら和が 7 を超えてしまうので駄目．
- よって以上で終了！

実行する際にはほぼ無意識だとは思いますが…(笑)．

注 この「ボールを箱に入れる」という素材は，とても有名なものであり，ボールや箱を区別するかしないか，および空箱を許すか許さないかによって様々なバリエーションがあります．今後，あちこちの問題で登場します．[→まとめは例題 7 4 k の後]

例題 7 2 b 書き出し（その2） 根底 実戦

[→演習問題 7 5 5]

a, a, b, b, c の 5 文字から 3 文字を選んで 1 列に並べる方法のうち，隣り合う文字が全て相異なるものの個数を求めよ．

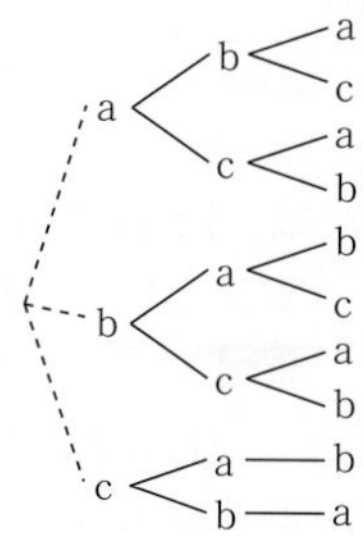

方針 本問も，モノの個数が少なく，しかも「隣り合う文字が相異なる」という制約により個数が少なそうなので，「書き出し」で対処します．
その際，aba，abc，… と書くより，赤下線が引いてある「同じ部分」を効率よく表す方法：「樹形図」を使いましょう．

解答 右の樹形図より，求める個数は，10．//

補足 筆者は樹形図を描く際，一番左の線（破線）をサボることがあります．縦に長くて描きにくいので（笑）．

補足 後に 2 6 で描く樹形図と比べてみてください．そこには**均等に枝分かれする**という規則があるので，前項❷にある「積の法則」が使えます．一方本問では枝分かれの本数がまちまちなので，書き出して数え上げることになります．

注意！ たとえ全てが正しく書き出せていたとしても，個数があまりに多い場合，そして次項から学ぶ「法則」を使えば明快な解答が可能な問題では，「説明不備」とされる可能性があります．また，全てを書き出す方式は，1 つでも「足りないもの」「余計なもの」があれば，バッサリ 0 点！となることがありますのでご注意を！

4 和の法則

「事柄 A と事柄 B が同時には起こらない」[1)] とき，A または B が起こる場合の数は

A の起こり方の数＋B の起こり方の数．

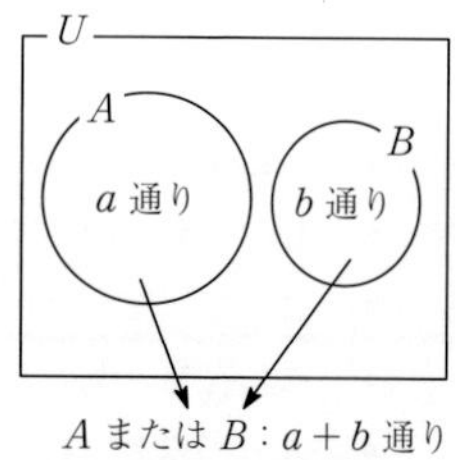

これを**和の法則**といいますが，要するに，白豚 3 匹と黒豚 2 匹がいるとき，これらの豚の総数は

3＋2＝5(匹) ••• 小学 1 年生も理解できる

となるということです．（ここでは，白豚と黒豚に“ダブり”がない，つまり白豚でありかつ黒豚でもある豚は存在しないことを前提にしています．）

この考え方は，1 3「包除原理」(2 個) の共通部分がないときの考え方そのものに過ぎませんね．同じことを「集合」を用いて述べると次の通りでした：

「集合 A と集合 B に共通部分がない」[2)] つまり $A\cap B=\emptyset$ のとき

$$n(A\cup B)=n(A)+n(B).$$

参考 1)2)：「確率」を論じる際には，このことを「**事象** A と事象 B は**排反**である」と言い表します．

注 「事柄」「集合」「事象」という用語を厳格に区別して使うことの意義は，極めて薄いです（笑）．■

ダブりがあるとき，つまり $A\cap B\neq\emptyset$ のときは，1 3 の包除原理 (2 個) を用いることになります．

5 和の法則の逆利用："引き算"

「和の法則」(足し算) の逆利用としての "引き算" を用いる手法があります.

1 2「補集合」で述べた等式：

$$n(\overline{A})=n(U)-n(A)$$

は，次のようにみることもできます：

$$\begin{cases} A\cup\overline{A}=U, & \cdots A\text{ と }\overline{A}\text{ で全てを尽くす. モレがない} \\ A\cap\overline{A}=\emptyset. & \cdots A\text{ と }\overline{A}\text{ にはダブりがない} \end{cases}$$

$\therefore n(A)+n(\overline{A})=n(U).$ ……和の法則

$\therefore n(\overline{A})=n(U)-n(A).$ ……その逆利用としての "引き算"

$n(\overline{A})$ が求めたいけど求めにくい. $n(A)$ の方が求めやすいとき，この "引き算" が有効に機能します.

注 いつでも "全体" $n(U)$ から引くとは限りませんよ. [→次問(2)]

例題 7 2 c "引き算" 根底 実戦

[→演習問題 7 5 1]

100 以下の自然数のうち，次の条件を満たすものの個数をそれぞれ求めよ.

(1) 3 で割り切れないもの　　(2) 3 でちょうど 1 回だけ割り切れるもの

方針 (1)は，例題 7 1 a と同じ問です.「割り切れるもの」に注目しましたね.
(2)でも，同様に「割り切れるもの」を考えます.

解答 (1) $U=\{1,2,3,\cdots,100\}$ の部分集合として，$A=\{x|x$ は 3 の倍数$\}$ を考えると，求める個数は $n(\overline{A})$ である.

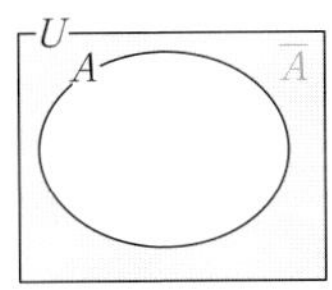

$100=3\cdot33+1$ より, $n(A)=33.$

$\therefore n(\overline{A})=100-33=67.$ //

(2) 「3 でちょうど 1 回だけ割り切れる」とは，

「3 で割り切れる」，なおかつ「3^2 で割り切れない」

ということ. そこで，$B=\{x|x$ は $9(=3^2)$ の倍数$\}$ を考えると，$B\subset A$ であり，求める個数は $n(A)-n(B)$ である.

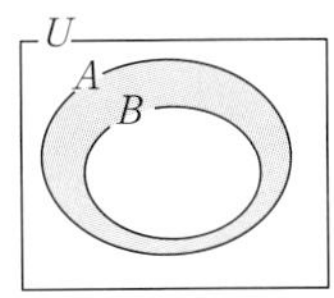

$100=9\cdot11+1$ より, $n(B)=11.$

$\therefore n(A)-n(B)=33-11=22.$ //

解説 (1)では，"全体" の個数 $n(U)$ から引きました. それに対して(2)では，$n(U)$ ではなく，$n(A)$ から引いてます. "引き算" の使い方としては，前者がもっとも頻出ですが，後者のように全体以外から引くケースもあることを覚えておいてください.

6 積の法則

例えばある高校では，1 年，2 年，3 年の 3 つの各学年に，それぞれ A 組，B 組，C 組，D 組，E 組の 5 クラスがあるとします．この高校の全クラス：

1A，1B，1C，1D，1E，2A，2B，2C，2D，2E，3A，3B，3C，3D，3E

を樹形図で表すと，「学年」の枝 3 本が，5 クラスずつに枝分かれします．よって，クラスの総数は

$3 \cdot 5 = 15$

のように“掛け算”で求まりますね．このような個数の求め方を**積の法則**といいます．小学 2 年生でも理解できる程度のことですが (笑).

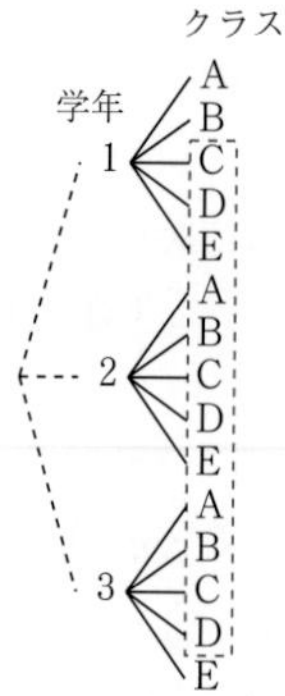

重要　「積の法則」は，上記のように**均等に枝分かれする樹形図**が描けるときのみ機能します．

注意！　ただし，右の樹形図にあるように，各枝に「学年」，「クラス」という「**タイトル**」が入っていることが肝心です．自分が今「何の枝を描いているか」が自覚できていないと，とんでもない間違いを犯しかねません．**[→例題 7 4 i 「組分け」]**

注　重要度↑ 個数を求めるとき，実際には上の樹形図を完成させることは稀です．少し描こうとしてみて様子がつかめたら，一部 (例えば上図の赤破線部分) は横着して省いてもかまいません．つまり，樹形図を描くこと自体は 2 ❶の「書き出し」ですが，**その作業を通して，** 2 ❷「法則」の利用に気付くことこそが重要なのです．

例題 7 2 d　積の法則　根底 実戦

(1)　xy 平面上で，$0 \leqq x \leqq 2$ かつ $0 \leqq y \leqq 4$ の範囲にある格子点の個数を求めよ．

語記サポ　「格子点」とは，x, y 座標がどちらも整数であるような点のことをいいます．

(2)　$(a+b+c+d)(x+y+z)$ の展開式の項数を求めよ．

(3)　600 の正の約数の個数を求めよ．

方針　ここでは [1]，樹形図を描く姿勢でいきましょう．

解答　(1)

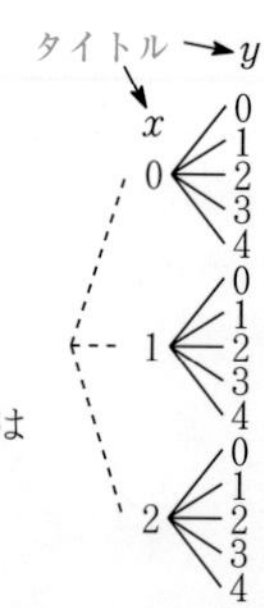

題意の格子点について，x 座標は

0, 1, 2 のいずれか．

その各々に対して，y 座標は

0, 1, 2, 3, 4 のいずれか．

よって求める個数は，$3 \cdot 5 = 15$.//

(2)　$\overbrace{(a+b+c+d)}^{①} \cdot \overbrace{(x+y+z)}^{②}$

の展開式は，因数①，②から項を 1 個ずつ抜き出して作る積を，全ての抜き出し方について加えたものである[→ 1 2 2]．求める個数は，各因数からの抜き出し方を考えて

$4 \cdot 3 = 12$.//

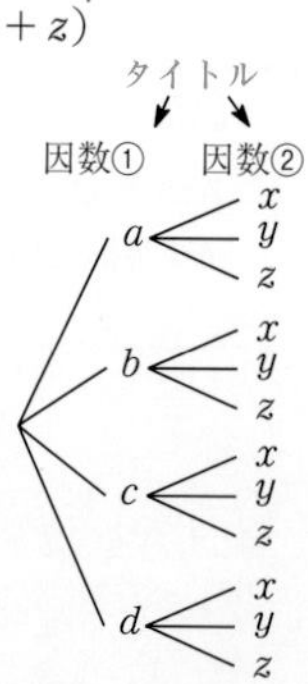

(3) 600 を素因数分解すると

$$600 = 2\cdot3\cdot10^2 = 2^3\cdot3\cdot5^2.$$

よって，600 の正の約数は，$2^a\cdot3^b\cdot5^c$ の形で表され，a, b, c のとりうる値は，それぞれ

$$\begin{cases} a = 0, 1, 2, 3 \\ b = 0, 1 \\ c = 0, 1, 2 \end{cases}$$

のいずれか．よって，求める個数は

$$(3+1)(1+1)(2+1) = 4\cdot2\cdot3 = 24.$$ //

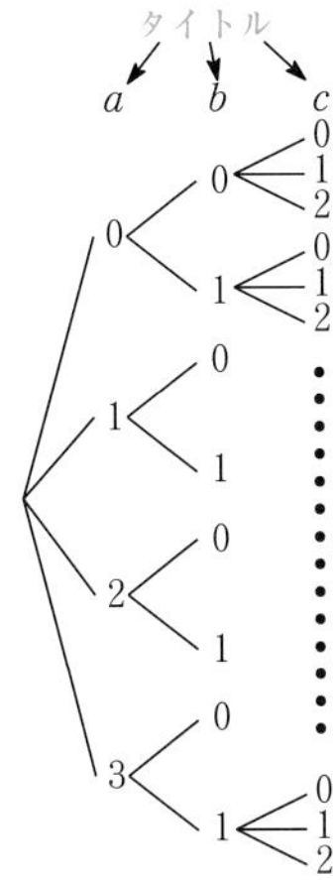

解説 各樹形図に「タイトル」が入っていることを確認してください！

注 (2)は，$(x+y+z)^2 = (x+y+z)(x+y+z)$ となると，いわゆる「同類項」が発生し，話が複雑になります．[→**演習問題 7 5 31**]

補足 (3)に関するより詳細な説明は，[→ 6 11 5]．

将来 1)：こうして樹形図を描く姿勢が身に付き，実際に描かなくても樹形図が頭に思い浮かぶようになったら，紙に書くことはサボっても大丈夫かも．ただし，「タイトル」を意識しつつ「均等な枝分かれの樹形図」を**イメージする**ことだけは怠らないこと！

7 積の法則の逆利用：“割り算”

言い訳 “割り算”の本格的利用は 3 5 「組合せ」以降．ここでは，軽～いご紹介程度です．

例題 7 2 e 対角線の本数 根底 実戦

各頂点に 1～8 と番号の付いた正八角形の対角線の本数 x を求めたい．

(1) 頂点 1 を端点とする対角線の本数を求めよ．

(2) x を求めよ．

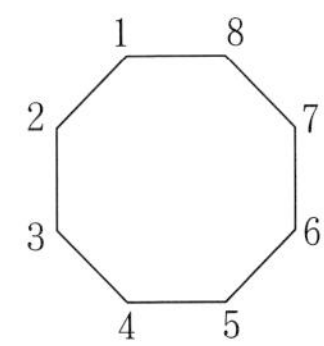

方針 (1)と(2)の関係性は，なかなか微妙であり，しばしば勘違いされがちです．よく理解してください．

解答 (1) 頂点 1 から引いた対角線のもう一方の端点は

3, 4, 5, 6, 7.

よって，求める本数は，5. //

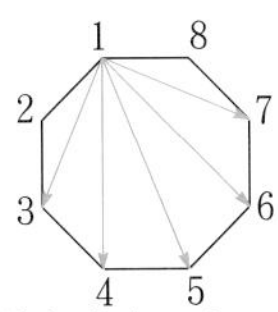

(2) 頂点 1 以外から引いた対角線も考えると，これらの総計は，$5\cdot8 = 40$(本)．

ただし，例えば頂点 1 と 6 を結ぶ対角線は，「1 から 6 へ」「6 から 1 へ」と 2 回数えている（他の対角線も同様）．よって

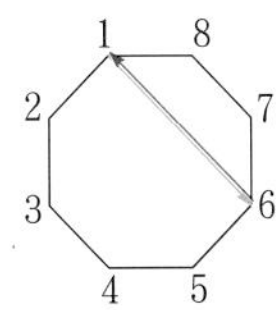

$$x\cdot2 = 40.$$ 積の法則

$$\therefore x = \frac{40}{2} = 20.$$ // その逆利用：“割り算”

注意！ (1)を解答する時点で，「1 から○へ」と“向き”を区別して数えているという意識が希薄だと，ウッカリ「$5\cdot8 = 40$ 本」を(2)の答えとしがちです．

注 (2)の最後は，**必ず**いったん積の法則の式を書き，その後で“割り算”してください．「積の法則」への意識を怠ると，レベルが上がったとき失敗しますよ．[→**例題 7 4 k**]

3 順列・組合せ

1 順列

例 1, 2, 3, 4 の 4 枚のカードのうち 2 枚を並べて 2 桁の整数を作りましょう．すべての場合を上の位から順に樹形図に書き出すと，右のようになります．この図からわかるように，十の位の 4 本の枝に対して，一の位の枝は，十の位で用いた数以外の数が使えるので，それぞれ 3 本ずつに枝分かれしています．このように，**均等に枝分かれする樹形図**が描けるときは，積の法則が使えるのでしたね．このような 2 桁の整数の作り方の個数は，次のように求まります：

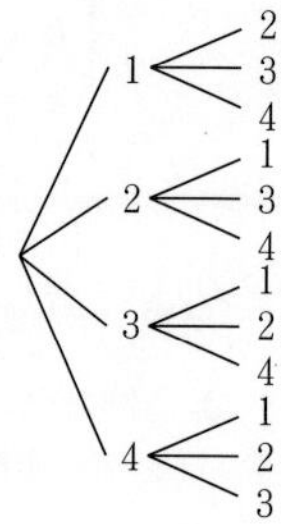

$4\cdot 3=12.$

このように，異なる n 個から異なる r 個を選んで一列に並べたものを**順列**といい，その個数を記号：${}_n\mathbf{P}_r$ で表します．上の 例 の個数は

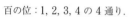

$${}_{\boxed{4}}\mathrm{P}_{\textcircled{2}}=\underbrace{\boxed{4}\cdot 3}_{\textcircled{2}\text{個}}$$

と表されます．これは，$\boxed{4}$から始めて 1 ずつ減らしながら②個の自然数を掛けたものですね．

次に，上の 例 において，並べるカードの枚数を 2 枚から 3 枚へと増やしましょう．すべての場合を上の位から順に樹形図に書き出すと，前記樹形図の 12 本の枝からさらに枝分かれして，右図のようになります．

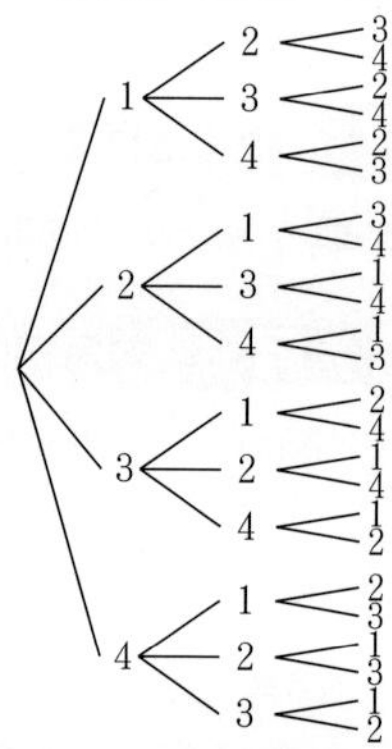

百の位：1, 2, 3, 4 の 4 通り．

十の位：百の位の数以外の 3 通り．

一の位：百の位，十の位の数以外の 2 通り．

よって，このような 3 桁の整数の作り方，すなわち異なる 4 個から異なる 3 個を選んで一列に並べる順列の個数は

$${}_{\boxed{4}}\mathrm{P}_{\textcircled{3}}=\underbrace{\boxed{4}\cdot 3\cdot 2}_{\textcircled{3}\text{個}}=24.$$

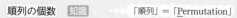

これは，$\boxed{4}$から始めて 1 ずつ減らしながら③個の自然数を掛けたものですね．

上記 2 つの 例 からわかるように，順列の個数は一般に次のようになります：

順列の個数 知識　「順列」＝「Permutation」

異なる $\boxed{n}$ 個から異なる ⓡ 個を選んで一列に並べる順列の個数は

$${}_{\boxed{n}}\mathrm{P}_{ⓡ}=n(n-1)(n-2)\cdots(n-r+1).$$ $\boxed{n}$ から始めて 1 ずつ減る連続 ⓡ 整数の積

注 上の 例 では百→十→一と上の位から順に考えていますが，これ以外の順序で考えても同様です．

問 ある学生が，受験校を 10 大学に絞った．この生徒が第 1 志望，第 2 志望，第 3 志望，第 4 志望を決める方法は何通りあるか．

解答 求める個数は

$${}_{10}\mathrm{P}_4=10\cdot 9\cdot 8\cdot 7=5040.$$ //

解説 第 1 志望，第 2 志望，第 3 志望，第 4 志望を区別して決めているという意識をもつこと．これらの名称が，頭の中で描いた樹形図における「**タイトル**」[→2 6 注意！]になっています．

注 筆者は，記号：「${}_{10}\mathrm{P}_4$」は書かずに済まし，直接「$10\cdot 9\cdot 8\cdot 7$」と書いてしまうことが多いです．

2 階乗

1 の 例 で，4枚のカード全てを並べて作る順列の個数は

$$ {}_{\boxed{4}}\mathrm{P}_{④} = \underbrace{4\cdot3\cdot2\cdot1}_{④\text{個}} = 24. $$

これは，$\boxed{4}$から始めて1ずつ減らしながら1までの自然数全てを掛けたものですね．

注 樹形図を描くと，最後に伸びる枝は1本だけですから，${}_4\mathrm{P}_4$ は ${}_4\mathrm{P}_3$ と同数となります．■

一般に，異なる n 個を全て一列に並べた順列の個数 ${}_n\mathrm{P}_n$ は，1から n までの自然数全ての積となります．これを n の**階乗**といい，記号 $\boldsymbol{n!}$ で表します．

$$ n! = n(n-1)(n-2)\cdots3\cdot2\cdot1. $$ ……$1\cdot2\cdot3\cdot\cdots\cdot(n-1)n$ でもOK

問 ある大学の2次試験における数学のテストには，$\boxed{1}$番～$\boxed{5}$番の5題がある．
これらを1題ずつ解いていくとすると，解き方の順序は全部で何通りか．

解答 求める個数は，$5! = 120.$ //

余談 2次試験本番の記述式テストでは，「$\boxed{1}$番から順に」ではなく，「解けそうな問題から順に」がセオリーとなります．その場合は，$\boxed{1}$番の解答は$\boxed{1}$番の解答用紙に書くよう注意しなくてはなりませんよ．
また，実際には1題ずつ解いていくことは稀で，$\boxed{3}$番から$\boxed{1}$番へ行ってまた$\boxed{3}$番に戻って…となることが多いのですが．

階乗の計算

問 次の(1)，(2)をそれぞれ簡単にせよ．ただし，n は自然数とする．

(1) $n\cdot(n-1)!$　　(2) $\dfrac{(n+1)!}{(n-1)!}$

解答 (1)
$$ n\cdot(n-1)! = n\times(n-1)(n-2)\cdots2\cdot1 = n!. $$ //

(2)
$$ \frac{(n+1)!}{(n-1)!} = \frac{(n+1)n(n-1)(n-2)\cdots2\cdot1}{(n-1)(n-2)\cdots2\cdot1} = (n+1)n. $$ //

注 薄字部分は紙に書かず，頭の中でイメージして暗算で片付けられるように．

参考 (1)で得られた等式：$n! = n\cdot(n-1)!$ において，$n=1$ とすると「$1! = 1\cdot0!$」となります．$\boldsymbol{0! = 1}$ **と定義**しておけば，この両辺は確かに等しくなりますね．

階乗とその性質（以下において，n は任意の自然数．）

定義 $n! = n(n-1)(n-2)\cdots3\cdot2\cdot1 = 1\cdot2\cdot3\cdots(n-2)(n-1)n.$
$0! = 1.$
$n! = n\cdot(n-1)!.$

階乗と ${}_n\mathrm{P}_r$

問 順列の個数を表す ${}_n\mathrm{P}_r$ を，階乗記号を用いて表せ．

解答
$$ {}_n\mathrm{P}_r = n(n-1)(n-2)\cdots(n-r+1) $$
$$ = \frac{n(n-1)(n-2)\cdots(n-r+1)\times(n-r)(n-r-1)\cdots2\cdot1}{(n-r)(n-r-1)\cdots2\cdot1} $$
$$ = \frac{n!}{(n-r)!}. $$ // …①

注 $r=n$ のとき，①の左辺は ${}_n\mathrm{P}_n = n!$ で，右辺は $\dfrac{n!}{0!}$ です．$\boldsymbol{0! = 1}$ よりこれらは等しいので，①は $r=n$ のときも成り立ちます．

3 数える順序

本項では，「順列」と「和の法則」「積の法則」などを併用する問題を扱います．
積の法則を使って個数を求めるとき，数える「順序」によって求めやすさが激変することがあります．
この「順序」に関する，ある大切な原則を確認しましょう．

例 5 枚のカード[1] [2] [3] [4] [5] のうち 2 枚を左から順に並べて 2 桁の偶数を作る方法は何通りか．

着眼 自然数が偶数になるのは，例えば [5][2] のように一の位が偶数になるときですね．■

まず，「左から順に」に従って「十の位」→「一の位」の順に考えて樹形図を描くと右のようになります．

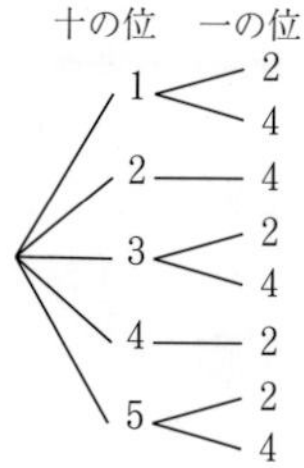

十の位：1 の後の枝は 2, 4 の 2 本

十の位：2 の後の枝は 4 の 1 本のみ

⋮

最後の枝分かれの数がまちまちなので，「積の法則」が使えませんね．こうなる理由は，最後の「一の位」において

偶数である

既に使ってしまった十の位の数が使えない

という 2 つの条件が重なり，干渉し合うことです．

そこで，「偶数である」という**制限**を課せられた一の位を先に考えるという対策を立てます．すると，右のような樹形図が得られ，積の法則が使えて求める場合の数は

$2 \cdot 4 = 8$(通り)．

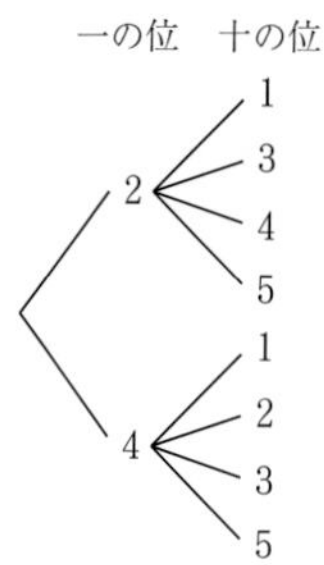

「偶数である」という条件の課された一の位を先に考えることにより，十の位を考える際に前述したような“干渉”が起こらないので，均等に枝分かれする樹形図が得られた訳です．

> **数える順序** **原則**
> **制限が厳しい所から数える**のが原則

注 あくまで「原則」です．例外もありますよ．[→例題 7 4 a (2)]

重要 問題文の「左から順に」という並べる順序にとらわれず，数える順序を自由に決めることにより，積の法則が使えました．この両者の「順序」の相異に納得がいかない場合には，次のように考えてみてください．

2 枚のカードを左から並べ，2 桁の整数ができる度にそれを 2 桁の**“記録カード”**に書き写していき，(奇数も含めて) 全部で ${}_5P_2 = 5 \cdot 4 = 20$ 枚の“記録カード”を作ります (左側の図)．**その後で**，本問で重要な「一の位」に注目して“記録カード”を並べ直します (右側の図)．

すると，一の位が揃った“記録カード”が固まって並び，偶数であるもの (赤色) が前記のような樹形図で表せることがわかるでしょう．

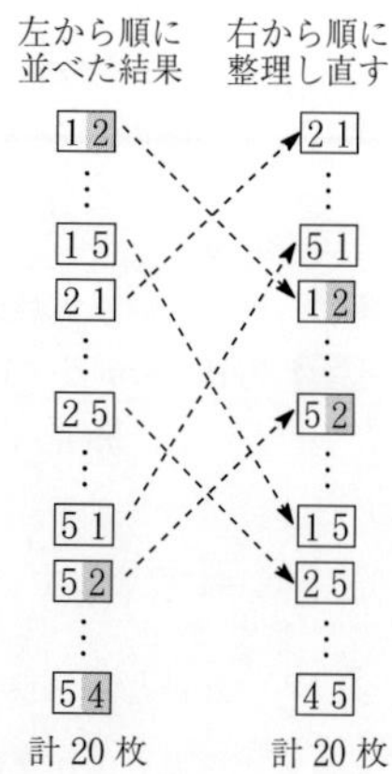

このように,

　起こり得る全ての場合を記録カードに書き留め終えてから,

　それを設定された条件に注目して整理し直す

という考え方を，筆者は**「記録カード方式」**と呼んだりしています.

注　この 例 では，問題の本質をわかりやすくするため，カード枚数を “たったの”「5 枚」にしてありますから,「全てを書き出す」方法でも出来てしまいます．しかし，カードの枚数が増えた場合でも対処できるよう，ちゃんと「法則」を利用して解答できるようにしておきましょうね.

例題 7 3 a　数える順序　根底 実戦

[→演習問題 7 5 7]

(1)　5 枚のカード 1 2 3 4 5 のうち 3 枚を右から順に並べて 3 桁の自然数を作る．このうち 400 より大きいものの個数を求めよ.

(2)　男子 4 人と女子 3 人を一列に並べる．両端が女子である並べ方は何通りか.

(1) **方針**「右から順に」は当然無視(笑)．自然数の**大きさ**がテーマなので，**上の位**（**左側**）**から**考えます.

(2) **着眼** 場合の数を考えるときは，**「人(ひと)」は必ず区別する**のでしたね．[→2 1]

そのことをしっかりと意識するためにも，右のように「人」に番号をつけるなどして区別を視覚化しましょう．筆者は，男を□，女を○で囲んで表すようにしています．（試験では答案に書かないこともありますが．）

男：1 2 3 4　女：⑤ ⑥ ⑦

方針 条件が課せられている**「両端」を先に**数えます.

解答 (1)　題意の条件は，百の位が 4 以上であること．そこで，上の位から順に考えると

- 百の位：4, 5 の 2 通り
- 十の位：百の位以外の 4 通り
- 一の位：百の位，十の位以外の 3 通り

よって，求める個数は

$2\cdot4\cdot3=24.$ //

(2)

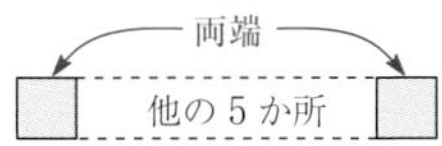

- 左端，右端の女子 …${}_3P_2$通り
- 他の 5 か所 …5!通り
- 以上より，求める場合の数は,

$${}_3P_2\cdot5!=6\cdot120=720.$$ //

参考　(1)の樹形図は右のようになります．答案中に描く必要はありませんが.

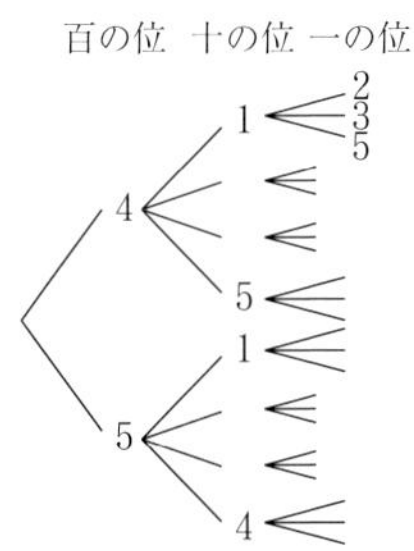

ただし，(2)も含めて，頭の中には「均等に枝分かれする樹形図」が描けていなければなりませんよ.

補足　確率・場合の数では，**解答**にあるように「○」印などを用いて **“箇条書き”** にまとめることをお勧めします．こうすることで，解答の流れが把握しやすくなり，テストで部分点も得やすくなりますので.

注　(2)「他の 5 か所」においては，男女の区別は関係ありません.

例題 7 3 b 数える順序と工夫 根底 実戦

[→演習問題 7 5 14]

6 枚のカード 0 1 2 … 5 のうち 3 枚を並べて 3 桁の偶数を作る方法は何通りか.

着眼 本問では，右のように 2 カ所に制限が課せられています：

百の位：0 以外 … 1, 2, 3, 4, 5 の 5 通り

一の位：偶数 … 0, 2, 4 の 3 通りのみ

そこで，前記の 例 で学んだ通り，制限の厳しいところから順に

一の位 → 百の位 → 十の位

の順に考えて樹形図を描いてみます．ところが，一の位で使用する偶数が 0 であるか否かで百の位の枝分かれの数が変わり，右のように枝分かれが均等でない樹形図になってしまいます．

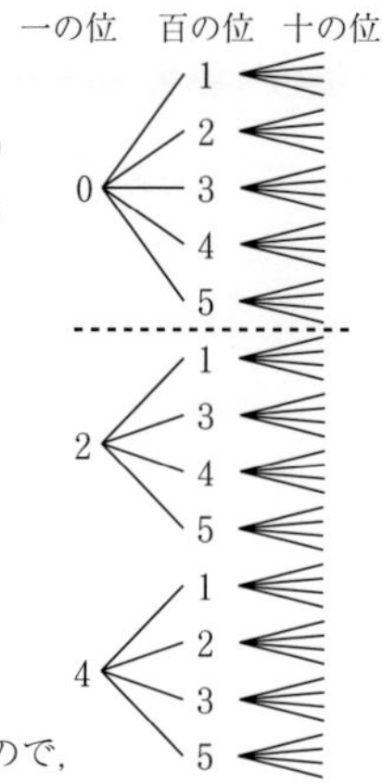

そこで，破線「------------」の上下で**場合分け**します．

解答

一の位が偶数であり，百の位が 0 でないものを数える．そこで，一の位が 0 であるか否かで場合分けする．

- 一の位が 0 であるものは，百の位が 0 以外の 5 通りなので，
  $1 \cdot 5 \cdot 4 = 20$(通り). 積の法則
- 一の位が 2, 4 であるものは，百の位が 0 および一の位以外の 4 通りなので，
  $2 \cdot 4 \cdot 4 = 32$(通り). 積の法則
- 以上より，求める個数は
  $20 + 32 = 52.$ // 和の法則

解説 結局は「積の法則」と「和の法則」を用いて解答したのですが，こうした方針が，**樹形図を描いてみた**からこそ得られたことを見逃さないように.

> 個数を求める基本姿勢 **原則**
> まずは**書き出す**ことを試みる．その作業を通して**法則**が適用できないかと探る.

重要 本問では，一の位に置くものとして，「0」と「2, 4」が

(*): { 全ての場合を尽くしており，モレなく
　　　 共通なものを含んでいない ダブりなし

という条件を満たしていますから，各々の個数を単純に加えれば OK です．ただ，(*) が成り立つことは本問では自明であり，それを答案中でことさら明言しなくても許されるでしょう.

とはいえ，この「**モレなく，ダブりなく**」は，場合の数を考えるとき常々注意していなければならない重要事項です！これを実現するためのポイントは，**場合分けする観点を明確に言語化すること**です．上記解答では，「一の位が 0 であるか否かで」の部分がそれに当ります.

別解

方針 解答を見るとわかる通り，本問は，場合分けを要する求めにくいタイプです．こんな時は…，求めたくない方が求めやすいというケースがよくあります．■

カードを並べて出来る 3 桁の自然数の集合を全体集合 U とすると，百の位に 0 が使えないことを考えて

$n(U)=5\cdot5\cdot4=100.$ …① 百→十→一の順に考えた

集合 $A=\{x|x$ は偶数$\}$, $\overline{A}=\{x|x$は奇数$\}$ （A の補集合）

を考えると，求める個数は

$n(A)=n(U)-n(\overline{A}).$ …②

一の位が奇数であるものを考えて

$n(\overline{A})=3\cdot4\cdot4=48.$ …③ 一→百→十の順に考えた（右図）

①②③より，求める個数は

$n(A)=100-48=52.$ // …④

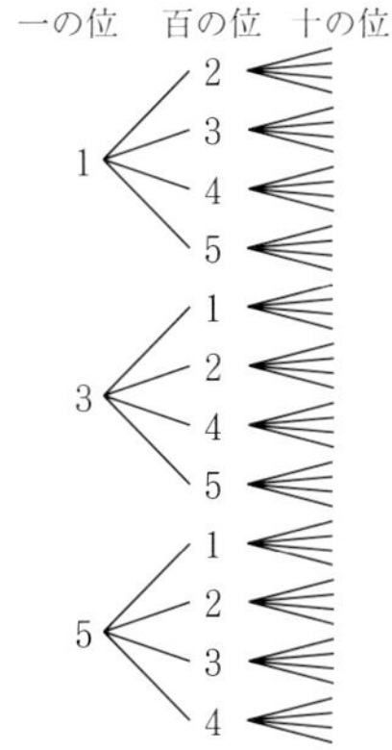

上記 別解 の考え方の全体像は次の通りです：

全体 U

A: 偶数（求めたい）　$\overline{A}$: 奇数（求めやすい）

このように，「求めたいもの」以外(つまり補集合) の方が「求めやすい」とき，②④のような“引き算”が有効でしたね．[→2 5]

コラム

「組」という用語

既に学んだ「順列」は，順序を区別して個数を数えたものでした．それに対して，この後5で学ぶ「組合せ」では順序の区別を考えません．このような「順序の区別の有無」は，次のように記号で表されるのが慣習です[1]：

$(1,3)$… 小括弧は順序を区別する記号（順列）　例 座標：$(1,3)\neq(3,1)$.

$\{1,3\}$… 中括弧は順序を区別しない記号（組合せ）　例 集合：$\{1,3\}=\{3,1\}$.

ここに挙げた「順列」を表す小括弧 (1, 3) は，数学界の固い言葉では「順序対」といいます．また，少し砕けた表現として「**組**」と呼ぶこともあります．ここに少し問題が…

組$(1,3)$… 順序を区別する　例 $(1,3)\neq(3,1)$.

組合せ $\{1,3\}$… 順序を区別しない　例 $\{1,3\}=\{3,1\}$.

このように，「組」と「組合せ」は実は大違いなんです！さらに悪いことに…，4 6 の「組分け」というテーマにおいては，「組」という言葉を単なるグループ，つまり順序を区別しない方の意味で使います．というワケで，「組」とはクセモノ表現．文脈により，正しく意味を読み取ってくださいね．

注 [1]：100 %絶対という程でもありませんが...

4 重複順列

前項の「順列」では，異なる n 個から異なる r 個を選んで一列に並べる方法を考えました．それに対して，ここでは同じものが繰り返し現れることも許して並べる方法を考えます．これを**重複順列**といいます．

例 1 個のサイコロを繰り返し 2 回投げる．第 1 回と第 2 回を区別して考えるとき，目の出方は何通りあるか．

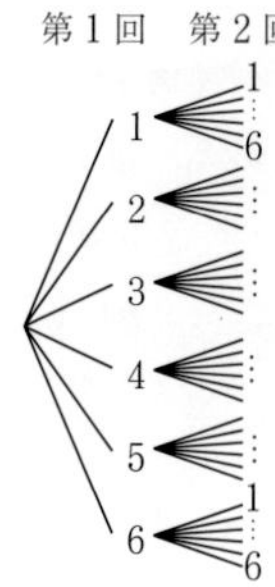

方針 例によって，まずは樹形図を描きましょう．右のように，一部を省略してもかまいませんが，最低でも頭の中でイメージだけはしてください．

その際，次の 3 点に注意します：

- 順序の区別がある．
- 同じ目が連続して出ることもある．
- 枝分かれが均等である．

解答 順序を区別して考えて，求める個数は

$$6^2 = 36.$$ //

積の法則

重要 「6^2」とは「$6 \cdot 6$」のことであり，ここにある 2 つの「6」は，異なるものを表しています：

$6 \cdot 6$　順序を区別している

第 1 回の目↗　↖第 2 回の目

このように，「第 1 回」，「第 2 回」と順序を区別しているので，樹形図において例えば 2 つの“枝”：

1——6　，　6——1

を異なるものとして数えることになり，均等に枝分かれする樹形図が得られているのです．

このように，

「サイコロやコインを順に 2 回投げる」

「異なる 2 個のサイコロやコインを 1 回投げる」

「カードを取り出して元に戻すことを繰り返す」

などの操作 1) においては，**各回の操作がまったく同じ状態で行われるため，つい「第何回」ということに対する注意が疎かになりがちです．** よって，今後このような**重複順列**を考える際には，必ず

「第 1 回」，「第 2 回」，…と順序 2) を区別している

ということを強く意識してください．それを怠ると，今後あちこちでミスが起こりかねませんよ！

[→例題 7 6 b（「確率」の問題ですが）]

注 2)：「異なる 2 個のサイコロ（もしくはコイン）を 1 回投げる」の場合には，サイコロ（もしくはコイン）の区別です．

語記サポ 1)：確率分野では「反復試行」といいます [→ 8 2]

重複順列の個数 **知識**

異なる ⓝ 個から，重複を許して ⓡ 個を選ぶ重複順列は，全部で n^r 通り．

重要 **順序（など）の区別**があることを意識して！

例題 7 3 c ボールと箱・重複順列 根底 実戦 [→演習問題 7 5 6]

区別のある 7 個のボールを，区別のある 3 つの箱に入れる方法は何通りあるか．ただし，空の箱があってもよいとする．

着眼 「区別する」ことを表すため，ボールに番号 1, 2, 3, …，箱に名前 A，B，C を与えて視覚化します．

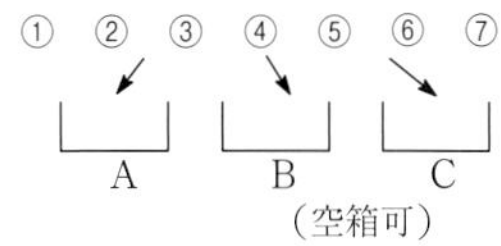

そして，例によって樹形図を描く…，あるいは描こうとする気持ちを忘れずに．もちろん，ボールの番号が樹形図における「タイトル」になります[→2 6 注意！]．

解答 各ボール毎に 3 通りの入れ方があるから，求める場合の数は

$3^7 = 2187$.//

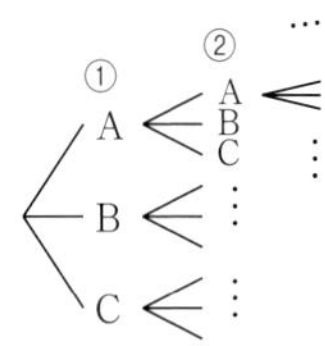

注 とても簡単な問いですが，樹形図をイメージ出来ず，7^3 通りと間違えてしまう人が，けっこういます！

それと，ボールを①，②，③，… と区別していることをしっかり意識することを忘れずに！

重要 よく似た題材を扱った例題 7 2 a「書き出し」は，次の問題でした（本問と異なる部分に赤下線を付してあります．）：

『区別のない 7 個のボールを，区別のない 3 つの箱に入れる方法は何通りあるか．

ただし，空の箱があってはならないとする．』 → 答え：**書き出し**により 4 通り．

全てが真逆ですね（笑）．本問の方が，モノを区別し，空箱に関する制限もユルイので，当然場合の数が多くなりますから，「書き出し」は厳しくなりますが，逆に「法則」は適用しやすくなっていますね．

「場合の数」を求めるに際して，一般に次のような傾向があります：

区別の有無	…を区別しない	…を区別する
問題例	例題 7 2 a	例題 7 3 c
個数	少ない	多い
優位な手法	❶: 書き出し	❷: 法則利用

（←番号は 2 2 に準ずる）

あくまで原則ですが．

注意！ 重要度↑ このように言うと，必ず次のような姿勢をとる人が現れてしまいます：

区別するときは「法則」，しないとき「書き出し」

制約が少ないときは「法則」，多い時は「書き出し」

こうした問題特性と解法をキッチリ対応付けようとする姿勢が，将来におけるアナタの伸びを著しく妨げます． 「こうかな？やってみたらあまり上手くいきそうにないから別の方針で」くらいのユルい姿勢で臨んでください．何事も，トライアル&エラーの精神です．

5 組合せ

異なるものを順序を付けて並べる方法：「順列」に対して，異なるものを順序を付けないで選ぶ方法：**「組合せ」**について考えます．当然のことながら，「順序」を区別するかしないかの違いが重要となります．

例　5枚のカード[1] [2] [3] [4] [5]から，異なる2枚を順序を考えずに選ぶ方法は，

$\{1, 2\}, \{1, 3\}, \{1, 4\}, \{1, 5\}, \{2, 3\}, \{2, 4\}, \{2, 5\}, \{3, 4\}, \{3, 5\}, \{4, 5\}$

の10通りです．このように，異なる n 個から異なる r 個を順序を考えずに選んだものを**組合せ**といい，その個数を記号：$_n\mathrm{C}_r$ で表します．この 例 では，カードの枚数が少ないので組合せの個数は「書き出し」によって求まりましたが，枚数が増えるとそうはいきません．そこで，この組合せの個数 $_5\mathrm{C}_2$ を，「法則」を用いて求める方法を考えましょう．

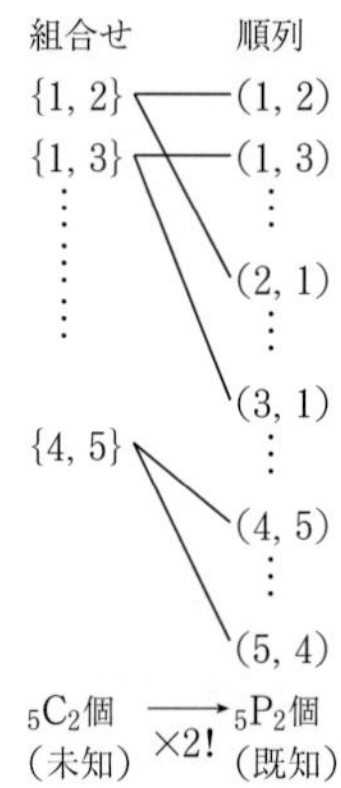

求めたい組合せの個数 $_5\mathrm{C}_2$ は未知であるのに対し，順序を考えて並べる順列の個数 $_5\mathrm{P}_2$ は求めやすい…というか，1 より既知ですね．そこで，これらの**対応関係に注目**します．

右図のように，$_5\mathrm{C}_2$ 個の各組合せに対して，順序を区別して並べ方を考えることにより，2! 通りずつの順列が得られます．よって

求めたい→　←求めやすい

$$_5\mathrm{C}_2 \times 2! = {}_5\mathrm{P}_2.$$ 積の法則

$$\therefore {}_5\mathrm{C}_2 = \frac{_5\mathrm{P}_2}{2!}.$$ その逆利用としての“割り算”

重要　ここで用いたのは，**「積の法則」の逆利用としての“割り算”**という手法です．2 7 で軽くご紹介しましたね．

要約すると次の通りです．樹形図において

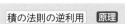

求めたい $_n\mathrm{C}_r$ 通りの「組合せ」の各々**から，**

求めやすい $_n\mathrm{P}_r$ 通りの「順列」**へ，**

r! 本ずつの均等な枝分かれが起こる．

よって，「積の法則」によって $_n\mathrm{C}_r$ に関する方程式が出来，

それを解く際に“割り算”が現れる．

積の法則の逆利用　原理

$$_n\mathrm{C}_r \cdot r! = {}_n\mathrm{P}_r.$$ 積の法則

$$\therefore {}_n\mathrm{C}_r = \frac{_n\mathrm{P}_r}{r!}.$$ その逆利用としての“割り算”

これで，組合せの個数 $_n\mathrm{C}_r$ を求める公式が得られました．もちろん今後はこれを「公式」として使っていきますが，この結果を導く過程で用いた**考え方**も理解しておいてください．今後，各所で**大活躍することになります！［→7 などなど］**

注意！　次のように説明されるケースも多いと思います：

「$_5\mathrm{P}_2$ 個の順列の中には，組合せとしては同じものが 2! 個ずつあるから，$_5\mathrm{P}_2$ を 2! で割る」

残念ながら，このように「積の法則」を介さずイキナリ割るという姿勢では，もう一段高度な考えに適応できなくなります［→例題 7 4 k］．

必ず「順列→ 2! 割る→組合せ」ではなく，「組合せ→ 2! を掛ける→順列」の向きに考えてください！

結局，前の 例 における組合せの個数は，次のようにして求まることがわかりました：

$${}_{\boxed{5}}\mathrm{C}_{②} = \frac{\overbrace{\boxed{5}\cdot 4}^{②個}}{②!} = 10.$$ ←5から始めて②個掛け，②!で割る．

まったく同様に，例えば異なる 8 個から異なる 3 個を選ぶ組合せ：${}_8\mathrm{C}_3$ 通りから，3! 通りずつの順列が出来て，その総数が ${}_8\mathrm{P}_3$ 通りですから，次のようになります．

$${}_8\mathrm{C}_3 \times 3! = {}_8\mathrm{P}_3.\ \therefore\ {}_8\mathrm{C}_3 = \frac{{}_8\mathrm{P}_3}{3!}.$$

問 お気に入りの T シャツ 10 枚から，旅行に持っていく 4 枚を選ぶ方法は何通りか．

着眼 4 枚の T シャツに，順序・序列の違いはないと考えます．

解答 求める場合の数は

$$\begin{aligned}{}_{10}\mathrm{C}_4 &= \frac{10\cdot9\cdot8\cdot7}{4!}\\ &= \frac{10\cdot9\cdot8\cdot7}{4\cdot3\cdot2} = 210(\text{通り}).\end{aligned}$$ ∥ 8 と 4·2 を約分して消す．9 と 3 を約分して 3．

補足 1 で，「筆者は，順列を考える際には ${}_{10}\mathrm{P}_4$ とは書かずに済まし直接 10·9·8·7 と書いてしまう」と言いましたが，組合せの場合には分数が現れたりして煩雑になるので，いったんは記号：「${}_n\mathrm{C}_r$」を使って書いています．■

組合せの個数に関してまとめておきましょう：

組合せの個数 知識

異なる ⓝ 個から異なる ⓡ 個を選ぶ組合せの個数は

$$\begin{aligned}{}_{ⓝ}\mathrm{C}_{ⓡ} &= \frac{{}_n\mathrm{P}_r}{r!}\\ &= \frac{n(n-1)(n-2)\cdots(n-r+1)}{r!} \quad \cdots ①\\ &= \frac{n!}{r!(n-r)!}. \quad \cdots ②\end{aligned}$$

ⓝ から始めて 1 ずつ減る連続 ⓡ 整数の積 ÷ ⓡ!

$${}_n\mathrm{C}_0 = {}_n\mathrm{C}_n = 1. \quad \cdots ③$$

将来 ③の ${}_n\mathrm{C}_0 = 1$ は，意味のない等式のようですが，数学Ⅱで「二項定理」を学ぶ際に必要となります．②を前提とすれば，$r=0$ とおいて $0! = 1$[→2]を適用すると，たしかに ${}_n\mathrm{C}_0 = 1$ となりますね．

補足 ②は，次のようにして導かれます．

$$\begin{aligned}{}_n\mathrm{C}_r &= \frac{n(n-1)(n-2)\cdots(n-r+1)}{r!}\\ &= \frac{n(n-1)(n-2)\cdots(n-r+1)\times(n-r)(n-r-1)\cdots2\cdot1}{r!\times(n-r)(n-r-1)\cdots2\cdot1}\\ &= \frac{n!}{r!(n-r)!}.\ \square\end{aligned}$$

この分子は「全ての個数の階乗」，分母は「選ぶ個数の階乗 × 選ばない個数の階乗」ですね．

解説 上の 例 のように個数が「数値」の時は①，個数が「文字式」の時は②を使うことが“比較的”多い気がします．

語記サポ 記号：${}_n\mathrm{C}_r$ は，「組合せ」＝「Combination」の頭文字を取ったものです．この記号を「**二項係数**」といいます．この名は，数学Ⅱで学ぶ「二項定理」に由来します．

7 3 6

“残りもの”の組合せ

等式 $_{\boxed{n}}C_{\textcircled{r}} = \dfrac{n!}{r!(n-r)!}$

において，ⓡ の所を $n-r$ に置き換えると

$$_{\boxed{n}}C_{\boxed{n-r}} = \frac{n!}{(n-r)!\{n-(n-r)\}!} = \frac{n!}{(n-r)!r!} = {}_nC_r.$$

つまり，n 個から r 個を選ぶ組合せの個数は，“残りもの”の個数である $n-r$ 個を選ぶ組合せの個数と一致します．

この結果は，組合せの意味から考えても納得できます．例えば，1, 2, 3, ⋯, 10 の 10 個から 7 個を選んで組合せを作ったとき，選ばれなかった残り 3 個の組合せも自動的に出来ています．つまり，「選ばれる 7 個」の組合せと，「選ばれない 3 個」の組合せは常に 1 対 1 に対応するので，両者の個数は一致する訳です．

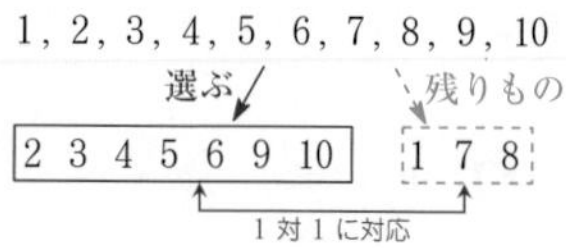

よって，異なる 10 個から異なる 7 個を選ぶ組合せの個数は，

$$_{10}C_7 = {}_{10}C_{\underline{3}} = \frac{10\cdot 9\cdot 8}{3\cdot 2} = 120$$

と計算することにより，書き並べる自然数の個数が減って楽に求めることができます．

“残りもの”の組合せ　**定理**

$_nC_r = {}_nC_{n-r}$.　例 $_{10}C_7 = {}_{10}C_3$

参考 $_nC_r$ のこれ以外の性質について
[→例題 7 3 g 後のコラム]

例題 7 3 d 集合の個数　根底 実戦

[→演習問題 7 5 13]

要素の個数が n 個 $(n \geq 3)$ である集合 A に対して，要素の個数が $n-2$ 個である部分集合の個数を求めよ．

着眼 表現が抽象的でわかりづらいでしょ（笑）．こんな時は，具体的な例を書いて，目で見ながら考えるのがコツです．

例 $A = \{1, 2, 3, \cdots, n-1, n\}$

→ $n-2$ 個の要素を選んで部分集合を作る．

例えば，$\{2, 3, \cdots, n-2, n-1\}$とか．

注 集合では，要素は全て異なり，順序は考えないことが前提です．

解答 求める個数は，異なる n 個の A の要素から異なる $n-2$ 個を選ぶ組合せの個数に等しく

$$_nC_{n-2} = {}_nC_2 = \frac{n(n-1)}{2}. /\!/$$

（2 は $n-(n-2)=2$）　分母は $2! = 2$ ですね

補足 $n=2$ のときを考えてみると，$n-2=0$．よって，求める個数は，要素を 1 つも持たない空集合の個数であり，「1」ですね．これは，答えの n に 2 を代入した値と一致しています．つまり，本問の結果は，$n=2$ にも適用できます．

参考 与えられた集合の全ての部分集合の個数は，[→演習問題 7 5 13] で扱います．

6 組合せの利用

異なる n 個から異なる r 個を順序を考えずに選ぶ組合せの個数 $_nC_r$ が利用できる典型例を見ていきます．

例題 7 3 e 組合せの利用 根底 実戦 定期

[→演習問題 7 5 15]

1, 2, 3, ⋯, 9 の 9 個の数から 3 個を取り出す．取り出した 3 個に関する次の各条件を満たす組合せの総数をそれぞれ求めよ．

(1) 全てが奇数　　(2) 和が奇数　　(3) 積が偶数

着眼 まず，偶奇の内訳を右のように視覚的に整理．

奇数：1, 3, 5, 7, 9⋯5 個
偶数：2, 4, 6, 8　⋯4 個

(2) 偶数は何個足そうが偶数．大事なのは，奇数が何個あるか．

(3) 例えば，積 3·7·8, 2·5·6, 2·4·8 は皆偶数です．一方 3·5·9 は奇数．

こうして具体例を書き並べてみると，方針が見えてきますね．

解答 (1) 求める個数は，5 個の奇数から 3 個を取り出す組合せを考えて

$${}_5C_3 = {}_5C_2 = \frac{5\cdot4}{2} = 10. /\!/$$

(2) ○ 3 個の和が奇数になるのは，奇数が 1 個または 3 個のとき．

○ 奇数が 3 個となる組合せは，(1)より 10 通り．

○ 奇数が 1 個（偶数が 2 個）となる組合せは

$${}_5C_1 \times {}_4C_2 = 5\cdot6 = 30(\text{通り}).$$ [1)]

○ 以上より，求める個数は

$$10 + 30 = 40. /\!/$$ [2)]

(3) 1〜9 から 3 個を選ぶ組合せを全体集合 U として

集合 A:「3 個の積が偶数」[3)]

を考えると，

$\overline{A}$:「3 個の積が奇数」i.e.「3 個が全て奇数」．

これと(1)より，求める個数は

$$n(A) = n(U) - n(\overline{A}) = {}_9C_3 - {}_5C_3 = \frac{9\cdot8\cdot7}{3\cdot2} - 10 = 74. /\!/$$

注 (1)の結果が，(2)(3)で役立つように構成されていました．

解説 (2)では，1) で積の法則，2) で和の法則を使っています．

(3)の流れを詳しく整理しておきます：

集合 A:「3 個の積が偶数」i.e.「3 個のうち少なくとも 1 つが偶数」⋯求めたい

その補集合 $\overline{A}$:「3 個の積が奇数」i.e.「3 個全てが奇数」⋯求めやすい

求めたい方：A の記述に，「少なくとも 1 つ」という曖昧語があるので直接は求めにくい．そんな時は，余事象 $\overline{A}$ を考えてみます．曖昧な条件を否定すると，「全てが」という明快語に変わり，求めやすくなることが多いです．

もっと明快に全体像を書くと，取り出す 3 個に含まれる「偶数の個数」に注目して，右の通りです：

偶数の個数：0（求めやすい），1, 2, 3（求めたい）

こうすると，何を求めたくて何が求めやすいかが一目でわかりますね．

注意！ (3)を，『取り出す 3 個のうち，1 個は偶数，他の 2 個は偶奇を問わない』とやるのは，例えば {2, 5, 8} と {8, 2, 5} という同じ組み合わせを 2 度数えてしまう古典的誤答です．筆者は，“主役脇役ダブルカウント”と呼んでいます．[→例題 7 11 f]

言い訳 3)：ホントは「3 個の積が偶数になるような組合せ全体の集合」と述べるのが正しいのですが⋯，面倒なので少しサボりました．今後も，適宜そうします（笑）．

7 同じものを含む順列

1 の「順列」は，異なるものを一列に並べる方法でした．それに対して，ここでは同じものが含まれている場合の並べ方を考えます．

例 a，a，a，b，b の 5 文字を一列に並べる方法は何通りあるか．

考え方 本問では，5 つの文字を

$\underbrace{a\ \ a\ \ a}_{\text{区別しない}}\ \underbrace{b\ \ b}_{\text{区別しない}}$ …①

という立場で考えなければなりませんが，これは直接には求めづらいので，

$a_1\ \ a_2\ \ a_3\ \ b_1\ \ b_2$ …②

のように，番号を付すことによって a どうし，b どうしも区別し，求めやすい順列との対応を考えると，右図のようになります．

a a a b b →
$a_1\ a_2\ a_3\ b_1\ b_2$
$a_1\ a_2\ a_3\ b_2\ b_1$
$a_1\ a_3\ a_2\ b_1\ b_2$
⋮
$a_3\ a_2\ a_1\ b_2\ b_1$

①ルールの並べ方の各々に対して，番号の違いを考えると，$a_1\ \ a_2\ \ a_3$ で 3! 通りの並べ替えができ，さらに $b_1\ \ b_2$ で 2! 通りの並べ替えができるので，結局①の各々に対して 3!·2! 通りの②ルールの並べ方が対応します．よって，求める①ルールによる並べ方の個数を x とすると，

求めたい→ x　　求めやすい→ 5!

$$x \times 3!\cdot 2! = 5!.$$ 積の法則

$$\therefore x = \frac{5!}{3!\cdot 2!}.$$ その逆利用："割り算"

この結果は公式として使えますから，実際に答案用紙に書く「解答」は次程度で OK です．

解答 a 3 個，b 2 個はそれぞれ区別しないから，求める個数は

$$\frac{5!}{3!2!} = \frac{5\cdot 4}{2} \cdots ③$$ 3! を約分した

$$= 10.$$ //

重要 本来「同じもの」なのに，それを「区別」したものも考え，両者の対応関係を利用しました．「積の法則」を用いて方程式を立て，それを解く際に"割り算"を用いる…．この手法は，お気付きの通り，5 における「組合せ」と「順列」で論じたのと全く同じものです．■

上記 **例** と同様に考えて，次のようになります：

$$\text{a, a, a, a, b, b, b, c, c} \rightarrow \frac{9!}{4!3!2!}\text{(通り)} \cdots ④$$

$$\text{a, a, a, a, b, b, c} \rightarrow \frac{7!}{4!2!1!} = \frac{7!}{4!2!}\text{(通り)}$$ 1 個のモノがあるときは，1! を省いてよい

一般に，次の公式が成り立ちます：

同じものを含む順列 **定理**

n 個のものがあり，そのうち p 個，q 個，r 個，… が同じものであるとき，これらを一列に並べる方法は

$$\frac{n!}{p!q!r!\cdots}\text{通り．（ただし，} p+q+r+\cdots = n.\text{）}$$

補足 この **例** のように，2 種類のもの（a と b）だけがあるときは，「"場所"を選ぶ組合せ」と考えて解答することもできます．

右図のように a, a, a, b, b を並べる“場所”に番号を付け，1〜5 から b を置く 2 か所の組合せを決めると，残りの 3 か所には自動的に a が入って並べ方が確定します．よって，求める場合の数は

場所：	1	2	3	4	5
	a	a	b	a	b

$${}_5C_2 = \frac{5\cdot 4}{2!} = 10.\,/\!/$$

この方が，例 ③の右辺（3! が約分済み）が直接得られて手早いので，筆者はしょっちゅう使います．

3 種類以上になっても，例えば前記④のケースなら

（a の場所 4 つ → ${}_9C_4$，残り 5 か所のうち b の場所 3 つ → ${}_5C_3$）

$${}_9C_4\cdot{}_5C_3\cdot{}_2C_2 = \frac{9!}{4!5!}\cdot\frac{5!}{3!2!}\cdot 1 = \frac{9!}{4!3!2!}$$

となり，④と同じ結果が得られます．しかし，④に比べてまとまりの悪い式が登場してしまうので，筆者はまず使いません．

注 という訳で，「同じものを含む順列」は，「“場所”を選ぶ組合せ」とみなして考えることもできるのです．この一例からも，「どういう問題は順列で，どういう問題が組合せか？」といったパターン分け志向の問い掛けが無意味であることがわかりますね（笑）．

例題 7 3 f 同じものを含む順列 根底 実戦

[→演習問題 7 5 16]

0, 0, 0, 1, 1, 2, 3 を並べて作る 7 桁の整数の総数を求めよ．

方針 最高位に「0」が使えないことに注意しつつ，「同じものを含む順列」の公式を適用します．

解答 ○最高位が 0 であるものも含めた並べ方は

$$\frac{7!}{3!2!} = \frac{7\cdot 6\cdot 5\cdot 4}{2} = 420(\text{通り}).$$

○上記のうち，最高位が 0 であるものは，残りの 6 桁に 0, 0, 1, 1, 2, 3 を並べる方法を考えて

$$\frac{6!}{2!2!} = \frac{6\cdot 5\cdot 4\cdot 3}{2} = 180(\text{通り}).$$

○以上より，求める個数は

$$420 - 180 = 240.\,/\!/$$ “引き算”

補足 最高位が 1，2，3 の場合の並べ方の数を求め，和の法則により解答することもできます．

8 円順列

1の「順列」は，異なるものを一列に並べました．それに対して，ここでは円形に並べる**円順列**について考えます．

例　1, 2, 3, 4, 5, 6 の 6 個の数字を円形に並べる方法は全部で何通りあるか．

右図を見るとわかるように，円順列では，「一見異なるように見えて実は同じ」という考えにくさが発生します．そこで，古来用いられてきたのが「円順列としては同じものが何個ずつ含まれるか」という考え方ですが，発展的な問題になると**全く使い物にならない**損な方法です．

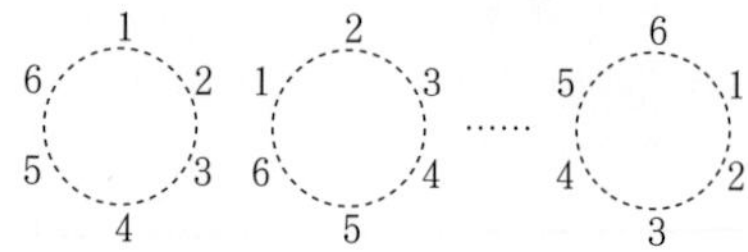

そこで，より優れた考え方をご紹介します．

1 つを固定する

前記の考えにくさは，（一列に並べる）順列では“端”＝「起点」があったのに，円順列ではそれがないことが原因です．そこで，どれか **1 つを固定**し，それを「起点」とします．

例えば**「1」を固定**し，そこを起点として時計回りに残りの 2~6 を並べます．これで，既に学んだ（一列に並べる）「順列」に帰着させることができましたね：

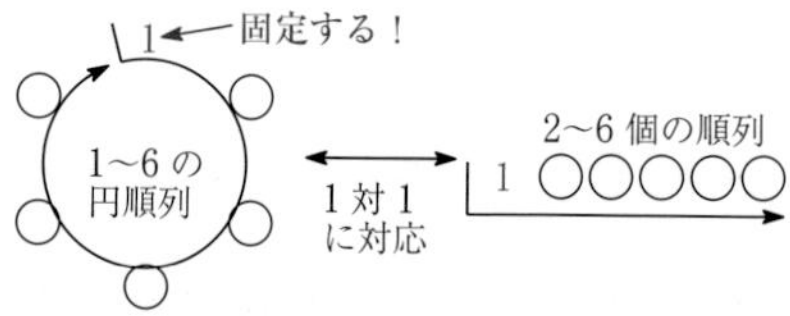

1~6 の 6 個の**円順列** ←「1」を固定 / 1 対 1 に対応→ 2~6 の 5 個の**順列**

円順列　n 個を円形に並べる円順列は，全部で $(n-1)!$ 通り．

原則 重要度↑ **1 つを固定**し，そこを起点として残りを一定の向きに並べると考える．

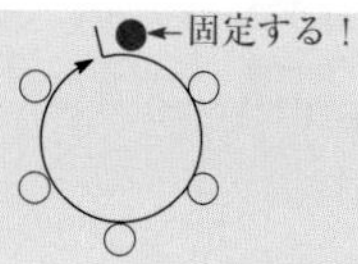

例題 7 3 g 円順列 根底 実戦

[→演習問題 7 5 19]

次の(1)~(3)について，それぞれ総数を求めよ．

(1)　5 人が手をつないで輪を作る方法

(2)　a, b, c, d, e, f の 6 文字を円形に並べるとき，a と b が向かい合わせになる方法

(3)　1, 1, 1, 1, 2, 2, 3 の 7 文字を円形に並べる方法

方針　(1)は，前記公式を適用するだけですが，(2)(3)は，公式を導く際に用いた**考え方**：「1 つを固定」に戻って解答します．

解答　(1)　求めるものは，5 個の円順列の個数であり，$(5-1)!=24$.// 　(1)は公式だけで済む

(2)　○まず，a を固定し，残りの 5 個を一定の向きに並べる．

○a の真向かいに b を置く．

○残りの 4 個を一定の向きに並べる …4!通り

○以上より，求める個数は，$4!=24$.//

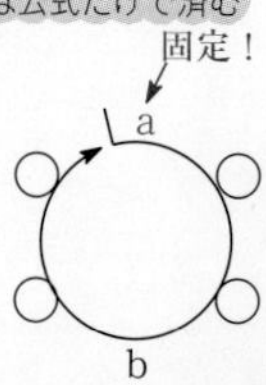

(3)　○まず，3 を固定する．

○残りの 6 個：1, 1, 1, 1, 2, 2 を一定の向きに並べる

…$\dfrac{6!}{4!2!}$ 通り．[1]

○以上より，求める個数は，

$\dfrac{6!}{4!2!}=\dfrac{6\cdot5}{2}=15$.//

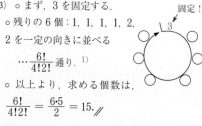

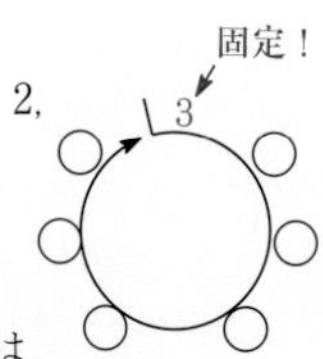

解説 (2)では，**3** で述べた「制限が厳しい所から数える」という原則にのっとって，「a」を最初に「固定する 1 個」とし，次に「b」の置き場所を考えます．

(3) 1)：前項で学んだ「同じものを含む順列」の公式です．「$_6C_2$」でも OK でしたね．

注意！ ただし，この公式はあくまでも一列に並べる順列についてのもの．よって，1 個を固定し，残りを一列に並べることに**帰着した上で**初めて使用が許可されます．「円順列」と「同じものを含む順列」の公式をゴチャ混ぜ使用した解答は，答えは偶然当たるのですが，「0 点」です (笑)．

注 (3)では，「3」だけが 1 つなので，それを最初に固定します．2 個以上ある「1」や「2」を固定しようとすると…どれが固定した 1 つなのかわからなくなり，頭が混乱します．ちなみに，「1 つ」であるモノがない円順列は…一気に複雑化します！ [→演習問題 7 5 34]

コラム

二項係数の性質 「二項定理」(数学Ⅱ) に現れるのでこう呼ぶ

5 で考えた「組合せ」の個数 $_nC_r$ のことを，**二項係数**といい，次の関係が成り立つことが有名です：

二項係数の公式

❶ $_nC_r = {}_nC_{n-r}$.　選手・補欠

❷ $_nC_r = {}_{n-1}C_{r-1} + {}_{n-1}C_r$.　エース起用・温存

❸ $_nC_r \cdot r = n \cdot {}_{n-1}C_{r-1}$.　キャプテン決定後・先

〔**具体例と説明**〕20 人のサッカーチームから 11 人の選手 (先発メンバー) を選ぶ方法 (つまり $n = 20, r = 11$) をイメージしながら，上記公式の "思い出し方" を説明します．

解答

❶ 「11 人の選手の選び方」「9 人の補欠の選び方」

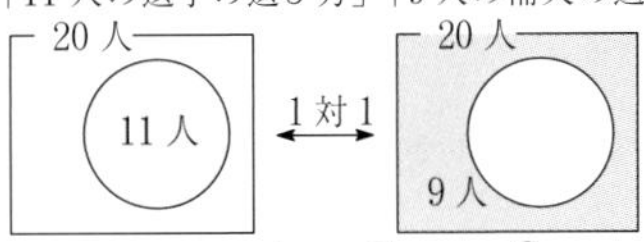

$\therefore\ {}_{20}C_{11} = {}_{20}C_9$.

❷ 選手 11 人の選び方を，特定の選手 (エース) を「起用する」と「温存する」に分けて考える．

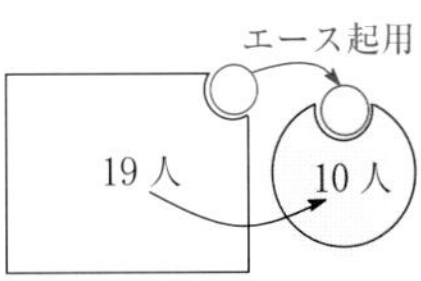

$_{19}C_{10}$ 通り

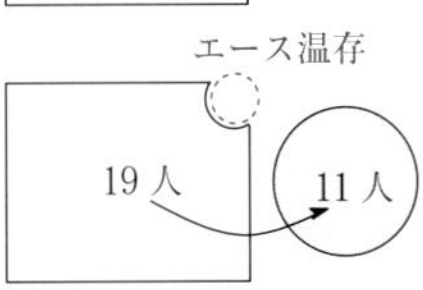

$_{19}C_{11}$ 通り

$\therefore\ {}_{20}C_{11} = {}_{19}C_{10} + {}_{19}C_{11}$.

❸ キャプテン 1 人を含む 11 人の選手の選び方を，2 通りの方法で考える．

○ 11 人の選手を選ぶ

→そのうち 1 人をキャプテンに任命

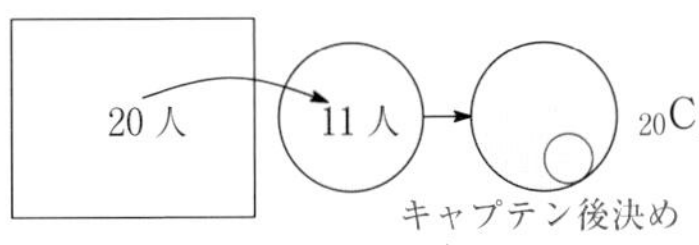

$_{20}C_{11} \cdot 11$ 通り

○ 1 人のキャプテンを任命

→残りの 10 人の選手を選ぶ

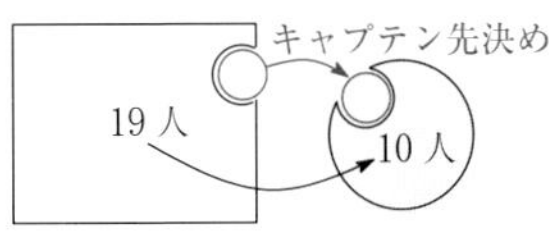

$20 \cdot {}_{19}C_{10}$ 通り

$\therefore\ {}_{20}C_{11} \cdot 11 = 20 \cdot {}_{19}C_{10}$.

参考 ❶～❸の〔**証明**〕は，$_nC_r = \dfrac{n!}{r!(n-r)!}$ を用いた "機械的な" 計算によってなされます [→演習問題 7 5 36, 37]．そこでは，これらの性質を利用する練習もします．

4 場合の数の典型手法

本章でこれまで学んだ基本手法をもとに，いくつかの典型問題を通して，よく使う手法をご紹介します．今後出会う様々な問題を解くためのベースとなります．

1 隣り合う・合わない

例題 7 4 a 隣り合う・合わない 根底 実戦

[→演習問題 7 5 18]

男子 4 人女子 3 人を一列に並べる方法について答えよ．

(1) 3 人の女子が全員隣り合う並べ方は何通りあるか．

(2) 3 人の女子のうちどの 2 人も隣り合わない並べ方は何通りあるか．

方針 例題 7 3 a と同様，人の区別を番号で，性別を□，○で視覚化しておきましょう．

(1) 隣り合う女子を 1 つの“カタマリ”とみなします．

(2) 独特な手法を用います．

解答 7 人を，次のように表す．

男：[1][2][3][4]

女：⑤⑥⑦

記号化して視覚的に表す

(1) ｏ女子 3 人を 1 つのカタマリとみて，

[1][2][3][4][○○○]の 5 個を並べる …$5!$通り

ｏ[○○○]の内に⑤⑥⑦を並べる …$3!$通り

ｏよって，求める場合の数は

$5!\cdot 3! = 120\cdot 6 = 720.$ //

(2) ｏまず，男：[1][2][3][4]を並べる …$4!$ 通り

ｏ ∧□∧□∧□∧□∧ （∧に左から 1, 2, 3, 4, 5）

⑤⑥⑦を，$\underset{1}{\wedge}$～$\underset{5}{\wedge}$のうち 3 か所へ 1 人ずつ入れる … ${}_5P_3$通り．

ｏよって求める場合の数は

$4!\cdot {}_5P_3 = 24\times 5\cdot 4\cdot 3 = 1440.$ //

解説 (1)「隣り合うものを“カタマリ”とみる」という手法は，ごく自然ですね．ただし，[○○○]内の並べ方も考えるのを忘れないように！

(2) ここで用いた「“スキマ”：∧に入れる」という手法は，初見では無理．学んで，覚えましょう．

方法論
隣り合うもの → “カタマリ”とみる．
隣り合わないもの → 後から“スキマ”に入れる．

注 「隣り合わない」という条件が女子に対して課せられていますが，「制限のある所から数える」という原則に反して，男子の並べ方を先に考えています．何事にも，「例外」は付き物です．

参考 「隣り合わない」→「“スキマ”に入れる」という手法は，例題 7 4 f で再登場します．

2 組合せ→順列

順序を区別する「順列」を書き出す際，その個数が多い場合には，いったん順序を区別しない「組合せ」を**書き出し**，その並べ方の個数を**法則**で計算すると手早いことがあります．

例題 7 4 b 組合せ→順列 根底 実戦

[→演習問題 7 5 16]

異なるサイコロを 4 個投げるとき，出た目のうち最大のものが他の 3 つの目の和と等しい出方は全部で何通りあるか．

着眼 「異なるサイコロ」とあるので，サイコロに a，b，c，d と名前が付いていると考えます．

方針 しかし，題意の条件には「どのサイコロの目が最大か」という指定はありません．そこで，いったんサイコロの**区別を度外視**して条件を満たす 4 つの目の「組合せ」を書き出し，その後でサイコロを区別したら何通りに分かれるかを考えます．
以下の**解答**では，「組合せ」を書き出す際，まず「最大の目」を決め，それに応じて「他の 3 つ」を選んでいます．

解答 ∘ 3 つの目の和は $3(=1+1+1)$ 以上だから，最大の目 M も 3 以上．

∘ 以下，$M=3,4,5,6$ に対して，条件を満たす 4 つの目の組合せを考える．

∘ $M=3 \to \{1,1,1,3\}^{\triangle}$

∘ $M=4 \to \{1,1,2,4\}^{\bigcirc}$

∘ $M=5 \to \{1,1,3,5\}^{\bigcirc}, \{1,2,2,5\}^{\bigcirc}$

∘ $M=6 \to \{1,1,4,6\}^{\bigcirc}, \{1,2,3,6\}^{\circledcirc}$,
$\{2,2,2,6\}^{\triangle}$

∘ 各組合せから，サイコロを区別したときに得られる場合の数は

$\triangle$のタイプ … $\dfrac{4!}{3!}=4$(通り)

$\bigcirc$のタイプ … $\dfrac{4!}{2!}=12$(通り)

$\circledcirc$のタイプ … $4!=24$(通り)

∘ 以上より，求める場合の数は

$2\cdot4+4\cdot12+1\cdot24=8\cdot(1+6+3)=80.$ //

解説 例えば組合せ $\{1,1,1,3\}$ の 4 つの数を，サイコロ a，b，c，d へ順に対応付ける仕方は，$(1,1,1,3),(1,1,3,1),(1,3,1,1),(3,1,1,1)$ の 4 通りですね．

言い訳 本問の表題は，より正確には「重複のある組合せ→同じものを含む順列」です．

例題 7 4 c 対称性 根底 実戦

箱の中に $1,2,3,\cdots,20$ の 20 枚のカードが入っている．そこから 1 枚を取り出し，それを箱に戻してからまた 1 枚を取り出す．
1 枚目のカードに記された数 a が 2 枚目のカードに記された数 b より大きいような取り出し方の個数を，1 枚目と 2 枚目を区別して求めよ．

着眼 カードが 20 枚もあるので，全ての場合を書き出すのは少し面倒です．そこで，「1 枚目」と「2 枚目」が全く対等であることを利用します．

1 2 3 … 20

解答 ∘ a と b の大小関係には，

$a>b, a=b, a<b$

の 3 通りがあり，$a>b, a<b$ を満たす取り出し方は同数．

∘ 全ての取り出し方は，$20^2=400$(通り)．

∘ そのうち $a=b$ であるものは，
$(1,1),(2,2),\cdots,(20,20)$ の 20 通り．

∘ 以上より，求める $a>b$ を満たす取り出し方は

$\dfrac{400-20}{2}=190$(通り)． //

解説 このように，「求めたいもの」だけでなく，**全体像**を視野に入れて考えると格段に解きやすくなることがよくあります．

3 最短経路

3～5項では，個数を数える上で単純かつ強力な「1対1対応」を扱います．ここで学ぶ手法は，入試では“当然知っているはず”という前提で出題されますから，完璧に理解&記憶しましょう．

注 どれも，初見で思いつける必要はないです．有名手法として覚えましょう．

例題 7 4 d 最短経路 根底 実戦 定期

[→演習問題 7 5 22]

右図のような格子状の街路があるとき，以下の問いに答えよ．

(1) AからBまで行く最短経路の個数を求めよ．

(2) AからCを通ってBまで行く最短経路の個数を求めよ．

(3) AからCもDも通らないでBまで行く最短経路の個数を求めよ．

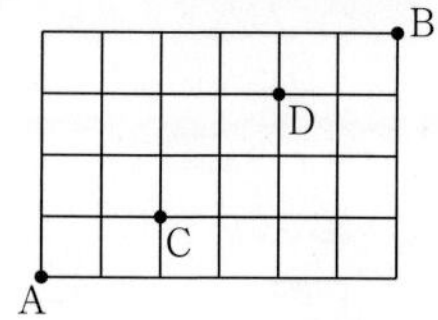

着眼 (1) 最短経路ですから，「右」か「上」の移動だけが考えられます．

下の例を見ればわかるように，「最短経路」を1つ決めると，移動した向きを表す矢印「→ or ↑」を移動した順に並べることにより，「→6個と↑4個の並べ方」がただ1つ対応して定まります．

逆に「→6個と↑4個の並べ方」を1つ決めると，矢印の向きの移動を矢印が並んだ順に行うと，「最短経路」がただ1つ対応して定まります．

このようなとき，「最短経路」と「矢印の並べ方」は「**1対1対応**」であるといい，両者の個数は一致します．

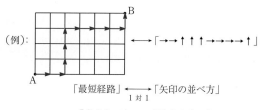

(例): 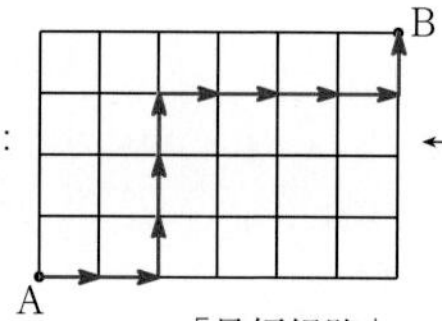

⟷「→→↑↑↑→→→→↑」

「最短経路」⟷(1対1)「矢印の並べ方」

「求めたい」⟷「求めやすい」

「求めたい」ものである「最短経路」自体はジグザグで数えにくいですが，「1対1対応」を利用して「↑，→の並べ方」にすり替えることにより，既に学んだ典型手法で片付く「求めやすい」ものに帰着されます．

方針 (2) A→C，C→Bに分けて，(1)と同じ考え方を使います．

(3) (2)で「通る」場合の方が求めやすいとわかっていますから…

解答 (1) 「AからBへの最短経路」と「→6個，↑4個の並べ方」は1対1対応．[1)]

よって求める個数は，$_{10}C_4 = \frac{10\cdot9\cdot8\cdot7}{4\cdot3\cdot2} = 210$(通り)．// （$\frac{10!}{6!\cdot4!}$ でも OK[2)]）

(2) (1)と同様に考えて，

「AからCへの最短経路」と「→2個，↑1個の並べ方」，

「CからBへの最短経路」と「→4個，↑3個の並べ方」

は，それぞれ1対1対応．よって求める場合の数は

$_3C_1\cdot{}_7C_3 = 3\cdot35 = 105$(通り)．//

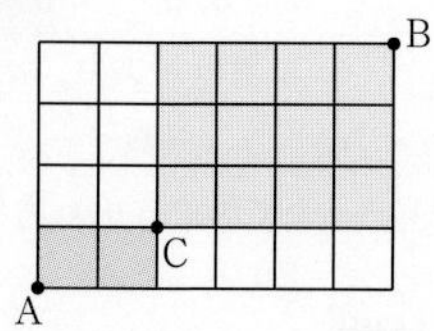

(3) ○(1)で考えた経路を全体集合 U とし，その部分集合として

C:「点 C を通る経路」, D:「点 D を通る経路」

を考えると，求める個数は

$$n(\overline{C}\cap\overline{D})=n(\overline{C\cup D})$$ ド・モルガンの法則

$$=n(U)-n(C\cup D)$$

$$=n(U)-\{n(C)+n(D)-n(C\cap D)\}.$$ 包除原理

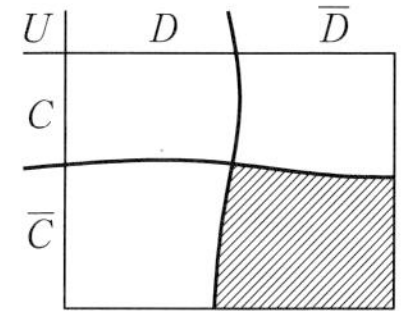

○(2)より，$n(C)=105$.（$n(D)$ も同数）

○(2)と同様に，A → C，C → D，D → B の経路数を考えて

$$n(C\cap D)={}_3C_1\cdot{}_4C_2\cdot{}_3C_1=3\cdot6\cdot3=54.$$

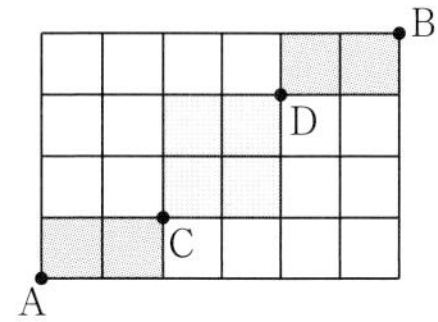

○以上より，$n(\overline{C}\cap\overline{D})=210-(105+105-54)=54.$ //

解説 要するに，「求めたい」ものと「求めやすい」ものとの関係を利用している訳です．

原則 「最短経路」 ⟷（1 対 1） 「→，↑の並べ方」
求めたい　　　　　　　求めやすい

2)：「→ 6 個，↑ 4 個の並べ方」の個数は，もちろん「同じものを含む順列」の公式を用いて $\frac{10!}{6!\cdot4!}$ としてもかまいません．しかし，ものが 2 種類だけある「同じものを含む順列」は，

片方のものが入る“場所”を選ぶ

と考えて組合せ ${}_nC_r$ を用いると簡便でしたね[→ 3 7 補足]. **着眼** の **例** に対応する「↑の場所」の選び方は，右図の通りです：

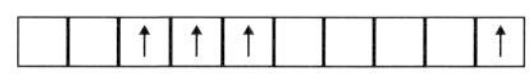

補足 (2)では，

「A から C への最短経路」${}_3C_1$ 通りの各々に対し，

「C から B への最短経路」が ${}_7C_3$ 通りずつある

ので，「積の法則」が適用できます．

言い訳 1) **重要度⇩**：より正確に書くと，「最短経路全体の集合」と「矢印の並べ方全体の集合」は 1 対 1 対応であるとなります．長くなるので，多少サボってます (笑).

別解 (3)のように「通らない点」があればあるほど，適用可能な「法則」は複雑化し，一方で個数は減るので，「書き出し」の方はしやすくなります．

こんな時は，各交差点に到る最短経路数を，直前の交差点までの経路数を加えることよって求めて図に記すという“書き込み方式”がしばしば有効です．右図において，例えば青色の付いた部分では，「●に到る経路数」を，「左の交差点までの経路数 4」と「下の交差点までの経路数 3」を加えて「7 通り」と求めています．

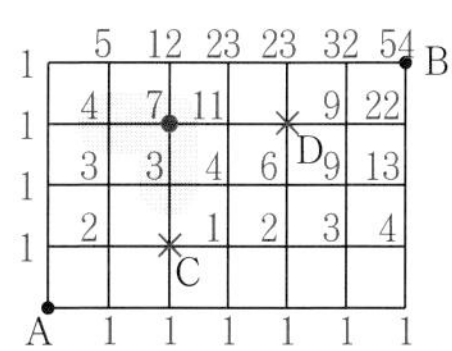

経路数が，ちゃんと「54 通り」と求まっていることを確認しておいてください．

第7章 場合の数・確率

4 ○を┃で仕切る

タイトルを見ても何のことを言ってるかわからないかもしれませんね（笑）．特定の問題で，絶大なる威力を発揮する独特な手法を学びましょう．

例題 7 4 e ボールと箱→○と┃（空箱可） 根底 実戦 典型 [→演習問題 7 5 25]

区別のつかない 6 個のボールを区別のつく 3 個の箱 A，B，C に入れる方法は何通りか．ただし，空の箱があってもよいとする．

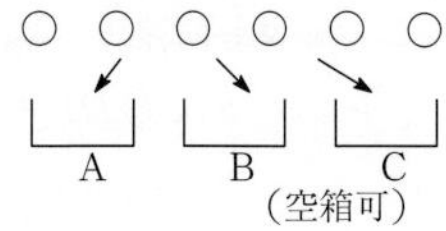

着眼 「ボールと箱」を題材とした問題は，これまで既に 2 回取り上げています[→例題 7 2 a 例題 7 3 c]．しかし，それらとは全く異なる次のような考え方を用います．

- ボールに区別はないので，箱 A，B，C へ何個ずつ分配するかと考える．
- そこで，6 個の○を，2 本の┃により，3 つの領域に仕切る．
- 各領域の○の個数を，左から順に A，B，C に入る○の個数だと決める．
- 具体例：

例 1	例 2	例 3
○○┃○○○┃○	○○┃┃○○○○	┃○○┃○○○○
↕	↕	↕
A 2コ, B 3コ, C 1コ	A 2コ, B 0コ, C 4コ	A 0コ, B 2コ, C 4コ

- これで，「6 個の○を 2 本の┃で仕切る方法」⇄「題意の入れ方」の両方の向きについて一意対応ができたので，両者は **1 対 1 対応**！

解答

「題意の入れ方」と「6 個の○を 2 本の┃で仕切る方法」1) とは **1 対 1 対応**．よって求める個数は

$$^{2)}\ {}_8C_2 = \frac{8\cdot 7}{2!} = 28. /\!/$$

解説 要するに，「求めたい」ものと「求めやすい」ものとの対応を利用している訳です．

「入れる方法」 ←1 対 1→ 「○と┃の並べ方」
求めたい　　　　　　　　求めやすい

1)：つまり，「6 個の○と 2 本の┃を並べる方法」ですから，「同じものを含む順列」の公式により $\frac{8!}{6!\cdot 2!}$ としても OK です．

2)：しかし，ものが 2 種類だけある「同じものを含む順列」は，片方のものが入る“場所”を選ぶと考えて組合せ ${}_nC_r$ を用いると簡便でしたね．[→3 7 補足]．

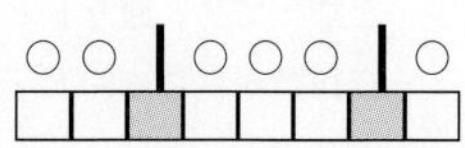

着眼の 例 1 に対応する「┃の場所」の選び方は，右図の通りです：

補足 着眼では，「6 個の○を 2 本の┃で仕切る方法」→「題意の入れ方」の向きの説明が主ですが，逆に，例えば「A2コ，B3コ，C1コ」という入れ方に対して，○ 2 個の後に┃を置き，さらに○ 3 個の後に┃を置く（その後は自ずと○が 1 個並ぶ）と決めることで，左向きの一意対応もできます．

例題 7 4 f ボールと箱→○と┃(空箱不可) 根底 実戦 典型 [→演習問題 7 5 26]

区別のつかない 6 個のボールを区別のつく 3 個の箱 A, B, C に入れる方法を考える. ただし, 空の箱があってはならないとする.

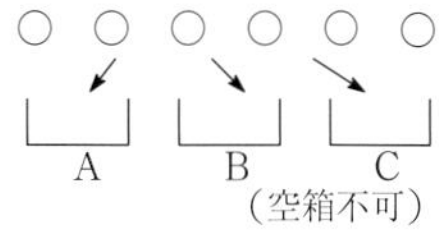

着眼 基本的には前問と同様,「○を┃で仕切る」という手法を用います. ただし, 空の箱が許されなくなりますから, 前問 (空箱あり) の具体例のうち, 例 2, 例 3 のタイプは除外されます.

例 1 : OK　○○┃○○○┃○　↕　A 2コ, B 3コ, C 1コ

例 2 : NG　○○┃┃○○○○　↕　A 2コ, B 0コ, C 4コ

例 3 : NG　┃○○┃○○○○　↕　A 0コ, B 2コ, C 4コ

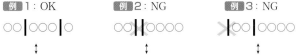

例 2 がダメということは, つまり「┃が**隣り合わない**」ということですから, 1「隣り合う・合わない」で学んだ手法:

「“スキマ”: ∧ に後から入れる」

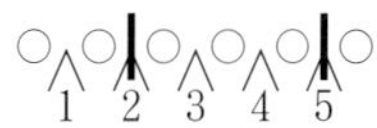

が使えそうですね. 例 3 のように┃が端にあるものもダメなことにも注意すると, 次のような 1 対 1 対応が出来ます.

- 6 個の○を並べ, ┃を入れる “間の場所”: $\wedge_1$ ~ $\wedge_5$ を作る. [1)]
- $\wedge_1$ ~ $\wedge_5$ から 2 か所を選んで┃を 1 個ずつ入れ, 6 個の○を, 3 つの領域に仕切る. [2)]
- 各領域の○の個数を, 左から順にA, B, C に入る○の個数だと決める.
- 具体例:

- これで,「$\wedge_1$ ~ $\wedge_5$ から 2 か所を選んで┃を 1 本ずつ入れる方法」⇄「題意の入れ方」の両方の向きの一意対応, つまり 1 対 1 対応が出来た!

補足 1) : モノが 6 個あるとき, その “間の数” は, 1 つ少ない 5 個ですね. 小学校の頃「植木算」を習った人にはお馴染みでしょう (笑).

2) : 2 個の┃で 3 個の領域に仕切る. ここも上記と同じ理屈です.

解答

「題意の入れ方」と「$\wedge_1$ ~ $\wedge_5$ から 2 か所を選んで┃を 1 本ずつ入れる方法」とは 1 対 1 対応. よって求める場合の数は, ${}_5C_2 = 10$.//

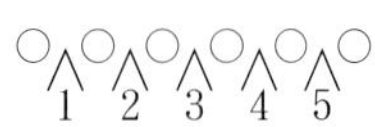

解説 1 の「隣り合わない並べ方」で学んだ手法が見事に役立ちました. ただし, そことは違って両端には┃を置くことができません. 再度注意しておきます.

例題 7 4 g ○と┃(重複組合せ) 根底 実戦

[→演習問題 7 5 27]

区別のつかないサイコロを 10 個投げるとき，次の問いに答えよ．

⑴ 目の出方は全部で何通りか．　⑵ 1～6 の全種類の目が出るような目の出方は何通りか．

着眼 ● サイコロに区別はないので，1～6 の各目が何個出るかを考えます．

例1 {1, 1, 2, 3, 3, 3, 4, 5, 5, 6}

例2 {1, 1, 1, 2, 3, 3, 3, 3, 5, 5}

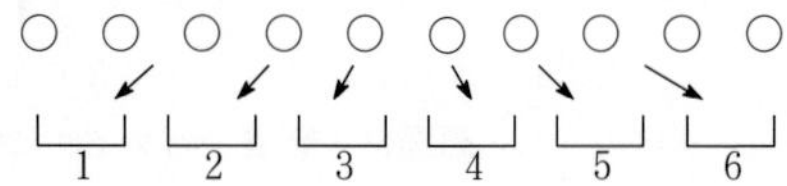

- そこで，区別のないサイコロ 10 個を「○」で表し，1～6 の目に何個ずつ分配するかと考えます．
- 10 個の○を，5 本の┃により，6 つの領域に仕切る考えが使えます．[→前 2 問]
- 具体例：

例1
{1, 1, 2, 3, 3, 3, 4, 5, 5, 6}
○○┃○┃○○○┃○┃○○┃○

例2
{1, 1, 1, 2, 3, 3, 3, 3, 5, 5}
○○○┃○┃○○○○┃┃○○┃
4，6 の目が出ない

- よって，「10 個の○を 5 本の┃で仕切る方法」←1 対 1→「⑴の題意の出方」
- ⑵では，例2のようなタイプがダメになるので，"間の場所" $\underset{1}{\wedge}$～$\underset{9}{\wedge}$から 5 か所を選んで┃を 1 個ずつ入れるという前問の手法を適用します．

{1, 1, 2, 3, 3, 3, 4, 5, 5, 6}
○ ○┃○┃○ ○ ○┃○┃○ ○┃○
1 2 3 4 5 6 7 8 9

解答 ⑴ 「題意の目の出方」と

「10 個の○を 5 本の┃で仕切る方法」とは **1 対 1 対応**．よって求める個数は，

$${}_{15}\mathrm{C}_5=\frac{15\cdot14\cdot13\cdot12\cdot11}{5\cdot4\cdot3\cdot2}=3003.\,/\!/$$

⑵ 「題意の目の出方」と

「$\underset{1}{\wedge}$～$\underset{9}{\wedge}$から 5 か所を選んで┃を 1 本ずつ入れる方法」

○$\underset{1}{\wedge}$○$\underset{2}{\wedge}$○$\underset{3}{\wedge}$○$\underset{4}{\wedge}$○$\underset{5}{\wedge}$○$\underset{6}{\wedge}$○$\underset{7}{\wedge}$○$\underset{8}{\wedge}$○$\underset{9}{\wedge}$○

とは 1 対 1 対応．よって求める場合の数は，${}_9\mathrm{C}_5={}_9\mathrm{C}_4=\dfrac{9\cdot8\cdot7\cdot6}{4\cdot3\cdot2}=126.\,/\!/$

原則 具体的な問題に「○を┃で仕切る」考えを適用する際には，次の見方が "目安" になります．：

区別しないもの(本問ではサイコロ) を「○」で，

区別すること(本問では目の数) を「┃」で表す．

参考 本問⑴は，「1～6 の 6 種類の数を，重複を許して 10 個取る組合せ」と読み変えることもできます．これを**重複組合せ**といいます．本問と同様にして，一般に次のことがいえます：

「異なる n 個から重複を許して r 個取る組合せ (重複組合せ)」は

「r 個の○を $n-1$ 本の┃で仕切る方法」と 1 対 1 対応．

よってその個数は，${}_{r+n-1}\mathrm{C}_{n-1}$．…… ${}_{r+n-1}\mathrm{C}_r$ でもよい

この個数を，大学以降では記号 ${}_n\mathrm{H}_r$ で表し，${}_n\mathrm{H}_r={}_{r+n-1}\mathrm{C}_r$ が成り立ちます．ただし，この結果を暗記するより，「○を┃で仕切る」という大元の考え方をマスターすることの方が，遥(はる)かに重要かつ有用で幅広く使えます！本書では，この記号 ${}_n\mathrm{H}_r$ を今後一切使いません．

5 順序指定がある並べ方

2 では，まず組合せを考え，そこから順列への枝分かれが何通りあるかと考えました．しかし，条件として「順序指定」がなされている場合には，事情が変わってきます．

例題 7 4 h 順序指定 根底 実戦 入試

[→演習問題 7 5 23]

(1) [1][2][3][4][5]の 5 枚のカードから 3 枚を選んで一列に並べるとき，数字の小さいカードから順に並んでいるものの個数を求めよ．

(2) [1][2][3][a][b][c]の 6 枚のカードを一列に並べるとき，数字の記されたカードに関しては数字の小さいものから順に並んでいるものの個数を求めよ．

(3) 数字：1，2，3，4，5 から 3 個，アルファベット小文字：a，b，c，d，e からも 3 個選び，それら 6 個を一列に並べてパスワードを作る．このうち数字に関しては小さいものから順に並んでいるものの個数を求めよ．ただし，同じものを 2 度以上使ってはならないとする．

着眼 (1) 例えば選んだ 3 つの数の組合せが $\{1, 3, 4\}$ であるとき，本来ならこれらを並べることにより 3! 通りの順列が出来る所ですが，本問では「順序指定」があるため並べ方は 1 つに決まってしまいますね：

組合せ $\{1, 3, 4\}$ ⟷(1 対 1) 並べ方 $(1, 3, 4)$

(2) 例えば [c][a][1][b][2][3] のような並べ方を作る場合，色の付いた数字部分は，「1 → 2 → 3」と**順序指定**されているので並べ替えはできません．そこで，数字を区別することを止めて「○」で表すことにより，右のような 1 対 1 対応が出来ます：

「求めたい」
[c][a][1][b][2][3]
↕ 1 対 1 対応
[c][a]○[b]○○
「求めやすい」

(3) 数字 3 個とアルファベット小文字 3 個の組合せを作れば，あとは(2)の結果を再利用するだけです．

解答 (1) 「題意の並べ方」と「5 個から 3 個を選ぶ組合せ」は 1 対 1 対応．よって求める個数は

$${}_5C_3 = {}_5C_2 = 10. /\!/$$

(2) 「題意を満たす [1][2][3][a][b][c] の並べ方」と「○○○[a][b][c] の並べ方」は 1 対 1 対応．よって求める個数は

$$\frac{6!}{3!} = 6\cdot5\cdot4 = 120. /\!/$$

(3) ∘ 数字 3 個，アルファベット小文字 3 個を選ぶ組合せは，${}_5C_3\cdot{}_5C_3 = 10^2 = 100$(通り)．

∘ 上記各々の題意を満たす並べ方は，(2)より $\dfrac{6!}{3!} = 120$(通り)．

∘ 以上より，求める個数は

$$100\cdot120 = 12000. /\!/$$

解説 本問は，(1)，(2)と段階を踏んで(3)を解きましたが，今後はイキナリ(3)が問われても大丈夫なようにしておきたいです．

6 組分け

区別のないボールを分けた前項に対し，本項では区別のある人を分けます．また，3～5の単純明快な「1 対 1 対応」から，少し発展した「1 対“多”の対応関係」を利用します．

例題 7 4 i 組分け 根底 実戦 入試

[→演習問題 7 5 24]

6 人の人を 3 つの組に分ける次の方法の総数をそれぞれ求めよ． 組に分けるから「組分け」

(1) 3 人，2 人，1 人の 3 組 (2) 2 人，2 人，2 人の 3 組

(3) 2 人，2 人，2 人の 3 組．ただし，特定の 2 人が別の組に入る． (4) 3 人，3 人の 2 組

注 人は必ず区別して考えますから，各人に 1～6 の番号を付けて表します．
以下の解答解説は，(1)(2)と(3)(4)に分けて書いています．

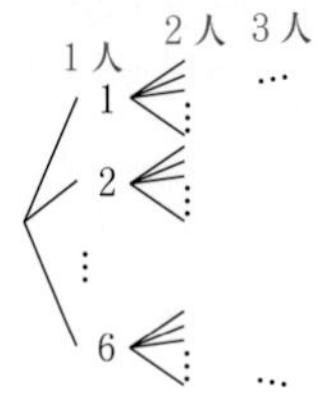

方針 (1)

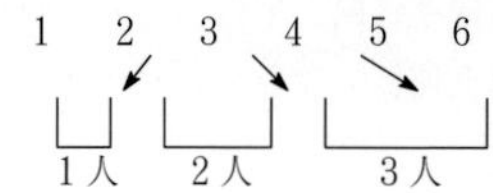

問題文は「3 人，2 人，1 人」と書かれていますが，「制限の厳しいところから順に」という原則にのっとって，人数の少ない方から「1 人→ 2 人→ 3 人」の順に考えます．あとは積の法則ですね．もちろん，「均等に枝分かれする樹形図」をイメージしながら．ここで，とりあえず(1)だけ後の**解答**を確認してしまってください．

注意！ (2)

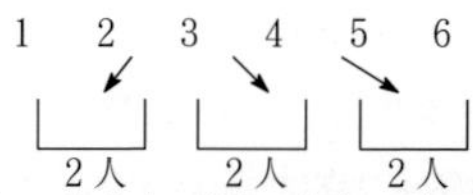

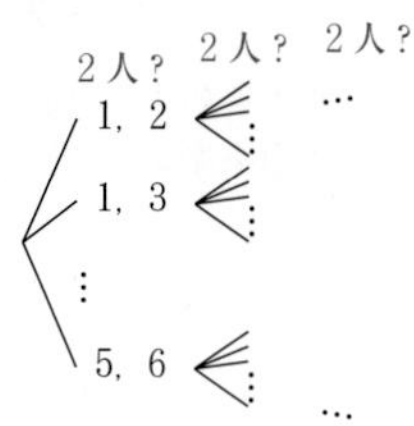

「2 人→ 2 人→ 2 人」の順に考え，積の法則…といきたいのですが，「均等に枝分かれする樹形図」が描けますか？？2 6 注意！で述べたように，樹形図の各枝には「タイトル」が入っていなければならないのですが…，どの組も 2 人なので組に区別がなく，“どの 2 人組か”がハッキリしないため「タイトル」が書けません．

そこで，「タイトル」が書けるようにするため，3 つの 2 人組を A，B，C と名前を付けて区別します．こうすれば，樹形図の「タイトル」が上の「2 人？」…から「2 人 A」，「2 人 B」，「2 人 C」に変わり，(1)とまったく同様にして分け方の個数が求まります．

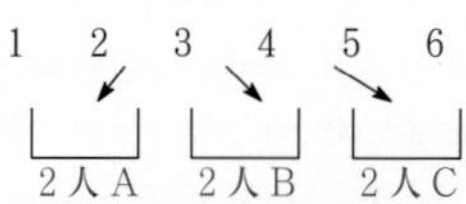

ただし，これは題意の条件に反していますから，「求めやすい」上記個数と「求めたい」ものとの対応関係を考えます．

「組を区別しない」 ←対応関係は？→ 「組を区別する」
求めたい 求めやすい

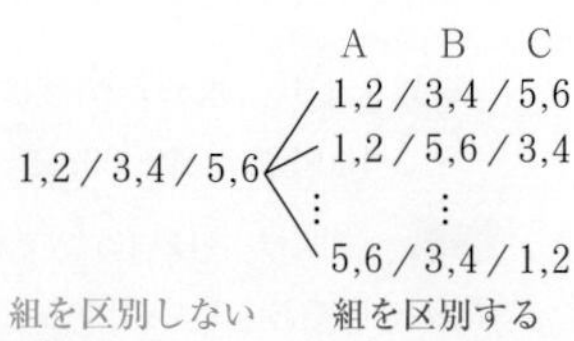

右図から，

組を区別しない 1 つの分け方 (求めたいもの) に対して，

組を区別すると 3! 通りずつの分け方 (求めやすいもの) が得られる

ことがわかります．この**対応関係**を利用することで，求めたい題意の組分けの個数が得られます．

解答 (1) ○ 1 人組の人 …6 通り.

○ 残り 5 人のうち 2 人組の人 …$_5C_2$ 通り.

(○ 残り 3 人が，自動的に 3 人組に入る.)

○ 以上より，求める場合の数は，

$6 \cdot {}_5C_2$[1] $= 6 \cdot 10 = 60.$ //

(2) ○ 2 人組 A，2 人組 B，2 人組 C と区別したときの分け方は，$_6C_2 \cdot {}_4C_2$ 通り.

○ 求める分け方 x 通りの各々に対し，組を A，B，C と区別すると，3! 通りずつが対応する.

○ $x \cdot 3! = {}_6C_2 \cdot {}_4C_2.$[2] 積の法則

$\therefore\ x = \dfrac{{}_6C_2 \cdot {}_4C_2}{3!}$[3] その逆利用としての"割り算"

$= \dfrac{15 \cdot 6}{6} = 15.$ //

重要 サイコロを 2 回投げたときの（第 1 回と第 2 回を区別した）目の出方：$6^2 = 6 \cdot 6$ 通り を求める際，2 つの「6」が，順に「第 1 回の目」，「第 2 回の目」を表していることを意識することが重要でした．それと同様，[2] の右辺においては，2 人組を A，B，C と**区別しているという自覚**をもつことが大切です.

解説 [3]：「積の法則」の逆利用としての"割り算"ですね．[→**2 7**，**3 5**「組合せ」]

「箱を区別しない」→「箱を区別する」の向きの対応を，「積の法則」に基づいて考えることが大切です．「同じものが△個含まれるから△で割る」という安易な考えは，もう一段高いレベルの問題には通用しません．[→例題**7 4 k**]

補足 [1] の後，残り 3 人から 3 人を選ぶ方法の数：$_3C_3$ を掛けてもかまいませんが，この値は「1」なので，省いてしまうのが普通だと思います.

同様に，[2] の後も $_2C_2$ を書かないで省いています. (1)(2)了．以降(3)(4)

注 (3)「特定の 2 人」というのは，誤解を招きやすい表現ですが，練習のため敢えて（笑）．「6 人のうちどの 2 人を"特定"とするか」を選ばず，「1，2 の 2 人」などと 1 つに決めて考えるのが決め事．実は，この「特定の 2 人」がいることにより，よく似た(2)とは決定的に違う問題となります．(4)では，その考え方が応用できます.

解答 (3) ○ 1，2 を特定な 2 人と定め，この 2 人を異なる組に入れる.

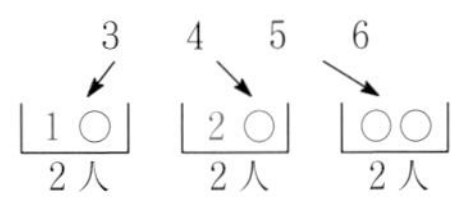

○ 3 つの組は「1 の組」，「2 の組」，「他の組」と区別される.[4]

○ この順に 3〜6 を入れる方法を考えて，題意の分け方は，

$4 \cdot 3 = 12$(通り). // 残り 2 人が，自動的に「他の組」に入る.

(4) ○ 1 と同じ組[5] に入る 2 人の選び方を考えて，題意の分け方は

$_5C_2 = 10$(通り). //

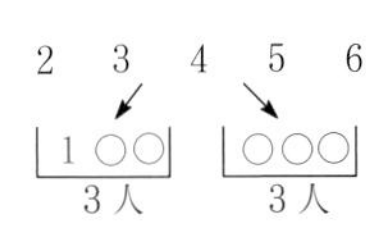

別解 (4)は，(2)と同じように「組を区別する」と「区別しない」の対応関係を考えてもできます：

○ 3 人組 A，3 人組 B と区別したときの分け方は，$_6C_3$ 通り.

○ 求める分け方 y 通りの各々に対し，組を A，B と区別すると，2! 通りずつが対応する.

○ $y \cdot 2! = {}_6C_3.$ $\therefore\ y = \dfrac{{}_6C_3}{2!} = 10.$ //

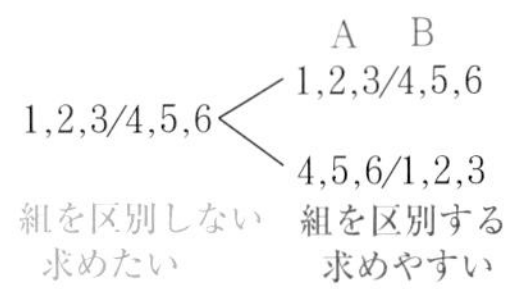

重要 [4][5]：このように，何か**特定なものに注目し，それを基準として考える**という手法は，けっこう幅広く活躍します．[→**演習問題 7 5 24**，**演習問題 7 12 15**]

第7章 場合の数・確率

7 ボールと箱・対応関係

「ボールと箱」を素材とした問題には様々な“型”があり，これまでにも何度も扱いましたが，ここでは4つの型をまとめて考えます．

例題 7 4 j ボールと箱・対応関係（その1） 根底 実戦 入試

[→演習問題 7 5 10]

n は 3 以上の整数とする．1, 2, 3, …, n と番号の付いた n 個のボールを 3 つの箱に入れる方法の個数を，以下の(1)(2)の条件のもとでそれぞれ求めよ．

(1) 箱を A，B，C と区別し，空の箱があってはならない．

(2) 箱を区別せず，空の箱があってはならない．

着眼 (1)(2)とも，「ボール」は区別します．

(1)
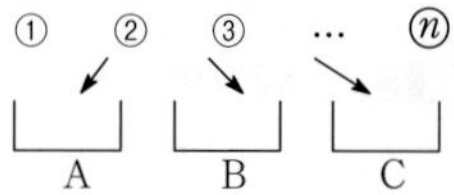

（空箱不可）

(2)
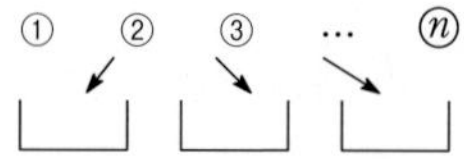

（空箱不可）

注 通常と異なり，本問ではこれ以降，「(1)の 方針 等 解答 解説 等」→「(2)の 方針 等 解答 解説 等」の順に記述します．■

---

(1) **着眼** 箱も区別するので「法則」が適用できそうです．

「空箱不可」が条件ですが，例えば「箱 A が空である」は「n 個が全て B or C に入る」という明快なものですね．どうやら，補集合，包除原理の出番ですね．

注 ベン図を描く際には，この明快な集合を輪の内側で表すようにすること．[→ 1 4 注]

解答 空箱も許した入れ方を全体集合 U として，次の集合を考える．

A:「箱 A が空」，　B:「箱 B が空」，　C:「箱 C が空」

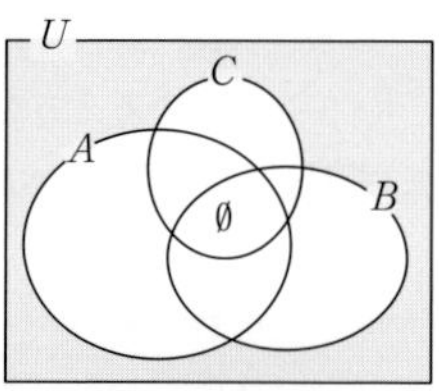

求める個数は…右図で色の付いた部分

$$n(\overline{A}\cap\overline{B}\cap\overline{C})=n(\overline{A\cup B\cup C})$$ …ド・モルガンの法則

$$=n(U)-n(A\cup B\cup C)$$

$$=n(U)-\{n(A)+n(B)+n(C)$$

$$-n(A\cap B)-n(B\cap C)-n(C\cap A)+n(A\cap B\cap C)\}$$ …包除原理（3個）

これと，　A:「n 個が全て B or C に入る」…B, C も同様

$A\cap B$:「n 個が全て C に入る」…$B\cap C, C\cap A$ も同様

$A\cap B\cap C=\emptyset$

などにより，求める個数は

$$n(\overline{A}\cap\overline{B}\cap\overline{C})=3^n-(3\cdot2^n-3\cdot1^n+0)$$

$$=3^n-3\cdot2^n+3.$$ //

解説 解答 は敢えてダブって数えて包除原理を用いました．それに対し，次の 別解 ではダブりが生じないよう気を付けて数えます．■

別解 空でない (つまりボールが入る) 箱の個数を X で表す.

- 空箱も許したときの入れ方は, 3^n 通り.
- X は 1, 2, 3 のいずれかであり, 求めるものは $X=3$ となる入れ方の数である.
- $X=1$ となる入れ方は, 全てのボールを A, B, C のどれに入れるかを考えて, 3 通り.
- $X=2$ となる入れ方は

  { どの 2 箱に入れるか $\cdots {}_3C_2=3$(通り),
  その 2 箱へのボールの入れ方 $\cdots 2^n-2$(通り)[1] 注意!

- 以上より, 求める場合の数は

$$3^n-3-3\cdot(2^n-2)=3^n-3\cdot2^n+3. /\!/$$

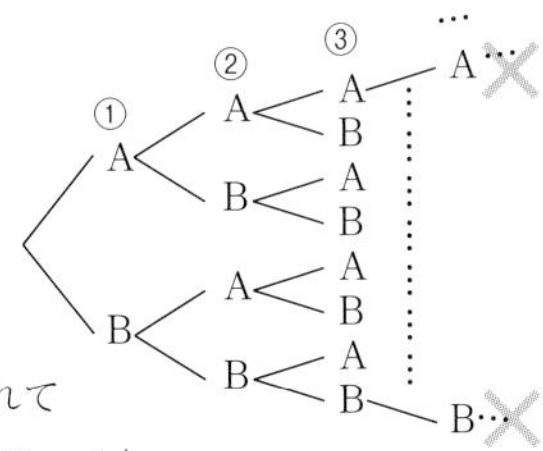

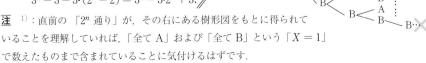

注 [1]: 直前の「2^n 通り」が, その右にある樹形図をもとに得られていることを理解していれば,「全て A」および「全て B」という「$X=1$」で数えたものまで含まれていることに気付けるはずです.

---

(2) **着眼** (1)と違って箱の区別がないので法則が使いづらく, 何しろ個数が「n」ですから,「全て書き出す」という戦法も通用しません. そこで, 前問でも用いた作戦でいきます:

(2)「箱を区別しない」求めたい ←対応関係は?→ (1)「箱を区別する」求めやすい

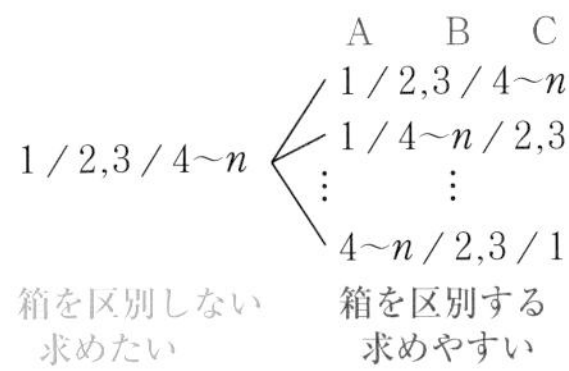

解答

「題意の入れ方」 x 通りの各々に対して, 箱を区別したら 3! 通りずつの(1)の入れ方が対応する. よって

$$x\cdot3!=3^n-3\cdot2^n+3. \quad \text{積の法則}$$

$$\therefore\ x=\frac{3^n-3\cdot2^n+3}{3!} \quad \text{その逆利用としての“割り算”}$$

$$=\frac{3^{n-1}-2^n+1}{2}. /\!/$$

解説 例によって,「箱を区別しない入れ方」から「箱を区別する入れ方」への枝分かれを考えること!そしてその結果をいったん積の法則を用いて方程式で表し, それを解く際に“割る”. この手順を (最低でも頭の中では) 守ってください.

前項の「組分け」と同じ考え方ですね. 例題 7 4 i は, ボールと箱の問題において, 箱に入る個数が指定されたタイプとみることもできます.

補足 答えが文字 n を含んでいるので, そこに簡単な具体数を代入して“検算”しましょう. 答えの式において, $n=3$ としてみると, $\frac{3^2-2^3+1}{2}=1$(通り). 一方, $n=3$, つまりボール①, ②, ③ を区別のつかない 3 箱に入れるとき, 空箱がない入れ方は当然 1 通りですから, この結果は“正しそうだ”と少し自信が湧きます (笑).

参考 答えは, 個数を表すので当然整数値であるべきなのに, 分数式になっています. でも, 分子において 3^{n-1} と 1 は奇数, 2^n は偶数ですから, 分子全体は偶数です. よって答えはちゃんと整数値をとります.

例題 7 4 k ボールと箱・対応関係（その2） 根底 実戦 入試 [→演習問題 7 5 33]

n は正の整数とする．1, 2, 3, …, n と番号の付いた n 個のボールを 3 つの箱に入れる方法の個数を，以下の(1), (2)の条件のもとでそれぞれ求めよ．

(1) 箱を A, B, C と区別し，空の箱があってもよい．

(2) 箱を区別せず，空の箱があってもよい．

着眼 (1)(2)とも，「ボール」は区別します．

(1) 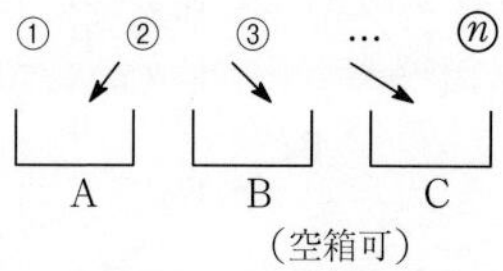

(2) 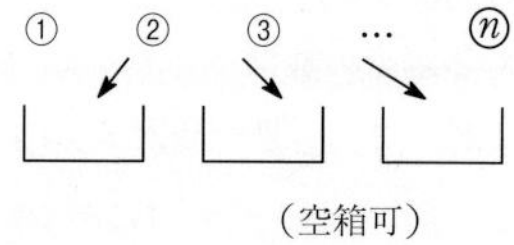

前問の(1)(2)とよく似た関係になっていますね．考え方もほぼ同様です．

着眼 (1) 単なる「重複順列」であり，答えはもちろん 3^n 通りです．

(2) 前問と同様の作戦でいきましょう：

(2)「箱を区別しない」求めたい ←対応関係は？→ (1)「箱を区別する」求めやすい

注意！ ただし，前問の“解き方”を短絡的に真似して“割り算”を用いると，$\frac{3^n}{3!} = \frac{3^{n-1}}{2}$ となり，分子は奇数ですから整数でない値となってしまっています．

これまで，幾度となく“枝分かれ”を「積の法則」で表した後で，その逆利用として“割り算”を使うよう注意してきました．それを守ってきた人なら，上記“珍答”の不備を指摘できるはずです．

[これまで学んだこと]

枝分かれが均等な樹形図
→ 積の法則
→ その逆利用として“割り算”が機能する

[上記“珍答”に対する反省]

答えが小数って !??
→ “割り算”が機能してない
→ 積の法則が使えてない
→ 樹形図の枝分かれが均等でないのでは？

これを手掛かりとして上記“珍答”の不備を探してみてください．もちろん，「箱を区別しない入れ方」から「箱を区別する入れ方」への枝分かれを考えます...

[空箱 0 個]

A B C
1 / 2,3 / 4〜n ＜
- 1 / 2,3 / 4〜n
- 1 / 4〜n / 2,3
- ⋮
- 4〜n / 2,3 / 1

箱を区別しない 求めたい → 箱を区別する 求めやすい

[空箱 1 個]

A B C
1 / 2〜n / 空 ＜
- 1 / 2〜n / 空
- 1 / 空 / 2〜n
- ⋮
- 空 / 2〜n / 1

箱を区別しない 求めたい → 箱を区別する 求めやすい

[空箱 2 個]

A B C
1〜n / 空 / 空 ＜
- 1〜n / 空 / 空
- 空 / 1〜n / 空
- 空 / 空 / 1〜n

箱を区別しない 求めたい → 箱を区別する 求めやすい

見つかりましたか ??? 「空箱が 2 個」となると，空箱どうしは区別がつけられないので，枝分かれは「全ボールが入る箱」を選んで「3 通り」となり，他の「3! 通り」とは異なるので枝分かれが均等でなくなってしまったのです！

よって，「積の法則」だけでは処理できませんから，「空箱が 2 個」のケースを場合分けし，「和の法則」も併用します．

解答 (1) 各ボール毎に3通りの入れ方があるから，求める場合の数は，3^n.//

(2) 「題意の入れ方」x 通りの各々に対して，箱を区別したときに対応する(1)の入れ方の数は，次の通り：

箱を区別しない　　　　　　箱を区別する

x 通り $\begin{cases} \text{全ボール/空/空}\ (1\ \text{通り}) \to 3\ \text{通り}, \\ \text{それ例外}\quad (x-1\ \text{通り}) \to 3!\ \text{通り}. \end{cases}$

これと(1)より

$$1\cdot 3 + (x-1)\cdot 3! = 3^n.$$ ……積の法則＋和の法則

$$\therefore x = \frac{3^n - 3}{3!} + 1$$ ……それを利用して方程式を解く

$$= \frac{3^{n-1}+1}{2}.//$$

解説 という訳で，本問(2)で用いた対応関係は，これまで学んできた「1対1」，「1対多」からさらに発展して「1対“まちまち”」となっています．このレベルになってくると，前述したように積の法則を経ずに“イキナリ割る”ことが通用しなくなります．

なお，これと同じ難しさをもつ「数珠順列」なるものを，**演習問題7 5 33**で扱います．

補足 答えの n に1, 2を代入すると，それぞれ1通り，2通りとなります．これが相応しい値であることを確認しておいてください．

参考 答えは，分子が偶数ですからちゃんと整数値になっていますね．

参考 これまでに扱ってきた「ボールと箱」の問題を整理しておきます：

注 各欄とも，上段が「空箱可」，下段が「空箱不可」

		箱の区別	
		する	しない
ボールの区別	する	**例題7 4 k**：本問(1) 1) **例題7 4 j**(1)	**例題7 4 k**：本問(2) **例題7 4 j**(2)
	しない	**例題7 4 e**「○と|」 **例題7 4 f**「○と|」	扱いなし． **例題7 2 a**「書き出し」

注 1)：**例題7 3 c**「重複順列」でも扱いました．

5 演習問題A

751 根底 実戦 定期

3 桁の自然数からなる全体集合 $U=\{100, 101, 102, \cdots, 999\}$ の部分集合として,

$A=\{x|x$ は 20 の倍数$\}$, $B=\{x|x$ は b の倍数$\}$ (b は自然数)

を考える.

(1) $b=5$ のとき, $n(A\cap B)$, $n(A\cup B)$, $n(\overline{A}\cap B)$ を求めよ.

(2) $b=50$ のとき, $n(A\cup B)$ を求めよ.

752 根底 実戦 典型

700 以下の自然数のうち, 次の各条件を満たすものの個数をそれぞれ求めよ.

(1) 2 で割り切れて 5 で割り切れない数

(2) 700 と互いに素[1] であるもの

(3) 7 の倍数であり, 100 と互いに素であるもの

語記サポ [1]: 共通な素因数 (2, 3, 5, 7, 11, …) を持たないという意味. [→651]

753 根底 実戦

ある大学の文学部英文科の学生 120 人を対象として調査したところ, アルバイトをしている学生が 77 人, サークルに入っている学生が 63 人いた.

(1) アルバイトをしておりサークルにも入っている学生数の最大値, 最小値をそれぞれ求めよ.

(2) (1)の人数が最小値をとるとき, アルバイトをしておりサークルには入っていない学生数を求めよ.

754 根底 実戦

(1) 和が 6 となる自然数の組合せ (1 個でもよい) の個数を求めよ.

(2) 不等式 $0\leq x\leq y\leq z\leq 2$ を満たす整数の組 (x, y, z) の個数を求めよ.

755 根底 実戦 典型 重要

5 人が 1 個ずつプレゼントを持ち寄ってプレゼント交換をする. 交換が見事成功する (全員が自分以外のプレゼントを受け取る) 仕方は全部で何通りあるか.

756 根底 実戦 重要

1, 2, 3, 5, 7 の 5 枚のカードが入った箱からカードを 1 枚ずつ 3 回取り出す. 次の(1)~(4)の個数をそれぞれ求めよ.

(1) 取り出したカードを元に戻さず次のカードを取り出し, 出た順に左から並べて作る 3 桁の自然数

(2) (1)において, 取り出した 3 つの数の積

(3) 取り出したカードを元に戻してから次のカードを取り出し, 出た順に左から並べて作る 3 桁の自然数

(4) (3)において, 取り出した 3 つの数の積

7 5 7 根底 実戦 重要

0, 1, 2, 3, 4, 5 と書かれた 6 枚のカードがある．そこから 3 枚を選んで並べて作る 3 桁の自然数 n について答えよ．

(1) n の総数を求めよ．

(2) 4 の倍数 n の個数を求めよ．

(3) 3 の倍数 n の個数を求めよ．

7 5 8 根底 実戦

26 個のアルファベット小文字 a〜z および 10 個の数字 0〜9 を用いて，長さ n $(n \geqq 2)$ のパスワードを作る方法は何通りあるか．ただし，同じ文字や数字を複数回使ってもよく，アルファベット小文字と数字がどちらも含まれていなくてはならないとする．

7 5 9 根底 実戦

1 つのサイコロを 3 回繰り返し投げる．順序も区別するとして，以下の問いに答えよ．

(1) 目の出方の総数を求めよ．

(2) 出た目 3 つの積が 3 で割り切れないような目の出方の数を求めよ．

(3) (2)の出方に対して，出た目を順に並べて 3 桁の自然数を作る．これらの自然数全ての和を求めよ．

7 5 10 根底 実戦 典型

1, 2, 3, …, 9 を繰り返し用いて n 桁の自然数を作る．以下のような自然数が何通りできるか答えよ．

(1) 1 を含む

(2) 1，2，3 を全て含む

(3) 1 および 2 を含まず，3 を含む

7 5 11 根底 実戦 典型

xy 平面上に，右図のように 10 本の直線：$l_i : x = i$ $(i = 0, 1, 2, 3, 4, 5)$ および $m_j : y = j$ $(j = 0, 1, 2, 3)$ がある．ここから 4 本の直線を選び，それらで囲まれる長方形を作る．例えば右図では，l_1, l_3, m_2, m_3 を選んで長方形を作っている．

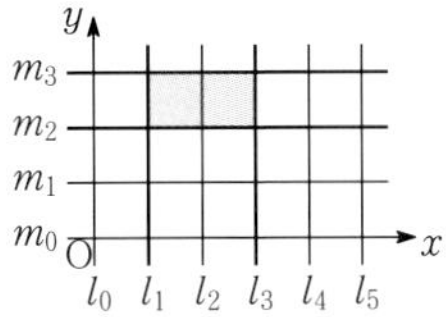

(1) 長方形は全部で何個できるか．

(2) (1)のうち，正方形は何個あるか．

(3) (1)のうち，横の長さが縦の長さより長いものは何個あるか．

(4) (1)のうち，正方形でなくしかも原点 O を頂点としないものは何個あるか．

7 5 12 根底 実戦

全 9 本中 7 本が当り，2 本が外れであるくじ引きがある．そこから 1 本ずつくじを引くことを，全てのくじが引かれるまで 9 回行う．順序を区別した当り・外れの出方は全部で何通りあるか．

7 5 13 根底 実戦 典型

全体集合 $U = \{1, 2, 3, \cdots, n\}$ の部分集合について考える．

(1) 3 個の要素からなる U の部分集合の個数を求めよ．

(2) U の全ての部分集合の個数を求めよ．

7 5 14 根底 実戦 入試 重要

1, 2, 3, 4, 5 の 5 つの数を並べてできる順列 $(a_1, a_2, a_3, a_4, a_5)$ のうち，$a_k \geqq k-1$ $(k = 1, 2, 3, 4, 5)$ を満たすものは何個あるか？

7 5 15 根底 実戦

1, 2, 3, …, 10 と書かれた 10 枚のカードが入っている袋から同時に何枚かを取り出す．次の条件を満たす取り出し方の数をそれぞれ求めよ．

(1) 3 枚取り出すとき，そこに書かれた数の和を 3 で割った余りが 1．

(2) 5 枚取り出すとき，そこに書かれた数の積が 3 でちょうど 2 回割り切れる．

7 5 16 根底 実戦

1, 1, 1, 1, 2, 2, 3, 4 と書かれた 8 枚のカードがある．

(1) これら全てを 1 列に並べる方法は何通りあるか．

(2) これらのうち 5 文字を選んで 1 列に並べる方法のうち，ちょうど 2 種類の文字が含まれるものは何通りあるか．

(3) これらのうち 5 文字を選んで 1 列に並べる方法は何通りあるか．

7 5 17 根底 実戦 典型 重要

「ukaruko」の 7 文字全てを並べてできる単語を辞書式に配列する．ただし，例えば「karukou」などの意味のない文字列も単語とみなす．

(1) 単語は全部で何個できるか？

(2) 「okuraku」は初めから数えて何番目の単語か？

(3) 初めから数えて 823 番目の単語は何か？

7 5 18 根底 実戦 入試

a，a，a，b，b，c の 6 文字を 1 列に並べる．次の各条件を満たす並べ方の個数をそれぞれ求めよ．

(1) a どうしが全て隣り合う並べ方

(2) a どうしが全く隣り合わない並べ方

(3) a どうし，b どうしがどちらも全く隣り合わない並べ方

7 5 19 根底 実戦

5 組の夫婦 10 人が円卓のまわりに座る．以下の問いに答えよ．

(1) 座り方の総数を求めよ．

(2) どの夫婦も隣り合っている座り方の数を求めよ．

(3) どの夫婦も真正面に向かい合っている座り方の数を求めよ．

7 5 20 根底 実戦

(1) 8 人の人を，正方形のテーブルの 1 辺に 2 人ずつ並べる．テーブルを回転して同じになる並べ方を区別しないとき，何通りの並べ方があるか．

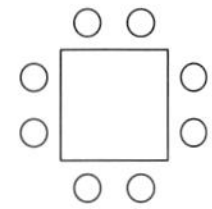

(2) (1)のうち，特定の[1]2 人が正方形の同じ辺に並ぶのは何通りか．

7 5 21 根底 実戦 典型

各面に 1~6 の数字が書かれたサイコロ S と，各面に何も書かれていない立方体 T がある．これらの各面に，それぞれ 1 色ずつ塗る方法を考える．ただし，隣り合う面どうしは異なる色で塗るものとする．また，T の塗り方については，回転したりひっくり返したりして同じになるものは同一な塗り方とみなす．

(1) 6 色を用いた S，T の塗り方はそれぞれ何通りか．

(2) 各面に塗る色が a，a，b，c，d，e (a，b，…は相異なる色を表す) であるとき，S，T の塗り方はそれぞれ何通りか．

(3) 4 色を用いた S，T の塗り方はそれぞれ何通りか．

7 5 22 根底 実戦 入試

右図のような格子状の街路があるとき，以下の問いに答えよ．

(1) A から B まで行く最短経路の個数を求めよ．

(2) A から C まで行く最短経路の個数を求めよ．

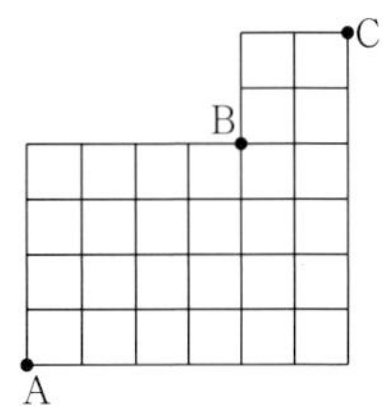

7 5 23 根底 実戦 典型

sigmabest の 9 文字を 1 列に並べてできる文字列のうち，母音：i，a，e がこの順に並んでいるものの個数を求めよ．

7 5 24 根底 実戦 典型 重要

女子 5 人と男子 4 人を，名前のない 3 組に分ける．ただし，各組には 3 人ずつが入るとする．次の分け方の数をそれぞれ求めよ．

(1) 全ての分け方

(2) 男子だけの組ができる分け方

(3) どの組にも男女両方が入る分け方

7 5 25 根底 実戦 典型

B5 サイズのコピー用紙 20 枚を 4 人に分配する方法は何通りか．ただし，1 枚ももらえない人がいてもかまわないとする．

7 5 26 根底 実戦 典型 重要

(1) $x+y+z+w=20$ $(x \geq 0,\ y \geq 0,\ z \geq 0,\ w \geq 0)$ を満たす整数の組 $(x,\ y,\ z,\ w)$ は何個あるか.

(2) $x+y+z+w=20$ $(x>0,\ y>0,\ z>0,\ w>0)$ を満たす整数の組 $(x,\ y,\ z,\ w)$ は何個あるか.

(3) $x+y+z \leq 20$ $(x \geq 0,\ y \geq 0,\ z \geq 0)$ を満たす整数の組 $(x,\ y,\ z)$ は何個あるか.

7 5 27 根底 実戦 典型

(1) 5 人が立候補して行われた選挙において，n 人が投票した．各候補の得票数の結果は全部で何通り考えられるか．記名投票，無記名投票それぞれについて答えよ．

(2) 4 個のサイコロを同時に投げるとき，目の出方は何通りか．サイコロを区別する場合，区別しない場合のそれぞれについて答えよ．

7 5 28 根底 実戦

サイコロを 10 回投げるとき，出た目全ての積を X とする．X のとり得る値のうち，奇数であるものの個数を求めよ．

7 5 29 根底 実戦 入試

下図のような，A から B へ至る最短経路のうち，右向きにスタートしてちょうど 6 回曲がる経路の数を求めよ．

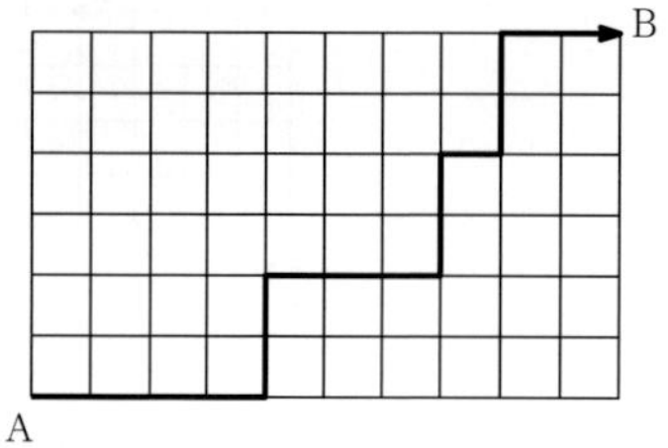

7 5 30 根底 実戦 典型 重要

(1) 不等式 $1 \leq a < b < c < d < e \leq 7$ を満たす整数の組 $(a,\ b,\ c,\ d,\ e)$ の個数を求めよ．

(2) 不等式 $1 \leq p \leq q \leq r \leq s \leq t \leq 3$ を満たす整数の組 $(p,\ q,\ r,\ s,\ t)$ の個数を求めよ．

7 5 31 根底 実戦 典型

次の各式を展開して同類項をまとめると，項は全部で何個できるか？

(1) $(a+b+c+d)(p+q)(x+y+z)$

(2) $(a+b+c+d)^2$

(3) $(a+b+c+d+e)^6$

7 5 32 根底 実戦 典型

$(x-2y+3z)^4$ を展開して同類項をまとめたとき，xyz^2 の係数はいくらか．

7 5 33 根底実戦 典型 重要

白，緑，赤の石がそれぞれ 5 個，4 個，1 個ある．色が同じ石どうしは区別しないとして，以下の問いに答えよ．

(1) これらの石全部を円周上に並べてできる円順列は何通りできるか．

(2) これらの石全部をひもでつないでできるネックレスは何通りできるか．

7 5 34 根底実戦 ハイレベル↑

a，a，b，b，c，c，c，c の 8 文字を円形状に並べる方法の総数を N とする．

(1) 2 つの「a」を a_1，a_2 と区別したときの並べ方の数を求めよ．

(2) N を求めよ．

7 5 35 根底実戦 典型

正 12 角形の頂点から 3 つを同時に選んで三角形を作るとき，以下の問いに答えよ．ただし，12 個の頂点は全て区別して考える．

(1) 直角三角形は何個できるか．

(2) 鋭角三角形は何個できるか．

7 5 36 根底実戦 典型

(1) 等式 ${}_n\mathrm{C}_r = \dfrac{n!}{r!(n-r)!}$ …① にもとづいて，${}_n\mathrm{C}_r = {}_{n-1}\mathrm{C}_{r-1} + {}_{n-1}\mathrm{C}_r$ …② を示せ．

(2) ${}_{2n}\mathrm{C}_n = 2\cdot{}_{2n-1}\mathrm{C}_n$ を示せ．

(3) ${}_{n+2}\mathrm{C}_{r+2} = {}_n\mathrm{C}_r + 2{}_n\mathrm{C}_{r+1} + {}_n\mathrm{C}_{r+2}$ を示せ．

7 5 37 根底実戦 典型

(1) 等式 ${}_n\mathrm{C}_r = \dfrac{n!}{r!(n-r)!}$ …① にもとづいて，${}_n\mathrm{C}_r\cdot r = n\cdot{}_{n-1}\mathrm{C}_{r-1}$ …② を示せ．

(2) ${}_n\mathrm{C}_r\cdot r(r-1) = n(n-1)\cdot{}_{n-2}\mathrm{C}_{r-2}$ を示せ．

6 確率・場合の数の比

1 確率とは

例 サイコロ 1 個を投げるとき，2 以下の目が出る確率を題材として，確率の基礎を簡潔に解説します．

「サイコロを投げる」のように，同じ条件下で繰り返し行うことができ，結果が偶然に支配される実験，操作のことを**試行**といいます．サイコロ 1 個を投げるという試行を行うと，

「1 の目が出る」,「2 の目が出る」, …,「6 の目が出る」…①

という 6 個の結果が考えられます．この，起こり得る結果全体の集合のことを**全事象**といい，「$\boldsymbol{U}$」で表します．

語記サポ 「全事象」=「Universal Event」■

また，U の部分集合のことを**事象**といいます．例えば，

事象 A:「2 以下の目が出る」とは，

集合：{「1 の目が出る」,「2 の目が出る」}

のことを指します．

単一の結果からなる事象のことを**根元事象**といい，この 例 では，次の 6 個があります：

{「1 の目が出る」}, {「2 の目が出る」}, …, {「6 の目が出る」} …①′

つまり根元事象とは，U の部分集合のうちただ 1 つの要素を持つものであり，これ以上細分化できない事象ともいえます．

言い訳 重要度↓ ①の各々は U の「要素」，①′ の各々は U の「部分集合」であり，数学的には異なるものですが，「確率を求める」という作業においては，両者を厳格に区別して扱うことに益はありません．本書では今後，①の「試行の結果」そのものも根元事象と呼んでしまいます．■

それでは，「確率」のザックリとした定義を書いておきますね：

確率とは

事象 A の，全事象 U に対する起こりやすさ 1) の割合を，A の**確率**といい，記号 $\boldsymbol{P(A)}$ 2) で表す．

注 1)：「起こりやすさ」とは何か？ハッキリしませんね．高校数学では，「確率」を厳格に定義することはしませんし，できません．あまり深刻に突き詰めないでね (笑)．[→7 6 後のコラム]

語記サポ 2)：「確率」=「Probability」■

この定義に基づいて，この 例 における確率 $P(A)$ を求めてみましょう．次のことがいえますね：

①の 6 個の事象のうち，どれか 1 つだけが，必ず起こる．…②

また，「割合」は，全体を「1」という数値で表しますから，

全事象の確率：$P(U)=1$．…③ 必ず起こるということ

注 起こり得る結果が 1 つもない**空**(くう)**事象**という事象を考え，「∅」で表します．

空事象の確率：$P(\emptyset)=0$． 絶対起こらないということ

②，③に加えて，とても重要な次の "前提条件" 3) を設定します：

①に挙げた 6 個の根元事象は，どれも**同じ起こりやすさ**をもっている．…④

すると，各根元事象の「起こりやすさの割合」は全て同じ文字「p」で表すことができ，②，③より

$$p+p+p+p+p+p=1,\ 6p=1.\ \text{i.e. } p=\frac{1}{6}.$$

よって，事象 A:「2以下の目が出る」の確率は

$$P(A)=2p=\frac{2}{6}.$$

条件を満たす場合の数 $n(A)$
全ての場合の数 $n(U)$

（テストでは約分しといてね）

ここで大切なのは④という前提であり，このことを

「①の各々は**同様に確からしい**[4]」，もしくは

「①の各々は**等確率**」[5]

とも言い表します．今後，本書では主に後者の表現を用います．

注 3)：実際のサイコロ（あるいはコインなど）は，角（かど）が欠けていたり密度が均一でなかったりと，必ずしも④：等確率性を満たしているとは限りません．でも，そこまで考え出したら「確率」なんて求められませんから，特に断らない限りは「④という仮定を満たす“理想的なサイコロ”を想定して議論しましょう！」というのが数学界のお約束となってるんです．

発展 この「前提」・「仮定」が崩れている問題を，**例題7 11 C**で扱います．

言い訳 4)：「確からしい」は前ページの 1) と同様に曖昧であり，5) では「確率とは何か」の説明に「確率」という単語が使われてますが…．「高校での確率」は，「厳密性を気にせずいきましょう」ということになってるんです（笑）．[→7 6 後のコラム]

試行・事象の例　今後よく出会う試行や事象のサンプルをご紹介しておきます：

試行	$n(U)$	事象 A	$n(A)$	確率 $P(A)$
サイコロ1個を投げる	6	2以下の目が出る[6]	2	$\frac{2}{6}$
コイン1枚を投げる	2	表が出る	1	$\frac{1}{2}$
カード[1][2][3][4][5]から1枚引く	5	奇数のカードが出る	3	$\frac{3}{5}$

考え方の過程を残すため約分してません

言い訳 6)：「事象」とは「集合」ですから，ホントは「2以下の目の出方全体の集合」と書くべきなのですが，このように「事象」を「条件」[→1 9 5]のように扱うこともよく行われます．

2 等確率な根元事象とその“束（たば）”

1の例を通して，事象 A の確率 $P(A)$ は，**等確率**な根元事象の個数を用いて

$$P(A)=\frac{n(A)}{n(U)}$$

根元事象の個数．各々等確率

$$=\frac{A\text{の場合の数}}{\text{全ての場合の数}}$$

のように，**「場合の数の比」**によって求まることがわかりました．

注 ただし，あくまでも分母で数えた各々の事象が**等確率**であることが大前提です．次ページ以降でそこを掘り下げます．

重要 「確率」が「場合の数の比」によって求まるということは，前節までの「場合の数」で学んだ様々な手法の多くは，「確率」にも利用できることを意味します．ただし，それはあくまでも等確率性を遵守した上での話です．

例 1 箱の中に[1], [2], [3], [4], [5]の 5 枚のカードが入っている．そこから順序を付けて 2 枚を取り出し，左から順に並べて 2 桁の自然数を作る試行 T[1] を行うとき，以下の事象の確率を求めよ．ただし，取り出したカードは元に戻さず次のカードを取り出すとする．

1 枚目→ 例えば，[3][2] ←2 枚目

(1) 事象 A :「各位の数の和が 3 の倍数である」　(2) 事象 B :「この 2 桁の自然数が 5 の倍数である」

語記サポ [1]:「試行」=「Trial」. ■

根元事象は，異なる 5 個のうち 2 個を並べる「順列」を考えて，全部で ${}_5\mathrm{P}_2 = 5{\cdot}4 = 20$ 個あり，どれも等確率です．なぜなら，1 枚目が 1, 2, 3, 4, 5 のどれであるかは等確率であり，さらに 2 枚目が残り 4 枚のどれであるかも等確率ですから．

(1 枚目の数字, 2 枚目の数字) のように記して根元事象を全て書き出すと，右のようになります．

1 枚目＼2 枚目	1	2	3	4	5
1		(1, 2)	(1, 3)	(1, 4)	(1, 5)
2	(2, 1)		(2, 3)	(2, 4)	(2, 5)
3	(3, 1)	(3, 2)		(3, 4)	(3, 5)
4	(4, 1)	(4, 2)	(4, 3)		(4, 5)
5	(5, 1)	(5, 2)	(5, 3)	(5, 4)	

(1) 事象 A が起こった所に色を付けると右上のように 8 個ありますから，

$$P(A) = \frac{8}{{}_5\mathrm{P}_2} = \frac{8}{5{\cdot}4} = \frac{2}{5}. \cdots①$$

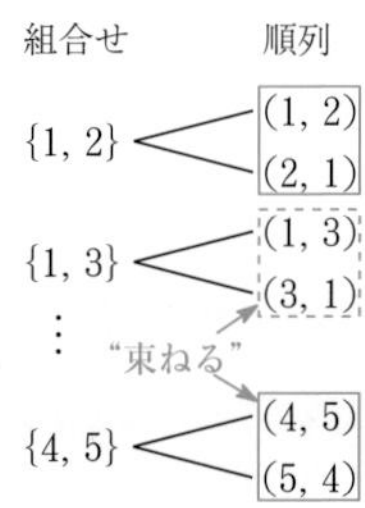

もちろんこれで正解ですが，「各位の数の和」を考えるには，「順序」は関係ありません．そこで，順序を無視した「組合せ」を考えると，全部で ${}_5\mathrm{C}_2 = \frac{5{\cdot}4}{2} = 10$ 通りあり，どれも順列 2 個と対応します (右図)．よって各組合せが出来る確率は，どれも上記根元事象の 2 倍です．つまり，

　これら 10 通りの組合せが表す事象は，どれも**等確率**です．

「和が 3 の倍数」となる組合せは，$\{1, 2\}, \{1, 5\}, \{2, 4\}, \{4, 5\}$ の 4 通り．

$$\therefore P(A) = \frac{4}{{}_5\mathrm{C}_2} = \frac{4}{10} = \frac{2}{5}. \cdots②$$

事象 A が起こるか否かに無関係な「順序」を無視した分，①よりも効率的な解答ができています．このように，等確率である根元事象を同数ずつ **"束ねて"**，各々等確率な **"束"** を作って考えることで，解答しやすくなる問題が多数あります．

筆者の個人的表現法

注 本問の解答としては，${}_5\mathrm{C}_2$ 通りの組合せの各々が等確率であることは，説明不要でしょう．■

(2) 2 桁の自然数が 5 の倍数であるための条件は，一の位 (つまり 2 枚目のカードの数) が 5 であることです (本問では「0」がないので)．これに当てはまる根元事象は，右の赤実線枠内の 4 通りです．よって

$$P(B) = \frac{4}{5{\cdot}4} = \frac{1}{5}. /\!/ \cdots③$$

1 枚目＼2 枚目	1	2	3	4	5
1		(1, 2)	(1, 3)	(1, 4)	(1, 5)
2	(2, 1)		(2, 3)	(2, 4)	(2, 5)
3	(3, 1)	(3, 2)		(3, 4)	(3, 5)
4	(4, 1)	(4, 2)	(4, 3)		(4, 5)
5	(5, 1)	(5, 2)	(5, 3)	(5, 4)	
	束	束	束	束	束

上記①と同様，どうでもよい「1 枚目」まで考えているのが無駄ですね．そこで，重要な「2 枚目」が同じである根元事象の "束" (図の赤枠) を作ります．これら 5 個の "束" は，どれも根元事象 4 個を束ねていますから，等確率です．よって，

$$P(B) = \frac{1}{5}. /\!/ \cdots④$$

2 枚目に 1, 2, 3, 4, 5 のどれが出やすいかに差などあるワケありませんから，当然の結果ですね (笑)．

解説 このように，考えられる根元事象を全て書き出してから，大事な点に注目して整理し直すという考え方は，3 3で述べた“記録カード方式”そのものですね．■

例 2 コイン 2 枚を同時に投げる試行 S を行うとき，表 (H) と裏 (T) が 1 枚ずつ出る事象 A の確率を考えましょう．

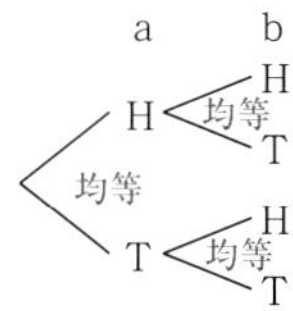

コインを a，b と区別したとき，コイン a の出方：H，T は等確率．また，前記各々の場合について，コイン b の出方：H，T も等確率ですから，右の 4 つの根元事象 (重複順列) は，全て**等確率**です．

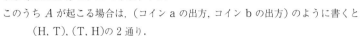

このうち A が起こる場合は，(コイン a の出方，コイン b の出方) のように書くと

(H, T), (T, H)の 2 通り．

$$\therefore \mathrm{P}(A) = \frac{2}{2^2} = \frac{1}{2}. \cdots⑤$$

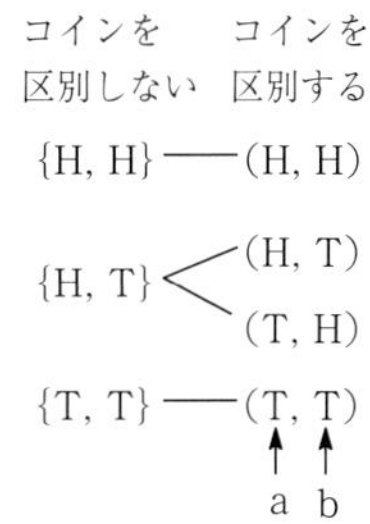

注 2 枚のコインを区別しないで考えた目の「組合せ」は図の左側の 3 通りです．ただし，右側の等確率な 4 通りとの対応関係を見ればわかるように，この 3 通りは**等確率ではありません！**よって，~~$P(A) = \frac{1}{3}$~~ は完全な誤りです．

重要 **例 1**：「カードを 2 枚取り出す」の $P(A)$, $P(B)$ は，同じカードが重複して出ることがなく，1 枚目と 2 枚目を区別しても，しなくても求めることができました．

それに対して表や裏が重複して出ることが起こり得る**例 2**：「コインを 2 枚投げる」では，2 枚のコインを区別して考えることで初めて $P(A)$ は求まります．たとえ「色，大きさ，形が全て同じである 2 枚のコインを同時に投げた」としてもです！

「重複」の有無と確率 **重要**

重複があるかどうかにより，確率を求める方法には次の違いがある：

試行の種類	例	順序などの区別
重複なし	カードを取り出す 1)	不要なこともある [→**例 1** $\boldsymbol{P(A)}$]
重複あり	コイン投げ，サイコロ投げ	不可欠

注 1)：もちろん，一度取り出したカードは元に戻さないタイプを想定しています．

重要 重要度↑ **例 1** $P(A)$ では，問題文に書かれた「順序」を**無視して**根元事象の“束”を作って簡潔な解答を得ました．一方**例 2**では，問題文にない「コインの区別」を**自ら積極的に**行うことにより初めて**等確率**な根元事象を得ることができました．

この 2 例からわかるように，「確率」では，何かを区別するか否かは，問題文によって指定される訳ではないのです．

区別する・しないを決める人 **重要**

何かを「区別するか否か」の決定権を持つ人は，次の通り：

「場合の数」の問題 … 作問者　大学のセンセイ

「確率」の問題 … 解答者　アナタです

確率の解答は，言わば自由に基準を決めてよい訳です．ただし…「自由」には，「責任」がつきまとうのが世の常 (笑)．この注意点についての解説が次項のテーマです．

3 同基準

前項 例 2⑤式の分母：「2^2 通り」とは，コインを区別した「重複順列」の個数です．よって，分子も当然コインを区別して数えるべきなので，(H, T), (T, H) の「2 通り」となっています．同様に，前項 例 1②式の分母：「${}_5C_2$ 通り」とは，順序を区別しない「組合せ」の個数ですから，分子も「組合せ」の個数で「4 通り」となっています (①，③，④も同様).

このように，「場合の数の比」によって確率を求める際には，次のルールに従います：

> **方法論** 分母を数える際の「基準」は，各々を**等確率**にするために自由に決めてよい．
> ただし，分子においてもそれと同じ「基準」で数えるという責任を負う．

例 1, 2, 3 と書かれたカードが 2 枚ずつ，計 6 枚ある．そこから同時に [1] 2 枚を選ぶ試行 T を行うとき，事象 A：「2 つの数の和が奇数である」の確率を求めましょう．

取り出す 2 枚に書かれた数の組合せを考えると，例えば {1, 1} と {2, 3} は後者の方が起こりやすそうですね (右を参照)．これでは**等確率**な場合の数は得られません．そこで，次のように考えます：

[1, 1], 2, 2, 3, 3

解答 ∘ 6 枚のカードを

1_a, 1_b, 2_a, 2_b, 3_a, 3_b

と全て区別して考える．選ぶ 2 枚の組合せ：[2]

$\{1_a, 1_b\}, \{1_a, 2_a\}, \{1_a, 2_b\}, \cdots, \{3_a, 3_b\}$

の各々は等確率であり，全部で ${}_6C_2$(通り).

∘ 和が奇数となる 2 つの自然数の組合せは

{1, 2}, {2, 3} の 2 通り．

∘ 例えば {1, 2} のとき，a or b の区別を考えると

$\{1_a, 2_a\}, \{1_a, 2_b\}, \{1_b, 2_a\}, \{1_b, 2_b\}$

の 2^2 通りがある．

∘ よって，$P(A) = \dfrac{2 \times \mathbf{2^2}}{{}_6C_2} = \dfrac{8}{15}$.//

注 分母の「${}_6C_2$ 通り」を数えた時には「a or b」を区別して数えていますので，分子においても「a or b」を区別して数えなければなりません．「$\times\ \mathbf{2^2}$」を忘れないように！

重要 [2]：答案中で，分母を数えるときの「基準」を言語化することによって，分子を，分母と同基準で数えることに対する注意が喚起されます．

注 [1]：この 例 では，「2 つの数の和」が問われており，しかも 6 枚のうち同じカードが重複して取り出されることはありません．よって，たとえ問題文に「順序を付けて」とあったとしても，それを無視して組合せを考えてかまいません．[→2 例 1]■

以上，1～3 を通して，「確率」を「場合の数の比」として求める方法が完成しました！

> **確率・場合の数の比** **原理**
>
> ある試行 T における全事象を U として，事象 A の起こる確率は
>
> $$P(A) = \frac{n(A)}{n(U)}$$
> 分子：分母のうち条件を満たすもの
> 分母：根元事象 (各々等確率)
>
> $$= \frac{A\text{ の場合の数}}{\text{全ての場合の数}}$$
> 分子：分母のうち条件を満たすもの (分母と**同基準**で数える)
> 分母：根元事象の“束” (各々**等確率**)

例題 7 6 a 等確率・同基準（その１） 根底 実戦

[→演習問題 7 12 1]

箱の中に赤玉 3 個と白玉 6 個，合計 9 個の玉が入っている．そこから同時に 3 個の玉を取り出すとき，赤玉 1 個と白玉 2 個が取り出される確率を求めよ．

注 赤玉を R，白玉を W で表します．仮に本問が「3 個の取り出し方は何通り？」という「場合の数」の問題なら，同じ色の玉どうしを区別しないで

$\{R, R, R\}, \{R, R, W\}, \{R, W, W\}, \{W, W, W\}$ [1]

の「4 通り」と答えるのが正解です．しかし，これらは等確率ではありません [2]．R より W の方がたくさんあるので，どう考えても $\{R, R, R\}$ より $\{W, W, W\}$ の方が起こりやすいですね．

方針 本問は「確率」の問題ですから，「等確率性」を実現するため，全ての玉を

$R_1, R_2, R_3, W_1, W_2, W_3, W_4, W_5, W_6$ [3] と区別して考えます．

解答 ∘玉を全て区別して考える．
取り出す 3 個の組合せ：${}_9C_3$ 通りの各々は等確率．
∘そのうち題意の条件を満たすものを考えると

R1 個の選び方 … ${}_3C_1$通り，
W2 個の選び方 … ${}_6C_2$通り．

∘以上より，求める確率は

$$\frac{{}_3C_1 \cdot {}_6C_2}{{}_9C_3} = \frac{3 \cdot 3 \cdot 5}{3 \cdot 4 \cdot 7} = \frac{15}{28}. \mathbin{/\!/}$$

解説 分母：${}_9C_3$ 通りは玉を区別した組合せの数なので，分子もそれと同じ基準で数えています．

注 3)：本問程度なら，**解答**でこの名称を使うまでもなく片付きますが (笑)．

参考 1)：この 4 パターンの確率を本問と同様に求めると，順に $\frac{1}{84}, \frac{18}{84}, \frac{45}{84}, \frac{20}{84}$ (合計は 1) となります．確かに 2) で述べた通りですね．ちなみに，赤と白の個数の比が 3：6＝1：2 なので，取り出す 3 個が赤 1 個白 2 個となる確率が最大というのも 頷（うなず）ける話ですね．[→演習問題 7 13 4]

例題 7 6 b 等確率・同基準（その２） 根底 実戦

[→演習問題 7 12 2]

サイコロ 3 個を投げるとき，出た目 3 つの積が 12 である確率を求めよ．

方針 「サイコロ 3 個」で確率とくれば，「分母は 6^3 通り」と反射的にやってしまう人が多いのですが，3 4 重要で強調したとおり，この「6^3 通り」は 3 つのサイコロを a，b，c と**区別して**数えています．これをしっかり意識して分子も数えてください！

注 サイコロ 3 個を投げるこの試行では，「重複」がありますので，サイコロを区別しないで考えた組合せは等確率にはなりません．[→2 例 2]

解答 ∘3 つのサイコロを a, b, c と区別 [1] したときの目の出方：6^3 通りの各々は等確率．
∘そのうち条件を満たすものを求める．
サイコロの目からなる，積が 12 である 3 数の組合せは

$\{1, 2, 6\}, \{1, 3, 4\}, \{2, 2, 3\}$.

∘前記のそれぞれに対して，サイコロを a, b, c と区別 [2] すると，次の個数の目の出方が対応する：

$\{1, 2, 6\}, \{1, 3, 4\}$ → 3! 通りずつ
$\{2, 2, 3\}$ → 3 通り …… 3 の目がどのサイコロか

∘以上より，求める確率は

$$\frac{2 \cdot 3! + 3}{6^3} = \frac{2 \cdot 2 + 1}{6^2 \cdot 2} = \frac{5}{72}. \mathbin{/\!/}$$

解説 1)：確率計算の「分母」を求める際の「基準」を**明言**することにより…
2)：「分子」を考えるときにもそれを忘れなくなります．「3 数の組合せ」だけ考えてもダメですよ．

7 確率の基本性質

本節では，確率を論ずる上で欠かせない「事象」をめぐる用語を整理します．既に学んだ「集合」とよく似ているものが多いので，両者を比べながら見ていくと効率的です．また，並行して紹介する確率に関する公式の多くは，$P(A)=\dfrac{n(A)}{n(U)}$ であることから，集合の要素の個数に関する公式の両辺を $n(U)$ で割ることによって得られます．もとになる集合関連の公式を思い浮かべながら理解しましょう．

1 積事象

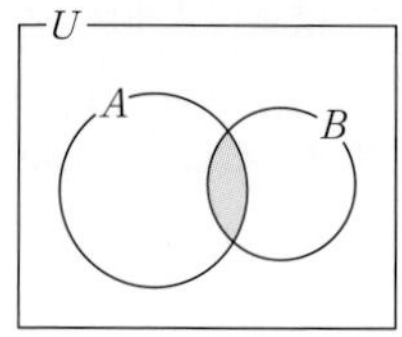

積事象：$A\cap B$ とは，A, B がどちらも起こる事象．
集合で学んだ「共通部分」にあたります．
積事象の確率：$P(A\cap B)$ については，8 9で.

2 和事象

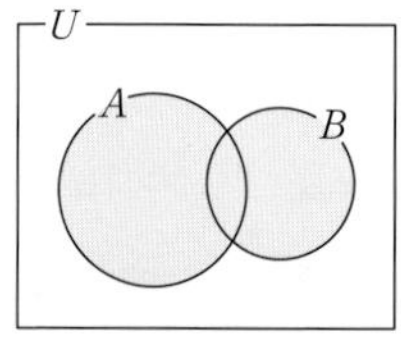

和事象：$A\cup B$ とは，A, B の少なくとも一方が起こる事象．
集合で学んだ「和集合」にあたります．
和事象の確率に関する公式：

$P(A\cup B)=P(A)+P(B)-P(A\cap B)$. …① 確率：和事象

$\big(n(A\cup B)=n(A)+n(B)-n(A\cap B)$ より $\big)$ 集合：包除原理

注 ①と同様，3 つの事象 A, B, C についても集合における包除原理[→1 3]と同等な等式が成り立ちます．

3 排反（はいはん）

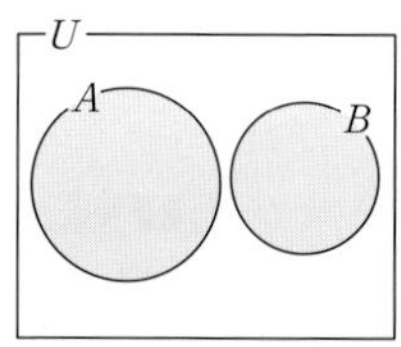

「A と B は互いに**排反**である」[1] とは，A と B が同時には起こらないこと．
つまり，積事象 $A\cap B$ が空事象 ($A\cap B=\emptyset$).
共通部分 $A\cap B$ が空集合であることにあたります．
このときの和事象の確率は，

$P(A\cup B)=P(A)+P(B)$. …② 確率：加法定理

$\big(n(A\cup B)=n(A)+n(B)$ より $\big)$ 集合：和の法則

注 1)：「A と B は互いに排反事象である」ともいいます．

4 余（よ）事象

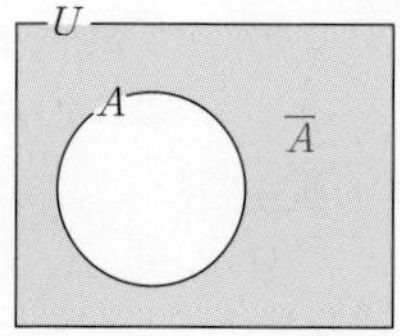

A の**余事象** $\overline{A}$ とは，A が起こらないという事象．
つまり，全事象 U から A を除いたもの．
集合で学んだ「補集合」にあたります．$A\cup\overline{A}=U$, $A\cap\overline{A}=\emptyset$ と②より，

$P(A)+P(\overline{A})=1$. 全事象の確率は $P(U)=1$

$\therefore\ P(\overline{A})=1-P(A)$. 確率：余事象

$\big(n(\overline{A})=n(U)-n(A)$ からも導けます $\big)$ 集合：補集合

5 確率の基本性質

$$\underbrace{0}_{P(\emptyset)} \leq P(A) \leq \underbrace{1}_{P(U)}.$$

A, B が互いに排反，つまり $(A \cap B = \emptyset)$ のとき，

$$P(A \cup B) = P(A) + P(B).$$ …（確率の[1]）加法定理

言い訳 既に学んでいるアタリマエなことばかりですね（笑）．これが教科書などの書籍でわざわざページを割いてまとめてある理由は，大学以降で確率を厳密に定義する際に重要となる性質だからです．

将来 1)：数学Ⅱ「三角関数」でも「加法定理」なるものが登場します．なので，（確率の）と付しています．

6 「集合」と「事象」の比較

「事象」とは一種の「集合」でした[→6 1]．よって，これまで学んで来た「確率」関連の用語の中には，「集合」に関する用語と似た意味をもつ用語が多々あります．それらを比較してまとめておきます：

集合	全体集合	部分集合	要素	空集合	補集合	共通部分	和集合	共通部分がない	和の法則
確率	全事象	事象	根元事象[2]	空事象	余事象	積事象	和事象	排反	加法定理

注 2)：6 1 言い訳 重要度↓の事情を気にせず書いています．

コラム

“本当の”「確率」とは？

これまで，「確率」とは「起こりやすさの割合」だとして学んできましたが，考えてみれば「起こりやすさ」とは何か？と問われると答えに窮してしまいます（笑）．そこで，学校教科書などでは「起こり得る場合の数の比[3]」として確率を定義したりしていますが，そうすると今度は**例題7 11 c**にある「表が出る確率が $\frac{1}{3}$[4] である1枚のコイン」の意味がわからなくなってしまいます（苦笑）．

どちらにせよ，高校数学で扱う「コイン・サイコロ・カード・玉など現実事物への応用」を目指す限り，上記の問題点から免れることは不可能であり，「確率」なるものの定義は“あいまい”もしくは“不完全”なものに留まらざるを得ません．

ではいったい，“厳密性”を重んじる大学以降の[5]“純粋”数学において「確率」はどのように定義されるのか？…その答えは実は

　　5の性質をもつ量 …大雑把な言い方ですが

です．

さっぱりイメージが湧かないでしょうが，“純粋”数学における「確率」では，コインもカードも登場せず，ひらすら「5の性質をもつ量」について成り立つ様々な法則を研究します．大学以降の純粋数学は，現実事物との関わりを断って抽象化することで，その“純粋さ”を究めることが多いのです．

ただし，逆説的ですが，「数学」は，純粋で抽象的であるからこそ，幅広い範囲へと実地応用することが可能となります．このことは，ぜひ知っておいて欲しいと思います．

語記サポ 3)：このような確率のことを，「組合せ論的確率」とか「数学的確率」といいます．

4)：このような確率のことを，「統計的確率」とか「頻度確率」といいます．[→例題7 11 c 直前のコラム]

5)：「応用」の対極としてこのような呼ばれ方をします．

7 加法定理の利用

(確率の) 加法定理は,「場合の数」における「和の法則」と同等なものであり, 小学生でも知っている程度の内容です. 要するに (排反に)「場合分け」してそれぞれの確率を求め, それらを足し合わせるだけのことです.

例題 7 7 a (確率の) 加法定理 根底 実戦

[→演習問題 7 12 1]

箱の中に赤玉 3 個, 白玉 2 個, 青玉 1 個が入っている. そこから同時に 2 個の玉を取り出すとき, 次の確率をそれぞれ求めよ.

(1) 取り出される玉の色が 1 種類である確率

(2) 取り出される玉の色が 2 種類である確率

着眼 玉の区別と行われる試行を視覚化しましょう.

解答

○玉を全て区別し, 問題文の順に

R_1, R_2, R_3, W_1, W_2, B と表す.

全ての取り出し方 : ${}_6C_2 = \frac{6 \cdot 5}{2} = 15$ 通りの各々は等確率.

(1) ○色の組合せは {R, R}, {W, W}.

○ R2 個の選び方 … ${}_3C_2 = 3$ 通り.

W2 個の選び方 … 1 通り.

○以上より, 求める確率は,

1) $\frac{3+1}{15} = \frac{4}{15}$.//

(2) ○色の組合せは {R, W}, {R, B}, {W, B}.

○玉の選び方は

{R, W}… $3 \cdot 2 = 6$ 通り.
{R, B}… $3 \cdot 1 = 3$ 通り. ※
{W, B}… $2 \cdot 1 = 2$ 通り.

○以上より, 求める確率は,

$\frac{6+3+2}{15} = \frac{11}{15}$.//

解説 玉を区別して分母 : ${}_6C_2$ 通りを数えたので, 分子においても玉の区別を忘れずに.

参考 (1)[1] : (確率の)「加法定理」をキチンと使って解答すると, 以下の通りです :

別解 (1) ○次の事象を考える :

E_1:「赤 2 個が出る」, E_2:「白 2 個が出る」

題意の事象は $E_1 \cup E_2$ であり,

E_1 と E_2 は排反である.

よって, 求める確率は

$$P(E_1 \cup E_2) = P(E_1) + P(E_2)$$
$$= {}^{2)}\ \frac{3}{15} + \frac{1}{15} = \frac{4}{15}.//$$

解説 正直言って大袈裟過ぎ (笑). {R, R}, {W, W} が全てを尽くし, 排反であることは, 特に断る必要もないくらい自明なことですね.「和の法則」は, あまりガチガチに使おうと力まない方が得策です. ((2)は, これと同様に 3 つの事象に対して加法定理を適用してもできます.)

注 [1] に比べ, [2] は分母の「15」を 2 回も書いており, 非効率的ですね.

注 (2)は, 場合分けが 3 つに及び少し面倒です. こんなときは, "求めたくない方" に注目してみる手もあります.

別解 (2) ○取り出す 2 個に現れる色の数は,

1 種類 (求めやすい余事象 $\overline{F}$), 2 種類 (求めたい事象 F) のいずれか.

よって, 求めるものは(1)の余事象の確率であり,

$$1 - \underbrace{\frac{4}{15}}_{P(\overline{F})} = \underbrace{\frac{11}{15}}_{P(F)}.//$$

8 余事象の利用

場合の数における「和の法則の逆利用としての“引き算”」と同等なもので，求めたい $P(A)$ より，求めたくない $P(\overline{A})$ の方が求めやすいという状況で威力を発揮します．（前の例題(2) 別解のように．）

例題 7 7 b 余事象の利用 根底 実戦

[→演習問題 7 12 1]

10 本のくじがあり，そのうち 4 本は当りくじであるとする．くじを 1 本ずつ 3 回引くとき，少なくとも1 本は当りが出る確率を求めよ．ただし，引いたくじを元に戻さないで次のくじを引くとする．

方針 10 本のくじを次のように全て区別して考えます（○が当りくじ）．

①, ②, ③, ④, 5, 6, 7, 8, 9, 10

「1 本ずつ 3 回引く」とありますから，普通なら ${}_{10}P_3$ 通りの順列を考え，それらを等確率な根元事象とする所ですが，本問では何回目に当りが出るかは関係ありません．そこで，上記順列を同数ずつ“束”にした組合せを用いて解答します．[→6 2]

着眼 取り出す 3 本に含まれる当りの本数は，次のどれかですね：

$\underbrace{0}_{\text{求めやすい}},\ \underbrace{1,\ 2,\ 3}_{\text{求めたい}}$

これを見ると，「少なくとも 1 本」＝「1 本以上」＝「1 本 or 2 本 or 3 本 」は 3 つのケースがあるので求めづらく，求めたくない方は「0 本」という 1 つのケースのみですから求めやすそうですね．

解答 ◦ 10 本を全て区別した時の取り出す 3 本の組合せ：${}_{10}C_3$ 通りの各々は等確率．

◦ 題意の事象を A として，その余事象 $\overline{A}$：「当りが 0 本」つまり「3 本とも外れ」を考える．これを満たす組合せは，外れ 6 本から 3 本を選ぶ組合せを考えて ${}_6C_3$（通り）．

◦ よって求める確率は

$$P(A)=1-P(\overline{A})=1-\frac{{}_6C_3}{{}_{10}C_3}=1-\frac{6\cdot5\cdot4}{10\cdot9\cdot8}{}^{1)}=1-\frac{1}{6}=\frac{5}{6}.\!/\!/$$

重要 余事象が有効となる一つの目安は，問われている事象の“あいまいさ”であり，問題文で赤下線を付した「少なくとも」という言葉は，その代表選手です．**着眼**を見るとわかるように，場合分けが多岐に渡ってボヤけた事象になっていますね．

しかし，前問のように，この言葉がなくても余事象が役立つ問題も当然たくさんあります．そんな問題でも「余事象の活用」に気付けるよう，**着眼**のように，「問われていること」だけでなく「問われていない方」も含めた**全体像を俯瞰（ふかん）する視点**を持つよう心掛けましょう．

注意！ うっかり余事象の確率 $P(\overline{A})$ を「答え」としないように！このミスを防ぐためにも，元の事象に「A」，余事象に「$\overline{A}$」と名前を付け，自分が今何を求めているかをハッキリさせましょう．

補足 1)：次のように計算しています：

$$\frac{{}_6C_3}{{}_{10}C_3}=\frac{\dfrac{6\cdot5\cdot4}{3\cdot2}}{\dfrac{10\cdot9\cdot8}{3\cdot2}}=\frac{6\cdot5\cdot4}{10\cdot9\cdot8}$$

分子，分母を 3・2 倍

8 独立試行と確率

これまで確率の求め方として学んできた「場合の数の比」方式とは別の，確率を求めるもう 1 つの方法：「乗法定理」について，本節と次節で詳しく解説します．

1 乗法定理（独立試行）

例　2 つの操作 T_1:「サイコロを 1 個投げる」と T_2:「コインを 1 枚投げる」を行う試行において，

事象 A:「サイコロの 2 以下の目が出る」 B:「コインの表が出る」の積事象 $A\cap B$ の確率を考えます．

（以下，コインの表を「○」，裏を「×」で表します．）

まず，6で学んだ「場合の数の比」を用いて解答します．

- サイコロ，コインの出方：$6\cdot 2$ 通りの根元事象は各々等確率．（サイコロ→6，コイン→2）
- そのうち条件を満たすものは，$2\cdot 1$ 通り．（サイコロ→2，コイン→1）
- よって求める確率は，$P(A\cap B)=\dfrac{2\cdot 1}{6\cdot 2}=\dfrac{2}{12}$. …①

	U	B 表(○)	裏(×)
A	1	(1,○)	(1,×)
A	2	(2,○)	(2,×)
	3	(3,○)	(3,×)
	4	(4,○)	(4,×)
	5	(5,○)	(5,×)
	6	(6,○)	(6,×)

まっすぐ
サイコロの目

分子の「2 通り」は，右図網掛け部の根元事象の個数ですね．

この解答では，注目する対象が「サイコロ→コイン→サイコロ→コイン」と行ったり来たりして忙（せわ）しないですね．そこで，別の求め方を考えます．①を変形すると，

$$P(A\cap B)=\frac{2\cdot 1}{6\cdot 2}=\frac{2}{6}\cdot\frac{1}{2}. \quad\cdots②$$

（サイコロ→$\frac{2}{6}$，コイン→$\frac{1}{2}$）

②の右辺において，「$\frac{2}{6}$」は A:「サイコロの 2 以下の目が出る」の確率 $P(A)$ であり，「$\frac{1}{2}$」は B:「コインの表が出る」の確率 $P(B)$ です．つまり，次の等式が成り立っています：

$$P(A\cap B)=P(A)\cdot P(B). \quad\cdots③$$

この等式が成り立つ理由は，右図（上図を 1/2 に縮小）のように，割合に割合を掛ける感覚で理解することができます：

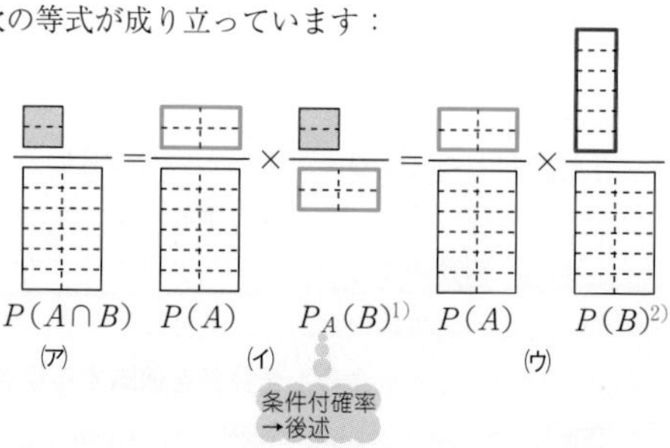

(ア) U に対する $A\cap B$ の割合は，

(イ) U に対する A の割合に，A に対する $A\cap B$ の割合 [1)] を掛けたもの．

(ウ) 上記 [1)] は，U に対する B の割合 [2)] と等しい．

要（かなめ）は [1)] と [2)] が等しいことです．T_1:「サイコロを 1 個投げる」と T_2:「コインを 1 枚投げる」は，

一方の操作の結果が他方の操作の結果に影響を及ぼさない …④

ので，A:「サイコロの目が 2 以下」であろうとなかろうと，B:「コインが表（○）」であることの起こりやすさは $\frac{1}{2}$ に決まってます．よって，[1)] と [2)] は等しいのがアタリマエですね．

重要　④の関係性があるとき，操作 T_1, T_2 のそれぞれを試行とみなして次のようにいいます：

「T_1 と T_2 は**試行として独立**である．」もしくは「T_1 と T_2 は**独立試行**である．」

そして，このとき③が成り立ちます．本書ではこの等式を「**乗法定理(独立試行)**」と呼ぶことにします．

乗法定理(独立試行) 定理

試行として独立な 2 つの操作 T_1, T_2 を行う試行において，T_1 の結果で定まる事象 A と，T_2 の結果で定まる事象 B があるとき

$$P(A \cap B) = P(A) \cdot P(B). \quad \cdots ③$$

3 個以上の試行，事象についてもまったく同様

重要 この公式は，割合に割合を掛ける感覚で使います．

補足 $P(A)$ は，根元事象の個数を用いて

$$P(A) = \frac{2 \cdot 2}{6 \cdot 2} = \frac{2}{6}$$

と求めることもできますが，コインの出方を書いた分子，分母の「2」は無駄ですね．そこで，**[図1]**青色のように根元事象を 2 つずつ"束ねて" 6 個の"束"を作れば，直接「$\frac{2}{6}$」が得られます．$P(B)$ についても，**[図2]**赤色の"束"を用いれば，直接「$\frac{1}{2}$」が得られます．

[図1]

U	表(○)	裏(×)
1 (A)	(1,○)	(1,×)
2 (A)	(2,○)	(2,×)
3	(3,○)	(3,×)
4	(4,○)	(4,×)
5	(5,○)	(5,×)
6	(6,○)	(6,×)

[図2] B

U	表(○)	裏(×)
1	(1,○)	(1,×)
2	(2,○)	(2,×)
3	(3,○)	(3,×)
4	(4,○)	(4,×)
5	(5,○)	(5,×)
6	(6,○)	(6,×)

言い訳 現在の高校教科書では，等式③を書くとき，頑(かたく)なに「$A \cap B$」という表現を避けるのですが，これは，ここまでに述べた詳細な説明を回避するためです．筆者は説明しましたので，**学習者の便を優先**して，バシバシ使います！(昔の教科書ではちゃんと使われていました...)

参考 1)：「A に対する $A \cap B$ の割合」を，次節「条件付確率」で詳しく解説します．

例題 7 8 a 乗法定理(独立試行) 根底 実戦

[→演習問題 7 12 6]

2 つの箱 A，B があり，箱 A には 1, 2, 3, 4, 5 と書かれた 5 枚のカードが入っており，箱 B には 6, 7, 8, 9, 10, 11, 12 と書かれた 7 枚のカードが入っている．箱 A，B からカードを 1 枚ずつ取り出すとき，取り出された 2 枚がどちらも偶数である確率を求めよ．

着眼 もちろん「場合の数の比」方式でもできますが，「箱 A から 1 枚取り出す」と「箱 B から 1 枚取り出す」は試行として独立ですから，乗法定理(独立試行)を用い，箱 A と箱 B を切り離して(独立に)考えることで思考を単純化しましょう．

解答 箱 A，B のそれぞれから偶数のカードを取り出す確率を考えて，求める確率は，

$$\frac{2}{5} \times \frac{4}{7} = \frac{8}{35}.//$$

解説 試行の独立については，**解答**中でワザワザ言及しなくても許されると思われます．

「独立試行」の例

- ○ サイコロとコインを投げる(前記 例)→サイコロを投げる試行とコインを投げる試行は独立
- ○ 箱 A，箱 B から玉を取り出す(上記例題)→箱 A から取り出す試行と箱 B から取り出す試行は独立
- ● 1 個のサイコロを n 回繰り返し投げる→各回のサイコロを投げる試行は独立
- ● サイコロを n 個投げる→各サイコロを投げる試行は独立　コインでも同様
- ● くじを 1 本引き，それを元に戻してからまたくじを引くことを繰り返す(**復元抽出**という)→各回のくじを引く試行は独立　元に戻さない**非復元抽出**は次節で

注 最初の 2 つ以外は，全て次項のテーマである「反復試行」と呼ばれるものです．

2 反復試行

「サイコロを 3 回繰り返し投げる」,「コインを 5 回繰り返し投げる」のように，各回が**独立な**同じ試行を繰り返すことを**反復試行**といいます．　筆者は「**独立**反復試行」と呼んだりします

ここでは当然乗法定理（独立試行）を使うことができ，かなり“機械的に”答えを出すことができます．ただし，**あること**[1] に注意が不可欠です．

問　1 つのサイコロを 5 回投げるとき，5 回とも 4 以下の目が出る確率を求めよ．

もちろん，「場合の数の比」を用いて $\frac{4^5}{6^5}$ としても求まります．このとき，分母，分子は重複順列の個数ですから，順序を区別しています．

ここでは，サイコロを投げる各回の**試行は独立**であることに注目して，前項の乗法定理（独立試行）を用いてみます．その際にも，やはり順序を区別(これが上記 [1]) していることを意識してください．

解答　各回において A:「4 以下の目が出る」の確率は，$\frac{4}{6}=\frac{2}{3}$．

求めるものは，A が 5 回連続する確率だから，$\left(\frac{2}{3}\right)^5=\frac{32}{243}$．//

重要　「$\left(\frac{2}{3}\right)^5$」の意味を確認しておきましょう．

第 1 回が A

$$\left(\frac{2}{3}\right)^5=\frac{2}{3}\cdot\frac{2}{3}\cdot\frac{2}{3}\cdot\frac{2}{3}\cdot\frac{2}{3}$$

第 2 回が A

第 5 回が A

「乗法定理（独立試行)」を用いる際，なにしろ「反復試行」ですから，毎回**同じ条件のもとで**試行を行うので，どうしても「回」に対する意識が希薄になりがちです．　「重複順列」と同様です

そこで，繰り返しになりますが，「反復試行」を扱うときには，「**順序を区別**して考えている」ことを意識しましょう．そこがボヤけてくると，ミスにつながります．[→例題 7 6 b]

注　ハイレベル↑ ウルサイことを言うと，本来は「第 1 回の目が 4 以下」,「第 2 回の目が 4 以下」, … は異なる事象であり，事象 A_1, A_2, … などと区別して名前をつけるのが正しいですが，ちゃんと順序を区別して考えることが実行されていれば，特に表現上の不備によって減点されることはないでしょう．

補足　この**問**は，問題文を次のように変えても本質的にまったく同じ問題です：

①「5 個のサイコロを 1 回投げるとき 5 個とも 4 以下の目が出る確率は？」

②「A, B, C, D, e, f の 6 枚のカードが入った箱からカードを 1 枚取り出し，書かれた文字を記録して元に戻す操作を 5 回繰り返す．5 回とも大文字が書かれたカードが取り出される確率は？」

①では，**問**における「第 1 回，第 2 回，…」という順序の区別が，「サイコロ 1，サイコロ 2，…」というモノの区別に置き換わるだけです．

②ように，取り出したモノを元に戻してから次を取り出すことを**「復元抽出」**といいます．箱の中には毎回同じ 6 枚のカードが入っていますから，**問**と同様，各回の**試行は独立**です．つまり，復元抽出はサイコロを繰り返し投げるのと同等な試行だとみなせます．

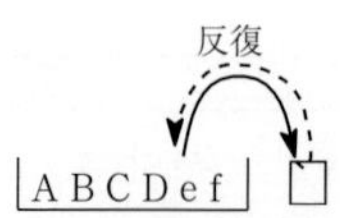

例題 7 8 b 反復試行（典型）　根底 実戦　定期

[→演習問題 7 12 9]

1 つのサイコロを 5 回繰り返し投げるとき，以下の確率を求めよ．

(1)　ちょうど 3 回だけ 4 以下の目が出る．

(2)　ちょうど 2 回だけ 3 以下の目が出る．

着眼 (1) 前記の **問** と全く同じ反復試行ですね.

(1) その **問** でさかんに注意した通り,「乗法定理 (独立試行)」を, 順序を区別して使っています. したがって, 本問のように A:「4 以下の目が出る」のみならず $\overline{A}$:「他の目が出る」も起こる場合には, 当然その順序を考えることが必須です.

A が 3 回, $\overline{A}$ が 2 回となる出方は, 右の (*) の通りです: これらは, A 3 個と $\overline{A}$ 2 個を並べる「同じものを含む順列」とみることもできますが, 5 つの「回」から $\overline{A}$ となる 2 つ[1] の「回」を選ぶ組合せと考えて ${}_5C_2$ 通りと数える方が簡便でしたね. [→3 7 補足]

	回:	1	2	3	4	5
		A	A	A	$\overline{A}$	$\overline{A}$
		A	A	$\overline{A}$	A	$\overline{A}$
(*)		A	A	$\overline{A}$	$\overline{A}$	A
				⋮		
		$\overline{A}$	$\overline{A}$	A	A	A

(*) のうち, 例えば「$AAA\overline{A}\,\overline{A}$」の確率は, $P(A)=\frac{4}{6}=\frac{2}{3}$, $P(\overline{A})=\frac{1}{3}$ と乗法定理 (独立試行) により

$$\frac{2}{3}\cdot\frac{2}{3}\cdot\frac{2}{3}\cdot\frac{1}{3}\cdot\frac{1}{3}$$

順序も考えている

第 1 回が A …… 第 5 回が $\overline{A}$

です. (*) の上記以外の出方の確率も,「$\frac{2}{3}$」と「$\frac{1}{3}$」の並び順が変わるだけで, 値は全て同じです. よって, この値に (*) の場合の数を掛ければ求める確率が得られることになります.

注 [1]: A の 3 回の選び方: ${}_5C_3$ 通りより, $\overline{A}$ の 2 回の選び方: ${}_5C_2$ 通りの方が, 計算が楽です.

(2) (1)と同じですが, B:「3 以下の目」と $\overline{B}$:「他の目」の確率がどちらも $\frac{3}{6}=\frac{1}{2}$ なので…

解答 (1) ∘ 各回におけるカードの出方とその確率は次のとおり:

$$\begin{cases} A:\text{「4 以下の目」}^{2)}\cdots \text{確率 } \frac{4}{6}=\frac{2}{3}, \\ \overline{A}:\text{「他の目」} \quad\cdots \text{確率 } \frac{2}{6}=\frac{1}{3}. \end{cases}$$

∘ 5 回 $\begin{cases} A\cdots 3 \text{ 回}, \\ \overline{A}\cdots 2 \text{ 回} \end{cases}$

となる出方の順序は ${}_5C_2$ 通り.

∘ 上記各々の確率は, $\left(\frac{2}{3}\right)^3\left(\frac{1}{3}\right)^2$.

∘ よって求める確率は

$$^{3)}\,{}_5C_2\cdot\left(\frac{2}{3}\right)^3\left(\frac{1}{3}\right)^2=\frac{10\cdot 8}{3^5}=\frac{80}{243}.\,/\!/$$

(2) ∘ 各回におけるカードの出方とその確率は次のとおり:

$$\begin{cases} B:\text{「3 以下の目」}\cdots \text{確率 } \frac{3}{6}=\frac{1}{2}, \\ \overline{B}:\text{「他の目」} \quad\cdots \text{確率 } \frac{3}{6}=\frac{1}{2}. \end{cases}$$

等しい

∘ 5 回 $\begin{cases} B\cdots 2 \text{ 回}, \\ \overline{B}\cdots 3 \text{ 回} \end{cases}$

となる出方の順序は ${}_5C_2$ 通り.

∘ 上記各々の確率は, [4] $\left(\frac{1}{2}\right)^5$.

∘ よって求める確率は

$${}_5C_2\cdot\left(\frac{1}{2}\right)^5=\frac{10}{2^5}=\frac{5}{16}.\,/\!/$$

注 [2]: ここで事象 A の確率を把握してしまったら, 答案ではもう二度と「4 以下の目」などと書かず,「A」で済ますべし!

重要 [3]: この式を得るまでの考え方:

(起こり方の順序の数)×(順序を考えた 1 つの起こり方の確率)

を**理解**しておくこと!

(2) [4]: $B, \overline{B}$ の確率はどちらも $\frac{1}{2}$ です. よって, 上記「考え方」を**理解**していれば, ワザワザ B 2 回と $\overline{B}$ 3 回の確率を別々に考えて $\left(\frac{1}{2}\right)^2\left(\frac{1}{2}\right)^3$ とするのは無駄だとわかるはず.

前問(1)の考え方により，一般に次の公式が成り立ちます：

反復試行 定理

同じ試行を n 回反復するとき，各回に起こる事象とその確率が，$\begin{cases} A\cdots p, \\ \overline{A}\cdots 1-p \end{cases}$ ならば，

n 回の結果の内訳が $\begin{cases} A\cdots k \text{ 回}, \\ \overline{A}\cdots n-k \text{ 回} \end{cases}$ となる確率は，

$$\underbrace{{}_n\mathrm{C}_k}_{\text{順序の数}} \cdot \underbrace{p^k(1-p)^{n-k}}_{\text{個々の確率}}.$$

この考え方こそが重要

例題 7 8 C 反復試行（第○回に△度目の〜〜） 根底 実戦 入試 [→演習問題 7 12 10]

A，B 2 つのチームが繰り返し対戦し，先に 4 勝した方が優勝とする．各試合において A，B が勝つ確率はそれぞれ $\frac{1}{4}$，$\frac{3}{4}$ である（各試合において引き分けはない）として，次の確率をそれぞれ求めよ．

(1) 第 4 戦において B が優勝を決める確率を求めよ．

(2) 第 7 戦において A が優勝を決める確率を求めよ．

着眼 (2) 最終結果は「A の 4 勝 3 敗」になる訳ですが，「A の 4 勝目が第 7 戦」と決まっていますので，短絡的に上記の公式を当てはめて「${}_7\mathrm{C}_3\times\cdots$」とやるのは典型的な誤りです．

解答 ∘ 各回における勝敗とその確率は次の通り：

$$\begin{cases} A:\text{「A チームが勝つ」}\cdots \text{確率 } \frac{1}{4}, \\ \overline{A}:\text{「B チームが勝つ」}\cdots \text{確率 } \frac{3}{4}. \end{cases}$$

(1) 求めるものは，$\overline{A}$ が 4 回連続して起こる確率であり，

$$\left(\frac{3}{4}\right)^4 = \frac{81}{256}. /\!/$$

(2) ∘ 第 7 戦において A が優勝を決める事象は，次の通り：

1 回〜6 回 [1]　第 7 回

$$\begin{cases} A : 3 \text{ 回} \\ \overline{A} : 3 \text{ 回} \end{cases} \to A$$

∘ よって求める確率は

$${}_6\mathrm{C}_3\cdot\left(\frac{1}{4}\right)^3\left(\frac{3}{4}\right)^3\times\frac{1}{4} \text{ [2]}$$

$$= \frac{5\cdot4\cdot3^3}{4^7} = \frac{135}{4096}. /\!/$$

注 (1)「B の 4 連勝」という単純な事象ですが，「順序を区別して考えている」ことを忘れずに！

$$\frac{3}{4}\cdot\frac{3}{4}\cdot\frac{3}{4}\cdot\frac{3}{4}.$$

第 1 回が $\overline{A}$ … 第 4 回が $\overline{A}$

余談　実力でかなり勝る B チームでも，4 連勝で優勝を決める確率はこの程度．

解説 (2) 1)：第 7 戦は A の勝ちと決まっているので，A, $\overline{A}$ の並べ替えがあるのは第 1〜6 戦のみです．

回：	1	2	3	4	5	6
	A	A	A	$\overline{A}$	$\overline{A}$	$\overline{A}$
	A	A	$\overline{A}$	A	$\overline{A}$	$\overline{A}$
				⋮		
	$\overline{A}$	$\overline{A}$	$\overline{A}$	A	A	A

2)：ここでは上記 反復試行 の公式を適用していますが，「順序の数×個々の確率」という**考え方**を用いた次の方法も OK です．

「A の 4 勝 3 敗」・「順序は ${}_6\mathrm{C}_3$ 通り」より，${}_6\mathrm{C}_3\cdot\left(\frac{1}{4}\right)^4\left(\frac{3}{4}\right)^3$.

余談　本問のような優勝決定システムは，最大第 7 戦まででで優勝者が確定するので，“7 番勝負” と呼ばれたりします．野球の日本シリーズや囲碁の名人戦などで採用されています．

例題 7 8 d 反復試行（3事象） 根底 実戦 入試

[→演習問題 7 12 9]

座標平面上の動点 P を，1 つのサイコロを投げて次の規則で動かす．

- 1, 2, 3 の目が出たら，x 軸の正の向きに 1 だけ動かす．
- 4, 5 の目が出たら，y 軸の正の向きに 1 だけ動かす．
- 6 の目が出たら，動かさない．

原点 O から出発し，サイコロを 5 回投げた後の P の座標を (X, Y) として，次のようになる確率をそれぞれ求めよ．

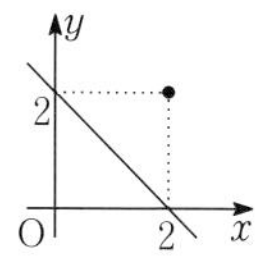

(1) $(X, Y) = (2, 2)$　　(2) $X + Y = 2$　　(3) $X > 0$

方針 各回における事象とその確率を整理して視覚的に表し，それをもとに，「独立反復試行」の公式の考え方：「順序の数 × 個々の確率」を，設問内容に応じて適切に使っていきます．

解答 ○各回における P の移動の仕方とその確率は次の通り：

$$\begin{cases} A:「右へ 1 移動」\cdots \frac{3}{6} = \frac{1}{2}, \\ B:「上へ 1 移動」\cdots \frac{2}{6} = \frac{1}{3}, \\ C:「移動しない」\cdots \frac{1}{6}. \end{cases}$$

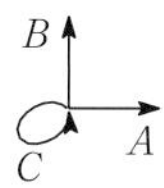

(1) ○$(X, Y) = (2, 2)$ となるのは

$$\begin{cases} A: 2 回, \\ B: 2 回, \\ C: 1 回. \end{cases}$$

（5 回から A, B の回数を引いた）

となるとき．

回	1	2	3	4	5
	A	A	B	B	C
	A	A	B	C	B
	A	A	C	B	B
	⋮				
	C	B	B	A	A

○A, B, C の順序は，右のように

$$\frac{5!}{2!\cdot 2!}\text{[1]} = \frac{5\cdot 4\cdot 3}{2} = 30(\text{通り}).$$

○各々の確率も考えて，求める確率は，

$$30 \times \left(\frac{1}{2}\right)^2 \cdot \left(\frac{1}{3}\right)^2 \cdot \frac{1}{6} = \frac{5}{36}.\ /\!/$$

(2) ○動点 P について，各回における x, y 座標の和の変化とその確率は次の通り：

$$\begin{cases} A \text{ or } B のとき「+1」\cdots \frac{1}{2} + \frac{1}{3} = \frac{5}{6}, \\ C のとき「変化なし」\cdots \frac{1}{6}. \end{cases}$$

○「$X + Y = 2$」となるのは，

$$\begin{cases} 「+1」\quad : 2 回, \\ C「変化なし」: 3 回 \end{cases}$$

となるとき．（以下，「+1」を「+」と表す．）

回	1	2	3	4	5
	+	+	C	C	C
	+	C	+	C	C
	+	C	C	+	C
	⋮				
	C	C	C	+	+

○+ と C の順序は右のように ${}_5C_2$ 通り．

○各々の確率も考えて，求める確率は，

$${}_5C_2 \cdot \left(\frac{5}{6}\right)^2 \left(\frac{1}{6}\right)^3 = \frac{10\cdot 5^2}{6^5} = \frac{125}{3888}.\ /\!/$$

(3) ○動点 P について，各回における x 座標の変化とその確率は次の通り：

$$\begin{cases} A のとき「+1」\quad \cdots \frac{1}{2}. \\ B \text{ or } C のとき「変化なし」\cdots \frac{1}{3} + \frac{1}{6} = \frac{1}{2}. \end{cases}$$

○「$X > 0$」とは「少なくとも 1 回 A が起こること」であり，その余事象は

5 回とも「変化なし」が起こること．

○以上より，求める確率は

$$1 - \left(\frac{1}{2}\right)^5 = 1 - \frac{1}{32} = \frac{31}{32}.\ /\!/$$

（1 から引くのを忘れずに）

解説 [1]：(1)では各回 3 種類の事象 A, B, C が起こり得るため，反復試行の公式そのものは使えません．しかし，その**考え方**を利用し，A, B, C の並べ方を「同じものを含む順列」の公式で求め，それを個々の確率に掛けて解答できました．

重要 (2)では $X + Y$ という「和」を考えるので，2 つの事象 A, B を **“束ねて”** 1 つとみなし，事実上各回 2 種類の事象だけがある典型的状況に帰着させました．このように，一見異なる事象を，本質的な条件だけに注目して**束ねる**手法は，時として絶大なる威力を発揮します．

同様に(3)では，x 座標だけに注目し，そこに変化のない B, C を**束ねて**います．

9 条件付確率

1 乗法定理（一般）

注 本項は，8 1 の「サイコロとコイン」を素材とした 例 を思い出しながら読んでください．
前節の「乗法定理（独立試行）」の前提条件であった

「一方の試行の結果が他方の試行の結果に影響を及ぼさない」

が成り立たないときも含めた一般的な「乗法定理」について解説します．次の 例 においては，説明スタイルをワザと前項の 例 とピッタリ揃えてあります．どこに違いがあるかに注目してください！

例 右のような5本中2本が当り，3本が外れの くじ（□が当りくじ）があり， ［① ② 3 4 5］

2つの操作 T_1:「くじを1本引く」と T_2:「そのくじを元に戻さずさらに1本引く」 を行う試行において，

事象 A:「1本目が当り」 B:「2本目が当り」 の積事象 $A\cap B$ の確率を考えます．

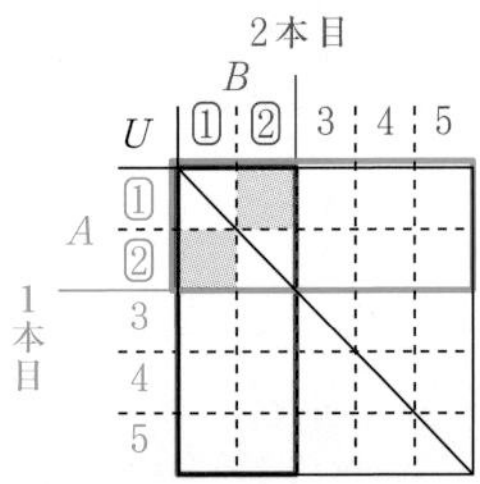

まず，6で学んだ「場合の数の比」を用いて解答します．

○ 1本目，2本目のくじの出方：${}_5P_2=5\cdot 4$ 通りの根元事象は各々等確率．
（1本目↗ ↖2本目）

○ そのうち条件を満たすものは，${}_2P_2=2\cdot 1$ 通り．
（1本目↗ ↖2本目）

○ よって求める確率は，$P(A\cap B)=\dfrac{2\cdot 1}{5\cdot 4}=\dfrac{2}{20}$．…①

分子の「2通り」は，右図網掛け部の根元事象の個数ですね．
この解答では，注目する対象が「1本目→2本目→1本目→2本目」と行ったり来たりして忙(せわ)しないですね．そこで，別の求め方を考えます．①を変形すると，

$$P(A\cap B)=\frac{2\cdot 1}{5\cdot 4}=\frac{2}{5}\cdot\frac{1}{4}.\quad\cdots②$$
（1本目↗ ↖2本目）

②の右辺において，「$\dfrac{2}{5}$」 は A:「1本目が当り」の確率 $P(A)$ であり，「$\dfrac{1}{4}$」 は……．ここが前項の 例 との違いです．この「$\dfrac{1}{4}$」は，「$P(B)$」ではありません．では，一体何なのでしょう？

事象 A が起こったとき，例えば1本目に①が出た場合，次のようになります：

［①②345］ —Aが起こった（①が出た）→ ［②345］

1本目に当り①が出た後の箱の中身を考えると，この後で2本目に当り②が出る確率（起こりやすさの割合）は，まさに前述の「$\dfrac{1}{4}$」となりますね（右図は，上図の当該部分を抜き出して分数を模式的に表したものです）．

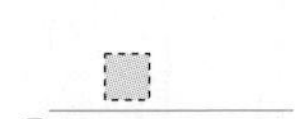

1本目に当り②が出た場合でも「割合」はまったく同じですね（右図）．
つまりこの「$\dfrac{1}{4}$」は，

A が起こったことを前提としたときの，B **も**起こる割合（確率）…③

です．このような確率のことを，

A が起こったときに B が起こる**条件付確率** といい，記号 $\boldsymbol{P_A(B)}$ で表します．

実は，③は「条件付確率」の**意味**であり，**定義**は次の式によってなされます：

$$P_A(B) = \frac{P(A \cap B)}{P(A)}. \cdots ④$$ 右図参照

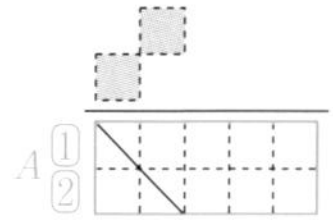

この右辺は，A を新たな全体とみたときの，それに対する $A \cap B$ の起こりやすさの割合（確率）ですね．

結局②は，積事象 $A \cap B$ の確率を，次のように割合に割合を掛ける感覚で求めたものだと理解できます：

$$P(A \cap B) \underset{⑤}{=} P(A) \times P_A(B) = \frac{2}{5} \times \frac{1}{4}.$$

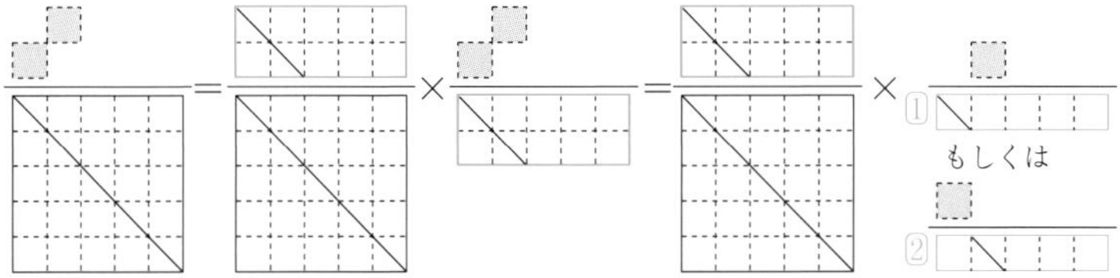

この 例 の場合は，当り[1]，[2]のどちらが出ても箱の中の当り・外れの個数比は同じなので

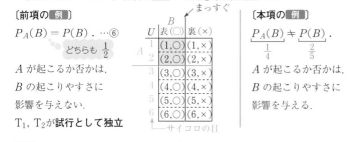

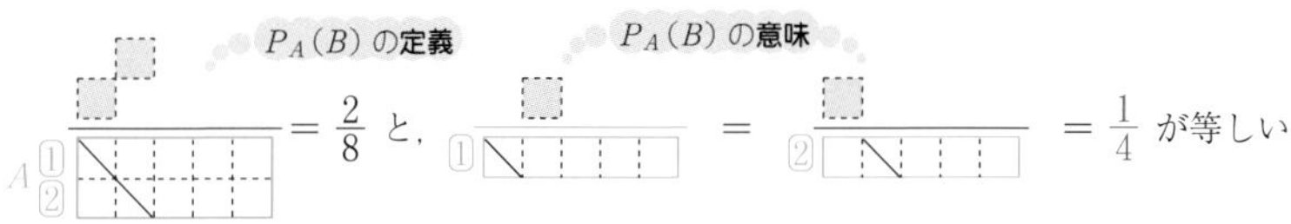

のが当然です．よって $P_A(B)$ は，**定義**④に基づくまでもなく，**意味**③から容易に求まります．こうして，②や⑤式によって $P(A \cap B)$ が求まるという訳です．

⑤式が，（一般の）**乗法定理**です．条件付確率の定義式④の分母を払っただけであり，⑤の下にある“模式図”を見れば成り立つのがアタリマエですね（笑）．

重要 確率 $P(B)$ は，2本目に出るくじの等確率性から $\frac{2}{5}$ であり，条件付確率 $P_A(B)\left(=\frac{1}{4}\right)$ とは一致しません．これが，前項の 例 との**決定的な相違点**です．

〔前項の 例 〕

$P_A(B) = P(B). \cdots ⑥$ どちらも $\frac{1}{2}$

A が起こるか否かは，B の起こりやすさに影響を与えない．

T_1, T_2が**試行として独立**

まっすぐ

U	表(○) B	裏(×)
1 (A)	(1,○)	(1,×)
2 (A)	(2,○)	(2,×)
3	(3,○)	(3,×)
4	(4,○)	(4,×)
5	(5,○)	(5,×)
6	(6,○)	(6,×)

サイコロの目

〔本項の 例 〕

$\underbrace{P_A(B)}_{\frac{1}{4}} \neq \underbrace{P(B)}_{\frac{2}{5}}.$

A が起こるか否かは，B の起こりやすさに影響を与える．

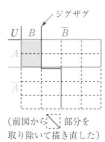

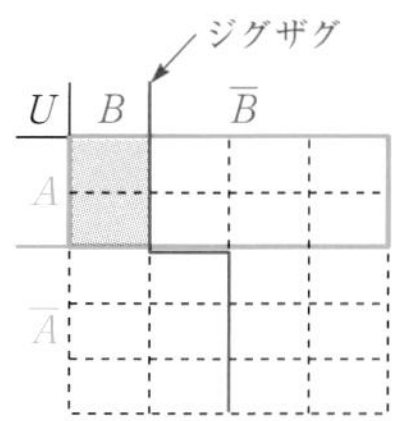

（前図から ╲ 部分を取り除いて描き直した）

発展 （数学B「統計的推測」の内容）

上の⑥式が成り立つ，つまり，「乗法定理（独立試行）」：$P(A \cap B) = P(A) \cdot P(B)$ が成り立つとき，「A と B は**事象として独立**である」もしくは「A と B は**独立事象**である」といいます．前項の 例 で見たように，T_1 の結果で定まる事象 A と，T_2 の結果で定まる事象 B があるとき，次のようになります：

T_1, T_2が**試行として独立** $\Longrightarrow$ A, B は**事象として独立**. ■

条件付確率と乗法定理 原理

事象 A が起こったことを前提としたとき事象 B も起こる確率を

事象 A が起こったときに事象 B が起こる**条件付確率** といい，記号 $\boldsymbol{P_A(B)}$ で表す．

以下の等式が成立する：

$$P_A(B)=\frac{P(A\cap B)}{P(A)}=\frac{n(A\cap B)}{n(A)}.$$ …条件付確率の定義

i.e. $P(A\cap B)=P(A)\cdot P_A(B).$ …乗法定理：割合に割合を掛ける感覚で用いる

重要 上記の乗法定理は，乗法定理（独立試行）と同様，割合に割合を掛ける感覚で使います．■

例題 7 9 a （一般の）乗法定理 根底 実戦

[→演習問題 7 12 12]

箱の中に 1, 2, 3, …, 10 と書かれた 10 枚のカードが入っている．ここから 2 枚のカードを取り出す操作を 2 回繰り返す．ただし，1 回目に取り出したカードを元に戻さず 2 回目を取り出す．

A:「1 回目に取り出す 2 枚がともに偶数」， B:「2 回目に取り出す 2 枚がともに偶数」

という事象を考えるとき，事象 $A\cap\overline{B}$ の確率を求めよ．

方針 「1 回目」，「2 回目」に別々に集中して，乗法定理を使いましょう．

解答 ○求める確率は

$$P\left(A\cap\overline{B}\right)=P(A)\cdot P_A\left(\overline{B}\right).$$

○ここで，$P(A)=\dfrac{{}_5C_2}{{}_{10}C_2}=\dfrac{5\cdot2}{5\cdot9}=\dfrac{2}{9}.$

○A が起こると，箱の中は，

計 8 枚 $\begin{cases}\text{偶数 3 枚}\\ \text{奇数 5 枚}\end{cases}$ 1) となる．

$$\therefore P_A\left(\overline{B}\right)=1^{\,2)}-\frac{{}_3C_2}{{}_8C_2}=1-\frac{3}{4\cdot7}=\frac{25}{28}.$$

○以上より，求める確率は

$$P\left(A\cap\overline{B}\right)=\frac{2}{9}\cdot\frac{25}{28}=\frac{25}{126}.\text{//}$$

解説 1)：A が起こった時の様子をちゃんと視覚的に表しましょう．

2)：$P_A(\bigcirc)$ は，事象 A を新たな全体とみて考えますから，$P_A(B)+P_A\left(\overline{B}\right)=\underline{1}$ です．

2 条件付確率

前項で登場した「条件付確率」を，本項ではメインテーマとして扱います．

例 女子 20 人，男子 30 人からなる 50 人のクラスがあり，「読書が好き，好きではないのどちらか」という問いに対して，女子 15 人，男子 10 人が「読書が好き」と回答したとします．

このクラスから 1 人を選ぶ試行 T において，次の事象を考えます：

A:「その 1 人が女子である」

B:「その 1 人が読書が好きと回答した」…Book と覚えてね

各事象に当てはまる人数を求めると，右図のようになります．（各領域の面積が人数に比例するよう描いています．）

1 人の選び方：50 通りの各々は等確率な根元事象です．これをもとに，いくつかの事象の確率を求めてみましょう．

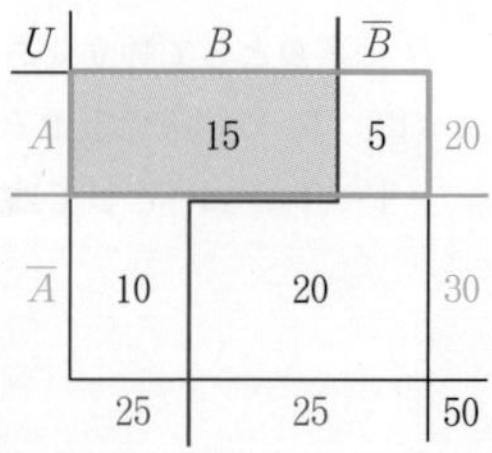

○ 選んだ 1 人が B:「読書好き」である確率は，全事象 U に対する B の起こりやすさの割合であり，

$$P(B)=\frac{n(B)}{n(U)}=\frac{15+10}{50}=\frac{25}{50}=\frac{1}{2}=0.5\ .$$ 確率の大小がわかりやすいよう，小数で表しました

○ 選んだ 1 人が A:「女子」であることがわかったとき，その 1 人が B:「読書好き」でもある確率，つまり条件付確率 $P_A(B)$ は，その**定義**に従って

$$P_A(B)=\frac{P(A\cap B)}{P(A)}{}^{1)}=\frac{\frac{n(A\cap B)}{n(U)}}{\frac{n(A)}{n(U)}}=\frac{n(A\cap B)}{n(A)}{}^{2)}=\frac{15}{15+5}=\frac{3}{4}=0.75\ .$$

注 1)2)：条件付確率の**定義**は「確率の比」1) ですが，「場合の数の比」2) で代用できるのです．■

読書好き率は，クラス全体では 0.5 ですが，女子だけに限定すると 0.75 にアップする訳ですね．

○ 次に，選んだ 1 人が「女子」である確率 $P(A)$，および B を新しく“全体”とみる，つまり読書好きだけを対象として考えた「女子」である確率 $P_B(A)$ は

$$P(A)=\frac{n(A)}{n(U)}=\frac{15+5}{50}=\frac{20}{50}=\frac{2}{5}=0.4\ .$$

$$P_B(A)=\frac{P(A\cap B)}{P(B)}=\frac{n(A\cap B)}{n(B)}=\frac{15}{15+10}=\frac{3}{5}=0.6\ .$$

女子率は，クラス全体では 0.4 ですが，読書好きだけに限定すると 0.6 にアップする訳ですね．

重要 この 例 においては，前項「くじ引き」において $P_A(B)=\frac{1}{4}$ を求める際に用いた条件付確率の**意味**の出番はなく，ひたすら**定義**に基づいて考えました．この違いに注目すると，「条件付確率」には次の 2 つの扱い方があることがわかります：

条件付確率 $P_A(B)$ の扱い 方法論

❶ $P_A(B)$ が，**意味**：「A が起こったことを前提としたとき B **も**起こる確率」から直接求まるとき

→乗法定理 $P(A\cap B)=P(A)\cdot P_A(B)$ へ活かす　　前項の 例 「くじ引き」

❷ $P_A(B)$ が直接求まらないとき

→**定義**：$P_A(B)=\dfrac{P(A\cap B)}{P(A)}$ の右辺の分子，分母により間接的に求める．（場合の数で代用可能）　　本項の 例

例題 7 9 b 条件付確率 根底 実戦

[→演習問題 7 12 24]

ある都市の飲食店に対して，「キャッシュレス決済」と「デリバリーサービス」の導入状況を調査したところ，キャッシュレス決済のみ導入している店が 42 %，デリバリーサービスのみ導入している店が 3 %，両方導入している店が 21 %であった．この都市の飲食店から選んだ 1 店がデリバリーサービス決済導入店であるとき，その店がキャッシュレスも導入している確率を求めよ．

解答 1 店を選ぶ試行において，次の事象を考える：

C:「その店がキャッシュレス決済を導入している」 Cashless

D:「その店がデリバリーサービスを導入している」 Delivery

各事象の確率を「%」で表すと右表の通り．よって，求める条件付確率は

U	D	$\overline{D}$	
C	21	42	63
$\overline{C}$	3	34	37
	24	76	100

$$P_D(C)=\frac{P(C\cap D)}{P(D)}=\frac{21}{21+3}=\frac{7}{8}.\ /\!/$$

余談 デリバリーやってる店なら，たいていキャッシュレスも導入してそうですよね．

3 原因の確率

例 大学受験を終えたある学校の生徒に調査したところ，次のことがわかったとします：

添削指導を受けた生徒は全体の 20 %

添削指導を受けた生徒の第 1 志望合格率は 40 %

添削指導を受けなかった生徒の第 1 志望合格率は 30 %

調査対象となった生徒から 1 人を選んだところその生徒が第 1 志望合格者であったとき，その生徒が添削指導を受けた生徒である確率を求めてみましょう．

生徒を 1 人選ぶ試行 T において，次の事象を考えます：

A:「その 1 人が添削指導を受けた」

B:「その 1 人が第 1 志望に合格した」

与えられた情報を整理しておくと，

$P(A)=0.2,\ P_A(B)=0.4,\ P_{\overline{A}}(B)=0.3.$ …①

(右のカルノー図は，これらの数値をある程度意識して描かれています．)

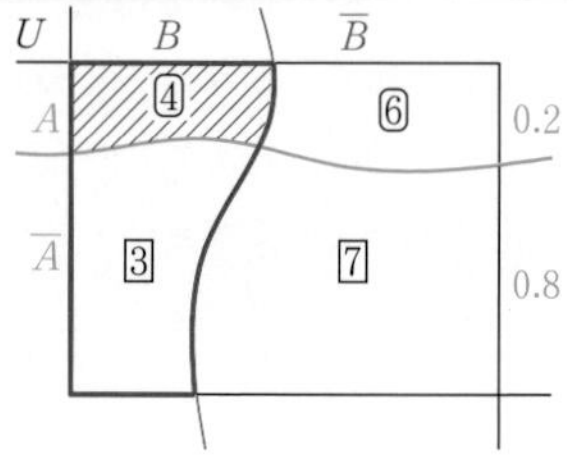

求めるものは，選んだ 1 人が B:「第 1 志望合格者」であったとき，その 1 人が A:「添削指導を受けた」生徒で**も**ある条件付確率：$P_B(A)$ です．これと①中の条件付確率を比較してみましょう：

(過去の原因) $\qquad\qquad\qquad$ (未来の結果)

A:「添削指導経験」 $\xrightarrow{P_A(B),\,P_{\overline{A}}(B)}$ B:「第 1 志望合格」… 既知. **わかりやすい**

(未来の結果) $\qquad\qquad\qquad$ (過去の原因)

B:「第 1 志望合格」 $\xrightarrow{P_B(A)}$ A:「添削指導経験」… 未知. **わかりにくい**

問題の $P_B(A)$ は，**未来（合否発表時）における結果**を前提としたときの，**過去（受験勉強期）における原因**が起こっていた条件付確率であり，俗に"原因の確率"と呼ばれ，古来受験生を悩ませてきました．しかし，このモヤモヤ感は 1 例 のように条件付確率を**意味**でとらえる姿勢（前項❶）におけるもの．前項❷：**定義**に基づいて求める際には，未来も過去も，結果も原因も関係ありません！

起こり得る全パターンの事象をカルノー図に書き記し，その後で考えてみてください[1]．そうすれば，「時の流れ」も「因果関係」も気にならなくなります．前項の 例 では，「$A\to B$」，「$B\to A$」という 2 つの向きに，扱いやすさの違いはなかったですね．

注 [1]：これは，3 3 で述べた"記録カード方式"と同様な作戦ですね．■

それでは解答します．各確率が上記カルノー図のどの部分かを注釈で書いてあります．

解答 求めるものは，条件付確率：

$$P_B(A)=\frac{P(A\cap B)}{P(B)}\ \cdots②$$
（分子：斜線部，分母：赤枠部）

ここで，

$$P(A\cap B)=P(A)\cdot P_A(B)^{2)}=\frac{2}{10}\cdot\frac{4}{10}=\frac{8}{100},$$ （左上斜線部）

$$P(\overline{A}\cap B)=P(\overline{A})\cdot P_{\overline{A}}(B)=\frac{8}{10}\cdot\frac{3}{10}=\frac{24}{100},$$ （左下）

また，

$$P(B)=P(A\cap B)+P(\overline{A}\cap B).$$ （左赤枠部）

これら 3 つと②より

$$P_B(A)=\frac{\boxed{\frac{8}{100}}}{\boxed{\frac{8}{100}}+\boxed{\frac{24}{100}}}^{3)}=\frac{8}{8+24}^{4)}=\frac{1}{1+3}=\frac{1}{4}.$$ //

重要　とにかく，次の手順をしっかり守ること．そうすれば，「条件付確率を求める」問題は，やるべきことがハッキリと決まった解きやすい問題となります！

条件付確率を定義に従って求める手順　方法論

1°　2 つの事象に A, B と**名前**を与える．

2°　求めるべき「条件付確率」を，カルノー図を見ながら正確に把握し，その定義式を初めに書いておく．　前の例題の②

3°　その定義式の分子，分母をそれぞれ求める．

注　2)：前項❶の流れですね．

参考　カルノー図を，各領域の面積が人数に比例するよう描くと右の通りです（数値は%）．これを見ると，解答中 4) の式が直接書けてしまいますね．

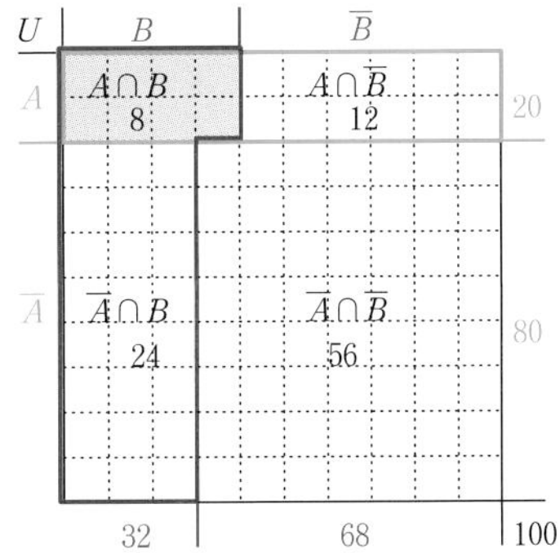

補足　3)：“原因の確率”の解答では，しばしばこのような $\frac{\square}{\square + \bigcirc}$ 型の分数式が現れます．分母の $P(B)$ =「第 1 志望合格者」である確率は，A「添削指導経験あり」が“原因”である部分□と，$\overline{A}$「添削指導経験なし」が“原因”である部分○から構成されており，そのうち□が占める割合が求める条件付確率だという訳です．

余談　$P_A(B) = 0.4$, $P_{\overline{A}}(B) = 0.3$ ですから，添削指導を受けた方が第 1 志望合格率は高いと言えます．ところが $P_B(A) = \frac{1}{4}$，つまり第 1 志望合格者の中で添削指導経験者は 4 人に 1 人しかいないので，「添削指導なんて意味ないかな」と勘違いする人が現れそうです．こうした数字のトリックに騙されないように（笑）．
筆者の経験から断言します．添削指導の効果は絶大です．ただし…，正しいコンセプトで行われ，良質な添削者による場合に限りますが（苦笑）．

発展　**参考**　事象 B「第 1 志望合格」が起こる前，つまり特に情報を得ていないときの A：「添削指導経験者」の確率は $P(A) = 0.2$ でした．それに対して，事象 B が起こった後，つまり選んだ 1 人が「第 1 志望合格者である」という情報（前提）のもとでは，A の確率は 0.25 に増加していますね．「第 1 志望合格者」だけに限定すると，「添削指導経験者」の占める割合がアップするということです．
「ベイズ統計」（大学以降）では，前者を「事前確率」，後者を「事後確率」と呼びます．

語記サポ　確率の問題文に「○○のとき，△△である確率を求めよ．」とあるときには，「**条件付確率**を求めよ．」と言われているのだと解釈するのが**きまり**です．「条件付」という文言が付かない問題の方が多いです．

例題 7 9 C 原因の確率（時の流れに逆行） 根底 実戦 入試

[→演習問題 7 12 28]

箱の中に赤玉 2 個と白玉 3 個が入っている．この箱から，次のように玉を 2 回取り出す．

○ 1 回目：箱から玉を 1 個取り出し，その色を記録して元に戻す．

○ 2 回目：1 回目に取り出した玉が赤なら，2 個を同時に取り出す．1 回目に取り出した玉が白なら，3 個を同時に取り出す．

(1) 1 回目に取り出す玉が赤であるとき，2 回目に取り出す玉が全て白である確率を求めよ．

(2) 2 回目に取り出す玉が全て白であるとき，1 回目に取り出す玉が赤である確率を求めよ．

方針 どちらも条件付確率を問うていますが，考え方の“向き”が違います：

(1)「原因→結果」「過去→未来」の向きですね．前項❶：**意味**の流れで．

(2)「結果→原因」「未来→過去」の向きですね．前項❷：**定義**の活用です．

注 もちろん，玉を全て区別して，等確率性を実現します．

解答 [1) R R W W W　赤：R　白：W

[2) 1 回目 $\begin{cases} \text{R} \left(\text{確率}\dfrac{2}{5}\right) \to 2\text{ 回目：○○} \\ \text{W} \left(\text{確率}\dfrac{3}{5}\right) \to 2\text{ 回目：○○○} \end{cases}$

この試行において，事象

A：「1 回目に取り出した玉が赤」

B：「2 回目に取り出す玉が全て白」

を考えると

$$P(A)=\frac{2}{5},\ P(\overline{A})=\frac{3}{5}.$$

(1) 求める条件付確率は，2 回目に 2 個を取り出すとき白玉 2 個を取り出す確率であり，

$$P_A(B)=\frac{{}_3C_2}{{}_5C_2}=\frac{3}{10}.\ /\!/ \text{[3)}$$

(2) 上記と同様に

$$P_{\overline{A}}(B)=\frac{{}_3C_3}{{}_5C_3}=\frac{1}{10}.$$

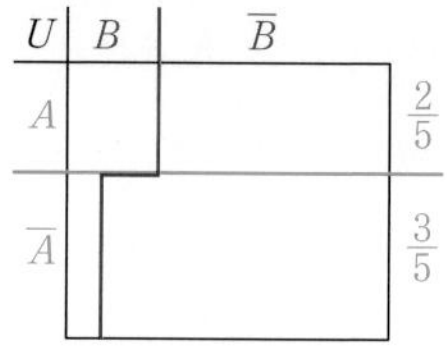

求める条件付確率は

$$P_B(A)=\frac{P(A\cap B)}{P(B)}.\text{[4)}$$

ここで，

$$P(A\cap B)=P(A)\cdot P_A(B)=\frac{2}{5}\cdot\frac{3}{10},$$

$$P(\overline{A}\cap B)=P(\overline{A})P_{\overline{A}}(B)\text{[5)}=\frac{3}{5}\cdot\frac{1}{10},$$

$$P(B)=P(A\cap B)+P(\overline{A}\cap B).$$

以上より

$$P_B(A)=\frac{\boxed{\frac{2}{5}\cdot\frac{3}{10}}}{\boxed{\frac{2}{5}\cdot\frac{3}{10}}+\boxed{\frac{3}{5}\cdot\frac{1}{10}}}\text{[6)}$$

$$=\frac{6}{6+3}=\frac{2}{3}.\ /\!/$$

解説 [1)2)：このように，状況を**視覚的に**表すことを心掛けましょう．「玉の区別」も忘れずに．

[3)：条件付確率の**意味**から求まりますね．

[4)：前項❷の手法です．

[5)：前項❶の流れです．

[6)：“原因の確率”でお馴染みの，$\dfrac{□}{□+○}$ 型の分数式ですね．

10 期待値

1 期待値とは

例 サイコロを 1 個投げる試行 T を行い，出た目を 4 で割った余りを得点 X とすると，出た目と X の対応関係は下左表の通りです．よって，X の各値と，その値をとる確率 P の対応関係は下右表のようになります．

目	1	2	3	4	5	6
X	1	2	3	0	1	2

事象（目）： 4　1, 5　2, 6　3

X	0	1	2	3	計
P	$\frac{1}{6}$	$\frac{2}{6}$	$\frac{2}{6}$	$\frac{1}{6}$	1

この得点 X のように，試行の結果として定まる変数を**確率変数**といいます．また，確率変数 X と，X がその各値をとる確率 P との対応を表した上右のような表を**確率分布表**といいます．

確率分布表において，

対応する確率変数 X と確率 P との積を，

1) X の全ての値について加えたものを X の**期待値**といい，$\boldsymbol{E(X)}$ と表します．　「期待値」=expected value

今の **例** では，上右の確率分布表より，

$$E(X)=0\cdot\frac{1}{6}+1\cdot\frac{2}{6}+2\cdot\frac{2}{6}+3\cdot\frac{1}{6}\quad\cdots①$$

$X=0, 1, 2, 3$ についての和

$$=\frac{0\cdot1+1\cdot2+2\cdot2+3\cdot1}{6}\quad\cdots②$$

$$=1.5\,.$$

重要 確率分布表において，例えば $X=1$ となる確率は，上左の表から「$X=1$」に対応するサイコロの目が「1, 5」であることを調べ，それをもとに $P(X=1)=\frac{2}{6}$ と求めています．このように，じつは「X」と「P」の間に直接の関係はなく，サイコロの目，つまり**事象を介して間接的に**対応が得られています（右図参照）．

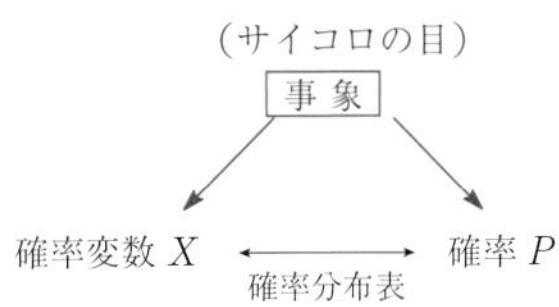

注 1) の代わりに，この **例** の期待値 $E(X)$ は，

X と P の積を 2) 全ての根元事象について加える　サイコロの目：1, 2, 3, …, 6 について

ことによっても求まります．前記左の表により

サイコロの目→ 1　2　3　4　5　6

$$E(X)=1\cdot\frac{1}{6}+2\cdot\frac{1}{6}+3\cdot\frac{1}{6}+0\cdot\frac{1}{6}+1\cdot\frac{1}{6}+2\cdot\frac{1}{6}\quad\cdots③$$

サイコロの目：1, 2, …, 6 についての和

$$=\frac{1}{6}(1+2+3+0+1+2)=\frac{9}{6}=1.5\,.$$

③は，①に 2 か所ある「$\frac{2}{6}$」を，それぞれ「2 つの $\frac{1}{6}$」にばらしただけ．両者は当然一致します．

期待値の 2 通りの求め方　**方法論** 対応する確率変数 X と確率 P との積を…

❶ **確率変数** X の全ての値について加える．　上記 1)

❷ 全ての根源**事象** 3) について加える．　上記 2)

❷の方法論を知っているとダンゼン有利になる問題が多々あります．

注 3)：根元事象を“束ねて”使うこともあります．モレなくダブりなく総和を求めれば OK です．

期待値 定義

X の確率分布が右表のようになっているとき，X の**期待値**とは

$$E(X)=x_1p_1+x_2p_2+\cdots+x_np_n.$$

X	x_1	x_2	x_3	$\cdots$	x_n	計
P	p_1	p_2	p_3	$\cdots$	p_n	1

注　$x_1, x_2, \cdots, x_n$ の中に同じ値があっても，互いに排反な**事象**について考えていればよい．

参考　ハイレベル↑ ①を見ると，「期待値」とは，確率変数 X がとる各値に，その値の実現しやすさに応じた"重み"を掛けて得られた"加重平均"だとみることもできます．この 例 では，確率分布表を見るとわかるように，$X=1$ と $X=2$ の真ん中に関して加重のかけ方が対称になっているので，平均は 1 と 2 の**ど真ん中**の 1.5 であることが直感的にもわかりますね．　ピンと来ない人は，とりあえずスルー（笑）

一方，②④を見ると，期待値とは，6 通りの目の出方についての X の単純合計を，起こりうる場合の総数 6 で割ったものとみることもできます．これは，数学Ⅰ「データの分析」で学んだ「平均値」そのものですね．実際，「期待値」は別名「平均値」，「平均」とも呼ばれます．

例題 7 10 a 期待値（その 1） 根底 実戦

[→演習問題 7 12 33]

袋の中に 1, 2, 3, 4, 5 の 5 枚のカードが入っている．そこから 2 枚を同時に取り出すとき，その 2 枚に書かれた数の和の期待値を求めよ．

方針　上記❶，❷のどちらでいくかを意識してください．

解答　取り出した 2 枚に書かれた数の和を X とする．取り出す 2 枚の組合せ：

${}_5C_2=10$ 通りの各々は等確率．

解答 1（❶方式）

X の各値に対応する 2 枚の組合せは次の通り：

$x=3\cdots\{1,2\}$

$x=4\cdots\{1,3\}$

$x=5\cdots\{1,4\},\{2,3\}$

$x=6\cdots\{1,5\},\{2,4\}$

$x=7\cdots\{2,5\},\{3,4\}$

$x=8\cdots\{3,5\}$

$x=9\cdots\{4,5\}$

よって，次の確率分布表を得る：

X	3	4	5	6	7	8	9	計
P	$\frac{1}{10}$	$\frac{1}{10}$	$\frac{2}{10}$ 1)	$\frac{2}{10}$	$\frac{2}{10}$	$\frac{1}{10}$	$\frac{1}{10}$	1

よって求める期待値は

$$E(X)=3\cdot\frac{1}{10}+4\cdot\frac{1}{10}+5\cdot\frac{2}{10}+6\cdot\frac{2}{10}+7\cdot\frac{2}{10}+8\cdot\frac{1}{10}+9\cdot\frac{1}{10}\ ^{2)}$$

$$=\frac{1}{10}(3\cdot1+4\cdot1+5\cdot2+6\cdot2+7\cdot2+8\cdot1+9\cdot1)$$

$$=\frac{60}{10}=6.\ /\!/$$

解答 2（❷方式）

2 枚の取り出し方に対する和：X の値は次の通り：

組合せ	$\{1,2\}$	$\{1,3\}$	$\{1,4\}$	$\{1,5\}$	$\{2,3\}$
X	3	4	5	6	5

組合せ	$\{2,4\}$	$\{2,5\}$	$\{3,4\}$	$\{3,5\}$	$\{4,5\}$
X	6	7	7	8	9

よって求める期待値は

$$E(X)=\frac{1}{10}(3+4+5+6+5+6+7+7+8+9)$$

$$=\frac{60}{10}=6.\ /\!/$$

解説　1)：このあと行う期待値の計算を見越して，あえて約分しないでおくのが得策です．

2)：期待値を，その定義通り立式すると，分母の「10」を何回も書く羽目になりますので，この 1 行は暗算して省き，次の式から書くのがよいでしょう．

重要　解答 1（❶方式）では「確率変数 X →事象」，解答 2（❷方式）では「事象→確率変数 X」の向きに考えています．この違いが，次問では大きく関わってきます．

2 期待値の問題

前問は根元事象が 10 個しかなく，結局❶・❷のどちらでも支障なく解答できました．しかし，問題レベルが上がるとそうはいかないケースが出てきます．

例題 7 10 b 期待値（その2） 根底 実戦 入試 [→演習問題 7 12 35]

5 枚のコインを同時に投げるとき，表が出たコイン 1 枚につき +2 点，裏が出たコイン 1 枚につき −1 点を加算した得点を X とする（例えば，表が 3 枚裏が 2 枚出た時は $X=4$ である）．得点 X の期待値を求めよ．

着眼 前問と違い，「得点 X の値→その確率」がスッと求まりません．それ以前に，X がどんな値をとるか自体がわかってませんし…

「$X=3$ になる事象は…えーーっと…あ，そんな値，無理か…」なんてやり出すと悲惨です（笑）．こんなときこそ，**事象を中心に**考える❷方式が威力を発揮します．

方針 次の**向き**に考えることを強く意識してください！

$$\text{事象(表の枚数)} \to \begin{cases} \text{確率変数 } X \\ \text{確率 } P \end{cases}$$

解答

$$5\text{枚}\begin{cases} \text{表}：k\text{ 枚} \\ \text{裏}：5-k\text{ 枚} \end{cases}$$

となるときの X の値，およびこの確率 P は，

$$\begin{cases} X=2\cdot k+(-1)(5-k)=3k-5, \\ P={}_5\mathrm{C}_k\left(\dfrac{1}{2}\right)^{5}\ {}^{1)}=\dfrac{{}_5\mathrm{C}_k}{32}. \end{cases}$$

したがって，次の確率分布表を得る：

2) k	0	1	2	3	4	5	
X	−5	−2	1	4	7	10	計
P	$\frac{1}{32}$	$\frac{5}{32}$	$\frac{10}{32}$	$\frac{10}{32}$	$\frac{5}{32}$	$\frac{1}{32}$	1

よって求める期待値は

$$E(X)=\frac{1}{32}(-5-10+10+40+35+10)$$
$$=\frac{80}{32}=\frac{5}{2}.\,/\!/$$

解説 **事象**から X および P へと考えることにより難なく解決しました．

もし，問われているのが「表の枚数 Y」の期待値ならば，その「確率変数 Y」が**事象**そのものと直結しているため，「**事象**を中心に」という意識を持たず，前記の❶・❷の区別も何も気にせずできてしまうのですが…．本問の「確率変数 X」では，そうはいきません！

1)：反復試行の公式．ただし，$\left(\dfrac{1}{2}\right)^k\left(\dfrac{1}{2}\right)^{5-k}$ なんてしちゃダメ！[→例題 7 8 b (2)]

2)：確率分布表に，「事象」に直結する「表の枚数 k」の 1 行を追加すると有利です．

将来 数学 B「統計的な推測」で，本問の期待値をより簡便に求める手法を学びます[→演習問題 7 13 6 参考].

期待値を求める手順 方法論

「期待値」を求める際には，次の 4 つの作業を順に行います： ❷方式を主として書いています

1° 事象に対して，確率変数の値を求める．

2° 事象に対して，確率の値を求める．

3° 期待値の定義に従って立式する． ❶確率変数についての総和 or もしくは❷事象についての総和

4° 総和の計算をする．

将来 入試問題では，4° で数学 B「数列」の Σ 計算がしばしば要求されます．[→演習問題 7 13 5]

11 確率の典型手法

本節では，少し受験も意識した応用寄りの問題を扱っていきます．そこで，まずは 1 で，ここまで学んだ確率の求め方に関する基礎を整理しておきます．

1 確率の求め方・まとめ 既習者

確率・場合の数の比

ある試行 T における全事象を U として，事象 A の起こる確率は，各々**等確率**な根元事象の個数を用いて

- $P(A)=\dfrac{n(A)}{n(U)}$ 根元事象（各々**等確率**）

あるいは，上記根元事象を同数ずつまとめ，各々等確率な**"束"**の個数を用いて

- $P(A)=\dfrac{A\text{ の場合の数}}{\text{全ての場合の数}}$ 分母と**同基準** 各々**等確率**

加法定理

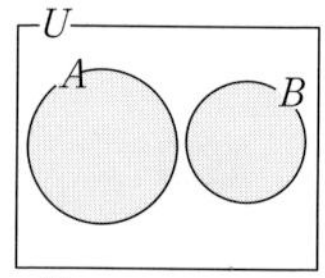

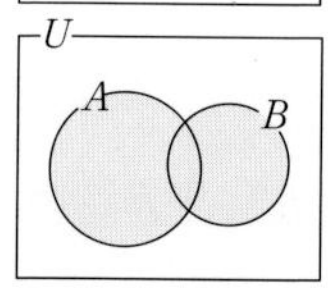

同時には起こらない
事象 A と B が互いに**排反**であるとき，

- $P(A\cup B)=P(A)+P(B)$.

(3 個以上の集合に関しても同様)

注 和事象の確率に関する一般の公式は

- $P(A\cup B)=P(A)+P(B)-P(A\cap B)$.

余事象の確率

- $P(\overline{A})=1-P(A)$.

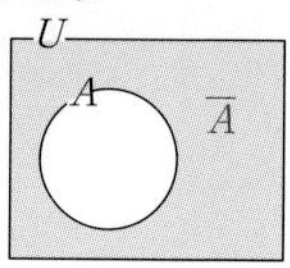

乗法定理

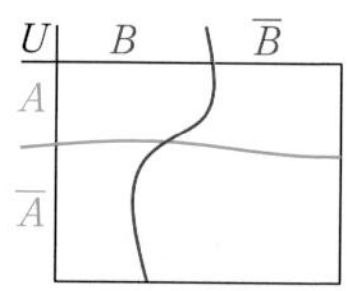

積事象の確率に関する一般の公式は

- $P(A\cap B)=P(A)\cdot P_A(B)$.[1] 割合に割合を掛ける感覚で用いる

ここに，「$P_A(B)$」は A が起こったとき B が起こる**条件付確率**であり，

- $P_A(B)=\dfrac{P(A\cap B)}{P(A)}=\dfrac{n(A\cap B)}{n(A)}$. 条件付確率の定義

乗法定理（独立試行）

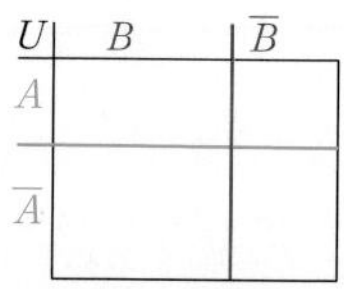

試行として独立な 2 つの操作 T_1, T_2 を行う試行において，T_1 の結果で定まる事象 A と，T_2 の結果で定まる事象 B があるとき つまり，A, B が "無関係"

- $P(A\cap B)=P(A)\cdot P(B)$.[2] 割合に割合を掛ける感覚で用いる 3 個以上の試行，事象についても同様

言い訳 現在の学校教科書では [1] のことだけを「乗法定理」といいますが，[2] はその特殊なケースですので，本書では実用上の利便性を重視してこう呼びます（昔の教科書でもそうでした...）■

2 様々な典型問題

前項の基本事項などこれまで学んで来たことを頭の中に忍ばせて，いくつかの典型問題を解いていきましょう．

例題 7 11 a じゃんけん 根底 実戦 入試 [→演習問題 7 12 8]

(1) 3 人で 1 回じゃんけんをするとき，1 人だけが勝つ確率を求めよ．

(2) 3 人で 1 回じゃんけんをするとき，アイコになる確率を求めよ．

(3) n 人 $(n \geq 2)$ で 1 回じゃんけんをするとき，アイコになる確率を求めよ．

注 特に何も書かれていないので，どの人もグー・チョキ・パーを出す事象が全て等確率 $\frac{1}{3}$ で起こるという前提で考えます（ホントは問題文で明言した方がよいですが…）

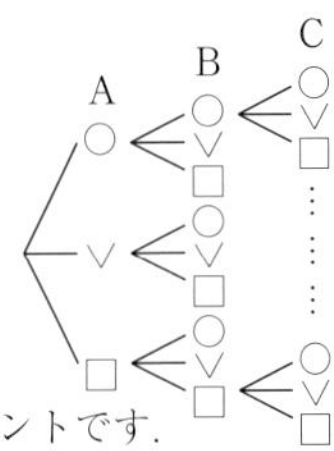

着眼 3 人の手の出し方の総数は…3^3 通りだとわかりますね．ただし，"なんとなく" ではダメ．人を A・B・C と**区別**し，各人が出す "手" もグー（○）・チョキ（∨）・パー（□）と**区別**することで得られることを**意識**してください．（右の樹形図に，「A，B，C」と "タイトル" が入っていますね[→2 6]．）

「人」，「手」という 2 **つの観点**から事象を考えることが，「じゃんけん」のポイントです．

解答 3 人を A，B，C と区別し，じゃんけんの手を「グー：○」，「チョキ：∨」，「パー：□」と表す．

(1) ∘ 人，手を区別したときの結果：3^3（通り）の各々は等確率．

∘ そのうち条件を満たすものは，

1) 勝つ人…A，B，C の 3 通り，
勝つ手… ○，∨，□の 3 通り

より，3·3 通り．

∘ よって求める確率は，

同基準 等確率 $\frac{3 \cdot 3}{3^3} = \frac{1}{3}$．//

(2) ∘ 結果の総数は(1)と同じ．

∘ アイコになるのは次の 2 つの場合：2)

i)：3 人とも同じ手を出す．

ii)：3 人の手が全て異なる．"三すくみ" 状態

∘ i) は，どの手を出すかを考えて 3 通り．

∘ ii) は，A，B，C が出す手の順列を考えて 3! 通り．

∘ よって求める確率は，$\frac{3+3!}{3^3} = \frac{1}{3}$．//

(3) ∘ 人，手を区別したときの結果：3^n（通り）の各々は等確率．

∘ n 人が出す手の種類 X は $X = 1, 2, 3$ のいずれかであり，アイコになるのは $X = 1, 3$ のとき．

∘ その余事象 3)：$X = 2$ が起こる出し方の数は，

2 種類の手の選び方 …${}_3C_2$通り，
n 人がどちらの手を出すか …$2^n - 2$ 通り．4)

∘ よって，求めるアイコの確率は，

$$1 - \frac{{}_3C_2 \cdot (2^n - 2)}{3^n} = 1 - \frac{2^n - 2}{3^{n-1}}．//$$

数学Ⅱ二項定理後 5)

「何人かが勝つ」の余事象と考えて

$$1 - \sum_{k=1}^{n-1} \frac{{}_nC_k \cdot 3}{3^n} = 1 - \frac{(1+1)^n - 2}{3^{n-1}} \text{（以下同様）}$$

解説 1)：勝つ人を決めれば負ける人も決まり，勝つ手を決めれば負ける手も決まります．よって，負ける側のことまで数えなくてよいのです．

2)：「アイコ」となる「手の種類の数」に着目し，i) と ii) の 2 つに分けて直接求めました．

3)：しかし，ii) は人数が増えると大変．そこで(3)では，余事象：「手が 2 種類」を利用しました．

4)：2^n 通りには，全員同じ手を出す 2 通りまで含まれています．[→例題 7 4 j (1) 別解]

5)：「アイコ」の余事象を「勝敗が付く」と捉え，勝つ人の数に注目して求めています．二項定理により，$(1+1)^n = \sum_{k=0}^{n} {}_nC_k$．よって，$\sum_{k=1}^{n-1} {}_nC_k = (1+1)^n - {}_nC_0 - {}_nC_n$ ですね．

例題 7 11 b 第○回に△度目の〜〜(非復元抽出) 根底 実戦 入試 [→演習問題 7 12 36]

当りが 5 本，外れが 10 本が入ったくじがある．この中から 1 本ずつ順にくじを引く．ただし，引いたくじは元に戻さないとする．第 10 回に 3 本目の当りを引く確率を求めよ．

着眼 「第○回に△度目の〜〜が起こる」という点は例題 7 8 c と共通ですが，本問は「引いたくじは元に戻さない」という点が異なります．このような操作を**非復元抽出**といいます．

方針 確率計算の分母を，15 回のくじの引き方の順列：「15! 通り」としても解答できますが，「第 10 回に 3 個目の当り」が出た時点で題意の事象は確定しますから，第 10 回までのことだけ考えるのが自然でしょう．言わば“消化試合”である第 11 回以降は無視します．

「第 10 回は当り」と決まっていますが，9 回までの当り外れの順序は関係ないので，無視して「組合せ」を考えましょう．6 2 例 2の直後の重要で述べたとおり，重複がないので「組合せ」は等確率な“束”となりますので．もちろん，等確率性の確保のため，くじは全て区別します．

解答 ○ 15 本のくじを次のように全て区別して考える．

当り：①, ②, ③, ④, ⑤,

外れ：6, 7, 8, 9, 10, …, 15

○ 1 回〜9 回 　　10 回

{ 当り：2 回, 外れ：7 回 } → 当り

㋐ 　　㋑

となる確率を求めればよい．

○ ㋐について．

1 回〜9 回 に取り出されるくじの組合せ：${}_{15}C_9$ 通りの各々は等確率．

そのうち㋐のようになるのは ${}_5C_2 \cdot {}_{10}C_7$ 通り．

○ ㋑について．

㋐が起こったとき，箱の中は右図のようになっている．

当り：3 本
外れ：3 本

よって，㋐のもとで㋑が起こる条件付確率は，

$\dfrac{3}{6}$.

○ 以上より，求める確率は

$$\frac{{}_5C_2 \cdot {}_{10}C_7}{{}_{15}C_9} \cdot \frac{3}{6} = \frac{{}_5C_2 \cdot {}_{10}C_3}{{}_{15}C_6} \cdot \frac{1}{2} = \frac{10 \cdot 120}{7 \cdot 13 \cdot 11 \cdot 10} = \frac{120}{1001} \,/\!/$$

解説 もちろんこれで正解ですが…，考えてみれば，㋐や㋑において，当りの何番，外れの何番が出るかは，本問の事象が起こるか否かを決定づけることではありません．問われていることは，「赤が出る回」のみですから，それだけに注目することで，より効率的な解答ができます．以下の**本解**では，**解答**で無視した“消化試合”である第 11 回以降も考えます．

本解

○ 当りを「○」で表す．

○ 15 本のくじを全て取り出すとき，当りが出る 5 つの「回」の選び方：${}_{15}C_5$ 通りの各々は**等確率**．1)

○ そのうち題意の条件をみたすものを考える．

1 回〜9 回 | 10 回 | 11 回〜15 回

… ○ … ○ … | ○ | … ○ … ○ …

{ 1 回〜9 回で○が出る回 …${}_9C_2$通り，
11 回〜15 回で○が出る回 …${}_5C_2$通り．

○ 以上より，求める確率は

$$\frac{{}_9C_2 \cdot {}_5C_2}{{}_{15}C_5} = \frac{9 \cdot 4 \cdot 10}{3 \cdot 7 \cdot 13 \cdot 11} = \frac{120}{1001} \,/\!/$$

解説　“時の流れ”に沿って考えると，10 回目に 3 本目の当りが引かれた後の 11 回以降も含めて **本解**のようにするのを不自然と感じるでしょう．しかし，**3 3** で述べた“記録カード方式”という考え方をベースにした正統的な解法です．とはいえ，“初見で”この解法を思いつける人は少ないでしょう．

補足　1)：この各々は，**解答** **着眼**で述べた 15! 通りを同数ずつ“束ねた”ものであり，互いに等確率です．

参考　本問の「第 10 回」を「第 n 回」(ただし $3 \leq n \leq 13$) と文字に変えて一般化すると，求める確率は次のようになります：

解答 → $\dfrac{{}_5C_2 \cdot {}_{10}C_{n-3}}{{}_{15}C_{n-1}} \cdot \dfrac{3}{16-n}$

本解 → $\dfrac{{}_{n-1}C_2 \cdot {}_{15-n}C_2}{{}_{15}C_5}$

こうなると，両者の計算量の差は歴然であり，**本解**の効率性が際立ちます．

余談　確率計算の分母で現れた $1001 = 7 \cdot 11 \cdot 13$ は暗記しておきましょう．いろいろ役立つことがあります．

コラム

統計的確率

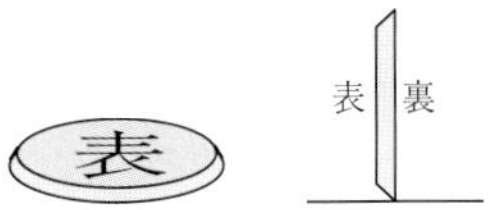

例　右図のようなコイン C があるとします．「コイン」といっても，その形状からして裏の方が出やすそうですね．よって，「表」と「裏」が等確率であることを前提に確率を論じることができません．
そこで，コイン C を繰り返し投げ，投げた回数に対する表の回数の割合を調べてグラフにしたところ，右のようになりました．回数が大きくなるにつれ，「表の回数の割合」が 0.4 に近づいていってる様子が見て取れますね．

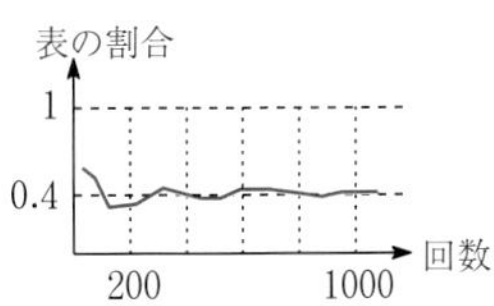

この観測結果から，「コイン C を投げて表が出る事象 A」の確率は，$\dfrac{1}{2}$ ではなく $0.4 = \dfrac{2}{5}$ であると考えられます．このように，試行を多数回繰り返したとき，事象 A が起こる回数の割合，つまり相対度数によって定める確率のことを，**統計的確率**（もしくは**頻度確率**）といいます．それと対比して，これまで学んできた「場合の数の比」から求まる確率のことは，**数学的確率**（もしくは**組合せ論的確率**）と呼びます．

例えばこの**例**で「コインの表が出る確率は $\dfrac{2}{5}$ である」という仮説（前提）を立ててしまえば，あとはこの「$\dfrac{2}{5}$」という数値を用いて，乗法定理などとともに各種問題を解答すればよいのです．次の例題がそうしたタイプです．

例題 7 11 a「じゃんけん」でも，ある人がグー・チョキ・パーを出す確率を統計的確率として調べた上で，それを前提として各事象の確率を論ずることもあり得ます．［→演習問題 7 13 2］

例題 7 11 C 推移グラフ 根底 実戦 入試

[→演習問題 7 12 32]

表が出る確率が $\frac{1}{3}$ である 1 枚のコイン [1] を用い，次のルールに従って得点を決める：

　コインを投げて表が出れば得点を 1 点増やし，裏が出れば得点を 1 点減らす．

得点 0 から始めて，コインを n 回投げた後の得点を X_n として，以下の問いに答えよ．

(1) $X_8 = 4$ となる確率を求めよ．

(2) $-1 \leq X_n \leq 3\ (n = 1, 2, 3, \cdots, 7)$ かつ $X_8 = 0$ となる確率を求めよ．

言い訳 [1]：前ページのコラム内容を扱うためこうしましたが，例えば「サイコロを投げて 3 の倍数の目が出れば 1 点増やし，それ以外の目が出れば 1 点減らす」としても全く同じ内容です．

着眼 (1) 8 回の中に占める「+1 点」，「−1 点」の回数の内訳だけで決まりますから，反復試行の公式で片付きますね．

(2) 回数の内訳だけではなく，1〜7 回後の途中経過にまで条件が設定されているのでタイヘンですね．こんなとき決め手となるのが，タイトルにある「推移グラフ」です．

解答 各回の事象とその確率は次のとおり：

$$\begin{cases} A:「得点を +1 点」\cdots 確率\ \frac{1}{3}, \\ \overline{A}:「得点を −1 点」\cdots 確率\ \frac{2}{3}. \end{cases}$$

表が出る

(1) $X_8 = 4$ となるのは，

$$8 回 \begin{cases} A \cdots 6 回, \\ \overline{A} \cdots 2 回 \end{cases}$$

のとき．よって求める確率は

$$_8C_2 \cdot \left(\frac{1}{3}\right)^6 \left(\frac{2}{3}\right)^2 = \frac{28 \cdot 4}{3^8} = \frac{112}{6561}. /\!/$$

(2) 題意を満たす X_n の推移は，次図の通り：

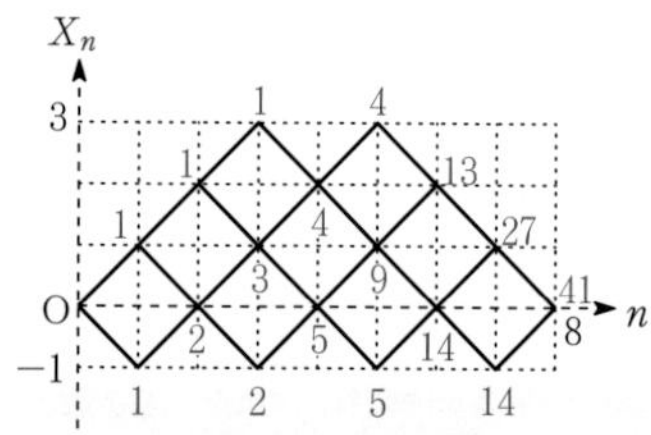

グラフ上の各点に到る経路数を数えることにより，題意を満たす X_n の推移は，41 通り．

$X_8 = 0$ となるのは，8 回 $\begin{cases} A \cdots 4 回, \\ \overline{A} \cdots 4 回 \end{cases}$ のとき．

以上より，求める確率は

$$41 \cdot \left(\frac{1}{3}\right)^4 \left(\frac{2}{3}\right)^4 = \frac{41 \cdot 16}{3^8} = \frac{656}{6561}. /\!/$$

解説 (2)で用いた「推移グラフ」について説明を加えます．「推移グラフ」は筆者の私的呼称

横軸に「回数 n」，縦軸に「得点 X_n」をとり，「回数」の変化に対する「得点」の変化を**視覚化**します．A：「+1 点」を「↗」で，$\overline{A}$：「−1 点」を「↘」で表しています．「矢」は省略してます

結果として，まるで 4 3「最短経路」における「街路」のようなもの（図の実線）が出来上がり，各“交差点”までの経路数を順次計算していく“書き込み方式”[→例題 7 4 d (3) 別解] が使えます．

この手法は，「回数」や「時」に対する「座標」「点の位置」「ゲームの得点」「所持金」などの量の変化を**視覚的に**とらえる方法として，今後においても大活躍する手法です．（物理でも，横軸に時刻 t，縦軸に速度 v をとった「tv 平面」とかをよく利用します．）

発展 ただし「8 回後まで」が「100 回後まで」とかになると，もはや“書き込み方式”は使用不能となり，別次元の問題となります．

例題 7 11 d 起こりやすさの割合 根底 実戦

[→演習問題 7 12 12]

1 個のコインを繰り返し投げるとき，第 3 回までに表が出る確率を求めよ．

着眼 本問では，第 1 回，第 2 回，… と繰り返しコインを投げる中で，表が出た時点でその後はコインを投げないのが“自然”ですね．よって，実際に行う試行回数が一定しないので，「場合の数の比」方式を用いて「全ての場合の数」を考えようとしても困ってしまいますね．でも，「確率」の**本来の意味**に立ち返れば，簡単に解答できます．

解答 コインの表，裏が出ることをそれぞれを「H」，「T」で表すと，題意の事象は，右の樹形図のように 3 つのケースに分けられる．[1)]

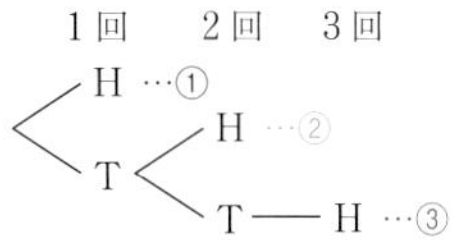

よって求める確率は，

$$\underbrace{\frac{1}{2}}_{①}+\underbrace{\frac{1}{2}\cdot\frac{1}{2}}_{②}+\underbrace{\frac{1}{2}\cdot\frac{1}{2}\cdot\frac{1}{2}}_{③}=\frac{7}{8}. /\!/$$

注 本問を「場合の数の比」を用いて解答しようとすると，「全ての場合の数」: 第 1~3 回のコインの出方 : 2^3 通りに対して，例えば① :「1 回目が H」の場合の数は「1·2·2 通り」と数えます．「1 回目が H」という事象に無関係な“消化試合”のような第 2, 3 回まで考えることになるので，いかにも不自然かつ非効率的ですね．

こんな時に頼りになるのが，「確率」のいちばんの原初 :「起こりやすさの割合」という意味です．

発展 “消化試合”を敢えて行うように考えることで鮮やかな解答ができる事例が**例題 7 11 b** でしたね．何事にも例外は付き物です (笑)．

解説 右図は，全事象 U の確率を表す面積 1 の長方形が，1, 2, 3 回目のコインの出方によって等分されていく様子を表したものです．例えば②の確率は

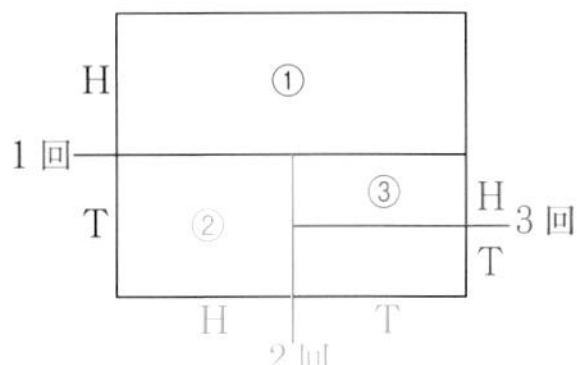

全事象 U に対する「1 回目が T」の**起こりやすさの割合** $\frac{1}{2}$ に，
その中での「2 回目が H」の**起こりやすさの割合** $\frac{1}{2}$ を掛ける

ことによって得られています．

「起こりやすさの割合」に対して，またそれに対する「起こりやすさの割合」を掛けて確率を求めるという感覚を，ぜひ磨いておきましょう．

重要 ②の「$\frac{1}{2}\cdot\frac{1}{2}$」や③の「$\frac{1}{2}\cdot\frac{1}{2}\cdot\frac{1}{2}$」は，いずれも順序を考えて乗法定理 (独立試行) を用いたものであることを忘れないでください．[→ 8 2 重要]

補足 1) : 全てを尽くし，なおかつ排反であるということです．

別解 (「求めたい」ものが，①，②，③と多岐に渡りますので，「求めたくない」方はどうかな？と考えてみると…)

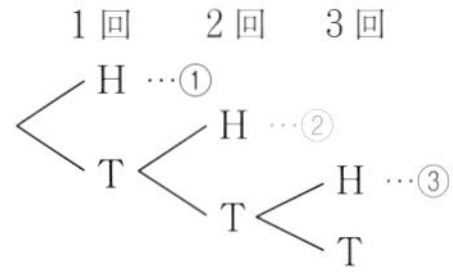

題意の事象の余事象は，

「3 回までに H が出ない」，i.e.「3 回まで全て T」．

よって求める確率は

$$1-\frac{1}{2}\cdot\frac{1}{2}\cdot\frac{1}{2}=\frac{7}{8}. /\!/$$

例題 7 11 e 積が○○の倍数　根底 実戦 入試

[→演習問題 7 12 18]

サイコロを n 回投げ，出た目すべての積を X とする．

(1) X が偶数である確率を求めよ．　(2) X が 6 の倍数である確率を求めよ．

着眼 (1) まずは，$n=4$ くらいで例を作ってみましょう．けっこう簡単に偶数 (2 の倍数) ができますね (下左参照)．逆に，奇数 (2 の倍数でない) を作ろうとすると…(下右参照)．

$X=3\cdot1\cdot\underline{4}\cdot5$ →偶数

$X=5\cdot\underline{2}\cdot3\cdot\underline{6}$ →偶数

$X=\underline{6}\cdot1\cdot\underline{2}\cdot\underline{4}$ →偶数

$X=5\cdot1\cdot5\cdot3$ →奇数

$X=3\cdot5\cdot5\cdot1$ →奇数

これら観察することにより，右のような「事象の全体像」が見えてきます．求めたい事象には数多くの場合があるので，余事象の方が求めやすいですね．

偶数の出る回数 ：$\underbrace{0}_{\text{求めやすい}}, \underbrace{1, 2, \cdots, n}_{\text{求めたい}}$

(2) じつは，確率以外の分野の重要事項を含んでいます．それは

6 は $2\cdot3$ と素因数分解されるから，

「2 の倍数であること」と「3 の倍数であること」に分解して考える

という「整数」[→6] における "常識" です．

解答 (1) ○事象 A を

A:「X が偶数」i.e.「少なくとも 1 回は偶数」

と定めると，その余事象は

$\overline{A}$:「n 回とも 1, 3, 5」．

○よって求める確率は

$P(A)=1-P(\overline{A})$

$=1-\left(\frac{3}{6}\right)^n=1-\left(\frac{1}{2}\right)^n$．//

(2) ○6 は $2\cdot3$ と素因数分解されるから，

B:「X が 3 の倍数」

と定めると，

「X が 6 の倍数」とは，事象 $A\cap B$．

○B:「少なくとも 1 回が 3 or 6」だから

$\overline{B}$:「n 回とも 1, 2, 4, 5」．

$\overline{A}\cap\overline{B}$:「$n$ 回とも 1, 5」．

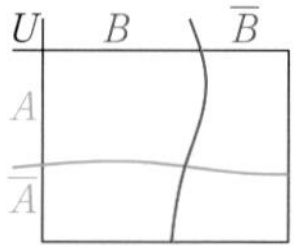

○よって求める確率は

$P(A\cap B)$

$=1-\{P(\overline{A})+P(\overline{B})-P(\overline{A}\cap\overline{B})\}$

$=1-\left\{\left(\frac{3}{6}\right)^n+\left(\frac{4}{6}\right)^n-\left(\frac{2}{6}\right)^n\right\}$

$=1-\left(\frac{1}{2}\right)^n-\left(\frac{2}{3}\right)^n+\left(\frac{1}{3}\right)^n$．//

解説 (2) 2 つの事象 A, B が絡んだ問題として捉え直したので，原則通り「カルノー図」で視覚化します．特に本問では A, B の余事象の方に注目しますので，ベン図ではなくカルノー図が断然有利です．[→1 4]

注 「素因数分解」が決め手ですから，「6 の目が出るか否か」に注目するのは的外れ．

参考 試しに，(1)と同様にして $P(B)$ を求めると，$P(B)=1-\left(\frac{4}{6}\right)^n=1-\left(\frac{2}{3}\right)^n$．実は，これと(1)で求めた $P(A)$ の積 $P(A)\cdot P(B)$ が答えと一致します．しかし，乗法定理 (独立試行)：$P(A\cap B)=P(A)\cdot P(B)$ が使える状況ではないので，完全な誤答です．[→8 1]

発展 本問とよく似た問で少しレベルアップしたものを，**演習問題 7 12 18** で扱います．

例題 7 11 f 最大値と確率 根底 実戦 入試

[→演習問題 7 12 20]

サイコロを n 回投げるとき，出た目の最大値を M とする．

(1) $M \leq 5$ である確率を求めよ． (2) $M = 5$ である確率を求めよ．

着眼 一見すると，(1)の「$M \leq 5$」よりむしろ(2)の「$M = 5$」の方が単純な事象のように映ってしまいそうですが…．実は「最大値がちょうど5である」とはけっこう複雑な事象なんです．

話をいったん実数 x の関数 $f(x)$ にすり替えて述べると，次の通りです：

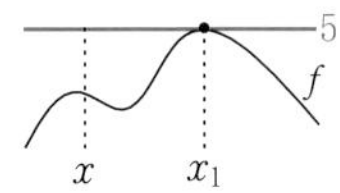

「$\max f(x) = 5$」$\iff$ $\begin{cases}「つねに f(x) \leq 5 (定数)」，かつ \\ 「上記等号を満たす x が存在する」．\end{cases}$

右図の x_1

このように，「最大値」という概念は，「つねに」(明快語)と「存在する」(曖昧語)の **2つ**によって構成されます．前問と同様，ここでも「確率」以外の分野の**基本**が，明快な解答への鍵となります．

解答 (1) ○求める確率は，事象 A:「$M \leq 5$」，

i.e.「全ての目が5以下」[1] の確率，つまり

$P(A) = \left(\frac{5}{6}\right)^n$．//

(2) ○「最大の目が5」

$\iff \begin{cases} A:「全ての目が5以下」，\textbf{かつ} \\ B:「少なくとも1つの目が5」．\end{cases}$

よって，求める確率は，$P(A \cap B)$．

○[2]

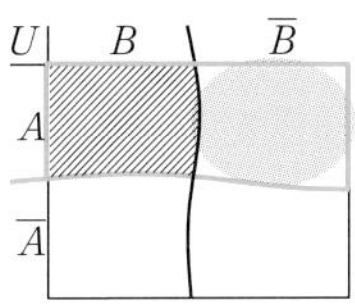

着眼 前図で，A は明快(青太枠)．

一方 B はあいまいだから，$\overline{B}$ の方が扱いやすそう．そこで，前図の右上(赤色部)に注目．■

○ $A \cap \overline{B}$: $\begin{cases} A:「全ての目が5以下」，かつ \\ \overline{B}:「全ての目が5以外」\end{cases}$

$\iff$「全ての目が4以下」．[3]

○よって求める確率は

$$P(A \cap B) = P(A) - P(A \cap \overline{B})$$
$$= \left(\frac{5}{6}\right)^n - \left(\frac{4}{6}\right)^n \text{ [4]}$$
$$= \left(\frac{5}{6}\right)^n - \left(\frac{2}{3}\right)^n．//$$

解説 [1]：このように，(1)「最大値が5以下」というのは，実はとても**簡単**な事象です．

[2]：一方，(2)「最大値がちょうど5」はなかなか**難しい**です．2つの事象 A, B で構成されますから…，**カルノー図**の出番です．

すると，あいまいな B を扱うにあたって，単純に $\overline{B}$ を使うより，**解答**にある通り $A \cap \overline{B}$ を利用した方がよりスマートに解決することが**視覚的に**読み取れます．

[3]：どこを見ても「全て」ばかりで明快ですね！

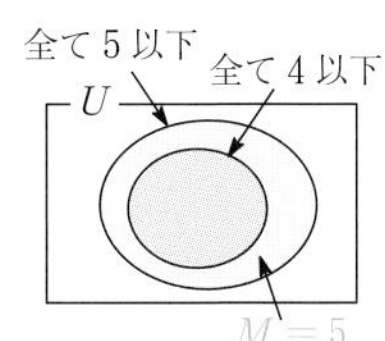

注 [4]：賢い人は(笑)，右のベン図のようなイメージが浮かんで，この式が直接頭に浮かぶかもしれません．ただ，本問をこのように"感性"だけで通過してしまうと，より高度な問題に対応できなくなります．必ず**解答**のように事象を分析的に捉える方法も練習しておきましょう．

注意！ (2)を「1回目に5．他は5以下」「2回目に5．他は5以下」…とやるのは，「(5, 5, …)」という出方がカブっている"主役脇役ダブルカウント"です(笑)．[→例題 7 3 e 注意！]

12 演習問題B

7 12 1 根底 実戦

箱の中に赤玉 2 個，青玉 3 個，白玉 5 個が入っている．そこから同時に 3 個の玉を取り出すとき，次の事象の確率をそれぞれ求めよ．

(1) 取り出される玉が全て同色である．

(2) 取り出される玉の色が赤と青のちょうど 2 種類である．

(3) 赤玉がちょうど 1 個取り出される．

(4) 青玉が少なくとも 1 つ取り出される．

7 12 2 根底 実戦

サイコロ 2 個を同時に投げるとき，次のようになる確率を求めよ．

(1) 出た目 2 つの差の絶対値[1] が 2 である．

(2) 出た目の和が 4 の倍数となる．

(3) 出た目の積が素数となる．

7 12 3 根底 実戦

1 枚のコインを n 回繰り返し投げるとき，表がちょうど k 回出る確率を求めよ ($0 \leq k \leq n$ とする)．

7 12 4 根底 実戦 重要

箱の中に 1, 2, 3, …, 9 の 9 枚のカードが入っている．そこから 1 枚ずつ順に 2 枚を取り出す．ただし，取り出したカードを元に戻さずに次のカードを取り出す．次の確率をそれぞれ求めよ．

(1) 1 枚目のカードの数が 2 枚目のカードの数の約数である．

以下，カードの数を出た順に左から並べて 2 桁の自然数 n を作るとき…

(2) n が 4 の倍数である．

(3) n が 3 の倍数である．

(4) n が 2 の倍数である．

7 12 5 根底 実戦 典型

1, 1, 2, 2, 3, 3, 4, 5 と書かれた 8 枚のカードを一列に並べる．次の確率をそれぞれ求めよ．

(1) 1 どうしが隣り合う．

(2) 1 どうしも 2 どうしも隣り合わない．

(3) 1 どうしも 2 どうしも 3 どうしも隣り合わない．

7 12 6 根底 実戦 重要

ある生徒が，5 つの設問①，②，③，④，⑤からなるテストを受ける．各設問を正答する確率がそれぞれ $\frac{5}{6}$，$\frac{4}{5}$，$\frac{3}{4}$，$\frac{2}{3}$，$\frac{1}{2}$ [1)] であるとして，次の事象の確率をそれぞれ求めよ．

(1) 全問正解する．

(2) 1 問以上正解する．

7 12 7 根底 実戦

A，B，C の 3 人がカードを 3 枚ずつ持っており，それぞれに記された数は次の通りである：

A: 3, 4, 4　　B: 2, 4, 5　　C: 3, 3, 6

A，B，C のうち 2 人が対戦する．2 人は自分のカードから 1 枚ずつ取り出し，そこに書かれた数の大きい方の勝ちとする．A と B，B と C，C と A の対戦について，どちらの方が勝つ確率が大きいかをそれぞれ答えよ．

7 12 8 根底 実戦

A と B の 2 人でじゃんけんをする．次の確率をそれぞれ求めよ．

(1) 1 回のじゃんけんで，A が勝つ．

(2) 繰り返しじゃんけんをするとき，5 回目に初めて勝敗が決まる．

7 12 9 根底 実戦

数直線上を移動する点 P がある．P は最初原点に位置している．

(1) サイコロを 1 個投げ，次のルール☆に従って P を移動させることを繰り返す．

☆

出た目が 3 の倍数なら正の向きへ 1 だけ進み，それ以外の目なら正の向きへ 2 だけ進む．

7 回移動した後の P の座標が 10 である確率を求めよ．

(2) 移動のルールを次の★に変更する．

★

出た目が 1 なら正の向きへ 1 だけ進み，2 または 3 なら負の向きへ 1 だけ進み，他の目なら移動しない．

5 回移動した後，P の座標が 2 である確率 p，および P が数直線上で動いた「道のり」が 3 である確率 q を求めよ．

7 12 10 根底 実戦

1 つのサイコロを n $(n \geq 4)$ 回投げ，各回において出た目の 2 乗を 3 で割った余りを得点として加算していく．

n 回目で初めて得点が $n-2$ となる確率を求めよ．

7 12 11 根底 実戦 入試

n は自然数とし，1 つのサイコロを n 回投げたときに出た目全ての積を X_n とする．

(1) X_n $(n \geq 5)$ が 3 でちょうど 5 回割り切れる確率を求めよ．

(2) X_n $(n \geq 8)$ が 3 でちょうど 5 回割り切れ，なおかつ $X_1, X_2, X_3, \cdots$ のうち初めて 3 で割り切れるのが X_4 である確率を求めよ．

(3) X_6 が 2 でちょうど 5 回割り切れる確率を求めよ．

7 12 12 根底 実戦 重要

箱の中に，1, 2, 3, …, 8 の 8 枚のカードが入っている．そこから 1 枚カードを抜き出し（第 1 回），書かれた数字を記録して元に戻す．次に，記録した数字と同じ枚数のカードを箱から取り出す（第 2 回）とき，そこに 5 以下のカードが全て含まれる確率を求めよ．

7 12 13 根底 実戦

黒石 4 個と白石 6 個を円形に並べるとき，次の確率を求めよ．

(1) 黒石 4 個が全て隣り合う．

(2) 黒石 4 個が全て隣り合わない．

7 12 14 根底 実戦

白玉 9 個と赤玉 1 個が入っている箱から玉を 3 個取り出すとき，そこに赤玉が含まれる確率を求めよ．

7 12 15 根底 実戦 重要

n は 2 以上の整数とする．1, 2, 3, …, $2n$ と書かれた $2n$ 枚のカードが 2 セットある．それぞれのセットを n 枚ずつに分けるとき，両者の分け方が一致する確率を求めよ．

7 12 16 根底 実戦

区別のつかない 3 つのサイコロがあり，各面には 0, 1, 2, 3, 4, 5 が書かれている．この 3 つを同時に 1 回投げるとき，以下の問いに答えよ．

(1) 目の出方は全部で何通りあるか．

(2) 出た目の 3 数を 3 辺の長さとする三角形が存在するような出方は何通りあるか．

(3) 出た目の 3 数を 3 辺の長さとする三角形が存在する確率を求めよ．

7 12 17 根底 実戦 典型

右図のような格子状の道を通って移動する動点Pがある．Pは原点Oを出発してBまで最短経路を進む．

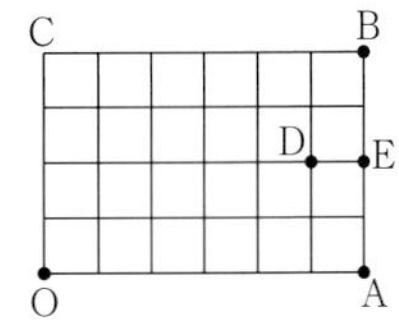

(1) 動点Pが，考えられる全ての最短経路を等確率で選んで進むとする．このとき，Pが図の点Dを通る確率を求めよ．

(2) 動点Pは，各交差点に達する度に右または上に等確率 $\frac{1}{2}$ で進路を選ぶとする．ただし，線分AB上の点からは必ず上へ，線分BC上の点からは必ず右へ移動する．PがDを通る確率，PがEを通る確率をそれぞれ求めよ．

7 12 18 根底 実戦 典型 重要 ハイレベル

箱の中に1と書かれたカード，2と書かれたカード，…，9と書かれたカードの計9枚のカードが入っている．そこから1枚取り出してそこに書かれた数を記録して元に戻す操作を n 回繰り返すとき，記録した全ての数の積を X とする．

(1) X が9の倍数である確率を求めよ．

(2) X が18の倍数である確率を求めよ．

7 12 19 根底 実戦 入試 ハイレベル

1つのサイコロを n 回投げるとき，次の事象の確率をそれぞれ求めよ．

(1) 6が，出た目全ての最大公約数である．

(2) 12が，出た目全ての公倍数である．

(3) 12が，出た目全ての最小公倍数である．

7 12 20 根底 実戦 典型 重要 ハイレベル

箱の中に1, 2, 3, …, 9の9枚のカードが入っている．そこからカードを1枚抜き出して元に戻すことを n 回繰り返すとき，取り出された数の最大値を M，最小値を m とする．次の各事象の確率をそれぞれ求めよ．

(1) $m \geq 3$

(2) $m = 3$

(3) $m = 3, M \leq 6$

(4) $m = 3, M \geq 6$

7 12 21 根底 実戦 入試 ハイレベル

サイコロを n 回 $(n \geq 3)$ 投げるとき，2回以上連続して同じ目が出る部分（「連」と呼ぶ）の長さの最大値を X として，以下の問いに答えよ．

例 出た目が順に2, 5, 5, 5, 1, 4, 2, 3, 3のとき，$X = 3$.

(1) $X \geq n-1$ となる確率を求めよ．

(2) k を $\frac{n}{2} \leq k \leq n-2$ を満たす整数の定数とする．$X = k$ となる確率を求めよ．

(3) m は2以上の整数とする．$n = 2m+1$ のとき，$X = m$ となる確率を求めよ．

7 12 22 根底 実戦 入試 ハイレベル↑

2 人の選手 A，B がアーチェリーで対戦する．ルールは次の通りである：

・ まず A から試技を行う．

・ 的を射たら次も同じ人が試技を行い，外したら他方が次の試技を行う．

・ 先に k 回的を射た選手の勝ちとする．

各回の試技において，A，B が的を射る確率をそれぞれ a, b（いずれも正で 1 未満）として，以下の問いに答えよ．

(1) $k=1$ のとき，A がちょうど n 回目に勝利を決める確率 $P(n)$ を求めよ．

(2) $k=2$ のとき，A がちょうど n 回目に勝利を決める確率 $Q(n)$ を求めよ．

7 12 23 根底 実戦 重要

数直線上の点 P が，次のルールに従って繰り返し移動する．k 回移動した後の P の座標を X_k とする．

- P は初め座標 3 にある．すなわち $X_0=3$ である．
- 各回において，0，1，2，3 の 4 枚のカードが入った箱からカードを 1 枚取り出して元に戻す．
- k 回目（$k=1, 2, 3, \cdots$）に取り出したカードに書かれた数が，X_{k-1} より大きいとき P は正の向きに 1 だけ移動し，X_{k-1} と等しいとき P は移動せず，X_{k-1} より小さいとき P は負の向きに 1 だけ移動する．

$X_0 \geq X_1 \geq X_2 \geq \cdots \geq X_{n-1} > X_n = 0$ $(n \geq 3)$ となる確率を求めよ．

7 12 24 根底 実戦 定期

サイコロを 2 個投げる．目の和が 4 の倍数であるとき，3 の目が出ている確率を求めよ．

7 12 25 根底 実戦

ある試行における 2 つの事象 A, B があり，

$$P\left(\overline{A} \cap \overline{B}\right)=\frac{1}{2},\ P_A(B)=\frac{1}{3},\ P_B(A)=\frac{1}{4}$$

が成り立つとする．このとき $P_{\overline{A}}(B)$ の値を求めよ．

7 12 26 根底 実戦

1, 2, 3, 4, 5 の 5 枚のカードが入った箱から，順に 1 枚ずつ取り出す．取り出したカードは元に戻さない．

5 枚目が奇数であるとき，2 枚目が偶数である確率を求めよ．

7 12 27 根底 実戦 データの分析後

1, 2, 3, …, 28 と書かれた 28 枚のカードからカードを何枚か同時に取り出す.

(1) 23 枚を同時に取り出し，そこに書かれた数 23 個を観測値とするデータを D_1 とする. D_1 の第 1, 2, 3 四分位数が順に 7, 14, 21 である確率を求めよ.

(2) 21 枚を同時に取り出し，そこに書かれた数 21 個を観測値とするデータを D_2 とする. D_2 の中央値が 14 であるとき, D_2 の第 1 四分位数が 7.5 である確率を求めよ.

7 12 28 根底 実戦 典型 重要

ある自治体 M では，住民が病気 D に罹患(りかん)しているか否かを調べる検査 T を定期的に行っている. T により，D に罹患している人は 80 %の確率で陽性と判定され，罹患していない人は 98 %の確率で陰性と判定されるとする.

(1) M の住民全体における D の罹患率 (かかっている人の割合) が 1 %とする. T を受けて陽性と判定された人が，実際に D に罹患している確率 (陽性的中率) を求めよ.

(2) その後，M における罹患率が変化し，それに伴い陽性的中率も変化して $\dfrac{80}{103}$ となった. このときの M における罹患率を求めよ (パーセンテージで答えよ).

語記サポ 自治体 =municipality　病気 =disease　検査 =test ■

7 12 29 根底 実戦 ハイレベル↑

箱 A に白玉 (W)7 個と赤玉 (R)3 個，箱 B に白玉 4 個と赤玉 1 個が入っている.
まず箱 A から玉を 5 個取り出して箱 B に入れ，よくかき混ぜてから箱 B から玉を 1 個取り出す. 箱 B から取り出した玉が赤玉であるとき，その赤玉が最初箱 A に入っていた確率を求めよ.

7 12 30 根底 実戦 典型 入試 ハイレベル↑↑

壺の中に赤玉 (R で表す)1 個と黒玉 (B で表す)1 個が入っている.「この壺から玉を 1 個取り出して元に戻し，さらにそれと同じ色の玉 1 個を壺に追加する」という操作を繰り返す.

(1) n 回後，壺に $1+k$ 個 ($k=0, 1, 2, \cdots, n$) の R が入っている確率を求めよ.

(2) $n+1$ 回後において壺に $2+k$ 個 ($k=0, 1, 2, \cdots, n$) の R が入っているとき，n 回後において壺に $1+k$ 個の R が入っている確率を求めよ.

7 12 31 根底 実戦 典型 入試 ハイレベル↑

A, B, C の 3 人が次のルールで 2 人ずつ試合をして優勝者を決める.

(a) 1 戦目は A と B が対戦する.

(b) n 戦目で勝った人が, 待機していた人と $n+1$ 戦目を行う. これを繰り返す.

(c) 誰かが 2 連勝したらその人の優勝とする.

なお, 各試合において, どの人が勝つ確率も $\frac{1}{2}$ で, 引き分けはないものとする.

(1) A が 10 戦目までに優勝を決める確率を求めよ.

(2) A が 10 戦目までに優勝を決めるとき, A が 1 戦目に勝つ確率を求めよ.

(3) A, B, C のそれぞれが 10 戦目までに優勝を決める確率の比を求めよ.

7 12 32 根底 実戦 典型 入試 重要 ハイレベル↑

右図の正六角形の頂点を移動する点 P がある. P は最初頂点 0 にあり, サイコロを投げて 2 以下の目が出れば左回りに隣の頂点へ移動し, 3 以上の目が出れば右回りに隣の頂点へ移動することを繰り返す.

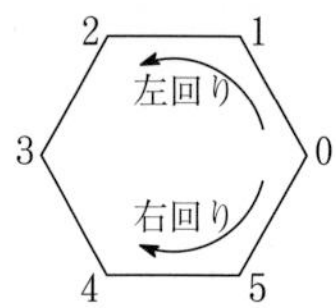

(1) 0 を出発した P が, 10 回後 (10 回移動した後) に点 0 に戻っている確率を求めよ.

(2) 0 を出発した P が, 10 回後に初めて点 0 に戻る確率を求めよ.

(3) 0 を出発した P が, 10 回後に初めて点 0 に戻るとする. このとき, P が 8 回後に点 4 にあった条件付確率を求めよ.

7 12 33 根底 実戦

箱の中に 10 枚のカードが入っており, そのうち 1 枚のカードには 1 が, 2 枚のカードには 2 が, 3 枚のカードには 3 が, 4 枚のカードには 4 が書かれている. そこから 1 枚のカードを抜き出すとき, そこに書かれた数の期待値を求めよ.

7 12 34 根底 実戦

袋の中に白玉 4 個, 赤玉 5 個, 青玉 6 個が入っている. そこから同時に 4 個の玉を取り出すとき, 取り出した 4 個における色の種類の数を X とする. X の期待値を求めよ.

7 12 35 根底 実戦 重要

サイコロ 1 個を投げ, 出た目が 1 または 2 のときのみもう 1 回サイコロを投げる. この試行において出た目の合計の期待値を求めよ.

7 12 36 根底 実戦 典型

箱の中に 10 枚のカードがあり, 1, 2, 3, …, 10 の数が 1 枚に 1 個ずつ書かれている. そこから同時に 4 枚のカードを取り出すとき, 小さい方から 3 番目の数を X とする.

(1) $X=k$ の確率が最大となる k を求めよ.　　(2) X の期待値を求めよ.

13 演習問題C 他分野との融合

7 13 1 根底 実戦 入試 数学B数列後 重要

n は自然数の定数とする．周の長さが $12n$ である三角形の 3 辺の長さを a, b, c $(a \leqq b \leqq c)$ とする．

(1) b および c のとり得る値の範囲を求めよ．

(2) 条件を満たす整数の組 (a, b, c) の個数を求めよ．

(3) (2)のうち，二等辺三角形の 3 辺の長さをなすものの個数を求めよ．

7 13 2 根底 実戦 数学Ⅱいろいろな式後

A と B の 2 人で 1 回だけじゃんけんをする．ただし，

A はグー，チョキ，パーをそれぞれ確率 p, q, r で出し，

B はグー，チョキ，パーをそれぞれ確率 r, q, p で出す．

$p+q+r=1$ …①, $0<p<q<r$ …② であるとし，「A が勝つ」，「B が勝つ」，「アイコ」の確率をそれぞれ a, b, c とおくとき，次の問いに答えよ．

(1) a と b の大小関係を，q の値に応じて答えよ．

(2) a, b, c のうち最小の値はどれか．

7 13 3 根底 実戦 典型 入試 数学B数列後 重要

n は 4 以上の整数で定数とする．n 個の自然数 $1, 2, 3, \cdots, n$ 全てを一列に並べるとき，$1, 2, 3, 4$ のうち左から 3 番目のものを a とする．n 個全体の中で左から数えた a の順番を X とし，$X=k$ となる確率を p_k $(k=3, 4, 5\cdots, n-1)$ とするとき，以下の問いに答えよ．

(1) p_k を求めよ．

(2) $n=3m+1$ (m は自然数) のとき，p_k が最大となる k を m で表せ．

7 13 4 根底 実戦 入試 数学B数列後 重要 ハイレベル↑

ある池に生息する鯉の個体数を推定するために，次のような作業を実行した．

1° 池から鯉を 90 匹捕獲し，傷つけないよう配慮しながら印を付けて池に戻した．

2° 充分な時間 1) が経過してから，再び鯉を 140 匹捕獲したところ，印の付いた鯉が 21 匹いた．

この結果から，池の鯉の総数としていちばん尤(もっと)もらしい数を答えよ．

7 13 5 根底 実戦 入試 数学B数列後

1 枚のコインを最大で n 回繰り返し投げるゲームを行い，初回からちょうど k 回 $(0 \leqq k \leqq n)$ だけ連続して表が出たとき，得点 3^k を得るとする．この得点を X として，X の期待値を求めよ．

7 13 6 根底実戦 典型入試 数学B数列後 重要

箱の中に 1, 2, 3, 4, 5 の 5 枚のカードが入っている．そこから 2 枚を同時に取り出して元に戻す操作を n 回繰り返す．

(1) 取り出した 2 枚に書かれた数の和が偶数となる回数を X とする．X の期待値を求めよ．

(2) 取り出した 2 枚に書かれた数の和が偶数となる回数から，奇数になる回数を引いた差を Y とする．Y の期待値を求めよ．

(3) $n = 100$ のとき，数の和が偶数となる回数が k 回となる確率を p_k $(k = 0, 1, 2, \cdots, 100)$ とおく．p_k が最大となるような k を求めよ．

7 13 7 根底実戦 典型入試 数学B数列後 重要

表と裏のある 6 枚のカードが机の上に一列に並べられており，最初，全てのカードが表になっている．[1] サイコロを 1 つ投げ，出た目が x のとき左から x 番目のカードをひっくり返す．この操作を繰り返すとき，以下の問いに答えよ．

(1) 左端のカードが，n 回の操作後に初めて裏になる確率を求めよ．

(2) 左端のカードが，n 回の操作後に裏になっている確率を求めよ．

7 13 8 根底実戦 典型入試 数学B数列後

xy 平面上の点 P を次のように動かす．

点 P は最初，点 $(0, 1)$ にある．サイコロを 1 個投げて，出た目を 3 で割った余りを r とし，原点を中心として P を左回りに $90° \times (r+1)$ だけ回転移動する操作を n 回繰り返す．このとき P の x 座標が $-1, 0, 1$ である確率をそれぞれ求めよ．

7 13 9 根底実戦 典型入試 数学B数列後

コインを何度も繰り返し投げる試行を行って得点 X を決める．$X = 0$ から始めて，各回において表が出たら 2 点，裏が出たら 1 点を加算する．

(1) $X = 7$ となる確率を求めよ．

(2) $X = n$ (n は自然数) となる確率を求めよ．

7 13 10 根底実戦 典型入試 数学Ⅲ積分法後

n は 2 以上の整数とする．$n-1$ 個の箱が一列に並んでおり，左から k 番目の箱には赤玉 k 個と白玉 $n-k$ 個が入っている．次の試行を行う．

まず，箱を 1 つ選ぶ．そして，選んだその箱から玉を 1 つ抜き出して色を確認して元に戻すことを 10 回繰り返す．

赤玉がちょうど 2 回取り出される確率を $p(n)$ として，$\lim_{n\to\infty} p(n)$ を求めよ．

三角比の表

θ	正弦（sin）	余弦（cos）	正接（tan）	θ	正弦（sin）	余弦（cos）	正接（tan）
0°	0.0000	1.0000	0.0000	45°	0.7071	0.7071	1.0000
1°	0.0175	0.9998	0.0175	46°	0.7193	0.6947	1.0355
2°	0.0349	0.9994	0.0349	47°	0.7314	0.6820	1.0724
3°	0.0523	0.9986	0.0524	48°	0.7431	0.6691	1.1106
4°	0.0698	0.9976	0.0699	49°	0.7547	0.6561	1.1504
5°	0.0872	0.9962	0.0875	50°	0.7660	0.6428	1.1918
6°	0.1045	0.9945	0.1051	51°	0.7771	0.6293	1.2349
7°	0.1219	0.9925	0.1228	52°	0.7880	0.6157	1.2799
8°	0.1392	0.9903	0.1405	53°	0.7986	0.6018	1.3270
9°	0.1564	0.9877	0.1584	54°	0.8090	0.5878	1.3764
10°	0.1736	0.9848	0.1763	55°	0.8192	0.5736	1.4281
11°	0.1908	0.9816	0.1944	56°	0.8290	0.5592	1.4826
12°	0.2079	0.9781	0.2126	57°	0.8387	0.5446	1.5399
13°	0.2250	0.9744	0.2309	58°	0.8480	0.5299	1.6003
14°	0.2419	0.9703	0.2493	59°	0.8572	0.5150	1.6643
15°	0.2588	0.9659	0.2679	60°	0.8660	0.5000	1.7321
16°	0.2756	0.9613	0.2867	61°	0.8746	0.4848	1.8040
17°	0.2924	0.9563	0.3057	62°	0.8829	0.4695	1.8807
18°	0.3090	0.9511	0.3249	63°	0.8910	0.4540	1.9626
19°	0.3256	0.9455	0.3443	64°	0.8988	0.4384	2.0503
20°	0.3420	0.9397	0.3640	65°	0.9063	0.4226	2.1445
21°	0.3584	0.9336	0.3839	66°	0.9135	0.4067	2.2460
22°	0.3746	0.9272	0.4040	67°	0.9205	0.3907	2.3559
23°	0.3907	0.9205	0.4245	68°	0.9272	0.3746	2.4751
24°	0.4067	0.9135	0.4452	69°	0.9336	0.3584	2.6051
25°	0.4226	0.9063	0.4663	70°	0.9397	0.3420	2.7475
26°	0.4384	0.8988	0.4877	71°	0.9455	0.3256	2.9042
27°	0.4540	0.8910	0.5095	72°	0.9511	0.3090	3.0777
28°	0.4695	0.8829	0.5317	73°	0.9563	0.2924	3.2709
29°	0.4848	0.8746	0.5543	74°	0.9613	0.2756	3.4874
30°	0.5000	0.8660	0.5774	75°	0.9659	0.2588	3.7321
31°	0.5150	0.8572	0.6009	76°	0.9703	0.2419	4.0108
32°	0.5299	0.8480	0.6249	77°	0.9744	0.2250	4.3315
33°	0.5446	0.8387	0.6494	78°	0.9781	0.2079	4.7046
34°	0.5592	0.8290	0.6745	79°	0.9816	0.1908	5.1446
35°	0.5736	0.8192	0.7002	80°	0.9848	0.1736	5.6713
36°	0.5878	0.8090	0.7265	81°	0.9877	0.1564	6.3138
37°	0.6018	0.7986	0.7536	82°	0.9903	0.1392	7.1154
38°	0.6157	0.7880	0.7813	83°	0.9925	0.1219	8.1443
39°	0.6293	0.7771	0.8098	84°	0.9945	0.1045	9.5144
40°	0.6428	0.7660	0.8391	85°	0.9962	0.0872	11.4301
41°	0.6561	0.7547	0.8693	86°	0.9976	0.0698	14.3007
42°	0.6691	0.7431	0.9004	87°	0.9986	0.0523	19.0811
43°	0.6820	0.7314	0.9325	88°	0.9994	0.0349	28.6363
44°	0.6947	0.7193	0.9657	89°	0.9998	0.0175	57.2900
45°	0.7071	0.7071	1.0000	90°	1.0000	0.0000	

index

著者紹介

広瀬 和之　（ひろせ かずゆき）

・大手予備校講師歴 30 年超．『攻める老後』を旗印に，世の人々の「わかる喜び」のため，あらゆる媒体を駆使して奮闘中．

・広瀬教育ラボ代表｜河合塾数学科講師｜資産形成支援協会特別アドバイザー｜映像授業（マナビス& YouTube &自社サイト）｜著書多数（学参・証券外務員試験）｜指導対象：大学受験数学・投資・他

・数学指導の 3 本柱：**基本**にさかのぼる｜**現象**そのものをあるがままに見る｜**計算**を合理的に行う

・数学講義で心掛けていること：簡潔な「本質」を抽出・体系化し｜正しく，生徒と共有できる「言葉」で｜教室の隅まで「響く声」で伝える．｜（どれも”あたりまえなこと”ばかり）

・広瀬教育ラボ大学受験数学 https://hirose-math.com/ 受験に役立つ膨大な量のアドバイス・プリント類を公開｜**本書に関する『動画解説＆補足情報』もあり**

・Amazon 著者ページあり　　・Twitter https://twitter.com/kazupaavo

・YouTube 広瀬教育ラボチャンネル（数学学習法など多彩な内容）

『謝辞』 本書は，組版ソフト：TeX(テフ) を用いて作成されました．このような数式を美しく出力できるソフトを作成・無償提供してくださったクヌース教授に敬意を表します．また，筆者自らが描いた図は，全て描画ソフト：WinTpic によります．作成者の方に感謝いたします．

そして，筆者の無数のわがままを根気よく聞き入れた上で TeX による出版体制を整えてくださった編集担当の荻野様，遅れに遅れた原稿を，限られた時間の中で校正してくださった小林様，田中様，山腰様のご協力が無ければ，本書は到底完成し得ませんでした．この場を借りて，心より感謝いたします．

□ 編集協力　小林悠樹　田中浩子　山腰政喜

□ 本文デザイン　CONNECT

□ 図版作成　広瀬和之

シグマベスト

入試につながる
合格る 数学Ⅰ＋A

著　者　広瀬和之

発行者　益井英郎

印刷所　中村印刷株式会社

発行所　株式会社文英堂

〒601-8121　京都市南区上鳥羽大物町28

〒162-0832　東京都新宿区岩戸町17

(代表)03-3269-4231

ΣBEST
シグマベスト

入試につながる

合格る数学I+A

解答集

文英堂

第 1 章 数と式

4 演習問題A

1 4 1 整式の整理
根底 実戦 [→例題 1 1 a]

方針 (1) 計算する際の頭の動きは次の順序です：「符号は －」→文字 a[1], x, y の次数→「数値の係数の絶対値」

(2) 途中式を紙には書かず，x の各次数ごとに同類項をまとめたときの係数を頭の中で暗算しましょう．

解答

(1) 与式 $= a^2x^2y^4\cdot(-8a^6x^3) = -8a^8\cdot x^5y^4.$ //

x, y に注目した次数は $5+4=9$．係数は $-8a^8.$ //

(2) 与式 $=$

$$\begin{array}{rrrrr} & x^3 & +2x^2 & +3ax & +4 \\ +) & 2x^3 & -2x^2 & -4ax & \square \\ \hline & 3x^3 & \square & -ax & +4 \end{array}$$

$= 3x^3 - ax + 4.$ //

注 [1]：文字 a は，計算する際には「文字」のように考え，次数や係数を答えるときには「係数」とみます．

解説 (2) 与式の後半は，いったん $2x$ を（　　　）に掛けて展開しています（中学レベルですね）．

x^2 の項どうしが消し合うことに注意しましょう．

1 4 2 単項式の計算
根底 実戦 [→ 1 1 4]

方針 単項式の計算です．$a^ma^n = a^{m+n}$ などの「指数法則」[→ 1 4] を用いて，計算していきます．

「符号」→「文字の次数」→「係数」の順に頭を動かし，(ほぼ)暗算で答えを一気に書けるよう，訓練訓練．

解答 (1) 与式 $= -9x^2y^2\cdot(-x^6y^3) = 9x^8y^5.$ //

(2) 与式 $= 2^3\cdot 2\sqrt{2}a^3\cdot\dfrac{a^4}{2^4} = \sqrt{2}a^7.$ //

(3) 与式 $= \dfrac{1}{5}\cdot\dfrac{x^2}{5^4}\cdot(-5^3x^3)\cdot\dfrac{x}{5} = -\dfrac{x^6}{125}.$ //

(4) 与式 $= -a^6\cdot a^6 = -a^{12}.$ //

(5) 与式 $= \dfrac{a}{b}\cdot\dfrac{b^2}{c^2}\cdot\dfrac{c^3}{a^3} = \dfrac{bc}{a^2}.$ //

解説 係数の計算において，(2)では「2」，(3)では「5」に注目しています．

言い訳 (5)「分数式」は数学Ⅰでは範囲外とされていますが，別に難しくありませんので，本書ではなるべく早期から触れてもらうよう配慮しています．

1 4 3 多項式の整理
根底 実戦 [→ 1 1 5]

方針 各同類項ごとに，係数を暗算して一気に答えを書くこと．

解答 (1) 与式 $= 7x + 5y + 8z.$ //

(2) 与式 $= \dfrac{1}{2}x^2 - \dfrac{1}{2}x + 1 - \left(\dfrac{3}{2}x^2 - 6x + 3\right)$

$= -x^2 + \dfrac{11}{2}x - 2.$ //

(3) 与式 $= 2(2a^2 + a - 4) + (3a^2 + 3a + 3)$

$= 7a^2 + 5a - 5.$ //

解説 例えば(3)では，実際には次のように頭を動かしています．

a^2 の係数は，$2\cdot2+3=7.$

a の係数は，$2\cdot1+3=5.$

定数項は，$2\cdot(-4)+3=-5.$

1 4 4 展開式の係数
根底 実戦 重要 [→例題 1 2 a]

方針 各因数から項を 1 個ずつ抜き出して作る積が x^5, x^2 となるような抜き出し方を考えます．

解答 (1) $(x^3 + 4x - 1)(2x^2 + 3x + 2)$ （x^5 の項，x^2 の項）

x^5 の係数 $= 1\cdot2 = 2.$ //

x^2 の係数 $= 4\cdot3 - 1\cdot2 = 10.$ //

(2) $(x-1)(x-2)(x-3)(x-4)$ （定数項，x^3 の項の 1 つ）

定数項 $= (-1)(-2)(-3)(-4) = 1\cdot2\cdot3\cdot4 = 24.$ //

x^3 の係数 $= -1-2-3-4 = -10.$ //

(3) $(x + 2y + 3z)(3x + y + 2z)(2x + 3y + z)$

xyz の項のうち，一番左の因数から x の項を抜き出すものは上図の通り．

一番左の因数から y, z の項を抜き出すものも考えて，

xyz の係数

$= 1\cdot(1\cdot1 + 2\cdot3) + 2\cdot(3\cdot1 + 2\cdot2) + 3\cdot(3\cdot3 + 1\cdot2)$

$= 7 + 2\cdot7 + 3\cdot11 = 54.$ //

解説 (1)の x^5 の項や(2)の定数項のような，展開式の“端っこ”の項は考えやすいですね．

(2)の x^3 の係数は，4 つの因数のうち 1 つだけから定数を抜き出し，他の 3 つからは x を抜き出して掛けることによって得られますね．

145 展開（抜き出す感覚） 根底 実戦 重要

[→例題12a]

方針 分配法則などを機械的に使い，展開式を全部紙に書いてから同類項をまとめるような計算の仕方をすると，**将来壁にぶち当たります！**「抜き出して掛ける」という感覚を磨きましょう．

解答 (1) $(3x+1)(x-5)=3x^2-14x-5.$ //

（x^2 の項，x の項）

(2) $(x+3)(y-1)=xy-x+3y-3.$ //

（2 次の項，1 次の項）

(3) $(x^2+2x-3)(2x^2-x+4)$

（x^4 の項，定数項，x^3 の項）

$=(x^2+2x-3)(2x^2-x+4)$

（x^2 の項，x の項）

$=(x^2+2x-3)(2x^2-x+4)$

$=2x^4+(-1+4)x^3+(4-2-6)x^2+(8+3)x-12$

$=2x^4+3x^3-4x^2+11x-12.$ //

(4) $(x+1)(x+2)(x-3)$

（x^3 の項，x^2 の項の 1 つ）

$=x^3+(1+2-3)x^2+(1\cdot2-2\cdot3-3\cdot1)x-1\cdot2\cdot3$

$=x^3-7x-6.$ //

(5) **方針** さすがに一気に展開はキビシイと思いますので，まずは$(x-2)^2$の部分から展開します．■

$(x-2)^2(2x^2+3x+2)$

$=(x^2-4x+4)(2x^2+3x+2)$ あとは(3)と同様

（x^3 の項，x^2 の項）

$=2x^4+(3-8)x^3+(2-12+8)x^2+(-8+12)x+8$

$=2x^4-5x^3-2x^2+4x+8.$ //

146 展開（公式） 根底 実戦 定期

[→例題12b]

方針 展開の公式も使いますが，「抜き出して掛ける」感覚も忘れないように．

解答 (1) $(a+3b)^2=a^2+2a\cdot3b+(3b)^2$

$=a^2+6ab+9b^2.$ //

(2) $\left(2-\frac{x}{2}\right)^2=2^2-2\cdot2\cdot\frac{x}{2}+\left(\frac{x}{2}\right)^2$

$=4-2x+\frac{x^2}{4}.$ //

(3) $\left(x+\frac{1}{x}\right)^2=x^2+2\cdot x\cdot\frac{1}{x}+\left(\frac{1}{x}\right)^2$

$=x^2+2+\frac{1}{x^2}.$ //

注 x と $\frac{1}{x}$ の積は，定数 1 ですね．

(4) $(3k-1)^3=(3k)^3-3(3k)^2\cdot1+3\cdot3k\cdot1^2-1^3$

$=27k^3-27k^2+9k-1.$ //

(5) $(x^2+2)^3=(x^2)^3+3(x^2)^2\cdot2+3\cdot x^2\cdot2^2+2^3$

$=x^6+6x^4+12x^2+8.$ //

(6) $(x+2y+3z)^2$

$=x^2+(2y)^2+(3z)^2+2x\cdot2y+2\cdot2y\cdot3z+2\cdot3z\cdot x$

$=x^2+4y^2+9z^2+4xy+12yz+6zx.$ //

(7) **注** 使用する公式自体は前問と同じですが，初めから「次数」に注目して整理することを目指しましょう．■

$(x+y-2)^2$

$=x^2+2xy+y^2-4x-4y+4.$ //

（2 次の項，1 次の項，定数項）

(8) 前問と同じく，次数に注目して一気です．

$(x^2+2x-3)^2$

（x^4 の項，定数項，x^3 の項）

$=(x^2+2x-3)(x^2+2x-3)$

（x^2 の項，x の項）

$=(x^2+2x-3)(x^2+2x-3)$

$=x^4+2\cdot2x^3+(4-2\cdot3)x^2-2\cdot6x+9$

$=x^4+4x^3-2x^2-12x+9.$ //

(9) $(2a+3b)^2-3(a+2b)^2$

$=4a^2+12ab+9b^2-3(a^2+4ab+4b^2)$

$=a^2-3b^2.$ //

注 実際には，「a^2 の係数は $2^2-3=1$」などと，展開式の各項ごとに係数を計算しています．

(10) $(x+5)(x-5)=x^2-5^2$

$=x^2-25.$ //

(11) $(a-2b)(a+2b)=a^2-(2b)^2$

$=a^2-4b^2.$ //

(12) $(x-1)(x^2+x+1)=(x-1)(x^2+x\cdot1+1^2)$

$=x^3-1^3=x^3-1.$ //

(13) $(x+3y)(x^2-3xy+9y^2)$

$=(x+3y)\{x^2-x\cdot3y+(3y)^2\}$

$=x^3+(3y)^3=x^3+27y^3.$ //

注 (13)で用いたものは，本来は因数分解でよく使う公式であり，このように展開する目的で使うことは稀です（笑）．ただ，定期試験レベルでは出るかもしれません．また，(12)のようなキレイな形にはちょくちょく出会います．

(14) $(b+c)(c+a)(a+b)$

（a^2b の項，abc の項）

$=a^2b+a^2c+b^2c+b^2a+c^2a+c^2b+2abc.$ //

解説 ハイレベル↑ 展開式の各項は全て3次であり，a^2b 1) のように2種類の文字で片方が2乗であるものと，3種類の文字を1つずつ抜き出した abc 2) の2タイプがあります．そして，この式は3文字 a, b, c の対称式ですから，「a^2b」の係数と「b^2c」などの係数は一致します．

以上の考えより，一気に展開式を得ています．

注 ハイレベル↑ この式の展開式は，同類項をまとめる前の段階では，各因数から2文字のどちらを抜き出すかを考えて $2^3=8$ 個の項をもつはずです．前記 1) タイプは全部で6種類ありますから，2) タイプの abc の項は2個だとわかります．

別解 **方針** 1文字 a に注目して展開してみます．

$(b+c)(c+a)(a+b)$

$=(b+c)\times(a+c)(a+b)$ （a^2 の項，a の項）

$=(b+c)\{a^2+(b+c)a+bc\}$

$=a^2b+a^2c+a(b^2+2bc+c^2)+(b+c)bc$

$=a^2b+a^2c+b^2c+b^2a+c^2a+c^2b+2abc.$ //

1 4 7 展開の工夫

根底 実戦 定期 [→1 2]

解答 (1) $(a+b-c)(a-b-c)$

$=\{(a-c)+b\}\{(a-c)-b\}$

$=(a-c)^2-b^2$

$=a^2-b^2+c^2-2ac.$ //

(2) $(a+2b)^2+(a-2b)^2$

$=(a^2+4ab+4b^2)+(a^2-4ab+4b^2)$

$=2a^2+8b^2.$ //

(3) $(a+2b)^2(a-2b)^2$

$=\{(a+2b)(a-2b)\}^2$

$=(a^2-4b^2)^2$

$=a^4-8a^2b^2+16b^4.$ //

注 先に $(a+2b)^2$ と $(a-2b)^2$ のそれぞれを展開するより，上のようにした方が少し楽です．

(4) $(x-1)(x+2)(x+3)(x+6)$

$=(x-1)(x+6)\times(x+2)(x+3)$ 1)

$=(x^2+5x-6)(x^2+5x+6)$

$=(x^2+5x)^2-6^2$

$=x^4+10x^3+25x^2-36.$ //

解説 1)：$(x-1)(x+6)$ と $(x+2)(x+3)$ の展開式における x^2, x の係数が一致することを見抜いた変形です．定期テストでよく出ます．

(5) $(1-a)(1+a)(1+a^2)(1+a^4)$

$=(1-a^2)(1+a^2)(1+a^4)$

$=(1-a^4)(1+a^4)$

$=1-a^8.$ //

解説 このように“芋づる式”に展開公式が使えることが見抜ければ，全てを暗算で片付けることもできます．

(6) $\left(x+\sqrt{x^2+x}\right)^3\left(x-\sqrt{x^2+x}\right)^3$

$=\left\{\left(x+\sqrt{x^2+x}\right)\left(x-\sqrt{x^2+x}\right)\right\}^3$

$=(x^2-x^2-x)^3$

$=(-x)^3=-x^3.$ //

言い訳 $\sqrt{\quad}$ を含む計算は，本来8演習Bのテーマですが，中学で $\left(\sqrt{\triangle}\right)^2=\triangle$ であることは学んでいるので，少しフライング気味にここで扱いました．

(7) **方針** 4つの部分をそれぞれ展開するのではなく，全体としてどんな項が現れ，その係数は何かと考えます．例えば…

a^2 の係数 $=1+1+1+1=4$.（b^2 なども同様）

ab の係数 $=2-2-2+2=0$.（bc なども同様）

これさえわかれば…■

$(a+b+c)^2+(-a+b+c)^2+(a-b+c)^2+(a+b-c)^2$

$=4a^2+4b^2+4c^2.$ 2) //

注 2)：「展開せよ」という問題なのでこのように書いていますが，そうでないなら $4(a^2+b^2+c^2)$ と書くのが普通でしょう．

(8) $(x^2+2x+2)(x^2-2x+2)$

$=\{(x^2+2)+2x\}\{(x^2+2)-2x\}$

$=(x^2+2)^2-(2x)^2$

$=x^4+4x^2+4-4x^2=x^4+4.$ //

注 これの逆向きの変形は，「因数分解」における有名な難問です．[→演習問題1 4 11(7)(8)]

(9) $\{(x+1)^2+y^2\}\{(x-1)^2+y^2\}$

$=(x^2+y^2+1+2x)(x^2+y^2+1-2x)$

$=(x^2+y^2+1)^2-(2x)^2$

$=$ 3) $x^4+2x^2y^2+y^4$ （4次の項）$+2x^2+2y^2$ （2次の項）$+1-4x^2$

$=x^4+2x^2y^2+y^4-2x^2+2y^2+1.$ //

将来 **理系** これは，「レムニスケイト」という有名曲線の xy 平面上での方程式を求める際に現れる計算です．その際には，「x^2+y^2」は「距離」を表す重要な式なのでそのまま保存し，

$(x^2+y^2)^2-2(x^2-y^2)+1$

と整理します．

148 対称式 根底 実戦 典型 [→124]

注 24 対称式の公式は既知であるものとして解答しますね.

解答 (1) (i) $x^3+x^2y+xy^2+y^3$

$=(x+y)^3-3xy(x+y)+xy(x+y)$

$=u^3-2uv.$ //

別解 (因数分解を経て)

$x^3+x^2y+xy^2+y^3$

$=x^2(x+y)+y^2(x+y)$

$=(x+y)(x^2+y^2)$

$=(x+y)\{(x+y)^2-2xy\}=u(u^2-2v).$ //

(ii) $x^4+y^4=(x^2)^2+(y^2)^2$

$=(x^2+y^2)^2-2x^2y^2$

$=\{(x+y)^2-2xy\}^2-2(xy)^2$

$=(u^2-2v)^2-2v^2$

$=u^4-4u^2v+2v^2.$ //

(2) 与式 $=x^3+\left(\dfrac{1}{x}\right)^3$

$=\left(x+\dfrac{1}{x}\right)^3-3x\cdot\dfrac{1}{x}\left(x+\dfrac{1}{x}\right)$

$=\left(x+\dfrac{1}{x}\right)^3-3\left(x+\dfrac{1}{x}\right).$ //

(3) (i) 与式

$=x^2(y+z)+y^2(x+z)+z^2(x+y)$

$=x^2({}^{1)}x+y+z)+y^2(x+y+z)+z^2(x+y+z)$
$-(x^3+y^3+z^3)$

$=(x+y+z)(x^2+y^2+z^2)-(x^3+y^3+z^3).$ …①

ここで,

$x^2+y^2+z^2=(x+y+z)^2-2(xy+yz+zx)$

$=p^2-2q.$

$x^3+y^3+z^3$

$=(x+y+z)(x^2+y^2+z^2-xy-yz-zx)+3xyz$

$=p(p^2-2q-q)+3r=p^3-3pq+3r.$

これらと①より

与式 $=p(p^2-2q)-(p^3-3pq+3r)$

$=pq-3r.$ //

別解 (1 文字 x に注目して)

与式 $=(y+z)x^2+(y^2+z^2)x+yz(y+z)$

$=\{(y+z)x+yz\}\{x+(y+z)\}^{2)}-3yz\cdot x$

$=pq-3r.$ //

別解 (結果としてこれが一番)

与式 $=xy(x+y)+yz(y+z)+zx(z+x)$

$=xy(x+y+z)+yz(x+y+z)$
$+zx(x+y+z)-3xyz$

$=pq-3r.$ //

(ii) $\dfrac{x}{y}+\dfrac{x}{z}+\dfrac{y}{x}+\dfrac{y}{z}+\dfrac{z}{x}+\dfrac{z}{y}$

$=\dfrac{y+z}{x}+\dfrac{x+z}{y}+\dfrac{x+y}{z}$

$=\dfrac{{}^{3)}x+y+z}{x}+\dfrac{x+y+z}{y}+\dfrac{x+y+z}{z}-3^{4)}$

$=(x+y+z)\left(\dfrac{1}{x}+\dfrac{1}{y}+\dfrac{1}{z}\right)-3$

$=(x+y+z)\cdot\dfrac{yz+zx+xy}{xyz}-3=\dfrac{pq}{r}-3^{5)}.$ //

解説 (2) $x^n+\dfrac{1}{x^n}=x^n+\left(\dfrac{1}{x}\right)^n$ $(n\in\mathbb{N})$ は, x と $\dfrac{1}{x}$ の対称式ですね[→例題16i]. したがって, 基本対称式: $x+\dfrac{1}{x}$ と $x\cdot\dfrac{1}{x}$ のみで表すことができ, $x\cdot\dfrac{1}{x}=1$ (定数) なので結局は $x+\dfrac{1}{x}$ のみで表せます.

1)3): "意図的に" $x+y+z$ を作り出しています.

2): 上の式が「こんなカンジに因数分解できないかな〜」と書いてみたところ, 展開してチェックすると x の係数が y^2+z^2+3yz となるので, 余分な $+3yz\cdot x$ を後ろで引いたという訳です. この後**演習問題1412**で扱う対称式関連の因数分解をやり込んで初めて可能な発想だといえます.

4): その前で余分に加えた $\dfrac{x}{x}+\dfrac{y}{y}+\dfrac{z}{z}=3$ を引いています.

5): これは, (i)の結果を $r=xyz$ で割ったものです. よく見ると, 問題で与えられた式どうしも同じ関係になっていますね (笑). つまり, (i)はいったん xyz で割り(ii)の結果を利用する方が楽なのですが…なかなか思い付かない発想ですね.

言い訳 (3)(ii)は分数式なので「対称式」とは呼びませんが, x, y, z に関して対称な式ということで, ここで扱いました.

149 因数分解 根底 実戦 [→13]

解答 (1) 与式 $=abc(bc^2+ca^2+ab^2).$ //

(2) 与式 $=(k+1)(k+2)\{(k+3)-k\}$

$=3(k+1)(k+2).$ //

将来 数列の和 (数学 B) の計算でよく用いる手法です. ■

(3) 1 次の項

$x^2-2x-8=(x-\frac{2}{1})(x-\frac{4}{8})$ 　2 通りの候補 符号は未定

$=(x+2)(x-4).$ // 　上段を採用 符号は +, −

(4) 1 次の項

$3x^2+8x+4=(x-\begin{smallmatrix}2\\1\\4\end{smallmatrix})(3x-\begin{smallmatrix}2\\4\\1\end{smallmatrix})$ 　3 通りの候補 符号は未定

$=(x+2)(3x+2).$ // 　1 段目を採用 符号は +, +

注 実際には「3 通りの候補」を紙に書く訳ではなく,「これかな?」と思ったものを書き,ダメなら次を試すという試行錯誤を行います. ■

(5) $9x^2+3x-2=(x-1)(9x-2)$ 3 通りの候補 符号は未定(1 次の項: $3x$, $3x$ / $9x$, x)

$=(3x-1)(3x+2)$.// 1 段目を採用 符号は −, +

(6) **方針** 2 次の項の係数が負なのでやりにくく感じるかもしれません. その場合,「−」を前にくくり出して「$-(2t^2+t-1)$」としてもよいですが, 次のように「昇べきの順」に整理するのも 1 つの手です: ■

与式 $=1-t-2t^2$

$=(1-t)(1-2t)$ 符号は未定

$=(1+t)(1-2t)$.//

(7) $a^3+4a^2b+4ab^2=a(a^2+4ab+4b^2)$

$=a(a+2b)^2$.//

(8) $x^2-n^2y^2=x^2-(ny)^2$

$=(x+ny)(x-ny)$.//

(9) $x^3+125=x^3+5^3$

$=(x+5)(x^2-x\cdot5+5^2)$

$=(x+5)(x^2-5x+25)$.//

(10) **着眼** 先頭と末尾の項が t^3 と $8=2^3$ ですので, もしや $(t-2)^3$ ではないかと期待しながら…■

$(t-2)^3=t^3-3t^2\cdot2+3t\cdot2^2-2^3$

$=t^3-6t^2+12t-8$.

∴ 与式 $=(t-2)^3$.//

(11) $x^6+x^3-2=(x^3)^2+x^3-2$

$=(x^3-1)(x^3+2)$

$=(x-1)(x^2+x+1)(x^3+2)$.//

(12) $n^5-n=n(n^4-1)$

$=n\{(n^2)^2-1^2\}$

$=n(n^2-1)(n^2+1)$

$=n(n-1)(n+1)(n^2+1)$.//

1 4 10 因数分解(2次式) 根底 実戦 [→1 3]

着眼 (1)~(4)の全てが, x, y の 2 次式ですね.

方針 (1)は 2 次の項のみの式であり, 前問(4)~(6)と同様に因数分解できます. (2)以降では, 例題1 3 e(3)重要で述べた「2 次の項のみ先に因数分解」という手法をメインとして解答します. ■

解答 (1) $4x^2+6xy-4y^2=2(2x^2+3xy-2y^2)$

$=2(2x-y)(x+2y)$.//

(2) $\underline{x^2-4y^2}-3x+6y$

$=\underline{(x+2y)(x-2y)}-3(x-2y)$

$=(x-2y)(x+2y-3)$.//

(3) $\underline{2x^2+3xy+y^2}-x+y-6$

$=\underline{(2x+y)(x+y)}-x+y-6$

$=(\boxed{2x+y}-\frac{2}{3})(\boxed{x+y}-\frac{3}{2})$ 2 通りの候補[1] 符号は未定(1 次の項)

$=(2x+y\underline{+}3)(x+y\underline{-}2)$.// 下段を採用 符号は +, −

補足 1 次の項 $=(2x+y)(-2)+3(x+y)=-x+y$ で OK.

注 1): $6=1\cdot6$ と分けると,「6」が大き過ぎて上手くいかないような気がするので.

別解 (1 文字 x について整理)

与式 $=2x^2+(3y-1)x+y^2+y-6$

$=2x^2+(3y-1)x+(y+3)(y-2)$

$=(2x-\frac{y+3}{y-2})(1\cdot x-\frac{y-2}{y+3})$ 2 通りの候補 符号は未定(x の項)

$=(2x\underline{+}y+3)(x\underline{+}y-2)$.// 上段を採用 符号は +, +

補足 x の係数 $=2(y-2)+(y+3)\cdot1=3y-1$ で OK.

(4) $\underline{3x^2-xy-2y^2}-5x-5y-2$

$=\underline{(3x+2y)(x-y)}-5x-5y-2$

$=(\boxed{3x+2y}-\frac{1}{2})(\boxed{x-y}-\frac{2}{1})$ 2 通りの候補 符号は未定(1 次の項)

$=(3x+2y\underline{+}1)(x-y\underline{-}2)$.// 上段を採用 符号は +, −

補足 1 次の項 $=(3x+2y)(-2)+1\cdot(x-y)=-5x-5y$ で OK.

別解 (1 文字 x について整理)

与式 $=3x^2-(y+5)x-(2y^2+5y+2)$

$=3x^2-(y+5)x-(2y+1)(y+2)$

$=(3x-\frac{2y+1}{y+2})(1\cdot x-\frac{y+2}{2y+1})$ 2 通りの候補 符号は未定(x の項)

$=(3x\underline{+}2y+1)(x\underline{-}y-2)$.// 上段を採用 符号は +, −

補足 x の係数 $=3(-y-2)+(2y+1)\cdot1=-y-5$ で OK.

1 4 11 因数分解の工夫 根底 実戦 定期 [→1 3]

解答

(1) $xy-3x+2y-6=(x-○)(y-△)$ 符号は未定(x の項, y の項)

$=(x+2)(y-3)$.//

注 前記の変形を思いつかないとしても, 1 文字 x に注目すればできます.

与式 $=x(y-3)+2(y-3)=(x+2)(y-3)$.//

(2) $a^2+b^2-c^2-2ab=(a^2-2ab+b^2)-c^2$
$=(a-b)^2-c^2$
$=\{(a-b)+c\}\{(a-b)-c\}$
$=(a-b+c)(a-b-c).$ //

(3) $a^2+2ab+b^2+6a+6b+9$
$=a^2+b^2+3^2+2ab+2\cdot3a+2\cdot3b$
$=(a+b+3)^2.$ //

別解 与式 $=\overbrace{a^2+2ab+b^2}^{2\text{ 次の項}}+6a+6b+9$
$=(a+b)^2+6(a+b)+9$
$=(a+b+3)^2.$ //

(4) $x^3+y^3-3xy+1$
$=(x+y)^3-3xy(x+y)-3xy+1$
$=(x+y+1)\{(x+y)^2-(x+y)+1\}$
$\quad -3xy(x+y+1)$
$=(x+y+1)\{(x+y)^2-(x+y)+1-3xy\}$
$=(x+y+1)(x^2-xy+y^2-x-y+1).$ //

別解 (2 4 の"公式"ⓓを用いる)
与式 $=x^3+y^3+1^3-3xy\cdot1$
$=(x+y+1)(x^2+y^2+1^2-xy-y\cdot1-1\cdot x)$
$=(x+y+1)(x^2-xy+y^2-x-y+1).$ //

解説 最初の**解答**は，**別解**で述べた"公式"の証明過程そのものです（笑）．■

(5) $(x+1)(x+2)(x+3)(x+4)-8$
$=(x+1)(x+4)\cdot(x+2)(x+3)-8$
$=(x^2+5x+4)(x^2+5x+6)-8$
$=(x^2+5x)^2+10(x^2+5x)+16$
$=(x^2+5x+2)(x^2+5x+8).$ //

(6) $P=p(1-p)$ とおくと
与式 $=\frac{1}{2}(2-P-P^2)$
$=\frac{1}{2}(2+P)(1-P)$
$=\frac{1}{2}\{2+p(1-p)\}\{1-p(1-p)\}$
$=\frac{1}{2}(2+p-p^2)(1-p+p^2)$
$=\frac{1}{2}(2-p)(1+p)(1-p+p^2).$ //

余談 「確率」を扱うとこんな式に出会ったりします．■

(7) $x^4+x^2+1=x^4+2x^2+1-x^2$
$=(x^2+1)^2-x^2$
$=(x^2+x+1)(x^2-x+1).$ //

解説 x^2 の項を巧みに操って $\bigcirc^2-\triangle^2$ の形を作り出しています．初見では無理な問題です．■

別解 与式 $=\underbrace{(x^2)^2+1^2}_{x^2\text{ と 1 の対称式}}+x^2$
$=(x^2+1)^2-2x^2+x^2$
$=(x^2+1)^2-x^2=\cdots$(以下同様)

(8) $x^4+64=x^4+16x^2+64-16x^2$
$=(x^2+8)^2-(4x)^2$
$=(x^2+4x+8)(x^2-4x+8).$ //

解説 前問と同様です．■

別解 与式 $=(x^2)^2+8^2$ ･･･ x^2 と 8 の対称式
$=(x^2+8)^2-16x^2$
$=(x^2+8)^2-(4x)^2=\cdots$(以下同様)

1 4 12 因数分解（3文字以上） [→1 3]

根底 実戦 重要

方針 (1)(2) いったん展開します．その際，暗算して消し合う項を見つけてそれを書かないようにすること．合言葉：

「書いてから見るな．見えてから書け．」

(3)(4) 3 文字 a, b, c の対称式です．どの文字についても対等ですから，どの 1 文字に注目しても同じです．ここでは，「a」に注目します．

解答

(1) 与式 $=a^2c^2+b^2d^2+a^2d^2+b^2c^2$ ･･･ $2abcd$ は消し合う
$=a^2(c^2+d^2)+b^2(d^2+c^2)$
$=(a^2+b^2)(c^2+d^2).$ //

(2) 与式 $=a^2d^2+b^2c^2-2ac\cdot bd$ ･･･ a^2c^2, b^2d^2 は消し合う
$=(ad)^2+(bc)^2-2ad\cdot bc$
$=(ad-bc)^2.$ //

言い訳 (2)は，(1)の結果を用いると一瞬で終わりますが（笑）．ここでは因数分解の練習のため，(1)と(2)は独立に解いてくださいね．

将来 (1)(2)は，「ベクトル」の長さ，内積，および面積に関する有名な等式を導く際に行う計算です．■

(3) 与式 $=(b+c)a^2+(b^2+c^2+2bc)\cdot a+b^2c+bc^2$
$=(b+c)a^2+(b+c)^2\cdot a+bc(b+c)$
$=(b+c)\{a^2+(b+c)\cdot a+bc\}$
$=(b+c)(a+b)(a+c)$
$=(b+c)(c+a)(a+b).$ //

(4) 与式 $=(b+c)a^2+(b^2+c^2+3bc)\cdot a+bc(b+c)$
$=\{a+(b+c)\}\{(b+c)a+bc\}$ ･･･ a の係数を確認
$=(a+b+c)(ab+bc+ca).$ //

補足 (3)，(4)のような 3 文字 a, b, c の対称式の結果・答えをまとめるときには，右図のように"循環形式"に並べるのが慣習です．

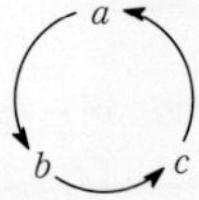

余談 (3)(4)の問題の式は瓜二つ．答えはまるで別の姿（笑）．
ちなみに，2 4/問2の結果：

$(b+c)(c+a)(a+b)$
$=(ab+bc+ca)(a+b+c)-abc$

を見ると，「(3)の結果＝(4)の結果$-abc$」であることが分かります．一方，問題の式を比べても，ちゃんと「(3)の問題＝(4)の問題$-abc$」となっていますね．

1 4 13 因数分解（一部を分解） 根底 実戦 [→例題1 3 f]

着眼 どれも複雑そうですが，よく観察すると因数分解できる部分が見えてきます．

解答 (1) $x^2-y^2+z^2+2xz+2y-1$

$=(x+z)^2-(y-1)^2$
$=(x+z+y-1)(x+z-y+1)$
$=(x+y+z-1)(x-y+z+1).$ //　（一応アルファベット順に）

(2) $a^3-b^3-3a^2+3a-1$

$=(a-1)^3-b^3$
$=(a-1-b)\{(a-1)^2+(a-1)b+b^2\}$
$=(a-b-1)(a^2+ab+b^2-2a-b+1).$ //

(3) $x^4+2x^3+2x^2+2x+1$

$=(x^4+2x^3+x^2)+(x^2+2x+1)$
$=x^2(x^2+2x+1)+(x^2+2x+1)$
$=(x^2+1)(x+1)^2.$ //

別解 $x^4+2x^3+2x^2+2x+1$

$=(x^4+2x^2+1)+2x(x^2+1)$
$=(x^2+1)^2+2x(x^2+1)$
$=(x^2+1)(x^2+2x+1)$
$=(x^2+1)(x+1)^2.$ //

数学Ⅱ後 「因数定理」を用いる手もあります．

(4) 与式

$=(x^2+3x-3)a+(2x^3+6x^2-6x)$　（低次の a について整理）
$=(x^2+3x-3)a+2x(x^2+3x-3)$
$=(2x+a)(x^2+3x-3).$ //

注 どうしても「x の多項式，a は文字係数」と見えてしまいますが，因数分解を行う際にはそうした固定観念は振り払うようにしましょう．

1 4 14 平方式を作る 根底 実戦 典型 重要 [→1 3 5]

着眼 (1) よく見ると，ある公式が適用できる形です．
(2) 値がわかっている $a-b$, $b-c$ を作る方法は，初見ではなかなか思い浮かばないでしょう．

解答 (1) 与式 $=(\sqrt{x})^2+(\sqrt{y})^2+(\sqrt{z})^2+2\sqrt{x}\sqrt{y}+2\sqrt{y}\sqrt{z}+2\sqrt{z}\sqrt{x}$

$=(\sqrt{x}+\sqrt{y}+\sqrt{z})^2.$ //

(2) 与式 $=\frac{1}{2}(2a^2+2b^2+2c^2-2ab-2bc-2ca)$

$=\frac{1}{2}\{(a^2-2ab+b^2)+(b^2-2bc+c^2)+(c^2-2ca+a^2)\}$

$=\frac{1}{2}\{(a-b)^2+(b-c)^2+(c-a)^2\}.$[1]

ここで，$c-a=(c-b)+(b-a)$[2] $=-\sqrt{3}-\sqrt{2}$ だから

与式 $=\frac{1}{2}\{2+3+(\sqrt{3}+\sqrt{2})^2\}$

$=\frac{1}{2}(5+5+2\sqrt{6})=5+\sqrt{6}.$ //

重要 1)：この式変形と(1)で用いた公式：
$(a+b+c)^2=a^2+b^2+c^2+2ab+2bc+2ca$
は，「3 文字の平方」に関する有名な式です．ぜひ，セットで記憶しておきましょう．

解説 2)：この式変形をする際，次のように頭が動いています：
「a は b より $\sqrt{2}$ だけ大きい．b は c より $\sqrt{3}$ だけ大きい．すると，c と a の差はいくらかな？」

言い訳 将来 (2)は，この独特な変形をご紹介するための，やや無理やりな問題です（笑）．（実数)$^2\geq 0$ ですから，このように変形できると，「不等式の証明」に役立ちます[→数学Ⅱ]．

8 演習問題B

181 分数→循環小数 根底 実戦 定期 [→例題15a]

方針 割り算の筆算を，同じ余りが現れて繰り返しになるまで行います．

解答 (1) $\dfrac{5}{22}=$ [1]$0.2\underline{2}7\underline{2}\cdots=0.2\dot{2}\dot{7}$．//

(2) $\dfrac{5}{7}=0.\underline{7}14285\underline{7}\cdots=0.\dot{7}1428\dot{5}$．//

注 [1]：このように，小数第 2 位から循環が始まるケースもあります．

182 循環小数→分数 根底 実戦 定期 [→例題15b]

方針 同じ循環節が消えるよう工夫するのでしたね．

解答

(1)
$$\begin{array}{rl} -)\quad a = & 0.30111\cdots \\ 10a = & 3.01111\cdots \\ \hline \end{array}$$
$\therefore\ 9a=2.71.\quad a=\dfrac{2.71}{9}=\dfrac{271}{900}$．//

(2)
$$\begin{array}{rl} -)\quad b = & 0.220220\cdots \\ 1000b = & 220.220220\cdots \\ \hline \end{array}$$
$\therefore\ 999a=220.\quad a=\dfrac{220}{999}$．//

数学Ⅲ後 理系 循環小数を無限級数としてとらえる視点も確認しておいてくださいね．[→演習問題61313]

183 絶対値の定義・意味 根底 実戦 [→例題15c]

方針 絶対値の**定義**（意味）である「距離」と，**公式**

$$|a|=\begin{cases} a\ (a\geq 0\ のとき), \\ -a\ (a<0\ のとき). \end{cases}$$

（$a\leq 0$ でも OK）

に基づいて考えます．

解答 (1) 与式は

$|x-(-3)|=a.$ …①

左辺は，数直線上において -3, x に対応する 2 点間の距離（≥ 0）を表す．

i) $a<0$ のとき，①は解をもたない．//

ii) $a=0$ のとき，①の解は $x=-3$．//

iii) $a>0$ のとき，①の解は右図より

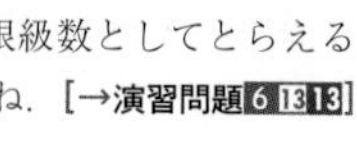

$x=-3\pm a$．//

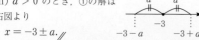

注 (1)の iii)：$a>0$ のときの解：$x=-3\pm a$ は，ii)：$a=0$ のとき $x=-3\pm 0=-3$ となり，ii) のときの解と一致します．よって，ii) と iii) をまとめて解答しても許されるでしょう．■

(2) i) $a>0$ のとき，$-a<0$ だから

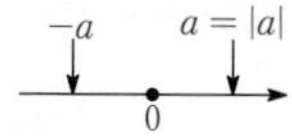

$-a<a=|a|$．//

ii) $a=0$ のとき，$-a=0$ だから

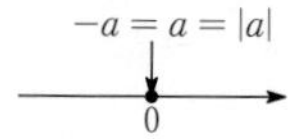

$-a=a=|a|$．//

iii) $a<0$ のとき，$-a>0$ だから

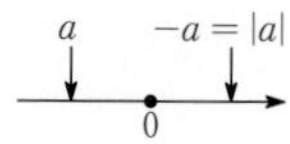

$a<-a=|a|$．//

(3) x の値に対する $x+1$, $x-1$ の符号は右表の通り．したがって

x	$\cdots$	-1	$\cdots$	1	$\cdots$
$x+1$	$-$	0		$+$	
$x-1$		$-$		0	$+$

$$f(x)=\begin{cases} (x+1)-(x-1)=2\ (1\leq x),\ ^{1)} \\ (x+1)+(x-1)=2x\ (-1\leq x\leq 1), \\ -(x+1)+(x-1)=-2\ (x\leq -1). \end{cases}$$ //

よって，$y=f(x)$ のグラフは右図のようになる．//

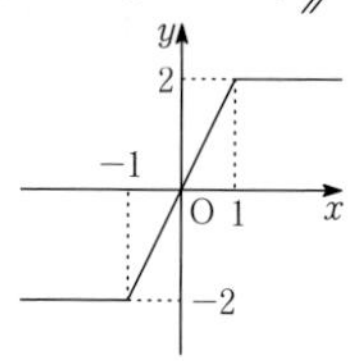

参考 例題15c 参考でも述べた通り，絶対値付き関数のグラフは“折れ曲がった”形状になることが多いです．

注 [1]：ここでは x の範囲を，考えやすい $x\geq 1$ から先に考えています．何が何でも“小さい方から”とやる人が多いですが，損です（笑）．

184 数値計算 根底 実戦 [→例題16a]

着眼 (1)は素朴に．それ以外は一工夫の余地があります．

解答

(1) $78\cdot 3=70\cdot 3+8\cdot 3=210+24=234$．//（これを一時記憶）

別解

$78\cdot 3=(80-2)\cdot 3=240-6=234$．//

(2) $36\cdot 75=9\cdot\underline{4\times 25}\cdot 3=2700$．//

(3) $7^4=(7^2)^2$ （10^2 を作る）

$=(50-1)^2$

$=2500-100+1=2401$．//

(4) $57\cdot 63=(60-3)(60+3)$

$=3600-9=3591$．//

解説 (2)〜(4)を見るとわかる通り，「数値計算」においても，「文字式」の変形公式が活躍する場面があるんです．

185 積への分解 根底 実戦 [→例題16b]

方針 ただひたすら，63 自然数の積への分解 の各手法を用いて積の形へ分解していきます．(3)(4)の「約分」も，やるべきことは同じです．

解答 (1) $90 = 9\cdot10 = 2\cdot3^2\cdot5.$

$195 = 15\cdot13$ （各位の和が 3 の倍数 下一桁が 5）

$= 3\cdot5\cdot13.$

よって，求める最大公約数は，$3\cdot5 = 15.$ //

(2) $836 = 4\cdot209$ （下 2 桁が 4 の倍数）

$1083 = 3\cdot361$ （各位の和が 3 の倍数）

$= 3\cdot19^2.$

そこで，209 を 19 で割ってみると

$836 = 4\cdot209 = 4\cdot19\cdot11.$

よって，求める最大公約数は，19. //

(3) $\dfrac{180}{264}$ （各桁の和が 3 の倍数）

$= \dfrac{18\cdot10}{3\cdot88}$ （88 は，どの位も 8 の倍数）

$= \dfrac{2\cdot3\cdot3\cdot2\cdot5}{3\cdot8\cdot11} = \dfrac{15}{22}.$ //

語記サポ このように，もうそれ以上約分できない分数のことを，**既約分数**といいます．

(4) $\dfrac{102}{1071}$ （各桁の和が 3 の倍数／各桁の和が 9 の倍数）

$= \dfrac{3\cdot34}{9\cdot119}$

$= \dfrac{2\cdot17}{3\cdot17\cdot7}$ （分子を見て，119 を 17 で割ってみた）

$= \dfrac{2}{21}.$ //

解説 自然数の積への分解は，無意識に実行できるくらいまで身に付けましょう．今後，数学全般の様々な局面で使用しますので．

186 平方根の簡約化 根底 実戦 [→例題16d]

方針 とにかく，$\sqrt{○\cdot\triangle^2}$ の形を作り，$\triangle\sqrt{○}$ とします．極力暗算を心掛けて．

解答 (1) $\sqrt{75} = \sqrt{3\cdot25} = \sqrt{3\cdot5^2} = 5\sqrt{3}.$ //

(2) $\sqrt{392} = \sqrt{2\cdot196} = \sqrt{2\cdot14^2} = 14\sqrt{2}.$ //

(3) $\sqrt{15}\sqrt{5} = \sqrt{3\cdot5\cdot5} = 5\sqrt{3}.$ //

(4) $\sqrt{30}\sqrt{24} = \sqrt{5\cdot6\cdot6\cdot2^2} = 12\sqrt{5}.$ //

(5) $\dfrac{3\sqrt{2}}{\sqrt{8}} = \dfrac{3\sqrt{2}}{2\sqrt{2}} = \dfrac{3}{2}.$ //

(6) $\sqrt{0.27} = \sqrt{\dfrac{27}{100}} = \dfrac{\sqrt{3^3}}{\sqrt{10^2}}$ 1) $= \dfrac{3}{10}\sqrt{3}.$ //

解説 1)：なるべく「積の形」にするのが賢い計算です．■

(7) $\sqrt{1-\left(\dfrac{2}{3}\right)^2} = \sqrt{\left(1+\dfrac{2}{3}\right)\left(1-\dfrac{2}{3}\right)}$

$= \sqrt{\dfrac{5}{3}\cdot\dfrac{1}{3}} = \dfrac{\sqrt{5}}{3}.$ //

(8) $\dfrac{a^2}{\sqrt{a}} = \dfrac{a\left(\sqrt{a}\right)^2}{\sqrt{a}} = a\sqrt{a}.$ //

注 分母，分子に $\sqrt{a}$ を掛けたりしたら遠回りです．

(9) $\sqrt{a^3-6a^2+9a} = \sqrt{a(a^2-6a+9)}$

$= \sqrt{a(a-3)^2}$

$= {}^{1)}\sqrt{a}\sqrt{(a-3)^2}\ (\because\ a \geq 0)$

$= \sqrt{a}\cdot|a-3|^{2)}.$ //

注 文字を含んだ式ですから，1)「$\sqrt{\quad}$ 内 ≥ 0」，および 2) $\sqrt{\triangle^2} = |\triangle|$ に注意します．■

187 √ の計算 根底 実戦 [→例題16d]

方針 前問の「平方根の簡約化」に加えて，展開・因数分解の公式も活用していきます．

解答

(1) $2\sqrt{5}\cdot3\sqrt{10} = 2\sqrt{5}\cdot3\sqrt{2\cdot5} = 6\cdot5\sqrt{2} = 30\sqrt{2}.$ //

(2) $\sqrt{3}\left(3\sqrt{2}+\sqrt{6}\right) = \sqrt{3}\left(3\sqrt{2}+\sqrt{2\cdot3}\right)$

$= 3\sqrt{6}+3\sqrt{2}$

$= 3\left(\sqrt{6}+\sqrt{2}\right).$ //

(3) $\dfrac{\sqrt{3}}{3}+\dfrac{4}{\sqrt{3}} = \dfrac{\sqrt{3}}{\left(\sqrt{3}\right)^2}+\dfrac{4}{\sqrt{3}}$

$= \dfrac{1}{\sqrt{3}}+\dfrac{4}{\sqrt{3}} = \dfrac{5}{\sqrt{3}}.$ //

注 分母を有理化しないままの方がむしろキレイだと思います．■

(4) $\left(\sqrt{7}+\sqrt{3}\right)\left(\sqrt{7}-\sqrt{3}\right) = \left(\sqrt{7}\right)^2-\left(\sqrt{3}\right)^2$

$= 7-3 = 4.$ //

注 このような計算が，次問の「有理化」において活きてきます．■

(5) $\left(\sqrt{k}+\sqrt{k-1}\right)\left(\sqrt{k}-\sqrt{k-1}\right)$

$= \left(\sqrt{k}\right)^2-\left(\sqrt{k-1}\right)^2$

$= k-(k-1) = 1.$ //

(6) $\left(3+\sqrt{2}\right)^2 = 3^2+\left(\sqrt{2}\right)^2+2\cdot3\sqrt{2}$

$= 11+6\sqrt{2}.$ //

注 初めから，$\sqrt{\quad}$ が消える部分と，残る部分に振り分けて計算すること（次の(7)(8)も同様）．■

(7) $(2\sqrt{5}-\sqrt{2})^2=(2\sqrt{5})^2+(\sqrt{2})^2-2\cdot 2\sqrt{5}\cdot\sqrt{2}$
$=22-4\sqrt{10}.$ //

(8) $(2+\sqrt{3})^3$
$=2^3+3\cdot 2(\sqrt{3})^2+3\cdot 2^2\sqrt{3}+(\sqrt{3})^3$
$=8+3\cdot 2\cdot 3+(3\cdot 4+3)\sqrt{3}=26+15\sqrt{3}.$ //

(9) $(\sqrt{7}+\sqrt{3}+\sqrt{2})(\sqrt{7}-\sqrt{3}-\sqrt{2})$
$=\{\sqrt{7}+(\sqrt{3}+\sqrt{2})\}\{\sqrt{7}-(\sqrt{3}+\sqrt{2})\}$
$=7-(\sqrt{3}+\sqrt{2})^2$
$=7-(5+2\sqrt{6})=2-2\sqrt{6}.$ //

(10) $(1+\sqrt{2}+\sqrt{3})^2$
$=1+2+3+2\cdot 1\cdot\sqrt{2}+2\cdot\sqrt{2}\sqrt{3}+2\cdot\sqrt{3}\cdot 1$
$=6+2\sqrt{2}+2\sqrt{6}+2\sqrt{3}.$ //

(11) $\left(3+\sqrt{1-x^2}\right)^2-\left(3-\sqrt{1-x^2}\right)^2$
$=6\cdot 2\sqrt{1-x^2}$ ●●● ○²－△²＝(○＋△)(○－△)を用いた
$=12\sqrt{1-x^2}.$ //

(12) $\dfrac{1}{\sqrt{1+k^2}}+k\cdot\dfrac{k}{\sqrt{1+k^2}}=\dfrac{1+k^2}{\sqrt{1+k^2}}$
$=\sqrt{1+k^2}.$ //

(13) $\dfrac{\sqrt{x+1}}{^{1)}x}-\dfrac{\sqrt{x}-1}{\sqrt{x(x+1)}}$
$=\dfrac{x+1-\sqrt{x}(\sqrt{x}-1)}{x\sqrt{x+1}}$
$=\dfrac{x+1-x+\sqrt{x}}{x\sqrt{x+1}}$
$=\dfrac{1+\sqrt{x}}{x\sqrt{x+1}}.$ //

注 1)：この「x」を $(\sqrt{x})^2$ とみることができず，$\dfrac{○○}{x\sqrt{x(x+1)}}$ と通分してしまう人が後を絶ちません（笑）.

188 分母の有理化 根底 実戦 ［→例題16e］

解答 (1) $\dfrac{1}{\sqrt{3}}=\dfrac{\sqrt{3}}{\sqrt{3}\cdot\sqrt{3}}=\dfrac{\sqrt{3}}{3}.$ //

注 ある問題の「答え」が「$\dfrac{1}{\sqrt{3}}$」となったとき，分母を有理化して「$\dfrac{\sqrt{3}}{3}$」とするのが絶対的約束という訳ではありません．むしろ書くのが楽な前者の方を好む人も多いです．
また，「計算の途中経過」においては，前者を用いる方が楽なことが多いです．■

(2) $\dfrac{7}{\sqrt{7}}=\dfrac{^{1)}(\sqrt{7})^2}{\sqrt{7}}=\sqrt{7}.$ //

注 1)：「7」がこのように変形できることを見抜いてください．分子，分母に $\sqrt{7}$ を掛けるのは NG！■

(3) $\dfrac{2\sqrt{5}}{\sqrt{10}}=\dfrac{(\sqrt{2})^2\cdot\sqrt{5}}{\sqrt{2}\sqrt{5}}=\sqrt{2}.$ //

(4) $\dfrac{4\sqrt{3}}{6}=\dfrac{2\sqrt{3}}{(\sqrt{3})^2}=\dfrac{2}{\sqrt{3}}.$ //

(5) $\dfrac{1}{3+\sqrt{2}}=\dfrac{1}{3+\sqrt{2}}\cdot\dfrac{3-\sqrt{2}}{3-\sqrt{2}}$ ●●● 分母は 9－2
$=\dfrac{3-\sqrt{2}}{7}.$ //

解説 実際には，分子に「$3-\sqrt{2}$」を書き，それと同じものを掛けた分母を暗算してしまいます．■

(6) $\dfrac{\sqrt{3}}{\sqrt{3}-\sqrt{2}}$
$=\dfrac{\sqrt{3}}{\sqrt{3}-\sqrt{2}}\cdot\dfrac{\sqrt{3}+\sqrt{2}}{\sqrt{3}+\sqrt{2}}$ ●●● 分母は 3－2
$=\sqrt{3}(\sqrt{3}+\sqrt{2})=3+\sqrt{6}.$ //

(7) $\dfrac{2\sqrt{3}}{3+\sqrt{3}}=\dfrac{2\sqrt{3}}{(\sqrt{3})^2+\sqrt{3}}$
$=\dfrac{2}{\sqrt{3}+1}$ ●●● まずは$\sqrt{3}$ を約分
$=\dfrac{2}{\sqrt{3}+1}\cdot\dfrac{\sqrt{3}-1}{\sqrt{3}-1}$ ●●● 分母は 3－1
$=\sqrt{3}-1.$ //

(8) $\dfrac{1}{\sqrt{k+1}+\sqrt{k}}$
$=\dfrac{1}{\sqrt{k+1}+\sqrt{k}}\cdot\dfrac{\sqrt{k+1}-\sqrt{k}}{\sqrt{k+1}-\sqrt{k}}$ ●●● 分母は $(k+1)-k$
$=\sqrt{k+1}-\sqrt{k}.$ //

(9) $\dfrac{1}{\sqrt{a^2+1}-a}$
$=\dfrac{1}{\sqrt{a^2+1}-a}\cdot\dfrac{\sqrt{a^2+1}+a}{\sqrt{a^2+1}+a}$ ●●● 分母は a^2+1-a^2
$=\sqrt{a^2+1}+a.$ //

(10) $\dfrac{\sqrt{x+1}-\sqrt{x}}{2}$
$=\dfrac{\sqrt{x+1}-\sqrt{x}}{2}\cdot\dfrac{\sqrt{x+1}+\sqrt{x}}{\sqrt{x+1}+\sqrt{x}}$ ●●● 分子は $x+1-x$
$=\dfrac{1}{2(\sqrt{x+1}+\sqrt{x})}.$ //

将来 **理系** 数学Ⅲでは，こうした文字式の分子を有理化することもよく行います．■

(11) $\dfrac{1}{2+\sqrt{3}}+\dfrac{1}{2-\sqrt{3}}$

$=\dfrac{1}{2+\sqrt{3}}\cdot\dfrac{2-\sqrt{3}}{2-\sqrt{3}}+\dfrac{1}{2-\sqrt{3}}\cdot\dfrac{2+\sqrt{3}}{2+\sqrt{3}}$

$=2-\sqrt{3}+2+\sqrt{3}=4.$ //

(12) **方針** 「$\sqrt{\quad}+\sqrt{\quad}$」の形になっていません．そこで，$\sqrt{2}+\sqrt{3}$ を "カタマリ" とみて，前問までの手法を "真似" してみます．■

$$与式=\dfrac{1}{\boxed{\sqrt{2}+\sqrt{3}}+\sqrt{5}}$$

$$=\dfrac{1}{\boxed{\sqrt{2}+\sqrt{3}}+\sqrt{5}}\cdot\dfrac{\boxed{\sqrt{2}+\sqrt{3}}-\sqrt{5}}{\boxed{\sqrt{2}+\sqrt{3}}-\sqrt{5}}$$

$$=\dfrac{\sqrt{2}+\sqrt{3}-\sqrt{5}}{(\sqrt{2}+\sqrt{3})^2-5}$$

$$=\dfrac{\sqrt{2}+\sqrt{3}-\sqrt{5}}{(5+2\sqrt{6})-5}$$

$$=\dfrac{\sqrt{2}+\sqrt{3}-\sqrt{5}}{2\sqrt{6}}{}^{2)}$$

$$=\dfrac{\sqrt{6}(\sqrt{2}+\sqrt{3}-\sqrt{5})}{12}$$

$$=\dfrac{2\sqrt{3}+3\sqrt{2}-\sqrt{30}}{12}. //$$

注 2)：$\sqrt{2},\sqrt{3},\sqrt{5}$ のうちどの 2 つをカタマリとみても出来ますが，上のカタマリの作り方だとこの分母が比較的簡単に表せます．どのようにカタマリを作るとトクするかは，試行錯誤と "運" です (笑)．■

(13) 与式

$$=\dfrac{1}{\sqrt{7}-\left(\boxed{\sqrt{3}+\sqrt{2}}\right)}$$

$$=\dfrac{1}{\sqrt{7}-\left(\boxed{\sqrt{3}+\sqrt{2}}\right)}\cdot\dfrac{\sqrt{7}+\boxed{\sqrt{3}+\sqrt{2}}}{\sqrt{7}+\boxed{\sqrt{3}+\sqrt{2}}}$$

$$=\dfrac{\sqrt{7}+\sqrt{3}+\sqrt{2}}{7-(\sqrt{3}+\sqrt{2})^2}$$

$$=\dfrac{\sqrt{7}+\sqrt{3}+\sqrt{2}}{7-(5+2\sqrt{6})}$$

$$\overset{3)}{=}-\dfrac{\sqrt{7}+\sqrt{3}+\sqrt{2}}{2(\sqrt{6}-1)}$$

$$=-\dfrac{\sqrt{7}+\sqrt{3}+\sqrt{2}}{2(\sqrt{6}-1)}\cdot\dfrac{\sqrt{6}+1}{\sqrt{6}+1}$$

$$=-\dfrac{1}{10}(\sqrt{7}+\sqrt{3}+\sqrt{2})(\sqrt{6}+1)$$

$$=-\dfrac{1}{10}(\sqrt{42}+3\sqrt{2}+2\sqrt{3}+\sqrt{7}+\sqrt{3}+\sqrt{2})$$

$$=-\dfrac{1}{10}(\sqrt{42}+4\sqrt{2}+3\sqrt{3}+\sqrt{7}). //$$

注 3)：分母が負になることを察知して，「−」を前に出し，分母を正にしておきました．■

189 二重根号を外す

根底 実戦 [→例題16f]

方針 とにかく内側の $\sqrt{\quad}$ の前に「2」を作ること．

解答

(1) $\sqrt{5-2\sqrt{6}}=\sqrt{(3+2)-2\sqrt{3\cdot2}}=\sqrt{3}-\sqrt{2}.$ //

(2) $\sqrt{6+\sqrt{20}}=\sqrt{6+2\sqrt{5}}$

$=\sqrt{(5+1)+2\sqrt{5\cdot1}}$

$=\sqrt{5}+1.$ //

(3) $\sqrt{14+5\sqrt{3}}=\sqrt{\dfrac{28+2\sqrt{75}}{2}}{}^{1)}$

$=\dfrac{\sqrt{(25+3)+2\sqrt{25\cdot3}}}{\sqrt{2}}$

$=\dfrac{\sqrt{25}+\sqrt{3}}{\sqrt{2}}=\dfrac{5\sqrt{2}+\sqrt{6}}{2}.{}^{2)}$ //

解説 1)：5 を内側の $\sqrt{\quad}$ 内に入れました．とにかく，内側の $\sqrt{\quad}$ の前は「2」にします．

補足 2)："いちおう" 分母を有理化しておきましたが，不可欠な作業ではないです．■

(4) $\sqrt{x+1+\sqrt{x^2+2x}}$

$=\sqrt{\dfrac{2x+2+2\sqrt{x(x+2)}}{2}}$

$=\dfrac{\sqrt{(x+2+x)+2\sqrt{(x+2)\cdot x}}}{\sqrt{2}}$

$=\dfrac{\sqrt{x+2}+\sqrt{x}}{\sqrt{2}}.$ //

注 文字式の場合，ちゃんと $\sqrt{\quad}$ 内が 0 以上であることを確認すること．

言い訳 分母を有理化しませんでした．しても，得するカンジがしませんので (笑)．■

(5) $\sqrt{a-1-2\sqrt{a-2}}$

$=\sqrt{(a-2)+1-2\sqrt{(a-2)\cdot1}}$

$=\left|\sqrt{a-2}-1\right|{}^{3)}$

$=\begin{cases}\sqrt{a-2}-1 & (a\geq3),\\ 1-\sqrt{a-2} & (2\leq a\leq3).\end{cases}$ //

注 3)：$\sqrt{a-2}$ と 1 の大小関係は定まっていませんから，絶対値記号が要ります．その後，場合分けして答えました．

1 8 10 $\sqrt{\quad}$ と絶対値
根底 実戦 定期 [→例題 1 6 g]

方針 実数 x に対して，$\sqrt{x^2}=|x|$ が成り立つことを用います．

解答 (1) 与式 $=|a|+a$

$$=\begin{cases} a+a=2a\ (a\geq 0\ \text{のとき}), \\ -a+a=0\ (a\leq 0\ \text{のとき}).\ /\!/ \end{cases}$$

(2) 与式

$$=\sqrt{(x+2)^2}+\sqrt{(x-2)^2}$$

$$=|x+2|+|x-2|$$

$$=\begin{cases} (x+2)+(x-2)=2x\ (2\leq x\ \text{のとき}), \\ (x+2)-(x-2)=4\ (-2<x<2\ \text{のとき}), \\ -(x+2)-(x-2)=-2x\ (x\leq -2\ \text{のとき}).\ /\!/ \end{cases}$$

(3) **着眼** $1<x<3$ のとき，$1-x<0$, $x-3<0$ より分母の $\sqrt{\quad}$ 内 はちゃんと正になります．

注 分子，分母にある「$x-3$」について，“あること”に気付きましたか？■

$x<3$ より $x-3<0$[1] だから

$$\frac{x-3}{\sqrt{(1-x)(x-3)}}$$

$$=\frac{-(3-x)}{\sqrt{(x-1)(3-x)}}$$ ●●● 3 つの(　) は全て正

$$=-\sqrt{\frac{(3-x)^2}{(x-1)(3-x)}}$$

$$=-\sqrt{\frac{3-x}{x-1}}.\ /\!/$$

注 (3) [1]：$x-3<0$ なので，~~$x-3=\sqrt{(x-3)^2}$~~ とはなりません！例えば $x=2$ のとき，左辺は負で右辺は正ですから，この等式は成り立ちませんね．

[→6 8 参考]

このように，文字は負の値をとる可能性があることを念頭に置き，その際には細心の注意を払うようにしてください．

1 8 11 大小比較
根底 実戦 重要 [→1 6]

方針 大小比較をする上での“曲者（くせ）”である「$\sqrt{\quad}$」を消すため，両者を2 乗して比べましょう．中学で学んだ 2 次関数のグラフ（右図）を見るとわかるように，2 つの正の実数 a, b の大小とそれぞれを 2 乗した a^2, b^2 の大小とは一致しますから，ちゃんと元の数の大小もわかります．

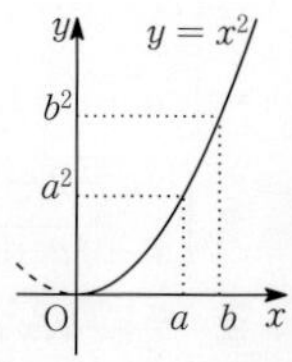

解答 (1) $\begin{cases} (4\sqrt{3})^2=48, \\ 7^2=49. \end{cases}$ ●●● 7^2 の方が大きい

$\therefore\ 4\sqrt{3}<7.\ /\!/$

(2) $\begin{cases} (6\sqrt{5})^2=180, \\ (5\sqrt{7})^2=175. \end{cases}$ ●●● $(6\sqrt{5})^2$ の方が大きい

$\therefore\ 6\sqrt{5}>5\sqrt{7}.\ /\!/$

注 本問では，数値の大小関係それ自体がメインテーマなので，「$\sqrt{3}=1.7320\cdots$」など概算値の使用はできれば避けた方がよいと思われます．

1 8 12 大小比較
根底 実戦 [→1 6]

注 「$\pi=3.1415\cdots$ であることは用いてよい」とは，暗に「$\sqrt{11}=3.31662\cdots$ は使うな」とも言ってると解釈しましょう（笑）．本問のように，数値の大小がメインテーマとなる問題では，このような概算値の使用には神経を使うべきです．

方針 $\pi=3.1415\cdots$ と $\dfrac{19}{6}$ の大小はカンタンですね．

あとは，このうちどちらと $\dfrac{5\sqrt{11}-7}{3}$ を比べるか…．とりあえず，カンタンな方と比べましょう（笑）．

解答 $\dfrac{19}{6}=3.1666\cdots$ だから

$$\pi<\frac{19}{6}.\ \cdots①$$

次に，

$$\frac{19}{6}\ \text{と}\ \frac{5\sqrt{11}-7}{3}$$

の大小は，次の大小と一致する：

19 と $10\sqrt{11}-14$ ●●● 両方を 6 倍した

33 と $10\sqrt{11}$ ●●● 両方に 14 を加えた

33^2 と $(10\sqrt{11})^2$[1] ●●● 両方を 2 乗した

1089 と 1100 …②

②においては左：1089 が小さいので

$$\frac{19}{6}<\frac{5\sqrt{11}-7}{3}.$$

これと①より，求める大小関係は

$$\pi<\frac{19}{6}<\frac{5\sqrt{11}-7}{3}.\ /\!/$$

解説 ①の後，もし π と $\dfrac{5\sqrt{11}-7}{3}$ の大小を比べると，

$$\pi<\frac{5\sqrt{11}-7}{3}$$

となります（比較はかなりメンドウ…）．

これと①を合わせても，$\frac{19}{6}$ と $\frac{5\sqrt{11}-7}{3}$ の大小はわかりませんので，"失敗" となります（結果論ですが）.

補足 1)：2 つの正数の大小は，両者を 2 乗しても一致します．[→前問 方針]

1 8 13 2重根号の計算

根底 実戦 典型 [→1 6]

方針 まずは 2 重根号を外しましょう．その際，2 つの正の数についての和と積を作ります．

解答

$$x=\frac{1}{\sqrt{2}}\cdot\sqrt{2a+2\sqrt{a^2-1}}$$
$$=\frac{1}{\sqrt{2}}\cdot\sqrt{(a+1)+(a-1)+2\sqrt{(a+1)(a-1)}}$$
$$=\frac{1}{\sqrt{2}}\left(\sqrt{a+1}+\sqrt{a-1}\right)\ (\because\ a>1^{1)}).$$

$$\therefore\ \frac{1}{x}=\sqrt{2}\cdot\frac{1}{\sqrt{a+1}+\sqrt{a-1}}\cdot\frac{\sqrt{a+1}-\sqrt{a-1}}{\sqrt{a+1}-\sqrt{a-1}}{}^{2)}$$
$$=\frac{1}{\sqrt{2}}\left(\sqrt{a+1}-\sqrt{a-1}\right).$$
$$\therefore\ x+\frac{1}{x}=\frac{1}{\sqrt{2}}\left(\sqrt{a+1}+\sqrt{a-1}\right)+\frac{1}{\sqrt{2}}\left(\sqrt{a+1}-\sqrt{a-1}\right)$$
$$=\sqrt{2(a+1)}.\,/\!\!/$$

注 1)：$a>1$ より $a+1>0,\ a-1>0$ となるので，"普段通り" に二重根号が外せます．

補足 2)：この分母は，

$$\left(\sqrt{a+1}+\sqrt{a-1}\right)\left(\sqrt{a+1}-\sqrt{a-1}\right)$$
$$=(a+1)-(a-1)=2.$$

参考 $a>1$ のとき，x が確かに実数であることを確認しておきます：

まず，内側の $\sqrt{}$ 内 $=a^2-1>0$.

次に，外側の $\sqrt{}$ 内は $a,\ \sqrt{a^2-1}$ がともに正なので，やはり正．

よって，x は実数です．

1 8 14 絶対値とグラフ

根底 実戦 典型 重要 [→1 6 8]

方針 絶対値記号内の**符号**に注目します．場合分けを要します．

解答

(1) $y=\begin{cases} x\ (x\geq 0), \\ -x\ (x\leq 0). \end{cases}$

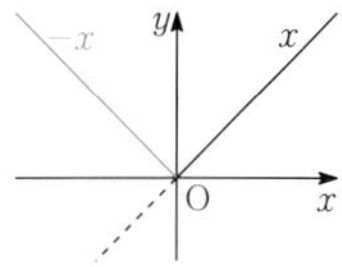

よって求めるグラフは右図の通り：

注 このような「$y=|○○|$ 型」，つまり右辺全体が絶対値記号で覆われているタイプの関数のグラフは，実際に描く際には次のようにします：

1° まず，$y=$ ○○ のグラフを "薄い線で" 描く．

2° その y 座標が正の部分はそのまま描く．
y 座標が負の部分については，その y 座標を -1 倍した関数のグラフ，つまり x 軸に関して折り返したものを描く．

注 あくまでも，このように絶対値記号内：○○の符号を**考えて**描くこと．さもないと，痛い目にあいますよ！[→例題 2 10 d] ■

(2) $y=\begin{cases} 2x-4\ (x\geq 2), \\ -(2x-4)\ (x\leq 2). \end{cases}$

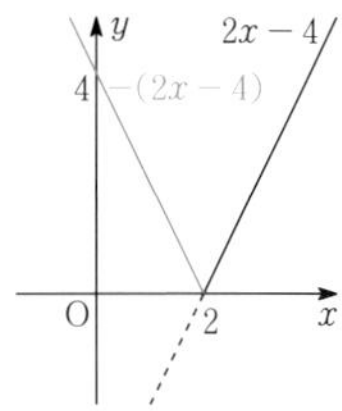

よって求めるグラフは右図の通り：

注 "本音" を言うと，上の「式」はあまり眼中になく，(1)の注で述べた描き方を用いています．

(3) **方針** (1)(2)の考え方を繰り返し使います．■

$y=\sqrt{x^2}=|x|$ … ①
$y=|x|-1$ … ②

のグラフをもとに考えると，$y=\big||x|-1\big|$ …③ のグラフは右図の通り：

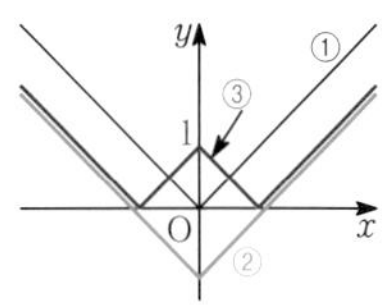

解説 手順を説明します：

1° ①を(1)の結果をもとに描く．

2° そのグラフを y 軸方向に -1 だけズラしたのが②（平行移動）.

3° (1)の考え方を用いて，②のうち y 座標が負の部分を x 軸に関して折り返して③を得る．

(4) **方針** (1)(2)のような「$y=|○○|$ 型」とは異なります．絶対値記号内の符号を，x の範囲ごとに判定して絶対値記号を外した式を考えます．ただし…■

$$y=|x-1|+|x-2|$$
$$=\begin{cases} (x-1)+(x-2)=\underline{2}x-3\ (2\leq x), \\ (x-1)-(x-2)=\underline{0}\cdot x+\underline{1}\ (1\leq x\leq 2), \\ -(x-1)-(x-2)=\underline{-2}x+3\ (x\leq 1). \end{cases}$$

よって求めるグラフは右図の通り：

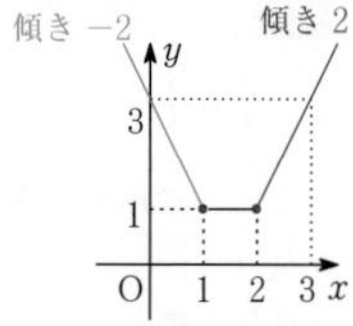

解説 前式のうち，実際に見ているのは赤下線部のみです．グラフを描く手順を詳しく説明すると次の通りです：

1° $1 \leq x \leq 2$ において，傾き 0 の線分を引く．

2° 1° の "右端" の点 (2, 1) から，$2 \leq x$ の範囲に傾き 2 の半直線を引く．

3° 1° の "左端" の点 (1, 1) から，$x \leq 1$ の範囲に傾き −2 の半直線を引く．

要約すると，次の通りです：

「"折れ目" の点」と「傾き」のみ考える．

この考えが，より本格的な問題で大活躍します．

[→演習問題 4 12 3]

参考 このグラフを用いると，例えば絶対値入り不等式：$|x-1|+|x-2|<3$ の解が，一目で $0<x<3$ だとわかりますね．

(5) **方針** (4)と同様です．

$y=|x|+|x-1|+|x-3|$

$$=\begin{cases} {}^{1)}x+(x-1)+(x-3)=\underline{3}x-4\ (3\leq x), \\ {}^{2)}x+(x-1)-(x-3)=\underline{1}\cdot x+2\ (1\leq x\leq 3), \\ x-(x-1)-(x-3)=\underline{-1}\cdot x+4\ (0\leq x\leq 1), \\ -x-(x-1)-(x-3)=\underline{-3}x+4\ (x\leq 0). \end{cases}$$

よって求めるグラフは右図：

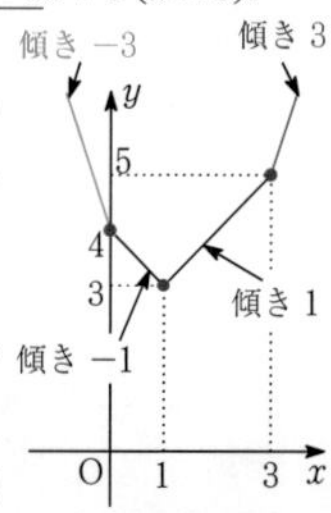

解説 上式の赤下線部を見ながら，"折れ目" の点と傾きのみ考えて描いています．

注 例えば「$3 \leq x$」と「$1 \leq x \leq 3$」とのつなぎ目（折れ目）は，上式 1) or 2) の x につなぎ目の 3 を代入して $y=5$ と求まります（どちらの式を用いても同じ値が得られます）．他のつなぎ目も同様です．

1 8 15 平方根と対称式

根底 実戦 典型 [→例題 1 6 i]

方針 設問の "流れ" に乗ると，スンナリ解決します．

解答 (1) $\sqrt{3^2}<\sqrt{13}<\sqrt{4^2}$ より $3<\sqrt{13}<4$.

よって $\sqrt{13}$ の整数部分は 3 であり，小数部分は

$a=\sqrt{13}-3.$ //

(2) $$\frac{2}{a}=\frac{2}{\sqrt{13}-3}$$

$$=\frac{2}{\sqrt{13}-3}\cdot\frac{\sqrt{13}+3}{\sqrt{13}+3}$$

$$=\frac{2(\sqrt{13}+3)}{4}=\frac{\sqrt{13}+3}{2}.$$ //

(3) $$\frac{a}{2}+\frac{2}{a}=\frac{\sqrt{13}-3}{2}+\frac{\sqrt{13}+3}{2}=\sqrt{13}.$$ //

(4) $$\frac{a^2}{4}+\frac{4}{a^2}=\left(\frac{a}{2}\right)^2+\left(\frac{2}{a}\right)^2$$

$$=\left(\frac{a}{2}+\frac{2}{a}\right)^2-2\cdot\frac{a}{2}\cdot\frac{2}{a}$$

$$=13-2\ (\because (3))$$

$$=11.$$ //

(5) $$\frac{a^2}{4}-\frac{4}{a^2}=\left(\frac{a}{2}\right)^2-\left(\frac{2}{a}\right)^2$$

$$=\left(\frac{a}{2}+\frac{2}{a}\right)\left(\frac{a}{2}-\frac{2}{a}\right).\ \cdots①$$

ここで(1)(2)より

$$\frac{a}{2}-\frac{2}{a}=\frac{\sqrt{13}-3}{2}-\frac{\sqrt{13}+3}{2}=-3.$$

これと(3)および①より

与式 $=-3\sqrt{13}.$ //

参考 (3)(4)は，$\frac{a}{2}$ と $\frac{2}{a}$ の対称式ですね．

1 8 16 無理数・文字式の計算

根底 実戦 入試 ハイレベル↑ [→例題 1 6 i]

着眼 (1) $f_2\cdot f_1$ を計算してみると，すぐに f_3, f_1 が現れます．

(2) (1)を一般化して文字にしただけです．わかりづらいと感じる人は，頭の中で m, n を例えば 5, 3 のような数値に置き換えて考えてみましょう．

(3) (2)より，f_m, f_n, f_{m-n} の 3 つから f_{m+n} が求まりますね．

解答 (1) $$f_2\cdot f_1=\left(x^2+\frac{1}{x^2}\right)\left(x+\frac{1}{x}\right)$$

$$=\left(x^3+\frac{1}{x^3}\right)+\left(x+\frac{1}{x}\right)^{1)}$$

$$=f_3+f_1.$$ //

(2) (1)と同様に

$f_m\cdot f_n$

$$=\left(x^m+\frac{1}{x^m}\right)\left(x^n+\frac{1}{x^n}\right)$$

$$=\left(x^{m+n}+\frac{1}{x^{m+n}}\right)+\left(x^{m-n}+\frac{1}{x^{m-n}}\right)$$

$$=f_{m+n}+f_{m-n}.$$

$$\therefore\ f_{m+n}=f_m\cdot f_n-f_{m-n}.$$ //

(3) $x=\frac{\sqrt{5}+1}{2}$ より

$$\frac{1}{x}=\frac{2}{\sqrt{5}+1}\cdot\frac{\sqrt{5}-1}{\sqrt{5}-1}=\frac{\sqrt{5}-1}{2}.$$

$$\therefore\ f_1 = x + \frac{1}{x} = \sqrt{5}.//$$

$$f_2 = x^2 + \frac{1}{x^2} = \left(x + \frac{1}{x}\right)^2 - 2^{\,2)} = 5 - 2 = 3.//$$

これらと(2)より

$$f_3 = f_2 \cdot f_1 - f_{2-1} = 3\sqrt{5} - \sqrt{5} = 2\sqrt{5}.//$$

$$f_5 = f_3 \cdot f_2 - f_{3-2} = 2\sqrt{5}\cdot 3 - \sqrt{5} = 5\sqrt{5}.$$

$$f_8 = f_5 \cdot f_3 - f_{5-3} = 5\sqrt{5}\cdot 2\sqrt{5} - 3 = 47.$$

$$f_{13} = f_8 \cdot f_5 - f_{8-5} = 47\cdot 5\sqrt{5} - 2\sqrt{5} = 233\sqrt{5}.//$$

解説 [1)]：このように，初めから整理して書きましょう．合言葉：「書いてから見るな．見えてから書け．」

将来　本問のように，「前の番号」を利用して「後の番号」について考えるという手法は，数学B「数列」において大活躍します．

参考 $f_n = x^n + \left(\frac{1}{x}\right)^n$ は，x と $\frac{1}{x}$ の対称式です［→例題 1 6 i］．よって f_n は基本対称式：$x + \frac{1}{x}$ と $x\cdot\frac{1}{x}$ だけで表すことができ，後者は定数「1」ですから，f_n は $x + \frac{1}{x}$ のみで表せます．

[2)]：f_2 は実際そのようにして求めました．
f_3 も，次のように求めることもできます：

$$f_3 = \left(x + \frac{1}{x}\right)^3 - 3x\cdot\frac{1}{x}\left(x + \frac{1}{x}\right) = (\sqrt{5})^3 - 3\cdot\sqrt{5} = 2\sqrt{5}.//$$

ただし，f_5 以降は(2)の流れに乗る方が賢いです．

1 8 17　1次不等式　根底　実戦　［→例題 1 7 b］

方針　「x は左辺」にこだわり過ぎず，x の係数がなるべく正になるように．
また，出来る限り暗算で片付けること．それが将来の伸びにつながります．

解答

(1)　$2x + 1 \leq 7$. $2x \leq 6$. $\therefore\ x \leq 3$.//

(2)　$-x + 2 > 5$. $-3 > x$. $\therefore\ x < -3$.//

解説　x は，係数が正になるよう右辺へ移項しました．答えは，慣習に従って x が左辺にくるよう書き換えていますが．■

(3)　$\frac{x}{3} - 1 > \frac{1}{2}$. $\frac{x}{3} > \frac{3}{2}$. $\therefore\ x > \frac{9}{2}$.//

解説　分数係数を消したいからといって両辺を 6 倍するのは遠回り．最終的には x の係数を「+1」にしたいのだということを忘れずに．■

(4)　$-2 + 3x \geq 6x - 5$. $3 \geq 3x$. $\therefore\ x \leq 1$.//

注　x の項が 2 か所になりました．x の係数が正になるように移項しましょう．■

(5)　$3(x-2) - 2 \leq x + 3$. $3x - 8 \leq x + 3$.
$2x \leq 11$. $\therefore\ x \leq \frac{11}{2}$.//

解説　実際には，「左辺に集めた x の係数」と「右辺に集めた定数項」の 2 つに分けてそれぞれを暗算しています．■

(6)　$\frac{x+7}{2} > \frac{3}{4}x + 2$. $2x + 14 > 3x + 8$.
$6 > x$. $\therefore\ x < 6$.//

解説　このくらいになると，途中式を 1 行くらいは書いてもよい気がします．■

(7)　$0.03x + 0.2 > 0.02x + 1$.
$3x + 20 > 2x + 100$. $\therefore\ x > 80$.//

解説　小数係数は扱い慣れないので，両辺を 100 倍して整数係数にしました．■

(8)　$\sqrt{}$ 内 $= x \geq 0$ …① のもとで考えて，

$$\frac{5\sqrt{x} + 3\sqrt{2}}{6} \leq \frac{\sqrt{x}}{3} + 2\sqrt{2}.$$

$$5\sqrt{x} + 3\sqrt{2} \leq 2\sqrt{x} + 12\sqrt{2}.$$

$$3\sqrt{x} \leq 9\sqrt{2}.\ \sqrt{x} \leq 3\sqrt{2}.$$

これと①より，$0 \leq x \leq 18$. [1)]//

解説 [1)]：「2 つの0 以上の実数 $\sqrt{x}$ と $3\sqrt{2}$ の大小関係」と，「$(\sqrt{x})^2$ と $(3\sqrt{2})^2$ の大小関係」は一致します［→演習問題 1 8 11 方針］．

1 8 18　連立1次不等式　根底　実戦　［→例題 1 7 c］

方針　2 つの不等式をそれぞれ解き，その両方を満たす x の範囲を求めます．

解答

(1)　$\begin{cases} -2x > 3 \\ 3x \geq -5. \end{cases}$　$\begin{cases} x < -\frac{3}{2} \\ x \geq -\frac{5}{3}. \end{cases}$

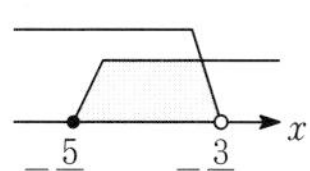

すなわち，$-\frac{5}{3} \leq x < -\frac{3}{2}$.//

(2)　$\begin{cases} 4 - 2x > x + 1 \\ 4 + 2x > -x - 2. \end{cases}$　$\begin{cases} x < 1 \\ x > -2. \end{cases}$ [1)]

すなわち，$-2 < x < 1$.//

解説 1)：この程度なら，数直線は頭の中でイメージするだけで答えを書けるでしょう．■

(3) $-3 \leq 3x-1 \leq 1$. ∴ $-\dfrac{2}{3} \leq x \leq \dfrac{2}{3}$.//

解説 $-3, 3x-1, 1$ の 3 つが連なっていますが，あくまでも 2 つの大小関係を表す不等式が連立されているという認識をもってください．■

(4) $x-1<5 \leq x$. ∴ $5 \leq x < 6$.//

解説 元の式では x が"両端"にあります．それを解くと同時に x が"真ん中"にくる形を一気に書けるようにしましょう．実戦においてとても頻繁に現れる形ですので．

実際に解くときの頭の動きは次の通りです：

1° まず赤下線部を解いて「$x<6$」と書く．

2° 赤波線部：「$5 \leq x$」をその左に書き足す．■

(5) $\dfrac{x+1}{3} \leq 2 < \dfrac{x+2}{2}$. ∴ $2 < x \leq 5$.//

解説 前問と同様です．まず赤下線部を解いて「$x \leq 5$」と書き，次に赤波線部を解いて得た「$2<x$」をその左に書き足します．■

(6) $-\dfrac{x}{5}+1 < x < \dfrac{x}{3}+2$. ∴ $\dfrac{5}{6} < x < 3$.//

解説 今度は赤下線部と赤波線部の左右が入れ替わりません．このくらいも暗算で片付けましょう．前者は両辺を 5 倍，後者は 3 倍しています．■

1 8 19 1次不等式の整数解

根底 実戦 [→例題 1 7 f]

方針 まずは連立不等式を解き，a をどのような値にすると整数解がちょうど 5 個になるかと考えます．

解答 与式を解くと

$-\dfrac{5}{2} \leq x < 3a+1$. …①

よって，題意の条件は，①を満たす整数 x が

$x=-2, -1, 0, 1, 2$ に限ること．…(*)

右図より，(*) は

$2 < 3a+1 \leq 3$.[1)]

i.e. $\dfrac{1}{3} < a \leq \dfrac{2}{3}$.//

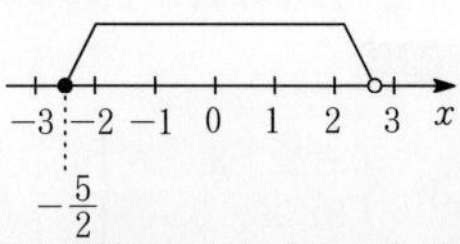

解説 1)：この不等式における等号の有無がとても重要です．「$2<$」，「$2 \leq$ 」のどちらか？および「<3」，「≤ 3」のどちらか？これは，「$a=2$」もしくは「$a=3$」のときに題意の条件が成り立つか否かによって判断します：

〔$a=2$ のとき〕

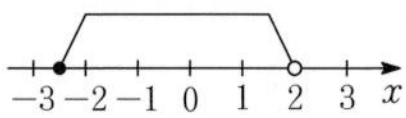

$x=2$ が解になっていないので不適．

〔$a=3$ のとき〕

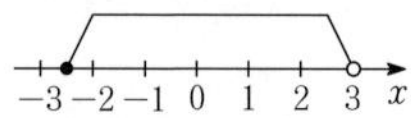

$x=3$ が解になっていないから適する．

9後 本問で問われていることは，「実数 a に関する**条件**」です．

1 8 20 1次不等式の係数決定

根底 実戦 [→1 7]

着眼 不等号の向きに注意してください．

解答 不等式①の解が $x \leq$ 定数 の形になるから，

$a+2<0$, i.e. $a<-2$. …②

②のもとで①を解くと

$x \leq \dfrac{2a+9}{a+2}$.

この解が $x \leq a$ と一致するから

$\dfrac{2a+9}{a+2}=a$. $a^2=9$.

これと②より，求める値は，$a=-3$.//

注 両辺を $a+2$ で割る際には，その符号に注意．

1 8 21 1次不等式の応用

根底 実戦 終着 [→例題 1 7 e]

方針 文章は長ったらしいですが (笑)，やるべきことは題意の条件をカラーページ数 x を用いて不等式に表すことです．

解答 カラーページ数を x ($0 \leq x \leq 240$ …①) とすると，モノクロページ数は $240-x$ となるから，題意の条件は

$\{180+7.5x+2.5(240-x)\} \times 1.1 \leq 1000$.

これを変形すると

$(180+5x+600) \times 1.1 \leq 1000$.

$5.5x+858 \leq 1000$.

$x \leq \dfrac{142}{5.5} = \dfrac{284}{11} = 25.8\cdots$.

以上より，求めるカラーページ数に関する条件は，

[1)]25 ページ以下.//（このとき①も成立.）

補足 税抜き費用 a 円に対し，税込み費用は

$a \times \left(1+\dfrac{10}{100}\right) = a \times 1.1$ (円)

となります．

注 1)：当然のことながら，「ページ数」は整数値に限ります．

1 8 22 1次不等式の応用

根底 実戦 終着

[→例題 1 7 e]

着眼 L のみでいくか，H も使うかを比べます．どちらのルートも「A → B」の部分は同じですから，B 以降についてのみ比べます．

解答 $x = \mathrm{BP}\ (\geq 0)$ とおき，次の 2 つの場合の所要時間を比べる：

∘ L だけ使って「B → P」と行く場合

∘ H も使って「B → D → E → C → P」と行く場合

後者の場合の経路の距離は

L 上 $\cdots \mathrm{BD} + \mathrm{EC} + \mathrm{CP} = 1 + 1 + |x - 20|$[2]，

H 上 $\cdots \mathrm{DE} = 20$.

題意の条件は

$$\frac{x}{50} > \frac{1 + 1 + |x - 20|}{50} + \frac{20}{100}.$$

i.e. $x > 12 + |x - 20|$. …①

i) $x \geq 20$ のとき，①は

$x > 12 + (x - 20)$, i.e. $0 > -8$.

これは成立するから，i) の x は全て適する．

ii) $0 \leq x < 20$ のとき，①は

$x > 12 - x + 20$. ∴ $16 < x (< 20)$.

以上 i), ii) より，求める条件は $x > 16$，すなわち P の範囲は

B から東へ 16km 地点より東側.//

注 [2]：x に関する条件を立式する際，このように「絶対値記号」を使うことにより，**解答**で行った「場合分け」を先送りすることができました．「絶対値記号」って，便利なものなんです！

別解 ①の後は，両辺の関数のグラフを利用することもできます：

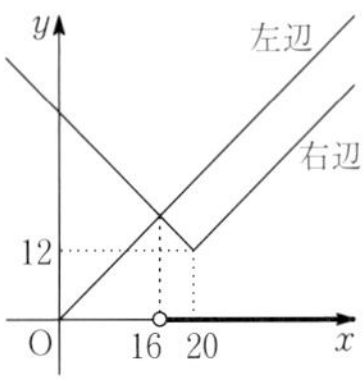

余談 [1]：もちろん現実はこんなに単純ではありません．しかし，「数学」を「日常の現実」へ応用しようとする際には，このように多少の誤差を無視し，敢えて単純化することによって数量化し易くするというスタンスを取ることが多いです．

1 8 23 ガウス記号と方程式

根底 実戦 入試 ハイレベル↑

[→p.39 コラム]

方針 このままでは方程式は解けませんから，ガウス記号を外しましょう．不等式を用いて．

解答

$$\overbrace{[x] \leq x}^{\text{“超えない”}} < [x] + 1. \cdots ②$$
$$\underbrace{x < [x] + 1}_{\text{“最大整数”}}$$

i.e. $x - 1 < [x] \leq x$.

これと①より

$$x - 1 < 3 - x \leq x,$$

i.e. $\dfrac{3}{2} \leq x < 2$.[1] …③

このとき $[x] = 1$ だから，①は

$1 = 3 - x$. ∴ $x = 2$.

これは③を満たさないから，①は解をもたない.//

言い訳 実際のテストで，「解なし」が正解となる問題はあまり出ませんが（笑）.

解説 ②は，ガウス記号の“不等式への翻訳”として極めて有名です．「超えない」と「最大整数」が見事に表現されていることを理解した上で覚えましょう．

注 [1]：いわゆる「必要条件で候補を絞り込む」という手法です[→例題 1 9 h]．「必要」とは，まだ知らない人はとりあえず「それ以外はダメ」って意味だと思っておいてください．

参考 グラフを使うと直観的に解がないことがわかります．

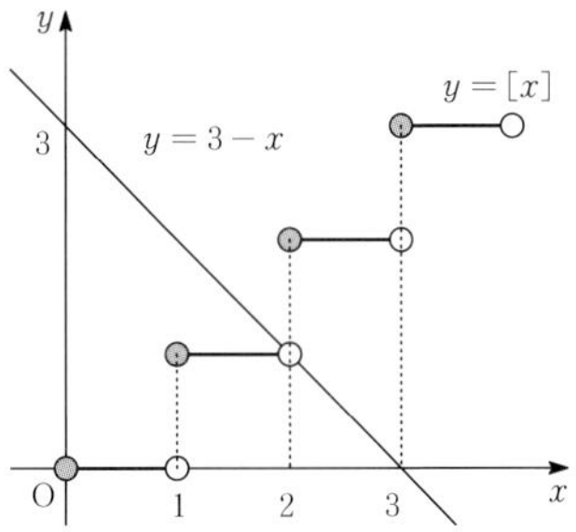

$y = [x]$ のグラフが上図のようになることを，x に 0.7, 1, 1.9, 2, 2.8, … と様々な値を代入して確かめてみてください．

1 8 24 ガウス記号と不等式

根底 実戦 入試 ハイレベル↑

[→p.39 コラム]

着眼 (1) ガウス記号の定義：「超えない最大整数」に従って，丹念に考えましょう．

(2) (1)を利用します．

解答 (1) $k \leq x < k + 1$ における $f(x)$ の各項の値は次表の通り：

x	k	$\cdots$	$k + \frac{1}{3}$	$\cdots$	$(k+1)$[1]
$[x]$	k				$(k+1)$
$x - \frac{1}{3}$	$k - \frac{1}{3}$	$\cdots$	k	$\cdots$	$\left(k + \frac{2}{3}\right)$
$\left[x - \frac{1}{3}\right]$	$k - 1$		k		

したがって

i) $k \leq x < k+\frac{1}{3}$ のとき,

$f(x) = k+(k-1) = 2k-1.$ //

ii) $k+\frac{1}{3} \leq x < k+1$ のとき,

$f(x) = k+k = 2k.$ //

(2) i) のように表せる x について, ①は

$0 \leq 2k-1 < 4.\ \frac{1}{2} \leq k < \frac{5}{2}.$

$k \in \mathbb{Z}$ だから, $k = 1, 2.$

ii) のように表せる x について, ①は

$0 \leq 2k < 4.\ 0 \leq k < 2.$

$\therefore k = 0, 1.$

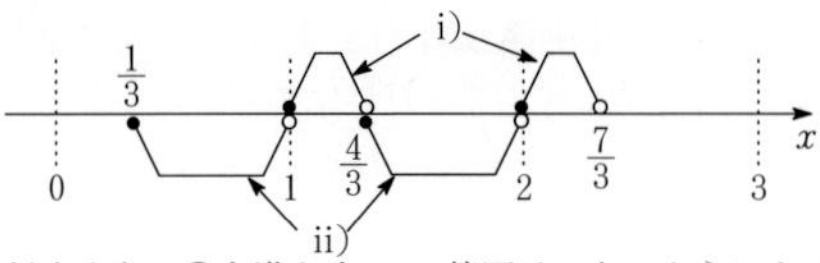

以上より, ①を満たす x の範囲は, 上のようになるから, $\frac{1}{3} \leq x < \frac{7}{3}.$ //

参考 (1)の結果を用いて関数 $y = f(x)$ のグラフを描くと下のようになります.

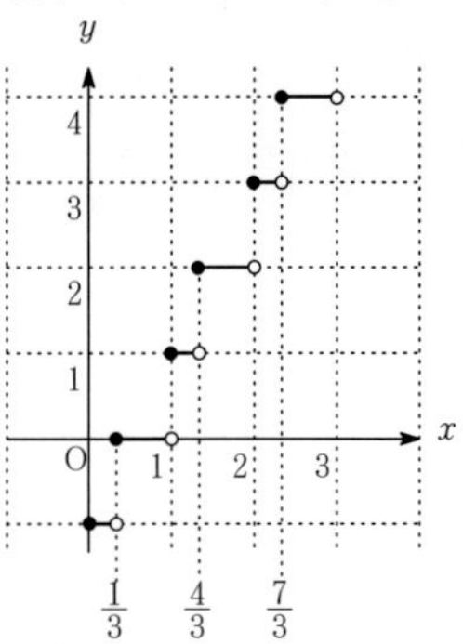

これを描いてしまえば, 答えは目で見るだけでわかりますね.

語記サポ 1) : この “括弧” は,「ちょうど $k+1$ は含まない」ということを表しています. 完全に決まった表現という訳ではありませんが.

10 演習問題C

1 10 1 部分集合 根底 実戦 [→1 9 2]

注 「空集合」と「A 自身」も忘れずに.

解答 $\emptyset, \{1\}, \{2\}, \{3\},$

$\{1, 2\}, \{1, 3\}, \{2, 3\}, \{1, 2, 3\}.$ //

参考 部分集合の個数に関する一般論は,

[→演習問題7 5 13(2)].

1 10 2 共通部分・和集合 根底 実戦 [→1 9 4]

方針 各集合の要素を書き並べて表すとわかりやすいでしょう.

解答 $A = \{1, 4, 7, 10, 13, 16, 19\},$

$B = \{2, 3, 5, 7, 11, 13, 17, 19\}$ より,

$A \cap B = \{7, 13, 19\}.$ //

$A \cup B = \{1, 2, 3, 4, 5, 7, 10, 11, 13, 16, 17, 19\}.$ //

$\overline{A} \cap B = \{2, 3, 5, 11, 17\}.$ [1] //

解説 1) : B から, A の要素でもあるものを除いていけばよいですね.

参考 「$A \cap B$」を求めた時点で, 右のカルノー図を書きながら考えるとわかりやすいです.

U	B	$\overline{B}$
A	7 13 19	1 4 10 16
$\overline{A}$	2 3 5 11 17	6 8 9 12 14 15 18 20

1 10 3 共通部分・和集合 根底 実戦 [→1 9 4]

方針 A, B を数直線上に表し, 目で見ながら考えます.

解答

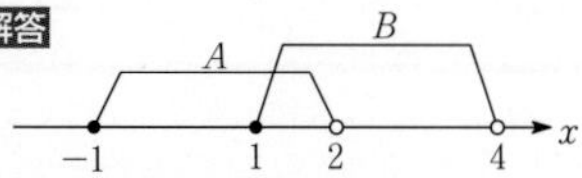

$A \cap B = \{x | 1 \leq x < 2\}.$ //

$A \cup B = \{x | -1 \leq x < 4\}.$ //

$\overline{A} \cap B = \{x | 2 \leq x < 4\}.$ [1] //

$A \cup \overline{B} = \overline{\overline{A} \cap B}$ [2] $= \{x | x < 2, 4 \leq x\}.$ //

解説 1) : B から, A の要素でもあるものを除きます.

2) :「ド・モルガンの法則」により,

$\overline{\overline{A} \cap B} = \overline{\overline{A}} \cup \overline{B} = A \cup \overline{B}$

となります. $\overline{\overline{A}}$ とは, A でないものでないもの, つまり, A です (笑).

1 10 4 共通部分・和集合

根底 実戦 [→1 9 4]

方針 カルノー図を用いて，情報を視覚化しましょう．

解答

$A = \{1, 2, 3, 4, 5\}$. //

$B = \{1, 2, 3, 6\}$. //

U	B	$\overline{B}$
A	1　2　3	4　5
$\overline{A}$	6	7　8　9　10

解説 A は，$A \cup B$ から $\overline{A} \cap B$ を除くことで得られます．

B は，$A \cap B$ と $\overline{A} \cap B$ を合わせることで得られます．

1 10 5 否定

根底 実戦 [→1 9]

解答 (1)　「n は奇数」//

(2)　「$x \leq 1$」//

(3)　「$x < 1$ または $3 < x$」//

(4)　「a, b はどちらも無理数」//

(5)　「ある実数 x に対して $x^2 < 0$」//

解説 (1) 整数のうち，偶数でないものは奇数．

(2)「$>$」の否定は「$\leq$」．

(3)「かつ」の否定は「または」．

(5)「任意」を否定すると「ある」(存在する)．

参考 (3)の条件とその否定は，普段は下の右側のようにサラッと書いてしまうことが多いです：

「$x \geq 1$ かつ $x \leq 3$」→「$1 \leq x \leq 3$」

「$x < 1$ または $3 < x$」→「$x < 1, 3 < x$」

(4)の条件とその否定は，カッチリと書くと→の後のようになります：

「a, b のどちらか一方は有理数」

→「a は有理数 または b は有理数」

「a, b はどちらも無理数」

→「a は無理数 かつ b は無理数」

1 10 6 ならば入り命題の真偽

根底 実戦 [→例題1 9 d]

方針 (1) 真理集合の包含関係を考えましょう．

(2) 真理集合を書き出そうとしても，5 以上の素数は無限個ありますので無理ですね．そこで，"因果関係"を考えます．(少しだけ「整数」の知識を用います．)

解答 (1)　p, q を満たす x の範囲を求める．

$p : -1 < x < 1$.　数直線上で，原点と x の距離を考える

q は，$x + 3 > 0$, i.e. $x > -3$ のもとで

$-(x+3) < 2x < x+3$.

i.e. $-1 < x < 3$. (このとき $x > -3$ も成立.)

よって，p, q の真理集合 P, Q は右図のようになるから

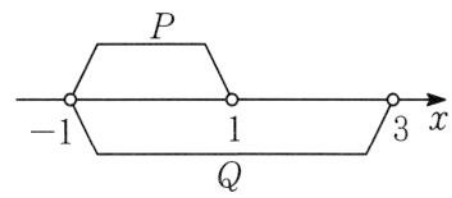

$P \subset Q$.

∴ 命題 $p \Longrightarrow q$ は，真.

(2)　任意の自然数は，6 で割った余りに注目すると，ある整数 k を用いて次のいずれかの形に表せる：

$6k, 6k+1, 6k+2, 6k+3, 6k+4, 6k+5$ …①

p が成り立つとき，n は 2 や 3 の倍数ではない[1]．よって，n は①のうち $6k, 6k+2, 6k+3, 6k+4$ とは表せないから，

$n = 6k+1$ または $n = 6k+5$

と表せる．よって，q も成り立つから，命題 $p \Longrightarrow q$ は，真.

解説 (1)は「真理集合の包含関係」方式，(2)は"因果関係"方式を用いました．[→9 8]

注 [1]：2 の倍数である素数は「2」のみ．同じく，3 の倍数である素数は「3」のみ．

2, 4, 6, 8, …

3, 6, 9, 12, …

言われてみればアタリマエですが，記憶に留めておきましょう．

1 10 7 逆・裏・対偶

根底 実戦 [→例題1 9 j]

方針 考えやすい命題はそのまま考え，考えにくければ対偶の方を考えます．「逆」と「裏」は互いに対偶の関係であることも忘れずに．

「真」であることを証明するか，「偽」であることを示す反例を探すか？その判断方法は…とりあえず「真」であることの証明を試みて，それが難しそうなら「偽」ではないかと予想して「反例」を探してみる…．そんなカンジの試行錯誤です．

解答

(1)　$p \Rightarrow q$ は，「$x+y>2 \Rightarrow x>1$ または $y>1$」

逆：$p \Leftarrow q$ は，「$x+y>2 \Leftarrow x>1$ または $y>1$」

裏：$\overline{p} \Rightarrow \overline{q}$ は，「$x+y \leq 2 \Rightarrow x \leq 1$ かつ $y \leq 1$」

対偶：$\overline{p} \Leftarrow \overline{q}$ は，「$x+y \leq 2 \Leftarrow x \leq 1$ かつ $y \leq 1$」//

上記において，「対偶」は真．よって，その対偶である「$p \Longrightarrow q$」も真.

「逆」は，反例：「$(x, y) = (2, -1)$」により偽.

よって，その対偶である「裏」も偽.

解説 条件を否定すると，「$>$」と「$\leq$」，および「または」と「かつ」が入れ替わります．

「対偶」は，「"部品" $\Longrightarrow$ "製品"」の向きであり，しかも「かつ」ですからもっとも明快．対照的にその対偶である「$p \Longrightarrow q$」はもっとも不明瞭です．

「逆」は，「“部品” $\Longrightarrow$ “製品”」の向きで「または」．その対偶である「裏」は，「“製品” $\Longrightarrow$ “部品”」の向きで「かつ」．どちらも微妙ですね（笑）．よって，「裏」の方の反例を探しても OK です．

数学Ⅱ後 「裏」と「対偶」にある条件 $\overline{p}, \overline{q}$ の真理集合 $\overline{P}, \overline{Q}$ は，xy 平面上の領域として右のように表せます．これを見ると，$\overline{P} \supset \overline{Q}$ より「対偶」は真であり，$\overline{P} \not\subset \overline{Q}$ より「裏」は偽であることが分かります．■

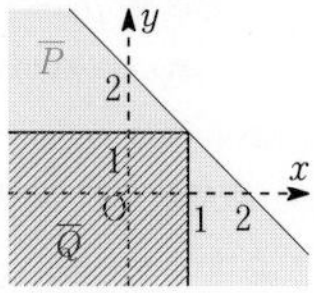

(2) $p \Longrightarrow q$ は，

「任意の実数 x に対して $|x| + a \geq 0 \Longrightarrow a \geq 0$」

逆：$p \Longleftarrow q$ は，

「任意の実数 x に対して $|x| + a \geq 0 \Longleftarrow a \geq 0$」

裏：$\overline{p} \Longrightarrow \overline{q}$ は，

「ある実数 x に対して $|x| + a < 0 \Longrightarrow a < 0$」

対偶：$\overline{p} \Longleftarrow \overline{q}$ は，

「ある実数 x に対して $|x| + a < 0 \Longleftarrow a < 0$」//

上記において，「$p \Longrightarrow q$」を示す．p が成り立つならば，$x = 0$ において $|x| + a \geq 0$ が成り立つから，$a \geq 0$．よって，「$p \Longrightarrow q$」は<u>真</u>．したがって，「対偶」も<u>真</u>．

次に，「逆」を示す．一般に，任意の実数 x に対して $|x| \geq 0$ である．よって，$a \geq 0$ が成り立つならば，$|x| + a \geq 0$ も任意の実数 x に対して成り立つ．よって，「逆」は<u>真</u>．したがって，その対偶である「裏」も<u>真</u>．

別解 「対偶」を直接示すこともできます：

$a < 0$ が成り立つならば，$|x| + a < 0$ を満たす実数 x として $x = 0$ が存在する．よって，「対偶」は<u>真</u>．

解説 (2)では，「a」が “部品”，「$|x| + a$」が “製品” です．「逆」は，「“部品” $\Longrightarrow$ “製品”」の向きであり，しかも「任意（全て）」ですからもっとも明快．その「対偶」である「裏」は，「“製品” $\Longrightarrow$ “部品”」の向きでしかも「ある（少なくとも 1 つ）」なのでもっとも不明瞭です．■

1 10 8 証明の“向き” [→例題 1 9 k]

根底 実戦 重要

方針 (1)(2)とも見事に「“製品” $\Longrightarrow$ “部品”」の向きの証明なのでやりづらいですね．これを，証明しやすい「“部品” $\Longrightarrow$ “製品”」の向きに変える方法が，2 つありました．

解答 (1) 題意の命題の対偶：

p：「$x \geq 2$」$\Longrightarrow q$：「$|x| + |x-1| + |x-2| \geq 3$」

を示せばよい．

p が成り立つとき，

$|x| \geq 2,\ |x-1| \geq 1,\ |x-2| \geq 0.$

これらを辺々加えると，q も成り立つことがわかる．よって，命題 $p \Longrightarrow q$ が示せた．□

注 $y =$ 左辺 のグラフを描く方法もありますが，上記**解答**の方が断然早いです．■

(2) $\begin{cases} m = 2k + l, & \cdots ① \\ n = k + 2l & \cdots ② \end{cases}$ とおくと，①×2－②，および ②×2－① より

$3k = 2m - n, \quad \cdots ③$

$3l = -m + 2n. \quad \cdots ④$

m, n が 3 の倍数のとき，$m = 3a,\ n = 3b\,(a, b \in \mathbb{Z})$ とおけて，③④より

$3k = 2 \cdot 3a - 3b = 3(2a - b). \quad \therefore k = 2a - b.$

$3l = -3a + 2 \cdot 3b = 3(-a + 2b). \therefore l = -a + 2b.$

よって，k, l は整数である．□

解説 (1) 証明しやすい向きに変える方法 1：「対偶利用」を用いました．不等式 $|x| + |x-1| + |x-2| < 3$ を解いて真理集合の包含関係を考える方法より，遥かに手早いですね．

(2) 対偶をとると「整数<u>でない</u>」という否定表現（曖昧表現）が現れてしまいます．そこで，もう 1 つの方法論：「“製品” に名前を与えて逆に解く」を用いました．（ただし，$3k = 2m - n$ の両辺を 3 で割らずに解決しましたが．）

1 10 9 必要・十分判定問題 [→例題 1 9 f]

根底 実戦 終着

方針 2 つの条件を p, q として，$p \Longrightarrow q$，$p \Longleftarrow q$ のそれぞれが真か偽かを判定します．本問は，**例題 1 9 f** 直後の「手順」を意識しなくてもできる程度の問題で，軽く用語の確認するのが狙いです．

解答 (1)～(4)において，前半の条件を p，後半の条件を q とする．

(1) $p \Longrightarrow q$ は偽（反例：$a = 1, b = 0$）．

$p \Longleftarrow q$ は真．

よって，“主語” p は q であるための必要条件（十分条件ではない）．よって，①．//

(2) $p \Longrightarrow q$ は真．

$p \Longleftarrow q$ は偽（反例：$x = -\sqrt{a}$）．

よって，主語 p は q であるための十分条件（必要条件ではない）．よって，②．//

(3) $p \Longrightarrow q$ は偽 (反例：$a=2, b=3$).

$p \Longleftarrow q$ は偽 (反例：$a=2\sqrt{3}, b=\sqrt{3}$).

よって，③.//

注 (1)(2)のように，「一方向だけが真」ではないので，どちらが"主語"かは関係ありません. ■

(4) p と q は同値である. ⓪.//

解説 中学で学んで知っているという前提で (笑). キチンと証明するなら，三角形どうしの合同などを用います. ■

注意! 「必要」「十分」の定義確認のため"いちおう"扱いました. しかし，これらの用語を実際の意味 [→9 10]とは乖離して扱っているので，あまりやり過ぎないで欲しい問題です.

1 10 10 固定して真偽判定

根底 実戦 重要 [→例題1 9 g]

着眼 例えば $a=0$ のとき，

$$A=\{x|-1<x<1\},\ B=\{x|x<0\}.$$

$\therefore\ A\cap B=\{x|-1<x<0\}\neq\emptyset.$

よって，「$A\cap B=\emptyset$」は偽の命題.

例えば $a=-2$ のとき，

$$A=\{x|-3<x<-1\},\ B=\{x|x<-4\}.$$

$\therefore\ A\cap B=\emptyset.$

よって，「$A\cap B=\emptyset$」は真の命題.

このように「$A\cap B=\emptyset$」は，a を**固定**すると真偽が定まる a に関する条件であり，その真理集合を求めよというのが本問の趣旨です. 堅苦しく言えばですが (笑).

解答 右図より，

$A=\{x|a-1<x<a+1\}.$

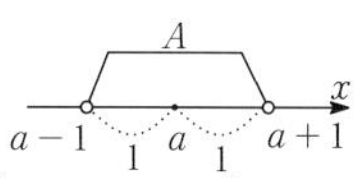

i) $2a<a-1$ となるように a を**固定**すると，右図より，「$A\cap B=\emptyset$」は**真**の命題.

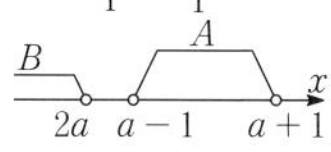

ii) $a-1<2a$ となるように a を**固定**すると，右図より，「$A\cap B=\emptyset$」は**偽**の命題.

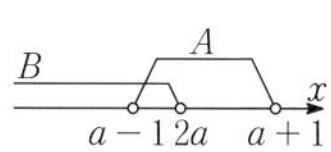

iii) $2a=a-1$ となるように a を**固定**すると，右図より，「$A\cap B=\emptyset$」は**真**の命題.

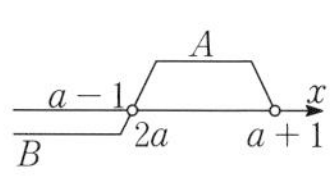

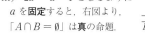

以上 i)〜iii) より，求める a に関する条件は

$2a\leq a-1$. i.e. $a\leq -1$.//

解説 「**固定**して**真偽**判定」という考え方は，命題・条件をめぐるもっとも原初の基本. つまり，**数学という学問全体の土台**です. 将来対象レベルが上がってくると，これが身についているか否かで**莫大な差が顕在化します**. 中学から高校に上がったばかりの現段階では，まだその重要性がわからないかもしれませんが (苦笑).

1 10 11 同値な条件

根底 実戦 [→1 9 9]

方針 「かつ」と「または」を使い分け，また組み合わせていきます.

解答 (1) ⓪.//

解説 a^2, b^2 はともに 0 以上. これらを加えて 0 になるのは，両方とも 0 のときだけですね. ■

(2) ⓪.//

解説 (1)と同様です. ■

(3) ①.//

解説 この同値性は基本中の基本です. ■

(4) ④.//

解説 「積が正⇔同符号」,「積が負⇔異符号」も有名です. キチンとした証明は[→演習問題1 10 20] ■

(5) $(ab)^2+(cd)^2=0$

$\Longleftrightarrow ab=0$ かつ $cd=0$

$\Longleftrightarrow$ ($a=0$ または $b=0$) かつ ($c=0$ または $d=0$).

よって，③.//

解説 (1)と(3)を組み合わせただけです. ■

(6) $(a^2+b^2)(c^2+d^2)=0$

$\Longleftrightarrow a^2+b^2=0$ または $c^2+d^2=0$

$\Longleftrightarrow$ ($a=0$ かつ $b=0$) または ($c=0$ かつ $d=0$).

よって，②.//

解説 (5)と同様な組み合わせです. ■

注 このような同値変形は，今後数学の様々な分野で繰り返し使うこととなります. しっかり覚えましょう.

1 10 12 必要・十分の実際の意味

根底 実戦 重要 [→例題1 9 h]

方針 各文の前半が「**大目標**」. それに対して文章の後半が"手段"として何条件であるかを考えます.

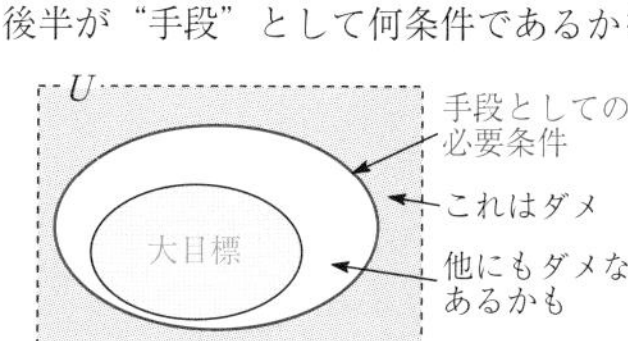

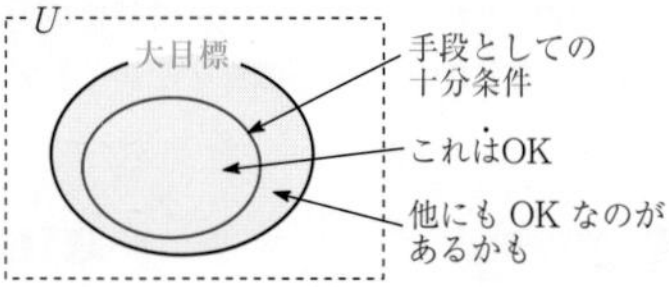

「△が必要」＝「△以外はダメ」(△の中にもダメなのがあるかも)，「△が十分」＝「△はOK」(△以外にもOKなのがあるかも) という**意味**を思い描きながら…

解答 (1) 十分

解説 与式の左辺は0以上です．よって，$1 \leq x < 3$ でありさえすれば，右辺が負なので与式は成り立ちます．(それ以外にも与式を満たす x はあるかもしれませんが．) ■

(2) 必要

解説 与式の左辺は0以上です．よって，与式が成り立つためには右辺が0以上であることが不可欠です．(それを満たす x の中にも与式を満たさないものがあるかもしれませんが．) ■

(3) 必要

解説 「全ての n について○○」ですから，当然そのうちの「3つの n について○○」でないと話になりませんね．(もちろん，3つの n について○○であっても，全ての n について○○となるとは限りませんが．) ■

(4) 十分

解説 「x, y の各々が有理数」であれば，それらの和である $x+y$ は当然有理数です．(ただし，それ以外にも $x+y$ が有理数になるような x, y があるかもしれませんが．) ■

重要 このように，数学において実際に現れる文脈の中で，正しい用語がスッと頭に浮かぶようにしていきましょう．時間はかかるかもしれませんが．

言い訳 1)：実際には，「…であれば十分である」などと言い回します．ここでは，答えがバレないよう (笑) このように表現しました．

1 10 13 全ての→いくつかの

根底 実戦 典型 ハイレベル↑ [→例題 1 9 i]

着眼 1)：お気付きの通り，例題 1 9 i の類題です．「任意の整数 n」とありますから，主張①の真偽は，a, b, c の値によって決まります．つまり，①は実数 a, b, c に関する条件です．

2)：「条件」とは，詳しく述べると「必要十分条件」のことです．つまり本問は，実数 a, b, c に関する条件である①と同値な条件を，できるだけ簡単な形で表現することを要求している訳です．

方針 「任意の整数 n」，つまり「全ての整数 n」，「無限個の整数 n」が相手ですから，「必要十分条件」を直接考えるのが難しい…．そんなときには，ひとまず必要・十分の片方だけを考えて候補を絞り込む手がありましたね．

$\dfrac{n(n-1)}{2}$ は分数の形をしていますが，$n, n-1$ のうち片方が偶数なのでつねに整数です[→ 6 7 6]．これを見抜ければ，次のことが思い浮かぶのではないでしょうか？

「a, b, c が全て整数なら，①は成り立つな〜」

i.e.「a, b, c が全て整数 …☆」$\Longrightarrow$ ①.

注 しかし，これだけで☆を答えとする訳にはいきません．①であるために，☆は「十分条件」であるとわかったに過ぎませんから！そこで，☆が「必要条件」でもあるかどうかを調べます．

解答 ①であるためには，

$f(0)=c,\ f(1)=b+c,\ f(2)=a+2b+c \in \mathbb{Z}$ …②

が必要である．　① $\Longrightarrow$ ②

また，このとき

$$b=f(1)-c \in \mathbb{Z}.$$

$$\therefore\ a=f(2)-2b-c \in \mathbb{Z}.$$

したがって，

② $\Longrightarrow$「$a, b, c \in \mathbb{Z}$ …②′」.

よって，①であるためには ②′ が必要である．

逆に②′が成り立つときを考える．nを任意の整数として，$n, n-1$ のうち片方が偶数だから $\dfrac{n(n-1)}{2} \in \mathbb{Z}$.

n, a, b, c も整数だから，$f(n) \in \mathbb{Z}$．よって，②′ は①のために十分でもある．

以上より，求める条件は，②′：$a, b, c \in \mathbb{Z}$.//

解説 前記 解答 の流れを視覚的にまとめると，以下の通りです：

〔前半〕

①：任意の n に対して $f(n) \in \mathbb{Z}$ ← 大目標

⇓ 必要条件で絞り込む

②：$n=0, 1, 2$ に対して $f(n) \in \mathbb{Z}$ ← 手段

i.e. ②′：$a, b, c \in \mathbb{Z}$

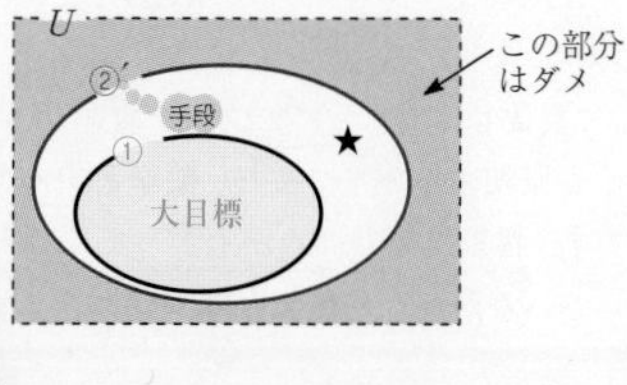

〔後半〕

② i.e. ②′ に絞られた．逆向きを考えると…

①: 任意の n に対して $f(n)\in\mathbb{Z}$ ← **大目標**

○⇓　⇑十分性の確認

②′: $a, b, c\in\mathbb{Z}$

補足　前記の**方針**にあるように，①に対して，②′が「十分」であることが先に頭に思い浮かびますが，**解答**で書く順序は逆に ②′が必要であることを先に書く人が多いです．どちらが先でもかまいませんが．

言い訳　「条件を求めよ」という問い方は，答えの書き方が 1 つに定まりにくいので問題としてやや不明瞭ですが，「できるだけ簡潔な形で答える」というのが常識だと思ってください．

1 10 14　不等式と整数

根底 実戦　入試　ハイレベル

[→例題 1 9 h]

方針　設問の流れに乗り，精妙に論理を組み立てていきます．

解答 (1)　$a=1$ のとき

$$f(x)=|x-3|+1$$

$$=\begin{cases}{}^{1)}(x-3)+1\ (3\leq x),\\ -(x-3)+1\ (x\leq 3).\end{cases}$$

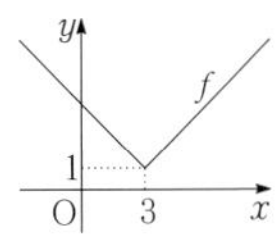

よって，右図を得る．

(2)　(1)と同様にして，関数 $y=f(x)$ のグラフは右のようになる．よって，題意の条件は

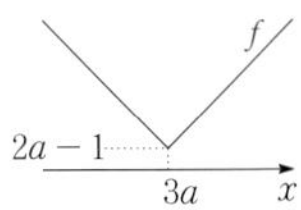

$\min f(x)=f(3a)=2a-1\geq 0.$

i.e. $a\geq \frac{1}{2}.$// … ①

(3)　右図より，題意の条件は

$\min f(x)=f(3a)$

$=2a-1<-\frac{1}{2}.$

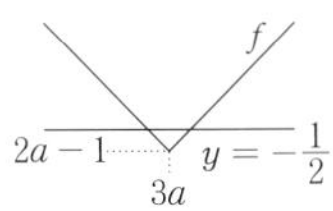

i.e. $a<\frac{1}{4}.$// …②

(4)　題意の条件を $(*)$ とする．

○ (2)の①は $(*)$ の**十分条件** 2) である．そこで，以下においては $a<\frac{1}{2}$ …③ のときを考える．

○ (3)の②のとき，$f(x)<0$ となる x の区間の長さが 1 より大きいので $f(x)<0$ を満たす整数 x が存在 3) するから $(*)$ は不成立 4)．よって，$(*)$ のためには

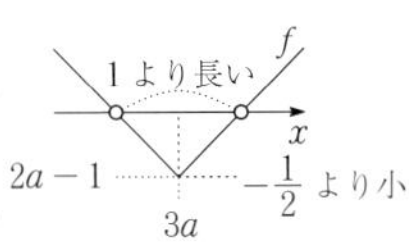

$$a\geq \frac{1}{4}\ \cdots ④$$

が必要である．

○ ③かつ④，つまり

$$\frac{1}{4}\leq a<\frac{1}{2}\ \cdots ⑤$$

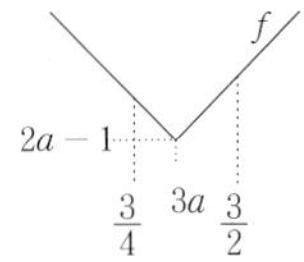

のときを考えると，

$\frac{3}{4}\leq 3a<\frac{3}{2}$ より，$3a$ にもっとも近い整数は 1 である．

よって，$f(n)$ (n は整数) の中で最小のものは $f(1)$ である．

○ したがって，⑤のもとで $(*)$ は

$$f(1)=|1-3a|+2a-1\geq 0.\ \cdots ⑥$$

i) $1-3a\geq 0$，i.e. $\left(\frac{1}{4}\leq\right)a\leq\frac{1}{3}$ のとき，⑥は

$-a\geq 0$．これは不成立．

ii) $1-3a<0$，i.e. $\frac{1}{3}<a\left(<\frac{1}{2}\right)$ のとき，⑥は

$5a-2\geq 0$. i.e. $a\geq\frac{2}{5}$.

○ よって，⑤のもとでは，$(*)$ は $\frac{2}{5}\leq a<\frac{1}{2}$.

○ これと①を合わせて，求める a の範囲は

$$a\geq\frac{2}{5}.//$$

解説　入り組んだ方針を精妙に実行した(4)について，順を追って説明します．

○2)：これで，$(*)$ を満たす a の一部を**確保**しました．以下は，それ以外の a に絞って考えます．

○3)：数直線上で，整数は長さ 1 刻みで並んでいるので，長さが 1 より大きい区間に整数値が存在するのは当然ですね．

○4)：②のとき，$(*)$:「全ての整数に対して $f(x)\geq 0$」を否定した「ある整数に対して $f(x)<0$」が成り立つので，$(*)$ は不成立．よって，②は除外され，$a\geq\frac{1}{4}$ という**必要条件**によって a がさらに絞られました．

○ ⑤のように絞れたおかげで，$f(x)$ が最小となる $x=3a$ の範囲が限定され，$f(n)$ (n は整数) の最小値は $f(1)$ だと決まりました．

○ 絞り込んだ a の範囲⑤においては，題意の条件 $(*)$ と⑥は同値です．

補足　1)：「$x-2$」とせず敢えてこのままにしました．絶対値付き関数のグラフを描く際には，「y 切片」なんかより，場合分けの分岐点 = “折れ曲がる点” (3, 1) がわかった方が有用だからです．

1 10 15 対偶の利用
根底 実戦 典型

[→例題 1 9 k]

着眼 仮定部 p, 結論部 q とも,「無理数である」という否定表現&「少なくとも」という曖昧表現が入っており, しかも

仮定部 : $x \pm y$ (“製品”) →結論部 x, y (“部品”)

というのは証明しにくい向き. これほど露骨に証明しにくいと, むしろ方針が定まって楽 (笑). そう.「対偶」の出番ですね.

解答 命題「$p \Longrightarrow q$」の対偶 :

$\overline{q}$:「x, y はともに有理数である」

$\Longrightarrow$ $\overline{p}$:「$x \pm y$ はともに有理数である」

は成り立つ. よって命題「$p \Longrightarrow q$」も示せた. □

注 「背理法」を用いることも可能ではあります :

別解 p のもとで, なおかつ q が成り立たない, つまり $\overline{q}$:「x, y はともに有理数である」が成り立つとしたら, $x \pm y$ はともに有理数となる. これは, p であることに矛盾する. よって命題「$p \Longrightarrow q$」が示せた. □

なお, 命題「$p \Longrightarrow q$」を, 背理法で示す際, 設定する “ウソの仮定” は「p かつ $\overline{q}$」です.

1 10 16 有理数・無理数
根底 実戦 入試

[→ 1 9 12]

方針 まずは真か偽かを多少 “勘” にも頼りながら推察し,「証明法」または「反例」を考えます.

「証明」する場合, 有理数どうしは四則演算の結果がまた有理数になるという性質があるのに対し, 無理数にはそうしたものがありません. したがって, できるだけ「有理数」どうしの演算に持ち込むよう工夫し,「背理法」を使います.

解答 (1) 真

〔証明〕「x が有理数かつ y が無理数」のもとで, 仮に「$x+y$ が有理数」だとすると,

$$y = (x+y) - x$$

において, 左辺は無理数, 右辺は有理数どうしの差だから有理数 1). これは不合理. よって $x+y$ は, 有理数ではない, つまり無理数である. □

(2) 真

〔証明〕「x が 0 以外の有理数で y が無理数」のもとで, 仮に「xy が有理数」だとすると,

$$y = \frac{xy}{x}$$

において, 左辺は無理数, 右辺は有理数どうしの商だから有理数 2). これは不合理. よって xy は, 有理数ではない, つまり無理数である. □

(3) 偽

〔反例〕: $x = y = \sqrt{2}$ のとき, x, y はともに無理数であるが, $xy = 2$ は無理数ではない.

(4) 偽

〔反例〕: $x = \sqrt{2}, y = -\sqrt{2}$ のとき, x は無理数であり,

$$y = -\sqrt{2} = (-1)\cdot\sqrt{2}\ ^{3)}$$

も(2)より無理数. ところが $x+y=0$ は無理数ではない.

(5) 偽

〔反例〕: $x = 1, y = \sqrt{2}$ のとき,

$$x + y = 1 + \sqrt{2}$$

は(1)より無理数. ところが $x = 1$ は無理数ではない.

注 1)2) : 有理数全体の集合 $\mathbb{Q}$ が四則演算に関して閉じていることは, 通常用いてよいと思われます. ただし, その事実自体の証明が要求される場合もあります.

言い訳 3) :「$\sqrt{2}$ が無理数」なら「$-\sqrt{2}$ も無理数」であることは証明抜きに使ってもよいかもしれませんが….

1 10 17 有理数・無理数
根底 実戦 典型

[→例題 1 9 m]

方針 (1)は既に経験済みの問題.「背理法」です.
(2)(3)では, (1)が利用できないかと考えましょう.

解答 (1) 仮に「$\sqrt{6}$ が有理数」だとしたら

$$\sqrt{6} = \frac{a}{b}\ (a, b \text{ は整数})$$

とおけて,

$$2\cdot3b^2 = a^2.$$

両辺の素因数分解における素因数 2 の個数に注目すると

$$1)\begin{cases} \text{左辺 : 奇数,} \\ \text{右辺 : 偶数.} \end{cases}$$

これは不合理. よって $\sqrt{6}$ は, 有理数ではない, つまり無理数である. □

(2) 仮に「$\dfrac{\sqrt{2}}{\sqrt{3}} = \dfrac{\sqrt{6}}{3}$ が有理数」だとしたら

$$\frac{\sqrt{6}}{3} = q\ (q \text{ は有理数})$$

とおけて,

$$\sqrt{6} = 3q.$$

この等式の両辺について

$$\begin{cases} \text{左辺 : 無理数 } (\because (1)), \\ \text{右辺 : 有理数 } (\because q \in \mathbb{Q}). \end{cases}$$

これは不合理. よって $\dfrac{\sqrt{2}}{\sqrt{3}}$ は, 有理数ではない, つまり無理数である. □

(3) 仮に「$\sqrt{2}+\sqrt{3}$ が有理数」だとしたら

$\sqrt{2}+\sqrt{3}=r$ (r は有理数)

とおけて, 両辺を 2 乗すると

$5+2\sqrt{6}=r^2$.

$\sqrt{6}=\dfrac{r^2-5}{2}$.

この等式の両辺について

$\begin{cases} \text{左辺：無理数 } (\because (1)), \\ \text{右辺：有理数 } (\because r\in\mathbb{Q}). \end{cases}$

これは不合理. よって $\sqrt{2}+\sqrt{3}$ は, 有理数ではない, つまり無理数である. □

解説 1)：詳しくは[→6 3 4].

(2)(3) (1)で無理数であるとわかったのが, $\sqrt{2}$ でも $\sqrt{3}$ でもなく「$\sqrt{6}$」であることに注目し, それを活かす方法を考えます.

注 「有理数」を(1)の「$\dfrac{a}{b}$ (a, b は整数) …①」のように表すのは常套手段です. しかし(2)(3)のように「$\sqrt{6}$」という「既に無理数だとわかっているもの」があると, ①のような表現を用いることなく解決するケースもよくあります.

1 10 18 有理数・無理数

根底 実戦 典型 [→例題1 9 0]

着眼 (1) **例題1 9 0** でやった

「$a+b\sqrt{2}=0$ のとき $a=b=0$ であることを示せ」

と似ています. そこで, これと同じ形の等式を作り, 「背理法」で示します.

(2) (1)が利用できます.

解答 (1) ①より, $2a+b\sqrt{6}=0$. 仮に $b\neq 0$ としたら

$\sqrt{6}=\dfrac{-2a}{b}$.

左辺 $\notin\mathbb{Q}$. 一方 $a, b\in\mathbb{Q}$ より右辺 $\in\mathbb{Q}$. これは不合理であるから, $b=0$. これと①より $a\sqrt{2}=0$ だから $a=0$. □

(2) ②より

$\left(a\sqrt{2}+b\sqrt{3}\right)^2=\left(-c\sqrt{5}\right)^2$.

$2a^2+3b^2+2ab\sqrt{6}=5c^2$.

仮に $ab\neq 0$ としたら

$\sqrt{6}=\dfrac{5c^2-2a^2-3b^2}{2ab}$. …③

左辺 $\notin\mathbb{Q}$. 一方 $a, b, c\in\mathbb{Q}$ より右辺 $\in\mathbb{Q}$. これは不合理であるから,

$ab=0$, i.e. $a=0$ または $b=0$.

i) $a=0$ のとき, ②より

$b\sqrt{3}+c\sqrt{5}=0$. $3b+c\sqrt{15}=0$.

$\sqrt{15}\notin\mathbb{Q}$ だから, (1)と同様にして, $b=c=0$.

ii) $b=0$ のとき, ②より

$a\sqrt{2}+c\sqrt{5}=0$. $2a+c\sqrt{10}=0$.

$\sqrt{10}\notin\mathbb{Q}$ だから, (1)と同様にして, $a=c=0$.

以上より, i) ii) いずれにせよ $a=b=c=0$.

よって題意は示せた. □

言い訳 結局, $\sqrt{2}, \sqrt{3}, \sqrt{5}$ が無理数であることは使いませんでしたね. 数学の問題は, 与えられた条件を全て使って解くことが多いですが, そうでないこともたまにあります.

1 10 19 有理数・無理数

根底 実戦 典型 [→例題1 9 0]

方針 (1) 既に**例題1 9 0** で扱った問題と似ていますね. そこで扱った「$\bigcirc+\triangle\sqrt{2}$」の形に帰着しましょう.

(2) (1)が使える形に帰着させます.

解答 (1) まず, $b=b'$ を背理法で示す.

①を変形すると

$(a-a')+(b-b')\sqrt{2}=0$.

仮に $b-b'\neq 0$ としたら,

$\sqrt{2}=-\dfrac{a-a'}{b-b'}$

となる. ところが, 左辺は無理数で右辺は有理数だから, この等式は**不合理**である.

よって, $b-b'\neq 0$ は成り立たない. つまり, $b=b'$. これと①より $a=a'$. □

(2) ②の左辺 $=\underline{a^3+3ab^2\cdot 2}+\underline{3a^2\cdot b\sqrt{2}+b^3(\sqrt{2})^3}$

$\sqrt{\ }$ が消える　$\sqrt{\ }$ が残る

$=(a^3+6ab^2)+(3a^2b+2b^3)\sqrt{2}$.

よって, ②は

$\underline{(a^3+6ab^2)}+\underline{(3a^2b+2b^3)}\sqrt{2}=\underline{10a}+\underline{14b}\sqrt{2}$.[1)]

4 つの下線部は全て有理数だから, (1)より

$a^3+6ab^2=10a$, $3a^2b+2b^3=14b$.

これと $a, b\neq 0$ より

$a^2+6b^2=10$ …③, $3a^2+2b^2=14$. …④

④×3−③ より

$8a^2=32$. $a^2=4$. $a>0$ より $a=2$.

これと③および $b>0$ より, 求めるものは

$(a, b)=(2, 1)$. //

注 1)：このような

$$\bigcirc + \triangle\sqrt{2} = \bullet + \blacktriangle\sqrt{2}$$

型の等式 ($\bigcirc, \triangle, \bullet, \blacktriangle \in \mathbb{Q}$) から,

$$\bigcirc = \bullet, \ \triangle = \blacktriangle$$

が得られることも覚えておきましょう．その結果を用いて解答してよいか否かはケースバイケースです．

1 10 20 転換法 根底 実戦 ハイレベル↑

[→例題 1 9 p]

方針 ワザと意地悪な並べ方をしてあります．「$\Longleftrightarrow$」の左側が“製品” ab, 右側が“部品” a, b ですから，まずは考えやすい右→左の向きを．

解答 ◦ 「$a = 0$ または $b = 0$」ならば，$ab = 0$.

◦ 「ab が同符号」

i.e.「($a > 0$ かつ $b > 0$) または ($a < 0$ かつ $b < 0$)」

ならば，$ab > 0$.

◦ 「ab が異符号」

i.e.「($a > 0$ かつ $b < 0$) または ($a < 0$ かつ $b > 0$)」

ならば，$ab < 0$.

以上をまとめると

$$a = 0 \text{ または } b = 0 \Longrightarrow ab = 0.$$
$$a, b \text{ が同符号} \Longrightarrow ab > 0.$$
$$a, b \text{ が異符号} \Longrightarrow ab < 0.$$

上記において，「$\Longrightarrow$」の左側は実数の組 (a, b) の全てを尽しており，右側はどの 2 つも同時には成り立たない．よって，「転換法」により「$\Longleftarrow$」も成り立つ 1)．よって題意は示せた．□

解説 1) 例えば $ab = 0$ のとき，仮に「$a = 0$ または $b = 0$」でないとしたら，「左側」が全てを尽している 2) ことにより，「ab が同符号」or「ab が異符号」が成り立ちます．よってそれらの「右側」である $ab > 0$ or $ab < 0$ が導かれますが，これは $ab = 0$ であることに反します 3)．よって，

$$ab = 0 \Longrightarrow \text{「}a = 0 \text{ または } b = 0\text{」}$$

が導かれます．やっていることは，けっきょく「背理法」です．

注 2)：「$a = 0$ または $b = 0$」以外といえば，「$a \neq 0$ かつ $b \neq 0$」ですから，「a, b は同符号」，「a, b は異符号」のどちらかになりますね．

3)：「右側」のどの 2 つも同時には成り立たないことから，そのように矛盾が生まれるのです．

言い訳 本問で示した関係は，通常「アタリマエ」とみなし，証明など抜きにしてバシバシ使います (笑)．

1 10 21 鳩の巣原理 根底 実戦

[→本冊 p.83 コラム]

方針 何のことやらサッパリかもしれませんね．ある独特な考え方を使うサンプルです．気楽に鑑賞してください (笑)．

解答 右図のように，1 辺の長さが 1 である 9 個の正方形 (境界も含む) を作ると，そのうち少なくとも 1 つの正方形に 2 点が含まれる．その 2 点間距離は対角線の長さ $= \sqrt{2}$ 以下であるから，題意は示せた．□

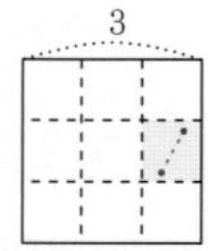

言い訳 9 個の正方形は，周上の点を共有しています．鳩の巣原理の基本に忠実にやるなら共通部分の無い 9 個に分けるべきですが，あえて“ダブリ”を許して 1 つの正方形に“同居”する可能性を高めた訳ですから，上記 **解答** で述べたことは正しいのです．

第 2 章　2次関数

6 演習問題A

261 関数とは？ 根底 実戦 重要

[→例題21a]

着眼　「1 つに定まるか否か」だけに注目します．

解答　(1)　関数ではない．　(2)　関数である．

(3)　関数である．

解説　(1) 例えば $x=5$ の平方根は，$+\sqrt{5}$, $-\sqrt{5}$ と 2 つあります．

(2) $[x]$ は x の整数部分，$x-[x]$ は x の小数部分です．

よって，例えば $x=7.3$（小数部分が 0.5 未満）なら $y=0$, $x=7.6$（小数部分が 0.5 以上）なら $y=1$ となります．x に対して，y はたしかに 1 つに定まりますね．

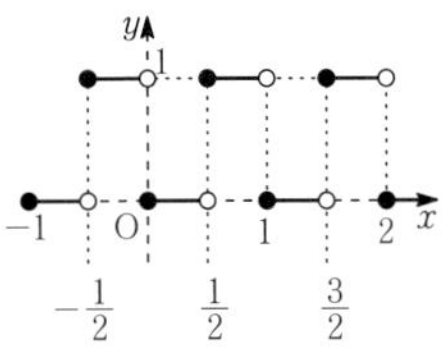

ちなみにこの「y」は，実数 x を四捨五入する際に，整数部分に加える値です．

(3) 例えば $n=6$ $(=2\cdot3)$ なら，題意の個数は 2.　　1, 2̸, 3̸, 4̸, 5, 6̸

例えば $n=7$（素数）なら，題意の個数は 6.　　1, 2, 3, 4, 5, 6, 7̸

たしかに，n に対して 1 つに定まりますね．

参考　この個数は，「オイラー関数」と呼ばれる重要なもので，普通 $\varphi(n)$ と表します．[→演習問題61242]

262 関数の値域 根底 実戦

[→212]

方針　中学で学んだ関数ばかりですね．x に対して y が増加するか，減少するかを考えましょう．

解答　(1)　$f(x)$ は減少し，右図より求める値域は

$$f(3)<f(x)\leqq f(-2).$$

i.e. $\frac{3}{2}<f(x)\leqq 4.$ //

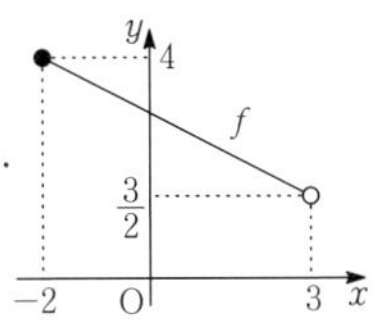

(2)　$g(x)$ は減少し，右図より求める値域は

$$g(2)\leqq g(x)\leqq g(1).$$

i.e. $\frac{1}{2}\leqq g(x)\leqq 1.$ //

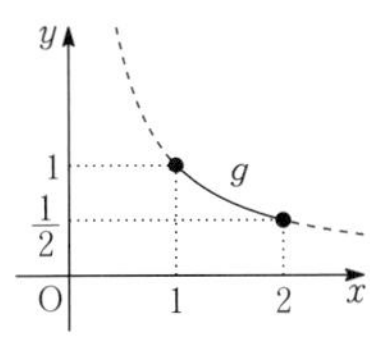

(3)　$h(x)$ の増減は右図の通り．よって求める値域は

$$0\leqq h(x)<h(-3).$$

i.e. $0\leqq h(x)<9.$ //

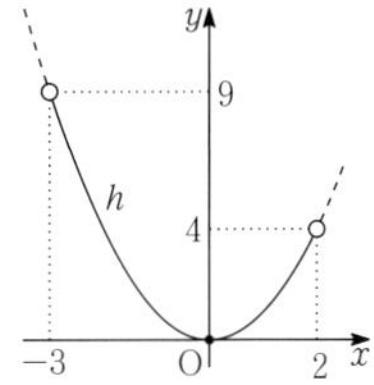

注　**解答**で描いたグラフにおいて，「座標軸」は特に重要な役割を果たしてはいません．

今後，こうした関数の値域（あるいは最大・最小）を考える際には，状況に応じて座標軸を省きます．

263 x^2 の係数 根底 実戦

[→222]

着眼　x^2 の係数の「符号」と「絶対値」を考えます．

解答　$C'：y=ax^2$ とすると，

$$\begin{cases} a<0, & \text{上に凸} \\ |a|<\frac{4}{3}. & C' \text{ は } C \text{ より増減が緩やか} \end{cases}$$

よって，C' を表す方程式は⑤．//

補足　つまり，$a=-\frac{3}{4}$ です．

264 平方完成 根底 実戦

[→例題22a]

方針　できる限り暗算で！

解答　(1)

$$\begin{aligned} y &= x^2+3x-1 \\ &= \underbrace{\left(x+\frac{3}{2}\right)^2}_{x^2+3x+\frac{9}{4}}-\frac{9}{4}-1 \quad \text{可能なら省く} \\ &= \left(x+\frac{3}{2}\right)^2-\frac{13}{4}. \text{//} \end{aligned}$$

(2)

$$\begin{aligned} y &= 3x^2-x+2 \\ &= 3\left\{x^2-\frac{1}{3}x\right\}\cdots \\ &= 3\left\{\underbrace{\left(x-\frac{1}{6}\right)^2}_{x^2-\frac{1}{3}x+\left(\frac{1}{6}\right)^2}-\left(\frac{1}{6}\right)^2\right\}\cdots \\ &= 3\left(x-\frac{1}{6}\right)^2-3\cdot\left(\frac{1}{6}\right)^2+2 \quad \text{可能なら省く} \\ &= 3\left(x-\frac{1}{6}\right)^2+\frac{23}{12}. \text{//} \end{aligned}$$

(3)

$$\begin{aligned} y &= -2x^2+6x+3 \\ &= -2\{x^2-3x\}\cdots \\ &= -2\left\{\underbrace{\left(x-\frac{3}{2}\right)^2}_{x^2-3x+\left(\frac{3}{2}\right)^2}-\left(\frac{3}{2}\right)^2\right\}\cdots \\ &= -2\left(x-\frac{3}{2}\right)^2\underset{1)}{+}2\cdot\left(\frac{3}{2}\right)^2+3 \quad \text{可能なら省く} \\ &= -2\left(x-\frac{3}{2}\right)^2+\frac{15}{2}. \text{//} \end{aligned}$$

注　1)：x^2 の係数が負のとき，ここの符号を間違えやすいので気を付けること．

265 放物線の軸の求め方 [→例題22b]
根底 実戦 重要

方針 2次関数の"3つの表現形式"です．全て瞬時に求めてください．

解答 (1) $x=-3.$ //

(2) $y=3\left(x+\frac{7}{6}\right)^2\cdots$ より，$x=-\frac{7}{6}.$ //

(3) グラフの x 切片は $x=-3,\ -6$ だから，軸は

$$x=\frac{-3-6}{2}=-\frac{9}{2}.\ //$$

(4) $y=-2(x+3)(x+6)+x$

$=-2x^2-17x-36$

$=-2\left(x+\frac{17}{4}\right)^2\cdots$ より，$x=-\frac{17}{4}.$ //

注 (3)とよく似た式ですが…，結局は(2)の形を経由することになります．

266 2次関数のグラフ [→例題22d]
根底 実戦 定期

方針 2次関数の様々な表現形式から，グラフを描きます．

解答 (1) グラフの頂点はいずれも原点であり，x^2 の係数の符号と絶対値に注目[1]して，グラフは右のようになる．

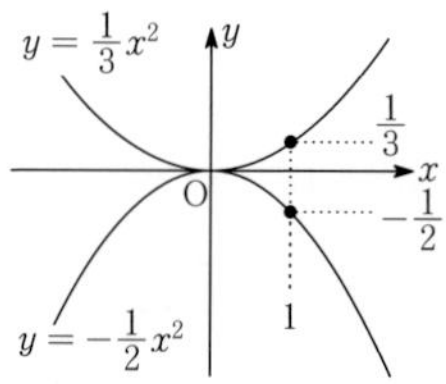

解説 [1]：実際に考えたことをまとめると，次の通りです：

$y=\frac{1}{3}x^2$	$y=-\frac{1}{2}x^2$
凹凸	
$\frac{1}{3}$：正	$-\frac{1}{2}$：負
下に凸 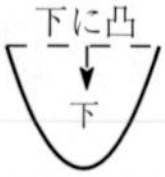	上に凸 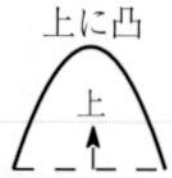
増減	
$\left\lvert\frac{1}{3}\right\rvert<\left\lvert-\frac{1}{2}\right\rvert$	
緩やか	急

(2) グラフは上に凸であり，頂点は $(-1,\ 3)$．また，y 切片は $x=0$ のときを考えて，

$$y=-1+3=2.$$

よってグラフは右のようになる．

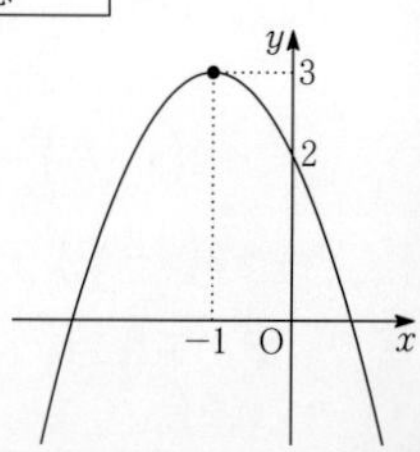

解説 x が -1 から $\pm t$ だけ変化したとき，y はいずれの場合も3から $-t^2$ だけ変化します．

参考 x 切片は，$y=0$ より

$$(x+1)^2=3.\ \therefore\ x=-1\pm\sqrt{3}.$$

値があまりキレイではないので，求めてなくても許されそうな気もします．(採点官の趣味により ます．)

(3) グラフは下に凸であり，y 切片は定数項 $=1$．次に，頂点を求める．

$y=2x^2-2x+1$

$=2\{x^2-x\}\cdots$

$=2\left\{\left(x-\frac{1}{2}\right)^2-\left(\frac{1}{2}\right)^2\right\}\cdots$

($x^2-x+\left(\frac{1}{2}\right)^2$) 可能なら省く

$=2\left(x-\frac{1}{2}\right)^2-2\cdot\left(\frac{1}{2}\right)^2+1$

$=2\left(x-\frac{1}{2}\right)^2+\frac{1}{2}.$

よって頂点は $\left(\frac{1}{2},\ \frac{1}{2}\right)$ だから，グラフは右のようになる．

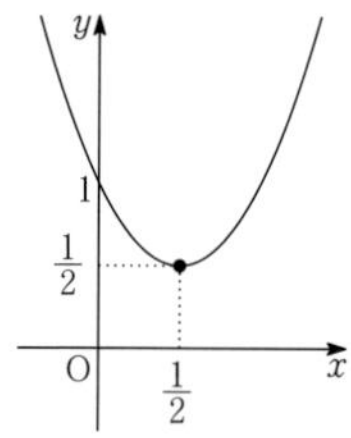

(4) グラフは上に凸であり，x 切片は

$$-\frac{1}{3}(x+3)(x-2)=0\ より，x=-3,\ 2.$$

よって，軸の x 座標は

$$\frac{-3+2}{2}=-\frac{1}{2}.$$

頂点の y 座標は

$$-\frac{1}{3}\cdot\frac{5}{2}\cdot\left(-\frac{5}{2}\right)=\frac{25}{12}.$$

以上より，グラフは右のようになる．

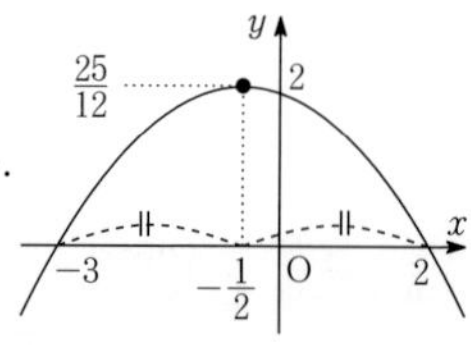

注 実際の試験では，本問程度のグラフは説明抜きに結果だけ描けばOKだと思われます．

267 $y=ax^2+bx+c$ から得る情報 [→例題22c]
根底 実戦 重要

方針 このままの形で，全て暗算で．

解答

1. 凹凸：x^2の係数 $=a>0$ より下に凸． //
2. 定数項 $=-3a-1<0$ ($\because\ a>0$) より，y 切片 は負． //
3. 軸の x 座標：$y=a\left(x+\frac{3}{2}\right)^2\cdots$ より，$-\frac{3}{2}.$ //

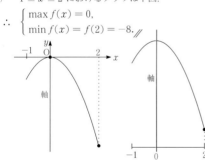

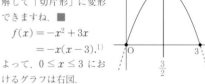

解説 **解答**の 1. 〜3. は，与式の次の部分を見て得られています：

$$y = \underbrace{\overset{1.}{a}x^2 + 3ax}_{3.}\overbrace{-3a-1}^{2.}$$

全てを 瞬時に得られるようにしましょう．今後，様々な局面で貴重な情報を見抜くことにつながりますから．

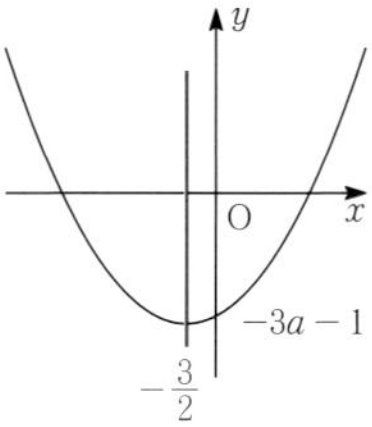

268 2次関数の最大・最小

根底 実戦 定期 [→例題23a]

着眼 グラフの凹凸がわかったら，あとは「定義域と軸の位置関係」のみ考えます．

注 その際，軸の座標を暗算で見通し，「平方完成」を行う価値があるか否か事前に判断します．

解答

(1) $f(x) = -x^2+4x+1$

$\qquad = -(x-2)^2+5$

より，$y=f(x)$ のグラフは右図．

よって，$\begin{cases} \min f(x)=5, \\ \text{最大値：なし}. /\!/ \end{cases}$

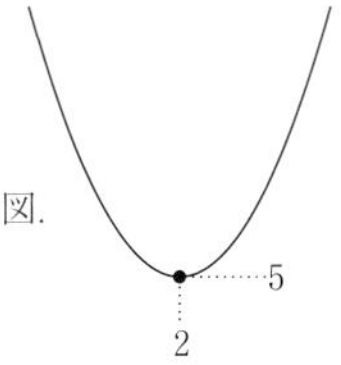

注 最大・最小を考える際，座標軸は不要です．

(2) $-1 \leq x \leq 2$ におけるグラフは下図．

$\therefore \begin{cases} \max f(x)=0, \\ \min f(x)=f(2)=-8. /\!/ \end{cases}$

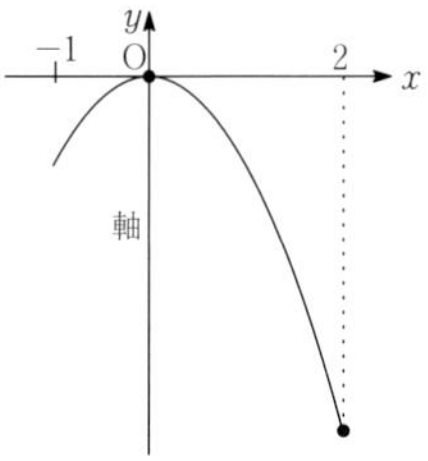

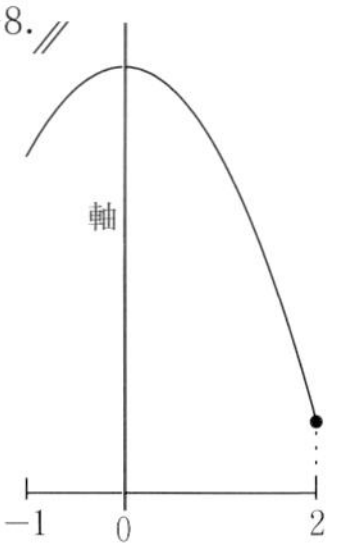

注 最大・最小を考える上で，座標軸は本来不要です．ただ，(2)では原点が頂点なので，上図左では描いてしまいました．本来は，上図右の方が理にかなっています．

(3) $f(x) = 3x^2+3x+1$

$\qquad = 3\left(x+\frac{1}{2}\right)^2+\frac{1}{4}.$

定義域の中央は

$$x = \frac{-2+1}{2} = -\frac{1}{2}.$$

これは軸の座標と一致するから，$-2 \leq x \leq 1$ におけるグラフは右図．

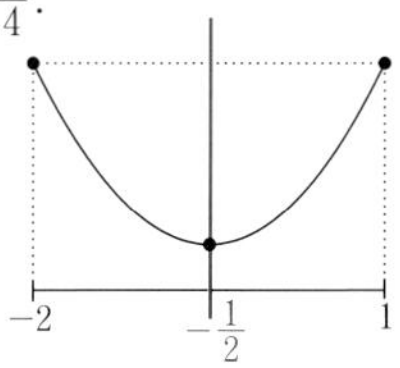

$\therefore \begin{cases} \min f(x)=\frac{1}{4}, \\ \max f(x)=f(1)=7. /\!/ \end{cases}$

補足 最大値は，もちろん $f(-2)$ として求めてもかまいません．

(4) $f(x) = -7x^2+15x+13$

$\qquad = -7\left\{x^2-\frac{15}{7}x\right\}+\cdots$

$\qquad = -7\left\{\left(x-\frac{15}{14}\right)^2\cdots\right\}+\cdots$ これを思い浮かべて…

軸の座標は，$x=\frac{15}{14}>1$.

定義域の右端

よって，$0 \leq x \leq 1$ におけるグラフは右図．

$\therefore \begin{cases} \min f(x)=f(0)=13, \\ \max f(x)=f(1)=21. /\!/ \end{cases}$

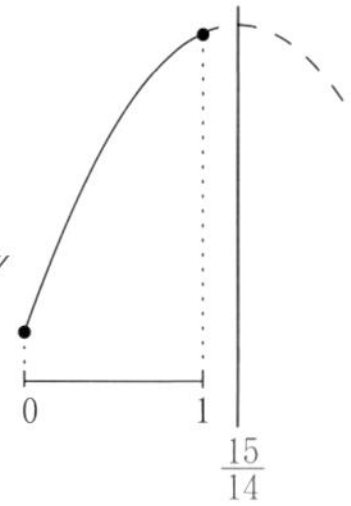

注 軸が定義域の外にあるので，平方完成を行って頂点の y 座標まで求めるのは完全な時間の無駄．

(5) **方針** 定数項がありませんから，すぐに因数分解して「切片形」に変形できますね．■

$f(x) = -x^2+3x$

$\qquad = -x(x-3).$[1)]

よって，$0 \leq x \leq 3$ におけるグラフは右図．

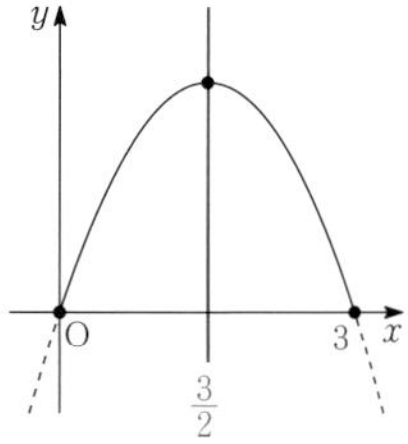

$\therefore \begin{cases} \max f(x)=f\left(\frac{3}{2}\right)=-\frac{3}{2}\cdot\frac{-3}{2}=\frac{9}{4}, \\ \min f(x)=f(0)=0. /\!/ \end{cases}$

補足 1)：この因数分解した式を用いると，最大値の計算が楽です．

(6) $f(x) = x^2+ax+a^2$

$\qquad = \left(x+\frac{a}{2}\right)^2+\frac{3}{4}a^2$

より，$-a \leq x \leq a$ におけるグラフは右図．

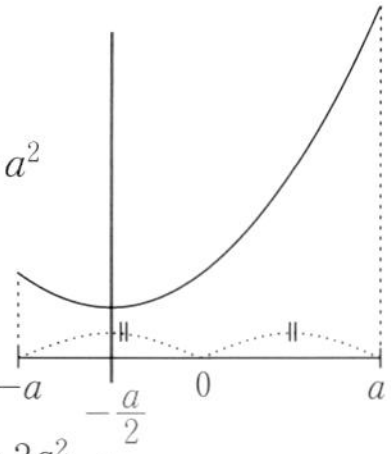

$\therefore \begin{cases} \min f(x)=\frac{3}{4}a^2, \\ \max f(x)=f(a)=3a^2. /\!/ \end{cases}$

注 最大値・最小値を答えると同時にいつでも必ずそのときの x の値も添える人がいますが…もちろん不要ですよ（笑）．

269 2次関数の最大・最小 根底 実戦 [→例題23b]

方針 グラフの凹凸を考え，定義域と軸の位置関係を見抜きましょう．

解答 (1) **注** グラフは下に凸ですから，頂点の座標は最小値の候補でしかありません．よって，平方完成するのは無駄です．■

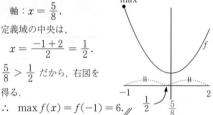

軸：$x=\dfrac{5}{8}$.

定義域の中央は，

$$x=\frac{-1+2}{2}=\frac{1}{2}.$$

$\dfrac{5}{8}>\dfrac{1}{2}$ だから，右図を得る．

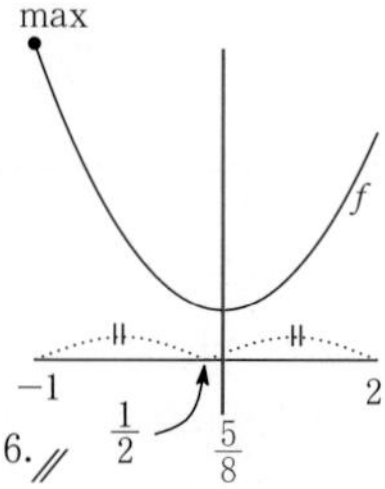

$\therefore\ \max f(x)=f(-1)=6.$ //

(2) $f(x)=-3x^2+3ax+1$

$$=-3\left(x-\frac{a}{2}\right)^2+1+\frac{3}{4}a^2.$$

定義域の中央は

$$\frac{(-1)+(a+1)}{2}=\frac{a}{2}$$

だから，右図を得る．よって

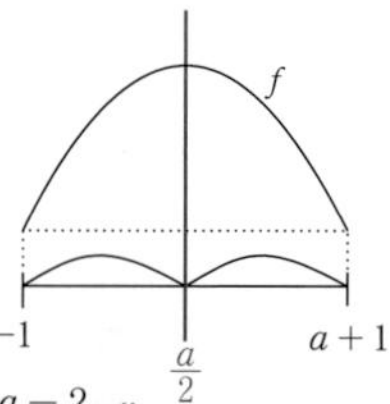

$$\begin{cases}\max f(x)=1+\dfrac{3}{4}a^2,\\ \min f(x)=f(-1)=-3a-2.\end{cases}$$ //

解説 (1)(2)とも，「定義域の中央と軸の位置関係」がポイントでしたね．定義域内にあるか否かとともに，注目して欲しい重要事項です．

2610 最大・最小の場合分け基準 根底 実戦 重要 [→例題23c]

着眼 グラフは上に凸．あとは定義域と軸の位置関係のみに注目します．

方針 軸が定義域内に含まれる可能性がありそうなので，まずは平方完成しましょう．

解答

$$f(x)=-\left(x+a-\frac{3}{2}\right)^2+\left(a-\frac{3}{2}\right)^2+3a-\frac{1}{4}$$

$$=-\left(x+a-\frac{3}{2}\right)^2+a^2+2.$$

∘ 最大値について．

軸：$x=-a+\dfrac{3}{2}>-a$ だから，次のように場合分けされる：

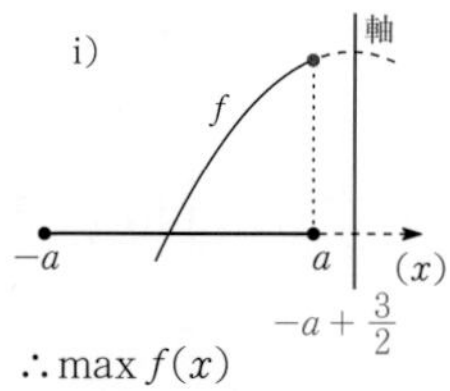

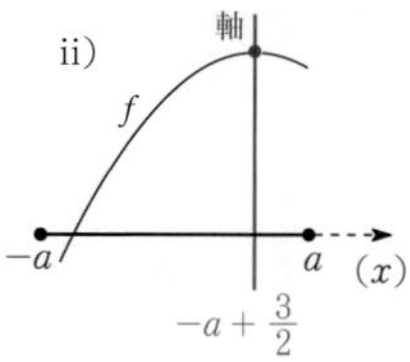

$\therefore \max f(x)$

$$=\begin{cases}f(a)\ \left(a\leq -a+\dfrac{3}{2}\text{ のとき}\right),\ \cdots\text{i)}\\ f\left(-a+\dfrac{3}{2}\right)\ \left(-a+\dfrac{3}{2}<a\text{ のとき}\right)\cdots\text{ii)}\end{cases}$$

$$=\begin{cases}-3a^2+6a-\dfrac{1}{4}\ \left(0<a\leq\dfrac{3}{4}\text{ のとき}\right),\\ a^2+2\ \left(\dfrac{3}{4}<a\text{ のとき}\right).\end{cases}$$ //

∘ 最小値について．

軸：$x=-a+\dfrac{3}{2}$ と定義域の中央：$x=0$ の大小に注目して，次のように場合分けされる：

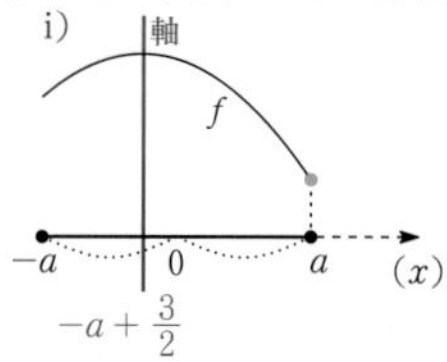

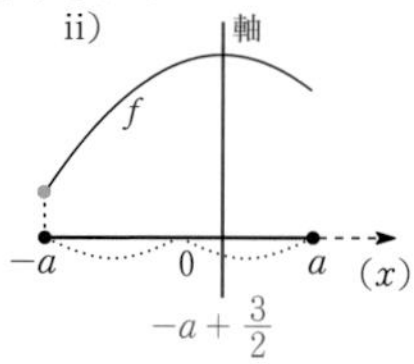

$\therefore \min f(x)$

$$=\begin{cases}f(a)\ \left(-a+\dfrac{3}{2}<0\text{ のとき}\right),\ \cdots\text{i)}\\ f(-a)\ \left(0\leq -a+\dfrac{3}{2}\text{ のとき}\right)\cdots\text{ii)}\end{cases}$$

$$=\begin{cases}-3a^2+6a-\dfrac{1}{4}\ \left(\dfrac{3}{2}<a\text{ のとき}\right),\\ a^2-\dfrac{1}{4}\ \left(0<a\leq\dfrac{3}{2}\text{ のとき}\right).\end{cases}$$ //

注 最大値と最小値は，場合分けの分岐点が異なりますから，別個に扱うべきです．

2611 最小値のグラフ 根底 実戦 入試 [→例題23c]

方針 もちろん定義域と軸の位置関係で場合分けしてもよいですが，最小値の候補だけを取り出し，大小を比べるという手法を使ってみます．[→例題23c発展]

解答 $f(x)=(x-a)^2-a^2+a\ (0\leq x\leq 2)$ の最小値になり得るものは

$f(0)=a,$ 端点

$f(2)=4-3a,$ 端点

$f(a)=-a^2+a$ (ただし，$0\leq a\leq 2$ のときのみ)． 頂点

これら a の関数のグラフを描き，各 a に対してそのうち最も小さいものを選ぶことにより，求めるグラフは次図の実線部となる．//

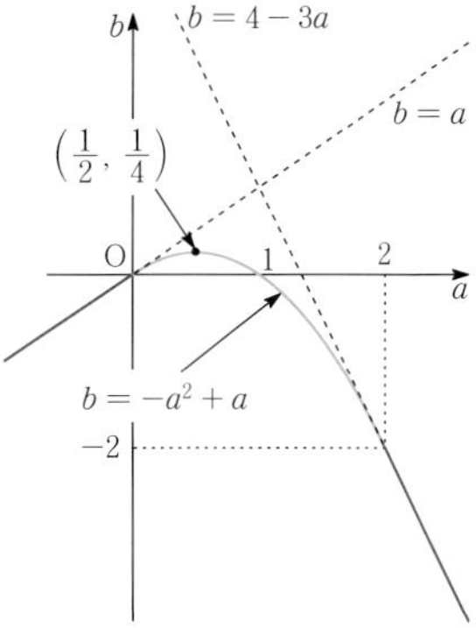

解説　このように「最大，最小の候補のみを考える」という手法は，時として威力を発揮します．

補足　$b=-a^2+a$ と $b=4-3a$ を連立すると

$-a^2+a=4-3a$. $a^2-4a+4=0$.

$\therefore (a-2)^2=0$.

よって，ab 平面上で，これらが表すグラフどうしは $a=2$ において接していることがわかります．$b=-a^2+a$ と $b=a$ についても同様です．

2 6 12　2次関数の最大・最小（逆問題）[→例題 2 3 d]

根底 実戦

着眼　グラフは下に凸．あとは定義域と軸の位置関係のみに注目します．「最大値 3」が何を指しているかを見抜きましたか？

解答　$f(x)=2\left(x+\dfrac{a}{4}\right)^2+3-\dfrac{a^2}{8}$.

$\max f(x)=3=f(0)$. つまり $f(x)$ は $x=0$ において最大[1] となるから，

軸：$x=-\dfrac{a}{4}\geq\dfrac{1}{2}$（定義域の中央），

i.e. $a\leq -2$ が必要．…①

最小値に注目して，次のように場合分けされる：

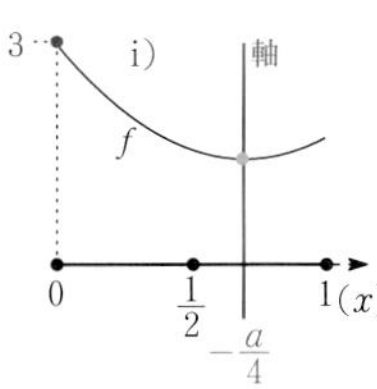

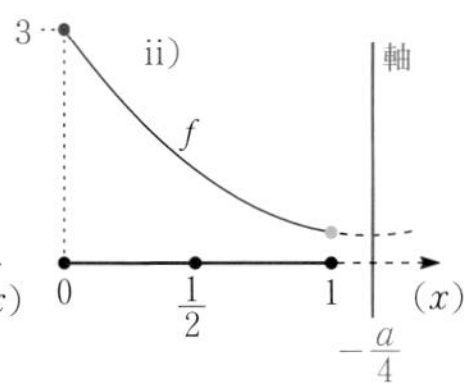

i) $-\dfrac{a}{4}<1$, i.e. $-4<a(\leq -2)$ …② のとき，題意の条件は

$\min f(x)=3-\dfrac{a^2}{8}=0$.

これと①より，$a=-\sqrt{24}(<-4)$.

これは②を満たさない．

ii) $1\leq -\dfrac{a}{4}$, i.e. $a\leq -4$ …③ のとき，題意の条件は

$\min f(x)=f(1)=a+5=0$.

これと①より，$a=-5$.

これは③を満たす．

以上 i), ii) より，$a=-5$.//

解説　[1]：これに気付いたおかげで，場合分けの数を減らすことに成功しています．

2 6 13　最大値の最小化　[→2 3]

根底 実戦　入試　ハイレベル

方針　ひとまず絶対値記号内の 2 次関数を考え，それをもとにして $f(x)$ の最大値を求めます．もちろん，定義域と軸の位置関係に注目し，最大値・最小値の候補を考えながら．

解答　(1)　$g(x)=x^2-a(x+1)$ とおくと，

$0<a<\dfrac{1}{2}$ より

$g(0)=-a<0$.　$g(1)=1-2a>0$.

また，

$$g(x)=x^2-ax-a=\left(x-\frac{a}{2}\right)^2-\frac{a^2}{4}-a$$

より，放物線 $y=g(x)$ の軸は $x=\dfrac{a}{2}$ である．

$0<a<\dfrac{1}{2}$ より $0<\dfrac{a}{2}<\dfrac{1}{4}$ だから，軸は定義域に含まれ，

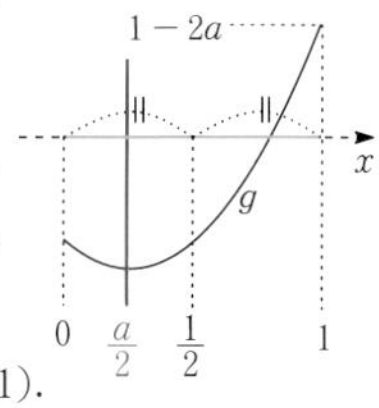

$g\left(\dfrac{a}{2}\right)<g(0)<0<g(1)$.

よって，$f(x)=|g(x)|$ の最大値は

$g(1)=1-2a, -g\left(\dfrac{a}{2}\right)=\dfrac{a^2}{4}+a$

のいずれかである[1]．両者の大小を，右図を用いて比べる．

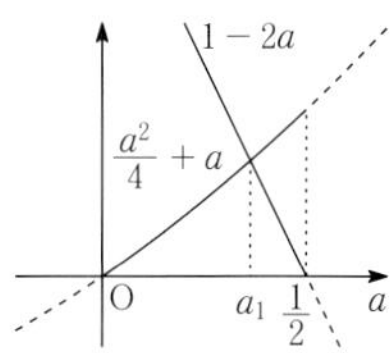

$\dfrac{a^2}{4}+a=1-2a$ を解くと

$a^2+12a-4=0$（かつ $a>0$）.

$a=-6+2\sqrt{10}(=a_1$ とおく).

したがって，

$$\max f(x)=\begin{cases}1-2a & (0<a\leq a_1\text{のとき}),\\ \dfrac{a^2}{4}+a & \left(a_1<a<\dfrac{1}{2}\text{のとき}\right).\end{cases}$$ //

(2) (1)より，$b = m(a)$ のグラフは右図のとおり．

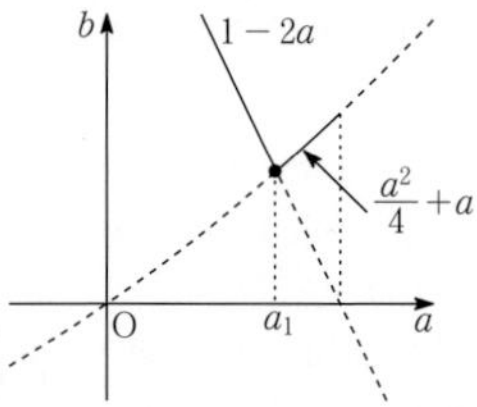

したがって，$m(a)$ を最小とする a は

$a_1 = -6 + 2\sqrt{10}$.//

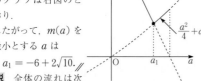

解説 全体の流れは次の通りです：

(1) a を定数とし，x を動かして最大値を求める．

(2) (1)の結果を a の関数とみて，a を変数として動かし最小を考える．

補足 [1]：「絶対値」とは，「0 からの距離」ですからこうなりますね．

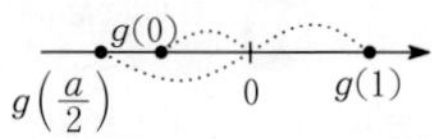

参考 一般に,「絶対差」: |○ − △| は, ○と△の**誤差**という意味をもちます．つまり(1)は,「x^2」と「$a(x+1)$」の区間 $0 \leq x \leq 1$ における**誤差の最大値**を問うたものです．

(2)では，その誤差の最大値を**最小化**する a を考えました．つまり，2 次関数「x^2」を 1 次関数「$a(x+1)$」によってできるだけ誤差が大きくならないように**近似**する方法を考えたもので,「ミニマックス法 [2]」と呼ばれる有名なものです．このような“背景”があるため，入試でしょっちゅう出ます (笑).

語記サポ [2]：語順は英語式です．min(max○)，つまり「最小の最大値」です．

2 6 14 $\sqrt{\quad}$ と最大値 [→例題 2 3 e]

根底 実戦 入試

注 定義域が限定されることを見抜いてください．問題文では敢えて何も書いていませんが．

方針 「$\sqrt{\quad}$」がジャマですね．これをどう処理するか

解答 まず，$\sqrt{\quad}$ 内 $= 1 - x^2 \geq 0$ より，定義域は $-1 \leq x \leq 1$ であり，

$$f(x)\begin{cases} \geq 0\ (0 \leq x \leq 1 \text{ のとき}), \\ \leq 0\ (-1 \leq x \leq 0 \text{ のとき}). \end{cases}$$

よって，$\max f(x)$ を求めるには $0 \leq x \leq 1$ のみ考えればよい．このとき，

$f(x) = \sqrt{x^2(1-x^2)}$ ($\because$ $x \geq 0$[1]). …①

そこで $t = x^2$ ($0 \leq t \leq 1$[2]) とおくと

①のルート内 $= t(1-t)$.

以上より，

$$\max f(x) = \sqrt{\frac{1}{2}\cdot\left(1-\frac{1}{2}\right)} = \frac{1}{2}.$$//

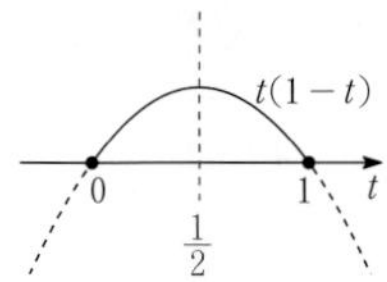

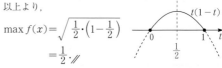

注 [1]：$x < 0$ だとこうはなりません．[→ 1 6 8 参考]

[2]：置換した文字 t の変域に注意すること．

将来 **理系** 理系の人は，微分法 (数学Ⅲ) を習うと $f(x)$ を機械的に微分してもできてしまいますが，それは遠回りな方法です．

合言葉：『最大，最小，微分する前に，まず**変形&置換**』

2 6 15 2次関数の最大・最小 (置換) [→例題 2 3 e]

根底 実戦 典型

着眼 どこかで見たことのある式ですね．そう．x と $\frac{1}{x}$ の**対称式**です [→例題 1 6 i].

解答 $t = x + \frac{1}{x}$ とおくと，$t^2 = x^2 + 2 + \frac{1}{x^2}$ だから

$$\begin{aligned} f(x) &= \left(x^2 + \frac{1}{x^2}\right) - 5\left(x + \frac{1}{x}\right) + 9 \\ &= t^2 - 2 - 5t + 9 \\ &= t^2 - 5t + 7 \\ &= \left(t - \frac{5}{2}\right)^2 + \frac{3}{4}\ (= g(t) \text{ とおく}). \end{aligned}$$

注 この後，オーソドックスにいくなら t の変域 (定義域) を求めますが…x の分数式なのでそこが少しツライですね．そこで，不等式を利用する方法をご紹介します．■

$t \in \mathbb{R}$ だから

$g(t) \geq \frac{3}{4}$. …①

等号成立条件は

$t = x + \frac{1}{x} = \frac{5}{2}$ であり，

これは $x = 2(> 0)$ のとき [1] 成立する．…②

①，②より，$\min f(x) = \frac{3}{4}$.//

解説 ①：「大小関係の不等式」+②：「等号成立確認」によって「最小値」を求めるこの方法論は，**演習問題 2 12 4** でも登場します．

補足 [1]：$x = 2$ をパッと思いつかなければ，方程式 $x + \frac{1}{x} = \frac{5}{2}$ を解けばよいですね．ちなみにこの等式は，$x = \frac{1}{2}$ でも成り立ちます．

2 6 16 1文字消去 根底 実戦 重要 [→2 3]

着眼 (1)(2)とも，x, y の **2 変数関数** x^2+y^2-2x の変域が問われています．しかし，x と y の間には関係式があり [1]，上手く 1 文字を消去して 1 つの変数だけで表すことができます．

方針 $F=\underline{x}^2+\underset{\sim}{y}^2-2\underline{x}$ をみると，$\underline{x}$ は 2 か所にありますが $\underset{\sim}{y}$ は 1 か所だけです．よって，y を消去する方がカンタン [2] そうですね．

注 ただし，文字を消去するときには，ある注意点があります．

解答 (1) ①より $y=3-\dfrac{x}{2}$ …①′．

これと $y \ge 0$ より，$3-\dfrac{x}{2} \ge 0$． [3]

これと $x \ge 0$ より，x の変域は

$0 \le x \le 6$．…③

①′ より

$$F=x^2+\left(3-\frac{x}{2}\right)^2-2x$$
$$=\frac{5}{4}x^2-5x+9$$
$$=\frac{5}{4}(x-2)^2+4.$$

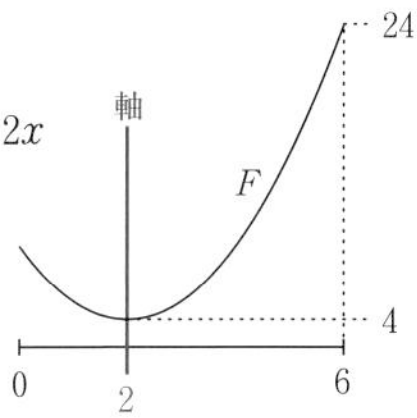

これと③より右図を得る．

よって求める変域は，$4 \le F \le 24$．//

(2) ②より $y^2=\dfrac{6-x^2}{2}$ …②′．

これと $y^2 \ge 0$ より，$6-x^2 \ge 0$． [4]

よって x の変域は

$-\sqrt{6} \le x \le \sqrt{6}$．…④

②′ より

$$F=x^2+\frac{6-x^2}{2}-2x$$
$$=\frac{1}{2}x^2-2x+3$$
$$=\frac{1}{2}(x-2)^2+1.$$

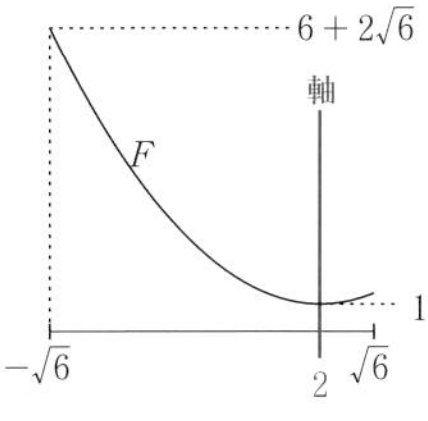

これと④より右図を得る．

よって求める変域は，$1 \le F \le 6+2\sqrt{6}$．//

注 [2]：といっても，$F=(x-1)^2+y^2-1$ と平方完成して x を集約しておけば，x を消す方針でも不利はありません．むしろ，$x=6-2y$ と分数係数なしで処理できて楽かも．

[3][4]：y を消去する際には，y に関する条件を x の変域へと反映させることを忘れずに．

発展 [1]：x と y の間に関係式がなく，両者が独立に（無関係に）動く問題もあります．[→演習問題 2 12 4]

参考 実は，「F」は「距離」と関係しています．

$F=(x-1)^2+y^2-1$

ですから，xy 平面上で $\mathrm{A}(1, 0)$，$\mathrm{P}(x, y)$ とおくと

$F=\mathrm{AP}^2-1$．

そこで，2 点 A，P の距離に着目します．

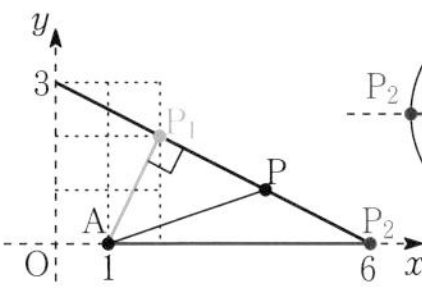

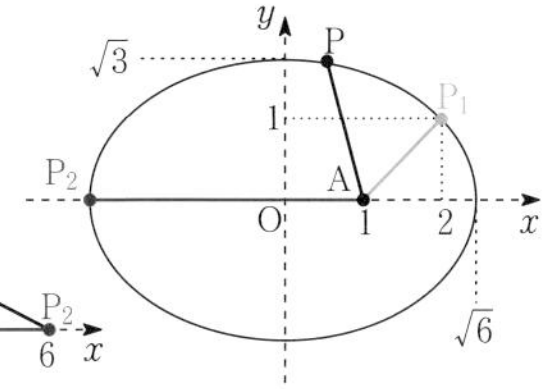

(1)では，①より P は上左図の黒色太線分上を動くので，

$\mathrm{AP_1} \le \mathrm{AP} \le \mathrm{AP_2}$．

$\mathrm{P_1}$ は図からわかるように $(2, 2)$ なので

$\sqrt{5} \le \mathrm{AP} \le 5$．

$5-1 \le \mathrm{AP}^2-1 \le 25-1$．

$\therefore 4 \le F \le 24$．

数学C 2次曲線 後

(2)では，②より P は上右図の楕円上を動き

$\mathrm{AP_1} \le \mathrm{AP} \le \mathrm{AP_2}$．

$\mathrm{P_1}$ の座標は $(2, 1)$ [5] であり

$\sqrt{2} \le \mathrm{AP} \leqq 1+\sqrt{6}$．

$2-1 \le \mathrm{AP}^2-1 \le \left(1+\sqrt{6}\right)^2-1$．

$\therefore 1 \le F \le 6+2\sqrt{6}$．

言い訳 [5]：これは，けっきょく上記**解答**の計算によってわかります．ここで述べていることはあくまでも「参考」です（別解ではありません）．

2 6 17 グラフの移動 根底 実戦 [→2 4]

方針 「平行移動」の 2 つの扱い：「方程式」と「頂点」のどちらが有利であるかを，**後で何をするかを先読み** [1] して判断します：

(1) 後で行うことは，「2 点を通る」ことの表現ですから，C_1 の「方程式」を求めましょう．ただし，$C_1{}'$ の方程式まで求めなくても解決します．

(2) 後で行う作業に「点 $(3, -4)$ に関して対称」の表現が含まれます．これを方程式で扱うのはキビシイ [2] ですから，「頂点」に注目します．

解答 (1) C：$\boxed{y}=-2\boxed{x}^2+p\boxed{x}+q$ において，$\boxed{x}$ を $\boxed{x-p}$ で，$\boxed{y}$ を $\boxed{y-q}$ で置き換えて

C_1：$\boxed{y-q}=-2(\boxed{x-p})^2+p(\boxed{x-p})+q$．

i.e. $y=-2(x-p)^2+p(x-p)+2q$．

これが，y 軸に関して A，B と対称な 2 点 $(0, 2)$，$(1, 5)$ を通る[3] から

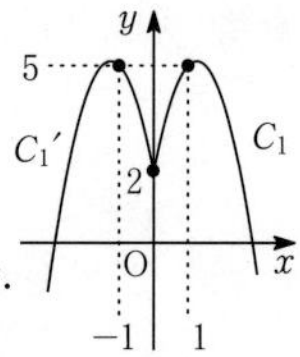

$$\begin{cases} 2=-2p^2-p^2+2q, \\ 5=-2(1-p)^2+p(1-p)+2q. \end{cases}$$

$$\begin{cases} 2=-3p^2+2q, & \cdots① \\ 5=-3p^2+5p-2+2q. & \cdots② \end{cases}$$

② − ①より

$$3=5p-2. \therefore\ (p, q)=\left(1,\ \frac{5}{2}\right).\ /\!/$$

(2) C の方程式は

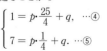

$$y=-2\left(x-\frac{p}{4}\right)^2+q+\frac{p^2}{8}$$

だから，頂点の座標は次のようになる．

$$C:\begin{cases} x=\dfrac{p}{4} \\ y=q+\dfrac{p^2}{8} \end{cases}$$

$$\to C_2:\begin{cases} x=\dfrac{p}{4} \\ y=-q-\dfrac{p^2}{8} \end{cases}$$

$$\to C_2':\begin{cases} x=\dfrac{5}{4}p \\ y=q-\dfrac{p^2}{8} \end{cases}$$

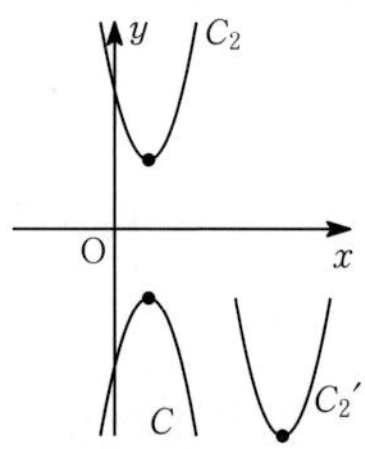

題意の条件は，C_2' と C の頂点どうしが点 D$(3, -4)$ に関して対称であること，すなわち

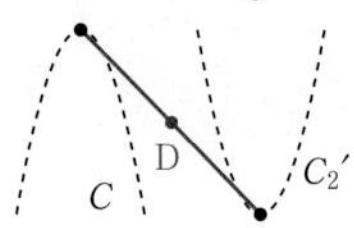

$$\begin{cases} \dfrac{1}{2}\left(\dfrac{p}{4}+\dfrac{5}{4}p\right)=3, \\ \dfrac{1}{2}\left(q+\dfrac{p^2}{8}+q-\dfrac{p^2}{8}\right)=-4. \end{cases}$$

$$\therefore (p, q)=(4, -4).\ /\!/$$

注 [1]：決して，「こういうタイプの問題はこっちのやり方」とパターン分けして解法を選択するのではありません！

解説 [3]：もちろん，C_1' の方程式を求めて A，B の座標を代入してもできます．ちなみに，

$C_1' : y=-2(-x-p)^2+p(-x-p)+2q$ です．

数学Ⅱ図形と方程式後 [2]：C_2' の方程式も求められます．だとしても，**解答**のように「頂点」を考える方がトクです．

2 6 18 2次関数の決定

根底 実戦 定期 [→例題 2 5 a]

方針 2 次関数の「3 つの表現」を的確に使い分けます．

解答 (1) $C : y=a(x-3)^2+1$ とおけて，点 $(0, 4)$ を通るから

$$4=a\cdot 9+1. \therefore\ a=\frac{1}{3}.$$

$$\therefore C : y=\frac{1}{3}(x-3)^2+1.^{1)}\ /\!/$$

補足 [1]：右辺を展開して，$y=\dfrac{1}{3}x^2-2x+4$ としてもかまいませんが，このままでも OK です．■

(2) $C : y=ax^2+bx+c\ (a \neq 0)$ とおくと

$$\begin{cases} 1=a-b+c, & \cdots① \\ 7=a+b+c, & \cdots② \\ 7=4a+2b+c. & \cdots③ \end{cases}$$

② − ①より，$2b=6$．$b=3$．これと②③より

$$\begin{cases} a+c=4, \\ 4a+c=1. \end{cases} \therefore \begin{cases} a=-1, \\ c=5. \end{cases}$$

以上より，$C : y=-x^2+3x+5.\ /\!/$

別解 $x=1, 2$ における y 座標が等しいことから，C の軸は，

$x=\dfrac{1+2}{2}=\dfrac{3}{2}$．よって

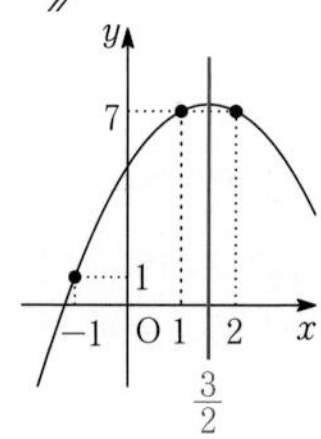

$$C : y=p\left(x-\frac{3}{2}\right)^2+q$$

とおけて，2 点 $(-1, 1)$，$(1, 7)$ を通ることから

$$\begin{cases} 1=p\cdot\dfrac{25}{4}+q, & \cdots④ \\ 7=p\cdot\dfrac{1}{4}+q. & \cdots⑤ \end{cases}$$

④ − ⑤より

$$-6=6p. \therefore\ \ p=-1, q=\frac{29}{4}.$$

$$\therefore C : y=-\left(x-\frac{3}{2}\right)^2+\frac{29}{4}.\ /\!/$$

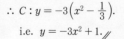

(3) C は上に凸な放物線であり，x 軸と 2 回，y 軸と 1 回交わり，次図のようになる．よって，

$C : y=-3(x+k)(x-k)\ (k>0)$

i.e. $y=-3(x^2-k^2)\ (k>0)$

とおけて，y 切片に注目すると

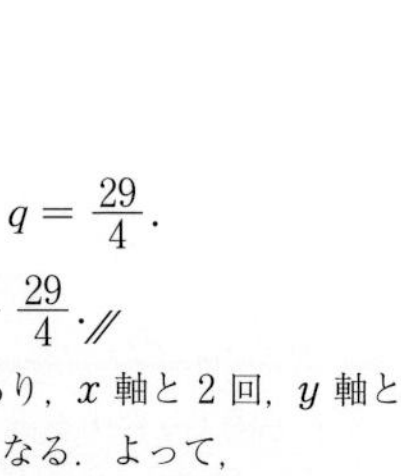

$$3k^2=\sqrt{3}k. \therefore\ \ k=\frac{1}{\sqrt{3}}.$$

$$\therefore\ C : y=-3\left(x^2-\frac{1}{3}\right).$$

i.e. $y=-3x^2+1.\ /\!/$

2 6 19 図形量の変域

根底 実戦 [→2 3]

方針 「何か」を変数 x としてとり，2 円の面積を x で表します．x のとり得る値の範囲（定義域）にも注意を払ってくださいね．

解答 C_1 の半径を $x\,(0<x<1)$ とすると，$\mathrm{AB}=1$ より C_2 の半径は $1-x$．よって

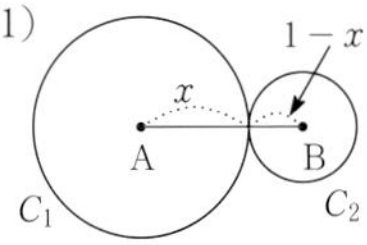

$$S=\pi x^2+\pi(1-x)^2$$
$$=\pi(2x^2-2x+1)$$
$$=\pi\left\{2\left(x-\frac{1}{2}\right)^2+\frac{1}{2}\right\}.$$

これの $0<x<1$ におけるグラフは右図．以上より，求める S の変域は

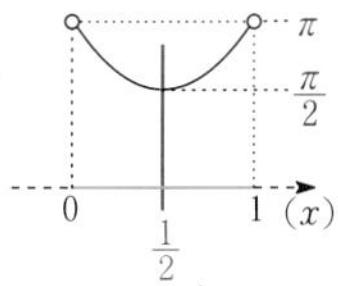

$$\frac{\pi}{2}\leq S<\pi.\text{//}$$

参考 S が最小となるのは，$x=1-x=\dfrac{1}{2}$，つまり 2 円の半径が等しいときですね．

2 6 20 面積の和の最大

根底 実戦 入試 [→2 3]

方針 問題文中で長さを表す文字がまったく設定されていませんから，それを自ら行わなければなりません．
どちらかというと，「円」の方が面積の表現に「π」を使うことになるので，円の半径がカンタンに表せるよう計画したいですね．

解答 紐の長さを l（l は正の定数）とし，円の周長を x（$0<x<l$…①）とおくと，2 つの図形の面積の和 S は

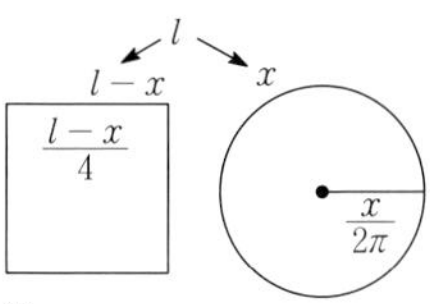

$$S=\left(\frac{l-x}{4}\right)^2+\pi\left(\frac{x}{2\pi}\right)^2$$
$$=\left(\frac{1}{16}+\frac{1}{4\pi}\right)x^2-\frac{l}{8}x+\text{const.}^{1)}$$

これを最小とする x は

$$\frac{1}{2}\cdot\frac{\frac{l}{8}}{\frac{1}{16}+\frac{1}{4\pi}}=\frac{\pi}{\pi+4}l.^{2)}$$（これは①を満たす.）

このときの分け方における各長さは，

正方形：$\dfrac{4}{\pi+4}l$, 円：$\dfrac{\pi}{\pi+4}l$.

よって，求める比は

$4:\pi.$ // [3)]

語記サポ [1)]：「constant」=「定数」の略．変数 x の値に関係ない何かある定数で，その値を明示することに価値がない状況下で，ギョウカイのオジサンたちは用いたりします．

注 [2)]：繁（はん）分数の処理は大丈夫ですか？分子，分母それぞれを 16π 倍しています．

参考 [3)]：このとき，正方形の 1 辺と円の直径の比は

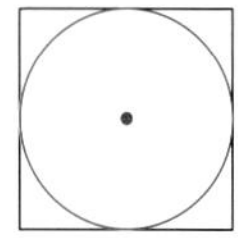

$$\frac{4}{4}:\frac{\pi}{\pi}=1:1.$$

つまり，右のような状態です．

参考 問われているのは長さの「比」ですから，紐全体の長さを「1」としてもかまいません．

2 6 21 面積の最大

根底 実戦 入試 [→2 3]

方針 斜線部そのものは“名称”をもたない図形ですが，その面積は「おうぎ形」を利用して求まりそう．そして，全てのおうぎ形は**相似**ですから，面積の扱いはごく単純です．[→5 2 5]

解答 $x=\mathrm{OP}\ (0\leq x\leq 1)$ とおくと，

$$\mathrm{PQ}=\mathrm{QA}=\frac{1-x}{2}.$$

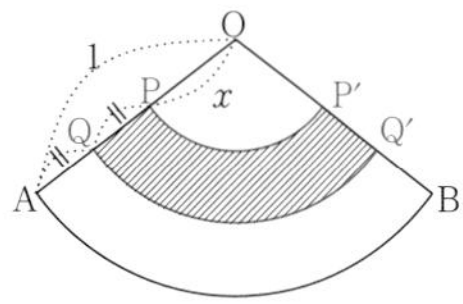

右図において，おうぎ形 $\mathrm{OPP'}$, $\mathrm{OQQ'}$, OAB は O を中心として相似であり，相似比は

$$x:\left(x+\frac{1-x}{2}\right):1=x:\left(\frac{1+x}{2}\right):1.$$

$$\therefore S=c\cdot\left(\frac{1+x}{2}\right)^2-c\cdot x^2$$
$$=\frac{c}{4}(-3x^2+2x+1)$$
$$=\frac{c}{4}\left\{-3\left(x-\frac{1}{3}\right)^2+\frac{4}{3}\right\}.$$

これと $0\leq x\leq 1$ より右図のようになるから

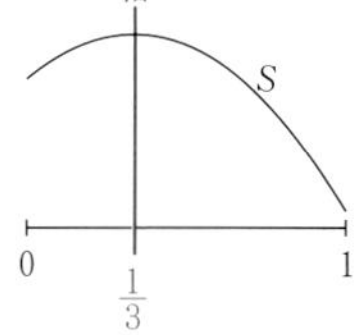

$$\max S=\frac{c}{4}\cdot\frac{4}{3}=\frac{c}{3}.\text{//}$$

解説 各部の面積は「c」と「相似比」のみで表せてしまいますね．

参考 S が最大となるとき

$$\mathrm{OP}:\mathrm{PQ}:\mathrm{QA}=x:\frac{1-x}{2}:\frac{1-x}{2}$$
$$=\frac{1}{3}:\frac{1}{3}:\frac{1}{3}=1:1:1.$$

つまり P，Q は線分 OA の 3 等分点です．

2 6 22 図形の重ね合わせ [→2 3]

根底 実戦 入試 5 6 後 ハイレベル↑

方針 本格的な図形問題ですが，変数が指定されていますから，やるべきことは決まっています.「片方だけに含まれる部分」がどんな図形か？そして，その面積を求めるには何がわかればよいかを考えましょう.

解答

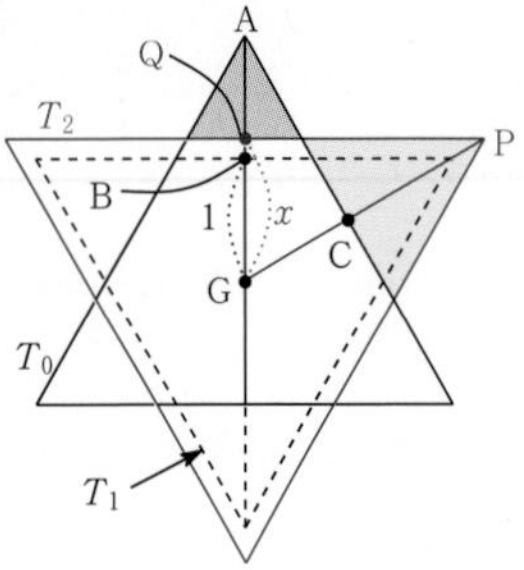

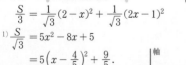

上図のように各点をとる．T_0, T_1 の中線の長さは

$$2\sqrt{3}\cdot\frac{\sqrt{3}}{2}=3.$$

G はこれら中線を 2：1 に内分するから

$$GA=\frac{2}{3}\cdot 3=2,\ GB=GC=\frac{1}{3}\cdot 3=1.$$

T_1 と T_2 の相似比が $1:x$ だから

$$GQ=x\cdot GB=x.\ \cdots①$$

△GPQ に注目して

$$GP=2x.\ \cdots②$$

題意の条件 (*) は

$$GQ<GA,\ GP>GC$$

であり，これは①②より

$$x<2,\ 2x>1.\ \text{i.e.}\ \frac{1}{2}<x<2.\ \cdots③$$

③のもとで，①より $AQ=2-x$．また，②より

$$PC=2x-1.$$

ここで，右図のような正三角形の面積は

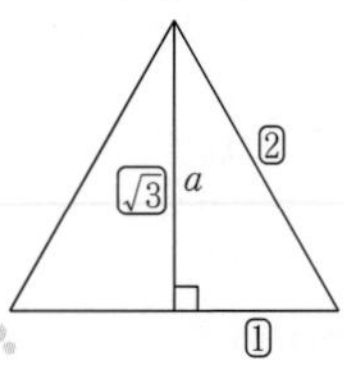

$$\frac{1}{2}\cdot 2\cdot\frac{a}{\sqrt{3}}\cdot a=\frac{1}{\sqrt{3}}a^2.$$

以上より　3 個ずつある

$$\frac{S}{3}=\frac{1}{\sqrt{3}}(2-x)^2+\frac{1}{\sqrt{3}}(2x-1)^2$$

[1] $$\frac{S}{\sqrt{3}}=5x^2-8x+5$$
$$=5\left(x-\frac{4}{5}\right)^2+\frac{9}{5}.$$

これと③より右図を得る．よって

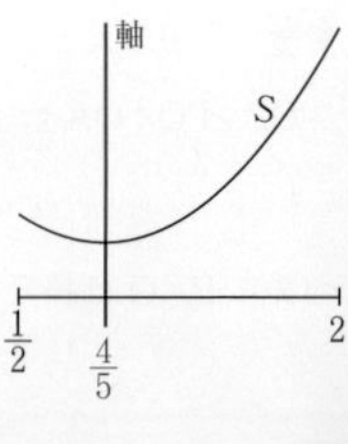

$$\min S=\frac{9}{5}\sqrt{3}.〃$$

また，このとき $x=\frac{4}{5}$.〃[2]

補足 [1]：このように，1 つ上の式の両辺に $\sqrt{3}$ を掛けることで，表記が楽になります．もちろん，「最大値」を答える際にはちゃんと「S」の値を書くよう注意してください.

注 [2]：本問では，S が最大となるときの「x の値」が問われているので，答えました．もし問われていなければ，もちろん答えなくてかまいません．世には「最大値や最小値を答えたら，そのときの変数の値も必ず答えるもの」という思考停止状態に陥ってる人が沢山いますが…(笑).

2 6 23 直円錐の表面積・体積 [→2 3]

根底 実戦 入試 ハイレベル↑

着眼 直円錐およびその側面の展開図であるおうぎ形を扱う際には，底円の半径，母線の長さなど様々な量が登場します．そのうちどれを変数にとると上手くいくかはやってみないとわかりませんから，とりあえず各量に“名前”をつけ，それらの関係を書き進めながら「どれで表すか？」を選択していきます．読みが外れてやり直しになることもしょっちゅうあります (笑).

解答

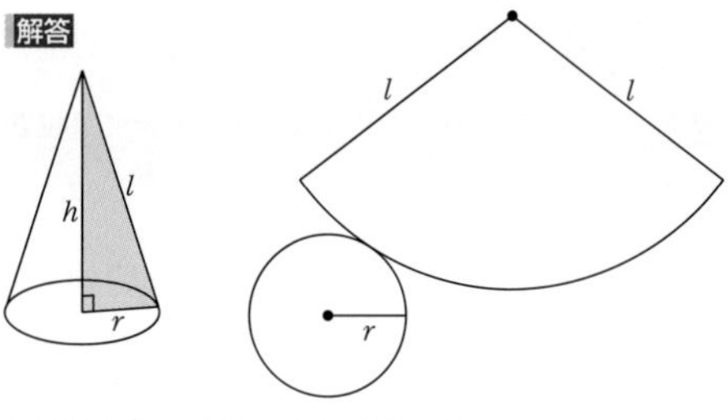

上図のように長さ r, l, h をとると

[1] $$\pi lr+\pi r^2=S\ (一定).\ \cdots①$$

$$V=\frac{1}{3}\cdot\pi r^2\cdot h=\frac{\pi}{3}\cdot r^2\sqrt{l^2-r^2}.\ \cdots②$$

①より，$r(l+r)=\frac{S}{\pi}$ (＝c とおく[2]).

$$\therefore\ l=\frac{c}{r}-r.\ \cdots①'$$

これと②より

$$V=\frac{\pi}{3}\cdot r^2\sqrt{\left(\frac{c}{r}-r\right)^2-r^2}$$
$$=\frac{\pi}{3}\cdot r^2\sqrt{\frac{c^2}{r^2}-2c}$$
$$=\frac{\pi}{3}\cdot\sqrt{c^2r^2-2cr^4}.\ \cdots③$$

また，直円錐ができるための条件は，図で色のついた直角三角形に注目して

$$l=\frac{c}{r}-r>r\ \text{i.e.}\ (0<)r^2<\frac{c}{2}.$$

③において，$t=r^2$ とおくと，t の変域は

$$0<t<\frac{c}{2} \quad \cdots ④$$

であり，③の $\sqrt{\quad}$ 内を $f(t)$ とおくと，

$$f(t)=c^2t-2ct^2$$
$$=ct(c-2t).$$

これと④より右図のようになるから

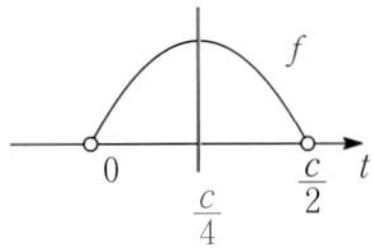

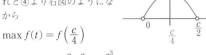

$$\max f(t)=f\left(\frac{c}{4}\right)$$
$$=c\cdot\frac{c}{4}\cdot\frac{c}{2}=\frac{c^3}{8}.$$

これと③より，求める最大値は

$$\max V=\frac{\pi}{3}\cdot\sqrt{\frac{c^3}{8}}$$
$$=\frac{\sqrt{2}\pi}{12}\cdot c\sqrt{c}$$
$$=\frac{\sqrt{2}\pi}{12}\cdot\frac{S}{\pi}\sqrt{\frac{S}{\pi}}$$
$$=\frac{\sqrt{2}}{12\sqrt{\pi}}\cdot S\sqrt{S}.\text{//}$$

解説 1)：「底円の半径 r，母線 l の直円錐の側面積は πlr」．これは公式として暗記！してください．もちろん，そうなる理由を理解した上で[→5 14 3]．

注 ①の左辺 ＝ 直円錐の表面積において，側面積だけでなく底面積も忘れないように．

着眼 ①式を見ると，r については 2 次，l については 1 次ですから，次数の低い l について解き，l を r で表す方がカンタンだと判断できますね．

重要 2)：この先分数式「$\frac{S}{\pi}$」を何度も書きそうだなと予感し，カンタンな文字 c で表して表記を簡潔にしました(「c」は「constant」=「定数」の頭文字)．結果として，**解答**ではこの後「c」を 23 回書いています．これを全て「$\frac{S}{\pi}$」と書くとどうなるか…身の毛がよだちますね(笑)．

補足 最後の答えにある「$S\sqrt{S}$」の単位は仮に長さの単位を「m」とすると

$$\mathrm{m}^2\sqrt{\mathrm{m}^2}=\mathrm{m}^3$$

です．このように，ちゃんと体積の単位になっていることを確認することが一種の検算になることが多いです(どんな問題でも必ずこのようになるとは限りませんが)．

2 6 24 売上高の最大化 [→2 3]

根底 実戦 入試 終着

方針 値上げしない場合の売上個数と x を用いて，値上げ後の売上総額を表します．

解答 一定期間において，C の単価が 1000 円のときの売上個数を N(正の定数) とすると，値上げ後の売上総額(円)は

$$(1000+x)\cdot N\left(1-\frac{ax}{100}\right)$$
$$=\frac{N}{100}\cdot(1000+x)(100-ax)\ (=f(x)\text{ とおく}).$$

放物線 $y=f(x)$ は上に凸であり，軸は

$$x=\frac{1}{2}\left(-1000+\frac{100}{a}\right)=50\cdot\frac{1-10a}{a}.$$

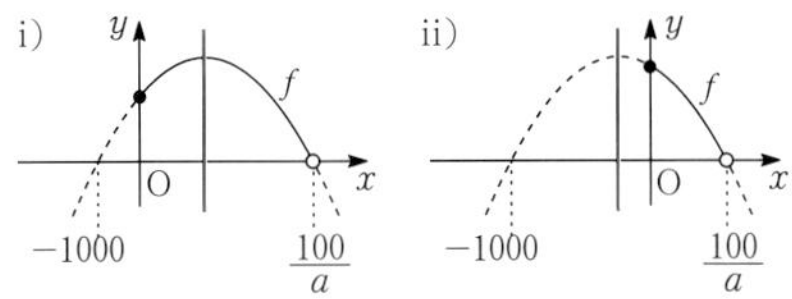

i) $\frac{1-10a}{a}>0$，i.e. $(0<)a<\frac{1}{10}$ のとき．

$f(x)$ を最大化する x は，$x=\frac{1-10a}{a}$(円)．//

ii) $\frac{1-10a}{a}\leq 0$，i.e. $\frac{1}{10}\leq a$ のとき．

$f(x)$ を最大化する x は，$x=0$(円)．//

参考 大雑把な“感覚”に基づいて結果を検証してみましょう．

a が大きい ii)，つまり価格上昇に対する販売個数減少率が大きい場合には，値上げしないで 1000 円のまま売るとき売上総額が最大となるという結果が出ています．「なるほど」と納得いきますね．

補足 本問で設定された「$x<\frac{100}{a}$」という制限は，$ax<100$(%)，つまり売上個数が 0 以下にならないというごく当たり前な条件です．

一方「$0\leq x$」の方は「値下げはしない」という条件設定ですが，この制限を外して「$x<0$」も考えた場合，ii) のケースでも i) と同じく $x=\frac{1-10a}{a}$(円)(<0)，つまり「値下げ」をしたときに売上総額が最大となります．

言い訳 商品 C の単価(単位：円)および売り上げ個数は 0 以上の整数に限り，飛び飛びの値しかとり得ません(離散変数といいます)．本問ではそれを連続的に変化できる変数 x(連続変数)で表すという“ズル”をしています．まあ，実際の試験でもよくあることですのでお許しを(笑)．

11 演習問題B

2 11 1 方程式の「解」 根底 実戦 重要

[→例題 2 7 a]

着眼 (1)では「1つの解」，(2)では「全ての解」が問われていますね．

解答 (1) 題意の条件は

$3\cdot2^2+2a\cdot2-a=0.$[1)]

$12+3a=0.\quad\therefore\ a=-4.$ // …②

(2) ②のとき，①は

$3x^2-8x+4=0.$ [2)] $(x-2)(3x-2)=0.$

よって，①の全ての解は，$x=2,\ \frac{2}{3}.$ //

解説 次の 原理 を確認しておきましょう：

1)：「1つの解」→「数値代入」

2)：「全ての解」→「因数分解」

2 11 2 2次方程式を解く 根底 実戦

[→2 7]

方針 因数分解できそうなら因数分解．それがキビシそうなら解の公式です．

解答 (1) $(x+5)(x-2)=0.\quad\therefore\ x=-5,\ 2.$ //

(2) $(1-2x)(1+x)=0.\quad\therefore\ x=\frac{1}{2},\ -1.$ //

注 もちろん両辺を -1 倍して x^2 の係数をプラスにする手もあります．■

(3) **着眼** 「ん？因数分解できるかな〜？」と迷ったら，判別式を軽く暗算してみましょう：

判別式 $=9+32=41.$

つまり解の公式で解いた場合，$\sqrt{\ \ }$ 内に「41」が残りますから，"キレイに"因数分解することはできないことがわかりますね．[→7 4 解と因数分解]■

$$x=\frac{-3\pm\sqrt{9+32}}{4}=\frac{-3\pm\sqrt{41}}{4}.$$ //

(4) **注** 左辺が因数分解されていますが，右辺が「0」ではないので，意味なし（笑）．■

$x^2-5x-6=0.\ (x+1)(x-6)=0.$

$\therefore x=-1,\ 6.$ //

(5) $x^2+2x-4=0.$

$$\therefore\ x=\frac{-1\pm\sqrt{1+4}}{1}=-1\pm\sqrt{5}.$$ //

解説 いわゆる"b' の公式"です．■

(6) $(2x-1)(x+a)=0\ \therefore\ x=\frac{1}{2},\ -a.$ //

参考 $\frac{1}{2}=-a$ i.e. $a=-\frac{1}{2}$ のときは，重解となります．■

(7) $(4x+7)(x-3)=0.\ \therefore\ x=-\frac{7}{4},\ 3.$ //

別解 因数分解に少し手間がかかりますね．そんなときは，無理せず解の公式で．

$$x=\frac{5\pm\sqrt{25+4\cdot84}}{8}$$
$$=\frac{5\pm\sqrt{361}}{8}$$ （$361=19^2$ は有名）
$$=\frac{5\pm19}{8}=\frac{24}{8},\ \frac{-14}{8}=3,\ -\frac{7}{4}.$$ //

(8) $x=\frac{\sqrt{5}\pm\sqrt{5+15}}{5}=\frac{\sqrt{5}\pm2\sqrt{5}}{5}=\frac{3}{\sqrt{5}},-\frac{1}{\sqrt{5}}.$ //

別解 因数分解でもできます：

$(\sqrt{5}x+1)(\sqrt{5}x-3)=0.\ \therefore\ x=-\frac{1}{\sqrt{5}},\ \frac{3}{\sqrt{5}}.$ //

2 11 3 判別式 根底 実戦 定期

[→例題 2 7 c]

注 「判別式」は，あくまでも2次方程式に対して適用するものだということを忘れずに．

解答 (1) i) $a=0$ のとき，①は $x=0$ となり，実数解0をもつ．

ii) $a\neq0$ のとき，題意の条件は

判別式$/4=(a+1)^2-4a^2\geq0.$

$(3a+1)(-a+1)\geq0.$[1)]

$(3a+1)(a-1)\leq0.$

$\therefore -\frac{1}{3}\leq a\leq1$ (ただし $a\neq0$).

以上 i), ii) より，求める範囲は，$-\frac{1}{3}\leq a\leq1.$ //

(2) 題意の条件は，$a\neq0$ のもとで

判別式$/4=(3a+1)(-a+1)>0.$

$\therefore -\frac{1}{3}<a<1.$

よって，求める範囲は，$-\frac{1}{3}<a<1,\ a\neq0.$ //

解説 x^2 の係数が文字であるとき，それが「0」だと2次方程式ではないことに気を付けましょう．

(2)では，「2つの解」とありますから，2次方程式であることが前提条件となります．

補足 1)：$4a^2=(2a)^2$ であることを利用して「因数分解」しました．「展開」したら遠回り．

2 11 4 判別式と必要十分 根底 実戦 入試

[→例題 2 7 c]

方針 いわゆる「必要・十分判定問題」です．

例題 1 9 f 後の「手順」に従います．まずは「十 $\Longrightarrow$ 必」と書いておき，2つの条件 p,q それぞれをカンタンに表すことから．

解答 $n \in \mathbb{Z}$ を前提として考える.

0° 十 ⟹ 必

1° p は

$$\text{判別式}/4 = n(n-16) \leq 0^{1)}.$$

i.e. $n = 0, 1, 2, \cdots, 16$.

q は,

$$\sqrt{n} =^{2)} 0, 1, 2, 3, 4.$$

i.e. $n = 0, 1, 4, 9, 16$.

2° 条件 p, q の真理集合 P, Q の包含関係は

$$P \not\subset Q,\ P \supset Q.$$

i.e. $p \not\Longrightarrow q,\ p \Longleftarrow q$

3° 2° より, $p \Longleftarrow q$ **だけが真**であり, **主語** p は矢印の“向かう先”だから「必要」の方.

4° 正解は①.//

補足 1):「実数解をもたない」または「重解」ですから,「<」または「=」となります.

2):$\sqrt{\quad}$ 内の n は自ずと 0 以上ですね.

余談 実際の試験では, マークシートの正しい場所を塗るという作業もあります.

2 11 5 解と因数分解

根底 実戦 [→例題 2 7 d]

方針 (1)(2)とも, キレイな係数(有理数係数)の因数には分解できなさそう？そんなときは…

(1) カンタンに平方完成して x を集約することができますね.

(2) 平方完成がメンドウなので, 方程式の解を利用しましょう.

解答 (1) 与式 $= (x-3)^2 - 6$ ••• $6 = (\sqrt{6})^2$

$$= (x-3+\sqrt{6})(x-3-\sqrt{6}).//$$

(2) 方程式:与式 $= 0$ の解は

$$x = \frac{-3 \pm \sqrt{9+4\cdot5\cdot7}}{10} = \frac{-3 \pm \sqrt{149}}{10}.$$

∴ 与式

$$=^{1)} \underset{\sim}{5}\left(x - \frac{-3+\sqrt{149}}{10}\right)\left(x - \frac{-3-\sqrt{149}}{10}\right).//$$

$$= \frac{1}{20}\left(10x+3-\sqrt{149}\right)\left(10x+3+\sqrt{149}\right).^{2)}$$

注意! 1):方程式の解からは, この「x^2 の係数」は確定しません. 元の式をよ〜く見てください.

補足 2):括弧内から分数係数を除去するこうした変形は, 必須という訳ではありません.

注 (1)と(2)で異なる方法を用いましたが, それぞれ他方のやり方でもできます.

2 11 6 解と係数の関係

根底 実戦 定期 [→例題 2 7 e]

注 「2 つの解」→「因数分解」の **原則**に従い, 等式

$$x^2 + ax + b = 1\cdot(x-a)(x-b)$$

が成り立つことを忘れずに. その上で, 右辺を展開して両辺の係数を比較して得られる「解と係数の関係」を, **解答**中では公式として使用します.

解答 解と係数の関係より

$$\begin{cases} a+b=-a, & \cdots② \\ ab=b. & \cdots③ \end{cases}$$

③に注目する. i) $b=0$ のとき, ②より $a=0$.

ii) $b \neq 0$ のとき, ③より $a=1$. これと②より $b=-2$.

以上 i), ii) より

$$(a, b) = (0, 0)^{1)},\ (1, -2)^{2)}.//$$

参考 答えの (a, b) に対し, 方程式①は, 次のようになります.

1):$x^2 = 0$.…2 つの解は $x = 0, 0$.

2):$x^2 + x - 2 = 0$. $(x+2)(x-1) = 0$

…2 つの解は $x = 1, -2$.

たしかに, 題意の条件は成り立っていますね.

2 11 7 2つの解→2次方程式

根底 実戦 定期 典型 [→例題 2 7 e]

方針 α, β を 2 つの解とする方程式の 1 つは

$$(x-\alpha)(x-\beta) = 0.$$

i.e. $x^2 - (\alpha+\beta)x + \alpha\beta = 0$.

よって, 2 解の和と積を求めます.

解答 (1) $\dfrac{1}{\alpha} = \dfrac{2}{\sqrt{5}+1}\cdot\dfrac{\sqrt{5}-1}{\sqrt{5}-1} = \dfrac{\sqrt{5}-1}{2}$ だから

$$\alpha + \frac{1}{\alpha} = \sqrt{5},\ \alpha\cdot\frac{1}{\alpha} = 1.$$

よって求める方程式は

$$x^2 - \sqrt{5}x + 1 = 0.^{1)}//$$

(2) 2 解の和と積は,

$$\alpha^2 + \left(\frac{1}{\alpha}\right)^2 = \left(\alpha + \frac{1}{\alpha}\right)^2 - 2\alpha\cdot\frac{1}{\alpha}$$
$$= 5 - 2 = 3.$$
$$\alpha^2\cdot\left(\frac{1}{\alpha}\right)^2 = 1.$$

よって求める方程式は

$$x^2 - 3x + 1 = 0.//$$

参考 1):これを解の公式で解いてみると

$$x = \frac{\sqrt{5} \pm \sqrt{5-4}}{2} = \frac{\sqrt{5} \pm 1}{2}.$$

たしかに, $\alpha, \dfrac{1}{\alpha}$ が 2 つの解になっていますね.

2 11 8 グラフと判別式 根底 実戦 [→例題 2 7 f]

注意！ $f(x)$ は一見 2 次関数ですが，1 次関数となるケースもあります．

方針 「グラフ」と「方程式の解」の両面から攻めていきます．

解答 (1) $a \neq 0$ のもとで，放物線 C が x 軸に接するから，方程式 $f(x)=0$ は重解をもつ．よって

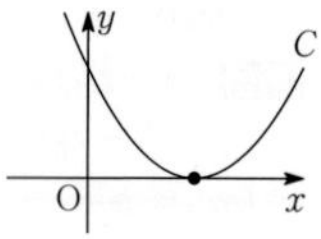

$$\text{判別式}/4 = 1 - a(2a-1) = 0. \quad 2a^2 - a - 1 = 0.$$

$$(2a+1)(a-1) = 0. \qquad \therefore a = -\frac{1}{2},\ 1.$$

このとき接点は，$x = \dfrac{1 \pm \sqrt{0}}{a}$[1] $= \dfrac{1}{a}$.

よって $\dfrac{1}{a} > 0$. i.e. $a > 0$. したがって，求める a の値は，$a = 1$.//

(2)

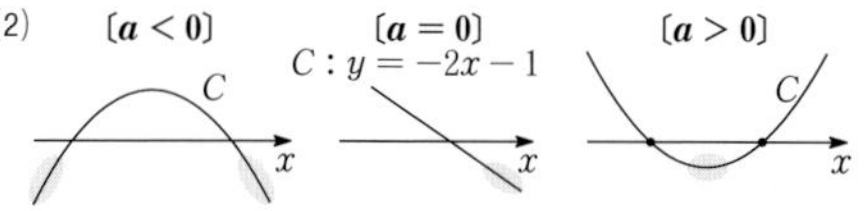

i) $a < 0$ のとき，C は上に凸だから，題意の条件：
「$f(x) < 0$ を満たす実数 x が存在する」…(∗)
は成立する．

ii) $a = 0$ のとき，$f(x) = -2x - 1$ だから，(∗) は成立する．

iii) $a > 0$ のとき，C は下に凸だから，(∗) は，
[2]「$f(x) = 0$ …① が異なる 2 つの実数解をもつ」
i.e. ①の判別式/4 $= 1 - a(2a-1) > 0$.
$2a^2 - a - 1 < 0$. $(2a+1)(a-1) < 0$.
$a > 0$ より $2a + 1 > 0$ だから，
$0 < a < 1$.

以上 i)〜iii) より，求める条件は，$a < 1$.//

解説 [1]：2 次方程式の重解は，このように簡単に求まるのでしたね．

[2]：「頂点の y 座標が負」としてもよいですが，平方完成の手間を省くため，判別式を利用しました．

2 11 9 2次不等式を解く 根底 実戦 重要 [→例題 2 8 a]

方針 「各因数の符号」「グラフ＋方程式」のいずれかを用いて解きます．

解答 (1) **〔方法その 1：各因数の符号〕**

$(x-1)(x-2) \leq 0$ ●●●「積 vs 0」の形

左辺にある個々の因数 $x-1$, $x-2$ の，x の増加にともなう符号変化を考えると，左辺全体の符号は次の通り：

x が増加する向き →

x	…	1	…	2	…
$x-1$	−	0	+	+	+
$x-2$	−	−	−	0	+
左辺	+	0	−	0	+

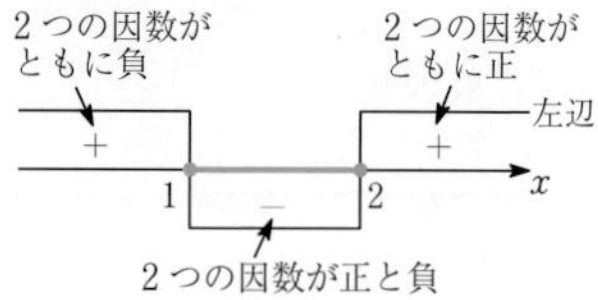

よって，求める解は $1 \leq x \leq 2$.//

〔方法その 2：グラフ ＋ 方程式〕

$y =$ 左辺 の**グラフ** C は右図の通り．

方程式：左辺 $= 0$ の解は，$x = 1, 2$.

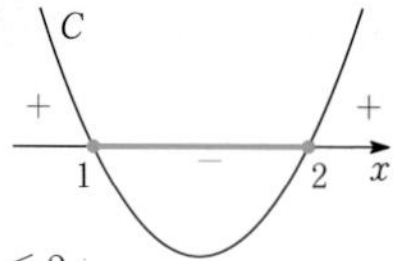

よって，求める解は $1 \leq x \leq 2$.//

注 2 通りの方法を両方とも書いてみました．もちろん実際のテストでは片方のみで OK です．また，上記の詳しい説明は不要であり，〔方法 1〕の数直線 or 〔方法 2〕のグラフを頭の中に思い浮かべるだけで済ませてしまいます．((2)以降は，どちらか一方の方法のみ書きますね．) ■

(2) $x^2 + 5x - 6 > 0$. $\therefore (x+6)(x-1) > 0$.

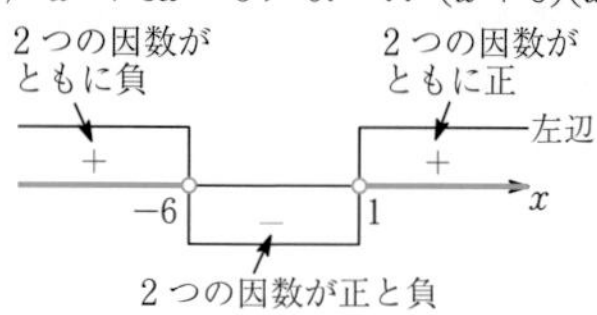

よって求める解は，$x < -6,\ 1 < x$.//

(3) **方針** x^2 の係数は正にした方が，「各因数の符号」・「グラフ＋方程式」とも慣れていてやりやすいかも．■

$-4x^2 - 4x + 3 \leq 0$.
$4x^2 + 4x - 3 \geq 0$. ●●● 両辺を −1 倍した
$\therefore (2x-1)(2x+3) \geq 0$.
よって求める解は，

$$x \leq -\frac{3}{2},\ \frac{1}{2} \leq x.$$//

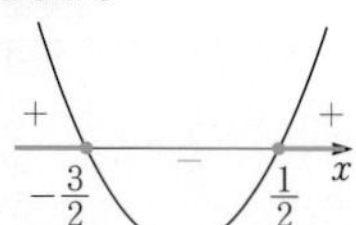

注 (正の定数)・$(x-\alpha)(x-\beta) \left\{ \begin{matrix} < \\ > \end{matrix} \right\} 0$ 型の不等式の解は，$\left\{ \begin{matrix} < \cdots \text{“内側”} \\ > \cdots \text{“外側”} \end{matrix} \right.$ と覚えてしまうことも可能ですね（≤，≥ も同様）．もちろん，**原理**を理解した上での話ですが．■

(4) **方針** このまま左辺のグラフを描くのも可．両辺を -1 倍して $x^2-3<0$ としても可．あるいは，次のようにする手も有効です：■

$3-x^2>0$．∴ $x^2<3$．

よって求める解は，

$-\sqrt{3}<x<\sqrt{3}$．//

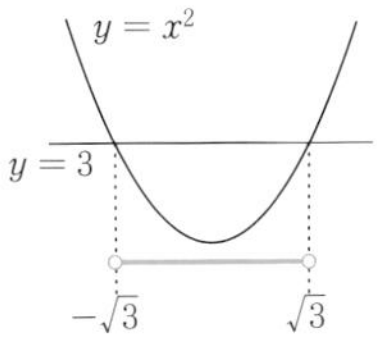

解説 $y=x^2$ のグラフが，直線 $y=3$ より下側にあるような x の範囲が解となります．

注 $x^2\left\{\begin{matrix}<\\>\end{matrix}\right\}a$（$a$ は正の定数）の解は，このようなグラフを"イメージ"して，瞬時にわかりますね（$\leq$，$\geq$ も同様）．■

(5) **着眼** キレイに因数分解するのは無理そう．■

$2x^2-3x-1=0$ を解くと

$$x=\frac{3\pm\sqrt{9+4\cdot2}}{4}=\frac{3\pm\sqrt{17}}{4}.$$

これと右図より，求める解は，

$$\frac{3-\sqrt{17}}{4}\leq x\leq\frac{3+\sqrt{17}}{4}.//$$

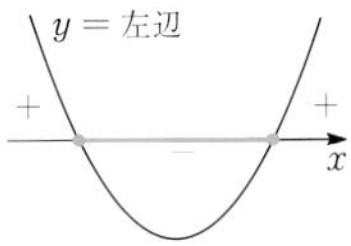

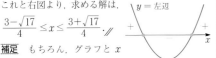

補足 もちろん，グラフと x 軸の交点の座標が

$x=\dfrac{3\pm\sqrt{17}}{4}$ です．■

(6) **着眼** これもキレイな因数分解は無理そう．■

$-x^2+6x+3<0$．$x^2-6x-3>0$．

$x^2-6x-3=0$ を解くと

$x=3\pm\sqrt{9+3}=3\pm2\sqrt{3}$．

これと右図より，求める解は，

$x<3-2\sqrt{3},\ 3+2\sqrt{3}<x$．//

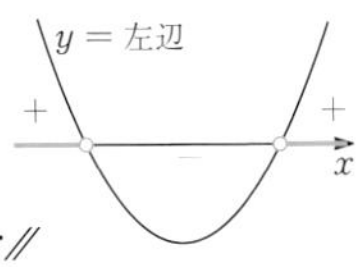

(7) **着眼** 左辺は因数分解されていますが，右辺が「0」ではないので無意味．展開して整理しましょう．■

$(x+3)(x-1)\leq x$．$x^2+x-3\leq0$．

$x^2+x-3=0$ を解くと

$$x=\frac{-1\pm\sqrt{13}}{2}.$$

これと右図より，求める解は，

$$\frac{-1-\sqrt{13}}{2}\leq x\leq\frac{-1+\sqrt{13}}{2}.//$$

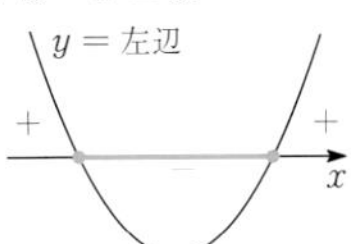

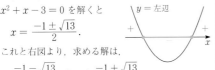

(8) **着眼** 前問までと同様に $3x^2+2x+1=0$ を解いてみると…$x=\dfrac{-1\pm\sqrt{\boxed{1-3}}}{3}$…?????（√ 内が負）

これが何を意味するかわかりますか？■

方程式 $3x^2+2x+1=0$ において

判別式/4 $=1-3=-2<0$．

したがって，$y=$ 左辺 のグラフ（下に凸）は，x 軸と共有点をもたないから，右図のようになる．

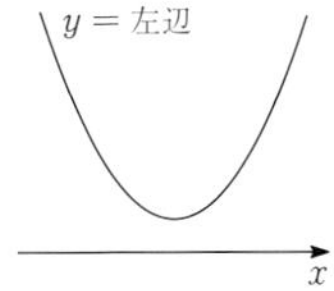

よって求める解は，「任意の実数」．//

(9) **着眼** 特殊な状況であることが見えましたか？■

$-x^2+2\sqrt{3}x-3\geq0$．

$x^2-2\sqrt{3}x+3\leq0$．

$(x-\sqrt{3})^2\leq0$．

よって求める解は，$x=\sqrt{3}$．//

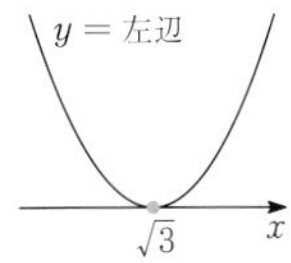

(10) **注** まずは「$\sqrt{}$ は 0 以上，その中身も 0 以上」という前提条件を押さえること．■

$x\geq0$ のもとで与式を変形すると

$x\leq\sqrt{x}+2$．

$(\sqrt{x})^2-\sqrt{x}-2\leq0$．

$\underbrace{(\sqrt{x}+1)}_{\text{正}}(\sqrt{x}-2)\leq0$．

$\sqrt{x}\leq2$．

以上より，$0\leq x\leq4$．//

注 2 次不等式に限れば「グラフ」方式が簡便なのでそちらを多用した感がありますが，「各因数の符号」も必ずマスターすること．

そして，「どういう問題でどの解き方を用いるか？」というパターン思考に陥らないこと．その場であれこれやろうとしてみて，上手くいきそうな手法をチョイスしてください．

2 11 10 制限付きの2次不等式 根底 実戦 重要 [→2 8]

方針 (1)では「$x>0$」，(2)では「$x\geq1$」という**前提条件を念頭に**置いて解くのがポイントです．

解答 (1) $x>0$ のもとで与式を変形すると

$(3-x)(1+2x)\geq0$．

$3-x\geq0$（∵ $x>0$ より $1+2x>0$）．

∴ $0<x\leq3$．//

(2) 与式の左辺を $f(x)$ とおくと

$f(1)=3-7+1=-3<0$．[1)]

よって，求める解は右図より

$$1<x\leq\frac{7+\sqrt{37}}{6}.//$$

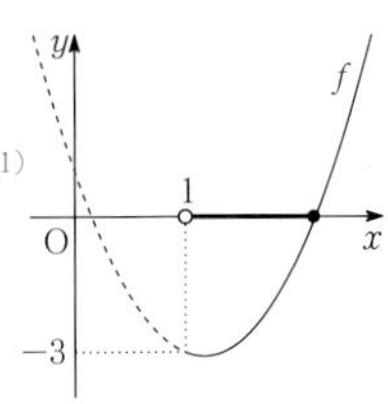

解説 このように，限られた範囲で不等式を解くという作業が，**実戦の場では頻出**です．**解答**のように「前提条件」を念頭に置いて解くよう習慣づけましょう．

1)：これとグラフより，解は 1 から大きい方の x 切片までとわかりますね．その切片の座標は，方程式 $f(x)=0$ をサクッと暗算で解けば OK です．

注 (2)を「$x>1$」を念頭に置かずに解いた後で，「これと $x>1$ より…」とやるのは，典型的な下手解答．

注 (2)も(1)と同様，因数分解して 1 次不等式に帰着することも可能ですが，$\sqrt{\ }$ が現れてメンドウですね．

2 11 11 2次不等式の整数解

根底 実戦 [→例題 2 8 e]

着眼 (1) この解答過程を通して，①の左辺はキレイに因数分解できることが見抜ける？

(2) 整数解の具体的な値が(1)によりわかっています．

(3) 整数解の値が不明です．(2)に比べて整数解の個数が増えたことから，a の値を絞り込むことができます．①を満たす実数 x の範囲が，「ちょうど 5 個の整数値」を含むために狭過ぎず，広過ぎないような a に絞って考えます．

解答 (1) $a=2$ のとき，①は

$$9x^2+6x-8<0.\ (3x+4)(3x-2)<0.$$

$$\therefore -\frac{4}{3}<x<\frac{2}{3}.$$

これを満たす整数 x は，$x=-1,0.$ //

(2) ①を解くと

$$(3x+2a)(3x-a)<0.$$

$$\left(x+\frac{2}{3}a\right)\left(x-\frac{a}{3}\right)<0.\quad \text{これと } a>0 \text{ より}$$

$$-\frac{2}{3}a<x<\frac{a}{3}.\ \cdots①'$$

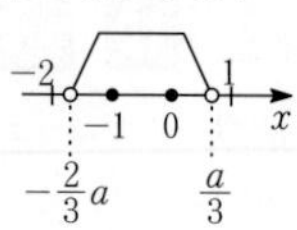

よって，①の整数解が $x=-1,0$ のみであるための条件は

$$-2\leq -\frac{2}{3}a<-1,\ 0<^{1)}\frac{a}{3}\leq 1.$$

$$\text{i.e. } 3\geq a>\frac{3}{2},\ 0<a\leq 3.$$

以上より，求める a の範囲は，$\frac{3}{2}<a\leq 3.$ //

(3) ①′ を満たす x の区間の長さは

$$\frac{a}{3}-\left(-\frac{2}{3}a\right)=a.$$

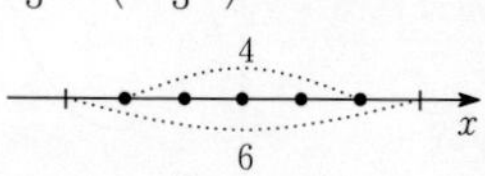

よって，①′ を満たす整数 x がちょうど 5 個であるためには，前図より

$$4<a\leq 6\ \cdots②$$

が必要．このとき

$$-4\leq -\frac{2}{3}a<-\frac{8}{3},\ \frac{4}{3}<\frac{a}{3}\leq 2$$

だから，①′ を満たす整数となりうるのは

$x=-3,-2,-1,0,1$ の 5 個に限る．2)

よって題意の条件は

$$-4\leq -\frac{2}{3}a<-3,\ 1<\frac{a}{3}\leq 2.$$

$$\text{i.e. } 6\geq a>\frac{9}{2},\ 3<a\leq 6.$$

これと②より，求める a の範囲は，$\frac{9}{2}<a\leq 6.$ //

解説 様々な個所で，「≦」なのか「<」なのかの判断を下しています．考え方の基本は，例の「固定して真偽判定」．例えば…

1)：$a=0$ のとき，$\frac{a}{3}=0$．①′ は「≦」ではなく「<」なので，整数値 $x=0$ は ①′ を満たさない．よって不適だと判定しています．

2)：同様です．例えば $a=6$ のとき，$x=\frac{a}{3}=2$ は ①′ の整数解とはなり得ませんね．

注 (2)は，$y=$ 左辺 のグラフを利用してもできますが，まずは「因数分解」という基本中の基本から！

2 11 12 2次不等式の整数解

根底 実戦 入試 [→例題 2 8 e]

注 まず，「不等式」→「因数分解」という第一基本原理は考えること．それが無理っぽいからグラフに逃げます．

着眼 グラフの“一番下”の点，つまり頂点の“近辺”にある x の整数値を考えます．つまり，軸：$x=\frac{a}{2}$ に近い整数値は何かな〜？と…

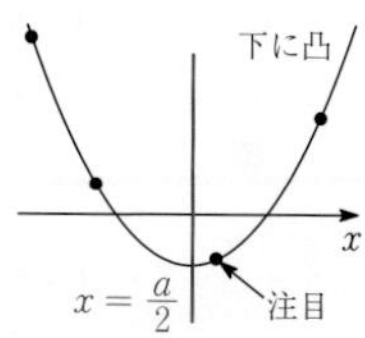

解答 ①の左辺を $f(x)$ とおくと

放物線 $C: y=f(x)$ は下に凸．

よって，題意の条件が成り立つためには，方程式 $f(x)=0$ が異なる 2 実解をもつこと，つまり次が必要：1)

$$\text{判別式}=a^2-4(a^2+a-1)>0.$$

$$\text{i.e. } 3a^2+4a-4<0.$$

$$(3a-2)(a+2)<0.$$

$$-2<a<\frac{2}{3}.$$

$-1 < \frac{a}{2} < \frac{1}{3}$.

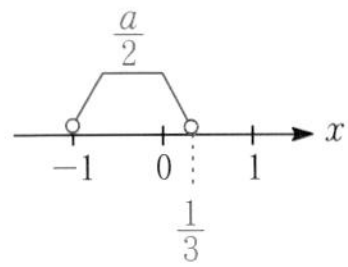

よって，C の軸：$x = \frac{a}{2}$ にもっとも近い整数値は $-1, 0$ のいずれか．

したがって，題意の条件は

$f(0) = a^2 + a - 1 < 0$ or

$f(-1) = a(a+2) < 0$.

よって，求める a の範囲は

$-2 < a < \frac{-1+\sqrt{5}}{2}$.[2] //

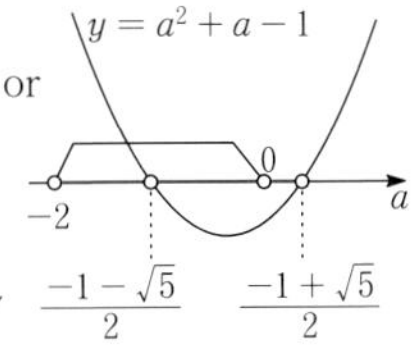

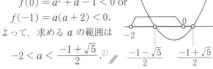

解説 [1]：いわゆる「必要条件で候補を絞り込む」という手法ですね．

[2]：a の 2 つの不等式を，第 1 式→「グラフ＋方程式」，第 2 式→「因数分解」で解いています．

2 11 13 絶対不等式

根底 実戦　[→例題 2 8 c]

語記サポ [1]：このような「つねに成り立つ不等式」のことを，（俗に）「**絶対不等式**」と呼んだりします．

着眼 まずは $f(x)$ が（キレイには）因数分解できないことを確認．

「つねに負」とは，大雑把にいうと [2]「**最大値**ですら負」ですから，「定義域と軸の位置関係」に注目します．

言い訳 [2]：本問では，「$0 < x < 1$」（等号なし）なので最大値がないこともあり，その際には「上限」と呼ぶべきです．

注 「<」と「≦」の選択には細心の注意を払うこと．

解答 $f(x) = -2\left(x - \frac{a}{2}\right)^2 + \frac{a^2}{2} - a - 1$.

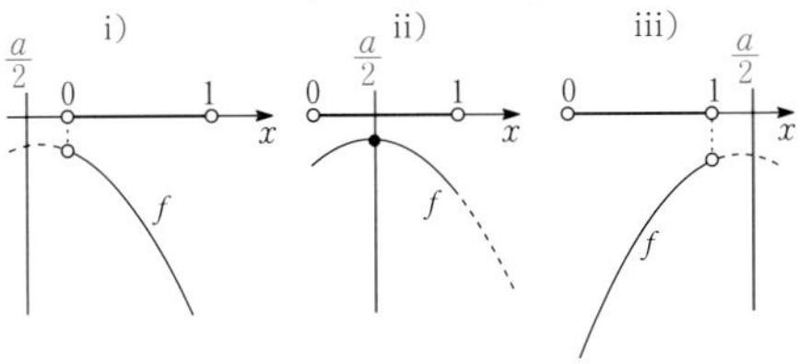

i) $\frac{a}{2} \leq 0$, i.e. $a \leq 0$ のとき，題意の条件：

「$0 < x < 1$ においてつねに $f(x) < 0$」…(*)

は，次と同値：

$f(0) = -a - 1 \leq 0$[3]. ∴ $-1 \leq a (\leq 0)$.

ii) $0 < \frac{a}{2} < 1$, i.e. $0 < a < 2$ のとき，(*) は

$\frac{a^2}{2} - a - 1 < 0$[4].

$\frac{1}{2}a(a-2) - 1 < 0$.

これは $0 < a < 2$ のときつねに成立する（右図参照）．

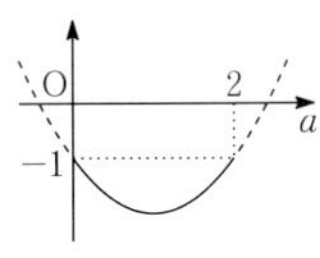

iii) $1 \leq \frac{a}{2}$, i.e. $2 \leq a$ のとき，(*) は

$f(1) = a - 3 \leq 0$. ∴ $(2 \leq)a \leq 3$.

以上 i)〜iii) より，求める範囲は，$-1 \leq a \leq 3$. //

解説 [3)4)]：「等号の有無」は，例によって，等号のときの値に a を**固定**し，そのとき題意が成り立つか否かによって判定します．

補足 文字定数「a」が 1 次のみですから，与式を

$2x^2 + 1 > 2a\left(x - \frac{1}{2}\right)$

と変形し，放物線 y = 左辺 と直線 y = 右辺 の位置関係を論じる手もありますね（それほどトクしませんが）．

2 11 14 絶対不等式の工夫

根底 実戦 入試　[→例題 2 8 c]

注 まず，キレイに因数分解できないことを確認．

着眼 前問とほぼ同じテーマの問題ですが，x^2 の係数が文字式なので，その符号による場合分けが発生します．さらに軸の座標が a の分数式となるので困りますね．

方針 このように困ったときには，とりあえずカンタンに得られる情報を用いて a の範囲を限定するという手があります．いわゆる「必要条件で候補を絞り込む」という手法です．

解答 題意の条件が成り立つためには，

$$\begin{cases} f(0) = -a + \frac{3}{2} \geq 0, \\ f(2) = 3a + \frac{3}{2} \geq 0 \end{cases}$$

i.e. $-\frac{1}{2} \leq a \leq \frac{3}{2}$ …①

が必要である．このとき，$a+1>0$ より $C : y = f(x)$ は下に凸な放物線であり，軸：$x = \frac{1}{a+1}$ について，

①より

$\frac{1}{2} \leq a + 1 \leq \frac{5}{2}$.

∴ $2 \geq \frac{1}{a+1} \geq \frac{2}{5}$.

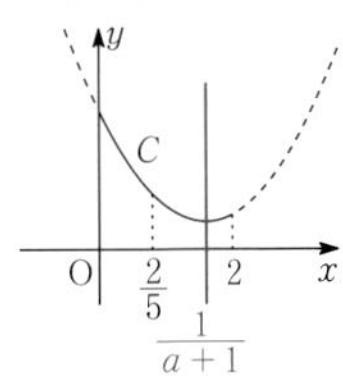

よって，軸は $0 \leq x \leq 2$ の範囲にあるから，題意の条件は

判別式/4 $= 1 + (a+1)\left(a - \frac{3}{2}\right) \leq 0$[1].

$a^2 - \frac{1}{2}a - \frac{1}{2} \leq 0$.

$(a-1)\left(a + \frac{1}{2}\right) \leq 0$.

∴ $-\frac{1}{2} \leq a \leq 1$. //（このとき①も成立．）

解説 区間の端の点（端点）による必要条件により，グラフは下に凸で軸が定義域内にあるときのみに限定できましたね．

大目標:「$0 \leq x \leq 2$ においてつねに $f(x) \geq 0$」

○⇓ ⇑?

手段:「$f(0) \geq 0$ かつ $f(2) \geq 0$」●●● 必要条件

補足 1)：C と x 軸は，「共有点をもたない」or「接する」ですから，判別式は「<0」or「$=0$」ですね．

2 11 15 絶対不等式（1次以下） [→例題 2 8 d]

根底 実戦 入試 典型 重要

方針 初見であれば，グラフの傾き $a+b$ の符号に応じて場合分けしたくなります．もちろんそれでもできますが…

解答 $0 \leq x \leq 1$ のもとで考える．

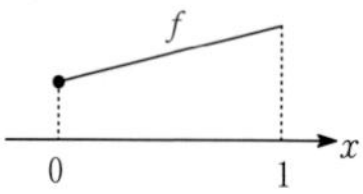

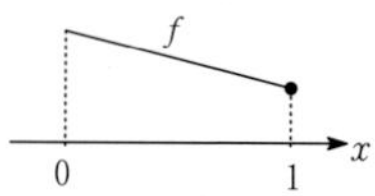

題意の条件は，「$\min f(x) \geq 0$」と同値である．

また，$f(x)$ は 1 次以下の関数だから，端点での値 $f(0)$, $f(1)$ のいずれかは必ず $\min f(x)$ となる．

よって求める条件は

$$f(0)=a-b \geq 0 \text{ かつ } f(1)=2a \geq 0.$$

i.e. $a \geq b$ かつ $a \geq 0$.//

解説 $0 \leq x \leq 1$ において，

「つねに $f(x) \geq 0$」

$\Longleftrightarrow$「$f(0) \geq 0$ かつ $f(1) \geq 0$」

であることを，「$\Longrightarrow$」と「$\Longleftarrow$」に分けて，それぞれ確認しておいてください（次問につながります）．

2 11 16 絶対不等式の工夫 [→例題 2 8 d]

根底 実戦 入試

注 まず，$f(x)$ が（キレイには）因数分解できないことを確認．

方針 軸の位置で場合分けしてもよいですが，前問と同様に片付きます．

解答 $0 \leq x \leq 1$ のもとで考える．

題意の条件は，「$\max f(x) < 0$」と同値である．

また，放物線 $y=f(x)$ は下に凸[1] だから，端点での値 $f(0)$, $f(1)$ のいずれかが必ず $\max f(x)$ となる．

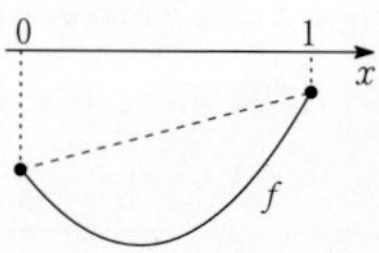

よって求める条件は

$$f(0)=a-2<0 \text{ かつ } f(1)=-a-1<0.^{2)}$$

i.e. $-1<a<2$.//

解説 1)：この凹凸が決め手となっています．$0 \leq x \leq 1$ を前提とすると，右下図において…

つねに $f(x)<0$

$\Longrightarrow$ A, B は x 軸の下側

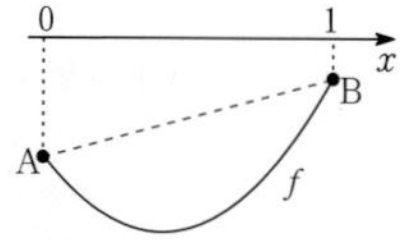

は当然成り立ち，逆に

A, B は x 軸の下側

$\Longrightarrow$ 線分 AB 全体が x 軸の下側

$\Longrightarrow$ つねに $f(x)<0$

も成り立ちますね．

よって，題意の条件は 2) と同値です．

このように，「絶対不等式」となるための条件が，「端点」のみで片付いてしまうこともあるんです．

2 11 17 分数不等式 [→ 2 8]

根底 実戦 入試 重要

注 何も考えず分母を払ったら終わりです．分母の符号によっては，不等号の向きが変化するケースもありますから．

方針

2 次不等式 →（　）（　）>0 型 ●●● 積 vs ゼロ

に倣って，

分数不等式 → $\dfrac{(\quad)}{(\quad)}>0$ 型 ●●● 商 vs ゼロ

と変形します．要は，「移項して通分」です．

解答 (1) 与式を変形すると

$$1-\frac{1}{x-2} \leq 0.^{1)}$$

$$\frac{x-3}{x-2} \leq 0.^{2)}$$

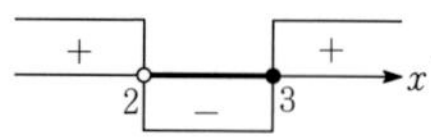

よって，求める解は

$2<x \leq 3$.//

解説

- 1)：移項して右辺に「0」を作り
- 2)：**通分**して「商の形」を作る．
- 分子，分母各々の符号により，左辺全体の符号を考える（結果は図の通り）．
- 2)：分母は 0 でないので，答えは「2 <」のように等号なしとなります．

次の(2)では，これらの考えを **解答** と同時進行で書き込みますね．

注 世間には，両辺に分母の 2 乗を掛けるというヘンテコリンな方法もあるようですが，分母：$x-2 \neq 0$ を見落とす危険もあり，お勧めできません．■

(2) 与式を変形して

$$x-\frac{x+4}{x+1} \leq 0.$$ ●●● 差をとり，右辺をゼロにする

$$\frac{x(x+1)-(x+4)}{x+1} \leqq 0.$$ 左辺を通分して商の形に

$$\frac{(x+2)(x-2)}{x+1} \leqq 0.$$ 分子も積の形に

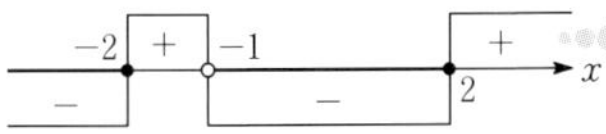

各因数の符号から，左辺全体の符号を．

以上より

$$x \leqq -2,\ -1 < x \leqq 2.$$ // 分母 ≠ 0 に注意

言い訳 「分数不等式」は，数学Ⅰでは範囲外…というか，高校数学全体を通してもまともに教えてもらえない可能性もあります．ところが入試では…バシバシ使います．今，この場で，できるようにしてしまいましょう．

2 11 18 2次関数のグラフと係数

根底 実戦 定期 典型 [→例題 2 10 a]

方針 グラフ C の凹凸，軸，切片などから様々な情報を読み取ります．

後半では，接点が第1象限にあるための条件を効率的に表します．

解答 グラフ C より，次の符号がわかる：

∘ C は上に凸だから，$a \underline{< 0}$.

∘ C の軸を見て：$-1 < -\dfrac{b}{a} < 0$.

これと $-a > 0$ より，$a < b < 0$.

∴ $b \underline{< 0},\ a-b \underline{< 0}$.

∘ C の y 切片を見て，$c = f(0) \underline{> 0}$.

∘ $a-2b+c = f(-1) \underline{> 0}$.

∘ $f(x)=0$ は異なる2実解をもつ2次方程式だから

$(a \neq 0$ かつ$)\ b^2-ac$[1] $=$ 判別式$/4 \underline{> 0}$.

次に，$y=f(x)$ と $y=-2x+2$ を連立して

$$ax^2+2bx+c=-2x+2.$$
$$ax^2+2(b+1)x+(c-2)=0.$$

これが重解をもつ[2]．このとき接点の座標は

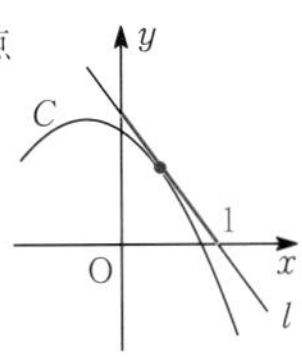

$$x = \frac{-(b+1)\pm\sqrt{0}}{a} = -\frac{b+1}{a}.$$

よって，接点が第1象限にあるとき

$$0 < -\frac{b+1}{a} < 1^{3)}.$$

これと $-a>0$ より，$0 < b+1 < -a$.

∴ $b+1 \underline{> 0}.\ a+b+1 \underline{< 0}$.

補足 1)：$a<0,\ c>0$ より $-ac>0$．これと $b^2 \geqq 0$ より $b^2-ac>0$ を得ることもできます．

2)：よって 判別式$/4 = (b+1)^2-a(c-2)=0$ が成り立ちますが，解答においては不要です．

3)：接点の y 座標 >0 としてもできますが，この方が楽ですね．

2 11 19 解の配置

根底 実戦 定期 [→例題 2 9 a]

注意！ まず最初に左辺がキレイに因数分解できないか考えてみること．

着眼 グラフは下に凸．あとは，「端点」と「頂点」に注目．以上！

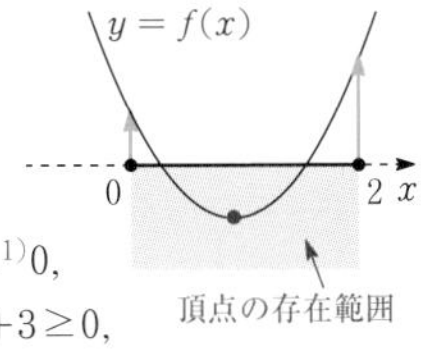

解答 (1) ① の左辺を $f(x)$ とおく．題意の条件は

$$\begin{cases} f(0)=-a^2+1 \geqq^{1)} 0, \\ f(2)=-a^2-2a+3 \geqq 0, \\ \text{軸}\cdots 0 \leqq \dfrac{a+1}{2} \leqq 2, \\ \text{判別式} = (a+1)^2-4(1-a^2) \geqq 0^{2)}. \end{cases}$$

$$\text{i.e.} \begin{cases} a^2 \leqq 1, \\ (a+3)(a-1) \leqq 0, \\ -1 \leqq a \leqq 3, \\ 5a^2+2a-3 \geqq 0,\ \text{i.e.}\ (5a-3)(a+1) \geqq 0. \end{cases}$$

$$\text{i.e.} \begin{cases} -1 \leqq a \leqq 1, \\ -3 \leqq a \leqq 1, \\ -1 \leqq a \leqq 3, \\ a \leqq -1,\ \dfrac{3}{5} \leqq a. \end{cases}$$

以上より，求める条件は

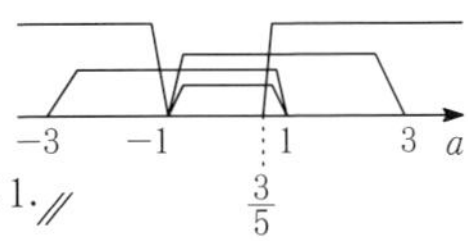

$$a=-1,\ \frac{3}{5} \leqq a \leqq 1.$$ //

(2) 題意の条件は

$$\begin{cases} f(0) \leqq^{3)} 0, \\ f(2) \leqq 0. \end{cases}$$

$$\text{i.e.} \begin{cases} a \leqq -1,\ 1 \leqq a, \\ a \leqq -3,\ 1 \leqq a. \end{cases}$$

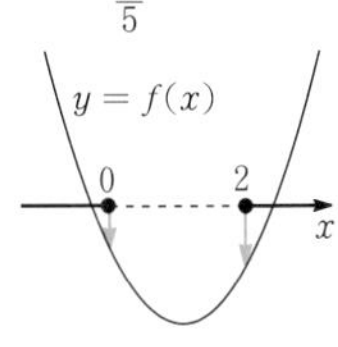

よって求める条件は，$a \leqq -3,\ 1 \leqq a$. //

解説 (2)では，端点 $f(0)$, $f(2)$ だけで解の配置が確定しました（次図左）．それに対して(1)ではそうはいかないことがわかりますね（次図右）．

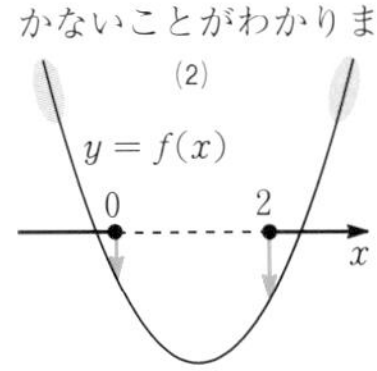

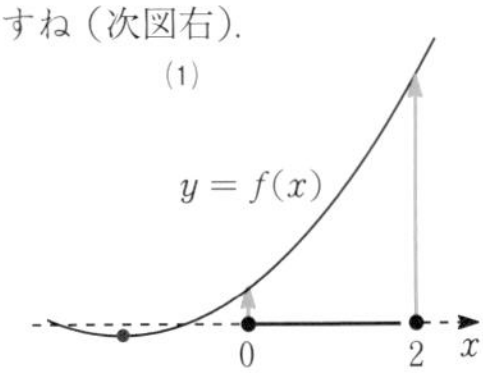

注 1)3)：ここが「=」であったとしても題意を満たす解の配置になることを確認してください．

2)：重解のときも，「2つの実数解」と言い表すのでしたね．

2 11 20 解の配置（ただ１つの解） [→例題 2 9 c]
根底 実戦 定期

注意！ まず最初に左辺がキレイに因数分解できないか考えてみること！

言い訳 入試で出ない「ただ１つの解」タイプの解の配置です（笑）．定期テスト対策として，一応…

方針 「ただ１つだけ」とあるので，当然“他の解”はどうなのかが気掛かりで，モヤモヤしますね．そこで，とりあえず端点[1]を調べてみると…

解答 与式の左辺を $f(x)$ とおくと

$f(0)=a^2+1>0$. 超貴重な情報！！

$f(2)=a^2-6a+5=(a-1)(a-5)$.

そこで，$f(2)$ の符号に応じて範囲分けする．

i) 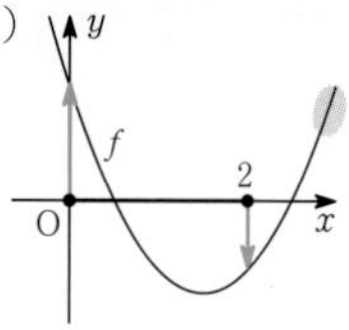

ii) 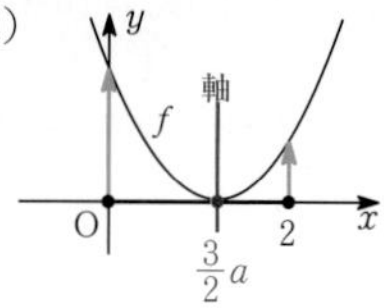

i) $f(2)<0$, i.e. $1<a<5$ のとき，上図左のようになり，題意は成り立つ．

ii) $f(2)>0$, i.e. $a<1, 5<a$ のとき，題意の条件は上図右のようになることで，与式の判別式を D として

$$\begin{cases} D=9a^2-4(a^2+1)=5a^2-4=0, \\ 軸：0<\frac{3}{2}a<2,\ \text{i.e. } 0<a<\frac{4}{3}. \end{cases}$$

$\therefore a=\frac{2}{\sqrt{5}}$. 約 0.9

iii) $f(2)=0$, i.e. $a=1, 5$ のときを考える．

$a=1$ のとき，与式は

$$x^2-3x+2=0,$$

i.e. $(x-1)(x-2)=0$ より $x=1, 2$

となり，「ただ１つ」ではないので不適．

$a=5$ のとき，与式は

$$x^2-15x+26=0,$$

i.e. $(x-2)(x-13)=0$ より $x=2, 13$

となり，「ただ１つ」となるので適．

以上 i)〜iii) より，求める a の範囲は

$$a=\frac{2}{\sqrt{5}},\ 1<a\leq 5.$$ //

解説 とりあえず「端点」を調べたところ，つねに「$f(0)>0$」が成り立つことがわかりました．もう一つの端点：「$f(2)$ の符号」も考えるとグラフと x 軸の関係がかなり見えてきますので，そこに注目して a の範囲を分けて考えました．

注 1)：本問ではとりあえず「端点」を調べてみると「$f(0)>0$」という情報を得ましたが，問題によっては，とりあえず「軸」や「判別式」を調べることで何かに気付けることもあります．

補足 「１つの解」が区間の「端」の２である，つまり「$f(2)=0$」のとき，他の解については上記 **解答** のように実際に方程式を解いてみて初めてわかります．

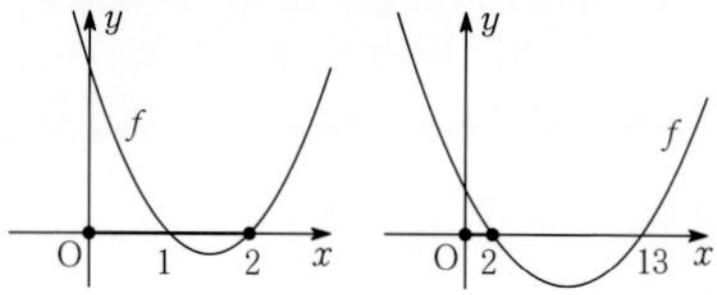

このように，区間の端の解を扱う際には，細心の注意を払う必要があるのです．

参考 本問では，「１つの解」についての条件だけがあるので，「他の解」がどこにあるかで場合分けする方法もあります[→例題 2 9 c]．しかし，せっかく「$f(0)>0$」という確定情報を得たのですから，それを活かして前記 **解答** のように片付けたいです．

2 11 21 解の配置（少なくとも１つの） [→例題 2 9 d]
根底 実戦 入試

注 前々問と同じ方程式です．それを敢えて別の問題として扱ったのは，この「少なくとも１つの解」というタイプの解の配置を，前々問とは切り離して独立した問題として解いて欲しいからです．入試では，そのように出題されますので．

注意！ まず最初に左辺がキレイに因数分解できないか考えてみること！

方針 「少なくとも１つの解がある」とは，大雑把に言えば「最大値が正で最小値が負」ですから，「定義域と軸の位置関係で場合分け」が正道です．

解答 ①の左辺を $f(x)$ とおく．放物線 $y=f(x)$ の軸は，$x=\frac{a+1}{2}$ である．

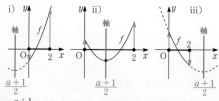

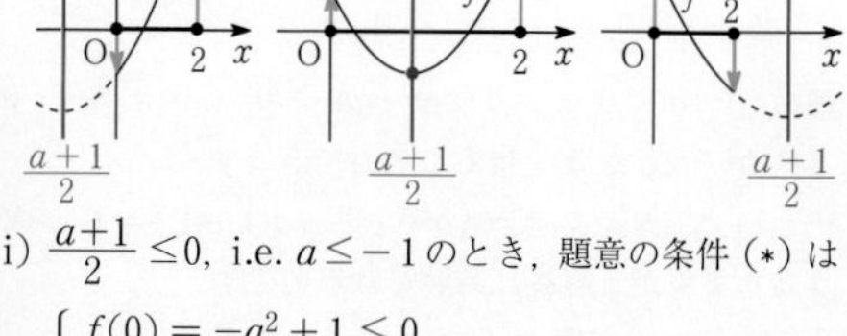

i) $\frac{a+1}{2}\leq 0$, i.e. $a\leq -1$ のとき，題意の条件 $(*)$ は

$$\begin{cases} f(0)=-a^2+1\leq 0, \\ f(2)=-a^2-2a+3\geq 0. \end{cases}$$

i.e. $\begin{cases} a^2 \geq 1, \\ (a+3)(a-1) \leq 0. \end{cases}$

i.e. $\begin{cases} a \leq -1,\ 1 \leq a, \\ -3 \leq a \leq 1. \end{cases}$

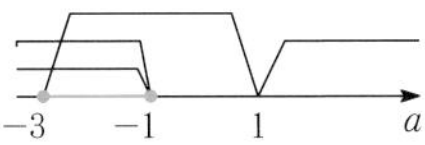

よって，$-3 \leq a \leq -1$.

ii) $0 < \dfrac{a+1}{2} < 2$, i.e. $-1 < a < 3$ のとき，題意の条件 (∗) は

$\begin{cases} \text{「判別式} = (a+1)^2 - 4(1-a^2) \geq 0\text{」かつ} \\ \text{「}f(0) \geq 0 \text{ または } f(2) \geq 0\text{」}. \end{cases}$

i.e. $\begin{cases} \text{「}(5a-3)(a+1) \geq 0\text{」かつ} \\ \text{「}-1 \leq a \leq 1 \text{ または } -3 \leq a \leq 1\text{」}. \end{cases}$

よって，$\dfrac{3}{5} \leq a \leq 1$.

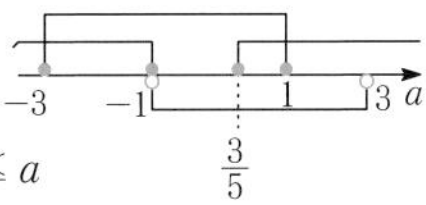

iii) $2 \leq \dfrac{a+1}{2}$, i.e. $3 \leq a$

のとき，題意の条件 (∗) は

$\begin{cases} f(0) \geq 0, \\ f(2) \leq 0. \end{cases}$ i.e. $\begin{cases} -1 \leq a \leq 1^{1)}, \\ a \leq -3,\ 1 \leq a. \end{cases}$

これらを満たす a はない.

以上 i)〜iii) より，求める条件は

$-3 \leq a \leq -1,\ \dfrac{3}{5} \leq a \leq 1.$ //

補足 1)：これと $3 \leq a$ は同時には成り立ちませんね.

2 11 22 解の配置（少なくとも1つの） [→例題 2 9 d]

根底 実戦 入試 重要

注 まず，「方程式」→「因数分解」という第一基本原理から．それが無理っぽいからグラフに逃げます.

着眼 2次関数に関する例の“3つ”の情報を読み取れましたか？

解答 ①の左辺を $f(x)$ とおくと

1° 放物線 $C : y = f(x)$ は上に凸.

2° C の軸：$x = a + \dfrac{3}{2}$ であり，

$\underbrace{a+1}_{\text{②の中央}} < a + \dfrac{3}{2} < \underbrace{a+2}_{\text{②の右端}}$.

3° C の y 切片は，$f(0) = \left(a - \dfrac{1}{2}\right)^2 + \dfrac{3}{4} > 0$ だから，当然 C の頂点の y 座標も正.

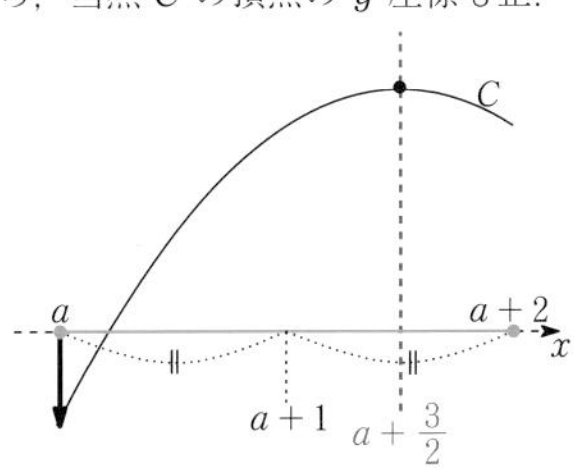

2°，3° により C の頂点の位置がわかり，題意の条件は

$f(a) = 3a^2 + 5a + 1 \leq 0.$

$\dfrac{-5-\sqrt{13}}{6} \leq a \leq \dfrac{-5+\sqrt{13}}{6}.$ //

解説 「少なくとも1つ」タイプの解の配置は，「定義域と軸の位置関係」で場合分けすることを要すものが多いですが，「入試」では，限られた時間で解けるよう，本問のように**ある情報**が提供されており，実は場合分け不要というケースもかなりあります．それに気付けないと大きな時間のロスとなります．今一度，2次関数における「一般形」→「3つの情報」を確認しておいてください[→例題 2 2 b 後の重要].

2 11 23 解の配置（少なくとも1つの） [→例題 2 9 d]

根底 実戦 入試

注 まず，左辺はきれいに因数分解できないなと確認.

方針 解の配置の「少なくとも1つの解」タイプはこう解く…なんてパターン思考はダメ.
注目するのは「端点」と「頂点」の2つ．中でも，「**軸**」がどこにあるかに注目.

解答 まず，

判別式 $= a^2 - 4(a^2-3) = 3(4-a^2) \geq 0$ より

$-2 \leq a \leq 2$ …②が必要 [1].

このとき放物線 $C : y = f(x)$ の軸 $x = \dfrac{a}{2}$ について

$-1 \leq \dfrac{a}{2} \leq 1.$

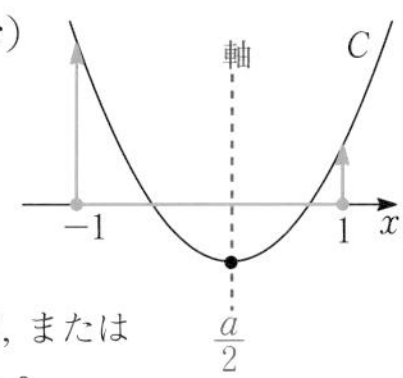

よって題意の条件は

$\begin{cases} f(1) = a^2 - a - 2 \geq 0, \text{ または} \\ f(-1) = a^2 + a - 2 \geq 0. \end{cases}$

$\begin{cases} (a+1)(a-2) \geq 0, \text{ または} \\ (a+2)(a-1) \geq 0. \end{cases}$

∴ $a \leq -1,\ 1 \leq a$(右下図参照).

これと②より，求める範囲は，

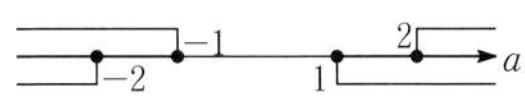

$-2 \leq a \leq -1,\ 1 \leq a \leq 2.$ //

解説 1)：「必要条件で候補を絞り込む」という手法です.

『大目標』：①が $-1 \leq x \leq 1$ の範囲に
少なくとも1つの解をもつ

○⇓ ⇑?

「手段」②：$-2 \leq a \leq 2$ 必要条件

おかげで，軸の位置による場合分けが不要となりました.

2 11 24 解の配置（少なくとも1つの）

根底 実戦 入試 [→2 9]

注 これまでも再三申してきた通り，まずは因数分解…できます！（笑）

解答 ①を変形すると

$$x^2+\frac{1}{2t}x-t\left(t+\frac{1}{2t}\right)^{1)}=0$$

$$(x-t)\left(x+t+\frac{1}{2t}\right)=0$$

$$x=t,\ -t-\frac{1}{2t}.$$

$t>0$ のもとで考えると，題意の条件は

$$-t-\frac{1}{2t}\leq-\frac{3}{2}.$$

$$t+\frac{1}{2t}\geq\frac{3}{2}.$$

$$2t^2-3t+1\geq 0\ (\because\ 2t>0^{2)}).$$

$$(t-1)(2t-1)\geq 0.$$

$$\therefore\ 0<t\leq\frac{1}{2},\ 1\leq t.$$ //

解説 1)：この変形は思いつかないかもしれませんが，解の公式の $\sqrt{\quad}$ 内は

$$判別式=\frac{1}{4t^2}+4\left(t^2+\frac{1}{2}\right)$$

$$=4t^2+2+\frac{1}{4t^2}$$

$$=\left(2t+\frac{1}{2t}\right)^2$$

となり，$\sqrt{\quad}$ がキレイに外れることがわかります．

このように，「判別式」は，因数分解がキレイにできるか否かの“判別”にも役立ちます．

注 2)：不等式の分母を払う際には，必ず払った分母の符号に注意→言及すること．

2 11 25 平行移動

根底 実戦 [→2 10 2]

注 平行移動において，x^2 の係数は変化しないのでしたね．

1)：放物線どうしが「接する」とは，共有点がただ1つだけあることを意味します．（曲線どうしが「接する」ことの正しい定義は，数学Ⅱ「微分法」で学びます．）

言い訳 2)：ずいぶん漠然とした問い方ですが，正しく進めてみると，何を答えるべきかがわかります．

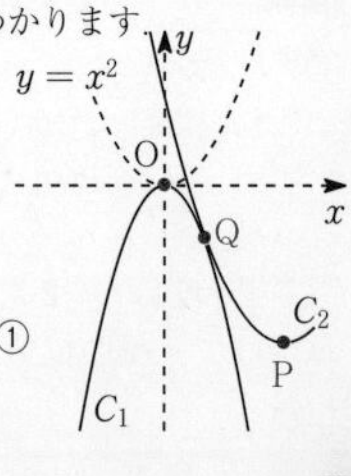

解答 $\mathrm{P}(p,q)$ とおくと

$$C_2: y=1\cdot(x-p)^2+q.$$

これと C_1 の式を連立すると

$$-2x^2=(x-p)^2+q.$$

$$3x^2-2px+p^2+q=0.\ \cdots①$$

これが重解をもつから

$$判別式/4=p^2-3(p^2+q)=0.$$

$$\therefore q=-\frac{2}{3}p^2.$$

$$\text{i.e. } \mathrm{P}\left(p,\ -\frac{2}{3}p^2\right).\ \cdots②$$

また，このとき①を解くと，$x=\frac{p}{3}$．これと C_1 の式より

$$\mathrm{Q}\left(\frac{p}{3},\ -\frac{2}{9}p^2\right).\ \cdots③$$

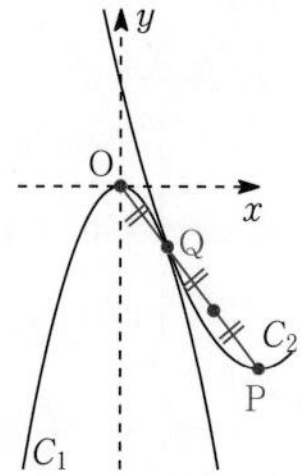

②③より，P の x, y 座標は，Q の x, y 座標をそれぞれ 3 倍したもの 3) である．よって

Q は，線分 OP を 1：2 に内分 4) する．//

ベクトル後 3)：$\overrightarrow{\mathrm{OP}}=3\overrightarrow{\mathrm{OQ}}$ と簡潔に書けますね．

参考 原点 O とは，放物線 C_1 の頂点でもあります．よって，2つの放物線の頂点と接点が同一直線上にあることがわかったことになります．

補足 4)：「内分」については，[→5 1 2]．

2 11 26 絶対値付き関数のグラフ

根底 実戦 定期 [→例題2 10 d]

方針 絶対値記号内の符号に応じて場合分けです．

解答

(1) $$y=\begin{cases} x^2-3\ (x\leq-\sqrt{3},\ \sqrt{3}\leq^{1)}x), \\ -x^2+3\ (-\sqrt{3}<x<^{2)}\sqrt{3}). \end{cases}$$

よってグラフは右図の通り：

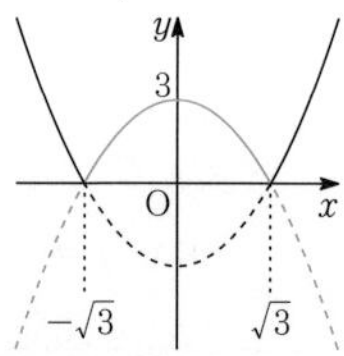

言い訳 グラフは縦方向に圧縮して描かれています（(3)も同様）．

注 1)2)：こうのような場合分けの“つなぎ目”の値は，どちらか少なくとも一方（両方でも可）に等号を入れておけば OK です．■

(2) $$y=\begin{cases} x(1-x)\ (0\leq x), \\ -x(1-x)=x(x-1)\ (x\leq 0). \end{cases}$$

よってグラフは右図の通り：

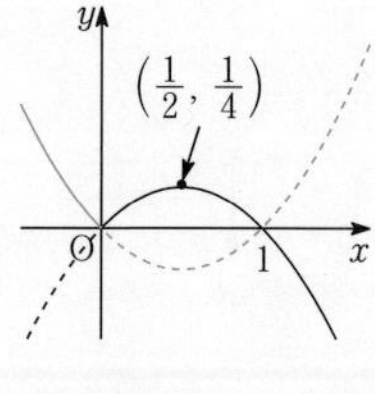

(3) $y = \begin{cases} x + 2x(x+3) \ (x(x+3) \geqq 0), \\ x - 2x(x+3) \ (x(x+3) \leqq 0) \end{cases}$

$= \begin{cases} x(2x+7) \ (x \leqq -3,\ 0 \leqq x), \\ x(-2x-5) \ (-3 \leqq x \leqq 0). \end{cases}$

よってグラフは次図の通り：

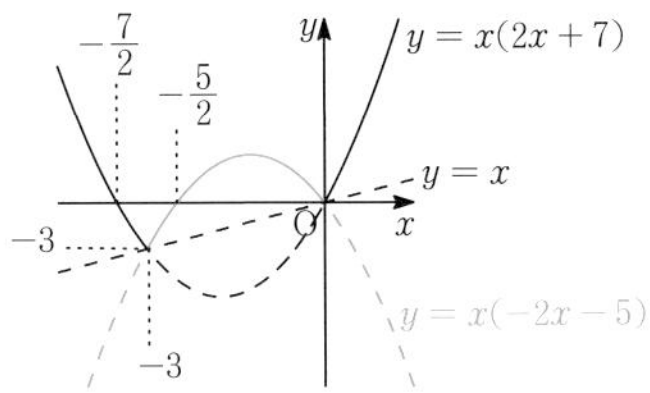

言い訳 頂点の座標は $\left(-\frac{5}{4},\ \frac{25}{8}\right)$ です．あまりキレイでないので，**解答**では書き入れていません．実戦的な問題では，『何を明示するべきか』は状況次第であり，敢えて書かない方がよいことも多いのです．

2 11 27 絶対値付き関数のグラフ・交点 [→例題 2 10 e]

根底 実戦 入試

方針 まずは，C, l を描いて題意を正確に把握します．そして，「2つのグラフの共有点」と「方程式の実数解」の関係[→ 2 10 2]を的確に用いていきます．

解答 (1) ①の右辺を $f(x)$ とおく．

$f(x) = \begin{cases} x(x-2) + x \ (x(x-2) \geqq 0 \text{ のとき}) \\ -x(x-2) + x \ (x(x-2) < 0 \text{ のとき}) \end{cases}$

$= \begin{cases} x(x-1) \ (x \leqq 0,\ 2 \leqq x \text{ のとき}) \cdots \text{i)} \\ -x(x-3) \ (0 < x < 2 \text{ のとき}). \cdots \text{ii)} \end{cases}$

よって，右図を得る：

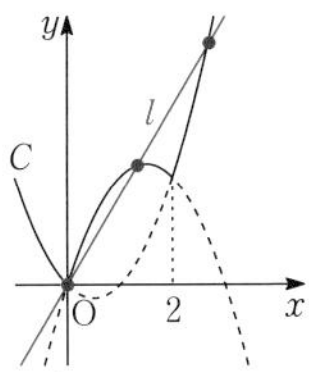

①，②を連立して得られる

$f(x) = ax \cdots$③

の実数解 x は，C と l の共有点の x 座標と対応する．

i) のとき，③は

$x(x-1) = ax.\quad x(x-1-a) = 0.$

$\therefore x = 0,\ 1+a.$

ii) のとき，③は

$-x(x-3) = ax.\quad x(x-3+a) = 0.$

$\therefore x = 3-a.\ (\because\ x \neq 0)$

以上より，題意の条件，つまり③が異なる3個の実数解をもつための条件は

$\begin{cases} 1+a < 0 \text{ or } 2 \leqq 1+a, \text{ かつ} \\ 0 < 3-a < 2. \end{cases}$

i.e. $\begin{cases} a < -1 \text{ or } 1 \leqq a, \text{ かつ} \\ 1 < a < 3. \end{cases}$

以上より，求める a の範囲は

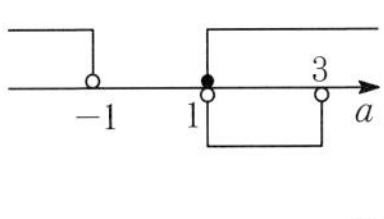

$1 < a < 3.$ // $\cdots$④

(2) 題意の条件は「PR= 2PQ」であり，これは右図の平行線を用いると

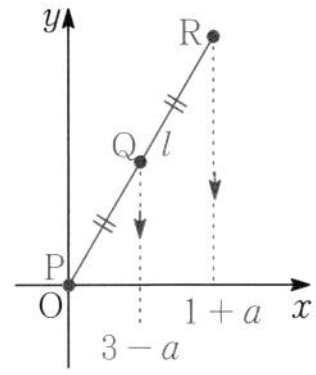

$1 + a = 2(3-a).$

$\therefore a = \frac{5}{3}.$ //（これは④をも満たす．）

言い訳 もちろん，P=O です．

解説 (1) 出来上がった解答そのものは，「方程式」のみですが，今自分が行っている作業の意味を把握したり，得られた結果の妥当性を検証したりする上で，「グラフ」はとても大事な働きをしています．

(2)「平行線は比を保存する」[→ 5 3 2]ことを用い，x 座標だけを考えて済ませました．決して線分 PQ の長さを求めたりしないこと．

数学Ⅱ微分法後

$g(x) = -x(x-3) = -x^2 + 3x$ とおくと，

$g'(x) = -2x + 3.\ \therefore\ g'(0) = 3.$

したがって，原点における曲線 $y = g(x)$ の接線の傾きは 3（右図）．

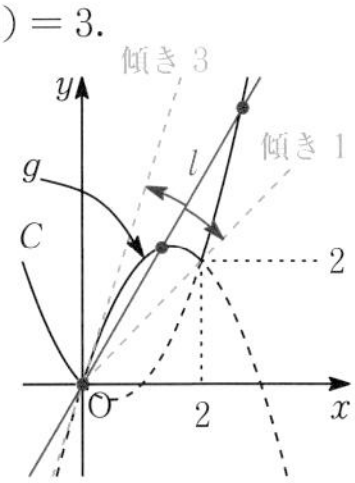

この図を見ると，原点を通る直線 l の傾き a のとり得る値の範囲が"一目で"わかりますね．

2 11 28 絶対値付き関数のグラフ・接点 [→例題 2 10 e]

根底 実戦 入試

方針 「接する」ことを表すために，絶対値記号を外しましょう．

注 [1]：このように「存在を示し，それを求めよ」という問題は，正しく求めることを目指していけば，自ずと存在も示せることが多いです．

解答 $f(x) = \begin{cases} -x^2 + x - a \ (x \geqq a), \\ -x^2 - x + a \ (x \leqq a). \end{cases}$

直線 $l : y = mx + n$ が放物線 $C_1 : y = -x^2 + x - a$ と接するとき，2式を連立した方程式

$-x^2 + x - a = mx + n,$

i.e. $x^2 + (m-1)x + n + a = 0 \cdots$①

が重解をもつから，

①の判別式 $= (m-1)^2 - 4(n+a) = 0. \cdots$②

同様に，l が放物線 $C_2 : y = -x^2 - x + a$ と接するとき，

$-x^2 - x + a = mx + n,$

i.e. $x^2 + (m+1)x + n - a = 0 \cdots$③

が重解をもつから，

③の判別式 $= (m+1)^2 - 4(n-a) = 0. \cdots$④

第2章 2次関数

④ − ②より

$$4m+8a=0.\ \therefore\ \ m=-2a.\ \cdots⑤$$

⑤②より

$$4n=(-2a-1)^2-4a.\quad \therefore\ \ n=a^2+\frac{1}{4}.\ \cdots⑥$$

⑤⑥のとき, l は放物線 C_1, C_2 のいずれとも接する[2)].

次に, ①⑤より, l と C_1 の接点は

$$x=\frac{-(m-1)\pm\sqrt{0}}{2}$$

$$=\frac{-m+1}{2}=a+\frac{1}{2}>a^{3)}.$$

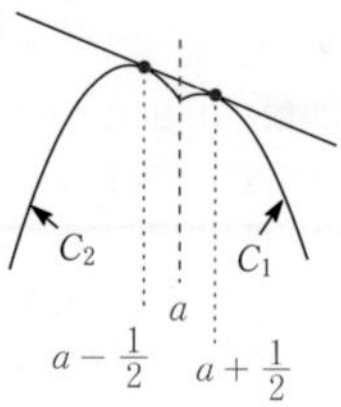

③⑤より, l と C_2 の接点は

$$x=\frac{-m-1}{2}=a-\frac{1}{2}<a.$$

よって, ⑤⑥のとき l は C と異なる 2 点 $x=a\pm\frac{1}{2}$ において接する. □

求める方程式は, $l: y=-2ax+a^2+\frac{1}{4}$.//

注 2)3):C とは, C_1 の $x\ge a$ の部分と C_2 の $x\le a$ の部分をつなぎ合わせた曲線です. よって, 単に l が C_1 全体および C_2 全体と接するための条件②④ i.e. ⑤⑥を作るだけではダメです (l の方程式は結果として正しく求まりますが).

2 11 29 放物線が切り取る長さ

根底 実戦 入試 [→例題 2 10 c]

方針 (1)「交点」→「方程式の実解」とすり替えて考えます.

(2) (1)で考えたことを, 的確に活用しましょう.

解答 (1) 2 式を連立して

$$4x^2+(4a-2)x+3a^2-a=2x.$$

$$4x^2+(4a-4)x+3a^2-a=0.\ \cdots①$$

題意の条件は, ①が異なる 2 実解をもつこと, すなわち

$$\begin{aligned}判別式/4&=(2a-2)^2-4(3a^2-a)\\&=4\{(a-1)^2-(3a^2-a)\}\\&=4(-2a^2-a+1)>0.\end{aligned}$$

$$2a^2+a-1<0.^{1)}$$

$$(a+1)(2a-1)<0.$$

よって求める変域は,

$$-1<a<\frac{1}{2}.//\ \cdots②$$

(2) ②のもとで①を解くと

$$x=\frac{-2a+2\pm\sqrt{E}}{4},$$

ここに, $E=$ 判別式/4.

これら 2 解を α, β ($\alpha<\beta$) とおくと, 右図の三角形に注目して

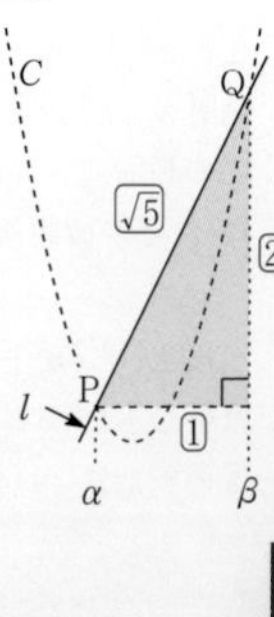

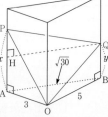

$$PQ=\sqrt{5}(\beta-\alpha)^{2)}=\frac{\sqrt{5}}{2}\sqrt{E}.^{3)}\ \cdots③$$

ここで,

$$\begin{aligned}E&=4(-2a^2-a+1)\\&=-4(a+1)(2a-1).\end{aligned}$$

これと②より右図を得るから

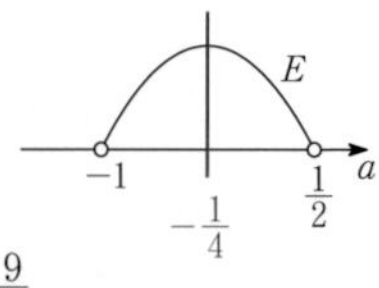

$$\max E=-4\cdot\frac{3}{4}\cdot\frac{-3}{2}=\frac{9}{2}.$$

これと③より

$$\max PQ=\frac{\sqrt{5}}{2}\cdot\sqrt{\frac{9}{2}}=\frac{3}{4}\sqrt{10}.//$$

解説 2):このように, 座標平面上で傾き一定の直線に沿う線分の長さを求めるには, 両端点の x 座標だけ[4)] の絶対差を求め, 解答の図のような直角三角形の 3 辺比を三平方の定理で求めて利用するのが賢い方法です.

注 4):y 座標だけの方が楽なケースもあります.

1):この左辺は「判別式/4」を −4 で割ったものです. これを見落として(2)の「E」と等しいとカンチガイしないように.

補足 2 つの交点 P, Q は, どっちが左でどっちが右でもかまいません.「長さ」を考えるのですから.

3):次のように計算しています:

$$\begin{aligned}\beta-\alpha&=\frac{-2a+2+\sqrt{E}}{4}-\frac{-2a+2-\sqrt{E}}{4}\\&=\frac{2\sqrt{E}}{4}=\frac{1}{2}\sqrt{E}.\end{aligned}$$

この程度は暗算で片付けること!

2 11 30 立体の中の正三角形

根底 実戦 入試 [→2 7]

方針 AP, BQ が満たすべき条件を, 連立方程式で表します.

解答 $x=AP$, $y=BQ$ ($x, y\ge 0$) とおく.

△OPQ が正三角形となるための条件は, △OAP, △OBQ, △PQH (H は Q から AP へ下ろした垂線の足) に注目して

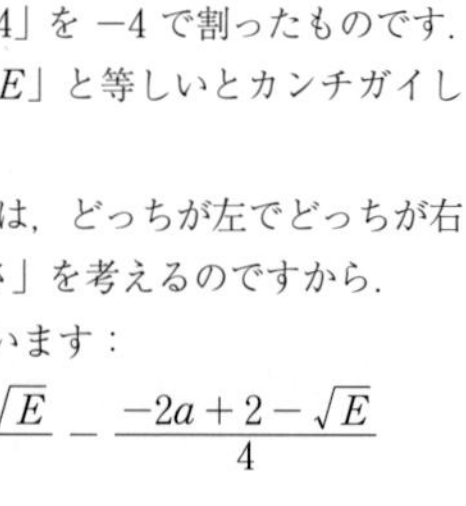

$$9+x^2=25+y^2=30+|x-y|^2.^{2)}$$

(①: $9+x^2=25+y^2$, ②: $25+y^2=30+|x-y|^2$)

$$\begin{cases}①: x^2-y^2=16.\\②: 2xy-x^2=5.\end{cases}$$

②より $x \neq 0$ であり，$y = \dfrac{x^2+5}{2x}$ …③．これと①より

$$x^2 - \left(\frac{x^2+5}{2x}\right)^2 = 16.$$
$$4x^4 - (x^2+5)^2 = 64x^2.$$
$$3x^4 - 74x^2 - 25 = 0.$$ ……x^2 の 2 次方程式
$$\underbrace{(3x^2+1)}_{\text{正}}(x^2-25) = 0.$$
$$x^2 = 25.\ x \geqq 0 \text{ より } x = 5.$$

これと③より，$y = \dfrac{25+5}{10} = 3.$

以上より，求める長さは，$\mathrm{AP} = 5,\ \mathrm{BQ} = 3.$ //

注 1)：好きなだけ高さを大きくとれるということ．よって，連立方程式①②の解 x, y について，値の上限（大きい方の限界）は考えなくてよい訳です．

2)：x と y の大小は不明ですが，HP の長さは絶対値記号を用いると場合分けなしで表せます．（図を描いてみるとなんとなく $x > y$ のような気がしますけどね…）

$|\triangle|^2 = \triangle^2$（$\triangle$ は実数）ですから，以降の計算には絶対値記号は残りません．

2 11 31 共通解
根底 実戦 典型 重要 [→2 7]

注 (1)の 2 式において，「a」は共通ですが，「x」は必ずしも同じ値を指す訳ではありません．

方針 そこで，共通解を「α」とおきます．すると，「a」と「α」がどちらも共通ですから，これら 2 文字の連立[1] 方程式を解くことで解決します（(2)も同様）．

語記サポ 1)：「連立」とは，「共通」なものを考えることを意味します．■

解答 (1) 2 式の共通解を「α」とおくと，

$$3\alpha^2 + 2\alpha + a = 0,\ \cdots①$$
$$5\alpha^2 + 2\alpha + 2a + 3 = 0.\ \cdots②$$

①×2－② より

$$\alpha^2 + 2\alpha - 3 = 0.$$ ……a を消去した
$$(\alpha-1)(\alpha+3) = 0.\ \therefore\ \alpha = 1,\ -3.$$

i) $\alpha = 1$ のとき，①より

$$3 + 2 + a = 0.\ \therefore\ a = -5.$$

ii) $\alpha = -3$ のとき，①より

$$27 - 6 + a = 0.\ \therefore\ a = -21.$$

以上 i)，ii) より，求める値は $a = -5,\ -21.$ //

(2) 2 式の共通解を「β」とおくと，

$$\beta^2 + k\beta + k - 2 = 0,\ \cdots③$$
$$2\beta^2 + (k+1)\beta - 2 = 0.\ \cdots④$$

③×2－④ より

$$(k-1)\beta + 2k - 2 = 0.$$ ……β^2 を消して次数下げした
$$(k-1)(\beta+2) = 0.\ \therefore\ k = 1 \text{ または } \beta = -2.$$

i) $k = 1$ のとき，与式 2 つは

$$x^2 + x - 1 = 0,$$
$$2x^2 + 2x - 2 = 0$$

となり，これらは同値だから，2 つの共通解をもつので不適．

ii) $\beta = -2$ のとき，③より

$$4 - 2k + k - 2 = 0.\ \therefore\ k = 2.$$

このとき，与式 2 つは

$$x^2 + 2x = 0 \text{ i.e. } x(x+2) = 0,$$
$$2x^2 + 3x - 2 = 0 \text{ i.e. } (x+2)(2x-1) = 0$$

となり，$x = -2$ 以外の解は共有しないから，適する．

以上 i)，ii) より，求める値は $k = 2.$ //

解説 「連立方程式」を解く際の**第一義的解法**は，(1)で用いた「1 文字消去」です．しかし，(2)ではそれが実行しにくい（分数式が現れてしまう）ので，「次数を下げる」という“次善の策”を用いました．

注 共通解を(1)では「α」，(2)では「β」という文字で表していますが，文字は（a や k 以外なら）何でもかまいませんから，「x」を「共通解」だと宣言してそのまま文字を変えずに作業しても OK です（上級者はそのようにします）．

2 11 32 2次不等式と論理
根底 実戦 重要 [→例題1 9 g]

着眼 例えば…

$a = 2$ と固定すると，

(*)：「$x > 2 \Longrightarrow x^2 > 2$」… 真の命題．

$a = \dfrac{1}{2}$ と固定すると，

(*)：「$x > \dfrac{1}{2} \Longrightarrow x^2 > \dfrac{1}{2}$」… 偽の命題．

このように，(*) は固定された a の値に応じて真偽が定まる「a の条件」であり，その真理集合を求めよというのが本問の要求です．[→例題1 9 g]

1 9で学んだ「集合・命題・条件」に関する用語や記号を思い出しながら考えていきましょう．

解答

x に関する条件：$x > a,\ x^2 > a$ の真理集合を，それぞれ P, Q とすると，

$$Q = \left\{x \mid x < -\sqrt{a},\ \sqrt{a} < x\right\}.$$

i)

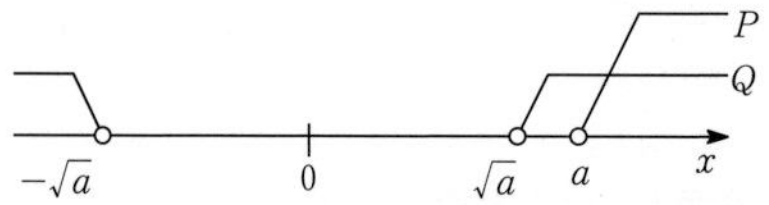

ii)

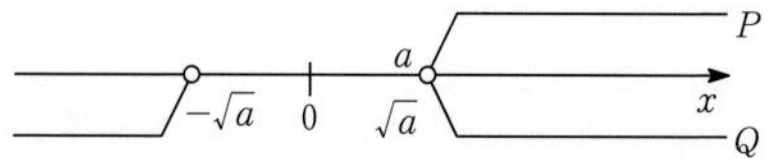

iii)

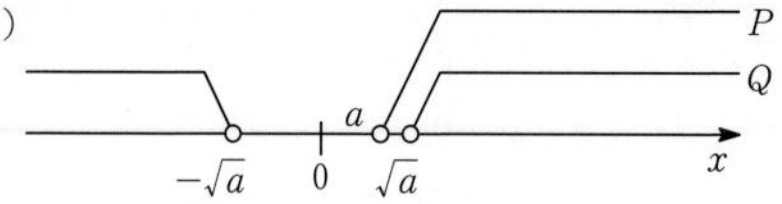

i) $\sqrt{a} < a$ となるように a を固定すると，(*) は真の命題.

ii) $\sqrt{a} = a$ となるように a を固定すると，(*) は真の命題.

iii) $a < \sqrt{a}$ となるように a を固定すると，(*) は偽の命題.

以上より，(*) は

$\sqrt{a} \leq a.$ 右辺 $=(\sqrt{a})^2$

$1 \leq \sqrt{a}$ ($\because$ $\sqrt{a} > 0$). $\therefore$ $a \geq 1$.//

解説 「固定して真偽判定」. ちゃんと覚えていましたか？？

注 x に関する 2 つの条件：$x > a$, $x^2 > a$ は「等号無し」でしたが，最後の答え：$a \geq 1$ は「等号入り」です．ちゃんと「$a = 1$ と固定すると真か偽か」と考えてくださいね.

12 演習問題C 将来の発展的内容

2 12 1 対称式・変域 根底 実戦 典型 重要 [→2 3]

(1) **方針** 演習問題 2 6 16 と同様，1 文字を消去して他方の 2 次関数として処理します．x, y に関して対称ですから，どちらを消去しても同じことです.

解答 $y = 1 - x$ だから

$xy = x(1-x)$.

よって右図より

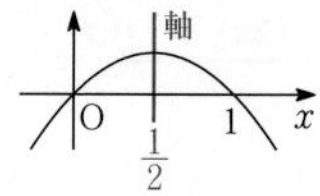

$I : xy \leq \frac{1}{4}$.//

(2) **方針** (1)と同様に 1 文字を消去すると，例えば $\frac{1}{y}$ という分数式が現れてしまいます．そこで，例題 1 9 g で学んだ「固定して真偽判定」という考え方を使います．経験がないと無理でしょうから，学んで覚えてください.

∘ $x + y = 2$ と固定→これと $xy = 1$ を満たす実数の組 $(x, y) = (1, 1)$ が存在するから OK.

∘ $x + y = 0$ と固定→これと $xy = 1$ より $-x^2 = 1$ で，これを満たす実数 x, y は存在しないからダメ．■

解答 $x + y = k$ (k は実数) とおく．定数 $k \in I'$ となるための条件は

$$\begin{cases} x + y = k \\ xy = 1 \end{cases} \cdots ①$$

を満たす $x, y (\in \mathbb{R})$ が存在すること．…(*)

①より，x, y を 2 つの解とする t の方程式は [1]

$(t - x)(t - y) = 0$.[2]

$t^2 - (x + y)t + xy = 0$.

$t^2 - kt + 1 = 0$. …②

よって (*) は，

②の判別式 $= k^2 - 4 \geq 0$.

$\therefore I' : x + y \leq -2, 2 \leq x + y$.//

言い訳 [1]：正しくは「方程式の 1 つは」です．[2] の式の両辺を 100 倍したものなどもあるので (笑)．些末なことですので気にし過ぎないように.

2 12 2 変数の変域 根底 実戦 入試 典型 重要 [→2 7]

方針 (1) **固定**された 1 つの定数「1」に注目し，与式の x に 1 を代入した等式が成立可能かどうかを調べます.

(2) その考え方を一般化し，固定する値を文字で表します．前問(2)と同様です．経験を積んでマスターしていきましょう.

解答 (1) ①において $x=1$ とすると

$$1+y+2y^2=1.\ y(2y+1)=0.$$

これを満たす実数 $y=0$[1] が存在するから, $x=1$ は成立可能, つまり, $1\in I$[2]. //

(2) 実数定数[3] $k\in I$ となるための条件は, ①において $x=k$ とした等式

$k^2+ky+2y^2=1.$ …②を満たす実数 y が存在すること. …(*)

そこで[4], ②を y について整理すると

$$2y^2+k\cdot y+(k^2-1)=0.\ \cdots②'$$

よって (*) は

$$②の判別式 =k^2-8(k^2-1)\geqq 0.$$

$$\text{i.e.}\ k^2\leqq\frac{8}{7}.$$

以上より, 求める変域は

$$I:-\frac{2\sqrt{2}}{\sqrt{7}}\leqq x^{5)}\leqq\frac{2\sqrt{2}}{\sqrt{7}}. //$$

解説 1): もちろん「$y=-\dfrac{1}{2}$」もありますが,「1つ以上存在するか否か」が重要なので敢えて1個だけ書いてみました.

2):「変域」とは, 実数からなる集合です. ここでは,「1」が集合 I の要素であると述べています.

3): x を「定数」とみて「固定」することを表明するため文字を「k」に変えていますが,「x」のままでそれを定数とみなしても OK です. 将来上級者はそのようにします.

4):「k」は固定された定数, y が変数ですから, "主役"である文字: y について整理するのが自然ですね.

補足 5): 最後の答えだけは,「k」ではなく, 元の文字「x」を用いて書いた方が良いかと思います.

2 12 3 2変数関数の変域

根底 実戦 入試 重要 [→2 7]

着眼 $x+2y$ は, 2つの変数からなる「**2変数関数**」です.

方針 (1) **固定**された1つの定数「1」に注目し, 等式 $x+2y=1$ が①のもとで成立可能かどうかを調べます.

(2) その考え方を一般化し, 固定する値を文字で表します. 前々問(2)や前問と同じく,「固定して真偽判定」という考え方の典型例です.

解答 (1) $x+2y=1$ …② と①を満たす実数 x, y について調べる.

②より, $x=1-2y.$ …②'

これを①へ代入すると

$$(1-2y)^2+(1-2y)y+2y^2\leqq 1.$$

$$4y^2-3y\leqq 0.\quad y(4y-3)\leqq 0.$$

これを満たす実数 y は存在し, それに対して②' を満たす実数 x も存在する. よって, ②は成立可能, つまり, $1\in I$. //

(2) 実数定数 $k\in I$ となるための条件は

$x+2y=k$ …③ かつ①を満たす実数 x, y が存在すること. …(*)

③より, $x=k-2y.$ …③'

これを①へ代入すると

$$(k-2y)^2+(k-2y)y+2y^2\leqq 1.\ \cdots④$$

これを満たす実数 y が存在すれば, それに対して③' を満たす実数 x も存在する[1]. よって (*) は

④を満たす実数 y が存在すること. …(*)'

そこで, ④を y について整理すると

$$4y^2-3ky+k^2-1\leqq 0.\ \cdots④'$$

よって (*)' は, ④' の左辺 $=0$ の判別式を D として,

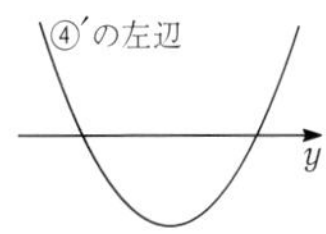

$$D=9k^2-16(k^2-1)\geqq 0.$$

$$\text{i.e.}\ k^2\leqq\frac{16}{7}.$$

以上より, 求める変域は

$$I:-\frac{4}{\sqrt{7}}\leqq x+2y\leqq\frac{4}{\sqrt{7}}. //$$

解説 1): ③' が,「$x=$○○」のように x について解かれている形なので, このように言う事ができます.

2 12 4 2変数関数の最小値

根底 実戦 入試 典型 重要 [→2 3]

着眼 前問に続いて2変数関数ですが, そこで用いた「$F=k$ と固定」という手法はうまくいきそうにないですね. そこで,「1文字固定」というまったく別の手法を用います. 初見では無理なので, 鑑賞する気持ちで.

解答 1° y を**固定**し, x を区間 $[0, 3]$ で[1] 動かす.

そこで, F を変数 x の2次関数 $f(x)$ とみて整理すると

$$f(x)=(x-y)^2+2y^2-8y+11.$$

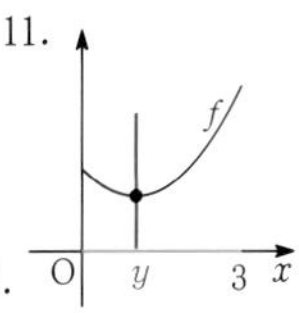

グラフの軸: $x=y$[2] は定義域 $[0, 3]$ に含まれるから, 1° 段階での最小値は

$2y^2-8y+11$ ($=g(y)$ とおく).

2° $g(y)$ に対して[3], y を $[0, 3]$ で[4] 動かす.

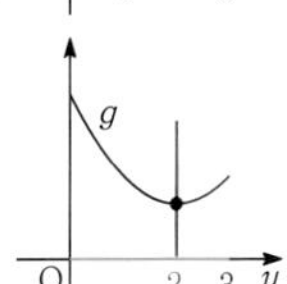

$$g(y)=2(y-2)^2+3.$$

以上 1°, 2° より, 求める最小値は

$$\min F=g(2)=3. //$$

解説 1° は，例えば $y=1$ などと固定した"地域"においての最小値を求める"予選"のような作業です．
2° は，"予選"を勝ち抜いたものだけを対象として，その中での最小値を求める"決勝"のような作業．
という訳で，本問で用いた「1 文字固定」のことを，ギョウカイでは俗に"**予選決勝方式**"と呼んだりします．

注 1)4)：変数をどの範囲で動かすかの宣言は，とても大切なことです．
3)：あくまでも"予選を勝ち抜いたもの"だけを対象とするという宣言も重要です．

補足 2)：この「$x=y$」の右辺は，「y」という固定された定数ですよ．

別解 上記 解答 のように変数 x, y を 1 個ずつ動かす考え方を頭の中でのみ思い描き，答案としては以下のように簡便に済ませることもできます：

$F) = (x-y)^2 + 2y^2 - 8y + 11$ （x のみを変数とみて平方完成）

$= (x-y)^2 + 2(y-2)^2 + 3$ （y についても平方完成）

$\geqq 3. \cdots$② （大小関係を表す不等式）

②の等号成立条件は

$x=y$ かつ $y=2$

i.e. $x=y=2$

であり，①よりこれは成立可能． …③

②，③より，求める最小値は

$\min F = 3.$ //

解説 「②：大小関係の不等式」+「③：等号成立確認」．これは「最小値」の定義にもとづいたとてもベーシックな手法です．数学Ⅱで詳しく学びます．

重要 「2 変数関数」に対する処理方法をまとめておきます：

2 変数関数 $f(x, y)$ の最大・最小

1. $f(x,y)=k$ と固定して，「=」が成立可能かどうかを調べる．→**演習問題 2 12 1**(2)
2. 1 変数化 { 1 文字消去→**演習問題 2 12 1**(1) / 1 文字固定→本問 }

参考 **例題 2 3 b**(2)(3)は，x と a の 2 変数関数の最小値を求めるに際して，まず(2)で a を定数とみて**固定**したのだと考えると，実は本問と同じ流れの解答だったことがわかるでしょう．

2 12 5 同次式→比で置換

根底 実戦 典型 重要 [→2 8]

着眼 ①の左辺の各項：

$3x^2, -10xy, 3y^2$ は，どれも 2 次式です．

このような全ての項の次数が等しい**同次式**は，「比」：$\dfrac{x}{y}$ $\left(\text{もしくは } \dfrac{y}{x}\right)$ で表せることが有名です．

解答 $x \neq 0$ のもとで考える．①の両辺を $x^2(>0)$ で割ると 1)

$$3 - 10\cdot\frac{y}{x} + 3\left(\frac{y}{x}\right)^2 \leqq 0.$$

$$\left(3\cdot\frac{y}{x} - 1\right)\left(\frac{y}{x} - 3\right) \leqq 0.$$

よって求める変域は

$$\frac{1}{3} \leqq \frac{y}{x} \leqq 3. //$$

解説 冒頭で述べたことは，完全に記憶しておきましょう：

「同次式」は「比」のみで表せる．

参考 上記は，次のように分数式に対して用いることも多いです：

$y \neq 0$ のとき，（分子，分母を $y^2(\neq 0)$ で割った）

$$\frac{x^2+xy+y^2}{x^2-xy+y^2} = \frac{\left(\frac{x}{y}\right)^2 + \frac{x}{y} + 1}{\left(\frac{x}{y}\right)^2 - \frac{x}{y} + 1}.$$

注 1)：不等式の両辺を何かで割る際には，その**符号**に注意でしたね．

2 12 6 2文字の因数分解

根底 実戦 定期 典型 [→1 3]

方針 「1 次式どうしの積」を素直に表します．

解答 与式 $= (x+ay+b)(cx+dy+e)$ 1)

（a〜e は定数）

と因数分解されるとき，両辺の 2 次の項を 2) 係数比較して

$$\begin{cases} x^2 \cdots \ 1 = c \\ xy \cdots \ 2 = d + ac \\ y^2 \cdots -3 = ad. \end{cases} \quad \therefore \begin{cases} c = 1, \\ \{a, d\} = \{3, -1\}. \end{cases}$$

よって，題意の条件は

与式 $=(x+3y+b)(x-y+e)$ (b, e は定数)

と表せること．両辺の係数を比較して

$$\begin{cases} x \cdots 1 = e + b \\ y \cdots -5 = 3e - b \\ \text{定数} \cdots k = be. \end{cases} \quad \therefore \begin{cases} e = -1 \\ b = 2 \\ k = -2. // \end{cases}$$

解説 1)：「$(1\cdot x + ay + b)(cx + dy + e)$」としている理由を説明します．もちろん

$$(\underline{2}x+3y+4)\left(\frac{1}{2}x-2y-1\right)$$

のようなケースも想定しなくてはならないのですが，その場合でも

$$\left(1\cdot x+\frac{3}{2}y+2\right)(x-4y-2)$$

と変形できます．よって，[1] の形のみ考えればよいのです．

[2]：[1] でイキナリ両辺の全ての項の係数を比べるのは文字が多くて面倒ですね．そこで，ひとまず 2 次の項だけを比べて，a, c, d の値を確定した後で，他の項を比較しました．

これは，「先に 2 次の項のみ因数分解する」という手法と似ていますね．[→例題 1 3 e (3) 重要]

注 世間では，次のような“珍答”がよく行われるようです：

与式が

$(x, y$ の 1 次式$)(x, y$ の 1 次式$)$

と因数分解されるならば[3]，x の方程式

$$x^2+2xy-3y^2+x-5y+k=0 \quad \cdots ①$$

の解 x は y の 1 次式で表される． …②

①を x について解く．

$$x^2+(2y+1)x-3y^2-5y+k=0.$$

$$x=\frac{-2y-1\pm\sqrt{D}}{2}, \quad \cdots ③$$

ここに，$D=(2y+1)^2-4(-3y^2-5y+k)$

$$=16y^2+24y+1-4k.$$

②のためには，D が y の完全平方式ならよい[4]．（$(○\,y+△)^2$）

そのための条件は，y の 2 次方程式

$$D=16y^2+24y+1-4k=0$$

が重解をもつこと，すなわち

$$\frac{判別式}{4}=12^2-16(1-4k)=0.$$

$$9-(1-4k)=0. \text{ i.e. } k=-2.\,/\!/$$

解説 [3] では「必要条件でしかない」，[4] では「十分条件でしかない」という文言が現れています．さらに，③では「x の 2 次方程式の解の公式」を，係数に含まれる文字 y が実数かどうかもわからぬまま使ってしまっています[→例題 2 7 c 直前の 将来 注]．

というふうに，かなりワケアリな解答ですが，学校のテストではこれで「マル」になる可能性もあります（笑）．先生の意向を確認してください．

言い訳 本問は，本来 1 で扱うべき「式」に関する問題ですが，上記“珍答”の関係で 2 次関数分野の定期テストで出ることが想定されるので，ここで扱いました（笑）．

2 12 7 解の変域

根底 実戦 入試 ハイレベル↑ [→ 2 9]

方針 (1)では，「どんな実数定数 a に対して①を満たす実数 x が存在するか？」と考えていました．

(2)では，「どんな実数定数 x に対して①を満たす実数 a が存在するか？」と逆向きに考えます．

例1 「$x=1$ は可能？」

①で $x=1$ とすると

$$1-2a+2a^2-1=0.$$

$$\text{i.e. } a(a-1)=0. \quad (もしくは\ a=1)$$

これを満たす実数 $a=0$ が存在する．よって，「$x=1$」は可能．

例2 「$x=2$ は可能？」

①で $x=2$ とすると

$$4-4a+2a^2-1=0.$$

$$\text{i.e. } 2a^2-4a+3=0. \cdots ㋐$$

これを a の方程式とみると，

判別式$/4=4-6<0$.

よって㋐を満たす実数 a は存在しない．よって，「$x=2$」は不可能．

このように，何かを**固定して真偽判定**という考え方は，じつは**「数学」という学問全般の基盤となる重要なものです．** [→例題 1 9 g]

本問の「a」を文字「y」に変えれば，(1)(2)は演習問題 2 12 2 とほぼ同じ内容の問題だとわかるでしょう．

(3)では，(2)の考え方に「大きい方の解」をどう捉えるかを加味して考えます．

解答 (1) 題意の条件は

①の判別式$/4=a^2-(2a^2-1)>0$.

$$a^2<1.$$

$$\text{i.e. } -1<a<1.\,/\!/$$

(2) 求める変域を I とする．定数 X[1] が I に属するための条件は

$X^2-2aX+2a^2-1=0 \quad \cdots ②$ を満たす実数 a が存在すること． …(*)

そこで②を a について整理すると

$$2a^2-2X\cdot a+(X^2-1)=0 \quad \cdots ②'$$

よって (*) は

②′の判別式$/4=X^2-2(X^2-1)\geq 0$.

$$X^2\leq 2.$$

よって求める変域は

$$I: -\sqrt{2}\leq x\leq\sqrt{2}.\,/\!/ \ [2]$$

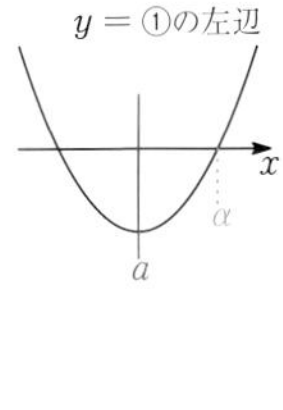

(3) ①の大きい方の解とは，右図より a より大きな実数解である．求める変域を I' とする．定数 α が I' に属するための条件は

$\alpha^2-2a\alpha+2a^2-1=0\ (\alpha>a)\ \cdots③$
を満たす実数 a が存在すること． $\cdots(*)'$

そこで③を a について整理すると

$f(a):=2a^2-2\alpha\cdot a+(\alpha^2-1)=0\,(a<\alpha)\ \cdots③'$

放物線 $y=f(a)$ の軸：$a=\dfrac{\alpha}{2}$ に注目する．

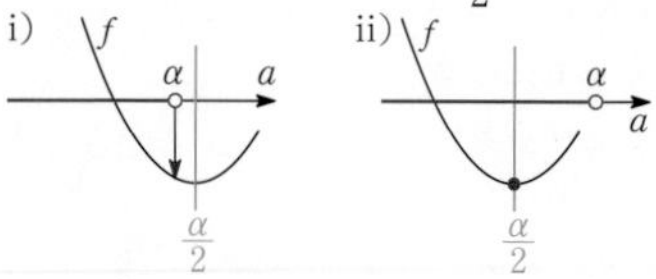

i) $\alpha\leq\dfrac{\alpha}{2}$，i.e. $\alpha\leq0$ なる α について考えると，

$(*)'$ は

$f(\alpha)=\alpha^2-1<0.$

$\therefore -1<\alpha\leq0.$

ii) $\dfrac{\alpha}{2}<\alpha$，i.e. $\alpha>0$ なる α について考えると，

$(*)'$ は

③$'$の判別式$/4=\alpha^2-2(\alpha^2-1)=2-\alpha^2\geq0.$

$\therefore 0<\alpha\leq\sqrt{2}.$

i)，ii) より，求める変域は

$I':-1<\alpha\leq\sqrt{2}.$ //

補足 1)：ここでは，解を表す文字を，大文字「X」としました．これは，「**固定する**」という考え方が“目に見える”ようにするためです．この考え方を会得し切った人は，文字「x」のままで「固定する」と考えれば OK です．

2)：最後の「答え」は，問題文で与えられた文字「x」を用いて書くのが普通です．

(3) わかりづらいと感じる人が多いと思いますが，そんな時こそ，α の値を 1 つ**固定**して，それに対して「③$'$ を満たす a が存在するか？」と考えてみてください．

数学Ⅲ微分法後

①を解の公式で解くと，大きい方の解は

$\alpha=a+\sqrt{1-a^2}\ (=g(a)$ とおく$).$

ただし，(1)より $-1<a<1$．この範囲での $g(a)$ の増減を調べる．

$$g'(a)=1+\frac{-2a}{2\sqrt{1-a^2}}=\frac{\sqrt{1-a^2}-a}{\sqrt{1-a^2}}.$$

$g'(a)$ は，$-1<a\leq0$ のとき正であり，$0<a<1$ のときは次と同符号：

$(1-a^2)-a^2=1-2a^2.$

よって次の増減表を得る：

a	(-1)	$\cdots$	$\frac{1}{\sqrt{2}}$	$\cdots$	(1)
$g'(a)$		$+$	0	$-$	
$g(a)$	(-1)	↗	$\sqrt{2}$	↘	(1)

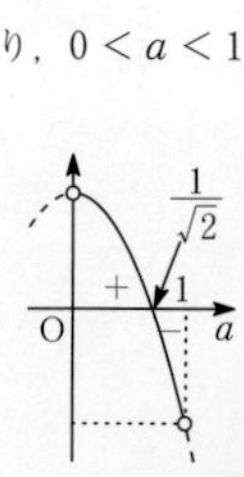

よって，求める変域は，$-1<\alpha\leq\sqrt{2}.$ //

注 このように，数学Ⅲ「微分法」を学ぶと“知恵”を使うことなく答えを得ることができて楽ですが，“工夫”をしなくなって“知恵”が退化してしまう危険性をはらんでいます．

2 12 8 放物線と相似

根底 実戦 [→5 2 5] 数学Ⅱ図形と方程式後

方針 いわゆる「軌跡」の問題です．問題は「相似であることを示せ」ですが，C と相似な曲線を作る方がわかりやすいと思います．

注 「相似」の定義は大丈夫？[→5 2 5]

解答 原点 O を中心 1) として C と相似な放物線 C' を考え，C と C' の相似比を $1:k\ (k>0)$ とする．

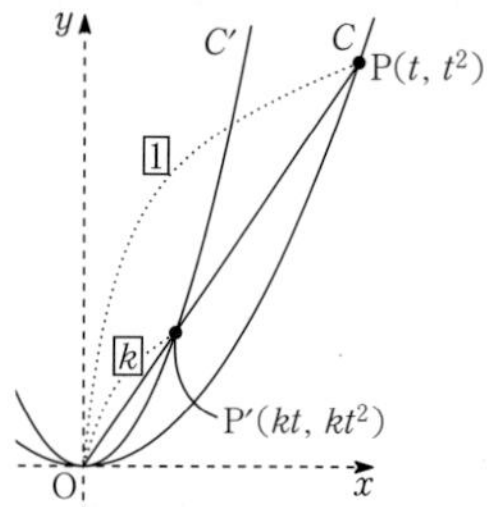

C 上の任意の点 $\mathrm{P}(t,t^2)$ と対応する C' 上の任意の点 $\mathrm{P}'(x,y)$ は，

$$\begin{cases}x=kt, & \cdots① \\ y=kt^2. & \cdots②\end{cases}$$

①より $t=\dfrac{x}{k}$ 2)．これを②へ代入して，

$$C':y=k\left(\frac{x}{k}\right)^2.\ \text{i.e.}\ :y=\frac{1}{k}x^2.$$

よって C' は，

$a=\dfrac{1}{k}$，i.e. $k=\dfrac{1}{a}$

のときに限って C_a と一致する．

よって，$C\backsim C_a$ である．□

また，相似比は $1:\dfrac{1}{a}=a:1.$ //

解説 1)：原点 O を相似の中心にするとよいことは，図を描けば直観的に見抜けると思います．

2)：軌跡を求める際には，このように「消去したい文字 t について解く」のが**原則**です．

参考 $C:y=x^2$ と $C_2:y=2x^2$ が O を中心として相似であり，相似比は $1:\dfrac{1}{2}$ であることが，右図から窺い知れますね．

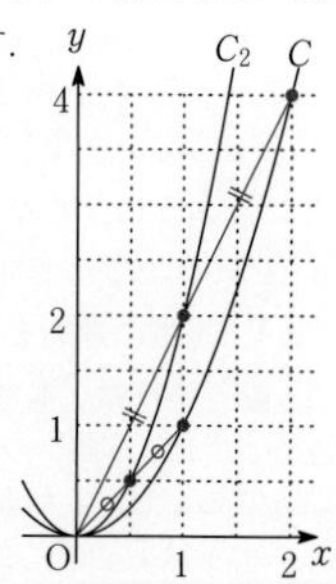

本問の結果から，任意の「放物線」どうしは相似であることがわかりましたね．

第3章 三角比（図形と計量）

4 演習問題A

341 直角三角形と三角比 根底 実戦 [→321]

方針 「三角比」というくらいですから，3 辺の「比」が重要です．

解答

$AB : AC = \frac{9}{2} : 3 = 3 : 2.$

$\therefore AB : AC : BC = 3 : 2 : \sqrt{5}.$

$\sqrt{3^2 - 2^2} = \sqrt{5}$

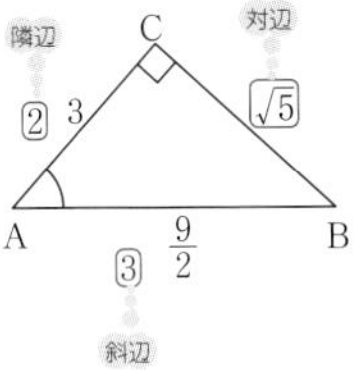

この比を用いて

$\sin A = \frac{\sqrt{5}}{3}$， 対辺/斜辺

$\cos A = \frac{2}{3}$， 隣辺/斜辺

$\tan A = \frac{\sqrt{5}}{2}$.// 対辺/隣辺

注 「斜辺」「隣辺」「対辺」という見方は大丈夫でしたか？

342 三角比の表 根底 実戦 [→323]

解答 (1) **方針** 「13」を使うと三角比の値の計算が少しメンドウです．■

$BC = \sqrt{13^2 - 12^2}$

$= \sqrt{(13+12)(13-12)}$

$= 5$ 1)

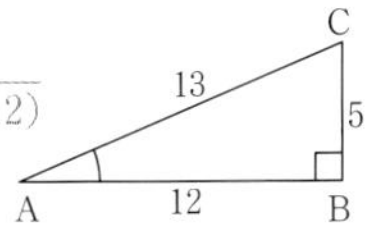

だから

$\tan A = \frac{5}{12}$ 2) $= 0.41\cdots$.

表によると

$\tan 22^\circ = 0.4040,\ \tan 23^\circ = 0.4245$.

$\therefore \tan 22^\circ < \tan A < \tan 23^\circ.$

よって A は，$22^\circ \sim 23^\circ$.//

注 2)：分子，分母が逆だと割り算が楽ですね．そこで…■

別解 $\tan C = \frac{12}{5} = 2.4$. 表によると

$\tan 67^\circ = 2.3559,\ \tan 68^\circ = 2.4751$.

$\therefore \tan 67^\circ < \tan C < \tan 68^\circ.$

よって，C は $67^\circ \sim 68^\circ$．したがって，$A = 90^\circ - C$ は $22^\circ \sim 23^\circ$.//

(2) 表によると

$\cos 37^\circ = 0.7986,\ \sin 37^\circ = 0.6018.$

$\therefore AB = 10\cos A = 7.986,$

$BC = 10\sin A = 6.018.$//

補足 1)：(1)は有名直角三角形ですから，この値は暗記！しているべきです．

参考 (2)において

$BC : AB : AC \fallingdotseq 6 : 8 : 10 = 3 : 4 : 5$

ですから，こちらも有名直角三角形にきわめて近い三角形です．[→516]

343 直角三角形と三角比 根底 実戦 重要 [→例題32a]

着眼 有名な図形で，相似三角形ができていますね［→528，例題32b］．どの三角形に注目しているかを明示しながら，三角比の定義を正しく用いていきましょう．

解答 右図において，AD // BC より図のように角 α がとれて，

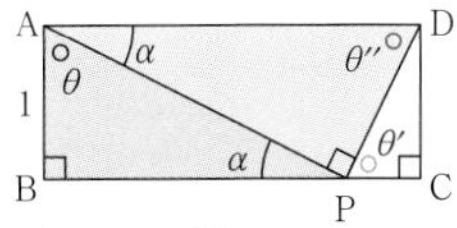

$\angle DAB$ に注目して，$\theta + \alpha = 90^\circ$.

P のまわりの角に注目して，$\theta' + \alpha + 90^\circ = 180^\circ$.

$\triangle APD$ に注目して，$\theta'' + \alpha + 90^\circ = 180^\circ$.

したがって，$\theta' = \theta'' = \theta$.

$\triangle ABP$ に注目して，$AP = \frac{1}{\cos\theta}$.

$\triangle DPA$ に注目して，$AD = \frac{AP}{\sin\theta} = \frac{1}{\sin\theta\cos\theta}$ 1).//

$\triangle PCD$ に注目して，$PC = \frac{DC}{\tan\theta} = \frac{1}{\tan\theta}$ 2).//

解説 三角形の既知なる辺の長さに対し，cos，sin，tan のいずれかを掛けたりいずれかで割ったりして他の辺を求めることが，自由自在にできるようにしておきましょう．

参考 $\triangle ABP$ に注目して，$BP = AB\tan\theta = \tan\theta$. これと 2) より

$AD = BC = BP + PC = \tan\theta + \frac{1}{\tan\theta}$.

これと 1) が一致することは，例題33h(1)で示しました．

344 弓型の面積 根底 実戦 [→例題32a]

着眼 円弧と線分で囲まれる図形のことを「弓型」と呼んだりします．もちろん，弓型の面積を求める公式などありませんから，扇形や三角形の面積を利用します．

注 本問では,「2 つの部分各々の面積」ではなく,「面積の和」を直接求める方が簡明です.

解答

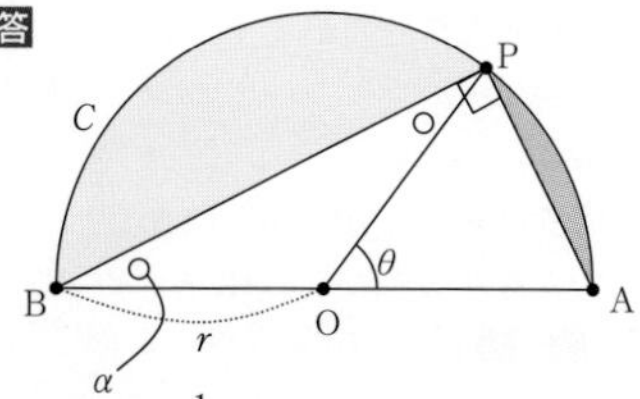

半円の面積は $\frac{1}{2}\pi r^2$.

次に, 線分 AB は C の直径だから $\angle APB = 90°$.
二等辺三角形 OBP の底角を α とおくと

$$\alpha + \alpha = \theta. \therefore \ \alpha = \frac{\theta}{2}.$$

よって, 直角三角形 ABP の面積は

$$\frac{1}{2}\cdot AP\cdot BP = \frac{1}{2}\cdot 2r\sin\frac{\theta}{2}\cdot 2r\cos\frac{\theta}{2}$$
$$= 2r^2\sin\frac{\theta}{2}\cdot\cos\frac{\theta}{2}\ ^{1)}.$$

以上より

$$S = \frac{1}{2}\pi r^2 - 2r^2\sin\frac{\theta}{2}\cdot\cos\frac{\theta}{2}$$
$$= \left(\frac{\pi}{2} - 2\sin\frac{\theta}{2}\cdot\cos\frac{\theta}{2}\right)r^2. //$$

別解 1):△ABP の面積は, 5 6 で学ぶ面積公式を用いて求めることもできます:

$$\triangle ABP = \triangle OAP + \triangle OBP$$
$$= \frac{1}{2}r^2\sin\theta + \frac{1}{2}r^2\sin(180° - \theta)$$
$$= r^2\sin\theta.$$

将来 この結果と 1) が一致することは, 数学Ⅱで学ぶ「2 倍角公式」によって確かめられます.

3 4 5 高さの測量

根底 実戦 定期 [→例題 3 2 b]

方針 「塔の高さ」は地面に垂直な長さ,「移動距離」10m は水平方向の長さです. 両者を結びつける三角比は…

解答 長さの単位は m とする.

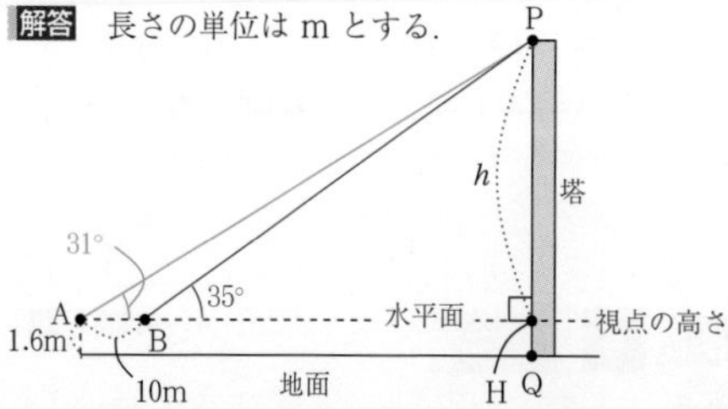

上図のように視点 A, B などをとる. △AHP, △BHP に注目 1) すると

$$AH = \frac{h}{\tan 31°},\ BH = \frac{h}{\tan 35°}.^{2)}$$

これと AB = 10 より

$$\frac{h}{\tan 31°} - \frac{h}{\tan 35°} = 10. \cdots ①$$

ここで, 三角比の表より,

$$\tan 31° = 0.6009,\ \tan 35° = 0.7002.$$

小数第 3 位を四捨五入して

$$\tan 31° \text{は}, 0.60 = \frac{6}{10},\ \tan 35° \text{は}, 0.70 = \frac{7}{10}.$$

これと①より

$$h\left(\frac{10}{6} - \frac{10}{7}\right) = 10.$$

$$h\cdot\frac{1}{42} = 1. \quad \therefore \ h = 42(\text{m}).$$

よって, 求める塔の高さは

$$PQ = h + HQ = 42 + 1.6 = 43.6(\text{m}). //$$

方針 1):適切な三角形に注目し…
2):適切な三角比(ここでは tan)を使用することがポイントです.

3 4 6 天体の測量

根底 実戦 [→例題 3 2 b]

方針 直角三角形を作り, 三角比を利用します.

解答

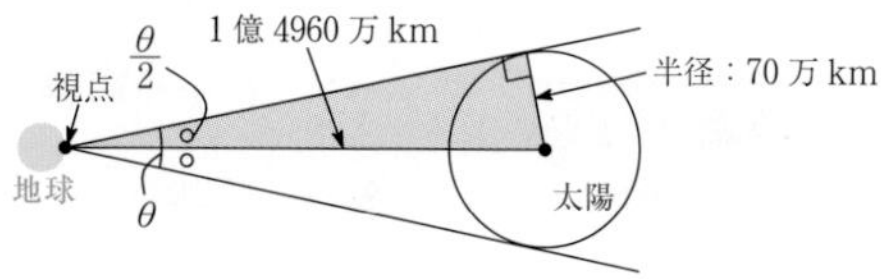

視点と太陽の中心を通る平面上 1) で考え, 上図の直角三角形に注目すると

$$\sin\frac{\theta}{2} = \frac{70\text{ 万 km}}{14960\text{ 万 km}} = 0.00467\cdots.$$

これと表より

$$\sin 0.26° < \sin\frac{\theta}{2} < \sin 0.27°.$$

$$0.26° < \frac{\theta}{2} < 0.27°.$$

$$\therefore 0.52° < \theta < 0.54°.$$

よって, 求める値は, 0.5°. //

解説 1):こうすれば, 結局は円と接線の話に帰着しますね.

参考 天体の視直径のように小さな角の場合, 表を見るとわかる通り, sin と tan は非常に近い値をとり, どっちを使っても大差ないです. 実際, 天文学における視直径の計算では,「tan」を用いることが多いようです.

347 単位円 根底 実戦 [→例題33a]

方針 単位円周上の点 P(cos○, sin○) の位置を正確に図示しましょう.

解答 (1) $\sin 60^\circ = \dfrac{\sqrt{3}}{2}$.//

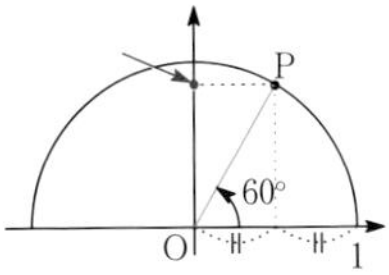

解説 図の点 P の縦座標が $\sin 60^\circ$.「正」で,「大きい方」ですね (相棒である「小さい方」は $\dfrac{1}{2}$).

(2) $\cos 135^\circ = -\dfrac{1}{\sqrt{2}}$.//

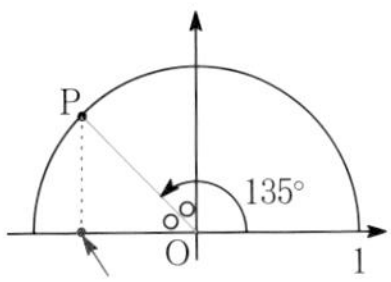

解説 図の点 P の横座標が $\cos 135^\circ$.「負」で,「座標軸を二等分」ですね.

(3) $\tan 150^\circ = -\dfrac{1}{\sqrt{3}}$.//

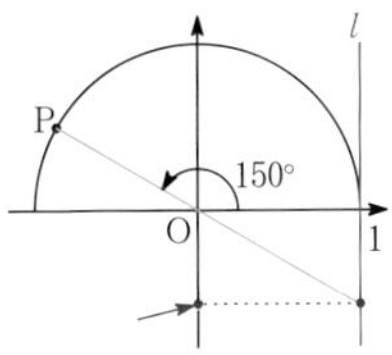

解説 図の直線 OP の傾きが $\tan 150^\circ$.「負」で,「緩やかな傾き」ですね.

注 求める値は, OP と直線 l の交点の縦座標として図示できますが, これを用いるまでもなく解答できるようにしましょう.

348 三角比の値域 根底 実戦 定期 [→例題33b]

注 本問では角が文字「x」で表されていますから, 単位円を描く際, その横座標は「x」以外の文字にしなくてはなりません (以下の**解答**では座標軸名を省きました).

解答 ○単位円周上の点 ($\cos x$, $\sin x$) の存在範囲は右図の太線部.

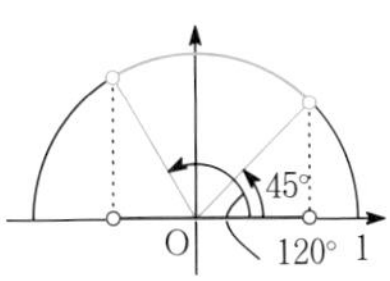

その横座標の範囲を考えて,

$$-\frac{1}{2} < \cos x < \frac{1}{\sqrt{2}}.//$$

○単位円周上の点 ($\cos x$, $\sin x$) の縦座標の範囲を考えて,

$$\frac{1}{\sqrt{2}} < \sin x \leq 1.//$$

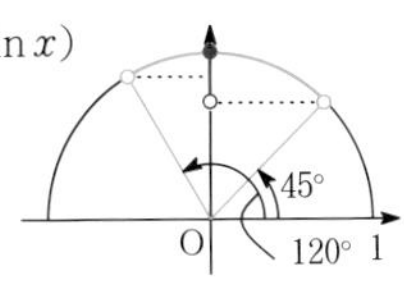

○単位円周上の点 ($\cos x$, $\sin x$) と原点を結んだ直線の傾きの範囲を考えて,

$$\tan x < -\sqrt{3},\ 1 < \tan x.//$$

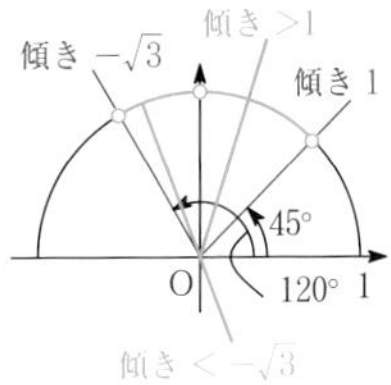

解説 点 (1, 0) を通り縦軸に平行な直線との交点を考える方法も有力ですが, それを持ち出すまでもなく解答できるようにしましょう.

349 sin の値域 根底 実戦 [→例題33b]

方針 単位円周上の点 ($\cos\theta$, $\sin\theta$) の存在範囲を図示し, その縦座標の変域を探ります. 文字 a のいろいろな値を想定すると…場合分けを要することが見えてきます.

解答

i)

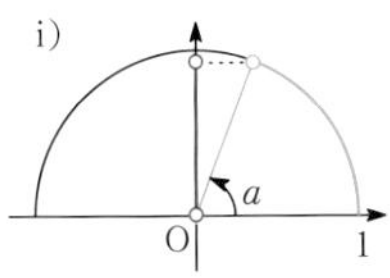

ii)

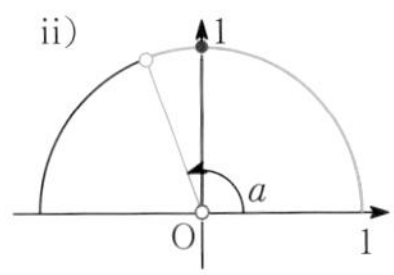

求める値域は

$$\begin{cases} \text{i) } 0^\circ < a \leq{}^{1)} 90^\circ \text{のとき}, 0 < \sin\theta < \sin a. \\ \text{ii) } 90^\circ <{}^{2)} a \leq 180^\circ \text{のとき}, 0 < \sin\theta \leq 1. // \end{cases}$$

注 1)2): 普通, こうした「等号」はどちらに入れてもかまわないことが多いですが, ここでは $a = 90^\circ$ のとき「1」は値域に属しませんから, この**解答**の通りでないとダメです.

3410 180° − θ などの角 根底 実戦 定期 [→334]

方針 公式を用いて, 角を θ に統一していきます.

解答 $\cos\theta$ を c, $\sin\theta$ を s と略記する.

(1) 与式 $= \dfrac{s}{c}\cdot c - \dfrac{-c}{s}{}^{1)}\cdot s$

$= \sin\theta + \cos\theta.//$

(2) 与式 $= s\cdot s - c(-c) = s^2 + c^2 = 1.//$

補足 1): $\tan(\theta + 90^\circ) = -\dfrac{1}{\tan\theta} = -\dfrac{c}{s}$ となります.

注 「$90^\circ - \theta$」以外の公式は, 単位円を用いて思い出せるようにしておくこと.

3 4 11 大小比較 根底 実戦

[→3 3]

方針 $\sin\theta$ は $0^\circ \leqq \theta \leqq 90^\circ$ の範囲で増加する関数ですから，3 つの値を全てこの形で表せば解決します．

解答 $\cos 37^\circ = \sin(90^\circ - 37^\circ) = \sin 53^\circ$.

$\sin 129^\circ = \sin(180^\circ - 129^\circ) = \sin 51^\circ$.

これと

$\sin 51^\circ < \sin 52^\circ < \sin 53^\circ$

より，

$\sin 129^\circ < \sin 52^\circ < \cos 37^\circ$. //

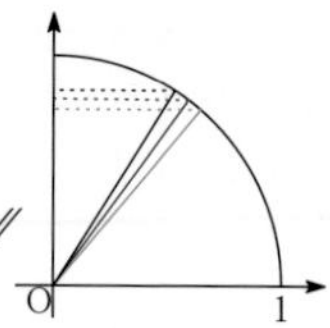

注 $\cos\theta$ $(0^\circ \leqq \theta \leqq 180^\circ)$ は減少する関数ですから，3 つ全てをこの形で表しても解決します．

3 4 12 相互関係 根底 実戦 重要

[→例題 3 3 g]

方針 もちろん，相互関係公式から求めることもできますが，直角三角形を描いて，あるいはイメージして一瞬で片付けてください．

解答 単位円周上の点 $\mathrm{P}(\cos\theta, \sin\theta)$ の位置を考える．

(1)

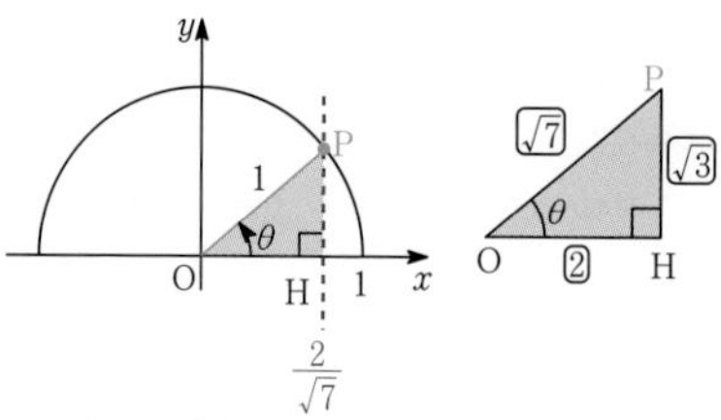

θ は，上図の直角三角形 OPH の内角である．

$\mathrm{OP} : \mathrm{OH} = \sqrt{7} : 2$ より

$\mathrm{OP} : \mathrm{OH} : \mathrm{PH} = \sqrt{7} : 2 : \sqrt{3}$.

$\therefore \sin\theta = \dfrac{\sqrt{3}}{\sqrt{7}},\ \tan\theta = \dfrac{\sqrt{3}}{2}$. //

注 実際には，こんなに詳しく過程を書くことはありません．頭の中で暗算で片付ける程度のことです．

(2)

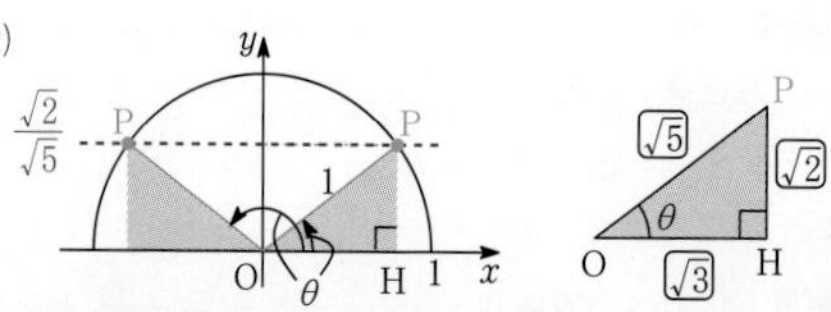

第 1 象限の点 P について．

θ は，上図の直角三角形 OPH の内角である．

$\mathrm{OP} : \mathrm{PH} = \sqrt{5} : \sqrt{2}$ より

$\mathrm{OP} : \mathrm{PH} : \mathrm{OH} = \sqrt{5} : \sqrt{2} : \sqrt{3}$.

$\therefore \cos\theta = \dfrac{\sqrt{3}}{\sqrt{5}},\ \tan\theta = \dfrac{\sqrt{2}}{\sqrt{3}}$.

第 2 象限の点 P について．

$\cos\theta$，$\tan\theta$ の絶対値は上記と等しく，符号は負．

以上より，

$$\cos\theta = \pm\frac{\sqrt{3}}{\sqrt{5}},\ \tan\theta = \pm\frac{\sqrt{2}}{\sqrt{3}}\ (\text{複号同順}). //$$

注 相互関係公式を用いて求める際にも，必ず単位円は描いてください．

3 4 13 相互関係 根底 実戦

[→例題 3 3 h]

方針 各種相互関係公式を的確に用います．その際，書くスピードをアップさせたいですね．

解答 $\cos\theta$ を c，$\sin\theta$ を s と略記する．

(1) 与式 $= s^2 + 4sc + 4c^2 + 4s^2 - 4sc + c^2$

$= 5(s^2 + c^2) = 5$. //

注 実際には，「s^2 の係数は $1 + 4 = 5$．c^2 の係数は…」のように，s^2, c^2, sc の係数を別々に考えて整理してから書きます．■

(2) 与式 $= s \cdot \dfrac{1 + c + 1 - c}{(1 - c)(1 + c)}$

$= s \cdot \dfrac{2}{1 - c^2}$

$= \dfrac{2s}{s^2} = \dfrac{2}{\sin\theta}$. //

(3) **方針** (2)と同様に通分してもできますが，(2)の経験を活かし，「$1 - c$」に「$1 + c$」を掛けてみると…■

$$\frac{s}{1 - c} = \frac{s}{1 - c} \cdot \frac{1 + c}{1 + c}$$

$$= \frac{s(1 + c)}{s^2} = \frac{1 + c}{s}.$$

与式 $= \dfrac{2\sin\theta}{1 - \cos\theta}$. //

注 (3)は，要するに「＋」で結ばれた 2 つは等しいということです．答えは $\dfrac{2(1 + \cos\theta)}{\sin\theta}$ でも OK です．

補足 (1)は全てを暗算で．(2)も，計算過程をあと 1～2 行は暗算して省けるようにしましょう．

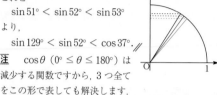

将来 (2)の逆向きの変形が，数学Ⅲ「積分法」で役立ちます．

3 4 14 三角関数の変形 根底 実戦 [→例題3 3 h]

方針 「tan」が登場する相互関係公式：

❷: $\tan\theta = \dfrac{\sin\theta}{\cos\theta}$, ❸: $1 + \tan^2\theta = \dfrac{1}{\cos^2\theta}$

が使えるよう工夫します．

解答 $\cos\theta$ を c，$\sin\theta$ を s と略記する．

(1) 与式 $= \dfrac{1-s+1+s}{(1+s)(1-s)}$

$= \dfrac{2}{1-s^2}$

$= \dfrac{2}{\cos^2\theta} = 2(1+\tan^2\theta)$.//

注 上記の公式❸は大丈夫でしたか？

(2) 与式 $= c^2\cdot\dfrac{s}{c} = \dfrac{\tan\theta}{1+\tan^2\theta}$.//

解説 前記公式❸において両辺の逆数をとると，$\dfrac{1}{1+\tan^2\theta} = \cos^2\theta$ ですね．■

(3) 与式 $= \dfrac{\left(\dfrac{s}{c}\right)^2 + \dfrac{s}{c}}{\dfrac{1}{c^2}+1}$

$= \dfrac{\tan^2\theta + \tan\theta}{2+\tan^2\theta}$.//

参考 (3)の分子，分母は，分母の「1」を除いて全ての項が c や s を文字とみて2次の同次式です．さらに，その「1」も「c^2+s^2」という c, s の2次同次式ですから，**演習問題2 12 5** **解説**で述べた通り，c, s の比：「$\dfrac{s}{c}$」，つまり $\tan\theta$ だけで表せる訳です．

(2)も，与式を $\dfrac{sc}{1} = \dfrac{sc}{c^2+s^2}$ とみなせば同様です．ちなみにこの流れで，与式 $= \dfrac{\dfrac{s}{c}}{1+\left(\dfrac{s}{c}\right)^2} = \dfrac{\tan\theta}{1+\tan^2\theta}$

と解答することもできます．

3 4 15 相互関係 根底 実戦 [→3 3 6]

方針 $\sin\theta$, $\cos\theta$ の値を求める方法もありますが，それを3乗するのがメンドウです．$\sin\theta - \cos\theta$ と $\sin^3\theta - \cos^3\theta$ の間に成り立つ関係式を活用しましょう．

解答 $\cos\theta$ を c，$\sin\theta$ を s と略記する．

$s^3 - c^3 = (s-c)(s^2+sc+c^2)$

$= \dfrac{4}{3}\cdot(1+sc)$ (∵ ①). …②

ここで，$(s-c)^2 = 1-2sc$ と①より

$\dfrac{16}{9} = 1-2sc$. ∴ $sc = -\dfrac{7}{18}$.

これと②より

$s^3 - c^3 = \dfrac{4}{3}\cdot\dfrac{11}{18} = \dfrac{22}{27}$.//

参考 数学Ⅲ後 ①より，単位円周上の点 (c, s) は直線 $y-x = \dfrac{4}{3}$ 上にもありますから，右図の2か所が考えられます．

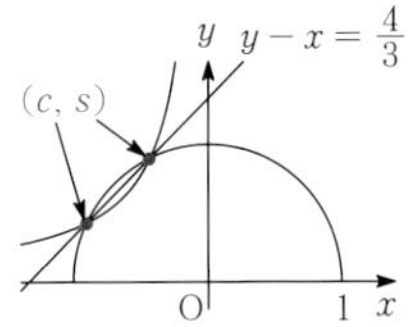

ただし，これら2点はいずれも双曲線 $xy = -\dfrac{7}{18}$ 上にあるので「sc」の値は一致します．よって②より，s^3-c^3 の値は1つに定まるという訳です．

3 4 16 三角方程式 根底 実戦 [→例題3 3 c]

方針 単位円周上の点 $(\cos\theta, \sin\theta)$ に注目して考えます．

解答 (1) **着眼** 縦座標が「正」で「小さい方」です．■

$\theta = 30°, 150°$.//

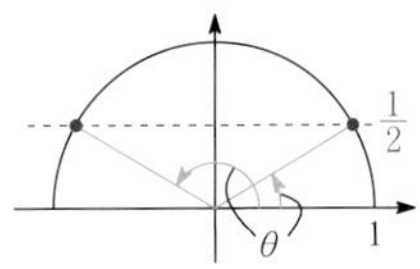

(2) **着眼** 横座標が「負」で「大きい方[1]」です．

注 1)：絶対値が大きいという意味です．■

$\theta = 150°$.//

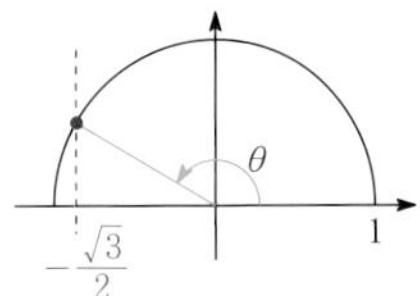

(3) **着眼** 横座標が「正」で「座標軸のなす角を2等分」です．■

$\theta = 45°$.//

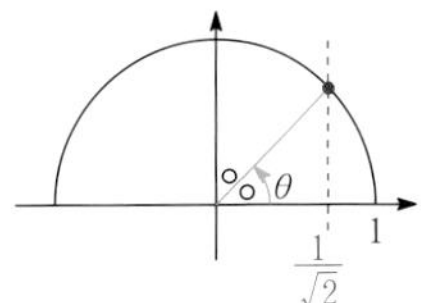

(4) **着眼** 原点と結んだ直線の傾きが -1 です．■

$\theta = 135°$.//

注 図の直線 l は，"必要に応じて"使用してください（いつでも必ず使うほどのものではありません）．

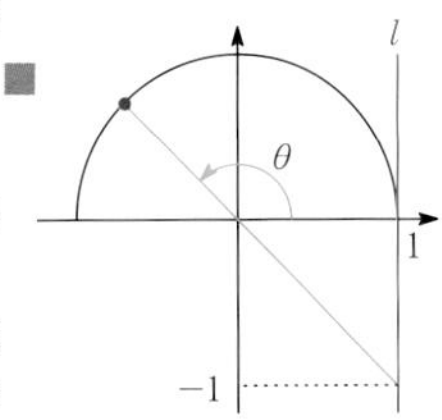

(5) **着眼** 縦座標が1．単位円の"天辺"ですね．■

$\theta = 90°$.//

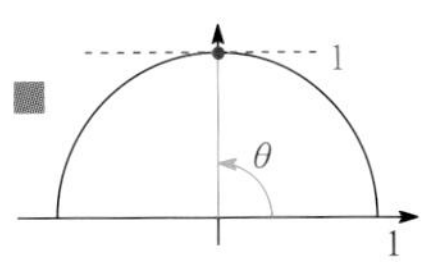

3 4 17 三角不等式

根底 実戦 [→例題 3 3 d]

方針 単位円周上の点 $(\cos\theta,\ \sin\theta)$ の存在範囲を太線で表して考えます．

解答 (1) **着眼** 横座標が $-\dfrac{1}{2}$（「負」で「小さい方[1)]」）以上です．

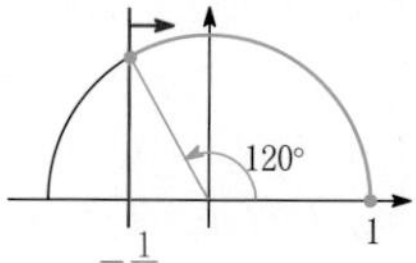

注 [1)]：絶対値が小さいという意味です．■

$0° \leq \theta \leq 120°$．//

(2) **着眼** 縦座標が $\dfrac{\sqrt{3}}{2}$（「正」で「大きい方」）未満です．■

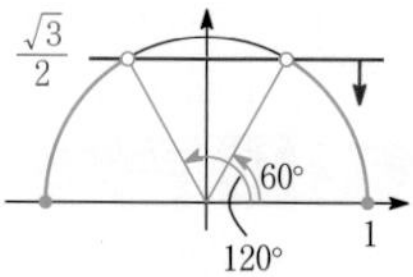

$0° \leq \theta < 60°$,
$120° < \theta \leq 180°$．//

(3) 与式は，

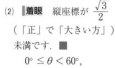

$-\dfrac{1}{\sqrt{2}} < \cos\theta < \dfrac{1}{\sqrt{2}}$．

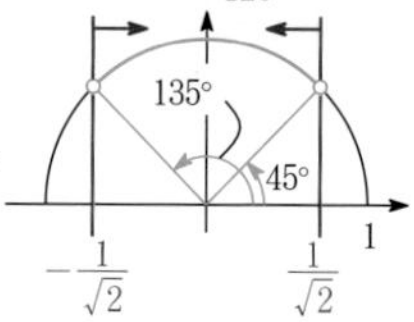

着眼 横座標が $\pm\dfrac{1}{\sqrt{2}}$（座標軸のなす角を 2 等分）の間です．■

$45° < \theta < 135°$．//

(4) **着眼** 原点と結んだ直線の傾きが，$-\dfrac{1}{\sqrt{3}}$（負で緩やか）〜$\sqrt{3}$（正で急）です．■

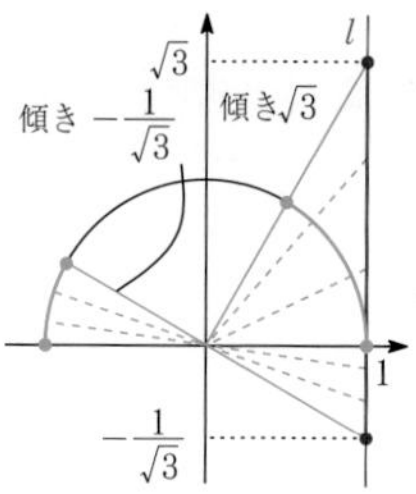

$0° \leq \theta \leq 60°$,
$150° \leq \theta \leq 180°$．//

注 図の直線 l 上の対応する点は“ひとつながり”ですが，不等式の解は，“2 つに分断”されます．「tan」についてはしばしばこうしたことが起こりますから気を付けましょう．

3 4 18 cos，sin 混在

根底 実戦 入試 重要 [→例題 3 3 e]

方針 前問までと違い，cos と sin が混在していますが，やるべきことは全く同じ．単位円周上の点 $(\cos\theta,\ \sin\theta)$ の位置を考える．以上！

解答 (1) ①のとき，xy 平面上において点 $\mathrm{P}(\cos\theta,\ \sin\theta)$ は直線 $x+y=\sqrt{2}$ 上にもあるから，右図の通り：

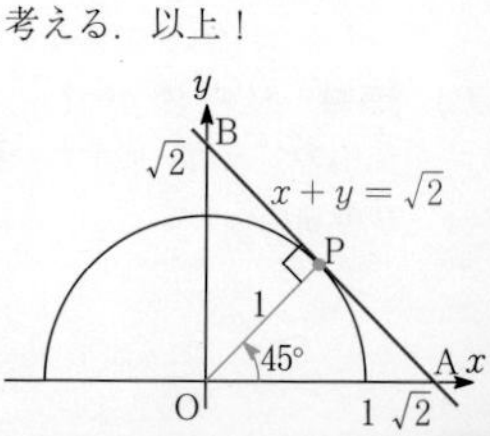

$\therefore\ \theta = 45°$．//

解説 直角二等辺三角形 OAB に注目すると，単位円と直線が接することがわかりますね．

(2) **方針** まずは不等式の基本：差をとって左辺を因数分解です．■

②を変形すると

$$(2\cos\theta+1)\left(2\sin\theta-\sqrt{2}\right) \leq 0.$$

[1)] i.e. $\begin{cases} \cos\theta \geq -\dfrac{1}{2} \\ \sin\theta \leq \dfrac{\sqrt{2}}{2} \end{cases}$ or $\begin{cases} \cos\theta \leq -\dfrac{1}{2} \\ \sin\theta \geq \dfrac{\sqrt{2}}{2} \end{cases}$.

よって，P の存在範囲は次図の太線部：

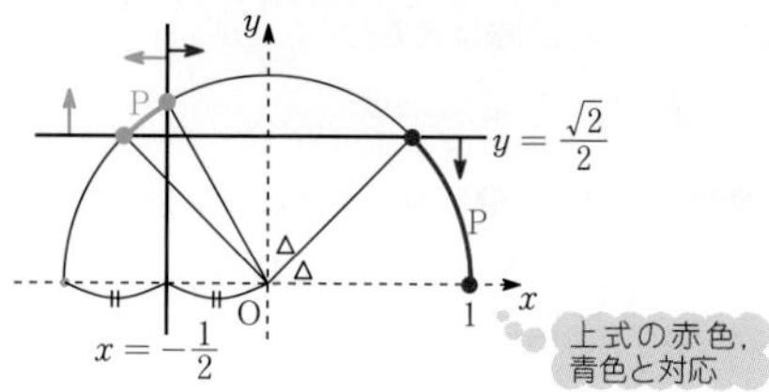

したがって，求める解は

$0° \leq \theta \leq 45°,\ 120° \leq \theta \leq 135°$．//

解説 [1)]：「2 つの積が負（または 0）」$\Longleftrightarrow$「2 つが異符号（または 0）」ですね．

3 4 19 三角方程式・不等式（文字入り）

根底 実戦 入試 重要 [→ 3 3]

方針 文字 a が入っていても考え方は同じ．単位円周上の点 $(\cos\theta,\ \sin\theta)$ の位置を考えます．

解答 xy 平面上で，点 $\mathrm{P}(\cos\theta,\ \sin\theta)$ の位置を考える．

(1) P の x 座標が $\cos a$ に等しいから，P の位置は右図の通り：

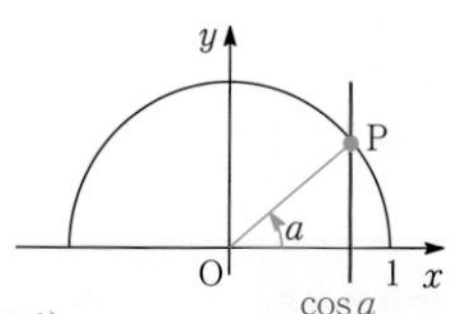

$\therefore\ \theta = a$．//

(2) 与式を変形すると

$\sin\theta > \sin(90°-a)$．[1)]

P の y 座標は $\sin(90°-a)$ より大きい．

また，①より

$0° < 90°-a < 90°$．

よって，P の位置は右図の太線部：

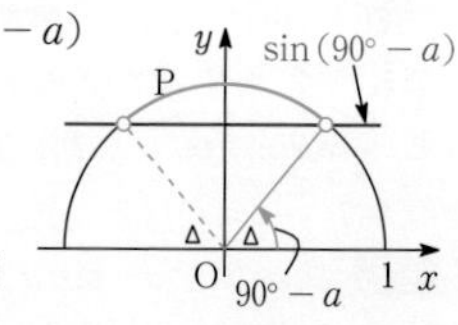

$\therefore 90°-a < \theta < 180°-(90°-a)$[2)]．

i.e. $90°-a < \theta < 90°+a$．//

解説 [1)]：右辺の定数を，左辺の関数と同じ「sin」に統一しました．

補足 2)：「$90° - \alpha$」を，図中では「△」で表しています．

注 (1)では「$\cos\theta = \cos\alpha$」から単純に「$\theta = \alpha$」が得られましたが，(2)を見るとわかる通り，三角関数一般においては，そのような短絡的な扱いはできません．

3 4 20 三角関数の値域

根底 実戦 定期 [→3 3 6]

方針 sin と cos が入り混じっていますが，「2 乗」の部分は両者の相互関係により，一方のみでキレイに表せます．「1 乗」の部分は cos の方なので…

解答 $f(\theta) = \cos^2\theta + 3(1 - \cos^2\theta) + 2\cos\theta - 2$.

そこで，$t = \cos\theta$ とおくと，t の変域は $-1 < t < 1$[1] であり

$$f(\theta) = t^2 + 3(1 - t^2) + 2t - 2 = -2t^2 + 2t + 1 = -2\left(t - \frac{1}{2}\right)^2 + \frac{3}{2}.$$

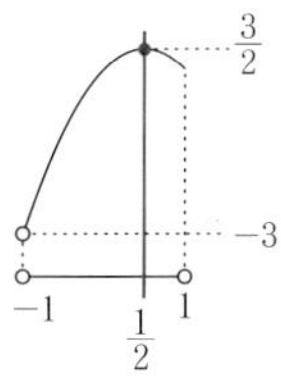

以上より，求める値域は

$$-3 < f(\theta) \leq \frac{3}{2}.$$ //

注 1)：頭の中に単位円が思い浮かんでいますか？

3 4 21 三角関数の値域

根底 実戦 入試 [→3 3 6]

方針 前問と同様，$t = \cos\theta$ のみで表せますね．問題は，t の定義域が α に応じて変化することです．

解答 $t = \cos\theta$ とおくと，t の変域は

$\cos\alpha \leq t \leq 1$

であり，

$$f(\theta) = 1 - t^2 - t = -\left(t + \frac{1}{2}\right)^2 + \frac{5}{4}$$

$(= g(t)$ とおく$)$.

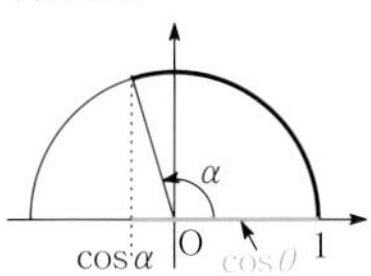

放物線 $y = g(t)$ の軸は $t = -\frac{1}{2}$ であり，次のように場合分けされる：

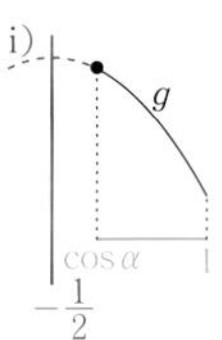

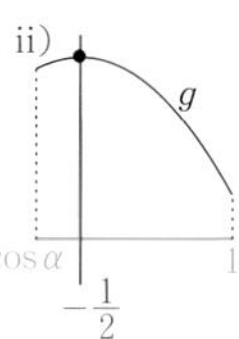

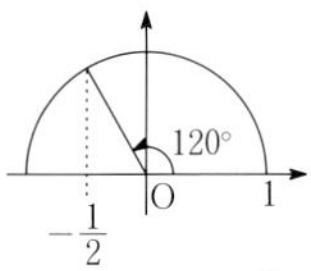

$$\max f(x) = \begin{cases} g(\cos\alpha) \left(-\frac{1}{2} \leq \cos\alpha \text{ のとき}\right) \\ g\left(-\frac{1}{2}\right) \left(\cos\alpha \leq -\frac{1}{2} \text{のとき}\right) \end{cases}$$

$$= \begin{cases} -\cos^2\alpha - \cos\alpha + 1 \\ \qquad (0° < \alpha \leq 120° \text{のとき}) \\ \frac{5}{4}\ (120° \leq \alpha < 180° \text{のとき}). \end{cases}$$ //

解説 $t = \cos\theta$ と置換し，$f(\theta)$ を t で表し，t の変域を調べれば，あとは 2 次関数の典型問題でしたね．

3 4 22 三角方程式

根底 実戦 入試 [→3 3 6]

着眼 (1) 両辺から何かが消えることが見えますか？

(2) 前半で証明した公式を，②へどう活かすか…？

解答 $\cos\theta$ を c，$\sin\theta$ を s と略記する．

(1) $c^2 + s^2 = 1$ だから，

①の左辺 $= 1 + 2cs + 2c^2$.

よって①は

$2cs + 2c^2 = 0.\ \ c(s + c) = 0.$

$$\begin{cases} \cos\theta = 0, \text{ or} \\ \cos\theta + \sin\theta = 0. \end{cases}$$

つまり，単位円周上の点 $(\cos\theta, \sin\theta)$ は直線 $x = 0$ または $x + y = 0$ 上にもある．

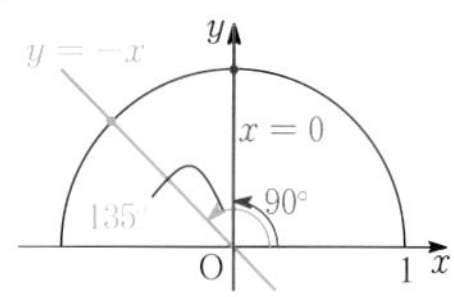

$\therefore\ \theta = 90°, 135°.$ //

(2) $c^2 + s^2 = 1$ の両辺を c^2 で割ると

$$\frac{c^2}{c^2} + \frac{s^2}{c^2} = \frac{1}{c^2}.$$

$$\therefore\ 1 + (\tan\theta)^2 = \frac{1}{c^2}. \cdots ③ □$$

②の両辺を $c^2 (\neq 0)$ で割ると

$$5 \cdot \frac{s^2}{c^2} + \sqrt{3} \cdot \frac{s}{c} = 2 \cdot \frac{1}{c^2}.$$

$(t = \tan\theta$ とおくと$)$

$5t^2 + \sqrt{3}t = 2(1 + t^2).\ (\because ③)$

$3t^2 + \sqrt{3}t - 2 = 0.$

$(\sqrt{3}t + 2)(\sqrt{3}t - 1) = 0.$[1]

$t > 0$ より $\sqrt{3}t + 2 > 0$ だから，

$$\tan\theta = \frac{1}{\sqrt{3}}.\ \therefore\ \theta = 30°.$$ //

参考 ②の左辺は，**演習問題 3 4 14 参考**でも述べた文字 c, s の 2 次**同次式**[2] ですから，c^2 で割ると c, s の**比**：「$\frac{s}{c} = \tan$」だけで表せます．

一方右辺の「定数 2」はそうはいきませんが，証明した公式③のおかげでやはり tan で表せるというカラクリです．

もっとも，$1 = c^2 + s^2$ ですから，「定数 1」も c, s の 2 次式だとみることもできます．この等式の両辺を c^2 で割って得られるのが公式③ですね．

補足 1)：この因数分解に気付かなければ，解の公式を用いるまでです．

将来 2)：数学Ⅱで「倍角公式」「半角公式」を学ぶと，また別のアプローチで解くこともできるようになります．

3 4 23 解の個数

根底 実戦 入試 重要 [→3 3]

方針 $t = \sin\theta$ と置換すれば，t の 2 次方程式に帰着できます．ただし，その際重要な注意点があります．(1)を通してそれに気付きましたか？

解答 $t = \sin\theta$ …② とおくと，①は

$$t + (1 - t^2) - k = 0.$$

i.e. $-t^2 + t + 1 - k = 0.$ …③

(1) $k = 1$ のとき，③は

$t(t-1) = 0.$ $t = 0, 1.$

$\therefore \theta = \underline{0°, 180°}, \underline{90°}.$ //

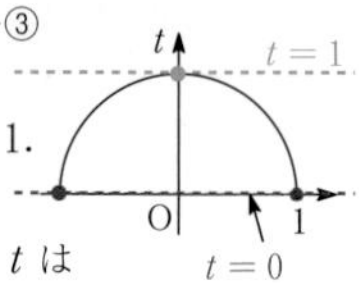

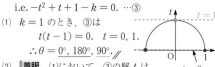

(2) **着眼** (1)において，③の解 t は 0, 1 の 2 個．①の解 θ は 3 個です．この結果を見ると，t と θ の個数の関係に注意すべきだとわかりますね．■

③を満たす t 1 個に対して，②で対応する θ ($0° \le \theta \le 180°$) の個数は次の通り：

④
- $\boxed{0 \le t < 1}$ …2 個
- $\boxed{t = 1}$ …1 個　$\theta = 90°$
- その他 1)…0 個

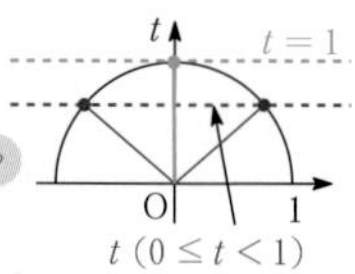

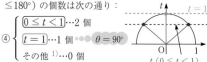

方針 2 次方程式③の解 t の「大きさ」がテーマとなり，③の左辺はキレイに因数分解できそうにないので，グラフを用いて考えます．以下において，上記と同様に「赤色：2 個が対応」「青色：1 個が対応」のように色を使い分けます．■

③を変形すると

$$f(t) := -t^2 + t + 1 = k. \ \cdots ③'$$

文字定数 k を分離

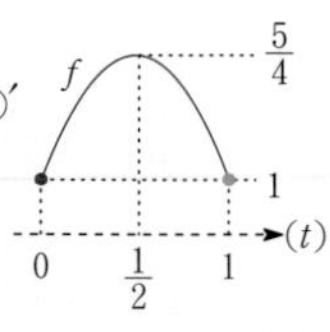

放物線 $y = -t^2 + t + 1$ と直線 $y = k$ の共有点を考え，④も踏まえると，求める個数 N は次表の通り：

k		…	1	…	$\frac{5}{4}$	…
③を満たす	$\boxed{0 \le t < 1}$	0	1	2	1	0
t の個数	$\boxed{t = 1}$	0	1	0	0	0
N		0	3	4	2	0

//

解説 ④：このように，t と θ の対応関係が，「1 対 1」だったり「1 対 2」だったりとまちまちであるのが本問のポイントです．同じ難しさを抱える「場合の数」の問題もあります．[→例題7 4 k]

補足 1)：$t < 0, 1 < t$ と，t が実数ではない場合（数学Ⅱ後）も含めてこのように書いています．

3 4 24 三角方程式と整数

根底 実戦 入試 [→3 3]

着眼 (1) 相似な三角形に注目．

(2) $\cos\theta$ の 2 次方程式に帰着できますね．

解答 (1) $\triangle ABE \backsim \triangle PAB$ より

$1 : x = (x-1) : 1.$

$x^2 - x - 1 = 0.$

$x = \dfrac{1+\sqrt{5}}{2}$ ($\because$ $x > 0$).

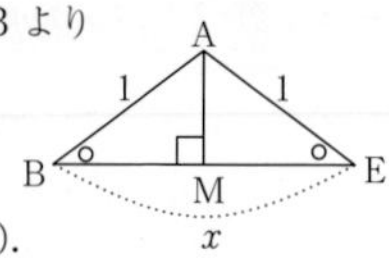

したがって，

$$\cos 36° = \frac{BM}{AB} = \frac{x}{2} = \frac{1+\sqrt{5}}{4}. \ //$$

(2) $t = \cos\theta$ とおくと，①は

$3 - 4(1 - t^2) = 2mt + n.$

i.e. $4t^2 - 2m \cdot t - 1 - n = 0.$ …②

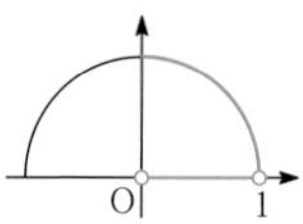

よって題意の条件は，

「②が $0 < t < 1$ の範囲に解をもつこと.」…(*)

方針 2 次方程式の「解の配置」です．この左辺はキレイに因数分解できそうにないので，グラフに逃げます．注目するのは，端点と頂点ですね．■

②の左辺を $f(t)$ とおくと，

$f(0) = -1 - n < 0.$ 1)

放物線 $y = f(t)$ は下に凸だから，(*) は，

$f(1) = 3 - 2m - n > 0.$ 2)

i.e. $2m + n < 3.$

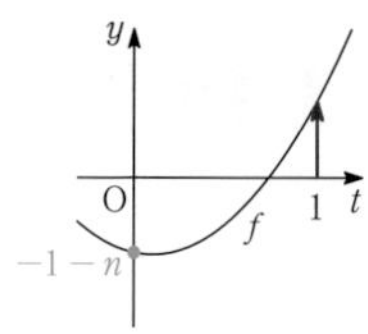

これを満たす 0 以上の整数 m, n の組に対する②の解 t，および①の解 θ は，次表の通り：

	i)	ii)	iii)	iv)
(m, n)	(0, 0)	(0, 1)	(0, 2)	(1, 0)
$f(t)$	$4t^2 - 1$	$4t^2 - 2$	$4t^2 - 3$	$4t^2 - 2t - 1$
t ($0<t<1$)	$\frac{1}{2}$	$\frac{1}{\sqrt{2}}$	$\frac{\sqrt{3}}{2}$	$\frac{1+\sqrt{5}}{4}$
θ	60°	45°	30°	36° ($\because$ (1))

//

解説 1)：すぐにわかる端点から，貴重な情報が得られました．

2)：すると，他方の端点だけで (*) が表せてしまいましたね．

補足 実際，$f(1) > 0$ ならば，(*) は成り立ちます．また，$f(1) \le 0$ だと，グラフが下に凸であることより，(*) は不成立．よって，頂点に関する条件は不要です．

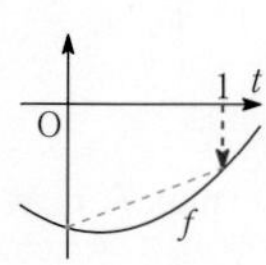

8 演習問題B

381 三角形の計量 [→35]

根底 実戦 定期 重要

方針 「2 角夾辺」により三角形 ABC は**決定**されています．ただ，「75°」が有名角ではない[1]ので，他の角を利用することを考えます．

解答

(1) $C=180°-75°-45°=60°$ だから，正弦定理より

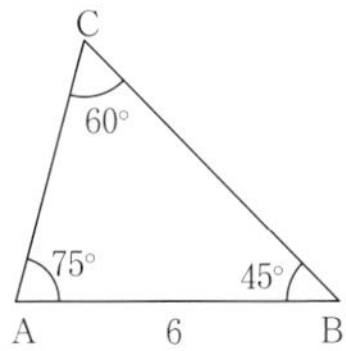

$$R=\frac{1}{2}\cdot\frac{6}{\sin 60°}$$
$$=3\cdot\frac{2}{\sqrt{3}}=2\sqrt{3}.//$$

(2) 正弦定理より

$$\frac{\mathrm{CA}}{\sin 45°}=\frac{6}{\sin 60°}.$$
$$\therefore \mathrm{CA}=6\cdot\frac{2}{\sqrt{3}}\cdot\frac{1}{\sqrt{2}}=2\sqrt{6}.//$$

よって，

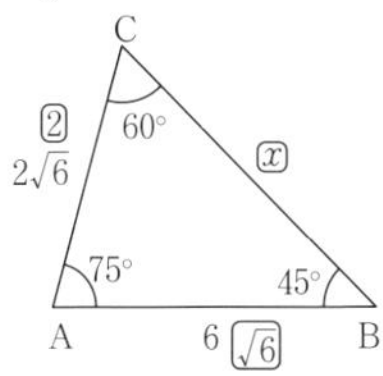

$\mathrm{AB}:\mathrm{CA}=6:2\sqrt{6}=\sqrt{6}:2$

だから，3 辺比は

$\mathrm{AB}:\mathrm{BC}:\mathrm{CA}=\sqrt{6}:x:2$

とおける．∠C に関する余弦定理より

$$6=4+x^2-2\cdot2\cdot x\cdot\cos 60°.$$ ……「比」を用いて計算する

$$x^2-2x-2=0.$$

$x>0$ より，$x=1+\sqrt{3}$.

$$\therefore \mathrm{BC}=\sqrt{6}x^{2)}=\sqrt{6}(1+\sqrt{3})=\sqrt{6}+3\sqrt{2}.//$$

(3) (2)より

$$S=\frac{1}{2}\cdot\mathrm{CA}\cdot\mathrm{BC}\cdot\sin C$$
$$=\frac{1}{2}\cdot2\sqrt{6}\cdot(\sqrt{6}+3\sqrt{2})\cdot\frac{\sqrt{3}}{2}$$
$$=(6+6\sqrt{3})\frac{\sqrt{3}}{2}=3(\sqrt{3}+3).//$$

(4) (2)(3)を用いて △ABC の面積を 2 通りに表すと

$$\frac{1}{2}(6+2\sqrt{6}+\sqrt{6}+3\sqrt{2})r=3(\sqrt{3}+3).$$
$$\frac{1}{2}(6+3\sqrt{6}+3\sqrt{2})r=3(\sqrt{3}+3).$$
$$(2+\sqrt{6}+\sqrt{2})r=2(\sqrt{3}+3).$$ ……両辺を $\frac{2}{3}$ 倍した

したがって

$$r=2\cdot\frac{\sqrt{3}+3}{2+\sqrt{2}+\sqrt{6}}\cdot\frac{2+\sqrt{2}-\sqrt{6}}{2+\sqrt{2}-\sqrt{6}}{}^{3)}$$
$$=2\cdot\frac{(\sqrt{3}+3)(2+\sqrt{2}-\sqrt{6})}{(2+\sqrt{2})^2-6}$$
$$=2\cdot\frac{(\sqrt{3}+3)(2+\sqrt{2}-\sqrt{6})}{4\sqrt{2}}$$
$$=\frac{6+2\sqrt{3}-2\sqrt{6}}{2\sqrt{2}}=\frac{3\sqrt{2}+\sqrt{6}-2\sqrt{3}}{2}.//$$

補足 2)：CA＝$2\sqrt{6}$ の“比の値”が 2 ですから，BC についても「実際の長さ」は“比の値”の $\sqrt{6}$ 倍です．

3)：この有理化っぽい作業は，**演習問題188**(12)でやったものです．

将来 1)：数学Ⅱで「加法定理」を学べば，sin 75° の値は得られます．

382 三角形の計量 [→例題35k]

根底 実戦 定期

方針 (1) 最初の条件により，3 辺比が求まります [→例題35k]．あとは余弦定理ですね．

(2)「内接円の半径」を活かすために，「面積」に着目します．

解答 (1) A，B，C の対辺の長さをそれぞれ a, b, c とおくと，正弦定理より

$$\frac{a}{\sin A}=\frac{b}{\sin B}=\frac{c}{\sin C}.$$
$$\therefore a:b:c=\sin A:\sin B:\sin C.$$

これと①より

$$(b+c):(c+a):(a+b)=7:6:5.$$

よって

$$\begin{cases} b+c=7k, \\ c+a=6k, & (k \text{ は正の定数}) \\ a+b=5k \end{cases}$$

とおけて，辺々加えると

$$2(a+b+c)=18k. \quad \text{i.e. } a+b+c=9k.$$
$$\therefore a=2k,\ b=3k,\ c=4k. \cdots③$$

これと余弦定理より

$$\cos C=\frac{4+9-16}{2\cdot2\cdot3}=-\frac{1}{4}.//$$

(2) ②③を用い，三角形 ABC の面積を 2 通りに表すと

$$\frac{1}{2}(2k+3k+4k)\sqrt{5}=\frac{1}{2}\cdot2k\cdot3k\cdot\sin C.$$
$$3\sqrt{5}=2k\sin C.$$

ここで(1)より，

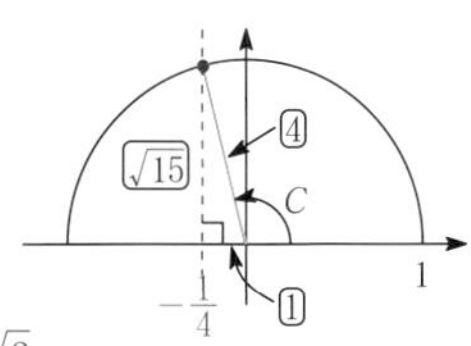

$\sin C=\dfrac{\sqrt{15}}{4}$ だから

$$3\sqrt{5}=2k\cdot\frac{\sqrt{15}}{4}.$$
$$\therefore k=\frac{2\cdot3\sqrt{5}}{\sqrt{15}}=2\sqrt{3}.$$

これと③より $c=8\sqrt{3}$ だから，正弦定理より

$$R=\frac{1}{2}\cdot\frac{c}{\sin C}=\frac{1}{2}\cdot8\sqrt{3}\cdot\frac{4}{\sqrt{15}}=\frac{16}{\sqrt{5}}.//$$

解説 条件①から 3 辺比，つまり「形状」がわかり，②によって「サイズ」も確定しました．

第3章 三角比（図形と計量）

383 三角形と垂線の長さ

根底 実戦 入試 [→例題35g]

方針 「垂線の長さ」と結びつけやすい量は何でしょう？

解答 (1) △ABC の面積を S とすると，

$$S=\frac{1}{2}\cdot a\cdot\sqrt{15}=\frac{1}{2}\cdot b\cdot 2\sqrt{5}=\frac{1}{2}\cdot c\cdot 2\sqrt{3}.\ \cdots ①$$

$$a=\frac{2S}{\sqrt{15}},\ b=\frac{2S}{2\sqrt{5}},\ c=\frac{2S}{2\sqrt{3}}.$$

したがって

$$a:b:c=\frac{1}{\sqrt{15}}:\frac{1}{2\sqrt{5}}:\frac{1}{2\sqrt{3}}$$
$$=2:\sqrt{3}:\sqrt{5}.\ \cdots ②$$
（$2\sqrt{15}$ 倍）

これと余弦定理より

$$\cos A=\frac{3+5-4}{2\cdot\sqrt{3}\cdot\sqrt{5}}=\frac{2}{\sqrt{15}}.$$

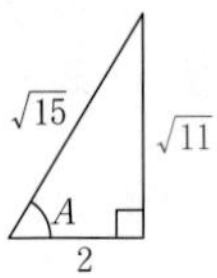

よって右図のようになり，

$$\sin A=\frac{\sqrt{11}}{\sqrt{15}}.\ /\!/\ \cdots ③$$

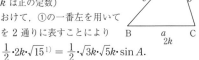

(2) 次に②より

$a=2k,\ b=\sqrt{3}k,\ c=\sqrt{5}k$ …④

（k は正の定数）

とおけて，①の一番左を用いて S を 2 通りに表すことにより

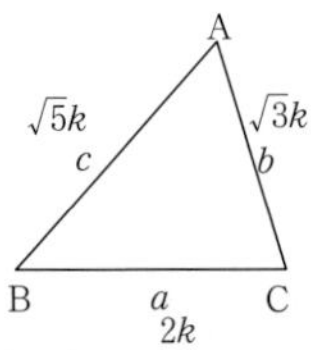

$$\frac{1}{2}\cdot 2k\cdot\sqrt{15}\,^{1)}=\frac{1}{2}\cdot\sqrt{3}k\cdot\sqrt{5}k\cdot\sin A.$$

これと③より

$$k=\frac{2}{\sin A}=\frac{2\sqrt{15}}{\sqrt{11}}.$$

これと④より，

$$a=\frac{4\sqrt{15}}{\sqrt{11}},\ b=\frac{6\sqrt{5}}{\sqrt{11}},\ c=\frac{10\sqrt{3}}{\sqrt{11}}.\ /\!/\ ^{2)}$$

解説 ①：「垂線の長さ」は，「面積」と密接な関係にあります[→例題35g(1)].

②③：これにより，3辺比がわかり，三角形の「形状」が確定しますから，内角の cos，sin の値が求まります.

④ あとは三角形の「サイズ」を決めるため，3辺の長さを比例定数 k で表し，①にある「面積 S」に着目します.

注 以上が“理詰め”の解説ですが，実際の試験場では…，アレコレ試行錯誤です（笑）.

補足 1)：$\frac{1}{2}\cdot\sqrt{3}k\cdot 2\sqrt{5}$ や $\frac{1}{2}\cdot\sqrt{5}k\cdot 2\sqrt{3}$ を用いても得られるものは同じです.

参考 2)：「3 辺の長さ」という三角形の決定条件の 1 つが得られましたので，あとは内接円・外接円の半径など，何でも求まりますね.

384 2角夾辺→面積

根底 実戦 [→357]

着眼 三角形の 3 通りの決定条件のうち，「3 辺」と「2 辺夾角」からは直接面積を求める公式があります[→57❹❷]．本問の「2 角夾辺」の場合はそうはいきませんから，上記 2 通りのどちらかに帰着されるよう工夫します.

解答 右図のように長さ x をとると，正弦定理より

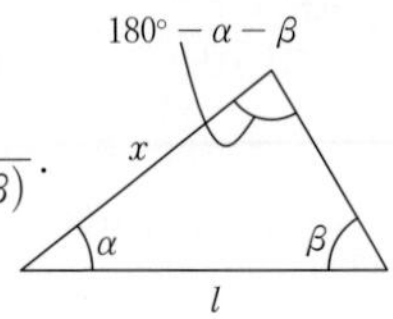

$$\frac{x}{\sin\beta}=\frac{l}{\sin(180°-\alpha-\beta)}.$$

$$\therefore x=\frac{l\sin\beta}{\sin(\alpha+\beta)}.$$

よって求める面積は

$$\frac{1}{2}\cdot l\cdot x\cdot\sin\alpha=\frac{1}{2}l\cdot\frac{l\sin\beta}{\sin(\alpha+\beta)}\cdot\sin\alpha$$
$$=\frac{\sin\alpha\sin\beta}{2\sin(\alpha+\beta)}\cdot l^2.\ /\!/$$

注 もちろん，この結果を“公式”として暗記する価値はありません.

参考 2 つの内角 α,β は“対等”な立場ですから，得られた結果も当然 α,β に関して「対称」になります.

385 円と三角形・面積最大

根底 実戦 入試 [→357]

方針 △OPQ の面積を，「C の半径が 1」という設定を活かして表す方法を考えましょう.

解答 $\theta=\angle QOP$

（$0°<\theta<180°$ …①）

とおくと，

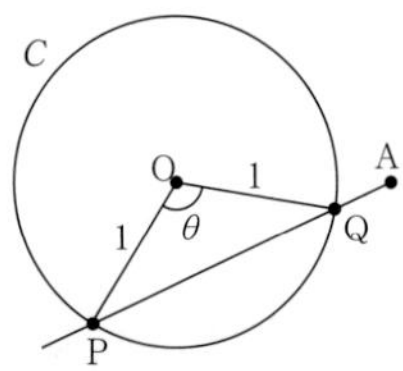

$$\triangle OPQ=\frac{1}{2}\cdot 1\cdot 1\sin\theta$$
$$=\frac{1}{2}\sin\theta.$$

これと①より，求める最大値は，$\frac{1}{2}\cdot 1=\frac{1}{2}.\ /\!/$

解説 △OPQ の 2 辺の長さが確定していますから，その間の角を変数として，「2 辺夾角」の面積公式を用いるのが得策ですね.

386 値が不明な角

根底 実戦 入試 重要 [→例題35a]

着眼 AC の対角 B が**定まっている**ことを認識することが重要です.

解答 三角形 ABC において正弦定理を用いると

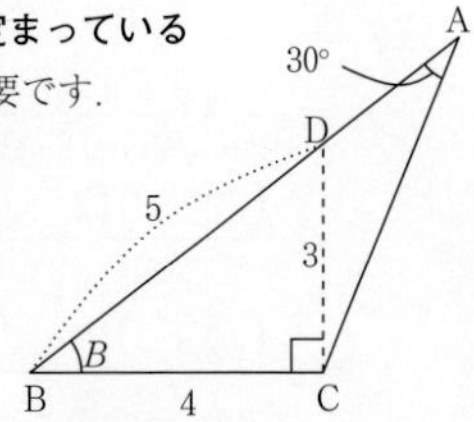

$$\frac{AC}{\sin B}=\frac{4}{\sin 30°}.$$

ここで，三角形 BCD に注目すると $\sin B = \dfrac{3}{5}$ だから

$$AC = 4\cdot 2\cdot \frac{3}{5} = \frac{24}{5}.$$ //

解説 角 B が，具体的な数値では表せないけれどもちゃんと **1 つに定まっている**こと，つまり，B は既知なる角であるということが見えていれば，正弦定理を適用するだけの軽～い問題です．

世間では，角 B が求まらない，つまり角そのものは「$B=$ ○○°」のように数値では表せないので敷居が高いと感じてしまう人が多いのですが，「$\sin B$」などの三角比の値は求まるので，正弦定理などはちゃんと使えます．

将来　数学Ⅲでは，上記の状況が頻繁に現れます．

387 面積から長さを求める　[→35]
根底 実戦

方針 3 辺 1 角の関係式：余弦定理と，面積 $=\sqrt{3}$ で条件が 2 個．未知なるものも AB，AC の 2 つですから，解決しそうですね．

解答 $s = AB,\ t = AC$ とおくと，余弦定理より

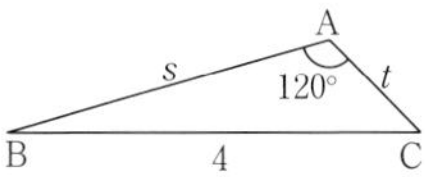

$$4^2 = s^2 + t^2 - 2st\cos 120^\circ.$$
$$s^2 + t^2 + st = 16.\ \cdots①$$

次に，面積に注目して

$$\frac{1}{2}st\sin 120^\circ = \sqrt{3}.\ \frac{1}{2}st\cdot\frac{\sqrt{3}}{2} = \sqrt{3}.$$
$$\therefore st = 4.\ \cdots②$$

①，②より

$$s^2 + t^2 = 12.$$
$$(s+t)^2 - 2st = 12.$$
$$(s+t)^2 = 20\ (\because\ ②).$$
$$s + t = 2\sqrt{5}\ (\because\ s, t > 0).\ \cdots③$$

②，③より，s, t を 2 解とする方程式を作ると

$$(x-s)(x-t) = 0.$$
$$x^2 - (s+t)x + st = 0.$$
$$x^2 - 2\sqrt{5}x + 4 = 0.$$
$$\therefore x = \sqrt{5} \pm 1.$$

i.e. $(AB, AC) = (\sqrt{5}\pm 1, \sqrt{5}\mp 1)$（複号同順）[1]．//

解説 ①②は s, t の対称式ですから，和と積で表して解と係数の関係に持ち込むのが定番の流れです．

[1]：要するに，AB，AC の一方が $\sqrt{5}+1$ で他方が $\sqrt{5}-1$ ということです．

388 余弦定理と三角形の存在条件　[→355]
根底 実戦

方針 余弦定理は「3 辺と 1 角」の関係ですから，1 つの内角を用います．証明すべき式が「a」を中心として整理されていますから，その対角 A を用いた余弦定理を用いるのが自然ですね．

解答 長さ a の辺の対角を A とすると，余弦定理より

$$\cos A = \frac{b^2+c^2-a^2}{2bc}.$$

$0^\circ < A < 180^\circ$ より $-1 < \cos A < 1$ だから

$$-1 < \frac{b^2+c^2-a^2}{2bc} < 1.$$

これを変形すると，$2bc > 0$ より

$$-2bc < b^2 + c^2 - a^2 < 2bc.$$
$$\begin{cases} a^2 < b^2 + c^2 + 2bc \\ b^2 + c^2 - 2bc < a^2. \end{cases}$$
$$(b-c)^2 < a^2 < (b+c)^2.$$
$$\therefore |b-c|^{1)} < a < b + c.\ (\because\ a, b+c > 0)$$ □

補足 [1]：$\sqrt{(b-c)^2} = |b-c|$ でしたね．

参考 得られた結果は，a, b, c が三角形の 3 辺をなすための条件そのものですね[→12]．つまり大雑把にいうと，「余弦定理」は，三角形の成立条件も兼ね備えている訳です．

389 三角形の形状決定　[→例題35j]
根底 実戦 定期

(1) **着眼** 余弦定理と似た形の式ですね．余弦定理は「3 辺 1 角」の関係式です．さて，どの「1 角」を用いるか…？

(2) **方針** 辺のみの関係式に書き直します．

解答 (1) 余弦定理より

$$\cos A = \frac{b^2+c^2-a^2}{2bc} = \frac{-bc}{2bc}\ (\because\ ①) = -\frac{1}{2}.$$

よって，△ABC は $A = 120^\circ$ の三角形である．//

(2) 与式を変形すると，外接円の半径を $R(>0)$ として

$$2\cdot\frac{b^2+c^2-a^2}{2bc}\cdot\frac{b}{2R} + \frac{a}{2R} - \frac{b}{2R} - \frac{c}{2R} = 0.$$
$$(b^2+c^2-a^2) + c(a-b-c) = 0.$$
$$b^2 - a^2 + c(a-b) = 0.$$ ●●● c^2 が消える
$$(b-a)(b+a-c) = 0.$$

ここで，a, b, c は三角形の 3 辺をなすから

$$b + a > c.\quad \therefore\ b + a - c \neq 0.$$

したがって，△ABC は $a = b$ の二等辺三角形．//

3 8 10 第一余弦定理 根底 実戦 [→3 5 3]

方針 (1) 2 つの内角 A, B を用いる方法を考えます.
(2)「第二余弦定理」では, 1 つの等式に 1 つの角だけが現れます. 一方「第一余弦定理」①には 2 つの角がありますから,「第二余弦定理」の等式を 2 つ使うことになります.

解答 (1) 点 C の x 座標は

A をもとに考えると, $b\cos A$[1].

B をもとに考えると, $c+a\cos(180^\circ-B)$[2].

これらは一致するから

$$b\cos A=c+a\cos(180^\circ-B).$$

$$\therefore\ c=b\cos A-a\cos(180^\circ-B)=b\cos A+a\cos B.\ \square$$

解説 [1]:「第二余弦定理」の証明でも用いましたね. [→5 3]

[2]: "もしも" B が原点だったら, [1] と同様に考えて $x_C=a\cos(180^\circ-B)$ ですね[3]. 実際には A が原点であり, B は c だけ右にズレていますから, このようになります.

注 [3]:「ベクトル」を学んでいる人なら,「$\overrightarrow{BC}$ の x 成分」と考えられます. ■

(2) 「第二余弦定理」より

$$\cos A=\frac{b^2+c^2-a^2}{2bc},\ \cos B=\frac{c^2+a^2-b^2}{2ca}.$$

$$\therefore\ \text{①の右辺}=b\cdot\frac{b^2+c^2-a^2}{2bc}+a\cdot\frac{c^2+a^2-b^2}{2ca}=\frac{b^2+c^2-a^2+c^2+a^2-b^2}{2c}=\frac{2c^2}{2c}=c=\text{左辺}.\ \square$$

参考 「第二余弦定理」はよく利用しますが,「第一余弦定理」を使って問題を解くことはほぼありません. これは, 次の事情によります:
三角形の決定条件:「3 辺」「2 辺夾角」「2 角夾辺」は, いずれも計「3 個」の辺 or 角で構成されます. よって,「第二余弦定理」のように「3 辺と 1 角」の計 4 個の関係式があれば, 決定条件の 3 個から, 他の 1 個が求まります.
これに対して「第一余弦定理」は「3 辺 2 角」の計 5 個の関係式なので, 前記のような使い方はできません.

3 8 11 最大角 根底 実戦 入試 [→例題 3 5 c]

方針 (1) 三角形の成立条件は,「最大辺」が特定できると楽です. 例えば $x=2$ のとき,

$a=5, b=3, c=7.$

これより, c が最大辺ではないかと見当を付けて…
(2)「最大角」は,「最大辺」の対角です. [→1 4]

解答 (1) $x>1$ より a, b, c は全て正であり,

$c-a=x^2-x=x(x-1)>0$[1],

$c-b=x+2>0.$

よって, c が最大辺であるから, 三角形の成立条件は

$a+b>c.$ …①

これを示せばよい.

$$a+b-c=(2x+1)+(x^2-1)-(x^2+x+1)=x-1>0\ (\because\ x>1).$$

よって①は成り立つ. □

(2) 最大角は最大辺 c の対角である. これを C とおくと, 余弦定理より

$$\cos C=\frac{a^2+b^2-c^2}{2ab}=\frac{(2x+1)^2+(x^2-1)^2-(x^2+x+1)^2}{2(2x+1)(x^2-1)}\ {}^{2)}=\frac{(2x+1)^2+(2x^2+x)(-x-2)}{2(2x+1)(x^2-1)}=\frac{2x+1-x(x+2)}{2(x^2-1)}=\frac{-(x^2-1)}{2(x^2-1)}=-\frac{1}{2}.$$

よって, 求める最大角は, $C=120^\circ$. //

解説 (1)(2)とも,「最大辺」を特定することがポイントでしたね.

補足 [1]: 2 つの因数 $x, x-1$ がともに正ですね.

注 [2]: 分子, 分母にある「$2x+1$」をそのままキープしようと意図して, 分子後半の 2 項だけを, 公式:「$○^2-△^2=(○+△)(○-△)$」を用いて変形しました.

3 8 12 円の接線・外接円の半径 根底 実戦 入試 [→例題 3 5 a]

方針 「外接円の半径」といえば…？そして,「円と直線が接する」といえば…？

解答 右図において, 直角三角形 ABP, ACQ に注目すると,

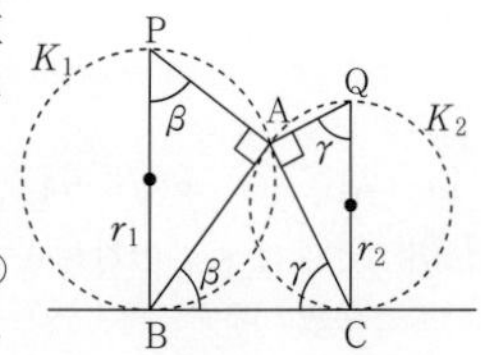

$AB=2r_1\sin\beta$ …①

$AC=2r_2\sin\gamma.$ …②

三角形 ABC に注目して, 正弦定理より

$AB=2R\sin\gamma$ …③ $AC=2R\sin\beta.$ …④

①③, および②④より

$r_1\sin\beta=R\sin\gamma$ …⑤ $r_2\sin\gamma=R\sin\beta.$ …⑥

⑤, ⑥を辺々掛けると

$$r_1r_2\cdot\sin\beta\sin\gamma = R^2\sin\gamma\sin\beta.$$

$$r_1r_2 = R^2\ (\because\ \sin\beta\sin\gamma > 0).$$

$$\therefore R = \sqrt{r_1r_2}.\ /\!/$$

解説 ①②③④から，r_1, r_2, Rだけを残す，つまり他を消去することを考えます．

3 8 13 トレミーの定理

根底 実戦 入試 典型 重要

[→例題3 5 i]

方針 (1) 円に内接する四角形．お馴染みの「余弦定理連立」の作戦で．

(2) よく見ると，(1)が使えて一瞬です（笑）．

解答 (1) $\theta = \angle EFG$ とおき，△EFG，△GHE において余弦定理を用いると

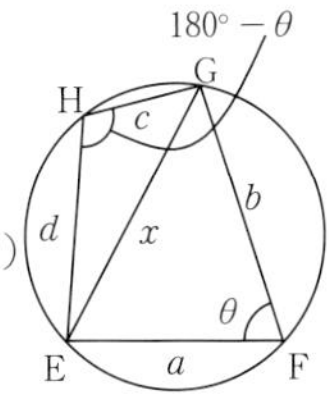

$x^2 = a^2+b^2-2ab\cos\theta.$ …①

$x^2 = c^2+d^2-2cd\cos(180°-\theta)$

$\quad = c^2+d^2+2cd\cos\theta.$ …②

①$\times cd$ + ②$\times ab$ より [2]

$$(cd+ab)x^2 = cd(a^2+b^2)+ab(c^2+d^2)$$
$$= cd\cdot a^2 + b(c^2+d^2)\cdot a + b^2cd$$
$$= (ca+bd)(da+bc).$$

i.e. $Bx^2 = CD.\ \therefore\ x^2 = \dfrac{CD}{B}$ [3] $/\!/$

同様にして，$y^2 = \dfrac{BC}{D}$ [4]．

$$\therefore\ x^2y^2 = \frac{CD}{B}\cdot\frac{BC}{D}$$
$$= C^2.$$
$$\therefore\ xy = C = ac+bd.\ \square$$

(2) 四角形 ABPC において，トレミーの定理より

$$BC\cdot AP = CA\cdot BP + AB\cdot CP.$$
$$\therefore 5PA = 6BP + 7CP.\ \square$$

解説 [2]：目指すべきは「長さ」だけの関係式ですから，角を含んだ「$\cos\theta$」を消去するのが必然です．

補足 [1]：「a」と積を作る文字の大文字を名称としています．このように，何らかの"基準"を設けてネーミングすると，記憶しやすくなってミスが減ります．

注 [3]：「対角線 GE」を求めた結果の分母は，GE に対して同じ側にある 2 辺の積 ab を含みました．

[4]：よって，「対角線 FH」を求めれば，その結果の分母は，FH に対して同じ側にある 2 辺の積 ad を含むはずですね．

注 (2)は"見かけ上"「三角形の外接円」に関する問題ですが，(1)からの流れに乗って，「円に内接する四角形」にすり替えて考えます．

3 8 14 外接円の半径

根底 実戦 入試

[→3 5]

方針 △ABC において，∠A は 60° と決まっています．よって外接円の半径 R は，1 辺の長ささえ得られれば正弦定理によって求まります．

和が 1 である BP，CP の一方を変数にとりましょう．

解答 △PBC において，

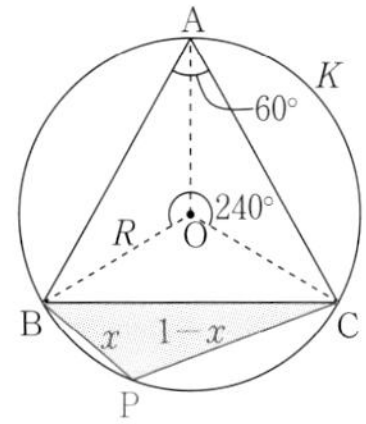

$$\angle P = \overset{\frown}{CAB}\text{の円周角}$$
$$= \frac{240°}{2} = 120°.$$

$x = BP$ とおくと，x の変域は

$0 < x < 1.$ …①

余弦定理を用いると

$$BC^2 = x^2+(1-x)^2-2x(1-x)\cos 120°$$
$$= x^2+(1-x)^2+x(1-x)$$
$$= x^2-x+1.$$

△ABC で正弦定理を用いて

$$R = \frac{1}{2}\cdot\frac{BC}{\sin 60°} = \frac{1}{\sqrt{3}}BC.\ \cdots②$$

ここで

$$BC^2 = \left(x-\frac{1}{2}\right)^2+\frac{3}{4}$$

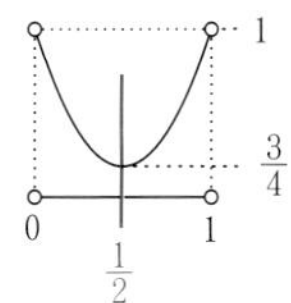

と①より，

$$\frac{3}{4} \le BC^2 < 1.$$

これと②より，求める変域は

$$\frac{1}{\sqrt{3}}\cdot\sqrt{\frac{3}{4}} \le R < \frac{1}{\sqrt{3}}\cdot\sqrt{1}.$$

i.e. $\dfrac{1}{2} \le R < \dfrac{1}{\sqrt{3}}$. [1] $/\!/$

注 赤い折線の長さが一定で，BP の長さや正三角形の 1 辺の長さ，および半径 R が変化していることを理解していましたか？

言い訳 このように「値の範囲」とか「最大・最小」を問う問題では，「○○を動かすときに」のように変化するものを明示するのが正しい作法なのですが，「何が動くのか」を考えてもらうため，敢えて問題文では述べませんでした（入試ではよくあることです）．

参考 [1]：R が変域の限界のときの状態は，おおよそ次図の通りです：

〔$R = \dfrac{1}{2}$〕

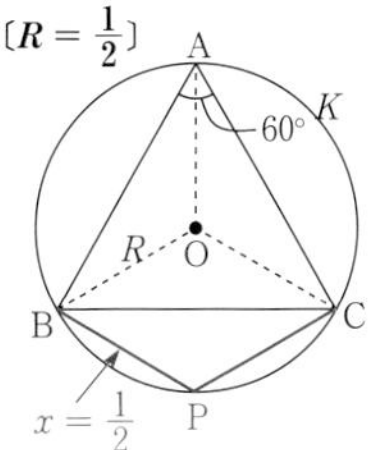

〔$R \fallingdotseq \dfrac{1}{\sqrt{3}}$〕

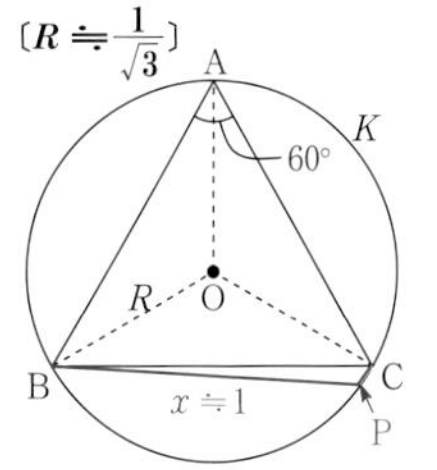

3 8 15 円に内接する四角形

根底 実戦 入試 [→例題 3 5 i]

方針 「四角形」を対角線で区切って「三角形」に着目します．「角 A」について問われているので，どちらの対角線を引くべきかが決まりますね．

解答 (1) 四角形 ABCD は円に内接するから，右図のように $C=180°-A$．

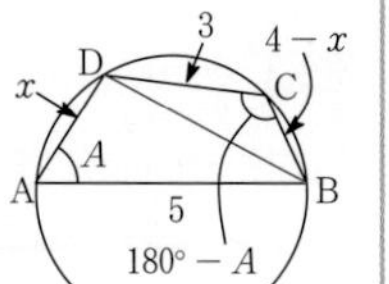

△ABD，△CBD において余弦定理を用いると

$$BD^2=x^2+5^2-2\cdot x\cdot 5\cdot\cos A,$$
$$BD^2=(4-x)^2+3^2-2\cdot(4-x)\cdot 3\cdot\cos(180°-A).$$

したがって

$$x^2+25-10x\cos A=(4-x)^2+9+6(4-x)\cos A.$$
$$8x=(24+4x)\cos A.$$
$$\therefore \cos A=\frac{2x}{x+6}.$$ //

(2) $$\begin{aligned}S&=\triangle ABD+\triangle CBD\\&=\frac{1}{2}\cdot 5\cdot x\cdot\sin A+\frac{1}{2}\cdot 3\cdot(4-x)\cdot\sin(180°-A)\\&=\frac{1}{2}(12+2x)\sin A\\&=(6+x)\sqrt{1-\left(\frac{2x}{x+6}\right)^2}.\end{aligned}$$

$$\begin{aligned}\therefore S^2\ [1)]&=(x+6)^2-(2x)^2\\&=(3x+6)(-x+6)\\&=3(x+2)(6-x)\\&\ [2)]\le 48\ (\text{右図より}).\end{aligned}$$

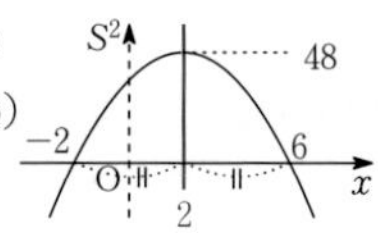

この等号の成立条件は「$x=2$」であり，これは右図のとき成り立つ [3)]．

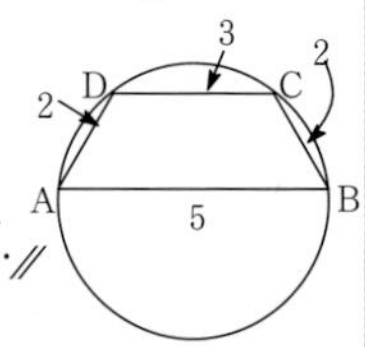

以上より，$\max S=\sqrt{48}=4\sqrt{3}$. //

解説 [1)]：$S>0$ より，S と S^2 は同時に最大となります．そこで，S^2 について考え，$\sqrt{\ }$ を書く手間を省きました．

もしくは，$S=\sqrt{(x+6)^2-(2x)^2}$ と変形して $\sqrt{\ }$ 内だけを考えてもよいですね．

[2)3)]：「大小関係の不等式」＋「等号成立確認」によって「最大値」を求めました．x の定義域をしっかり考えるのが億劫なので（笑）．

3 8 16 四面体の垂線の足

根底 実戦 入試 5後 [→例題 3 7 b]

着眼 「母線が等しい三角錐」[→ 5 14 2] ですから，垂線の足は底面の外心となります．この知識がないと激しく遠回りすることになります．

解答 OA＝OB＝OC より，H は三角形 ABC の外心．…①

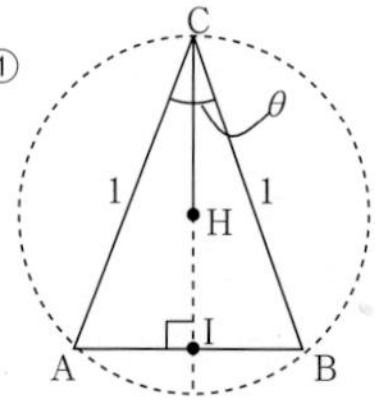

よって，正弦定理より

$$CH=\frac{1}{2}\cdot\frac{AB}{\sin\theta}.\ [1)]$$

ここで，上図の直角三角形 ACI に注目すると

$$AB=2\times 1\cdot\sin\frac{\theta}{2}.$$

したがって，

$$CH=\frac{\sin\frac{\theta}{2}}{\sin\theta}\ [2)].$$ //

補足 [1)]：CH は外接円の半径です．

[2)]：数学Ⅱで「2 倍角公式」を学べば

$$\frac{\sin\frac{\theta}{2}}{\sin\theta}=\frac{\sin\frac{\theta}{2}}{\sin 2\cdot\frac{\theta}{2}}=\frac{\sin\frac{\theta}{2}}{2\sin\frac{\theta}{2}\cos\frac{\theta}{2}}=\frac{1}{2\cos\frac{\theta}{2}}$$

と簡約化できます．

3 8 17 四面体の体積と高さ

根底 実戦 典型 [→例題 3 6 a]

着眼 「垂線の長さ」は，体積と密接に関係しています．

解答 四面体 CPQR の体積を V とすると

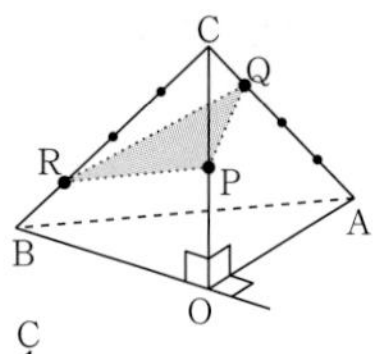

$$V=\frac{1}{3}\cdot\triangle PQR\cdot CH.\ \cdots①$$

そこで，V と △PQR を求める．

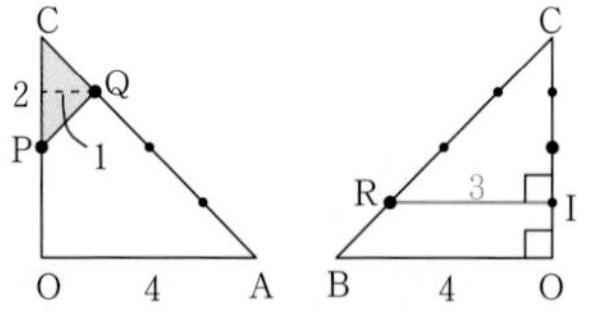

R から CO へ下ろした垂線の足を I とすると

$$\begin{aligned}V&=\frac{1}{3}\times\triangle CPQ\times RI\\&=\frac{1}{3}\times\frac{1}{2}\cdot 2\cdot 1\times 3=1.\ \cdots②\end{aligned}$$

次に，△PQR の 3 辺は，次図のようになる：

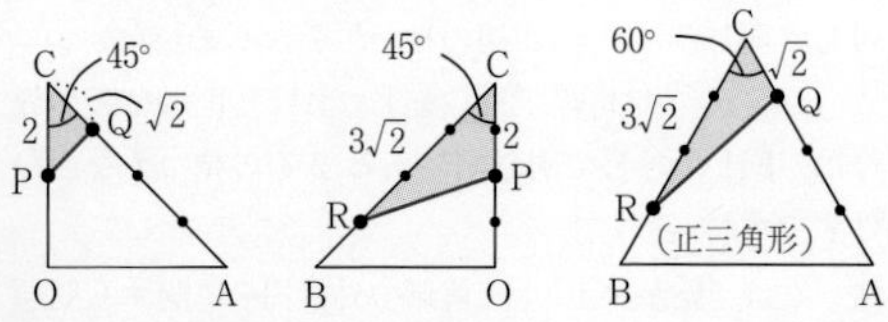

よって，余弦定理を用いるなどして

$$PQ=\sqrt{2}.$$

$$PR^2 = 18 + 4 - 2\cdot 3\sqrt{2}\cdot 2\cdot \cos 45^\circ$$
$$= 22 - 12 = 10.\ \therefore\ PR = \sqrt{10}.$$
[1)] $$QR^2 = 18 + 2 - 2\cdot 3\sqrt{2}\cdot\sqrt{2}\cdot\cos 60^\circ$$
$$= 20 - 6 = 14.\ \therefore\ QR = \sqrt{14}.$$

したがって，△PQR において

$$\cos\angle P = \frac{2 + 10 - 14}{2\cdot\sqrt{2}\cdot\sqrt{10}} = \frac{-1}{2\sqrt{5}}.$$

右図より

$$\sin\theta = \frac{\sqrt{19}}{2\sqrt{5}}.$$

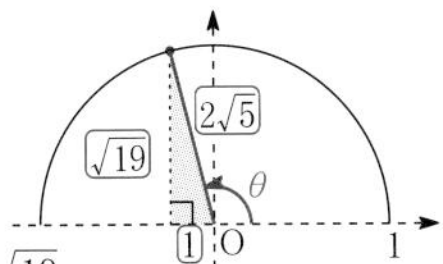

∴ △ PQR

$$= \frac{1}{2}\cdot\sqrt{2}\cdot\sqrt{10}\cdot\frac{\sqrt{19}}{2\sqrt{5}} = \frac{\sqrt{19}}{2}.$$

これと②を①へ代入して

$$1 = \frac{1}{3}\cdot\frac{\sqrt{19}}{2}\cdot CH.\quad \therefore\ CH = \frac{6}{\sqrt{19}}.$$ //

解説 四面体の体積，底面積，高さの関係に注目し，体積と底面積から高さを“逆算”しました．既に **例題 3 6 a** でも用いた手法ですね．

立体図形の問題ですが，けっきょく各部の計量は，**平面上で**行っています．

補足 PQ を求める図において，△CPQ は直角二等辺三角形です．

言い訳 1)：CR : CQ : RQ＝3 : 1 : xとして，余弦定理を「比」で使う方が楽ですが，この程度ならということで…

将来 本問は，「ベクトル」を用いると少し処理が簡便化されます．

3 8 18 四面体の外接球

根底 実戦 入試 [→例題 3 7 b]

着眼 「体積」が登場していますから，「底面積△ABC」と「高さ」に注目します．△ABC は 3 辺によって**決定**されていますから前者は求まるハズ．すると後者も求まり…あとは「仰角が全て等しい」の意味を読み取れるかどうかの勝負です．

解答 △ABC において余弦定理を用いると

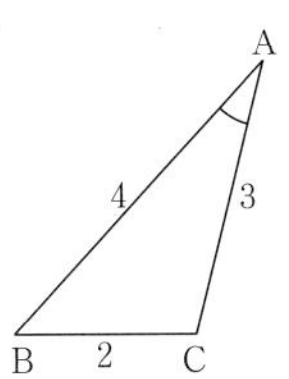

$$\cos A = \frac{9 + 16 - 4}{2\cdot 3\cdot 4} = \frac{7}{8}.$$

$$\therefore\ \sin A = \frac{\sqrt{15}}{8}.\ \cdots①$$

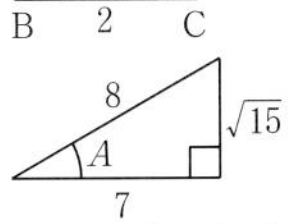

$$\therefore\ \triangle ABC = \frac{1}{2}\cdot 3\cdot 4\cdot\frac{\sqrt{15}}{8}$$
$$= \frac{3}{4}\sqrt{15}.\ \cdots②$$

これを底面積と見たときの四面体 T-ABC の高さを h とおくと，体積に注目して②より

$$\frac{1}{3}\cdot\frac{3}{4}\sqrt{15}\cdot h = \sqrt{15}.\quad \therefore\ h = 4.\ \cdots③$$

A, B, C から頂点 T を見た仰角が等しいから，T から平面 ABC へ下ろした垂線の足を H として，

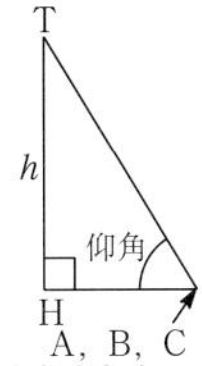

HA = HB = HC(= r とおく).

よって H は △ABC の外心であり，①と正弦定理より

$$r = \frac{1}{2}\cdot\frac{2}{\sin A} = \frac{8}{\sqrt{15}}.\ \cdots④$$ r は外接円の半径

球の中心を O として，3 点 T, O, H は共線であり，これらと A を通る断面は，③より次の通り：

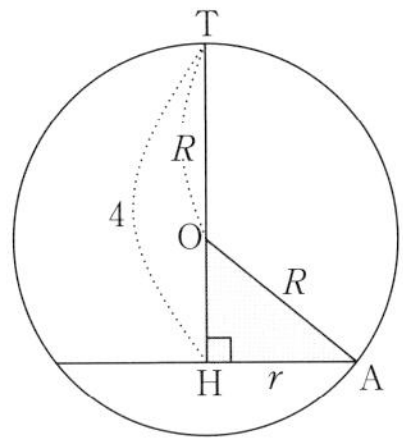

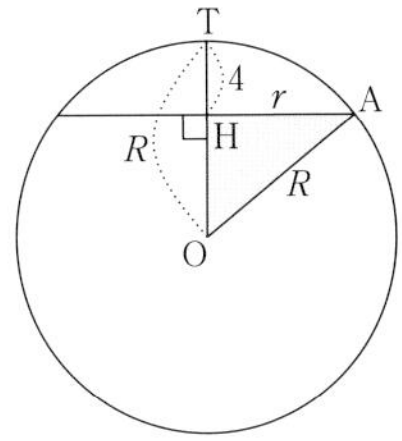

直角三角形 OHA に注目して

$$R^2 - |4 - R|^2 = r^2.$$ [1)]
$$R^2 - (4 - R)^2 = r^2.$$
$$8R - 16 = r^2.$$

これと④より，求めるものは

$$R = \frac{r^2 + 16}{8} = \frac{1}{8}\cdot\frac{64}{15} + 2 = \frac{8}{15} + 2 = \frac{38}{15}.$$ //

解説 敢えて誘導を付けず，全ての方針を自分で立ててもらいました．

「仰角が全て等しい」→「垂線の足は外心」を見破ることがポイントでした．これは，**5 14 2** の「母線が等しい錐」と実質的に同じことです．

注 1)：T, O, H, A を通る断面は，つい左側の図だけを想定しがちですが，右側の可能性もあることを忘れずに．ただし，「絶対値記号」のおかげで，場合分けせず 1 つの式で片付きます．**絶対値記号って，実はとても便利なものなんです！**

結果としては，$R = \frac{38}{15} < 4(= h)$ ですから，左側の図が正しかったことがわかりました．

なお，この等式は未知数 R を含む項が初めから左辺に集まるように書かれています．

補足 △ABC の面積は，「3 辺の長さ→ヘロンの公式」でも OK ですが，後で外接円の半径も求めることになるのを先読みして，**解答**の流れで求めました．

なお，△ABC は鈍角三角形なので，外心 H は三角形の外部にあります…が，解答する上では特に関係ありません (笑).

9 演習問題C 他分野との融合

391 22.5° の三角比 根底 実戦 5後 [→321]

注 「角の二等分線の性質」については，[→533].

解答 △ABC において角の二等分線の性質を用いて

$$BP : PC = AB : AC = 1 : \sqrt{2}.$$

$$\therefore BP = 1\cdot\frac{1}{1+\sqrt{2}} = \sqrt{2}-1.$$

△ABP に注目して

$$\tan 22.5^\circ = \tan\frac{45^\circ}{2}$$
$$= \tan\angle PAB$$
$$= \frac{\sqrt{2}-1}{1} = \sqrt{2}-1. /\!/$$

将来 数学Ⅱで「半角公式」を学ぶと，図形の助けなしで $\tan 22.5^\circ$ の値は求まります．

392 内接円の半径 根底 実戦 5後 [→3]

方針 「三角形」の内接円の半径には，決まり切った扱い方がありました．
一方の「四角形」にはそうしたものはありませんが，前記で用いた**考え方**は応用できます．

解答 $\cos\theta$, $\sin\theta$ をそれぞれ c, s と略記する．

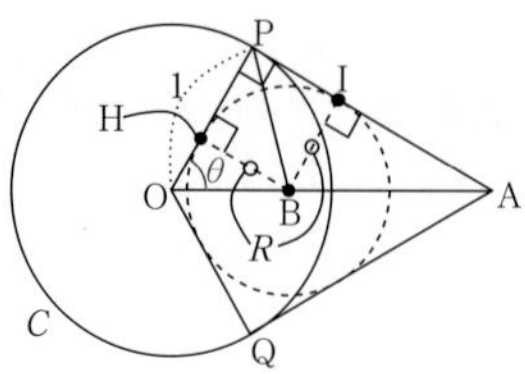

(1) 右図において，
△OAP に注目して

$$OA = \frac{1}{c}.$$

$$AP = 1\cdot\tan\theta = \frac{s}{c}.$$

△OAP の面積を 2 通りに表して

$$\frac{1}{2}\cdot 1\cdot\frac{s}{c} = \frac{1}{2}\left(1+\frac{1}{c}+\frac{s}{c}\right)r.$$
$$s = (c+1+s)r.$$
$$\therefore r = \frac{s}{c+s+1}{}^{1)} = \frac{\sin\theta}{\cos\theta+\sin\theta+1}. /\!/$$

別解 各頂点から内接円へ引いた接線の長さが等しいことから

$$r = \frac{1+\frac{s}{c}-\frac{1}{c}}{2} = \frac{c+s-1}{2c}.{}^{2)}$$

(2) 四角形 OQAP の内接円の中心 B は線分 OA 上にある．三角形の面積に注目して

$$\triangle OAP = \triangle OBP + \triangle ABP.$$
$$\frac{1}{2}\cdot 1\cdot\frac{s}{c} = \frac{1}{2}\cdot 1\cdot R + \frac{1}{2}\cdot\frac{s}{c}\cdot R.$$
$$s = cR + sR.$$
$$\therefore R = \frac{s}{c+s} = \frac{\sin\theta}{\cos\theta+\sin\theta}. /\!/$$

別解 B は △OAP の角 P の二等分線上にあるから

$$OB : BA = PO : PA = 1 : \frac{s}{c} = c : s.$$

よって

$$OB = \frac{1}{c}\cdot\frac{c}{c+s} = \frac{1}{c+s}.$$

図の △OBH に注目して

$$R = BH = OB\sin\theta = \frac{s}{c+s}.$$

別解 OA = OB + BA であり，△OBH，△BAI に注目して

$$OB = \frac{R}{\sin\theta},\ BA = \frac{R}{\cos\theta}.$$
$$\therefore \frac{1}{c} = R\left(\frac{1}{s}+\frac{1}{c}\right).$$
$$s = R(c+s).\ \therefore\ R = \frac{s}{c+s}. /\!/$$

(3) (1)(2)より

$$r : R = \frac{s}{c+s+1} : \frac{s}{c+s}$$
$$= (c+s) : (c+s+1).$$

よって題意の条件は，$u = c+s$ とおいて，

$$u : (u+1) = \sqrt{2} : (\sqrt{2}+1).$$
$$(\sqrt{2}+1)u = \sqrt{2}(u+1).\quad\therefore\quad u = \sqrt{2}.$$

i.e. $\cos\theta + \sin\theta = \sqrt{2}$.

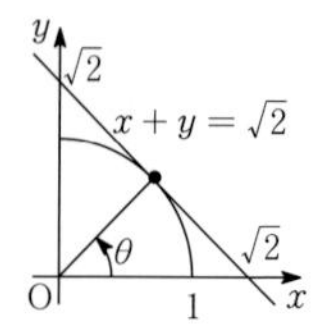

これは，単位円周上の点 $(\cos\theta,\ \sin\theta)$ が右図の直線上にもあることを表す．
したがって，$\theta = 45^\circ$. //

別解 2) を用いると

$$r : R = \frac{c+s-1}{2c} : \frac{s}{c+s}$$
$$= (c+s)(c+s-1) : 2cs.$$

ここで，$u = c+s$ とおくと，$u^2 = 1+2cs$ だから，

$$r : R = u(u-1) : (u^2-1)$$
$$= u(u-1) : (u+1)(u-1)$$
$$= u : (u+1).\ (以下同様)$$

補足 2)：詳しくは[→例題56a〔解法1〕].

注 1)2)：両者が等しいことを示しておきます．両者の差をとると

$$右辺 - 左辺 = \frac{c+s-1}{2c} - \frac{s}{c+s+1}$$
$$= \frac{(c+s-1)(c+s+1)-s\cdot 2c}{2c(c+s+1)}.$$

$$分子 = (c+s)^2 - 1 - 2sc$$
$$= (1+2sc) - 1 - 2sc = 0.$$

∴ 左辺 = 右辺. □

393 立体の測量 [→例題36b]
根底 実戦 入試 5後

方針 (1) 空間内の 2 直線が「平行」とは，ある 2 つの条件を兼ね備えることでしたね．
(2) (1)を誘導だと考え，PQ が活かせる三角形に着目します．

解答 (1) PQ と AB は同一平面 TAB 上にある．…①
PQ // 平面 OAB[1] より，
PQ と AB は共有点をもたない．…②
①②より，PQ // AB. □

(2)

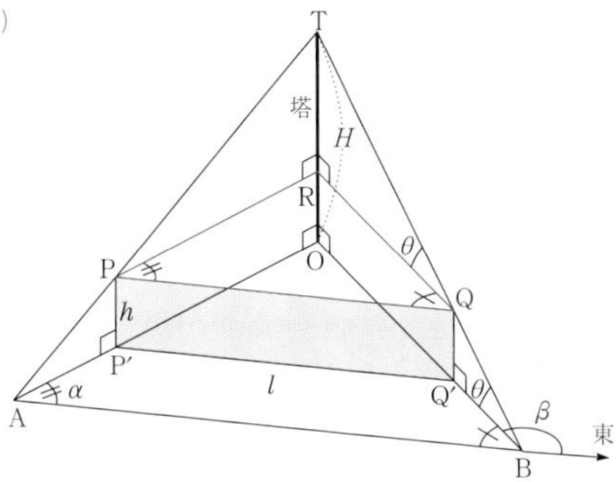

P，Q から OT へ下ろした垂線の足は一致する[2] から，これを R とすると
PR // AO, QR // BO.
これと(1)より，
∠RPQ = ∠OAB, ∠RQP = ∠OBA.
よって，△PQR は右図のようになる．正弦定理より

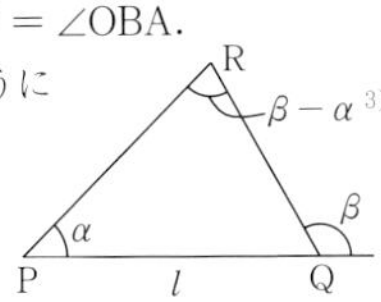

$$\frac{\mathrm{QR}}{\sin\alpha} = \frac{l}{\sin(\beta-\alpha)}.$$

$$\therefore \mathrm{QR} = \frac{\sin\alpha}{\sin(\beta-\alpha)}l. \quad \cdots ③$$

QR // BO より，Q から T を見た仰角も θ だから
$\mathrm{TR} = \mathrm{QR}\tan\theta$.
これと③より，求める塔の高さ H は

$$H = \mathrm{TR} + \mathrm{RO} = \frac{\sin\alpha\tan\theta}{\sin(\beta-\alpha)}l + h. /\!/$$

解説 1)2)：このことも証明を付け加えた方がよい可能性もあります．いわゆる「初等幾何」の証明問題は，このように「どこまで詳しく述べるべきか」が判然としないケースが多く，入試では出しづらいという事情があります．そのせいもあって（？）あまり出ません（笑）．
3)：三角形の角の性質：「2 つ足したら残りの外角」を使っています．[→541]

394 円錐側面上の最短経路 [→例題514a]
根底 実戦 典型 定期 5後

方針 空間内の曲面 S のままでは如何ともし難しないので，平面図である S の展開図上で考えます．その際，何と何の比が重要でしたっけ？

解答 △ABC において正弦定理を用いると，外接円の半径を R として

$$R = \frac{1}{2}\cdot\frac{3}{\sin 60^\circ} = \frac{3}{2}\cdot\frac{2}{\sqrt{3}} = \sqrt{3}.$$

直角三角形 OCH に注目して

$$\mathrm{OC} = \sqrt{3+9} = 2\sqrt{3}.$$

$$\therefore \frac{\mathrm{CH}}{\mathrm{OC}} = \frac{1}{2}.$$

よって，S の展開図は
半径 $= 2\sqrt{3}$, 中心角 $= 360^\circ\cdot\frac{1}{2} = 180^\circ$ の扇形．

S を線分 OA で切った展開図は右のようになり，線分 OB, OC によって 3 等分される．

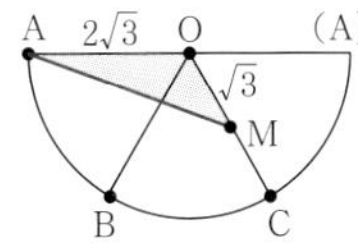

題意の最短経路の長さは，この展開図における線分 AM の長さである．
△OAM において余弦定理を用いると

$$\mathrm{AM}^2 = 12 + 3 - 2\cdot 2\sqrt{3}\cdot\sqrt{3}\cdot\cos 120^\circ{}^{1)} = 15 + 6 = 21.$$

よって，求める最小値は，$\sqrt{21}$. //

言い訳 1)：本来は余弦定理を「比」で使うべきですが，この程度ならということで…

395 円と線分の長さ [→5106]
根底 実戦 入試 5後

着眼 △BCA が 3 辺の長さにより決定されています．ここから攻めていきましょう．

解答 (1) △BCA で余弦定理を用いると

$$\cos\angle\mathrm{ABC} = \frac{7+7-21}{2\cdot\sqrt{7}\cdot\sqrt{7}} = \frac{-7}{2\cdot 7} = -\frac{1}{2}.$$

$\therefore\ \angle\mathrm{ABC} = 120^\circ$. //
△BCA で正弦定理を用いると

$$r = \frac{1}{2}\cdot\frac{\sqrt{21}}{\sin 120^\circ} = \frac{1}{2}\cdot\sqrt{21}\cdot\frac{2}{\sqrt{3}} = \sqrt{7}. /\!/$$

四角形 ABCD は円に内接するから，
$\angle\mathrm{CDA} = 180^\circ - 120^\circ = 60^\circ$.
よって，△DAC において余弦定理を用いると，
$x = \mathrm{DA}$ とおいて

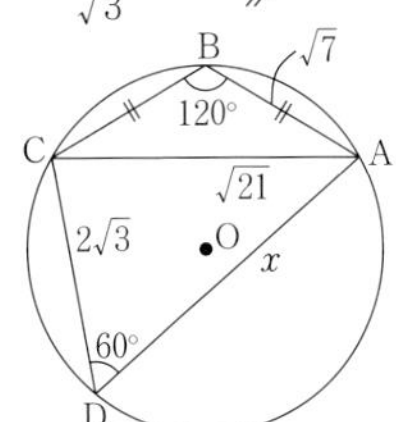

$21 = 12 + x^2 - 2\cdot 2\sqrt{3}\cdot x\cdot\cos 60^\circ$.
$x^2 - 2\sqrt{3}\cdot x - 9 = 0$.
$\therefore\ \mathrm{DA} = x = \sqrt{3} + \sqrt{3+9} = 3\sqrt{3}$. // DA は正

(2) $\overset{\frown}{BA}=\overset{\frown}{BC}$ より直線 BD は ∠CDA を二等分する 1) から，△DAC に注目して

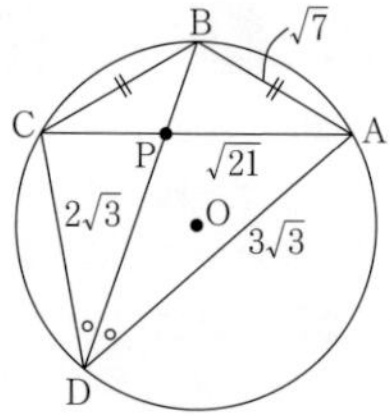

$$AP:PC^{2)}=DA:DC$$
$$=3\sqrt{3}:2\sqrt{3}$$
$$=3:2.$$

$$\therefore\ AP\cdot PC=\frac{3}{5}\sqrt{21}\cdot\frac{2}{5}\sqrt{21}$$
$$=\frac{126}{25}.\ /\!\!/$$

次に，図のように点 Q, R をとり，円 O と点 P に注目して方べきの定理を用いると，$d=OP$ とおいて

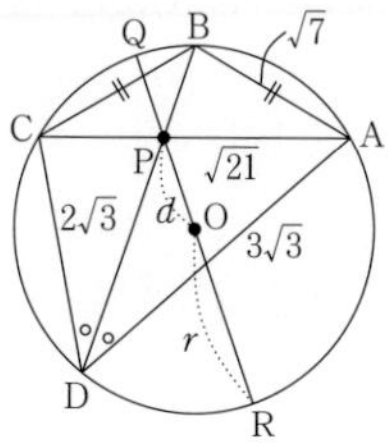

$$PQ\cdot PR=PA\cdot PC.^{3)}$$
$$(r-d)\cdot(r+d)=\frac{126}{25}.$$
$$r^2-d^2=\frac{126}{25}.$$

$$\therefore d^2=7-\frac{126}{25}=\frac{49}{25}.\quad OP=d=\frac{7}{5}.\ /\!\!/$$

解説 1)：「同一な弧」に対する円周角が不変であることのみならず，「長さの等しい別々の弧」に対する円周角どうしが等しいことも見抜けるようにしておきましょう．

2)：この線分比は，面積比を利用して次のように求めることもできます．［→例題 5 7 b (2)］

$$AP:PC=\triangle ABD:\triangle CBD$$
$$=\sqrt{7}\cdot3\sqrt{3}:\sqrt{7}\cdot2\sqrt{3}=3:2.$$

3)：円の中心と 1 点の距離は，このように方べきの定理を利用して求められることが有名です．

［→演習問題 5 12 15］

3 9 6 面積を 2 等分

根底 実戦　入試　数学Ⅱ 後　［→ 5 7 1］

方針　「面積を 2 等分」→「2 つの三角形の面積比が 1 : 2」と考えます．

解答　$x=AP,\ y=AQ$ とおく．

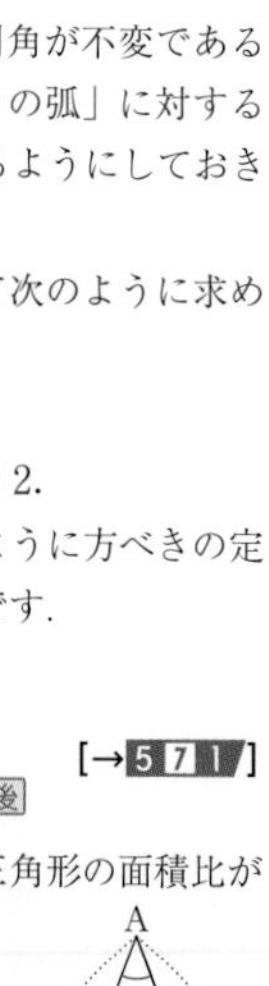

△ABC と △APQ は ∠A を共有し，面積比が 2 : 1 だから

$$2\cdot2:xy=2:1.^{1)}$$
$$xy=\frac{1}{2}\times2\cdot2=2.\ \cdots①$$

次に，△ABC において余弦定理を用いると

$$\cos A=\frac{4+4-2}{2\cdot2\cdot2}=\frac{3}{4}.\ \cdots②$$

△APQ において余弦定理を用いると

$$PQ^2=x^2+y^2-2xy\cos A$$
$$=x^2+y^2-2\cdot2\cdot\frac{3}{4}\ (\because\ ①②)$$
$$=x^2+y^2-3.\ \cdots③$$

ここで，$x^2,\ y^2>0$ より 2)

$$x^2+y^2\geq2\sqrt{x^2y^2}$$ 相加平均と相乗平均
$$=2xy=2\cdot2=4.^{3)}$$

等号成立条件 4) は，

「$x^2=y^2$ かつ①」，つまり「$x=y=\sqrt{2}$」

であり，$\sqrt{2}<AB,\ AC$ ゆえこれは成立可能．これと③より

$$\min PQ=\sqrt{4-3}=1.\ /\!\!/$$

解説 1)：角を共有する三角形どうしの面積比は，その角を挟む 2 辺の長さの積で表されます［→ 5 7 1 ❸］．

2)：「相加平均と相乗平均の大小関係」は，2 数が正であるときのみ使えます．

3)4)：「大小関係の不等式」＋「等号成立確認」→「最小値」というお馴染みの流れですね．

3 9 7 三角形の計量と加法定理

根底 実戦　数学Ⅱ 三角関数 後　重要　［→ 3］

着眼　三角形 ABC は，3 辺によって**決定されています**．よって，その全ての角も**定まっています**から，その cos や sin の値なら求まるはずです．

方針　与えられた 30°, AB や，求めたい AP, BP を内角や辺としてもつ三角形に着目します．

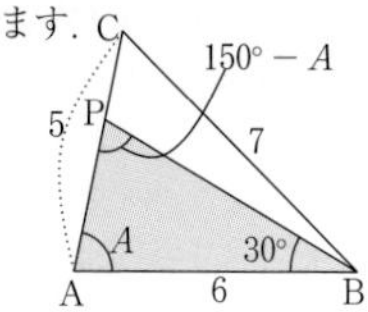

解答　△ABP に着目すると，

$$\angle P=180°-30°-A$$
$$=150°-A.$$

よって，正弦定理を用いると

$$\frac{AP}{\sin30°}=\frac{BP}{\sin A}=\frac{6}{\sin(150°-A)}.\ \cdots①$$

ここで，三角形 ABC において余弦定理を用いると

$$\cos A=\frac{5^2+6^2-7^2}{2\cdot5\cdot6}=\frac{25-13}{2\cdot5\cdot6}=\frac{1}{5}.$$

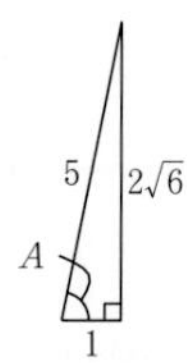

$$\therefore\ \sin A=\frac{2\sqrt{6}}{5}.$$

よって，①において，加法定理より

$$\sin(150°-A)=\frac{1}{2}\cdot\frac{1}{5}-\frac{-\sqrt{3}}{2}\cdot\frac{2\sqrt{6}}{5}{}^{1)}$$
$$=\frac{6\sqrt{2}+1}{10}.$$

$$\therefore\ \frac{6}{\sin(150°-A)}=\frac{60}{6\sqrt{2}+1}=\frac{60\cdot(6\sqrt{2}-1)}{71}.$$

これと①より

$$AP=\frac{1}{2}\cdot\frac{60\cdot(6\sqrt{2}-1)}{71}=\frac{30}{71}(6\sqrt{2}-1).\ /\!\!/$$

$$BP=\frac{2\sqrt{6}}{5}\cdot\frac{60\cdot(6\sqrt{2}-1)}{71}=\frac{24}{71}(12\sqrt{3}-\sqrt{6}).\ /\!\!/$$

解説 1)：$\cos A$, $\sin A$ の値がわかっていれば，**加法定理**を用いることにより，$\sin(150^\circ - A)$ の値も求まります．

参考 答えの概算値は次の通りです：

$\mathrm{AP} = 3.162\cdots$, $\mathrm{BP} = 6.197\cdots$

398 外接円・内接円加法定理

根底 実戦　入試　5数学Ⅱ後　[→562] ハイレベル↑

方針 (1) 後半は，AQ を辺とする三角形に注目．

(2) $\dfrac{B}{2}$ を内角とする三角形に注目．

(3) (2)までの結果により，「頂点と各接点の距離」が求まったも同然です．この既知なる長さを，未知なる AS，SP と結びつけるには…？

解答 (1) △ABC において正弦定理を用いると

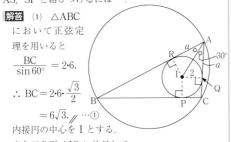

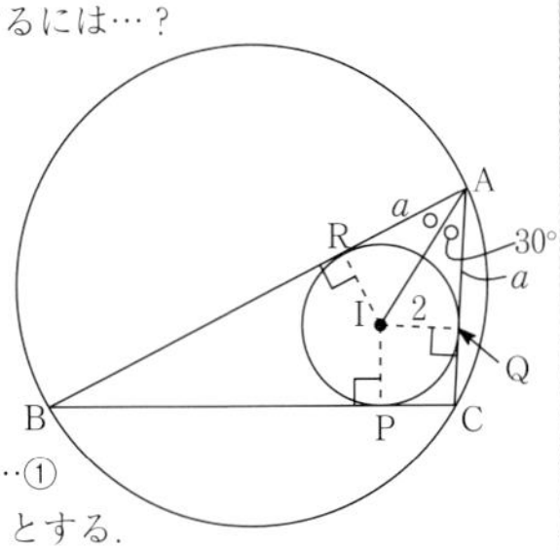

$$\frac{\mathrm{BC}}{\sin 60^\circ} = 2\cdot 6.$$

$$\therefore\ \mathrm{BC} = 2\cdot 6\cdot \frac{\sqrt{3}}{2} = 6\sqrt{3}. \quad \cdots ①$$

内接円の中心を I とする．

直角三角形 AIQ に注目して

$$\mathrm{AQ} = \frac{2}{\tan 30^\circ} = 2\sqrt{3}\ (= a \text{ とおく}).$$

(2) $B + C = 180^\circ - 60^\circ = 120^\circ$

より，

$$\frac{C}{2} = 60^\circ - \frac{B}{2}.$$

これと直角三角形 BIP，CIP に注目することにより

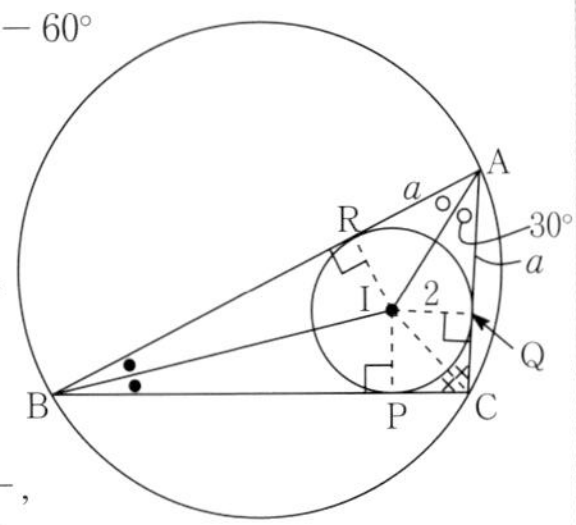

$$\mathrm{BP} = \frac{2}{\tan\frac{B}{2}},$$

$$\mathrm{CP} = \frac{2}{\tan\frac{C}{2}}. \quad \cdots ②$$

これらと $\mathrm{BP} + \mathrm{CP} = \mathrm{BC}$ より

$$\frac{2}{\tan\frac{B}{2}} + \frac{2}{\tan\left(60^\circ - \frac{B}{2}\right)} = 6\sqrt{3}\ (\because\ ①). \quad \cdots ③$$

ここで，$t = \tan\dfrac{B}{2}$ とおくと，$0^\circ < \dfrac{B}{2} < 30^\circ$ より

$0 < t < \dfrac{1}{\sqrt{3}}$ …④ であり，加法定理を用いると

$$\tan\left(60^\circ - \frac{B}{2}\right) = \frac{\sqrt{3} - t}{1 + \sqrt{3}t}.$$

よって③は，

$$\frac{1}{t} + \frac{1 + \sqrt{3}t}{\sqrt{3} - t} = 3\sqrt{3}.$$

$$\sqrt{3} - t + t\left(1 + \sqrt{3}t\right) = 3\sqrt{3}t\left(\sqrt{3} - t\right).$$

$$1 + t^2 = 3t\left(\sqrt{3} - t\right).$$

$$4t^2 - 3\sqrt{3}t + 1 = 0.$$

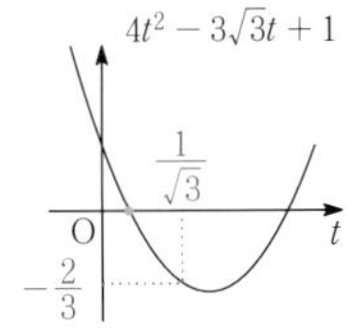

これと④より

$$\tan\frac{B}{2} = \frac{3\sqrt{3} - \sqrt{11}}{8}.$$

(3) (2)の結果と②より

$$\mathrm{BP} = 2\cdot \frac{8}{3\sqrt{3} - \sqrt{11}} = 2\cdot 8\cdot \frac{3\sqrt{3} + \sqrt{11}}{16} = 3\sqrt{3} + \sqrt{11}\ (= b \text{ とおく}).$$

$$\therefore\ \mathrm{CP} = 6\sqrt{3} - \left(3\sqrt{3} + \sqrt{11}\right) = 3\sqrt{3} - \sqrt{11}\ (= c \text{ とおく}).$$

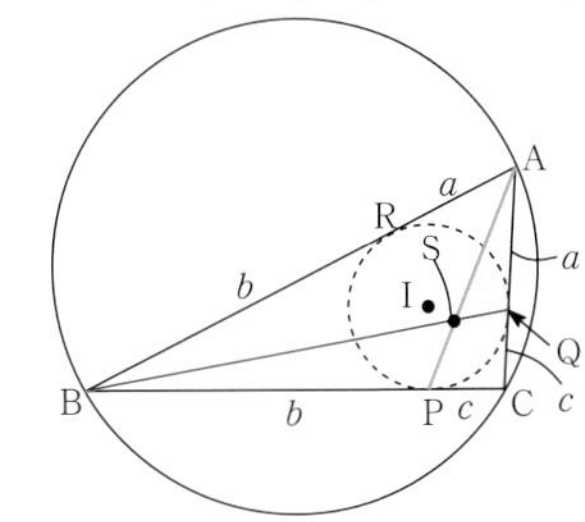

△APC と直線 BQ についてメネラウスの定理を用いると，

$$\frac{\mathrm{AS}}{\mathrm{SP}}\cdot\frac{\mathrm{PB}}{\mathrm{BC}}\cdot\frac{\mathrm{CQ}}{\mathrm{QA}} = 1.$$

$$\text{i.e.}\ \frac{\mathrm{AS}}{\mathrm{SP}}\cdot\frac{b}{b+c}\cdot\frac{c}{a} = 1.$$

したがって

$$\mathrm{AS} : \mathrm{SP} = (b+c)a : bc = 6\sqrt{3}\cdot 2\sqrt{3} : \left(3\sqrt{3} + \sqrt{11}\right)\cdot\left(3\sqrt{3} - \sqrt{11}\right) = 6\cdot 2\cdot 3 : 16 = 9 : 4.$$

解説 本問で登場する図形全てを図示すると右図のようになります．このように入り組んだ図形の中から，**各局面ごとに重要な図形を抽出**して考えることがポイントです．

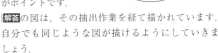

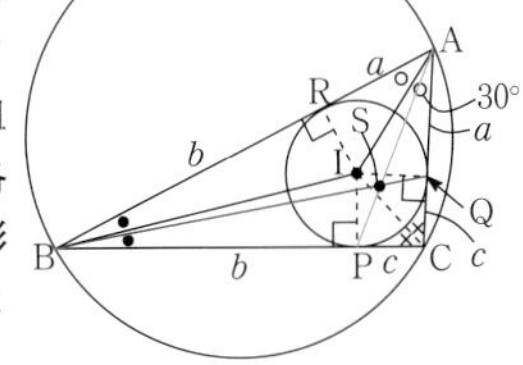

解答の図は，その抽出作業を経て描かれています．自分でも同じような図が描けるようにしていきましょう．

第 4 章 データの分析

6 演習問題A

4 6 1 平均値・データの追加 根底 実戦 [→4 2]

方針 (1) 測定値が「50」を上回ったり下回ったりしていますから，「50」を**仮平均**として，そこからの "ズレ"：$x-50$ を利用しましょう．

(2) 測定値を追加したり削除したりする際には，「平均値」そのものではなく「総和」に注目すると明快です．

解答 (1) データ①において，50 を仮平均として $x-50$ の平均値は，

$$\frac{8-3-5+2+11-7+5-7}{8}=\frac{4}{8}=0.5(\text{kg}).$$

よって x の平均値は，$50+0.5=50.5(\text{kg})$ .//

(2) (1)より

データ①の総和 $=50.5\times 8=404.$

データ②の総和 $=52\times 10=520.$

$$\therefore\ a+b=520-404^{1)}=116.$$

よって求める平均値は

$$\frac{a+b}{2}=\frac{116}{2}=58(\text{kg}).$$ //

解説 1)：このように，「総和」という量は，単純に足したり引いたりすることができて扱いやすいですね．

参考 「元のデータ①」と「追加したデータ a, b」の個数の比は

$8:2=4:1.$

また，データ全体②の平均値からの両者の平均値の隔たりは

$(52-50.5):(58-52)=1.5:6=1:4.$

見事な逆比になっています．

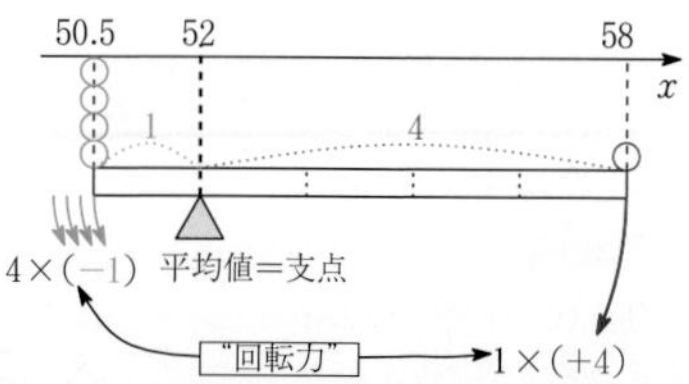

よって，右回りを正の向きとした支点（②の平均値）のまわりの "回転力" の合計は

$4_{個}\times(-1)+1_{個}\times(+4)=0$

と釣り合います．

4 6 2 平均値・釣り合い 根底 実戦 [→4 2 3]

方針 マジメに計算すると

$$\begin{aligned}\text{平均値}&=\frac{\text{総和}}{\text{個数}}\\&=\frac{43\cdot 62+46\cdot 68}{43+46}\\&=\frac{5794}{89}=65.10\cdots>65\end{aligned}$$

となります．

しかし，「平均値」＝「釣り合う支点」＝「重心」をイメージすれば，計算するまでもありません．

解答

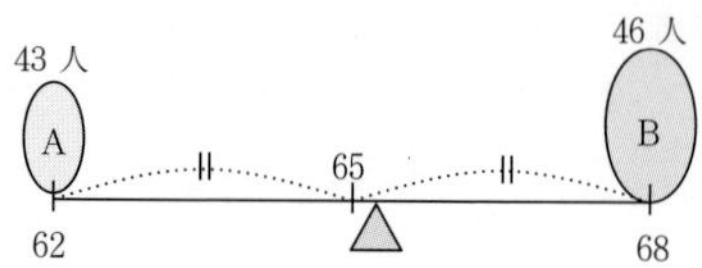

答え：平均値 > 65.//

解説 仮に A 組と B 組が同人数ならば，全体の平均値は

$$\frac{62+68}{2}=65.$$

ところが実際には B 組の方が人数が多いので，「平均値」＝「釣り合う支点」は B 組の平均値：68 点寄りになります．

参考 次のような見方もできます．

$$\begin{aligned}\text{全体の平均値}&=\frac{43\cdot 62+46\cdot 68}{43+46}\ \cdots①\\&=62\cdot\underbrace{\frac{43}{89}}_{\text{軽い}}+68\cdot\underbrace{\frac{46}{89}}_{\text{重い}}.\end{aligned}$$

これは，62 点に軽い比重，68 点に重い比重をかけた**加重平均**と呼ばれる値です．よって，平均値は 68 点側に寄る訳です．

数学Ⅱ後 また，①を書き換えると

$$\text{全体の平均値}=\frac{43\cdot 62+46\cdot 68}{46+43}.$$

これは，数直線上の点 62 と点 68 を結ぶ線分を 46：43 に**内分**する点の位置を表します．このことからも，平均値は 65 点より右寄りだとわかります．

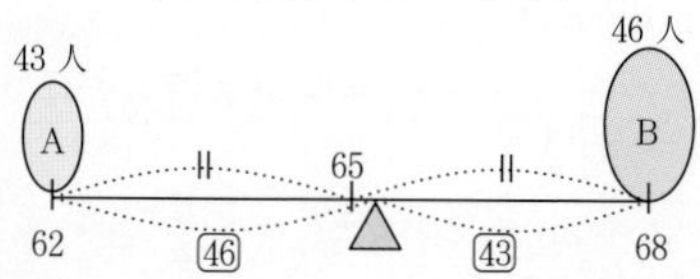

463 外れ値の影響 [→例題42c]
根底 実戦 入試

方針 x が満たすべき条件を不等式で表します．

解答 題意の条件は，測定値：1～3 だけが平均値を下回ること，すなわち

$3<(*)$ の平均値 ≤ 4.

これを変形すると

$$3<\frac{21+x}{10}\leq 4.$$

$$30<21+x\leq 40.$$

$\therefore 9<x\leq 19.$ // たしかに x が最大の測定値

解説 本問の結果を見ると，x のように突出して大きい「外れ値」があると，ほとんどの測定値が「平均値」を下回ってしまうという現象が起こり得ることがわかります．このようなケースでは，「平均値」は必ずしもデータを“代表”する値とは言いづらい感じがしますね．

参考 ちなみに，x を除く 9 個の平均値は

$$\frac{21}{9}=\frac{7}{3}=2.333\cdots.$$

外れ値である最大値 x がもっと大きくなると，他の 9 個が全て平均を下回ってしまいます．そのようになるための条件は，次の通りです：

$4<(*)$ の平均値．

$$4<\frac{21+x}{10}. \quad \text{i.e. } 19<x.$$

464 中央値の計算 [→例題43a]
根底 実戦

着眼 (1) 既に小さい順に並べられていて，測定値の個数は奇数です．

(2) 小さい順に並べ直す手間がかかります．測定値の個数は偶数です．

並べ直しの手順は，以下の通りです：

83, 56, 75, 78, 66, 81, 54, 87, 67, 92

→ 83, 56, 75, 78, 66, 81, ~~54~~, 87, 67, 92

54

→ 83, ~~56~~, 75, 78, 66, 81, ~~54~~, 87, 67, 92

54, 56

⋮ 以下同様

解答 (1) $\overbrace{2, 3, 4, 5}^{4\text{個}}, \underline{5}, \overbrace{7, 7, 8, 9}^{4\text{個}}$

中央値は，小さい方から5番目の測定値であり，5.//

(2) 測定値が小さい順に並べ直すと次の通り：

$\overbrace{54, 56, 66, 67}^{4\text{個}}, \underline{75, 78}, \overbrace{81, 83, 87, 92}^{4\text{個}}$

中央値は，小さい方から 5, 6 番目を参照して

$$\frac{75+78}{2}=76.5.//$$

注 (1) 中央値 =5 と等しい測定値が 2 個ありますね．

(2) 中央値 = 76.5 と等しい測定値はありませんね．

465 平均値と中央値 [→例題43b]
根底 実戦

方針 「平均値」は x を用いて簡単に表せます．一方，「中央値」はそうはいきませんから，考えられる全てのケースを議論します．

解答 平均値は

$$\frac{1+1+2+3+5+6+7+7+x}{9}=\frac{32+x}{9}. \cdots ①$$

中央値は，小さい方から 5 番目の測定値 1) である．

測定値：1, 2 は，それより大きい測定値が 5 個以上あるから小さい方から 4 番目以下．よって，中央値にはならない．

測定値：6, 7 は，それより小さい測定値が 5 個以上あるから小さい方から 6 番目以上．よって，中央値にはならない．

よって，中央値と一致する測定値は，3, 5, x のいずれか．

これと①より，以下の 3 つの場合だけ 2) が考えられる：

i) $\frac{32+x}{9}=3$ のとき，$x=-5(<0)$ となり，不適．

ii) $\frac{32+x}{9}=5$ のとき，$x=13(>0)$．このとき小さい測定値から並べると

$\overbrace{1, 1, 2, 3}^{4\text{個}}, \underline{5}, \overbrace{6, 7, 7, 13}^{4\text{個}}$

よって，確かに中央値も 5 である．

iii) $\frac{32+x}{9}=x$ のとき，$x=4(>0)$．このとき小さい測定値から並べると

$\overbrace{1, 1, 2, 3}^{4\text{個}}, \underline{4}, \overbrace{5, 6, 7, 7}^{4\text{個}}$ 3)

よって，確かに中央値も 4 である．

i)～iii) より，求める x の値は，$x=4, 13.$//

解説 1)：データの大きさが奇数なので，中央値はいずれかの測定値と等しくなります．

2)：固い言い方をするなら「**必要**である」となります．

3)：$x=4$ ならば，このように測定値の分布が左右対称となるので，「平均値＝中央値」となることが直観的に見通せます．ただし，これは題意の**十分条件**でしかありません．他にも条件を満たす x はあるかもしれませんから，これだけでは正解にはなりません．

466 平均値の最大・最小 [→例題43b]
根底 実戦 入試 ハイレベル↑

着眼 (1) データの大きさが偶数のときの中央値とは？

方針 (2)(3) 設問の流れに沿って考えましょう.

解答 題意の条件より,

$$\begin{cases} x_1 = \text{最小値} = 2, \\ x_6 = \text{最大値} = 8. \end{cases}$$

(1) 中央値は 6 だから,

$$\frac{x_3 + x_4}{2} = 6.$$

i.e. $x_4 = 12 - x_3$.// …②

(2) x_3, x_4 が満たすべき条件は, ②および

$2 \leq x_3 \leq x_4 \leq 8$.[1)]

よって, x_3 が満たすべき条件は,

$$2 \leq x_3 \leq 12 - x_3 \leq 8.$$

i.e. $2 \leq x_3,\ x_3 \leq 6,\ 4 \leq x_3$.

i.e. $4 \leq x_3 \leq 6$.

よって, 求める値は, $x_3 = 4, 5, 6$.//

(3) (2)より, 次の 3 つのケースが考えられる：

2)	x_1	x_2	x_3	x_4	x_5	x_6
i)	2		4	8		8
ii)	2		5	7		8
iii)	2		6	6		8

$S = x_1 + x_2 + \cdots + x_6$ とおくと, $\overline{x} = \frac{S}{6}$ より S と $\overline{x}$ は同時に最大・最小となる. ①のもとで考えると以下のようになる：

i) のとき

$$\max S = 2+4+4+8+8+8 = 34,$$
$$\min S = 2+2+4+8+8+8 = 32.$$

ii) のとき

$$\max S = 2+5+5+7+8+8 = 35,$$
$$\min S = 2+2+5+7+7+8 = 31.$$

iii) のとき

$$\max S = 2+6+6+6+8+8 = 36,$$
$$\min S = 2+2+6+6+6+8 = 30.$$

以上 i)～iii) より, 求める値は

$$\max \overline{x} = \frac{36}{6} = 6,\ \min \overline{x} = \frac{30}{6} = 5.$$//

解説 2)：このように, 数の並びを具体的に書き, それを見ながら考えることが大切です.

補足 1)：これが成り立つならば, x_2, x_5 もたしかに存在しますね.

467 ヒストグラム（離散変量） [→例題44a]
根底 実戦

方針 (2) 測定値：1 点～10 点の度数を, 正確に数えましょう.

解答 (1) 平均値$=\frac{\text{総和}}{\text{個数}} = \frac{91}{14} = \frac{13}{2} = 6.5$(点).//

(2)

得点	0	1	2	3	4	5	6	7	8	9	10
度数	0	1	2	0	1	1	0	2	3	1	3
累積度数	0	1	3	3	4	5	5	7	10	11	14

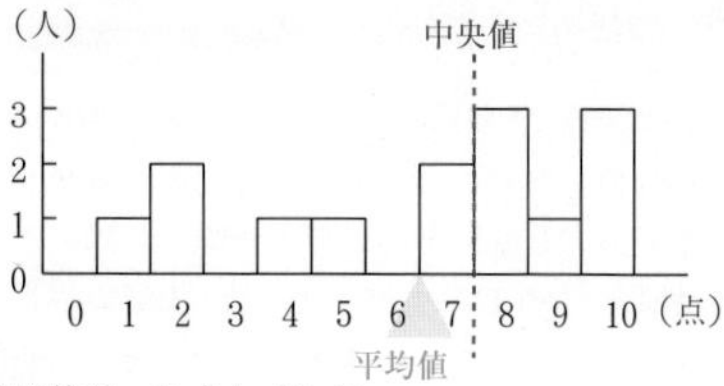

最頻値は, 8 点と 10 点.//

中央値は小さい方から 7, 8 番目を参照して

$\frac{7+8}{2}$[1)] $= 7.5$(点).//

補足 1)：小さい方から 7 番目の測定値が 7, 8 番目の測定値が 8. たまたまです（笑).

余談 多くの生徒は高得点を得ていますが, 一部“サボった”生徒がいたらしく（笑), 平均点を押し下げています. 結果として 9 人の生徒が平均点を上回り, 中央値も平均点より高くなっています.

468 階級・ヒストグラム（連続変量） [→444]
根底 実戦 重要

方針 データを見渡すと, 使用する階級は「140cm 以上 145cm 未満」～「160cm 以上 165cm 未満」とわかります. 各階級に属する測定値の個数を,「正」の字を一画ずつ書きながら数えましょう.

最頻値は, 度数最大の階級の階級値です.

解答

階級(cm) 以上～未満	階級値	度数	累積度数
140～145	142.5	2	2
145～150	147.5	4	6
150～155	152.5	5	11
155～160	157.5	3	14
160～165	162.5	2	16

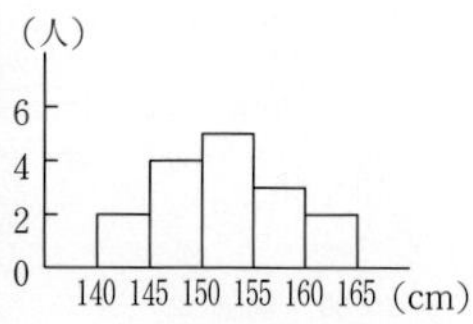

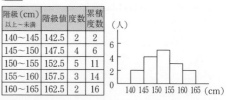

最頻値は, 階級「150cm 以上 155cm 未満」の階級値であり, 152.5cm.//

4 6 9 ヒストグラム・箱ひげ図（離散変量）
根底 実戦 [→例題 4 5 a]

方針 (1) 測定値：1〜8 の度数を，「正」の字を一画ずつ書きながら数えましょう．
(2) 小さい方からの「順位」に注目し，「下位データ」と「上位データ」に分けて四分位数を考えます．

解答

(1)

定員(人)	度数	累積度数
1	2	2
2	5	7
3	5	12
4	4	16
5	2	18
6	2	20
7	2	22
8	1	23

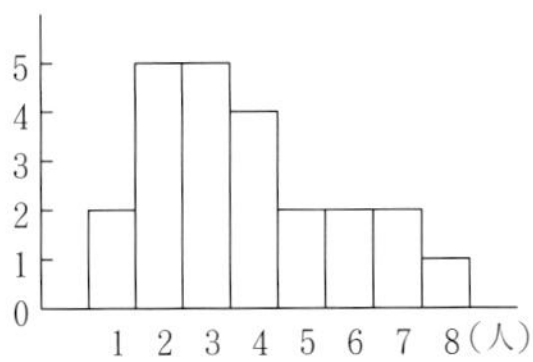

最頻値は，「2 人および 3 人」．//

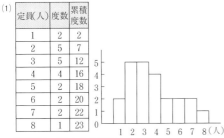

(2) このデータの大きさは 23 だから，中央値 Q_2 は小さい方から 12 番目の測定値であり，これを中心として次のように分けられる：

大きさ ＝ 23 のデータ
下位データ　上位データ
[11 個] Q_2 [11 個]
[5 個] Q_1 [5 個]　[5 個] Q_3 [5 個]

小さい方からの順位を(1)の累積度数から読み取ることにより，次の五数要約を得る：

五数	最小値	Q_1	Q_2	Q_3	最大値
順位	1	6	12	18	23
	1	2	3	5	8

これを表した箱ひげ図は次の通り：

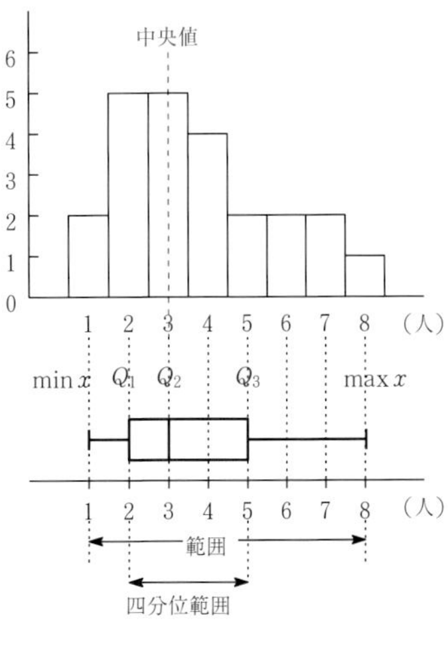

$$\begin{cases} \text{範囲} = \text{最大値} - \text{最小値} = 8 - 1 = 7, \\ \text{四分位範囲} = Q_3 - Q_1 = 5 - 2 = 3, \\ \text{四分位偏差} = \dfrac{\text{四分位範囲}}{2} = \dfrac{3}{2}. // \end{cases}$$

注 箱ひげ図を描く際，理解を深めてもらうため，ヒストグラムとの対応も図示しました．（問題への解答としては，もちろん箱ひげ図だけで OK です．）

参考 データの平均値は，3.78… です．定員議席数が 2 や 3 である区が多いのですが，それより議席数が遥かに多い区がかなりあるため，平均値は最頻値や中央値より大きな値となっています．

余談 データの最大値：8 は，住居地域主体で人口の多い世田谷区，最小値：1 は商業地域主体で人口の少ない千代田区・中央区です．

4 6 10 ヒストグラム→箱ひげ図
根底 実戦 [→例題 4 5 a]

方針 前問のような“生データ”に比べて，ヒストグラムや度数分布表はある程度データが整理済みなので扱いがカンタンです．

解答

(1)

x	7	8	9	10	11	12	13	14	15	16	17	18	19
度数	2	3	2	2	3	4	1	2	3	1	1	0	1
累積度数	2	5	7	9	12	16	17	19	22	23	24	24	25

(2) このデータの大きさは 25 だから，中央値 Q_2 は小さい方から 13 番目の測定値であり，これを中心として次のように分けられる：

大きさ ＝ 25 のデータ
下位データ　上位データ
[12 個] Q_2 [12 個]
[6 個 | 6 個]　[6 個 | 6 個]
Q_1　Q_3

小さい方からの順位を(1)の累積度数から読み取ることにより，次の五数要約および箱ひげ図を得る：

五数	最小値	Q_1	Q_2	Q_3	最大値
順位	1	6, 7	13	19, 20	25
x	7	9	12	14.5	19

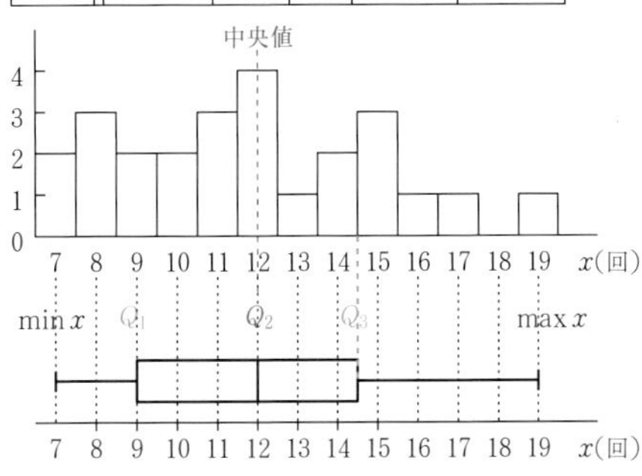

第4章 データの分析

注 前問と同様，理解を深めてもらうため，箱ひげ図をヒストグラムと対応付けて描きました．

参考 1996 年→ 2020 年の順に並べた "生データ" は，以下の通りです：

10 15 8 11 15 11 13 12 19 12 10 12 9
8 7 9 17 14 12 14 11 8 16 15 7

4 6 11 箱ひげ図・ヒストグラムの読み取り

根底 実戦 入試 [→例題 4 5 b]

解答 解説 (1) 大きさ $= 47$ のデータ

下位データ 上位データ

23 個	Q_2	23 個

11 個 Q_1 11 個 ／ 11 個 Q_3 11 個

上記より，各四分位数の順位は

Q_1… 小さい方から 12 番目．

Q_2… 小さい方から 24 番目．

Q_3… 小さい方から 36 番目．

よって，各ヒストグラムから得られる「度数分布表」および「五数要約」は次の通り：

⓪

階級 以上～未満	度数	累積度数
0～20	12	12
20～40	20	32
40～60	11	43
60～80	3	46
⋮	⋮	⋮
160～180	1	47

	階級
$\min y$	0～20
Q_1	0～20
Q_2	20～40
Q_3	40～60
$\max y$	160～180

Q_1 が箱ひげ図と矛盾している．

①

階級 以上～未満	度数	累積度数
0～20	8	8
20～40	15	23
40～60	16	39
60～80	7	46
⋮	⋮	⋮
160～180	1	47

	階級
$\min y$	0～20
Q_1	20～40
Q_2	40～60
Q_3	40～60
$\max y$	160～180

Q_2 が箱ひげ図と矛盾している．

②

階級 以上～未満	度数	累積度数
0～20	7	7
20～40	19	26
40～60	9	35
60～80	11	46
⋮	⋮	⋮
160～180	1	47

	階級
$\min y$	0～20
Q_1	20～40
Q_2	20～40
Q_3	60～80
$\max y$	160～180

Q_3 が箱ひげ図と矛盾している．

③

階級 以上～未満	度数	累積度数
0～20	9	9
20～40	22	31
40～60	11	42
60～80	4	46
⋮	⋮	⋮
160～180	1	47

	階級
$\min y$	0～20
Q_1	20～40
Q_2	20～40
Q_3	40～60
$\max y$	160～180

五数の全てが箱ひげ図と矛盾しない．

以上より，⓪～③のうち箱ひげ図と矛盾しないヒストグラムは，③.//

(2) (a) (正).

中央値が含まれる階級は「20～40」の階級であり，これは度数が最大の階級でもあります．

(b) (誤).

ヒストグラム③によると，最大値は 160 以上だから，その 4 分の 1 は 40 以上．

一方，40 未満だとわかる観測値は，階級「0 以上 20 未満」と「20 以上 40 未満」に属するものだけであり，これらの合計度数は $9+22=31$ しかない．

注 箱ひげ図によるなら，最大値は 180 "弱" で Q_3 は 40 "強"．ここに，

$$40\text{“強”} < \frac{180\text{“弱”}}{4} \fallingdotseq 45$$

だから，Q_3 以下の 36 個以上の観測値が最大値の 4 分の 1 未満といえます．しかし本問では，「ヒストグラム**だけ**をもとに」という注意書きに従わなくてはなりません．■

(c) (誤).

ヒストグラム③によると，範囲は $180-0=180$ 未満．

一方，Q_1 は階級「20 以上 40 未満」に属し，Q_3 は階級「40 以上 60 未満」に属するから，四分位範囲の 5 倍は最大限大きく見積もって

$5\cdot(60-20)=5\cdot40=200$(未満)

まで達する可能性があります．

注 (2)と同様です．あくまでも「ヒストグラム**だけ**をもとに」解答すること．

箱ひげ図によるなら，範囲は "おおよそ" 160 くらいで，四分位範囲は "おおよそ" 20 くらい．よって，範囲は四分位範囲の 5 倍以上になりますが….

解説 (1) 上記 解答 では 4 つのヒストグラムから得られる五数要約を全て書きました．しかし，試験本番では，時間節約のために何か 1 つ：例えば⓪では「Q_1

が矛盾する」とわかった時点で即座にその選択肢を排除します.

補足 1）：最頻値は，この階級の階級値：$\dfrac{20+40}{2}=30$ です.

参考 実際のデータに基くヒストグラムと箱ひげ図，および五数要約は次の通りです.

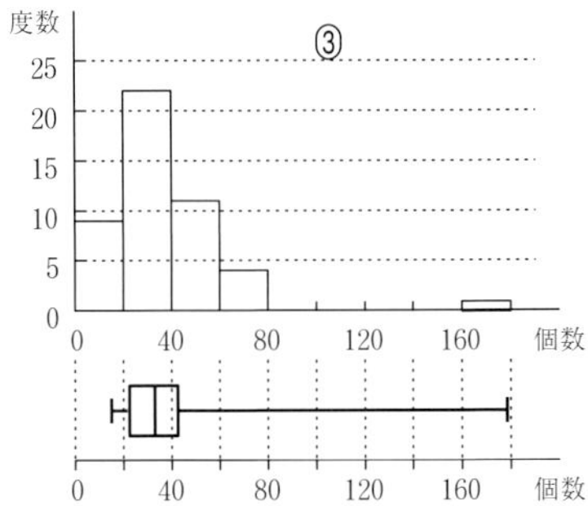

$\min y$	15	富山県
Q_1	21	
Q_2	33	
Q_3	43	
$\max y$	179	北海道

注 (2)において，(a)の「度数最大の階級」はヒストグラムによってのみわかります.
それに対して(b)，(c)では，箱ひげ図によれば断定できるものがヒストグラムからは結論付けることができないことを体験しました.
このように，「ヒストグラム」･「箱ひげ図」から得られる**情報**は，よく似てはいるものの多少異なり，一方だけから得られ，他方からは漏れてしまうこともあるのです.

4 6 12 代表値に関する正誤判定

[→例題 4 5 C]

根底 実戦 入試

方針 具体例を思い浮かべながら，注意深く.

解答 (1) (誤).

平均値と中央値は 1 つに定まりますが，最頻値は 2 つ以上あるケースも考えられます（例：右図）.

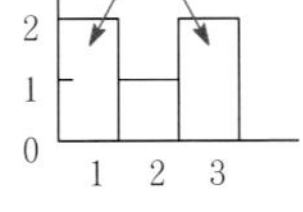

(2) (誤).

例えば「0.3, 0.7, 1.3, 2.5, 2.8」というデータを，「0 以上 1 未満」，「1 以上 2 未満」，「2 以上 3 未満」と階級分けしたとき，中央値 1.3 は度数が最小である階級「1 以上 2 未満」に属しています.

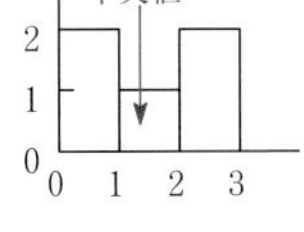

注 「中央値」と「頻度」は基本的には関係ありません.「中央値は必ず最頻値を与える階級に属する」というのも誤りです. ■

(3) (誤).

例えば下のデータの中央値は，$\dfrac{6+7}{2}=6.5$ ですが，このような測定値はありません.

下位データ　上位データ

［　　　6］［7　　　］

参考 データの大きさが奇数であれば，順位が真ん中の測定値は必ず中央値と一致します.

例 下位データ　中央値　上位データ

［　　　6］　7　［7　　　］

(4) (正).

このデータの「範囲」は $93-35=58$ だから，「四分位範囲」はそれ以下. よってその半分である「四分位偏差」は，$\dfrac{58}{2}=29$ 以下だから，30 未満である.

注 このような「正誤判定問題」では，いかにも間違えそうな“引っ掛け”が多いので気を付けましょう（笑）.

4 6 13 四分位数に関する正誤判定

[→例題 4 5 C]

根底 実戦 入試

方針 様々な具体例を想定し，騙されないように.

解答 解説

(1) (正).

元のデータは，

下位データ　上位データ

［　　　a］［b　　　］（ただし $a\leq b$.）

23 個　　23 個

この中央値は，$\dfrac{a+b}{2}$ であり

$$a\leq\frac{a+b}{2}\leq b\ (a=b\text{ のときも含めて}).$$

よって，追加後のデータは

下位データ　中央値　上位データ

［　　　a］　$\dfrac{a+b}{2}$　［b　　　］

23 個　　　23 個

よって，23 個からなる下位データに変化はないから，Q_1 は不変である.

第4章 データの分析

(2) (誤).

元のデータは,

下位データ	中央値	上位データ
m	○	
10 個		10 個

ここから最小値 m と等しい測定値を除く.

そのような測定値がただ 1 つであれば, 削除後のデータは,

下位データ	上位データ
○	
10 個	10 個

となり, 10 個からなる上位データに変化はない.

しかし, m と等しい測定値が 2 個以上あれば, 削除後の上位データの測定値は 9 個以下となり, その中央値である Q_3 は変化する可能性がある.

(3) (誤).

元のデータは,

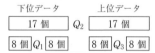

下位データ				上位データ		
17 個			Q_2	17 個		
8 個	Q_1	8 個		8 個	Q_3	8 個

ここから Q_1 以上 Q_3 以下のデータを削除すると, 上図赤下線部の測定値は全てなくなるから, データの大きさは $8+8=16$ 以下になる.

ただし, この 16 個の中にも Q_1 や Q_3 と等しいものもある可能性があり, 例えば小さい方の 8 個 は, データの最小値も含めて全て Q_1 と等しければ全て削除され, データの範囲は変化する可能性がある.

注 (1):「中央値と等しい測定値を 1 つ追加」は単純ですが, (2):「最小値と等しい測定値を (全て) 削除」では,「等しい値」が 2 個以上ある可能性も視野に入れねばなりません. (3): Q_1 以上 Q_3 以下の値を (全て) 削除」も同様です.

11 演習問題B

4 11 1 分散・標準偏差の計算 根底 実戦 [→例題 4 7 a]

注 問われているのは「標準偏差」ですが, 目指すのはあくまでも「分散」=「偏差平方の平均値」です.

方針 分散の「定義」と「公式」を使い分けます.

解答 (1) 平均値$=\dfrac{1}{6}(1+3+4+5+5+6)=\dfrac{24}{6}=4.$

方針 これはキレイな整数値. よって「定義」を使います. ■

偏差平方の平均値を考えて

$$\text{分散}=\frac{1}{6}\left\{(1-4)^2+(3-4)^2+\cdots+(6-4)^2\right\}$$
$$=\frac{1}{6}(9+1+0+1+1+4)=\frac{16}{6}=\frac{8}{3}.$$
$$\therefore\ \text{標準偏差}=\sqrt{\frac{8}{3}}=\frac{2\sqrt{2}}{\sqrt{3}}=\frac{2}{3}\sqrt{6}. /\!/$$

(2) このデータの変量を x とする. 20 を仮平均として, $x-20$ の平均値は,

$$\frac{1}{8}(0+2+3+3+3+4+4+5)=\frac{24}{8}=3.$$

よって x の平均値は, $20+3=23$.

方針 これはキレイな整数値. よって「定義」を使います. ■

偏差平方の平均値を考えて

$$\text{分散}=\frac{1}{8}(9+1+0+0+0+1+1+4)$$
$$=\frac{16}{8}=2.$$

$\therefore$ 標準偏差$=\sqrt{2}. /\!/$

解説 仮平均「20」からいちおう平均値「23」を求めましたが, 結局求めたいのは偏差ですから,

$x-(x$ 平均値$)$ としても,

$(x-20)-(x-20$ の平均値$)$ としても,

どちらでも同じ結果が得られますね. このあたりの事情に関して, 詳しくは[→9 **「変量の変換」**].

(3) このデータの変量 y の平均値は

$$\overline{y}=\frac{1}{9}(-3-1+0+2+2+3+3+3+3)$$
$$=\frac{12}{9}=\frac{4}{3}.$$

方針 これは整数値でないので「定義」はメンドウそう. 分散の「公式」を使います. ■

y^2 の平均値は

$$\overline{y^2}=\frac{1}{9}(9+1+0+4+4+9+9+9+9)$$
$$=\frac{54}{9}=6.$$

よって，y の分散は

$$s_y{}^2 = \overline{y^2} - (\overline{y})^2 \quad \text{2 乗の平均 − 平均の 2 乗}$$
$$= 6 - \left(\frac{4}{3}\right)^2 = \frac{38}{9}.$$

よって求める標準偏差は

$$s_y = \sqrt{\frac{38}{9}} = \frac{\sqrt{38}}{3}. /\!/$$

解説　「定義」「公式」のどちらを使うかは，あまりカチッと決めつけすぎず，その場の状況に応じて使い分け．場合によっては途中で軌道修正するくらいの気持ちで．

4 11 2　平均値・分散の一致
根底 実戦　重要　[→例題 4 7 b]

方針　「平均値」の一致は一本道．もう片方の「分散」の一致を，「定義」・「公式」のどちらで表すかの選択が重要です．

解答　平均値について，$\overline{x} = \overline{y}$ となるための条件は

$$\frac{2+4+5+5+5}{5} = \frac{3+5+6+a+b}{5}.$$

i.e. $a + b = 7.$ …①

次に，x, y の分散が一致するための条件は，分散の公式を用いて

$$\overline{x^2} - (\overline{x})^2 = \overline{y^2} - (\overline{y})^2 \text{ 1)}.$$

これは，①のもとでは次と同値：

$$\overline{x^2} = \overline{y^2}.$$
$$\frac{4+16+25+25+25}{5} = \frac{9+25+36+a^2+b^2}{5}.$$

i.e. $a^2 + b^2 = 25.$ …②

$(a+b)^2 = a^2 + b^2 + 2ab$ と①②より

$49 = 25 + 2ab.\quad ab = 12.$ …③

①③より，a, b を 2 解とする方程式は

$(x-a)(x-b) = 0$

$x^2 - (a+b)x + ab = 0$

$x^2 - 7x + 12 = 0.$

これを解くと

$(x-3)(x-4) = 0$ より，$x = 3, 4.$

以上より，求める組は

$(a, b) = (3, 4), (4, 3)$ 2)$. /\!/$

解説　①の上の式において，左辺は

$\overline{x} = 4.2.$

これは整数値ではないので，分散を「定義」で求めるのは辛そう．そこで「公式」を利用します．

1)：すると，この両辺から等しい $\overline{x}, \overline{y}$ が消えてくれるので，後の処理がカンタンになりました．

補足　2)：この 2 つの違いは，測定値を書き並べる順序だけです (笑).

4 11 3　観測値の追加
根底 実戦　[→4 7]

方針　(2) (1)の結果を参考にすると，「分散」を「定義」,「公式」のどちらで扱うとよいかがわかります．

解答　(1)　$m = \frac{1}{9}(x_1 + x_2 + \cdots + x_9)$ より

$$9m = x_1 + x_2 + \cdots + x_9.$$
$$\therefore\quad m' = \frac{1}{10}(x_1 + x_2 + \cdots + x_9 + x_{10})$$
$$= \frac{1}{10}(9m + x_{10}). /\!/$$

(2)　(1)の結果と $x_{10} = m$ より，

$$m' = \frac{10m}{10} = m. \cdots ①$$

方針　m' がキレイに表せたので，「分散」の「定義」を用います．■

$$V = \frac{1}{9}\{(x_1-m)^2+(x_2-m)^2+\cdots+(x_9-m)^2\}.$$
$$V' = \frac{1}{10}\{(x_1-m')^2+(x_2-m')^2+\cdots+(x_9-m')^2 + (x_{10}-m')^2\}$$
$$= \frac{1}{10}\{(x_1 \underset{1)}{-} m)^2+(x_2-m)^2+\cdots+(x_9-m)^2 + (\overset{2)}{m}-m)^2\}\ (\because ①)$$
$$= \frac{1}{10}\{(x_1-m)^2+(x_2-m)^2+\cdots+(x_9-m)^2\}.$$

以上より，$V' = \frac{9}{10}V. /\!/$

解説　1)：本来「m'」であるはずのここが「m」となるので，V, V' の式の右辺において，$x_1 \sim x_9$ の偏差平方は全て等しくなります．

2)：さらに，x_{10} の偏差平方は 0 となります．これら 2 つの理由により，V と V' の間にキレイな関係式が得られるのです．

参考　(1)の結果により，次の関係が成り立つことがわかります：

$$\begin{cases} x_{10} = m \Longrightarrow m' = m, \\ x_{10} > m \Longrightarrow m' > m, \\ x_{10} < m \Longrightarrow m' < m. \end{cases}$$

例えば 2 行目は，次のように示されます．$x_{10} > m$ ならば

$$m' = \frac{1}{10}(9m + x_{10})$$
$$> \frac{1}{10}(9m + m) = \frac{10m}{10} = m. \square$$

これは，「元のデータの平均値より大きい測定値を追加すると，平均値は上昇する」ということを意味します．直観的にアタリマエですが (笑).

なお，この関係は，データの大きさに関係なくつねに成り立ちます．状況次第では，特に証明せず使ってしまっても良いと思われます．

注 本問(2)の内容は，**演習問題 4 12 1** においてさらに一般的・本格的に扱います．

4 11 4 データの分割と分散

根底 実戦 入試 典型 重要 [→例題 4 7 c]

注 解答過程においては，標準偏差ではなく分散を考えます．

着眼 情報を整理すると，次表の通りです：

グループ	人数	平均値	分散
A	30	40	20^2
B	10	?	?
全体	40	50	25^2

方針 全体，グループ A，グループ B では平均値が異なると思われるので，分散の「定義」は使いづらいですね．そこで，分散の「公式」に現れる「平方和」に注目します．

解答 全体，グループ A，グループ B の測定値の和をそれぞれ S, S_1, S_2 とし，測定値の平方和をそれぞれ T, T_1, T_2 とする．

○「和」について．

$$\text{全体}\cdots S = 40\cdot 50,$$
$$\text{グループ A}\cdots S_1 = 30\cdot 40.$$
$$\therefore\ \text{グループ B}\cdots S_2 = S - S_1 = 40\cdot 50 - 30\cdot 40 = 800.$$

よって，グループ B の平均値は，$\dfrac{800}{10} = 80$(点).//

○「平方和」について．分散を 2 通りに表すことにより，

$$\text{全体}\cdots 25^2 = \frac{T}{40} - 50^2 \text{ より}$$
$$T = 40\cdot(625 + 2500) = 40\cdot 3125.$$
$$\text{グループ A}\cdots 20^2 = \frac{T_1}{30} - 40^2 \text{ より}$$
$$T_1 = 30\cdot(400 + 1600) = 30\cdot 2000.$$
$$\therefore\ \text{グループ B}\cdots T_2 = T - T_1 = 40\cdot 3125 - 30\cdot 2000 = 125000 - 60000 = 65000.$$

よって，グループ B の分散は，

$$\frac{T_2}{10} - 80^2 = 6500 - 6400 = 100.$$

よって，グループ B の標準偏差は，$\sqrt{100} = 10$(点).//

参考 得られた結果も合わせて情報を整理すると，次表の通りです：

グループ	人数	平均値	分散
A	30	40	20^2
B	10	80	10^2
全体	40	50	25^2

これを概観すると，次のような傾向が見て取れます（下図も参照）：

- ○ グループ A：平均点が低く，得点のバラつきが大き目．
- ○ グループ B：平均点が高く，得点のバラつきが小さ目．
- ○ 全体：平均点は A と B の間で人数の多い A 寄り．両グループ間の得点差が大きいので，バラつき度合を表す分散は，各々のグループより大きい．

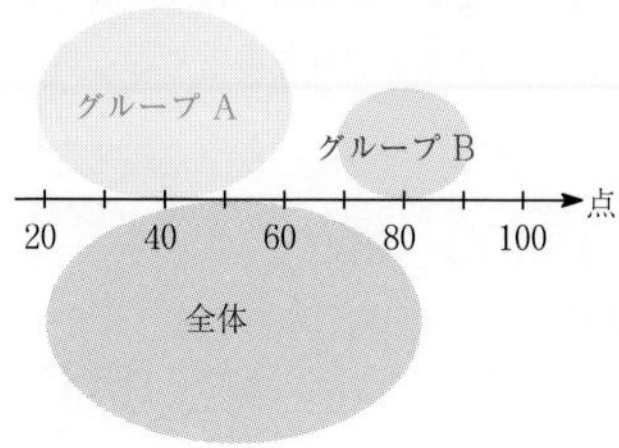

4 11 5 散布図の作成

根底 実戦 [→例題 4 8 a]

解答

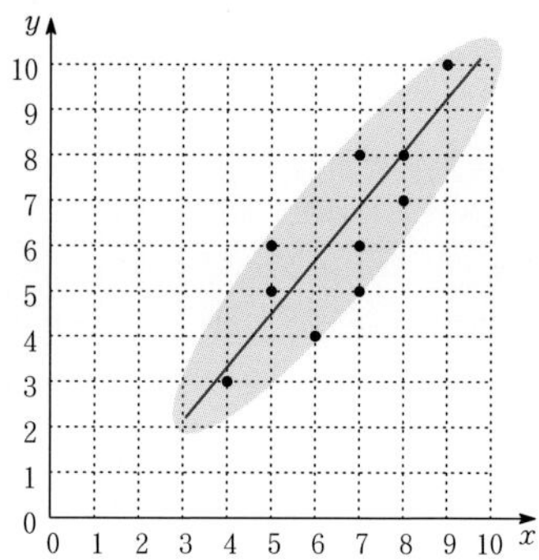

この散布図において，点が右上がりの直線にそって位置している．よって，

x と y には正の相関関係がある.//

言い訳 1)：入試でこのような不明確な問い方をされることはないと思われますが．

4 11 6 相関係数の計算

根底 実戦 重要 [→例題 4 8 b]

方針 平均値→偏差→偏差平方＆偏差積→分散＆共分散の順に求めていきます．表も上手く活用しましょう．

解答 平均値は

$$\overline{x} = \frac{3+4+8+6+4}{5} = \frac{25}{5} = 5,$$
$$\overline{y} = \frac{8+7+5+4+6}{5} = \frac{30}{5} = 6.$$

よって，x, y の偏差および偏差積は次表の通り：

月日	x	y	$x-\overline{x}$	$y-\overline{y}$	偏差積
2 月 1 日	3	8	-2	2	-4
2 月 2 日	4	7	-1	1	-1
2 月 3 日	8	5	3	-1	-3
2 月 4 日	6	4	1	-2	-2
2 月 5 日	4	6	-1	0	0
平均値	5	6			

したがって，分散，共分散は

$$s_x{}^2=\frac{1}{5}(4+1+9+1+1)=\frac{16}{5},$$

$$s_y{}^2=\frac{1}{5}(4+1+1+4+0)=\frac{10}{5}=2,$$

$$s_{xy}=\frac{1}{5}(-4-1-3-2+0)=\frac{-10}{5}=-2.$$

$$\therefore\quad r_{xy}=\frac{-2}{\sqrt{\dfrac{16}{5}}\cdot\sqrt{2}}=-\sqrt{2}\cdot\frac{\sqrt{5}}{4}=-\frac{\sqrt{10}}{4}.\,/\!\!/$$

参考 散布図は，次のようになります：

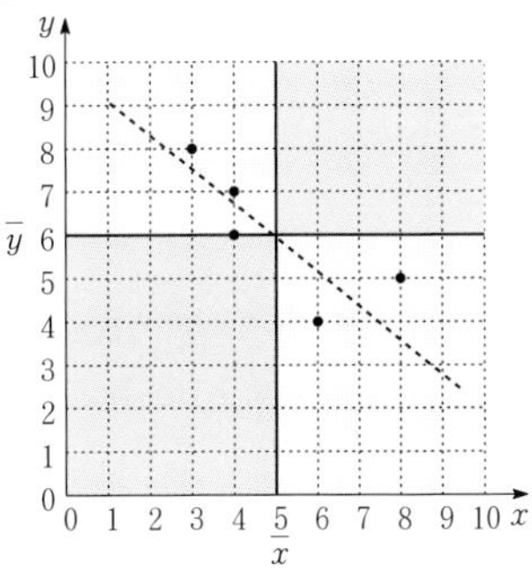

青色の部分に多くの点があり，右下がりの直線に沿った分布になっていることがわかりますね．

余談　r_{xy} の概算値は，$-\dfrac{3.16\cdots}{4}=-0.79\cdots$ です．かなり強い負の相関があります．冬場ですので，気温が上がれば暖房器具の使用が控えられるという訳です．

4 11 7 散布図と相関係数 [→4 8 5]

根底 実戦

着眼 「相関係数」の値を直観的に判断するには，傾きが正または負の直線の近くに点が密集している度合を見ます．

解答 (1) 右上がりの直線に沿って点が配置されている．
強い正の相関がある．
答え：⑤ ($r_{xy}=0.8$)
参考 実際の値は，
$r_{xy}=0.832\cdots$ です．

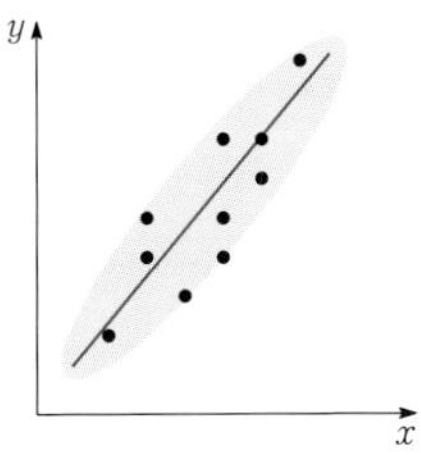

(2) 右下がりの直線に沿って点が配置されている．
強い負の相関がある．
答え：① ($r_{xy}=-0.8$)
参考 実際の値は，
$r_{xy}=-0.812\cdots$ です．

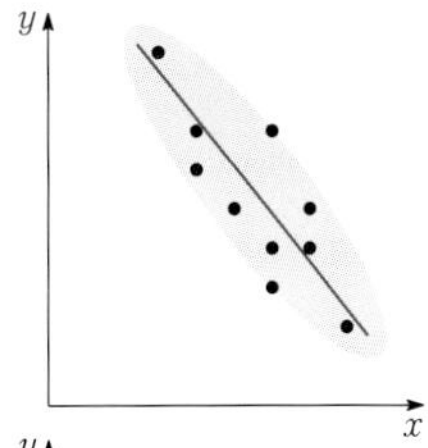

(3) 右上がりの直線に沿って点があるが，それほど直線に近くはない．
弱い正の相関がある．
答え：④ ($r_{xy}=0.3$)
参考 実際の値は，
$r_{xy}=0.310\cdots$ です．

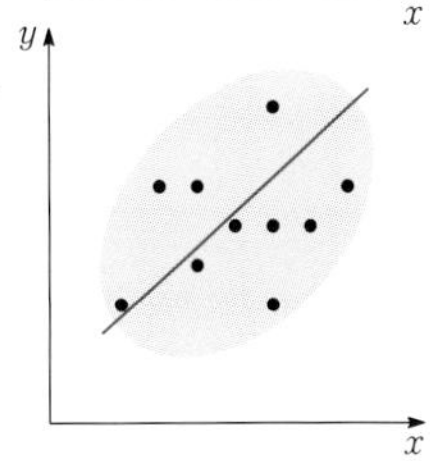

(4) 右下がりの直線上に全ての点がある．
完全な [1] 負の相関がある．
答え：⓪ ($r_{xy}=-1$)

(5) “折れ線”上に点があるが，「右上がりの直線上」でも「右下がりの直線上」でもない．
よって，正ないし負の相関はない．
答え：③ ($r_{xy}=0$)

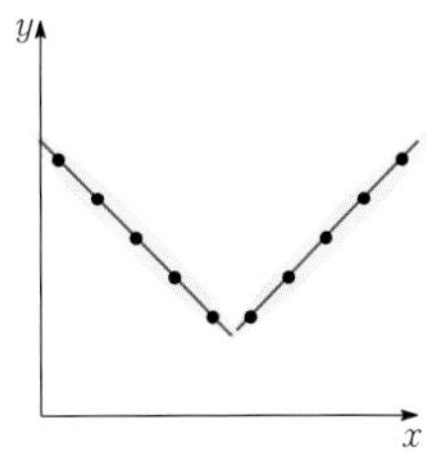

参考 実際の r_{xy} の値は，ちょうど 0 です．

(6) x の測定値が全て等しいので，x の分散は 0.
よって，相関係数 r_{xy} は存在しない．
答え：⑦

言い訳 [1]：“完全な”という表現は，正式なものではありません．

4 11 8 分散・相関に関する正誤判定 [→4 8 5]

根底 実戦 入試

方針 正誤判定問題です．“引っ掛け”に騙されないよう，慎重に．

解答 (1) (誤).

$s_x>s_y$ からいえることは，身長を表す数値 x(単位：cm) と体重を表す数値 y(単位：kg) のバラつき度合の違いであって，身長そのものと体重そのもののバラつきを評価した訳ではありません．
例えば体重を測る単位を「kg」から「g」に変えた変量 y' をとると，$y'=1000y$ ですから，$s_{y'}=1000s_y$ となり，おそらく $s_{y'}>s_x$ となるでしょう．
世には，こうした意味のない統計的情報も流布されています．くれぐれも騙されないようにね (笑).

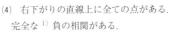

参考 例えば身長，体重を表す変量 x, y の，それぞれの平均値に対する割合：$\dfrac{x}{\overline{x}}$，$\dfrac{y}{\overline{y}}$ のバラつきを比べるなら，それなりに価値ある比較になるかと思います．■

(2) (誤).

標準偏差 $=\sqrt{\text{分散}}$ ですから，多くの場合正となります．

しかし，全ての測定値が等しいとき(大きさが1のときも含めて)，分散が0となり，標準偏差も0となります．また，このとき相関係数は，その定義式における分母が0となってしまうため，値をもちません．

(3) (正).

有名事実として記憶しておきましょう．厳密な証明は，[→演習問題4 12 5].

注 ただし，(2)で述べた通り，値が存在しないときがあります．■

(4) (誤).

どんな傾きの直線のまわりに点が集まるかは，相関の強さ・相関係数には関係しません．相関係数は，点がどの程度直線近くに密集しているかによって決まります．

(5) (正).

その一定値を定数 a とおくと，

$$x+y=a. \quad \text{i.e. } y=-x+a.$$

$$\therefore s_y=|-1|s_x=s_x$$

となります．

4 11 9 相関表の読み取り

根底 実戦　入試　重要　ハイレベル↑　[→4 8]

方針 相関表から，時には「x, y の関係」を読み取り，別のある時には「x 単独，y 単独」の情報を読み取ります．

解答 (1) 相関表より，x が増加すると y も増加する傾向が見て取れる．よって，x と y の間には正の相関関係がある．//

(2) x, y 各々の度数を表に書き入れると以下の通り：

		英語の得点 x						yの度数
		0	1	2	3	4	5	
数学の得点 y	5						1	1
	4						1	1
	3			1	2	1		4
	2			1	1	3	1	6
	1		2	2	3			7
	0		1					1
xの度数		0	3	4	6	4	3	

よって，

$$\overline{x}=\frac{1}{20}(0\cdot0+1\cdot3+2\cdot4+3\cdot6+4\cdot4+5\cdot3)$$
$$=\frac{60}{20}=3(\text{点}).//$$
$$\overline{y}=\frac{1}{20}(0\cdot1+1\cdot7+2\cdot6+3\cdot4+4\cdot1+5\cdot1)$$
$$=\frac{40}{20}=2(\text{点}).//$$

(3) x の度数分布表は次の通り：

x(点)	0	1	2	3	4	5
度数	0	3	4	6	4	3
累積度数	0	3	7	13	17	20

よって，変量 x の五数要約は以下の通り：

五数	最小値	Q_1	Q_2	Q_3	最大値
順位	1	5, 6	10, 11	15, 16	20 [1]
x	1	2	3	4	5

(4) (2)より，y の偏差は右の通り．したがって，y の分散は，

$${s_y}^2$$
$$=\frac{4\cdot1+1\cdot7+0\cdot6+1\cdot4+4\cdot1+9\cdot1}{20}$$
$$=\frac{28}{20}=1.4.//$$

得点 y	偏差 $y-\overline{y}$	度数
0	−2	1
1	−1	7
2	0	6
3	1	4
4	2	1
5	3	1

(5) 度数分布表に修正後の数値を赤字で書き入れると次の通り：

		英語の得点 x						yの度数
		0	1	2	3	4	5	
数学の得点 y	5						1	1
	4						1	1
	3			1	~~2~~1	1		~~4~~3
	2			1	~~1~~3	3	1	~~6~~8
	1		2	2	~~3~~2			~~7~~6
	0		1					1
xの度数		0	3	4	6	4	3	

○ $\overline{y}$ について．

数学の得点については，2人が次のように変化した：

$$\begin{cases}1\text{点}\to2\text{点}\cdots+1\text{点}\\3\text{点}\to2\text{点}\cdots-1\text{点}\end{cases}$$

よって，数学得点合計は増減がないから，平均値：$\overline{y}=2$ は変化なし．// …①

○ 分散 ${s_y}^2$ について．

得点が変化した2人については，①より，偏差平方は次のように変わる：

[2] $$\begin{cases}1\text{点}\to2\text{点の人}\cdots\text{偏差平方}：(1-2)^2\to0^2,\\3\text{点}\to2\text{点の人}\cdots\text{偏差平方}：(3-2)^2\to0^2.\end{cases}$$

よって，偏差平方の総和は減少する．人数の変化は

ないから，分散 $s_y{}^2$ は減少[3] する．// …②

∘ 相関係数 r_{xy} について，

$$r_{xy}=\frac{s_{xy}}{s_x s_y}$$

において，

{ 英語の得点変動はないから，s_xは変化なし．
{ s_yは②より減少．

そこで，s_{xy} について考える．得点が変化した 2 人については，英語の得点 x が平均値の 3 点(表の青色) だから，数学の得点 y が変動しても偏差積は 0 のままである．よって，s_{xy} は変化なし．

以上より，相関係数 r_{xy} は，増加する[4]．//

言い訳 1)：得点が 0 点〜5 点の 6 種類しかないので，「五数要約」をする意義があまり感じられませんが．(笑)

解説 2)：得点修正をした 2 人は，いずれも数学の得点が平均点＝ 2 点へ寄った訳ですから，“バラつき”の指標である分散は，直観的にも減少するとわかりますね．

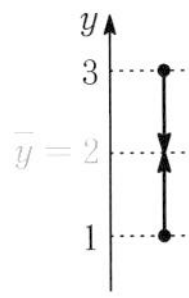

参考 3)4)：修正前・後の実際の値を計算してみると，右表のようになります：

	修正前	修正後
$s_y{}^2$	1.4	1.3
r_{xy}	0.668…	0.693…

余談　数学のテストがずいぶん難しかったみたいですね．

4 11 10 散布図の読み取り

根底 実戦 入試　[→4]

方針　「相関係数」の値を直観的に見抜くことと，度数分布表などを用いてデータの特性を正確に判断することを適宜使い分けます．

解答 (1)

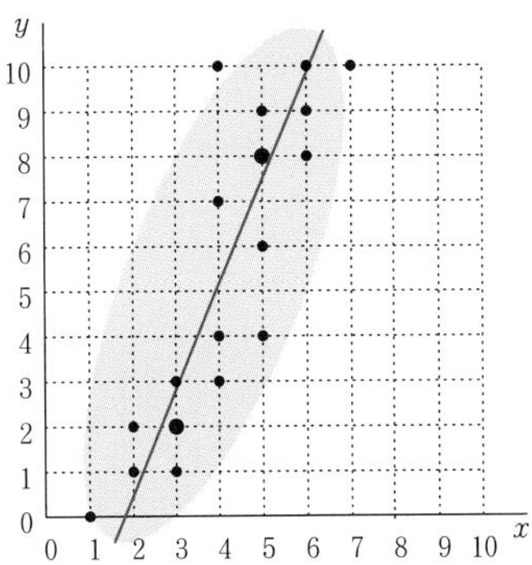

x と y には，強い正の相関がある．ただし，傾きが正の直線上に全ての点がある訳ではない．よって，相関係数は④：0.85．//

(2)　重なっている点に注意して，y の度数分布表および五数要約は次表の通り：

y	度数	累積度数
0	1	1
1	2	3
2	3	6
3	2	8
4	2	10
5	0	10
6	1	11
7	1	12
8	3	15
9	2	17
10	3	20

五数	順位	y
$\min y$	1	0
Q_1	5, 6	2
Q_2	10, 11	$\frac{4+6}{2}=5$
Q_3	15, 16	$\frac{8+9}{2}=8.5$
$\max y$	20	10

また，ヒストグラムと箱ひげ図は次の通り：

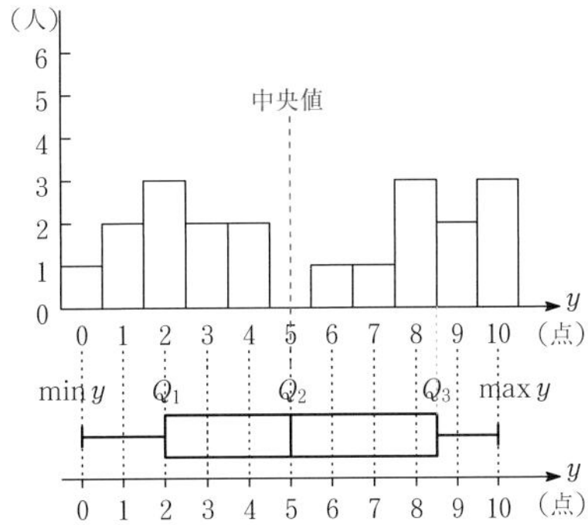

(3)　変量 $\frac{y}{x}$ は，散布図において原点と点 (x, y) を結んだ直線の傾きを表す．

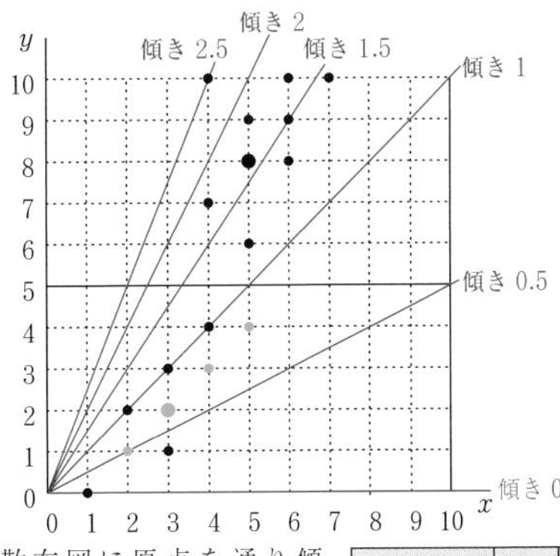

散布図に原点を通り傾き 0, 0.5, 1, …, 2.5 の直線を描き入れると上図のようになるから，変量 $\frac{y}{x}$ の度数分布表は右の通り：

r の階級 以上〜未満	度数	累積度数
0〜0.5	2	2
0.5〜1.0	5	7
1.0〜1.5	6	13
1.5〜2.0	6	19
2.0〜2.5	0	19
2.5〜3.0	1	20

散布図を見ると，x が大きい (図で右方) ほど傾きが大きい直線の近くにあることが比較的多い傾向が見える．よって，相関係数は④：0.6．//

第4章 データの分析

(4) 変量 $y-x$ は，散布図において直線 $y-x=k$ の y 切片 k を表す．

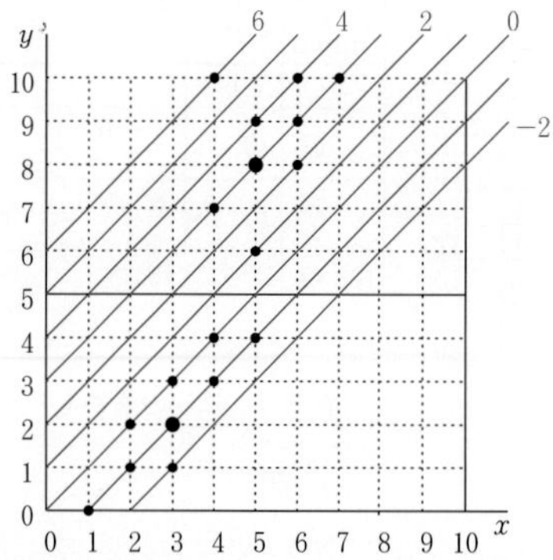

散布図に直線 $y-x=k\,(k=-2,-1,\cdots,6)$ を描き入れると上図のようになる（赤字が y 切片の値）．これを見ると，x が大きい（図で右方）ほど y 切片が大きい直線の近くにあることが比較的多い傾向が見える．よって，相関係数は④：0.6.//

解説 (3) 例えば 0.5～1.0 の階級に属する観測値の個数は，図中青色で表された点を数えることによって得られます（大きい点は“2 個”とカウントします）．

参考 (4) 変量 $y-x$ の度数分布表は右のようになります：

d	度数	累積度数
−2	1	1
−1	6	7
0	3	10
1	1	11
2	1	12
3	5	17
4	2	19
5	0	19
6	1	20

参考 (1)(3)(4)で考えた相関係数の実際の値は，以下の通りです：

(1) $x,\ y$ の相関係数 $=0.858\cdots$

(3) $x,\ r$ の相関係数 $=0.629\cdots$

(4) $x,\ d$ の相関係数 $=0.623\cdots$

余談 (2) ヒストグラムを見ると y：「英単語の勉強をした日数」は“二極分化”していることがわかりますね．

4 11 11 相関係数の最大化

根底 実戦 入試 　[→4 8]

方針 分散，共分散とも，「定義」，「公式」のどちらを使うかを選択します．

解答 ○ x と y の相関係数は

$$r_{xy}=\frac{s_{xy}}{s_x s_y}.$$

○ x について．

$$\overline{x}=\frac{8+2+4+6+5}{5}=\frac{25}{5}=5.$$

よって，分散の定義式を用いて

$$s_x{}^2=\frac{9+9+1+1+0}{5}=\frac{20}{5}=4.$$

$$\therefore\ s_x=\sqrt{4}=2.$$

○ y について．

$$\overline{y}=\frac{5+3+1+7+a}{5}=\frac{16+a}{5}.$$

よって，分散の公式を用いて

$$\begin{aligned}s_y{}^2&=\frac{25+9+1+49+a^2}{5}-\left(\frac{16+a}{5}\right)^2\\&=\frac{5(84+a^2)-(16+a)^2}{25}\\&=\frac{4a^2-32a+164}{25}\\&=\frac{4}{25}(a^2-8a+41).\end{aligned}$$

$$\therefore\ s_y=\frac{2}{5}\sqrt{a^2-8a+41}.$$

○ 共分散は，①を用いて

$$s_{xy}=\frac{40+6+4+42+5a}{5}-5\cdot\frac{16+a}{5}$$
$$=\frac{12}{5}.$$ 文字 a が上手く消えてくれた！

以上より

$$r_{xy}=\frac{\frac{12}{5}}{2\cdot\frac{2}{5}\sqrt{a^2-8a+41}}=\frac{3}{\sqrt{(a-4)^2+25}}.\ \cdots②$$

②において，分子，分母はいずれも正であり，分子は定数だから，分母が最小のとき r_{xy} は最大となる．よって求める値は，$a=4$.//

参考 r_{xy} の最大値は，$\dfrac{3}{\sqrt{25}}=\dfrac{3}{5}=0.6$ です．

注 [1]：実際の試験では，この等式は証明[→8 6]をした上で使用することが多いと思われます．

4 11 12 変量の変換

根底 実戦 　[→例題4 9 a]

方針 「ある変量」の 1 次式によって「別の変量」を定めるとき，その 2 つの変量の平均値，分散，標準偏差の間には明確な関係式がありましたね．

解答 $y=ax+b$ より，

平均値について：$\overline{y}=a\overline{x}+b$ より，

$$100=a\cdot 60+b,\ \cdots①$$

標準偏差について：$s_y=|a|\cdot s_x$ より，

$$16=|a|\cdot 12.\ \cdots②$$

②より，$a=\pm\dfrac{4}{3}$（以下，複号同順）．

これと①より，$100=\pm\dfrac{4}{3}\cdot 60+b$.

以上より，$(a,b)=\left(\dfrac{4}{3},20\right),\left(-\dfrac{4}{3},180\right)$.//

解説 9 4 にある変量の変換に関するまとめを，その証明過程も含めて正しく記憶しておきましょう．

注 **解答**では a, b についての方程式を用いましたが，次のように直接求めることもできます：

	平均値	標準偏差
x	60	12
$x-60$	0	12
$\frac{x-60}{12}$	0	1
$16\cdot\frac{x-60}{12}$	0	16
$16\cdot\frac{x-60}{12}+100$	100	16

標準化

「12」と「16」は，「−」が付いても OK なので，

$$y=\pm\frac{16}{12}(x-60)+100$$
$$=\pm\frac{4}{3}(x-60)+100$$
$$=\pm\frac{4}{3}x\mp 80+100$$
$$=\frac{4}{3}x+20,\ -\frac{4}{3}x+180.$$

余談　平均値 100，標準偏差 16 となるよう設定された変量として，「偏差知能指数」(Deviation IQ) があります．ただし，IQ 値には複数の算出方式があります．標準偏差のとり方が 15，16，24 と様々であり，そのうちどれを採用するかで値は変わってきます．また，そもそも IQ 値の元になる「テスト」自体が，問題作成者が**何を**人の能力と見做しているかに依存します．という訳で，くれぐれも「IQ 値」という数字をみて，それがイコール「頭の良さ」だと鵜呑みになさいませんように (笑)．

4 11 13 得点・偏差値の変換

根底 実戦 典型　[→例題 4 9 b]

方針　x と y の間の関係式さえ作ってしまえば，あとは単純作業です．

解答　$y=10\cdot\underbrace{\frac{x-55}{20}}_{1)}+50$ [2)]

$$=\frac{1}{2}x+\frac{45}{2}.\ \cdots①$$

(1)　①において，$x=80$ として，求める偏差値は

$$y=\frac{1}{2}\cdot 80+\frac{45}{2}$$
$$=40+22.5=62.5.\ /\!/$$

(2)　①において，$y=70$ として，求める得点 x は

$$70=\frac{1}{2}x+\frac{45}{2}.$$
$$140=x+45.$$
$$\therefore x=95(\text{点}).\ /\!/$$

(3)　A，B2 人の得点をそれぞれ x_1, x_2 とし，偏差値をそれぞれ y_1, y_2 とすると，

$$y_1-y_2=15.$$

これと①より

$$\left(\frac{1}{2}x_1+\frac{45}{2}\right)-\left(\frac{1}{2}x_2+\frac{45}{2}\right)=15.$$
$$\frac{1}{2}(x_1-x_2)=15.$$

よって求める得点差は，$x_1-x_2=15\cdot 2$ [3)] $=30.\ /\!/$

注　2)：前問と同様，a, b についての連立方程式を立ててもできますが，このように直接導けるようにしたいです．

1)：この部分は，平均値 0，標準偏差 1 の変量で，「標準化された変量」といいます．

3)：標準偏差を比べると，「得点」が 20，「偏差値」は 10 です．よって 2 人の差は，前者が後者の 2 倍になることが，直観的にもわかります．(正確な議論としては**解答**のように数式で示すべきですが．)

4 11 14 変量の変換

根底 実戦　入試　重要　[→4 9]

方針　(2)では変量の変換が行われています．9 4 の公式を正しく用いましょう．

解答　(1)　x と y の相関係数は

$$r_{xy}=\frac{s_{xy}}{s_x\cdot s_y}$$
$$=\frac{84.7}{14.4\times 8.7}$$
$$=\frac{84.7}{125.28}$$
$$=0.676\cdots.$$

よって求める値は，$0.68.\ /\!/$

(2)　$Y=\frac{30-y}{30}\times 100$

$$=100-\frac{10}{3}y\ (\%).\ \cdots①$$

したがって，Y の平均値と標準偏差は

$$\overline{Y}=100-\frac{10}{3}\overline{y}$$
$$=100-\frac{10}{3}\cdot 18$$
$$=40\ (\%).\ /\!/$$
$$s_Y=\left|-\frac{10}{3}\right|s_y=\frac{10}{3}\cdot 8.7=29\ (\%).\ /\!/$$

また，①において y の係数は負だから，x と Y の相関係数は

$$r_{xY}=-r_{xy}=-0.68.\ /\!/$$

補足　x と y の間には正の相関があり，散布図は右上がりに点が分布します．それに対して，①における y の係数は負なので，x と Y の間には負の相関があり，散布図は右下がりに点が分布します．

参考　x と Y の共分散は，$s_{xY}=-\frac{10}{3}s_{xy}$ となります．

数学B数列後 1)：年齢 x の平均値は，等差数列の和の公式を用いて次のように算出できます：

$$\overline{x}=\frac{1}{50}\cdot\frac{20+69}{2}\cdot 50=44.5.$$

12 演習問題C 他分野との融合

4 12 1 測定値の追加・分散の最小

根底 実戦 数列後 ハイレベル↑ [→4 7]

着眼 [1]:「分散」とは，データの「バラつき度合い」を表す指標ですから，追加する測定値が (*) のデータの平均値に等しいときに (*)′ の分散が最小になるというのは直観的にも頷けることですね．しかし，そのことを「証明せよ」と言われたら，そうした“意味”や“直観”ではなく，キチンと数式を用いて議論すべきです．

方針 測定値 x_{n+1} を追加すると，データの平均値が変化してしまう可能性がありますから，(*)′ の分散は，「定義」ではなく「公式」で求めたいですね．

解答 $V=\dfrac{1}{n}\sum\limits_{k=1}^{n}x_k{}^2-\left(\dfrac{1}{n}\sum\limits_{k=1}^{n}x_k\right)^2.$

ここで

$$S=\sum_{k=1}^{n}x_k,\ T=\sum_{k=1}^{n}x_k{}^2\ (\text{いずれも定数})$$

とおくと

$$V=\frac{T}{n}-\left(\frac{S}{n}\right)^2\ (\text{定数}).\ \cdots①$$

2 乗の平均 − 平均の 2 乗

$x=x_{n+1}$[2] とおき，V' を x の関数とみると

$$V'=\frac{1}{n+1}\sum_{k=1}^{n+1}x_k{}^2-\left(\frac{1}{n+1}\sum_{k=1}^{n+1}x_k\right)^2$$

2 乗の平均 − 平均の 2 乗

$$=\frac{T+x^2}{n+1}-\left(\frac{S+x}{n+1}\right)^2.$$

よって

$$(n+1)^2V'=(n+1)(T+x^2)-(S+x)^2$$ [3]

$$=nx^2-2Sx+(n+1)T-S^2$$

$$=\underline{n}\left(x-\frac{S}{n}\right)^2+(n+1)T-\frac{n+1}{n}S^2.$$

$\underline{n}$ は正の定数だから，これを最小とする x の値は

$$x=\frac{S}{n}=m.\ □$$

また，V' の最小値は

[4] $$\frac{1}{(n+1)^2}\left\{(n+1)T-\frac{n+1}{n}S^2\right\}$$

$$=\frac{T}{n+1}-\frac{1}{n(n+1)}S^2$$

$$=\frac{n}{n+1}\left\{\frac{T}{n}-\left(\frac{S}{n}\right)^2\right\}$$

$$=\frac{n}{n+1}V\ ^{5)}\ (\because ①).\ /\!/$$

解説 演習問題 4 11 3 とよく似たテーマですが，それとは異なり，測定値の追加によって平均値が変動してしまうケースも想定しなくてはなりませんから，「分散」の「定義」は使いづらいですね．一方，「分散」の「公式」なら，測定値の「和」や「平方和」という単純に加えることができる量で表せるので上手くいきます．

[5]：この結果は，演習問題 4 11 3 (2)と同様，次のように求めることもできます：

$$\text{分散}=\text{偏差平方の平均値}=\frac{\text{偏差平方の和}}{\text{個数}}$$

において，(*) から (*)′ へ移行する際の「分子」，「分母」の変化を考える．

$x_{n+1}=m$ のとき，(*)′ の平均値は (*) と同じく m であり，x_{n+1} の偏差は $x_{n+1}-m=m-m=0$ だから，「分子」は不変．

一方，「分母」：データの大きさは n から $n+1$ へと増加する．したがって，

$$V'=\frac{n}{n+1}V.$$

解説 [2]:「x_{n+1}」のままでもかまいませんが，この後変数として“主役”を演じる文字なので，書きやすい名前を与えました．

補足 [3]：その上の式の両辺に正の定数$(n+1)^2$ を掛け，分数を書かずに済むようにしました．

注 [4]：ただし，V' の最小値を求める際には，その $(n+1)^2$ で割るのを忘れないように．

4 12 2 偏差平方和の最小

根底 実戦 入試 典型 数列後 重要 [→4 7]

着眼 $f(a)$ は変数 a の 2 次関数です．

解答

$$f(a)=\frac{1}{n}\sum_{k=1}^{n}(x_k-a)^2\ ^{1)}$$

$$=\frac{1}{n}\sum_{k=1}^{n}x_k{}^2-\frac{1}{n}\cdot 2a\sum_{k=1}^{n}x_k+\frac{1}{n}\cdot na^2.$$

ここで，①の平均値 $\dfrac{1}{n}\sum\limits_{k=1}^{n}x_k$ を $\overline{x}$ とおくと

$$f(a)=a^2-2\overline{x}a+\frac{1}{n}\sum_{k=1}^{n}x_k{}^2$$

$$=(a-\overline{x})^2+\frac{1}{n}\sum_{k=1}^{n}x_k{}^2-(\overline{x})^2.\ ^{2)}$$

よって，$f(a)$ は $a=\overline{x}$ のとき最小となる．また，

$$\min f(a)=\frac{1}{n}\sum_{k=1}^{n}x_k{}^2-(\overline{x})^2$$

であり，これは①の分散に等しい．□

解説 $f(a)$ は，測定値 x_k と実数 a との“誤差平方の平均値”という意味をもちます．

注 [1)2)]：$a=\overline{x}$ のとき，どちらを用いても $f(a)$ が分散と等しくなることがわかります：

1) → $f(a)=\frac{1}{n}\sum_{k=1}^{n}(x_k-\overline{x})^2$ 分散の定義

2) → $f(a)=\frac{1}{n}\sum_{k=1}^{n}{x_k}^2-(\overline{x})^2$ 分散の公式

発展 初めから x の平均値 $\overline{x}$ を用いて，次のように計算することもできます：

$$
\begin{aligned}
f(a)&=\frac{1}{n}\sum_{k=1}^{n}(x_k-a)^2\\
&=\frac{1}{n}\sum_{k=1}^{n}(x_k-\overline{x}+\overline{x}-a)^2\\
&=\frac{1}{n}\sum_{k=1}^{n}(x_k-\overline{x})^2+\frac{1}{n}\cdot2(\overline{x}-a)\sum_{k=1}^{n}(x_k-\overline{x})\\
&\qquad\qquad+\frac{1}{n}\cdot n(\overline{x}-a)^2.
\end{aligned}
$$

ここで

$$
\begin{aligned}
\sum_{k=1}^{n}(x_k-\overline{x})&=\sum_{k=1}^{n}x_k-n\overline{x}\\
&=n\overline{x}-n\overline{x}=0.
\end{aligned}
$$
偏差の総和は必ず 0

$$\therefore\ f(a)=\frac{1}{n}\sum_{k=1}^{n}(x_k-\overline{x})^2+(\overline{x}-a)^2.$$

これは $a=\overline{x}$ のとき最小となりますね．

4 12 3 絶対偏差和の最小

根底 実戦 入試 典型 数列後 重要 [→4 3]

着眼 $g(b)$ は変数 b の絶対値付き 1 次関数です．

解答

下位データ	中央値	上位データ
$x_1\cdots\cdots x_n$	x_{n+1}	$x_{n+2}\cdots\cdots x_{2n+1}$
n 個		n 個

データ①の中央値は x_{n+1} である．

$$
\begin{aligned}
&(2n+1)\cdot g(b)\\
&=|x_1-b|+\cdots+|x_n-b|+|x_{n+1}-b|\\
&\quad+|x_{n+2}-b|+\cdots+|x_{2n+1}-b|\ (=G(b)\text{ とおく})
\end{aligned}
$$

の $2n+1$ 個ある各項について考えると

$$|x_k-b|=\begin{cases}b-x_k\ (b\geq x_k\text{のとき}), & \cdots②\\ -b+x_k\ (b\leq x_k\text{のとき}). & \cdots③\end{cases}$$

着眼 例えば $x_{2n+1}\leq b$ のとき，全ての項が②となるので，$G(b)$ において

b の係数 $=1+1+\cdots+1+1=2n+1$.

$x_{2n}\leq b\leq x_{2n+1}$ のとき，$|x_{2n+1}-b|$ だけが③となるので，$G(b)$ において

b の係数 $=1+1+\cdots+1-1=2n-1$.

…………

$b\leq x_1$ のとき，全ての項が③となるので，$G(b)$ において

b の係数 $=-1-1-\cdots-1-1=-2n-1$.

このように，変数 b の範囲に応じて「b の係数」つまり「グラフの傾き」が決まります．さて，関数 $g(b)$ の増加・減少の境目，それはどこでしょう？■

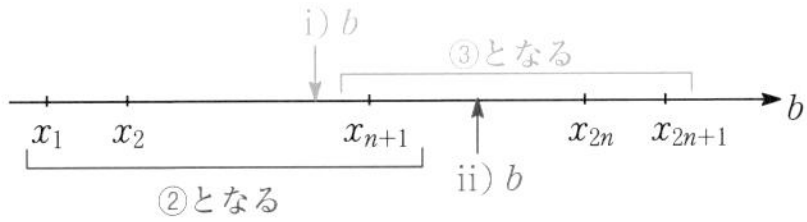

i) $b<x_{n+1}$ のとき，$k=n+1, n+2, \cdots, 2n+1$ の $n+1$ 個の k に対しては③の方が成り立つ．よって $2n+1$ 項の中には，③を満たす項が $n+1$ 個以上（半数より多い）あるから，b の係数は負．

ii) $b>x_{n+1}$ のとき，$k=1, 2, \cdots, n+1$ の $n+1$ 個の k に対しては②の方が成り立つ．よって $2n+1$ 項の中には，②を満たす項が $n+1$ 個以上（半数より多い）あるから，b の係数は正．

$g(b)$ と $G(b)$ の増減は一致するから，次のようになる．

b	$\cdots$	x_{n+1}	$\cdots$
$g(b)$	↘	最小	↗

よって，$g(b)$ が最小となる b の値は，①の中央値 x_{n+1} である．□

解説 $g(b)$ は，測定値 x_k と実数 b との“絶対誤差の平均値”という意味をもちます．前問の“誤差平方の平均値”と並んで有名なものです．

言い訳 1)：「$\frac{1}{2n+1}$」は，平均値という意味をもたせるためだけにあります（笑）．

参考 $n=2$, i.e. $2n+1=5$ のとき，$y=g(b)$ のグラフは次のようになります．

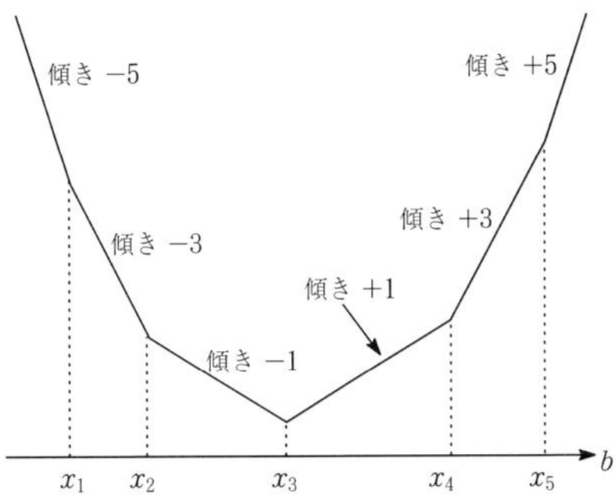

4 12 4 相関係数と内積（3成分） [→4 8 5]
根底 実戦 入試 ベクトル・数列後

方針 諸々の定義に従ってやるだけです.

解答 (1) $s_x{}^2=\frac{1}{3}\{(x_1-\overline{x})^2+(x_2-\overline{x})^2+(x_3-\overline{x})^2\}$

$=\frac{1}{3}|\vec{a}|^2.$

同様に, $s_y{}^2=\frac{1}{3}|\vec{b}|^2$. また,

$$s_{xy}=\frac{1}{3}\{(x_1-\overline{x})(y_1-\overline{y})+(x_2-\overline{x})(y_2-\overline{y})+(x_3-\overline{x})(y_3-\overline{y})\}$$

$$=\frac{1}{3}\vec{a}\cdot\vec{b}.$$

以上より,

$$r_{xy}=\frac{s_{xy}}{s_xs_y}=\frac{\frac{1}{3}\vec{a}\cdot\vec{b}}{\sqrt{\frac{1}{3}|\vec{a}|^2}\sqrt{\frac{1}{3}|\vec{b}|^2}}=\frac{\vec{a}\cdot\vec{b}}{|\vec{a}||\vec{b}|}=\frac{\vec{a}}{|\vec{a}|}\cdot\frac{\vec{b}}{|\vec{b}|}=\vec{e}\cdot\vec{f}.\text{//}$$

(2) 2ベクトル $\vec{e}, \vec{f}$ のなす角を θ とおくと, (1)より

$r_{xy}=\cos\theta.$[1]

$\therefore -1\leq r_{xy}\leq 1.\ \square$

また, $r_{xy}=1$ となるための条件は

$\cos\theta=1$. i.e. $\theta=0°$. i.e. $\vec{e}$と$\vec{f}$が同じ向き.[2]//

$r_{xy}=-1$ となるための条件は

$\cos\theta=-1$. i.e. $\theta=180°$. i.e. $\vec{e}$と$\vec{f}$が反対向き.[3]//

解説 1)：ここで得られた結論は, 統計学においてとても有名です：

> 相関係数とは, 2つの変量の偏差を成分とするベクトルどうしがなす角の cos である.

注 本問のように「ベクトル」を表立って用いる証明は, あくまでも大きさが3以下のデータに対してのみ許されます.
ただし, このような“見方”は, 大きさが4以上のデータにおいても役立ちます（大学以降では, 成分が4個以上あるベクトルも扱います). [→次問]

別解 (2)の証明は,「cos」を持ち出さず, ベクトルの演算法則を用いる方法もあります.

$|\vec{e}-\vec{f}|^2\geq 0.$

$|\vec{e}|^2+|\vec{f}|^2-2\vec{e}\cdot\vec{f}\geq 0.$

$2-2\vec{e}\cdot\vec{f}\geq 0$ ($\because$ $\vec{e}, \vec{f}$は単位ベクトル).

$\therefore \vec{e}\cdot\vec{f}\leq 1.$

同様に

$|\vec{e}+\vec{f}|^2\geq 0.$

$2+2\vec{e}\cdot\vec{f}\geq 0.$

$\therefore \vec{e}\cdot\vec{f}\geq -1.$

上記は, $|\vec{e}|=|\vec{f}|=1$ が利用でき, $\vec{e}\cdot\vec{f}$ が現れるようにと工夫しています. 次問は, こちらの方法を念頭に置いて解答します.

補足 2)3)：まとめると,「$\vec{e}\,/\!/\,\vec{f}$」となりますね.

参考 $-1\leq\frac{\vec{a}\cdot\vec{b}}{|\vec{a}||\vec{b}|}\leq 1$ より

$-|\vec{a}||\vec{b}|\leq\vec{a}\cdot\vec{b}\leq|\vec{a}||\vec{b}|$ ($\because$ $|\vec{a}||\vec{b}|>0$).

$\therefore (\vec{a}\cdot\vec{b})^2\leq|\vec{a}|^2|\vec{b}|^2.$

$(a_1b_1+a_2b_2+a_3b_3)^2$ （$a_1=x_1-\overline{x}$ などとおいた）

$\leq(a_1{}^2+a_2{}^2+a_3{}^2)(b_1{}^2+b_2{}^2+b_3{}^2).$

これは,「コーシー・シュワルツの不等式」と呼ばれる有名なものです.

4 12 5 相関係数と内積（一般） [→4 8 5]
根底 実戦 入試 ベクトル・数列後 ハイレベル↑

方針 前問で利用した「偏差を成分とするベクトル」およびそれと同じ向きの「単位ベクトル」:

$$\vec{a}=\begin{pmatrix}x_1-\overline{x}\\x_2-\overline{x}\\x_3-\overline{x}\\\vdots\\x_n-\overline{x}\end{pmatrix}, \vec{b}=\begin{pmatrix}y_1-\overline{y}\\y_2-\overline{y}\\y_3-\overline{y}\\\vdots\\y_n-\overline{y}\end{pmatrix}$$

$$\vec{e}=\frac{\vec{a}}{|\vec{a}|}, \vec{f}=\frac{\vec{b}}{|\vec{b}|}$$

をイメージしつつ, それを表に出さずに書きます. 初見ではほぼ無理. 鑑賞してください（笑).

注 「ベクトル」という表現は, 成分が4個以上のケースもあるので高校数学範囲を逸脱しています.

解答 $k=1, 2, 3, \cdots, n$ に対して,

$a_k=x_k-\overline{x}, b_k=y_k-\overline{y}$ （偏差からなるベクトルの成分）

とおく. さらに,

$$A=\sqrt{\sum_{k=1}^{n}a_k{}^2}, B=\sqrt{\sum_{k=1}^{n}b_k{}^2}\ \cdots①$$ （ベクトルの大きさ）

とおいて（$|\vec{a}|$, $|\vec{b}|$）

$$e_k=\frac{a_k}{A}, f_k=\frac{b_k}{B}$$ （$\vec{a}, \vec{b}$ と同じ向きの単位ベクトル $\vec{e}, \vec{f}$ の成分）

とおく. 以下, $\sum_{k=1}^{n}$ を Σ と記すと

$$r_{xy}=\frac{s_{xy}}{s_xs_y}=\frac{\frac{1}{n}\Sigma a_kb_k}{\sqrt{\frac{1}{n}}A\cdot\sqrt{\frac{1}{n}}B}$$

$$=\Sigma\frac{a_k}{A}\cdot\frac{b_k}{B}=\Sigma e_kf_k.\ \cdots②$$ （内積 $\vec{e}\cdot\vec{f}$）

また,

$$\sum e_k{}^2=\sum\frac{a_k{}^2}{A^2}=\frac{1}{A^2}A^2=1\ (\because\ ①).$$ $|\vec{e}|^2=1$

同様に, $\sum f_k{}^2=1$. $|\vec{f}|^2=1$

これらと②を

$$\sum(e_k-f_k)^2\geq 0\ \cdots③,$$ 左辺は $|\vec{e}-\vec{f}|^2$

$$\text{i.e.}\ \sum e_k{}^2+\sum f_k{}^2-2\sum e_kf_k\geq 0$$

へ代入すると,

$$2-2r_{xy}\geq 0.\quad\therefore\quad r_{xy}\leq 1.$$

同様に,

$$\sum(e_k+f_k)^2\geq 0\ \cdots④$$ 左辺は $|\vec{e}+\vec{f}|^2$

$$\sum e_k{}^2+\sum f_k{}^2+2\sum e_kf_k\geq 0.$$

$$2+2r_{xy}\geq 0.\quad\therefore\quad r_{xy}\geq -1.$$

よって, $-1\leq r_{xy}\leq 1$ が示せた. □

次に, $r_{xy}=1$ となるための条件は, ③より, 全ての k に対して次が成り立つこと:

$$e_k=f_k.$$

$$\text{i.e.}\ \frac{a_k}{A}=\frac{b_k}{B}.$$

$$\text{i.e.}\ \begin{pmatrix}a_k\\b_k\end{pmatrix}=\begin{pmatrix}x_k-\overline{x}\\y_k-\overline{y}\end{pmatrix}/\!/\begin{pmatrix}A\\B\end{pmatrix}.$$

$$\left(\begin{pmatrix}a_k\\b_k\end{pmatrix}=\begin{pmatrix}0\\0\end{pmatrix}\text{も含む.}\right)$$

これは, 散布図において全ての点 (x_k, y_k) が点 $(\overline{x}, \overline{y})$ を通り方向ベクトルが $\begin{pmatrix}A\\B\end{pmatrix}$ である定直線(傾きは正)上に並ぶことを表す. //

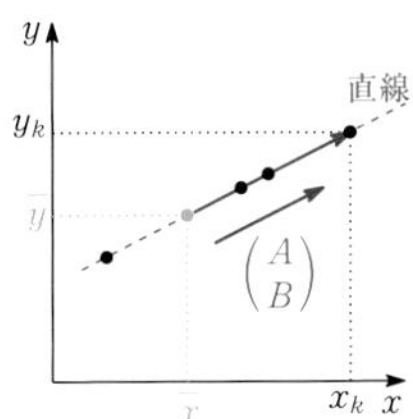

同様に, $r_{xy}=-1$ となるための条件は, ④より, 全ての k に対して次が成り立つこと:

$$e_k=-f_k.$$

$$\text{i.e.}\ \frac{a_k}{A}=\frac{b_k}{-B}.$$

$$\text{i.e.}\ \begin{pmatrix}a_k\\b_k\end{pmatrix}=\begin{pmatrix}x_k-\overline{x}\\y_k-\overline{y}\end{pmatrix}/\!/\begin{pmatrix}A\\-B\end{pmatrix}.$$

$$\left(\begin{pmatrix}a_k\\b_k\end{pmatrix}=\begin{pmatrix}0\\0\end{pmatrix}\text{も含む.}\right)$$

これは, 散布図において全ての点 (x_k, y_k) が点 $(\overline{x}, \overline{y})$ を通り方向ベクトルが $\begin{pmatrix}A\\-B\end{pmatrix}$ である定直線(傾きは負)上に並ぶことを表す. //

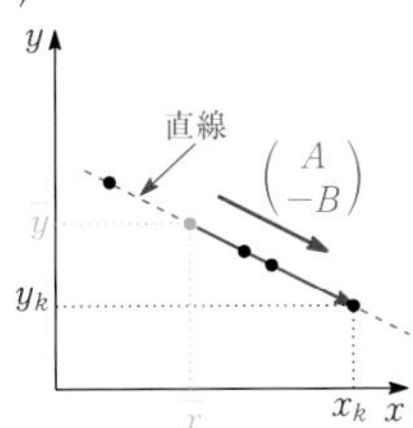

解説 ③④: この不等式を利用することが最大のポイントです. 前問 **別解** の経験があって初めて可能な発想だと思われます.

注 ②を見るとわかる通り, 相関係数の定義式において, 分母, 分子の「$\frac{1}{n}$」は約分されて消え,「偏差平方和」「偏差積の和」だけで表されます.

参考 本問で示した不等式を変形すると

$$-AB\leq\sum_{k=1}^{n}a_kb_k\leq AB\ (\because\ AB>0).$$

$$\therefore\left(\sum_{k=1}^{n}a_kb_k\right)^2\leq A^2B^2.$$

$$\text{i.e.}\left(\sum_{k=1}^{n}a_kb_k\right)^2\leq\left(\sum_{k=1}^{n}a_k{}^2\right)\left(\sum_{k=1}^{n}b_k{}^2\right).$$

これは,「コーシー・シュワルツの不等式」と呼ばれる有名不等式の一般形であり, 前問の「3 個」から「任意の個数 n」へと拡張されたものです. ただし, 入試では, 証明抜きに使ってよいものではないと思われます.

第 5 章 図形の性質

9 演習問題A

5 9 1 三平方の定理の使い方
根底 実戦 重要 [→5 1 5]

方針 『三平方は比で使え！』以上（笑）.

解答 右図において，◯で表された「比」を考える.

$ⓨ=\sqrt{4^2-3^2}=\sqrt{7}.$ 暗算

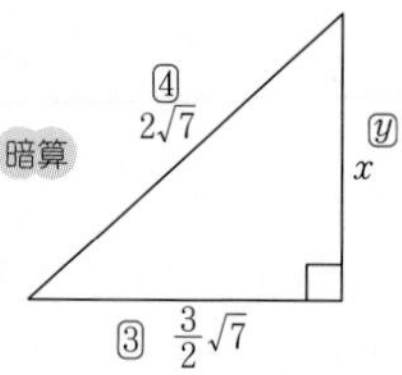

実際の長さは，③の所を見るとわかるように，◯で表された「比」の数値の $\dfrac{\sqrt{7}}{2}$ 倍．よって

$$x=\frac{\sqrt{7}}{2}\cdot\sqrt{7}=\frac{7}{2}.\,/\!/$$

重要 「こんな**ちっぽけ**なことなんて…」という受験生が大多数なのですが…，**ちっぽけ**なことって，高い頻度で出会うので，積もり積もって莫大な差をもたらします.

5 9 2 相似の位置
根底 実戦 [→例題 5 2 a]

方針 「L 字型」の 3 つの頂点がどこへ移されるかを考えます.

解答 (1)

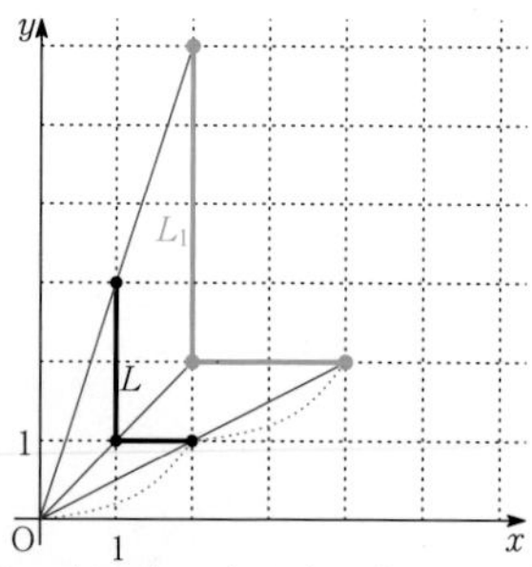

(2)

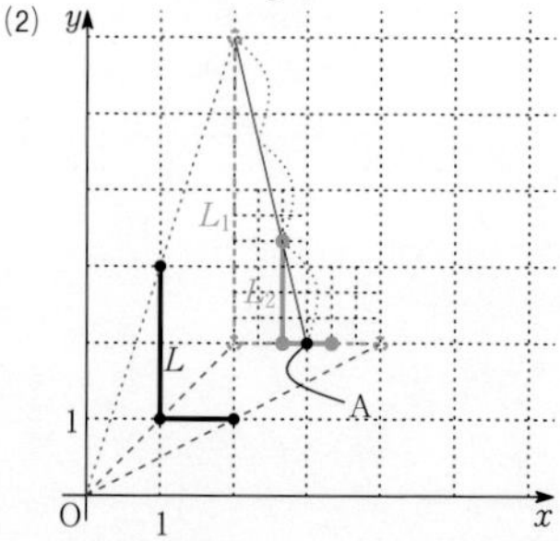

(3)

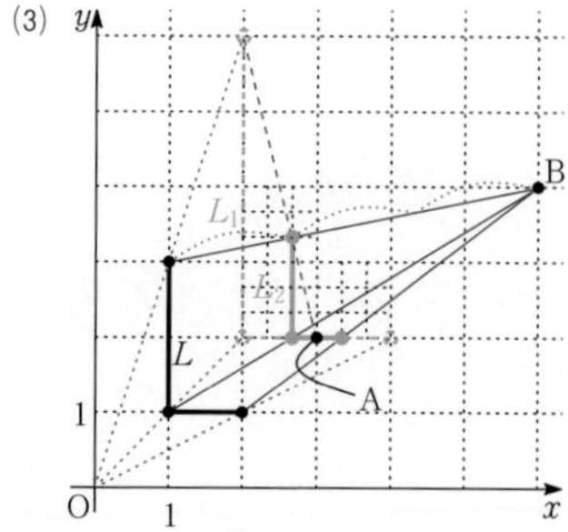

B(6, 4), $k=\dfrac{2}{3}$[1]．//

参考 1)：$L\xrightarrow{\times 2}L_1\xrightarrow{\times\frac{1}{3}}L_2$ と変換しましたから，L と L_2 の相似比は

$$1:2\cdot\frac{1}{3}=1:\frac{2}{3}$$

となる訳です.

参考 (3)の結果からわかるように，中心相似変換の繰り返しは，それ自体がまた 1 つの中心相似変換となります（平行移動になることもありますが).

方針 将来 3 つの中心相似変換の中心：O，A，B は共線になっていますね．これが一般的に成り立つことが，「ベクトル」を学ぶと計算によって示せます.

5 9 3 長方形の相似
根底 実戦 定期 [→例題 5 2 b]

方針 求める比を $1:x$ とおき，x が満たすべき条件を方程式で表します.

解答 (1) 求める比を右図のように $1:x$ とおくと，長方形 ABCD と長方形 BNMA が相似だから

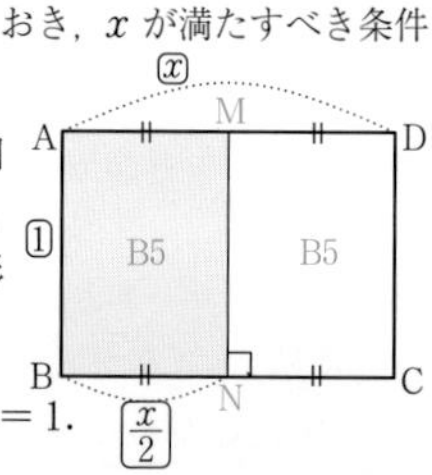

$$1:x=\frac{x}{2}:1.\quad \frac{x^2}{2}=1.$$

$\therefore x=\sqrt{2}\ (\because\ x>0).$

すなわち，求める比は，$1:\sqrt{2}$.// 約 1：1.414 です.

(2) 求める比を右図のように $1:x$ とおくと，長方形 ABCD と長方形 QCDP が相似だから

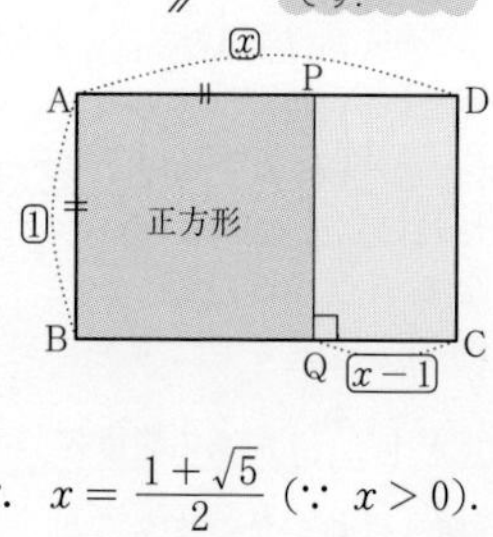

$1:x=(x-1):1.$

$x(x-1)=1.$

$$x^2-x-1=0.\quad \therefore\quad x=\frac{1+\sqrt{5}}{2}\ (\because\ x>0).$$

すなわち，求める比は，$1:\dfrac{1+\sqrt{5}}{2}$.// [2]

余談　1)：このルールは「A 判」でも同様です．
2)：「黄金比」と呼ばれる有名なもので，約 $1:1.618$ です．同じものが[→6 15]でも登場します．

5 9 4　折り返しと相似　[→例題5 2 b]
根底 実戦　定期　重要

着眼　「折り返し」＝「対称移動」です．図形の移動においては，長さや角は変化しません[1]．それを見落とさないように．
それから…，相似三角形ができる有名な形であることを覚えていましたか？[→2 8]

解答　図のように長さ x, y および角 α, α' をとる．

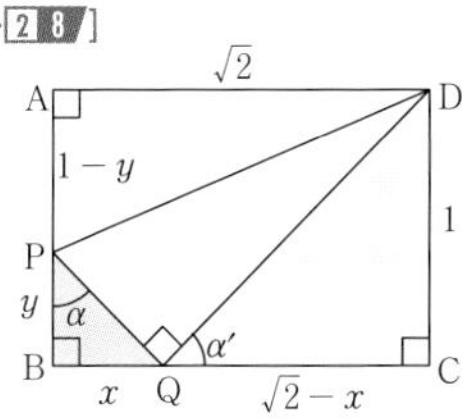

直角三角形 BQP に注目すると，
PQ＝PA＝$1-y$ だから

$$x^2=(1-y)^2-y^2=1-2y. \cdots①$$

次に，△BQP の内角と外角に注目して

$$\alpha+90°=90°+\alpha'. \quad \therefore \quad \alpha=\alpha'.$$

よって，△PBQ ∽ △QCD だから

$$y:x=\left(\sqrt{2}-x\right):1. \quad y=x\left(\sqrt{2}-x\right). \cdots②$$

②を①へ代入して

$$x^2=1-2\cdot x\left(\sqrt{2}-x\right).$$
$$x^2-2\sqrt{2}x+1=0.$$
$$\therefore x=\sqrt{2}-1 \ (\because \ 0\leq x\leq\sqrt{2}).$$

これと②より，

$$y=\left(\sqrt{2}-1\right)\cdot 1=\sqrt{2}-1.$$

すなわち，求める長さは，BP＝BQ＝$\sqrt{2}-1$.//

解説　1)：利用した「不変な量」は，次の 2 つです：
$\angle DAP=\angle DQP(=90°)$,
PA＝PQ.

参考　△PBQ と △QCD は直角二等辺三角形です．

余談　この長方形は，2 辺比が $1:\sqrt{2}$ ですから，前問(1)で考えた「B 判」サイズの紙です．手元にある紙を実際に折り返してみましょう．見事に直角二等辺三角形ができますよ．

5 9 5　平行線と相似　[→5 3 2]
根底 実戦　定期

方針　「平行線」の活かし方の代表的なものが，「相似三角形に着目」です．

解答　(1)　F を通り AE と平行な直線を引き，図のように A′, C′ をとると，
A′B // C′D より

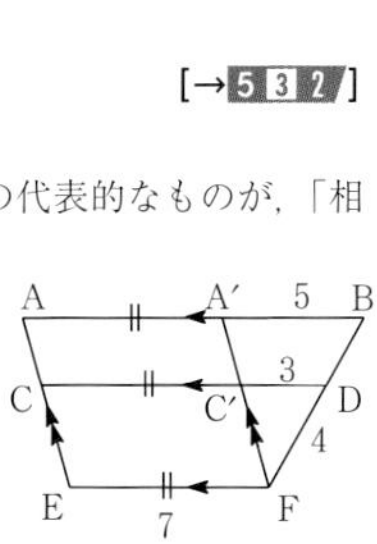

△FA′B ∽ △FC′D.
相似比は，A′B：C′D＝5：3.
∴ FB：FD＝5：3.　∴　FD：DB＝3：2. …①

$$\therefore BD=4\cdot\frac{2}{3}=\frac{8}{3}.//$$

また，平行線の性質より
AC：CE＝BD：DF＝2：3（∵ ①）.//

(2)　△QAC ∽ △QDB
（2 角相等）であり，
相似比は AC：DB＝2：3.
∴ QC：QB＝2：3. … ②
次に，PQ // AC より
△BAC ∽ △BPQ であり，
相似比は BC：BQ＝(3＋2)：3＝5：3（∵ ②）.

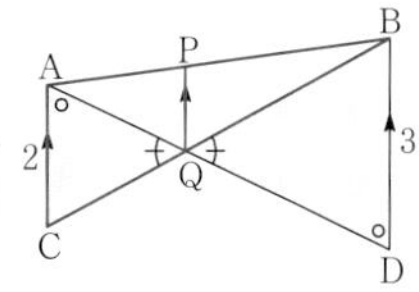

$$\therefore PQ=AC\times\frac{3}{5}=\frac{6}{5}.//$$

解説　(2)は，いったん求めたい「PQ」を辺としない三角形の相似を用いる所が憎らしいですね（笑）.

言い訳　いずれも，中学生向けの問題な気もしますが….

5 9 6　内角・外角の二等分線　[→5 3 3]
根底 実戦　典型

着眼　図を丁寧に描いてみると，OP：AP 以外にも「1：2」という線分比が見つかります．

解答　△POA に注目する．
OB：AB＝1：2＝OP：AP
より，B は線分 OA を PO：PA に内分する．よって，B は △POA の内角 P の二等分線上にある．
同様に
OC：AC＝3：6＝1：2＝OP：AP
より，C は線分 OA を PO：PA に外分する．よって，C は △POA の外角 P の二等分線上にある．

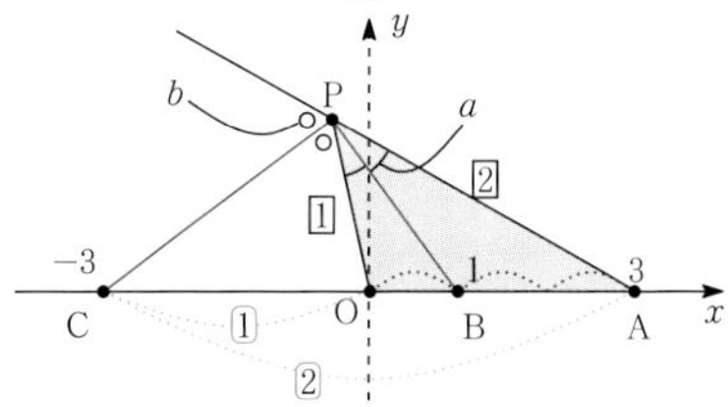

よって上図のように角 a, b がとれて

$$2a+2b=180°.$$
$$\therefore \angle BPC=a+b=90°.//$$

解説　角の二等分線の性質については，ここで用いた
比が一致 ⟹ 角を二等分
の向きも使いこなせるようにしましょう．
そして，「外分」・「外角を二等分」の方もね．

第5章　図形の性質

参考 本問の結果より，OP : AP = 1 : 2 を満たす点 P は，線分 OA を 1 : 2 に内分，外分する点 B，C を直径の両端とする円周上にあることがわかります．このように，平面上で 2 定点からの距離の比が一定 (1 : 1 を除く) である点が描く図形は，「アポロニウスの円」と呼ばれる円周となります．

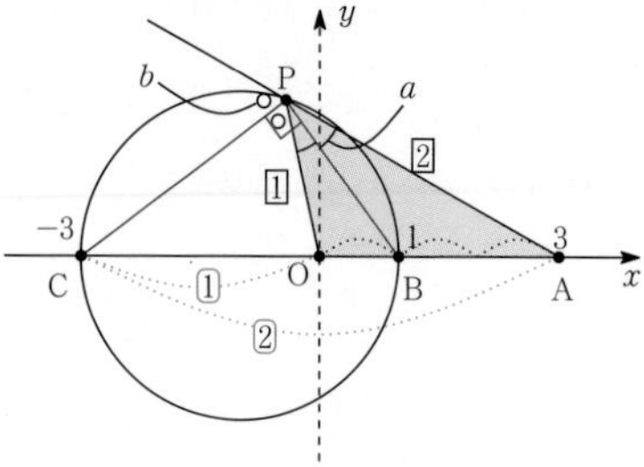

597 折れ線の最短経路 [→例題5 14 b]

根底 実戦 典型 重要

着眼 (1) 初見では無理な問題ですが，中学で学んでいる有名なテクニックがあります．

(2) (1)と雰囲気が似ていますから，その手法を真似してみます．

解答 (1)

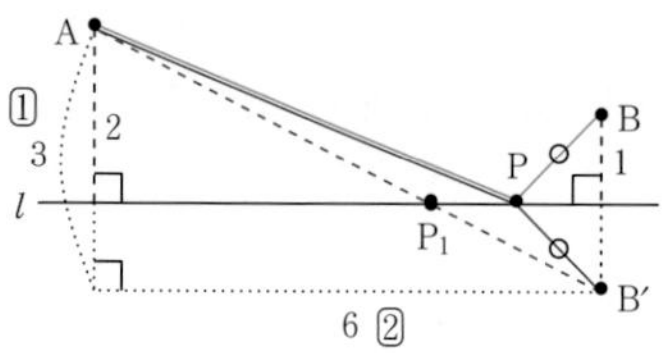

l に関して B と対称な点を B′ とすると

$L = AP + PB$

$= AP + PB'$

$\geqq AB'$ (定数). …① 大小関係の不等式

①の等号は，$P = P_1$ (P_1 は図中) のとき成立. …②

①②より，求める最小値は 三平方の定理は「比」で使う

$\min L = AB' = 3\sqrt{2^2 + 1^2} = 3\sqrt{5}.$ //

(2)

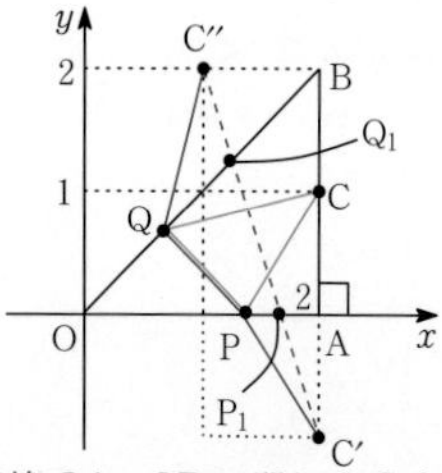

直線 OA，OB に関して C と対称な点

C′(2, −1), C″(1, 2)

をとると，

$L = CP + PQ + QC$

$= C'P + PQ + QC''$

$\geqq C'C''$ (定数). …③

③の等号は，$P = P_1$, $Q = Q_1$ (P_1, Q_1 は図中) のとき成立. …④

③④より，求める最小値は

$\min L = C'C''$

$= \sqrt{1^2 + 3^2} = \sqrt{10}.$ //

解説 (1) A と B は直線 l に関して同じ側にあるのでどうしてよいのかわかりません．一方，A と B′ は直線 l に関して反対側にあるので，①という結論が得られます．

①では，△AB′P に注目して「三角不等式」[→4 3] を用いているのですが…，それを意識するまでもなく出来てしまいますね (笑).

(2) C′ と C″ が直線 OA，OB に関して反対側にあるので，③の結論が得られます．

補足 (1)において，「大小関係の不等式①」と「等号成立確認②」の “2 つ” によって最小値を求める手法は，既に何度かご紹介したものです[→演習問題2 6 15]．ただし，このようにキッチリ “2 つ” に分けて書かず，単に「$P = P_1$ のとき最小となる」と言い切ってしまっても OK です．((2)の③④についても同様です．)

参考 (1)で L を最小とする点 $P = P_1$ の位置は，下図で色の付いた相似三角形からわかります．

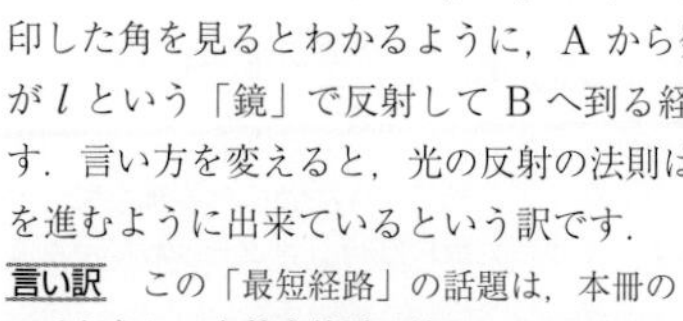

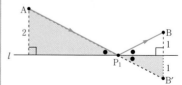

また，このときの折線 AP_1, P_1B は，上図に「•」で印した角を見るとわかるように，A から発した「光」が l という「鏡」で反射して B へ到る経路を辿ります．言い方を変えると，光の反射の法則は，最短経路を進むように出来ているという訳です．

言い訳 この「最短経路」の話題は，本冊の「例題」としてはどうしても**基本体系の流れ**の中で “浮いてしまう” ため，「演習問題」の方で扱いました．とはいえ超有名・典型問題なので本冊にも “いちおう” 載せたい…．そこで苦肉の策として，「空間図形」の節の中でよく似たテーマを扱う問題の直後：例題5 14 b に置きました．本問(1)とまったく同じ問題です．

598 折線の長さ・2つの動点 [→例題5 14 b]
根底 実戦 典型 入試 ハイレベル↑

方針 2つの動点 P, Q があります．両方いっぺんに動かすとタイヘンなので，ひとまず“どちらか”を固定[1]します．まず Q を固定して P だけを動かせば…ごく単純な問題ですね．易しい方から片付けましょう．その後で Q を動かすと…前問(1)と同じです．

注 [1]：これは，演習問題2 12 4「2変数関数」で用いた手法：「1文字固定」と同じ方法論です．

解答 1° Q を固定し，P を C 上で動かす．

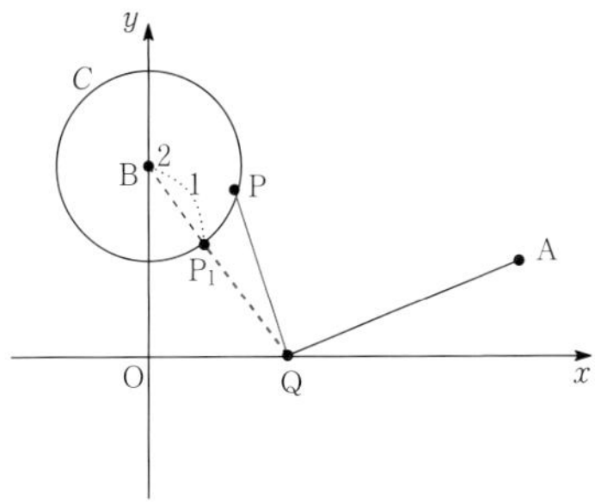

このとき，$\mathrm{P}=\mathrm{P}_1$(図中) のとき L は最小であり，このとき

$L=\mathrm{AQ}+\mathrm{QP}_1=\mathrm{AQ}+\mathrm{QB}-1$. …①

2° $\mathrm{P}=\mathrm{P}_1$ のもとで，Q を x 軸上で動かす．

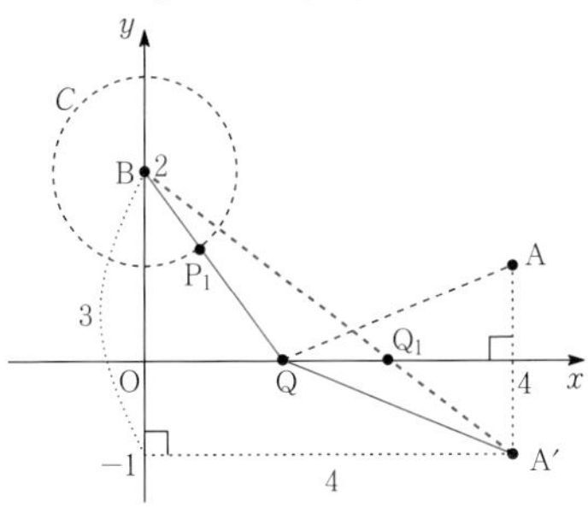

点 A の x 軸に関する対称点 $\mathrm{A}'(4,-1)$ をとると

$\mathrm{AQ}+\mathrm{QB}=\mathrm{A'Q}+\mathrm{QB}$.

これは $\mathrm{Q}=\mathrm{Q}_1$(図中) のとき最小値 A′B をとる．

以上 1°, 2° より，求める最小値は

$\min L=\mathrm{A'B}-1=5$[2]$-1=4$.//

解説 ∘2つが動く → ひとまず片方を固定
∘折れ線の長さの最小 → 対称点を利用
という2つの有名な手法のミックスでした．

補足 [2]：例の「3：4：5の直角三角形」を利用しました．

599 四面体の中点結ぶ四角形 [→5 5]
根底 実戦

言い訳 「立体図形」は13 14で扱うのですが，「空間」の内容がメインではないので，ここで扱います．

着眼 平面上において考えることがポイントです．

解答 (1) △ACB, △ACD において中点連結定理を用いると

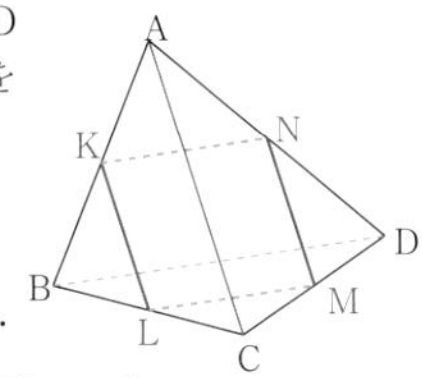

$\mathrm{KL}/\!/\mathrm{AC},\ \mathrm{KL}=\frac{1}{2}\mathrm{AC}$,

$\mathrm{NM}/\!/\mathrm{AC},\ \mathrm{NM}=\frac{1}{2}\mathrm{AC}$.

$$\therefore \begin{cases} \mathrm{KL}/\!/\mathrm{NM}^{1)}\ (/\!/\mathrm{AC}), & \cdots① \\ \mathrm{KL}=\mathrm{NM}\ \left(=\frac{1}{2}\mathrm{AC}\right). & \cdots② \end{cases}$$

よって四角形 KLMN は，1組の対辺どうしが平行かつ等長ゆえ，平行四辺形である．□

(2) (1)と同様にして

$$\begin{cases} \mathrm{KN}/\!/\mathrm{LM}\ (/\!/\mathrm{BD}), & \cdots①' \\ \mathrm{KN}=\mathrm{LM}\ \left(=\frac{1}{2}\mathrm{BD}\right). & \cdots②' \end{cases}$$

$\mathrm{AC}\perp\mathrm{BD}$ と①①′ より

$\mathrm{KL}\perp\mathrm{KN}$.

これと(1)より，四角形 KLMN は内角が 90° である平行四辺形だから，長方形である．//

(3) $\mathrm{AC}=\mathrm{BD}$ と②②′ より

$\mathrm{KL}=\mathrm{KN}$.

これと(1)より，四角形 KLMN は隣り合う2辺が等しい平行四辺形だから，ひし形である．//

(4) $\mathrm{AC}\perp\mathrm{BD}$, $\mathrm{AC}=\mathrm{BD}$ と(2)(3)より四角形 KLMN は長方形でもひし形でもあるから，正方形である．//

解説 四面体の相対する2辺（つまり共有点をもたない2辺）[2]の関係性が，四角形 KLMN の特性を決定づけていますね．

語記サポ [2]：四面体におけるこのような2辺のセットのことを対陵(たいりょう)といいます[→演習問題5 15 10 参考]．

補足 [1]：このとき，KL と NM は同一平面上にあります[→13 1]．

参考 ABCD が正四面体である場合，(4)の前提条件が成り立つので，四角形 KLMN は正方形になります．$\mathrm{AC}\perp\mathrm{BD}$ となる理由については
[→14 4 断面 MAD と辺 BC の関係]．

5 9 10 四角形の内接円・接線の長さ

根底 実戦 定期 [→5 6 2]

方針 「接線の長さ」に関する有名な性質を使います．それを学んだのは，三角形の内心[→6 2]においてでしたが．

解答 各頂点から接点までの距離 a, b, c, d を右図のようにとると

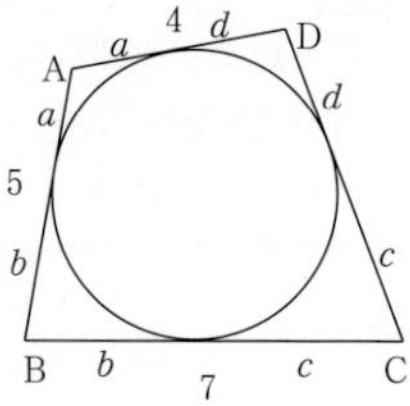

$d+a=4$ …①

$a+b=5$ …②

$b+c=7$ …③

また，$CD=c+d$．

①＋③－② より

$CD=4+7-5=6$.〃

参考 2 組の対辺の和を考えると

$DA+BC=d+a+b+c$.

$AB+CD=a+b+c+d$.

$\therefore\ DA+BC=AB+CD$.

このように，円に外接する四辺形には，「2 組の対辺の和は等しい」という有名性質があります．

ちなみに，円に内接する四角形の有名性質として，「2 組の対角の和は等しい（いずれも 180°）」がありましたね．

5 9 11 直角三角形の内接円

根底 実戦 典型 [→例題 5 6 a]

方針 6 2 の最後にまとめた「内心」に関する有名知識 2 つを，(1)(2)で使い分けます．

解答 (1) △ABC の面積を 2 通りに表して

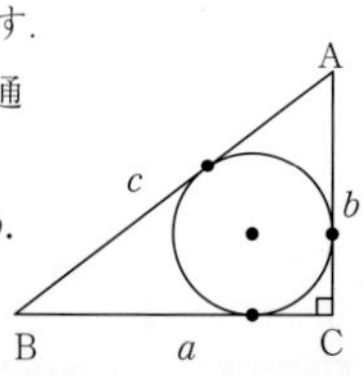

$$\frac{1}{2}(a+b+c)\cdot r=\frac{1}{2}ab.$$

$$\therefore r=\frac{ab}{a+b+c}.〃$$

(2) 各頂点から接点までの距離は，右図のように x, y, r とおけて，

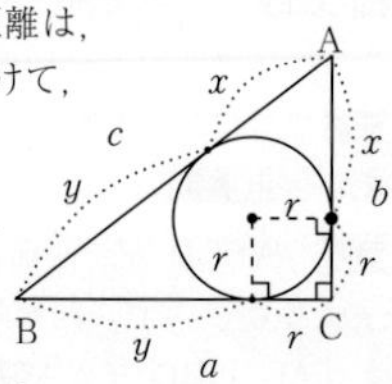

$a+b=x+y+2r$.

$$\therefore\ r=\frac{a+b-(x+y)}{2}$$

$$=\frac{a+b-c}{2}.〃$$

(3) 等式 $\dfrac{a+b-c}{2}=\dfrac{ab}{a+b+c}$ …①

を示す．①を同値変形すると

$(a+b+c)(a+b-c)=2ab$.

$(a+b)^2-c^2=2ab$.

$a^2+b^2=c^2$. …①′

$\angle C=90°$ より①′ は成り立つから，①も示せた．□

注 (1)(2)で得た 2 つの結果は，見た目としては全く異なりますが，$\angle C=90°$ のもとではちゃんと等しくなるのです．

言い訳 そもそも，$\angle C=90°$ のとき $c=\sqrt{a^2+b^2}$ ですから，r は 2 文字 a, b だけで表せます．よって，3 文字「a, b, c で表せ」という問い方は不完全なものであり，答えが複数通りあっても不思議ではないのです．

5 9 12 傍心の存在証明

根底 実戦 [→5 6 5]

方針 角の二等分線の性質を，

比が一致 ←→ 角を二等分

の両方向に使います．

解答 AJ と BC の交点を P とし，右図のように線分の長さをとる．

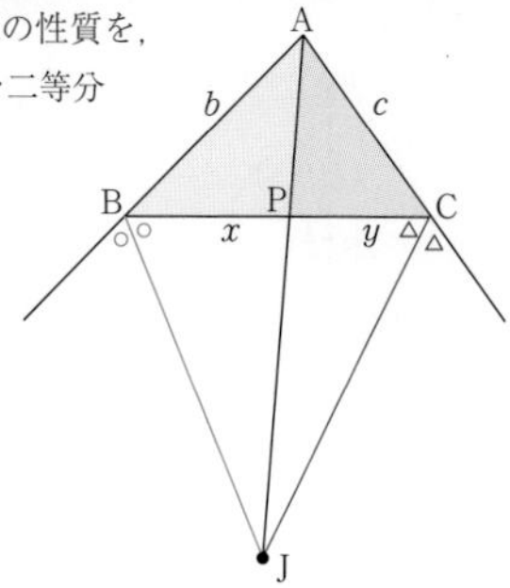

△BAP において角 B の外角の二等分線に関する性質より，

J は線分 AP を $b:x$ に外分する．

同様に，△CAP において角 C の外角の二等分線に関する性質より，

J は線分 AP を $c:y$ に外分する．

したがって，

$b:x=c:y$.[1)]

これを用いると，△ABC において

$b:c=x:y$.[2)]

i.e. $AB:AC=BP:CP$.

よって，AP は △ABC の内角 A の二等分線である．

J は AP 上にあるから，題意は示された．□

参考 本問の結果，任意の三角形には傍心（J）が存在することが示されました．[→6 5]

補足 1)2)：どちらも「$by=cx$」と同値ですね．ここで用いた比を"読み替える"という操作は，例題 5 3 b 補足でも説明しました．

5 9 13 五心と正三角形

根底 実戦 [→例題 5 6 c]

方針 (1) 「外心」であることの表現法は二択．一方の「垂心」は一択です．

(2) 「外心」，「内心」とも二択です．

解答 (1) O は外心だから辺 BC の垂直二等分線上にある．よって，BC の中点を M として

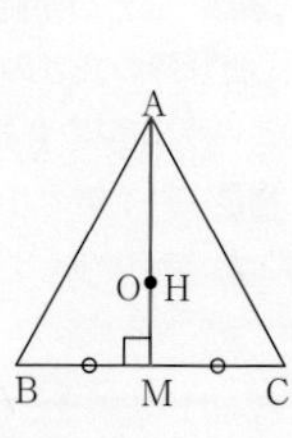

$OM\perp BC$.

H は垂心だから，

$AH \perp BC$.
これらと O=H より，3 点 A，O(H)，M は共線．
つまり，A は辺 BC の垂直二等分線上にある．
したがって

$\triangle AMB \equiv \triangle AMC$ (2 辺夾角相等).

$\therefore AB = AC$.

同様に，BA = BC もいえるから，△ABC は正三角形である．□

(2) **解答1** O は外心だから，

$OB = OC$.

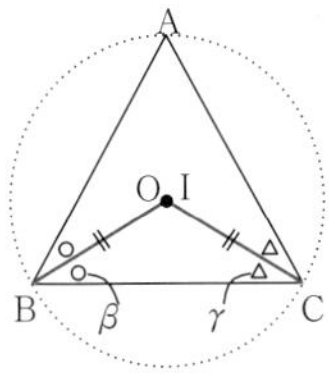

I は内心だから，BI，CI はそれぞれ角 B，C を二等分する．そこで，図のように角 β, γ をとると，△OBC は OB = OC の二等辺三角形だから，

$\beta = \gamma$.

$\therefore \angle ABC = \angle ACB$.

$\therefore AB = AC$.[1]

同様に，BC=BA も成り立つから，AB=BC=CA．
よって，△ABC は正三角形である．□

解説 「外心」は「頂点までの距離が等しい」で表し，「内心」は「角の二等分線上」で表現しました．■

解答2 図のように中点 M，N をとると，O は外心だから，

$OM \perp BC,\ ON \perp BA$.

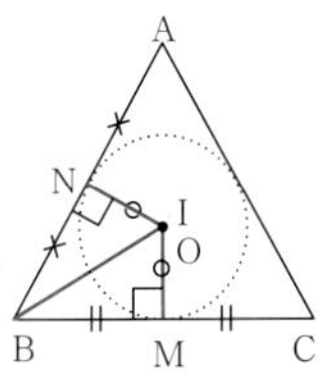

O は，内心 I でもあるから，

OM = ON(= 内接円の半径)．

したがって，

$\triangle IBM \equiv \triangle IBN$

(IB は共通だから，2 辺が等しい直角三角形[2])．

$\therefore BM = BN. \quad \therefore \quad BC = BA$.

同様に，AB=AC も成り立つから，AB=BC=CA．
よって，△ABC は正三角形である．□

解説 「外心」は「垂直二等分線上」で表し，「内心」は「垂線の長さが等しい」で表現しました．■

注 [1]：「底角が等しい」ならば「対辺が等しい」ことは，普通証明不要とされるでしょう．
[2]：直角三角形の場合，「2 辺夾角」でなくても合同になるのでしたね．[→2 3 注]

言い訳 例題5 6 c(2)と同様，「正三角形である」ことをこれから示そうとしていますから，△ABC をワザと少～し不正確に描いています．

5 9 14 垂心が作る三角形

根底 実戦 [→例題5 6 d]

着眼 何を言っているのか一瞬キョトンとなりますね．でも，図を描いて，「△HBC に対する点 A の位置関係」をよく見ると…

解答

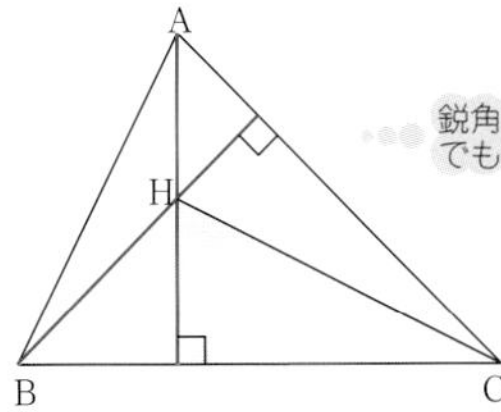

鋭角三角形以外でも結論は同じ

△ABC の垂心 H は，

A から対辺[1]BC へ下ろす垂線と，

B から対辺 CA へ下ろす垂線の交点である．

△HBC に注目すると，

H から対辺 BC へ下ろす垂線は A を通り，

C から対辺 BH へ下ろす垂線も A を通る．

よって，点 A は △HBC の垂心である．//

解説 「垂心」は，2 本の垂線の交点として定まります．

参考 もちろん，点 B は △HCA の垂心，点 C は △HAB の垂心です．

注 [1]：ウルサイことを言うと，「対辺を含む直線」ですが…．

5 9 15 三角形の面積比

根底 実戦 典型 [→例題5 7 a]

注 単なる**基本形**の確認です．理屈抜きに，ズバッと見抜けるようにしてください！

解答 (1) △PAB : △PAC

$= BQ : QC = 3 : 2$.//

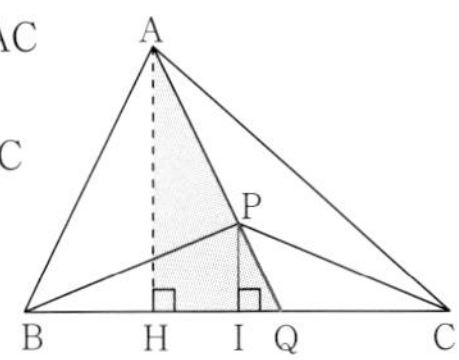

(2) 四角形 ABPC : △PBC

$= AP : PQ = 2 : 1$.//

解説 上図のように垂線の足 H，I をとり，説明を敢えて付け足すと，次の通りです：

(1) $\triangle ABQ : \triangle ACQ = BQ : QC = 3 : 2$
　$3a$　$2a$
　$3b$　$2b$
(∵ 高さ AH 共通)．

$\triangle PBQ : \triangle PCQ = BQ : QC = 3 : 2$ (∵ 高さ PI 共通)．

これらの差をとると

$\triangle PAB : \triangle PAC = 3 : 2$.
　$3(a-b)$　$2(a-b)$

(2) △ABC : △PBC = AH : PI (∵ 底辺 BC 共通)．

AH : PI = AQ : PQ (∵ $\triangle QAH \backsim \triangle QPI$)．

∴ △ABC : △PBC = AQ : PQ．

∴ 四角形 ABPC : △PBC = (AQ − PQ) : PQ

= AP : PQ = 2 : 1．

注 この説明がいつでもできるという前提のもとで，入試の現場では“常識”として扱い，説明抜きに結果のみズバッと言い切って済ますことが多いです．

5 9 16 面積比→線分比

根底 実戦 典型 重要

[→例題5 7 b]

着眼 前問の**基本形**が逆向きにも使えることの確認に過ぎません.

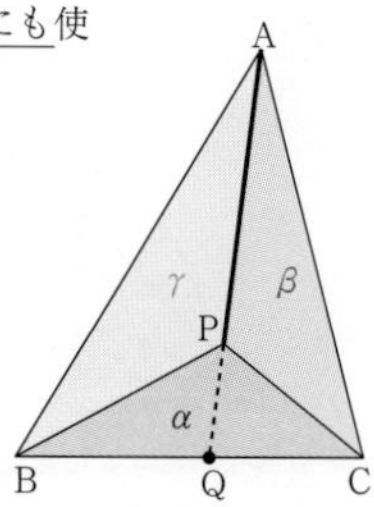

解答

BQ : QC $= \gamma : \beta$.//

AP : PQ $= (\beta+\gamma) : \alpha$.//

参考 本問の P が重心や内心である場合に得られる結果については, [→7 3].

ベクトル後 この線分比から, 次の等式が得られます:

$$\overrightarrow{AQ} = \frac{\beta\overrightarrow{AB} + \gamma\overrightarrow{AC}}{\gamma+\beta}.$$ ……内分点公式

$$\therefore\ \overrightarrow{AP} = \frac{\beta+\gamma}{(\beta+\gamma)+\alpha}\overrightarrow{AQ}$$

$$= \frac{\beta+\gamma}{\alpha+\beta+\gamma}\cdot\frac{\beta\overrightarrow{AB}+\gamma\overrightarrow{AC}}{\gamma+\beta}$$

$$= \frac{\beta\overrightarrow{AB}+\gamma\overrightarrow{AC}}{\alpha+\beta+\gamma}. \cdots①$$

①において, 始点を任意の点 O に変えると

$$\overrightarrow{OP} - \overrightarrow{OA} = \frac{\beta(\overrightarrow{OB}-\overrightarrow{OA}) + \gamma(\overrightarrow{OC}-\overrightarrow{OA})}{\alpha+\beta+\gamma}.$$

$$\therefore\ \overrightarrow{OP} = \frac{\alpha\overrightarrow{OA}+\beta\overrightarrow{OB}+\gamma\overrightarrow{OC}}{\alpha+\beta+\gamma}. \cdots②$$ ……キレイ

ちなみに P が「内心 I」のとき, 7 3 で述べたように $\alpha:\beta:\gamma = a:b:c$ であり, 次のようになります:

$$\overrightarrow{OI} = \frac{a\overrightarrow{OA}+b\overrightarrow{OB}+c\overrightarrow{OC}}{a+b+c}.$$

発展 ハイレベル↑ ②の右辺の係数の組

$$\left(\frac{\alpha}{\alpha+\beta+\gamma},\ \frac{\beta}{\alpha+\beta+\gamma},\ \frac{\gamma}{\alpha+\beta+\gamma}\right)$$

は, 和が 1 であり, 始点を変えても保たれることが容易に示せます. この組のことを, 点 P の**重心座標**といいます.

5 9 17 垂心と面積比

根底 実戦 三角比後

[→5 7 3]

着眼 例えば △HCA と △HAB の面積比…どこかで見覚えのある形ですね.

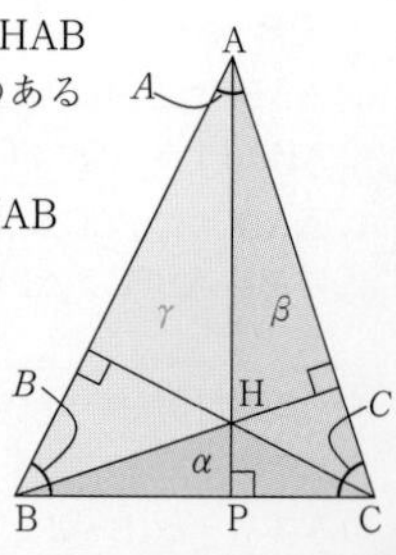

解答 △HBC, △HCA, △HAB の面積をそれぞれ α, β, γ とおくと,

$\beta : \gamma =$ PC : PB. ……順序に注意

そこで, △APC, △APB に注目して

$$PC = \frac{AP}{\tan C},\ PB = \frac{AP}{\tan B}.$$

したがって

$$\beta : \gamma = \frac{1}{\tan C} : \frac{1}{\tan B} = \tan B : \tan C.$$

同様にして, $\gamma : \alpha = \tan C : \tan A$ だから, 求める比は

$\alpha:\beta:\gamma = \tan A : \tan B : \tan C$.// ……キレイ(笑)

発展 ベクトル後 前問の結果②を用いれば, 任意の点O を始点とする垂心の位置ベクトルは

$$\overrightarrow{OH} = \frac{(\tan A)\overrightarrow{OA}+(\tan B)\overrightarrow{OB}+(\tan C)\overrightarrow{OC}}{\tan A+\tan B+\tan C}.$$

注 外心 O を始点とすると

$$\overrightarrow{OH} = \overrightarrow{OA}+\overrightarrow{OB}+\overrightarrow{OC}$$

が成り立ちます[→演習問題5 12 11 **オイラー線**]. ただし, この等式の「O」はあくまでも「外心」です. そこが, 上記との決定的な違いです.

5 9 18 面積比の各種手法

根底 実戦 重要

[→5 7]

方針 面積比の様々な求め方を駆使します. 一部, 「面積比→線分比」の向きも使います.

解答 (1) △ADE ∽ △ABC であり, 相似比は, AD : AB = 2 : 3.

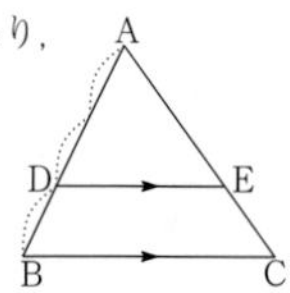

したがって

△ADE:△ABC$=2^2:3^2=4:9$.

∴ △ADE : 四角形 DBCE

= 4 : (9 − 4)

= 4 : 5.//

(2) 四角形 ABGC : △GBC

= AG : GF

= AD : DB (∵ DE // BC)

= 2 : 1.//

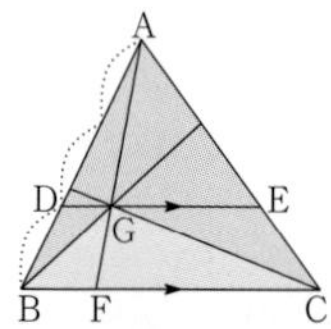

(3) △EGC と △FCG は高さ JK(右図) が共通だから

△EGC : △FCG = GE : FC.

ここで, GE // FC より

△AGE ∽ △AFC.

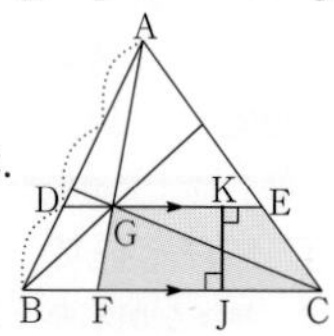

∴GE : FC = AG : AF = AD : AB = 2 : 3. …①

以上より,

△EGC : △FCG = GE : FC = 2 : 3.//

(4) **方針** AF の右と左にある図形の面積比ですから, BF : FC を知りたくなりますね. ■

BF : FC = △ABG : △ACG

= 1 : 3.

△BGD と △HGE は角 G が共通だから

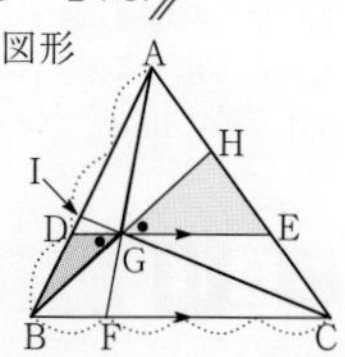

$\triangle BGD : \triangle HGE = GD \cdot GB : GE \cdot GH.$ …②

ここで，①より $GE = \frac{2}{3}FC$．同様に $GD = \frac{2}{3}FB$ だから

$GD : GE = FB : FC = 1 : 3.$ …③

方針　次に，GB : GH を知りたいので，その方向の辺をもつ三角形に注目します．■

GE // BC より △HGE ∽ △HBC であり，①より

$$GE = \frac{2}{3}FC = \frac{2}{3} \cdot \frac{3}{4}BC = \frac{1}{2}BC.$$

$\therefore HG : HB = 1 : 2.$　i.e. $GH : GB = 1 : 1.$ …④

②③④より，求める比は

$$\triangle BGD : \triangle HGE := 1 \cdot 1 : 3 \cdot 1 = 1 : 3.$$ //

（③，④）

解説　(1)~(4)において，7 1，7 2 で学んだどの考え方を使っているかを確認しておいてくださいね．

注　上記 解答 とは異なる手順で解答する方法もいろいろあります．(いちいち取り上げていたらキリがないくらいです (笑)．)

参考　△ABC 全体の面積を「36」で表すと，各部の面積は右図のようになります．

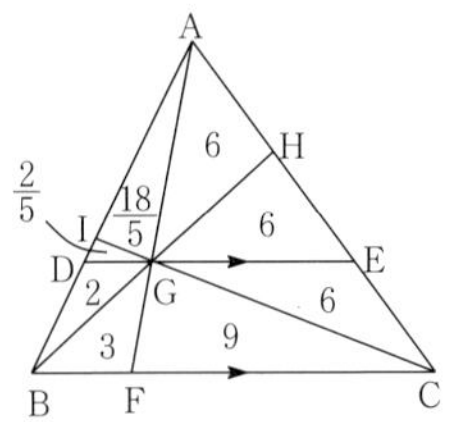

5 9 19　メネラウス・チェバの定理（直接）

根底　実戦　定期　［→例題 5 8 b］

着眼　「メネラウスの定理」・「チェバの定理」が使えそうです．「注目する三角形」を決める際，**その 3 辺方向の比が現れる**ことを念頭におくこと．

解答　(1)　△ABP と直線 RC についてメネラウスの定理を用いると

$$\frac{1}{2} \cdot \frac{5}{2} \cdot \frac{PO}{OA} = 1.$$

$\therefore OA : OP = 5 : 4.$ //

(2)　次に，△ABC と点 O についてチェバの定理を用いると

$$\frac{1}{2} \cdot \frac{3}{2} \cdot \frac{CQ}{QA} = 1.$$

$\therefore QA : QC = 3 : 4.$ //

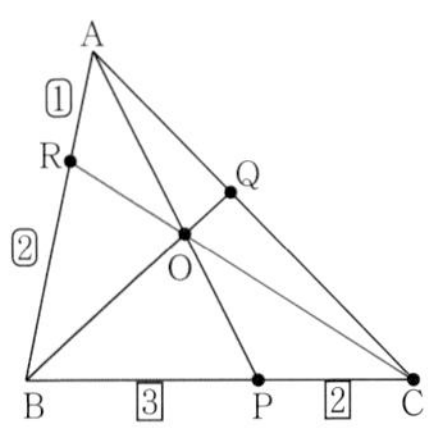

解説　「メネラウスの定理」・「チェバの定理」を用いると，(1)と(2)はどちらも直接求めることができました．また，両者は独立に解くことができましたね．

それに対して次問では…

5 9 20　メネラウス・チェバの定理（間接）

根底　実戦　定期　［→例題 5 8 b］

着眼　前問同様「メネラウスの定理」・「チェバの定理」が使えそうですが，線分比が現れる 3 方向：AP，BQ，CR は三角形をなしません．よって直接求めるのは無理ですから…

解答　まず，AB 上[1] の線分比を求める．

方針　線分比が既知である BQ と CR，および線分比を求めたい AB の 3 直線がなす三角形に注目します．■

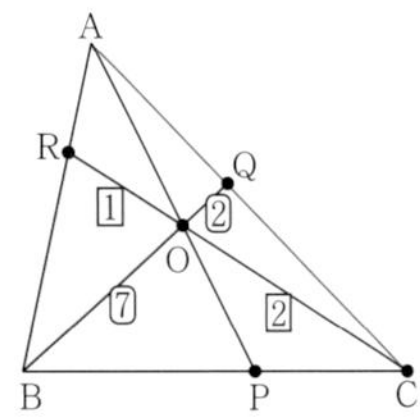

△BOR と直線 CA についてメネラウスの定理を用いると

$$\frac{9}{2} \cdot \frac{2}{3} \cdot \frac{RA}{AB} = 1.\quad \frac{RA}{AB} = \frac{1}{3}.$$

i.e. $AR : RB = 1 : 2.$

次に，AP 上の線分比を求める．

方針　線分比が既知である AB と CR，および線分比を求めたい AP の 3 直線がなす三角形に注目します．■

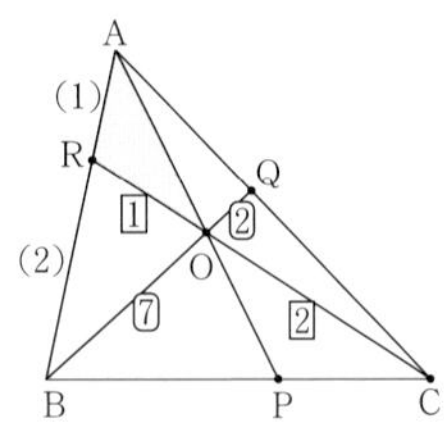

△ARO と直線 BC についてメネラウスの定理を用いると

$$\frac{3}{2} \cdot \frac{3}{2} \cdot \frac{OP}{PA} = 1.\quad \frac{OP}{PA} = \frac{4}{9}.$$

i.e. $OA : OP = 5 : 4.$ //

解説　1)：いったん，設問とは違う「AB 上」の比を求めることにより，間接的にAP 上の比が求まりましたね．

補足　メネラウスの定理は，2 回とも「注目した直線 (赤色) が三角形の 3 辺の延長と交わる」という状況で使用しています．

注　1)：「AB 上」を「AC 上」に変えても同様にできます．

発展　1)：「BC 上」に変えてもできますが，その場合には「三角形とその外部の点に着目したチェバの定理」を使うことになります．この使い方は，使用頻度が低く，必要性も薄いので本書では立ち入らないことにします．

5 9 21

言い訳　本問の図は，実は前問とまったく同じものであり，与える条件と求める設問を変えただけのものです．この図形の全ての線分比は右図のようになります（数値は，全て同一直線上での比を表します）．

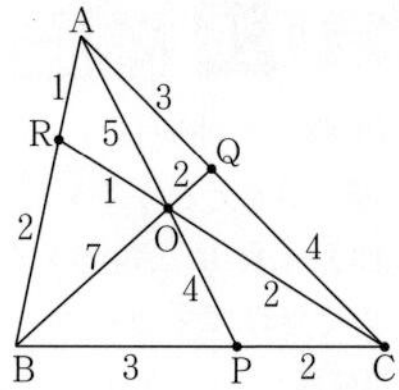

計 6 つの線分比が考えられますから

与える 2 つの比の選び方 $\cdots {}_6C_2{}^{2)} = 15$ 通り．

設問として問う比の選び方 $\cdots 6-2=4$ 通り．

よって，全部で $15 \cdot 4 = 60$ 通りの問題が作れます…．「全部解こう」なんてしなくていいですよ（笑）．

注　2)：「組合せ」の個数です．[→7 3 5]

5 9 21　メネラウスの定理の組合せ　[→例題5 8 b]

根底 実戦

着眼　「メネラウスの定理」・「チェバの定理」が使えそうな雰囲気ですが，線分比に関与する 3 直線：AB, AC, AP は三角形の 3 辺をなしません（前問と同様です）．よって，「メネラウスの定理」・「チェバの定理」で与式を直接的には [1] 証明できませんから…

解答　△ABP と直線 CR についてメネラウスの定理を用いると

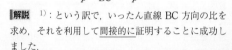

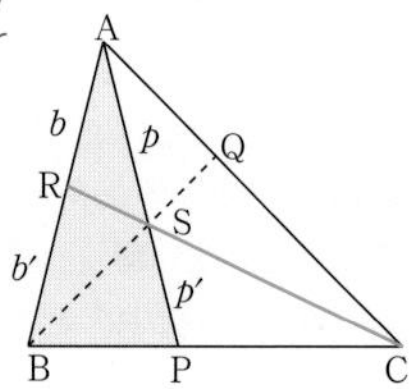

$$\frac{b}{b'} \cdot \frac{BC}{CP} \cdot \frac{p'}{p} = 1. \cdots ①$$

同様に，△APC と直線 BQ についてメネラウスの定理を用いると

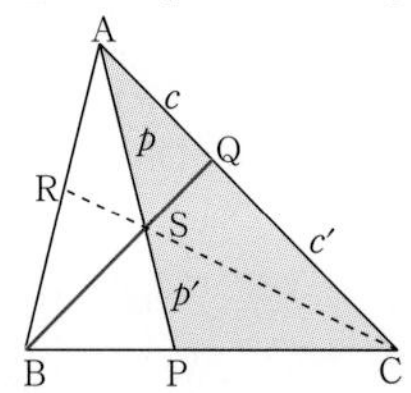

$$\frac{p}{p'} \cdot \frac{PB}{BC} \cdot \frac{c'}{c} = 1. \cdots ②$$

これらを変形すると

$$①: \frac{b}{b'} = \frac{CP}{BC} \cdot \frac{p}{p'}.$$

$$②: \frac{c}{c'} = \frac{p}{p'} \cdot \frac{BP}{BC}.$$

$$\therefore\ \frac{b}{b'} + \frac{c}{c'} = \frac{p}{p'} \cdot \left(\frac{CP}{BC} + \frac{BP}{BC} \right)$$

$$= \frac{p}{p'} \cdot \frac{BC}{BC} = \frac{p}{p'}. \square$$

解説　1)：という訳で，いったん直線 BC 方向の比を求め，それを利用して間接的に証明することに成功しました．

参考　メネラウスの定理を 2 度使って得た①，②には

AB, AC, AP, BC の 4 方向の比

が現れています．**解答**では，ここから「BC 方向の比」を消去して残りの 3 方向の比に関する結論を得ました．一方，「AP 方向の比」を消去してみましょう．①と②を辺々掛けると，p, p' が消えて

$$\frac{b}{b'} \cdot \frac{\cancel{BC}}{CP} \cdot \frac{BP}{\cancel{BC}} \cdot \frac{c'}{c} = 1.$$

$$\text{i.e. } \frac{AR}{RB} \cdot \frac{BP}{PC} \cdot \frac{CQ}{QA} = 1.$$

これは，チェバの定理そのものです．つまり，「メネラウスの定理 2 回」が「チェバの定理 1 回」に相当するという訳です．

別解　（その「チェバの定理」を用います．）

△ABC と点 S についてチェバの定理を用いると

$$\frac{b}{b'} \cdot \frac{BP}{PC} \cdot \frac{c'}{c} = 1. \quad \therefore\ BP : PC = b'c : bc'. \cdots ③$$

次に，△ABP と直線 RC についてメネラウスの定理を用いると

$$\frac{b}{b'} \cdot \frac{BC}{CP} \cdot \frac{p'}{p} = 1.$$

これと③より

$$\frac{p}{p'} = \frac{b}{b'} \cdot \frac{b'c + bc'}{bc'} = \frac{b'c + bc'}{b'c'} = \frac{b}{b'} + \frac{c}{c'}. \square$$

解説　このように，「メネラウスの定理」・「チェバの定理」は，適用法が複数通りあるケースが多いです．例によって，「どういうときにどっちを使うんですか？」と問われても…筆者はよく知りません．知りたくもありません（笑）．『その場で，いろいろ試してみる』の精神でいきましょう．

参考　なかなかキレイな結論が得られましたね．試しに，前問**言い訳**に書いた図を見ながら，本問の結果が確かに成り立っていることを確認してみてください．

5 9 22　メネラウスとチェバの併用　[→例題5 8 c]

根底 実戦

着眼　「チェバの定理」・「メネラウスの定理の逆」が使えそう．問題には BC 方向の長さがあるので，あと 2 つの方向を選んで…

解答　△ABC と直線 RQ についてメネラウスの定理の逆を用いると

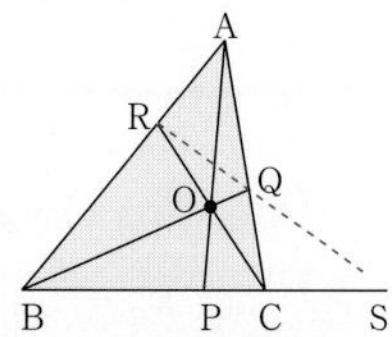

$$\frac{AR}{RB} \cdot \frac{BS}{SC} \cdot \frac{CQ}{QA} = 1 \cdots ①$$

を示せば，3 点 R, Q, S が共線であるといえる．

△ABC と点 O についてチェバの定理を用いると

$$\frac{AR}{RB} \cdot \frac{BP}{PC} \cdot \frac{CQ}{QA} = 1. \cdots ②$$

ここで，題意の条件より，

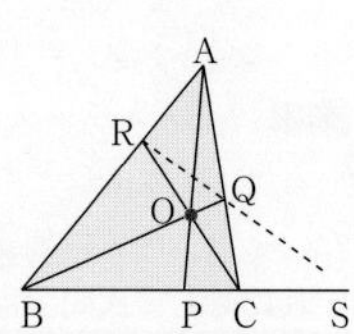

$$\frac{BP}{PC} = \frac{BS}{CS}.^{1)}$$

これと②より①を得るから，題意は示せた．$\square$

解説 1)：このように比が一致しさえすれば，点 O がどこにあろうと，3 点 R, Q, S は必ず共線になるという訳ですね．

言い訳 問題の図は，S が C の右側にある想定で描かれていますが，左側にくるケースでも得られる結論は同じです．

5 9 23 折り返しと角の3等分
[→5 3]
根底 実戦 ハイレベル↑

注 まずは，実際に紙を折り，∠XOY の 3 分の 1 の角が得られることを体感しましょう．

着眼 「折り返し」＝「対称移動」ですから，**演習問題5 9 4**でも述べたように，不変な長さや角があるはずです．

解答

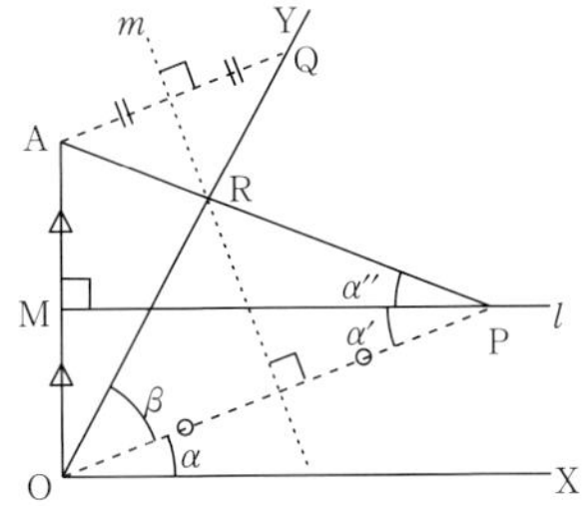

図のように角 $\alpha, \alpha', \alpha'', \beta$ をとる．

A の m に関する対称点 1) を Q(Q は OY 上)，2 直線 OQ, AP の交点を R とする．A と Q，および O と P は m に関して対称だから，R は m 上にある 2)．

よって △ROP は RO＝RP の二等辺三角形だから

$\beta=\alpha'+\alpha''$. …①

△PMO ≡ △PMA(2 辺夾角相等) より

$\alpha'=\alpha''$. …②

また，MP // OX より

$\alpha=\alpha'$. …③

①，②，③より

$$\beta=2\alpha.$$

$$\therefore\ \angle \mathrm{XOY}=\alpha+\beta=3\alpha=3\angle \mathrm{XOP}.$$

$$\text{i.e. } \angle \mathrm{XOP}=\frac{1}{3}\angle \mathrm{XOY}.\ \square$$

解説 1)：問題文中に，m に関する O の対称点 P がありますから，A の対称点 Q もとりたくなるのが自然ですね．

注 2)：これで許される気がしますが，念のため証明すると以下の通りです：

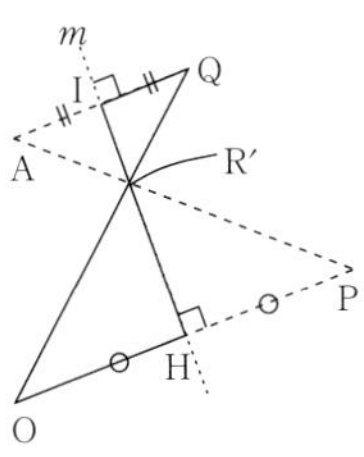

R が m 上の点であることを示す．

2 つの線分 OP, AQ の中点をそれぞれ H, I(これらは m 上の点) とし，2 直線 OQ, HI の交点を R′ とする．△OHR′ と △QIR′ において，

∠OHR′＝∠QIR′(＝90°)，

∠HR′O＝∠IR′Q (対頂角)

より

△OHR′ ∽ △QIR′.

∴ HR′ : R′I＝OH : QI. …④

2 直線 AP, HI の交点を R″ とすると，同様にして

HR″ : R″I＝PH : AI. …⑤

④，⑤，および OH＝PH, QI＝AI より

HR′ : R′I＝HR″ : R″I.

したがって，R′＝R″ となり，これが点 R と一致する．R′, R″ は m 上の点であったから，R が m 上の点であることが示された．

注 実際の試験において，こうした“小うるさい”証明を付けるか否かは，時間と相談して決めることになります．

余談 **発展** 本問において“折り紙”によって実現した「任意の鋭角の 3 等分」は，定規とコンパスを用いた「作図」によっては実行不可能であることが知られています．

5 9 24 正三角形であることの証明
[→5 2]
根底 実戦 ハイレベル↑

方針 与えられたヒントに従っていきます．回転移動ですから，不変な長さや角があるはずです．

解答

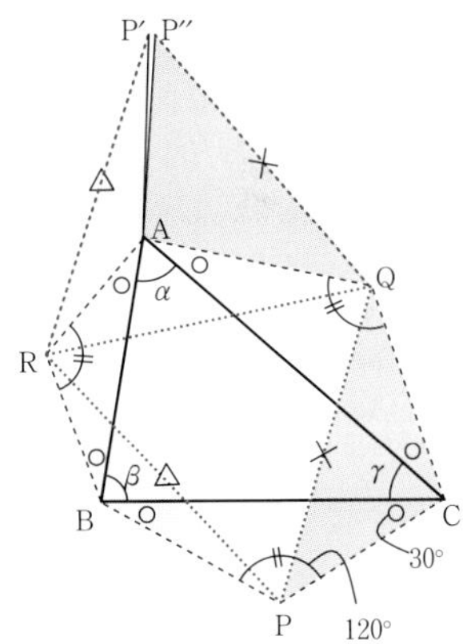

回転角が二等辺三角形の頂角と等しいことから，RB は RA へ移され，QC は QA へ移される．そこで，回転移動した三角形を △RAP′，△QAP″ とする．

P′＝P″を示す 3)．

図のように角 α, β, γ をとると，

AP′＝BP, AP″＝CP, および BP＝CP より

AP′＝AP″. …①

また

$\angle RAP' = \angle RBP = \beta + 60°$.

同様に，$\angle QAP'' = \angle QCP = \gamma + 60°$.

したがって，A の回りの角に関して，

$$\angle QAR + \angle RAP' + \angle QAP''$$
$$= \alpha + 60° + \beta + 60° + \gamma + 60°$$
$$= \alpha + \beta + \gamma + 180°$$
$$= 180° + 180° = 360°.$$

i.e. AP′と AP″は同じ向き．…②

①②より，P′ と P″ は一致する．その点を P′ として，四角形 PQP′R に注目する．

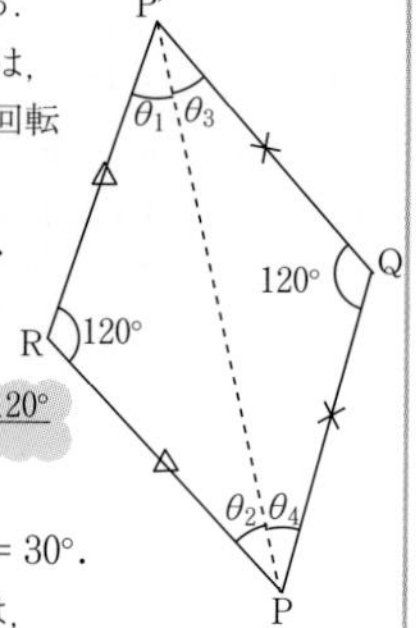

△RPP′ において，線分 RP′ は，線分 RP を R を中心に 120° 回転したものだから

$RP' = RP, \angle PRP' = 120°$.

よって，右図のように角 $\theta_1 \sim \theta_4$ をとると

$\theta_1 = \theta_2 = 30°$. ●●● $\frac{180°-120°}{2}$

同様に，

$QP = QP'$ …③, $\theta_3 = \theta_4 = 30°$.

したがって，四辺形 PQP′R は，向かい合う 2 組の角がそれぞれ等しい（120° と 60°）から平行四辺形であり，③よりひし形である．よって，

$PQ = PR$. …④

また

$\angle RPQ = \theta_2 + \theta_4 = 30° + 30° = 60°$. …⑤

④⑤より，三角形 PQR は正三角形である．□

注 [3]：図を正確に描くと，このようになりそうだと予想できます．これから示すのだとハッキリ宣言しましょう．

数学Ⅱ三角関数後 [1]：「+120° 回転」と言い表します．

[2]：同様に，「−120° 回転」といいます．

将来 複素数平面（数学 C）を用いると，上記**解答**のような創意工夫は要らず，"機械的" な計算によって証明できてしまいます．

12 演習問題B

5 12 1 円周角・中心角
根底 実戦 定期 [→5 10]

方針 「円周角」「中心角」「内接四角形」「接弦定理」といった有用性の高いものが使えるよう，適切な補助線を引きましょう．

解答 (1) 弧 AB，BC に対する円周角，中心角の関係から

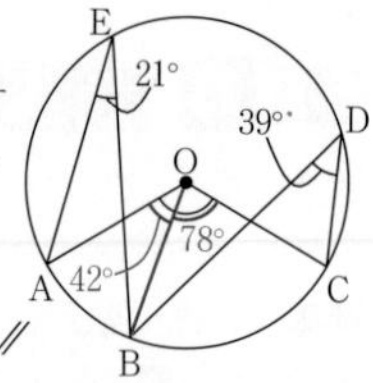

$$\angle AOC = \angle AOB + \angle BOC$$
$$= 2\cdot21° + 2\cdot39°$$
$$= 42° + 78° = 120°. /\!/$$

別解 弧 BC，AC に対する円周角，中心角の関係から

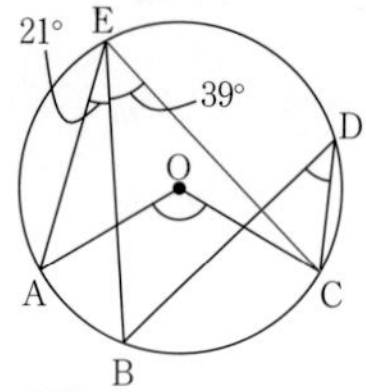

$$\angle AOC = 2\angle AEC$$
$$= 2(21° + 39°)$$
$$= 120°. /\!/$$

(2)

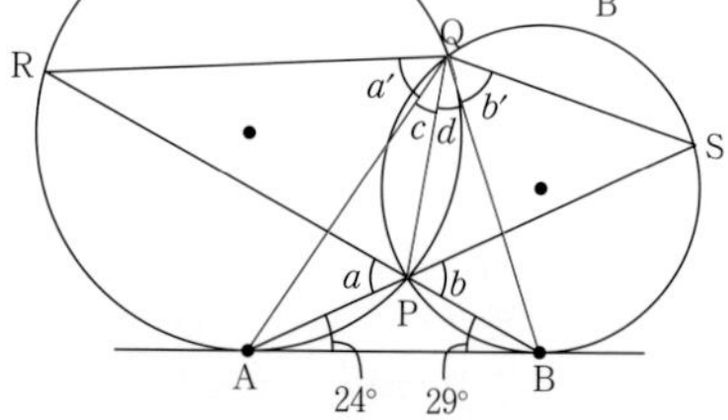

図のように角をとる．

△PAB に注目して，$a = 24° + 29° = 53°$.

よって，$b = a = 53°$. ●●● 対頂角

弧 AR，弧 BS の円周角に注目して

$a' = a = 53°, b' = b = 53°$.

また，接弦定理より

$c = 24°, d = 29°$.

以上より，

$$\angle RQS = a' + b' + (c + d)$$
$$= 3 \times 53° = 159°. /\!/$$

参考 (2)では，「24°」や「29°」という数値が変わっても，必ず

$\angle RQS = 3(\angle PAB + \angle PBA)$

が成り立ちます．

ただしこれは，180° を超えることもあり，その場合には「∠RQS」が "下側" の角を表すことを明示しなければなりませんが．

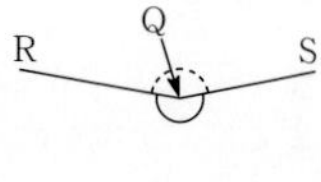

5 12 2. 円と等脚台形

根底 実戦 重要 [→5 10 2]

注 (1 つの円において) 長さが等しい 2 つの弧に対する円周角は等しいです[2]. [→10 2 注2]

解答 右図のように,

AB = DC …①

を満たす四角形を考える.

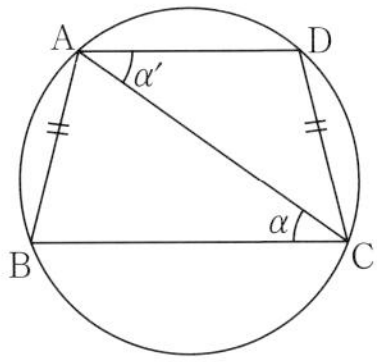

$\overset{\frown}{AB} = \overset{\frown}{DC}$ (ともに劣弧)

だから,

$\alpha = \alpha'$.

$\therefore$ AD // BC.

これと①より, 四角形 ABCD は等脚台形である. □

注 [2]: しばしば盲点となります. ご注意を.

5 12 3 円に内接する四角形・線分比

根底 実戦 典型 三角比後 重要 [→5 10 3]

方針 問われているのは線分比ですが…

解答 $\theta = \angle DAB$ とおくと,

内接四角形の性質より,

$\angle DCB = 180° - \theta$.

これを用いると

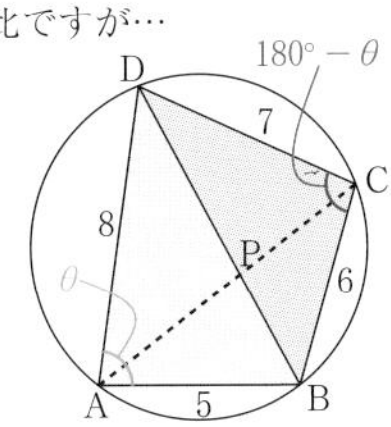

AP : PC

= △ABD : △CBD[1]

$= \frac{1}{2} \cdot 8 \cdot 5 \cdot \sin\theta : \frac{1}{2} \cdot 7 \cdot 6 \cdot \sin(180° - \theta)$[2]

$= 8 \cdot 5 : 7 \cdot 6$[3] $= 20 : 21$. //

解説 [1]: 有名な関係です. BD を共通な底辺とみて, 高さの比 AH : CI を考えるとわかりますね.

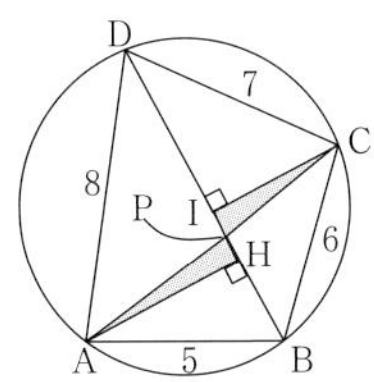

ただし,「線分比」を「面積比」から求める発想は, 訓練して初めて思い浮かぶものでしょう.

[→演習問題5 9 16].

[2]: この 2 つの sin が一致することを確認.

[3]: 結局, 2 辺の積が面積比となります. これは, 7 1 ❸「角が共通」な場合の面積比とほぼ同じ理屈です.

参考 本問と同様にして,

BP : PD = △BAC : △DAC = 5·6 : 7·8 = 15 : 28

となります.

5 12 4 線分の長さの積

根底 実戦 定期 [→5 10 2]

方針 AB, AC, AD, AE を登場させるには, どの三角形に注目するとよいでしょう?

解答 △ABE と △ADC において,

$\alpha = \alpha'$, $\beta = \beta'$.

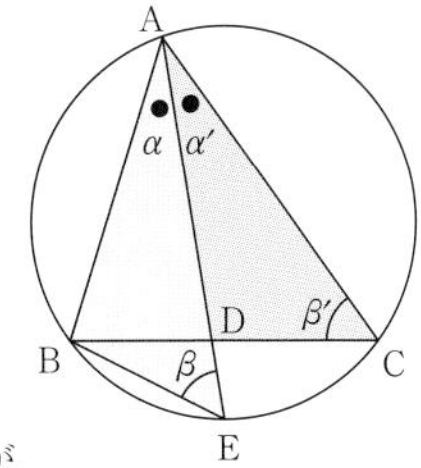

$\therefore$ △ABE ∽ △ADC

(2 角相等).

したがって,

AB : AE = AD : AC.

$\therefore$ AB·AC = AD·AE. □

注 つい, 方べきの定理を連想しそうな式と図形ですが,

AB

AD, AE

AC

という, A を通る 3 方向の線分が登場します. 方べきの定理は, 2 方向の線分しか用いませんから, 残念ながらハズレです…なんてことは, 問題が解けた後から偉そうに言えることです. じつは, 筆者もハマりました (笑).

5 12 5 トレミーの定理の証明

根底 実戦 典型 [→5 10 2]

方針 (2)を見ると, 数多くの長さが現れそう. 長さ (および角) を「1 文字」で表して表記を簡便化しましょう.

(1) 長さに関する既知なる情報は何もありません. ひたすら「等しい内角」をもつ三角形を探します.

(2) (1)の相似三角形を利用して長さの関係を作ります. 結論の式に登場する長さだけ[1]を使うことを意識して.

解答

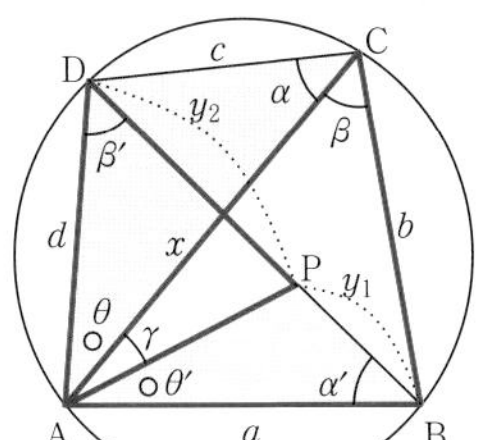

上図のように長さ, 角をとる.

(1) △DAC と △PAB に注目すると 青色

$\theta = \theta'$ (題意の仮定より)

$\alpha = \alpha'$ ($\overset{\frown}{DA}$ に対する円周角).

$\therefore$ △DAC ∽ △PAB. (2 角相等). // …①

次に, △BAC と △PAD に注目すると 赤枠

$\angle BAC = \theta' + \gamma$, $\angle PAD = \theta + \gamma$.

これと $\theta = \theta'$ より, ∠BAC = ∠PAD.

$\beta = \beta'$ ($\overset{\frown}{AB}$ に対する円周角).

$\therefore$ △BAC ∽ △PAD. (2 角相等). // …②

第5章 図形の性質

(2) ①より，$c : x = y_1 : a$. ∴ $ac = xy_1$.[2)]

②より，$b : x = y_2 : d$. ∴ $bd = xy_2$.

2 式を辺々加えると

$$ac + bd = x(y_1 + y_2) = \text{AC}\cdot\text{BD}.$$

よって与式が示せた. □

解説 1)2)：三角形の 3 辺のうち，2 辺のみを使います. どれを使うかは，“ゴール”から逆算して考えます.

参考 「トレミーの定理」の「三角比」による別証明が，**演習問題 3 8 13** にあります.

5 12 6 三角形の垂線と円

根底 実戦 重要 [→5 10 4]

着眼 どこにも「円」がなくとも，「円」が見えねばなりません (笑).

解答

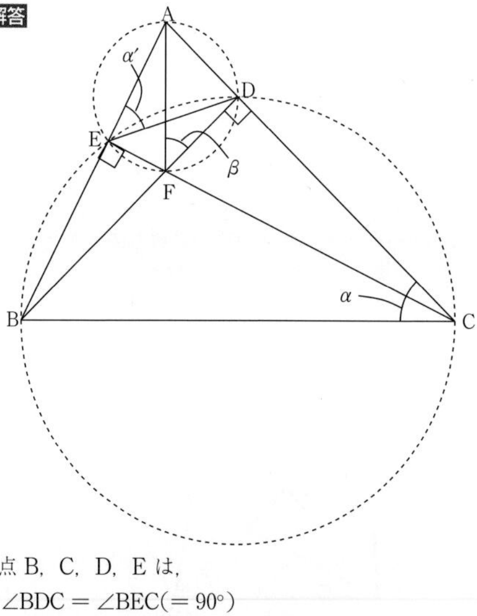

4 点 B, C, D, E は，

$\angle\text{BDC} = \angle\text{BEC}(= 90°)$

より共円. よって四角形 BCDE に注目して，

$\alpha = \alpha'$. …①

次に 4 点 A, E, F, D は，

$\angle\text{AEF} + \angle\text{ADF} = 90° + 90° = 180°$

より，共円.

よって，$\overset{\frown}{\text{DA}}$ に注目して

$\alpha' = \beta$.

これと①より，$\alpha = \beta$. □

解説 10 4「共円条件」の 4 手法：

❶ ⟹ , ❶ ⟸ , ❷ ⟹ , ❷ ⟸

を，見事に 1 回ずつ使ってまーす (笑).

5 12 7 シムソンの定理

根底 実戦 典型 重要 [→5 10 4]

着眼 (1)により「円」に注意が向けられています. その誘導を受け止めて，共円条件を的確に使用していきます.

注 参考までに，10 4「共円条件」の 4 手法：

❶ ⟹ , ❶ ⟸ , ❷ ⟹ , ❷ ⟸

のどれを使っているかを注釈で添えています.

解答 (1) 四角形 AIPJ において，

$\angle\text{I} + \angle\text{J} = 90° + 90° = 180°$

だから，この 4 頂点は共円である. □ ❷ ⟸

(2)

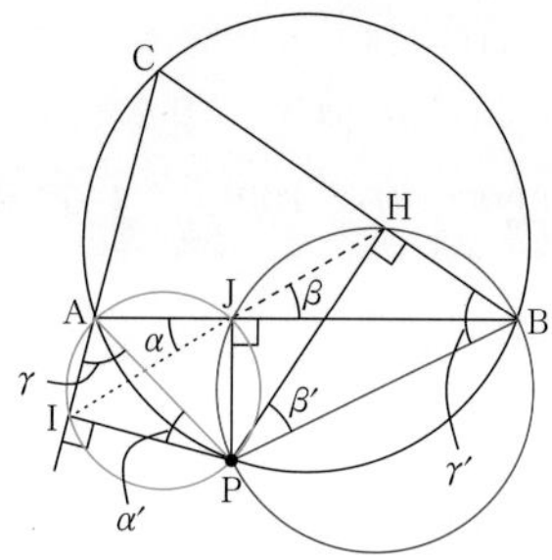

上図のように角をとると，$\alpha = \beta$ を示せばよい.

(1)より

$\alpha = \alpha'$. ❶ ⟹ ❶ ⟸

$\angle\text{PJB} = \angle\text{PHB}(= 90°)$ より 4 点 B, H, J, P は共円だから

$\beta = \beta'$. ❶ ⟹

よって，$\alpha' = \beta'$ を示せばよい.

直角三角形 AIP，BHP に注目すると

$\alpha' = 90° - \gamma$, $\beta' = 90° - \gamma'$.

よって，$\gamma = \gamma'$ を示せばよく，4 点 A, P, B, C は共円だからこれは成り立つ. ❷ ⟹

以上で題意は示せた. □

解説 ずいぶん入り組んだ図ですが，上記**解答**のどの部分で，どの円に注目して，どの共円条件を使っているかを正確に把握しておいてください.

参考 本問の結論を「**シムソンの定理**」と呼びます. この定理の「逆」の証明を，次問で扱います.

注意！ 図を描く際，H, I, J が共線であることを“これから”示そうとするのですから，この 3 点を直線で結んでしまってはいけません！**解答**の図では HJ を破線，JI を点線で区別しました. また，2 直線が 178° くらいをなすように描いています. 肉眼ではわからないかもしれませんが，そのように描こうとする気持ちをこめると，「これから何を示すのか」が頭に刻み込まれます.

5 12 8 シムソンの定理（逆）

根底 実戦 典型 重要 [→5 10 4]

着眼 前問の「逆」[1] を示す問題です：

前問：A, P, B, C が共円 ⟹ H, I, J が共線

本問：A, P, B, C が共円 ⟸ H, I, J が共線

とはいえ，注目するのは同じく「円」です．

注 前問と違って，今度は「H, I, J が共線である」と仮定されていますから，3 点を通る直線をガシッと引いています（笑）．

逆に，4 点 A, P, B, C を通る円は未だ存在が確認できていませんから，点線でうっすら描き，しかも円の一部をワザとちょん切ってます（笑）．

解答

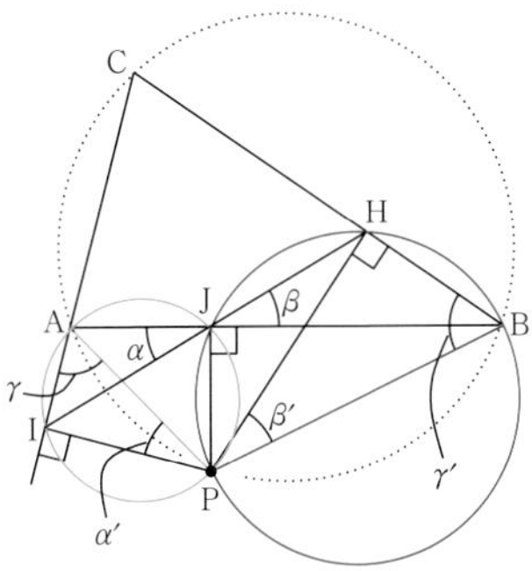

上図のように角をとると，四角形 APBC に着目して，$\gamma = \gamma'$ を示せばよい．

3 点 H, J, I は共線だから，$\alpha = \beta$．

四角形 AIPJ において，$\angle I + \angle J = 180°$ だから，この 4 頂点は共円である．よって，$\alpha = \alpha'$．

$\angle PJB = \angle PHB (= 90°)$ より 4 点 B, H, J, P は共円だから，$\beta = \beta'$．

よって，$\alpha' = \beta'$．

また，直角三角形 AIP, BHP に注目すると

$\gamma = 90° - \alpha', \gamma' = 90° - \beta'$.

よって $\gamma = \gamma'$ だから，題意は示せた．□

解説 前問と「仮定」「結論」が入れ替わりました．頭はちゃんと切り替わりましたか？（歳をとるとそこが難しくなる（笑）．）

補足 [1]：[→1 9 11]

5 12 9 外心と垂心・等角

根底 実戦 [→5 10]

着眼 「垂心」ですから，当然「垂直」に注目です．

解答 右図の三角形 △ABI, △APC において，

$\angle BIA = \angle PCA (= 90°)$,

$\alpha = \beta$（弧 AC の円周角）.[1]

2 角が等しいので，残りの角どうしも等しい．すなわち

$\therefore \angle BAH = \angle CAO$. □

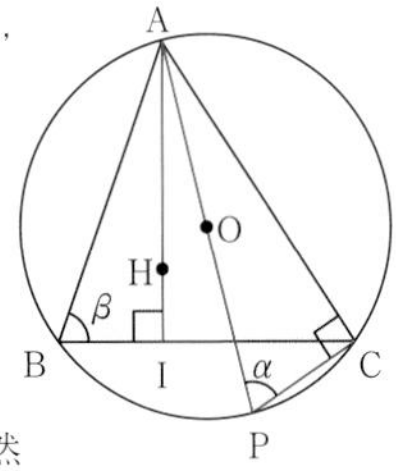

解説 「垂心」→垂直は当然として，「外心」→直径→垂直の流れもセットで使うことがポイントでした．

参考 もちろん，△ABI ∽ △APC です．

補足 [1]：鋭角三角形とあるので，O, H とも △ABC の内部にあります．よって，B と P は弦 AC に対して同じ側にあるので，円周角に関する性質が使えてこの等式を得ます．もっとも，**解答**中で特に触れなくても構わないと思いますが．

5 12 10 頂点と垂心の距離

根底 実戦 [→5 10]

方針 (1)「AH」は，H が「垂心」であることを用いて表現．PB は…CP が「直径」の両端だから…

(2) (1)の「平行」をどうしたら「長さ」に活かせるか？

解答 (1) H は △ABC の垂心だから

$AH \perp BC$.[1] …①

また，線分 CP は K の直径だから，

$\angle CBP = 90°$.

i.e. $PB \perp BC$. …②

①，②より，$AH /\!/ PB$. □

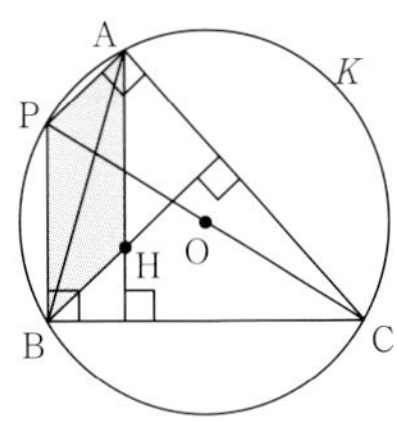

(2) (1)と同様[2] に，

$BH \perp AC, PA \perp AC$.

$\therefore BH /\!/ PA$.

これと(1)より，四角形 APBH は平行四辺形である．よって

$AH = PB$. …③

直角三角形 BCP に注目すると

$PB^2 = (2r)^2 - a^2$.

これと③より

$AH = \sqrt{4r^2 - a^2}$. //

解説 (1)では,「垂心」・「外心」の両方が「垂直」を生み出しました.この流れは前問と同じです.

2):(1)ではA, PからBCへ垂線を引いたのをマネして,今度はB, PからCAへ垂線を引きます."同様"ですね.

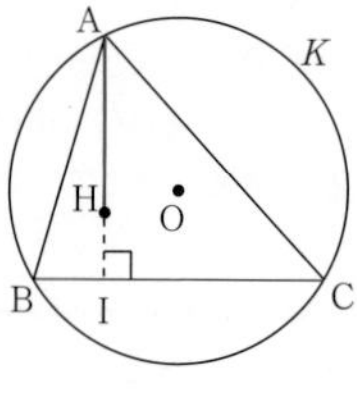

注 1):これが書けず,右のように垂線の足Iをとって

AI ⊥ IC

と書かないと気が済まない人が後を絶ちません.AHとBCのように,**離れていても垂直**ということが認識できるようになりましょう.

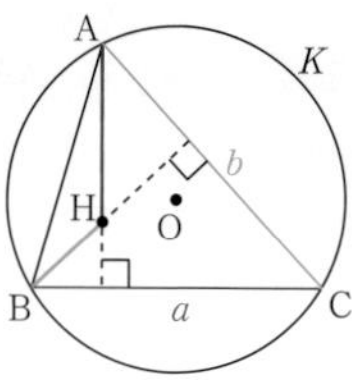

参考 $b = \mathrm{CA}$, $c = \mathrm{AB}$ とすれば,本問と同様にして

$$\mathrm{BH} = \sqrt{4r^2 - b^2},$$

$$\mathrm{CH} = \sqrt{4r^2 - c^2}.$$

よって,AH, BH, CHの大小は,a, b, c の大小と逆になります.つまり,例えば

$\mathrm{AH} > \mathrm{BH} \Longleftrightarrow a < b$ が成り立ちます.

言い訳 △ABCが鋭角三角形でなくても(1),(2)の結論自体は成り立ちます.ただ,図を描いた時の様子がかなり変貌しますので,負担軽減のため「鋭角」としました.

5 12 11 オイラー線

根底 実戦 典型 ハイレベル↑ [→5 10]

方針 (1)は前問とまったく同じですね.

(2)は,「重心」が関与しますから,「中線」を引きます.3本ある中線のうちどれを引くかは試行錯誤で.

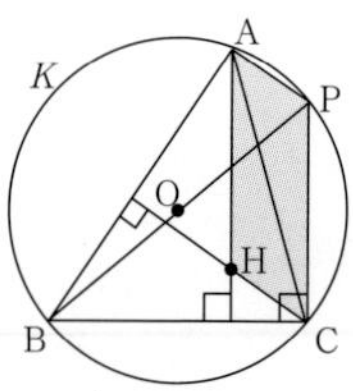

解答 (1) Hは△ABCの垂心だから

$\mathrm{AH} \perp \mathrm{BC}.$ …①

また,線分BPは K の直径だから,

$\angle\mathrm{BCP} = 90°.$

i.e. $\mathrm{PC} \perp \mathrm{BC}.$ …②

①②より,AH // PC …③.これと同様に,

$\mathrm{CH} \perp \mathrm{AB}$, $\mathrm{PA} \perp \mathrm{AB}.$

$\therefore \mathrm{CH} /\!/ \mathrm{PA}.$

これと③より,四角形AHCPは平行四辺形である.

よって,AH = PC. □

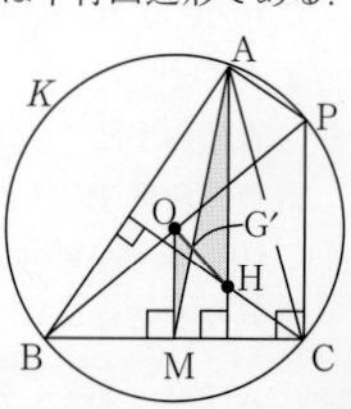

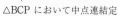

(2) 線分BCの中点をM,2直線OHとAMの交点をG′ 1)とし,△G′OMと△G′HAに注目する.

△BCPにおいて中点連結定理を用いて

$$\mathrm{OM} /\!/ \mathrm{PC},\ \mathrm{OM} = \frac{1}{2}\mathrm{PC}.$$

これと(1)より

$$\mathrm{OM} /\!/ \mathrm{AH},\ \mathrm{OM} = \frac{1}{2}\mathrm{AH}.$$

$\therefore$ △G′OM ∽ △G′HA,相似比は1:2. …④

よってG′は,△ABCの中線AMを2:1に内分するから重心Gと一致する.これと④より,Gは線分OHを1:2に内分する.□

注 1):「G」は△ABCの重心として定義されていますから,この交点には別の名称「G′」を与えます.もっとも「たぶんG′がGそのものだよな〜」とヨミを働かせていますが(笑).

参考 本問で扱った外心・重心・垂心を通る直線は,「オイラー線」と呼ばれる有名なものです.

ベクトル後 本問の結果から,垂心Hに関して次の等式が成り立つことがわかりました:

$$\begin{aligned}\overrightarrow{\mathrm{OH}} &= 3\overrightarrow{\mathrm{OG}}\\ &= 3\cdot\frac{\overrightarrow{\mathrm{OA}}+\overrightarrow{\mathrm{OB}}+\overrightarrow{\mathrm{OC}}}{3}\\ &= \overrightarrow{\mathrm{OA}}+\overrightarrow{\mathrm{OB}}+\overrightarrow{\mathrm{OC}}.\end{aligned}$$

ただしこれは,始点が外心Oのときしか成り立ちません.そこが演習問題5 9 17発展との大きな違いです.

5 12 12 方べきの定理利用

根底 実戦 定期 [→例題5 10 h]

着眼 円周上の点があり,線分の長さがテーマですから,方べきの定理が使えそうですね.

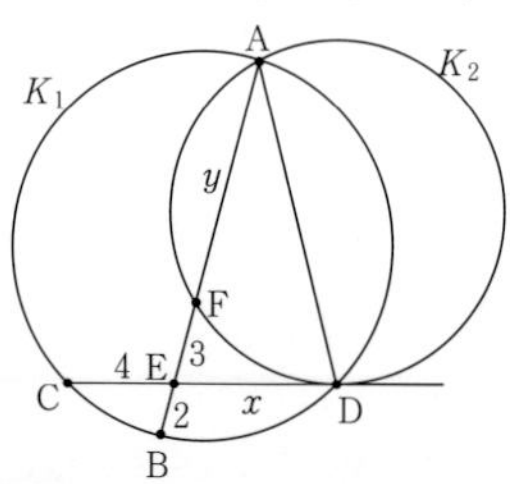

解答 $x = \mathrm{ED}$, $y = \mathrm{FA}$ とおく.円 K_1 と点Eに注目して方べきの定理を用いると

$4\cdot x = 2\cdot(3+y).$

$2x = 3 + y.$ …①

円 K_2 と点Eに注目して方べきの定理を用いると

$x^2 = 3\cdot(3+y).$

これと①より

$x^2 = 3\cdot 2x.$ $x > 0$ より,$x = 6.$

これと①より

$\mathrm{ED} = x = 6$, $\mathrm{FA} = y = 9.$ //

解説 2つの円に“またがって”方べきの定理を使っていますが，各々の式は，結局1つの円に注目して得られています．

5 12 13 方べきの定理・接線の長さ [→例題 5 10 i]
根底 実戦

着眼 いかにも方べきの定理が使えそうな形ですね．

解答 左右の円においてそれぞれ方べきの定理を用いると

$$\begin{cases} PQ^2 = PA\cdot PB, \\ PR^2 = PA\cdot PB. \end{cases}$$

$PQ^2 = PR^2$. ∴ $PQ = PR$. □

参考 点 P が直線 AB 上（線分 AB は除く）のどこにあっても同じ結果が得られます．

5 12 14 方べきの定理・3つの円 [→例題 5 10 i]
根底 実戦

着眼 (1) 見るからに方べきの定理を使いたい形です．それを，どの円に対して用いるかをハッキリさせましょう．
(2) 共円であることを示す方法は2通り．どちらを使うかは，補助線として AG と DG のどちらが扱いやすそうかで判断します．
(3) (1)の結果を用いるのは当然．あとは，(2)も利用してどこに方べきの定理を適応するか？

解答 (1) 円 K_1 と点 F，および円 K_2 と点 F において方べきの定理を用いると

$FA\cdot FB = FD\cdot FC,$
$FE\cdot FG = FD\cdot FC.$
$\therefore FA\cdot FB = EF\cdot FG.$ □

(2)

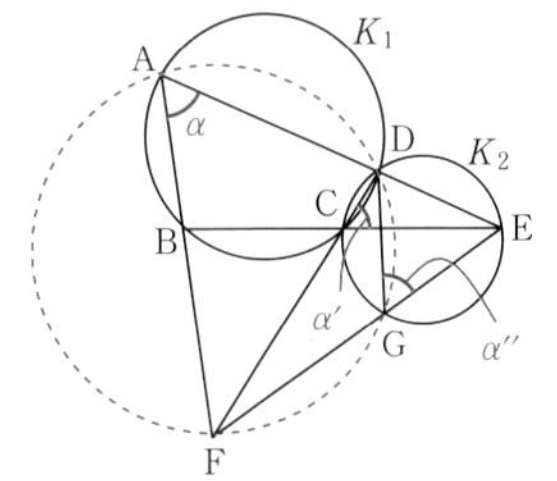

上図のように角をとる．円 K_1 に内接する四角形 ABCD に注目して

$\alpha = \alpha'$. ❷ ⟹

円 K_2 の弧 DE の円周角に注目して

$\alpha' = \alpha''$. ❶ ⟹
$\therefore \alpha = \alpha''$.

よって四角形 AFGD は，1つの内角と対角の外角が等しいからある円に内接する．□ ❷ ⟸

(3) (2)の円と点 E に注目して方べきの定理を用いると

$EA\cdot ED = EF\cdot EG.$

これと(1)の結果を辺々加えて

$$\begin{aligned} EA\cdot ED + FA\cdot FB &= EF\cdot EG + EF\cdot FG \\ &= EF\cdot(EG + GF) = EF^2. \ \square \end{aligned}$$

解説 (3)で示したい等式の左辺：EA·ED＋FA·FB のうち，「FA·FB」は(1)にあるので，残りの「EA·ED」をなんとかしたい→(2)の円と点 E に注目．これが“理詰め”の説明です．実際にはあれこれもがいているうちにフッと出来るのですが（笑）．

参考 10 4 「共円条件」の4手法のどれを使ったかを注釈で添えています．

5 12 15 「方べき」という量 [→ 5 10 6]
根底 実戦 重要

注 高校数学では，「方べきの定理」は扱いますが「方べき」なる量の定義は学びません．本問ではこの点を補完し，次問以降の典型問題への準備をします．

解答 (1)

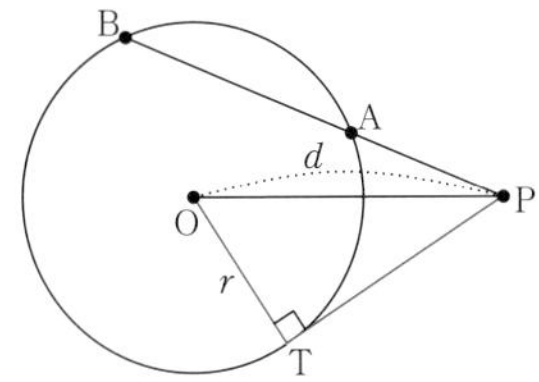

上図のように接線 PT[1] を引くと，方べきの定理より

$PA\cdot PB =$ [2] PT^2
$= d^2 - r^2.$ // [3]（△POT に注目した）

語記サポ [1]：接点 = tangent point ■

別解

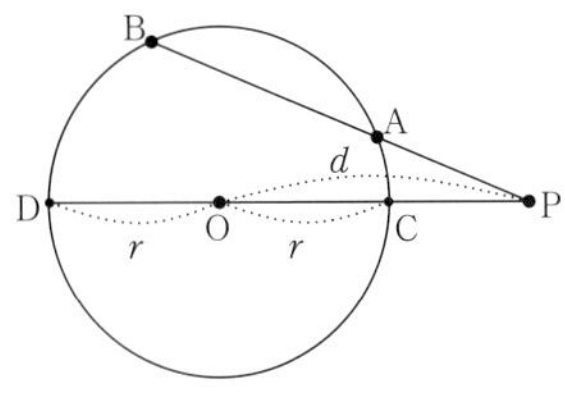

上図のように PO と円の交点を C，D とする[4] と，方べきの定理より

$PA\cdot PB = PC\cdot PD$
$= (d-r)(d+r) = d^2 - r^2.$ //

(2) 図のように PO と円の交点を C，D とすると，方べきの定理より

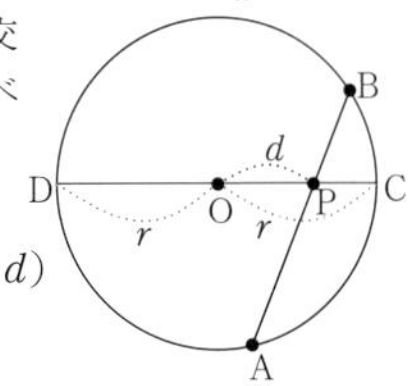

$PA\cdot PB = PC\cdot PD$
$= (r-d)(r+d)$
$= r^2 - d^2.$ // [5]

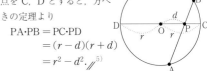

第5章 図形の性質

解説 3)5)：このように，「PA•PB」の値は，「点 P と円の中心 O の距離」と「半径」の 2 つだけで決まります．「外」と「内」で，引き算の順序が逆ですが．ここに現れた「d^2-r^2」のことを，点 P から円 C への**方べき**といいます．

P が円の内部にあるときは，「PA•PB $=r^2-d^2$」は「方べき $=d^2-r^2$」と逆符号です．つまり，「方べき」は負の値をとります．

語記サポ 2)：「べき」とは，「累乗」のことをいいます．この「PT^2」が累乗の形になっているので方べきと呼ぶ…のだと思います．

重要 4)：このように，円の中心を通る直線を引き，「距離」と「半径」を持ち出す手法は，今後の問題で活躍します．

発展 「PA•PB」は，右図のように P を中心として直線を回転していくと，右図の「PC•PD」となり，延いては「PT^2」となります．「方べきの定理」とは，これらの値 =「方べき」が不変であることを主張するものだと考えられます．

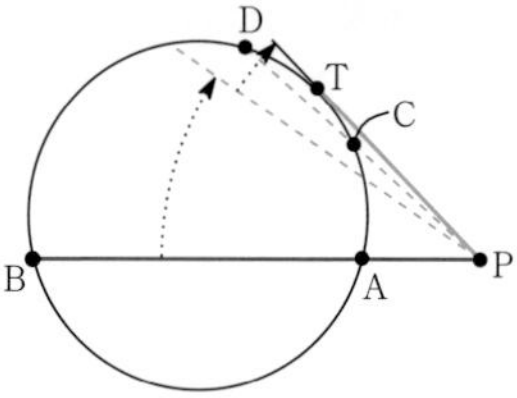

5 12 16 方べきの定理・連続使用

根底 実戦 [→5 10 6]

着眼 「PC^2」を見ると，円 K_1 で方べきの定理を使うのかなという感じがしますが，円 K_2 の方は…？「PO^2」をどうするかがポイントです．

解答 円 K_1 において方べきの定理を用いると

$$\mathrm{PC}^2=\mathrm{PA}\cdot\mathrm{PB}. \quad \cdots①$$

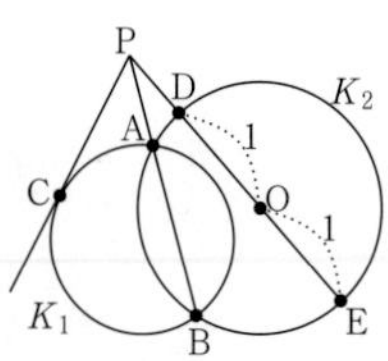

次に，2 点 P, O を通る直線を引き，円 K_2 との交点を図のように D, E とする．円 K_2 において方べきの定理を用いると

$$\begin{aligned}\mathrm{PA}\cdot\mathrm{PB}&=\mathrm{PD}\cdot\mathrm{PE}\\&=(\mathrm{PO}-1)(\mathrm{PO}+1)=\mathrm{PO}^2-1. \quad \cdots②\end{aligned}$$

①②より

$$\mathrm{PC}^2=\mathrm{PO}^2-1. \ \square$$

注 円 K_2 において用いた方べきの定理は盲点です．しかし，前問**解説**で述べたように，「方べき」とは「点 P と円の中心 O の距離」と「半径」の 2 つだけで決まる量だと知っていれば，わりと自然に直線 PO を補助線として引けるでしょう．

5 12 17 外心と内心の距離と半径

根底 実戦 ハイレベル↑ [→5 10]

着眼 (1)「AI•IM」という長さの積は，「方べきの定理」を連想させます．**前々問が頭にあれば**，これが距離 d と半径 R で表せるのは常識と感じられるでしょう．

(2)「内心」といえば角の二等分線．これを利用し，△MBI の内角について調べます．

(3) (1)(2)の結果を利用すれば，目標が定まります．

解答 (1) 直線 OI 3) と外接円の交点を図のように P, Q とする．I で交わる 2 直線 AM, PQ に注目して方べきの定理を用いると

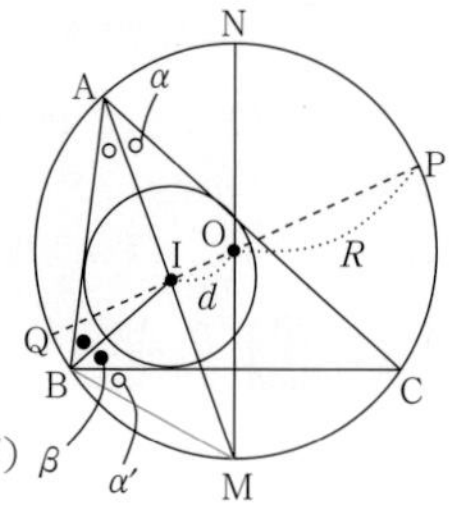

$$\begin{aligned}\mathrm{AI}\cdot\mathrm{IM}&=\mathrm{IP}\cdot\mathrm{IQ}\\&=(R+d)(R-d)\\&=R^2-d^2. \ \square\end{aligned}$$

(2) I は内心だから，図のように角 α, β がとれる．△MBI に注目すると，△IAB の内角と外角の関係により

$$\angle \mathrm{I}=\alpha+\beta.$$

また，弧 CM の円周角を考えて，$\alpha'=\alpha$ だから，

$$\angle \mathrm{B}=\alpha'+\beta=\alpha+\beta.$$

よって △MBI は，∠B = ∠I より MB = MI の二等辺三角形である．□

(3) (1)を用いて与式を変形すると

$$\mathrm{AI}\cdot\mathrm{IM}=2Rr.$$

これと(2)より

$$\mathrm{AI}\cdot\mathrm{MB}=2Rr \quad \cdots①$$

を示せばよい．

着眼 AI, MB, R, r が現れる関係式をどう作る？■

図のように，I から AB へ垂線 IH(長さは r) を下ろし，OM と円の交点 N(MN $=2R$) をとる．

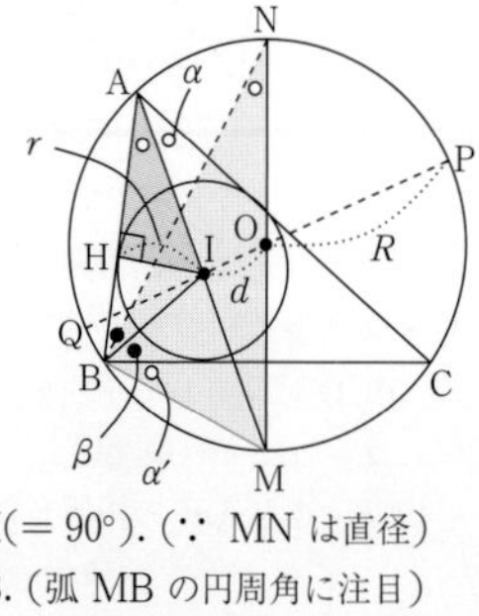

△AHI と △NBM に着目すると，

$$\angle \mathrm{AHI}=\angle \mathrm{NBM}(=90^\circ). \ (\because \ \mathrm{MN}\text{ は直径})$$
$$\angle \mathrm{IAH}=\angle \mathrm{MNB}. \ (\text{弧 MB の円周角に注目})$$

$\therefore$ △AHI∽△NBM. (2 角相等)

$\therefore \mathrm{AI}:\mathrm{IH}=\mathrm{NM}:\mathrm{MB}.$

$\therefore \mathrm{AI}\cdot\mathrm{MB}=\mathrm{IH}\cdot\mathrm{NM}=r\cdot 2R=2Rr.$

よって①が示せた．□

解説 外心と内心の距離 d が，双方の半径だけで表せました．古来，結果が美しいことで有名な問題です．

同時に，話が長大で頭がこんがらがることでも有名です（笑）．各局面ごとに，自分が**今**何に着目しているかを，明確に言葉で宣言すると（少しは）考えやすくなると思います．

参考 2)：AM は $\angle$CAB を二等分するので，$\overset{\frown}{\mathrm{MB}}=\overset{\frown}{\mathrm{MC}}$ となります［→10 2 注2］．つまり，M は $\overset{\frown}{\mathrm{BC}}$ の“ど真ん中”です．

補足 1)3)：「$d>0$」より，外心Oと内心Iは異なる2点ですから，直線OIが決定します．△ABCが正三角形のときはOとIは一致してしまい，本問の議論は成立しなくなりますが，このとき $d=0$, $R:r=2:1$ なので，最終結果：$d^2=R^2-2Rr$ は成り立っています．

5 12 18 共通接線と計量 ［→5 10 8］

根底 実戦 典型 重要

方針 円と直線，あるいは円と円が**接する**ことを計量に活かすため，適切な補助線を引いて直角三角形を作りましょう．

解答 (1)

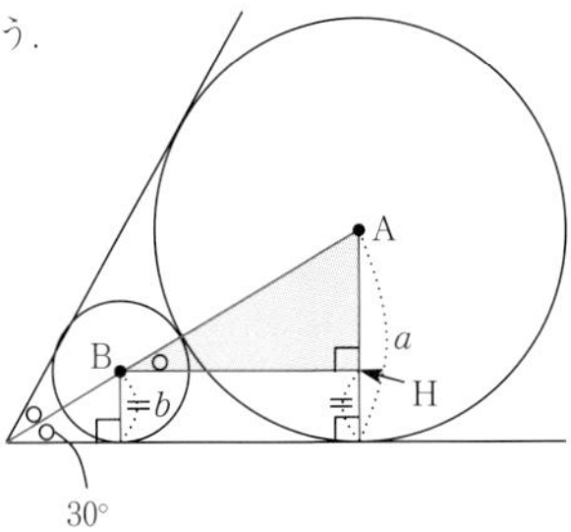

上図において，直角三角形 AHB に注目して

$\mathrm{AB}=2\mathrm{AH}.$ [1)]

$a+b=2(a-b).$

$\therefore b=\dfrac{1}{3}a.$ //

(2)

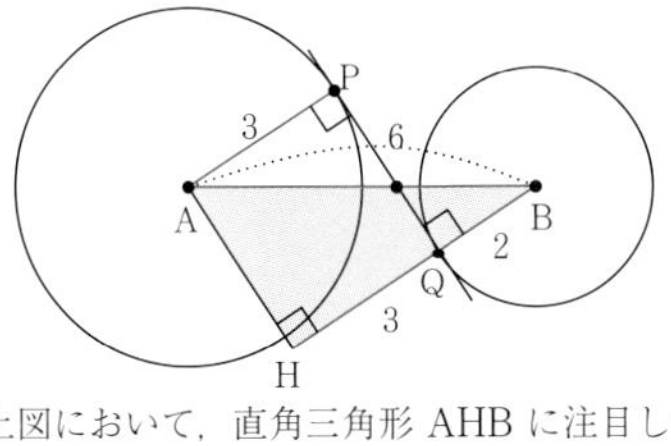

上図において，直角三角形 AHB に注目して

$$\begin{aligned}\mathrm{PQ}&=\mathrm{AH}\\&=\sqrt{6^2-5^2}\\&=\sqrt{(6+5)(6-5)}=\sqrt{11}.\end{aligned}$$ //

解説 1)：△ABH は，内角が 30°, 60°, 90° である有名な直角三角形です．

5 12 19 「長さ」の作図 ［→5 11］

根底 実戦

注 以下の解答では，11と同様に，番号：

❶ **定規**→与えられた 2 点を通る直線を引く．

❷ **コンパス**→中心と半径が与えられた円周を描く．

を用い，作図の順序を数字①，②，③ … で表します．また，11で学んだ「垂線を下ろす」などは，そこでの項番号：1，2，…などを記すにとどめて細かい操作手順を省く 1) 場合もありますのでご了承ください．

言い訳 1)：全てを書くと，込み入り過ぎて全体の流れが見えづらくなるからです．

解答 (1)

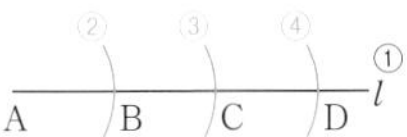

① ❶：「任意の異なる 2 点」→この直線を l とする

② ❷：「l 上の任意の点 A が中心，半径 1」→ l との交点 B

③ ❷：「中心 B，半径 1」→ l との交点 C

④ ❷：「中心 C，半径 1」→ l との交点 D

AD が，長さ 3 の線分である．//

(2)

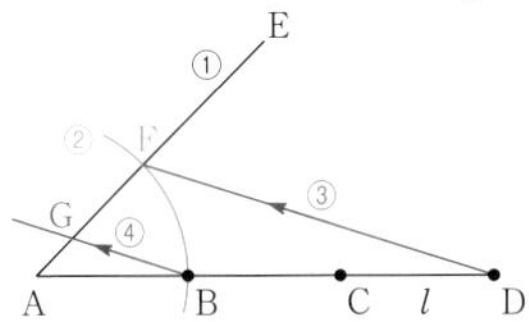

(1)で描いた線分 AD を利用する．

① ❶：「A と任意の点 E(l 上は除く)」

② ❷：「中心 A，半径 1」→ AE との交点 F(AF$=1$)

③ ❶：「D，F」

④ 3：「B を通り DF と平行な直線」→ AF との交点 G

平行線の性質より，AG : AF $=$ AB : AD $=1:3$ だから，AG が長さ $\dfrac{1}{3}$ の線分である．//

(3)

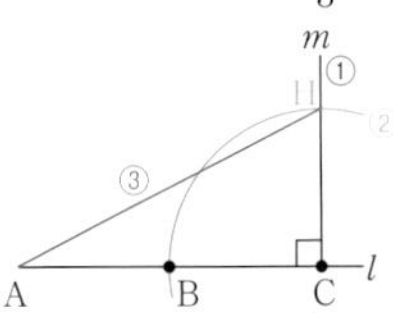

(1)で描いた線分 AC を利用する．

① 2：「l に対して C において垂線を立てる」→この垂線を m とする

② ❷：「中心 C，半径 1」→ m との交点 H

③ ❶：「A，H」

△ACH において三平方の定理を用いると

$\mathrm{AH}=\sqrt{2^2+1^2}=\sqrt{5}.$

よって，AH が求める線分である．//

(4)

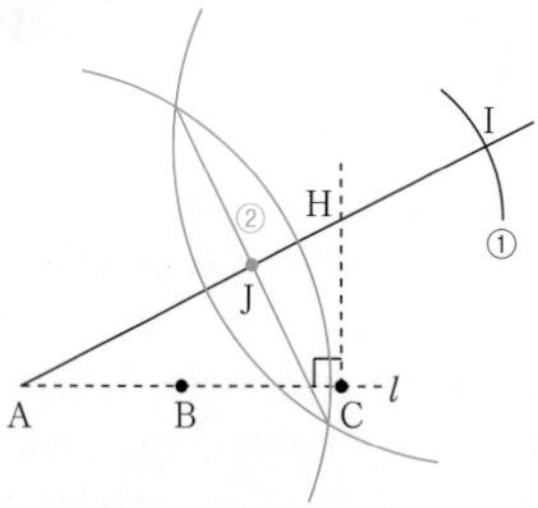

(3)で描いた線分 AH(長さ $\sqrt{5}$) を利用する.

① ❷:「中心 H, 半径 1」→直線 AH との交点 I

② 4:「線分 AI(長さ $1+\sqrt{5}$) の垂直二等分線→ AI との交点が中点 J

$\mathrm{AJ}=\dfrac{\mathrm{AI}}{2}=\dfrac{1+\sqrt{5}}{2}$. 例の"黄金比"です. [→演習問題5 9 3(2)]

よって, AJ が求める線分である.//

参考 長さ 1 をもとにして,

$\sqrt{2}, \sqrt{3}, \sqrt{4}(=2), \sqrt{5}, \cdots$

が下図のように作図できます:

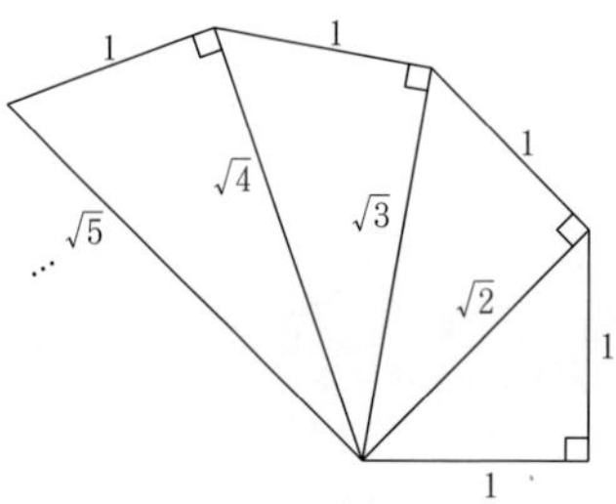

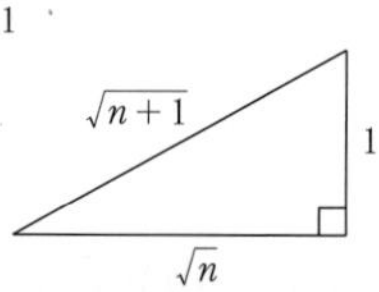

$\sqrt{(\sqrt{n})^2+1^2}=\sqrt{n+1}$

ですから, このように"イモヅル式" 2) に求まるのです.

語記サポ 2) : 数学 B「数列」では,「帰納的に」と言い表します. ドミノ倒しのように,「直前 n」から「直後 $n+1$」へとつながっていくという意味です.

5 12 20 長さの作図 (円を利用)

根底 実戦 [→5 11]

方針 「参考図」の s, t, u に何を当てはめると上手くいくかを考えます.

解答 (1)

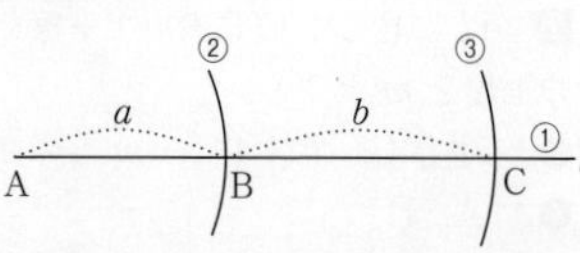

① ❶:「任意の異なる 2 点」→この直線を l とする

② ❷:「l 上の任意の点 A が中心, 半径 a」→ l との交点 B

③ ❷:「中心 B, 半径 b」→ l との交点 C

AC が, 長さ $a+b$ の線分である.//

(2)

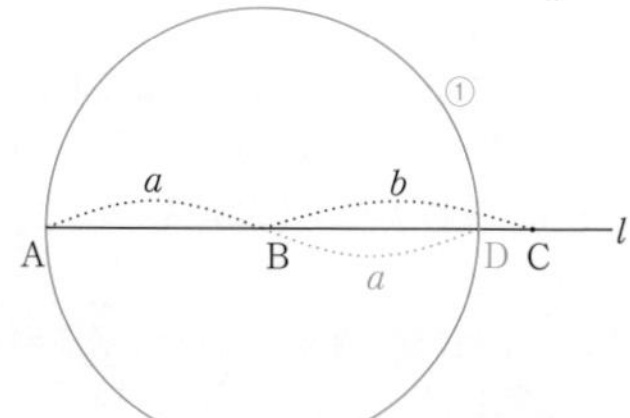

(1)で描いた線分 BC を利用する.

① ❷:「中心 B, 半径 a」→ l との交点 D

DC が, 長さ $b-a$ の線分である.//

(3) 〔参考図 1〕において, 方べきの定理を用いると

$xu=st$. ∴ $x=\dfrac{st}{u}$.…㋐

よって, $s=a, t=b, u=1$ とすれば, $x=ab$ である.

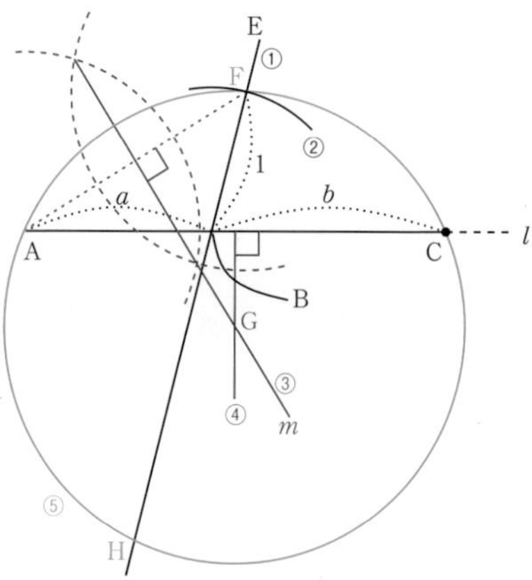

(1)で描いた点 A, B, C を利用する.

① ❶:「B と任意の点 E(l 上は除く)」

② ❷:「中心 B, 半径 1」→ BE との交点 F

(以下, △FAC の外接円を作図する[→7「外心」])

③ 4:「FA の垂直二等分線」→ m とする

④ 4:「AC の垂直二等分線」(作図線は略) → m との交点 G

⑤ ❷:「中心 G, 半径 GA」→ BE との交点 H

方べきの定理より, 1·BH = BA·BC. よって, BH が長さ ab の線分である.//

(4) 〔参考図 1〕において, $s=1, t=a, u=b$ とすれば, ㋐より $x=\dfrac{1\cdot a}{b}=\dfrac{a}{b}$ である.

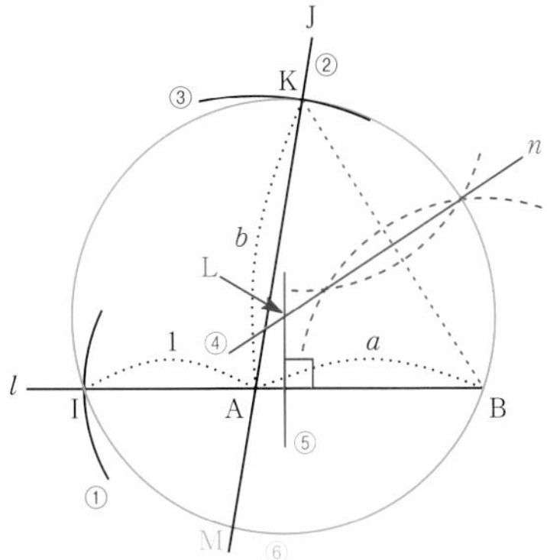

(1)で描いた点 A, B を利用する.

① ❷ :「中心 A, 半径 1」→ l との交点 I

② ❶ :「A と任意の点 J(l 上は除く)」

③ ❷ :「中心 A, 半径 b」→ AJ との交点 K

(以下, △KIB の外接円を作図する[→7「外心」])

④ 4 :「KB の垂直二等分線」→ n とする

⑤ 4 :「IB の垂直二等分線」(作図線は略)→ n との交点 L

⑥ ❷ :「中心 L, 半径 LB」→ AJ との交点 M

方べきの定理より, $b\cdot \mathrm{AM} = \mathrm{AI}\cdot\mathrm{AB}$. よって, AM が長さ $\dfrac{a}{b}$ の線分である.//

(5) 〔**参考図 2**〕において, 方べきの定理を用いると

$x\cdot x = st$. $\therefore$ $x = \sqrt{st}$.

よって, $s = a, t = b$ とすれば, $x = \sqrt{ab}$ である.

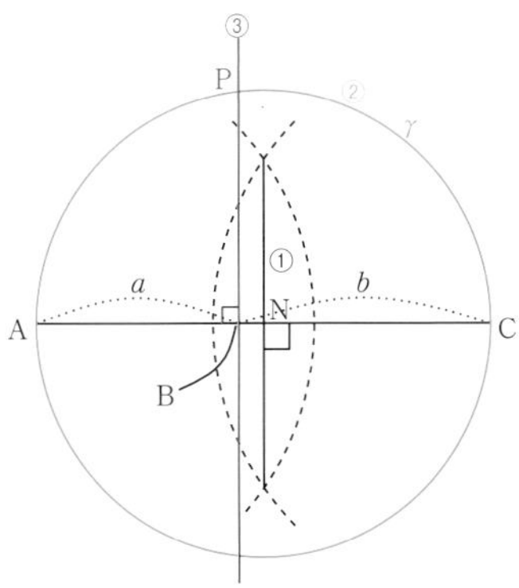

(1)で描いた点 A, B, C を利用する.

① 4 :「AC の垂直二等分線」→ AC との交点が中点 N

② ❷ :「中心 N, 半径 NA の円 γ」

③ 2 :「AC に対して B において垂線を立てる」→ γ との交点 P

方べきの定理より, $\mathrm{BP}^2 = \mathrm{BA}\cdot\mathrm{BC}$. よって, BP が長さ $\sqrt{ab}$ の線分である.//

解説 本問(1)～(4)の結果により, 長さ 1, a, b が与えられれば, a, b の四則演算の結果である和, 差, 積, 商が作図可能であることがわかりました(長さ「1」も要することに注意).

別解 (4) $\dfrac{a}{b}$ とは a と b の「比」です.

$$\frac{a}{b} : 1 = a : b$$

に注目して, 次のように線分比を作図する手もありますね.

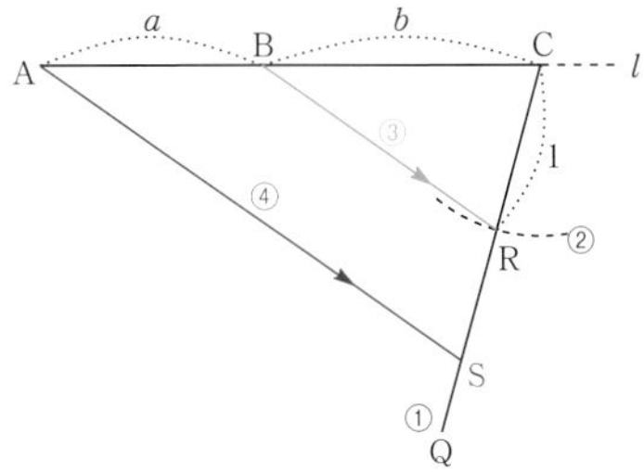

(1)で描いた点 A, B, C を利用する.

① ❶ :「C と任意の点 Q(l 上は除く)」

② ❷ :「中心 C, 半径 1」→ CQ との交点 R

③ ❶ :「B と R」

④ 3 :「A を通る BR の平行線」→ CQ との交点 S

平行線は比を保存するから, $1 : \mathrm{RS} = b : a$. よって, RS が長さ $\dfrac{a}{b}$ の線分である.//

注 (5)と同様にして, 様々な「平方根」が作図できます. 例えば〔**参考図 2**〕において $s = 1, t = a + b$ とすれば, $x = \sqrt{a+b}$ の値が求まりますね.

5 12 21 作図（共通外接線）

根底 実戦 典型 [→5 11]

方針 まずは，求める点がいかなる条件を満たす点であるかを把握しましょう．

解答

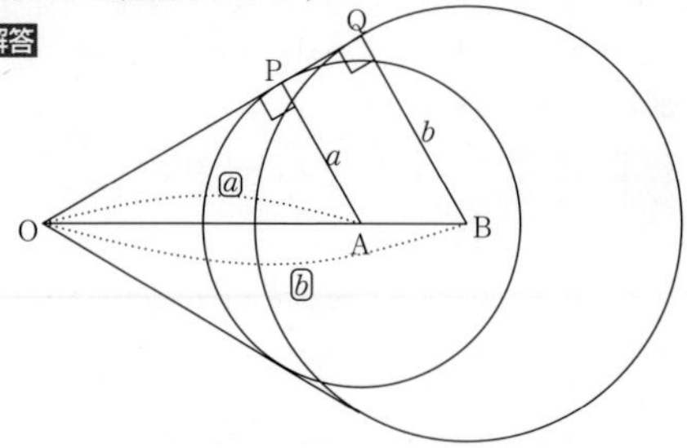

「2 本の共通外接線の交点」とは，「1 本の共通外接線と AB の交点 O」である．上図のように接点 P，Q をとると

$\triangle OAP \backsim \triangle OBQ$ であり，

相似比は $AP : BQ = a : b$.

$\therefore OA : OB = a : b$.

つまり求める点 O は，線分 AB を $a : b$ に外分する点である．

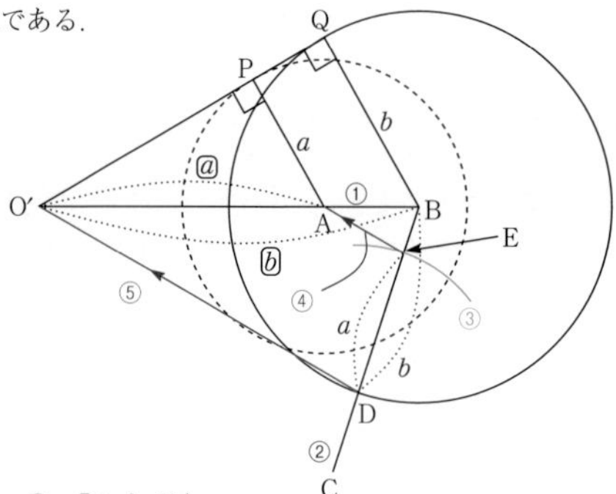

① ❶：「A と B」

② ❶：「B と任意の点 C(AB 上は除く)」→円 B との交点 D

③ ❷：「中心 D，半径 a」→ BD との交点 E

④ ❶：「E と A」

⑤ 3：「D を通る EA の平行線」→AB との交点 O′

平行線は比を保存するから，

$O'A : O'B = DE : DB = a : b$.

つまり，O′ は線分 AB を $a : b$ に外分するから，これが求める点 O と一致する．//

解説 例題 5 11 b：「共通内接線」では「内分点」を，本問：「共通外接線」では「外分点」を求めました．

参考 この点 O から，例題 5 11 a (2)のようにしてどちらか一方の円へ接線を引けば，それが 2 円の共通外接線です．

15 演習問題C 他分野との融合

5 15 1 空間内での平行・垂直

根底 実戦 [→5 13]

方針 様々な具体例を思い描き，図を描くなどして考えましょう．

解答

(1) 真.　(2) 偽.（反例）　(3) 真.

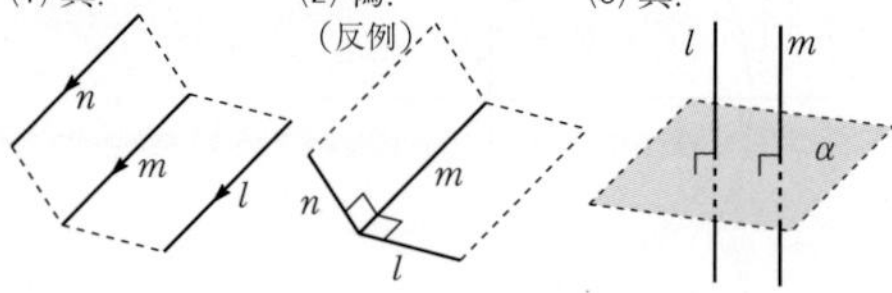

注 (2)は，平面上では「真」となります．

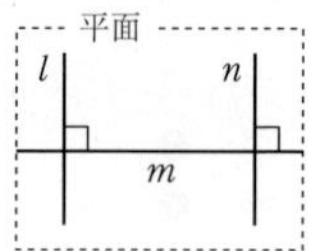

5 15 2 直円錐の内接球・外接球

根底 実戦 典型 [→5 14 3]

方針 立体図形の問題ではありますが，断面を描いてしまえば，単純な平面図形の話に過ぎません．

解答 外接球，内接球の中心 O，I は，いずれも頂点 A から底面に下ろした垂線 AH 上にある．そこで，AH と底円上の 2 点 B，C を含む平面による断面を描くと，下図右の通り：

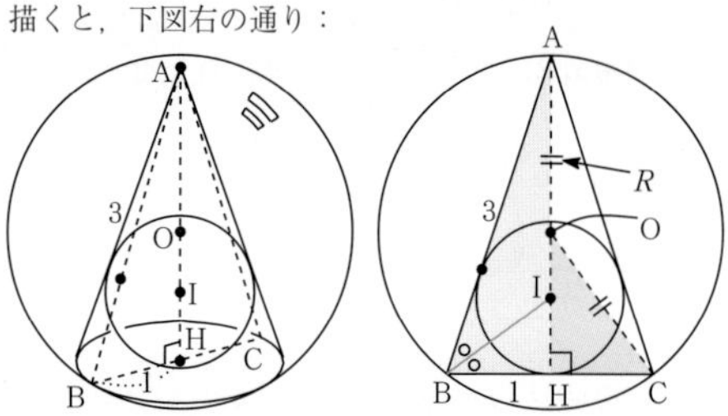

$\triangle ABH$ に注目すると

$AH = \sqrt{3^2 - 1^2} = 2\sqrt{2}$. …①

I は $\triangle ABC$ の内心だから，$\angle ABH$ の二等分線上にある．よって，

$AI : IH = BA : BH = 3 : 1$.

これと①より，内接球の半径は

$IH = \frac{1}{4} \cdot 2\sqrt{2} = \frac{1}{\sqrt{2}}$.//

次に，$OA = OC(= OB)$[1] だから，外接球の半径を R とおいて $\triangle OHC$ に注目すると，

$R^2 -$[2] $\left|2\sqrt{2} - R\right|^2 = 1^2$.[3]

$4\sqrt{2}R - 8 = 1$.

$\therefore R = \frac{9}{4\sqrt{2}} = \frac{9}{8}\sqrt{2}$.//

補足 1)：つまり，O は △ABC の外心です．

2)：念のため，R と $AH = 2\sqrt{2}$ の大小関係は不明であるという立場をとりました．絶対値を用いて表せば，どちらの大小関係でも大丈夫ですね．同じことを，**演習問題 3 8 18** でも行っています．

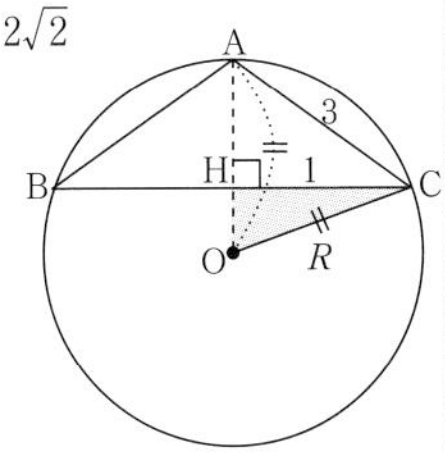

3)：三平方の定理を，左辺に未知数 R が集まる形で使っています．

5 15 3 母線の等しい錐

根底 実戦 典型 [→5 14 2]

着眼 「母線が等しい」と聞いて，例の性質が思い浮かべば一瞬です．

解答 O から底面に垂線 OH を下ろし，母線の長さを l とおくと，直角三角形 OHD に注目して

$$HD = \sqrt{l^2 - OH^2}.$$

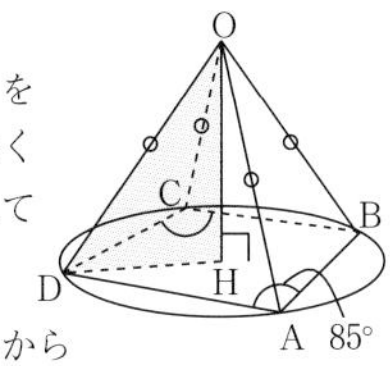

HA, HB, HC もこれと等しいから

$$HA = HB = HC = HD.$$

よって，四角形 ABCD は H を中心とするある円に内接する 1)．したがって

$$\angle C = 180° - \angle A = 95°. /\!/$$

解説 1)：母線が等しいとき，垂線の足 H を中心とするある円周上に底面の各頂点があることは，証明抜きに使ってもよいような気もします（笑）．本問では，**そこが占めるウエイトが高い**ので，いちおう示しておきました．

5 15 4 四面体の体積比

根底 実戦 重要 [→5 14 2]

方針 (1) 有名な知識で片付きます．

(2)「底面積」と「高さ」をそれぞれ考えます．

解答 (1) 2 つの四面体 OABC と OPQR は，O を中心として相似の位置にあり，相似比は OA : OP である．よって求める体積比は

$$OA^3 : OP^3.^{1)} /\!/$$

(2) 例えば頂点 O，底面 ABC の四面体の体積を〔O-ABC〕のように表す．

C，R から底面 OAB へ下ろした垂線の足をそれぞれ H，I とすると

$$〔C\text{-}OAB〕 = \frac{1}{3}\cdot\triangle OAB\cdot CH.$$

$$〔R\text{-}OPQ〕 = \frac{1}{3}\cdot\triangle OPQ\cdot RI.$$

ここで，底面積の比は

$$\triangle OAB : \triangle OPQ = OA\cdot OB : OP\cdot OQ.^{2)}$$

高さの比は

$$CH : RI = OC : OR.^{3)}$$

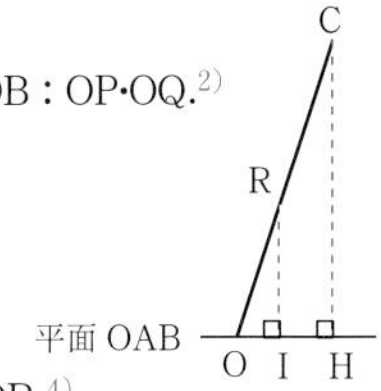

以上より，求める体積比は，

$$〔C\text{-}OAB〕:〔R\text{-}OPQ〕 = OA\cdot OB\cdot OC : OP\cdot OQ\cdot OR.^{4)} /\!/$$

解説 1)：要は相似比の 3 乗ですから，例えば $AB^3 : PQ^3$ と表すこともできます．

2)：角が共通な三角形の面積比ですね[→7 1 ❸]．

3)：その右の図において，直角三角形 OCH と ORI が相似であることからわかりますね．

4)：要するに，1 つの頂点から伸びる 3 辺の積で決まる訳です．この結果は，状況次第では証明抜きに使ってしまってもよいかもしれません．

5 15 5 体積比・面積比・線分比

根底 実戦 重要 [→5 14 2]

方針 錐の体積 $= \frac{1}{3}\cdot$ 底面積・高さ の関係に基づいて考えます．

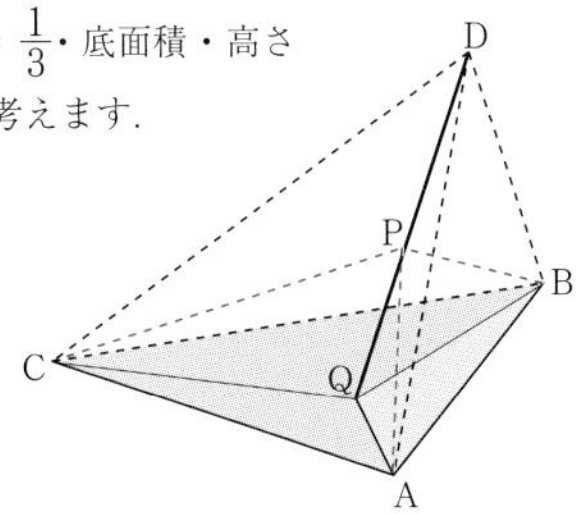

解答 (1) D，P から底面 ABC へ下ろした垂線の足をそれぞれ H，I とすると，

$$〔D\text{-}QBC〕:〔D\text{-}QCA〕:〔D\text{-}QAB〕$$
$$= \frac{1}{3}\cdot\triangle QBC\cdot DH : \frac{1}{3}\cdot\triangle QCA\cdot DH : \frac{1}{3}\cdot\triangle QAB\cdot DH$$
$$= \triangle QBC : \triangle QCA : \triangle QAB = 4 : 3 : 2.$$

同様に

$$〔P\text{-}QBC〕:〔P\text{-}QCA〕:〔P\text{-}QAB〕 = \triangle QBC : \triangle QCA : \triangle QAB = 4 : 3 : 2.$$

これらの差をとると

$$〔P\text{-}DBC〕:〔P\text{-}DCA〕^{1)}:〔P\text{-}DAB〕 = 4 : 3 : 2. /\!/^{2)}$$

(2) 〔D-ABC〕:〔P-ABC〕

$$= \frac{1}{3}\cdot\triangle ABC\cdot DH : \frac{1}{3}\cdot\triangle ABC\cdot PI$$
$$= DH : PI\ (\because\ \text{底面共通}).$$
$$= DQ : PQ(\because\ \triangle DQH \backsim PQI).$$

したがって

$$\therefore DP : PQ$$
$$= (〔D\text{-}ABC〕 - 〔P\text{-}ABC〕) : 〔P\text{-}ABC〕$$
$$= (a+b+c) : d. /\!/$$

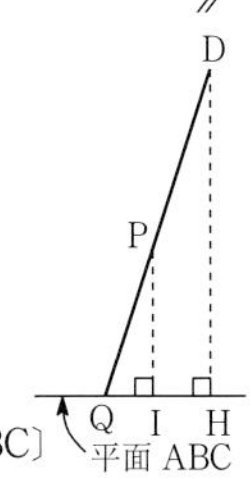

解説 (1)では,「高さが共通な四面体の体積比」を「底面積比」にすり替えました.

一方(2)では,「底面積が共通な四面体の体積比」を「高さの比」に帰着させました.

1):例えば四面体 D-QCA から,底面が共通な P-QCA を取り除くと,P-DCA となることを,図を見ながら納得してください.

2):**例題 5 7 a** (1) **解説**で述べた「加比の理」を使っています(ここでは加えるのではなく引いていますが).

注 (1)では「面積比」→「体積比」の向き,(2)では「体積比」→「線分比」の向きに考えましたが,それぞれ逆向きに使うこともあります.

注 本問で得た結論は,状況次第では証明抜きに結果だけ書いても許される程度の常識だと思われます.

補足 本問で用いた考え方は,**演習問題 5 9 15**

演習問題 5 9 16 の「線分比と面積比の関係」とそっくりですね.

5 15 6 回転体の体積

根底 実戦 定期 [→ 5 14]

方針 出来上がる回転体を,体積の求めやすい立体の組み合わせとして表します.

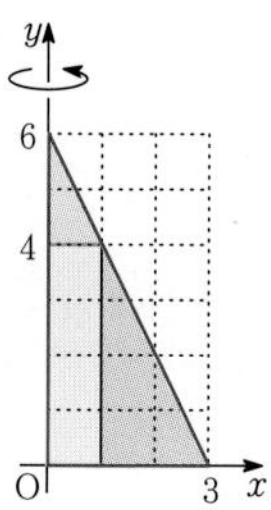

解答 求める体積 V は,

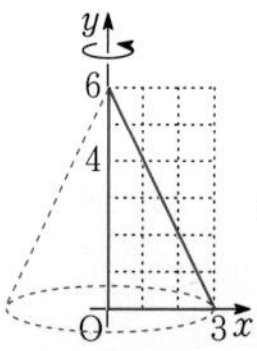

(円錐 C_1)

から,

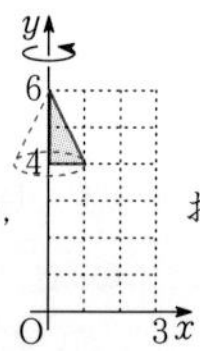

(円錐 C_2)

および

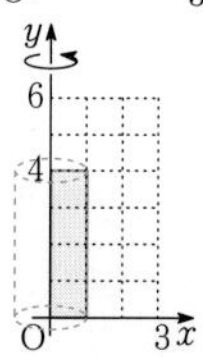

(円柱 C_3)

を引いたものである.ここで,

∘ C_2の体積 $= \frac{1}{3}\cdot\pi\cdot1^2\cdot2 = \frac{2}{3}\pi.$

∘ C_1と C_2は点 $(0, 6)$ を中心として相似の位置 1) にあり,相似比は, $6:2=3:1.$ 高さの比

∴ C_1の体積 $= 3^3\cdot(C_2$の体積$).$

∘ C_3の体積 $= \pi\cdot1^2\cdot4 = 4\pi.$

以上より

$$V = (27-1)\times\frac{2}{3}\pi - 4\pi = \frac{40}{3}\pi.$$ //

解説 1):立体の相似については,[→ 14 2].

語記サポ 円錐:cone 円柱:cylinder

5 15 7 四面体の内接球

根底 実戦 典型 三角比後 [→ 5 14 2]

方針 (1) 3 辺の長さが求まるので,面積も得られますね.

(2) (1)の面積と内接球の半径を結びつける量とは?

解答 (1) △OAB,△OBC,△OCA において三平方の定理を用いると

$$AB = \sqrt{5},\ BC = \sqrt{13},\ CA = \sqrt{10}.$$

△ABC において余弦定理を用いると

$$\cos A = \frac{5+10-13}{2\sqrt{5}\sqrt{10}} = \frac{1}{5\sqrt{2}}.$$

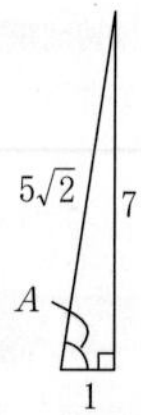

右図より

$$\sin A = \frac{7}{5\sqrt{2}}.$$

$$\therefore\ \triangle ABC = \frac{1}{2}\cdot\sqrt{5}\cdot\sqrt{10}\cdot\frac{7}{5\sqrt{2}} = \frac{7}{2}.$$ //

(2)

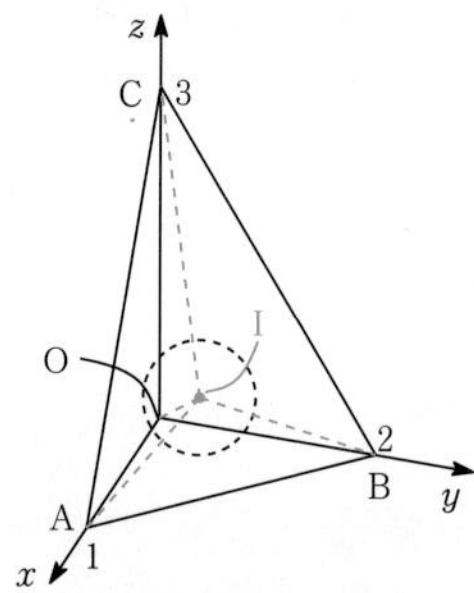

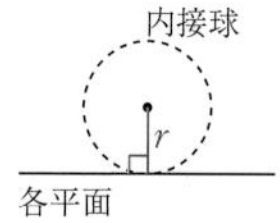

四面体 OABC の体積は

$$\frac{1}{3}\times\triangle OAB\times OC = \frac{1}{3}\times\frac{1}{2}\cdot1\cdot2\times3 = 1.\ \cdots①$$

内接球の中心を I として,四面体 OABC を分割した 4 つの四面体

I-OAB,I-OBC,I-OCA,I-ABC

の体積は,それぞれ

$$\frac{1}{3}\cdot\triangle OAB\cdot r = \frac{1}{3}\times\frac{1}{2}\cdot1\cdot2\times r,$$

$$\frac{1}{3}\cdot\triangle OBC\cdot r = \frac{1}{3}\times\frac{1}{2}\cdot2\cdot3\times r,$$

$$\frac{1}{3}\cdot\triangle OCA\cdot r = \frac{1}{3}\times\frac{1}{2}\cdot3\cdot1\times r,$$

$$\frac{1}{3}\cdot\triangle ABC\cdot r = \frac{1}{3}\times\frac{7}{2}\times r.$$

これらの和と①は等しいから,両者を 6 倍して

$$6 = (2+6+3+7)r.\quad\therefore\ r = \frac{6}{18} = \frac{1}{3}.$$ //

解説 本問で用いた「四面体の体積を内接球の半径で表す」という手法は,「三角形の面積を内接円の半径で表す」こと [→ 6 2] と似ていますね.

参考 正四面体の内接球の半径は,断面を利用して求めることができましたね.[→ 14 4 最後]

5 15 8 立方体の切断
根底 実戦 典型

方針 対象となっている図形である「六角形」の面積を求める公式などありません．三角形で表すことを考えます．

解答 RQ，RP と立方体の辺との交点 D，E を用いると，題意の面積 S は，正三角形 RPQ(1 辺の長さが $\sqrt{2}t$) から正三角形 RED[2] など 3 個を切り落とした六角形の面積である．

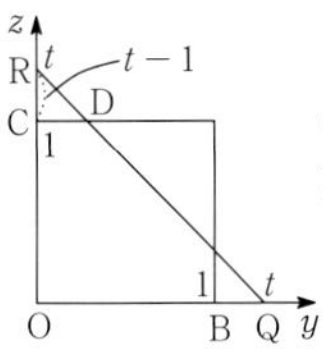

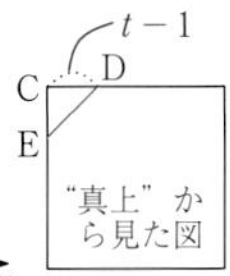

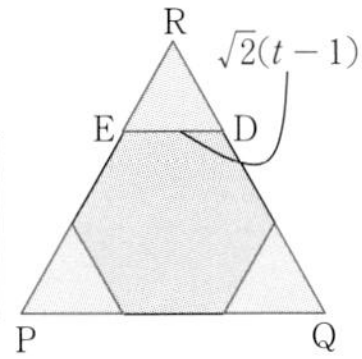

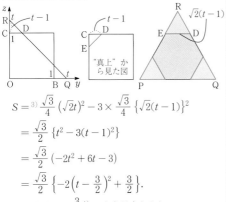

$$S =^{3)} \frac{\sqrt{3}}{4}(\sqrt{2}t)^2 - 3\times\frac{\sqrt{3}}{4}\left\{\sqrt{2}(t-1)\right\}^2$$
$$= \frac{\sqrt{3}}{2}\left\{t^2 - 3(t-1)^2\right\}$$
$$= \frac{\sqrt{3}}{2}(-2t^2 + 6t - 3)$$
$$= \frac{\sqrt{3}}{2}\left\{-2\left(t - \frac{3}{2}\right)^2 + \frac{3}{2}\right\}.$$

よって S は $t = \frac{3}{2}$[4] のとき最大となり，

$$\max S = \frac{\sqrt{3}}{2}\cdot\frac{3}{2} = \frac{3}{4}\sqrt{3}. /\!/$$

重要 上記 解答 中で，3 つの平面図を描きました．このように，空間図形を扱う際には，適切な平面図を描いて正確に計量することがポイントです：

空間図形
- 見取図で立体を大まかに把握
- 平面図で長さ・角を正確に計量

参考 2)：これら 2 つの正三角形どうしは相似であり，相似比は

$\mathrm{PQ} : \mathrm{ED} = \sqrt{2}t : \sqrt{2}(t-1) = t : (t-1)$ です．

補足 3)：正三角形の面積は

$\frac{1}{2}\cdot(1\text{ 辺})(1\text{ 辺})\cdot\sin 60^\circ = \frac{\sqrt{3}}{4}(1\text{ 辺})^2$ です．

参考 4)：このとき切り口は正六角形です．

発展 立方体 F と平面 PQR は，$0 \leq t \leq 3$ のとき共有点をもちます．本問で扱った $1 < t < 2$ 以外の場合，F の内部の図形は次のようになります:

∘ $0 \leq t \leq 1$ のとき，
右図の正三角形．

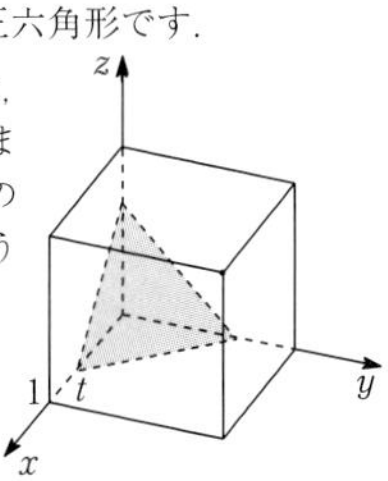

∘ $2 \leq t \leq 3$ のとき，
右図の正三角形．

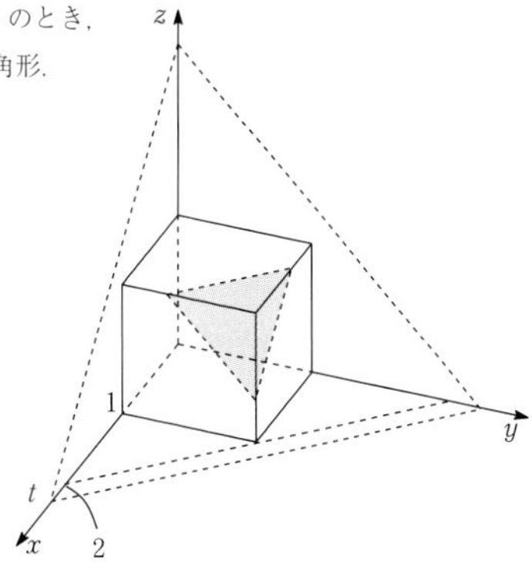

5 15 9 正八面体・なす角
根底 実戦 三角比後 重要

[→例題 5 13 b]

方針 「平面どうしのなす角」とは何か？そこがわかっていれば，道は自ずと定まります．

解答 線分 BE の中点を M とすると

MA ⊥ EB, MF ⊥ EB.

よって題意の角 θ とは，MA と MF のなす角である[1]．

そこで，△AMF を考える．また，正方形 BCDE の中心を N とする．

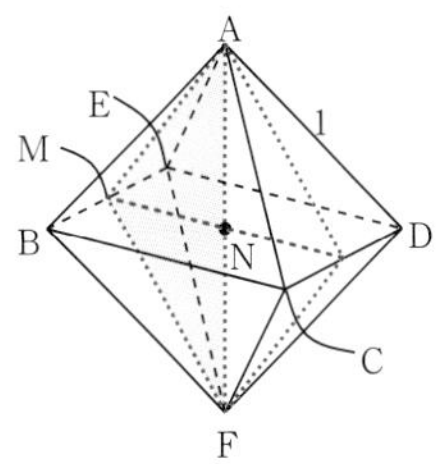

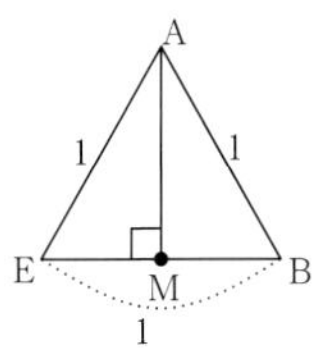

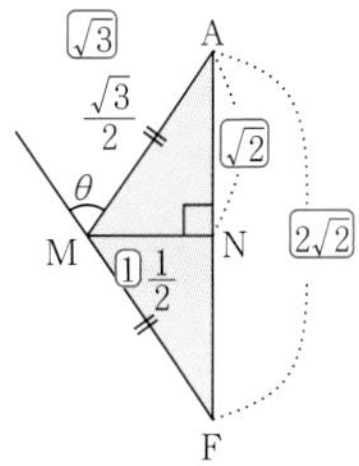

上図左より，$\mathrm{AM} = \frac{\sqrt{3}}{2}$．これと $\mathrm{MN} = \frac{1}{2}$ により，断面 AMN 上の線分比は上図右の通り．

三角形 MAF において余弦定理を用いると

$$\cos\angle\mathrm{AMF} = \frac{3+3-8}{2\cdot\sqrt{3}\cdot\sqrt{3}}$$ 三角比は「比」で使う
$$= -\frac{1}{3}\ (<0).$$

よって ∠AMF は鈍角だから，

$$\cos\theta = \cos(180^\circ - \angle\mathrm{AMF}) = \frac{1}{3}. /\!/$$

解説 1)：13 2 2 平面のなす角 を理解していれば，この主張がわかるはずです．また，次にどんな断面を作るべきかも決まります．

5 15 10 直陵四面体

根底 実戦 ハイレベル↑ [→例題 5 13 c]

着眼 (1) 仮定と結論は，いずれも「CD」に関するものです．その相手である「AB」と「BH」を見ると，ある平面に目が行きます．

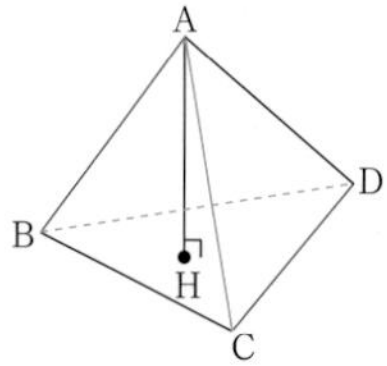

(2) (1)で得た結論は，底面 BCD 上での話ですね．

解答 (1) CD と平面 ABH に注目すると

CD ⊥ AB,
CD ⊥ AH
(∵ AH ⊥ 平面 BCD).
∴ CD ⊥ 平面 ABH.
∴ CD ⊥ BH. □

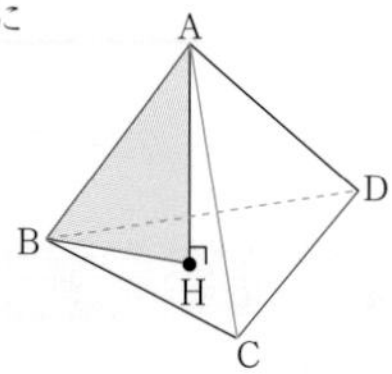

(2) AB ⊥ CD ゆえ，(1)より BH ⊥ CD.
同様に，AC ⊥ BD より CH ⊥ BD.
よって，H は △BCD の垂心であるから，DH ⊥ BC も成り立つ．[1)]

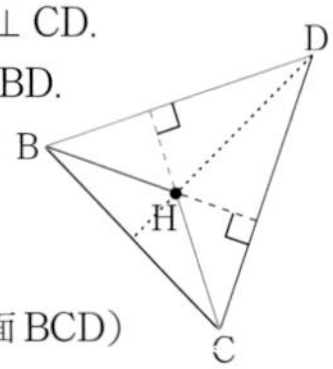

これと BC ⊥ AH (∵ AH ⊥ 平面 BCD) より，
BC ⊥ 平面 ADH.
∴ BC ⊥ AD. □

注 1)：三角形の3本の垂線は1点で交わることは既知としてよいでしょう．(〔証明〕は[→ 6 4 or 例題 5 8 a])

参考 四面体 ABCD において，ねじれの位置にある 2 辺のペア「AB と CD」のことを**対陵**といいます．「AC と BD」「AD と BC」についても同様です．

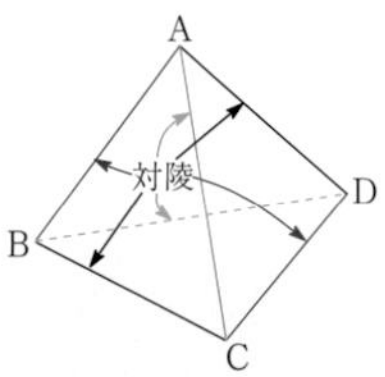

この用語を用いると，本問で得た結論は次の通りです：

2 組の対陵が垂直 ⟹ 残りの対陵も垂直．

このように，3 組の対陵が全て垂直な四面体のことを，**直陵四面体**といいます．下図の直方体の 4 頂点を結んでできた四面体 DEGH がその 1 例です：

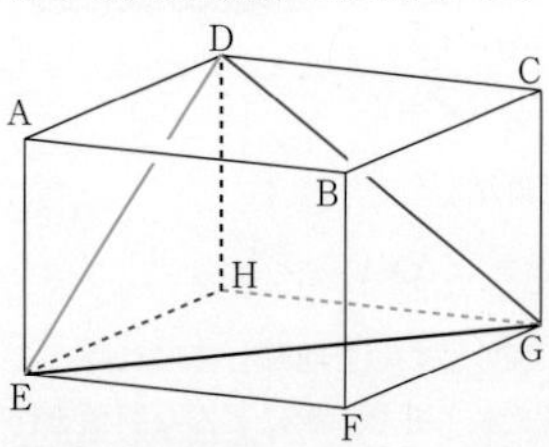

「ベクトル」後 本問は，内積を使うと，(2)が次のように機械的に示せてしまいます：

$\vec{b}=\overrightarrow{AB}$, $\vec{c}=\overrightarrow{AC}$, $\vec{d}=\overrightarrow{AD}$ とおくと，

AB ⊥ CD より

$\overrightarrow{AB}\cdot\overrightarrow{CD}=\vec{b}\cdot(\vec{d}-\vec{c})=0$. ∴ $\vec{b}\cdot\vec{d}=\vec{b}\cdot\vec{c}$.

AC ⊥ BD より，同様に $\vec{c}\cdot\vec{d}=\vec{c}\cdot\vec{b}$.

これらにより $\vec{b}\cdot\vec{d}=\vec{c}\cdot\vec{d}$ だから，

$\vec{d}\cdot(\vec{c}-\vec{b})=0$. i.e. $\overrightarrow{AD}\perp\overrightarrow{BC}$. □

5 15 11 等面四面体

根底 実戦 典型 終着 ハイレベル↑ [→ 5 14]

方針 (2) 与えられた (**固定**された)a, b, c に対して，条件を満たす直方体の 3 辺の長さが存在しうることを示します．

(3) (2)で考えた直方体を用いればカンタンです．

解答 (1) 右図において，点線で描かれた四面体の各辺の長さは

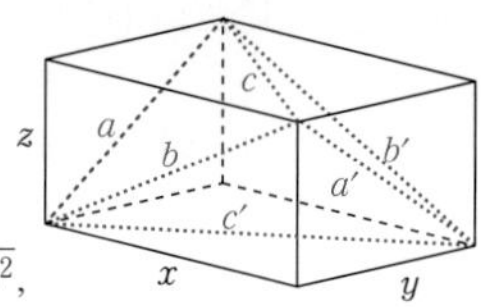

$a=a'=\sqrt{y^2+z^2}$,
$b=b'=\sqrt{z^2+x^2}$,
$c=c'=\sqrt{x^2+y^2}$.

四面体の 4 つの面は，全てこの 3 数を 3 辺の長さとするから合同である．よってこの四面体は等面四面体である．□

(2) (1)より，定数 a, b, c に対して

$$(*)\begin{cases} a=\sqrt{y^2+z^2}, \\ b=\sqrt{z^2+x^2}, \\ c=\sqrt{x^2+y^2}. \end{cases}$$

を満たす正の実数 x, y, z が存在することを示せばよい．

a, b, c は正だから，$(*)$ を同値変形すると

$$(*)'\begin{cases} a^2=y^2+z^2, \\ b^2=z^2+x^2, \\ c^2=x^2+y^2. \end{cases}$$

下書き 目指すのは $(*)'$ を満たす x, y, z の「存在証明」ですから，それを具体的に見つけちゃえば OK です．上記を辺々加えて両辺を 2 で割ると，

$$\frac{a^2+b^2+c^2}{2}=x^2+y^2+z^2.$$

これと $(*)'$ より

$$x^2=\frac{-a^2+b^2+c^2}{2},$$
$$y^2=\frac{a^2-b^2+c^2}{2},$$
$$z^2=\frac{a^2+b^2-c^2}{2}.$$

このとき確かに $(*)'$ は成り立ちますね．■

$$①\begin{cases} x=\sqrt{\dfrac{-a^2+b^2+c^2}{2}}, \\ y=\sqrt{\dfrac{a^2-b^2+c^2}{2}}, \\ z=\sqrt{\dfrac{a^2+b^2-c^2}{2}} \end{cases}$$

を考える．a, b, c は鋭角三角形の 3 辺だから

$$b^2+c^2>a^2,\ c^2+a^2>b^2,\ a^2+b^2>c^2.$$

よって①の 3 数 x, y, z は全て正の実数であり，

$$x^2=\frac{-a^2+b^2+c^2}{2},$$

$$y^2=\frac{a^2-b^2+c^2}{2},$$

$$z^2=\frac{a^2+b^2-c^2}{2}$$

だから，(∗)′ を満たす．以上より，(∗) を満たす正の実数 x, y, z の存在が示せた．□

(3) 各面の三角形において，90° 以上となり得る角は最大辺 $\sqrt{7}$ の対角のみであるが，

$$(\sqrt{3})^2+(\sqrt{5})^2>(\sqrt{7})^2$$

より，この角も鋭角である．よってこの三角形は鋭角三角形だから，(2)で考えた直方体を用いて解答してよい．

題意の等面四面体の体積は，直方体から 4 つの四面体を除いて

$$xyz-4\times\frac{1}{3}\cdot\frac{1}{2}xy\cdot z=\frac{1}{3}xyz.$$

ここで，この直方体の 3 辺の長さは，①より

$$x=\sqrt{\frac{-3+5+7}{2}}=\sqrt{\frac{9}{2}},$$

$$y=\sqrt{\frac{3-5+7}{2}}=\sqrt{\frac{5}{2}},$$

$$z=\sqrt{\frac{3+5-7}{2}}=\sqrt{\frac{1}{2}}.$$

以上より，求める等面四面体の体積は

$$\frac{1}{3}\sqrt{\frac{9}{2}}\sqrt{\frac{5}{2}}\sqrt{\frac{1}{2}}=\frac{\sqrt{5}}{2\sqrt{2}}=\frac{\sqrt{10}}{4}.\ /\!/$$

参考 1 辺の長さが a である正四面体の体積は，本問において $b=c=a$ とおいて求めることができます．このとき①より

$$x=y=z=\sqrt{\frac{a^2}{2}}=\frac{a}{\sqrt{2}}.$$

よって求める体積は

$$\frac{1}{3}xyz=\frac{1}{3}x^3=\frac{1}{3}\left(\frac{a}{\sqrt{2}}\right)^3=\frac{\sqrt{2}}{12}a^3.$$

これは，14 4 で得た結果と一致していますね．

語記サポ 1)：このことを，ギョウカイでは等面四面体は直方体に“埋め込める”と言い表します．

参考

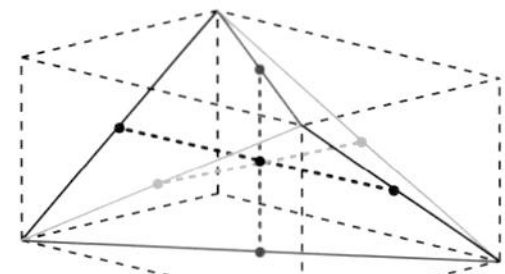

等面四面体を直方体に“埋め込んで”考えると，6 つの辺の中点は全て直方体の面の“真ん中”（対角線の交点）です．よって，3 組の対陵[→**前問**]の中点どうしを結んでできる 3 本の線分について，次のことが直観的にわかります：

- 3 本の線分は，どれも直方体の辺に平行．
- 3 本の線分は，それぞれの中点において交わる．
- 3 本の線分は，どの 2 本も直交する．

参考 等面四面体の展開図は，下のように 1 つのキレイな三角形となります．

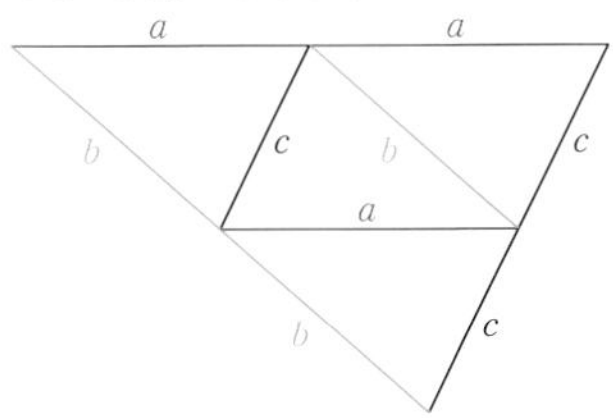

5 15 12 円上の点に到る距離の最大最小 [→5 13 3]

根底 実戦 典型 入試

方針 (1)が(2)への誘導です．垂線の足 H をどう活かすか…

解答 (1) A と H の x, y 座標は等しいから

$\mathrm{H}(2, 0, 0)$. //

(2)

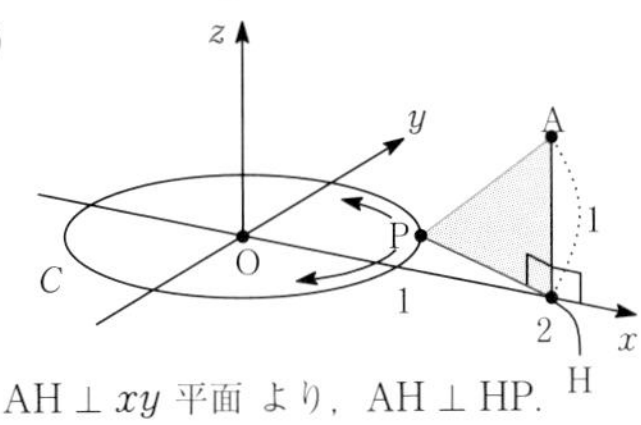

$\mathrm{AH}\perp xy$ 平面 より，$\mathrm{AH}\perp\mathrm{HP}$.

よって，△AHP に注目して

$$\mathrm{AP}^2=\mathrm{AH}^2+\mathrm{HP}^2.$$

（AP：空間内を動く，AH：一定，HP：xy 平面上を動く）

$$\therefore\ d^2=1+\mathrm{HP}^2.\ \cdots①$$

よって，d と HP は同時に最大，最小となる．

そこで，xy 平面上の図形を描くと右図の通り．よって

$$\max \mathrm{HP}=\mathrm{HP}_1=3,$$

$$\min \mathrm{HP}=\mathrm{HP}_2=1.$$

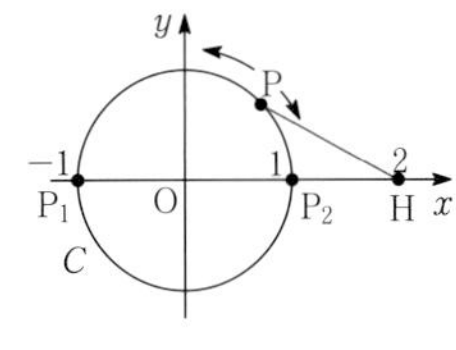

これと①より

$$\max d=\sqrt{1+3^2}=\sqrt{10},$$
$$\min d=\sqrt{1+1^2}=\sqrt{2}.$$ //

解説 A から xy 平面へ垂線 AH を下ろすと，AH ⊥ xy 平面より AH ⊥ HP．これで，xy 平面上を動く線分 HP の変化だけに帰着させられました．平面上の話に持ち込んだ後は，4 3「三角不等式」の 問 とまったく同じ内容ですね．

5 15 13 折れ線の最短経路（空間内）

根底 実戦 典型 入試 [→例題 5 14 b]

着眼 なんとなく雰囲気が**演習問題 5 9 7**「折れ線の最短経路」に似ています．なので，その解法をマネします．その問題では，各点が平面上にあった訳ですから…

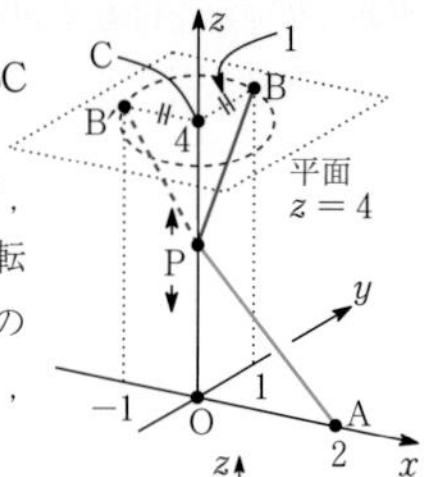

解答 B から z 軸へ垂線 BC を下ろすと，C(0, 0, 4).
平面 $z=4$ 上において，C を中心として B を回転移動 1) して xz 平面上の点 B′(−1, 0, 4) をとると，PB = PB′ 2) だから，

$$L=\text{AP}+\text{PB}$$
$$=\text{AP}+\text{PB}'.$$

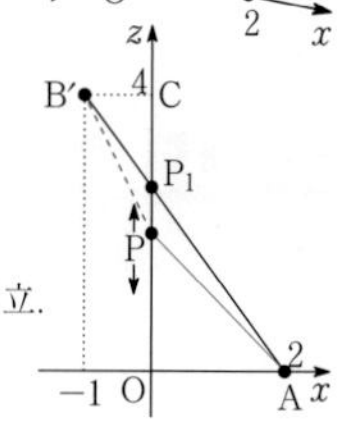

そこで，xz 平面上で考えると

$$\text{AP}+\text{PB}'\geqq \text{AB}'\ ^{3)}.$$

等号は P = P_1(右図) のとき成立．
以上より，

$$\min L=\text{AB}'=5.^{4)}$$ //

解説 点 B を，z 軸および点 A と同一平面上で，なおかつ z 軸に関して点 A と反対側に移動することがポイントです．

語記サポ 1)：このことをもっと簡潔に「B を z 軸のまわりに回転する」で済ましても OK です．

注 2)：これが成り立つことは，直角三角形 PCB および PCB′ において三平方の定理を用いればわかりますね．

補足 3)：いわゆる「三角不等式」です．[→4 3]
4)：有名な直角三角形が出来ているので，計算要らず (笑).

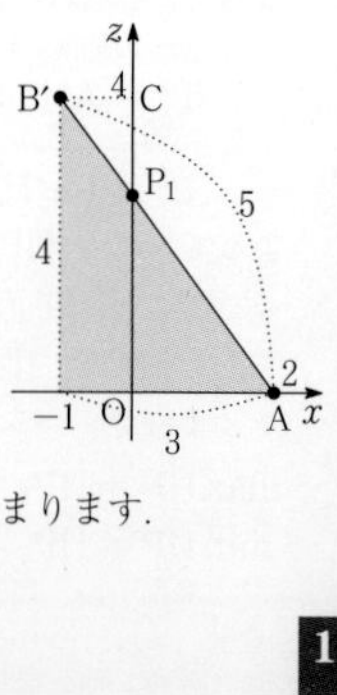

参考 P_1 の z 座標は，

$\triangle \text{P}_1\text{CB}' \backsim \triangle \text{P}_1\text{OA}$,

相似比は，CB′ : OA = 1 : 2

であることより，$4\cdot\frac{2}{3}=\frac{8}{3}$ と求まります．

5 15 14 球面上の長さ

根底 実戦 入試 [→5 14 5]

方針 複雑そうに見える問題ですが，L_1, L_2 はいずれも「円弧」2) の長さです．よって，それぞれの「半径」と「中心角」を求めさえすれば，長さは容易に求まります．

解答 まず，K_1 の長さを求める．

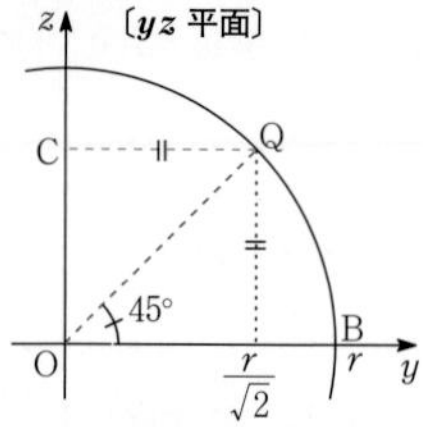

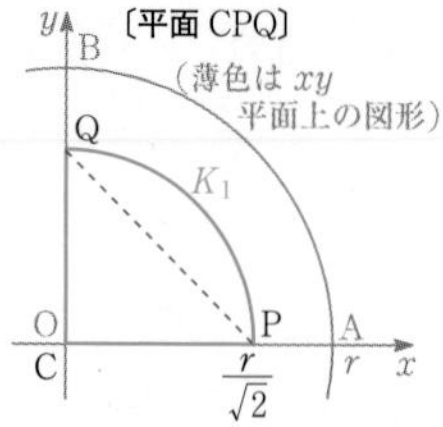

yz 平面における Q の位置は上左図の通り．よって

$$\text{CQ}=\frac{r}{\sqrt{2}}.$$

平面 CPQ による断面は，上右図の通り．よって，

$$L_1=\frac{1}{4}\cdot 2\pi\cdot\frac{r}{\sqrt{2}}=\frac{\sqrt{2}}{4}\pi r.$$

次に，K_2 の長さを求める．

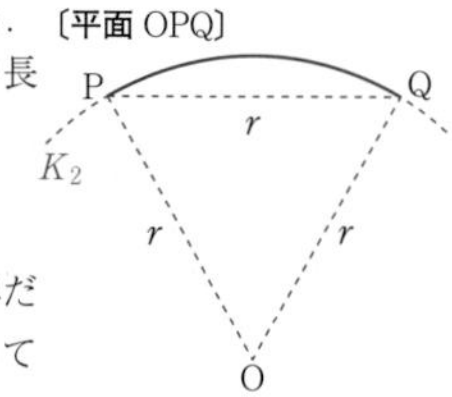

上図右より，線分 PQ の長さは

$$\sqrt{2}\cdot\frac{r}{\sqrt{2}}=r.$$

よって △OPQ は正三角形だから，∠POQ = 60°．よって

$$L_2=\frac{1}{6}\cdot 2\pi\cdot r=\frac{1}{3}\pi r.$$

したがって，L_1 と L_2 の大小は，$\frac{\sqrt{2}}{4}$ と $\frac{1}{3}$ の大小と一致する．

$$\frac{\sqrt{2}}{4}-\frac{1}{3}=\frac{3\sqrt{2}-4}{12}=\frac{\sqrt{18}-\sqrt{16}}{12}>0$$

だから，求める大小関係は $L_1>L_2$. //

解説 「立体図形」を扱った本問の 解答 中で，3 つの「平面図」を描いて考えています．立体を平面へと帰着させることが重要ポイントです．

2)：要求されているのは「円弧」の長さですが，そのために「三角形 CPQ，OPQ」に着目しています．

参考 本問における 2 つの点 P, Q は，地球表面上の点になぞらえると，緯度はどちらも 45° で経度が 90° ずれている 2 つの地点を表しており，これらを結ぶ 2 種類の経路の長短がテーマとなっています．
例えばヨーロッパから日本へ向かう旅客機は，

○ 同一緯度を結ぶ中国上空を通過する航路 (青色の弧 K_1) ではなく，

○　地球の中心を通る「大円」に沿ってシベリア上空を通過する航路（赤色の弧 K_2）

を飛行します．その理由は，本問の結果からも推察される通り，後者の方が距離が短いからです（日本の東京の緯度は 45° ではなく 35° くらいですが…）．

注　本来は球面である地球を，無理矢理平面上に表した一般的な地図（メルカトル図法）では，「角度」は正確に表される反面，「長さ」は正しく保存されません．

〔地図〕（メルカトル図法）

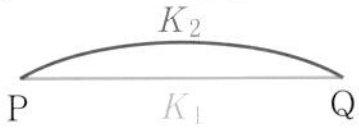

よって，本来は短い弧 K_2 の方が，弧 K_1 より長く描かれてしまいます．

言い訳　地球は，完全な球体ではなく，自転の遠心力により少し横に膨らんでいます．

5 15 15　円柱の交わりの断面積

根底　実戦　入試　[→5 14 1]

方針　(1)(2) 直円柱の，軸に平行な平面による切り口は長方形です [→14 1]．よって，単純に 2 辺の長さを求めれば面積が得られます．

(3) (1)(2)の“流れ”に上手に乗りましょう．

解答　(1)　長方形 R_1 の 2 辺の長さは

x 軸方向 $=4$，

y 軸方向 $=2\sqrt{1-t^2}$．

よって求める面積は

$4\cdot 2\sqrt{1-t^2}=8\sqrt{1-t^2}$.//

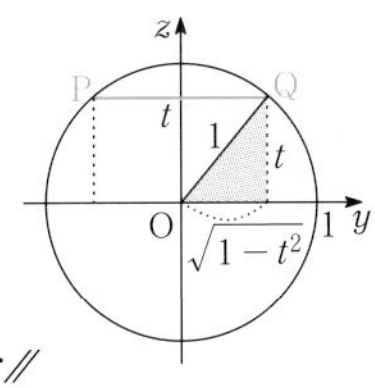

(2)　長方形 R_2 の 2 辺の長さは

y 軸方向 $=4$，

x 軸方向 $=2\sqrt{1-u^2}$．

よって求める面積は

$4\cdot 2\sqrt{1-u^2}=8\sqrt{1-u^2}$.//

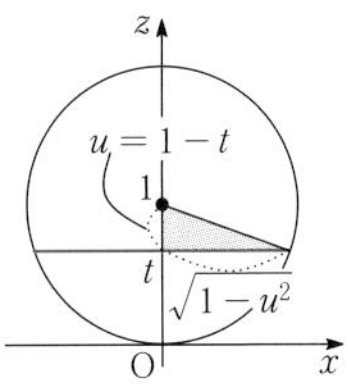

(3)　C_1 と C_2 の交わり F の平面 α による切り口とは，2 つの長方形 R_1, R_2 の交わりに他ならない [1]．これを図示すると次図のような長方形となる：

〔平面 $z=t$ 上〕

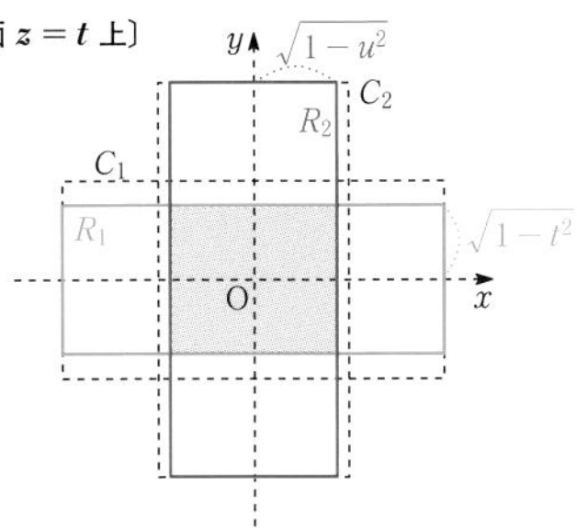

したがって，

$$S=2\sqrt{1-t^2}\cdot 2\sqrt{1-u^2}$$
$$=4\sqrt{(1-t^2)(1-u^2)}.\ \cdots①$$

S はこの $\sqrt{\quad}$ 内 T と同時に最大となる．$t+u=1$ に注意して変形すると

$$T=(1-t^2)(1-u^2)\quad \text{← } t, u \text{ の対称式}$$
$$=1-(t^2+u^2)+t^2u^2$$
$$=1-\{(t+u)^2-2tu\}+(tu)^2$$
$$=2tu+(tu)^2.$$

そこで，$v=tu$ とおくと

$v=t(1-t)\ (0<t<1)$

より，v の変域は $0<v\leqq \dfrac{1}{4}$

であり，

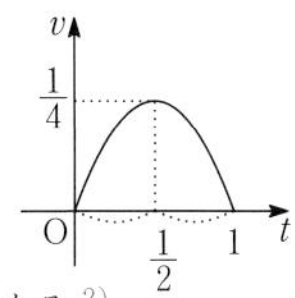

$T=2v+v^2$ は v の増加関数である．[2]

よって，$\max T=2\cdot\dfrac{1}{4}+\left(\dfrac{1}{4}\right)^2=\dfrac{9}{16}$．これと①より，求める最大値は

$$\max S=4\sqrt{\frac{9}{16}}=3.$$ //

解説　C_1, C_2 およびその断面を全て同時に描こうとすると，こんなカンジになります：

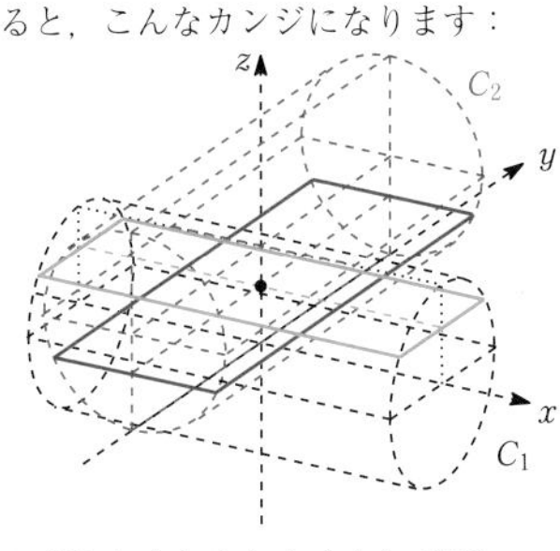

なんだかよくわかりませんね（笑）．

重要　[1]：このように，「立体どうしの交わりの切り口を考える」のではなく，「立体の切り口どうしの交わりを考える」ことにより，格段に易しくなりますね．一言でまとめると，次の通りです：

『重ねてから切るな．切ってから重ねろ．』

この考え方は，将来数学Ⅲ「積分法」で体積を求める際に威力を発揮します．

補足　[2]：変数 v が正なので，「$2v$」と「v^2」はいずれも増加関数ですね．

注　「u とおく」という誘導を無視して全てを t だけで表そうとすると，(3)の T は t の 4 次関数となってしまいます．（数学Ⅱ「微分法」を用いればなんとかなりますが…）

第 6 章 整数

6 演習問題A

661 約数を求める 根底 実戦 定期 [→622]

方針 360 の約数とは，$xy=360$ を満たす整数 x, y です．積が 360 となる整数のペアを見つけるのが得策です．

解答 求める約数は，以下の通り：

1	2	3	4	5	6	8	9	10	12	15	18[2]
360	180	120	90	72	60	45	40	36	30	24	20

別解 （素因数分解を利用）

$$360=6^2\cdot10$$
$$=(2\cdot3)^2\cdot2\cdot5$$
$$=2^3\cdot3^2\cdot5.$$

よって求める正の約数は

$$2^a\cdot3^b\cdot5^c\begin{pmatrix}a=0,1,2,3\\b=0,1,2\\c=0,1\end{pmatrix}$$[3]

と表せる．これらを全て書き出すと以下の通り：

c	b＼a	0	1	2	3
0	0	1	2	4	8
	1	3	6	12	24
	2	9	18	36	72
1	0	5	10	20	40
	1	15	30	60	120
	2	45	90	180	360.//

解説 手っ取り早く答えを書くなら**解答**の“ペアを書き出し”がお手軽かも．ですが**別解**の素因数分解を利用した方法は，今後発展的な問題で有効性を発揮します．

補足 2)：この次のペアを書こうとすると，$\begin{array}{|c|}20\\18\end{array}$ となり，既出の組合せが順序を逆にして現れるだけですから無意味ですね．

注 1)：負の約数も書くなら，上記で答えた正の約数全てに複号「±」を付します．

参考 3)：これにより，正の約数の個数は

$$(3+1)(2+1)(1+1)=4\cdot3\cdot2=24$$

だとわかります．

余談　“ぐるり 1 周”の角度を「360」という数値で表すと，1 年 365 日でちょうど 1 周する星の位置が，1 日あたり約 1° ずつズレていくのでわかりやすいです．また，本問からわかるように約数がめっちゃ多いので，様々に等分できて便利ですね．

662 倍数判定 根底 実戦 定期 [→623]

方針 2, 3, 4, 5, 6, 8, 9 については，「倍数判定法」がありました．
7, 11, 13 については，…“あの等式”を思い出せますか？

解答 ○「1 の倍数」について（アタリマエ過ぎ（笑））
任意の整数は 1 の倍数ゆえ，$a=0,1,2,\cdots,9.$//
○「2 の倍数」について．
$2\mid n$ となるための条件は，$2\mid a$.（下 1 桁）
よって，$a=0,2,4,6,8.$// …①
○「5 の倍数」について．
$5\mid n$ となるための条件は，$5\mid a$.（下 1 桁）
よって，$a=0,5.$// …②
○「10 の倍数」について．
$10\mid n$ となるための条件は，下 1 桁 $=a=0$[1].//
○「4 の倍数」について．
$4\mid n$ となるための条件は，$4\mid 2a_{(10)}(=20+a)$.（下 2 桁）
よって，$a=0,4,8.$// …③
○「8 の倍数」について．
$8\mid n$ となるための条件は，$8\mid 02a_{(10)}(=20+a)$.（下 3 桁）
よって，$a=4.$//
○「3 の倍数」について．
$3\mid n$ となるための条件は，$3\mid 2+0+2+a(=4+a)$.（各位の和）
よって，$a=2,5,8.$// …④
○「9 の倍数」について．
$9\mid n$ となるための条件は，$9\mid 2+0+2+a(=4+a)$.（各位の和）
よって，$a=5.$//
○「$6(=2\cdot3)$ の倍数」について．
$6\mid n$ となるための条件は，$2\mid n$ かつ $3\mid n$.
これと①④より，$a=2,8.$//
○「$12(=4\cdot3)$ の倍数」について．
$12\mid n$ となるための条件は，$4\mid n$ かつ $3\mid n$[2].
これと③④より，$a=8.$//
○「7 の倍数」について．
$7\cdot11\cdot13=1001$ を用いると

$$n=2020+a$$
$$=1001\cdot2+18+a$$
$$=7\cdot11\cdot13\times2+18+a.\ \cdots⑤$$

よって，$7\mid n$ となるための条件は，$7\mid 18+a$.
よって，$a=3.$//
○「11 の倍数」について．
⑤より，$11\mid n$ となるための条件は，$11\mid 18+a$.
よって，$a=4.$//
○「13 の倍数」について．

⑤より，$13 \mid n$ となるための条件は，$13 \mid 18 + a$.
よって，$a = 8$.//

補足 [2]：詳しく言うと「互いに素の活用法」❷を用いています．[→5 2]
$6 \mid n$ についても同様です．
[1]：これも，$10 = 2 \cdot 5$ と分解して①，②を用いることも可能ですが，何しろ「10 進法」ですから，このように直接答えるのが正当です．

6 6 3 余りを求める工夫 根底 実戦 [→6 2 3]

着眼 2 3「倍数判定法」で使った**考え方**は，単に「割り切れるか否か」だけでなく，「余りを求める」ためにも使えます．

解答 (1) $5678 = 5 \cdot 1000 + 6 \cdot 100 + 7 \cdot 10 + 8$
$= 5 \cdot (999 + 1) + 6 \cdot (99 + 1) + 7 \cdot (9 + 1) + 8$
$= 9 \cdot$ 整数 $+ (5 + 6 + 7 + 8)$[1]
$= 9 \cdot$ 整数 $+ 26$
$= 9 \cdot$ 整数 $+ 9 \cdot 2 + 8$.
よって，求める余りは，8.//

(2) (1)より，k をある整数として，
$$5678 = 9k + 8.$$
$$\therefore\ -5678 = -9k - 8 = 9(-k - 1) + 1.$$
よって，求める余りは，1.//

解説 要するに，5678 から，9 で割った余りに関係ない部分，つまり 9 で割り切れる部分を除いて考えるという発想です．

補足 [1]：これ以降は，「合同式」[→7 3]を使って表すこともできますね：
⋮
$= 5 \cdot (999 + 1) + 6 \cdot (99 + 1) + 7 \cdot (9 + 1) + 8$
$\equiv 5 + 6 + 7 + 8$ (mod 9, 以下同様)
$= 26 \equiv 8$.

6 6 4 約数・倍数の関係 根底 実戦 [→6 2 1]

方針 述べられていることはほとんどアタリマエなのですが…それを敢えて「証明せよ」と言われたなら，文字式を使ってキチンと議論します．

解答 $a \mid n,\ n \mid b$ より
$n = ak,\ b = nl$ ($k, l \in \mathbb{Z}$[1]) とおけて，
$b = ak \cdot l = a \cdot kl$.
$\therefore\ a \mid b$ ($\because\ kl \in \mathbb{Z}$[2]). □

解説 [1]：ちゃんと文字が整数であることを宣言すること．
[2]：ちゃんと，b が a の整数倍であることを主張すること．

注 本問の結果は，普段は証明抜きに使ってよい程度のことだと思われます．

参考 本問の結果を簡潔に表すと
「$a \mid n$ かつ $n \mid b$」$\Longrightarrow a \mid b$
となります．これは，不等式のもつ性質：
$x > y,\ y > z \Longrightarrow x > z$
と似ていますね．数学界では，こうした法則を総称して「推移律」と呼びます．

6 6 5 素因数分解 根底 実戦 重要 [→6 3 3]

方針 2 4「約数の見つけ方」にある様々な方法を用いて，なるべく大き目な約数を見つけていきます．

解答 (1) $30030 = 10 \cdot 3 \cdot 1001 = 2 \cdot 3 \cdot 5 \cdot 7 \cdot 11 \cdot 13$.//

解説 $1001 = 7 \cdot 11 \cdot 13$ は暗記！ですよ．

参考 素数のうち，小さい方から 6 番目までの積です．■

(2) **着眼** 下 2 桁が 4 の倍数かつ各位の和：18 が 9 の倍数です．■
$6084 = 4 \cdot 1521$
$= 4 \cdot 9 \cdot 169 = 2^2 \cdot 3^2 \cdot 13^2$.//

解説 $13^2 = 169$ は暗記！．

参考 全ての素因数が偶数次数ですから，平方数ですね．■

(3) **着眼** 10 と 2 で割り切れることが見えて，割ってみると…■
$14580 = 10 \cdot 2 \cdot 729 = 2^2 \cdot 3^6 \cdot 5$.//

解説 729 が 3 の累乗数であることが見抜けましたか？[→1 6 1]

6 6 6 G.C.D と L.C.M 根底 実戦 [→6 4 3]

方針 (1)(2)(3)は問題レベルや性質が違いますから，それに応じて方法論を選択します．

解答 (1) $\begin{cases} 36 = 18 \cdot 2, \\ 90 = 18 \cdot 5 \end{cases}$ (2 と 5 は互いに素).[1]
$\therefore$ G.C.D. $= 18$, L.C.M. $= 18 \cdot 2 \cdot 5 = 180$.//

(2) $1100 = 10^2 \cdot 11 = 2^2 \cdot 5^2 \cdot 11$
$1320 = 10 \cdot 4 \cdot 33 = 2^3 \cdot 3 \cdot 5 \cdot 11$

各素因数について，G.C.D. は最小次数を，L.C.M. は最大次数を集めて
G.C.D. $= 2^2 \cdot 5 \cdot 11 = 220$.
L.C.M. $= 2^3 \cdot 3 \cdot 5^2 \cdot 11 = 6600$.//

第6章 整数

別解 **方針** 「互除法」[→8]を使います. ■

$1320=1100\cdot 1+220$. ∴ $(1320,1100)=(1100,220)$.

$1100=220\cdot 5+0$. ∴ $(1100,220)=(220,0)=220$.

∴ $\begin{cases} 1100=220\cdot 5, \\ 1320=220\cdot 6 \end{cases}$ (5 と 6 は互いに素).

∴ G.C.D. $=220$, L.C.M. $=220\cdot 5\cdot 6=6600$.//

(3) $1260=\ 10\cdot 9\cdot 14=\ 2^2\cdot\ 3^2\cdot\ 5\cdot\ 7$
$1890=\ 10\cdot 9\cdot 21=\ 2\cdot\ 3^3\cdot\ 5\cdot\ 7$
$4950=\ 10\cdot 9\cdot 55=\ 2\cdot\ 3^2\cdot\ 5^2\cdot\ 11$

各素因数について, G.C.D. は最小次数を, L.C.M. は最大次数を集めて

G.C.D. $=2\cdot 3^2\cdot 5=90$.

L.C.M. $=2^2\cdot 3^3\cdot 5^2\cdot 7\cdot 11=100\cdot 27\cdot 77=207900$.//

解説 1) : (1)程度なら, この形をパッと見抜いて片付けたいです.
ただし, (2)のように数値が大きくなったり, (3)のように「3 つ」になったりすることもあるので, 素因数分解による一般的方法をマスターしておきましょう.
もっとも, (2)を(1)と同じ手法で解くことも充分可能ですが.

667 既約分数化 根底 実戦 [→643/]

方針 要は, 分子と分母を, その最大公約数で割って互いに素な 2 数にするだけの話です.

解答 (1) $\dfrac{108}{1296}=\dfrac{9\cdot 12}{6^4}=\dfrac{2^2\cdot 3^3}{2^4\cdot 3^4}=\dfrac{1}{12}$.//

解説 分母が 6 の累乗数だと見抜けましたか？[→161/]
サイコロに関する確率の計算でよく出会います.
もっとも, その場合には分母を初めから「6^4」と書いているハズですが (笑). ■

(2) $\dfrac{660}{1386}=\dfrac{10\cdot 66}{9\cdot 154}=\dfrac{10\cdot 6\cdot 11}{9\cdot 2\cdot 7\cdot 11}=\dfrac{10}{3\cdot 7}=\dfrac{10}{21}$.//

解説 計算過程で現れる「66」や「$154=2\cdot 77$」を見て, 「11」という共通素因数に気付きたいです.

668 $\sqrt{\ }$・分数 根底 実戦 [→例題63a]

方針 まずは, 「整数」の体系にない「$\sqrt{\quad}$」や「分数」を除去した表現形式を作ることが先決です.

注意! これを行わず, 「約分できて整数になる」とか「$\sqrt{\quad}$ がキレイに外れる」などとイイカゲンなことをやってると, 先々壁にぶち当たります.

解答 題意の条件は, k をある自然数として

$$\sqrt{\frac{10800}{n}}=k,\ \text{i.e. } 2^4\cdot 3^3\cdot 5^2=k^2\cdot n \ \cdots①$$

と表せること. $\cdots(*)$

①のとき,

$k=2^a\cdot 3^b\cdot 5^c$ (a, b, c は 0 以上の整数)1)

とおけて, ①は

$2^4\cdot 3^3\cdot 5^2=\underline{2^{2a}\cdot 3^{2b}\cdot 5^{2c}}\cdot n.\ \cdots①'$

したがって, a, b, c のとり得る値は

$\begin{cases} a=0, 1, 2. \\ b=0, 1. \\ c=0, 1. \end{cases}$

これらの組 (a, b, c) と, ①′ を満たす n は 1 対 1 に対応する 2)(素因数分解の一意性より). よって求める n の個数は, $3\cdot 2\cdot 2=12$.//

解説 **方針**でも述べた通り, まずは①の形の等式をちゃんと作ること.
1) : その上で, 「素因数の所在」に注目すべく ①′ を作ります.

注 ①′ の赤下線部を見るとわかるように, 平方数 k^2 において全ての素因数は偶数個です. 忘れないでくださいね.

補足 2) : 例えば $(a, b, c)=(1, 1, 0)$ のとき, ①′ は

$2^4\cdot 3^3\cdot 5^2=2^2\cdot 3^2\cdot n$.

よって, $n=2^2\cdot 3^1\cdot 5^2$ が対応します.

669 素数であることの活用 根底 実戦 [→例題63b]

方針 「素数であることの活用法」を念頭に置いて.

着眼 (1) p, q という「文字」がとる様々な値を思い浮かべながら.
(2) 与式は因数分解できます.

解答 (1) 求める約数は,

$p\neq q$ のとき, $\pm 1, \pm p, \pm q, \pm pq$.//

$p=q$ 1) のとき, $\pm 1, \pm p, \pm p^2$. 2)//

(2) 題意の自然数を X とおくと

$X=x(x+1)(x+2)$.

よって, $5\mid X$ となるための条件は, 5 が素数であることより,

$5\mid x$, or $5\mid x+1$, or $5\mid x+2$ 3).

よって, x を 5 で割った余りは, 0, 4, 3.//

解説 (1) 素数 p の正の約数は 1 と自分自身 p のみであるという素数の特性[→35/❶]を使っています.
(2) 素数が整数の積を割り切るときに得られる情報[→35/❷]に注目. 「2 整数の積」でも「3 整数の積」でも同様です.

注 [1)]：異なる文字は，つい異なる数値だと思い込みがちですから気を付けること．

補足 [2)]：もちろん，文字 q を使って表しても OK.

[3)]：$5 \mid x+2$ のとき，k をある整数として

$$x+2=5k.$$

$$\therefore x=5k-2=5(k-1)+3.$$

よって余りは 3 となります．

とはいえ，このような過程を書かなくてもパッと「余りは 3」と言えるようにするべきです（右図参照）．

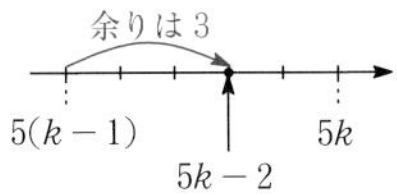

6 6 10 素数となる条件 根底 実戦 入試 重要 [→例題 6 3 c]

方針 (1) 素直に 6 で割った余りで分類してみます．
(2) もちろん(1)の利用を考えます．

解答 (1) 任意の自然数 n は，ある整数 k を用いて

$$n=6k,\ 6k+1,\ 6k+2,\ 6k+3,\ 6k+4,\ 6k+5$$

のいずれかで表せる．$n \geq 5$ のとき

$n=6k=2\cdot 3k$ [1)] $(k \geq 1)$ は素数ではない．

$n=6k+2=2\cdot(3k+1)$ $(k \geq 1)$ は素数ではない．

$n=6k+3=3\cdot(2k+1)$ $(k \geq 1)$ は素数ではない．

$n=6k+4=2\cdot(3k+2)$ $(k \geq 1)$ は素数ではない．

よって 5 以上の素数は，$n=6k+1,\ 6k+5$ のいずれかの形以外にない．

また，

$7=6\cdot 1+1\cdots$ 余り 1，

$11=6\cdot 1+5\cdots$ 余り 5

だから，5 以上の素数の中に 6 で割った余りが 1, 5 であるものがそれぞれ存在する．

以上より，求める余りは，1, 5.//

(2) (1)において，

$$(6k+5)-(6k+1)=4>2$$

だから，5 以上の双子素数は

$6k+5,\ 6(k+1)+1(=6k+7)$（k は 0 以上の整数）

と表せる．

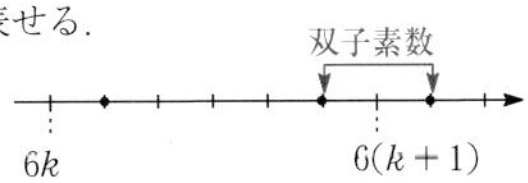

したがって，双子素数の間の自然数は

$$6k+6=6(k+1)\ (k=0,1,2,\cdots)$$

と表せるから，求める余りは，0.//

解説 [1)]：要するに，2 以上の整数どうしの積の形に表せたら素数ではないということです．

重要 2 の倍数である素数は 2 のみ．同様に 3 の倍数である素数は 3 のみです．よって，5 以上の素数は全て 2 や 3 の倍数とはなり得ませんから

$$6k,\ 6k+2,\ 6k+3,\ 6k+4$$

とは表せない訳です．

参考 双子素数を小さい方から書き出してみると，

双子素数	(3, 5)	(5, 7)	(11, 13)	(17, 19)	(29, 31)
間の数	4	6	12	18	30

であり，5 以上の双子素数については，たしかに"間の数"は 6 の倍数となっていますね．

6 6 11 互いに素な自然数 根底 実戦 [→ 6 5 1]

方針 「互いに素」=「共通素因数なし」ですから，「72」そのものではなく，72 がもつ**素因数**に着目します．

解答 $72=8\cdot 9=2^3\cdot 3^2$

だから，素因数 2, 3 をもたないものを書き出せばよい．

1 ~~2~~ ~~3~~ ~~4~~ 5 ~~6~~ 7 ~~8~~ ~~9~~ ~~10~~
11 ~~12~~ 13 ~~14~~ ~~15~~ ~~16~~ 17 ~~18~~ 19 ~~20~~

よって求める自然数は

1, 5, 7, 11, 13, 17, 19.//

解説 演習問題 6 6 10「双子素数」で考えたのと同様に，6 で割った余りが 1 または 5 の数を書き出すことになります．

6 6 12 互いに素の活用法 根底 実戦 重要 [→例題 6 5 b]

着眼 「互いに素の活用法」[→ 5 2]が使えるのが見えますか？

解答 (1) 題意の条件は

$$3 \mid 10a.$$

$10=2\cdot 5$ と 3 は互いに素だから

$$3 \mid 10a \overset{1)}{\iff} 3 \mid a.$$

これと $1 \leq a \leq 6$ より，求める目は，$a=3, 6$.//

(2) $10=2\cdot 5$ であり，2 と 5 は互いに素だから，

$$10 \mid n(n+1) \overset{2)}{\iff} \begin{cases} 2 \mid n(n+1), & \cdots ① \\ 5 \mid n(n+1). & \cdots ② \end{cases}$$

$n(n+1)$ は連続 2 整数の積だから①は成り立つ．よって題意の条件は②である．5 は素数だから，②は次と同値：

$$5 \mid n \text{ or } 5 \mid n+1.$$

$$\text{i.e. } n \overset{3)}{\equiv} 0,\ 4^{4)} \pmod 5.$$

以上より，求める n は，

$n=5k,\ 5k+4\ (k \in \mathbb{Z})$.// 共通素因数なし

(3) $9 \mid xy$, i.e. $3^2 \mid xy$ のとき，x と y は互いに素だから，素因数 3^2 は全てが x ないし y の一方のみに含まれる [5)]．すなわち

$$3^2 \mid x \text{ or } 3^2 \mid y.$$

よって題意は示せた．□

解説 1)：互いに素の活用法❶です．「$3 \mid 10a$」は，ある整数 x を用いて

$10a = 3x$

と表すこともできます．どちらのスタイルで書かれても読み取れるように．

2)：互いに素の活用法❷です．ここでは「2 と 5」がいずれも素数ですが，これが素数ではない「4 と 25」とかに変わっても同様です．

3)：「余りが等しい」という意味です．[→7 3]

4)：y をある整数として

$n+1=5y$. ∴ $n=5y-1=5(y-1)+4$

と表せます．

5)：互いに素の活用法❸です．

言い訳 「サイコロの目」という設定には，「1 以上 6 以下」と**大きさを限定**する以外の意味は何もありません（笑）．

6 6 13 互いに素の証明

根底 実戦 重要 [→例題 6 5 d]

方針 「互いに素」＝「共通素因数なし」です．否定表現の証明と言えば，背理法ですね．

解答 1 仮に，

n^2 と $2n+1$ が共通素因数 p をもつ …①

としたら 1)，a, b をある整数として

$$\begin{cases} n^2 = pa, \\ 2n+1 = pb. \end{cases} \quad \therefore \begin{cases} {}^{2)}4n^2 = 4pa, \\ 2n = pb-1. \end{cases}$$

したがって，

$$(pb-1)^2 = 4pa.$$

$$p(\underbrace{4a - pb^2 + 2b}_{\text{整数}}) = 1.$$

$p \mid$ 左辺．p は素数だから $p \nmid$ 右辺．これは不合理である．よって，①は成り立たないから，題意は示せた．□

解答 2 （1) の続き）

言い訳 解答 2 解答 3 では，8「互除法」を使用します．

着眼 両者を加えると“いいモノ”ができますね！■

$p \mid n^2$, $p \mid 2n+1$ より

$$p \mid n^2 + 2n + 1 = (n+1)^2.$$

$\therefore p \mid n+1$（∵ p は素数）．（素数の活用法 ❷′）

また，$p \mid n^2$ より同様に $p \mid n$ だから，

$p \mid n$, $p \mid n+1$. …②

ところが，$n+1 = n \cdot 1 + 1$ だから互除法の原理より

$(n+1, n) = (n, 1) = 1$.（(,) は G.C.D. を表す）

i.e. $n+1$ と n は互いに素．…③

②と③は矛盾するから，①は成り立たない．よって題意は示せた．□

解答 3 **方針** 上記 解答 2 において，n と $n+1$ が互いに素であることを示すのに互除法を用いました．この手法を初めから使ってみましょう [→例題 6 8 b]．

解答 1 で $4n^2$ を作ると分数が現れないで済んだこともヒントとして…．■

$4n^2 = (2n+1)(2n-1)+1$. 3)

よって互除法の原理より

$$(4n^2, 2n+1) = (2n+1, 1) = 1.$$

$\therefore$ (4)n^2, $2n+1) = 1$.

i.e. n^2 と $2n+1$ は互いに素．□

解説 2)：下の式が代入しやすくなるよう，両辺を 4 倍して $(2n)^2$ を作りました．けっして，下の式の両辺を 2 で割って分数を作ったりしないこと！

言い訳 数学Ⅱ後 3)：ここで行った式変形は「整式の除法」ですが，“この程度”なら未習でもいちおう理解はできますね．

補足 4)：$4n^2$ と $2n+1$ に共通素因数がないのですから，そこから「4」を除いた n^2 と $2n+1$ にも共通素因数がないのはアタリマエですね．

6 6 14 G.C.D. と L.C.M. の関係

根底 実戦 典型 [→例題 6 5 e]

方針 G.C.D. と L.C.M. の関係を用います．そこには，重要なキーワード：「互いに素」が含まれることに注意．

解答 G.C.D. × L.C.M. = mn 1) より

G.C.D. × 1200 = 14400. ∴ G.C.D. = 12.

よって，

$$\begin{cases} m = 12 \cdot m', \\ n = 12 \cdot n' \end{cases} \quad \cdots ①$$

（m', n' は互いに素な自然数）…②

とおけて，L.C.M. = 1200 より

$12m'n' = 1200$. ∴ $m' \cdot n' = 100 = 2^2 \cdot 5^2$. 2)

これと②より

$\{m', n'\}$ 3) $= \{1, 2^2 \cdot 5^2\}, \{2^2, 5^2\}$.

これと①より

$(m, n) = (12, 1200), (1200, 12), (48, 300), (300, 48)$. //

解説 1)：有名な等式ですね．[→5 4 ③]

注 2)：m' と n' が互いに素であることより，右辺の素因数 2^2 は，丸ごと全体がどちらか一方のみに含まれます（5^2 についても同様）．このような「素因数の所在」を考えることは，整数論においてとても重要です．

3)：中括弧は「集合」を表す記号でしたね．つまり，順序までは区別していないという意味です．

12 演習問題B

6 12 1 文字式と余り
根底 実戦　[→6 7 1]

方針　$a = bq + r$ の形の等式を作ります．ただし，大小関係 $0 \leq r \leq b - 1$ も忘れずに．

解答　$3n + 6 = (n+1) \cdot 3 + 3$.

∘ したがって，$n + 1 \geq 4$, i.e. $n \geq 3$ のとき，求める余りは，3.//

∘ $n = 1$ のとき，$3n + 6 = 9, n + 1 = 2$.
よって求める余りは，1.//

∘ $n = 2$ のとき，$3n + 6 = 12, n + 1 = 3$.
よって求める余りは，0.//

注　文字式を利用して「余り」を論ずる際には，「割る数」と「余り」の大小関係に特に注意が要ります．

数学Ⅱ後　1)：わざわざ「自然数○○を自然数△△で割った余り」と書いているのは，n の整式どうしによる除法の余りと混同されないためです．
もし，整式の除法としての余りが問われているなら，答えはつねに「3」となります．

6 12 2 余りの演算
根底 実戦 定期　[→6 7 2]

方針　余りが 1, 2 であることを，文字式を使って表し，素朴に計算していきましょう．

注意！　その計算過程を無視し，合同式を乱用してはなりません．以下の**解答**では，結果が明白になった段階で，表記を楽にするためにのみ合同式を使います．

言い訳　後ろにいくにつれ，徐々に手軽な表記にしていきます．同じことの繰り返しで疲れるので（笑）．

解答　k, l をある整数として，

$a = 3k + \underline{1}, b = 3l + \underline{2}$ と表せる．

(1) $2a = 2(3k + \underline{1})$
$= 3 \cdot \underbrace{2k}_{\text{整数}^{1)}} + \underline{2}$.

よって，求める余りは，2.//

注　1)：これを明言すべきです．しかし，自明なことなので省いても許されるかも．■

(2) $2a - 2b = 2(3k + \underline{1}) - 2(3l + \underline{2})$
$= 3(\ 2k - 2l\ ) \underline{-2}$
$\equiv -2$ 2) (mod 3, 以下同様)
$\equiv 1$.

よって，求める余りは，1.//

注　2)：「−2」は「余り」と呼ぶ訳にはいきません．■

(3) **着眼**　「$3b$」は，b の余りに関係なく 3 で割り切れますから，全体の余りには関係ありません．■

$2a + 3b \equiv 2a \equiv 2$ 3) (∵ (1)).//

注　3)：この後に「よって，求める余りは…」と書くのを適宜サボります（笑）．■

(4) $5ab = 5(3k + \underline{1})(3l + \underline{2})$
$= 5(3 \cdot \text{整数} + \underline{2})$
$\equiv 5 \cdot \underline{2}$
$= 10 \equiv 1$.//

(5) $b^2 = (3l + \underline{2})^2$
$= 9l^2 + 12l + \underline{4}$
$\equiv 4 \equiv 1$.

よって，m をある整数として

$b^4 = (b^2)^2$
$= (3m + \underline{1})^2$
$= 9m^2 + 6m + \underline{1} \equiv 1$.//

解説　けっきょく，赤下線を付した「余り」の部分によって答えが得られていますね．

注　だとしても，くれぐれも「文字式による計算」をサボってはいけません．最低でも，頭の中での暗算は行うこと．

6 12 3 連続整数・倍数
根底 実戦　[→6 7 2]

方針　「連続 3 整数」を文字式で表します．その際，なるべく計算が楽になるよう工夫しましょう．

解答　連続 3 整数を $n - 1, n, n + 1$ 1) と表すと，題意の和 S は

$S = (n-1)^3 + n^3 + (n+1)^3$
$= 3n^3 + 6n$
$=$ 2) $\underline{3}n(n^2 + 2)$. …①

$3 \mid n$ のとき，①より $3^2 \mid S$.

$3 \nmid n$ のとき，$n = 3k \pm 1$ 3) ($k \in \mathbb{Z}$) とおけて，

$n^2 + 2 = (3k \pm 1)^2 + 2$
$= 3(3k^2 \pm 2k) + 1 + 2 \equiv 0 \pmod 3$.

これと①より $3^2 \mid S$

以上により，全ての整数 n に対して，$9 \mid S$. □

解説　$9 = 3^2$ ですから，「3 で割った余り」に着目するのは当然です．
①を見ると，n, $n^2 + 2$ のどちらかが 3 の倍数になることを示せばよいことがわかりますね．

重要　2)：ここに「3」ができることは，n を用いた文字計算によって導かれています．

補足 1)：こうすると，n^2 の項と定数項が消えるので楽ですね．$n, n+1, n+2$ と表すよりも賢い方法です．

3)：①に「n^2」があるので，「平方剰余」の考え方が使えると見越してこのようにおいています．

語記サポ ある自然数を 3 乗して得られる自然数のことを**立方数**といいます．（本問では負の整数も考えていますが．）

6 12 4 余りの関係

根底 実戦 [→6 7 3]

方針 「余りが等しい」とくれば，「差をとると割り切れる」でした．で，実際に差をとってみると

$a^3+b^3+c^3-a-b-c$

…本問の"トリック"に気が付きましたか？

解答 $a^3-a=a(a^2-1)$

$=(a-1)a(a+1).$

これは連続 3 整数の積だから，$3\mid a^3-a$ …①.

また，$a(a+1)$ は連続 2 整数の積だから 2 の倍数．

よって，$2\mid a^3-a$ …②.

①②より

$(3\cdot 2=)6\mid a^3-a$, i.e. $a^3\equiv a$ (mod6, 以下同様).

同様に，$b^3\equiv b$, $c^3\equiv c$.

$\therefore a^3+b^3+c^3\equiv a+b+c$. □

言い訳 という訳で，論点は「$\bigcirc^3$ と○は 6 で割った余りが等しい」ということだけであり，"3 つの和"というのは目くらましに過ぎませんでした．（入試でも，こうした出題がちょくちょくあります．）

6 12 5 分数と整数

根底 実戦 [→6 7 5]

注 分数を残したまま「6 が約分で消える」と考えるのは悪しき習慣です．

解答 題意の条件は，k をある整数として

$$\frac{1}{6}n(n+1)(2n+1)=k,$$

i.e. $n(n+1)(2n+1)=6k$

と表せること，すなわち

$6\mid n(n+1)(2n+1)(=N$ とおく$)$. これを示す．

これは，$6=2\cdot 3$（2 と 3 は互いに素）より，次と同値：

$$\begin{cases}2\mid N, & \text{…①かつ}\\ 3\mid N. & \text{…②}\end{cases}$$

これを示せばよい．

∘ $2\mid N$ について．

$n(n+1)$ は連続 2 整数の積だから，

$2\mid n(n+1)$. $\therefore$ $2\mid N$.

∘ $3\mid N$ について．

mod3 で考えて，

$n\equiv 0$ のとき，$3\mid N$.

$n\equiv 2$ のとき，$3\mid n+1$ より $3\mid N$.

$n\equiv 1$ のとき，$2n+1\equiv 2\cdot 1+1\equiv 0$ より $3\mid N$.

よって，任意の n について，②も成り立つ．

以上より，①かつ②が示せた．□

参考 数列後 有名な和の公式：

$$\sum_{k=1}^{n}k^2=\frac{1}{6}n(n+1)(2n+1)$$

の右辺が題材となっています．左辺は整数ですから，右辺も整数になるのが当然です．

6 12 6 連続整数の積

根底 実戦 [→6 7 6]

注 「連続 5 整数の積は 5 の倍数」はほとんど定理でした[→例題6 5 b 解説，7 6]．しかし，5! となると話は別です．

方針 5! を「120」とするのではなく，素因数に分解して考えることが大切です．

解答 連続 5 整数を $n, n+1, \cdots, n+4$ と表し，これらの積 $n(n+1)(n+2)(n+3)(n+4)$ を N とおく．

$5!=5\cdot 4\cdot 3\cdot 2=2^3\cdot 3\cdot 5$

であり，$2^3, 3, 5$ はどの 2 つも互いに素だから，

$3\mid N$, $5\mid N$, $2^3\mid N$ …(*)

を示せばよい．

∘ $n(n+1)(n+2)$ は連続 3 整数の積だから 3 の倍数．$\therefore$ $3\mid N$.

∘ $n(n+1)(n+2)(n+3)(n+4)$ は連続 5 整数の積だから 5 の倍数．$\therefore$ $5\mid N$.

∘ $n, n+1, n+2, n+3$ を 4 で割った余りは全て異なる 1)．よってこれらのうち 2 数は，k, l をある整数として

$4k=2^2\cdot k$, $4l+2=2(2l+1)$

と表せて，この 2 数の積は 2^3 の倍数．$\therefore$ $2^3\mid N$.

以上で，(*) は示せた．□

解説 $3\mid N$ と $5\mid N$ は「連続○整数の積が○倍数」という知識で片付きます．ただし，その背景となっている「剰余系」という概念を忘れないようにしましょう．[→7 6]

1)：$(8=)2^3\mid N$ については「連続○整数の積」では片付きません．しかし，「剰余系」という考え方は，ここでも活かされています．「素因数 2 の所在」を考えることで解決しました．

発展 [7 3 5 後] 本問の結果，5 個の連続整数の積は必ず 5! の倍数であることがわかりました．実は，一般に k 個の連続自然数の積は必ず $k!$ の倍数であることが次のようにして示せます．
n から始まる連続する k 個の自然数の積：
$N := n(n+1)(n+2)\cdots(n+k-1)$ …①
は，二項係数
$${}_{n+k-1}\mathrm{C}_k = \frac{(n+k-1)\cdots(n+2)(n+1)n}{k!}$$
を用いて
$N = k!\cdot{}_{n+k-1}\mathrm{C}_k$
と表せる．${}_{n+k-1}\mathrm{C}_k$(組合せの個数) は整数だから，N は $k!$ の倍数である．□
さらに，連続する k 個の整数の積が必ず $k!$ の倍数であることも示せます．
連続する k 個の負の整数の積は，①右辺の各因数の符号を逆にして
$$\begin{aligned}&(-n)(-n-1)(-n-2)\cdots(-n-k+1)\\ &=(-1)^k\cdot n(n+1)(n+2)\cdots(n+k-1)\\ &=k!\times(-1)^k\cdot{}_{n+k-1}\mathrm{C}_k\end{aligned}$$
と表せる．これは，$k!$ の倍数である．
また，k 個の連続整数の中に「0」が含まれる場合，その積は 0 ($=k!\cdot 0$) であり，$k!$ の倍数である．□
以上により，k 個の連続整数の積は，必ず $k!$ の倍数であることが示されました．

注 ただし，この結果を試験で証明なしに用いることは慎むべきでしょう．

6 12 7 剰余系の要素の積

根底 実戦 重要 [→6 7 6 後]

着眼 何やら「連続 5 整数の積は 5 の倍数」と似た雰囲気です．その背景にある「剰余系」に立脚して考えればカンタンです．

解答 5 を法とする合同式を用いると
$n+6\equiv n+1$,
$n+8\equiv n+3$.
よって与式の各因数の 5 整数は，それぞれ
$n, n+2, n+4, n+1, n+3$ (連続 5 整数)
と余りが等しい．よって与式の各因数の 5 整数の中には 5 の倍数が 1 つ含まれるから，それらの積は 5 の倍数となる．□

解説 「連続整数の積」より一歩踏み込んだ「剰余系」を理解しておくことで，整数に関する様々な現象が見通しやすくなるんです．

6 12 8 G.C.D.・互除法

根底 実戦 定期 [→例題 6 8 a]

方針 もちろん，各々を素因数分解してもできますが，ここでは互除法を用いてみます．

解答 整数 a, b の最大公約数を (a, b) と表す．

(1) $1254=363\cdot3+165$. ∴ $(1254, 363)=(363, 165)$.
$363=165\cdot2+33$. ∴ $(363, 165)=(165, 33)$.[1)]
$165=33\cdot5+0$. ∴ $(165, 33)=(33, 0$[2)]$)=33$.
以上より，求める G.C.D. は，$(1254, 363)=33$.//

解説 1)：この段階で，$165=33\cdot5$ より最大公約数は 33 だとわかります．
2)：ですが，このように余りに「0」が現れるまで行うのがいちおうの慣習となっています．

参考 2 数の素因数分解は次の通り：
$$\begin{cases}1254=2\cdot3\cdot11\cdot19,\\ 363=3\cdot11^2.\end{cases}$$ ■

(2) **方針**
$1783=902\cdot1+881$. ∴ $(1783, 902)=(902, 881)$.
⋮
としてもできますが，余り 881 がかなり大きい (割る数 902 に近い) のがもったいないですから…■
$1783=902\cdot2-21$[3)]. ∴ $(1783, 902)=(902, 21)$.
$902=21\cdot42+20$. ∴ $(902, 21)=(21, 20)$.
$21=20\cdot1+1$. ∴ $(21, 20)=(20, 1$[4)]$)$.
[5)] $20=1\cdot20+0$. ∴ $(20, 1)=(1, 0)=1$.
以上より，求める G.C.D. は，$(1783, 902)=1$.//

解説 3)：このように，“余りにあたる所”が「負の整数」となっても，互除法の原理は使えます．**方針**のようにやるより，一工程減ります．
4)：余りに「1」が現れたら，2 数の G.C.D. は 1. つまり，2 数は互いに素です．
5)：この最終行は，さすがに省いてよいでしょう (笑)．「0」を作るためにいちおう書きましたが．

参考 2 数の素因数分解は次の通り：
$$\begin{cases}1783:\ \text{素数}\\ 902=2\cdot11\cdot41.\end{cases}$$ ■

(3) **方針** (1)(2)と同様に「互除法」をやり切ってもよいですが，ここでは敢えて，途中で方針転換してみます．■
$4147=1353\cdot3+88$. ∴ $(4147, 1353)=(1353, 88)$.

ここで，

$88=\underline{2}^3\cdot\underline{\underline{11}}$,

$1353=\underline{\underline{11}}\cdot 123$（素因数 $\underline{2}$ はもたない）.

以上より

$(4147, 1353)=(11\cdot 123, 2^3\cdot 11)=11.$ //

参考 2 数の素因数分解は次の通り：

$$\begin{cases} 4147=11\cdot 13\cdot 29, \\ 1353=3\cdot 11\cdot 41. \end{cases}$$

解説 本問(1)～(3)や**演習問題 6 6 6**を見るとわかるように，G.C.D. を素早く求める方法は，状況次第で変わってきます．と言っても，いつでも必ずベストな方法でやらなければいけない訳ではありません．おおらかな気持ちで臨んでください．

6 12 9 N 進法と互除法

根底 実戦 [→例題 6 8 b]

注 a, b, c, d, e, f, g は，6 進整数の各位の数です．

着眼 m と n の関係がテーマであり，(1)で g に着目するよう促されていますね．

解答 (1) $n=abcdefg_{(6)}$

$=6\cdot abcdef_{(6)}+g.$

$\therefore\ n=6m+g.$ [1] …①

ここで，①より $m\nmid n$ となるための条件は

$m\nmid g.$

$m\geq 6^5,\ 0\leq g\leq 5$ だから，これは $g\neq 0$ と同値．[2]

よって求める値は，$g=1, 2, 3, 4, 5.$ //

(2) ①: $n=m\cdot 6+g$

と互除法の原理より

$(n, m)=(m, g).$

(1)で答えた g の値の正の約数となり得るのは，

1, 2, 3, 4, 5 [3].

一方の m は，$1\sim 6^6-1$ までの任意の整数値をとり得るから，これら全てを約数にもち得る．

以上より，考えられる m と n の G.C.D. は，

1, 2, 3, 4, 5. //

解説 [1]：m と n（および g）の間に成り立つこの関係式を見抜くのがポイントでした．これが成り立つ理由を詳しく示すと以下の通りです：

$$n=a\cdot 6^6+b\cdot 6^5+c\cdot 6^4+d\cdot 6^3+e\cdot 6^2+f\cdot 6+g$$

$$=6(a\cdot 6^5+b\cdot 6^4+c\cdot 6^3+d\cdot 6^2+e\cdot 6+f)+g$$

$$=6m+g.$$

とはいえ，「N 進法では位が 1 つ繰り上がると N 倍になる」という知識をもとに，このように詳細な過程を経ることなくズバット①の式が書けるようにするべきです．

[2]：$m(\geq 6^5)$ の倍数は

$\cdots, -2m, -m, 0, m, 2m, \cdots$

ですから，$g=0$ のときのみ g が m の倍数となります．

注 [3]：$g=1$ の正の約数「1」，$g=2$ の正の約数「1, 2」，…，$g=5$ の正の約数「1, 5」を全て書き出したものです．g の値そのものではありませんよ．

6 12 10 N 進整数・底の書き換え

根底 実戦 定期 [→例題 6 9 a]

方針 **例題 6 9 a** とほぼ同じ問題の反復練習用です．そこで行った「いったん使い慣れた10 進法で表す」という手順が誘導として付けられています．

解答 (1) n を 10 進法表記に書き換えると

$n=1220112_{(3)}$

$=1\cdot 3^6+2\cdot 3^5+2\cdot 3^4+0\cdot 3^3+1\cdot 3^2+1\cdot 3^1+2\cdot 1$

$=729+2\cdot 243+2\cdot 81+9+3+2$

$=729+486+162+14$

$=891+500$

$=1391.$ // これは 10 進法

(2) **解答1** 7 の累乗数は次表の通り．

n	0	1	2	3	…
7^n	1	7	49	343	…

これを用いて，

$n=1391$

$=\underbrace{4\cdot 343}_{1372}+19$

$=4\cdot 7^3+2\cdot 7+5$

$=4025_{(7)}.$ //

解答2 1391 に対して，7 で割る除法を繰り返すと，次のようになる．$n=\cdots d_2d_1d_0$ を想定

7) 1391 余り

7) 198 … $5=d_0$

7) 28 … $2=d_1$

$d_3=4$ … $0=d_2$

$\therefore\ n=1391=4025_{(7)}.$ //

注 (2)の 2 通りの方法は，両方ともマスターしておくこと．

そして，**解答2**のようにすれば答えが得られる**理由**を，9 5 問 **解答2**の説明を通して**理解**しておくこと．

6 12 11 3進整数の演算

根底 実戦 定期 [→6 9 6]

解答 (1) **方針** 下の位から順に計算していきます．

$1+2=10_{(3)}$ のように繰り上がるのが基本です．■

繰り上がり→1 1 1　1

$$\begin{array}{r} 1122011_{(3)} \\ +)\quad 202121_{(3)} \\ \hline 2101202_{(3)} \end{array}$$ //

(2) **方針** 求める数は，$2101_{(3)}\times 2$ と $2101_{(3)}\times 20_{(3)}$ の和です．そして後者は，前者の各位を 1 つずつ繰上げたものです．[1] ■

繰り上がり→1

$$\begin{array}{r} 2101_{(3)} \\ \times)\quad 2 \\ \hline 11202_{(3)} \end{array}$$

よって，求める値は

繰り上がり→1 1

$$\begin{array}{r} 112020_{(3)} \\ +)\quad 11202_{(3)} \\ \hline 200222_{(3)} \end{array}$$ //

解説 [1]：後者は前者の $10_{(3)}=3$ 倍です．一般的に書くと，

$$\begin{aligned} abcd_{(3)}\times 10_{(3)} &= 3\times abcd_{(3)} \\ &= 3\times(a\cdot 3^3+b\cdot 3^2+c\cdot 3+d) \\ &= a\cdot 3^4+b\cdot 3^3+c\cdot 3^2+d\cdot 3 \\ &= abcd0_{(3)} \end{aligned}$$

となり，たしかに各位が 1 つずつ“繰り上がって”いますね．

このような仕組みがちゃんと**理解できていれば**，**解答**で行った掛け算の筆算と足し算の筆算を，十進法と同様 1 つにまとめて済ませて OK です．

注 滅多に出ない問題ですから心配し過ぎないでくださいね．筆者もあんまり自信ないです．万が一試験で出たら…十進整数に直して計算しちゃうかもー（笑）．

参考 その「十進整数に直した計算」は，以下の通りとなります：

(1) $1192+556=1748$.　(2) $64\times 8=512$.

慣れている計算って，楽ですね（笑）．

6 12 12 分数→十進小数

根底 実戦 定期　[→6 9 7]

方針 割り算の筆算を実行するだけです．

言い訳 筆算の詳しい過程は，さすがに省略します（9 7 例 2で説明済みです）．

解答 (1) $\dfrac{17}{40}=0.425$. // 有限小数

(2) $\dfrac{17}{27}=0.\underline{6}29\underline{6}29\cdots=0.\dot{6}2\dot{9}$. // 循環小数

参考 (2)への“付け足し”として，

「小数第 1000 位を求めよ」

などと問われることがあります．要するに，循環節である「629」の 3 数が繰り返されるので，$1000=3\cdot 333+1$ より次のようになります：

629　629　629　…　629　629　6 //
①　②　③　…　(332)　(333)　1000 番目

発展 (1)と(2)の分母を比べて見ると…

(1) $40=2^3\cdot 5$.

(2) $27=3^3$.

実は，次のことが知られています：

- (1)のように，分母の素因数が 2 と 5 以外にないとき，有限小数として表せる．
- (2)のように，分母の素因数が 2 と 5 以外にもあるとき，無限小数（循環小数）になる．

これに関する詳細な証明を，次々問で行います（ただし，難しいです）．

6 12 13 循環小数→分数

根底 実戦 定期　[→6 9 7]

方針 定型的な方法がありましたね．循環節の長さ分だけ桁をズラして差をとります．

解答 (1)

$$\begin{array}{rrl} -) & a = & 0.1090909\cdots \\ & 100a = & 10.9090909\cdots \\ \hline & 99a = & 10.8. \end{array}$$

よって，$a=\dfrac{10.8}{99}=\dfrac{108}{990}=\dfrac{12}{110}=\dfrac{6}{55}$. //

(2)

$$\begin{array}{rrl} -) & b = & 1.142857\,142857\cdots \\ & 10^6b = & 1142857.142857\,142857\cdots \\ \hline & (10^6-1)b = & 1142856. \end{array}$$

よって，$b=\dfrac{1142856}{10^6-1}$．ここで，

$$\begin{aligned} 10^6-1 &= (10^3)^2-1^2 \\ &= (10^3+1)(10^3-1) \\ &= 1001\cdot 999 \\ &= 7\cdot 11\cdot 13\cdot 9\cdot 111 \\ &= 3^3\cdot 7\cdot 11\cdot 13\cdot 37. \end{aligned}$$

$$\begin{aligned} 1142856 &= 9\cdot\underline{126984} && \text{下 2 桁が 4 の倍数／下 1 桁が 2 の倍数} \\ &= 9\cdot 4\cdot\underline{31746} && \text{各位の和が 3 の倍数} \\ &= 9\cdot 4\cdot 6\cdot\underline{5291} && \text{7, 11, … で割ってみる} \\ &= 2^3\cdot 3^3\cdot 11\cdot\underline{481} && \text{同上} \\ &= 2^3\cdot 3^3\cdot 11\cdot 13\cdot 37. \end{aligned}$$

（各位の和が 9 の倍数）

よって，求める既約分数は

$$\frac{2^3\cdot 3^3\cdot 11\cdot 13\cdot 37}{3^3\cdot 7\cdot 11\cdot 13\cdot 37}=\frac{8}{7}. \ //$$

補足 (2)の分子，分母の素因数分解は，なかなか良い練習になります．少し疲れますが（笑）．

注 数学Ⅲまで学ぶ理系生の方は，「無限級数」にもとづく考え方も学んでおいてくださいね．

[→演習問題 6 13 13]

6 12 14 有限小数となる条件 根底 実戦 入試 ハイレベル↑ [→例題 6 9 b]

注 「もたない」というと否定表現に聞こえるかもしれませんが，実は「b の素因数となり得るのは 2, 5 のみに限る」という明確な主張です．「対偶」や「背理法」の利用は，ここでは的外れです．

解答

$\frac{a}{b}$ が有限小数で表せる …①

b が 2, 5 以外の素因数をもたない …②

とする．

①が成り立つための必要十分条件は，十進法を用いて次のように表せることである．

$$\frac{a}{b} = 0.d_1d_2\cdots d_k\ (d_1, d_2, \cdots, d_k \text{は各位の数})$$

$$= \frac{d_1d_2\cdots d_{k(10)}}{10^k}$$ [1) 分子は 10 進整数]

$$= \frac{D}{10^k}\ (D = d_1d_2\cdots d_{k(10)}{}^{2)}\ \text{とおいた}).$$

よって，①は次と同値：

「 $a \cdot 10^k = b \cdot D$ …③ 分母は払うべし
(k, D はある[3] 自然数) と表せる.」…(*)

そこで，以下において，(*) ⟺ ② を示す．

● ② ⟹ (*) を示す．

②のとき，$b = 2^i 5^j$ (i, j は 0 以上のある整数でいずれかは正) とおけて，このとき③は

$$a \cdot 10^k = 2^i 5^j \cdot D$$

となる．この等式は，

$D = 2^j 5^i \cdot a,\ k = i + j$ (いずれも自然数)[4] …④

とすれば

右辺 $= 2^i 5^j \cdot 2^j 5^i \cdot a = a \cdot 2^{i+j} \cdot 5^{i+j} = a \cdot 10^{i+j} =$ 左辺

だから成り立つ．よって (*) が示せた．

● (*) ⟹ ② を示す．

(*) のとき，ある自然数 k, D を用いて③のように表せるから

$b \mid a \cdot 10^k$

しかるに b と a は互いに素だから

$b \mid 10^k\ (= 2^k \cdot 5^k)$.

よって，b の素因数は 2, 5 以外にはないから，②が成り立つ．

以上より，(*) ⟺ ②，つまり ① ⟺ ② が示された．
□

解説 3)4)：(*) 中の「ある」や「表せる」が重要です．k とか D は，存在しさえすれば何でもよいもの．何か適当に選んでくることができれば OK なのです．

補足 1)：十進法の場合，普通「$_{(10)}$」を付すことはしませんが，ここでは，「$d_1d_2\cdots d_k$」が「積」を表すのではないことを強調するために，敢えて付しました．

2)：この $D = d_1d_2\cdots d_{k(10)}$ が任意の自然数となり得ることは "自明" としました．

参考 本問で得た結果をまとめておきます．仮に $a \geq b$ だったとしても，整数部分を取り除いてしまえば分子 < 分母とできますので，この前提は外して書きます．

正の既約分数 $\frac{a}{b}$ ($b \geq 2$) があるとき…

分母 b が 2, 5 以外の素因数をもたない ⟺ $\frac{a}{b}$ が有限小数で表せる

そして，⟹, ⟸ それぞれの対偶も考えると，次の結論が得られました：

> **分数と十進小数** あくまで十進法
>
> 既約分数 $\frac{a}{b}$ ($b \geq 2$) があるとき
>
> 分母 b の素因数が 2, 5 以外にない
> ⟺ $\frac{a}{b}$ は有限小数として表せる
>
> 分母 b の素因数が 2, 5 以外にある
> ⟺ $\frac{a}{b}$ は無限小数[1] としてしか表せない

1)：循環小数となります．

余談 本問とほぼ同内容が学校教科書に載っていたりもしますが，そこに書かれているのは "説明" 程度であり，「証明」と呼べるものではありません (笑)．

6 12 15 不定方程式（1次型） 根底 実戦 典型 [→6 10 2]

方針 「1 次型不定方程式」については，10 2 で紹介した解法を適用するまでです．

解答 (1) 与式を変形すると

$5x + 4y = 3.$ 5 と 4 は互いに素

$5 \cdot (-1) + 4 \cdot 2 = 3.$ 1 つの解がすぐ見つかる

辺々差をとると

$$5(x + 1) + 4(y - 2) = 0.$$
$$5(x + 1) = 4(2 - y).$$

ここで，5 と $4 (= 2^2)$ は互いに素だから，$4 \mid x + 1$.[1]

よって，k をある整数として

$$(x + 1,\ 2 - y) = (4k,\ 5k).$$

$$\therefore\ (x,\ y) = (-1 + 4k,\ 2 - 5k)\ (k \in \mathbb{Z}).$$ //

解説 1)：互いに素の活用法❶ですね．■

(2) 与式を変形すると

$$6(x - 2) = 17y.$$

ここで，$6 (= 2 \cdot 3)$ と 17 は互いに素だから，$6 \mid y$.

よって，k をある整数として

$(x-2,\ y)=(17k,\ 6k)$.

$\therefore\ (x,\ y)=(2+17k,\ 6k)\ (k\in\mathbb{Z})$.//

解説 もちろん，(1)と同様 1 つの解 (2, 0) を見つける方法でもできますが，こっちの方が手軽です．■

(3) **着眼** 1 つの解がおいそれとは見つかりそうにありません．そこで，互除法を用いて「=1」の解を作り出します．■

$55=19\cdot3-\underline{\underline{2}}$[2)].

$19=2\cdot9+\underline{1}$.

これらを用いると

$\underline{1}=19-\underline{\underline{2}}\cdot9$

$=19+(55-19\cdot3)\cdot9$

$=19\cdot(-26)-55\cdot(-9)$.

両辺を 7 倍すると

$19\cdot(-182)-55\cdot(-63)=7$.

これと与式で辺々差をとって移項すると

$19(x+182)=55(y+63)$.

ここで 19 と $55(=5\cdot11)$ は互いに素だから

$55\mid x+182$.

よって，k をある整数として

$(x+182,\ y+63)=(55k,\ 19k)$.

$\therefore(x,\ y)=(-182+55k,\ -63+19k)\ (k\in\mathbb{Z})$.//

解説 2)：$x,\ y$ の係数どうしが互いに素であれば，「= 1」の解は互除法によって求まります．その際，このように負の数を利用すると手間が省けるケースが多いです．

6 12 16 不定方程式（2次型）

根底 実戦 典型 [→6 10 3]

着眼 (1), (2)とも 2 次型不定方程式です．10 3 で述べた 2 つの方法：**約数**利用，**大きさ**限定のどちらかを適用します．

その選択は「試行錯誤」で OK ですが，左辺の **2 次の部分**に注目する手がありましたね．

(1) x^2-xy+y^2

→キレイには因数分解できない→大きさ限定？

(2) $4x^2-4xy-3y^2$

→キレイに因数分解できる→約数を利用？

方針 (1) 1 次の項がない「y」について平方完成する方が楽そう．

(2)「2 次の項」だけ先に因数分解してみます．

解答 (1) $y^2-xy+x^2-3x-4=0$.

$\left(y-\dfrac{x}{2}\right)^2+\dfrac{3}{4}x^2-3x-4=0$.

$\left(y-\dfrac{x}{2}\right)^2+\dfrac{3}{4}(x-2)^2=7$.

$(2y-x)^2+3(x-2)^2=28$[1)].

ここで，$x,y\in\mathbb{Z}\subset\mathbb{R}$ より $(2y-x)^2\geq0$ だから，

$(0\leq)3(x-2)^2\leq28$. ……大きさ限定

$\therefore(x-2)^2=0,\ 1,\ 4,\ 9$. ……平方数に限る

これと $x,\ y>0$ より，次表を得る：

$(x-2)^2$	0	1	4	9[2)]
$(2y-x)^2$	~~28~~	25	16	1
x		3, 1	4	5
y		4, 3	4	3, 2

.//

解説 1)：このように，「分数」を含まない形にするのが整数論の基本です．

2)：この後の計算過程をちゃんと書くと，次の通りです：

$(x-2)^2=9$.

$x=2\pm3=5,\ \cancel{-1}$.

$(2y-5)^2=1$.

$y=\dfrac{5\pm1}{2}=3,\ 2$.

全て中学生レベルで暗算で済む程度なので省きました．

別解 **方針** 与式を 1 文字 y の 2 次方程式とみて解くという手法もありましたね．■

与式を y について整理して

$$y^2-x\cdot y+(x^2-3x-4)=0.$$

$$\therefore y=\frac{x\pm\sqrt{D}}{2},\quad\cdots①$$

ここに，$D=x^2-4(x^2-3x-4)$

$=-3x^2+12x+16$.

ここで，$y\in\mathbb{Z}\subset\mathbb{R}$ だから，

$D=-3x^2+12x+16\geq0$.

が必要．よって右図より，

$1\leq x\leq5$.

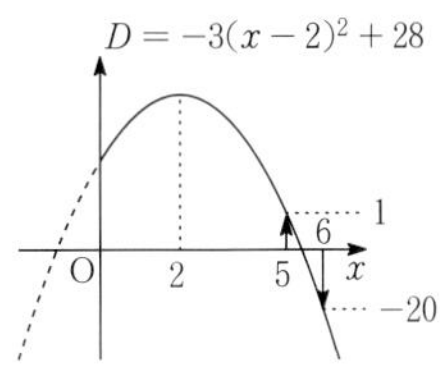

また，①より D は平方数[3)]だから，次表のようになる：

x	1	2	3	4	5
D	25	~~28~~	25	16	1

よって，$x=1,\ 3,\ 4,\ 5$ に限られ，①により $y(>0)$ を求めると，次表を得る：

x	1	3	4	5
y	$\dfrac{1+\sqrt{25}}{2}$	$\dfrac{3+\sqrt{25}}{2}$	$\dfrac{4+\sqrt{16}}{2}$	$\dfrac{5\pm\sqrt{1}}{2}$

以上より，求める解は

$(x,\ y)=(1,\ 3),\ (3,\ 4),\ (4,\ 4),\ (5,\ 3),\ (5,\ 2)$.//

注 3)：ホントは理由説明が要ります．

[→例題 6 10 i 解説の 6)]

(2) 与式を変形すると　（2 次の項のみ因数分解）

$(2x+y)(2x-3y)+2x-3y-24=0.$

$(2x+y+1)(2x-3y)=24.$

したがって，2 整数 $2x+y+1$, $2x-3y$ は $24(=2^3\cdot 3)$ の約数である．また，

$(2x+y+1)-(2x-3y)=4y+1$ [4]

は奇数だから，これら 2 整数の偶奇は不一致．したがって，素因数 2^3 は，2 数の一方のみに含まれるから，次表を得る．

$2x+y+1$	24	1	-24	-1	8	3	-8	-3
$2x-3y$	1	24	-1	-24	3	8	-3	-8
差：$4y+1$	23	-23	-23	[5] ~~23~~	5	-5	~~-5~~	5
y	~~$\frac{11}{2}$~~	-6	-6		1	~~$-\frac{3}{2}$~~		1
$2x$(偶数)		6	~~-19~~		6			~~-5~~

x, y は整数だから，求める解は

$(x, y)=(3, -6), (3, 1).$ //

解説 [4]：2 数の差をとり，両者の余りの関係性を調べたことにより，「24」の約数のペアとして「6 と 4」などを排除することができました．これで，その後の作業量が何分の一かに削減されています．

[5]：$4y+1$ の値として「23」は不適であることが既知ですから，この段階で却下しました．

注 (2)も，(1) 別解 と同様に「1 文字について解く」ことでも解決しますが，左辺の因数分解が比較的容易にできますので，本問では遠回りな解答となります．

6 12 17 不定方程式・素数

根底 実戦　重要　[→6 10 3]

着眼　「整数 × 整数 = 整数」の形になっているので「約数」を考えて解決しそうに見えますが…，右辺の約数は特定不能[→例題 6 10 f 重要]ですから，このままでは解けません．

解答　与式を変形すると

$xy+x-py+p=0.$

$x(y+1)-p(y+1)=-2p.$

$(x-p)(y+1)=-2p.$ …①

よって，2 整数 $x-p$, $y+1$ は $-2p$ の約数である．また，

[1] $y+1>0$ と①の右辺 <0 より，$x-p<0$.

これと $x>0$ より，$-p<x-p<0$.

p は 2 以外の素数だから $p>2$ であることも考えて，①より

$(x-p, y+1)=(-2, p), (-1, 2p).$

$\therefore\ (x, y)=(p-2, p-1), (p-1, 2p-1).$ //

解説　与式の右辺：$2py$ →「未知数 y」があるので約数が特定不能．

①の右辺：$-2p$ →「p」は素数なので約数が特定可能．

ここに**決定的な違い**がある訳です．

注 [1]：①の後，「大きさで限定」という整数の攻め方も忘れぬように．

参考　もし，$p=2$ のときも考えるとなると，①の右辺が「-2^2」となり，少し事情が変わってきます．

6 12 18 不定方程式（1 次型）の自然数解

根底 実戦　典型　[→例題 6 10 c]

注 [1]：不定方程式①は，a, b が互いに素なので必ず整数解をもつことが，例題 6 11 l 発展 で保証されていました．本問は，そのことを前提として出題されています．

[2]：「自然数解」とは，もちろん，①を満たす自然数 x, y の組 (x, y) のことを指します．

語記サポ [3]：「高々 1 つ」とは，「2 個以上はない」ということです．

解答　まず，①の整数解（一般解）を求める．

題意より

$ax_0+by_0=n.$ …②　（特殊解）

これを①から辺々引くと

$$a(x-x_0)+b(y-y_0)=0,$$

$$\text{i.e. } a(x-x_0)=b(y_0-y).$$

x, y が整数のとき，a と b が互いに素であることから，k をある整数として，次のように表せる．

$$\begin{cases} x-x_0=bk, \\ y_0-y=ak. \end{cases} \text{ i.e. } \begin{cases} x=x_0+bk, \\ y=y_0-ak. \end{cases} \cdots③$$

以下，③のもとで考える．　（これが一般解）

(1) ③の x, y がともに自然数であるための k に関する条件は

$$x_0+bk>0,\ y_0-ak>0.$$

$$\text{i.e. } \frac{-x_0}{b}<k<\frac{y_0}{a}\ (\because\ a, b>0).\ \cdots④$$

不等式④の区間の長さは，

$$\frac{y_0}{a}-\frac{-x_0}{b}=\frac{by_0+ax_0}{ab}$$

$$=\frac{n}{ab}\ (\because\ ②)$$ [4]

$$>\frac{ab}{ab}\ (\because\ n>ab)$$

$$=1.$$

よって，④を満たす整数 k は存在する．つまり，③のように表せる①の自然数解 (x, y) が存在する．□

(2) ③の x, y がともに自然数であるための k に関する条件は

$$x_0 + bk \geq 1,\ y_0 - ak \geq 1.$$

$$\text{i.e. } \frac{1-x_0}{b} \leq k \leq \frac{y_0-1}{a}. \ \cdots⑤$$

不等式⑤の区間の長さは,

$$\frac{y_0-1}{a} - \frac{1-x_0}{b} = \frac{b(y_0-1)-a(1-x_0)}{ab}$$
$$= \frac{n-a-b}{ab} \ (\because ②)^{5)}$$
$$< \frac{ab}{ab} \ (\because n<ab+a+b)$$
$$=1.$$

よって，⑤を満たす整数 k は 2 個以上存在しない．つまり，③のように表せる①の自然数解 (x, y) は 2 組以上存在しない．□

解説 不定方程式（1 次型）①の一般解③を求めた後の，

x, y が自然数となるための条件 …(*)

の表し方について説明します．

ポイントは，整数 k の**大きさを制限**する不等式④，⑤の“区間の長さ”に注目することです．

4)5)：その“長さ”が，②を利用することによりキレイに求まりましたね．

(1)では，④の区間の長さが 1 より大きいので，この区間に整数 k は必ず存在します（下図参照）．

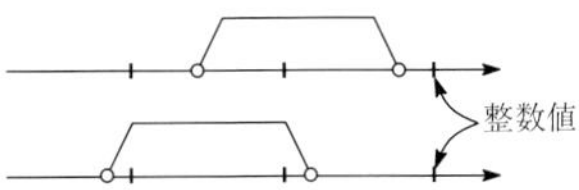

逆に(2)では，⑤の区間の長さが 1 より小さいので，この区間に整数 k が 2 つ以上含まれることはあり得ません（下図参照）．

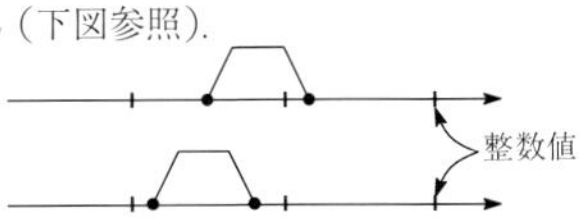

発展 さて，その (*) を表すのに，(1)と(2)では異なる方法を用いました：

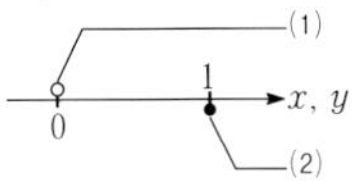

★ $\begin{cases} (1) \cdots「>0」 \\ (2) \cdots「\geq 1」 \end{cases}$

上図からわかるように，これら 2 つは**「整数」に関する条件としては同値**であり，どっちでやってもかまわない問題も多々あります．しかし本問では，結果として，★の通りにやらないと証明ができません．その理由は，以下の通りです：

- 条件を満たす k が存在する，つまり「1 個以上ある」ことを示したい→“緩い”方の表現「>0」を使う．
- 条件を満たす k が高々 1 つ，つまり「2 個以上はない」ことを示したい→“厳しい”方の表現「≥ 1」を使う．

といっても，このようにガチガチに理詰めで考えるのも疲れます．「一方でやってみて，ダメなら他方」というおおらかな気持ちで OK です．

6 12 19 不定方程式（3文字）

根底 実戦 [→6 10]

注 「1 次型不定方程式」に似ていますが，文字が 3 個に増えているので，例の「1 つの解を見つけて差をとる」という手法だけでは解決しません．

方針 そこで，「整数」の初心に帰って，「余り・約数」or「大きさ限定」のどちらかが使えないかと式全体を見渡すと…

解答 ①を変形すると

$6x = 5(30-2y-3z).$[1)]

6 と 5 は互いに素だから，$5 \mid x$.

同様に，

$10y = 3(50-2x-5z)$ より $3 \mid y$.

$15z = 2(75-3x-5y)$ より $2 \mid z$.

したがって，

$x=5a,\ y=3b,\ z=2c\ (a, b, c \in \mathbb{N})$ …②

とおけて，①は

$30a+30b+30c=150.$

$a+b+c=5.$[2)]

これを満たす自然数 a, b, c の組合せは

$\{1, 1, 3\}, \{1, 2, 2\}$.

これをもとに組(a, b, c) を作ると，

$(1, 1, 3), (1, 3, 1), (3, 1, 1),$

$(1, 2, 2), (2, 1, 2), (2, 2, 1).$

これと②より，求める組(x, y, z) は

$(5, 3, 6), (5, 9, 2), (15, 3, 2),$

$(5, 6, 4), (10, 3, 4), (10, 6, 2).$ //

解説 ①をみて，右辺も含めた 4 つの係数のうち，3 つには共通素因数があることに気付くことがポイントでした．

ここで用いた手法は，例題 6 10 e「1 次型不定方程式（特殊タイプ）」(3)と似ていますね．

1)：互いに素の活用法❶が使える形ですね．

2)：これだけシンプルな等式が得られれば，自然数 a, b, c の**大きさが限定**できるので，全ての場合を書き出すのは容易です．

注 ①のままでも，自然数 x, y, z の大きさは限定できます．ただし，

$6x+10y=150-15z>0$ より $z<10$

のように，z の値がたくさんあって面倒です．やはり，②を作ることにより大きさを限定する作業を簡便化したいですね．

6 12 20 分数式の整数値

根底 実戦 入試 [→例題 6 10 k]

着眼 与式は x, y, z に関して対称です．よって，ひとまず 3 文字の大小を固定して考えることにより，「不等式」→「大きさ限定」ができるかも…

解答 まず $1 \leq x \leq y \leq z$ …① を満たす x, y, z について考える．

$$k = \frac{1}{x} + \frac{1}{y} + \frac{1}{z} - \frac{1}{xyz}\ (k \in \mathbb{Z})$$ [1]

とおけて

$$k \cdot xyz = yz + zx + xy - 1. \ \cdots ②$$

ここで①より $xy \leq xz \leq yz$ だから，②において

$$yz + zx + xy - 1 \leq yz + yz + yz - 1.$$ [2]

これと②より

$$kxyz \leq 3yz - 1.$$

$$kx \leq 3 - \frac{1}{yz} < 3.\ (\because\ yz > 0)$$

また，②より $k \cdot xyz \geq 1 + 1 + 1 - 1 > 0$．よって

$$0 < kx < 3.$$ [3]

$$\therefore kx = 1, 2.$$

$$(k, x) = \underset{\text{i)}}{(1, 1)}, \underset{\text{ii)}}{(1, 2)}, \underset{\text{iii)}}{(2, 1)}.$$

i) のとき，②は

$$yz = yz + z + y - 1. \text{ i.e. } y + z = 1.$$

①より 左辺 ≥ 2 ゆえこれは不成立．

ii) のとき，②は

$$2yz = yz + 2z + 2y - 1.$$
$$yz - 2y - 2z = -1.$$
$$(y-2)(z-2) = 3.$$ [4]

よって整数 $y-2, z-2$ は 3 の約数で，①より

$$(x - 2 =)0 \leq y - 2 \leq z - 2.$$

$$\therefore y - 2 = 1, z - 2 = 3. \text{ i.e. } y = 3, z = 5.$$

iii) のとき，②は

$$2yz = yz + z + y - 1.$$
$$yz - y - z + 1 = 0.$$
$$(y-1)(z-1) = 0. \ \therefore\ y = 1 \text{ または } z = 1.$$

これと①より，$y=1$，z は任意．($y \geq x$ も成り立つ．)

以上 i)〜iii) より，①のもとでは

$(x, y, z) = (2, 3, 5), (1, 1, n)$ (n は任意の整数)．

①以外のものも考えると，求める (x, y, z) は，n を 2 以上の任意整数として

$$\begin{aligned}(x, y, z) = &(2, 3, 5), (2, 5, 3), (3, 2, 5),\\ &(3, 5, 2), (5, 2, 3), (5, 3, 2),\\ &(1, 1, 1),\\ &(1, 1, n), (1, n, 1), (n, 1, 1).\end{aligned}$$ //

解説 [2]：対称性に注目して効率化するための不等式①を利用したこの評価がポイントです．どのようにするかは正に試行錯誤．やっては直しの繰り返しです．暗算力が鍛えられると，紙に書く前の段階で成否の見分けがある程度つくようになりますが．

[3]：このように大きさを限定してしまえば，「全てを調べる」ことで解決ですね．

補足 [1]：分母を払った方がスッキリしそうなので②を作りましたが，この分数式のままで大きさを限定することもできます：

$$k = \frac{1}{x} + \frac{1}{y} + \frac{1}{z} - \frac{1}{xyz} \leq \frac{1}{x} + \frac{1}{x} + \frac{1}{x} - \frac{1}{xyz}$$
$$= \frac{3}{x} - \frac{1}{xyz}.$$
$$\therefore\ kx \leq 3 - \frac{1}{yz} < 3.$$

注 [4]：ただし，このように「約数」を活かす場面では，分母を払うことは**必須**です．

6 12 21 階乗と素因数

根底 実戦 典型 [→例題 6 11 b]

着眼 「末尾に連続する 0 の個数」とは，要するに「10」で割り切れる回数ですね．ただし，$10 = 2 \cdot 5$ ですから，注目すべきは「10」ではなく，あくまでも「素因数」です．

解答 $10 = 2 \cdot 5$ と素因数分解されることより，求める末尾の 0 の個数は，1000! に含まれる素因数 2 の個数 m，素因数 5 の個数 n のうち小さい方である．$2 < 5$ より $m > n$ だから，求める個数は n である．

$$5^4 = 625 < 1000 < 3125 = 5^5$$

だから，1〜1000 の中にある $5, 5^2, 5^3, 5^4$ の倍数の個数を調べればよく，次のようになる．

5 の倍数 … $\dfrac{1000}{5} = 200$(個)，

5^2の倍数 … $\dfrac{1000}{5^2} = 40$(個)，

5^3の倍数 … $\dfrac{1000}{5^3} = 8$(個)，

5^4の倍数 … $1000 = 625 \cdot 1 + 375$ [1] より 1 個．

以上より，求める個数は

$$n = 200 + 40 + 8 + 1 = 249.$$ //

注 $1000 = 10^3$ なので，5^3 まで考えれば OK だと勘違いしないように．

補足 [1]：$5, 5^2, 5^3$ は 1000 を割り切りますが，5^4 は割り切らないので他とは異なる表現となっています．ただし，「ガウス記号」を用いれば，割り切るか否かを気にせず，次のように書いてしまうこともできます．

[→例題 6 11 b]

$$n = \left[\frac{1000}{5}\right] + \left[\frac{1000}{5^2}\right] + \left[\frac{1000}{5^3}\right] + \left[\frac{1000}{5^4}\right].$$

6 12 22 二項係数と素因数

根底 実戦 組合せ $_n\mathrm{C}_r$ 後

[→6 11 4]

着眼 (1) $2^a(2b+1)$ とは，「素因数 2 が a 個で残りは奇数」という意味ですね．

(2)「二項係数」は，「階乗」を用いて表せます．
「奇数」とは，素因数 2 をもたない整数ですね．

解答 (1) $f(n)$ は，$n!$ の素因数分解における素因数 2 の個数である．$2^6=64\overset{1)}{\leqq}100<128=2^7$ より，1～100 にある $2, 2^2, 2^3, \cdots, 2^6$ の倍数の個数を考えればよい．よって，ガウス記号を用いて

$$f(100)$$
$$=\frac{100}{2}+\frac{100}{4}+\left[\frac{100}{8}\right]+\left[\frac{100}{16}\right]+\left[\frac{100}{32}\right]+\left[\frac{100}{64}\right]$$
$$=50+25+12+6+3+1=97.\text{//}$$

(2) $g(k)$ は，$_{100}\mathrm{C}_k$ の素因数分解における素因数 2 の個数である．

$$_{100}\mathrm{C}_{63}=\frac{100!}{63!\cdot37!}\ {}^{2)}$$

i.e. $63!\cdot37!\times{}_{100}\mathrm{C}_{63}=100!$ より [3]

$$g(63)=f(100)-f(63)-f(37).\ \cdots①$$

$2^5=32\leqq63<64=2^6$ より，1～63 にある $2, 2^2, 2^3, \cdots, 2^5$ の倍数の個数を考えて

$$f(63)$$
$$=\left[\frac{63}{2}\right]+\left[\frac{63}{4}\right]+\left[\frac{63}{8}\right]+\left[\frac{63}{16}\right]+\left[\frac{63}{32}\right]$$
$$=31+15+7+3+1=57.\ \cdots②$$

$2^5=32\leqq37<64=2^6$ より，1～37 にある $2, 2^2, 2^3, \cdots, 2^5$ の倍数の個数を考えて

$$f(37)$$
$$=\left[\frac{37}{2}\right]+\left[\frac{37}{4}\right]+\left[\frac{37}{8}\right]+\left[\frac{37}{16}\right]+\left[\frac{37}{32}\right]$$
$$=18+9+4+2+1=34.\ \cdots③$$

②③および(1)を①へ代入して，

$$g(63)=97-57-34=6.\text{//}$$

着眼「63」の次は，「$64=2^6$」であり，素因数 2 を 6 個ももちます！■

次に，

$$_{100}\mathrm{C}_{64}=\frac{100!}{64!\cdot36!}$$

i.e. $64!\cdot36!\times{}_{100}\mathrm{C}_{64}=100!$ より

$$g(64)=f(100)-f(64)-f(36).\ \cdots④$$

$64!=63!\cdot64^{4)}=63!\cdot2^6$ だから

$$f(64)=f(63)+6=57+6=63.\ \cdots⑤$$

$37!=36!\cdot37^{5)}$ で 37 に素因数 2 はないから

$$f(36)=f(37)=34.\ \cdots⑥$$

⑤⑥および(1)を④へ代入して

$$g(64)=97-63-34=0.$$

つまり $_{100}\mathrm{C}_{64}$ は素因数 2 をもたないから奇数である．よって，求める k の 1 つは，64.//

解説 2)：組合せの個数（二項係数）をこのように「階乗」で表すことにより，「$f(n)$」と「$g(k)$」との間につながりができました．

3)：ただし，ちゃんと分母を払ってから，両辺にある素因数 2 の個数を考えてください．なお，この等式において二項係数 $_{100}\mathrm{C}_{63}$ は当然整数としてよいでしょう．

4)5)：(2)の後半は，**解答**途中に書いた**着眼**がポイントです．「$g(63)$」から「$g(64)$」へと“移行”する際，①と④を比べると…

- $f(63)\to f(64)$ の移行
  $64=2^6$ を追加するので，素因数 2 が 6 個も増える
- $f(37)\to f(36)$ の移行
  奇数 37 を削るだけなので，素因数 2 は増減なし

よって，$g(63)=6\to g(64)=0$ と移行する訳です．

補足 1)：ここはもちろん「<」でもかまいませんが，2^6 の倍数までを考えるべき n の範囲は

$$2^6\leqq n<2^7$$

と表されるので，その形を保つように書きました．

参考 **解答**中に現れた $f(n)$ の値を振り返ってみると，右のようになっていました．

n	100	63	37	64	36
$f(n)$	97	57	34	63	34

これを見ると

$f(n)$ は n に近い値で，少しだけ小さい

ような“カンジ”がしますね．演習問題 6 13 12：理系において，これに関する一般的な考察をします．

6 12 23 約数の個数・総和

根底 実戦 典型

[→例題 6 11 c]

方針 もちろん n を素因数分解して考えます．「p」が“文字”であるという点がクセモノです．

解答 $n=9\cdot12p^2=2^2\cdot3^3\cdot p^2.\ \cdots①$

i) $p\neq2, 3$ のとき

$$N=(2+1)(3+1)(2+1)=3\cdot4\cdot3=36.\text{//}$$
$$S=(1+2+2^2)(1+3+3^2+3^3)(1+p+p^2)$$
$$=7\cdot40(1+p+p^2)=280(1+p+p^2).\text{//}$$

ii) $p=2$ のとき，①より $n=2^4\cdot3^3$ だから

$$N=(4+1)(3+1)=5\cdot4=20.\text{//}$$
$$S=(1+2+2^2+2^3+2^4)(1+3+3^2+3^3)$$
$$=31\cdot40=1240.\text{//}$$

iii) $p=3$ のとき，①より $n=2^2\cdot3^5$ だから

$$N=(2+1)(5+1)=3\cdot6=18.\text{//}$$
$$S=(1+2+2^2)(1+3+3^2+3^3+3^4+3^5)$$
$$=7\cdot364=2548.\text{//}$$

注「文字」を見たら，そこにいろんな「数値」を代入して，様々な可能性を探ってください．

6 12 24 方程式の有理数解
根底 実戦 典型 入試 [→例題 6 11 e]

言い訳 「3 次方程式」は数学Ⅱ範囲ですが，その単元特有の知識は要りません．

方針 (1) これは経験済みの定番モノですね．
(2) (1)を活用します．

解答 (1) 有理数：

$$x=\frac{m}{n}\ (m, n \text{ は互いに素な整数で } n>0 \cdots ②)$$

が①の 1 つの解であるとき

$$\left(\frac{m}{n}\right)^3+a\left(\frac{m}{n}\right)^2+b\cdot\frac{m}{n}+4=0.$$

$$m^3+am^2n+bmn^2+4n^3=0.$$

$$\therefore \begin{cases} m\cdot(-m^2-amn-bn^2)=4n^3, & \cdots ③ \\ n\cdot(-am^2-bmn-4n^2)=m^3. & \cdots ④ \end{cases}$$

③, ②より $m \mid 4$. ④, ②より $n=1$[1].

よって，①の有理数解は

$$\frac{m}{n}=\pm\frac{1}{1}, \pm\frac{2}{1}, \pm\frac{4}{1}=\pm1, \pm2, \pm4 \cdots ⑤$$

に限る．これらは全て整数だから，題意は示せた．□

(2) (1)より①の有理数解は⑤の整数解に限る．また，$a, b\in\mathbb{N}$ より $a, b>0$ ゆえ，$x\geq 0$ のとき $f(x)>0$[2]．よって①の有理数解は負だから

$$x=-1, -2, -4$$

に限られる．題意の条件は，これらのいずれかが①の 1 つの解であること，すなわち，次式のいずれかが成り立つことである：

$$f(-1)=a-b+3=0$$
i.e. $b=a+3 \cdots ⑥$
$$f(-2)=4a-2b-4=0$$
i.e. $b=2a-2 \cdots ⑦$
$$f(-4)=16a-4b-60=0$$
i.e. $b=4a-15 \cdots ⑧$

これと $1\leq a\leq 5, b\geq 1$ より，題意の条件を満たす (a, b) は，ab 平面上で右図の格子点と対応するから，求める (a, b) の個数は，10 個．//

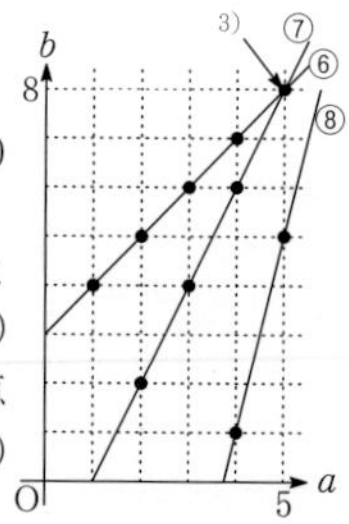

解説 1)：カンタン過ぎでわかりづらいかもしれませんね（笑）．④において，仮に自然数 n が素因数 p をもてば m も素因数 p をもってしまい，②に反します．よって，n は素因数をもたない自然数なので，「1」です．

2)：このように，「大きさ」の観点から絞り込むことも忘れずに．

注 3)：$(a, b)=(5, 8)$ は，⑥と⑦の両方を満たしています．ダブルカウントしないよう気を付けてください．

参考 数学Ⅱ後 ちなみにこのとき①の解は次の通りです：

$$x^3+5x^2+8x+4=0.$$
$$(x+1)(x+2)(x+2)=0.$$
$$\therefore x=-1, -2(\text{重解}).$$

6 12 25 余り・連立合同式
根底 実戦 [→ 6 11 7]

方針 「20」で割った余りで類別すると作業量が多過ぎます．そこで…

解答 題意の条件は

$$a^2\equiv 9 \pmod{20} \overset{1)}{\iff} 20 \mid a^2-9.$$

$20=4\cdot5$ であり，4 と 5 は互いに素だから，上記は次と同値：

$$\overset{2)}{} \begin{cases} 4 \mid a^2-9, & \cdots ① \text{ かつ} \\ 5 \mid a^2-9. & \cdots ② \end{cases}$$

$a^2-9=(a+3)(a-3)$ において，a が奇数[3] のとき，

$$2 \mid a+3, 2 \mid a-3.$$
$$\therefore 2^2 \mid (a+3)(a-3).$$

すなわち①は成り立つ．

a が偶数のとき，$2 \nmid a\pm3$ より①は成り立たない．

よって，① $\iff$「a が奇数」…①′.

次に，②：$5 \mid (a+3)(a-3)$ となるための条件は，5 が素数であることより

$$5 \mid a+3 \text{ or } 5 \mid a-3.$$

i.e. $a\equiv\pm3 \pmod 5$. …②′

以上より，題意の条件は

①′ かつ ②′.[4]

これらをともに満たす a について，「2 と 5 の最小公倍数 10」で割った余りを考える．

$a=10k+r\ (k, r\in\mathbb{Z}.\ 0\leq r\leq 9)$ とおき，r の値のうち ①′, ②′ を満たすものにそれぞれ赤，青[5] の下線を付すと，次の通り：

0 1 2 3 4 5 6 7 8 9

赤青両方が付された r は，3 と 7 のみであるから，求める値は

$$a=10k+3, 10k+7\ (k\in\mathbb{Z}).//$$

解説 1)：「余りが等しい」$\iff$「差をとると割り切れる」でしたね．

2)：互いに素の活用法❷です．

3)：$4=2^2$ なので，「4」ではなく，「2」で割った余りに注目してみました．ただし，「$2k+1$」とか「$2k$」のように表すまでもありません．

言い訳 5)：実際の入試答案では「色」は使えないでしょうから，適宜工夫してくださいね（笑）．

別解 4)：これは，

$a \equiv 1 \pmod 2$ かつ $a \equiv \pm 3 \pmod 5$

という「連立合同式」に他なりません．

これに対する本格的な解法は，以下の通りです：

a は，k, l をある整数として次のように表せる：

$a = 2k+1,\ a = 5l \pm 3.$

このとき次が成り立つ：

$2k+1 = 5l+3$ i.e. $2(k-1) = 5l$ …③ または

$2k+1 = 5l-3$ i.e. $2(k+2) = 5l$ …④

③のとき，2 と 5 は互いに素だから次のように表せる：

$k = 5i+1$.（i はある整数．以下同様）

$\therefore\ a = 2(5i+1)+1 = 10i+3.$

④のとき，同様に

$k = 5i-2.$

$\therefore\ a = 2(5i-2)+1 = 10i-3.$

これで，**解答**と同じ結果が得られましたね．

本問の「2 と 5」程度なら，このような本格的解法は大袈裟に感じます（笑）．しかし，もっと大きな数値になると，この**別解**の方法が不可欠となってきます．

6 12 26　N 進法・倍数　根底 実戦　[→例題 6 11 g]

方針 n を a, b の文字式で表しましょう．その際用いる数値の係数は，慣れている10 進法で．

解答 (1) 整数 a, b は 8 進法における各位の数であり，a は最高位だから

$1 \leq a \leq 7.\ 0 \leq b \leq 7.$ …①

$$n = a\cdot 8^3 + b\cdot 8^2 + b\cdot 8 + a$$
$$= 513a + 72b = 9\cdot\underbrace{(57a+8b)}_{\text{整数}}.$$

$\therefore\ 9 \mid n.$ □

(2) $81 = 9\cdot 9$ と(1)より，題意の条件は

$9 \mid 57a+8b.$ …②

ここで，

$$57a+8b = 9(6a+b)+(3a-b)$$
$$\equiv 3a-b \pmod 9$$

だから，②は

$9 \mid 3a-b.$ …③

ここで①より $-4 \leq 3a-b \leq 21$ だから，③より

$3a-b = 0, 9, 18.$ 1)

$b = 3a, 3(a-3), 3(a-6).$

よって $3 \mid b$ だから，①も合わせて，条件を満たす (a, b) は次表の通り：

b	0	3	6
a	~~0~~, 3, 6	1, 4, 7	2, 5, ~~8~~

すなわち，求める (a, b) は

$(3, 0), (6, 0), (1, 3), (4, 3), (7, 3),$
$(2, 6), (5, 6).$ //

解説 1)：この 3 つは「1 次型不定方程式」ですが，1 つの解を見つけるまでもなく，$3 \mid b$ と①により解が絞り込めてしまいます．

6 12 27　N 進法・倍数　根底 実戦　[→例題 6 11 g]

着眼 もちろん十進整数です．特に指定がなければそう解釈します．

方針 「12」を直接考えるのは難しそう．「3」と「4」に分ければ，それぞれに「倍数判定法」がありましたね．

解答 題意の自然数 A は

$A = \underbrace{aaa\cdots a}_{n\text{個}}{}_{(10)}$ $(a = 1, 2, \cdots, 9)$

とおける．

$12 = 4\cdot 3$ であり，4 と 3 は互いに素だから，

$12 \mid A \iff$ 1) $\begin{cases} 4 \mid A & \cdots① \text{ かつ} \\ 3 \mid A. & \cdots② \end{cases}$

○ ①の条件について．

A の下 2 桁は

$aa_{(10)} = 10a + a = 11a.$

よって①は

$4 \mid 11a.$ i.e. $4 \mid a$（∵ 4 と 11 は互いに素）2)．…①′

○ ②の条件について．

A の各位の和は

$\underbrace{a+a+a+\cdots+a}_{n\text{個}} = na.$

よって②の条件は

$3 \mid na.$ i.e. $3 \mid n$ or $3 \mid a$（∵ 3 は素数）3)．…②′

以上より，題意の条件①かつ②，つまり①′かつ②′は

$4 \mid a$ 4) かつ $3 \mid n.$

これと $1 \leq a \leq 9,\ 1 \leq n \leq 8$ より

$\begin{cases} a = 4, 8, \\ n = 3, 6. \end{cases}$

つまり，求める A は

$A = 444, 444444, 888, 888888.$ //

解説 1)：互いに素の活用法❷です．

2)：互いに素の活用法❶です．

3)：素数の活用法❷です．

4)：①′：「$4 \mid a$」があるので，②′ の「$3 \mid a$」は成立不可能ですね（$a = 12$ とかは無理なので）．

注 「倍数判定法」の証明過程も思い出しておいてくださいね．[→9 4]

6 12 28 N 進法の各位の数 根底 実戦 [→例題 6 11 h]

方針 (1) N と S の余りどうしの関係性を論ずる有名な方法がありましたね. (2)も同様です.

解答 差をとる

(1) $N-S=(a\cdot6^3+b\cdot6^2+c\cdot6+d)-(a+b+c+d)$
$=$ [1] $a(6^3-1^3)+b(6^2-1^2)+c(6-1)$
$=a\cdot5\cdot(36+6+1)+b\cdot5\cdot7+c\cdot5$
$\equiv 0$ (mod 5, 次も同じ).

i.e. $N\equiv S$.

よって, N を 5 で割った余り $=s$.//

(2) $N-T=(a\cdot6^3+b\cdot6^2+c\cdot6+d)-(-a+b-c+d)$
$=a(6^3+1^3)+b(6^2-1^2)+c(6+1)$
$=a\cdot7\cdot(36-6+1)+b\cdot5\cdot7+c\cdot7$
$\equiv 0$ (mod 7, 次も同じ).

i.e. $N\equiv T$.

よって, N を 7 で割った余り $=t$.//

(3) $N=a\cdot6^3+b\cdot6^2+c\cdot6+d$
$\equiv d$ (mod 6)

より, N を 6 で割った余りは, d. [2]

これと(1)(2)より, 題意の条件は

$s=1,\ d=2,\ t=3.$ …①

ここで

$\begin{cases}a=1,2,3,4,5\\ b,c=0,1,2,3,4,5\end{cases}$ …②

だから

$1+0+0+2\le S\le 5+5+5+2,$

i.e. $3\le S\le 17.$

$-5+0-5+2\le T\le -1+5-0+2,$

i.e. $-8\le T\le 6.$

よって①は

$\begin{cases}d=2,\\ S=6,11,16,\\ T=-4,3.\end{cases}$

i.e. $\begin{cases}d=2,\\ a+b+c=4,9,14,\\ -a+b-c=-6,1.\end{cases}$

ここで,

$(a+b+c)-(-a+b-c)=2(a+c)$: even

より, これら 2 数の偶奇は一致し, ②も考えると次表を得る:

$a+b+c$	4	14	9
+) $-a+b-c$	-6	-6	1
$2b$	~~-2~~	8	10
$a+c$		10	4

これと②より,

$b=4\cdots(a,c)=(5,5).$

$b=5\cdots(a,c)=(1,3),(2,2),(3,1),(4,0).$

以上より, 求める n は

$n=5452_{(6)},$

$1532_{(6)},\ 2522_{(6)},\ 3512_{(6)},\ 4502_{(6)}$.//

解説 「余りの関係」と言えば,「**差をとる**」でしたね.

1):未知数 a でくくることにより, a の値に関係なく 5 で割り切れる数値を作り出しました. b,c,d についても同様です. これは, 10進整数を 9 で割ったときの余りを考えるのにも使えます.

2):一般に, N 進整数における一の位は, N で割った余りとなります.

6 12 29 平方剰余 根底 実戦 [→例題 6 11 i]

方針 9 で割った余りを調べたいので, 任意の整数を 9 を法とする 9 個の剰余類に分けて文字式で表す. まずはこの素朴な方針で.

2 乗することを見越して,「$9k+5$」ではなく,「$9k-4$」と表すと楽でしたね.

解答 全ての整数は, k をある整数として

$9k,\ 9k\pm1,\ 9k\pm2,\ 9k\pm3,\ 9k\pm4$

「−」は余り 8　「−」は余り 7

のいずれかで表せて, これらの平方は,

$(9k)^2=9\cdot9k^2,$

$(9k\pm1)^2=(9k)^2\pm2\cdot9k\cdot1+(\pm1)^2$ 以下も同様
$=9\cdot(9k^2\pm2k)+\underline{1},$

$(9k\pm2)^2=9\cdot(9k^2\pm4k)+\underline{4},$

$(9k\pm3)^2=9\cdot(9k^2\pm6k)+\underline{9}\equiv0$ (mod 9, 以下同様),

$(9k\pm4)^2=9\cdot(9k^2\pm8k)+\underline{16}\equiv7.$

よって, 求める値は, 0, 1, 4, 7.//

参考 本問の結果をまとめると, 次の通りです:

元の余り	0	1	2	3	4	5	6	7	8	9 種類
平方数の余り	0	1	4	0	7	7	0	4	1	4 種類!

平方数の余りは, 元の余りより**種類が減る** [1] のでしたね.「±」を用いて表すことにより, そうなる仕組みがよくわかります.

注 1):「2 で割った余り」だけは例外です!

[→例題 6 11 j 注意!]

6 12 30 平方剰余・連立合同式 根底 実戦 [→例題 6 11 f]

方針 n^2 の余り (平方剰余) から, 元の n の余りを特定します.「6 で割った余り」と「5 で割った余り」がわかれば, n を 2 通りに表すことができ…

解答 全ての整数 n は k をある整数として

$n=6k,\ 6k\pm1,\ 6k\pm2,\ 6k+3$

「−」は余り 5　「−」は余り 4

のいずれかで表せて，これらの平方は，

$$(6k)^2 = 6\cdot 6k^2,$$
$$(6k\pm 1)^2 = 6\cdot(6k^2\pm 2k)+1,$$
$$(6k\pm 2)^2 = 6\cdot(6k^2\pm 4k)+4.$$
$$(6k+3)^2 = 6\cdot(6k^2+6k+1)+3.$$

よって，6 を法として右表を得る：

$n\equiv$	0	1	2	3	4	5
$n^2\equiv$	0	1	4	3	4	1

これと $n^2\equiv 3$ より，$n\equiv 3$ …①.

同様に，全ての整数 n は k をある整数として

$$n=5k,\ 5k\pm 1,\ 5k\pm 2$$

「−」は余り 4　「−」は余り 3

のいずれかで表せて，これらの平方は，

$$(5k)^2 = 5\cdot 5k^2,$$
$$(5k\pm 1)^2 = 5\cdot(5k^2\pm 2k)+\underline{1},$$
$$(5k\pm 2)^2 = 5\cdot(5k^2\pm 4k)+\underline{4}.$$

よって，5 を法として右表を得る：

$n\equiv$	0	1	2	3	4
$n^2\equiv$	0	1	4	4	1

これと $n^2\equiv 1$ より，$n\equiv\pm 1$ …②.

①②より，n は，k, l をある整数として次のように表せる：

$n=6k+3$ …③, $n=5l\pm 1$.[1)]

このとき次が成り立つ：[2)]

$6k+3=5l+1$ i.e. $6k+2=5l$ …④ または

$6k+3=5l-1$ i.e. $6k+4=5l$ …⑤

④と等式 $6\cdot 3+2=5\cdot 4$ で辺々引くと

$6(k-3)=5(l-4)$.

6 と 5 は互いに素だから, $5\mid k-3$.

よって，i をある整数として次のように表せる：

$$k=5i+3.$$

③より $n=6(5i+3)+3=30i+21$. …⑥

⑤と等式 $6\cdot 1+4=5\cdot 2$ で辺々引くと

$6(k-1)=5(l-2)$.

6 と 5 は互いに素だから, $5\mid k-1$.

よって，j をある整数として次のように表せる：

$$k=5j+1.$$

③より $n=6(5j+1)+3=30j+9$. …⑦

⑥または⑦のように表せる n のうち，1 以上 100 以下であるものは，

⑥ … $i=0, 1, 2$ に対応する 3 個.

⑦ … $j=0, 1, 2, 3$ に対応する 4 個.

これらに重複はないから，求める個数は，7.//

解説 [2)]：これ以降は，いわゆる「連立合同式」に関する問題です．[→例題 6 11 f]

補足 [1)]：この後，両式の右辺どうしを「=」で結ぶことを見越して，「k」「l」という異なる文字を使用しています．

注 ①：n を 6 で割った余りの全種類に対する n^2 の余りを求めてあるので，n の余りは 3しかないことがわかります．[→例題 1 9 p「転換法」]

別解 ②について：mod 5 で考える．

$n^2\equiv 1$.

$5\mid n^2-1=(n+1)(n-1)$.

5 は素数だから, $5\mid n+1$, or $5\mid n-1$.

これで，②と同じ結論が得られましたね．

①の方も，次のように処理可能です：

mod 6 で考えて

$6\mid n^2-3\equiv n^2-9$[3)] $=(n+3)(n-3)$.

$n+3\equiv n-3$[4)] だから,

$6\mid(n-3)^2$.

$\therefore 2\mid(n-3)^2$.　2 は素数だから, $2\mid n-3$.

同様に, $3\mid n-3$.

2 と 3 は互いに素だから, $2\cdot 3\mid n-3$.

これで，$n\equiv 3$ が導かれました．

注 [3)4)]：とはいえこの 2 つの“アイデア”を要します．**解答**のように素朴にやれば OK です (笑).

補足 **演習問題 6 12 25** の**解答**では，$a\equiv 1 \pmod 2$ と $a\equiv\pm 3 \pmod 5$ から,「2 と 5 の最小公倍数 10」で割った余りを直接求めてしまいました．

本問でも, ①:$n\equiv 3 \pmod 6$ と②:$n\equiv\pm 1 \pmod 5$ をともに満たす整数について,「6 と 5 の最小公倍数 30」で割った余りを直接考えてしまうことも可能ではあります：

$n=30k+r$ ($k, r\in\mathbb{Z}$. $0\le r\le 29$) とおき，r の値のうち①，②を満たすものにそれぞれ赤，青の下線を付すと，次の通りです：

0　$\underline{1}$　2　$\underline{3}$　$\underline{4}$　5　$\underline{6}$　7　8　$\underline{\underline{9}}$
10　$\underline{11}$　12　13　$\underline{14}$　$\underline{15}$　$\underline{16}$　17　18　$\underline{19}$
20　$\underline{\underline{21}}$　22　23　$\underline{24}$　25　$\underline{26}$　$\underline{27}$　28　29

赤青両方が付された r は，9 と 21 のみであり，上記**解答**と同じ結果が得られました．とはいえ，**演習問題 6 12 25** の「2 と 5」に比べて，本問の「6 と 5」はかなりメンドウになりましたね．この数値がさらに大きくなると，このやり方では通用しなくなります．**解答**のように,「連立合同式①②」を「不定方程式④⑤」へ帰着させる方法を必ずマスターしておきましょう．

6 12 31 平方剰余の性質

根底 実戦 典型

[→例題 6 11 j]

方針 「平方剰余」に注目ですね．偶数，奇数を文字式で表します．

解答 k をある整数として

$n=2k$ (偶数) のとき，$n^2=4k^2$.

$n=2k+1$ (奇数) のとき，

$n^2=(2k+1)^2=4\cdot(k^2+k)+1.$[1)]

そこで，以下において 4 を法とする合同式を用いる．

整数 n の偶奇に対応する n^2 の余りは右表のようになる．…②

n	even	odd
$n^2\equiv$	0	1

よって，

任意の整数 n に対して，$n^2\equiv 0$ or 1. …③

a^2, b^2, c^2 の余り（順不同）に応じて，①から定まる d^2 の余りは右表の通り：

	a^2, b^2, c^2 の余り	d^2 の余り
i)	{0, 0, 0}	0
ii)	{0, 0, 1}	1
iii)	{0, 1, 1}	2
iv)	{1, 1, 1}	3

しかるに③より，iii) と iv) は起こりえないから，i) または ii) に限る．

よって，a^2, b^2, c^2, d^2 のうち余りが 0 であるものは，4 個または 2 個．

②より，n^2 の余りが 0 となるのは n : even のとき[2)] だから，a, b, c, d のうち偶数であるものは，2 個または 4 個．□

解説 [1)]：n を偶奇に注目して**文字式で表す**ことで，「mod 4」という視点を発見するという流れは，例題 6 11 j と全く同様ですね．

参考 ①を満たす (a, b, c, d) の実例を挙げておきます：

i) の例：$(a, b, c, d)=(2, 4, 4, 6)$

$2^2+4^2+4^2=6^2(=36)$ …④

ii) の例：$(a, b, c, d)=(2, 3, 6, 7)$

$2^2+3^2+6^2=7^2(=49)$

i) の例④は，両辺の各項が 2^2 で割り切れて，

$1^2+2^2+2^2=3^2$

となります．これは，ii) の方の 1 例ですね．

発展 [2)]：掘り下げて言うと「転換法」を使っています．[→例題 1 9 p]

6 12 32 整数係数の多項式

根底 実戦 典型 入試 重要

[→例題 6 11 k]

方針 任意の整数を，問題の設定に従い，3 で割った余りに注目して剰余類に分けて表します．その余りを，文字「r」で表すと書く手間が省けます．

解答 任意の整数 n は，ある整数 k を用いて

$n=3k+r$ (r は 0, 1, 2 のいずれか)

と表せる．このとき

$$\begin{aligned} f(n)&=a(3k+r)^2+b(3k+r)+c \\ &=3\times\text{整数}^{1)}+(ar^2+br+c) \\ &\equiv ar^2+br+c\ (\text{mod}\,3,\ \text{以下同様}) \\ &=f(r). \end{aligned}$$

これと $3\nmid f(r)$ $(r=0, 1, 2)$ より，任意の整数 n に対して

$3\nmid f(n)$.

$\therefore f(n)\not\equiv 0.$[2)]

すなわち，方程式 $f(x)=0$ は整数解をもたない．□

解説 [1)]：文字式の計算を暗算し，書く手間だけサボりました．

注 [2)]：「3 の倍数でない」ならば「0 ではない」のはアタリマエです．なぜなら「3 の倍数」とは，

$\cdots, -6, -3, \underline{0}, 3, 6, \cdots$[3)]

ですから．「0」も立派な 3 の倍数ですよ（笑）．

補足 本問で扱ったのは 2 次方程式ですが，3 次以上になっても同じ結論が得られます．

余談 [3)]：これがわかっていないが故に「3 の倍数でない」まで示せているのに，「0 ではない」が導けない人が大量発生します．（笑）ごとではありません！

6 12 33 剰余系の再構成

根底 実戦 典型

[→例題 6 11 l]

着眼 (1) $r(\bigcirc)=r(\triangle)$ って，要するに $\bigcirc\equiv\triangle$ (mod 17) ということです．

(2) つまり，「100 の倍数」ってことです．

方針 (1) 当然，「差をとる」作戦です．

(2) (1)を用いると，「剰余系」が得られます…なんて…例題 6 11 l の経験があって初めて可能な発想です．

解答 17 を法とする合同式を用いる．

(1) $r(100i)=r(100j)$ より（$100i\equiv 100j$ (mod 17)）

$17\mid 100i-100j.$[1)]

$17\mid 100(i-j).$

ここで，17 と $100=2^2\cdot 5^2$ は互いに素だから

$17\mid i-j.$[2)]

i.e. $r(i)=r(j)$. □

(2) 下 2 桁がともに 0 である自然数とは，100 の倍数のことである．よって 17 で割った余りが 1 となる 100 の倍数が存在することを示せばよい．

(1)の対偶を考えると

$r(i)\neq r(j)\Longrightarrow r(100i)\neq r(100j)$. …①

$n=0, 1, 2, \cdots, 16$[3)]

の余りは全て相異なるから，17 個の 100 の倍数

$100n = 100\cdot0,\ 100\cdot1,\ 100\cdot2,\ \cdots,\ 100\cdot16$ …②

の余りも①より全て相異なる．したがって②は，17 で割った余り全種類を網羅する． つまり剰余系

したがって，②の中には，17 で割った余りが 1 である 100 の倍数が含まれる．□

解説 [1]：「余りが等しい」と「差をとって割り切れる」の言い換え．定番ですね．

[2]：互いに素の活用法❶ですね．

[3]：17 を法とする剰余系です．これをそれぞれ 100 倍すると，剰余系が再構成されるというのが本問のテーマです．

言い訳 本問では，内容を理解してもらうために「17」という具体数で割った余りを問うています．しかも「100」という具体数の倍数が対象となってるため，具体的にいろいろ探しているうちに偶然見つかるかもしれません．実際，

$800 = 17\cdot47 + 1$

ですから，「800」が条件を満たす数です．

しかし，実際の入試では具体数ではなく文字を使った出題となることが多いですから，上記**解答**の流れをマスターしておいてください．

6 12 34 素数となる条件

根底 実戦 入試 [→6 3 6]

着眼 キョトンってなりますね（笑）．こんなときは，とりあえず実験を．素数 n に対する $n+4, n+8$ の値も書いてみると…

n	2	3	5	7	11	13	…
$n+4$	6	7	9	11	15	17	…
$n+8$	10	11	13	15	19	21	…

どうやら，必ず 3 の倍数が現れてしまいますね．

解答

$n+4 = n+3+1 \equiv n+1$ (mod 3[1]，以下同様)，

$n+8 = n+6+2 \equiv n+2$

より，$n, n+4, n+8$ は 3 を法とする剰余系をなす[2] から，うち 1 つは 3 の倍数．

$n \geq 5$ のとき，これら 3 数は全て 5 以上だから，$3k(k=2, 3, 4, \cdots)$ と表せる自然数が含まれる．これは素数ではないから不適．

$n=2$ のとき，3 数は 2, 6, 10 ゆえ不適．

$n=3$ のとき，3 数は 3, 7, 11 ゆえ適する．

以上より，求める値は，$n=3$．//

解説 [1]："実験" を通して，「3 で割った余り」が鍵を握っていることが予想されたので，さっそく調べてみました．

演習問題6 12 7も，$n, n+2, n+4, n+6, n+8$ が 5 を法とした剰余系をなしていたことがポイントでしたね．

重要 要するにポイントは，3 の倍数である素数は 3 のみであるというアタリマエな事実です．**演習問題6 6 10**「双子素数」でも活躍した視点ですね．

注 [2]：高校数学の言葉で書くなら「$n, n+4, n+8$ は 3 で割った余り 3 種類を全て網羅する」となります．この意味をよく理解した上で，一言「剰余系をなす」で済ますことにより，思考がスッキリ整理されます．

6 12 35 整式と指数

根底 実戦 入試 [→6 3 2]

着眼 2 文字 m, n の不定方程式です．ただし，m^2 は m の 2 次式，一方の 2^n は指数の形であり，種類が異なるのが難点です．

方針 とはいえ注目する点はいつも通り：「余り，約数」or「大きさ限定」の二択です．

解答 与式を変形して

$(m+2)(m-2) = 2^n$. …①

よって，整数 $m+2, m-2\ (m+2 > m-2,\ m+2 > 0)$ は 2^n の約数である．

また，$(m+2)-(m-2) = 4$: even より，両者の偶奇は一致し，2^n : even よりともに偶数である．

これと①より，$m+2, m-2$ の素因数分解は，i, j を整数として

$$\begin{cases} m+2 = 2^i, \\ m-2 = 2^j \end{cases} \quad (1 \leq j < i,\ i+j = n) \ \cdots②$$

と表せる．辺々引くと

$4 = 2^i - 2^j$.

i.e. $2^2 = 2^j\underbrace{(2^{i-j}-1)}_{\text{奇数}\ (\because\ ②\text{より}\ i-j>0)}$.[1]

両辺の素因数 2 の個数に注目して

$j = 2.\quad \therefore\ 2^{i-j}-1 = 1$, i.e. $i-j = 1$.

$\therefore j = 2, i = 3$.

このとき②は[2]

$$\begin{cases} m+2 = 8, \\ m-2 = 4 \end{cases} \quad (n = 5).$$

以上より，$(m, n) = (6, 5)$.//

解説 ①：「約数」が使える形ですね．右辺：2^n の正の約数が「$1, 2, 2^2, \cdots, 2^n$」に特定可能だから上手くいくのだということを忘れないように．

[1]：こうして積の形にして，「素因数の所在」に注目するのは「整数」の基本．

[2]：②の 2 式を辺々引いて得られた式は，②と同値ではありません．よって，ちゃんと②全体に戻って考えるべきです．

6 12 36 分数式の整数値
根底 実戦 [→6 1 3]

方針 与えられた条件「$x<y$」をそのまま使うと，次のようになります：

$$\frac{3x+2}{y}<\frac{3y+2}{y}$$
$$=3+\frac{2}{y}\cdots \text{あれ？}$$

残念ながら，「2 以下」であることはいえませんね．そこで，整数ならではの不等式の“言い換え”・“アレンジ”をします．

解答 $x<y$ と x,y が整数であることより，

$$x\leq y-1.^{1)}$$

$$\therefore\ \frac{3x+2}{y}\leq\frac{3(y-1)+2}{y}\ (\because\ y>0)$$
$$=\frac{3y-1}{y}$$
$$=3-\frac{1}{y}<3\left(\because\ \frac{1}{y}>0\right).$$

これと $\frac{3x+2}{y}$ が整数であることより

$$\frac{3x+2}{y}\leq 2.\ \square$$

解説 1)：この言い換えがポイントです．**方針**でやった“素直な”やり方では不等式による制限が“ユルイ”とき，もっと厳しく大きさを限定したいときにはこうします．

> a,b が整数であるとき，
> $a<b \Longleftrightarrow a\leq b-1.$
> 緩い　　厳しい

注 上記赤字がそれぞれを使いたい状況を表していますが，例によって，「どういうときにどちらを使うか」とガチガチに決めつけすぎないで．やってみて，ダメなら他方へ乗り換えるというトライアル&エラーの精神が大切です．

参考 この 2 つの不等式の使い分けは，**演習問題 6 12 18** でも登場しましたね．

6 12 37 分数式の整数値
根底 実戦 典型 重要 [→6 1]

着眼 (1) どうしていいのやら…そんなときは，とりあえずいくつかの n について“実験”してみましょう．

n	1	2	3	4	5	6	7	…
$n+15$	16	17	18	19	20	21	22	…
n^2+3	4	7	12	19	28	39	52	…
$f(n)$	4	×	×	1	×	×	×	…

（「×」は整数値以外）

どうやら $n\geq 5$ のときは分母：n^2+3(2 次式) が分子：$n+15$(1 次式) より大きいので $f(n)$ は 1 未満となり，整数値をとることができなくなりそうですね．このことから，「大きさを限定」の方針が使えそうだと見えてきます．

(2) 今度は分子の方が次数が高い 1)ので，(1)と同じように n の範囲を限定することはできません．

注 1)：このような分数式においては，「分子の低次化」[→2 2 4 将来] という変形が可能です．

解答 (1) $n\in\mathbb{N}$ のとき，$f(n)>0$ だから，

$f(n)\in\mathbb{Z}$ であるためには $f(n)\geq 1$ が必要．これを変形すると

$$\frac{n+15}{n^2+3}\geq 1$$
$$n+15\geq n^2+3\ (\because\ n^2+3>0).$$
$$n^2-n-12\leq 0.$$
$$(n+3)(n-4)\leq 0.$$
$$(1\leq)n\leq 4\ (\because\ n+3>0).$$

そこで，$n=1,2,3,4$ について調べると

$$f(1)=\frac{16}{4}=4\in\mathbb{Z},$$
$$f(2)=\frac{17}{7}\notin\mathbb{Z},$$
$$f(3)=\frac{18}{12}=\frac{3}{2}\notin\mathbb{Z},$$
$$f(4)=\frac{19}{19}=1\in\mathbb{Z}.$$

以上より，$f(n)\in\mathbb{Z}$ となる $n(\in\mathbb{N})$ は，$n=1,4.$ //

(2)
$$g(n)=\frac{3n^2+4n+5}{n+2}$$
$$=\frac{(n+2)(3n-2)+9}{n+2}{}^{2)}$$
$$=3n-2+\frac{9}{n+2}.\ \cdots①$$

$3n-2\in\mathbb{Z}$ だから，$g(n)\in\mathbb{Z}$ であるための条件は，

$$n+2\mid 9\ (n+2\geq 3).$$
$$n+2=3,9.\quad \text{i.e. } n=1,7.^{3)}$$ //

解説 結局，(1)は「大きさ」，(2)は「約数」で解決しました．

2)：この分子の変形は，「整式の除法」(数学Ⅱ) によります．

3) この 2 つについて $g(n)$ の値を調べると，①より

$$g(1)=1+\frac{9}{3}=4.\quad g(7)=19+\frac{9}{9}=20.$$

言い訳 本当は，①の後分母を払って

$$(n+2)\{g(n)-3n+2\}=9$$

と変形して初めて「約数」という概念が使えるのですが，本問程度なら，①のままでも「$n+2$ は 9 の約数」として許されるでしょう．

別解 ①のように分子の低次化を行って分母の方が次数が高い形にすれば，(1)と同様に n の大きさを限定する方法でも解けます．

6 12 38 連続整数と平方数

根底 実戦 入試 重要 [→6 5 2]

方針 「なり得ない」という否定表現の証明ですから，背理法を用います．

解答 連続 2 整数を $n, n+1$ ($n \in \mathbb{N}$) と表す．仮に，こららの積が平方数だとしたら

$n(n+1) = a^2$ ($a \in \mathbb{N}$) …①

と表せる．ここで，

$n+1 = n \cdot 1 + 1$

だから，互除法の原理より

$$(n+1, n) = (n, 1) = 1.$$

i.e. $n+1$ と n は互いに素．…②

①において，右辺に素因数があればその個数は全て偶数．これと②より，$n, n+1$ のそれぞれにおいても任意の素因数についてその個数は偶数．したがって，$n, n+1$ はどちらも平方数 [1] だから

$$\begin{cases} n+1 = b^2, \\ n \quad\ \ = c^2 \end{cases} \quad (b, c \in \mathbb{Z} \text{ で}, b > c \geq 1 \ \cdots③)$$

とおける．辺々引くと

$1 = (b+c)(b-c)$. …④

ここで，③より ④の右辺 $\geq (2+1) \cdot 1 > 1$ だから，④は不合理．

よって $n(n+1)$ は平方数にはなり得ない．□

〔解２：大きさ〕

n を自然数とすると

$n^2 < n(n+1) < (n+1)^2$.

n^2 と $(n+1)^2$ の間に平方数はないから，$n(n+1)$ は平方数ではない．□

解説 ②：「連続 2 整数は互いに素」という事実は有名です．[→8 3 最後]

言い訳 [1]：「互いに素の活用法❸」を既知とする立場なら，②から即座に③を書いてしまう所ですが，少し遠慮して説明を付けました（笑）．

6 12 39 指数と素数

根底 実戦 典型 入試 重要 [→6 3 6]

(1) **方針** 「素数である」とは，「1 と自身以外に正の約数をもたない」という否定表現と解釈できます．そこで，「互いに素」＝「共通素因数なし」の証明と同様，背理法を用います．

解答 $2^n - 1$ が素数であることを前提として考える．仮に，

n が素数ではない …①

としたら，$n \geq 2$ より n は合成数である．よって，ある整数 a, b ($a, b \geq 2$) を用いて $n = ab$ とおけて，

$$\begin{aligned} & 2^n - 1 \\ =\ & 2^{ab} - 1 \\ =\ & (2^a)^b - 1^b \\ \overset{1)}{=}\ & (2^a - 1)\{(2^a)^{b-1} + (2^a)^{b-2} + \cdots + 2^a + 1\}. \end{aligned}$$

ここに，$2^a - 1$ と $\{\quad\}$部 はともに整数であり，

$2^a - 1 \geq 2^2 - 1 > 1$,

$\{\quad\}$部 $\geq (2^a)^1 + 1 > 1$.

これは，$2^n - 1$ が素数であることに反するから，①は成り立たない．よって，$2^n - 1$ が素数であるとき，n も素数である．□

注 [1]：本書では，この等式を 1 3 5 公式❼で紹介済みです．なぜか高校教科書では次数が 3 次までしか載っていないのですが，それだと**入試ではまったく通用しません**．

参考 $2^n - 1$ (n は自然数) の形で表される自然数を「メルセンヌ数」といい，それが素数でもある場合には「メルセンヌ素数」と呼ばれます．「メルセンヌ数」が素数となるかどうかを調べてみましょう (素数は赤下線付)．

n	1	2	3	4	5	6	7	11
$2^n - 1$	1	3	7	15	31	63	127	2047

これを見ると，(1)で示したとおり，$2^n - 1$ が素数のときには対応する n もたしかに素数になっています．一方，$n = 11$(素数) に対応する

$2^n - 1 = 2047 = 23 \cdot 89$ は合成数です．つまり，n が素数でも $2^n - 1$ は素数になるとは限りません．

(2) **着眼** 「$n = 2^k$ と表せる」とは，n が素因数 2 しかもたないという否定表現とみることもできます．そこで，(1)と同様，背理法を用います．

解答 $2^n + 1$ が素数であることを前提として考える．仮に，

$n = 2^k$ (k は自然数) と表せない …②

としたら，$n \geq 2$ より n は奇数の素因数をもつ．よって，ある奇数 c (≥ 3) と整数 d (≥ 1) を用いて $n = cd$ とおけて，

$$\begin{aligned} 2^n + 1 &= 2^{cd} + 1 \\ &\overset{2)}{=} (2^d)^c + 1. \end{aligned}$$

ここで，$D = 2^d$ (D は 2 以上の整数) とおくと

2^n+1
$=D^c+1$
$=D^c-(-1)^c$ (∵ c: odd)[3]
$=\{D-(-1)\}\{D^{c-1}+D^{c-2}(-1)+\cdots+(-1)^{c-1}\}$
$=(D+1)\{D^{c-1}-D^{c-2}+\cdots+(-1)^{c-1}\}$.

ここに，

$D+1\geqq 3$,

{　　}部 $=$ [4] $\dfrac{D^c+1}{D+1}>1$.

これは，2^n+1 が素数であることに反するから，② は成り立たない．よって，2^n+1 が素数であるとき，$n=2^k$ (k は自然数) と表せる．□

解説 [2]：2^{cd} の変形として $(2^c)^d$, $(2^d)^c$ の 2 通りが考えられますが，「c が奇数」を活かすべく，後者を選びました．

[3]：そのおかげで「累乗の差の因数分解」が可能となったのです．

[4]：{　　} 部は，(1) のそれとは違い，負の項が混じっているため「>1」が示しにくいですね．そこで，等式：$D^c+1=(D+1)\cdot$ {　　}部 を利用してこのように表しました．

参考　2 以上の自然数 n に対する 2^n+1 の値は次の通りです．(2^k と表せる n，および素数である 2^n+1 に赤下線を付しました)．

n	<u>2</u>	3	<u>4</u>	5	6	7	<u>8</u>	…
2^n+1	<u>5</u>	9	<u>17</u>	33	65	129	<u>257</u>	…

本問で示したことは，確かに成り立っていますね．

6 12 40　完全数

根底 実戦　典型 入試　[→ 6 11 5]

方針　「完全数」という有名な素材に関する問題ですが，やるべきことは単純で，けっきょくは不定方程式の問題になります．

解答　n が完全数であるための条件は

$S(n)=2n$. …①

(1)　$n=pq$ のとき，①は

$(1+p)(1+q)=2pq$.

$pq-p-q=1$

$(p-1)(q-1)=2$.

よって，自然数 $p-1$, $q-1$ は 2 の約数だから

$\{p-1,q-1\}=\{1,2\}$.　順不同

以上より，求める完全数は

$n=2\cdot3=6$.//

(2)　$n=p^2q$ のとき，①は

$\underbrace{(1+p+p^2)}_{P\text{とおく}}(1+q)=2p^2q$.

$q+1=q\cdot1+1$ だから，互除法の原理より

$(q+1,q)=(q,1)=1$.

i.e. $q+1$ と q は互いに素．…②

次に，$P=1+p(p+1)$ において，連続 2 整数の積 $p(p+1)$ は偶数だから P は奇数．また，P は p を素因数にもたない．よって，P と $2p^2$ は互いに素．…③

②より，$1+q\mid 2p^2$.

③より，$2p^2\mid 1+q$.

$\therefore\begin{cases}1+q=2p^2,\\1+p+p^2=q.\ \cdots④\end{cases}$

$2p^2=1+1+p+p^2$.

$p^2-p-2=0$.

$(p+1)(p-2)=0$.

$\therefore\ p=2$ (∵ p は素数).

$q=1+2+4=7$ (∵ ④).　これは素数.

以上より，求める完全数は

$n=2^2\cdot7=28$.//

解説　(2)の方の不定方程式は難しかったですね．ポイントは「互いに素」を見抜くこと．ただし，「$q+1$ と q」はともかく，「$1+p+p^2$ と $2p^2$」は見破りにくいです．

参考　(1)で求めた $n=2\cdot3=6$ について調べてみると

$S(6)=1+2+3+6=2\cdot6$

が成り立ちます．つまり，6 はたしかに完全数です．

(2)で求めた $n=2^2\cdot7=28$ について調べてみると

$S(28)=1+2+4+7+14+28=2\cdot28$

が成り立ちます．つまり，28 もたしかに完全数です．

6 12 41　完全数となる条件

根底 実戦　入試　ハイレベル↑　[→ 6 11 5]

注　①：1 3 5 公式❼として紹介したものです．

着眼　(1) n にいろんな数値を当てはめて考えると，場合分けして答えることになると気付きます．

(2) 前問と同様，$S(n)=2n$ とは，n が完全数であるということですね．ポイントとなるのは，約数の和に関する「乗法性」(後述) と，(1)の結果の利用ですが…かな～り難しいです．

解答　(1)　d と n は n の相異なる正の約数である．よって，

$S(n)=d+n$

となるのは，n がもつ正の約数が d と n の 2 つのみのときである．これが成り立つのは，<u>n が素数であるとき</u>に限る．また，素数 n の正の約数は 1 と n のみだから，$d=1$.//

(2) $n=2^{a-1}b$ において，2^{a-1} と b（奇数）は互いに素だから

$$S(n)=1\cdot S(b)+2\cdot S(b)+2^2\cdot S(b)+\cdots+2^{a-1}\cdot S(b)$$
$$=(1+2+2^2+\cdots+2^{a-1})\cdot S(b)\text{[1]}$$
$$=\frac{2^a-1}{2-1}\cdot S(b)\ \left(\text{①で } x=2,\ m=a \text{ とおいた}\right)$$
$$=(2^a-1)S(b).$$

よって，$S(n)=2n$ となるための条件は

$$(2^a-1)S(b)=2^ab.\ \cdots②$$

ここで，$2^a=(2^a-1)\cdot1+1$ だから，互除法の原理より，最大公約数について

$$(2^a,\ 2^a-1)=(2^a-1,\ 1)=1.$$

つまり，2^a と 2^a-1 は互いに素．これと②より

$$2^a-1\mid b.$$

$\therefore b=(2^a-1)k\ (k\in\mathbb{N})\ \cdots$③とおける．

③のとき，②より

$$(2^a-1)S(b)=2^a(2^a-1)k.$$

i.e. $S(b)=2^ak.$

③より $b=2^ak-k$ だから

$$S(b)=k+b.\ \cdots④$$

また，③より $k\mid b$ であり，$2^a-1\geqq2^2-1>1$ より $k<b$．つまり，k は b より小さい b の正の約数である．これと④および(1)より b は素数である．□

また，(1)より $k=1$ だから，③より

$b=2^a-1.$ //

解説 [1]：3 以上の奇数 b が，異なる奇素数 $q,r,\cdots$ と自然数 $k,l,\cdots$ を用いて $b=q^kr^l\cdots$ と素因数分解されているとすれば，$n=2^{a-1}q^kr^l\cdots$ より

$$S(n)$$
$$=(1+2+2^2+\cdots+2^{a-1})$$
$$\times(1+q+q^2+\cdots+q^k)(1+r+r^2+\cdots+r^l)\cdots$$
$$=S(2^{a-1})\cdot S(b)$$

となりますね．

もう少し一般化して述べると，次が成り立ちます：

m と n が互いに素ならば，

$S(mn)=S(m)\cdot S(n)$. ……乗法性

この「乗法性」によって得られた②を見たら，互いに素の活用法❶[→5 2]が使えることを見抜きたい所です．そこから得た③を上手く使うと，④が得られて(1)の結果が使えるのですが…気付くのは容易ではありません．難問です．

参考 $S(n)$ の大きさについて，次のことが有名です：

$n=1$ のとき，$S(n)=1,\ 1+n=2$ だから，

$S(n)<1+n.$ //

n が素数のとき，$S(n)=1+n.$ //

n が合成数のとき，$n=ij\ (i,\ j\geqq2)$ とおけて，

$i\mid n$ だから

$S(n)\geqq1+i+n.\ \therefore\ S(n)>1+n.$ //

これらにより，

n が素数 $\Longleftrightarrow S(n)=1+n$

であることがわかります．

注 ハイレベル↑ 厳密に言うと，上記で示したのは「$\Longrightarrow$」のみです．「$\Longleftarrow$」は，転換法[→例題 1 9 D]を用いて得られます．

発展 **全ての**正の偶数 n は，素因数 2 の個数を $a-1$（a は 2 以上の整数）として，「$n=2^{a-1}b$（b は奇数）」の形で表せます．よって，本問 (2) の結果，偶数の完全数は，必ず

$2^{a-1}(2^a-1)$（a は 2 以上の整数で 2^a-1 は素数[2]）

の形に表されるということがわかったことになります．

一方，奇数の完全数については……この世に，ただの 1 つでも存在するのか，しないのか，それすら未解決です．

注 [2]：「メルセンヌ素数」と呼ばれるものです．

6 12 42 オイラー関数

根底 実戦 典型 入試 [→6 11 2]

語記サポ 「φ」はギリシャ文字で，「ファイ」と読みます．本問で扱う関数 $\varphi(n)$ は，「オイラー関数」と呼ばれる（大学以降では）有名なものです．

着眼 「互いに素」＝「共通素因数なし」ですから，n がどんな素因数をもつかに注目します．

$n=10$ くらいの具体例で，ここで扱う関数 $\varphi(n)$ に慣れておきましょう．10 は $2\cdot5$ と素因数分解されますから，「10 と互いに素」とは，素因数 2，5 をもたないということです．

1 ~~2~~ 3 ~~4~~ ~~5~~ ~~6~~ 7 ~~8~~ 9 ~~10~~

斜線で消した 2 や 5 の倍数を除いた，「1，3，7，9」の個数を求めて，$\varphi(10)=4$ となりますね．

解答 (1) $\varphi(p^a)$ は，$U=\{1,2,3,\cdots,p^a\}$ のうち，素因数 p をもたないものの個数である．

集合 $A:\{p,2p,3p,\cdots,p^a\}$ ……p の倍数

と定めると

$$\varphi(p^a)=n(\overline{A})$$
$$=n(U)-n(A)\ \text{……補集合の性質}$$
$$=p^a-\frac{p^a}{p}$$
$$=p^a\left(1-\frac{1}{p}\right).\ //\ \text{……} p^a-p^{a-1} \text{ でも可}$$

(2) $\varphi(p^aq^b)$ は，$U=\{1, 2, 3, \cdots, p^aq^b\}$ のうち，素因数 p, q をどちらももたないものの個数である．

集合 B: $\{p, 2p, 3p, \cdots, p^aq^b\}$

集合 C: $\{q, 2q, 3q, \cdots, p^aq^b\}$

と定めると

$$\begin{aligned}\varphi(p^aq^b)&=n(\overline{B}\cap\overline{C})\\&=n(U)-n(B\cup C)\quad\text{包除原理}\\&=n(U)-\{n(B)+n(C)-n(B\cap C)\}\\&=p^aq^b-\frac{p^aq^b}{p}-\frac{p^aq^b}{q}+\frac{p^aq^b}{pq}\\&=p^aq^b\left(1-\frac{1}{p}-\frac{1}{q}+\frac{1}{pq}\right)\\&=p^aq^b\left(1-\frac{1}{p}\right)\left(1-\frac{1}{q}\right).\text{//}\end{aligned}$$

解説 高級そうな問題ですが，「倍数の個数」「補集合」「包除原理」を使うだけでしたね．

参考 本問の結果と，$\varphi(q^b)$ も $\varphi(p^a)$ と同様に求まることから

$$\begin{aligned}\varphi(p^aq^b)&=p^aq^b\left(1-\frac{1}{p}\right)\left(1-\frac{1}{q}\right)\\&=p^a\left(1-\frac{1}{p}\right)\cdot q^b\left(1-\frac{1}{q}\right)\end{aligned}$$

i.e. $\varphi(p^aq^b)=\varphi(p^a)\cdot\varphi(q^b)$

が成り立つことがわかります．つまり，オイラー関数「$\varphi(n)$」は，2 つの異なる素因数毎に，積の形へ分解できる訳です．

発展 この性質を用いるなどして，本問で扱った「オイラー関数」についての様々な美しい性質を導くことができます．

6 12 43 二項係数の偶奇

[→6 3 2]

根底 実戦　入試　組合せ $_n\mathrm{C}_r$ 後　ハイレベル↑

着眼 $f(k)$ とは，自然数 k がもつ素因数 2 の個数ですね．

解答 (1) $f(k)\leq 3$ のとき

$k=2^x\cdot y$ ($0\leq x\leq 3$, y は奇数) …①

とおけて，

$$\begin{aligned}80-k&=2^4\cdot 5-2^x\cdot y\\&=2^x(2^{4-x}\cdot 5-y).^{1)}\end{aligned}$$

ここで，①より $4-x\geq 1$ だから，$2^{4-x}\cdot 5$: even であり，y : odd だから

$80-k=2^x\cdot$ 奇数．　∴ $f(80-k)=x$.//　($=f(k)$)

(2) $_{79}\mathrm{C}_n=\dfrac{(80-1)(80-2)\cdots(80-k)\cdots(80-n)}{1\cdot 2\cdot\cdots\cdot k\cdot\cdots\cdot n}.^{2)}$

$\underbrace{1\cdot 2\cdot\cdots\cdot \underline{k}\cdot\cdots\cdot n}_{A\text{ とおく}}\times{}_{79}\mathrm{C}_n$

$=\underbrace{(80-1)(80-2)\cdots\underline{(80-k)}\cdots(80-n)}_{B\text{ とおく}}$. …②

i) $n\leq 2^4-1(=15)$ のとき，$k=1, 2, \cdots, n$ について，$f(k)\leq 3$ だから(1)より

$f(80-k)=f(k)$ $(=x)$.

よって②において，A, B がもつ素因数 2 の個数は等しいから，$_{79}\mathrm{C}_k$: odd.

ii) $n=2^4(=16)$ のとき，$k=1, 2, \cdots, n-1(=15)$ については i) と同様に

$f(80-k)=f(k)$ $(=x)$.

また，

$$\begin{aligned}80-n&=2^4\cdot 5-2^4\\&=2^4(5-1)=2^6.\end{aligned}$$

∴ $f(80-n)=f(n)+2$.

よって②において，B がもつ素因数 2 の個数は A より 2 個多い．よって $_{79}\mathrm{C}_n$: even.

i), ii) より，$_{79}\mathrm{C}_n$ が偶数となる最小の n は，16.//

解説 $k=2^xy$ (y は奇数) とか $k=2^x(2y+1)$ (y は整数) の形を見たら，x は素因数 2 の個数だと見抜けるようにしましょう．

1) : この式を見ると，$x=4$ となると $2^{x-4}\cdot 5=1\cdot 5$ が偶数でなくなり状況が一変することがわかりますね．

2) : この分数式のままで素因数 2 の個数を論じるのは反則です．分母を払って次の②式を得た後で，両辺における**素因数 2 の所在**を考えます．

13 演習問題C 他分野との融合

整数を主題とする入試問題は，「数列」(数学 B) や「二項定理」(数学Ⅱ：いろいろな式) などを融合すると，バリエーションが格段に広がり，内容も濃くなります．

6 13 1 無理数性の証明 根底 実戦 対数後 [→例題 1 9 m]

方針 「$\sqrt{2}$ が無理数」の証明[→例題 1 9 m]と同様です．「無理数である」とは「有理数でない実数」という否定表現ですから，背理法を用います．

解答 仮に，

正の実数 $\log_{10} 7$ が無理数でない …①

としたら，$\log_{10} 7$ は有理数だから

$\log_{10} 7 = \dfrac{m}{n}$ $(m, n \in \mathbb{N})$[1)]

とおける．このとき

$10^{\frac{m}{n}} = 7.$

$(2\cdot5)^m = 7^n.$ …②

ところが，[2)] $\begin{cases} 2 \mid 左辺, \\ 2 \nmid 右辺 \end{cases}$ だから②は不合理．よって①は成り立たない．つまり，$\log_{10} 7$ は無理数である．□

解説 [1)]：この両辺には，「整数」の体系の中にない「log」や「分数」があります．こうした表現を除去し，「整数」の世界での演算である積・累乗だけで表された②へと変形するのがポイントです．

[2)]：両辺における**素因数 2 の所在**に着目して矛盾を指摘しました．

6 13 2 連続整数の和・素因数 根底 実戦 典型 入試 数列後 ハイレベル↑ [→6 3 2]

下書き $S = 6$ → $1 + 2 + 3 = 6$ より可能．

$S = 7$ → $3 + 4 = 7$ より可能．

$S = 8$ → …う〜ん…不可能．

まずはこうして「題意」を把握．

着眼 任意の自然数は，素因数 2 の個数を b として

$2^b(2c+1)$ (b, c は 0 以上の整数)

と表せます．これと(1)の「$S = 2^{x-1}(2y+1)$ (x, y は自然数) と表せる」を比べると，何を示せばよいかが見えてきます．

方針 まずは S を等差数列の和として求めましょう．

解答 (1) y が自然数のとき $2y+1 \geqq 3$ だから，

$S = 2^{x-1}(2y+1)$ (x, y は自然数) …①

と表せるとは，つまり

S が奇数の素因数をもつ …②

ということ．よって，②を示せばよい．

$S = a + (a+1) + (a+2) + \cdots + (a+k-1)$

$= \dfrac{1}{2}\{a + (a+k-1)\}\cdot k$ $(a \geqq 1, k \geqq 2)$.

i.e. $2S = (2a+k-1)k.$ … ③ 分母は払うべし

ここで，

$(2a+k-1) - k$[1)] $= 2a - 1$: odd より

$(2a+k-1)$ と k の一方は偶数で他方は奇数．…④

また，$k \geqq 2$, $2a+k-1 \geqq 2\cdot1 + 2 - 1 \geqq 3$ だから，

両者のうち一方 (d とおく) は 3 以上の奇数．…⑤

奇数 d は③において左辺の 2 と互いに素だから，$d \mid S$. これと⑤より，②が示せた．□

(2) **注** (1)により，S のとり得る値は $2^{x-1}(2y+1)$ (x, y は自然数) に限る (**必要性**) とわかりましたが，そのような値の全てを S がとり得るか (**十分性**) については議論されていません．

下書き そこで，①のときの③：

$(2a+k-1)k = 2^x(2y+1).$

を満たす a, k を見つけてみましょう．④より，安易ですが [2)] 次のような a, k が見つからないかと試してみます．

$2a+k-1$	2^x	$2y+1$
k	$2y+1$	2^x
$2a-1$	2^x-2y-1	$2y+1-2^x$
a	$2^{x-1}-y$	$y+1-2^{x-1}$

$k \geqq 2$ は OK．あとは a が正になるかどうか…■

①のとき，a, k が満たすべき条件は，③より

$(2a+k-1)k = 2^x(2y+1).$ …⑥

i) $a = 2^{x-1} - y$, $k = 2y+1$ $(\in \mathbb{Z})$[3)] のとき，

⑥の左辺 $= (2^x - 2y + 2y + 1 - 1)\cdot(2y+1)$

$= 2^x(2y+1).$

ii) $a = y + 1 - 2^{x-1}$, $k = 2^x$ $(\in \mathbb{Z})$ のとき，

⑥の左辺 $= (2y + 2 - 2^x + 2^x - 1)\cdot 2^x$

$= (2y+1)2^x.$

よって i), ii) はいずれも⑥を満たし，$k \geqq 2$ も成り立つ．そして $a \in \mathbb{N}$ となるための条件は

i) $2^{x-1} - y > 0$, i.e. $y < 2^{x-1}$, …⑦

ii) $y + 1 - 2^{x-1} > 0$, i.e. $y > 2^{x-1} - 1$. …⑧

⑦または [4)] ⑧は必ず成立するから，⑥を満たす自然数の組 (a, k) $(k > 2)$ の 1 つとして，i) または ii) の (a, k) が存在する．

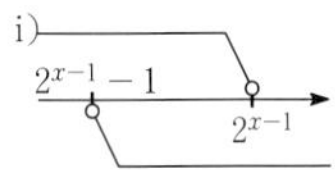

よって S は①の形の整数値をとり得る．これと(1)より，S のとり得る値は①の形の数，つまり②のような整数値全体である．

1〜1000 の自然数で②を満たさないものは

$1, 2, 2^2, 2^3, \cdots, 2^9 (= 512)$

の 10 個だから，求める個数は

$1000 - 10 = 990.$ //

解説 1)：またまた，差をとることが決め手となりましたね．

2)3)：⑥を満たす $(a,\ k)$ の**存在を証明**しさえすればよい 5) のです．よって，このように $(a,\ k)$ を予め下書き用紙で見つけておき，それをイキナリ答案にバンっと書いてしまいます．

4)：i) でも ii) でも，どちらか少なくとも一方の a が正になってくれたら OK．なので，「または」となっています．もし，i), ii) の片方しか見つけてないと…詰まってしまいます．ここが本問の難所です．

参考 5)：ただし，あくまでも“安易”な気持ちで“見つけた”だけです．決してこれしかないという訳ではありません．例えば

⑥: $(2a+k-1)k=2^3\cdot 15$ のとき，

$(2a+k-1,\ k)=(15,\ 2^3)$ i.e. $(a,\ k)=(4,\ 8)$

以外に，　奇数 15 を 3·5 と分けた

$(2a+k-1,\ k)=(2^3\cdot 3,\ 5)$ i.e. $(a,\ k)=(10,\ 5)$

も考えられます．参考までに

前者は，$4+5+6+7+8+9+10+11=60$，

後者は，$10+11+12+13+14=60$ です．

6 13 3　指数と余り

根底 実戦　数列後　重要　[→6 7]

注　この問題自体を解くことよりも，この問題の様々な見方を通して今後につながる各手法を会得することを目指してください．

解答 1　**方針**　3 で割った余りのみが欲しいので，「2」を「−1」(大切) と「3」(どうでもよい) の和に分解して…■

以下，mod 3 とする．

$$\begin{aligned}2^n&=\{(-1)+3\}^n\\&=(-1)^n+{}_n\mathrm{C}_1(-1)^{n-1}\cdot 3+{}_n\mathrm{C}_2(-1)^{n-2}\cdot 3^2+\cdots+3^n\\&=(-1)^n+3\cdot(\text{整数})\\&\equiv(-1)^n\\&\equiv\begin{cases}2\ (n:\text{odd}),\\1\ (n:\text{even}).\end{cases}\ /\!/\end{aligned}$$

解答 2　**下書き**　題意の余りを数列 (r_n) とみなし，とりあえずいくつかの n について r_n を求めてみると，次表のようになります：

n	1	2	3	4	5	6	…
2^n	2	4	8	16	32	64	…
r_n	2	1	2	1	2	1	…

2 個　2 個　2 個

どうやら余り (r_n) は，「2, 1」という 2 個のカタマリの繰り返しになりそうだと“予想”できます．この現象から，「2は**周期**」という“イメージ”が得られました．

ただし，「2 は**周期**」であることの**定義**は別で，次の通りです：

$r_{n+2}=r_n$ が，

全ての自然数 n について成り立つ．

n	1	2	3	4	5	6	…
r_n	2	1	2	1	2	1	…

等しい

「周期」に対する前記 2 つの見方：「“イメージ”」と「定義」を，**解答 2** の中で次のように使います．

「2, 1」という「2 個のカタマリ」の繰り返し

→ 2 は数列 (r_n) の周期っぽい

→つまり，$r_{n+2}=r_n$ と予想

→「余りが等しい」=「差をとって割り切れる」

このような**思考を経て**，解答用紙には，イキナリ次のように書き始めます．■

$$\begin{aligned}2^{n+2}-2^n&=(2^2-1)2^n\quad\text{差をとる}\\&=3\cdot 2^n.\end{aligned}$$

$\therefore\ 3\mid 2^{n+2}-2^n.$

i.e. $2^{n+2}\equiv 2^n$ (mod 3, 以下同様)．

これと $2^1\equiv 2$ より帰納的に　ドミノ式に

$2^1,\ 2^3,\ 2^5,\ \cdots\equiv 2.\ /\!/$

同様に，$2^2=4\equiv 1$ より帰納的に

$2^2,\ 2^4,\ 2^6,\ \cdots\equiv 1.\ /\!/$

解答 3　**着眼**　**解答 2** と同じように“実験”をすると，「n が偶数→余り 1」，「n が奇数→余り 2」と“予想”できます．それを **解答 2** では帰納的に (ドミノ式に) 示しましたが，次のように直接示すこともできます．■

i) n：even 1) のとき，$n=2k(k=1,2,3,\cdots)$ とおけて

$$\begin{aligned}2^n-1&=2^{2k}-1\\&=4^k-1^k\\&=(4-1)(4^{k-1}+4^{k-2}+\cdots+1)\ ^{2)}\\&=3\times(\text{整数}).\end{aligned}$$

$\therefore\ 3\mid 2^n-1.$

i.e. $2^n\equiv 1\ (n=2,\ 4,\ 6,\ \cdots).\ /\!/$ …①

ii) n：odd 3) のとき，$n=2k+1(k=0,\ 1,\ 2,\ \cdots)$ とおけて

$$\begin{aligned}2^n&=2^{2k+1}\\&=2\cdot 2^{2k}\\&\equiv 2\cdot 1\ (\because\ \text{①は } n=0 \text{ でも成立})\\&=2.\ /\!/\end{aligned}$$

語記サポ 1)3)：even= 偶数，odd= 奇数

解説 2)：$4^k=(1+3)^k$ として **解答 1** と同じように二項定理で展開してもよいのですが，ここではせっかく 余り $=1$ と予想が立っているので，「余りが等しい」=「差をとって割り切れる」の関係を利用して因

数分解に持ち込みました．このような指数（累乗）の形を扱う際には，「二項定理」と「累乗の差の因数分解」が二本柱です．

注意！　本問を

$2 \equiv -1.\ \therefore\ 2^n \equiv (-1)^n$

を公式として用いて片付けるという流儀もあるようですが，途中経過が全く見えないまま答えを早く出すのは**危険性大**です．**解答**1のように二項展開するなどの**プロセス**を理解しましょう．

6 13 4　素数・指数

根底 実戦　入試　いろいろな式後　[→6 7]

着眼　まずは「手」を動かして実験してみましょう．

$f(2) = 2^1 + 5 = 7$: 素数

$f(3) = 3^2 + 8 = 17$: 素数

$f(5) = 5^4 + 14 = 639 = 3 \times$ 整数

$f(7) = 7^6 + 20 = \cdots$

$f(7)$ はメンドウくさいですね．そこで，「頭」を動かす番です．

解答　$f(2) = 2^1 + 5 = 7$: 素数.

$f(3) = 3^2 + 8 = 17$: 素数.

p が 5 以上の素数のとき，

p は奇数だから $p - 1 = 2k (k \in \mathbb{N})$ 1) とおける．

また，p は 3 の倍数ではないから

$p = 3l \pm 1\ (l \in \mathbb{N})$ 2) とおける．

このとき

$$\begin{aligned} p^{p-1} &= (3l \pm 1)^{2k} \\ &= \{(3l \pm 1)^2\}^{k} \text{ 3)} \\ &= (3L + 1)^k\ (L \text{ はある整数}) \\ &= 1 + {}_kC_1 \cdot 3L + \cdots + (3L)^k \\ &\equiv 1\ (\text{mod}\,3,\ \text{以下同様}). \end{aligned}$$

$$\begin{aligned} \therefore\ f(p) &= p^{p-1} + 3p - 1 \\ &\equiv 1 - 1 = 0. \end{aligned}$$

すなわち $3 \mid f(p)$ であり，$f(p) \geq 5^4 + 3 \cdot 5 - 1 > 3$ より $f(p)$ は素数ではない．4)

以上より，求める p は，$p = 2, 3.$ //

解説　2)：「$f(5)$ が 3 の倍数」，「$f(p)$ 中に $3p - 1$ がある」．この 2 つから，「3 で割った余りに注目」という発想が浮かぶかどうかが勝負所でした．

1)3)：$p - 1$ が偶数なら，3) のように「$(\quad)^2$」の形が現れて「平方剰余」の考えが使えることを見通して，1) のようにおきました．

1)：このように素数を「偶数2」と「奇素数」に分けて議論すると道が開けることが，けっこうよくあります．

注　2)4)：一般に，3 の倍数で素数であるものは 3 のみ（他の素数でも同様）．アタリマエですが，覚えておきましょう．

6 13 5　指数・最大公約数

根底 実戦　入試　数列後　[→6 7]

下書き　まず，少しは実験しておきましょうか：

n	1	2	3	4	$\cdots$
a_n	10	128	2560	デカ!!	$\cdots$

着眼　すぐにあきらめたくなりますね（笑）．でも，逆にそれがヒントです．

全ての最大公約数ですから，$a_1 = 10$ の約数以外は可能性なしですから…

解答　(1)　求める G.C.D. を d とおく．

$a_1 = 2 + 8 = 10 = 2 \cdot 5,$

$a_2 = 2^6 + 2^6 = 2^7.$

$d \mid a_1, a_2$ より $d \mid 2.$ 1)

$2^{5n-4}, 2^{3n}$ はともに偶数だから，

$2 \mid a_n\ (n = 1, 2, 3, \cdots).$ i.e. $2 \mid d.$ 2)

以上より，$d = 2.$ //

(2)　求める G.C.D. を e とおく．

$a_1 = 10 = 2 \cdot 5$ より，$e \mid 10.$　…①

着眼　(1)より「$2 \mid e$」はわかっているので，「$5 \mid e$」かどうかを調べます 3)．■

$$\begin{aligned} a_n &= 2 \cdot 2^{5(n-1)} + 2^{3n} \\ &= 2 \cdot 32^{n-1} + 8^n. \end{aligned}$$

ここで

$$\begin{aligned} 8^n &= (-2 + 10)^n \\ &=^{4)} (-2)^n + {}_nC_1 \cdot (-2)^{n-1} \cdot 10 + \cdots + 10^n \\ &\equiv (-2)^n\ (\text{mod}\,5,\ \text{以下同様}). \end{aligned}$$

同様にして

$$\begin{aligned} 32^{n-1} &= (2 + 30)^{n-1} \\ &\equiv^{5)} 2^{n-1}\ (n = 1 \text{ でも成立}). \end{aligned}$$

したがって

$$\begin{aligned} a_n &\equiv 2 \cdot 2^{n-1} + (-2)^n \\ &= 2^n + (-2)^n. \end{aligned}$$

よって，以下 $n = 1, 3, 5, \cdots$ のとき

$a_n \equiv 2^n - 2^n = 0$ 6). i.e. $5 \mid a_n$.

これと(1)より，

$2 \cdot 5 \mid a_n$. i.e. $10 \mid e$.

これと①より，$e = 10.$ //

解説　1)2)：この 2 つから $d = 2$ を導くのは，ワリとよく使う手法です．

4)：こうして，二項展開式を一度は書くように．

5)：とはいえ，一度書けば“二度目は同様”として省いても叱られはしないと思います．

注 3)：これが自然な流れですが，4) の二項展開式を見るとわかるように，2 と 5 に分けず直接 mod10 で考えることも可能でしたね．

6)：「n は奇数」を「$n=2k+1$」と表す手もよく使われますが，ここでは表記がメンドウになりますね．「n」のままで計算を進め，最後にそれが奇数であることを反映させるのが楽な書き方です．

6 13 6 整式＋指数の余り

根底 実戦 入試 いろいろな式後 [→6 7]

着眼 2^{5n} は指数関数，$5\cdot n^2$ は 2 次関数．まるで種類が異なります．

方針 そこで，それぞれの余りを別個に求め，最後にそれを統合しましょう．

解答

$$\begin{aligned}2^{5n} &= 32^n\\ &= (-1+33)^n\\ &= (-1)^n + {}_nC_1(-1)^{n-1}\cdot 33 + \cdots + 33^n\\ &= (-1)^n + 3\times \text{整数}.\end{aligned}$$

また，k をある整数として

$n=3k$ のとき，

$5n^2 = 5(3k)^2 = 3\cdot 15k^2$.

$n=3k\pm1$ のとき，

$5n^2 = 5(3k\pm1)^2 = 3(15k^2\pm10k+1)+2$.

よって，n を 6 で割った余り 1) に応じて，求める余りは次表の通り（k はある整数で，合同式 2) の法は全て 3)．

$n=$	$6k$	$6k+1$	$6k+2$	$6k+3$	$6k+4$ 3)	$6k+5$
$2^{5n}\equiv$	1	−1	1	−1	1	−1
$5n^2\equiv$	0	2	2	0	2	2
$f(n)\equiv$	1	1	0	2	0	1

//

解説 1)：2^{5n} の余りは周期 2，$5\cdot n^2$ の余りは周期 3 ですね．そこで，2 と 3 の最小公倍数 6 で割った n の余りで分類しました．

3)：例えば $n=6k+4$ のとき

$$n=\begin{cases}2\cdot(3k+2) & \cdots \text{偶数},\\ 3(2k+1)+1 & \cdots 3\text{ で割って余り }1.\end{cases}$$

よって，表のような結果を得ます．

注 2)：$f(n)$ の値は mod3 で表示していますが，番号 n の方は mod6 で考えています．混乱しないように．また，合同式を使いながらも，頭の中ではちゃんと文字式による計算をイメージしてくださいね．

6 13 7 整式と指数の一致

根底 実戦 入試 数列後 [→6 1 3]

注 演習問題 6 12 35 とよく似た形をしていますが…，その問題は 2 文字 m, n の不定方程式，本問は 1 文字 n の方程式です．とはいえ，注目する点は同じ：「余り，約数」or「大きさ限定」の二択です．

着眼 「因数分解→約数」の流れは望めそうにないですね．そこで，「大きさ」を調べてみます．

下書き

n	1	2	3	4	5	6	7	8	…
2^n	2	4	8	16	32	64	128	256	…
n^2+7	8	11	16	23	32	43	56	71	…

どうやら，$n=6$ 以降においては $2^n > n^2+7$ となりそうです．n の増大にともなって大きくなっていく“スピード”において，左辺の「指数関数」は右辺の「2 次関数」を上回る 1) ようです…．ということを「答案」の中でキチンと証明すること．「数学的帰納法」を用います．

解答 $n\leq 5$ においては，右表より $n=5$ のみが与式を満たす．

2)

n	1	2	3	4	5
2^n	2	4	8	16	32
n^2+7	8	11	16	23	32

次に，命題：$P(n)$：「$2^n > n^2+7$」を，$n=6, 7, 8, \cdots$ について示す．

1° $P(6)$：「$2^6 > 6^2+7$」は，左辺 $=64$，右辺 $=43$ より成り立つ．

2° n を固定する（ただし，$n\geq 6$）．

$P(n)$ を仮定し，$P(n+1)$：「$2^{n+1} > (n+1)^2+7$」を示す．

$$\begin{aligned}&2^{n+1}-\{(n+1)^2+7\}\\ &\overset{3)}{=} 2\cdot 2^n-(n^2+2n+8)\\ &> 2\cdot(n^2+7)-(n^2+2n+8)\ (\because P(n))^{4)}\\ &= n^2-2n+6\\ &= (n-1)^2+5>0.\end{aligned}$$

よって，$P(n+1)$ も成り立つ．

1°, 2° より，$P(6), P(7), P(8), P(9), \cdots$ が示せた．□

以上より，求める n は，$n=5$.//

解説 1) 理系：この“感覚”は，数学Ⅲ「極限」で頻繁に用います．

3)：「数学的帰納法」，つまり“ドミノ式”の証明法が上手く機能した理由は，この赤下線を付した部分に“ドミノ式”の構造（n と $n+1$ の関係）があるからです．

4)：「指数関数」と「2 次関数」という別種の関数の大小比較が，直前の“ドミノ”：$P(n)$”を利用することにより，このように同種の関数(2 次関数) どうしの大小比較に帰着しました．これならどうにかなりますね．

注 2)：ここに書く表は，$n=5$ までで留めてください．6 番目以降も書くと，“単なる類推”によって 2 数の大小関係を断定しようとしているかのように受け取られる危険が増しますので．

6 13 8 漸化式と余り

根底 実戦 典型 入試 数列後 重要 [→6 7]

(1) **着眼** ①のタイプの漸化式は，

a_n(一昨日)と a_{n+1}(昨日)から a_{n+2}(今日)が定まることから，語呂合わせで「おととい きのう式」と呼ばれたりします．

下書き まずは，余りがどのようになるかをいくつかの n について調べてみましょう．

n	1	2	3	4	5	6	7	8	9	10	11	12	…
a_n	1	1	2	3	5	8	13	21	34	55	89	144	…
余り	1	1	2	3	1	0	1	1	2	3	1	0	…

(6個，6個)

これを見ると，余りについて

1, 1, 2, 3, 1, 0 の 6 個を繰り返す

ことが“予想”[1] されます．この現象から，「6 は**周期**」という“イメージ”が得られました．

ただし，「6 は**周期**」であることの**定義**は別で，次の通りです：

$a_{n+6} \equiv a_n$ が，

全ての自然数 n について成り立つ．

n	1	2	3	4	5	6	7	8	9	10	11	12	…
余り	1	1	2	3	1	0	1	1	2	3	1	0	…

(等しい)

これを示しましょう．

解答 数列 (a_n) の各項が整数であることを用いると，4 を法として

$$a_{n+2} = a_{n+1} + a_n.$$

$$a_{n+3} = a_{n+2} + a_{n+1} = 2a_{n+1} + a_n.$$ [2]

$$a_{n+4} = a_{n+3} + a_{n+2} = 3a_{n+1} + 2a_n.$$

$$a_{n+5} = a_{n+4} + a_{n+3} = 5a_{n+1} + 3a_n$$ [3]

$$a_{n+6} = a_{n+5} + a_{n+4} = 8a_{n+1} + 5a_n. = 4(2a_{n+1} + a_n) + a_n.$$

$\therefore\ a_{n+6} \equiv a_n.$ ……つまり，6 は余りの周期

これと $2000 = 6\cdot 333 + 2$ [4]，および②より

$a_{2000} \equiv a_2 \equiv 1.$ //

(2) **着眼** (1)の $a_{n+6} \equiv a_n$ は，スタートの a_1, a_2 に関係なく導かれましたから，当然(2)でも成り立ちます．つまり，6 が周期（の 1 つ）であることはわかっているのですが…

下書き

n	1	2	3	4	5	6	…
a_n	0	2	2	4	6	10	…
余り	0	2	2	0	2	2	…

(3個，3個)

余りは 0, 2, 2 の 3 個を繰り返す，つまり「3 は**周期**」であることが“予想”されます．よって $a_{n+3} \equiv a_n$ を示したいのですが…．漸化式①は(1)と何も変わらない訳ですから，[2] を見るとわかるように，(1)と同じようには示せません．そこで，…

解答 漸化式①より，

$a_n\ (n \geqq 3)$ を 4 で割った余りは，
直前の 2 項の余りだけで決まる．…④

また，$n = 1, 2, 3, 4, 5$ に対する 4 で割った余りは③①より右のようになり，4 を法として

n	1	2	3	4	5
a_n	0	2	2	4	6
余り	0	2	2	0	2

$(a_4, a_5) \equiv (a_1, a_2)$. …⑤

（$a_4 \equiv a_1$ かつ $a_5 \equiv a_2$ を上のように表した．）

④，⑤，および表の $n = 1, 2, 3$ の部分により，a_n を 4 で割った余りは

0, 2, 2 の 3 個の値の繰り返しになる．[5]

以上より，求める余りは

$$\begin{cases} 0\ (n = 1, 4, 7, \cdots), \\ 2\ (n = 2, 5, 8, \cdots), \\ 2\ (n = 3, 6, 9, \cdots). \end{cases}$$ //

解説 ④で述べたように，この数列 (a_n) の各項およびその余りは，

★直前の 2 つの項によって次が定まる ……“おとといきのう式”

という構造を持っています．これを前提として，(1)(2)それぞれの**解答**を比較・整理しておきます．

(1)では，漸化式①だけを用いて a_{n+6} を a_n, a_{n+1} の 2 つで表し，「$a_{n+6} \equiv a_n$」という「6 が周期であることの**定義式**」を得ました．

一方(2)では，初期条件③から出発し，①を使って $a_3, a_4, \cdots$ の余りを求めていき，a_4, a_5 の 2 つの余りが，a_1, a_2 の 2 つの余りと一致する，つまり“振り出しに戻る”ことを見抜きました．そして，「0, 2, 2 が繰り返す」という，「3 が周期であることの**イメージ**」に辿り着きました．

まとめると，次の通りです：

	周期の扱い	初期条件	注目する 2 つ
(1)	定義式	用いない	a_n, a_{n+1}
(2)	“イメージ”	用いる	(a_1, a_2) と (a_4, a_5)

発展 本問の数列 (a_n) の各項を 4 で割った余りに周期性があることは，実は必然です．隣り合う 2 項 (a_n, a_{n+1}) の余りは

$(0, 0), (0, 1), (0, 2), \cdots, (3, 3)$

の $4^2 = 16$ 種類しかありません．したがって

$(a_1, a_2), (a_2, a_3), (a_3, a_4), \cdots$

と余りを調べていけば，どこかで必ず (a_1, a_2) と同じ余りが登場して"振り出し"に戻り，それ以降前記★より同じ余りの繰り返しになるという訳です．

注 [1]：この上の表はあくまでも"下書き用"です．調べたのはたった 12 番までに過ぎませんから，これを答案中に書き，「よって明らかに 6 は周期」とするような"さもしい"行為は，"単なる類推"と見下されて「0 点」喰らいますよ！

[3]：大切なのはあくまで 4 で割った**余り**のみですから，ここを

$$a_{n+5} = 5a_{n+1} + 3a_n$$
$$\equiv a_{n+1} + 3a_n \ (\because\ 4 \mid 4a_{n+1})$$

として計算の簡便化を図ってもよいですね．

[4]：(1)では，番号 n が 6 番ズレても余りは同じです．よって，この等式の余り：「2」だけをみれば，a_{2000} と a_2 の余りが一致することがわかります．

参考 [5]：ここでは④⑤から周期の"イメージ"：「0, 2, 2 の繰り返し」を用いて片付けました．

しかし，④⑤から周期の**定義式**：$a_{n+3} \equiv a_n$ が成り立つことをちゃんと示すこともできます．次のように数学的帰納法を用います．

以下，mod 4 で考える．

命題 $P(n)$：「$a_{n+3} \equiv a_n$」を，$n = 1, 2, 3, \cdots$ について示す．

1° $P(1)$：「$a_4 \equiv a_1$」および $P(2)$：「$a_5 \equiv a_2$」は，解答(2)の表により成り立つ．

2° n を固定する．

$P(n)$：「$a_{n+3} \equiv a_n$」および $P(n+1)$：「$a_{n+4} \equiv a_{n+1}$」を仮定し，$P(n+2)$：「$a_{n+5} \equiv a_{n+2}$」を示す．

$$a_{n+5} = a_{n+4} + a_{n+3} \ (\because\ ①)$$
$$\equiv a_{n+1} + a_n \ (\because\ P(n+1), P(n)).$$

よって，$P(n), P(n+1) \Longrightarrow P(n+2)$.

1° 2° より，$P(1), P(2), P(3), \cdots$ が示せた．□

言い訳 本来は，漸化式①と初期条件② or ③で定まる数列 (a_n) の各項が整数であることを証明すべきなのですが，本問では帰納的に（ドミノ式に）考えるとほとんど自明です．なので，整数であることの証明を要求するのは"野暮"だという判断のもと，問題文で「整数からなる数列」と謳ってしまっています．

6 13 9 隣接項の G.C.D.

根底 実戦　典型 入試　数列後　[→6 8]

着眼 a_1, a_2 が公約数 2 をもつので，$a_3, a_4, a_5, \cdots$ も全て 2 を約数にもつことは，すぐに（ドミノ式に）わかります．しかし，各項がもつそれ以外の素因数については不明です．

方針 「最大公約数」を求めるための有名かつ強力な方法が使えます．

解答 ②：$a_{n+2} = a_{n+1} \cdot 3 + a_n$

において互除法の原理を用いると，最大公約数について

$$(a_{n+2}, a_{n+1}) = (a_{n+1}, a_n) \ (n = 1, 2, 3, \cdots).$$

これを繰り返し用いて，全ての自然数 n に対して

$$(a_{n+1}, a_n) = (a_2, a_1) = (6, 4) = 2. /\!/$$

着眼 もし互除法の原理が思い浮かばなかったなら，"試しに"いくつかの n に対して a_n の値および a_n と a_{n+1} の最大公約数を調べてみることになるでしょう．

n	1	2	3	4	5	$\cdots$
a_n	4	6	22	72	238	$\cdots$
G.C.D.	2	2	2	2		

この"実験"を通して，「G.C.D. はつねに 2 ではないか」という"予想"が立ちますね．それを数学的帰納法で証明してみましょう．

別解 命題 $P(n)$：「$(a_n, a_{n+1}) = 2$」を，$n = 1, 2, 3, \cdots$ について帰納的に示す．

1° $P(1)$：「$(a_1, a_2) = 2$」は，①：$\begin{cases} a_1 = 2^2, \\ a_2 = 2 \cdot 3 \end{cases}$ より成り立つ．

2° n を固定する．$P(n)$ を仮定し，

$P(n+1)$：「$(a_{n+1}, a_{n+2}) = 2$」を示す．

$P(n)$ より，$2 \mid a_n, 2 \mid a_{n+1}$．これと②より，

$$2 \mid a_{n+2}.$$

$\therefore 2$ は a_{n+1} と a_{n+2} の公約数．…③

次に，仮に [1]

a_{n+1} と a_{n+2} が 2 以外の共通素因数 p をもつ …④

としたら

$$\begin{cases} a_{n+1} = 2p \cdot s, \\ a_{n+2} = 2p \cdot t \end{cases} \quad (s, t \in \mathbb{N})$$

と表せて，②より

$$a_n = a_{n+2} - 3a_{n+1}$$
$$= 2p \cdot t - 3 \cdot 2p \cdot s = 2p \cdot (\underbrace{t - 3s}_{\text{整数}}).$$

$\therefore\ 2p \mid a_n$.

よって，$(a_n, a_{n+1}) \geq 2p > 2$ となり，$P(n)$ に矛盾する．したがって，④は不成立．これと③より，$P(n+1)$ は成り立つ．

1°，2° より，$P(1), P(2), P(3), \cdots$ が示せた．□

解説 [1]：このように，数学的帰納法の中で背理法を用いました．なかなか手の込んだ証明ですね．最初の解答における「互除法の原理」の威力が実感されます．

注 問題文では「各自然数 n に対して」とありますが，結果としては，全ての自然数 n に対して同じ答え：「2」が得られました．

6 13 10 フェルマーの小定理 [→6 7]

根底 実戦 典型 入試 数列後 重要

着眼 例えば p が素数 5 のとき，5 で割った余りは次表のようになっています．たしかに，(2)や(3)で示すべきことが成り立っていますね．

n	1	2	3	4	5
余り	1	2	3	4	0
n^5	1	32	243	1024	3125
余り	1	2	3	4	0
n^4	1	16	81	256	
余り	1	1	1	1	

解答 (1) ${}_p\mathrm{C}_k = \dfrac{p!}{k!(p-k)!}$.

$k!(p-k)!\cdot{}_p\mathrm{C}_k = p!$. …①

①において，$p\,|\,p!$ だから $p\,|$ 左辺．しかるに，

$1 \leq k \leq p-1$, i.e. $1 \leq p-k \leq p-1$

より，$k!$, $(p-k)!$ はどちらも素因数 p をもたない[1)]．よって，$p\,|\,{}_p\mathrm{C}_k$. □

(2) 題意の命題

$Q(n)$:「$n^p \equiv n \pmod p$」

を $n=1, 2, 3, \cdots$ について示す．以下，合同式の法は全て p とする．

1° $Q(1)$:「$1^p \equiv 1$」は成り立つ．

2° n を固定する．$Q(n)$ を仮定し，

$Q(n+1)$:「$(n+1)^p \equiv n+1$」

を示す．二項定理を用いると

$$\begin{aligned}&(n+1)^p\\&= n^p + {}_p\mathrm{C}_1 n^{p-1} + {}_p\mathrm{C}_2 n^{p-2} + \cdots + {}_p\mathrm{C}_{p-1} n + 1\\&\equiv n^p + 1\ (\because (1))\\&\equiv n+1\ (\because Q(n)).\end{aligned}$$

よって $Q(n+1)$ も成り立つ．

1°，2° より，$Q(1), Q(2), Q(3), \cdots$ が示せた．□

(3) (2)より

$n^p \equiv n$, i.e. $p\,|\,n^p - n = n(n^{p-1}-1)$.

これと，p と n が互いに素であることより

$p\,|\,n^{p-1}-1$, i.e. $n^{p-1} \equiv 1$. □

解説 (1) ちゃんと分母を払って①のようにし，両辺における素因数 p の所在に注目して議論すること．分数式のままで，「約分しても p が分子に残るから…」とかはコドモの書き方（笑）．

なお，二項係数「${}_p\mathrm{C}_k$」が自然数であることを前提として述べています．

(2) $(n+1)^p$ を二項定理で展開すれば，(1)で考えた二項係数が現れることを見抜き，$(n+1)^p$ と n^p の間にある"ドミノ式"関係を利用した証明法：「数学的帰納法」を用いました．

(3) (2)で得た「余りが等しい」という関係を，いったん「差をとると割り切れる」と読み変えて共通因数 n でくくりました．お馴染みの手法ですね．

注 本問(2)は，ちゃんと**展開式**を書いて「二項**係数**」に注目することで初めて解答することができます．合同式で余りだけを抜き出して書いても何も情報は得られません．

補足 (3)の「n と p が互いに素」とは，p が素数なので，「n が p の倍数ではない」ということです．

参考 (3)を，「剰余系の再構成」を用いて直接示すこともできます．

p を法として考えます．11 11 で調べたように，n と p が互いに素であるとき，2 つの集合

$\{0, 1, 2, 3, \cdots, p-1\}$，　余り全種類を網羅

$\{n\cdot 0, n\cdot 1, n\cdot 2, n\cdot 3, \cdots, n\cdot(p-1)\}$

は，どちらも剰余系です．また，$0 \equiv n\cdot 0$ なので

$\{1, 2, 3, \cdots, p-1\}$,

$\{n\cdot 1, n\cdot 2, n\cdot 3, \cdots, n\cdot(p-1)\}$

は，1 個ずつ合同となるので，全要素の積も合同，すなわち

$1\cdot 2\cdot 3\cdot\cdots\cdot(p-1) \equiv n\cdot 1\times n\cdot 2\times n\cdot 3\times\cdots\times n\cdot(p-1)$.

$(p-1)! \equiv n^{p-1}\cdot(p-1)!$.

つまり

$p\,|\,n^{p-1}\cdot(p-1)! - (p-1)!$

$p\,|\,(p-1)!\cdot(n^{p-1}-1)$.

ここで，p は素数だから，$(p-1)!$ と p は互いに素[2)]．よって

$p\,|\,n^{p-1}-1$,

i.e. $n^{p-1} \equiv 1$. □

また，これより

$n\cdot n^{p-1} \equiv n\cdot 1$,

i.e. $n^p \equiv n$. …②

ここまでは，「n と p が互いに素」，つまり「n が p の倍数ではない」という前提の下での話ですが，n が p の倍数であるときにも②は成り立ちます（両辺とも余りは 0）．これで，(2)も示せました．

注 [1)2)]：$1, 2, 3, \cdots, p-1$ は，どれも素因数 p をもたない．よってそれらの積も素因数 p をもたない．アタリマエですが，重要です．

参考 本問(3)の結果は，「フェルマーの小定理」と呼ばれる（大学以降では）とても有名なものです．整数にまつわる様々な現象理解へと応用されます（インターネット上で用いる暗号理論にも登場します）．

フェルマーの小定理

p が素数，n が p と互いに素な自然数のとき，
$n^{p-1} \equiv 1 \pmod{p}$.

注 ただし，大学入試でこれを定理として使う場面はないでしょう．

6 13 11 2進整数と漸化式

根底 実戦 典型 入試 数列後 [→6 9]

下書き 少し"実験"してみましょう：

$f(0)=0.$

$f(1)=f\left(\frac{1-1}{2}\right)+1=f(0)+1=1.$ （②より）

$f(2)=f\left(\frac{2}{2}\right)=f(1)=1.$ （③より）

$f(3)=f\left(\frac{3-1}{2}\right)+1=f(1)+1=2.$ （②より）

$f(4)=f\left(\frac{4}{2}\right)=f(2)=1.$ （③より）

$\vdots$

なるほど確かに任意の番号 n に対して $f(n)$ の値は順次定まっていきそうです．

ただし，その"仕組み"は，2 進法表記を用いて初めてわかります．n の偶奇，つまり 2 で割った**余り**で②と③に場合分けされていますから，2 進法における**末尾**の位に注目します．

解答 (1) $n=2, 4, 6, \cdots$ のとき，$a_0=0$ であり，③において

$$\frac{n}{2}=\frac{a_ka_{k-1}a_{k-2}\cdots a_1 0_{(2)}}{2}=a_ka_{k-1}a_{k-2}\cdots a_{1(2)}.$$ [1]

$$\therefore\ f(n)=f\left(a_ka_{k-1}a_{k-2}\cdots a_{1(2)}\right)=f\left(a_ka_{k-1}a_{k-2}\cdots a_{1(2)}\right)+a_0\ (\because\ a_0=0).$$

$n=1, 3, 5, \cdots$ のとき，$a_0=1$ であり，②において

$$\frac{n-1}{2}=\frac{a_ka_{k-1}a_{k-2}\cdots a_1 1_{(2)}-1}{2}=a_ka_{k-1}a_{k-2}\cdots a_{1(2)}.$$

$$\therefore\ f(n)=f\left(a_ka_{k-1}a_{k-2}\cdots a_{1(2)}\right)+1=f\left(a_ka_{k-1}a_{k-2}\cdots a_{1(2)}\right)+a_0\ (\because\ a_0=1).$$

以上により，n の偶奇によらず与式が示せた．□

(2) $0\leq n\leq 1000<2^{10}$ のとき

$n=a_9a_8\cdots a_1a_{0(2)}$ （$a_9=0$ なども考える）

と表せて，(1)の結果を繰り返し使うと

$$\begin{aligned}f(n)&=f\left(a_9a_8\cdots\cdots a_1a_{0(2)}\right)\\&=f\left(a_9a_8\cdots\cdots a_{1(2)}\right)+a_0\\&=f\left(a_9a_8\cdots a_{2(2)}\right)+a_1+a_0\\&\ \ \vdots\\&=f\left(a_{9(2)}\right)+a_8+a_7+\cdots+a_1+a_0\\&=a_9+a_8+a_7+\cdots+a_1+a_0.\ \cdots④\end{aligned}$$

$$\because\begin{cases}a_9=0 \text{ なら } f\left(a_{9(2)}\right)=f(a_9)=0,\\ a_9=1 \text{ なら } f\left(a_{9(2)}\right)=f(a_9)=1.\end{cases}$$

$a_0=a_1=\cdots=a_9=1$ とすると

$$n=1111111111_{(2)}=2^{10}-1=1023(>1000)\ \cdots⑤$$

となり不適．これと④より

$f(n)\leq 9.\ \cdots⑥$

この等号を満たす n は，a_0～a_9 のうち 1 個だけが 0 であるもので，大きい方から順に調べると，⑤を利用して

$1111111110_{(2)}=1023-1=1022>1000.$

$1111111101_{(2)}=1023-2=1021>1000.$

$\vdots$

$1111101111_{(2)}=1023-16=1007>1000.$

$1111011111_{(2)}=1023-32=991\leq 1000.$

よって，⑥の等号が成り立つような $n(0\leq n\leq 1000)$ が存在する [2] から，$\max f(n)=9.$//

また，これを満たす最大の n は，$n=991.$//

解説 (1) n の「偶・奇」は，2 進整数の末尾：a_0 が「0 か・1 か」と対応しています．それを念頭において場合分けしました．

そうして得られた④：「2 進法表示における各位の和」が，本問の「$f(n)$」の正体です．

1)：10 進整数を 10 で割ると位が 1 つずつ繰り下がりますね．2 進整数を 2 で割っても同様です．

2)：「大小関係の不等式⑥」＋「等号成立確認」→「最大値」はお馴染みの流れですね．[→演習問題 2 6 15]

6 13 12 階乗と素因数・極限

根底 実戦 数列後 [→6 11 4]

方針 $n!$ の中にある素因数 p の個数 $f(n)$ の求め方には 2 つのポイントがありました：

1. $p^m\leq n<p^{m+1}$ を満たす整数 $m(\geq 0)$ を用いる
2. ガウス記号を利用する

「ガウス記号」は，不等式に"翻訳"できますから，上記 1．2．とも「不等式」が絡んでいます．

(2)：「極限」において「不等式」とくれば…そう，「はさみうち」の出番ですね．

解答 (1) 任意の自然数 n に対して

$2^m\leq n<2^{m+1}\ \cdots①$

を満たす 0 以上の整数 m がただ 1 つとれる．このとき n 以下の自然数の中には 2^{m+1} の倍数は含まれないから，ガウス記号を用いて

$$f(n)=\left[\frac{n}{2}\right]+\left[\frac{n}{2^2}\right]+\cdots+\left[\frac{n}{2^m}\right].\ \cdots②$$

ここで，実数 x に対して $[x]\leq x$ が成り立つから

$$f(n) \leqq \frac{n}{2} + \frac{n}{2^2} + \cdots + \frac{n}{2^m}$$
$$= \frac{n}{2} \cdot \frac{1-\left(\frac{1}{2}\right)^m}{1-\frac{1}{2}} = n\left\{1-\left(\frac{1}{2}\right)^m\right\} < n.$$

これは，任意の m について成り立つ．よって，任意の自然数 n に対して

$f(n) < n.$ □

(2) ②において，$x < [x]+1$，i.e. $[x] > x-1$ が成り立つ．よって，(1)の計算過程も用いると

$$f(n) = \left[\frac{n}{2}\right] + \left[\frac{n}{2^2}\right] + \cdots + \left[\frac{n}{2^m}\right]$$
$$> \left(\frac{n}{2}-1\right) + \left(\frac{n}{2^2}-1\right) + \cdots + \left(\frac{n}{2^m}-1\right)$$
$$= n\left\{1-\left(\frac{1}{2}\right)^m\right\} - m.$$

これと(1)より

$$n\left\{1-\left(\frac{1}{2}\right)^m\right\} - m < f(n) < n.$$
$$1-\left(\frac{1}{2}\right)^m - \frac{m}{n} < \frac{f(n)}{n} < 1 \ (\because\ n>0). \cdots ③$$

ここで，③の最左辺について，$n \to \infty$ のときの極限を考える．①の右側の不等式より $m \to \infty$ だから

$$\left(\frac{1}{2}\right)^m \to 0.$$

また，①の左側の不等式より

$m \leqq \log_2 n$. $n > 0$ だから

$$(0 \leqq)\frac{m}{n} \leqq \frac{\log_2 n}{n} \xrightarrow[n\to\infty]{} 0.$$

よって，はさみうちより

$$\frac{m}{n} \xrightarrow[n\to\infty]{} 0.$$

以上より，③において $n \to \infty$ のとき 最左辺 $\to 1$.

よって，はさみうちより

$$\lim_{n\to\infty} \frac{f(n)}{n} = 1. /\!/$$

注 理系(1)だけなら，①を用いることなく，つまり n の大きさを特定せず次のように済ますことも可能ではあります：

$$f(n) = \left[\frac{n}{2}\right] + \left[\frac{n}{2^2}\right] + \left[\frac{n}{2^3}\right] + \cdots \quad \text{無限級数}$$
$$< \frac{n}{2} + \frac{n}{2^2} + \frac{n}{2^3} + \cdots \quad \text{無限等比級数}$$
$$= \frac{n}{2} \cdot \frac{1}{1-\frac{1}{2}} \quad \left(\because\ |\text{公比}| = \frac{1}{2} < 1\right)$$
$$= n.$$

ただし，(2)までやるとなると，$f(n)$ が既に無限級数として表されており，さらに $n \to \infty$ のときの極限を考えるのでキモチワルイですね（笑）．やはり，解答の「m」を用いた方法をマスターすべきです．

参考 理系本問で得た結果の大雑把な意味は，次の通りです：

1, 2, 3, …, n の中にある素因数 2 の個数 $f(n)$ は，n よりチョットだけ小さい．

演習問題6 12 22参考での"予想"が裏付けられましたね．

6 13 13 循環小数と無限級数 [→6 9 7]

根底 実戦 典型 極限後 理系

方針 このテーマは9 7 例1でも扱いました．そこにあるような解答でも高校生としてはマルだと思いますが，ここでは理系生を対象として，より精密な解答を練習しておきます．

注 「…」を用いて表記される「循環小数」は，厳密には「無限級数」として定義されます．

解答 (1) a の小数第 n 位までを S_n とおくと，

$$S_n = 0.\underbrace{555\cdots5}_{n\text{個}}{}^{1)}$$
$$= \frac{5}{10} + \frac{5}{10^2} + \frac{5}{10^3} + \cdots + \frac{5}{10^n}$$
$$= \frac{5}{10} \cdot \frac{1-\left(\frac{1}{10}\right)^n}{1-\frac{1}{10}}$$
$$\xrightarrow[n\to\infty]{} \frac{5}{10} \cdot \frac{1}{1-\frac{1}{10}} = \frac{5}{9}(=a). /\!/$$

(2) b の小数第 n 位までを T_n とおく．m をある自然数として

$$T_{2m} = 0.\underbrace{121212\cdots12}_{2m\text{個}}$$
$$= \frac{12}{100} + \frac{12}{100^2} + \frac{12}{100^3} + \cdots + \frac{12}{100^m}$$
$$= \frac{12}{100} \cdot \frac{1-\left(\frac{1}{100}\right)^m}{1-\frac{1}{100}}$$
$$\xrightarrow[m\to\infty]{} \frac{12}{100} \cdot \frac{1}{1-\frac{1}{100}} = \frac{12}{99} = \frac{4}{33}.$$
$$T_{2m-1} = T_{2m} - \frac{2}{10^{2m}}$$
$$\xrightarrow[m\to\infty]{} \frac{4}{33} - 0 = \frac{4}{33}.$$

よって，$\lim_{n\to\infty} T_n$ は収束し，

$$b = \lim_{n\to\infty} T_n = \frac{4}{33}. /\!/$$

解説 1)：「無限級数」は，まずはこのように「有限級数」を作り，その極限を考えるという"二段構え"の手順を踏むのが決まりです．

注 その際，(2)では循環節の長さが 2 なので，「12」という 2 桁に区切って有限級数を求めるのが自然です．すると，必然的に偶数桁の和 T_{2m} と奇数桁の和 T_{2m-1} という「部分列」に分けて考え，それぞれの極限値を求めることになります．両者が一致したので，その値が T_n 全体の極限値となります．

第 7 章 場合の数・確率

5 演習問題A

7 5 1 集合・包除原理 根底 実戦 定期 [→例題 7 1 b]

方針 集合 A, B に包含関係があるか，無いかの違いに注意しましょう．

解答 (1) $A = \{100, 120, 140, \cdots, 980\}$,

$B = \{100, 105, 110, \cdots, 995\}$.

20 は $b = 5$ の倍数だから，

$A \subset B$. よって，

$n(A \cap B) = n(A)$.

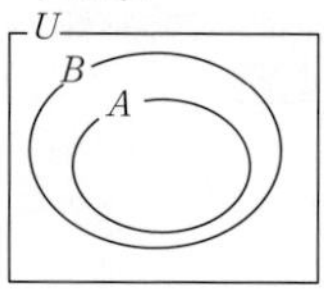

ここで，$20k$ (k は整数) $\in A$

となるための条件は

$100 \leq 20k <$ [1] 1000.

$5 \leq k < 50$. i.e. $k = 5, 6, 7, \cdots, 49$.

これを満たす k の個数を考えて，

$n(A \cap B) = n(A) = 49 - 4$ [2] $= 45$. //

次に，

$n(A \cup B) = n(B)$.

ここで，$5k$ (k は整数) $\in B$ となるための条件は

$100 \leq 5k < 1000$.

$20 \leq k < 200$. i.e. $k = 20, 21, 22, \cdots, 199$.

これを満たす k の個数を考えて

$n(A \cup B) = n(B)$

$= 199 - 19$

$= 180$. //

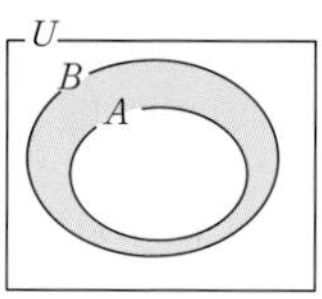

最後に，

$n(\overline{A} \cap B) = n(B) - n(A)$

$= 180 - 45 = 135$. //

(2) $B = \{100, 150, \cdots, 950\}$.

ここで，$50k$ (k は整数) $\in B$

となるための条件は

$100 \leq 50k < 1000$.

$2 \leq k < 20$.

i.e. $k = 2, 3, 4, \cdots, 19$.

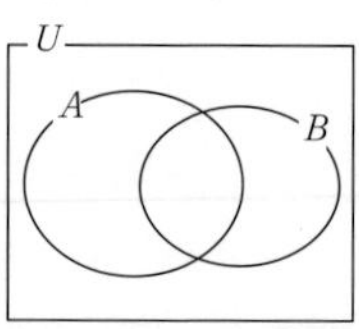

これを満たす k の個数を考えて，

$n(B) = 19 - 1 = 18$.

また，$A \cap B$ は「20 と 50 の公倍数」，つまり「最小公倍数 100 の倍数」の集合であり，

$A \cap B = \{100, 200, 300, \cdots, 900\}$.

$n(A \cap B) = 9$.

以上より，求める個数は

$n(A \cup B) = n(A) + n(B) - n(A \cap B)$

$= 45 + 18 - 9 = 54$. //

補足 [1]:「≤ 999」と書くより，この方が後の計算が楽そうだなと判断しました．

[2]：連続整数の個数について，詳しくは[→6 11 1].

注 (1)と(2)の違いを端的に表すと次の通りです：

$$\begin{cases} (1) \cdots A \cap \overline{B} = \emptyset, \\ (2) \cdots A \cap \overline{B} \neq \emptyset. \end{cases}$$

言い訳 2 つの集合の場合，カルノー図を用いるのが得策だと申しておりますが，A が B に包含される(1)のようなケースではベン図の方がイメージしやすいでしょう．その流れで(2)もベン図を採用しました．

7 5 2 倍数・包除原理 根底 実戦 典型 [→7 1]

方針 否定表現があることを考慮すること．そして，(3)までの全体像を念頭に置いて集合を設定しましょう．

解答 $700 = 7 \cdot 100 = 2^2 \cdot 5^2 \cdot 7$. そこで，次の集合を考える：

$U = \{1, 2, 3, \cdots, 700\}$ (全体集合),

$A = \{x | x$ は 2 の倍数$\}$,

$B = \{x | x$ は 5 の倍数$\}$,

$C = \{x | x$ は 7 の倍数$\}$.

(1) 求める個数は

$n(A \cap \overline{B})$

$= n(A) - n(A \cap B)$.

ここで，

$n(A) = \dfrac{700}{2} = 350$.

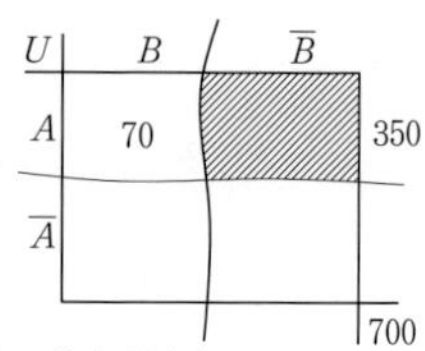

$A \cap B$ は $2 \cdot 5 = 10$ の倍数の集合だから

$n(A \cap B) = \dfrac{700}{10} = 70$.

以上より，求める個数は

$n(A \cap \overline{B}) = 350 - 70 = 280$. //

(2) 題意の条件は，素因数 2, 5, 7 をどれも持たないことだから，求める個数は

$n(\overline{A} \cap \overline{B} \cap \overline{C})$

$= n(\overline{A \cup B \cup C})$ ド・モルガンの法則

$= n(U) - n(A \cup B \cup C)$ [1] 補集合の要素の個数

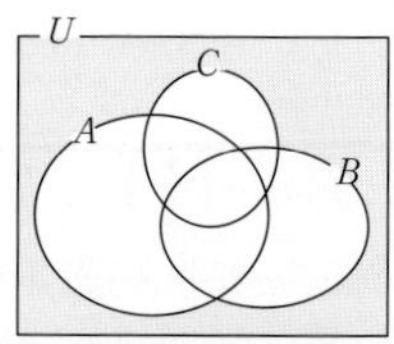

であり，

$n(A \cup B \cup C)$

$= n(A) + n(B) + n(C)$

$- n(A \cap B) - n(B \cap C) - n(C \cap A)$

$+ n(A \cap B \cap C)$. [2] 包除原理

ここで，(1)と同様に考えて

$n(A) = 350, n(B) = \dfrac{700}{5} = 140$,

$$n(C)=\frac{700}{7}=100,$$
$$n(A\cap B)=70,\ n(B\cap C)=\frac{700}{35}=20,$$
$$n(C\cap A)=\frac{700}{14}=50.$$
$$n(A\cap B\cap C)=\frac{700}{70}=10.$$

以上より，求める個数は

$$\begin{aligned}&n(\overline{A}\cap\overline{B}\cap\overline{C})\\&=700-(350+140+100-70-20-50+10)\\&=700-590+140-10=240.\!/\!/\end{aligned}$$

(3) $100=2^2\cdot5^2$ と互いに素とは，素因数 2, 5 をともに持たないこと．

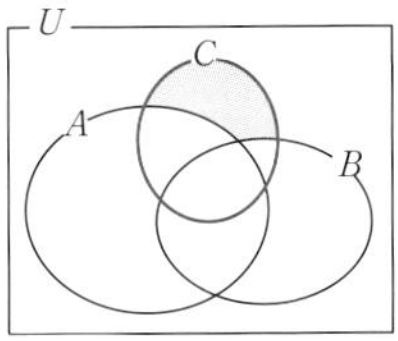

よって求める個数は

$$\begin{aligned}&n(\overline{A}\cap\overline{B}\cap C)\\&=n(C)-\{n(A\cap C)+n(B\cap C)-n(A\cap B\cap C)\}\\&=100-(50+20-10)=40.\!/\!/\end{aligned}$$

解説 カルノー図やベン図で視覚化することが重要です．(1)は 2 つの集合なのでカルノー図，(2)(3)は 3 つの集合なのでベン図を用いました．

注 いわゆる“公式”で片付いたのは(2)のみです．定型的な解法を覚えるのではなく，とにかく視覚的に考えてその場で判断することが大切です．

言い訳 1)2)：このように集合記号を用いた式を書いたのは，半ば読者の方への説明のためです．実際の試験答案では，これを飛ばしてイキナリ数値を書いても許される気がします．

7 5 3 要素の個数の範囲

根底 実戦 [→7 1 4]

方針 2 つの集合が関与していますから，カルノー図を描いて視覚化しましょう．

解答 (1) 120 人の学生全体の集合 U の部分集合として

A: アルバイトをしている学生

C: サークルに入っている学生[1)]

を考える．

U	C	$\overline{C}$	
A	x	$77-x$	77
$\overline{A}$	$63-x$	$x-20$	
	63		120

題意の人数 x は，$x=n(A\cap C)$ であり，

$$n(A\cup C)=77+63-x^{\,2)}=140-x.$$
$$\therefore(\overline{A}\cap\overline{C})=120-(140-x)=x-20.$$

よって，上図のようになるから，x が満たすべき条件は

$$x\geq0,\ 77-x\geq0,\ 63-x\geq0,\ x-20\geq0.$$

i.e. $20\leq x\leq63$.

したがって，$\max x=63,\ \min x=20.\!/\!/$

(2) $x=\min x=20$ のとき，求める人数は

$$n(A\cap\overline{C})=77-x=77-20=57.\!/\!/$$

解説 2)：「包除原理」を使っています．

言い訳 1)：「…の学生全体の集合」と書くのが本式ですが，このあたりはスペースなどと相談しながら適宜サボります（笑）．

余談 学生の本分は勉強ですが，講義に出ること以外のこうした活動も，学生生活の重要な一部だと思います．

7 5 4 書き出し

根底 実戦 [→例題 7 2 a]

方針 モノの個数が少ないこともあり，素朴に全ての場合を書き上げ，数えることで解決します．

解答 (1) 題意を満たす自然数の組合せ[1)] は，

{6}, {1, 5}, {2, 4}, {3, 3},
{1, 1, 4}, {1, 2, 3}, {2, 2, 2},
{1, 1, 1, 3}, {1, 1, 2, 2}, {1, 1, 1, 1, 2},
{1, 1, 1, 1, 1, 1}.

よって求める個数は，11.//

(2) 題意を満たす組[2)] は，

$$\begin{aligned}&(x,y,z)\\&=(0,0,0),(0,0,1),(0,0,2),(0,1,1),\\&\quad(0,1,2),(0,2,2),(1,1,1),(1,1,2),\\&\quad(1,2,2),(2,2,2).\end{aligned}$$

よって求める個数は，10.//

解説 「モレなくダブりなく」書き出して数え上げるために，書き出す順序のルールを決めておきましょう．上記**解答**では，「なるべく小さな数から順に書く」と決めています．

語記サポ 1)2)：「組」と「組合せ」は大違いですよ．[→3 3 最後のコラム]

参考 (2)は，「単調増加列」の個数として有名なものです．より一般的な解法を**演習問題 7 5 30**で扱います．

7 5 5 書き出し（乱列）

根底 実戦 典型 重要 [→例題 7 2 b]

語記サポ 人と，その人が持ち寄ったプレゼントが全く一致しない並べ方で，**乱列**と呼ばれる有名なものです．

方針 人とプレゼントを記号化して，全部書き出す気持ちで．ただ…ちょっとだけ工夫をします．

解答 ∘5 人を A, B, C, D, E, それぞれが持ってきたプレゼントを a, b, c, d, e と表す．

∘A がもらうプレゼント…b, c, d, e の 4 通り．

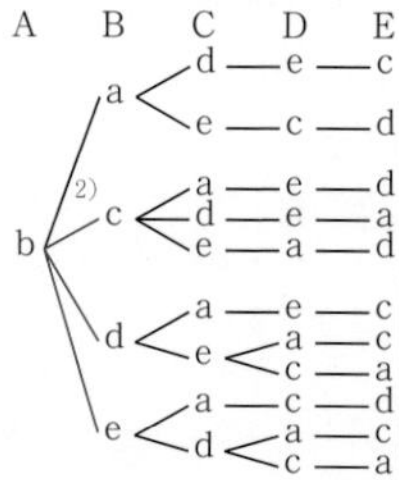

○上記のうち，例えば[1)]
Aがbをもらう場合，
B，C，D，Eに
a，c，d，eを配る
方法のうち条件を満たすものは右図の11通り．
○Aがc，d，eをもらう場合も同様だから，求める個数は，

$4\cdot 11$[3)] $= 44.$//

解説 3)：「書き出し」をする際にも，こうしてチョット「法則」を併用することで，ずいぶん作業が効率化されます．

1)：このように，複数あるケースのうち1例について考える手法は，具体性のある表現がしやすくて便利です．

注 2)：このbから伸びる4本の枝のうち，黒色の枝「b―a」はA，B2人で交換し，残り3人でまた交換するという特殊な状況です．それ以外の赤色の枝3本は対等[4)]ですね．これを利用すればさらに書き出し作業が軽減されて，

$4\times(2+3\cdot 3)$

のように，積の法則と和の法則を用いて求めることができます．

注 4)：「対等」と言いながら，**解答**の樹形図を見ると，赤い枝3本の後の枝分れの形が違いますが，数える順序を工夫すれば，ちゃんと同じ形になります．

7 5 6 様々なカードの取り出し方
根底 実戦 重要 [→7 3]

着眼 重複があるか否か，順序（桁）を考える順列かそれとも組合せかで，計4つの設問に分かれています．

	順列	組合せ
重複なし	(1)	(2)
重複あり	(3)	(4)

解答 (1) 求める個数は，5個の数から3個を選んで作る順列の個数であり，

$_5P_3=5\cdot 4\cdot 3=60.$// 樹形図をイメージ

(2) 5つの数が，1と素数のみ[1)]であるから，「取り出した3数の積」と「取り出した3つの組合せ」は1対1対応．…①

例
積 $2\cdot 5\cdot 7=70$ ⟷ 組合せ$\{2, 5, 7\}$
積 $1\cdot 3\cdot 7=21$ ⟷ 組合せ$\{1, 3, 7\}$

よって求める個数は，5個の数から3個を選んで作る組合せの個数であり，

$_5C_3={}_5C_2=10.$//

(3) 求める個数は，5個の数から3個を選んで作る重複順列の個数であり，

$5^3=125.$// 順序を区別している[2)]

(4) ①より，取り出した3つの（重複のある）組合せを数えればよく，これは「3個の○を，4本の┃で仕切って1, 2, 3, 5, 7へ分配する方法」と1対1対応．

例 $\{2, 5, 5\}$ ⟷ ┃○┃┃○○┃
1 2 3 5 7

よって求める個数は，

$_7C_3=35.$//

語記サポ (1)，(2)の取り出し方を，それぞれ「非復元抽出」，「復元抽出」といいます．

注 1)：素因数分解の一意性を用いています．「1」は素数ではありませんが，その個数が変われば，積の中にある素因数の個数も変わります．よってこのように1対1対応となります．

2)：重複のある復元抽出では，毎回同じ条件で取り出すため，どうしても「回」を区別する意識が希薄になりがちです．これがしばしば事件の源となりますので，くれぐれも**意識**を怠らないように．

言い訳 内容を具体的にイメージしやすいよう，個数を少なくしてありますから，(4)は「取り出す数が何種類あるか」で場合分けしても解決します．しかしここでは，個数が増えても対応可能な**解答**の方法をマスターしてください．

7 5 7 カードの並べ方
根底 実戦 重要 [→7 3]

方針 「倍数判定法」は覚えていますね？[→6 2 3]

解答 (1) 求める総数は，百，十，一の位の順に数えて，

百十一
[0̸][?][?]

$5\cdot 5\cdot 4=100.$//

(2) ○nが4の倍数となるための条件は，下二桁が次のように4の倍数になることである（このとき下一桁は偶数）．

例 百十一 [?][1][2]

i) [2][0]，[4][0]，[0][4]， → [?][ ][ ]

ii) [1][2]，[3][2]，[5][2]，[2][4]． → [0̸][ ][ ]

○i）の各々について，百の位は4通り．
ii）の各々について，百の位は（0を除くので）3通り．
○以上より，求める個数は

$3\cdot 4+4\cdot 3=24.$//

(3) ○nが3の倍数となるための条件は，各位の和が3の倍数：3, 6, 9, 12となること．
○そのような3数の組合せは，

$\{0, 1, 2\}, \{0, 1, 5\}, \{0, 2, 4\}, \{1, 2, 3\},$

$\{0, 4, 5\}, \{1, 3, 5\}, \{2, 3, 4\}, \{3, 4, 5\}.$

∘それぞれの並べ方は,

$\begin{cases} 0\text{を含むもの} \cdots 2\cdot2\cdot1 = 4(\text{通り}). \\ 0\text{を含まないもの} \cdots 3! = 6(\text{通り}). \end{cases}$

以上より，求める個数は

$4\cdot4 + 4\cdot6 = 40.$//

別解 ∘ 0, 1, 2, 3, 4, 5 を 3 で割った余りに応じて次のように分類する：

$\{0, 3\}$… 余り 0,

$\{1, 4\}$… 余り 1,

$\{2, 5\}$… 余り 2.

∘取り出す3数の和が3で割って余り 0 となるのは，これら3グループから1個ずつ選ぶときに限る.

∘3 数の選び方は

i) 0 を選ぶとき … $1\cdot2\cdot2 = 4$ 通り.

ii) 0 を選ばないとき … $1\cdot2\cdot2 = 4$ 通り.

∘上記の並べ方は

i) のタイプ … $2\cdot2\cdot1 = 4$(通り).

ii) のタイプ … $3! = 6$(通り).

∘以上より，求める個数は

$4\cdot4 + 4\cdot6 = 40.$//

解説 (2)と(3)を比較しておきましょう：

	(2)：「4 の倍数」	(3)：「3 の倍数」
注目点	「下二桁」に注目	「各位の和」
順序の扱い	最初から順序を考慮	最初は順序を無視

同じ「倍数」に関する問題でも，ずいぶん違いますね.

7 5 8 パスワード

根底 実戦 [→7 3 4/]

着眼 「小文字と数字がどちらも含まれる」とは，詳しく言えば「どちらも少なくとも 1 つ以上含まれる」という曖昧さをもっていますから…

解答 ∘小文字だけ，数字だけも含めたパスワードは

$(26 + 10)^n = 36^n$(通り).

∘そのうち，小文字だけ，数字だけのパスワードはそれぞれ

26^n通り，10^n通り.

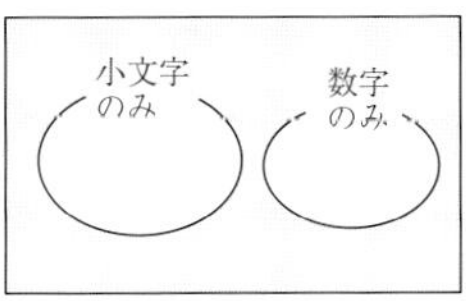

∘よって求める個数は

$36^n - 26^n - 10^n.$//

補足 「小文字だけ」と「数字だけ」に共通部分はありません. アタリマエですね.

余談 $n = 6$ で約 19 億通り，$n = 7$ だと約 700 億通りとなり，世界人口の 10 倍近くになります.

7 5 9 サイコロの出方

根底 実戦 [→7 3 4/]

着眼 (2)「割り切れない」と聞くと，否定表現なので補集合 (引き算) が思い浮かぶかもしれませんが，実は…

(3) 3 桁の整数値をまともに足すのは個数が多くて大変です. そこで…

解答 (1) 1 回目，2 回目，3 回目の出方はそれぞれ 6 通りずつある.

よって，求める出方の総数は，6^3 1) $= 216.$//

(2) 題意の条件は，3 回の数が全て 3 で割り切れないこと 2)，すなわち

3 回の数が全て 1, 2, 4, 5 のいずれか.

よって求める個数は，$4^3 = 64.$//

(3) ∘一の位の 1 は，十と百の位の出方を考えて，計 4^2 回現れる.

∘一の位に現れる 2, 4, 5 についても同様.

∘十や百の位に現れる 1, 2, 4, 5 についても同様.

∘以上より，求める総和は

??1 「?」は，1，2，4，5 のいずれか

$$\begin{aligned} &(1\cdot4^2 + 2\cdot4^2 + 4\cdot4^2 + 5\cdot4^2) && \text{一の位} \\ +10\cdot&(1\cdot4^2 + 2\cdot4^2 + 4\cdot4^2 + 5\cdot4^2) && \text{十の位} \\ +100\cdot&(1\cdot4^2 + 2\cdot4^2 + 4\cdot4^2 + 5\cdot4^2) && \text{百の位} \\ &= (1 + 10 + 100)\cdot(1 + 2 + 4 + 5)\cdot4^2 \\ &= 111\cdot12\cdot16 = 21312. \end{aligned}$$//

解説 1)：順序を区別しているからこそ均等に枝分かれする樹形図が描けることを忘れずに！

2)：詳しく言うと，3 が素数であることを使っています. [→6 3 5/❷]

注 (2)では出た目 3 つの積，(3)では 3 つの目を並べた十進整数という異なる量を論じています.

7 5 10 ○○を含む

根底 実戦 典型 [→7 1 3/]

方針 「含む」というと，肯定表現のようで聞こえが良いですが，実は「少なくとも 1 個以上」，つまり「1 個または 2 個または 3 個または…」という曖昧な現象です. そこで,「含まない」方に注目します.

解答 題意の n 桁の自然数からなる全体集合 U の部分集合として，次の集合を考える：

A:「1 を含まないもの」,

B:「2 を含まないもの」,

C:「3 を含まないもの」

(1) 求める個数は

$n(\overline{A})=n(U)-n(A)$.

ここで，A:「全ての桁が 2, 3, 4, …, 9」だから

$n(\overline{A})=9^n-8^n$.//

(2)

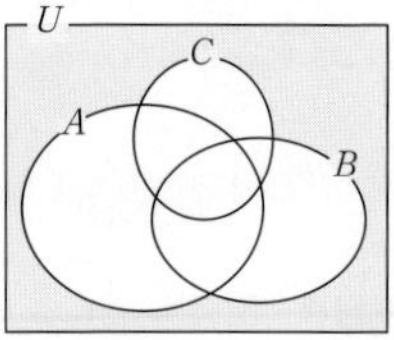

求める個数は

$n(\overline{A}\cap\overline{B}\cap\overline{C})$ ●●● 上図で色の付いた部分

$=n(\overline{A\cup B\cup C})$ ●●● ド・モルガンの法則

$=n(U)-n(A\cup B\cup C)$ ●●● 補集合の要素の個数

$=n(U)-\{n(A)+n(B)+n(C)$ ●●● 包除原理(3個)

$-n(A\cap B)-n(B\cap C)-n(C\cap A)$

$+n(A\cap B\cap C)\}$

これと，

A:「全ての桁が 2, 3, 4, …, 9」 ●●● B, C も同様

$A\cap B$:「全ての桁が 3, 4, …, 9」 ●●● $B\cap C$, $C\cap A$ も同様

$A\cap B\cap C$:「全ての桁が 4, …, 9」

などにより，求める個数は

$n(\overline{A}\cap\overline{B}\cap\overline{C})=9^n-(3\cdot8^n-3\cdot7^n+6^n)$

$=9^n-3\cdot8^n+3\cdot7^n-6^n$.//

(3) 求める個数は

$n(A\cap B\cap\overline{C})$ ●●● 斜線部

$=n(A\cap B)-n(A\cap B\cap C)$

$=7^n-6^n$.// ●●● 赤線部

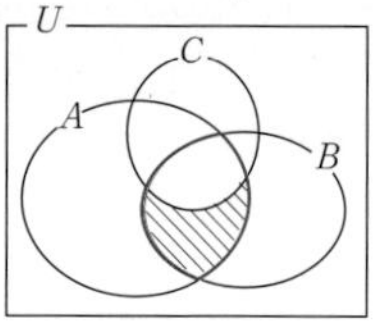

解説 「含まない」という否定表現の方が，実は「個数が 0 個」という明確なことを指しています．**言葉の上っ面に引きずられてはならないという**教訓でした．

補足 (1), (2)は全体 $n(U)$ から引きました．それに対して(3)は，$n(A\cap B)$ から引いています．いつでも「全体」から引く訳ではないのです．

注 数字「0」も含まれる問題となると，それが最高位には置けないという制限が発生しますから注意を要します．

7 5 11 長方形を作る

根底 実戦 典型 [→7 3 5]

着眼 (1) 縦横 2 本ずつ選ぶと長方形を囲みますね．

(2) 1 辺の長さがいろいろあります．

(3) 図形全体が横に長いですから，求めたいものは個数が多そう．逆に…

(4) 「ない」という否定表現が目につきますね．

解答 (1) ○「題意の長方形」は，「異なる 2 本の l_i と異なる 2 本の m_j の選び方」と 1 対 1 対応．

○よって求める個数は

${}_6C_2\cdot{}_4C_2=15\cdot6=90$.//

(2) ○正方形の 1 辺の長さ k は $k=1, 2, 3$ のいずれか．

○$k=1$ のとき，2 本の l_i，2 本の m_j の選び方は，それぞれ

$(l_0, l_1), (l_1, l_2), \cdots, (l_4, l_5)$ の 5 通り．

$(m_0, m_1), (m_1, m_2), (m_2, m_3)$ の 3 通り．

○$k=2$ のとき，同様に

$(l_0, l_2), (l_1, l_3), \cdots, (l_3, l_5)$ の 4 通り．

$(m_0, m_2), (m_1, m_3)$ の 2 通り．

○$k=3$ のとき，同様に

$(l_0, l_3), (l_1, l_4), (l_2, l_5)$ の 3 通り．

(m_0, m_3) の 1 通り．

○以上より，求める正方形の個数は

$5\cdot3+4\cdot2+3\cdot1=15+8+3=26$.//

(3) ○(1)の長方形は，横，縦の長さをそれぞれ X, Y として

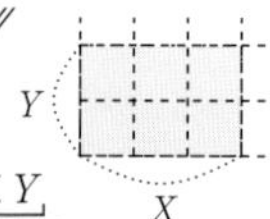

$\underbrace{X>Y}_{\text{求めたい}}$，$\underbrace{X=Y(\text{正方形})}_{\text{求まってる}}$，$\underbrace{X<Y}_{\text{求めやすそう}}$

の 3 タイプに分類される． …①

○そこで，「$X<Y$」となるものの個数 N を求める ($Y=2, 3$ に限る)．

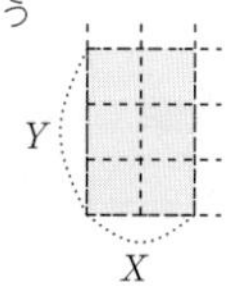

○$Y=2$ のとき，$X=1$.

・$Y=2$ となる m_j の選び方は，(2)と同様に 2 通り．

・$X=1$ となる l_i の選び方は，(2)と同様にして 5 通り．

○$Y=3$ のとき，$X=1, 2$.

・$Y=3$ となる m_j の選び方は 1 通り．

・$X=1$ となる l_i の選び方は 5 通り．

・$X=2$ となる l_i の選び方は 4 通り．

○以上より，

$N=2\cdot5+1\cdot(5+4)=19$.

○これと①，および(1)(2)より，求める $X>Y$ となる長方形の個数は

$90-(26+19)=45$.//

(4) ○(1)の長方形からなる全体集合 U を考え，その部分集合として

A:「正方形であるもの」

B:「O を頂点とするもの」

を考えると，求める個数は

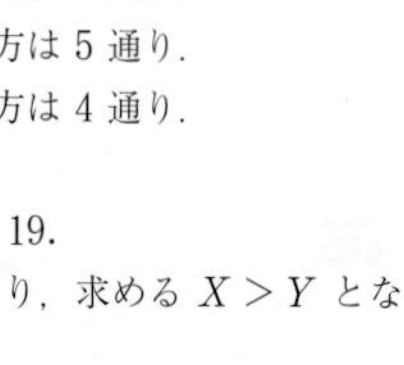

$n(\overline{A}\cap\overline{B})$

$=n(U)-n(A\cup B)$

$=n(U)-\{n(A)+n(B)-n(A\cap B)\}$. …②

∘ B について考える．
2 本の l_i，2 本の m_j の選び方は，それぞれ
l_0 と l_i $(i=1, 2, 3, 4, 5)$… 5 通り．
m_0 と m_j $(j=1, 2, 3)$… 3 通り．
$\therefore n(B)=5 \cdot 3=15.$ …③

∘ $A \cap B$ の要素は O を頂点とし，1 辺の長さが 1, 2, 3 の正方形 3 個である．

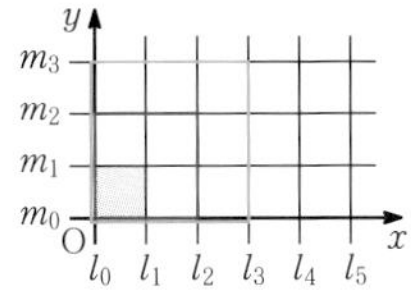

∘ これと③，(1)，(2)を②へ代入して，求める個数は

$$n(\overline{A} \cap \overline{B})=90-(26+15-3)=52.$$ //

解説 こうした「図形」を題材とした確率の問題は，当然のことながら図形を描きながら考えていきましょう．

7 5 12 くじ引き

根底 実戦 [→7 3 5]

注 問題文から，一度引いたくじは元に戻さないことがわかりますね．

着眼 当りを○，外れを×で表し，出方を何通りか書き出してみると次のようになります：

回：	1	2	3	4	5	6	7	8	9
	○	○	○	○	○	○	○	×	×
	○	○	○	○	○	○	×	○	×
	○	○	○	○	○	×	○	○	×
					⋮				
	×	×	○	○	○	○	○	○	○

これを見ると，
「9 回のうち，どの 7 回で当り（○）が出るか」，or
「9 回のうち，どの 2 回で外れ（×）が出るか」
を考えるとよいことが見えますね．（後者の方が計算が楽）

解答 1～9 回から，外れが出る 2 回を選ぶ方法を考えて，求める場合の数は

$${}_9C_2=\frac{9 \cdot 8}{2}=36.$$ //

解説 このように，「モノ」ではなく，「回」を選ぶ，あるいは「場所」を選ぶというシチュエーションでも組合せ ${}_nC_r$ を用いることが多々あります．少し抽象的で難しいと感じるかもしれませんが，前記のように出方を視覚化すれば，抵抗なく使いこなせるはずです．
なお，ここで用いた「"回" を選ぶ」という発想は，8 2「反復試行」で役立ちます．

参考 「○ 7 個と× 2 個を並べる方法」を考えているとみなすこともできます．つまり本問は，「同じものを含む順列」と考えても解けます．

注 くじ引きにおける「確率」を考える際には，当りくじどうし，外れくじどうしも区別して考えることになります．

7 5 13 部分集合の個数

根底 実戦 典型 [→例題7 3 d]

着眼 (1)「集合」においては，要素を並べる順序は区別しませんから，「組合せ」を考えれば解決します．例題7 3 d と同じです．
(2) (1)と同じように考え，様々な要素数について求めるとなると [1] 大変そう…．そこで，全く別の視点から考えます．

解答 (1) 部分集合の要素となる異なる 3 個の組合せを考えて，求める個数は

$${}_nC_3=\frac{n(n-1)(n-2)}{6}.$$ // 分母は 3!

(2) $1, 2, 3, \cdots, n$ の各要素ごとに，部分集合に含めるか，含めないかの 2 通りが考えられる．
よって，求める個数は 2^n. //

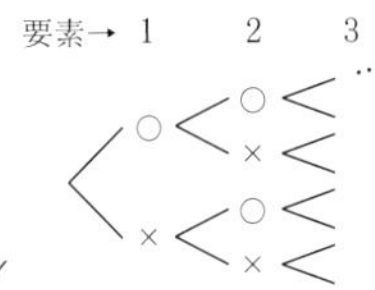

解説 樹形図では，各要素を「含める」ことを○で，「含めない」ことを×で表しています．

注 $1, 2, 3, \cdots, n$ を全て含む全体集合 U 自身（全てが○の枝），および全てを含まない空集合 $\emptyset$（全てが×の枝）も部分集合とみなすのでしたね．[→1 9 2]

数学Ⅱ後 [1]：そのように考えても，二項定理を用いれば

$${}_nC_0+{}_nC_1+{}_nC_2+\cdots+{}_nC_n$$
$$=(1+1)^n=2^n$$

と求めることはできます．ただし，遠回りです．

言い訳 本問の設問(1)→(2)の流れは，その「遠回り」を誘発する可能性もありますね．作問者としては，「独立に解いて欲しい」と思っているのですが（苦笑）．入試でも，これと似た"誤解"は時として起こり得ます．

7 5 14 数える順序

根底 実戦 入試 重要 [→7 3 3]

着眼 なんとな～く $a_1, a_2, \cdots, a_5$ の順に数えようとすると…
$a_1=1, a_2=2 \to a_3=3, 4, 5$…3 通り
$a_1=4, a_2=5 \to a_3=2, 3$…2 通り
⋮
このように，樹形図の枝分かれが均等になりません．

方針 そこで，**数える順序**に関する**原則**を思い出しましょう．問題の条件を具体的に書くと
$a_1 \geqq 0, a_2 \geqq 1, a_3 \geqq 2, a_4 \geqq 3, a_5 \geqq 4.$

そこで，制限が厳しい，つまり選択肢が少ない方から数えてみると…

解答 a_5, a_4, a_3, a_2, a_1 の順に数える．

a_5：4, 5 の 2 通り．

a_4：3, 4, 5 のうち a_5 以外の 2 通り．

a_3：2, 3, 4, 5 のうち a_5, a_4 以外の 2 通り．

a_2：1, 2, 3, 4, 5 のうち a_5, a_4, a_3 以外の 2 通り．

a_1：1, 2, 3, 4, 5 のうち a_5, a_4, a_3, a_2 以外の 1 通り．

以上より，求める個数は．$2\cdot2\cdot2\cdot2\cdot1 = 16.$ //

解説 「数える順序」によって大きな違いが現れる問題でしたね．

7 5 15 カードの取り出し方

根底 実戦 [→7 3]

着眼 「同時に」とありますから，もちろん組合せを考えます．

方針 テーマとなっている「3 で割った余り」に注目します．

解答 10 枚のカードを 3 で割った余りに注目して分類すると次の通り：

(ア): 余り 0…3, 6, 9 …3 枚

(イ): 余り 1…1, 4, 7, 10…4 枚

(ウ): 余り 2…2, 5, 8 …3 枚

(1) 和の余りが 1 となるような 3 つの余りの組合せは

i) {0, 0, 1} ii) {0, 2, 2} iii) {1, 1, 2}

の 3 つが考えられる．それぞれに対する 3 数の組合せの数は

i) $\cdots {}_3C_2\cdot{}_4C_1 = 12.$

ii) $\cdots {}_3C_1\cdot{}_3C_2 = 9.$

iii) $\cdots {}_4C_2\cdot{}_3C_1 = 18.$

求める個数は，これらを加えて

$12 + 9 + 18 = 39.$ //

(2) 題意の条件は，5 数の積に含まれる素因数 3 がちょうど 2 個であること．そこで，(ア)の数がもつ素因数 3 を調べると

$3,\ 6 = 3\cdot2,\ 9 = 3^2.$

よって題意の条件は，取り出す 5 枚が

3, 6, (イ)(ウ)の 3 枚，または

9, (イ)(ウ)の 4 枚

となること．よって求める個数は

${}_7C_3 + {}_7C_4 = 35 + 35 = 70.$ //

解説 (1)では，余り 0, 1, 2 の 3 種類に分類しました．一方(2)では，積の中にある素因数 3 の個数だけが問題なので，(1)の(イ)と(ウ)を"束ねて"考えています．

7 5 16 同じものを含む順列

根底 実戦 [→7 3 7]

方針 「同じものを含む順列」に関する公式を使います．もちろん，"同じもの"が何個あるかに気を配りながら…

解答 (1) 同じものとして，1 が 4 個，2 が 2 個あるから，求める個数は

$$\frac{8!}{4!\cdot2!} = \frac{8\cdot7\cdot6\cdot5}{2}{}^{1)} = 40\cdot21 = 840.$$ //

(2) ○ちょうど 2 種類の数からなる 5 個の組合せ [2)] は

{1, 1, 1, 1, 2}, {1, 1, 1, 1, 3}, {1, 1, 1, 1, 4}, {1, 1, 1, 2, 2}.

○それぞれの並べ方も考えて，求める個数は

$3\cdot5^{3)} + {}_5C_2{}^{4)} = 15 + 10 = 25.$ //

(3) ○5 数に含まれる数の種類の数を X とすると，$X = 2, 3, 4$ のいずれか．

○$X = 2$ のときの個数は，(1)より 25.

○$X = 3$ となる組合せは

i) {1, 1, 1, 2, 3}, {1, 1, 1, 2, 4}, {1, 1, 1, 3, 4},

ii) {1, 1, 2, 2, 3}, {1, 1, 2, 2, 4}.

それぞれの並べ方は，

i)：$\frac{5!}{3!} = 20$(通り), ii)：$\frac{5!}{2!\cdot2!} = 30$(通り).

よって，$X = 3$ のときの個数は，

$3\cdot20 + 2\cdot30 = 120.$

○$X = 4$ となる組合せは

{1, 1, 2, 3, 4}, {1, 2, 2, 3, 4}.

それぞれの並べ方は，

$\frac{5!}{2!} = 60$(通り).

よって，$X = 4$ のときの個数は，

$2\cdot60 = 120.$

○以上より，求める個数は

$25 + 120 + 120 = 265.$ //

解説 2)：このように，「組合せ」を書き出し，その「並べ方」を積の法則で求める手法は頻繁に使います．

補足 1)：初めから 4·3·2·1 を約分して書きたいですね．

3)：同じものを含む順列の公式でもよいですが，1 つだけある数が何番目かを考えれば済みますね．

4)：同じものを含む順列の公式でもよいですが，2 種類だけあるので，片方の数を並べる「場所」の組合せを考えれば OK でしたね．

7 5 17 辞書式配列
根底 実戦 典型 重要 [→7 3 7]

方針 文字列 = 単語をルール[1] にのっとって並べるという単純作業ですが，それだけに正確性が求められます．ポイントは，次の 2 つです：

1. **視覚的**な表現を用いて，簡潔に表します．
2. 「アルファベット順」は，知ってはいても瞬時に判断しにくいもの．そこで，アルファベット文字に対し，その順序に応じた**数字**を対応付けます．

注 [1]：「辞書式配列」のルールとは，順序を決める際に**左の文字ほど優先度が高い**ということですね（数字に直したら**上の桁ほど優先**）．

解答 (1) 求める個数は，7 文字「u, u, k, k, a, r, o」の並べ方を考えて

$$\frac{7!}{2\cdot2} = 7\cdot6\cdot5\cdot3\cdot2 = 1260. /\!/$$

(2) ○ 7 文字 ukaruko をアルファベット順に並べ，右のように数字と対応付ける．

akkoruu
1223455

このとき，7 文字の単語と 7 桁の自然数が対応し，単語を辞書式に配列し，自然数を小さい順に並べると，対応するものが同じ順番にくる．

○ 右のように対応するから，7 桁の自然数 3254125 が小さい方から何番目かを求めればよい．

okuraku
3254125

○ 左の桁から順に固定して個数を数えると次の通り：

1223455 を並べる	個数
1□□□□□□	[2] $\frac{6!}{2\cdot2} = 180$
2□□□□□□	$\frac{6!}{2} = 360$
[3] 31□□□□□	$\frac{5!}{2\cdot2} = 30$
321□□□□	$\frac{4!}{2} = 12$
322□□□□	$\frac{4!}{2} = 12$
324□□□□	$\frac{4!}{2} = 12$
3251□□□	$3! = 6$
3252□□□	$3! = 6$
3254125	

よって，「3254125」は

$$180 + 360 + 30 + 12\cdot3 + 6\cdot2 + 1$$
$$= 570 + 36 + 13 = 619\,(\text{番目}). /\!/$$

解説 [2]：「1」を固定した残り：「2, 2, 3, 4, 5, 5」の並べ方は，「同じものを含む順列」の公式により，こうなります．

[3]：目標としている「3254125」は，3□□□□□□ の途中に現れます．よって，左から 2 番目も固定し，より“細かく刻んで”いこうという作戦です．■

(3) **着眼** 「823 番目」は，総数である「1260 個」全体の中では後ろの方にありますから，「大きい方から○○○番目」は？と考える方が効率的ともいえますが…「自然数」は，小さい方から数えることに慣れているので，やっぱりそのまま小さい方から数えます（笑）．■

○ 左の桁から順に固定して個数を数えると次の通り：

1223455 を並べる	個数	累計
1□□□□□□	$\frac{6!}{2\cdot2} = 180$	180
2□□□□□□	$\frac{6!}{2} = 360$	540
3□□□□□□	$\frac{6!}{2\cdot2} = 180$	720
[4] 41□□□□□	$\frac{5!}{2\cdot2} = 30$	750
42□□□□□	$\frac{5!}{2} = 60$	810
431□□□□	$\frac{4!}{2\cdot2} = 6$	816
4321□□□	$\frac{3!}{2} = 3$	819
4322□□□	$\frac{3!}{2} = 3$	822
4325125		823

○ 以上より，小さい方から 823 番目の自然数は 4325125．すなわち，求める 823 番目の単語は，rokuaku. //

解説 [4]：ここで 4□□□□□□…$\frac{6!}{2\cdot2} = 180$(個) を加算すると，「累計」は $720 + 180 = 900$ となり 823 を超えてしまいます．このことを見越して，次は上 2 桁を固定した 41□□□□□ を考えました．徐々に，細かく刻んでいくんです．

余談 ukaruko=合格(うか)る子
okuraku=奥深く学ぶと楽しい
rokuaku=ろくに考えもせず解法パターンを丸暗記するのは悪しき態度
(相当無理ある語呂合わせ…)

7 5 18 隣り合う・合わない

根底 実戦 入試　[→例題 7 4 a]

方針 基本方針は**例題 7 4 a** で既習の通りです：

○「隣り合う」→カタマリを作る.

○「隣り合わない」→"スキマ"：$\wedge$に入れる

ただし，(3)は注意を要します.

解答 (1) ○a, a, a を 1 つのカタマリとみて，

[a, a, a], b, b, c の 4 個
（b, b：同じもの 2 個）

を並べる仕方を考えて，求める個数は

$\frac{4!}{2!}=12.$ //

(2) ○まず，b, b, c の 3 個を並べる …3 通り

例 $\underset{1}{\wedge}\,b\,\underset{2}{\wedge}\,b\,\underset{3}{\wedge}\,c\,\underset{4}{\wedge}$

○3 個の a を，$\underset{1}{\wedge}$ ～ $\underset{4}{\wedge}$ のうち 3 か所へ 1 個ずつ入れる … ${}_4C_3=4$ 通り.

○以上より，求める個数は

$3\cdot4=12.$ //

(3) ○まず，b, b, c の 3 個を並べる.

注意！ この段階でbとbが隣り合わないことが確定しているものと，そうでないものとがあります. ■

i) $\underset{1}{\wedge}\,b\,\underset{2}{\wedge}\,c\,\underset{3}{\wedge}\,b\,\underset{4}{\wedge}$

ii) $\underset{1}{\wedge}\,b\,\underset{\bullet}{\wedge}\,b\,\underset{2}{\wedge}\,c\,\underset{3}{\wedge}$　　$\underset{1}{\wedge}\,c\,\underset{2}{\wedge}\,b\,\underset{\bullet}{\wedge}\,b\,\underset{3}{\wedge}$

○i) の場合

3 個の a を，$\underset{1}{\wedge}$ ～ $\underset{4}{\wedge}$ のうち 3 か所へ 1 個ずつ入れる … ${}_4C_3=4$ 通り.

ii) の場合

$\underset{\bullet}{\wedge}$には必ず a を入れ，残りの a2 個を，$\underset{1}{\wedge}$ ～ $\underset{3}{\wedge}$ のうち 2 か所へ 1 個ずつ入れる … ${}_3C_2=3$ 通り.

○以上より，求める個数は

$4+2\cdot3=10$[1]. //

解説 (3)のように，2 種類（以上）のものが隣り合わないという問題は，なかなか厄介です.

別解 (3)は，(2)から，b が隣り合うもの：

$\underset{a}{\wedge}\,b\,\wedge\,b\,\underset{a}{\wedge}\,c\,\underset{a}{\wedge}$　　$\underset{a}{\wedge}\,c\,\underset{a}{\wedge}\,b\,\wedge\,b\,\underset{a}{\wedge}$

を除いて，$12-2=10$(通り) と求めることもできます.

言い訳 (3)は，たったの 10 通りですから，全てを樹形図に**書き出す**ことでも解決しますが，実際にやってみると…「何が残っているか」を気にしながらの作業なので，けっこう緊張します. "訓練"としてやる分にはためになりますが（笑）. また，文字の個数がちょっと増えただけでも困難になります.

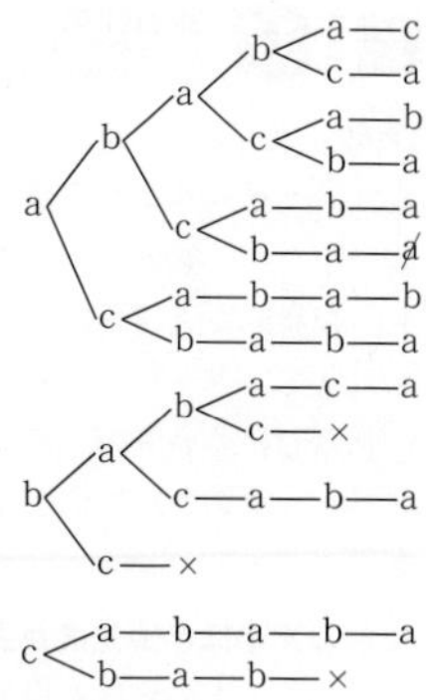

注 (1)の補集合の中には，例えば「aababc」のように 2 個の a だけが隣り合うものも含まれます. つまり，(1)と(2)を合わせても全ての並べ方にはなりません.

なお，2 つしかない b に関しては，「隣り合う」と「隣り合わない」は互いに補集合の関係になります.

[→演習問題 7 12 5]

7 5 19 ペアと円順列

根底 実戦　[→例題 7 3 g]

方針 円順列の基本：「1 つを固定」をベースに考えます. それに加えて「隣り合う」「向かい合う」をどのように表現するか？

解答 5 組の夫婦を，1①, 2②, …, 5⑤ と表す.

(1) 1を固定し，他の 9 人を右回りに並べる仕方を考えて，求める個数は，$9!=362880.$ //

(2) ○各夫婦をカタマリ[1) [1①], [2②], …, [5⑤] とみる.

○[1①]を固定[2)]し，[2②]～[5⑤]の 4 個を右回りに[3)]並べる … 4! 通り.

○各夫婦 [□○] における□と○の並べ方 … 2^5 通り.

○以上より，求める個数は，

$4!\cdot2^5=24\cdot32=768.$ //

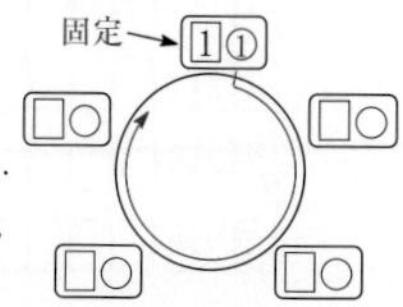

(3) ○1を固定[4)]し，残り 9 人を右回りに[5)]並べる.

○①は1の対面に決まる.

○番号：2, 3, 4, 5 の 4 夫婦を，右図のどの直線上に置くかを選ぶ … 4! 通り.

○その 4 夫婦における□と○の並べ方 … 2^4 通り.

○以上より，求める個数は，

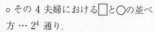

$4!\cdot2^4=24\cdot16=384.$ //

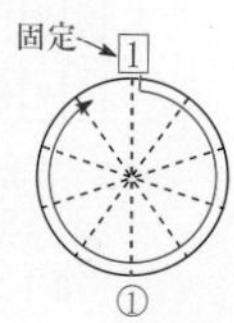

解説 2)3)4)5)：円順列では，必ずこのことを強く意識するべし．

1)：「隣り合う」→「カタマリを作る」という定番手法です．[→4 1]

7 5 20 円順列の考え

根底 実戦 [→例題7 3 g]

着眼 なにやら「円順列」と似ていますね（右図）．でも，右下図を見てください．「円順列」としてみた場合には2つは同じものですが，赤色の2人：aとbがテーブルの同じ辺に並ぶか否かの違いがあります．

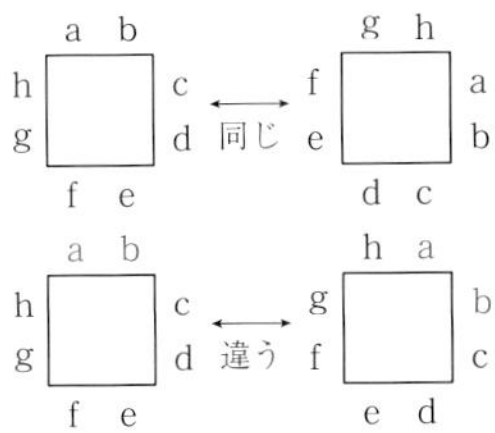

語記サボ 1)：「特定の2人」というのは，誤解を招きやすい表現です．「自分で任意に決めた2人が」と考えます．「特定の2人」の選び方は何通りかと考えてはいけません．（例題7 4 i「組分け」でも使用した表現です．）

解答 (1) ○8人をa, b, c, d, e, f, g, hと表し，aを固定して考える．

○下図のような2タイプの固定の仕方がある：

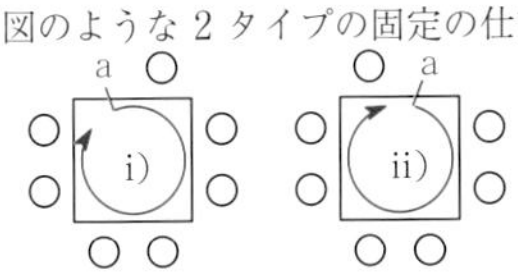

○i), ii)のそれぞれの並べ方は，b〜hの7人を右回りの向きに並べる仕方を考えて，7!通り．

○以上より，求める場合の数は，

$2 \cdot 7! = 2 \cdot 5040$ 2) $= 10080$.//

(2) ○「特定の2人」をa, bと決める．

○a, bが同じ辺に並ぶとき，2人の位置関係として下図の2タイプが考えられる：

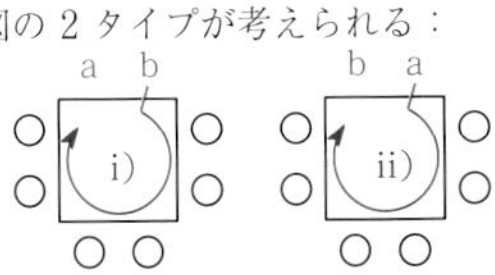

○i), ii)のそれぞれの並べ方は，c〜hの6人を右回りの向きに並べる仕方を考えて，6!通り．

○以上より，求める場合の数は，

$2 \cdot 6! = 2 \cdot 720 = 1440$.//

補足 2)：$7! = 5040$は暗記！しておきましょう．[→1 5 6]

参考 aに対するbの**相対的位置**は，i), ii)いずれの場合にも次図1〜7の7タイプがあり，全て同数です（計算するまでもないですね）．

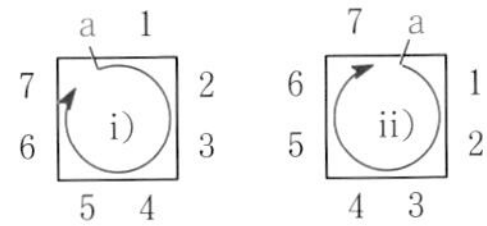

aとbが同じ辺に並ぶのは，そのうち1タイプのみですから，(2)の答えは(1)の「7分の1」になります．

仮に本問が「確率」（6以降）の問題として出題されたなら，「特定の2人が1辺に並ぶ」確率は，全ての場合を求めるまでもなく「$\frac{1}{7}$」と求まります．

7 5 21 立体の色塗り

根底 実戦 典型 [→7 3 8]

方針 Tの塗り方に対する注意書きを見てもわかる通り，言わば"円順列の立体バージョン"です．よって，ポイントも同じ：1つを固定です．（Sの方も同様です．）

立方体の6面を，筆者は右のように視覚化して考えます．よければ真似してください．

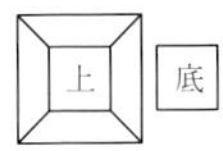

言い訳 「塗る」という漢字は画数が多くて疲れます．生徒さんが試験で手書きすることを想定して，サボって「ぬる」と書きます．原稿はパソコン執筆だから楽ですけどね（笑）．

解答 (1) 6色をa, b, c, d, e, fと表す．どの色も1面ずつにぬることになる．

〔Sについて〕．

異なる6面に異なる6色をぬる方法は，6個の順列と考えられるから

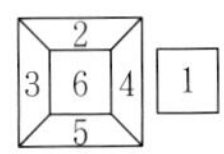

$6! = 720$(通り).//

〔Tについて〕．

○aをぬった面を「底」に**固定**する．

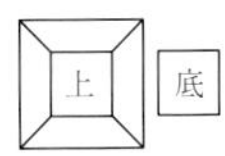

○「上」のぬり方は，b, c, d, e, fの5通り．

○例えば「上」がbのとき（他も同様），4つの側面のぬり方はc, d, e, fの円順列と考えて，3!通り．

○以上より，Tのぬり方は，$5 \cdot 3! = 30$(通り).//

(2) 〔Sについて〕．

○bをぬる面…6通り．

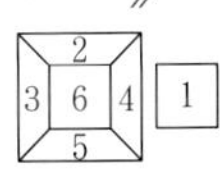

○例えばそれが面1のとき（他も同様），その対面（といめん）1)（向かい合う面）である面6のぬり方を考える．

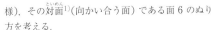

aをぬると，もう1つのaを面2, 3, 4, 5のいずれかにぬるから，aが隣り合ってしまう． …①

よって，面6はc, d, eの3通り．

○ 例えばそれが c のとき，面 2，3，4，5 に a，a，d，e をぬる方法は，
d…2，3，4，5 の 4 通り．
e… その対面の 1 通り（残りの 2 面は a，a）．
○ 以上より，S のぬり方は，6·3×4·1＝72(通り)．//

〔T について〕．

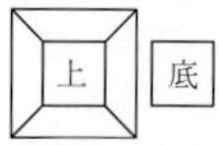

○ b をぬった面を「底」に**固定**する．
○「上」は，①と同様に考えて a はぬれないから，c，d，e の 3 通り．

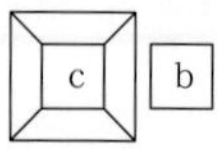

○ 例えばそれが c のとき（他も同様），「底」と「上」が異なるから [2]，4 つの側面のぬり方は a，a，d，e の円順列と考えられる．
d を固定すると，e はその対面の 1 通り（残りの 2 面は a，a）．
○ 以上より，T のぬり方は，3·1＝3(通り)．//

(3) ○ 4 色を a，b，c，d で表す．1 つの色を 3 面にぬることはできない（∵ 対面（たいめん）する 2 面にぬるとあと 1 面は両者と隣り合ってしまう）．
○ よって，2 色を 2 面ずつに，他の 2 色を 1 面ずつにぬる．2 面にぬる色の選び方は
$_4C_2=6$(通り)．…②
○ 以下においては，6 面にぬる色が a，a，b，b，c，d であるときを考える（他も同様）．

〔S について〕．
○ c をぬる面 …6 通り．

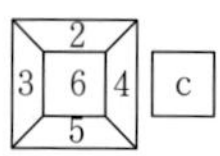

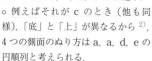

○ 例えばそれが面 1 のとき（他も同様），その対面 6 のぬり方を考える．
面 6 を a でぬると，面 2，3，4，5 のどれかも a でぬるので a が隣り合ってしまう（b でも同様）．
よって，面 6 は d の 1 通り．…③
○ 面 2，3，4，5 のぬり方は，a をぬる面を考えて「2，5」「3，4」の 2 通り（残りの 2 面は b，b）．
○ 以上より，S のぬり方は，②も考えて
6×6·1·2＝72(通り)．//

〔T について〕．
○ c をぬった面を底に固定する．
○ ③と同様に考えて，上面は d の 1 通り．

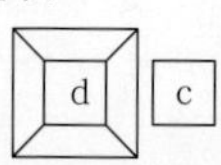

○ 側面のぬり方は a，a，b，b の円順列で表され，a どうし，b どうしが隣り合わないことより 1 通り．
○ 以上より，T のぬり方は，②も考えて，
6·1·1＝6(通り)．//

解説 (2)では，「a，a が隣り合わない」という条件があるので，「制限のキビシイ所から数える」という原則通り a，a の面から考えるという手もありそうです．しかし，ここでは円順列における鉄則：「i つを固定」を実行するのが最優先事項です．a，a は区別がつかないため i つを特定できないので，1 面だけに塗る b(もしくは c，d，e) を固定するのが良策です．

注 上述のように a，a を塗る面から考える方針で(2)の T を考えると，円順列と数珠順列の関係[→演習問題 7 5 33]を用いることになります．よくある下手な方法です．

2)：それに対して，このやり方なら「円順列」の考えが使えるのです．

語記サポ 1)：麻雀用語で恐縮です（笑）．

7 5 22 最短経路

根底 実戦 入試 [→例題 7 4 d]

方針 (1)「最短経路」を，矢印「→」「↑」の並べ方と対応付けます．有名な手法ですね．
(2) 街路が歪（いびつ）な形で考えづらいですね．(1)が利用できないかと考えてみると…

解答 (1) 「A から B への最短経路」と「→ 4 個，↑ 4 個の並べ方」は 1 対 1 対応．

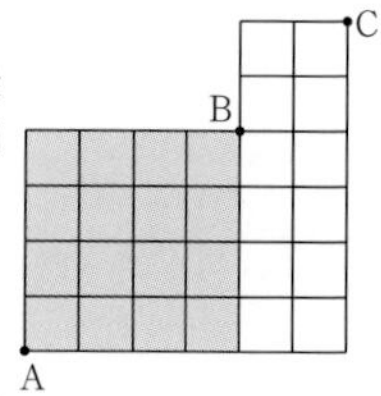

よって求める個数は，
1) $_8C_4=\dfrac{8\cdot7\cdot6\cdot5}{4\cdot3\cdot2}=70.$ //

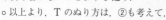

(2) ○ A から C への最短経路として，次の 3 タイプだけがある（共通部分はない）．2)

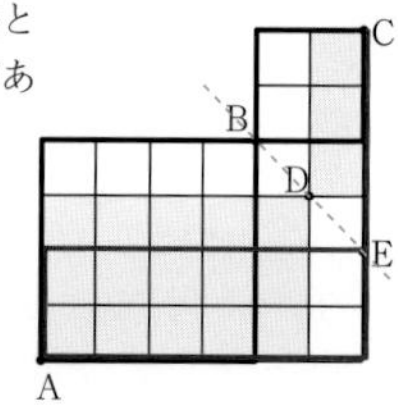

A → B → C（黒枠）
A → D → C（青色）
A → E → C（赤枠）
○ 各移動の経路数を(1)と同様に考えて，求める個数は，
$$_8C_4\cdot{}_4C_2+{}_8C_3\cdot{}_4C_1+{}_8C_2\cdot1$$
$$=70\cdot6+56\cdot4+28\cdot1$$
$$=420+224+28=672.$$ //

解説 1)：8 回のうち，どの 4 回で「→」の移動を行うかと考えています．$\dfrac{8!}{4!\cdot4!}$(同じものを含む順列の公式）でも OK ですが．
2)：(1)の結果が使えないかと考え 3)，このように分けることを考えました．これでたしかにモレもダブリもない場合分けになっていることを確認してください．

注 3)：(1)を使おうとして，右図のBを通る経路，Fを通る経路，Gを通る経路と分けると…残念ながらダブってます！

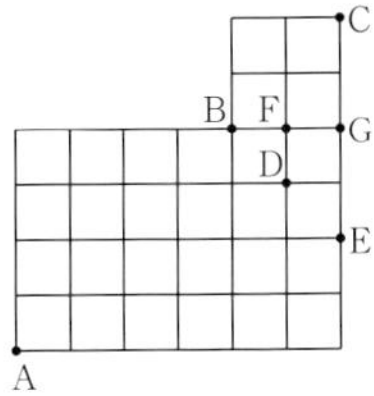

参考 各交差点に到る経路数を書き込んでいく方式[→例題 7 4 d 別解]でも解答可能です．
ただし，全てを“書き込み方式”でやるのは能率が悪いです．上記3点B，F，Gへ到る経路数を，**解答**と同様に1対1対応を用いて求めると

$A \to B \cdots {}_8C_4 = 70$,

$A \to F \cdots {}_9C_4 = 126$,

$A \to G \cdots {}_{10}C_4 = 210$.

これをもとに，その先だけを“書き込み方式”で求めると，右のようになります．(2)の答えとたしかに一致しましたね．

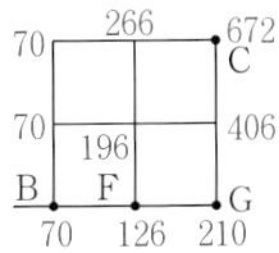

7 5 23 順序指定のある並べ方 [→例題 7 4 h]

根底 実戦 典型

方針 4 5 で述べたように，「順序指定」のある母音に関しては，場所さえ決まれば自動的に並べ方も決まってしまうので，「○」に置き換えて考えます．

解答 ∘母音：i，a，eと子音s，g，m，b，s，tを並べる．

∘「題意の文字列」と「○，○，○，s，s，g，m，b，tの並べ方」とは1対1対応．

例：b i s t s a g m e
↕ 対応
b ○ s t s ○ g m ○

∘よって求める個数は

$$\frac{9!}{3!2!}{}^{1)} = \frac{9\cdot8\cdot7\cdot6\cdot5\cdot4}{2} = 30240. /\!/$$

補足 1)：同じもの（○，s）を含む順列の公式です．

7 5 24 男女の組分け [→例題 7 4 i]

根底 実戦 典型 重要

方針 人は必ず区別して考えますから，各人に1～9の番号を付けます．また，男女の性別も視覚化しましょう．

着眼 (1)は，ほぼ同内容の問題をやりましたね[→例題 7 4 i]．ポイントは，「組」に区別をつけるかどうかでした：

「組を区別しない」 ←対応関係は？→ 「組を区別する」
求めたい　　　　　　　　　　　　求めやすい

(2)(3)は，なるべく具体的に視覚化して考えましょう．

解答 女子：①，②，③，④，⑤，
男子：[6]，[7]，[8]，[9]　と表す．

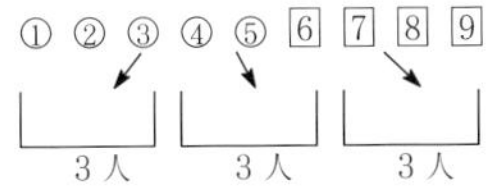

(1) ∘3人組A，3人組B，3人組Cと区別したときの分け方は，${}_9C_3\cdot{}_6C_3$ 通り．

∘求める分け方 x 通りの各々に対し，組をA，B，Cと区別すると，3!通りずつが対応する．1)　樹形図をイメージ

∘したがって，

$x\cdot3! = {}_9C_3\cdot{}_6C_3$.　積の法則

$\therefore\ x = \dfrac{{}_9C_3\cdot{}_6C_3}{3!}$　その逆利用としての“割り算”

$= \dfrac{3\cdot4\cdot7\cdot5\cdot4}{3\cdot2} = 280. /\!/$

(2) ∘男女の分け方として，次の3つの場合がある：2)

i) |○○○| |○○□| |□□□|

ii) |○○○| |○□□| |○□□|

iii) |○○□| |○○□| |○□□|

これらのうち(2)の条件を満たすのはi)のみ．その分け方を数える．

∘ |○○□| の男子1人…4通り．
|○○□| の女子2人…${}_5C_2 = 10$(通り)．
（残りの男子3人，女子3人も自動的に決まる．）

∘よって求める個数は

$10\cdot4 = 40. /\!/$

(3) (2)のi)～iii)のうち，(3)の条件を満たすのはiii)のみ．そこで，ii)3)の個数を数える．

∘|○○○| の女子3人の選び方…${}_5C_3 = 10$(通り)．
（残りの女子2人は，自動的に分かれて別の組に入る．）

∘ |①②③| |④□□| |⑤□□| 4)

例えば上図のとき，男子の分け方は，|④□□| に入る2人を選んで ${}_4C_2 = 6$(通り)．

∘よって，ii)の分け方は，$10\cdot6 = 60$(通り)．

∘これと(1)(2)より，求めるiii)の個数は，

$280 - 40 - 60 = 180. /\!/$

解説 1)：(1)のようなオーソドックスな「組分け」のポイントは，組を区別するときとしないときの対応関係．それに尽きます．

2)：このように，**事象の全体像**が把握できると，個々の設問に対して“ちまちま”考えてるよりよっぽど明快な解答ができるものです．

3)：(1)で全体，(2)で i) が求まっているので，ii) と iii) のうち易しそうな方を選択しました．もちろん iii) を直接求めることもできます．5)

4)：このように具体的に視覚化すると，女子④⑤が入ったことにより**組に区別がついている**ことが実感できますね．

5)：それでは iii) を直接求めてみます：

∘ [○□□] の男子 2 人の選び方 … ${}_4C_2=6$(通り)．
(残りの男子 2 人は，自動的に分かれて別の組に入る．)

∘ [○○1] [○○2] [○34]

例えば上図のとき，女子の分け方 は，
[○34] に入る 1 人，[○○2] に入る 2 人
の順に選んで，${}_5C_1\cdot{}_4C_2=5\cdot6=30$(通り)．

∘ 以上より，iii) の個数 は，
$6\cdot30=180.$ // たしかに(3)の答えと一致

参考 (2)の i)～iii) を見るとわかる通り，本問では，「男子だけの組」ができるときには，自ずと「女子だけの組」もできるようになっています．

7 5 25 区別のない物の分配
根底 実戦 典型 [→例題74e]

着眼 経験を積むと，例題74e「ボールと箱」と同じく「○を┃で仕切る」という手法[→44]が有効だと見通せるようになります．

区別の有無	区別しない	区別する
本問	コピー用紙	人
例題74e	ボール	箱 A，B，C
手法	○で表す	┃で仕切る

解答 人を A，B，C，D と区別し，1 枚 1 枚の紙を○で表す．

例 ○ ○ ┃ ○ ○ ○ ○ ┃ ○ ○ … ○ ○ ┃ ○ ○ ○ 1)
A 2 枚　B 4 枚　C 11 枚　D 3 枚

「20 枚の紙を A，B，C，D に分配する方法」は，
「20 個の○を 3 本の┃で仕切る方法 2)」と 1 対 1 対応．
よって求める場合の数は

$${}_{23}C_3=\frac{23\cdot22\cdot21}{3\cdot2}=23\cdot11\cdot7^{3)}=1771.$$ //

解説 区別のないモノを，区別のある人へ**分配**する．これが，「○を┃で仕切る」手法ともっとも直結しやすいイメージです (筆者にとっては)．

注 1)2)：「1 枚ももらえない人がいてもかまわない」とあるので，次のようなケースもカウントしています：

○ ○ ○ ○ ○ ○ ┃ ┃ ○ ○ … ○ ○ ┃ ○ ○ ○
A 6 枚　B 0 枚　C 11 枚　D 3 枚

┃ ○ ○ ○ ○ ○ ○ ┃ ○ ○ … ○ ○ ┃ ○ ○ ○
A 0 枚　B 6 枚　C 11 枚　D 3 枚

補足 3)：この掛け算は，次のようにします：
$23\cdot11\cdot7=161\cdot11=1771.$ ×11 は筆算が楽
あるいは，
$23\cdot11\cdot7=(13+10)\cdot11\cdot7$
$=1001+770=1771.$ $7\cdot11\cdot13=1001$

言い訳 B5 のコピー用紙の 1 枚 1 枚は区別しないのが普通ですよね (ホントは問題文で宣言した方がよいのですが)．

7 5 26 整数の組の個数
根底 実戦 典型 重要 [→744]

(1) **着眼** 前問において，4 人：A，B，C，D に分配される枚数をそれぞれ a, b, c, d とおくと，これらが満たすべき条件は
$a+b+c+d=20\ (a, b, c, d\geq0)$
となりますね．つまり，本問(1)と前問は，本質的に全く同じ問題です．■

解答 「題意の組 (x, y, z, w)」は，「20 個の○を 3 本の┃で仕切る方法」と 1 対 1 対応．
よって求める場合の数は

$${}_{23}C_3=\frac{23\cdot22\cdot21}{3\cdot2}=23\cdot11\cdot7=1771.$$ //

(2) **着眼** 「≧」が「＞」に変わりましたので，前問注のように┃が隣り合ったり端に来てはいけません．■

解答 例：

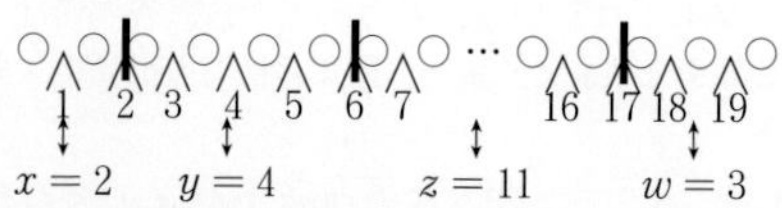

「題意の組 (x, y, z, w)」は，「∧1～∧19から 3 か所を選んで┃を 1 本ずつ入れる方法」と 1 対 1 対応．
よって求める場合の数は

$${}_{19}C_3=\frac{19\cdot18\cdot17}{3\cdot2}=19\cdot3\cdot17=19\cdot51=969.$$ //

(3) **着眼** なにやら(1)と関連がありそうなのですが，(1)の「＝」と(3)の「≦」をどう結び付けるか？初見では難しいでしょう．■

解答 $w=20-(x+y+z)\ (\in\mathbb{Z})$ とおくと

$x+y+z+w=20$ であり，

$x+y+z\leq 20 \iff 20-w\leq 20$. i.e. $w\geq 0$.

よって，整数 x, y, z, w が満たすべき条件は，(1)と同じである．

したがって，「(3)の組 (x, y, z)」と「(1)の組 (x, y, z, w)」は 1 対 1 対応．

よって求める個数は，1771.//

参考 本問の全体構成は，次の通りです：

(1) ──似た感じ──→ (2)

(1) ──結果を利用──→ (3)

7 5 27 投票結果・サイコロの出方 [→例題 7 4 g]

根底 実戦 典型

着眼 (1)(2)とも，ある典型的な個数の求め方に帰着します．

解答 (1) 候補者 5 人を A, B, C, D, E で表す．

〔記名投票〕

投票者 n 人を区別し，$1, 2, 3, \cdots, n$ で表す．

$1\ 2\ 3\ 4\ 5\ \cdots\ n-2\ \ n-1\ \ n$

↙ ↓ ↘

A B C D E

各投票者ごとに，A, B, C, D, E の 5 通りの投票の仕方がある．

よって，求める個数は，5^n.// 樹形図をイメージ

〔無記名投票〕

投票者 n 人を区別せず，○で表す．

○ ○ ○ ○ ○ … ○ ○ ○

↙ ↓ ↘

A B C D E

n 個の○（票）を，候補者 A, B, C, D, E に分配する仕方を考える．

「題意の得票結果」は，「n 個の○を 4 本の┃で仕切る方法」と 1 対 1 対応．

よって求める場合の数は

$$_{n+4}\mathrm{C}_4=\frac{(n+4)(n+3)(n+2)(n+1)}{24}.//$$

(2) **〔サイコロを区別する〕**

サイコロ 4 個をア，イ，ウ，エで表す．

ア イ ウ エ

↙ ↓ ↘

1 2 3 4 5 6

各サイコロごとに，1, 2, 3, 4, 5, 6 の 6 通りの目の出方がある．

よって，求める個数は，6^4.// 樹形図をイメージ

〔サイコロを区別しない〕

サイコロを区別せず，○で表す．

○ ○ ○ ○

↙ ↓ ↘

1 2 3 4 5 6

4 個の○（サイコロの目）を，1, 2, 3, 4, 5, 6 に分配する[1]仕方を考える．

「題意の目の出方」は，「4 個の○を 5 本の┃で仕切る方法」と 1 対 1 対応．

よって求める場合の数は

$$_9\mathrm{C}_5={}_9\mathrm{C}_4=\frac{9\cdot 8\cdot 7\cdot 6}{4\cdot 3\cdot 2}=126.//$$

解説 本問全体を振り返って整理してみましょう．

(1)(2)とも，前半は単純な[2]重複順列でした．

(1)(2)の後半について表にまとめてみました：

区別の有無	区別しない	区別する
本問(1)	投票者 n 人	候補者 A, B, …, E
本問(2)	サイコロ 4 個	目 1, 2, …, 6
手法	○で表す	┃で仕切る

何が○で何が┃やらよくわからなくなるときがあります（筆者もときどき…(笑)）．基本となる考え方は「区別しない方が○」，「区別する方は┃で仕切る」ですが，やってみて「変だった」と感じたらやり直す．そんな姿勢で OK です．

[1]：サイコロの目：1, 2, 3, 4, 5, 6 それぞれの出る回数の内訳を考えるのです．

注 [2]：実は，ここも案外間違える人がいます．樹形図がイメージできていないからです．

言い訳 (1)において，各投票者は 1 票ずつ入れることを前提としています．また，候補者が自分以外に投票することもあるという想定のもとで解答しています．

7 5 28 サイコロの目の積 [→例題 7 4 g]

根底 実戦

注 数えるべきは「X の値」ですから，出た目の順序は関係ありません．

着眼 いくつか例を作ってみましょう：

$X=1\cdot 1\cdot 1\cdot\cdots\cdot 1\cdot 1$

$X=1\cdot 1\cdot 1\cdot\cdots\cdot 1\cdot 3$

⋮

$X=1\cdot 1\cdot 3\cdot\cdots\cdot 3\cdot 5$

⋮

$X=5\cdot 5\cdot 5\cdot\cdots\cdot 5\cdot 5$

要するに X の値は，奇数である 1, 3, 5 が出る回数の内訳で決まりますね．

解答 ∘ 奇数の目：1, 3, 5 以外は出ないときのみ考えればよい.

∘ 1, 3, 5 が出る回数をそれぞれ a, b, c とすると

$X = 1^a 3^b 5^c$. …①

∘ また，a, b, c がみたすべき条件は

$$\begin{cases} a, b, c \geq 0, \\ a+b+c=10. \end{cases} \cdots ②$$

∘ ①において，3, 5 は素数だから，「X の値」と「②を満たす組 (a, b, c)」とは 1 対 1 対応. [1)]

∘ また，これはさらに「10 個の○を 2 本の┃で仕切る方法」と 1 対 1 対応. [2)]

∘ 以上より，求める個数は，${}_{12}C_2 = 66.$ //

解説 1)：「$(a, b, c) \to X$」の一意対応は当然です. 逆向きの「$X \to (a, b, c)$」については，**素因数分解の一意性**[→6 3 2]が効いています.

2)：具体例を 1 つ書いておきますね：

○ ○ ○ ┃ ○ ○ ○ ○ ○ ┃ ○ ○

↔ $a=3$ $b=5$ $c=2$

↔ $X = 1^3 \cdot 3^5 \cdot 5^2 = 6075$

7 5 29 経路が曲がる回数 [→例題 7 4 f]

根底 実戦 入試

方針 実は，「○を┃で仕切る」という有名な考え方を使うパターンものの 1 つです.

解答 ∘「題意の経路」は，

[→…→][↑…↑][→…→][↑…↑][→…→][↑…↑][→…→]

のような並びと 1 対 1 対応.（[　]どうしの間が曲がり目）

∘ さらにこれは

10 個の→を 4 つの**空でない**[1)][　]に分け，…①

6 個の↑を 3 つの空でない[　]に分ける…②

仕方と 1 対 1 対応.

∘ ①は，次図の∧(1)～∧(9)から 3 つを選んで┃を 1 本ずつ入れる仕方を考えて，${}_9C_3$ 通り.

○∧○∧○∧○∧○∧○∧○∧○∧○∧○
　1　2　3　4　5　6　7　8　9

∘ 同様に，②の仕方の数は ${}_5C_2$ 通り.

∘ 以上より，求める場合の数は

$${}_9C_3 \cdot {}_5C_2 = \frac{9 \cdot 8 \cdot 7}{3 \cdot 2} \cdot 10 = 840.$$ //

注 1)：ここが肝心です.「○を┃で仕切る」手法を応用する際，このように「空でない」分け方をするタイプも多いです.

参考 本問では「→」からスタートする経路に限定されていますが，条件が「曲がる回数が 6 回」となれば，もちろん「↑」からスタートする経路も考えます.

7 5 30 増加列の個数 [→例題 7 4 e]

根底 実戦 典型 重要

着眼 (1) a, b, c, d, e の大小が**順序指定** [1)] されていますから，5 個の数字を選ぶ「組合せ」を考えればよいですね. [→4 5]

(2)「<」が「≦」に変わり，同じ数字が重複することがあるので，(1)より難化します. 実は，ある有名な手法が使えます. 初見ではできないのが普通です（笑）.

解答 (1) 題意の組「(a, b, c, d, e)」と「1～7 から 5 個を選ぶ組合せ」とは 1 対 1 対応.

よって求める個数は，${}_7C_5 = {}_7C_2 = 21.$ //

(2) p, q, r, s, t の 5 つの値を，3 種類の数 1, 2, 3 へ分配すると考えると，「題意の組 (p, q, r, s, t)」と「5 個の○ [2)] を 2 本の┃で仕切る方法」とは 1 対 1 対応.

例1

p q 　r 　s t
1 1 ┃ 2 ┃ 3 3
○ ○ ┃ ○ ┃ ○ ○

例2

p q 　r s t
1 1 ┃ 2 2 2 ┃
○ ○ ┃ ○ ○ ○ ┃

よって求める個数は，${}_7C_2 = 21.$ //

解説 1)：a, b, c, d, e の 5 文字は区別をするべきものですが，順序指定がある場合は

並べ方 ←(1 対 1)→ 組合せ

となるのでしたね.

2)：実は，(2)でもポイントは同じです. 要は，「1, 2, 3 の各値」が出る回数の内訳さえ決まれば，それを小さい順に p, q, r, s, t へ割り振るだけです. そこで，区別するべき p, q, r, s, t を区別のつかないものの象徴：「○」で表し，それを 3 種類の数 1, 2, 3 へ分配すると考えると，見事に「○を┃で仕切る」に帰着します.

注 (2)の文字，数字の個数を変えてみましょう：

不等式 $1 \leq x \leq y \leq z \leq 10$ を満たす整数の組 (x, y, z) の個数を求めよ.

もちろん同じ方法でできます.「x, y, z の 3 個の値」を「10 種類の数 1, 2, 3, …, 10」へ分配すると考えると…

例

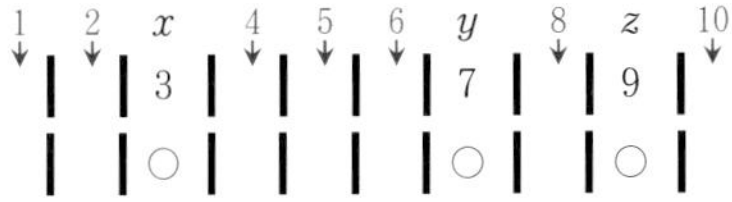

「文字が少数で数の種類が多い」ので，登場しない数が多くてワケがわかりづらいですね（笑）．こんなときは「文字が多数で数の種類が少ない」問題にすり替え，正しい考え方を思い出すと安全です．

注　「重複組合せ」の公式を暗記して対処する方法もありますが，それ自体が出会う頻度が低く…すぐ忘れてしまいます（笑）．どのみち出題頻度が決して高くない問題なので，どうにか思い出せればOKです．

参考　(1)と(2)の答えが一致したのは偶然ではありません．実は，(2)を(1)へ帰着せる方法があります：

(2)の条件を同値変形すると

$1 \leq p <^{3)} q+1 < r+2 < s+3 < t+4 \leq 7.$ …①

したがって，

(2)の (p, q, r, s, t)

$\overset{}{\underset{1対1}{\longleftrightarrow}}$ ①を満たす $(p, q+1, r+2, s+3, t+4)$

$\overset{}{\underset{1対1}{\longleftrightarrow}}$ (1)の (a, b, c, d, e)

となります．

注　[3)]：整数においては，$p \leq q \Longleftrightarrow p < q+1$ でしたね．[→演習問題 6 12 18 発展]

7 5 31 展開式の項数

根底 実戦　典型　[→ 1 2 2]

着眼　どんな項ができるか，いくつか具体例を書いてみましょう．

(1) $a\ p\ x$, $c\ q\ y$ などなど…．要するに，各因数からどれを抜き出すかを考えます．**展開の仕組み** [→ 1 2 2] を理解していればカンタンです．

(2) 展開公式：$(a+b+c)^2 = \cdots$ が経験として活きてきます．(1)と違い，「a^2」のように同じ文字の積も現れますね．

(3)　a^6，a^5c，bd^3e^2，$abcde^2$，…

当然ですが，全ての項の次数は「6」ですから，「次数6を，5文字 a, b, c, d, e へ分配する」と考えると…

解答　(1)　展開式の各項は，各因数から1項ずつ抜き出した積と対応するから，求める個数は

$4 \cdot 2 \cdot 3 = 24.$ // 　積の法則

(2)　○同じ文字どうしの積 …a^2, b^2, c^2, d^2 の4通り．

○異なる文字どうしの積 …a, b, c, d の4文字から異なる2文字を選ぶ組合せを考えて，${}_4C_2 = 6$ 通り．

○よって求める個数は，$4+6=10.$ //

(3)　○次数6を，a, b, c, d, e の5文字へ分配する仕方を考える．

○「展開式に現れる同類項」と「6個の○を4本の┃で仕切る方法」とは1対1対応．[1)]

○よって求める個数は

$${}_{10}C_4 = \frac{10 \cdot 9 \cdot 8 \cdot 7}{4 \cdot 3 \cdot 2} = 210.\ //$$

解説　[1)]：例えば，「bd^3e^2」という項に対応する○と┃の並べ方は次の通りです：

参考　展開式の項数については例題 7 2 d (2)でも問いましたが，本問(2)(3)では「同類項」があるため，レベルが上がっています．

参考　(2)も，(3)と同様に求まります．

次数2を，a, b, c, d の4文字へ分配する仕方，つまり「2個の○を3本の┃で仕切る方法」を考えて，

${}_5C_2 = 10$ 通り．//

この程度の問題に対しては，少し大袈裟な解法に感じられますが（笑）．

7 5 32 展開式の係数

根底 実戦　典型　[→ 7 3 7]

着眼　「展開の仕組み」＝「各因数から1項ずつ抜き出して掛ける」をベースにして考えましょう．[→ 1 2 2]

解答　○$(x-2y+3z)^4$ は次のようにも書ける：

$$\underset{①}{(x-2y+3z)}\underset{②}{(x-2y+3z)}\underset{③}{(x-2y+3z)}\underset{④}{(x-2y+3z)}$$

○xyz^2 の項は，4つの因数①～④のうち

1つから x を，1つから $-2y$ を，

2つから $3z$ を抜き出す

ことによって得られる．

○その抜き出し方は，$x, -2y, 3z, 3z$ の4つの並べ方を考えて，$\frac{4!}{2!}$ 通り．

○その各々の項は，$x \cdot (-2y)(3z)^2$．

○以上より，求める係数は

$$\frac{4!}{2!} \times 1 \cdot (-2) \cdot 3^2 = -12 \cdot 2 \cdot 9 = -216.\ //$$

将来　この**考え方**さえわかっていれば，数学Ⅱで学ぶ「二項定理」・「多項定理」も楽勝です．

第7章 場合の数・確率

7 5 33 円順列・数珠順列

根底 実戦 典型 重要 [→例題 7 4 k]

語記サポ この「ネックレスの作り方」のことを，俗称（日本流に）「数珠（じゅず）順列」と呼んだりします．

方針 (1)「円順列」の**原則**どおり，「1 つだけある赤を固定」して数えます．

(2)「(1)で数えた円順列に中には，裏返すとネックレスとしては同じになるものが 2 個ずつ含まれるから…」などといい加減なことをやってはいけないのでしたね．

解答 ○白，緑，赤の石をそれぞれ w，g，r と表す．

(1) ○r を**固定**し，w5 個と g4 個を時計回りに並べる方法を考える．

○g4 個を並べる場所の選び方を考えて，求める場合の数は

$${}_9C_4 = \frac{9\cdot8\cdot7\cdot6}{4\cdot3\cdot2} \quad \left(\frac{9!}{5!4!} \text{ でもよい}\right)$$

$$= 3\cdot7\cdot6 = 126.$$

(2) ○ネックレスは下図のような 2 タイプに分けられる．

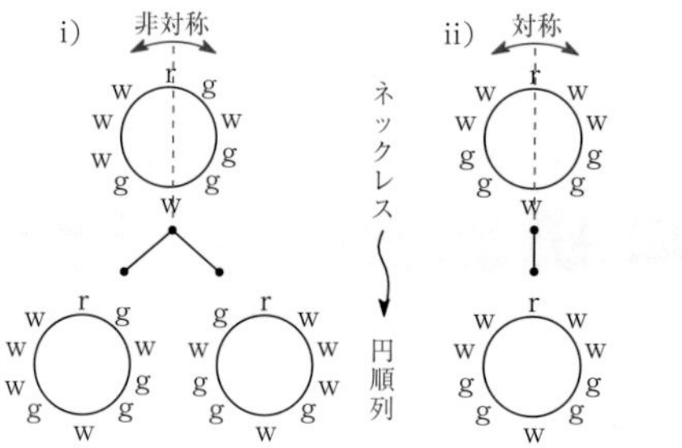

○1 つのネックレスから作られる円順列の個数は次の通り：

$$\begin{cases} \text{i)} \cdots \ 2 \text{ 個}, \\ \text{ii)} \cdots \ 1 \text{ 個}. \end{cases}$$

○上図 ii) タイプのネックレスは，図の破線の右側に w2 個と g2 個を並べる方法を考えて

$${}_4C_2 = 6(\text{通り}).$$

○以上と(1)より，求めるネックレスの作り方の個数を x として，

$$(x-6)\cdot2 + 6\cdot1 = 126. \quad \therefore \quad x = 66.$$

解説 (2)で，既に求まっている(1)の個数を"割る"のではなく，必ず**枝分かれする向きに**考えて積の法則を用いるのでしたね．

ネックレス —枝分かれ→ 円順列

「求めたいもの」—積の法則→「求めやすいもの」

本問では，中心軸に関して対称か否かで枝分かれの数が変わるので，しっかり方程式を立てるのが安全です．[→例題 7 4 k「ボール と箱・対応関係 2」]

注 問題文は意地悪く（笑）w5 個，g4 個，r1 個と個数が多い順に並べてありますが，まず 1 つしかない r を固定し，次に少ない方の g4 個の位置を考えると効率的です．

7 5 34 "1つ"がない円順列

根底 実戦 ハイレベル↑ [→例題 7 4 k]

着眼 「固定する 1 つ」がない円順列です．このタイプは難しいことで有名です．実は，前問の「ネックレス」で用いた考え方が利用できます．

解答 (1) ○まず，a_1 を固定する．

○残りの 7 個：

a_2, b, b, c, c, c, c

を一定の向きに並べる方法を考えて，求める個数は

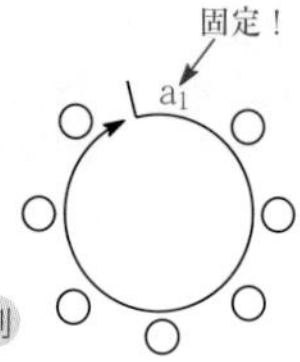

$$\frac{7!}{4!2!} \quad (\text{同じものを含む順列})$$

$$= \frac{7\cdot6\cdot5}{2} = 105.$$

(2)

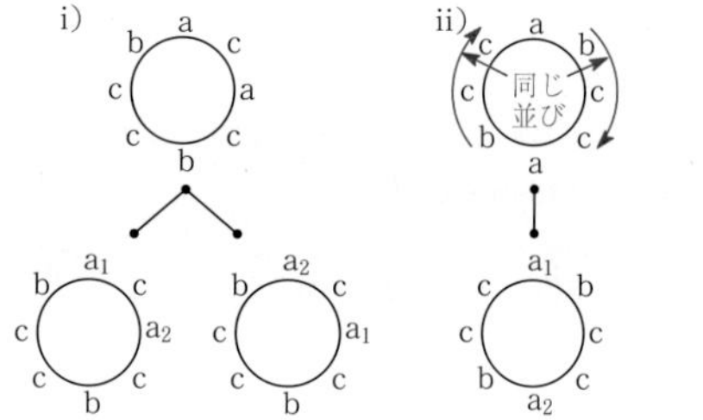

求める並べ方 N 通りの各々に対して，2 つの「a」を a_1, a_2 と区別したとき対応する(1)の並べ方の個数は，次の通り：

i) 2 通り，

ii) 1 通り．

ii) タイプの求める円順列は，右側の b の位置を考えて，3 通り．以上と(1)より

$$3\cdot1 + (N-3)\cdot2 = 105. \therefore \ N = 54.$$

解説 前問：「円順列と数珠順列」と同様な「対応関係の利用」でしたね．

参考 (2)を，(1)との対応を用いず，2 つの a の位置関係などで丹念に場合分けしてもできますが，なかなかメンドウです．

注 (2)で，「105 通りの中には a_1, a_2 の区別を除くと同じになるものが 2 個ずるあるから…」と安易にやると，$\frac{105}{2} = 52.5$ 通りという小数の答えになってしまいます．

7 5 35 正多角形と三角形の個数 [→例題 7 2 e]

根底 実戦 典型

重要 「正多角形」というと，ほとんどの人が 当然のごとく「正多角形」を描きます．しかし，選ぶのは「頂点」であり，「辺」ではありませんから，正多角形の辺ではなく，外接円を等分する「頂点」を描くのが得策です．

また，頂点に付ける番号は，「0 番」からにします．そうすれば，「0 番」を基準として，k 個分移動した頂点が k 番となり，わかりやすいです．

着眼 (1) 1 つの三角形において，「直角」はあったとしても 1 つです．

(2) それに対して「鋭角」は複数ありますから，数えづらいですね．そこで…

解答 (1) ∘ 正 12 角形の外接円 C の中心を O とし，C 上に右図のように等間隔に頂点 $A_0, A_1, A_2, \cdots, A_{11}$ をとる．

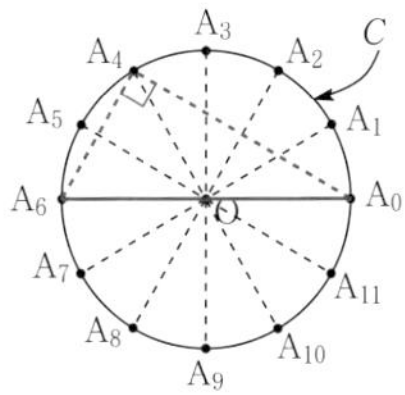

∘ 直角となる頂点の対辺は C の直径となる．その選び方は，

$A_0A_6, A_1A_7, \cdots, A_5A_{11}$ の 6 通り．1)

∘ 例えばそれが A_0A_6 のとき（他も同様），直角となる頂点は，A_0, A_6 以外の 10 通り．

∘ 以上より，求める直角三角形の個数は

$6 \cdot 10 = 60.$ //

(2) ∘ 三角形の総数は，異なる 12 点から異なる 3 点を選ぶ組合せを考えて

${}_{12}C_3 = 2 \cdot 11 \cdot 10 = 220$(個). …①

（∵ 共線である 3 点はない.）

∘ これらは，

「鋭角三角形」，「直角三角形」，「鈍角三角形」のいずれか． …②

∘ そこで，「鈍角三角形」の個数を求める．まず，鈍角となる頂点は

$A_0, A_1, A_2, \cdots, A_{11}$ の 12 通り．

∘ たとえばそれが A_0 のとき（他も同様），他の 2 頂点を

A_k, A_l ($1 \leq k < l \leq 11$ …③) とする．

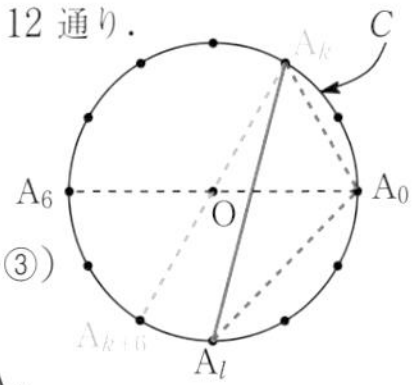

∘ A_k を固定したとき，$\angle A_0$ が鈍角となる条件は，A_l が A_k を通る**直径**に関して A_0 と同じ側にあること，すなわち $l > k + 6$.

∘ これと③より

$k = 1 \cdots l = 8, 9, 10, 11.$

$k = 2 \cdots l = 9, 10, 11.$

$k = 3 \cdots l = 10, 11.$

$k = 4 \cdots l = 11.$

$k \geq 5 \cdots l$ は存在しない．

∘ よって，鈍角三角形の個数は

$12 \cdot (4 + 3 + 2 + 1) = 120.$

∘ これと①②および(1)より，求める鋭角三角形の個数は

$220 - 60 - 120 = 40.$ //

解説 1 つの三角形において，「直角」・「鈍角」は最大で 1 つまでしかありませんから，そこに注目すれば，ダブリのない場合分けができます．「鋭角」の場合にはそうはいきません．

注 (1)「直角三角形」では直径をなす「辺」に注目し，(2)中の「鈍角三角形」では，鈍角となる「頂点」に注目しました．このあたりの解法選択は，例によって「どういう問題でどっちの方法」という態度は NG．「やってみて，上手くいかなければやり直そう」という気持ちが大切です．

注 1)：A_0A_6 と A_6A_0 などをダブルカウントしないこと！ [→例題 7 2 e]

参考 本問と異なり頂点の個数が奇数のときは，直径の両端となる 2 点はありませんから，直角三角形はできなくなります．

7 5 36 二項係数の等式 [→本冊 p.413「コラム」]

根底 実戦 典型

方針 (1) 3 8 後のコラムでは，「組合せ」という“意味”を用いて説明しましたが，ここでは指示に従い，機械的な計算によって証明します．複雑な右辺を変形して単純な左辺と一致することを示しましょう．

(2)(3) 実は，(1)で得た等式②が利用できます．

解答 (1) ①より

$${}_{n-1}C_{r-1} + {}_{n-1}C_r$$

$$= \frac{(n-1)!}{(r-1)!\{(n-1)-(r-1)\}!} + \frac{(n-1)!}{r!\{(n-1)-r\}!}$$

$$= \frac{(n-1)!}{(r-1)!(n-r)!} + \frac{(n-1)!}{r!(n-r-1)!}$$

（$= A$ とおく）．

着眼 2 つの分数式の分母を見比べると，

$(r-1)! \cdot r = r! \qquad (n-r)! = (n-r)(n-r-1)!$

という関係があるので…■

$$A=\frac{r(n-1)!}{r!(n-r)!}+\frac{(n-1)!(n-r)}{r!(n-r)!}$$
$$=\frac{(n-1)!}{r!(n-r)!}\{r+(n-r)\}$$
$$=\frac{n(n-1)!}{r!(n-r)!}$$
$$=\frac{n!}{r!(n-r)!}={}_n\mathrm{C}_r.$$

よって，②が示せた. □

(2) ②より

$${}_{2n}\mathrm{C}_n={}_{2n-1}\mathrm{C}_{n-1}+{}_{2n-1}\mathrm{C}_n{}^{1)}$$
$$={}_{2n-1}\mathrm{C}_{\underline{n}}+{}_{2n-1}\mathrm{C}_n$$
$$(\because\ (2n-1)-(n-1)=\underline{n})$$
$$=2\cdot{}_{2n-1}\mathrm{C}_n.\ \square$$

(3) $${}_{n+2}\mathrm{C}_{r+2}={}_{n+1}\mathrm{C}_{r+1}+{}_{n+1}\mathrm{C}_{r+2}\ (\because\ ②)$$
$$={}_n\mathrm{C}_r+{}_n\mathrm{C}_{r+1}+{}_n\mathrm{C}_{r+1}+{}_n\mathrm{C}_{r+2}\ (\because\ ②)$$
$$={}_n\mathrm{C}_r+2{}_n\mathrm{C}_{r+1}+{}_n\mathrm{C}_{r+2}.\ \square$$

解説 1)：②における n, r に対し，それぞれ $2n, n$ を代入しました.

(2) ②を計 3 回使っています.

参考 ②の意味・覚え方は，**3 8** 後のコラムで述べたように，選手を選ぶ際，1 人のエースを含めるか否かで分けて考えましたね.

これに倣って，(3)の等式も次のように説明がつきます：

$n+2$ 個から $r+2$ 個を選ぶ組合せを，$n+2$ 個のうち特定の 2 つ：A，B を選ぶか否かで分けて考えると

- A，B を両方選ぶ：${}_n\mathrm{C}_r$通り
- A，B の一方のみ選ぶ：$2\times{}_n\mathrm{C}_{r+1}$通り
- A，B を両方選ばない：${}_n\mathrm{C}_{r+2}$通り

これらの和が ${}_{n+2}\mathrm{C}_{r+2}$ と一致するのは必然ですね.

注 (2)(3)も，(1)と同様計算によって示すことも可能ではありますが，ここでは“流れ”に乗って(1)の②を利用しましょう.

言い訳 ${}_n\mathrm{C}_{r+1}$ などの式は，もちろん ${}_{\bigcirc}\mathrm{C}_{\triangle}$ において ○ は自然数，$0\leq\triangle\leq\bigcirc$ であることを前提としています．些末なことを気にして欲しくないので，問題文では敢えて書いていません.

7 5 37 二項係数の等式

根底 実戦 典型

[→本冊 p.413 コラム]

方針 前問と同じ流れです．(1)は計算で，やや複雑な右辺から，少し単純な左辺への向きに示します（逆向きでも大差ありませんが).

(2)ではその結果を利用します.

解答 (1) ①より

$$n\cdot{}_{n-1}\mathrm{C}_{r-1}=\frac{n\cdot(n-1)!}{(r-1)!\{(n-1)-(r-1)\}!}$$
$$=\frac{n!}{(r-1)!(n-r)!}$$
$$=\frac{r\cdot n!}{r!(n-r)!}$$
（分子，分母を r 倍した）
$$={}_n\mathrm{C}_r\cdot r.$$

よって，②が示せた. □

(2) ${}_n\mathrm{C}_r\cdot r(r-1)$

$$=n\cdot{}_{n-1}\mathrm{C}_{r-1}\cdot(r-1)\ (\because\ ②^{1)})$$
$$=n\cdot(n-1)\cdot{}_{n-2}\mathrm{C}_{r-2}.\ (\because\ ②^{2)})$$

よって与式が示せた. □

解説 1)：②を“そのまま”使いました.

2)：②の n, r に対し，それぞれ $n-1, r-1$ を代入して使っています.

参考 ②式は，選手のうち 1 人をキャプテンに任命する際，「選手→キャプテン」「キャプテン→選手」のどちらの順で決めるかを考えると説明がつきましたね [→本冊 p.413 コラム]．これと同様，(2)の等式も次のように説明がつきます：

n 人から r 人の選手を選び，そのうち 1 人を正キャプテン，別の 1 人を副キャプテンに任命する仕方を考えると

- r 人を選ぶ→そのうち 2 人を正・副キャプテンに任命 …${}_n\mathrm{C}_r\cdot r(r-1)$ 通り
- 正・副キャプテンを任命→残り $r-2$ 人を選ぶ …$n(n-1){}_{n-2}\mathrm{C}_{r-2}$ 通り
- これらは等しいから，(2)の等式は成り立つ.

言い訳 前問と同様，${}_{\bigcirc}\mathrm{C}_{\triangle}$ がちゃんと値をもつことを前提としています.

12 演習問題B

7 12 1 玉の取り出し・等確率 根底 実戦 [→例題 7 6 a]

着眼 等確率性を実現するため，全ての玉を区別して考えます．その「区別」と，行われる試行を視覚化しましょう．

$R_1, R_2, B_1, B_2, B_3, W_1, W_2, W_3, W_4, W_5$
↓
○○○ (3 個取り出す)

方針 (1)(2) 複数のケースが考えられます．丹念に場合分けしましょう．

(3) 指定されているのは赤玉の個数のみです．青や白の個数まで考えて

$\{R, B, B\}, \{R, B, W\}, \{R, W, W\}$

と場合分けするのは無駄．

(4) 青が何個か？それ以外の玉は赤・白何個ずつか？と考えると場合分けが多岐に渡って辟易しますね (笑)．こんなとき…「少なくとも 1 つ」とあるので，余事象に注目すると上手く片付く可能性があります[1] ね．

解答 ○全ての玉を区別[2] して考えると，取り出す 3 個の組合せ[3]：

$${}_{10}C_3 = \frac{10\cdot9\cdot8}{3\cdot2} = 10\cdot3\cdot4 = 120(\text{通り})$$

の各々は**等確率**．

(1) ○色の組合せは，

$\{B, B, B\}, \{W, W, W\}$．

○B3 個の選び方 …${}_3C_3 = 1$(通り)．

W3 個の選び方 …${}_5C_3 = 10$(通り)．

○以上より，求める確率は，

$$\frac{1+10}{120}{}^{4)} = \frac{11}{120}. /\!/$$

(2) ○色の組合せは

$\{R, R, B\}, \{R, B, B\}$.[5]

○それぞれに対する玉の選び方の個数は，

${}_2C_2\cdot{}_3C_1 = 3,\ {}_2C_1\cdot{}_3C_2 = 6$.

○以上より，求める確率は

$$\frac{3+6}{120}{}^{6)} = \frac{3}{40}. /\!/$$

(3) ○色の組合せは，$\begin{cases} R\cdots 1\text{ 個}, \\ B \text{ or } W^{7)} \cdots 2\text{ 個}. \end{cases}$

○玉の選び方の個数も考えて，求める確率は

$$\frac{2\cdot{}_8C_2}{120} = \frac{2\cdot4\cdot7}{120} = \frac{7}{15}. /\!/$$

(4) ○題意の事象の余事象は，

3 個とも R または W[8]．

○よって求める確率は，

$$1 - \frac{{}_7C_3}{{}_{10}C_3} = 1 - \frac{7\cdot5}{10\cdot3\cdot4} = 1 - \frac{7}{24} = \frac{17}{24}. /\!/$$

解説 1)：あくまでも可能性が高いだけです．ゼッタイだと決め付け過ぎないように．

2)3)：確率計算の分母：全ての場合の数を数える際，このように数える基準を明記すると，分子の場合の数も正しく数えやすくなります．

4)6)：もちろん，それぞれ $\frac{1}{120} + \frac{10}{120}$，$\frac{3}{120} + \frac{6}{120}$ としても OK です．これは，(確率の) 加法定理を用いた書き方とみなせますね (分母の 120 を何度も書くのがメンドウですが…)．

7)：このように，異なる 2 色「青 3 個」と「白 5 個」を“束ねて”「赤以外の 8 個」と考えるのが効率的です．

8)：同様です．「赤 2 個」と「白 5 個」を“束ねて”「青以外の 7 個」と考えるのが効率的です．

別解 5)：上記の考え方は(2)にも利用できます．「R or B だけが出る」場合として

$\{R, R, B\}, \{R, B, B\}, \{B, B, B\}$

の 3 つあり，このような玉の出方は，${}_5C_3 = 10$ 通り．そこから(2)に適さない赤下線部の ${}_3C_3 = 1$ 通りを除いて，求める確率は $\frac{10-1}{120}$ となります．

7 12 2 サイコロ・同基準 根底 実戦 [→例題 7 6 b]

語記サポ 1)：「絶対差」というのでしたね．[→ 1 5 4 補足]

方針 まずは，条件を満たす 2 つの目がどのような 2 数の“セット”であるかを考えたくなるのが自然です．ただし，そこにある注意事項[2] が発生します．

解答 ○サイコロ 2 個を A，B と区別した[3] ときの出方：6^2 通りの各々は等確率．

(1) ○絶対差が 2 となる目の組合せは

$\{1, 3\}, \{2, 4\}, \{3, 5\}, \{4, 6\}$ の 4 通り．

○上記の各々は，A と B の区別も考えると[4] 2! 通りずつの出方となる．

○以上より，求める確率は

$$\frac{4\cdot2!}{6^2} = \frac{2}{9}. /\!/$$

(2) ○$2 \leq 2$ つの目の和 ≤ 12 だから，条件を満たす目の組合せは

和が 4…$\{1, 3\}, \{2, 2\}$,[5]

和が 8…$\{2, 6\}, \{3, 5\}, \{4, 4\}$,

和が 12…$\{6, 6\}$.

○上記各々に対する A と B の区別も考えた出方の数は

下線を付したもの …1 通り

それ以外もの …2!通り

○以上より，求める確率は

$$\frac{3\cdot1+3\cdot2!}{6^2}=\frac{9}{36}=\frac{1}{4}.$$ //

(3) ○積が素数[6)]となる目の組合せは

{1, 2}, {1, 3}, {1, 5} の 3 通り．

○(1)と同様に A と B の区別も考えて，求める確率は

$$\frac{3\cdot2!}{6^2}=\frac{1}{6}.$$ //

解説 とにかく，サイコロ 2 個を区別しているという自覚が肝要です．

補足 2)3)4)：「注意事項」とは，分母をサイコロを区別して数えたので，分子もそれと**同じ基準で**数えるということです．「組合せ」の個数を求めただけではいけません．

言い訳 5)：この程度なら，「組合せ→その並べ方」という手順を踏まずに，直接

(1, 3), (2, 2), (3, 1)

と書いてしまう方が自然でしょう．ここでは，サイコロを区別することへの注意を喚起するため，敢えてこのように書いてみたまでです．

補足 6)：積が素数となる目は，その素数の（正の）約数ですから，「1 と自分自身」というセットしかありません．

参考 「サイコロ 2 個 (or 2 回)」という問題では，「全てを表に書き出す」というプリミティブな方法でも解決します（笑）．サイコロ A，B の目をそれぞれ a, b として，(1)(2)についての表を作ると次の通りです．（色の付いた所が条件を満たすもの．）

〔2 つの目の絶対差〕

a \ b	1	2	3	4	5	6
1	0	1	2	3	4	5
2	1	0	1	2	3	4
3	2	1	0	1	2	3
4	3	2	1	0	1	2
5	4	3	2	1	0	1
6	5	4	3	2	1	0

〔2 つの目の和〕

a \ b	1	2	3	4	5	6
1	2	3	4	5	6	7
2	3	4	5	6	7	8
3	4	5	6	7	8	9
4	5	6	7	8	9	10
5	6	7	8	9	10	11
6	7	8	9	10	11	12

7 12 3 コイン・等確率 根底 実戦

[→例題 7 6 b]

注 「場合の数の比」で求めてみます．分母は 2^n 通りだとわかりますね．ただし，そこでは順序を区別しています．これによって，

1 回目が H(表) or T(裏) かは**等確率**，

それぞれについて 2 回目が H or T かは**等確率**，

…(以下同様)…

よって，前記の 2^n 通りの各々が**等確率**となるのです．

そしてもちろん，分子もそれと**同じ基準**で数えます．

解答 ○1 回目，2 回目，…と区別したコインの出方：2^n 通り の各々は等確率．

○このうち表がちょうど k 回となるような出方は，

1 回目，2 回目，…，n 回目から表が出る k 回を選んで，${}_n\mathrm{C}_k$ 通り．

○以上より，求める確率は，$\dfrac{{}_n\mathrm{C}_k}{2^n}$. //

補足 答えに「${}_n\mathrm{C}_k$」をそのまま残しても可です．階乗で表しても余計煩雑になるだけですし．

別解 「反復試行」[→8 2]を用いて，${}_n\mathrm{C}_k\cdot\left(\dfrac{1}{2}\right)^n$ としても OK です．ただしその際にも，$\left(\dfrac{1}{2}\right)^n$ が順序を区別して考えたものであることを忘れずに．

参考 4 10「仮説検定の考え方」において，本問の結果を用いています．そことの対応は，下表の通りです：

本問	コインの表が出る	コインの裏が出る
仮説検定	内レーンが 1 位	外レーンが 1 位

7 12 4 カード・注目すること 根底 実戦 重要

[→7 6 2]

方針 基本的には，確率計算の分母，分子を，順序を区別して数えます．少なくとも(1)(2)では，順序を無視する訳にはいきませんね．

解答 (1) ○順序を考えたカードの出方：

$9\cdot8=72$(通り) 順列 ${}_9\mathrm{P}_2$

の各々は等確率．

○そのうち条件を満たすものは，右表の通り：

1 枚目	2 枚目
1	2, 3, 4, …, 9
2	4, 6, 8
3	6, 9
4[1)]	8

○以上より，求める確率は

$$\frac{8+3+2+1}{9\cdot8}=\frac{7}{36}.$$ //

(2) ○4 の倍数となる 2 桁の数は，

12, 16, 24, 28, 32, 36, 48, 52, 56,
64, 68, 72, 76, 84, 92, 96

の 16 通り．

○よって求める確率は，$\dfrac{16}{9\cdot8}=\dfrac{2}{9}$. //

(3) **注** (2)と同様“書き出し”でも解決しますが，ここではよりシステマティックに処理してみます．■

○$3\mid n$[2)] となるための条件は

取り出す 2 数の和が 3 の倍数[3)] であること．…①

○そこで，取り出す 2 数の組合せ[4)] を考える．

${}_9\mathrm{C}_2=9\cdot4$ 通りの各々は等確率．

○9 枚のカードを 3 で割った余りに注目して分類すると次の通り：[5)]

(ア): 余り 0…3, 6, 9
(イ): 余り 1…1, 4, 7
(ウ): 余り 2…2, 5, 8

∘ ①が成り立つような 2 つの余りの組合せは
「(ア)と(ア)」,「(イ)と(ウ)」.

∘ 以上より，求める確率は

$$\frac{{}_3C_2+3\cdot 3}{{}_9C_2}=\frac{12}{9\cdot 4}=\frac{1}{3}. /\!/$$

(4) 注 (3)と同様，効率的な解答をします. ■

∘ $2\,|\,n$ となるための条件は
一の位 (2 枚目の数) が偶数：2, 4, 6, 8 であること

∘ 2 枚目の数の出方：$1, 2, 3, \cdots, 9$ の各々は等確率[6].

∘ よって求める確率は，$\frac{4}{9}. /\!/$

語記サポ [2]：3 が n を割り切る. つまり n が 3 の倍数という意味でしたね. [→6 2 1]

解説 [1]：同じ数字が出ることはないので，「○の倍数」は必ず「○の 2 倍以上」です. 1 枚目が 5 以上の場合，2 枚目にそのような数が出ることはあり得ませんね.

[3]：「倍数判定法」[→6 2 3]です.

[3)4)]：「和」は順序と関係ありませんから，「組合せ」を用いるのが“自然”です. もっとも本問では，(2)まで「順列」を用いていますから，(3)もそれで通してもかまいません. その場合には求める確率は

$$\frac{({}_3C_2+3\cdot 3)\underline{\times 2}}{9\cdot 8}$$

となります. 「$\underline{\times 2}$」に注意してください.

[4]：等確率な根元事象：順列を，2 個ずつまとめて等確率な根元事象の“**束**”：組合せを作って解答している訳です.

[6]：これも同様です. 一の位：1, 2, 3, …, 9 を先に考え，そこから枝分かれする十の位の 8 通りずつを“**束ねて**”解答しています.

(2)までと同じ分母を使用するなら，

$$\frac{4\cdot\underline{8}}{9\cdot\underline{8}}=\frac{4}{9}$$

となります. この「$\underline{8}$」は，いかにも無駄ですね.

注 [4]：ただし，サイコロやコインのように「重複」がある場合には，組合せは等確率とはなりませんのでこの手は出番なしです.

補足 [5]：**演習問題 7 5 7**(3) **別解**と同じ考えです.

7 12 5 隣り合う・合わない

根底 実戦 典型 [→7 7 2]

着眼 「隣り合う」「隣り合わない」というテーマは「場合の数」としては既に扱いました[→4 1]. そこで学んだ手法を，ここでは「確率」に適用します.

注1 「等確率」「同基準」を意識して.

注2 複数のものが「隣り合わない」という事象は扱いにくい[1] のでしたね. [→**演習問題 7 5 18**]

解答 ∘ 8 枚のカードを 1, 1′, 2, 2′, 3, 3′, 4, 5 のように全て区別[2] して考えると，並べ方の総数：8! 通りの各々は**等確率**.

∘ 3 つの事象
A:「1 と 1′が隣り合う[3]」,
B:「2 と 2′が隣り合う」,
C:「3 と 3′が隣り合う」
を考える.

(1) ∘ A の並べ方は，カタマリ [1, 1′] を作って
[1, 1′], 2, 2′, 3, 3′, 4, 5 の並べ方 … 7!通り,
1 と 1′の並べ方 … 2 通り.

∘ よって求める確率は,

$$P(A)=\frac{7!\cdot 2}{8!}=\frac{2}{8}=\frac{1}{4}. /\!/$$

(2) ∘ 求める確率は，$P(\overline{A}\cap\overline{B})$.

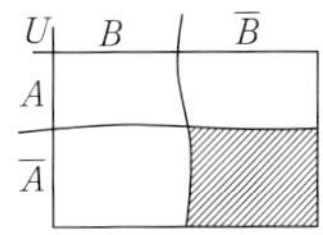

∘ (1)と同様に,

$$P(A)=P(B)=P(C)^{4)}=\frac{1}{4}. \quad \cdots ①$$

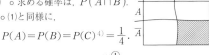

∘ $A\cap B$ の並べ方は，(1)と同様カタマリを利用して
[1, 1′], [2, 2′], 3, 3′, 4, 5 の並べ方 … 6!通り,
1 と 1′, および 2 と 2′の並べ方 … 2^2通り.

$$\therefore P(A\cap B)=\frac{6!\cdot 2^2}{8!}=\frac{2^2}{8\cdot 7}=\frac{1}{14}.$$

($P(B\cap C)$ も $P(C\cap A)$ もこれと等しい[5].) …②

∘ ①②より，求める確率は,

$$P(\overline{A}\cap\overline{B})=1-\left(\frac{1}{4}+\frac{1}{4}-\frac{1}{14}\right)=\frac{1}{2}+\frac{1}{14}=\frac{4}{7}. /\!/$$

(3) ∘ 求める確率は，
$P(\overline{A}\cap\overline{B}\cap\overline{C})$.

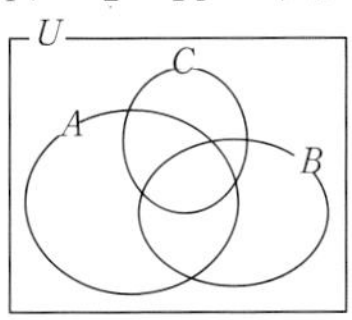

∘ $A\cap B\cap C$ の並べ方は，(1)と同様カタマリを利用して
[1, 1′], [2, 2′], [3, 3′], 4, 5 の並べ方 … 5!通り,
1 と 1′, 2 と 2′, および 3 と 3′の並べ方 … 2^3通り.

$$\therefore P(A\cap B\cap C)=\frac{5!\cdot 2^3}{8!}=\frac{2^3}{8\cdot 7\cdot 6}=\frac{1}{42}.$$

∘ これと①②より，求める確率は,

$$P(\overline{A}\cap\overline{B}\cap\overline{C})=1-\left(3\cdot\frac{1}{4}-3\cdot\frac{1}{14}+\frac{1}{42}\right)$$
$$=1-\frac{63-18+2}{84}$$

包除原理

$$=1-\frac{47}{84}=\frac{37}{84}. /\!/$$

解説 1)3)：隣り合う方に主眼をおくのが正解です.

言い訳 4)5)：(2)では使いませんが,「どうせ(3)で使うだろうから」と考えてここで書きました.

別解 2)：1 どうし, 2 どうし, 3 どうしを区別しない方針でもできます. この場合, 並べ方の総数は

$$\frac{8!}{2!\cdot2!\cdot2!}=7!\text{(通り)}.$$

(1)の事象 A については

$\boxed{1,\ 1}, 2, 2, 3, 3, 4, 5$ の並べ方 … $\frac{7!}{2!\cdot2!}$ 通り.

$$\therefore P(A)=\frac{\frac{7!}{2!2!}}{7!}=\frac{1}{4}$$

と求まります ($A\cap B$ なども同様).

これは, **解答**で用いた根元事象を $2!\cdot2!\cdot2!=8$ 通りずつまとめた“根元事象の束”を用いて解答している訳です.

別解 (1)の $P(A)$ は, 注目している「2 つの 1」の位置だけを, 8 個の「場所」から選ぶと考えて

$$P(A)=\frac{7}{{}_8C_2}=\frac{7}{4\cdot7}=\frac{1}{4}$$

と求めると効率的でしたね (ここでも 1 どうしは区別しないで考えています).

$P(A\cap B)$ なども同様に求まりますが, 少し面倒になります. カードの枚数が増えたときのためにも, **解答**のようなシステマティックな方法をマスターしましょう.

7 12 6 乗法定理 (独立試行) 根底 実戦 重要 [→例題 7 8 a]

方針 与えられた確率をもとに, 乗法定理 (独立試行) を適用します.

注 特に明記されていないということは, この生徒がある設問を正答することは, 他の設問の正答確率に影響を及ぼさないという前提で考えてよいということです.

解答 (1) 求める確率は, 乗法定理 (独立試行) より

$$\frac{5}{6}\cdot\frac{4}{5}\cdot\frac{3}{4}\cdot\frac{2}{3}\cdot\frac{1}{2}=\frac{1}{6}\text{[2]}.//$$

(2) 題意の事象の余事象は,「全問不正解」.

よって求める確率は,

$$1-{}^{3)}\frac{1}{6}\cdot\frac{1}{5}\cdot\frac{1}{4}\cdot\frac{1}{3}\cdot\frac{1}{2}=1-\frac{1}{6!}=\frac{719}{720}\text{[4]}.//$$

解説 3)：①が不正解となる確率は, $1-\frac{5}{6}=\frac{1}{6}$ です (他も同様).

1)：この数値はいったい何を根拠にしているのか？それを考え出すと何もできなくなります (笑). とにかくこれを認め, 前提として使うまでです.

余談 2)：各問に対する正答確率はけっこう高目ですが, 5 問全てに正解するのは, やはり難しいのです.

4)：よっぽどのことがない限り, さすがにどれか 1 つくらいは正答できます (笑).

7 12 7 乗法定理 (独立試行) 根底 実戦 [→例題 7 8 a]

方針 3 つの対戦それぞれについて, 丹念に勝敗結果とその確率を考えていきます. 各人は, それぞれ独立に (他者を気にせず) カードを引きますから, 乗法定理 (独立試行) を用います.

解答 ∘A vs B について. (A の数, B の数) と表す.

A が B に勝つ … (3, 2), (4, 2) 「B が 2」でも OK

確率は, $\frac{1}{3}\cdot\frac{1}{3}+\frac{2}{3}\cdot\frac{1}{3}=\frac{3}{9}$[1].

B が A に勝つ … (3, 4), (3, 5), (4, 5)

確率は, $\frac{1}{3}\cdot\frac{1}{3}+\frac{1}{3}\cdot\frac{1}{3}+\frac{2}{3}\cdot\frac{1}{3}=\frac{4}{9}$.

よって, A より B の方が勝つ確率が大きい.//

∘B vs C について. (B の数, C の数) と表す.

B が C に勝つ … (4, 3), (5, 3)

確率は, $\frac{1}{3}\cdot\frac{2}{3}+\frac{1}{3}\cdot\frac{2}{3}=\frac{4}{9}$.

C が B に勝つ … (2, 3), (?, 6)(?は任意)

確率は, $\frac{1}{3}\cdot\frac{2}{3}+\frac{3}{3}\cdot\frac{1}{3}=\frac{5}{9}$.

よって, B より C の方が勝つ確率が大きい.//

∘A vs C について. (A の数, C の数) と表す.

A が C に勝つ … (4, 3)

確率は, $\frac{2}{3}\cdot\frac{2}{3}=\frac{4}{9}$.

C が A に勝つ … (?, 6) (?は任意)

確率は, $\frac{3}{3}\cdot\frac{1}{3}=\frac{3}{9}$.

よって, C より A の方が勝つ確率が大きい.//

注 B vs C では“引き分け”がありませんから, C が B に勝つ確率は, $1-\frac{4}{9}=\frac{5}{9}$ と求めることもできます. とはいえ, **解答**のようにマジメに求め, 両者の確率の和が 1 になることを確かめる方が堅実です.

補足 1)：約分しないでおきました. 後で大小比較がしやすくなりそうなので.

参考 大雑把に言うと, 次の結果が得られました：

A より B が強い …①

B より C が強い …②

A は C より強い …③

あれ？①②から「A より C が強い」が導かれそうな気がしますが, ③を見るとそうはなっていませんね. このような現象が, 実際に起こり得るのです.

発展　上記における「強い」を例えば「大きい」(つまり不等号 >) に変えると

$a>b,\ b>c \Longrightarrow a>c$ …三段論法

が必ず成り立ちます．このような性質を，(大学以降の) 数学では「推移律」といいます．

推移律が成り立つ現象もあれば，このゲームとか「ジャンケンのグー，チョキ，パー」のように成り立たないこともあるのです．

余談　著名な投資家：ウォーレン・バフェット氏が好んだ問題だそうです．

(出典)：『天才数学者、ラスベガスとウォール街を制す～偶然を支配した男のギャンブルと投資の戦略』エドワード・O・ソープ (著)，望月 衛 (翻訳)

7 12 8　じゃんけん (2人)
根底 実戦　[→例題 7 11 a]

着眼　人 を A，B と**区別**し，各人が出す“手”もグー・チョキ・パーと**区別**します．

注　2 人ともグー・チョキ・パーを等確率で出すという前提で考えるのが“常識”でしょう[1]．

解答　(1)　人 A，B およびじゃんけんの手「グー：○」，「チョキ：∨」，「パー：□」を区別したときの出し方：3^2(通り) の各々は等確率．

○そのうち条件を満たすものは，

[2] 勝つ 人 …A の 1 通り．

勝つ 手 … ○, ∨, □の 3 通り．

○よって求める確率は，

等確率 同基準 … $\dfrac{1\cdot 3}{3^2}=\dfrac{1}{3}$.//

(2)　○1 回のじゃんけんにおいて，

B が勝つ確率 $=\dfrac{1}{3}$ ((1)と同様).

$\therefore$ アイコの確率 $=1-\dfrac{1}{3}-\dfrac{1}{3}=\dfrac{1}{3}$.

○よって，各回のじゃんけんにおける結果とその確率は，

◎：勝敗が決まる … $\dfrac{2}{3}$[3]，

△：アイコ … $\dfrac{1}{3}$.

○題意の事象は，「△△△△◎」だから，求める確率は，

$\left(\dfrac{1}{3}\right)^4\cdot\dfrac{2}{3}=\dfrac{2}{243}$.//

解説　[2]：必ず勝つ人も意識してください (ここでは A だと決まっていますが)．

[3]：「A が勝つ」と「B が勝つ」を“束ねて”「勝敗が決まる」としています．

参考　[1]：その前提が崩れている問題を後に扱います．[→演習問題 7 13 2]

7 12 9　反復試行
根底 実戦　[→ 7 8 2]

着眼　「サイコロ」は単なる“確率発生装置”．「移動の仕方」と「その確率」を把握したら，サイコロとはサヨナラです．

(1)　**解答**　○各回における移動とその確率は右図の通り．

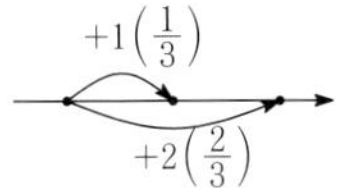

○題意の条件を満たす移動の仕方は

$7\text{ 回}\begin{cases}+1\cdots 4\text{ 回}\\+2\cdots 3\text{ 回}\end{cases}$ [1]

○よって求める確率は，

[2] ${}_7C_3\times\left(\dfrac{1}{3}\right)^4\cdot\left(\dfrac{2}{3}\right)^3=7\cdot5\cdot\dfrac{2^3}{3^7}=\dfrac{280}{2187}$.//

注　[1]：この回数内訳を，わざわざ方程式を立てて求める人がいますが…小学生がパッと答えを言えるレベルです (笑)．説明抜きにズバッと結果を書いちゃってください．

[2]：「反復試行」の公式です．必ず，

「並べ方の個数」×「個々の確率」

という考え方を理解した上で使うべし．■

(2)　**解答**　○各回における移動とその確率は右図の通り．

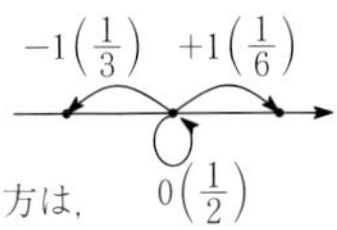

〔**座標が 2 の確率 p**〕

○題意の条件を満たす移動の仕方は，「+1」が 2 回以上あることから次の 2 つの場合のみ：

$5\text{ 回}\begin{cases}+1\cdots 3\text{ 回}\\-1\cdots 1\text{ 回}\\0\cdots 1\text{ 回}\end{cases}$，　$5\text{ 回}\begin{cases}+1\cdots 2\text{ 回}\\-1\cdots 0\text{ 回}\\0\cdots 3\text{ 回}\end{cases}$

○+1, 0, −1 の順序も考えて，

$$p=\ ^{3)}\ \frac{5!}{3!}\times\left(\frac{1}{6}\right)^3\cdot\frac{1}{3}\cdot\frac{1}{2}+{}_5C_2\times\left(\frac{1}{6}\right)^2\cdot\left(\frac{1}{2}\right)^3$$
$$=\frac{5\cdot4}{6^3\cdot3\cdot2}+\frac{5\cdot2}{6^2\cdot2^3}$$
$$=\frac{5}{6^2\cdot3^2}+\frac{5}{6^2\cdot2^2}$$
$$=\frac{5}{6^2\cdot3^2\cdot2^2}(4+9)=\frac{65}{1296}.//$$

〔**道のりが 3 の確率 q**〕

着眼

「道のり」とは，正・負に関わりなく実際に動いた距離です．■

例

回	1	2	3	4	5
移動	+1	0	+1	−1	0
道のり	1	0	1	1	0

○各回の移動に対する動いた「道のり」とその確率は

$$\text{道のり} = \begin{cases} 1\,(\text{移動が}\pm 1^{4)})\cdots \dfrac{1}{6}+\dfrac{1}{3}=\dfrac{1}{2}, \\ 0\,(\text{移動が }0)\cdots \dfrac{1}{2}. \end{cases}$$

○題意の条件を満たす移動の仕方は次の通り：

$$5\text{ 回}\begin{cases} \text{道のり}=1\cdots 3\text{ 回}, \\ \text{道のり}=0\cdots 2\text{ 回}. \end{cases}$$

○∴ $q={}_5\mathrm{C}_2\times\left(\dfrac{1}{2}\right)^5=\dfrac{5\cdot 2}{2^5}=\dfrac{5}{16}$.//

解説 3)：「同じものを含む順列の公式」です．

4)：「移動 +1」と「移動 −1」を「道のり 1」に“束ねる”という手法です．

7 12 10 反復試行

根底 実戦 [→例題 7 8 c]

方針 まずは，「得点」がどのように決まるかを考察します．

解答 ○各回における出た目と得点の関係は次．

出た目	1	2	3	4	5	6
得点	1	1	0	1	1	0

1)

○よって，各回における得点とその確率は次の通り：

$$^{2)}\begin{cases} 0\text{ 点}\cdots\dfrac{2}{6}=\dfrac{1}{3}, \\ 1\text{ 点}\cdots\dfrac{4}{6}=\dfrac{2}{3}. \end{cases}$$

○題意の事象は次の通り：

1～$n-1$ 回	n 回 3)
{1 点：$n-3$ 回, 0 点：2 回}	1 点

○以上より，求める確率は

$$\underbrace{{}_{n-1}\mathrm{C}_2}_{\text{並べ方の数}}\times\underbrace{\left(\frac{2}{3}\right)^{n-2}\cdot\left(\frac{1}{3}\right)^{2}}_{\text{個々の確率}}{}^{4)}\quad\cdots①$$

$$=\frac{(n-1)(n-2)}{8}\left(\frac{2}{3}\right)^n.//$$

解説 1)：3 で割った余りは 3 種類ありますが，「平方剰余」は種類が減るのでしたね[→例題 6 7 b]．このおかげで，「得点」としては 2 パターンだけに“束ねる”ことができました．

2)：これさえ把握してしまえば，もう二度と「サイコロの目」を考えることはありません．

3)「初めて」に留意しましたか？

注 4)：ここを

$$\underbrace{{}_{n-1}\mathrm{C}_2\cdot\left(\frac{2}{3}\right)^{n-3}\cdot\left(\frac{1}{3}\right)^2}_{\text{暗記している公式の形}}\times\frac{2}{3}$$ イマイチ

と書くのは，「反復試行」の公式を丸暗記しちゃってる人です．①式に赤字で書いた**考え方**こそ重要だと心得るべし．

7 12 11 反復試行の応用

根底 実戦 入試 [→ 7 8 2]

着眼 (1)(2) 素因数 3 に注目

(3) 素因数 2 に注目．$4(=2^2)$ に注意

解答 (1) 各回の事象とその確率は次の通り：

$$\begin{cases} A:\text{「3, 6」}\cdots\text{確率}=\dfrac{2}{6}=\dfrac{1}{3}, \\ \overline{A}:\text{「それ以外」}\cdots\text{確率}=\dfrac{2}{3}. \end{cases}$$

題意の条件は

$$n\text{ 回}\begin{cases} A\ \cdots 5\text{ 回}, \\ \overline{A}\ \cdots n-5\text{ 回} \end{cases}$$

となること．よって求める確率は

$${}_n\mathrm{C}_5\left(\frac{1}{3}\right)^5\left(\frac{2}{3}\right)^{n-5}={}^{1)}\,\frac{{}_n\mathrm{C}_5}{243}\left(\frac{2}{3}\right)^{n-5}.//$$

(2) 題意の条件は

回：	1, 2, 3, 4	5～n
事象：	$\overline{A}, \overline{A}, \overline{A}, A$	{A …4 回, $\overline{A}$ …$n-8$ 回}

となること．よって求める確率は

$$^{2)}\,{}_{n-4}\mathrm{C}_4\left(\frac{1}{3}\right)^5\left(\frac{2}{3}\right)^{n-5}=\frac{{}_{n-4}\mathrm{C}_4}{243}\left(\frac{2}{3}\right)^{n-5}.//$$

(3) 各回の事象とその確率は次の通り：

$$\begin{cases} B_1:\text{「}4(=2^2)\text{」}\cdots\text{確率}=\dfrac{1}{6}, \\ B_2:\text{「}2, 6(=2\cdot 3)\text{」}\cdots\text{確率}=\dfrac{2}{6}=\dfrac{1}{3}, \\ B_3:\text{「1, 3, 5」}\cdots\text{確率}=\dfrac{3}{6}=\dfrac{1}{2}. \end{cases}$$

題意の条件は，6 回の内訳が次のようになること：

$$\begin{cases} B_1:2\text{ 回} \\ B_2:1\text{ 回} \\ B_3:3\text{ 回} \end{cases}\text{ or }\begin{cases} B_1:1\text{ 回} \\ B_2:3\text{ 回} \\ B_3:2\text{ 回} \end{cases}\text{ or }\begin{cases} B_1:0\text{ 回} \\ B_2:5\text{ 回} \\ B_3:1\text{ 回} \end{cases}$$

よって求める確率は

$$^{3)}\,\frac{6!}{2!3!}\cdot\left(\frac{1}{6}\right)^2\left(\frac{1}{3}\right)\left(\frac{1}{2}\right)^3+\frac{6!}{3!2!}\cdot\left(\frac{1}{6}\right)\left(\frac{1}{3}\right)^3\left(\frac{1}{2}\right)^2+\frac{6!}{5!}\cdot\left(\frac{1}{3}\right)^5\left(\frac{1}{2}\right)$$

$$=\frac{60}{3^3\cdot 2^5}+\frac{60}{3^4\cdot 2^3}+\frac{1}{3^4}$$

$$=\frac{45+60+8}{3^4\cdot 2^3}=\frac{113}{648}.//$$

解説 2)3)：(1)で用いた「反復試行」の公式と同じ

順序の数×個々の確率

という**考え方**ですね．

注 (2)で，

$$\left(\frac{2}{3}\right)^3\left(\frac{1}{3}\right)\times{}_{n-4}\mathrm{C}_4\left(\frac{1}{3}\right)^4\left(\frac{2}{3}\right)^{n-8}$$

とするのは今一つです．前記「順序の個数 × 個々の確率」という**考え方**に戻って，**【解答】**のようにスマートに片付けましょう．

補足 1)2)：答えの最終結果は，二項係数を n の多項式に書き直した方がよいかもしれませんが，$_{\bigcirc}C_{\triangle}$ の△が 4 や 5 と大き目なので少し面倒ですね．筆者はこのままで良いのかなと“思います”（ここは採点官の趣味です）．

7 12 12 乗法定理 根底 実戦 重要

[→例題 7 11 d]

着眼 行われる試行が“目に見えて”いますか？

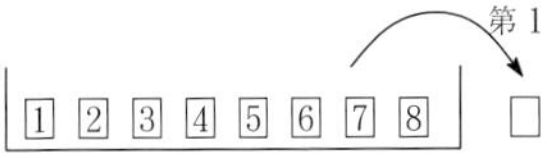

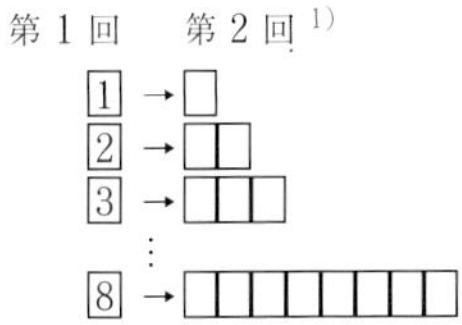

第 2 回に 1, 2, 3, 4, 5 を全て取り出すには，第 1 回で 5 以上のカードを抜き出していることが必要ですね．

解答 ○第 2 回に 1, 2, 3, 4, 5 のカードが全て取り出される事象は次の通り 2)：

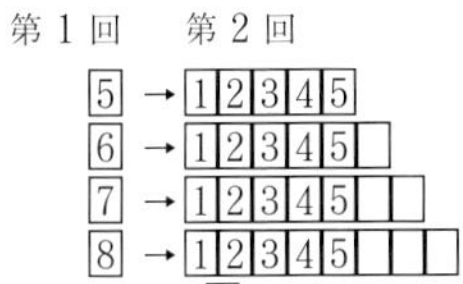

（□は，6, 7, 8 から選ぶ）

○よって求める確率は，

$$\frac{1}{8}{}^{3)}\cdot\frac{1}{{}_8C_5}{}^{4)}+\frac{1}{8}\cdot\frac{{}_3C_1}{{}_8C_6}+\frac{1}{8}\cdot\frac{{}_3C_2}{{}_8C_7}+\frac{1}{8}\cdot\frac{{}_3C_3}{{}_8C_8}$$

$$=\frac{1}{8}\cdot\left(\frac{1}{{}_8C_3}+\frac{3}{{}_8C_2}+\frac{3}{{}_8C_1}+\frac{1}{{}_8C_0}\right)$$

$$=\frac{1}{8}\cdot\left(\frac{1}{8\cdot7}+\frac{3}{4\cdot7}+\frac{3}{8}+1^{5)}\right)$$

$$=\frac{1}{8}\cdot\left(\frac{1+6+21+56}{8\cdot7}\right)$$

$$=\frac{1}{8}\cdot\frac{84}{8\cdot7}=\frac{12}{8\cdot8}=\frac{3}{16}.//$$

解説 1)：第 1 回のカードの出方により，第 2 回ののカードの取り出し方に影響が及びますから，いわゆる「独立試行」ではありません．

4)：という訳で，ここでは確率の乗法定理を用いており，「$\frac{1}{{}_8C_5}$」はいちおう条件付確率（ただし，直接求まるタイプ）です．といっても，特にそのことを意識するまでもなく，「起こりやすさの割合に対し，さらにその中での起こりやすさの割合を掛ける」という感覚で，自然に使いこなせるでしょう．

2)：これらが排反であることはアタリマエであり，ワザワザ言及する価値はありません．もし言及するなら，「排反」＝「ダブリなし」と同時に「全てを尽している」＝「モレなし」にも触れないと，むしろアンバランス感が出てしまいます．

注 3)：この「$\frac{1}{8}$」を忘れないように！「第 1 回のカードを取り出す」という試行を行っているのですから．

5)：8 枚全てを取り出せば，必ず 1～5 のカード全てが出るに決まってますね（笑）．

7 12 13 円順列と確率 根底 実戦

[→ 7 3 8]

注 本問から，少し風変わりな発想法が続きます．

着眼 「場合の数」における円順列の問題では，「1 つを固定」がポイントであり，[→ 3 8]，その「1 つ」がないタイプの円順列は難問でした [→演習問題 7 5 34]．しかし，「確率」においては…

解答 ○白の 1 つに印を付けてそれを W とし，10 個の石を

黒：b, b, b, b,

白：W, w, w, w, w, w

と表す．

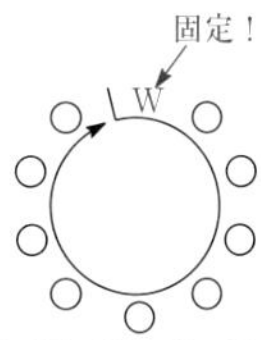

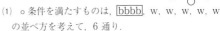

○W を固定し，他の 9 個を右回りに並べる方法は，b4 個の位置を考えて

$_9C_4=3\cdot7\cdot6$（通り）．

これらの各々は等確率．

(1) ○条件を満たすものは，bbbb, w, w, w, w, w の並べ方を考えて，6 通り．

○よって求める確率は

$$\frac{6}{3\cdot7\cdot6}=\frac{1}{21}.//$$

(2) ○条件を満たす並べ方を考える．まず，w, w, w, w, w を並べておく．

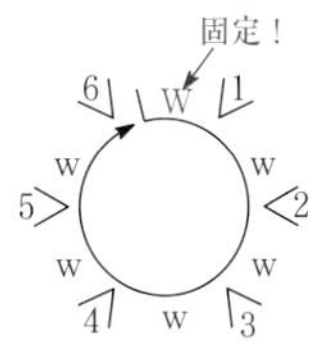

○ ∧ ∧ ∧ ∧ ∧ ∧ (1 2 3 4 5 6) から 4 か所を選んで b を 1 個ずつ入れる仕方は

$_6C_4={}_6C_2=3\cdot5$（通り）．

○よって求める確率は

$$\frac{3\cdot5}{3\cdot7\cdot6}=\frac{5}{42}.//$$

解説 「場合の数」と違って，「確率」では，区別するかしないかを自分で決めることができますから，「1つ」がない円順列であっても難しくはありません．
b，w のどちらをその「1 つ」とするかは，その後の作業を見越して決めます：
(1)→カタマリ bbbb を作る→ w を「1 つ」として固定
(2)→まず w を並べる→ w を「1 つ」として固定
黒に関する条件が問われていますが，黒の 1 つを固定すると…やりづらくなりますね．

注 白玉の「1 つ」を W と特別視したのは，あくまでも円順列の決め手となる「1 つを固定」を用いるためです．黒と白の「色の配置」だけが問われているので，b どうしや W 以外の w どうしを区別する必要はありません．

7 12 14 視点を変える 根底 実戦 [→7 6 2]

注 少し風変わりな発想法 (その 2) です．

方針 もちろん，取り出す 3 個の組合せに注目して

$$\frac{1\cdot{}_9C_2}{{}_{10}C_3}=\frac{9\cdot4}{10\cdot3\cdot4}=\frac{3}{10}$$

とすれば OK です．
ただ，この結果を見ると…「10 個から 3 個取り出すんだから，1 個だけある赤が出る確率は $\frac{3}{10}$」となるのは当然な気もします．
そこで，もう少し直観的に納得がいくように…

解答 ○ 10 個の玉を全て区別して一列に並べ，左から 3 番目までを「取り出す」と決める．
○ 赤玉が前から 1, 2, 3, …, 10 番目になる事象は全て等確率．
○ よって，求める確率は，赤玉が 3 番目までに入る事象を考えて

$$\frac{3}{10}.∥$$

解説 このように，確率においては，視点を変えると現象がクリアーに見渡せることがよくあります．

7 12 15 一方を固定 根底 実戦 重要 [→7 6 2]

注 少し風変わりな発想法 (その 3) です．

着眼 例題7 4 i でやった「組分け」ですね．それが 2 セット行われ，しかも確率ですから難しそうに感じられるでしょうが…．そこの最後の重要：「特定なものに注目し，それを基準として考える」という方法論が見事に機能します．

解答 ○ 2 つのセットを A，B と区別する．
セット A の分け方を固定し，それに対してセット B の分け方が一致する確率を考える．
○ セット B において，1 と同じ組に入る $n-1$ 個の選び方：

${}_{2n-1}C_{n-1}$ 通り

の各々は等確率．
○ そのうち A の分け方と一致するものは，A の分け方によらず必ず 1 通りのみ．
○ 以上より，求める確率は

$$\frac{1}{{}_{2n-1}C_{n-1}}.∥ \text{[1)]}$$

別解 B の分け方は，例題7 4 i (4) 別解と全く同様に，組を区別するかしないかの対応関係を利用して

$\frac{{}_{2n}C_n}{2!}$ 通り (各々等確率)

です．よって求める確率は次のように求まります．

$$\frac{1}{\frac{{}_{2n}C_n}{2}}=\frac{2}{{}_{2n}C_n}. \text{[2)]}$$

注 1)：答えはこの形のままでよい気がしますが，階乗記号で表すと次の通りです：

$$\frac{1}{{}_{2n-1}C_{n-1}}=\frac{(n-1)!n!}{(2n-1)!}.$$

2)：こちらも階乗記号で表してみると

$$\frac{2}{{}_{2n}C_n}=\frac{2\cdot n!\cdot n!}{(2n)!}=\frac{2n\cdot(n-1)!\cdot n!}{(2n)!}=\frac{(n-1)!n!}{(2n-1)!}.$$

ちゃんと両者は一致していますね．
ちなみに演習問題7 5 36(2)において，まさにこの両者が一致することを示しました．

参考 A，B それぞれの分け方を m 通りとすると，両者の分け方の数を考えて，求める確率は

$$\frac{\cancel{m}}{\cancel{m}\cdot m}=\frac{1}{m}$$

となります．上記解答では，ここで行われた約分が初めから済んでいたという訳です．

7 12 16 三角形の 3 辺 根底 実戦 [→7 6 2]

着眼 (1)(2)「サイコロ」なので同じ目が出ることもあり，「区別のつかない」とあるので，いわゆる「重複のある組合せ」ですね．

方針 (1) 例の「○を | で仕切る」考えが使えます．
(2) 地道に書き出しましょう．その際，「最大辺」に注目すると効率的です[→5 4 2 注]．なお，「0」は辺の長さとしては使えません．当然ですが．

注 (3)だけは「確率」ですので，問題文の「区別のつかない」は無効化されます．自ら区別を付けて**等確率性**を実現してください．

解答 (1) ○サイコロ 3 つを区別しないから，「題意の目の出方」と「3 個の○を 5 本の┃で仕切る方法」とは 1 対 1 対応（例えば[1] 次の通り）．

○ ┃ ┃ ┃○┃○┃
0　1　2　3　4　5

$\longleftrightarrow$（対応） 3 つの目が $\{0, 3, 4\}$

○よって求める数は

$${}_8C_3=\frac{8\cdot7\cdot6}{3\cdot2}=56.$$ //

(2) ○題意の条件は，最大辺（の 1 つ[2]）より他の 2 辺の和が大きいこと．

○そこで，最大辺を固定して考えると，条件を満たすものは以下のとおりである．

（空欄は上と同じ数[3] で，○や△は(3)で使う記号）

5	5	5	○
		4	△
		3	△
		2	△
		1	△
	4	4	△
		3	
		2	
	3	3	△

4	4	4	○
		3	△
		2	△
		1	△
	3	3	△
		2	

3	3	3	○
		2	△
		1	△
	2	2	△
2	2	2	○
		1	△
1	1	1	○

○よって求める数は

$$(5+3+1)+(4+2)+(3+1)+2+1$$
$$=9+6+4+2+1=22.$$ //

(3) ○サイコロ 3 個を A, B, C と区別して考えると，目の出方の総数：6^3 通りの各々は等確率．

○そのうち条件を満たすものの個数を，(2)で書き出した組合せをもとに考える．

サイコロを区別したときに対応する目の出方の数を，表で同じ目の在り方を表した記号「○，△，その他」によって場合分けして考えると次のようになる：

22 個 { ○ 5 個 → 1 通り / △ 14 個 → 3 通り / 他 3 個 → 3!通り }

○以上より，求める確率は

$$\frac{5\cdot1+14\cdot3+3\cdot3!}{6^3}=\frac{5+42+18}{6^3}=\frac{65}{216}.$$ //

補足 [2]：例えば 3 数が「2, 5, 5」であれば，「最大辺」＝5，「他の 2 辺」＝2, 5 です．

[3]：これは，樹形図の“枝”を描くのを省略した表記法といえます．見た目スッキリするので，筆者はよく使います．

言い訳 [1]：正規の「解答」・「答案」において**例**を用いるのは本格的な書き方ではないですが…，採点官に対して「わかっている」ことをアピールする方法としてとても効果的です．状況次第では使って欲しいです．

7 12 17 最短経路・2通りの基準

根底 実戦 典型 [→762]

着眼 (1)と(2)では，等確率の基準が異なります．

(1) 予め決められた経路を選びます．

(2) 経路を進みながら，交差点に到る度に次の進路を選びます．

注 (2)では，例えば D に到達してしまえば，その後の進路は関係ありません．必ず B に到達する訳ですから（笑）．

解答 (1) ○「O から B への最短経路」と「→ 6 個，↑ 4 個の並べ方」は 1 対 1 対応．よって，最短経路の総数は

$${}_{10}C_4=\frac{10\cdot9\cdot8\cdot7}{4\cdot3\cdot2}=10\cdot3\cdot7=210(\text{通り})$$

あり，各々は等確率．

○「O から D への経路」と「→ 5 個 ↑ 2 個の並べ方」「D から B への経路」と「→ 1 個 ↑ 2 個の並べ方」は，それぞれ 1 対 1 対応．よって，D を通る最短経路の数は，${}_7C_2\cdot{}_3C_1$ 通り．

○以上より，求める確率は

$$\frac{{}_7C_2\cdot{}_3C_1}{{}_{10}C_4}=\frac{7\cdot3\cdot3}{10\cdot3\cdot7}=\frac{3}{10}.$$ //

(2) ○D へ到る全ての最短経路は，線分 AB, BC 上の点からの移動を行わず，7 回の進路選択をする．よって，どの経路を辿る確率も $\left(\frac{1}{2}\right)^7$．

○D へ到る全ての最短経路数は，(1)と同様に考えて ${}_7C_2$ 通り．

○よって，P が D を通る確率は

$${}_7C_2\cdot\left(\frac{1}{2}\right)^7=\frac{21}{2^7}=\frac{21}{128}.$$ // …①

○次に，右図のように点 F, G をとり，E に到る最短経路を考える．

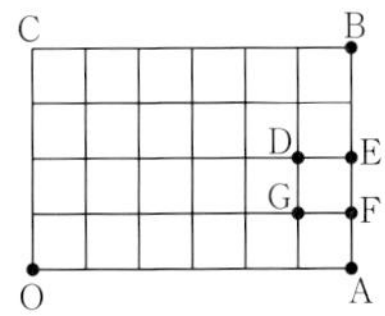

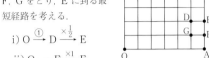

i) $O \xrightarrow{①} D \xrightarrow{\times\frac{1}{2}} E$

ii) $O \longrightarrow F \xrightarrow{\times1} E$

の 2 つだけがあり，これらは排反[1] である（数値は各移動の確率）．

○ii) において，O から F へ到る最短経路は，

ア) $O \longrightarrow G \xrightarrow{\times\frac{1}{2}} F$

イ) $O \longrightarrow A \xrightarrow{\times1} F$

の 2 つだけがあり，これらは排反である．

第 7 章 場合の数・確率

∘ ア) の確率は, ①と同様に考えて

$${}_6C_1\cdot\left(\frac{1}{2}\right)^6\times\frac{1}{2}=\frac{6}{2^7}.$$

∘ イ) の確率は,

$$\left(\frac{1}{2}\right)^6\times 1=\frac{1}{2^6}.$$

∘ 以上より, 求める E を通る確率は

$$\frac{21}{2^7}\times\frac{1}{2}+\left(\frac{6}{2^7}+\frac{1}{2^6}\right)\times 1$$

$$=\frac{21}{2^8}+\frac{8}{2^7}$$

$$=\frac{21+16}{2^8}=\frac{37}{256}.\text{//}$$

重要 1):「だけ」と「排反」をセットで書きました. 筆者は,「自明」である場合にはワザワザこのことを書いたりしませんが, 今回は, 分けて考えた経路にダブリがないかをチェックしたいと考え, 明言しました. よく, どんな時でもろくに考えもせず「排反」とだけ書く人が多いのですが, 感心しません.

参考 各交差点を通る確率を図に書き込むと, 次のようになります.

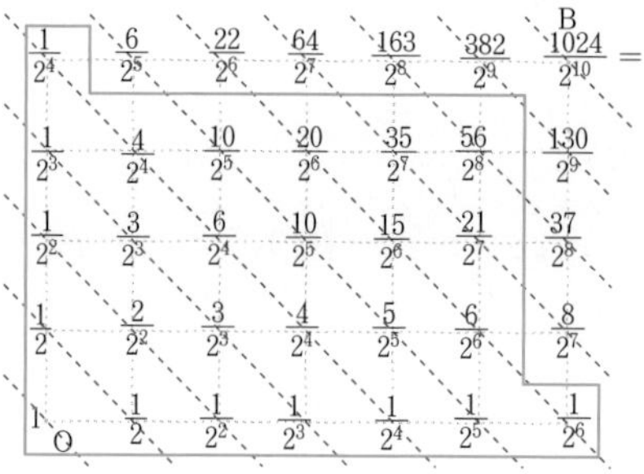

(2)の答えと一致していることを確認してください.
なお, 移動回数が等しい交差点を, 赤線で結んで表しています. 各回後において, P は赤線上のどれか 1 つの頂点に位置しますから, 各赤線について, その上にある確率の合計は 1 になります.
また, 線分 AB, BC 上の点からの移動の影響を受けない青枠内の確率は, 全て反復試行の公式から求まります.

7 12 18 積が○○の倍数

根底 **実戦** 典型 **重要** ハイレベル↑ [→例題 7 11 e]

着眼 お気付きの通り, **例題 7 11 e** の類題・発展版です.

(1) 9 のカードが出るか否かと考えたら失敗. $9=3^2$ ですから, X がもつ**素因数** 3 の個数を考えます (右を参照).

求めやすい $\overbrace{0, 1}$, $\underbrace{2, 3, \cdots, 2n}$ 求めたい

(2)「18」を「$9(=3^2)$」と「2」という互いに素な 2 数に分解して考えます.

解答 (1) ∘ 1〜9 が持つ素因数 3 は以下の通り:

	1	2	3	4	5	6	7	8	9
素因数 3:			∘			∘			∘∘

∘ 題意の事象 A は

A:「X が持つ素因数 3 が 2 個以上」.

∘ その余事象は

$\overline{A}$:「X が持つ素因数 3 が 0 個 or 1 個」

i.e. $\begin{cases}「n \text{ 回とも } 1, 2, 4, 5, 7, 8」\text{ or}\\ 「1 \text{ 回は } 3, 6 \text{ で他は } 1, 2, 4, 5, 7, 8」.\end{cases}$ …①

∘ よって求める確率は

$$P(A)=1-P(\overline{A})$$
$$=1-\left\{\left(\frac{6}{9}\right)^n+{}^{1)}{}_nC_1\cdot\frac{2}{9}\left(\frac{6}{9}\right)^{n-1}\right\}$$
$$=1-\left(1+\frac{n}{3}\right)\left(\frac{2}{3}\right)^n.\text{//}$$

(2) ∘ $18=9\cdot2$ であり 9 と 2 は互いに素だから, 事象

B:「X が 2 の倍数」

を用いて, 題意の事象は, $A\cap B$.

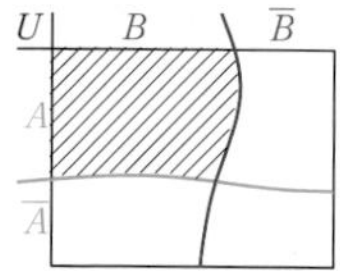

∘ ここで,

$\overline{B}$:「n 回とも 1, 3, 5, 7, 9」.

また, ①より

2) $\overline{A}\cap\overline{B}$ $\begin{cases}「n \text{ 回とも } 1, 5, 7」\text{ or}\\ 「1 \text{ 回は } 3 \text{ で他は } 1, 5, 7」.\end{cases}$

∘ 前記と①より, 求める確率は

$$P(A\cap B)$$
$$=1-P(\overline{A}\cup\overline{B})$$
$$=1-P(\overline{A})-P(\overline{B})+P(\overline{A}\cap\overline{B}).\ \cdots②$$

∘ ここで,

$$P(\overline{B})=\left(\frac{5}{9}\right)^n.$$

$$P(\overline{A}\cap\overline{B})=\left(\frac{3}{9}\right)^n+{}_nC_1\cdot\frac{1}{9}\left(\frac{3}{9}\right)^{n-1}$$
$$=\left(1+\frac{n}{3}\right)\left(\frac{1}{3}\right)^n.$$

∘ これらと(1)および②より, 求める確率 $P(A\cap B)$ は

$$1-\left(1+\frac{n}{3}\right)\left(\frac{2}{3}\right)^n-\left(\frac{5}{9}\right)^n+\left(1+\frac{n}{3}\right)\left(\frac{1}{3}\right)^n.\text{//}$$

注 1): この式で,「$\frac{2}{9}\left(\frac{6}{9}\right)^{n-1}$」は順序を考えて乗法定理を用いています. よって, 1 回だけ出る「3 or 6」が何回目に出るかを考えなければなりません.

2): (1)で考えた事象 $\overline{A}$ をベースに考え, なおかつ $\overline{B}$:「全てが奇数」ですから, こうなりますね.

7 12 19 サイコロ・L.C.M.

根底 実戦 入試 ハイレベル↑ [→例題 7 11 e]

着眼 「はっ？何？」ってなりそうですね（笑）．そんなときは，「例」を作ってみるべし．

注 「最大公約数」は「約数」の1つ．「最小公倍数」は「倍数」の1つ．アタリマエですが，大切な視点です．

解答 (1) 「G.C.D. $=6$」ならば，

「6が全ての目の公約数」，

i.e.「全ての目が6の倍数[1)]」．

∴「全ての目が6」．…①[2)]

逆に①ならば，G.C.D. $=6$ となる[3)]．

よって求めるものは，①の確率であり，$\left(\frac{1}{6}\right)^n$．//

(2) 題意の条件は，

A:「全ての目が12の約数[4)]:

1, 2, 3, 4, 6 のいずれかであること．」

よって求める確率は，$\left(\frac{5}{6}\right)^n$．//

(3) ∘ L.C.M. $=12$ となるためには，A が必要．

$12=4\cdot3$ であり，$4(=\underline{2^2})$ と $\underline{3}$ は互いに素[5)] だから，題意の条件は，A のもとでなおかつ

B:「1回以上 $4(=$[6)]$\underline{2^2})$が出る」かつ

C:「1回以上$\underline{3}$ or $6(=2\cdot\underline{3}$[7)]$)$ が出る」

が成り立つこと．

∘

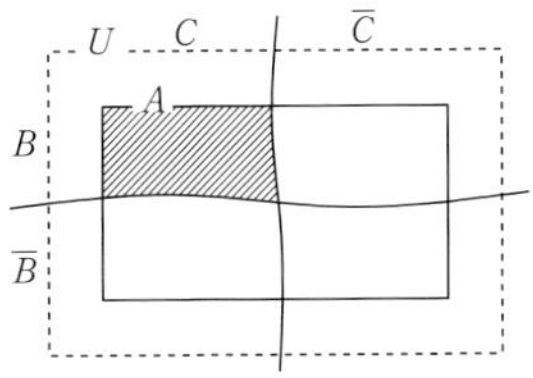

$A\cap\overline{B}$:「n 回とも 1, 2, 3, 6」，…実線枠下側

$A\cap\overline{C}$:「n 回とも 1, 2, 4」，…実線枠右側

$A\cap\overline{B}\cap\overline{C}$:「$n$ 回とも 1, 2」．…実線枠右下

∘ 以上より，求める確率は，

$$P(A\cap B\cap C)$$
$$=\left(\frac{5}{6}\right)^n-\left\{\left(\frac{4}{6}\right)^n+\left(\frac{3}{6}\right)^n-\left(\frac{2}{6}\right)^n\right\}$$
$$=\left(\frac{5}{6}\right)^n-\left(\frac{2}{3}\right)^n-\left(\frac{1}{2}\right)^n+\left(\frac{1}{3}\right)^n.//$$

解説 1)4)：「約数」と「倍数」の“読み替え”を行い，既知なる定数「6」や「12」に対して，未知なる「目」がどのような数なのかを把握しやすくしています．

2)：「G.C.D. $=6$」に対して，①は必要条件だと述べています．

3)：「G.C.D. $=6$」に対して，①は十分条件でもあることがわかりました．

5)6)7)：「互いに素」「素因数」という整数固有の概念が決め手となっています！

参考 (3)に対する，より本格的なアプローチを述べておきます．

サイコロの目1つ1つを

$2^x\cdot3^y\cdot5^z$（x, y, z は0以上の整数）

のように素因数分解したとき，L.C.M. $=12(=2^2\cdot3)$ となるための条件は，サイコロ n 個の目についての最大次数について次の㋐〜㋒が成り立つことです：

㋐: $\max x=2$ ↕ B　㋑: $\max y=1$ ↕ C　㋒: $\max z=0$ ↕ A

解答中の事象 A, B, C との対応も書き入れました．

7 12 20 最大・最小と確率

根底 実戦 典型 重要 ハイレベル↑ [→例題 7 11 f]

着眼 m, M それぞれについて，「$\geq$, $=$, $\leq$」が何を意味するかを読み取ります．具体例を書くなどして，間違えないように．

例：5, 9, 4, 3, 6… これは，(1)(2)の条件を満たしています．

解答 (1) ∘ $m\geq3$ となるための条件は

A:「n 枚とも3以上」[1)]

∘ よって求める確率は，$\left(\frac{7}{9}\right)^n$．//

(2) ∘ $m=3$ となるための条件は

[2)] $\begin{cases}A:「n枚とも3以上」，かつ\\B:「少なくとも1枚は3」．\end{cases}$

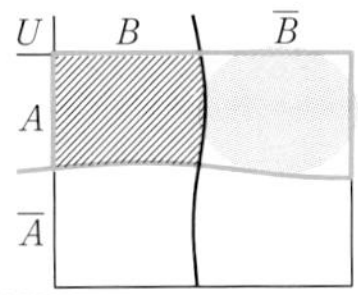

∘ $A\cap\overline{B}$:「n 枚とも4以上」[3)]

だから，求める確率は，右図赤色

$$P(A\cap B)=P(A)-P(A\cap\overline{B})$$
$$=\left(\frac{7}{9}\right)^n-\left(\frac{6}{9}\right)^n=\left(\frac{7}{9}\right)^n-\left(\frac{2}{3}\right)^n.//$$

(3) ∘ $M\leq6$ となるための条件は

C:「n 枚とも6以下」．[4)]

∘ よって，題意の事象は

$A\cap B\cap C$

i.e. $A\cap C$:「n 枚とも 3〜6」かつ B．

∘ $A\cap C\cap\overline{B}$:「n 枚とも 4〜6」だから，求める確率は，

$$\left(\frac{4}{9}\right)^n-\left(\frac{3}{9}\right)^n=\left(\frac{4}{9}\right)^n-\left(\frac{1}{3}\right)^n.//$$

(4) ∘ $M\geq6$ となるための条件は

D:「少なくとも1枚は6以上」[5)]

∘ よって，題意の事象は，$A\cap B\cap D$.

○

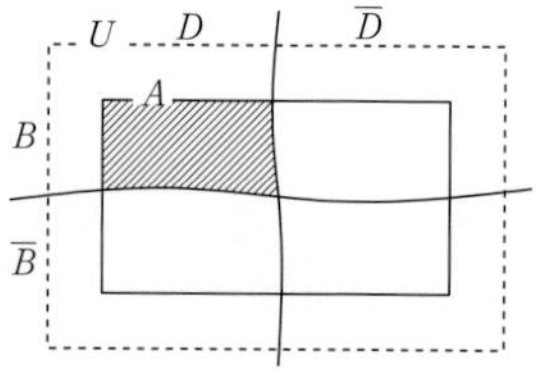

$A\cap\overline{B}$:「n 枚とも 4 以上」，　実線枠下側

$A\cap\overline{D}$:「n 枚とも 3~5」，　実線枠右側

$A\cap\overline{B}\cap\overline{D}$:「$n$ 枚とも 4 or 5」．　実線枠右下

○以上より，求める確率は，

$$P(A\cap B\cap D)$$
$$=\left(\frac{7}{9}\right)^n-\left\{\left(\frac{6}{9}\right)^n+\left(\frac{3}{9}\right)^n-\left(\frac{2}{9}\right)^n\right\}$$
$$=\left(\frac{7}{9}\right)^n-\left(\frac{2}{3}\right)^n-\left(\frac{1}{3}\right)^n+\left(\frac{2}{9}\right)^n.\,/\!/$$

解説 [1)]：「$m\geq3$」と「n 枚とも 3 以上」が同値であることを，「$\Longrightarrow$」と「$\Longleftarrow$」の両方を考えて納得しておいてくださいね．

[4)]：ここも同様に．

[2)]：これと(1)を比べると，実は「$m=3$」より「$m\geq3$」の方が扱いやすい事象であることがわかりますね．

[3)]：A は明快ですから余事象の出番はなし．B は曖昧なので余事象を使いたい．よって，事象 $A\cap\overline{B}$(カルノー図の右上) を考えるのが自然です．「包除原理」を使うのは的外れ．

[5)]：「$M\geq$」の向きになると，曖昧になるんですね．

7 12 21 「連」の長さ　根底 実戦　入試　ハイレベル↑　[→7 8 2]

方針 事象を視覚化して状況を正確に把握しましょう．

注 (2)，(3)においては，直前の設問と何が違うかを考えること．

解答 (1) ○ $X=n$ となるのは，全ての目が同じとき．(右図で，○は全て同じ目を表す．)

n 個
[○○○ … ○○]

○ $X=n-1$ となるのは，右図のようになるとき．ただし，△は○以外の目．

$n-1$ 個
[○○○ … ○○] △

$n-1$ 個
△ [○○○ … ○○]

○以上より，求める確率は

$$P(X\geq n-1)=\underbrace{6}_{○の目}\cdot\left(\frac{1}{6}\right)^n+2\times\underbrace{6\cdot5}_{○，△の目}\cdot\left(\frac{1}{6}\right)^n \;{}^{1)}$$
$$=11\cdot\left(\frac{1}{6}\right)^{n-1}.\,/\!/$$

(2) ○ $k\geq\dfrac{n}{2}$ より，長さ k の連が 2 つ以上あることはない．[2)]

○ $X=k\ \left(\dfrac{n}{2}\leq k\leq n-2\right)$ となるのは，次図のようになるとき．

i)
k 個　　$n-1-k$ 個
[○○○ … ○○] △ ？？…？

ii)
$n-1-k$ 個　　k 個
？？…？ △ [○○○ … ○○]

ただし，i) と ii) では，△は○以外，？は任意の目[3)]を表す．

iii)
l 個　　k 個　　$n-2-k-l$ 個
？…？ △ [○○○ … ○○] □ ？…？

ただし，△および□は○以外，？は任意の目を表す．また，l は，$0, 1, 2, \cdots, n-2-k$ の $n-1-k$ 通りの値をとり得る．

○以上より，求める確率は

$$P(X=k)$$
$$=2\times\underbrace{6\cdot5}_{○，△の目}\cdot\left(\frac{1}{6}\right)^{k+1}+(n-1-k)\times\underbrace{6\cdot5\cdot5}_{○，△，□の目}\cdot\left(\frac{1}{6}\right)^{k+2}\;{}^{4)}$$
$$=5\cdot\{2\cdot6+5(n-1-k)\}\cdot\left(\frac{1}{6}\right)^{k+1}$$
$$=5(5n-5k+7)\cdot\left(\frac{1}{6}\right)^{k+1}.\,/\!/\ \cdots①$$

(3) ○ ①で $n=2m+1,\ k=m$ とおいた確率において，次の事象が重複して考えられている．

m 個　　m 個
[○○ … ○] △ [□□ … □] [5)]

ただし，△は○，□のいずれとも異なる目．○＝□のこともある．　△，○，□の目

○この確率は，$6\cdot5\cdot5\cdot\left(\dfrac{1}{6}\right)^{2m+1}$．

○よって求める確率は

$$5\{5(2m+1)-5m+7\}\left(\frac{1}{6}\right)^{m+1}-6\cdot5\cdot5\left(\frac{1}{6}\right)^{2m+1}$$
$$=5(5m+12)\cdot\left(\frac{1}{6}\right)^{m+1}-150\cdot\left(\frac{1}{6}\right)^{2m+1}.\,/\!/$$

解説 [3)]：「?」は何でもよいのですから，ワザワザ $\left(\dfrac{6}{6}\right)^{\blacktriangle}$ などと書く価値はありません．

注 [5)]：(2)の i)，ii) は，$n=2m+1,\ k=m$ の場合次のようになります：

i)
m 個　主役　m 個　脇役
[○○○ … ○○] △ ？？？…？？

ii)
m 個　脇役　m 個　主役
？？？…？？ △ [□□□ … □□]

i)，ii) において，「？」は任意の目を表すので，たしかに[5)]のケースがダブってますね．いわゆる“主役脇役ダブルカウント”です．

2)：連の最大長 k が $\dfrac{n}{2}$ 以上の場合，仮にその連が 2 つ以上あったら間を隔てる「△」も合わせて目が n 個を超えてしまいますね．

補足 4)：この式は，$k=n-1$ のとき第 2 項が 0 なので，(1)1) の第 2 項：$P(X=n-1)$ と一致します．つまり，(2)の答えは $k=n-1$ でも成り立ちます．

7 12 22 試合の反復

根底 実戦 入試 ハイレベル↑ [→7 8 2]

方針 とにもかくにも，事象を視覚化して状況を把握しましょう．

解答 各試技の結果を次のように表す：

A の成功：Ⓐ， A の失敗：A

B の成功：Ⓑ， B の失敗：B

(1) ∘ A が勝利を決める事象は，次の通り：

AB AB … AB Ⓐ …①

∘ ①において，ABの回数を m とすると，$n=2m+1$ $(m=0,1,2,\cdots)$ である．このとき，$m=\dfrac{n-1}{2}$ だから

$$P(n)=P(2m+1)$$
$$=\{(1-a)(1-b)\}^m\cdot a$$
$$=\{(1-a)(1-b)\}^{\frac{n-1}{2}}\cdot a\ (n=1,3,5,\cdots).\ /\!/$$

∘ また，n が偶数のとき，$P(n)=0$. //

(2) ∘ A が勝利を決める事象は，次の 2 つのケース：

i) AB … AB Ⓐ AB … AB Ⓐ

ii) AB … AB AⒷB AB … AB Ⓐ AB … AB Ⓐ

（逆順もある）

∘ ABの回数を m（m は 0 以上の整数）とすると，

i)… $n=2m+2$（偶数）

ii)… $n=2m+5$（奇数）

∘ $n=2m+2$ $(m=0,1,2,\cdots)$，i.e. $m=\dfrac{n-2}{2}$ のとき，

m 個のABと 1 度目のⒶ

の並べ方も考えて

$$Q(n)$$
$$=Q(2m+2)$$
$$=(m+1)\cdot\{(1-a)(1-b)\}^m a^2$$
$$=\frac{n}{2}\cdot\{(1-a)(1-b)\}^{\frac{n-2}{2}}\cdot a^2\ (n=2,4,6,\cdots).\ /\!/$$

∘ $n=2m+5$ $(m=0,1,2,\cdots)$，i.e. $m=\dfrac{n-5}{2}$ のとき，

m 個のAB，AⒷB，および 1 度目のⒶ

の並べ方も考えて

$$Q(n)$$
$$=Q(2m+5)$$
$$=(m+2)(m+1)\cdot\{(1-a)(1-b)\}^m(1-a)(1-b)ba^2$$
$$=\frac{(n-1)(n-3)}{4}\{(1-a)(1-b)\}^{\frac{n-3}{2}}a^2b.\ /\!/$$
$$(n=5,7,9,\cdots)$$

∘ また，$n=1,3$ のとき，$Q(n)=0$. //

解説 素朴に地道に事象を視覚化して把握すれば実は単純な問題なのですが…「素朴・地道」こそ，多くの受験生の抱える弱点です（苦笑）．

注 (2)で，i) と ii) を加えないでくださいね．i) は $n=2,4,6,\cdots$ のときのみ，ii) は $n=5,7,9,\cdots$ のときのみですから．

補足 上記において，ABが 0 回のこともありますが，$\{(1-a)(1-b)\}^0=1$ ですから[→1 1 2 将来] 解答の全ての式はちゃんと成り立っています．

参考 問題文にある確率 a,b は，統計的確率[→ **p.463 コラム**]と考えてください．

7 12 23 一定方向への推移

根底 実戦 重要 [→7 8 2]

着眼 毎回において P は左向き（マイナスの向き）の移動か移動しないかのどちらかであり，n 回後に初めて座標が 0 になるという事象を考えます．

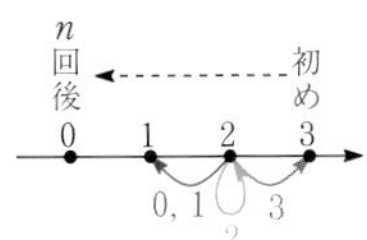

注 したがって，問題文にある「正の向き」の移動が起こる場合は一切考えません．

補足 上図には，$X_{k-1}=2$ であるときの，カードの数に対する第 k 回の移動の仕方が，例として書き込んであります．

解答 ∘ 題意の条件を満たす X_k の推移は次の通り：

$$3\to\cdots\to3\Rightarrow2\to\cdots\to2\Rightarrow1\to\cdots\to1\Rightarrow0$$

∘ 上図において，「3 → 3」，「2 → 2」，「1 → 1」の確率は全て $\dfrac{1}{4}$ 1) であるから，上図の推移をまとめると次の通り 2)：

第 1 回～第 $n-1$ 回　第 n 回

$$\begin{cases}3\Rightarrow2:\ 1\text{ 回} & \\ 2\Rightarrow1:\ 1\text{ 回} & 1\Rightarrow0\\ \to\ :\ n-3\text{ 回}^{3)} & \end{cases}$$

∘ また，「⇒」で表した移動が起こるようなカードの数は，右図の通り：

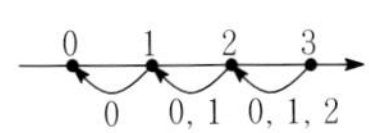

○「3 ⇒ 2」,「2 ⇒ 1」が何回目に行われるか [4] も考えて，求める確率は

$$ {}_{n-1}C_2{}^{5)} \times \frac{3}{4}\cdot\frac{2}{4}\cdot\left(\frac{1}{4}\right)^{n-3}\cdot\frac{1}{4}{}^{6)} $$
$$ =3(n-1)(n-2)\left(\frac{1}{4}\right)^n. /\!/ $$

解説 [1)3)]：このように，

事象としては異なるが確率が等しい
3 種類の移動を"**束ねて**"考える

ことが，本問最大のポイントです．(これら 3 種類の移動を「→」で表しています．)

注 [6)]：「反復試行」の確率で学んだ「順序の数 × 個々の確率」という考え方ですね．

注 [5)]：この 2 つの移動は，「3 ⇒ 2」が先，「2 ⇒ 1」が後と順序指定されていますから，「組合せ」の個数を考えます．[→4 5]

参考 [2)]：この考えをする際，筆者の頭の中には次のような"推移の実像"が思い浮かんでいます：

k:	0	1	2	…	$n-4$	$n-3$	$n-2$	$n-1$	n
		3	3	…	3	3	2	1	
X_k:	3	3	3	…	3	2	1	1	0
						⋮			
		2	1	…	1	1	1	1	

答案中でここまで書かなくてもかまいませんが，こうした"イメージ"は持っているべきです．

[4)]：すると，このことも自然と頭に浮かんできます．

7 12 24 条件付確率（基礎）

根底 実戦 定期 [→例題 7 9 b]

注 「○○とき△△の確率」と言ったら，特に断ってなくても条件付確率が問われています．

方針 「条件付確率」は，その定義に従って坦々と作業をこなすまでです．

解答 ○事象 E, F を

E:「目の和が 4, 8, 12」
F:「少なくとも一方の目が 3」

と定めると，求めるものは条件付確率

$$ P_E(F)=\frac{P(E\cap F)}{P(E)}. \cdots① $$

○サイコロ 2 個を A，B と区別して考え，(A の目，B の目）と表すと，E に適合する組 [1] は

(1, 3), (2, 2), (3, 1),
(2, 6), (3, 5), (4, 4), (5, 3), (6, 2),
(6, 6).

$$ \therefore P(E)=\frac{3+5+1}{6^2}=\frac{9}{36}. \cdots② $$

○このうち F にも適合するもの，つまり $E\cap F$ に適合する組は，上記のうち下線を付した 4 つである．よって

$$ P(E\cap F)=\frac{4}{36}. \cdots③ $$

○以上①②③より

$$ P_E(F)=\frac{\frac{4}{36}}{\frac{9}{36}}{}^{2)}=\frac{4}{9}. /\!/ $$

解説 条件付確率のポイントは次の 2 つ：

1° 2 つの事象に名前を付ける．
2° その名前を用いて，条件付確率の定義式①を予め書いておく．

注 [1)]：サイコロを A，B と区別しているという意識をもって，ちゃんと「組」(重複順列) を考えてください．組合せではダメです．

補足 [2)]：初めから二重分母の「36」を省いて

$$ P_E(F)=\frac{n(E\cap F)}{n(E)}=\frac{4}{9}. /\!/ $$

としても OK でしょう．

重要 本問を見ると，「条件付確率」の定義には「因果関係」「時の流れ」など一切関係ないと実感できますね．

参考 「サイコロ 2 個」ですから，「全ての出方を表に書き出す」ことで全体像が把握できます．サイコロ A，B の目をそれぞれ a, b とすると次のようになります．表中の数値は 2 つの目の和であり，E の出方は赤色で，F の出方は下線表しています．

〔2 つの目の和〕

a \ b	1	2	3	4	5	6
1	2	3	<u>4</u>	5	6	7
2	3	4	<u>5</u>	6	7	8
3	<u>4</u>	<u>5</u>	<u>6</u>	<u>7</u>	<u>8</u>	<u>9</u>
4	5	6	<u>7</u>	8	9	10
5	6	7	<u>8</u>	9	10	11
6	7	8	<u>9</u>	10	11	12

求めた条件付確率とは，赤色部に対する，そのうち下線が引かれたものの割合です．

7 12 25 条件付確率（抽象）

根底 実戦 [→7 9 2]

方針 抽象的で何をしてよいかサッパリ…となりやすいですが，そんな時こそ「カルノー図」を描いて視覚化しましょう．実は単純計算問題に過ぎません．

解答 右図のように確率 x, y, z, w をとると

U	B	$\overline{B}$
A	x	y
$\overline{A}$	z	w

$x+y+z+w=1$, …①

$P(\overline{A}\cap\overline{B})=w=\dfrac{1}{2}$, …②

$P_A(B)=\dfrac{x}{x+y}=\dfrac{1}{3}$, …③

$P_B(A)=\dfrac{x}{x+z}=\dfrac{1}{4}$. …④

③, ④より

$3x=x+y,\ 4x=x+z.$

$y=2x,\ z=3x.$

これらと②を①へ代入して

$$x+2x+3x+\frac{1}{2}=1.\quad 6x=\frac{1}{2}.\therefore\quad x=\frac{1}{12}.$$

$\therefore z=3\cdot\dfrac{1}{12}=\dfrac{1}{4}.$

したがって, 求める値は

$$P_{\overline{A}}(B)=\frac{z}{z+w}=\frac{\frac{1}{4}}{\frac{1}{4}+\frac{1}{2}}=\frac{1}{1+2}=\frac{1}{3}./\!/$$

解説 「抽象的」$\xrightarrow{\text{視覚化}}$「具体的」. この流れは, 数学の様々な局面で活躍します.

注 本問を通して,「条件付確率」とは, 要するに2つの事象の確率どうしの比に過ぎないことを再認識しておいてください.

7 12 26 条件付確率（時の流れ） [→例題 7 9 c]

根底 実戦

方針 直接には求めにくい「条件付確率」ですね. くれぐれも「時の流れ」「因果関係」にとらわれず, **定義**に忠実に.

解答 ○2つの事象

A:「5枚目が奇数」

B:「2枚目が偶数」

を考えると, 求めるものは条件付確率

$$P_A(B)=\frac{P(A\cap B)}{P(A)}.\ \cdots①$$

○5枚目の出方のみ考えて

$$P(A)=\frac{3}{5}.\ \cdots②$$

○5枚目, 2枚目の順に出方を考えて

$$P(A\cap B)=\frac{3\cdot2}{5\cdot4}=\frac{3}{10}.\ \cdots③$$

○以上②, ③と①より, 求めるものは

$$P_A(B)=\frac{\frac{3}{10}}{\frac{3}{5}}=\frac{1}{2}./\!/$$

解説 直接求めにくい条件付確率のポイントは2つ:

1. 2つの事象に名前をつける.
2. それを使い条件付確率の定義式①を書いておく.

これさえ守れば, あとは①の分子, 分母の2つの確率を求める問題に過ぎません.

補足 実は, この条件付確率は直接求まります. ③と同じく, 5枚目, 2枚目の順に出方を考える.

A:「5枚目が奇数」, 例えば1のとき, 2枚目は

2, 3, 4, 5

のいずれかで, これら4つは等確率. (5枚目が3や5でも同様)

そのうち B:「2枚目が偶数」でもあるものは2通り.

よって求める条件付確率は, $\dfrac{2}{4}=\dfrac{1}{2}.$

このように「5枚目 → 2枚目」と時間に逆行して数えることに違和感を覚える人は, “記録カード方式”なる考え方を参照. [→3 3 重要]

7 12 27 四分位数・条件付確率 [→例題 7 9 b]

根底 実戦 データの分析後

着眼 「わ！データの分析との融合」なんてビビらないように. 単に, 小さい方から○番目の数が△だと言ってるだけですよ (笑).

方針 ひたすら「事象を視覚化」しましょう.

(2)は「条件付確率」ですから, 原則通り

事象に名前を付ける→定義式を書く

という手順でいきます.

解答 (1) ○全ての取り出し方:

${}_{28}C_{23}$ 通り

の各々は等確率.

○題意の条件は, D_1 の観測値23個を小さい順に並べたとき次のようになること:

5個	7	5個	14	5個	21	5個
1〜6のうち5個	Q_1	8〜13のうち5個	Q_2	15〜20のうち5個	Q_3	22〜28のうち5個

○よって求める確率は

$$\frac{{}_6C_5\cdot{}_6C_5\cdot{}_6C_5\cdot{}_7C_5}{{}_{28}C_{23}}$$

$$=\frac{{}_6C_1\cdot{}_6C_1\cdot{}_6C_1\cdot{}_7C_2}{{}_{28}C_5}$$

$$=\frac{6\cdot6\cdot6\cdot7\cdot3\times5\cdot4\cdot3\cdot2}{28\cdot27\cdot26\cdot25\cdot24}=\frac{3\cdot5\cdot2}{26\cdot25}=\frac{3}{65}./\!/$$

(2) ○全ての取り出し方:

${}_{28}C_{21}$ ($=N$ とおく) 通り

の各々は等確率.

○D_1 の観測値21個を小さい順に並べると, 次のようになる:

5個 | 5個 Q_2 5個 | 5個

平均 が Q_1

○事象 A:「$Q_2=14$」, B:「$Q_1=7.5$」を考えると，求めるものは条件付確率

$$P_A(B)=\frac{P(A\cap B)}{P(A)}$$ （分子，分母を N 倍すると…）

$$=\frac{n(A\cap B)}{n(A)}. \cdots①$$

○A が起こるのは次図のとき：

10 個	14	10 個
1〜13 のうち 10 個	Q_1	15〜28 のうち 10 個

$$\therefore\ n(A)={}_{13}C_{10}\cdot{}_{14}C_{10}. \cdots②$$

○$A\cap B$ が起こるのは次図の 2 つの場合：

4 個	7, 8	4 個	14	10 個
1〜6 のうち 4 個	Q_1	9〜13 のうち 4 個	Q_2	15〜28 のうち 10 個

4 個	6, 9	4 個	14	10 個
1〜5 のうち 4 個	Q_1	10〜13 のうち 4 個	Q_2	15〜28 のうち 10 個

$$\therefore\ n(A\cap B)={}_6C_4\cdot{}_5C_4\cdot{}_{14}C_{10}+{}_5C_4\cdot{}_4C_4\cdot{}_{14}C_{10}$$
$$=(15\cdot5+5)\cdot{}_{14}C_{10}=5\cdot16\cdot{}_{14}C_{10}.$$

○これと②を①へ代入して

$$P_A(B)=\frac{5\cdot16\cdot{}_{14}C_{10}}{{}_{13}C_3\cdot{}_{14}C_{10}}=\frac{5\cdot16\times3\cdot2}{13\cdot12\cdot11}=\frac{40}{143}.\ /\!/$$

解説 (1) 3 つの四分位数：Q_1, Q_2, Q_3 の値は決まっていますから，それ以外の観測値の可能性を探りました．

(2) 2 つの事象：A と $A\cap B$ を視覚化します．(1)と違って第 3 四分位数 Q_3 には重要性はありませんね．

7 12 28 原因の確率

根底 実戦 典型 重要 [→7 9 3]

方針 (1) 原則通り，条件付確率の定義式を明示して考えます．

(2) (1)で「1 %」だった所を，未知数「x %」とおいて方程式を立てます．

解答 自治体 M の住人から 1 人を選ぶ試行において，事象

D:「病気 D に罹患している」

T:「検査 T で陽性と判定される」

を考えると，題意の条件より

$$P_D(T)=\frac{80}{100},\ P_{\overline{D}}(\overline{T})=\frac{98}{100}. \cdots①$$

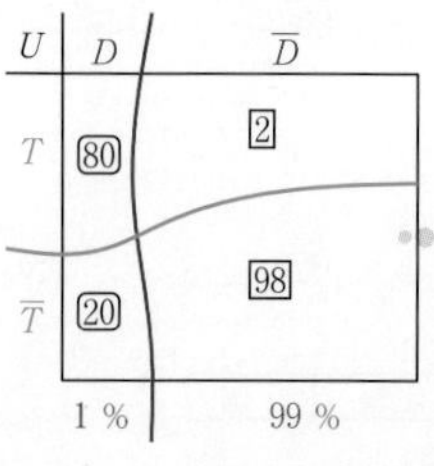

(1) 陽性的中率 $=P_T(D)$

$$=\frac{P(D\cap T)}{P(T)}$$ （カルノー図において，分母は上側，分子は左上）

$$=\frac{P(D\cap T)}{P(D\cap T)+P(\overline{D}\cap T)}.$$

ここで，$P(D)=\frac{1}{100}$ と①より，

$$P(D\cap T)=P(D)\cdot P_D(T)=\frac{1}{100}\cdot\frac{80}{100},$$

$$P(\overline{D}\cap T)=P(\overline{D})\cdot P_{\overline{D}}(T)=\frac{99}{100}\cdot\frac{2}{100}.$$

以上より

$$\text{陽性的中率}=\frac{\boxed{\frac{1}{100}\cdot\frac{80}{100}}}{\boxed{\frac{1}{100}\cdot\frac{80}{100}}+\boxed{\frac{99}{100}\cdot\frac{2}{100}}}{}^{1)}$$

$$=\frac{80}{80+198}=\frac{40}{139}.\ /\!/$$ （約 28.8 % 2)）

(2) 求める罹患率を x(%) とすると，(1)と同様に陽性的中率を考えると，

$$\frac{\frac{x}{100}\cdot\frac{80}{100}}{\frac{x}{100}\cdot\frac{80}{100}+\frac{100-x}{100}\cdot\frac{2}{100}}=\frac{80}{103}.$$

$$103x=80x+2(100-x).$$

$$25x=200.\ \therefore\ x=8(\%)^{3)}.\ /\!/$$

解説 1)：条件付確率ではお馴染みの $\frac{\square}{\square+\square}$ 型ですね．

2)：あまり大きくない数値ですね．罹患している人が 1 %しかいない病気なので，検査結果が陽性でも，罹患していない可能性が高いのです．

3)：罹患率が上がってくると，検査が陽性の場合罹患している可能性が高くなります．

参考 (1)時点での陽性的中率は $\frac{40}{139}\fallingdotseq28.8$ % でした．それが(2)時点では $\frac{80}{103}\fallingdotseq78$ % に上昇しました．実際に検査をして得られたこの情報を解析することにより，自治体内での病気 D の罹患率が 1 %から 8 %へ上昇したことが結論付けられるのです．

参考 (1)において，陰性と判定された人が D に罹患していない確率（陰性的中率）は，次の通りです：

陰性的中率 $=P_{\overline{T}}(\overline{D})$

$$=\frac{P(\overline{D}\cap\overline{T})}{P(\overline{T})}$$ （カルノー図において，分母は下側，分子は右下）

$$=\frac{P(\overline{D}\cap\overline{T})}{P(D\cap\overline{T})+P(\overline{D}\cap\overline{T})}$$

$$= \frac{\boxed{\frac{99}{100}\cdot\frac{98}{100}}}{\boxed{\frac{1}{100}\cdot\frac{20}{100}}+\boxed{\frac{99}{100}\cdot\frac{98}{100}}}$$ 1)

$$= \frac{99\cdot 98}{20+99\cdot 98}.$$ 約 99.8 %

「陰性」という検査結果は，ほぼ当りということですね．

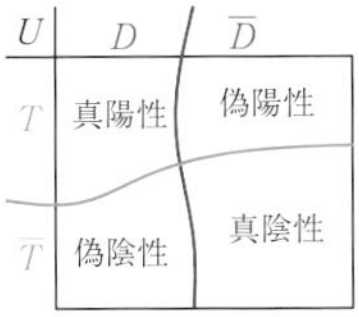

参考 こうした検査の結果として起こり得るカルノー図の 4 つの部分のことを，それぞれ次のように呼びます：

$T\cap D$: 真陽性 … 罹患していて陽性

$T\cap\overline{D}$: 偽陽性 … 罹患していないのに陽性

$\overline{T}\cap D$: 偽陰性 … 罹患しているのに陰性

$\overline{T}\cap\overline{D}$: 真陰性 … 罹患していなくて陰性

7 12 29 視点を変える

根底 実戦 ハイレベル↑ [→例題 7 9 c]

注 少し風変わりな発想法を用います．

着眼 箱の中は次のようになっています：

箱 A：W7 個 R3 個

箱 B：W4 個 R1 個

箱 A から箱 B へ入る赤玉の個数で場合分けすると…面倒！そこで発想の転換．

解答 ∘ 2 つの事象

E:「箱 B から R を取り出す」

F:「箱 B から，箱 A に入っていた R を取り出す」

を考えると，求めるものは条件付確率

$$P_E(F)=\frac{P(E\cap F)}{P(E)}. \cdots ①$$

この分母は，

$$P(E)=P(E\cap F)+P(E\cap\overline{F}). \cdots ②$$

∘ 最初，箱 A に入っていた赤玉を R_1, R_2, R_3，箱 B に入っていた赤玉を R_4 と区別する 1)．

箱 A：W7 個 $R_1R_2R_3$

箱 B：W4 個 R_4

∘ ②において，$E\cap\overline{F}$ は，箱 B から取り出す玉が R_4 である事象．よって

箱 A から 5 個移した後の箱 B：

A からの 5 個 W4 個 R_4

$$P(E\cap\overline{F})=\frac{1}{10}. \cdots ③$$

∘ ②において，$E\cap F$ は，箱 B から玉 R_1，R_2，R_3 のどれかを取り出す事象である．これら 3 つの事象は排反 2) である．

∘ R_1 が，A から B へ移される確率は，「取り出す玉」と「取り出さない玉」がどちらも 5 個なので $\frac{1}{2}$ 3)．

よって，箱 B から R_1 を取り出す確率は

$$\frac{1}{2}\cdot\frac{1}{10}=\frac{1}{20}$$ (R_2, R_3についても同様).

∘ よって②において，$P(E\cap F)=3\cdot\frac{1}{20}=\frac{3}{20}$. …④

∘ 以上①～④より，求めるものは

$$P_E(F)=\frac{\boxed{\frac{3}{20}}}{\boxed{\frac{3}{20}}+\boxed{\frac{1}{10}}}{}^{4)}=\frac{3}{3+2}=\frac{3}{5}.$$ //

解説 1)：この「特定なモノを追跡する」という手法がポイントでした．

②：条件付確率 $P_E(F)$ が問われているので，自ずとこのように分けて考えることになります．これが上記発想へのヒントなのですが…初見では無理でしょう．

2)：箱 B から取り出す玉が1 個だけだからこうなります．この「排反」は，明言する価値があります．

3)：**演習問題 7 12 14** の考え方を用いて $\frac{5}{10}$ と求めることも可能です．

4)：条件付確率ではお馴染みの $\frac{\square}{\square+\square}$ 型です．

7 12 30 ポイヤの壺

根底 実戦 典型 入試 ハイレベル↑↑ [→ 7 6 2]

注 本問は「ポイヤの壺」と呼ばれる古典的有名問題であり，初見ではふつう無理な問題です．解答・解説を受け身で理解できれば OK．それが，今後他の問題での考察への訓練となります．

着眼 試行を視覚化しておきます：

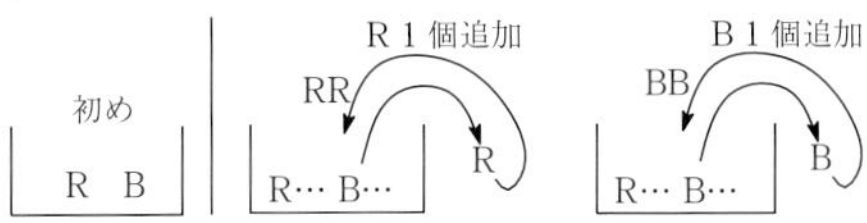

例 (1)の例として，$n=3, k=2$ のケース (3 回後に R が $1+2=3$ 個) を考えます．「(R の個数, B の個数)」と表すと，次図の確率で推移します：

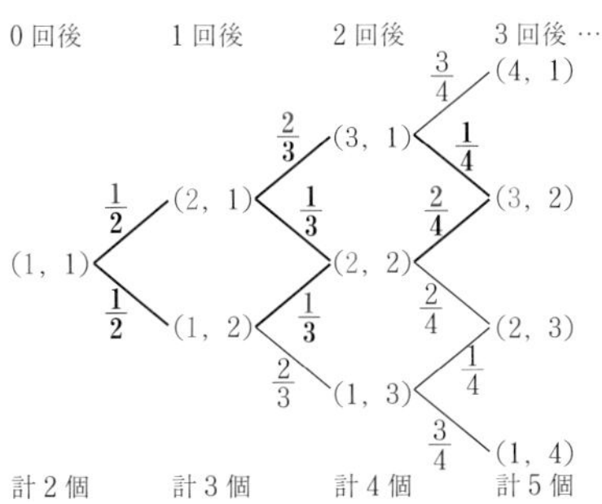

(1, 1) から (3, 2) へ到るルートは 3 つあります（前図の太線太字）．それぞれの確率を乗法定理で求めてみると，上側を通るルートから順に，次のようになっています（赤字は R を考えた部分）：

$$\frac{1}{2}\cdot\frac{2}{3}\cdot\frac{1}{4},\ \frac{1}{2}\cdot\frac{1}{3}\cdot\frac{2}{4},\ \frac{1}{2}\cdot\frac{1}{3}\cdot\frac{2}{4}.\ \cdots①$$

ご覧のとおり，「3 つのルート」の確率はどれも同じです．このようになる理由を，次のように分析して考えます．

- ルートは「3 つ」ある．
  ∵ R, R, B の出方の順序は ${}_3C_1$ 通り．
- 分母はどれも 2·3·4.
  ∵ 3回の操作を行う時点での玉の総数が 2 → 3 → 4.
- R の選び方を考えた部分はどれも 1·2 通り．
  R を取り出す 2 回の操作を行う時点での R の個数が 1 → 2 だから．
- B の選び方を考えた部分はどれも 1 通り．
  B を取り出す 1 回の操作を行う時点での B の個数が 1 だから．

方針 この考え方を活かすべく，「乗法定理」から「場合の数の比」方式に乗り換えて解答します．

解答 (1) ○玉をすべて区別して考える．

○全ての取り出し方を考える．n 回の操作を行う時点において，壺の中の玉の総数は，順に

$$2\to3\to4\to\cdots\to2+(n-1)=1+n.$$

よって，取り出し方の総数は

$$2\cdot3\cdot4\cdots(1+n)=(n+1)!\text{通り}$$

であり，これらの各々は等確率．

○題意の事象は

$$n\text{ 回}\begin{cases}\text{R: } k\text{ 回}\\ \text{B: } n-k\text{ 回}\end{cases}$$

となること．

○このような R の回の選び方は，${}_nC_k$ 通り．

○R を取り出す k 回において，取り出す時点での R の個数は

$$1\to2\to3\to\cdots\to1+(k-1)=k.$$

よって，R の取り出し方の数は

$$1\cdot2\cdot3\cdot\cdots\cdot k=k!\text{ 通り}.$$

○B を取り出す $n-k$ 回において，取り出す時点での B の個数は

$$1\to2\to3\to\cdots\to1+(n-k-1)=n-k.$$

よって，B の取り出し方の数は，R と同様に $(n-k)!$ 通り．

○以上より，求める確率は

$$\frac{{}_nC_k\cdot k!\cdot(n-k)!}{(n+1)!}=\frac{n!\times k!\cdot(n-k)!}{k!\cdot(n-k)!\times(n+1)!}$$

$$=\frac{1}{n+1}.//$$

k によらず一定

(2) ○事象 A, B を

A:「$n+1$ 回後に $2+k$ 個の R が入っている」

B:「n 回後に $1+k$ 個の R が入っている」

と定めると，求めるものは条件付確率

$$P_A(B)=\frac{P(A\cap B)}{P(A)}.$$

○(1)より，$P(A)=\dfrac{1}{n+2}$, $P(B)=\dfrac{1}{n+1}$.

○$A\cap B$ は，「(R の個数, B の個数)」と表して，次図の事象：

n 回後 → $n+1$ 回後

$\xrightarrow{\frac{1}{n+1}}$ $(1+k, n+1-k)$ $\xrightarrow{\frac{1+k}{n+2}}$ $(2+k, n+1-k)$

○以上より，求めるものは

$$P_A(B)=\frac{\frac{1}{n+1}\cdot\frac{1+k}{n+2}}{\frac{1}{n+2}}=\frac{k+1}{n+1}.//$$

補足 (2)の答えを，**着眼**の**例**を用いて検算してみましょう．$n=2, k=1$ の場合を考えます．

A:「$n+1=3$ 回後に R が $2+k=3$ 個」の確率は①の 3 つ全ての和です．

$A\cap B$:「3 回後に R が 3 個」かつ「2 回後に R が 2 個」である確率は①のうち後ろ 2 つの和です．

「3 つ」の確率はどれも同じなので

$$P_A(B)=\frac{P(A\cap B)}{P(A)}=\frac{2}{3}.$$

これは，(2)の答えにおいて $n=2, k=1$ としたものと一致しています．

参考 (1)の結果は n のみで表され，k は含まれません．つまり，$k=0, 1, 2, \cdots, n$ に対応する $n+1$ 通りの事象が，なんと全て等確率 $\dfrac{1}{n+1}$ で起きることがわかりました．（これは，最初壺に入っていた玉の個数を変えると成り立たなくなりますが．）

将来 例えば**着眼**の**例**で見た $n=3$ のとき，R の個数が 4, 3, 2, 1 の確率がどれも等確率で $\dfrac{1}{4}$ であることは，コツコツ丹念に計算する泥臭い（笑）方法で確かめられます．

そこで，次のような仮説を立ててみましょう：

「n 回後において，R の個数が $1, 2, 3, \cdots, 1+n$ である確率は全て $\dfrac{1}{n+1}$」 …②

n 回後 → $n+1$ 回後

$\xrightarrow{\frac{1}{n+1}}$ $(1+k, n+1-k)$ $\xrightarrow{\frac{n+1-k}{n+2}}$ $(1+k, n+2-k)$

$\xrightarrow{\frac{1}{n+1}}$ $(k, n+2-k)$ $\xrightarrow{\frac{k}{n+2}}$ $(1+k, n+2-k)$

この仮説をもとにすると，$n+1$ 回後において R が $1+k$ $(k=1, 2, \cdots, n)$ 個である確率は

$$\frac{1}{n+1}\cdot\frac{k}{n+2}+\frac{1}{n+1}\cdot\frac{n+1-k}{n+2} \quad \cdots③$$

$$=\frac{1}{n+1}\cdot\frac{k+n+1-k}{n+2}$$

$$=\frac{1}{n+1}\cdot\frac{n+1}{n+2}=\frac{1}{n+2}\ (k \text{ によらず一定}).$$

$k=0, n+1$ のときも，③の片方の項が消えるだけで同じ値になりますから，次の結論が得られました：

「$n+1$ 回後において，R の個数が $1, 2, 3, \cdots,$

$1+n, 2+n$ である確率は全て $\dfrac{1}{n+2}$」 $\cdots④$

こうして ② $\Longrightarrow$ ④ が成り立つことがわかり，「1 回後において，R の個数が 1, 2 である確率は全て $\dfrac{1}{2}$」なので，「数学的帰納法」[→**数学B数列**]を用いれば，(1)の答えが得られます．

7 12 31 巴戦・条件付確率

根底 実戦 典型 入試 ハイレベル↑ [→7 8 2]

方針 「勝者」のみならず，「敗者」をも視覚化して，事象の全てを把握することに努めましょう．

解答 ○ X が Y に勝つことを $\begin{matrix}X\\Y\end{matrix}$ と表す．

(1) ○ A：「A が 10 戦目までに優勝を決める」とは次のような事象である．

i) A が 1 戦目で勝つとき，次のいずれか：

$$\begin{matrix}A&A\\B&C\end{matrix},\quad \underbrace{\begin{matrix}A&C&B\\B&A&C\end{matrix}}\begin{matrix}A&A\\B&C\end{matrix},$$

$$\underbrace{\begin{matrix}A&C&B\\B&A&C\end{matrix}}\underbrace{\begin{matrix}A&C&B\\B&A&C\end{matrix}}\begin{matrix}A&A\\B&C\end{matrix}$$

ii) A が 1 戦目で負けるとき，次のいずれか：

$$\underbrace{\begin{matrix}B&C&A\\A&B&C\end{matrix}}\begin{matrix}A\\B\end{matrix},\quad \underbrace{\begin{matrix}B&C&A\\A&B&C\end{matrix}}\underbrace{\begin{matrix}B&C&A\\A&B&C\end{matrix}}\begin{matrix}A\\B\end{matrix},$$

$$\underbrace{\begin{matrix}B&C&A\\A&B&C\end{matrix}}\underbrace{\begin{matrix}B&C&A\\A&B&C\end{matrix}}\underbrace{\begin{matrix}B&C&A\\A&B&C\end{matrix}}\begin{matrix}A\\B\end{matrix}$$

$\begin{matrix}A\\B\end{matrix}$, $\begin{matrix}B\\C\end{matrix}$ などの確率は全て $\dfrac{1}{2}$ だから，求める確率は $p=\dfrac{1}{2}$ とおいて[1]

$$P(A)=\underbrace{(p^2+p^5+p^8)}_{\text{i)}}+\underbrace{(p^4+p^7+p^{10})}_{\text{ii)}}$$

$$=\frac{1}{2^{10}}\cdot(2^8+2^5+2^2+2^6+2^3+1) \quad \cdots①$$

$$=\frac{1}{2^{10}}\cdot(256+32+4+64+8+1)$$

$$=\frac{365}{1024}.\ /\!/$$

First game

(2) ○事象 F：「A が 1 戦目で勝つ」を考えると，求めるものは条件付確率：

$$P_A(F)=\frac{P(A\cap F)}{P(A)}.$$

○ $A\cap F$ は(1)の i) の事象だから

$$P_A(F)=\frac{p^2+p^5+p^8}{(p^2+p^5+p^8)+(p^4+p^7+p^{10})}$$

$$=\frac{2^8+2^5+2^2}{(2^8+2^5+2^2)+(2^6+2^3+1)}\ [2]$$

$$=\frac{2^2(2^6+2^3+1)}{2^2(2^6+2^3+1)+(2^6+2^3+1)}$$

$$=\frac{2^2}{2^2+1} \quad \cdots②$$

$$=\frac{4}{5}.[3]\ /\!/$$

(3) ○「B, C が 10 戦目までに優勝を決める」事象をそれぞれ B, C とする．

○ B は A と対等な立場だから

$$P(B)=P(A). \quad \cdots③$$

○事象 C は，A が 1 戦目で勝つとき次のようになる：

$$\begin{matrix}A&C&C\\B&A&B\end{matrix},\quad \underbrace{\begin{matrix}A&C&B\\B&A&C\end{matrix}}\begin{matrix}A&C&C\\B&A&B\end{matrix},$$

$$\underbrace{\begin{matrix}A&C&B\\B&A&C\end{matrix}}\underbrace{\begin{matrix}A&C&B\\B&A&C\end{matrix}}\begin{matrix}A&C&C\\B&A&B\end{matrix}$$

B が 1 戦目で勝つときも同様だから

$$\therefore\ P(C)=2\cdot(p^3+p^6+p^9)$$

$$=2\cdot\frac{1}{2^{10}}\cdot(2^7+2^4+2)$$

$$=\frac{1}{2^{10}}\cdot(2^8+2^5+2^2).$$

これと①より

$$P(A):P(C)$$

$$=(2^8+2^5+2^2+2^6+2^3+1):(2^8+2^5+2^2)$$

$$=(2^2+1):2^2=5:4.(\because\ ②)$$

これと③より

$$P(A):P(B):P(C)=5:5:4.[4]\ /\!/$$

解説 古来有名な“三つ巴（みつどもえ）”の戦いで，「巴戦」と呼ばれる優勝決定システムです．

上記**解答**から，(1)の i)：「1 戦目で A が勝つ」場合，各試合において優勝を決める可能性のある人およびその確率は，次表のようになることがわかります．

試合	1	2	3	4	5	6	7	8	9	10	
A		p^2			p^5			p^8			←㋐
B				p^4			p^7			p^{10}	←㋑
C			p^3			p^6			p^9		←㋒

「1 戦目で B が勝つ（A が負ける）」場合には，A と B が入れ替わります．C はそのままです．

よって，$P(A)$, $P(B)$ は㋐＋㋑，$P(C)$ は㋒の 2 倍になります．

注 (3)より，3 つの事象 A, B, C の和は

$$P(A)\cdot\frac{5+5+4}{5}=\frac{365}{1024}\cdot\frac{14}{5}=\frac{1022}{1024}.\ \cdots④$$

全事象の確率「1」よりちょっとだけ小さいですね．試しに「10 戦目までに優勝者が決まらない」事象を考えると次の通りです：

A C B　A C B　A C B　A
B A C　B A C　B A C　B

B C A　B C A　B C A　B
A B C　A B C　A B C　A

この確率は，$2\cdot p^{10}=\frac{2}{1024}$ であり，④と加えるとちゃんと「1」になってますね．

4)：巴戦では，1 試合目に控えとなる人が少し不利であることがわかりました．

将来 試合数を 10 回より多くとると，B C A / A B C などが何度も繰り返されるケースも発生し，「等比数列の和の公式」（数学 B「数列」）を用いることになります．また，試合数の制限を完全になくすと，無限級数（数学Ⅲ）の問題となります．

参考 3)：$P(A)$ のうち，i) が 80 %を占めています．A が優勝するには，初戦で勝つことが大切だということですね．

補足 1)：$\left(\frac{1}{2}\right)^{\triangle}$ を何度も何度も書くのはつらいです（笑）．このように，いったん文字で表しましょう．

2)：分子，分母を 2^{10} 倍しました．

7 12 32 推移グラフ・条件付確率

根底 実戦　典型 入試　重要 ハイレベル↑　[→例題 7 11 c]

注 多角形の周上を点が回っていきますから，例えば点 0 から左回りに 6 進むと，また点 0 に戻ってきます．

方針 (1)「10 回後の状態」だけで確定する事象なので単純です．

(2) 今度は"途中経過"まで関係してきます．そこで「推移グラフ」の出番となります．

(3)「あった」という表現を見て，「未来→過去の向きは考えづらいな～」と幻惑されないように（笑）．「条件付確率」に対して，時の流れ・因果関係は関係なし．対処はいつも同じ：「事象に名前を付けて定義式を書く」です．

解答 各回における移動の仕方とその確率は次の通り：

左回り：「左」と表す … $\frac{1}{3}$[1]（$=p$ とおく[2]），

右回り：「右」と表す … $\frac{2}{3}$（$=q$ とおく）．

また，頂点 0 を出発して n 回移動したときの P の移動量（左回りを正，右回りを負とする）を X_n[3] で表す（$X_0=0$）．

(1) ○ $-10\leqq X_{10}\leqq 10$ だから，10 回後に P が点 0 に戻っているための条件は

$X_{10}=-6,\ 0,\ 6.$[4]

○それぞれに対する左，右の回数の内訳は，右表の通り：

X_{10}	-6	0	6
左	2	5	8
右	8	5	2

○よって求める確率は

$$^{5)}{}_{10}C_2p^2q^8+{}_{10}C_5p^5q^5+{}_{10}C_8p^8q^2$$
$$=5\cdot9\cdot\frac{2^8}{3^{10}}+9\cdot4\cdot7\cdot\frac{2^5}{3^{10}}+5\cdot9\cdot\frac{2^2}{3^{10}}$$
$$=\frac{2^2}{3^8}(5\cdot64+7\cdot32+5)$$
$$=\frac{4}{3^8}(320+224+5)$$
$$=\frac{4\cdot549}{3^8}$$
$$=\frac{4\cdot61}{3^6}=\frac{244}{729}.\ /\!/$$

(2) ○題意の条件は

i): $1\leqq X_1\sim X_9\leqq 5$[6] かつ $X_{10}=0$,

ii): $1\leqq X_1\sim X_9\leqq 5$ かつ $X_{10}=6$,

iii): $-5\leqq X_1\sim X_9\leqq -1$ かつ $X_{10}=0$,

iv): $-5\leqq X_1\sim X_9\leqq -1$ かつ $X_{10}=-6$

のいずれかであること．

○これらに対して，回数 n に対する X_n の推移を図示すると，以下の通り（書き込んだ数字はその点までの経路数）：

i)

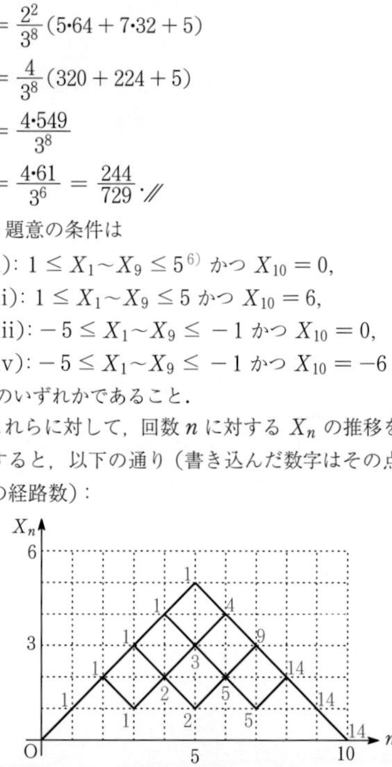

経路数は 14．各経路の確率は p^5q^5．

ii)

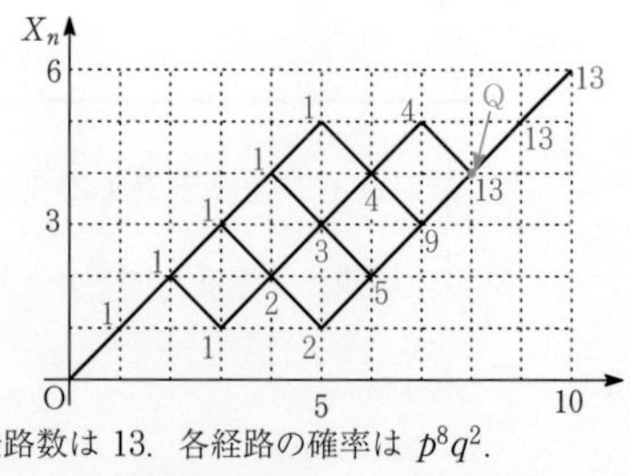

経路数は 13．各経路の確率は p^8q^2．

iii) i) と上下対称（同経路数）．各経路の確率は p^5q^5．

iv) ii) と上下対称（同経路数）．各経路の確率は p^2q^8．

○ 以上より，求める確率は

$$^{7)}\ 14\cdot p^5q^5+\underline{13\cdot p^8q^2}+\underline{14\cdot p^5q^5}+13\cdot p^2q^8 \quad \cdots ①$$

$$=2\times 14\cdot\frac{2^5}{3^{10}}+13\cdot\frac{2^2}{3^{10}}+13\cdot\frac{2^8}{3^{10}}$$

$$=\frac{2^2}{3^{10}}(28\cdot 8+13+13\cdot 64)$$

$$=\frac{2^2}{3^{10}}\cdot 1069$$

$$=\frac{4276}{59049}.//$$

(3) ○ 2 つの事象

$$\begin{cases} A:「10 回後に初めて点 0 に戻る」, \\ B:「8 回後に点 4 にある」 \end{cases}$$

を考えると，求める条件付確率は，

$$P_A(B)=\frac{P(A\cap B)}{P(A)}.$$

○ $P(A)$ は① [8] に他ならない．

○ $A\cap B$ は，$X_8=4,\ -2$ より(2) ii) 図の点 Q を通る経路，または i) を折り返して得られる下の iii) 図の点 R を通る経路で表される．

iii)

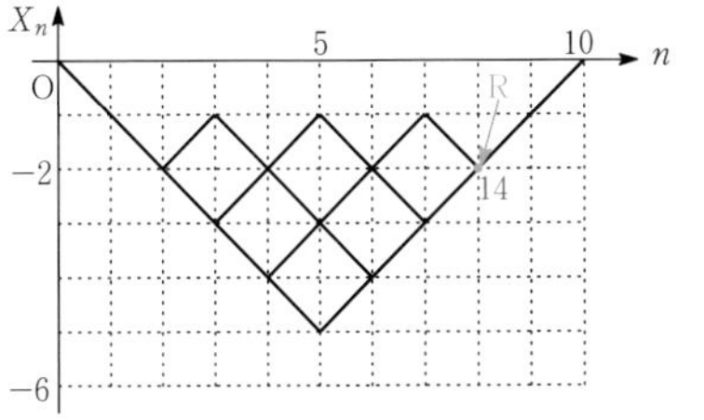

経路数は 14．各経路の確率は p^5q^5．

$P(A\cap B)$ は，①の下線を付した部分に等しい．

○ 以上より，求める条件付確率は

$$P_A(B)$$

$$=\frac{\underline{13\cdot p^8q^2}+\underline{14\cdot p^5q^5}}{14\cdot p^5q^5+\underline{13\cdot p^8q^2}+\underline{14\cdot p^5q^5}+13\cdot p^2q^8}$$

$$=\frac{13\cdot 2^2+14\cdot 2^5}{14\cdot 2^5+13\cdot 2^2+14\cdot 2^5+13\cdot 2^8}$$ 分子，分母を 3^{10} 倍した

$$=\frac{13+14\cdot 2^3}{14\cdot 2^3+13+14\cdot 2^3+13\cdot 2^6}$$ 分子，分母を 2^2 で割った

$$=\frac{13+112}{112\cdot 2+13\cdot 65}=\frac{125}{1069}.//$$

解説 [1]：この確率さえ把握してしまえば，もう二度と「サイコロの目」そのものを考える価値はありません．本問におけるサイコロは，単なる“確率発生装置”に過ぎないのです．

[2]：この後何度も書きそうな予感がするので，文字の名前を付けて表記を簡便化しました．

[3]：このように“名称”を与えておくと，いちいち「7 回後の移動量と書かずに「X_7」で済みます．

[4]：**方針**で述べた通りです．(1)は「10 回後の状態」のみで OK．

[6]：それに対して(2)では，このように“途中経過”まで関係してきます．

[5]：反復試行の公式そのものです．

[7]：反復試行の公式の考え方：「並べ方の個数」×「個々の確率」を用いています．

[8]：「3^{10}」などの数値計算を行う前の形を利用します．約分できたりすることが多いので．

7 12 33 期待値（基礎） 根底 実戦

[→例題 7 10 a]

着眼 例によって，カードを視覚化しておきます．

1 2 2 3 3 3 4 4 4 4

本問では，例えば「3 のカードが出る」という事象が，期待値を考える確率変数と**一体化**していますから，特に「事象」を意識するまでもなく解けてしまう易しい問題です．

解答 取り出したカードに書かれた数 X の確率分布表は次の通り：

X	1	2	3	4	計
P	$\frac{1}{10}$	$\frac{2}{10}$	$\frac{3}{10}$	$\frac{4}{10}$ [1]	1

よって求める期待値は

$$E(X)=1\cdot\frac{1}{10}+2\cdot\frac{2}{10}+3\cdot\frac{3}{10}+4\cdot\frac{4}{10}\ ^{2)}$$

$$=\frac{1}{10}(1\cdot 1+2\cdot 2+3\cdot 3+4\cdot 4)$$

$$=\frac{30}{10}=3.//$$

解説 [1]：このあと行う期待値の計算を見越して，あえて約分しないでおくのが得策です．

[2]：期待値を，その定義通り立式すると，分母の「10」を何回も書く羽目になりますので，この 1 行は暗算して省き，次の式から書いても OK でしょう．

参考 上記 **解答** は，10 1 期待値の 2 通りの求め方のうち，❶：「確率変数 X の全ての値について加える」の方でした．❷：「全ての根元事象について加える」で解答すると，次のようになります：

$$E(X)=1\cdot\frac{1}{10}+2\cdot\frac{1}{10}+2\cdot\frac{1}{10}+\cdots+4\cdot\frac{1}{10}$$

$$=\frac{1+2\cdot 2+3\cdot 3+4\cdot 4}{10}=\frac{30}{10}=3.//$$

もっとも本問は，例えば「事象：$\underline{3}$ のカードが出る」が「確率変数 $X=\underline{3}$」と直結しているので，「確率変数」中心の❶でも「事象」の中心❷でもあまり違いは感じられないでしょうが (笑).

7 12 34 期待値・色の種類 根底 実戦 [→例題 7 10 a]

着眼 X のとり得る値は

$X = 1, 2, 3$

の 3 種類です．このような**全体像**を視野に入れて，効率的な解答を心掛けましょう．

解答 ∘ 全ての玉を区別したときの 4 個の取り出し方：

${}_{15}C_4 = 15\cdot7\cdot13 = 1365$(通り) …①

の各々は等確率.

∘ X のとり得る値は 1, 2, 3 のいずれか. …②

∘ $X = 1$ となる色の内訳とその取り出し方の数は次の通り：

$$\begin{cases} \text{WWWW} \cdots {}_4C_4 = 1, \\ \text{RRRR} \cdots {}_5C_4 = 5, \\ \text{BBBB} \cdots {}_6C_4 = 15. \end{cases}$$

$\therefore n(X = 1) = 1 + 5 + 15 = 21.$ …③

∘ $X = 3$ となる色の内訳とその取り出し方の数は次の通り：

$$\begin{cases} \text{WWRB} \cdots {}_4C_2\cdot5\cdot6 = 180, \\ \text{WRRB} \cdots 4\cdot{}_5C_2\cdot6 = 240, \\ \text{WRBB} \cdots 4\cdot5\cdot{}_6C_2 = 300. \end{cases}$$

$\therefore n(X = 3) = 180 + 240 + 300 = 720.$ …④

∘ ①〜④より

$n(X = 2) = 1365 - 21 - 720$ [1]

$= 1365 - 741 = 624.$

∘ 以上より，求める X の期待値は

$$\frac{1\cdot21 + 2\cdot624 + 3\cdot720}{15\cdot7\cdot13} = \frac{7 + 2\cdot208 + 720}{5\cdot7\cdot13} = \frac{1143}{455}.\ /\!/$$

注 1)：$X = 2$ となる取り出し方は，$X = 1, 3$ に比べると手間が掛かるのでこのように“引き算”を用いましたが，試験での「確実性」を重視するなら，$X = 2$ も単独に求め，$X = 1, 2, 3$ の確率の合計が 1 になるかどうかを確かめるのが堅実です．「確実性」・「スピード」のどちらを優先するかは，試験での状況次第です．

参考 期待値は 2.51… で，2 と 3 の中間点 2.5 よりほんの少しだけ大きな値です．$X = 2$ より $X = 3$ の方が少しだけ起こりやすく，$X = 1$ はきわめて稀有なので，この値に納得がいくと思います．

7 12 35 期待値・事象を中心 根底 実戦 重要 [→例題 7 10 b]

着眼 「えーっと例えば出た目の合計が 6 といったら…1 回目が 6 もあるし，1 回目が 1 で 2 回目が 5 や 1 回目が 2 で 2 回目が 4 もあって…」と考えるのはメンドウですね．このように，「確率変数主体」ではやりづらいと感じたら，「事象中心」に切り替えましょう．

解答 ∘(第 1 回の目)，もしくは (第 1 回の目，第 2 回の目) と表す．

考えられる事象は次の通り [1]：

i) $\begin{cases} (1, 1), (1, 2), (1, 3), (1, 4), (1, 5), (1, 6), \\ (2, 1), (2, 2), (2, 3), (2, 4), (2, 5), (2, 6), \end{cases}$

ii) (3), (4), (5), (6).

∘ それぞれの確率は

i) の各々 … $\left(\frac{1}{6}\right)^2 = \frac{1}{36}$,

ii) の各々 … $\frac{1}{6}$.

∘ よって，目の合計の期待値は

$$2\cdot\frac{1}{36} + 3\cdot\frac{1}{36} + \cdots + 7\cdot\frac{1}{36}$$
$$+3\cdot\frac{1}{36} + 4\cdot\frac{1}{36} + \cdots + 8\cdot\frac{1}{36}$$
$$+3\cdot\frac{1}{6} + 4\cdot\frac{1}{6} + 5\cdot\frac{1}{6} + 6\cdot\frac{1}{6}$$
$$= \frac{1}{36}\cdot(2+3+4+5+6+7+3+4+5+6+7+8)$$
$$+\frac{1}{6}\cdot(3 + 4 + 5 + 6)$$
$$= \frac{1}{36}\cdot(27 + 33) + \frac{1}{6}\cdot18$$
$$= \frac{5}{3} + 3 = \frac{14}{3}.\ /\!/$$

4.666…

解説 このように**事象を中心**に考えれば，単純作業に過ぎませんね．

補足 1)：もちろん，これらは全てを尽しており，排反です．

7 12 36 確率の最大化・期待値 根底 実戦 典型 [→例題 7 11 b]

方針 (1)，(2)とも，X のとり得る値全てに対する確率を求めることになりますね．

X のとり得る値はけっこうたくさんありそう．こんなときは「文字」を使って確率を求めてから，そこに具体数を代入すると効率的です．

X の値を固定し，それに対して X より小さい 2 個，X より大きい 1 個の選び方を考えます．

解答 (1) ∘ 4 枚の取り出し方：${}_{10}C_4$ 通りの各々は等確率．

∘ $X = k$ (k は 3, 4, …, 9 のいずれか) のときを考える．

$1 \sim k-1$ 　 k 　 $k+1 \sim 10$

… ○ … ○ … ● … ○ …

○小さい方から 1, 2 番目の選び方 $\cdots {}_{k-1}\mathrm{C}_2$ 通り.
　小さい方から 4 番目の選び方 $\cdots 10-k$ 通り.
○したがって

$$\therefore\ P(X=k)=\frac{{}_{k-1}\mathrm{C}_2\cdot(10-k)}{{}_{10}\mathrm{C}_4}=\frac{1}{2{}_{10}\mathrm{C}_4}\cdot\underbrace{(k-1)(k-2)(10-k)}_{f(k)}.$$ [1)]

（$P(X=k)$ と $f(k)$ は同時に最大となる.）

○$k=3, 4, \cdots, 9$ に対する $f(k)$ の値は次の通り：

k	3	4	5	6	7	8	9
$f(k)$	14	36	60	80	90	84	56

○よって, $P(X=k)$ を最大化する k は, $k=7$.//

(2) (1)の表より, 求める期待値は

$$E(X)=\frac{1}{2{}_{10}\mathrm{C}_4}\cdot(3\cdot14+4\cdot36+5\cdot60+6\cdot80+7\cdot90+8\cdot84+9\cdot56)$$
$$=\frac{6}{2\cdot10\cdot3\cdot7}(7+24+50+80+105+112+84)$$
$$=\frac{1}{10\cdot7}\cdot462=\frac{66}{10}=\frac{33}{5}.$$ //

解説 1)：$P(X=k)$ のうち, k の値に応じて変化する部分だけを抜き出して議論すると, 何かと簡便です.

補足 X は 4 つの中ではわりと大きい方ですから, その期待値は“真ん中” $=\dfrac{1+10}{2}=5.5$ より少し大きめの値になりそうですね. 実際, 答えは $\dfrac{33}{5}=6.6$ でした.

将来　本問で扱った内容：
(1)：確率の最大化　(2)：期待値
は, 数学 B「数列」を学ぶと, k の文字式のままでより本格的な扱いをすることが可能となります.

[→演習問題 7 13 3 〜 5]

13 演習問題C 他分野との融合

7 13 1 座標平面の活用 [→5 4 2]
根底 実戦　入試　数学B数列後　重要

方針 3辺の長さを表す a, b, c の条件を, できる限りわかりやすく表現します. あのツールが役立ちます. (1)で, 3 文字のうち 2 文字の変域のみ問われているのがヒントです.

解答 (1) a, b, c が満たすべき条件は以下の通り：

$$\begin{cases} a+b+c=12n, & \cdots① \\ 0<a\leq b\leq c, & \cdots② \\ a+b>c. & \cdots③ \end{cases}$$
三角形の成立条件 [1)]

①より $a=12n-b-c$ [2)]. これを②③へ代入して

$$\begin{cases} 0<12n-b-c\leq b\leq c, \\ 12n-c>c. \end{cases}$$

$$\text{i.e.} \begin{cases} b+c<12n,\ 2b+c\geq 12n,\ b\leq c, \\ c<6n. \end{cases}$$

これらを全て満たす (b, c) を, bc 平面上に図示すると次の通り：

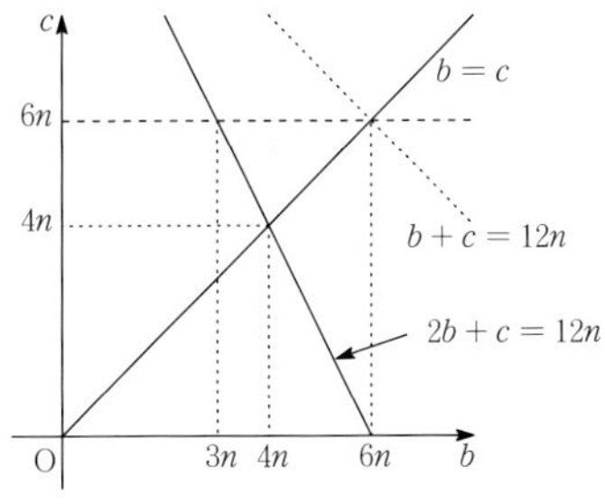

したがって, 求める変域は

$$3n<b<6n,\ 4n\leq c<6n.$$ //

(2) 題意の組 (a, b, c) は, (1)の領域内の格子点 (b, c) と 1 対 1 に対応 [3)] する. この個数 N が求めるものである.

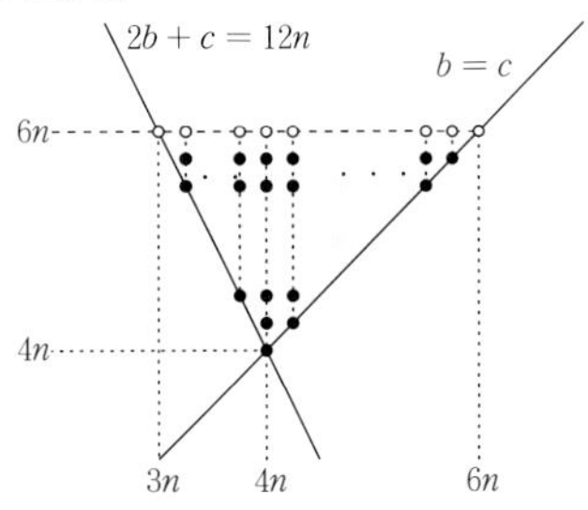

直線 $b=4n$ 上の格子点は

$$c=4n,\ 4n+1,\ 4n+2,\ \cdots,\ 6n-1.$$

その個数は,

$$(6n-1)-(4n-1\ ^{4)})=2n.$$

よって, $x\geq 4n$ の範囲の格子点数は

第7章 場合の数・確率

$$1+2+3+\cdots+2n=\frac{1}{2}\cdot 2n(2n+1)=n(2n+1).$$

$x<4n$ の範囲の格子点数は

$$2+4+6+\cdots+(2n-2)=\frac{2+(2n-2)}{2}\cdot(n-1)$$
$$=n(n-1).$$

等差数列の和

これらを加えて，求める個数は

$N=n(2n+1)+n(n-1)=3n^2.$ //

(3) 求める個数は，(2)で考えた格子点のうち，$a=b$ または $b=c$ を満たすものの個数，すなわち実線で描いた領域の境界線上の格子点数である．b 座標を書くと

$b=3n+1,\ 3n+2,\ \cdots,\ 6n-1.$

それに対して c が 1 つずつ対応するから，求める個数は，

$(6n-1)-3n=3n-1.$ //

解説 1)：詳しくは[→5 4 2]．

補足 2)：この式が a について解かれていますから，図の領域内の任意の (b,c) に対し，a はちゃんと存在します．(②③が成り立つように b, c の条件を書いたのですから．)

3)：したがって，このように 1 対 1 対応となります．

4)：連続整数の個数について，詳しくは[→6 11 1]

参考 (3)で考えた 2 直線の交点 $(4n, 4n)$ に対応する三角形は，$a=b=c=4n$ の正三角形です．これも，「二等辺三角形」としてカウントしますよ．

7 13 2 じゃんけん（等確率の崩れ） [→例題 7 8 a]

根底 実戦 数学Ⅱいろいろな式後

方針 各種の手を出す確率の設定がいつもと違いますから，間違えないよう情報を視覚的に整理して臨みましょう．

解答 ∘ A，B は，「グー：○」，「チョキ：∨」，「パー：□」をそれぞれ右表の確率で出す．

	○	∨	□
A	p	q	r
B	r	q	p

∘ A が勝つ事象は，

$$\begin{pmatrix}\text{A の手}\\ \text{B の手}\end{pmatrix}=\begin{pmatrix}○\\ ∨\end{pmatrix},\begin{pmatrix}∨\\ □\end{pmatrix},\begin{pmatrix}□\\ ○\end{pmatrix}.$$

∘ ∴ $a=pq+qp+rr=2pq+r^2.$

同様に考えて

$b=rq+qr+pp=2qr+p^2.$

$c=pr+qq+rp=2rp+q^2.$

(1) ∘ $a-b=(2pq+r^2)-(2qr+p^2)$

$=2q(p-r)+(r+p)(r-p)$

$=(r-p)(r+p-2q)$

$=\underbrace{(r-p)}_{\text{正}(\because ②)}(1-3q)\ (\because ①).$

したがって，a と b の大小関係は，

$$\begin{cases} q>\frac{1}{3}\text{のとき}, a<b.\\ q=\frac{1}{3}\text{のとき}, a=b.\\ q<\frac{1}{3}\text{のとき}, a>b. \end{cases}$$ //

(2) ∘ (1)と同様に

$a-c=(r-q)(r+q-2p)$

$=\underbrace{(r-q)}_{\text{正}}(1-3p).\ \cdots③$

$b-c=(q-p)(2r-p-q)$

$=\underbrace{(q-p)}_{\text{正}}(3r-1).\ \cdots④$

∘ ここで，

②より，$p+q+r>p+p+p.$

これと①より，$1>3p.$

これと③より，$a>c.$

同様に

②より，$p+q+r<r+r+r.$

これと①より，$1<3r.$

これと④より，$b>c.$

∘ 以上より，求める最小の値は，$c.$ //

解説 確率の問題としてはごく単純であり，むしろその後の大小関係→不等式がメインテーマです．

注 このように，等確率性という前提の崩れたじゃんけん，あるいはサイコロ，コインの問題が，たまに出ます．

余談 A さんは掌を開きやすい性向を持ち，B さんは逆に拳を握り締めやすい傾向にあるという設定でした．

参考 a, b, c の和を計算してみると

$a+b+c=2pq+r^2+2qr+p^2+2rp+q^2$

$=p^2+q^2+r^2+2pq+2qr+2rp$

$=(p+q+r)^2=1^2=1.$

ちゃんと全事象の確率＝ 1 になっています．当然のことですが（笑）．

7 13 3 確率の最大化 [→例題 7 11 b]

根底 実戦 典型 入試 数学B数列後 重要

着眼 1〜n の中で，1, 2, 3, 4 の 4 つだけを特別視し，他は十把一絡げ（じっぱひとから）げに扱えと言われています．また，その 4 つの区別もどうでもいい訳で，要するに

「1, 2, 3, 4 の 4 個」と「他の $n-4$ 個」

の 2 つに類別して考えるのが正道です．

方針 X の値を k に固定し，それに対して X より小さい 2 個，X より大きい 1 個の選び方を考えます．

解答 (1) ∘ 1〜4 を○で表し，○4つの順番を考える．1)

この4つを区別しないで考える

∘ ○ 4 つの順番の選び方：${}_nC_4$ 通りの各々は等確率．

○ $X=k$ (k は 3, 4, …, $n-1$ のいずれか) のときを考える.

$$\begin{array}{c|c|c} 1\sim k-1 & k & k+1\sim n \\ \cdots\bigcirc\cdots\bigcirc\cdots & \bigcirc & \cdots\bigcirc\cdots \end{array}$$

○ 4つの○のうち左から 1, 2 番目の順番 … ${}_{k-1}C_2$ 通り.
4つの○のうち左から 4 番目の順番 … $n-k$ 通り.

○ よって求める確率は,

$$p_k=\frac{{}_{k-1}C_2\cdot(n-k)}{{}_nC_4}$$
$$=\frac{1}{2{}_nC_4{}^{2)}}\cdot\underbrace{(k-1)(k-2)(n-k)}_{f(k)\text{ とおく}}.//$$

(2) ○ p_k と $f(k)$ は同時に最大となる. そこで, $f(k)$ の増減を調べる.

$$f(k+1)-f(k)^{3)}$$
$$=k(k-1)(n-1-k)-(k-1)(k-2)(n-k)$$
$$=(k-1)\{k(n-1-k)-(k-2)(n-k)\}$$
$$=(k-1)(-3k+2n).$$

これは, [4]$n=3m+1$ のとき次と同符号:

$$-3k+2(3m+1)=3\left(2m+\frac{2}{3}-k\right).$$

○ したがって

$$f(k+1)\begin{cases}>f(k)\ (k\leq 2m),\\ <f(k)\ (k\geq 2m+1).\end{cases}$$

○ すなわち

$$\cdots<f(2m)<f(2m+1)>f(2m+2)>\cdots.$$

○ 以上より, 求める k は, $k=2m+1$.//

解説 [1]: このように, 問われていることのみに着目することで, 確率を効率良く求められることが多いです.

[3]: 数列の増減を調べるには, このように**階差**の符号を調べるのが**原則**です.

注 [4]: (2)では, 途中まで「n」とシンプルに表記して労力を節約し,「ここぞ」というタイミングで初めて「$3m+1$」と書きましょう.

補足 [2]: この二項係数を n の多項式で書き表す作業は, ここでは不要と考えます. (2)の解決に全く寄与しない (∵ n は定数) ので. ただし, いつも言う事ですが…, 採点基準は担当者の趣味です.

参考 お気付きでしょうか? 本問(2)は, 実は **演習問題 7 12 36**(1)と全く同内容な問題です. 本問では, 総数が「10 個」から「$3m+1$ 個」へと一般化したので,「数列」(数学 B) の処理が必要となりました.
本問(2)で $m=3$ としたのが **演習問題 7 12 36**(1)であり, その答え:「7」は, 本問(2)の答え: $2m+1$ において $m=3$ としたものと一致していますね.

7 13 4 最尤(ゆう)推定

[→例題 7 6 a]

根底 実戦 入試 数学B数列後 重要 ハイレベル↑

着眼 敢えて, 何をすべきかが瞬時にわかりづらいよう問題文を書きました. そこを考えることが, 実用面への応用の訓練となりますので.
「尤もらしい」=「確からしい」, つまり「**確率が最大**」という意味です. **解答**の冒頭で, そこを明確に宣言します.

解答 ○ 池の鯉の総数を n とし, 2° の事象が起こる確率を最大とする n を求める.

○ 1° の後, 池の鯉は次のようになっている:

全体: n 匹 $\begin{cases}\text{印付き}\ \cdots 90\text{ 匹}\\ \text{印無し}\ \cdots n-90\text{ 匹}\end{cases}$

○ 2° において

捕獲した 140 匹 $\begin{cases}\text{印付き}\ \cdots 21\text{ 匹}\\ \text{印無し}\ \cdots 119\text{ 匹}\end{cases}$

となる確率を p_n とすると

$$p_n=\frac{{}_{90}C_{21}\cdot{}_{n-90}C_{119}}{{}_nC_{140}}$$
$$={}_{90}C_{21}\cdot\frac{(n-90)!}{119!\cdot(n-209)!}\cdot\frac{140!\cdot(n-140)!}{n!}{}^{2)}$$
$$=c\times\frac{(n-90)!\cdot(n-140)!}{(n-209)!\cdot n!}\ (c\text{ は正の定数}^{3)}).$$

○ これと

$$p_{n+1}=c\times\frac{(n-89)!\cdot(n-139)!}{(n-208)!\cdot(n+1)!}$$

の大小を比べる.

$$\frac{p_{n+1}-p_n}{c}$$
$$=\frac{(n-89)!\cdot(n-139)!}{(n-208)!\cdot(n+1)!}-\frac{(n-90)!\cdot(n-140)!}{(n-209)!\cdot n!}$$
$$=\underbrace{\frac{(n-90)!\cdot(n-140)!}{(n-209)!\cdot n!}}_{\text{正}}\left\{\frac{(n-89)(n-139)}{(n-208)(n+1)}-1\right\}^{4)}.$$

これは { } と同符号 [5] であり, さらにそれは次と同符号:

$$(n-89)(n-139)-(n-208)(n+1)$$
$$=-21n+89\cdot139+208$$
$$=-21n+(90-1)(140-1)+208$$
$$=-21n+90\cdot140-90-140+209$$
$$=-21n+90\cdot140-21$$
$$=21(599-n).$$

○ したがって

$$p_{n+1}\begin{cases}>p_n\ (n\leq 598),\\ =p_n\ (n=599),\\ <p_n\ (n\geq 600).\end{cases}$$

○ すなわち

$$\cdots<p_{598}<p_{599}=p_{600}>p_{601}>\cdots.$$

第7章 場合の数・確率

よって，池の鯉の数としていちばん尤もらしいのは，
$n = 599, 600.$ //

解説 内容を呑み込んでしまえば，確率分野の最初の例題：**例題7 6 a**「玉の取り出し」と同じ問題に過ぎないことがわかったと思います．

1)：印を付けた鯉が池全体に偏りなく散っていく期間と考えてください．もっとも，その間にも個体数の変化はあるのですが…(汗)．

2)：もちろん，ここにある階乗がちゃんと値をもつような n だけを考察対象としています．

3)：「最大値」ではなく，「最大となる n」を求めたいので，定数の部分は無視して進めましょう．ただし，符号が正であることを確認．

4)：数列の増減を調べるには，このように階差を作り，正の定符号部分を"くくり出して"**符号決定部**だけに注目するのが鉄則です．ただ，本問のように"くくり出す"式が賑やかなときは，次のように「両者の比と1との大小」を比べると書く分量が少し減ります：

$$\frac{p_{n+1}}{p_n} = \frac{(n-89)!\cdot(n-139)!}{(n-208)!\cdot(n+1)!}\cdot\frac{(n-209)!\cdot n!}{(n-90)!\cdot(n-140)!}$$
$$= \frac{(n-89)(n-139)}{(n-208)(n+1)}.$$

これと1とで大小を調べるために差をとると…結局，4) の｛　　｝が現れます (笑)．
くれぐれも「比をとる」のは2番手の手法であることを忘れないでくださいね．

5)：大切なのは，あくまでも「**符号**」であることを忘れずに．

参考 得られた結果は，なんとなくの"直観"とほぼ一致しています：

	印有り＆無し	印有りのみ
池全体	n	90
2° で捕獲	140	21

「池全体」と「2° で捕獲」において，左右の数の比は一致しそうですよね．

$n : 90 = 140 : 21\ (= 20 : 3).$
$3n = 90\cdot 20. \quad \therefore\ n = 600.$

ほら，ちゃんと答えと (ほぼ) 一致しましたね (笑)．
とはいえ，このような"直観的"に得た数値に，数学的な裏付けが得られたというのが本問の「意義」です．そこに価値を見出せない人も沢山いて困るのですが…(苦笑)．

余談　本問は，確率論に関する著名な書籍：『確率論とその応用1上』ウィリアム フェラー (著)，河田 龍夫 (監訳)～から引用いたしました (数値は筆者が調整)．この本は，夥しい数の入試問題の"出典"でもあります (笑)．

7 13 5　期待値・Σ計算

[→例題7 10 b]

根底 実戦　入試　数学B数列後

方針 「確率変数 X」の値：$1, 3, 3^2, 3^3, \cdots$ ではなく，**事象**に直結する「k」を中心に考えます．

注 初回に裏が出た場合 ($k=0$) も，$3^0 = 1$ 点が得られますよ．

解答 ∘初回からの表の連続回数 k に対し，X の値とその確率は次のように定まる (○：表，×：裏)．

∘ $k = 0, 1, 2, \cdots, n-1$ のとき，　$\underbrace{○○○\cdots○}_{k\text{回}}×$

$$\begin{cases} X = 3^k, \\ P(X=k) = \left(\frac{1}{2}\right)^{k+1}. \end{cases}$$

∘ $k = n$ のとき，1)　$\underbrace{○○○○\cdots○○}_{n\text{回}}$

$$\begin{cases} X = 3^n, \\ P(X=k) = \left(\frac{1}{2}\right)^{n}. \end{cases}$$

∘以上より，求める期待値は

$$\begin{aligned} E(X) &= \sum_{k=0}^{n} 3^k\cdot P(X=k) \\ &= \sum_{k=0}^{n-1} 3^k\cdot\left(\frac{1}{2}\right)^{k+1} + 3^n\cdot\left(\frac{1}{2}\right)^n \\ &= \sum_{k=0}^{n-1}\frac{1}{2}\left(\frac{3}{2}\right)^k + \left(\frac{3}{2}\right)^n \\ &= \frac{1}{2}\cdot\frac{\left(\frac{3}{2}\right)^n - 1}{\frac{3}{2}-1} + \left(\frac{3}{2}\right)^n \\ &= 2\cdot\left(\frac{3}{2}\right)^n - 1. \end{aligned}$$ //

解説 事象に直結する「初回からの表の連続回数 k」を中心に考え，

$$k \to \begin{cases} X \\ P(X=k) \end{cases}$$

の対応を求めてしまえば…，あとは単純なるΣ計算です．入試で「期待値」がワリトよく出るのは，このΣ計算の力を試したいからでしょう．

注 1)：このときだけは「最後の×」がなくなりますので，場合分けせざるを得ません．

7 13 6　反復試行・期待値

[→7 10]

根底 実戦　典型 入試　数学B数列後　重要

方針 まず，各回において和が偶数，奇数になる確率を求めましょう．

(1) 期待値の定義に従って求めるだけです．

(2) Y の値に応じてその確率を…と考えると難しいですね．「**事象を中心に**」という基本姿勢を思い出してください．

(3) 数列の増減の調べ方の原則と言えば…

解答 (1) ○和が奇数となるのは，2 数の偶奇が不一致なときだから，その確率は

$$\frac{2\cdot 3}{{}_5\mathrm{C}_2}=\frac{3}{5}.$$

偶数：2, 4
奇数：1, 3, 5

○よって，各回における事象とその確率は，

$$\begin{cases} A:「和が偶数」\cdots 1-\dfrac{3}{5}=\dfrac{2}{5}(=p\text{ とおく}), \\ \overline{A}:「和が奇数」\cdots \dfrac{3}{5}(=q\text{ とおく}). \end{cases}$$

文字で置き換えると楽

○$X=k$（k は 0〜n のいずれか）となるのは

$$n\text{ 回}\begin{cases} A\cdots k\text{ 回} \\ \overline{A}\cdots n-k\text{ 回} \end{cases}\quad\cdots①$$

のときだから，

$$P(X=k)={}_n\mathrm{C}_k\,p^kq^{n-k}.\ \cdots②$$ 反復試行の公式

○よって求める期待値は

$$\begin{aligned} E(X)&=\sum_{k=0}^{n}k\cdot P(X=k)\\ &=\sum_{k=0}^{n}k\cdot{}_n\mathrm{C}_k\,p^kq^{n-k} \quad k=0\text{ のときは }0\\ &=\sum_{\underline{\underline{k=1}}}^{n}n_{n-1}\mathrm{C}_{k-1}\,p^kq^{n-k} \quad 1)\\ &=\sum_{k=1}^{n}n_{n-1}\mathrm{C}_{k-1}\,p\cdot p^{k-1}q^{(n-1)-(k-1)} \quad 2)\\ &=np\sum_{l=0}^{n-1}{}_{n-1}\mathrm{C}_l\,p^lq^{n-1-l}\ (l:=k-1)\\ &=np(p+q)^{n-1} \quad \text{二項定理より}\\ &=np\ (\because p+q=1)\\ &=\frac{2}{5}n.\ /\!/ \end{aligned}$$

(2) ○①の**事象**に対する Y の値は

$$Y=k-(n-k)=2k-n.$$ 事象を中心に！

○①の**事象**の確率は②.

○よって求める期待値は

$$\begin{aligned} E(Y)&=\sum_{k=0}^{n}(2k-n)\cdot P(\underset{\sim}{X}=k) \quad 「Y=」\text{ではない}\\ &=2\sum_{k=0}^{n}k\cdot P(X=k)-n\underbrace{\sum_{k=0}^{n}P(X=k)}_{\text{全事象の確率}}{}^{3)}\\ &=2E(X)-n\cdot\underline{1}\\ &=2\cdot\frac{2}{5}n-n\\ &=-\frac{1}{5}n.\ /\!/ \end{aligned}$$

(3) ○②において $n=100$ として，

$$p_k={}_{100}\mathrm{C}_k\,p^kq^{100-k}=\frac{100!}{k!(100-k)!}p^kq^{100-k}.$$

○p_{k+1} と p_k の大小を比べる.

$$\begin{aligned} &p_{k+1}-p_k{}^{4)}\\ &=\frac{100!}{(k+1)!(99-k)!}p^{k+1}q^{99-k}-\frac{100!}{k!(100-k)!}p^kq^{100-k}\\ &=\frac{100!}{(k+1)!(100-k)!}p^kq^{99-k}\times\{p(100-k)-q(k+1)\}. \end{aligned}$$

これは，次と同符号： p, q を数値に戻す

$$\frac{2}{5}(100-k)-\frac{3}{5}(k+1)=39.4-k.$$

$$\therefore p_{\boxed{k}+1}\begin{cases} >p_{\boxed{k}}\ (\boxed{k}\le 39), \\ <p_{\boxed{k}}\ (\boxed{k}\ge 40). \end{cases}$$

$$\text{i.e.}\cdots<p_{38}<p_{39}<p_{40}>p_{41}>p_{42}>\cdots.$$

38　39　40　41

赤字は上式における k の値

○以上より，p_k を最大とする k は，$k=40.$ //

解説 (1)では，確率変数 X：「和が偶数の回数」が事象①と直結するので，"表面的な" 期待値の定義を知っているだけで解答できます.

(2)では，確率変数 Y：「和が偶数と和が奇数の回数差」が事象と直結しないので，「事象を中心に」という姿勢が要請されます.

1)：[→3 8 **後のコラム**]にある二項係数に関する公式を使いました. これにより，$k\cdot{}_n\mathrm{C}_k$ において 2 か所にあった変数 k が，$n_{n-1}\mathrm{C}_{k-1}$ では 1 か所に集約されています. これが狙いだったのです

2)：「${}_{n-1}\mathrm{C}_{k-1}$」を見て，「$n-1$」と「$k-1$」で表せば二項定理が使えると先読みして変形しています.

4)：大小比較の基本は，「差をとってその符号」です. ここでは，隣接項どうしの差，つまり「階差」の符号を考えます.

補足 3)：全事象の確率ですから「$\underline{1}$」となるのが当然ですが，いちおう計算してみると，

$$\begin{aligned} \sum_{k=0}^{n}{}_n\mathrm{C}_k\,p^kq^{n-k}&=(p+q)^n\ (\text{二項定理より})\\ &=1^n=1. \end{aligned}$$

参考 将来 本問と関連深い数学 B「確率分布」の内容を少しご紹介しましょう.

○次のような試行を行います（具体例として本問を思い浮かべながら…）.

○各回の操作 T における事象は

$$T\begin{cases} \text{事象 }A\cdots\ \text{確率 }p, \\ \text{事象 }\overline{A}\cdots\ \text{確率 }q(=1-p). \end{cases}$$

○T を独立に（無関係に）n 回行う反復試行において，「A が起こる回数」を確率変数 X とする.

$$n\text{ 回}\begin{cases} A\ (\text{確率 }p)\cdots k\text{ 回} \\ \overline{A}\ (\text{確率 }q)\cdots n-k\text{ 回} \end{cases}$$

となる確率は

$$P(X=k)={}_n\mathrm{C}_k\,p^kq^{n-k}.$$ 反復試行の公式

○このとき，次のようにいいます：

確率変数 X は，**二項分布 $B(n,\ p)$** に従う.

反復回数（n）　各回の A の確率（p）

第7章 場合の数・確率

○ X の期待値は，

$E(X)=np$. 反復回数 × 各回の A の確率

(証明は，本問(1)と全く同じ)

○ これを本問の**解答**として答案中で使う際には，こう書きます：

『X は二項分布 $B\left(n,\ \frac{2}{5}\right)$ に従う[5] から，その期待値は，$E(X)=n\cdot\frac{2}{5}=\frac{2}{5}n$.//』

「n 回中，5 分の 2 くらいの回数だけ A が起こるんじゃない？」という“デタラメなヤマカン”[6] が，たまたま当たってしまいますね (苦笑).

注 [5]：なので，試験ではこれをちゃんと書かないとバツになる可能性が高いです.

補足 [6]：(3)の結果も，「100 回中，5 分の 2 の回数である 40 回だけ A が起こる確率がいちばん大きいんじゃない？」という“ヤマカン”どおりになってます. (再度苦笑).

7 13 7 確率漸化式（2状態）

[→ 7 9 1]

根底 実戦 典型 入試 数学B数列後 重要

着眼 カードは 6 枚ありますが，注目するのは「左端」＝「左から 1 番目」のみ．つまり，サイコロの「1 の目」が出るか否かだけを考えます.

順番：1 2 3 4 5 6

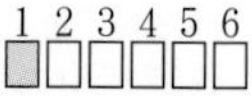

(1)「初めて」とあるので，実は単純な事象です．直接求まります.

(2) 左端のカードが，表から裏になったりまた表になったりを繰り返すので，複雑です．(1)のように直接は求まりません．そこで…

以下の**方針**は，初見で発想するのは無理でしょう．また，数列を**しっかり**学んでいないと理解不能かもしれません (苦笑)．とにかく，“鑑賞”する気分で.

方針 (2) ○ 本問の「確率」は，操作回数 n に対して定まるもの，つまり「数列」である.

○ 数列の定め方は次の 2 通り.

「一般項」…n 番目を直接 n で表す.

「ドミノ式」[2]… 初項と漸化式で定める.

○ 求めるべきは「一般項」であるが，直接には求まりそうにない.

また，本問では直前と直後の間に明確なルールがある．つまり，前から後ろへ順に決まっていく「ドミノ式構造」があるので，そちらを活用する.

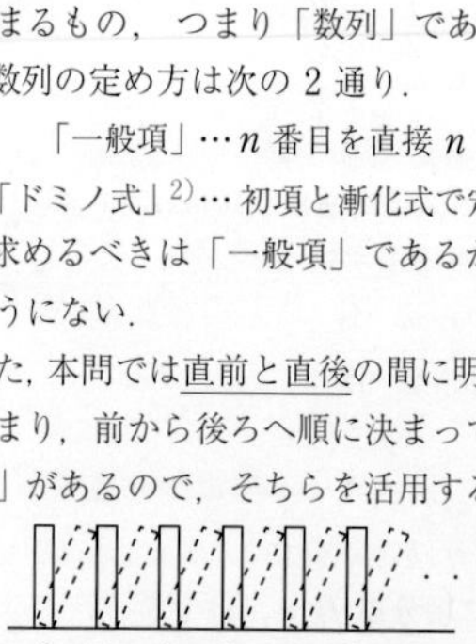

解答 (1) ○ 左端のカードが表，裏であることをそれぞれ「○」,「×」で表す.

○ 各回における事象とその確率は，

$$\begin{cases} A:\text{「左端をひっくり返す」}\cdots\ \frac{1}{6}, \\ \overline{A}:\text{「左端はそのまま」}\quad\cdots\ \frac{5}{6}. \end{cases}$$

○ 左端が n 回後に初めて× となる事象は，次図の通り：

$$\bigcirc \xrightarrow[\overline{A}]{1回} \bigcirc \xrightarrow[\overline{A}]{2回} \bigcirc \xrightarrow[\overline{A}]{3回} \cdots \xrightarrow[\overline{A}]{n-1回} \bigcirc \xrightarrow[A]{n回} \times$$

○ よって求める確率は

$\left(\frac{5}{6}\right)^{n-1}\cdot\frac{1}{6}$ ($n=1$ でも成立).//

(2) ○「n 回後に左端が×」の確率を p_n とおく．ただし，$n=0, 1, 2, \cdots$.

○ 最初，左端は○だったから，[3] $p_0=0$. …①

○ $n+1$ 回後，左端が× になっている事象は，n 回後の状態に注目して次図のように場合分け[4] される：

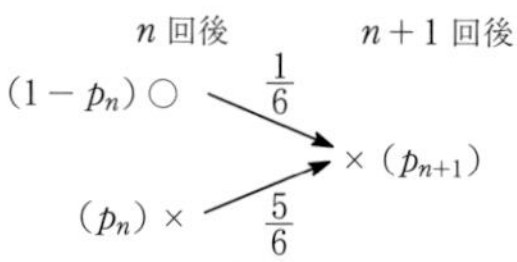

$$\therefore\ p_{n+1}=(1-p_n{}^{5)})\cdot\frac{1}{6}+p_n\cdot\frac{5}{6}$$
$$=\frac{2}{3}p_n+\frac{1}{6}. \cdots②$$

○ ②を変形すると

$$p_{n+1}-\frac{1}{2}=\frac{2}{3}\left(p_n-\frac{1}{2}\right).$$

$$\therefore p_n-\frac{1}{2}=\left(p_0-\frac{1}{2}\right)\left(\frac{2}{3}\right)^n.$$ [6]

これと①より，求める確率は

$$p_n=\frac{1}{2}-\frac{1}{2}\left(\frac{2}{3}\right)^n.//$$

解説 ②のような，「確率」を表す数列についての漸化式を，俗に**「確率漸化式」**と呼びます.

(1)での変化は「○→×」という一定の向きだけですので「一般項」が直接求まりました．それに対して(2)では，○と× の 2 つの状態間を行ったり来たりするのでそうはいきません．こんなときには，数列を定めるもう 1 つの方法：「ドミノ式」を活用しましょう．その際の重要ポイントは，直前 (n 回) と直後 ($n+1$ 回) の関係を，②式の上にある**「推移図」**で表すことです.

[5]：n 回後においては，○と× の 2 通りの状態だけがあり，互いに排反です．よって，○の確率は× の確率 p_n を全事象の確率 1 から引いた $1-p_n$ になります.

注意！ ただし「1− △」にならない問題もありますから，必ず「2つ合わせて全事象か？」を確認してください．

重要 [4]：「確率漸化式」は，ほとんどの問題で**場合分け**して作ります．これは，一応の“原則”として記憶しておいてください．本問では，第 $n+1$ 回の直前：第 n 回の状態に注目して場合分けを行いました．答案中で，「…に注目して」のように場合分けの基準を明記すると，モレやダブリのない場合分けが確保しやすくなります．

補足 [3]：本問において，「1回後」はけっして「最初」＝「初期状態」ではありませんね．「第0回」をスタートと考えるのが自然であり，有利です．

[6]：初項を「0番」としているので，n 乗が正解です．$n-1$ 乗は間違いです．

注 このように，解説として述べることが盛りだくさんです．**「数列」は，生半可な理解では全く通用しない分野です．**「わからないことだらけだ〜」という人は，数列を**ちゃんと**学び直してから再チャレンジね（笑）．

言い訳 [1]：正しくは「表を上にして並んでいる」ですが….

[2]：広く使われる表現ですが，俗な呼び方です．正式名称は「帰納的定義」といい，まるで意味不明です（苦笑）．

7 13 8 確率漸化式（3状態）

[→7 9 1]

根底 実戦 典型 入試 数学B数列後

着眼 前問では，各回において2つの状態だけがありましたが，本問では，それが「点」の位置としては4つの状態へと増えます．といっても，問題で問われているのはPの x 座標だけですから，y 軸上の2点「点 $(0, 1)$」と「点 $(0, -1)$」は初めから“束ねて”考え，各回3つの状態があると考えます．

そして，さらに**対称性**というモノの見方が備わっていると…実は…

解答 n 回後において，Pの x 座標が $x=-1, 0, 1$ である確率をそれぞれ p_n, q_n, r_n とおくと，

$$p_n+q_n+r_n=1. \cdots ①$$

上記3つだけがあり，しかも排反だから

各回におけるサイコロの目と左回りの回転角は次表の通り：

目	1	2	3	4	5	6
余り r	1	2	0	1	2	0
回転角	180°	270°	90°	180°	270°	90°

よって，各回における左回りの回転角とその確率は次の通り：

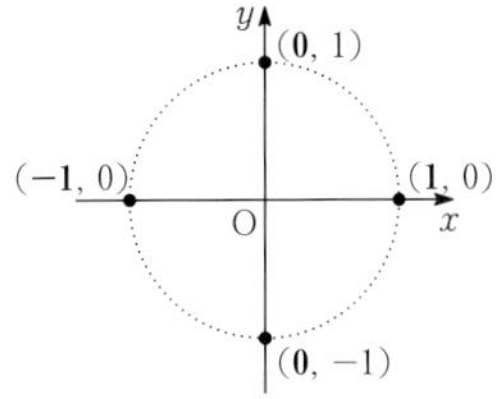

$$\text{1)} \begin{cases} 90^\circ \cdots \dfrac{1}{3}, \\ 180^\circ \cdots \dfrac{1}{3}, \\ 270^\circ \cdots \dfrac{1}{3}. \end{cases}$$

よって，Pの x 座標は3つの状態間を右図 [2] の確率で推移する（括弧内は n 回後における確率）．

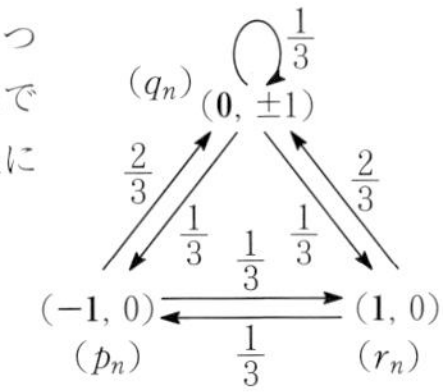

したがって，$x=0$ について [3] 考えると

$$\begin{aligned} &q_{n+1} \\ &=q_n\cdot\frac{1}{3}+p_n\cdot\frac{2}{3}+r_n\cdot\frac{2}{3} \text{ 4)} \\ &=q_n\cdot\frac{1}{3}+(p_n+r_n)\cdot\frac{2}{3} \text{ 5)} \\ &=q_n\cdot\frac{1}{3}+(1-q_n)\cdot\frac{2}{3} \ (\because ①) \text{ 6)} \\ &=-\frac{1}{3}q_n+\frac{2}{3}. \cdots ② \end{aligned}$$

また，最初 $x=0$ だったから，$q_0=1 \cdots ③$．

②を変形すると

$$q_{n+1}-\frac{1}{2}=-\frac{1}{3}\left(q_n-\frac{1}{2}\right).$$

$$\therefore q_n-\frac{1}{2}=\left(q_0-\frac{1}{2}\right)\left(-\frac{1}{3}\right)^n.$$

これと③より

$$q_n=\frac{1}{2}+\frac{1}{2}\cdot\left(-\frac{1}{3}\right)^n. /\!/ \cdots ④$$

次に，推移確率は $x=0$ に関して対称 [7] であり，最初 $x=0$ であった [8] から，$p_n=r_n$．これと①④より

$$\begin{aligned} p_n=r_n&=\frac{1}{2}(1-q_n) \\ &=\frac{1}{2}\left\{1-\frac{1}{2}-\frac{1}{2}\cdot\left(-\frac{1}{3}\right)^n\right\} \\ &=\frac{1}{4}-\frac{1}{4}\cdot\left(-\frac{1}{3}\right)^n. /\!/ \end{aligned}$$

解説 [1]：このように移動の仕方とその確率を把握してしまえば，もう「サイコロの目」などどうでもよいですね．

[2]：このように，矢印の“根本”で n 回，矢印の“先端”で $n+1$ 回を表し，そこに推移確率を書き入れると，変化の様子を簡潔に表せます．

例えば点 $(1, 0)$ からの移動を考えると，

3点 $(0, 1), (-1, 0), (0, -1)$

へそれぞれ確率 $\frac{1}{3}$ で移動しますが，赤下線の 2 点を **"束ねて"** 考えているので，「$x=0$」へ移動する確率は $\frac{2}{3}$ となります．

3)：この推移図を見ると，点 $(1, 0)$ からの移動と点 $(-1, 0)$ からの移動はまったく対等で，$(0, \pm 1)$(つまり $x=0$) からの移動だけが他と異なります．このような移動のルールにおける対称性を見抜き，対称の中心となっている $x=0$ の確率 q_n が攻めやすいのではないかと判断しました．

4)：いったん q_n, p_n, r_n を使って式を立てますが…

5)：前記対称性により，p_n, r_n からの推移確率が一致するのでそれでくくると…

6)：①が使えて，数列 (q_n) だけの漸化式ができました．こうした処理の経験を積むと，4) や 5) の式を経ることなく，初めから p_n と r_n を **"束ねて"** $1-q_n$ と書いて直接 6) を得ることができるようになります．

注 7)：これだけでは $p_n = r_n$ とはいえません．

8)：P の「最初」の位置が $x=1$ と $x=-1$ の "真ん中" である $x=0$ であることも合わせて初めて言い切れることです．

7 13 9 確率漸化式（3項間） [→ 7 9 1]

根底 実戦　典型 入試　数学B数列後

着眼 題意は把握できていますか？例えば，表を○，裏を× と表すと，次のようになります：

○○×○ → $X=2+2+1+2=7$(点)
○××○ → $X=2+1+1+2=6$(点)
○××○○ → $X=2+1+1+2+2=8$(点)

このように，7 点になったり，ならなかったりしますね．

方針 (1) たったの「7」ですから "書き出し" でイケますが，効率アップの方法がありましたね．

(2)「7 点」が一般の「n 点」に変わると，書き出しは通用しません．そこで，次のように基本に戻って対策を練ります：

自然数 n に対して定まるもの
→ 数列
→ {「一般項」or / ドミノ式（漸化式）

直接「一般項」は無理そうですから，消去法でも「ドミノ式」(漸化式) となります．

さて，**何に注目して場合分けするか？**

解答 ○ 各回に加算される得点とその確率は次の通り：

$$\begin{cases} +1 \cdots \frac{1}{2}, \\ +2 \cdots \frac{1}{2}. \end{cases}$$

(1) ○ $X=7$ となる得点加算を，組合せ→並べ方の数の順に考えると，次の通り：

$\{1, 1, 1, 1, 1, 1, 1\}$ → 1 通り
$\{2, 1, 1, 1, 1, 1\}$ → 6 通り
$\{2, 2, 1, 1, 1\}$ → ${}_5C_2 = 10$ 通り
$\{2, 2, 2, 1\}$ → 4 通り

○ 求める確率は，これらの事象の確率の総和であり

$$1\cdot\left(\frac{1}{2}\right)^7 + 6\cdot\left(\frac{1}{2}\right)^6 + 10\cdot\left(\frac{1}{2}\right)^5 + 4\cdot\left(\frac{1}{2}\right)^4$$
$$= \frac{1}{2^7}(1+12+40+32) = \frac{85}{128}. \text{//}$$ 1)

(2) **着眼** 「確率漸化式」を作るには，前 2 問で見たように「n 回後の状態で場合分けして $n+1$ 回後を考える」のがポピュラーですが，本問では，(1)を見てもわかる通り「回数」がまちまちなのでその手は使えません．

そこで，「$X=n$ 点と $X=n+1$ 点の 2 つの関係」に注目しようとすると… 2 つだけでは話が完結しないことに気付きます．■

解答 ○ 求める確率を p_n とおく．$X=n+2$ となる事象は，最後に加算する得点に注目2) して次の 2 つに分けられる：

$$\begin{cases} n+1 \text{ 点} \xrightarrow[+1\text{ 点}]{\text{最後}} n+2 \text{ 点} \\ n \text{ 点} \xrightarrow[+2\text{ 点}]{} n+2 \text{ 点} \end{cases}$$

したがって

$$p_{n+2} = p_{n+1}\cdot\frac{1}{2} + p_n\cdot\frac{1}{2}. \cdots①$$

○ 最初は $X=0$ 点であり，$X=1$ 点となるのは第 1 回に +1 点加算するときだから，

$$p_0 = 1,\ p_1 = \frac{1}{2}. \cdots②$$

○ ①を変形すると

$$\begin{cases} p_{n+2} + \frac{1}{2}p_{n+1} = p_{n+1} + \frac{1}{2}p_n, \\ p_{n+2} - p_{n+1} = -\frac{1}{2}(p_{n+1} - p_n). \end{cases}$$

$$\therefore \begin{cases} p_{n+1} + \frac{1}{2}p_n = p_1 + \frac{1}{2}p_0, \\ p_{n+1} - p_n = (p_1 - p_0)\left(-\frac{1}{2}\right)^n. \end{cases}$$

これと②より

$$\begin{cases} p_{n+1} + \dfrac{1}{2}p_n = \dfrac{1}{2} + \dfrac{1}{2}\cdot 1 = 1, \\ p_{n+1} - p_n = \left(\dfrac{1}{2} - 1\right)\left(-\dfrac{1}{2}\right)^n = \left(-\dfrac{1}{2}\right)^{n+1}. \end{cases}$$

辺々引くと

$$\frac{3}{2}p_n = 1 - \left(-\frac{1}{2}\right)^{n+1}.$$

$$\therefore p_n = \frac{2}{3}\left\{1 - \left(-\frac{1}{2}\right)^{n+1}\right\}.$$ //[3)]

解説 「確率漸化式」では2項間漸化式となることが多いですが，本問のように3項間漸化式となることもよくあります．

注意！ [2)]：確率漸化式の立式で場合分けをする際，このように**場合分けの観点を明示**することが大切です．これを怠ってボンヤ〜リ「n 点のときと $n+1$ 点のときに場合分けして」なんてやると，平気で

$$\begin{cases} n+1\text{ 点} \to \text{「}+1\text{」} \to n+2\text{ 点} \\ n\text{ 点} \to \text{「}+2\text{」 or 「}+1, +1\text{」} \end{cases}$$ ×

とやってしまいます．2つの赤下線部がダブってますね．

注 「場合分け」は，前2問や上記**解答**のように最後の方に注目して行うことが多いですが，本問は「最初に注目して場合分け」でもできます：

○ $X = n+2$ となる事象は，最初に加算する得点に注目して次の2つに分けられる：

$$\begin{cases} +1\text{ 点} \xrightarrow[n+1\text{ 点加算}]{} n+2\text{ 点} \\ +2\text{ 点} \xrightarrow[n\text{ 点加算}]{} n+2\text{ 点} \end{cases}$$

$$\therefore p_{n+2} = \frac{1}{2}\cdot p_{n+1} + \frac{1}{2}\cdot p_n.$$ ……①と比べてみよ

この「最初に注目して場合分け」が決め手となる問題もよくあります．ぜひ練習しておきましょう．

発展 「$X = n$ となる」の余事象：「$X = n$ とならない」は，次の通りです：

$$n-1\text{ 点} \xrightarrow[+2\text{ 点}]{} n+1\text{ 点}$$ ……n 点を"飛び越える"

よって，次の2項間漸化式ができてしまいます：

$$1 - p_n = p_{n-1}\cdot\frac{1}{2}\ (n = 1, 2, 3, \cdots).$$

言い訳 [1)3)]：本問は，(2)で一般の n について問われているので，(1)は"パス"して，(2)の結果の n に7を代入して(1)の答えを得てもかまいません．実際に計算してみると

$$\frac{2}{3}\left\{1 - \left(-\frac{1}{2}\right)^8\right\} = \frac{2}{3}\left(1 - \frac{1}{256}\right) = \frac{2}{3}\cdot\frac{255}{256} = \frac{85}{128}.$$

ちゃんと正しい答えになってますね．とはいえ実際の試験現場では，(1)の作業を通して題意を把握し，その答えを(2)の"検算"に活かすのが現実的な方策だと思われます．

7 13 10 確率と区分求積法

[→例題 7 8 b]

根底 実戦 典型 入試 数学Ⅲ積分法後

着眼

1番目	2番目	…	k 番目	…	$n-1$ 番目
R 1 コ W $n-1$ コ	R 2 コ W $n-2$ コ	…	R k コ W $n-k$ コ	…	R $n-1$ コ W 1 コ

まず，上のように実際に箱が $n-1$ 個ある"様(さま)"を視覚化しましょう．

方針 「箱を選ぶ」，「その箱から玉を10回取り出す」の2段階があることを意識して．

解答 ○箱 k 番（k は $1 \sim n-1$ のいずれか）を選ぶ確率は，$\dfrac{1}{n-1}$. [1)]

○このとき[2)]，10回 $\begin{cases} \text{赤}: 2\text{ 回} \\ \text{白}: 8\text{ 回} \end{cases}$ となる確率は

$${}_{10}C_2\left(\frac{k}{n}\right)^2\left(\frac{n-k}{n}\right)^8.$$

○以上より

$$\lim_{n\to\infty} p(n)$$
$$= \lim_{n\to\infty}\sum_{k=1}^{n-1}\frac{1}{n-1}\cdot{}_{10}C_2\left(\frac{k}{n}\right)^2\left(\frac{n-k}{n}\right)^8$$
$$= \lim_{n\to\infty}\frac{n}{n-1}\cdot\sum_{k=1}^{n}45\left(\frac{k}{n}\right)^2\left(1-\frac{k}{n}\right)^8\cdot\frac{1}{n}$$ [3)]

（∵ $k = n$ のとき，上式のシグマ記号内は0.）

$$= 1\cdot\int_0^1 45x^2(1-x)^8\,dx$$ [4)]
$$= \int_1^0 45(1-t)^2t^8\cdot(-1)\,dt\ (t = 1-x \text{ と置換した})$$
$$= \int_0^1 45\left(t^8 - 2t^9 + t^{10}\right)dt$$
$$= 45\left(\frac{1}{9} - \frac{1}{5} + \frac{1}{11}\right)$$
$$= 5 - 9 + \frac{45}{11} = \frac{1}{11}.$$ //

注 [1)]：**着眼**のような視覚的イメージがないと，「箱を選ぶ」という操作を行っていることを見落とし，この確率を書き忘れてしまいがちです．

解説 [2)]：「とき」とあるので，「条件付確率」を意味しています．

注 [3)]：ウルサイことを言えば，この分数式は $\dfrac{1}{1-\dfrac{1}{n}}$ とすべきですが，本問のレベルからして，このままで「極限値 $=1$」としても支障ないと"思います"．

[4)]：この**解答**は，区分求積法はマスターできているという前提で書かれています．

第7章 場合の数・確率